AUG.PRIEN

AF872526

AM WASSER ZU HAUSE

seit 1873

Hafen- und Wasserbau
Tauchen und Bergen
Küstenschutz
Ingenieur- und Brückenbau

- Städtischer Tiefbau
- Umwelttechnik
- Technisches Büro
- Konstruktiver Stahlbau

AUG.PRIEN
Bauunternehmung
(GmbH & Co. KG)
www.augprien.de

Ernst & Sohn
A Wiley Brand

Deutsche Gesellschaft für Geotechnik e.V. (Hrsg.)

EA-Pfähle

Empfehlungen des Arbeitskreises „Pfähle“

- **Empfehlung mit Normencharakter**
- **fasst wichtige Erfahrungswerte für die Bemessung zusammen**
- **gilt auch für die Gründung von Offshore-Windenergieanlagen**

Dieses Handbuch gibt einen vollständigen Überblick über Pfahlsysteme und ihre Anwendungen und Herstellung sowie die Berechnung nach dem neuen Sicherheitskonzept anhand zahlreicher Beispiele für Einzelpfähle, Pfahlroste und -gruppen. Die Empfehlungen gelten als Regeln der Technik.

2., wesentlich überarb. u. erw. Auflage · 2012 · 498 Seiten · 181 Abbildungen · 98 Tabelle

Hardcover
ISBN 978-3-433-03005-9 **€ 89***

BESTELLEN
+49 (0)30 470 31-236
marketing@ernst-und-sohn.de
www.ernst-und-sohn.de/3005

* Der €-Preis gilt ausschließlich für Deutschland. Inkl. MwSt.

Als unabhängige Beratende Ingenieure und geotechnische Sachverständige entwickeln wir innovative und praxisgerechte Lösungen für Ihre Projekte im Ingenieur- und Wasserbau.
GANZHEITLICHE PLANUNG
(FÜR DAS BAUEN IM & AM WASSER)
WWW.RAMBOLL.DE/WASSERBAU
RAMBOLL
ideas. Sustainable change.
Ramboll ist ein führendes Ingenieur-, Architektur- und Managementberatungsunternehmen mit weltweit mehr als 16.500 Mitarbeiterinnen und Mitarbeitern.

Ernst & Sohn
A Wiley Brand

Martin Ziegler

Geotechnische Nachweise nach EC 7 und DIN 1054

Einführung mit Beispielen

- **schnelle Einarbeitung in das neue Regelwerk**
- **die in der Praxis erforderlichen Nachweise werden erläutert und anhand von Ablaufdiagrammen und Beispielen verdeutlicht**

Die Sicherheitsnachweise im Erd- und Grundbau sind zukünftig nach dem EC 7-1 zu führen. Das Buch zeigt die Änderungen zur bisherigen Nachweisführung auf und bildet daher für Geotechniker und Bauingenieure ein unverzichtbares Hilfsmittel bei der Einarbeitung in das neue Regelwerk.

3., neu bearbeitete Auflage · 2012 ·
398 Seiten · 189 Abbildungen · 54 Tabellem

Softcover
ISBN 978-3-433-02975-6 **€ 59***

BESTELLEN
+49 (0)30 470 31-236
marketing@ernst-und-sohn.de
www.ernst-und-sohn.de/2975

* Der €-Preis gilt ausschließlich für Deutschland. Inkl. MwSt.

Vielfalt im Fokus

Mit Weitblick realisieren wir anspruchsvolle
Architektur- und Ingenieurlösungen.

Wasserbau und Hafenlogistik

INROS LACKNER.

INROS-LACKNER.DE

Ernst & Sohn
A Wiley Brand

Achim Hettler, Karl-Eugen Kurrer

Erddruck

- **Sammlung von Arbeitsanleitungen und Anwendungshinweisen**
- **Kommentar zur DIN 4085**
- **historische Aufarbeitung der Entwicklung der Erddrucktheorie**
- **umfassende und konkurrenzlose Darstellung**

Nach einer Darstellung der Entwicklung der Erddrucktheorie konzentriert sich das Buch auf aktuelle Berechnungsgrundlagen. Es bietet Grundbauingenieuren und Tragwerksplanern in Baufirmen, Ingenieurbüros sowie Bauverwaltung eine hilfreiche Sammlung von Arbeitsanleitungen.

2019 · 394 Seiten · 261 Abbildungen · 14 Tabellen

Hardcover
ISBN 978-3-433-03274-9 **€ 89***

eBundle (Print + PDF)
ISBN 978-3-433-03275-6 **€ 79***

BESTELLEN
+49 (0)30 470 31-236
marketing@ernst-und-sohn.de
www.ernst-und-sohn.de/3274

* Der €-Preis gilt ausschließlich für Deutschland. Inkl. MwSt.

Liebherr-Werk Nenzing GmbH (Hrsg.)

Kompendium Spezialtiefbau
Teil 1: Bohren

Verfahren, Geräte, Anwendungen, IT-Lösungen

- einige Themen werden erstmals in dieser Form dargestellt (Lufthebebohren, Imlochhammerbohren, IT-Lösungen)
- anschauliche Illustrationen und hochwertige Renderings

BESTELLEN
+49 (0)30 470 31-236
marketing@ernst-und-sohn.de
www.ernst-und-sohn.de/3279

* Der €-Preis gilt ausschließlich für Deutschland. Inkl. MwSt.

Ernst & Sohn
A Wiley Brand

2019 · 280 Seiten · 150 Abbildungen · 20 Tabellen

Hardcover
ISBN 978-3-433-03279-4
€ 98*

grbv
INGENIEURE IM BAUWESEN

Ihr Partner für anspruchsvolle Planungsaufgaben.
Wir schaffen Lösungen.

www.grbv.de

Ernst & Sohn
A Wiley Brand

Bautechnik

Zeitschrift für den gesamten Ingenieurbau

In über 97 Jahren hat sich die Bautechnik als Zeitschrift für den gesamten Ingenieurbau etabliert. Materialunabhängig, fachübergreifend und konstruktiv berichtet die Zeitschrift von Entwurf und Realisierung aller Bauphasen. Themenschwerpunkte sind hierbei u. a. Berechnung, Bemessung und Ausführung von Tragwerken im Konstruktiven Ingenieurbau, Bauverfahren und Baubetrieb, Sicherheitskonzepte, Normung und Rechtsfragen, Ingenieurholzbau.

12 Ausgaben/Jahr
97. Jahrgang
print / online: **€ 548 ***
print + online: **€ 685 ***

PROBEHEFT BESTELLEN
+49 (0)30 470 31-236
marketing@ernst-und-sohn.de
www.ernst-und-sohn.de/bate

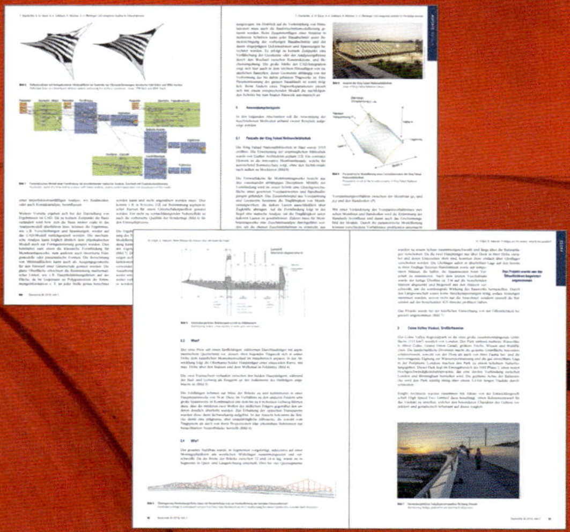

Empfehlungen des
Arbeitsausschusses
„Ufereinfassungen“
Häfen und Wasserstraßen
EAU 2020

Empfehlungen des Arbeitsausschusses „Ufereinfassungen" Häfen und Wasserstraßen EAU 2020

12. Auflage

Herausgegeben vom
Arbeitsausschuss „Ufereinfassungen"
der Hafentechnischen Gesellschaft e. V.
und der Deutschen Gesellschaft für Geotechnik e. V.

Ernst & Sohn
A Wiley Brand

Herausgeber

Arbeitsausschuss „Ufereinfassungen" der HTG und der DGGT

Hafentechnische Gesellschaft e. V. (HTG)
Neuer Wandrahm 4
20457 Hamburg

Deutsche Geotechnische Gesellschaft e. V. (DGGT)
Hollestr. 1g
45127 Essen

Schriftleitung: Univ.-Prof. Dr.-Ing. Jürgen Grabe
Institut für Geotechnik und Baubetrieb
Technische Universität Hamburg
Hamburger Schloßstraße 20
21079 Hamburg

© Bildquelle: bremenports

12. Auflage

Alle Bücher von Ernst & Sohn werden sorgfältig erarbeitet. Dennoch übernehmen Autoren, Herausgeber und Verlag in keinem Fall, einschließlich des vorliegenden Werkes, für die Richtigkeit von Angaben, Hinweisen und Ratschlägen sowie für eventuelle Druckfehler irgendeine Haftung.

Bibliografische Information der Deutschen Nationalbibliothek
Die Deutsche Nationalbibliothek verzeichnet diese Publikation in der Deutschen Nationalbibliografie; detaillierte bibliografische Daten sind im Internet über http://dnb.d-nb.de abrufbar.

© 2021 Wilhelm Ernst & Sohn, Verlag für Architektur und technische Wissenschaften GmbH & Co. KG, Rotherstraße 21, 10245 Berlin, Germany

Alle Rechte, insbesondere die der Übersetzung in andere Sprachen, vorbehalten. Kein Teil dieses Buches darf ohne schriftliche Genehmigung des Verlages in irgendeiner Form – durch Photokopie, Mikroverfilmung oder irgendein anderes Verfahren – reproduziert oder in eine von Maschinen, insbesondere von Datenverarbeitungsmaschinen, verwendbare Sprache übertragen oder übersetzt werden. Die Wiedergabe von Warenbezeichnungen, Handelsnamen oder sonstigen Kennzeichen in diesem Buch berechtigt nicht zu der Annahme, dass diese von jedermann frei benutzt werden dürfen. Vielmehr kann es sich auch dann um eingetragene Warenzeichen oder sonstige gesetzlich geschützte Kennzeichen handeln, wenn sie nicht eigens als solche markiert sind.

Print ISBN 978-3-433-03316-6
ePDF ISBN 978-3-433-61035-0
ePub ISBN 978-3-433-61034-3
oBook ISBN 978-3-433-61033-6

Umschlaggestaltung Design Pur GmbH, Berlin
Satz le-tex publishing services GmbH, Leipzig
Druck und Bindung mediaprint solutions GmbH, Paderborn

Gedruckt auf säurefreiem Papier.

10 9 8 7 6 5 4 3 2 1

Vorwort

Acht Jahre sind seit der 11. Ausgabe der Empfehlungen des Arbeitsausschusses „Ufereinfassungen“ vergangen. In dieser Zeit sind Neuerungen in den jährlichen und teilweise halbjährlichen Technischen Jahresberichten der Jahre 2013–2019 veröffentlicht worden. Nun liegt mit der 12. Auflage eine vollständig fortgeschriebene, in Fachkreisen nur kurz EAU genannte, Fassung des Empfehlungswerks des von der Hafentechnischen Gesellschaft (HTG) und der Deutschen Gesellschaft für Geotechnik (DGGT) gemeinsam getragenen Ausschusses „Ufereinfassungen“ vor. Ich bin sicher, dass auch diese Auflage wieder zum Standardwerk eines jeden im Hafenbau tätigen Ingenieurs wird.

Historisch gewachsen bildeten die Empfehlungsnummern über viele Jahre die Grundlage zur Orientierung in der EAU. Mit der EAU 2020 erwartet Sie eine inhaltliche Straffung und Neustrukturierung der Empfehlungen mit dem Ziel einer verbesserten und verständlicheren Kapitelstruktur. Die Empfehlungsnummern werden Sie in der 12. Auflage der EAU somit nicht mehr finden. Darüber hinaus wurden bereits in den Jahresberichten des Ausschusses „Ufereinfassungen“ von 2013–2019 veröffentlichte technische Neuerungen eingearbeitet. Diese betreffen die Themen vertikale Tragfähigkeit, Pollerzug, Offshorebasishäfen und Schiffsgrößen. Außerdem wurden Empfehlungen zu RoRo-Anlegern und Anlegebrücken aufgenommen.

Die Zusammensetzung des Ausschusses „Ufereinfassungen“ orientiert sich an dem vom Deutschen Institut für Normung (DIN) fixierten Grundsatz der angemessenen Vertretung aller interessierten Kreise bzw. des vorhandenen Sachverstandes. Der Ausschuss setzt sich daher aus allen maßgeblichen Fachrichtungen der Technischen Hochschulen, der Bauverwaltungen der großen See- und Binnenhäfen sowie der Bundeswasserstraßen, der Bauindustrie, der Stahlindustrie und der Ingenieurbüros zusammen.

An den Arbeiten zur EAU 2020 waren folgende aktive und ehemalige Mitglieder des Arbeitsausschusses beteiligt:

Univ.-Prof. Dr.-Ing. Jürgen Grabe, Hamburg (Vorsitzender seit 2009)
Ir. Tom van Autgaerden, Antwerpen
Dr.-Ing. Karsten Beckhaus, Schrobenhausen
Ir. Erik J. Broos, Rotterdam
Dipl.-Ing. Frank Feindt, Hamburg
Dipl.-Ing. Francois Gaasch, Esch-sur-Alzette
Ir. Leon A. M. Groenewegen, The Hague
Dr.-Ing. Michael Heibaum, Karlsruhe
Prof. Dr.-Ing. Stefan Heimann, Berlin
Dipl.-Ing., M.Eng.Sc. Sebastian Höhmann, Hamburg

Prof. Ir. Aad van der Horst, Delft
Dipl.-Ing. Robert Howe, Bremerhaven
Dipl.-Ing. Hans-Uwe Kalle, Hagen
Dr.-Ing. Jan Kayser, Karlsruhe
Dr.-Ing. Karl Morgen, Hamburg
Dipl.-Ing. Hendrik Neumann, Hamburg
Dipl.-Ing. Matthias Palapys, Duisburg
Dipl.-Ing. Gabriele Peschken, Bonn
Dipl.-Ing. Torsten Retzlaff, Rostock
Dr.-Ing. Peter Ruland, Hamburg
Dr.-Ing. Hartmut Tworuschka, Hamburg

Analog zu den Festlegungen des DIN zum Zustandekommen einer Norm werden die neu erarbeiteten Empfehlungen als vorläufige Empfehlung über die Technischen Jahresberichte zur öffentlichen Erörterung gestellt. Sie werden nach Berücksichtigung eventueller Einsprüche im folgenden Technischen Jahresbericht endgültig veröffentlicht. Die Empfehlungen des Arbeitsausschusses „Ufereinfassungen“ – Häfen und Wasserstraßen können daher dem Status einer Norm gleichgesetzt werden. Unter dem Blickwinkel des Praxisbezugs und auch der Weitergabe von Erfahrungen werden über den Inhalt einer Norm hinausgehende Aussagen getroffen, die mit dem Begriff „code of practice“ beschrieben werden können.

Die 12. Auflage der EAU erfüllt mit der nunmehr abgeschlossenen Einarbeitung des europäischen Normungskonzepts die Anforderungen an eine Notifizierung durch die EU-Kommission. Sie ist unter der Notifizierungsnummer 2019/655/D bei der EU-Kommission eingetragen.

Die grundlegenden Überarbeitungen der EAU 2020 machten auch eine inhaltliche Diskussion mit Fachkollegen außerhalb des Ausschusses bis hin zur Einrichtung vorübergehender Arbeitskreise zu speziellen Themen erforderlich. Der Ausschuss bedankt sich bei allen Fachkollegen, die auf diese Weise wesentlich zur inhaltlichen Entwicklung der EAU 2020 beigetragen haben.

Außerdem sind zahlreiche Beiträge aus der Fachwelt sowie Empfehlungen anderer Ausschüsse und internationaler technisch-wissenschaftlicher Vereinigungen in die Empfehlungen eingeflossen.

Mit diesen Beiträgen und den Überarbeitungsergebnissen entspricht die EAU 2020 dem heutigen internationalen Standard. Damit stehen der Fachwelt in einer an die europäische Normung angepassten und aktualisierten Fassung auch künftig wertvolle Hilfen für Entwurf, Ausschreibung, Vergabe, technische Bearbeitung, wirtschaftliche und umweltverträgliche Bauausführung, Bauüberwachung, Vertragsabwicklung, Betrieb, Unterhaltung und Instandsetzung zur Verfügung, sodass Hafen- und Wasserstraßenbauten nach neuestem Stand der Technik und nach einheitlichen Bedingungen erstellt werden können.

Der Arbeitsausschuss dankt allen, die durch Beiträge und Anregungen zur vorliegenden Fassung beigetragen haben und wünscht der EAU 2020 die gleiche Resonanz wie ihren früheren Auflagen.

Ebenfalls möchte ich mich bei Frau Anne Stark, M.Sc. bedanken, die die Ausschussarbeit seit einiger Zeit begleitet.

Ein weiterer Dank gilt dem Verlag Ernst & Sohn für die gute Zusammenarbeit, die sorgfältige Bearbeitung der zahlreichen Abbildungen, Tabellen und Formeln sowie die wieder hervorragende Qualität in Druck und Aufmachung der EAU 2020.

Hamburg, Oktober 2020 Univ.-Prof. Dr.-Ing. *Jürgen Grabe*

Ihr persönlicher E-Book Code

ISBN 9783433033173 – Empfehlungen des Arbeitsausschusses "Ufereinfasungen" Häfen und Wasserstraßen EAU 2020 12e - (inkl. E-Book als PDF)

Das von Ihnen erworbene E-Book ist im ePDF-Format. Das Format ist nicht mit Amazon Endgeräten oder Apps kompatibel.

Beachten Sie: Sobald der Code verwendet wurde, sind eine Rückgabe oder der Weiterverkauf ausgeschlossen.
Das E-Book können Sie unter www.wiley-vch.de/ebooks/einlösen.
Eine ausführliche Anleitung zum Herunterladen des E-Books finden Sie unter http://www.wiley-vch.de/publish/dt/ebooks

Schlaffer Pfahl statt vorgespannter Anker?

Mikropfahl TITAN.

DAUERHAFT
DIBt-Zul. Z-34.14-209
100+ Jahre

- vergleichbares Sicherheitsniveau – auch ohne Vorspannung
- ein Einbauverfahren – bei allen Baugrundbedingungen
- flexibles System – auch bei erschwerter Zugänglichkeit

Weitere Infos: www.ischebeck.de

FRIEDR. ISCHEBECK GMBH
Loher Str. 31-79 | DE-58256 Ennepetal

ISCHEBECK® TITAN

DC-SOFTWARE

Die Software für den Grundbau

Von Spezialisten für Profis

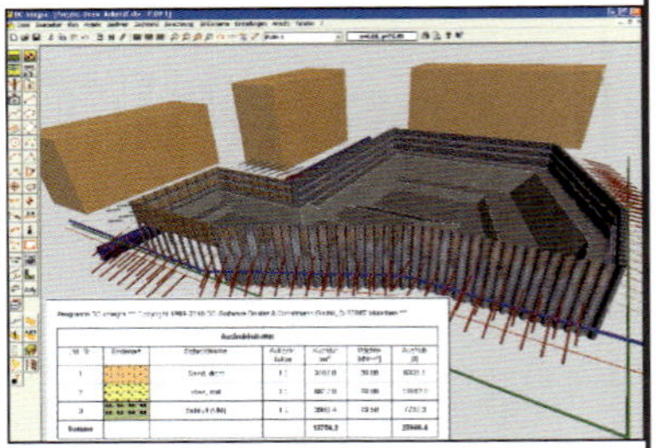

Bodenmechanik und Baugrunduntersuchung

DCBOHR Bohrprofile, Brunnen und Pegel
DCRAMM Rammsondierungen
DCSCHNITT Geologische Schnitte mit CAD
DCLABTEGRA Zusammenstellung / Massen
DCSTAN Standard Penetration Test (BDP)
DCSOND Drucksondierungen
DCSIEB Sieb-/Schlämmanalysen
DCLAST Lastplattendruckversuche
DCDRUC Kompressionsversuche
DCPROC Proctorversuche
DCKONS Konsistenzgrenzen
DCSHER Scherversuche
DCSHER-3D Triaxialversuche
DCRAUM Raumgewicht / Wassergehalt
DCDURL Durchlässigkeitsversuche
DCKALK Kalkgehalt
DCGLÜH Glühversuch
DCPUMP Pumpversuch-Darstellung
DCPUMP-Auswertung Pumpversuch-Auswertung
DCCHEM Altlastenuntersuchungen
DCGIS Bohrungsverwaltung in Karten

Grundbaustatik

DC-Integra Integrierte Grundbaustatik
DC-Integra 3D 3D-Modell Baugrube
DC-Integra 3D/Volumen Aushubvolumen
DC-Integra 3D/Sparten 3D-Darst. Sparten
DC-Integra 3D/Anker Ankerkollision
DC-Böschung Böschungsbruch
DC-Geotex Bewehrte Erde
DC-Gabione Gabionen/Stützbauwerke
DC-Winkel Winkelstützmauern
DC-Baugrube Baugrubenwände
DC-Nagel Bodenvernagelungen
DC-Unterfangung Unterfangungen
DC-Grundbruch Grundbruchnachweis
DC-Setzung Setzungsberechnung
DC-Fundament Fundamentberechnung
DC-Fundament/Mast Mastfundamente
DC-Pfahl Pfahlbemessung
DC-Pfahl/Lsw Pfähle in Böschungen
DC-Pfahlrost Pfahlgruppen / KPP
DC-Vibro Rüttelstopfverdichtung
DC-Absenkung Grundwasserabsenkung
DC-Sicker Versickerungsanlagen
DC-Sicker/Regen Behandlung Regenwasser
DC-Lamelle Schlitzwand-u.Ecklamellen

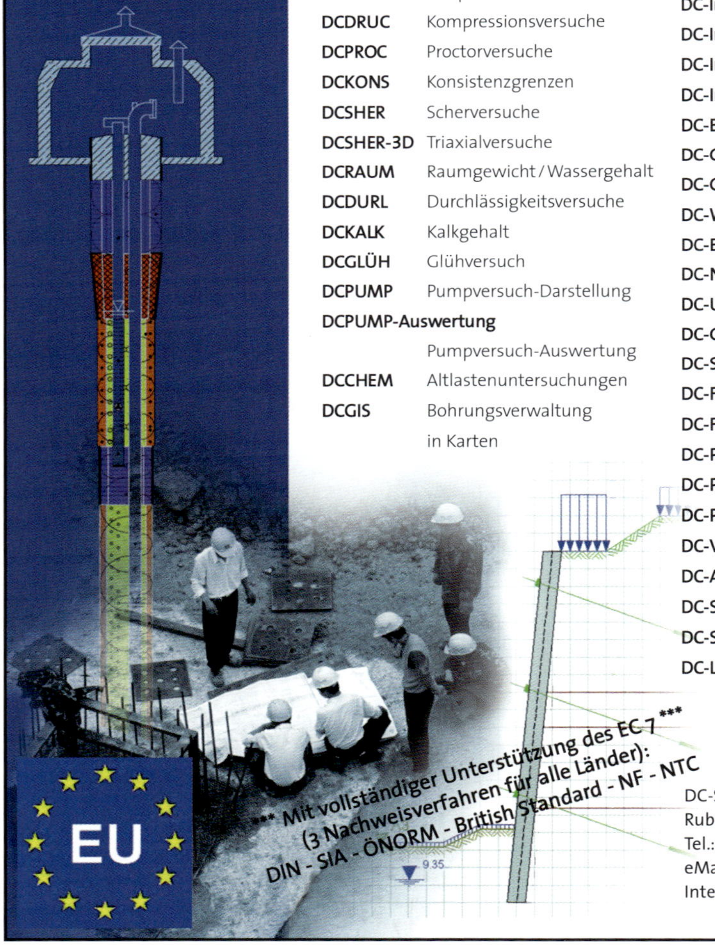

DC-Software Doster & Christmann GmbH
Rubensstr. 13 · D-81245 München
Tel.: +49 (89) 89 60 48-33 · Fax: -18
eMail: service@dc-software.de
Internet: www.dc-software.de

Inhaltsverzeichnis

FICHTNER

WATER & TRANSPORTATION

Hammerbrookstraße 47b
20097 Hamburg

Tel. +49 40 300673 – 0

hamburg@fwt.fichtner.de
www.fwt.fichtner.de

Ihr kompetenter Partner für

Wasserbau

Ingenieurbau

Geotechnik

Offshore Wind

BESSERE LÖSUNGEN SIND UNSER ELEMENT.

Zukunftssichere Qualität, überzeugende Wirtschaftlichkeit, effiziente Projektrealisierung: Mit diesem hohen Leistungsmaßstab hat sich Sellhorn zu einem der international führenden Experten für anspruchsvollen Ingenieurbau entwickelt. Wasserbau, Hafenbau und Küstenschutz zählen dabei zu unseren Kerngeschäften.

Profitieren Sie von besseren Lösungen. Mit Sellhorn.

www.sellhorn-hamburg.de

■ Hafenplanung und Hafenbau ■ Hochbau ■ Industrie- und Flächenplanung ■ Verkehrsbauwerke
■ Wasserbau und Küstenschutz ■ Umweltschutz ■ Sanierung und Denkmalschutz ■ Offshore Wind

Sellhorn
INGENIEURGESELLSCHAFT ■

Ernst & Sohn
A Wiley Brand

Hrsg.: DGGT – Deutsche Gesellschaft für Geotechnik e.V.

Geotechnik

Die Zeitschrift für Bodenmechanik, Erd- und Grundbau, Felsmechanik, Ingenieurtechnologie sowie Kunststoffe in der Geotechnik und Umweltgeotechnik enthält neben themenspezifischen Fachbeiträgen zur u.a. europäischen Normung der Geotechnik auch Mitteilungen der Deutschen Gesellschaft für Geotechnik und deren Arbeitskreisen. Die im peer-review-Prozess begutachteten Inhalte bieten höchstes technisches und wissenschaftliches Niveau. Schwerpunktthemen sind: Bodenmechanik, Erd- und Grundbau, Neuigkeiten aus der Industrie.

4 Ausgaben / Jahr
41. Jahrgang
print / online: **€ 92 ***
print + online: **€ 115 ***

PROBEHEFT BESTELLEN
+49 (0)30 470 31-236
marketing@ernst-und-sohn.de
www.ernst-und-sohn.de/gete

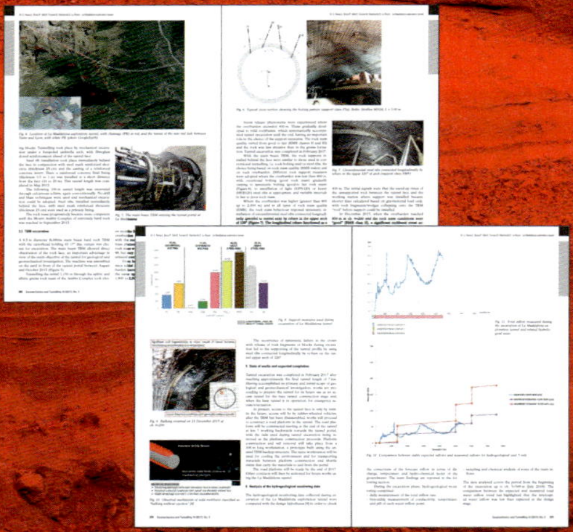

ÖSTERREICHISCHE GESELLSCHAFT FÜR GEOMECHANIK

* €-Preise sind Nettoinlandspreise, zzgl. MwSt., inkl. Versandkosten. Mengenrabatt und Preise in anderen Währungen (USD, GBP) auf Anfrage.

1 Sicherheits- und Nachweiskonzept

1.1 Grundlagen des Sicherheits- und Nachweiskonzepts für Ufereinfassungen

1.1.1 Allgemeines

Das Versagen eines Bauwerks kann sowohl durch Überschreiten des Grenzzustandes der Tragfähigkeit („ultimate limit state – ULS“, Bruch im Boden oder in der Konstruktion, Verlust der Lagesicherheit) als auch des Grenzzustandes der Gebrauchstauglichkeit („serviceability limit state – SLS“, zu große Verformungen) eintreten.

1.1.2 Normative Regelungen für Ufereinfassungen

Die grundsätzlichen Sicherheitsanforderungen für Bauwerke sind in den harmonisierten europäischen Normen festgelegt. Im Einzelnen sind dies für die verschiedenen Fachbereiche die folgenden Normen:

DIN EN 1990:	Grundlagen der Tragwerksplanung („EC 0“)
DIN EN 1991, EC 1:	Einwirkungen auf Tragwerke
DIN EN 1992, EC 2:	Bemessung und Konstruktion von Stahlbeton und Spannbetontragwerken
DIN EN 1993, EC 3:	Bemessung und Konstruktion von Stahlbauten
DIN EN 1994, EC 4:	Bemessung und Konstruktion von Verbundtragwerken aus Stahl und Beton
DIN EN 1995, EC 5:	Bemessung und Konstruktion von Holzbauten
DIN EN 1996, EC 6:	Bemessung und Konstruktion von Mauerwerksbauten
DIN EN 1997, EC 7:	Entwurf, Berechnung und Bemessung in der Geotechnik
DIN EN 1998, EC 8:	Auslegung von Bauwerken gegen Erdbeben
DIN EN 1999, EC 9:	Bemessung und Konstruktion von Aluminiumtragwerken

Die Basis der europäischen Baunormen bilden die Eurocodes „Grundlagen der Tragwerksplanung" (DIN EN 1990) und „Einwirkungen auf Bauwerke“ (DIN EN 1991) mit mehreren Teilen und Anhängen. Sie sind Grundlage für die Bemessung im gesamten Bauwesen Europas. Auf diese beiden Grundnormen beziehen sich alle anderen acht Eurocodes mit ihren jeweiligen Teilen.

Sicherheitsnachweise sind grundsätzlich nach den europäischen Normen zu führen. Diese werden um nationale Regelungen und Normen, wie z. B. die Zahlenwerte der Teil-

Empfehlungen des Arbeitsausschusses „Ufereinfassung“ (EAU 2020), Hrsg. HTG und DGGT, 12. Aufl.
© 2021 Ernst & Sohn GmbH & Co. KG. Published 2021 by Ernst & Sohn GmbH & Co. KG.

sicherheitsbeiwerte, ergänzt. Die nationalen Regelungen und Normen dürfen den Regelungen in den europäischen Normen nicht widersprechen.

Für Standsicherheitsnachweise nach EAU sind DIN EN 1990; DIN EN 1991; DIN EN 1992; DIN EN 1993; DIN EN 1994; DIN EN 1995; DIN EN 1996; DIN EN 1997; DIN EN 1998; DIN EN 1999, insbesondere aber DIN EN 1997 – Entwurf, Berechnung und Bemessung in der Geotechnik –, von Bedeutung. Im ersten Teil (DIN EN 1997-1) werden Begriffe definiert und die zu führenden Grenzzustandsnachweise beschrieben und festgelegt. Ferner sind in informativen Anhängen erdstatische Berechnungsmodelle für Standsicherheitsberechnungen angegeben. Als Besonderheit werden europaweit drei Nachweisverfahren mit dem Teilsicherheitskonzept zur Wahl gestellt.

Mit der DIN 1054:2010-12 werden die besonderen deutschen Erfahrungen dazu ergänzt und Sicherheitsbeiwerte für die Anwendung der DIN EN 1997-1 in Deutschland festgelegt. DIN 1054:2010-12, DIN EN 1997-1:2010-12 und der nationale Anhang (DIN EN 1997-1/NA:2010-12) sind zum Handbuch EC7-1 (2015) zusammengefasst worden.

Aufgrund der langjährigen Erfahrungen mit den spezifischen Randbedingungen von Ufereinfassungen (z. B. größere Verformungstoleranz gegenüber anderen Ingenieurbauwerken) werden in den EAU einige besondere Festlegungen für die Bemessung von Ufereinfassungen getroffen, die auch von DIN EN 1997-1 und DIN 1054 abweichen können.

Besondere Festlegungen sind z. B.:

- fallweise niedrigere Teilsicherheitsbeiwerte für Einwirkungen und Beanspruchungen sowie Widerstände im Grenzzustand des Versagens (Abschn. 1.2.4, Tab. 1.1 und 1.3),
- Ermittlung eines charakteristischen resultierenden Wasserdrucks durch Verrechnung günstig und ungünstig wirkender Wasserdrücke, sofern physikalisch sinnvoll (siehe Abschn. 3.3.1),
- vereinfachte Ansätze des Wasserdrucks (siehe Abschn. 3.3.2) und
- Erddruckumlagerungen abhängig vom Herstellverfahren für Spundwände (siehe Abschn. 8.2.3.2).
- Erhöhung der rechnerischen Ankerkraft um 15 % zur rubusten Ausführung von Spundwand-Bauteilen (s. Abschn. 9.2).

Im zweiten Teil der DIN EN 1997-2 werden Planung, Durchführung und Auswertung von Baugrunderkundungen geregelt. Wie für Teil 1 wurde diese Norm zusammen mit DIN 4020:2010-12 und dem nationalen Anwendungsdokument im Handbuch EC7-2 veröffentlicht.

Die Ausführung von Arbeiten des Spezialtiefbaus ist in europäischen Ausführungsnormen geregelt. Diese werden auf nationaler Ebene durch DIN SPEC konkretisiert.

Die Bemessungen für tiefreichende Bodenstabilisierungen (z. B. Düsenstrahlverfahren, Injektionen) sind auf deutscher Ebene in der DIN 4093 festgelegt.

Soweit in den Empfehlungen Normen zitiert sind, gilt deren aktuelle Fassung. Bei Abweichungen wird das Ausgabejahr angegeben. Die zitierten Normen sind am Ende des Kapitels angegeben.

1.1.3 Geotechnische Kategorien

Die Mindestanforderungen an Umfang und Qualität geotechnischer Untersuchungen, Berechnungen und Überwachungsmaßnahmen werden nach EC 7 in drei geotechnischen Kategorien beschrieben, die eine geringe (Kategorie 1), eine normale (Kategorie 2) und eine hohe (Kategorie 3) geotechnische Schwierigkeit bezeichnen. Sie sind in DIN 1054, A 2.1.2 wiedergegeben. Ufereinfassungen sind grundsätzlich in die Kategorie 2, bei schwierigen Baugrundverhältnissen in die Kategorie 3 einzuordnen. Ein Fachplaner für Geotechnik ist stets einzubeziehen.

1.1.4 Bemessungssituationen

Für den Nachweis der Standsicherheit und die Zuordnung der Teilsicherheitsbeiwerte werden in DIN 1054, Abs. 6.3.3. Lastfälle definiert. Diese ergeben sich aus den Einwirkungskombinationen in Verbindung mit den Sicherheitsklassen bei den Widerständen. Für Ufereinfassungen gelten dabei folgende Einstufungen.

1.1.4.1 Bemessungssituation (BS-P)

Belastungen aus Erddruck (bei nicht konsolidierten, bindigen Böden getrennt für den Anfangs- und Endzustand) und aus Wasserüberdruck bei häufig auftretenden ungünstigen Außen- und Innenwasserständen (siehe Abschn. 3.3.2), Erddruckeinflüsse aus den normalen Nutzlasten, aus normalen Kranlasten und Pfahllasten, unmittelbar einwirkende Auflasten aus Eigengewicht und normaler Nutzlast.

1.1.4.2 Bemessungssituation (BS-T)

Vorübergehende Situationen (transient situations), die sich auf zeitlich begrenzte Zustände beziehen, werden der Bemessungssituation BS-T zugeordnet, z. B. im Bauzustand oder bei der Instandsetzung; im Wasserbau neben den ständigen und während der Funktionszeit des Bauwerks regelmäßig auftretenden veränderlichen Einwirkungen der BS-P, z. B. begrenzte Kolkbildung durch Strömung oder Schiffsschrauben, Wasserüberdruck bei selten auftretenden ungünstigen Außen- und Innenwasserständen (siehe Abschn. 3.3.2) oder Wellenlasten gemäß Abschn. 4.3.

1.1.4.3 Bemessungssituation (BS-A)

Wie Bemessungssituation BS-T, jedoch mit außergewöhnlichen Bemessungssituationen wie außerplanmäßigen Auflasten auf größerer Fläche, eine ungewöhnlich große Abflachung einer Unterwasserböschung vor einem Spundwandfuß, eine ungewöhnliche Kolkbildung durch Strömung oder Schiffsschrauben, Wasserüberdrücke nach extremen Wasserständen (siehe Abschn. 3.3.2 bzw. 6.2), Wasserüberdruck nach einer außergewöhnlichen Überflutung der Ufereinfassung, Kombinationen von Erd- und Wasserdrücken mit Wellenlasten aus selten auftretenden Wellen (siehe Abschn. 4.3), Kombination von Erd- und Wasserdrücken mit Treibgutstoß gemäß Abschn. 6.2.5, alle Lastkombinationen in Verbindung mit Eisgang bzw. Eisdruck.

1.1.4.4 Extremfall

Beim Zusammentreffen äußerst unwahrscheinlicher Einwirkungskombinationen können nach DIN 1054, Abschn. A 2.4.7.6.1 A(4) und A 2.4.7.6.3 A(5) die Teilsicherheitsbeiwerte für Einwirkungen und Widerstände $\gamma_F = \gamma_R = 1{,}0$ gesetzt werden. Die Kombinationsbeiwerte werden nach Abschn. 1.2.4 zu $\psi = 1{,}0$ gesetzt.

Beispiele hierfür sind das Zusammentreffen extremer Wasserstände bei gleichzeitigen extremen Wellenlasten aus Sturzbrechern gemäß Abschn. 4.3.6, extreme Wasserstände bei gleichzeitigem restlosen Ausfall einer Entwässerung/Dränage (vgl. Abschn. 6.2), Kombinationen aus drei gleichzeitig wirkenden kurzfristigen Ereignissen, wie z. B.

Hochwasser (HHThw, vgl. Abschn. 6.2), selten auftretenden Wellen (vgl. Abschn. 4.3) und Treibgutstoß (vgl. Abschn. 6.2).

1.2 Nachweise für Ufereinfassungen

1.2.1 Grundlagen für die Nachweisführung

Der Standsicherheitsnachweis einer Ufereinfassung muss insbesondere enthalten:

- Angaben zur Nutzung der Anlage,
- zeichnerische Darstellung des Bauwerks mit allen wichtigen geplanten Bauwerksabmessungen,
- kurze Beschreibung des Bauwerks, insbesondere mit allen Angaben, die aus den Zeichnungen nicht klar erkennbar sind,
- Entwurfswert der Sohlentiefe,
- charakteristische Werte aller Einwirkungen,
- Bodenschichtung und zugehörige charakteristische Werte der Bodenkenngrößen,
- maßgebende freie Wasserstände, bezogen auf NHN (Normalhöhennull, früher NN: Normalnull) oder ein örtliches Pegelnull, sowie zugehörige Grundwasserstände (Hochwasserfreiheit, Überflutungsfreiheit),
- Einwirkungskombinationen bzw. Lastfälle,
- geforderte bzw. eingeführte Teilsicherheitsbeiwerte,
- vorgesehene Baustoffe und deren Festigkeiten bzw. Widerstände,
- alle Daten über Bauzeiten und Art der Baudurchführung mit den maßgebenden Bauzuständen,
- Darstellung und Begründung des vorgesehenen Gangs der Nachweise,
- Angabe des verwendeten Schrifttums und sonstiger Berechnungshilfsmittel.

1.2.2 Nachweisverfahren

1.2.2.1 Analytische Verfahren

Für die geotechnischen Nachweise nach den einschlägigen Normen finden im Regelfall analytische Modelle unter Ansatz von Bruchmechanismen Anwendung. Die maßgeblichen Gleitfugen im Baugrund werden dabei vorgegeben bzw. in Variationsuntersuchungen ermittelt. Die nachzuweisende Sicherheit soll die Unsicherheiten des erdstatischen Nachweises, der Baugrunderkundung und der Bauausführung abdecken. Häufig ist darin auch sekundär eine Verformungsbegrenzung enthalten.

1.2.2.2 Numerische Simulationen

Für Berechnungen des Grenzzustandes der Gebrauchstauglichkeit (Verformungen) haben sich inzwischen numerische Methoden wie z. B. die Finite-Elemente-Methode (FEM) etabliert. Ein Beispiel für eine umfassende numerische Simulation der Verformung einer Kaikonstruktion infolge der Hinterfüllung ist in Mardfeld (2005) zu finden. Der Nachweis des Grenzzustandes der Tragfähigkeit kann für Erdbauwerke mithilfe der sogenannten φ'-c'-Reduktion nachgewiesen werden. Die FEM hat gegenüber den konventionellen Ansätzen wie dem Gleitkreisverfahren den Vorteil, dass die Scherfuge sich frei einstellen kann und damit zutreffendere Ergebnisse als mittels angenommener ebener oder gekrümmter Bruchkörper Geometrien vorgeben kann. Für die Nachweise der Tragfähigkeit von Struktur-Boden-Interaktionsproblemen bietet sich die Methode Z^* an, bei der die Beanspruchungen der Bauteile im Gebrauchszustand ermittelt und dann in eine konventionelle Nachweisführung eingesetzt werden. Eine allein FEM-basierte Nachweisführung des Grenzzustandes ist derzeit umstritten. Hinsichtlich der Abbildung des Grenzzustandes der Tragfähigkeit und der Einführung der Sicherheitsbeiwerte gibt es noch keine allgemein verbindlichen Festlegungen. Numerische Simulationen erfordern eine Modellbildung unter Beachtung eines korrekten Spannungs- und Verformungszustandes, eines ausreichend großen Untergrundausschnitts, der Dränagebedingungen des Bodens und vor allem Stoffmodelle für die anstehenden Bodenarten, die die für das Bauwerk relevanten Phänomene des Spannungs-Dehnungs-Verhaltens abbilden. Siehe hierzu u. a. die Empfehlungen des Arbeitskreises „Numerik in der Geotechnik" (EANG, 2014).

1.2.2.3 Beobachtungsmethode

Für komplexe Bauwerke, bei denen das Tragverhalten nicht mit ausreichender Sicherheit in Modellen abgebildet werden kann, sollte die Beobachtungsmethode nach DIN EN 1997-1 eingesetzt werden. Dabei werden Messungen am Bauwerk oder im Baugrund durchgeführt und mit Prognose- bzw. Alarmwerten verglichen. Die bei Überschreitung von Alarmwerten durchzuführenden Gegen- und Sicherungsmaßnahmen sind fester Bestandteil der Beobachtungsmethode. Als Grundlage für die Bewertung der gemessenen Größen bieten sich Verformungen und Kräfte aus der numerischen Simulation an.

1.2.2.4 Versuche

Mit Versuchen kann das Tragverhalten sowohl einzelner geotechnischer Elemente als auch komplexer geotechnischer Tragwerke ermittelt werden. Sie können als Großversuch im Maßstab 1 : 1 (z. B. Probebelastungen an Pfählen oder Ausziehversuche an Ankern) oder als skalierte Modellversuche ausgeführt werden. Skalierte Modellversuche erfordern die Einhaltung der sich aus der Ähnlichkeitstheorie ergebenden Modellgesetze, wenn die Versuchsbeobachtungen am Modell auf die Natur übertragen werden sollen. Die unterschiedlichen Gesetzmäßigkeiten der verschiedenen physikalischen Größen schränken die Übertragbarkeit ein. Dies gilt besonders für die Geotechnik, in der der Spannungszustand im Baugrund das Spannungs-Verformungs-Verhalten zwar entscheidend beeinflusst, dieser aber nur schwer abbildbar ist. Hier können Modellversuche in einer geotechnischen Zentrifuge durchgeführt werden, bei denen der Boden unter einem realistischen Spannungsniveau steht und so das druckabhängige Spannungs-Dehnungs-Verhalten des Bodens korrekt abgebildet wird. Für Details zu Zentrifugenversuchen wird auf das Technical Committee TC 104 „Physical Modelling in Geotechnics" der International Society for Soil Mechanics and Geotechnical Engineering (ISSMGE) verwiesen.

1.2.3 Grenzzustand der Gebrauchstauglichkeit

Verformungsnachweise sind für alle Bauteile vorzunehmen, deren Funktion durch Verformungen beeinträchtigt oder aufgehoben werden kann. Die Verformungen werden mit den charakteristischen Werten der Einwirkungen und Bodenreaktionen berechnet und müssen geringer als die für eine einwandfreie Funktion des Bauteils oder Gesamtbauwerks zulässigen Verformungen sein. Gegebenenfalls ist mit oberen und unteren Grenzwerten der charakteristischen Werte zu rechnen.

Insbesondere bei den Verformungsnachweisen ist der zeitliche Verlauf der Einwirkungen zu berücksichtigen, um auch kritische Verformungszustände während verschiedener Betriebs- und Bauzustände zu erfassen. Zur Abschätzung der im Gebrauchszustand zu erwartenden Verformungen eignen sich insbesondere numerische Methoden.

1.2.4 Grenzzustand der Tragfähigkeit

Der rechnerische Nachweis der Tragfähigkeit erfolgt üblicherweise anhand analytischer Verfahren für die Grenzzustände STR und GEO-2 mithilfe von Bemessungswerten (Index d) für Einwirkungen oder für Beanspruchungen und Widerstände, für den Grenzzustand GEO-3 mithilfe von Bemessungswerten für Einwirkungen oder für Beanspruchungen und Bodenkennwerte.

Der Sicherheitsnachweis wird nach folgender Grundgleichung geführt:

$$E_\mathrm{d} \leq R_\mathrm{d}$$

E_d Bemessungswert der Summe der Einwirkungen oder Beanspruchungen,
R_d Bemessungswert der Widerstände, der sich aus der Summe der Widerstände des Bodens oder konstruktiver Elemente ergibt

Für Nachweise des Grenzzustandes des Verlustes der Lagesicherheit (EQU) oder des Versagens durch hydraulischen Grundbruch (HYD) oder Auftrieb (UPL) werden die Bemessungswerte der günstig und ungünstig oder stabilisierend und destabilisierend wirkenden Einwirkungen einander gegenübergestellt und die Einhaltung der jeweiligen Grenzzustandsbedingung nachgewiesen. Widerstände treten bei diesen Nachweisen nicht auf.

Für die Nachweise des Grenzzustandes der Tragfähigkeit werden sechs Fälle unterschieden:

Verlust der Lagesicherheit/Kippen	EQU
Aufschwimmen	UPL
Hydraulischer Grundbruch	HYD
Versagen oder große Verformungen des Tragwerks oder seiner Teile	STR
Versagen oder sehr große Verformung des Baugrunds	GEO-2
Grenzzustand des Verlusts der Gesamtstandsicherheit	GEO-3

DIN EN 1997-1 lässt drei Möglichkeiten der Führung der Sicherheitsnachweise zu. Diese sind mit dem Begriff „Nachweisverfahren 1–3" bezeichnet. Bei Verfahren 1 werden zwei Gruppen von Beiwerten betrachtet, die auf zwei getrennte Nachweise angewendet werden. Bei den Verfahren 2 und 3 ist ein Nachweis mit einer Gruppe von Beiwerten maßgeblich.

Bei den Verfahren 1 und 2 werden die Beiwerte grundsätzlich entweder auf Einwirkungen oder Beanspruchungen und auf Widerstände angewendet. DIN 1054 legt jedoch fest, dass zunächst die charakteristischen bzw. repräsentativen Beanspruchungen $E_{G_{k,i}}$ bzw. $E_{Q_{rep},i}$ (z. B. Querkräfte, Auflagerkräfte, Biegemomente, Spannungen in den maßgebenden Schnitten durch das Bauwerk und in Berührungsflächen zwischen Bauwerk und Baugrund) ermittelt werden und darauf die Beiwerte anzuwenden sind. Dieses Verfahren wird auch Verfahren 2* genannt.

Bei Verfahren 3 werden Beiwerte auf nicht baugrundbedingte Einwirkungen oder Beanspruchungen und auf die Bodenkenngrößen angewendet. Durch den Baugrund bedingte Einwirkungen oder Beanspruchungen werden aus mit Beiwerten beaufschlagten Bodenkenngrößen ermittelt.

Nach DIN 1054 ist für geotechnische Nachweise der Grenzzustände STR und GEO-2 das Nachweisverfahren 2 (2*), für Nachweise des Grenzzustandes GEO-3 das Nachweisverfahren 3 anzuwenden.

Die in DIN 1054 festgelegten Teilsicherheitsbeiwerte sind in den Tab. 1.1–1.3 für die verschiedenen Bemessungssituationen (siehe Abschn. 1.1.4) wiedergegeben.

Anmerkungen:

- Im Grenzzustand des Versagens durch Verlust der Gesamtstandsicherheit GEO-3 sind die Teilsicherheitsbeiwerte für die Scherfestigkeit Tab. 1.2 zu entnehmen, Herausziehwiderstände werden mit Teilsicherheitsbeiwerten nach STR und GEO-2 beaufschlagt.
- Der Teilsicherheitsbeiwert für den Materialwiderstand des Stahlzugglieds aus Spannstahl und Betonstahl ist für die Grenzzustände GEO-2 und GEO-3 in DIN EN 1992-1-1 mit $\gamma_M = 1{,}15$ angegeben.
- Der Teilsicherheitsbeiwert für den Materialwiderstand von flexiblen Bewehrungselementen ist für die Grenzzustände GEO-2 und GEO-3 in EBGEO (2010) angegeben.

Sofern größere Verschiebungen und Verformungen des Bauwerks die Standsicherheit und Gebrauchstauglichkeit des Bauwerks nicht beeinträchtigen, wie es bei Ufereinfassungen, Häfen und Wasserstraßen der Fall sein kann, darf in begründeten Fällen der Teilsicherheitsbeiwert γ_G im Fall des Erd- und Wasserdruckes herabgesetzt werden (DIN 1054, A 2.4.7.6.1 A(3)). In den EAU wird davon in Form der Beiwerte $\gamma_{G,red}$ (Tab. 1.1) und $\gamma_{R,e,red}$ (Tab. 1.3) Gebrauch gemacht. Ferner werden für Beanspruchungen aus ständigen und ungünstigen veränderlichen Einwirkungen in der Bemessungssituation BS-A die Teilsicherheitsbeiwerte $\gamma_G = \gamma_Q = 1{,}00$ gesetzt.

Bei der Bestimmung eines Bemessungswertes von Einwirkungen (F_d) nach DIN EN 1990 muss dieser entweder direkt festgelegt oder aus repräsentativen Werten abgeleitet werden:

$$F_d = \gamma_F \cdot F_{rep}$$

mit

$$F_{rep} = \psi \cdot F_k$$

γ_F Teilsicherheitsbeiwert
Ψ Kombinationsbeiwert

Für ständige Einwirkungen und für die Leiteinwirkung der veränderlichen Einwirkungen gilt:

$$F_{rep} = F_k$$

Tab. 1.1 Teilsicherheitsbeiwerte für Einwirkungen und Beanspruchungen (nach DIN 1054:2010-12, Tab. A 2.1 mit Ergänzungen) für Grenzzustände der Tragfähigkeit und der Gebrauchstauglichkeit.

Einwirkung bzw. Beanspruchung	Formelzeichen	Bemessungssituation		
		BS-P	BS-T	BS-A
HYD und UPL: Grenzzustand des Versagens durch hydraulischen Grundbruch und Aufschwimmen				
Destabilisierende ständige Einwirkungen[a)]	$\gamma_{G,dst}$	1,05	1,05	1,00
Stabilisierende ständige Einwirkungen	$\gamma_{G,stb}$	0,95	0,95	0,95
Destabilisierende veränderliche Einwirkungen	$\gamma_{Q,dst}$	1,50	1,30	1,00
Stabilisierende veränderliche Einwirkungen	$\gamma_{Q,stb}$	0	0	0
Strömungskraft bei günstigem Untergrund	γ_H	1,45	1,45	1,25
Strömungskraft bei ungünstigem Untergrund	γ_H	1,90	1,90	1,45
EQU: Grenzzustand des Verlusts der Lagesicherheit				
Ungünstige ständige Einwirkungen	$\gamma_{G,dst}$	1,10	1,05	1,00
Günstige ständige Einwirkungen	$\gamma_{G,stb}$	0,90	0,90	0,95
Ungünstige veränderliche Einwirkungen	γ_Q	1,50	1,25	1,00
STR und GEO-2: Grenzzustand des Versagens von Bauwerken, Bauteilen und Baugrund				
Beanspruchungen aus ständigen Einwirkungen allgemein[a)]	γ_G	1,35	1,20	1,00
Beanspruchungen aus ständigen Einwirkungen für die Bemessung der Verankerung[b)]	γ_G	1,35	1,20	1,10
Beanspruchungen aus günstigen ständigen Einwirkungen[c)]	$\gamma_{G,inf}$	1,00	1,00	1,00
Beanspruchungen aus ständigen Einwirkungen aus Erdruhedruck	$\gamma_{G,EO}$	1,20	1,10	1,00
Wasserdruck bei bestimmten Randbedingungen[d)]	$\gamma_{G,red}$	1,20	1,10	1,00
Wasserdruck bei bestimmten Randbedingungen für die Bemessung der Verankerung[b)]	$\gamma_{G,red}$	1,20	1,10	1,10
Beanspruchung aus ungünstigen veränderlichen Einwirkungen[e)]	γ_Q	1,50	1,30	1,00
Beanspruchungen aus ungünstigen veränderlichen Einwirkungen[f)] für die Bemessung der Verankerung[b)]	γ_Q	1,50	1,30	1,10
Beanspruchung aus günstigen veränderlichen Einwirkungen	γ_Q	0	0	0
GEO-3: Grenzzustand des Versagens durch Verlust der Gesamtstandsicherheit				
Ständige Einwirkungen	γ_G	1,00	1,00	1,00
Ungünstige veränderliche Einwirkungen	γ_Q	1,30	1,20	1,00
SLS: Grenzzustand der Gebrauchstauglichkeit				
$\gamma_G = 1{,}00$ für ständige Einwirkungen bzw. Beanspruchungen				
$\gamma_Q = 1{,}00$ für veränderliche Einwirkungen bzw. Beanspruchungen				

a) Die ständigen Einwirkungen verstehen sich einschließlich ständigen und veränderlichen Wasserdrucks. In BS-A gilt abweichend von DIN 1054:2010-12 $\gamma_G = 1{,}00$, außer für die Nachweise der Verankerung.

b) Die Bemessung der Verankerung (Verpressanker, Mikropfähle, Zugpfähle) umfasst bei verankerten Stützbauwerken auch den Nachweis der Standsicherheit in der tiefen Gleitfuge (Abschn. 9.3).

c) Wenn bei der Ermittlung der Bemessungswerte der Zugbeanspruchung eine gleichzeitig wirkende charakteristische Druckbeanspruchung aus günstigen ständigen Einwirkungen angesetzt wird, ist diese mit dem Teilsicherheitsbeiwert $\gamma_{G,inf}$ zu berücksichtigen (DIN 1054, 7.6.3.1 A(2)).

d) Bei Ufereinfassungen, bei denen größere Verschiebungen schadlos aufgenommen werden können, dürfen die Teilsicherheitsbeiwerte $\gamma_{G,red}$ für den Wasserdruck verwendet werden, wenn die Voraussetzungen nach Abschn. 8.2.1.3 gegeben sind (DIN 1054, A 2.4.7.6.1 A(3)).

e) In BS-A gilt abweichend von DIN 1054:2010-12 $\gamma_Q = 1{,}00$, außer für die Nachweise der Verankerung.

f) Die ständigen Einwirkungen verstehen sich einschließlich ständigen und veränderlichen Wasserdrucks.

Tab. 1.2 Teilsicherheitsbeiwerte für geotechnische Kenngrößen (DIN 1054:2010-12, Tab. A 2.2).

Bodenkenngröße	Formelzeichen	Bemessungssituation BS-P	BS-T	BS-A
HYD und UPL: Grenzzustand des Versagens durch hydraulischen Grundbruch und Aufschwimmen				
Reibungsbeiwert $\tan \varphi'$ des dränierten Bodens und Reibungsbeiwert $\tan \varphi_u$ des undränierten Bodens	$\gamma_{\varphi'}, \gamma_{\varphi_u}$	1,00	1,00	1,00
Kohäsion c' des dränierten Bodens und Scherfestigkeit c_u des undränierten Bodens	$\gamma_{c'}, \gamma_{c_u}$	1,00	1,00	1,00
GEO-2: Grenzzustand des Versagens von Bauwerken, Bauteilen und Baugrund				
Reibungsbeiwert $\tan \varphi'$ des dränierten Bodens und Reibungsbeiwert $\tan \varphi_u$ des undränierten Bodens	$\gamma_{\varphi'}, \gamma_{\varphi_u}$	1,00	1,00	1,00
Kohäsion c' des dränierten Bodens und Scherfestigkeit c_u des undränierten Bodens	$\gamma_{c'}, \gamma_{c_u}$	1,00	1,00	1,00
GEO-3: Grenzzustand des Versagens durch Verlust der Gesamtstandsicherheit				
Reibungsbeiwert $\tan \varphi'$ des dränierten Bodens und Reibungsbeiwert $\tan \varphi_u$ des undränierten Bodens	$\gamma_{\varphi'}, \gamma_{\varphi_u}$	1,25	1,15	1,10
Kohäsion c' des dränierten Bodens und Scherfestigkeit c_u des undränierten Bodens	$\gamma_{c'}, \gamma_{c_u}$	1,25	1,15	1,10

Tab. 1.3 Teilsicherheitsbeiwerte für Widerstände (nach DIN 1054:2010-12, Tab. A 2.3 mit Ergänzungen).

Widerstand	Formelzeichen	Bemessungssituation BS-P	BS-T	BS-A
STR und GEO-2: Grenzzustand des Versagens von Bauwerken, Bauteilen und Baugrund				
Bodenwiderstände				
Erdwiderstand und Grundbruchwiderstand	$\gamma_{R,e}, \gamma_{R,v}$	1,40	1,30	1,20
Erdwiderstand bei der Ermittlung des Biegemomentes[a)]	$\gamma_{R,e,red}$	1,20	1,15	1,10
Gleitwiderstand	$\gamma_{R,h}$	1,10	1,10	1,10
Pfahlwiderstände aus statischen und dynamischen Pfahlprobebelastungen				
Fußwiderstand	γ_b	1,10	1,10	1,10
Mantelwiderstand (Druck)	γ_s	1,10	1,10	1,10
Gesamtwiderstand (Druck)	γ_t	1,10	1,10	1,10
Mantelwiderstand (Zug)	$\gamma_{s,t}$	1,15	1,15	1,15
Pfahlwiderstände auf der Grundlage von Erfahrungswerten				
Druckpfähle	$\gamma_b, \gamma_s, \gamma_t$	1,40	1,40	1,40
Zugpfähle (nur in Ausnahmefällen)	$\gamma_{s,t}$	1,50	1,50	1,50
Herausziehwiderstände				
Boden- bzw. Felsnägel	γ_a	1,40	1,30	1,20
Verpresskörper von Verpressankern	γ_a	1,10	1,10	1,10
Flexible Bewehrungselemente	γ_a	1,40	1,30	1,20

a) Abminderung ausschließlich bei der Ermittlung des Biegemomentes. Bei Ufereinfassungen, bei denen größere Verschiebungen schadlos aufgenommen werden können, dürfen die Teilsicherheitsbeiwerte $\gamma_{R,e,red}$ für den Erdwiderstand verwendet werden, wenn die Voraussetzungen nach Abschn. 8.2.1.2 gegeben sind (DIN 1054, A 2.4.7.6.1A(3)).

Für Uferbauwerke werden im Regelfall die Kombinationsbeiwerte $\psi = 1{,}00$ gesetzt. Beim Nachweis der Sicherheit gegen Aufschwimmen (UPL) und der Sicherheit gegen hydraulischen Grundbruch (HYD) sind die Bemessungswerte F_d grundsätzlich ohne Berücksichtigung von Kombinationsbeiwerten zu ermitteln.

Literatur

Andrews, J.D. und Moss, T.R. (1993). *Reliability and Risk Assessment*. Burnt Mill: Longman Scientific & Technical.

EANG (2014). *Empfehlungen des AK Numerik in der Geotechnik*, (Hrsg. DGGT). Berlin: Ernst & Sohn.

EBGEO (2010). *Empfehlungen für den Entwurf und die Berechnung von Erdkörpern mit Bewehrungen aus Geokunststoffen (EBGEO)*, (Hrsg. Deutsche Gesellschaft für Geotechnik e. V.), 2. Aufl., 327 Seiten. Berlin: Ernst & Sohn.

Heibaum, M. und Herten, M. (2007). Finite-Element-Methode für geotechnische Nachweise nach neuer Normung? *Bautechnik* 84 (9): 627–635.

Mardfeldt B. (2005). Zum Tragverhalten von Kaikonstruktionen im Gebrauchszustand. Dissertation. Veröffentlichungen des Arbeitsbereichs Geotechnik und Baubetrieb der TU Hamburg-Harburg, Heft 11.

Richwien, W. und Lesny, K. (2003). Risikobewertung als Schlüssel des Sicherheitskonzepts – Ein probabilistisches Nachweiskonzept für die Gründung von Offshore-Windenergieanlagen. *Erneuerbare Energien* 13 (2): 30–35.

Schwab, R. und Kayser, J. (2002). Continuous model validation for large navigable lock. International Symposium on Identification and Determination of Soil and Rock Parameters, PARAM 2002, Paris.

Schweiger, H.F. (2017). *Numerik in der geotechnischen Nachweisführung*. Mitteilungsblatt der Bundesanstalt für Wasserbau Nr. 101. Karlsruhe: Eigenverlag.

Schuëller, G.I. (1981). *Einführung in die Sicherheit und Zuverlässigkeit von Tragwerken*. Berlin: Ernst & Sohn.

Normen und Vorschriften

DIN 1054: Baugrund – Sicherheitsnachweise im Erd- und Grundbau – Ergänzende Regelungen zu DIN EN 1997-1.

DIN 4020 Geotechnische Untersuchungen für bautechnische Zwecke – Ergänzende Regelungen zu DIN EN 1997-2.

DIN 4093 (2015). Bemessung verfestigter Bodenkörper – Hergestellt im Düsenstrahl-, Deep Mixing- oder Injektionsverfahren.

DIN EN 1990 Eurocode: Grundlagen der Tragwerksplanung.

DIN EN 1991 Eurocode 1: Einwirkungen auf Tragwerke.

DIN EN 1992 Eurocode 2: Bemessung und Konstruktion von Stahlbeton- und Spannbetontragwerken.

DIN EN 1993 Eurocode 3: Bemessung und Konstruktion von Stahlbauten.

DIN EN 1994 Eurocode 4: Bemessung und Konstruktion von Verbundtragwerken aus Stahl und Beton.

DIN EN 1995 Eurocode 5: Bemessung und Konstruktion von Holzbauten.

DIN EN 1996 Eurocode 6: Bemessung und Konstruktion von Mauerwerksbauten.

DIN EN 1997 Eurocode 7: Entwurf, Berechnung und Bemessung in der Geotechnik.
DIN EN 1998 Eurocode 8: Auslegung von Bauwerken gegen Erdbeben.
DIN EN 1999 Eurocode 9: Bemessung und Konstruktion von Aluminiumtragwerken.
Handbuch EC7-1 (2015). *Handbuch Eurocode 7,* Geotechnische Bemessung Band 1. Allgemeine Regeln.
Handbuch EC7-2 (2011). *Handbuch Eurocode 7,* Geotechnische Bemessung Band 2. Erkundung und Untersuchung.

2
Schiffsabmessungen

2.1 Seeschiffe

Bei der Berechnung und Bemessung von Ufereinfassungen und von Fenderungen und Dalben kann mit den in den Tab. 2.1–2.8 beschriebenen beispielhaften mittleren Schiffsabmessungen gerechnet werden. Zu berücksichtigen ist dabei, dass es sich um mittlere Werte handelt, deren Größe um bis zu 10 % über- oder unterschritten werden kann. Die Angaben von Tankern, Massengutfrachtern und Containerschiffen wurden aus Port of Rotterdam „table of design ships" sowie der Datenbank Ships-Register[1)] übernommen. Für detailliertere Informationen wird eine eigene Recherche (Internet, Schiffsregister etc.) empfohlen.

Definitionen der gebräuchlichen Angaben zu Schiffsgrößen:

- Die Schiffsvermessung erfolgt auf der Grundlage der Bruttoraumzahl (BRZ), einer dimensionslosen Größe (engl. Gross Tonnage, GT). Diese ist aus dem Gesamtvolumen des Schiffes abgeleitet. Die früher übliche Messeinheit Bruttoregistertonne (BRT; eine Registertonne entsprach 100 cubic feet, d. h. 2,83 m^3) ist entsprechend einer internationalen Vereinbarung seit dem Jahr 1994 nicht mehr zugelassen.
- Die Tragfähigkeit (deadweight tonnage, dwt) wird in metrischen Tonnen angegeben und gibt die maximale Ladekapazität eines voll ausgerüsteten, betriebsfertigen Schiffes an. Es besteht kein mathematischer Zusammenhang zwischen der Tragfähigkeit und der Schiffsvermessung.
- Die Wasserverdrängung (engl. displacement) gibt das tatsächliche Gewicht des Schiffes einschließlich der maximalen Zuladung in metrischen Tonnen an.
- Es besteht kein mathematischer Zusammenhang zwischen der Wasserverdrängung und der Tragfähigkeit und/oder der Schiffsvermessung.
- Containerschiffe werden in der Regel nach ihrer Stellplatzkapazität beurteilt, die in Stück TEU (twenty feet equivalent unit) angegeben wird. Ein TEU ist eine international standardisierte Einheit zur Zählung von ISO-Containern in den Abmessungen von Länge: 6,058 m, Breite: 2,438 m, Höhe: 2,591 m.

2.1.1 Fahrgast- und Kreuzfahrtschiffe

Bei den Fahrgast-/Kreuzfahrtschiffen geht der Trend in den vergangenen Jahren eindeutig zu immer größeren Einheiten. Für den Entwurf eines neuen Terminals ist daher

1) http://www.ships-register.com.

Empfehlungen des Arbeitsausschusses „Ufereinfassung" (EAU 2020), Hrsg. HTG und DGGT, 12. Aufl.
© 2021 Ernst & Sohn GmbH & Co. KG. Published 2021 by Ernst & Sohn GmbH & Co. KG.

ein entsprechend großes Bemessungsschiff zu berücksichtigen. Hierbei ist zu beachten, dass die maximale Schiffsbreite teilweise oberhalb der Wasserlinie auftritt. So sind z. B. die Schiffe der Oasis-Klasse auf Höhe der Wasserlinie 47 m, darüber jedoch 60 m breit.

Tab. 2.1 Fahrgast- und Kreuzfahrtschiffe.

Schiffs-vermessung [BRZ/GT]	Tragfähig-keit [dwt]	Wasser-verdrängung *G* [to]	Länge über alles [m]	Länge zwischen den Loten [m]	Max. Breite [m]	Max. Tiefgang [m]
225 000	–	100 000	362	330	60,5	9,3
149 000	–	76 000	345	301	41,0	10,3
128 000	–	k. A.	305	270	37,2	8,2
110 000	–	k. A.	290	248	35,5	8,3
90 000	–	k. A.	294	263	32,2	8,3
70 000	–	37 600	260	220	33,1	7,6
50 000	–	27 900	231	197	30,5	7,6
30 000	–	17 700	194	166	26,8	7,6
20 000	–	12 300	169	146	24,2	7,6

2.1.2 Massengutfrachter – Bulk Carrier

Der Trend zu immer größeren Einheiten bei den Massengutfrachtern/Bulk Carriern scheint mit dem seit 2010 laufenden Bauprogramm der 35 weltgrößten Einheiten der Valemax-Klasse (388 000–400 000 dwt) abgeschlossen zu sein.

Tab. 2.2 Massengutfrachter – Bulk Carrier.

Schiffs-vermes-sung [BRZ/GT]	Tragfähig-keit [dwt]	Wasser-verdrän-gung *G* [to]	Länge über alles [m]	Länge zwischen den Lo-ten [m]	Breite [m]	Max. Tiefgang [m]	Generation/ Klasse
–	400 000	468 000	362	350	65,0	23,0	Chinamax ULBC[a)]
–	325 000	380 000	340	k. A.	62,0	21,0	VLBC[b)]
	175 000	205 000	290	k. A.	45,0	17,0	Capesize
	75 000	96 000	229	k. A.	32,3	13,5	Panamax
–	55 000	64 000	200	k. A.	32,3	11,5	Handymax
–	30 000	35 100	170	k. A.	27,0	9,4	Handysize
–	8 000	k. A.	107	k. A.	18,2	6,8	Coaster

a) Ultra Large Bulk Carrier.
b) Very Large Bulk Carrier.

2.1.3 Stückgutfrachter – General Cargo

Bei den Stückgutfrachtern zeichnet sich kein Trend zu größeren Einheiten ab. Hinzu kommt, dass heute kaum noch reine Stückgutfrachter in Dienst gestellt werden bzw. in Fahrt sind, da Container-, Semi-Container- und spezielle Schwergutschiffe diesen klassischen Schiffstyp ablösen bzw. bereits abgelöst haben. Im Bedarfsfall können die Maßangaben der anderen Abschnitte sinngemäß verwendet werden. Die Planungsdaten sind sorgfältig zu ermitteln.

2.1.4 Containerschiffe

Die Breite der Containerschiffe ergibt sich jeweils aus der Anzahl der Reihen an Containern, die an Deck maximal nebeneinander stehen können.

Die Größe der Containerschiffe unterliegt unverändert einer dynamischen Entwicklung, deren Endpunkt noch nicht abzusehen ist. Eine Orientierung ist eventuell an den bisher größten Tankern und Massengutschiffen möglich, die Breiten bis 70 m und Tiefgänge bis 24 m erreicht haben. Planungsdaten sind daher sorgfältig zu ermitteln. Bei mehr als 14 000 TEU Kapazität spricht man von Ultra Large Container Ships (ULCS) oder Megaboxern.

Tab. 2.3 Containerschiffe.

Tragfähigkeit [dwt]	Wasserverdrängung *G* [to]	Länge über alles [m]	Länge zwischen den Loten [m]	Breite [m]	Reihen	Max. Tiefgang [m]	Anzahl Container [TEU]	Generation/ Klasse
250 000	335 000	430	412	66,5	26	18,0	k. A.	ULCS (Megamax 26)
228 000	290 000	400	383	61,3	24	16,5	23 500	ULCS (Megamax 24)
195 000	259 000	400	383	59,0	23	16,0	21 400	ULCS
157 000	209 000	366	k. A.	48,4	20	15,0	14 000	New-Panamax
118 000	157 000	334	k. A.	45,6		13,5	10 000	Post-Panamax
66 000	88 000	294	k. A.	32,3		13,5	5 100	Panamax
39 000	51 000	222	k. A.	30,0		12,0	2 800	Feeder
15 000	20 000	150	k. A.	23,0		7,6	1 000	Coaster

2.1.5 Fährschiffe

Die Abmessungen dieser Schiffe sind stark abhängig vom Einsatzgebiet und vom Einsatzzweck. Die Schiffe werden oft für ein, zwei oder drei Fahrrouten gebaut, und haben damit oft hafenspezifische Abmessungen.

2.1.6 RoRo/ConRo-Schiffe

RoRo-Schiffe transportieren im Kurz-, Mittel- und Langstrecken-Seeverkehr u. a. Pkw/Lkw-Verkehre und sogenannte Breakbulk-Ladung (nicht containerisierte Schwergutladung jeglicher Art).

Spezialtypen des RoRo-Frachters sind z. B. das ConRo-Schiff (Kombination von Container- und RoRo-Schiff).

Tab. 2.4 RoRo/ConRo-Schiffe.

Tragfähigkeit [dwt]	Wasserverdrängung *G* [to]	Länge über alles [m]	Länge zwischen den Loten [m]	Breite [m]	Max. Tiefgang [m]
56 700	34 000	296	287	37,6	11,5
44 000	k. A.	265	250	32,3	12,3
30 000	45 600	229	211	30,3	11,3
20 000	31 300	198	182	27,4	9,7
15 000	24 000	178	163	25,6	8,7
10 000	16 500	153	141	23,1	7,5
7 000	11 900	135	123	21,2	6,6
5 000	8 710	119	109	19,5	5,8
3 000	5 430	99	90	17,2	4,8
2 000	3 730	85	78	15,6	4,1
1 000	1 970	66	60	13,2	3,2

2.1.7 Öltanker

Tab. 2.5 Öltanker.

Tragfähigkeit [dwt]	Wasserverdrängung *G* [to]	Länge über alles [m]	Länge zwischen den Loten [m]	Breite [m]	Max. Tiefgang [m]	Generation/Klasse
442 000	509 000	380	k. A.	68,0	24,5	ULCC[b)]
319 000	373 000	333	k. A.	60,0	21,0	VLCC[a)]
165 000	193 000	274	k. A.	50,0	15,6	Suezmax
105 000	123 000	244	k. A.	42,0	13,4	Aframax
55 000	64 000	229	k. A.	32,3	12,3	Panamax
45 000	53 000	183	k. A.	32,3	11,3	Handymax
25 000	29 250	170	k. A.	25,5	8,9	Handysize
8 000	9 400	116	k. A.	18,0	7,1	Coaster

a) Very Large Crude Carrier.
b) Ultra Large Crude Carrier.

2.1.8 Gastanker

Tab. 2.6 Gastanker.

Tragfähigkeit [dwt]	Kapazität [m³]	Wasserverdrängung G [to]	Länge über alles [m]	Länge zwischen den Loten [m]	Breite [m]	Max. Tiefgang [m]
128 900	266 000	180 000	345	332	53.8	12,0
100 000	155 000	125 000	305	294	50,0	12,5
70 000	110 000	100 000	280	269	45,0	11,5
50 000	77 000	75 000	255	245	38,0	10,5
20 000	30 500	34 000	195	185	30,0	8,5
10 000	15 000	19 000	148	135	26,0	7,0
5 000	5 000	8 000	110	100	18,0	6,8
2 000	2 000	3 500	90	75	13,0	5,5

2.2 Binnenschiffe

Siehe Tab. 2.7.

Tab. 2.7 Klassifizierung für europäische Binnenwasserstraßen.

Typ der Binnenwasserstraße		Klasse der Binnenwasserstraße	Motorschiffe und Schleppkähne Typ des Schiffes: allgemeine Merkmale					Schubverbände Art des Schubverbandes: allgemeine Merkmale					Brückendurchfahrtshöhe	Grafisches Symbol auf der Karte
			Bezeichnung	Max. Länge *L* [m]	Max. Breite *B* [m]	Tiefgang *d* [m][g)]	Tonnage *T* [t]	Formation	Länge *L* [m]	Breite *B* [m]	Tiefgang *d* [m][g)]	Tonnage *T* [t]	[m][b)]	
1		2	3	4	5	6	7	8	9	10	11	12	13	14
Von regionaler Bedeutung	Westlich der Elbe	I	Penische	38,5	5,05	1,8–2,2	250–400						4,0	—
		II	Kempenaar	50–55	6,6	2,5	400–650						4,0–5,0	═
	Östlich der Elbe	I	Gross Finow	41	4,7	1,4	180						3,0	—
		II	BM-500	57	7,5–9,0	1,6	500–630						3,0	═
		III	[f)]	67–70	8,2–9,0	1,6–2,0	470–700		118–132[d)]	8,2–9,0[d)]	1,6–2,0	1000–1200	4,0	≡

Tab. 2.7 Klassifizierung für europäische Binnenwasserstraßen. (Fortgesetzt)

Typ der Binnenwasserstraße	Klasse der Binnenwasserstraße	Motorschiffe und Schleppkähne Typ des Schiffes: allgemeine Merkmale					Schubverbände Art des Schubverbandes: allgemeine Merkmale					Brückendurchfahrtshöhe	Grafisches Symbol auf der Karte
		Bezeichnung	Max. Länge L [m]	Max. Breite B [m]	Tiefgang d [m][g)]	Tonnage T [t]	Formation	Länge L [m]	Breite B [m]	Tiefgang d [m][g)]	Tonnage T [t]	[m][b)]	
1	2	3	4	5	6	7	8	9	10	11	12	13	14
Von internationaler Bedeutung	IV	Johann Welker	80–85	9,50	2,50	1000–1500		85	9,50[e)]	2,50–2,80	1250–1450	5,25 od. 7,00[d)]	
	Va	Große Rheinschiffe	95–110	11,40	2,50–2,80	1500–3000		96–110[a)]	11,40	2,50–4,50	1600–3000	5,25 od. 7,00 od. 9,10[e)]	
	Vb	Vergrößertes Großes Rheinschiff	135	11,4	4,0		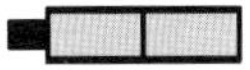	172–185[a)]	11,40	2,50–4,50	3200–6000		
	VIa	Rhein max Schiff	135	17	4,0			95–110[a)]	22,80	2,50–4,50	3200–6000	7,00 od. 9,10[d)]	
	VIb	[c)]					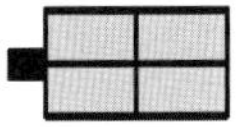	185–195[a)]	22,80	2,50–4,50	6400–12000	7,00 od. 9,10[d)]	

Tab. 2.7 Klassifizierung für europäische Binnenwasserstraßen. (Fortgesetzt)

Typ der Binnenwasserstraße	Klasse der Binnenwasserstraße	Motorschiffe und Schleppkähne Typ des Schiffes: allgemeine Merkmale					Schubverbände Art des Schubverbandes: allgemeine Merkmale					Brückendurchfahrtshöhe [m][b)]	Grafisches Symbol auf der Karte
		Bezeichnung	Max. Länge *L* [m]	Max. Breite *B* [m]	Tiefgang *d* [m][g)]	Tonnage *T* [t]	Formation	Länge *L* [m]	Breite *B* [m]	Tiefgang *d* [m][g)]	Tonnage *T* [t]		
1	2	3	4	5	6	7	8	9	10	11	12	13	14
	VIc						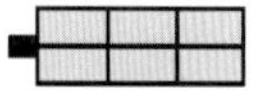	270–280[a)]	22,80 33,00–34,20[a)]	2,50–4,50	9600–18000	9,10[d)]	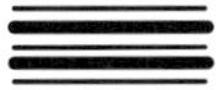
							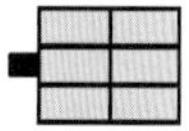	195–200[a)]		2,50–4,50	9600–18000		
	VII[h)]						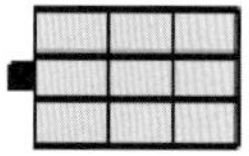	285	33,00–34,20[a)]	2,50–4,50	14500–27000	9,10[d)]	

a) Die erste Zahl berücksichtigt die bestehende Situation, während die zweite sowohl zukünftige Entwicklungen als auch – in einigen Fällen – die bestehende Situation darstellt.
b) Berücksichtigt einen Sicherheitsabstand von etwa 30 cm zwischen dem höchsten Fixpunkt des Schiffes oder seiner Ladung und einer Brücke.
c) Berücksichtigt die Abmessungen von Fahrzeugen mit Eigenantrieb, die im RoRo- und Containerverkehr erwartet werden. Die angegebenen Abmessungen sind annähernde Werte.
d) Für die Beförderung von Containern ausgelegt: 5,25 m für Schiffe, die zwei Lagen Container befördern, 7,00 m für Schiffe, die drei Lagen Container befördern, 9,10 m für Schiffe, die vier Lagen Container befördern. 50 % der Container können leer sein, sonst Ballastierung erforderlich.
e) Einige vorhandene Wasserstraßen können aufgrund der größten zulässigen Länge von Schiffen und Verbänden der Klasse IV zugeordnet werden, obwohl die größte Breite 11,40 m und der größte Tiefgang 4,00 m beträgt.
f) Schiffe, die im Gebiet der Oder und auf den Wasserstraßen zwischen Oder und Elbe eingesetzt werden.
g) Der Tiefgangswert für eine bestimmte Bundeswasserstraße ist entsprechend den örtlichen Bedingungen festzulegen.
h) Auf einigen Abschnitten von Wasserstraßen der Klasse VII können auch Schubverbände eingesetzt werden, die aus einer größeren Anzahl von Leichtern bestehen. In diesem Fall können die horizontalen Abmessungen die in der Tabelle angegebenen Werte übersteigen.

2.3 Offshoreinstallationsschiffe

Tab. 2.8 Auswahl von Installationsschiffen für Offshorebauwerke.

	Länge [m]	Breite [m]	Tiefgang [m]	Tragfähigkeit [dwt]	Verdrängung [t]
Errichterschiffe (mit Hubsystem)					
Voltaire	180	60	7,5	21 500	k. A.
Innovation	147,5	42,0	7,33	11 166	22 313
Seabreeze-Klasse Victoria Mathias, Friedrich Ernestine	100,0	40,0	4,5	6 315	18 000
Pacific Orca (sechs Hubbeine)	161,0	49,0	5,5	8 400	k. A.
Offshorekranschiffe					
Thialf (Halbtaucher, Hubkapazität 14 200 t)	201,6	88,4	Max. 31,6	129 221	198 750
Sleipnir (Halbtaucher, Hubkapazität 20 000 t)	220,0	102,0	Max. 32,0	k. A.	273 700
Stanislav Yudin	183,3	40,0	5,5–8,9	5 600	49 200
Oleg Strashnow	183,0	47,0	8,5–13,5	48 000	77 200
Feederschiffe (Panamax-Klasse)					
Wahl	224,0	32,3	12,0	70 000	81 900
Bargen	100,0	30,0	6,0	11 000	16 000
Sonstige Schiffe					
Pioneering Spirit (Rohrlegeschiffe)	370,0	123,75	27,0	499 125	1 000 000 max.
Solitaire	300,0	40,6	13,5	k. A.	127 435
MS Regina Baltica (Hotelschiffe)	145,2	25,5	5,5	2 830	11 900
Festmacherboote	12,0	3,5	1,5	k. A.	k. A.

3
Geotechnische Grundlagen

3.1 Geotechnischer Bericht

Der Geotechnische Bericht nach DIN EN 1997-1 (3.4) bzw. DIN EN 1997-2 (6) fasst die Ergebnisse der Baugrunderkundung zusammen, gibt charakteristische Bemessungswerte an und formuliert Gründungsempfehlungen.

Im Geotechnischen Bericht sind Art und Umfang der Baugrunduntersuchungen sowie deren Ergebnisse zu dokumentieren. Zur Bewertung des Baugrunds gehört auch die Untersuchung auf chemische Inhaltsstoffe, die schädigende Einwirkungen auf Beton und/oder Stahl haben könnten, und auf Kontaminierungen.

Die angegebenen charakteristischen Bemessungswerte der Bodenkenngrößen müssen ggf. mit Bezug zu den vorgesehenen Berechnungsverfahren gewählt werden und können sich dementsprechend unterscheiden.

Die Erkenntnisse aus dem Geotechnischen Bericht werden zu Gründungsempfehlungen für das konkrete Bauwerk zusammengefasst. Dazu gehören bei Ufereinfassungen auch Hinweise zum Einbringen von Pfählen und Wandprofilen sowie auf Rammhindernisse.

Zusammen mit den Nachweisen der Standsicherheit und der Gebrauchstauglichkeit bilden die o. g. Berichtsinhalte den Geotechnischen Entwurfsbericht nach DIN EN 1997-2 (2.8).

Der Geotechnische Bericht ist auch die Grundlage für die Einteilung des Baugrunds in Homogenbereiche nach den Allgemeinen Technischen Vertragsbedingungen der VOB Teil C.

3.2 Baugrund

3.2.1 Mittlere charakteristische Werte von Bodenkenngrößen

Für Vorentwürfe dürfen die in Tab. 3.1–3.3 angegebenen charakteristischen Werte (Index k) als Erfahrungswerte eines größeren Bodenbereichs verwendet werden. Ohne Nachweis dürfen nur die Tabellenwerte für geringen Sondierwiderstand oder weiche Konsistenz angenommen werden.

Der Ausführungsplanung sind grundsätzlich die örtlich durch Feld- und Laborversuche ermittelten Werte der Bodenkenngrößen zugrunde zu legen. Die wirksamen Scherparameter φ' und c' von bindigen Böden sind an ungestörten Bodenproben möglichst in Triaxialversuchen zu ermitteln.

Empfehlungen des Arbeitsausschusses „Ufereinfassung“ (EAU 2020), Hrsg. HTG und DGGT, 12. Aufl.
© 2021 Ernst & Sohn GmbH & Co. KG. Published 2021 by Ernst & Sohn GmbH & Co. KG.

Die charakteristischen Werte der Scherparameter φ'_k und c'_k für bindige Böden gelten für die Berechnung der Endstandsicherheit (konsolidierter Zustand, Endfestigkeit).

Erfahrungswerte für die Scherparameter des undränierten, erstbelasteten Bodens $c_{u,k}$ werden in DIN 1055-2 (2010–2011) angegeben.

3.2.2 Anordnung und Tiefe von Bohrungen und Sondierungen

3.2.2.1 Allgemeines

Art und Umfang der Baugrunderkundungen, ihre Anordnung und die Erkundungstiefe sind von einem geotechnischen Sachverständigen nach den Grundsätzen aus DIN EN 1997-2 und DIN 4020 festzulegen.

Bohrungen dienen der Erkundung der Schichtenfolge und der Gewinnung von Bodenproben für bodenmechanische Laborversuche. Zur Erkundung und Beobachtung der Grundwasserverhältnisse können Bohrungen zu Grundwassermessstellen ausgebaut werden.

Mit Sondierungen können die Festigkeitseigenschaften der anstehenden Bodenarten ermittelt werden, mithilfe empirischer Korrelationen können zudem die Bodenarten näherungsweise identifiziert und ihre Bodenkennwerte abgeschätzt werden.

Bohrungen und Sondierungen sind grundsätzlich in einem solchen Umfang durchzuführen, dass der Baugrund in allen planungsrelevanten Eigenschaften bekannt ist und für Laborversuche eine hinreichende Anzahl von geeigneten Bodenproben gewonnen wird. Bei der Festlegung von Art und Anzahl von Bohrungen und Sondierungen sind die Ergebnisse von Vorerkundungen in Form geologischer Kartierungen und ggf. vorliegender Ergebnisse von früheren Bohrungen und Sondierungen mit zu berücksichtigen.

Oberflächengeophysikalische Messungen können in Verbindung mit den Bohrungen und Sondierungen flächen- oder linienhafte Informationen zu den geologischen Verhältnissen, zum Grundwasserspiegel und Hinweise auf große Hindernisse im Baugrund liefern.

Bei bedeutenden Bauvorhaben kann es zweckmäßig sein, zunächst mit orientierenden Baugrunderkundungen (Hauptbohrungen, Sondierungen) zu beginnen und diese dann planungsbegleitend durch Zwischenbohrungen und weitere Sondierungen zu ergänzen (siehe Abb. 3.1).

Die Baugrunderkundungen können durch Probebelastungen und Probeschüttungen ergänzt werden, um das Tragverhalten von Gründungselementen sowie die Verdichtungsmöglichkeiten von Böden sicher zu beurteilen. Zur Beurteilung des Zusammenwirkens von Bauteilen mit dem Boden müssen ggf. Modellversuche durchgeführt werden. Die Durchführung und die Ergebnisse von Probebelastungen, Probeschüttungen und Modellversuchen sind im Geotechnischen Bericht zu dokumentieren.

3.2.2.2 Hauptbohrungen

Hauptbohrungen sollen vorzugsweise in der späteren Bauwerksachse (Uferkante) liegen. Ihre Tiefe muss bei unverankerten Wänden etwa bis zur doppelten Höhe des Geländesprungs bzw. bis in eine bekannte geologische Schicht reichen. Ein Richtwert für den Bohrabstand ist etwa 50 m, Empfehlungen zu Lage und Tiefe geben DIN EN 1997-2 (2.4.1.3) und DIN 4020. Im konkreten Fall müssen die Lage der Ansatzpunkte und die Abstände der Bohrungen untereinander an die geologischen und baulichen Randbedingungen angepasst werden. Da für die bodenmechanischen Laborversuche Bodenproben mindestens der Güteklasse GK 2 nach DIN EN ISO 22475-1 benötigt werden, müssen

Tab. 3.1 Anhaltswerte für charakteristische Werte von Bodenkenngrößen: nichtbindige Böden. Die Bodengruppen GU, GT, SU, ST und $G\overline{U}$, $G\overline{T}$, $S\overline{U}$, $S\overline{T}$ sind in dieser Tabelle den nichtbindigen Böden entsprechend DIN 1054 A 3.1.2 zuzuordnen.

Nr.	Bodenart	Bodengruppe nach DIN 18196[a)]	Sondier-spitzen-widerstand q_c [MN/m²]	Wichte γ_k [kN/m³]	γ'_k [kN/m³]	Zusammendrückbarkeit[b)] Erstbelastung[c)] $E_S = v_e\sigma_{at}(\sigma/\sigma_{at})^{w_e}$ v_e	w_e	Scherparameter des entwässerten Bodens φ'_k [°]	Durchlässigkeitsbeiwert k_k [m/s]
1	Kies, eng gestuft	GE $C_U < 6$	< 7,5 7,5–15 > 15	16,0 17,0 18,0	8,5 9,5 10,5	400 bis 900	0,6 bis 0,4	30,0–32,5 32,5–37,5 35,0–40,0	$2 \cdot 10^1$ bis $1 \cdot 10^2$
2	Kies, weit oder intermittierend gestuft	GW, GI $6 \leq C_U \leq 15$	< 7,5 7,5–15 > 15	16,5 18,0 19,5	9,0 10,0 11,5	400 bis 1100	0,7 bis 0,5	30,0–32,5 32,5–37,5 35,0–40,0	$1 \cdot 10^2$ bis $1 \cdot 10^6$
3	Kies, weit oder intermittierend gestuft	GW, GI $C_U > 15$	< 7,5 7,5–15 > 15	17,0 19,0 21,0	9,0 10,5 12,0	400 bis 1200	0,7 bis 0,5	30,0–32,5 32,5–37,5 35,0–40,0	$1 \cdot 10^2$ bis $1 \cdot 10^6$
4	Kies-Schluff/Ton-Gemische Anteil $d < 0{,}06$ mm ist < 15 %	GU, GT	< 7,5 7,5–15 > 15	17,0 19,0 21,0	9,0 10,5 12,0	400 bis 1200	0,7 bis 0,5	27,5–32,5 32,5–37,5 35,0–40,0	$1 \cdot 10^5$ bis $1 \cdot 10^6$
5	Kies-Schluff/Ton-Gemische Anteil $d < 0{,}06$ mm ist > 15 %	$G\overline{U}$, $G\overline{T}$	< 7,5 7,5–15 > 15	16,5 18,0 19,5	8,5 9,5 10,0	150 bis 400	0,9 bis 0,7	27,5–32,5 32,5–37,5 35,0–40,0	$1 \cdot 10^7$ bis $1 \cdot 10^{11}$
6	Sand, eng gestuft, Grobsand	SE $C_U < 6$	< 7,5 7,5–15 > 15	16,0 17,0 18,0	8,5 9,5 10,5	200 bis 700	0,75 bis 0,55	30,0–32,5 32,5–37,5 35,0–40,0	$5 \cdot 10^3$ bis $1 \cdot 10^4$
7	Sand, eng gestuft, Feinsand	SE $C_U < 6$	< 7,5 7,5–15 > 15	16,0 17,0 18,0	8,5 9,5 10,5	150 bis 500	0,75 bis 0,60	30,0–32,5 32,5–37,5 35,0–40,0	$1 \cdot 10^4$ bis $2 \cdot 10^5$
8	Sand, weit oder intermittierend gestuft	SW, SI $6 \leq C_U \leq 15$	< 7,5 7,5–15 > 15	16,5 18,0 19,5	9,0 10,0 11,5	200 bis 600	0,70 bis 0,55	30,0–32,5 32,5–37,5 35,0–40,0	$5 \cdot 10^4$ bis $2 \cdot 10^5$

Tab. 3.1 Anhaltswerte für charakteristische Werte von Bodenkenngrößen: nichtbindige Böden. Die Bodengruppen GU, GT, SU, ST und $G\overline{U}$, $G\overline{T}$, $S\overline{U}$, $S\overline{T}$ sind in dieser Tabelle den nichtbindigen Böden entsprechend DIN 1054 A 3.1.2 zuzuordnen. (Fortgesetzt)

Nr.	Bodenart	Bodengruppe nach DIN 18196[a]	Sondier-spitzen-widerstand q_c [MN/m²]	Wichte γ_k [kN/m³]	γ'_k [kN/m³]	Zusammendrückbarkeit[b] Erstbelastung[c] $E_S = v_e \sigma_{at} (\sigma/\sigma_{at})^{w_e}$ v_e	w_e	Scherparameter des entwässerten Bodens φ'_k [°]	Durchlässigkeitsbeiwert k_k [m/s]
9	Sand, weit oder intermittierend gestuft	SW, SI $C_U > 15$	< 7,5 7,5–15 > 15	17,0 19,0 21,0	9,0 10,5 12,0	200 bis 600	0,70 bis 0,55	30,0–32,5 32,5–37,5 35,0–40,0	$1 \cdot 10^4$ bis $1 \cdot 10^5$
10	Sand-Schluff/Ton-Gemische Anteil $d < 0{,}06$ mm ist < 15 %	SU, ST	< 7,5 7,5–15 > 15	16,0 17,0 18,0	8,5 9,5 10,5	150 bis 500	0,80 bis 0,65	27,5–32,5 32,5–37,5 35,0–40,0	$2 \cdot 10^5$ bis $5 \cdot 10^7$
11	Sand-Schluff/Ton-Gemische Anteil $d < 0{,}06$ mm ist > 15 %	$S\overline{U}$, $S\overline{T}$	< 7,5 7,5–15 > 15	16,5 18,0 19,5	9,0 10,0 11,5	50 bis 250	0,9 bis 0,75	27,5–32,5 32,5–37,5 35,0–40,0	$2 \cdot 10^6$ bis $1 \cdot 10^9$

a) Die angegebenen Bereiche für Kennwerte können im Einzelfall sowohl über- als auch unterschritten werden.
Kennbuchstaben für die Haupt- und Nebenbestandteile:

F Mudde
G Kies
H Torf (Humus)
O organische Beimengungen
S Sand
T Ton
U Schluff

Kennbuchstaben für kennzeichnende bodenphysikalische Eigenschaften:
Korngrößenverteilung:

W weit gestufte Korngrößenverteilung
E eng gestufte Korngrößenverteilung
I intermittierend gestufte Korngrößenverteilung

Plastische Eigenschaften:

L leicht plastisch
M mittel plastisch
A ausgeprägt plastisch

Zersetzungsgrad von Torfen:

N nicht bis kaum zersetzter Torf
Z zersetzter Torf
v_e Steifebeiwert, empirischer Parameter
w_e empirisch gefundener Parameter
σ Belastung in kN/m²
σ_{at} Atmosphärendruck (= 100 kN/m²)

b) Die Erhöhung von v_e ist stets mit einer Erniedrigung von w_e gekoppelt!
c) v_e-Werte bei Wiederbelastung bis zum Zehnfachen höher, w_e-Werte gehen gegen 1.

Tab. 3.2 Anhaltswerte für charakteristische Werte von Bodenkenngrößen: bindige Böden. Die Bodengruppen GU, GT, SU, ST und $G\overline{U}$, $G\overline{T}$, $S\overline{U}$, $S\overline{T}$ sind in dieser Tabelle den bindigen Böden entsprechend DIN 1054 A 3.1.3 zuzuordnen. Die Parameter für die Zusammendrückbarkeit sind vorzugsweise durch Versuche zu bestimmen.

Nr.	Bodenart	Bodengruppe nach DIN 18196[a)]	Konsistenz im Ausgangszustand nach DIN EN 14688-1	Wichte		Zusammendrückbarkeit[b)] Erstbelastung[c)] $E_S = v_e \sigma_{at} (\sigma/\sigma_{at})^{w_e}$		Scherparameter des entwässerten Bodens		Durchlässigkeitsbeiwert
				γ_k [kN/m³]	γ'_k [kN/m³]	v_e	w_e	φ'_k [°]	c'_k [kN/m²]	k_k [m/s]
1	Kies-Schluff/Ton-Gemische Anteil $d < 0{,}06$ mm ist $< 15\,\%$	GU, GT	Weich Steif Halbfest	19,0 20,0 21,0	10,5 11,5 12	300 bis 1000	0,7 bis 0,5	27,5 bis 35,0	0 0 0	$1 \cdot 10^5$ bis $1 \cdot 10^7$
2	Kies-Schluff/Ton-Gemische Anteil $d < 0{,}06$ mm ist $> 15\,\%$	$G\overline{U}$, $G\overline{T}$	Weich Steif Halbfest	19,0 20,5 22,0	10,0 11,0 12,0	50 bis 200	0,8 bis 0,6	25,0 bis 30,0	0 5 10	$1 \cdot 10^6$ bis $1 \cdot 10^{10}$
3	Sand-Schluff/Ton-Gemische Anteil $d < 0{,}06$ mm ist $< 15\,\%$	SU, ST	Weich Steif Halbfest	19,0 20,0 21,0	10,5 11,5 12	120 bis 400	0,7 bis 0,6	27,5 bis 35,0	0 0 0	$2 \cdot 10^5$ bis $5 \cdot 10^7$
4	Sand-Schluff/Ton-Gemische Anteil $d < 0{,}06$ mm ist $> 15\,\%$	$S\overline{U}$, $S\overline{T}$	Weich Steif Halbfest	19,0 20,5 21,5	9,0 10,0 11,0	40 bis 120	0,8 bis 0,6	25,0 bis 30,0	0 5 10	$2 \cdot 10^6$ bis $1 \cdot 10^9$
5	Anorganische bindige Böden mit leicht plastischen Eigenschaften ($w_L < 35\,\%$)	UL	Weich Steif Halbfest	18,0 19,0 20,0	9,0 10,0 11,0	40 bis 110	0,80 bis 0,60	27,5 bis 32,5	0 2–5 5–10	$1 \cdot 10^5$ bis $1 \cdot 10^7$
6	Anorganische bindige Böden mit mittelplastischen Eigenschaften ($35\,\% < w_L < 50\,\%$)	UM	Weich Steif Halbfest	17,5 18,5 19,5	8,5 9,5 10,5	30 bis 70	0,90 bis 0,70	25,0 bis 30,0	0 5–10 10–15	$2 \cdot 10^6$ bis $1 \cdot 10^9$
7	Anorganische bindige Böden mit leicht plastischen Eigenschaften ($w_L < 35\,\%$)	TL	Weich Steif Halbfest	20,0 21,0 22,0	10,0 11,0 12,0	20 bis 50	1,0 bis 0,90	25,0 bis 30,0	0 5–10 10–15	$1 \cdot 10^7$ bis $2 \cdot 10^9$

Tab. 3.2 Anhaltswerte für charakteristische Werte von Bodenkenngrößen: bindige Böden. Die Bodengruppen GU, GT, SU, ST und $G\overline{U}$, $G\overline{T}$, $S\overline{U}$, $S\overline{T}$ sind in dieser Tabelle den bindigen Böden entsprechend DIN 1054 A 3.1.3 zuzuordnen. Die Parameter für die Zusammendrückbarkeit sind vorzugsweise durch Versuche zu bestimmen. (Fortgesetzt)

Nr.	Bodenart	Bodengruppe nach DIN 18196[a)]	Konsistenz im Ausgangszustand nach DIN EN 14688-1	Wichte		Zusammendrückbarkeit[b)] Erstbelastung[c)] $E_S = v_e \sigma_{at} (\sigma/\sigma_{at})^{w_e}$		Scherparameter des entwässerten Bodens		Durchlässigkeitsbeiwert
				γ_k [kN/m³]	γ'_k [kN/m³]	v_e	w_e	φ'_k [°]	c'_k [kN/m²]	k_k [m/s]
8	Anorganische bindige Böden mit mittelplastischen Eigenschaften ($35\,\% < w_L < 50\,\%$)	TM	Weich Steif Halbfest	19,0 20,0 21,0	9,0 10,0 11,0	10 bis 30	1,0 bis 0,95	22,5 bis 27,5	5–10 10–15 15–20	$5 \cdot 10^8$ bis $1 \cdot 10^{10}$
9	Anorganische bindige Böden mit stark plastischen Eigenschaften ($50\,\% < w_L$)	TA	Weich Steif Halbfest	18,0 19,0 20,0	8,0 9,0 10,0	6 bis 20	1,0 1,0 1,0	20,0 bis 25,0	5–15 10–20 15–25	$1 \cdot 10^9$ bis $1 \cdot 10^{11}$

a) Die angegebenen Bereiche für Kennwerte können im Einzelfall sowohl über- als auch unterschritten werden.
Kennbuchstaben für die Haupt- und Nebenbestandteile:

F Mudde
G Kies
H Torf (Humus)
O organische Beimengungen
S Sand
T Ton
U Schluff

Kennbuchstaben für kennzeichnende bodenphysikalische Eigenschaften:
Korngrößenverteilung:

W weit gestufte Korngrößenverteilung
E eng gestufte Korngrößenverteilung
I intermittierend gestufte Korngrößenverteilung

Plastische Eigenschaften:

L leicht plastisch
M mittel plastisch
A ausgeprägt plastisch

Zersetzungsgrad von Torfen:

N nicht bis kaum zersetzter Torf
Z zersetzter Torf
v_e Steifebeiwert, empirischer Parameter
w_e empirisch gefundener Parameter
σ Belastung in kN/m²
σ_{at} Atmosphärendruck (= 100 kN/m²)

b) Die Erhöhung von v_e ist stets mit einer Erniedrigung von w_e gekoppelt!
c) v_e-Werte bei Wiederbelastung bis zum Zehnfachen höher, w_e-Werte gehen gegen 1.

Tab. 3.3 Anhaltswerte für charakteristische Werte von Bodenkenngrößen: organische Böden. Die Parameter für die Zusammendrückbarkeit sind vorzugsweise durch Versuche zu bestimmen.

Nr.	Bodenart	Bodengruppe nach DIN 18196[a)]	Konsistenz im Ausgangszustand nach DIN EN 14688-1	Wichte		Zusammendrückbarkeit[b)] Erstbelastung[c)] $E_S = v_e \sigma_{at}(\sigma/\sigma_{at})^{w_e}$		Scherparameter des entwässerten Bodens		Durchlässigkeitsbeiwert
				γ_k [kN/m³]	γ'_k [kN/m³]	v_e	w_e	φ'_k [°]	c'_k [kN/m²]	k_k [m/s]
1	Organischer Schluff, organischer Ton	OU und OT	Breiig Weich Steif	14,0 15,5 17,0	4,0 5,5 7,0	d) 5 20	d) 1,00 0,85	17,5 bis 22,5	0 2–5 5–10	$1 \cdot 10^9$ bis $1 \cdot 10^{11}$
2	Torf[d)]	HN, HZ	Breiig Weich Steif Halbfest	10,5 11,0 12,0 13,0	0,5 1,0 2,0 3,0	e)	e)	e)	e)	$1 \cdot 10^5$ bis $1 \cdot 10^8$
3	Mudde[e)] Faulschlamm	F	Breiig Weich	12,5 16,0	2,5 6,0	4 15	1,0 0,9	f)	0	$1 \cdot 10^7$ $1 \cdot 10^9$

a) Die angegebenen Bereiche für Kennwerte können im Einzelfall sowohl über- als auch unterschritten werden.
Kennbuchstaben für die Haupt- und Nebenbestandteile:

F Mudde
G Kies
H Torf (Humus)
O organische Beimengungen
S Sand
T Ton
U Schluff

Kennbuchstaben für kennzeichnende bodenphysikalische Eigenschaften:
Korngrößenverteilung:

W weit gestufte Korngrößenverteilung
E eng gestufte Korngrößenverteilung
I intermittierend gestufte Korngrößenverteilung

Plastische Eigenschaften:

L leicht plastisch
M mittel plastisch
A ausgeprägt plastisch

Zersetzungsgrad von Torfen:

N nicht bis kaum zersetzter Torf
Z zersetzter Torf
v_e Steifebeiwert, empirischer Parameter
w_e empirisch gefundener Parameter
σ Belastung in kN/m²
σ_{at} Atmosphärendruck (= 100 kN/m²)

b) Die Erhöhung von v_e ist stets mit einer Erniedrigung von w_e gekoppelt!
c) v_e-Werte bei Wiederbelastung bis zum Zehnfachen höher, w_e-Werte gehen gegen eins.
d) Für die Zusammendrückbarkeit von organischen Böden mit breiiger Konsistenz können keine Anhaltswerte angegeben werden.
e) Die Beiwerte der Zusammendrückbarkeit und die Scherparameter von Torf streuen so stark, dass eine Angabe von Anhaltswerten nicht möglich ist.
f) Der wirksame Reibungswinkel von vollständig konsolidierter Mudde kann sehr hohe Werte annehmen, maßgebend ist aber stets der dem tatsächlichen Konsolidierungsgrad entsprechende Wert, der nur durch Laborversuche zuverlässig bestimmt werden kann.

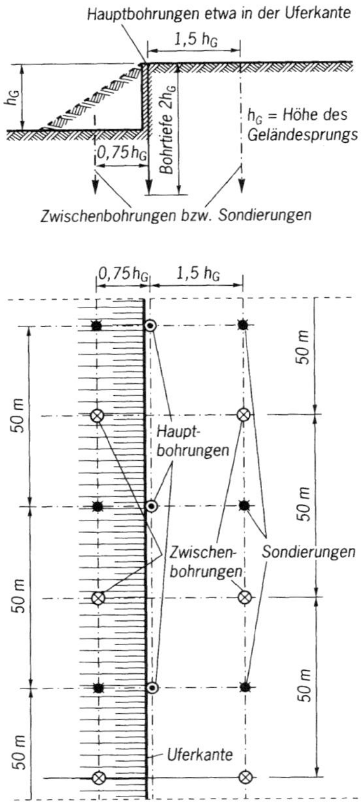

Abb. 3.1 Beispiel für die Anordnung der Bohrungen und der Sondierungen für Ufereinfassungen.

Hauptbohrungen als Bohrungen mit Gewinnung von Proben in fester Umhüllung („Liner") ausgeführt werden.

3.2.2.3 Zwischenbohrungen

Zwischenbohrungen werden je nach Befund der Hauptbohrungen oder vorgezogenen Sondierungen ebenfalls bis zur Tiefe der Hauptbohrungen oder bis zu einer Tiefe geführt, in der eine bekannte einheitliche Bodenschicht angetroffen wird. Anhaltswert für den Bohrabstand ist wieder ein Maß von etwa 50 m.

3.2.2.4 Sondierungen

Sondierungen werden im Allgemeinen nach dem Schema von Abb. 3.1 angesetzt. Sie werden möglichst bis zur gleichen Tiefe wie die Hauptbohrungen geführt. Bezüglich der Geräte und der Durchführung der Sondierungen sowie ihrer Anwendung wird auf die geltenden Normen verwiesen.

Zur Interpretation der Sondierergebnisse müssen einzelne Sondierungen unmittelbar neben Bohrungen angesetzt werden. In diesem Fall müssen die Sondierungen vor den Bohrungen ausgeführt werden, um zu vermeiden, dass die Ergebnisse der Sondierung durch die Auflockerung des Bodens beim Bohren verfälscht werden.

3.2.3 Ermittlung der Scherfestigkeit c_u wassergesättigter, undränierter, bindiger Böden

Wird ein wassergesättigter, bindiger Boden belastet, ohne dass er konsolidieren kann (undränierte Bedingungen), ist seine Volumenänderung wegen der nur geringen Kompressibilität des Porenwassers bei Lasten unterhalb der Festigkeit praktisch vernachlässigbar. Die Belastung erzeugt nur Porenwasserüberdruck und keine zusätzlichen wirksamen Spannungen im Korngerüst. Daher ist der Winkel der inneren Reibung bei wassergesättigten, bindigen Böden unter undränierten Bedingungen $\varphi_u = 0$. Die Festigkeit wird nur durch die Kohäsion des undränierten Bodens c_u beschrieben. Bei Teilsättigung kann ein Teil der Belastung im Korngerüst zusätzliche wirksame Spannungen erzeugen, in diesem Fall ist $\varphi' > \varphi_u > 0$.

3.2.3.1 Kohäsion c_u des undränierten Bodens

Die Kohäsion c_u des undränierten, bindigen Bodens hängt im Wesentlichen von folgenden Bedingungen ab.

- Bei einem normalkonsolidierten Boden ist c_u proportional zur wirksamen Vertikalspannung σ'_v, d. h., c_u nimmt mit der Tiefe linear zu:

$$\frac{c_u}{\sigma'_v} = \lambda_{cu}$$

- Die Kohäsionskonstante λ_{cu} ist nach Jamiolowski et al. (1985) $\lambda_{cu} = 0{,}23 \pm 0{,}04$. Nach Gebreselassie (2003) sind auch kleinere Werte bis $\lambda_{cu} = 0{,}18$ und darunter möglich. Für den norddeutschen Klei ist c_u oft sehr klein, und eine Abhängigkeit von der Vertikalspannung σ'_v ist nicht eindeutig messbar.
- Bei einem überkonsolidierten Boden ist c_u ebenfalls proportional zur wirksamen Vertikalspannung σ'_v, wird aber außerdem von der Spannungsgeschichte bestimmt:

$$\frac{c_u}{\sigma'_v} = \lambda_{cu} \mathrm{OCR}^{\alpha}$$

- Der Vorbelastungsgrad OCR ist das Verhältnis aus der Spannung σ'_{vc}, für die der Boden konsolidiert ist, und der aktuellen Spannung σ'_v:

$$\mathrm{OCR} = \frac{\sigma'_{vc}}{\sigma'_v}$$

- Anhaltswerte für den Exponenten α liegen im Bereich 0,8–0,9.
- Verschiedene Autoren zeigen, dass die Kohäsion c_u des undränierten Bodens vom Spannungspfad abhängt. c_u ist bei triaxialer Kompression (tc) größer als bei triaxialer Extension (te) (Bjerrum, 1973; Jamiolowski et al., 1985; Scherzinger, 1991). $c_{u,tc}$ kann ca. 50 % größer als $c_{u,te}$ sein. Werte für die Einfachscherung ($c_{u,dss}$) liegen bei gleichem Porenvolumen dazwischen:

$$c_{u,tc} > c_{u,dss} > c_{u,te}$$

- Die Kohäsion c_u des undränierten Bodens hängt wegen der Viskosität bindiger Böden von der Belastungsgeschwindigkeit ab. Dies kann z. B. mit den Schergesetzen nach

Leinenkugel (1976) oder Randolph (2004) beschrieben werden. Leinenkugels Beziehung lautet:

$$\frac{c_u}{c_{u\alpha}} = \left[1 + I_{v\alpha} \ln\left(\frac{d\gamma / dt}{d\gamma_\alpha / dt}\right)\right]$$

- Der Viskositätsindex $I_{v\alpha}$ für die Referenzdehnungsrate $d\gamma / dt$ kann z. B. mit CU-Triaxialversuchen mit sprunghaft veränderlicher Dehnungsrate (Sprungversuch) oder mit eindimensionalen Kriechversuchen ermittelt werden. Anhaltswerte für $I_{v\alpha}$ sind z. B. bei Leinenkugel (1976) und Gudehus (1981) zu finden.

3.2.3.2 Ermittlung der Kohäsion c_u des undränierten Bodens

Die Kohäsion c_u des undränierten Bodens kann im Labor und in Feldversuchen ermittelt werden. Für die Untersuchungen gibt es zwei grundsätzlich unterschiedliche Ansätze: die Methode der Rekompression und die Methode der Nachstellung der Spannungsgeschichte.

3.2.3.2.1 Rekompressionsmethode

Bei dieser Methode wird c_u in Triaxialversuchen an Bodenproben ermittelt, die vor dem Abscheren mit derjenigen Spannung rekonsolidiert werden, die in situ auf den Boden wirkt (Bjerrum, 1973). Nach Seah und Lai (2003) ist allerdings zu beachten, dass bei dieser Methode die Kohäsion c_u von normalkonsolidierten Böden überschätzt wird. Daher ist die Rekompressionsmethode vorzugsweise für hochgradig strukturierte, spröde Böden, wie sensitive Tone, zementierte Böden und stark vorbelastete Böden geeignet. Die Ergebnisse der Scherversuche sollten immer durch Vergleich mit der Spannungsgeschichte kontrolliert werden.

3.2.3.2.2 Stress History And Normalized Soil Engineering Properties (SHANSEP-Methode)

Diese Methode ermöglicht die Ermittlung der Kohäsion c_u unter Berücksichtigung der Probenstörung, in geringem Maße der Anisotropie und der Belastungsgeschwindigkeit. Sie basiert auf Untersuchungen am MIT (Massachusetts Institute of Techology) in den 1960er-Jahren und wurde erstmals von Ladd und Foott (1974) publiziert. Eine revidierte Fassung ist bei Ladd und DeGroot (2003) zu finden. Die SHANSEP-Methode beinhaltet zur Festlegung des Bodenmodells folgende Schritte:

- Aufschluss des Baugrunds und Entnahme von Sonderproben (ungestörte Bodenproben). Erstellung eines Bodenprofils auf der Grundlage der Ergebnisse von Drucksondierungen und Feldflügelsondierungen.
- Bestimmung des Vorbelastungsgrades im Labor aus Kompressionsversuchen und Ableitung des Vorbelastungsgrades OCR.
- Ermittlung der wirksamen Scherparameter φ' / c' und von c_u in Laborversuchen, im Regelfall in Triaxialversuchen. Empfohlen werden Triaxialversuche mit anisotroper Konsolidierung (CK_0) und anschließender undränierter triaxialer Kompression (UC mit $\sigma_1 > \sigma_3$) und triaxialer Extension (UE mit $\sigma_1 < \sigma_3$). Festlegung der Rekonsolidationsspannung entsprechend dem ermittelten Vorbelastungsgrad OCR.
- Durchführung von Scherversuchen zur Ermittlung der Beziehung zwischen OCR und der normierten Scherfestigkeit c_u / σ'_v.
- Festlegung eines auf der sicheren Seite liegenden c_u-Bemessungsprofils für die bindigen Schichten.

3.2.3.3 Ermittlung von c_u in Laborversuchen

Die Ermittlung von c_u in Laborversuchen hat den Vorteil, dass die Versuchsrandbedingungen innerhalb größerer Versuchsreihen ideal reproduziert werden können. Dem steht der Nachteil gegenüber, dass Probekörper beim Bohren nie ohne Störungen der Struktur und der Festigkeit gewonnen werden können. Außerdem können Probekörper nicht durchgehend gewonnen werden, sodass die Verteilung von c_u über die Schichtdicke nur punktuell erfasst wird.

Die Versuchsrandbedingungen lassen sich in Triaxialversuchen am besten kontrollieren. CU-Triaxialversuche liefern sowohl dränierte als auch undränierte Scherparameter, da der Porenwasserdruck gemessen wird. Bei der Ermittlung von c_u mit der Laborflügelsonde und im eindimensionalen Druckversuch können verfälschende Einflüsse der Kapillarität nicht ausgeschlossen werden. Für weiche Böden kann c_u auch in verschiedenen Druck- und Fallkegelversuchen ermittelt werden.

3.2.3.4 Feldversuche

Die Ermittlung von c_u mit Drucksondierungen nach DIN 4094-1 und Feldflügelsondierungen nach DIN 4094-4 liefert ein Profil der Kohäsion c_u über die Tiefe. Der Scherwiderstand τ_{fvt} der Feldflügelsonde muss wegen der hohen Schergeschwindigkeit mit einem Faktor μ abgemindert werden, dieser hängt von der Plastizitätszahl I_P ab:

$$c_{u,fvt} = \mu \tau_{fvt}$$

Angaben zum Korrekturfaktor μ finden sich in Anhang I von DIN EN 1997-2.

Die Ableitung von c_u aus dem Sondierspitzenwiderstand von Drucksondierungen erfordert die Kenntnis des Vorbelastungsgrades des Bodens. So gilt z. B. für die CPTU-Sonde:

$$c_{u,cptu} = \frac{q_c - \sigma_v}{N_{kt}}$$

Der Faktor N_{kt} hängt von der Sondengeometrie und vom Vorbelastungsgrad OCR ab und liegt in der Größenordnung 10–20.

Weniger verbreitet ist die Ableitung von c_u aus Bohrlochaufweitungsversuchen nach DIN 4096.

Plattendruckversuche nach DIN 18134 liefern lediglich einen c_u-Wert für den oberflächennahen Boden.

3.2.3.5 Korrelationen

Viele Autoren haben Korrelationen zwischen c_u und dem Wassergehalt w, der Konsistenzzahl I_C, der Plastizitätszahl I_P und der Liquiditätszahl I_L vorgeschlagen. Eine ausführliche Übersicht hierzu liefert Gebreselassie (2003). Hierbei ist zu bedenken, dass diese Korrelationen allenfalls für die untersuchten Böden und Versuchsrandbedingungen gelten und daher nur als Anhaltswerte zu verwenden sind.

3.2.4 Beurteilung des Baugrunds für das Einbringen von Spundbohlen und Pfählen und Auswahl des Einbringverfahrens

3.2.4.1 Allgemeines

Für das Einbringen von Spundbohlen und Pfählen und für die Auswahl des Einbringverfahrens spielen zunächst Baustoff, Form, Größe, Länge und Einbauneigung der Spundbohlen und Pfähle eine entscheidende Rolle. Wesentliche Hinweise sind in den Abschn. 8.1 und 9.1.2 zu finden.

Wegen der großen Bedeutung sei im Zusammenhang mit diesen Empfehlungen besonders darauf hingewiesen, dass bei der Wahl des Rammguts (Baustoff, Profil) neben statischen Erfordernissen und wirtschaftlichen Gesichtspunkten vor allem auch die Beanspruchungen beim Einbringen in den jeweiligen Baugrund zu beachten sind. Der Geotechnische Bericht muss daher stets auch eine Bewertung des anstehenden Baugrunds hinsichtlich des Einbringens von Spundbohlen und Pfählen enthalten (siehe auch Abschn. 3.1).

3.2.4.2 Beurteilung der Bodenarten in Hinblick auf Einbringverfahren

3.2.4.2.1 Allgemeines

Die Scherparameter haben nur eine bedingte Aussagefähigkeit über das Verhalten des Baugrunds beim Einbringen von Spundbohlen und Pfählen. Beispielsweise kann ein felsartiger Kalkmergel aufgrund seiner Klüftigkeit verhältnismäßig kleine Scherparameter besitzen, aber rammtechnisch ein schwerer Boden sein.

3.2.4.2.2 Rammen

Leichte Rammung ist bei weichen oder breiigen Böden, wie Moor, Torf, Schlick, Klei usw., zu erwarten. Außerdem ist auch in locker gelagerten Mittel- und Grobsanden sowie Kiesen ohne Steineinschlüsse im Allgemeinen eine leichte Rammung zu erwarten, es sei denn, dass verkittete Schichten eingelagert sind.

Mittelschwere Rammung ist bei mitteldicht gelagerten Mittel- und Grobsanden sowie bei feinkiesigen Böden und bei steifem Ton und Lehm zu erwarten.

Schwere bis schwerste Rammung ist in den meisten Fällen bei dicht gelagerten Mittel- und Grobkiesen, dicht gelagerten feinsandigen und schluffigen Böden, eingelagerten verkitteten Schichten, halbfesten bis festen Tonen, Geröll und Moräneschichten, Geschiebemergel, verwittertem und weichem bis mittelhartem Fels zu erwarten.

Erdfeuchte oder trockene Böden haben beim Rammen einen größeren Eindringwiderstand als unter Auftrieb stehende. Das gilt nicht für wassergesättigte, bindige Böden, vor allem nicht für Schluffe.

Bei einer Schlagzahl der schweren Rammsonde (DPH, DIN EN ISO 22476-2) von $N_{10} > 30$ je 10 cm Eindringung oder $N_{30} > 50$ je 30 cm Eindringung mit der Bohrlochrammsonde (BDP, DIN 4094-2) muss mit zunehmend hohem Eindringwiderstand beim Rammen gerechnet werden. Im Allgemeinen kann angenommen werden, dass das Rammen bis zu Schlagzahlen N_{10} von 80–100 Schläge/10 cm Eindringtiefe mit der DPH möglich ist. In Einzelfällen kann auch noch bei höheren Schlagzahlen gerammt werden. Weitere Angaben siehe Rollberg (1976, 1977).

3.2.4.2.3 Vibrieren (Rütteln)

Beim Vibrieren werden die Mantelreibung und der Spitzenwiderstand des einzubringenden Profils stark herabgesetzt. Daher können die Rammelemente im Vergleich zum Rammen zügig auf Tiefe gebracht werden; Weiteres siehe Abschn. 8.1.5.3.

Besonders erfolgreich ist das Vibrieren in Kiesen und Sanden mit runder Kornform sowie in breiigen, weichen Bodenarten mit geringer Plastizität. Für das Vibrieren wesentlich weniger geeignet sind Kiese und Sande mit kantiger Kornform oder stark bindige Böden. Besonders kritisch sind trockene Feinsande und steife Mergel- und Tonböden, da sie die Energie des Rüttlers aufnehmen, ohne dass die Mantelreibung und der Spitzenwiderstand reduziert werden.

Wird der Baugrund beim Vibrieren verdichtet, kann sich sein Eindringwiderstand so stark vergrößern, dass die nachfolgenden Profile nicht mehr auf Tiefe gebracht werden können. Diese Gefahr ist besonders bei engem Abstand der Bohlen bzw. Pfähle und beim Einrütteln in nichtbindigen Böden gegeben. In diesen Fällen muss das Rütteln abgebrochen werden (siehe Kap. 8). Eventuell kommt auch der Einsatz von Hilfsmitteln nach Abschn. 8.1.6 infrage.

Vor allem beim Vibrieren in nichtbindigen Böden kann es zu örtlichen Sackungen kommen, deren Größe und seitliche Reichweite von den Leistungsdaten des Vibrators, vom Rammgut, von der Dauer des Vibrierens und vom Boden abhängen. Bei Annäherung der Baumaßnahme an bestehende Bauwerke muss geprüft werden, ob diese durch derartige Sackungen Schaden nehmen können. Gegebenenfalls muss das Einbringverfahren angepasst werden.

3.2.4.2.4 *Einpressen*

Voraussetzung für das Einpressen ist, dass im Boden keine Hindernisse vorhanden sind bzw. diese vor dem Einbau geräumt werden.

In hindernisfreie, bindige Böden und lockere, nichtbindige Böden können schlanke Profile im Allgemeinen hydraulisch eingepresst werden. In dicht gelagerte, nichtbindige Böden lassen sich Profile nur dann einpressen, wenn der Boden zuvor gelockert wird. Erfahrungswerte nach Busse (2009) sind in Tab. 3.4 zusammengestellt.

Tab. 3.4 Grenzen der Einpressbarkeit von Stahlspundbohlen.

Bodenparameter			Ohne Einbringhilfe	Mit Einbringhilfe
CPT Spitzendruck	q_b	[MN/m²]	< 20	< 35
CPT Mantelreibung	q_s	[MN/m²]	< 0,1	< 0,3
DPH	N_{10}	—	< 25	< 40
Konsistenzzahl	I_c	—	< 1,0	> 1,0
Plastizitätszahl	I_P	—	> 10	—
Verhältniszahl[a)]	I_f	—	< 1,0	> 1,0
Reibungswinkel	Φ'	°	< 35	< 45

a) $I_f = (\max e - \min e)/\min e$ (höhere Verdichtbarkeit bei abnehmendem I_f).

3.2.4.2.5 *Hilfsmaßnahmen für das Einbringen*

Besonders in dicht gelagerten Sanden und Kiesen sowie in harten und steifen Tonen kann das Einbringen durch Spülen erleichtert werden bzw. wird dieses mit der Spülhilfe überhaupt erst ermöglicht.

Weitere Hilfsmaßnahmen für das Einbringen können Lockerungsbohrungen oder örtlicher Bodenersatz mittels vorgezogenen Großbohrungen und dergleichen sein. Bei felsartigen Böden kann durch gezielte Sprengungen der Boden so gelockert werden, dass bei entsprechender Profilwahl die Solltiefe mit herkömmlichem Rammen erreicht werden kann; Weiteres siehe Abschn. 8.1.6.2.

3.2.4.2.6 *Einbaugeräte, Einbauelemente, Einbauverfahren*

Einbaugeräte, Einbauelemente und Einbauverfahren sind auf den zu durchfahrenden Baugrund abzustimmen; siehe Abschn. 8.1.5.3.4, 8.1.5.2.3, 8.1.5.3 und 5.13.

Langsam schlagende Freifallbäre, Explosionsbäre oder Hydraulikbäre sind für bindige und nichtbindige Böden geeignet. Der Schnellschlaghammer und der Vibrationsbär beanspruchen das Rammelement schonend, können aber im Allgemeinen nur bei nichtbindigen Böden mit runder Kornform besonders wirkungsvoll eingesetzt werden. Beim Einrammen in felsartigen Boden, auch bei vorhergehender Lockerungssprengung, sind Schnellschlaghämmer oder schwere Rammbäre mit kleiner Fallhöhe vorzuziehen.

Unterbrechungen beim Einbringen des Rammguts, beispielsweise zwischen dem Vorrammen und dem Nachrammen, können – je nach Bodenart und Wassersättigung sowie Zeitdauer der Unterbrechung – das Weiterrammen erleichtern oder erschweren. Im Allgemeinen lässt sich durch vorgezogene Versuche die jeweilige Veränderung des Eindringwiderstands erkennen und quantifizieren.

Die Beurteilung des Baugrunds für das Einbringen von Spundbohlen und Pfählen setzt besondere Kenntnisse über die Einbringverfahren und entsprechende Erfahrungen voraus. Erfahrungen von Bauvorhaben mit vergleichbaren Baugrundverhältnissen können sehr nützlich sein.

3.2.4.2.7 *Erprobung des Einbauverfahrens und des Tragverhaltens bei schwierigen Verhältnissen*

Bestehen bei Bauvorhaben mit großen Einbindetiefen der Profile Bedenken, dass Spundbohlen nicht ohne Beschädigungen bis in die statisch erforderliche Tiefe eingebracht werden können oder Pfähle die vorgesehene Einbindetiefe zur Aufnahme der Gebrauchslast nicht erreichen, müssen vorab Proberammungen und Probebelastungen durchgeführt werden. Dabei sollten mindestens zwei Proberammungen je Einbauverfahren angesetzt werden, um eine zutreffende Auskunft zu erhalten.

Eine Erprobung des Einbauverfahrens kann auch zur Prognose der Sackung des Bodens und der Ausbreitung und Auswirkung von Schwingungen durch das Einbringverfahren notwendig sein.

3.2.5 Einteilung des Baugrunds in Homogenbereiche

Für die Ausschreibung und Abrechnung von Bauarbeiten im Tiefbau und Spezialtiefbau ist der Baugrund gemäß der VOB Teil C (Allgemeine Technische Vertragsbedingungen), Ausgabe September 2016 (VOB, 2016) in Homogenbereiche einzuteilen. Maßgeblich sind die folgenden Normen der VOB, Teil C:

- DIN 18300 Erdarbeiten
- DIN 18301 Bohrarbeiten
- DIN 18304 Ramm-, Rüttel- und Pressarbeiten
- DIN 18311 Nassbaggerarbeiten
- DIN 18312 Untertagebauarbeiten
- DIN 18313 Schlitzwandarbeiten mit stützenden Flüssigkeiten
- DIN 18319 Rohrvortriebsarbeiten
- DIN 18320 Landschaftsbauarbeiten
- DIN 18321 Düsenstrahlarbeiten
- DIN 18324 Horizontalspülbohrarbeiten

Ein Homogenbereich ist ein begrenzter Bereich, bestehend aus einzelnen oder mehreren Boden- oder Felsschichten, der für das jeweilige Bauverfahren vergleichbare Eigenschaften aufweist.

Die Beschreibung der Homogenbereiche erfolgt anhand einer Vielzahl an Eigenschaften und Kennwerten, die für jedes Bauverfahren gesondert in der jeweiligen VOB/C-Norm festgelegt ist. Für jeden Kennwert ist eine untere und obere Grenze (Bandbreite) anzugeben. Die VOB-Normen legen für jeden Kennwert eine oder mehrere Normen oder Empfehlungen fest, nach denen die Kennwerte im Bedarfsfall im Rahmen der Bauausführung zu überprüfen sind.

Die Einteilung in Homogenbereiche mit den Angaben zu Eigenschaften und Kennwerten ist für den Auftragnehmer die Grundlage für die Planung seiner Gerätetechnologie und darauf aufbauend für seine Kalkulation. Auch werden die Bauleistungen im Regelfall nach Homogenbereichen abgerechnet.

Die in einem Homogenbereich zusammengefassten Schichten müssen hinsichtlich des ausgeschriebenen Bauverfahrens vergleichbare Eigenschaften haben. Die Bandbreite für die Kennwerte eines Homogenbereichs ergibt sich aus der Vereinigungsmenge der Bandbreiten der zusammengefassten Schichten. Wie groß die Bandbreite für die Kennwerte innerhalb eines Homogenbereichs sein darf, ist nicht normativ geregelt.

Für die Festlegung der Homogenbereiche sind sowohl bodenmechanische als auch baubetriebliche bzw. verfahrenstechnische Kriterien zu beachten. Daher ist hier eine enge Zusammenarbeit zwischen dem Entwurfsverfasser und dem Geotechnischen Sachverständigen erforderlich.

Die Einteilung des Baugrunds in Homogenbereiche und die anzugebenden Bandbreiten der einzelnen Kennwerte basieren auf dem Geotechnischen Bericht. Die Bandbreiten sollen auf der Grundlage von Feld- und Laboruntersuchungen festgelegt werden. Es sollen aber auch Erfahrungswerte berücksichtigt werden.

Die für die Lagerungsdichte und Dichte nichtbindiger Böden sowie für den Anteil an Steinen und Blöcken vorgegebenen Prüfverfahren sind mit vertretbarem Aufwand nur oberflächennah durchführbar und können in der Regel im Rahmen der Baugrunderkundung nicht versuchstechnisch bestimmt werden. Die Bandbreite (oberer und unterer Grenzwert) dieser Kennwerte muss mithilfe von Korrelationen der Sondierungen, von Erfahrungswerten oder anhand der Genese abgeschätzt werden und ist daher mit entsprechend hohen Ungenauigkeiten behaftet.

Für Bauverfahren, bei denen Boden oder Fels gewonnen und/oder weiterverarbeitet wird, sind umweltrelevante Inhaltsstoffe bei der Abbildung der Homogenbereiche zu berücksichtigen. Die Weiterverarbeitung bzw. Entsorgung von kontaminiertem Baugrund ist im Regelfall mit hohen Kosten verbunden. Sie hat daher erhebliche Auswirkungen auf die Wirtschaftlichkeit von Bauprojekten. Da Kontaminationen häufig nicht den Schichtgrenzen folgen, kann es erforderlich sein, eine Schicht in mehrere Homogenbereiche entsprechend den Kontaminationen einzuteilen.

Im Regelfall kommen im Rahmen eines Bauvorhabens mehrere Gewerke mit unterschiedlichen Bauverfahren zum Einsatz. Dabei kann es erforderlich sein, den Baugrund verfahrensabhängig in unterschiedliche Homogenbereiche einzuteilen.

In BAW (2017) werden weitere Hinweise zur Einteilung des Baugrunds in Homogenbereiche für den Verkehrswasserbau gegeben.

3.3 Wasserdruck

3.3.1 Allgemeines

Für die nach diesem Abschnitt ermittelten Lasten gilt die Zuordnung zu den Bemessungssituationen nach Abschn. 1.1.4. Hinsichtlich der Teilsicherheitsbeiwerte sind die Abschn. 1.1 und 1.2.4 zu beachten.

Die Festlegung der maßgebenden Wasserdruckbeanspruchung infolge wechselnder Außen- und Grundwasserstände, die vereinfacht als hydrostatisch angesetzt wird, verlangt eine Analyse der geologischen und hydrologischen Verhältnisse des betreffenden Gebietes. Soweit möglich, sind langjährige Beobachtungsreihen der Grundwasserstände in Abhängigkeit der Außenwasserstände auszuwerten.

Der Grundwasserstand hinter einem Uferbauwerk wird entscheidend von der Bodenschichtung und der konstruktiven Ausbildung der Uferwand geprägt. In Tidegebieten folgt der Grundwasserstand bei durchlässigem Boden mehr oder weniger gedämpft der Tide. Die Abhängigkeit zwischen Grundwasser- und Tidewasserstand kann durch Messungen erfasst werden.

Grundwasserstände unterliegen zeitlichen und räumlichen Schwankungen, die bei der Ermittlung der charakteristischen Wasserstände zu berücksichtigen sind.

Für geotechnische Nachweise nach DIN 1054 werden die aus den charakteristischen Wasserständen resultierenden charakteristischen Einwirkungen – unabhängig von ihrer Einstufung als ständige oder veränderliche Einwirkung – mit den Teilsicherheitsbeiwerten für ständige Einwirkungen beaufschlagt.

Weiterhin wird für geotechnische Nachweise nach DIN 1054, sofern physikalisch sinnvoll, aus günstig und ungünstig wirkenden Wasserdrücken ohne getrennte Beaufschlagung mit Teilsicherheitsbeiwerten ein resultierender charakteristischer Wasserdruck ermittelt. Dieser resultierende charakteristische Wasserdruck wird in Abhängigkeit seiner insgesamt günstigen oder ungünstigen Wirkung mit dem entsprechenden Teilsicherheitsbeiwert für ständige Einwirkungen beaufschlagt.

3.3.2 Resultierender Wasserdruck in Richtung Wasserseite

Der resultierende Wasserdruck $w_{ü}$ auf Ufereinfassungen in Richtung der Wasserseite ergibt sich bei einer Höhendifferenz Δh zwischen dem maßgebenden Außenwasser- und dem zugehörigen Grundwasserspiegel mit der Wichte γ_w des Wassers zu:

$$w_{ü} = \Delta h \cdot \gamma_w$$

Der resultierende Wasserdruck kann im Nicht-Tidegebiet bei durchlässigem Boden vereinfachend nach Abb. 3.2 und im Tidegebiet nach Abb. 3.3 angesetzt und den Bemessungssituationen BS-P, BS-T und BS-A zugeordnet werden. Wird der resultierende Wasserdruck unter der Annahme einer Durchlaufentwässerung angesetzt, muss deren dauerhafte Wirksamkeit gewährleistet sein. Den Ansätzen der Abb. 3.2 und 3.3 liegt die Annahme eines hydrostatischen Wasserdruckes beidseits der Uferwand ohne Berücksichtigung der Umströmung zugrunde. Zudem ist ein ggf. vorhandener Einfluss von Wellen auf den resultierenden Wasserdruck nicht berücksichtigt.

Die auf Grundlage der vereinfachten Ansätze nach den Abb. 3.2 und 3.3 ermittelten resultierenden Wasserdrücke sind als charakteristische Werte anzusetzen.

Nicht-Tidegebiet				
Situation	Bild	Lastfälle gemäß E 18		
		P	T	A
1 Geringe Wasserstandsschwankungen (< 0,50 m) mit Durchlaufentwässerung oder durchlässigem Boden und Bauwerk	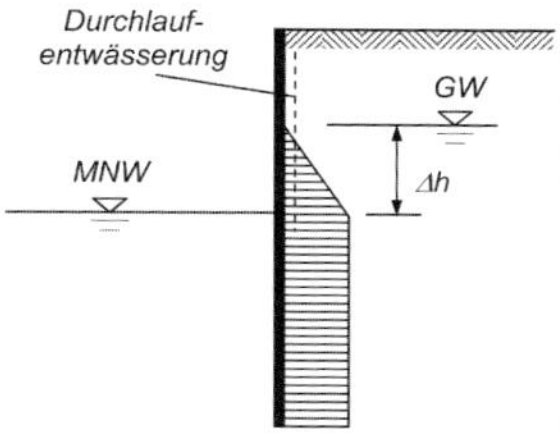	Δh = 0,50 m	Δh = 0,50 m	
2a Große Wasserstandsschwankungen (> 0,50 m) mit Durchlaufentwässerung oder gut durchlässigem Boden und Bauwerk	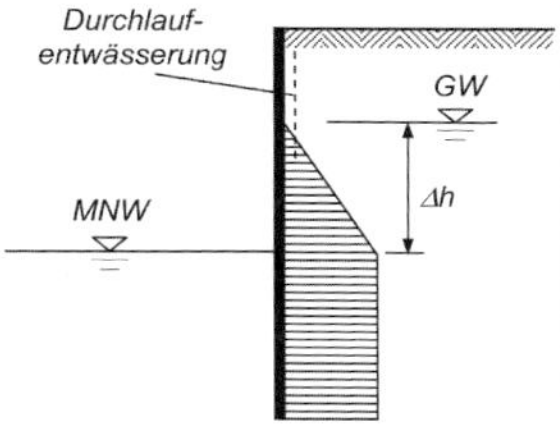	Δh = 0,50 m in häufiger Höhenlage	Δh = 1,00 m in ungünstiger Höhenlage	Δh = 1,00 m größter Außenwasserspiegelabfall in 24 h
2b Große Wasserstandsschwankungen ohne Durchlaufentwässerung	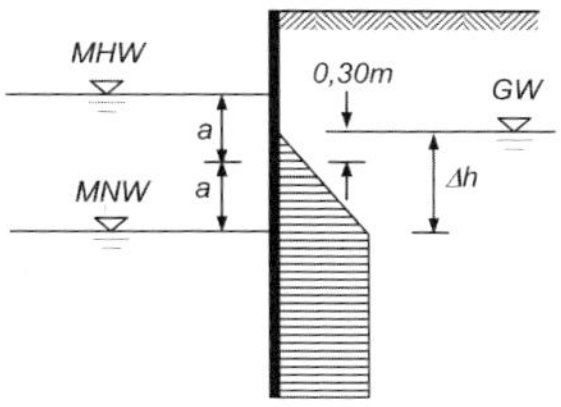	Δh = a + 0,30 m	Δh = a + 0,30 m	

Abb. 3.2 Näherungsansätze für den resultierenden Wasserdruck auf Ufereinfassungen bei durchlässigem Boden im Nicht-Tidegebiet für Standardsituationen (ohne Welleneinfluss).

Für den Fall eines raschen und starken Abfalls des Kanalwasserspiegels müssen für Kanalspundwände die beiden folgenden Belastungsfälle in der außergewöhnlichen Bemessungssituation BS-A untersucht werden (Abb. 3.4):

a) Der Kanalwasserspiegel liegt 2,00 m tiefer als der Grundwasserspiegel.
b) Der Kanalwasserspiegel wird in Höhe der Kanalsohle und der Grundwasserspiegel 3,00 m höher angesetzt.

In der ständigen Bemessungssituation BS-P ist mit dem Wasserüberdruck zu rechnen, der sich bei häufig auftretenden ungünstigen Kanal- und Grundwasserständen ergibt. Dazu zählt auch eine Absenkung des Normalwasserspiegels vor der Spundwand durch vorbeifahrende Schiffe (siehe Abschn. 4.5).

Das Hinterfüllen von Uferwänden im Einspülverfahren hat ggf. vorübergehend deutlich höhere Grundwasserdrücke zur Folge. Diese sind in den jeweiligen Bauzuständen zu berücksichtigen.

Tidegebiet				
Situation	Bild	Lastfälle gemäß E 18		
		P	T	A
3a Große Wasserstandsschwankungen ohne Entwässerung – Normalfall	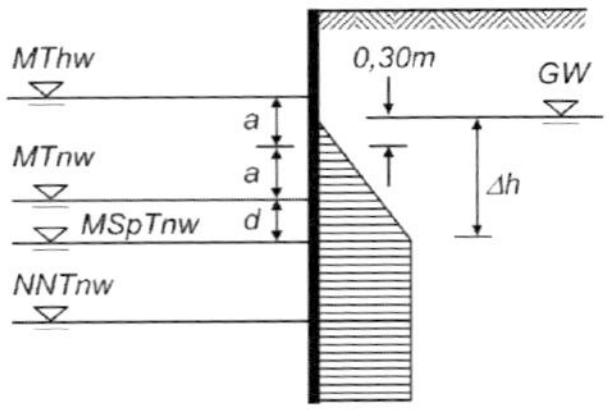	$\Delta h =$ $a + 0{,}30\ \text{m} + d$	–	–
3b Große Wasserstandsschwankungen ohne Entwässerung – Grenzfall extremer Niedrigwasserstand	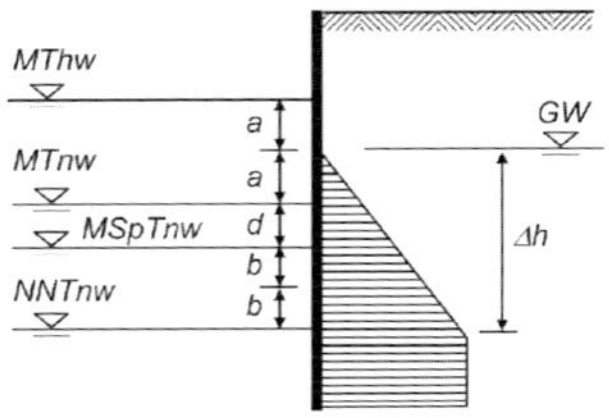	–	–	$\Delta h = a + 2\,b + d$
3c Große Wasserstandsschwankungen ohne Entwässerung – Grenzfall abfließendes Hochwasser	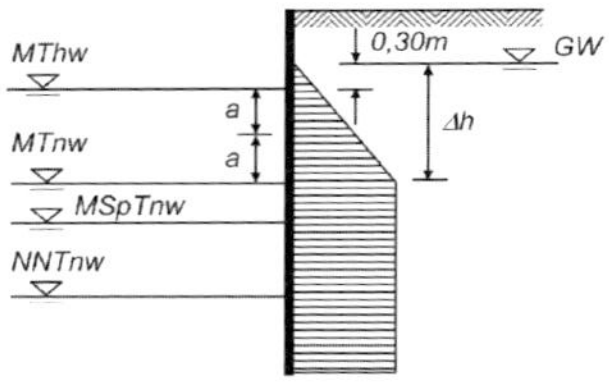	–	–	$\Delta h = 0{,}30\ \text{m} + 2\,a$
3d Große Wasserstandsschwankungen mit Entwässerung	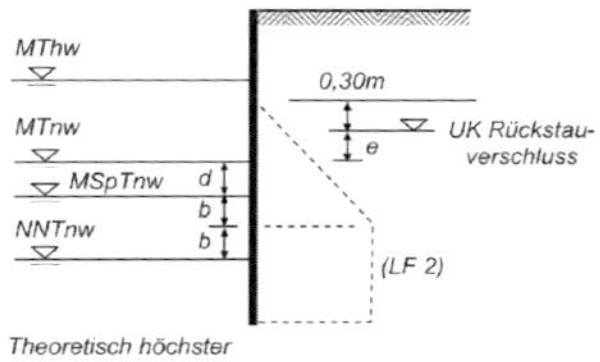	$\Delta h = 1{,}00\ \text{m} + \text{e}$ bei Außenwasserstand in MSpTnW	$\Delta h =$ $0{,}30\ \text{m}$ $+ b + d$ $+ \text{e}$	–

Abb. 3.3 Näherungsansätze für den resultierenden Wasserdruck auf Ufereinfassungen bei durchlässigem Boden im Tidegebiet für Standardsituationen (ohne Welleneinfluss).

Bei Überflutung des Uferbauwerks, geschichteten Böden, sehr durchlässigen Spundwandschlössern und gespannten Grundwasserverhältnissen sind besondere Untersuchungen zur Ermittlung der für den resultierenden Wasserdruck maßgebenden Grundwasserstände erforderlich (Abschn. 3.3.4). Wird ein natürlicher Grundwasserstrom durch die Uferwand so stark eingeengt oder abgesperrt, dass es zu einem Aufstau

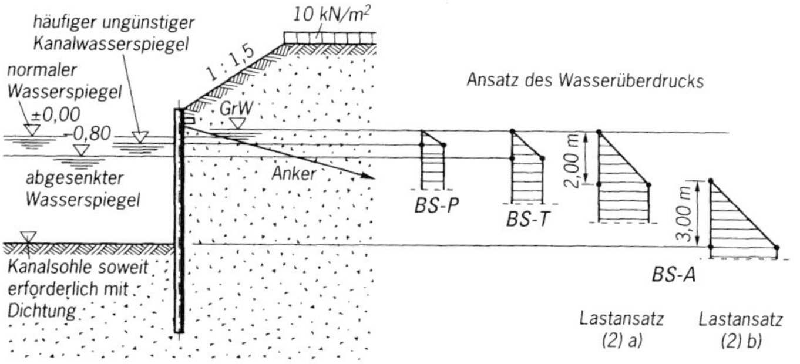

Abb. 3.4 Ansatz des Wasserdrucks auf Uferspundwände eines Binnenschifffahrtskanals.

des Grundwassers vor der Uferwand kommt, ist dies ebenfalls entsprechend zu berücksichtigen. Der Grundwasseraufstau kann z. B. durch eine numerische Berechnung der Grundwasserströmung ermittelt werden (Abschn. 3.3.4.4).

Die entlastende Wirkung von Entwässerungseinrichtungen nach Abschn. 7.3.2, 7.3.1 und 3.3.4 darf nur in Ansatz gebracht werden, wenn ihre Wirksamkeit dauernd überwacht wird und die Entwässerungseinrichtung jederzeit wieder herstellbar ist.

3.3.3 Resultierender Wasserdruck auf Kaimauern vor überbauten Böschungen im Tidegebiet

3.3.3.1 Allgemeines

Bei überbauten Böschungen im Tidegebiet mit durchlässiger Böschungsbefestigung entwässert der dahinter liegende Boden bei niedrigem Außenwasserstand durch die überbaute Uferböschung. Die Lage der Sickerlinie ist von den Bodenverhältnissen, der Größe und Geschwindigkeit der Wasserstandsschwankungen und dem Zustrom vom Land abhängig.

Die Durchströmung des maßgeblichen aktiven Erddruckkeils führt zu einer Erhöhung des auf die Kaimauer wirkenden Erddrucks. Zudem kann der Wasserdruck hinter der Kaimauer je nach Entwässerungsmöglichkeit und dadurch bedingter Strömung höher sein als der dem Wasserstand hinter der Kaimauer entsprechende hydrostatische Wasserdruck.

3.3.3.2 Näherungsansatz für den resultierenden Wasserdruck

Vereinfachend kann die durch die Strömung verursachte Erhöhung des auf die Kaimauer wirkenden aktiven Erddrucks und Wasserdrucks durch einen erhöhten hydrostatischen Grundwasserdruck berücksichtigt werden. Mit Bezug zu Abschn. 3.3.2 und 3.3.1 kann nach Erfahrungen im norddeutschen Tidegebiet bei etwa gleichmäßig durchlässigem Boden der Näherungsansatz nach Abb. 3.5 zur Ermittlung des resultierenden Wasserdrucks auf die Kaimauer verwendet werden. Der angesetzte erhöhte hydrostatische Grundwasserdruck ergibt sich dabei aus dem Grundwasserstand im Schnittpunkt der Sickerlinie mit der Gleitfuge des maßgebenden Erddruckkeils. Dies ist in Abb. 3.5 für zwei Gleitfugen beispielhaft für die vorübergehende Bemessungssituation BS-T dargestellt, kann aber auf andere Bemessungssituationen sinngemäß übertragen werden. Die Böschungsbefestigung darf bei Ansatz des resultierenden Wasserdrucks nach Abb. 3.5 keinen Aufstau des Grundwassers bewirken, muss also ausreichend durchlässig sein.

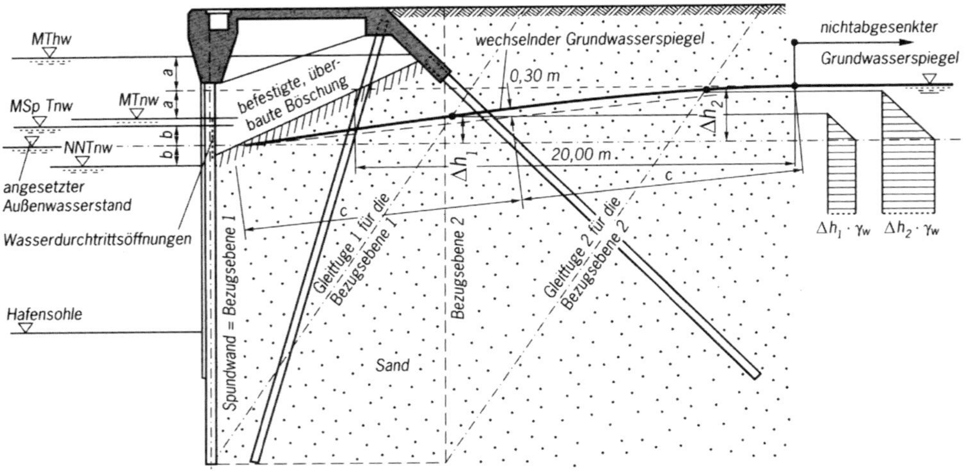

Abb. 3.5 Ansatz des resultierenden Wasserdrucks bei einer überbauten Böschung für BS-T.

Mit dem Ansatz des resultierenden Wasserüberdrucks ist die Erhöhung des Erddrucks auf die Spundwand infolge Grundwasserströmung auf der sicheren Seite liegend berücksichtigt.

Von Odenwald und Schneider (2015) wird ein vergleichbarer Ansatz für den resultierenden Wasserdruck auf Uferspundwände von Schifffahrtskanälen in Einschnittstrecken mit seitlichem Grundwasserzustrom empfohlen. Einen Vergleich der ermittelten Wasser- und Erddruckbeanspruchungen der Uferspundwand bei Verwendung unterschiedlicher Ansätze geben Odenwald und Ratz (2017).

3.3.4 Berücksichtigung der Grundwasserströmung

3.3.4.1 Allgemeines

Bei der Planung und Bemessung von Kaimauern und anderen Wasserbauten sowie deren Teilen, die in einem vom Grundwasser durchströmten Boden liegen, müssen die Auswirkungen des strömenden Grundwassers auf Erddruck und Erdwiderstand sowie auf die Wasserdruckverteilung berücksichtigt werden.

Grundwasserströmungen können auf Grundlage des Fließgesetzes von Darcy berechnet werden, wenn die Strömung innerhalb der Porenkanäle laminar erfolgt, was in natürlichen Grundwasserleitern meist der Fall ist.

3.3.4.2 Grundlagen der Grundwasserströmungsberechnung

Die Gesetzmäßigkeiten laminarer, stationärer Grundwasserströmungen werden durch die Potenzialtheorie beschrieben (siehe z. B. Verruijt, 1982). Die Lösung der Differenzialgleichung für stationäre Grundwasserströmungen unter Vorgabe geeigneter Randbedingungen die räumliche Verteilung des Grundwasserpotenzials innerhalb des betrachteten Modellgebietes. Für vertikal-ebene, stationäre Strömungen kann darauf aufbauend ein von Stromlinien und Äquipotenziallinien gebildetes Strömungsnetz aus Feldern mit konstantem Seitenverhältnis konstruiert werden (Abb. 3.7). Die Grundlagen der Grundwasserströmungsberechnung werden z. B. in Odenwald et al. (2018) ausführlich dargestellt.

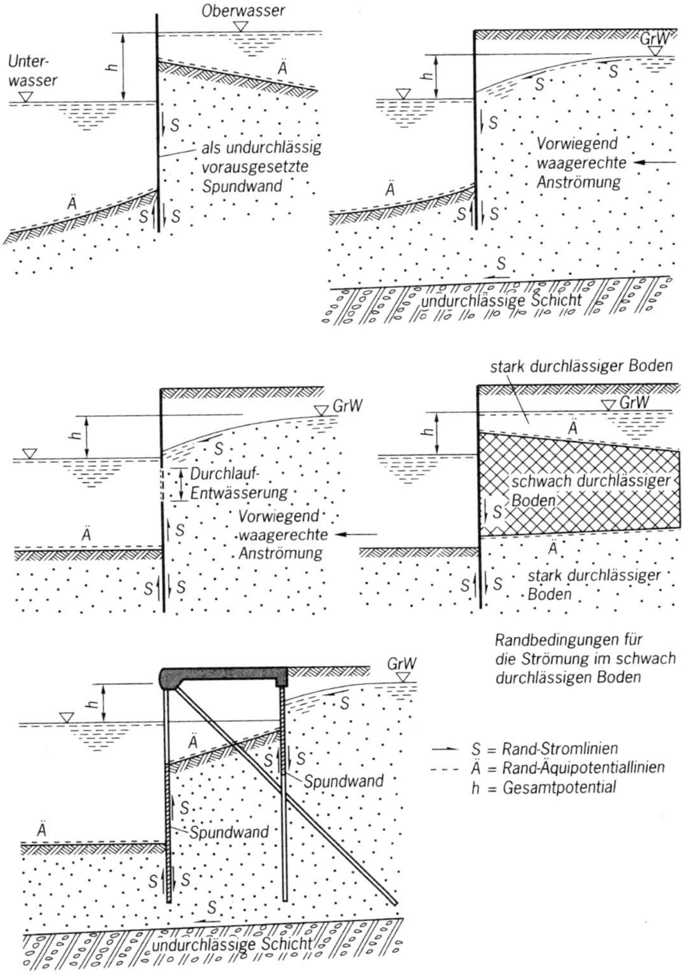

Abb. 3.6 Randbedingungen für Strömungsnetze kennzeichnender Beispiele mit Umströmung des Spundwandfußes.

Die Stromlinien können für stationäre Strömungen physikalisch als die Bahnen der Wasserteilchen gedeutet werden. Die Potenziallinien, die die Stromlinien senkrecht schneiden, stellen Linien gleicher Standrohrspiegelhöhe (gleichen Grundwasserpotenzials) dar (Abb. 3.7). Die Ermittlung von Standrohrspiegelhöhen ist für unterschiedliche Beispiele in den Abschn. 3.3.4.7 und 3.3.4.8 erläutert.

3.3.4.3 Randbedingungen für die Grundwasserströmungsberechnung

Für die Berechnung vertikal-ebener, stationärer Grundwasserströmungen zur Ermittlung der Unterströmung einer Uferwand sind entlang der gesamten Berandung des Modellgebietes geeignete Randbedingungen festzulegen. Liegen keine natürlichen Modellberandungen (z. B. undurchlässige Bodenschichten oder Bauteile) vor, sind die Modellränder so festzulegen, dass die Strömungsberechnung für die ermittelte Grundwasserpotenzialverteilung und die daraus berechnete Beanspruchung der Wand und des umgebenden Bodens auf der sicheren Seite liegende Ergebnisse ergibt. Dies betrifft insbesondere die Festlegung der seitlichen Modellränder, für die zumeist innerhalb des für die vertikal-ebene Modellierung der Wandunterströmung sinnvollen Modellbereiches keine natürlichen Randbedingungen vorliegen. Für die vertikal-ebene Berechnung von stationären Wandunterströmungen ist es zumeist ausreichend, an den Modellrändern Randstromlinien oder Randpotenziallinien vorzugeben.

Randstromlinien können sein: Schichtgrenzen zwischen durchlässigen und undurchlässigen Bodenschichten, Oberflächen undurchlässiger Bauwerke, freier (ungespannter) Grundwasserspiegel

Randpotenziallinien können sein: Gewässersohlen, Eintrittsböschungen von durchlässigen Staubauwerken.

In Abb. 3.6 sind die Bereiche mit Randstromlinien und Randpotenziallinien für einige Beispiele dargestellt.

3.3.4.4 Einsatz numerischer Grundwassermodelle zur Ermittlung der Potenzialverteilung

Bei numerischen Grundwassermodellen wird das gesamte Potenzialfeld in einzelne Elemente zerlegt (diskretisiert) und durch die Potenzialhöhen einer ausreichenden Zahl von Stützstellen repräsentiert. Diese Stützstellen sind die Eckpunkte (Finite-Elemente-Methode) oder die Gitterpunkte (Finite-Differenzen-Methode) einzelner kleiner, aber endlicher Flächen. Ränder und Unstetigkeiten (Brunnen, Quellen, Dräns usw.) im Strömungsfeld müssen durch Knotenpunkte oder Elementlinien repräsentiert werden.

Die Anwendung numerischer Grundwassermodelle setzt die richtige Wahl der Randbedingungen und der geohydraulischen Parameter voraus. Während bei Grundwassermodellen das gesamte hydraulische Potenzialfeld und daraus die Verteilung von Gefälle, Geschwindigkeiten, Abflüssen usw. errechnet werden, erlauben vereinfachte Verfahren (z. B. nach Abschn. 3.3.4.7) nur die Ermittlung einzelner Größen. Diese Verfahren werden jedoch im Rahmen der Vorplanung oft mit Erfolg eingesetzt.

3.3.4.5 Beispiel für die Umströmung einer Uferwand bei vertikaler Zuströmung und homogenem Boden

In diesem Beispiel wird angenommen, dass beidseitig der Uferwand Gewässer mit unterschiedlichen Höhen der Gewässersohle vorhanden sind (Abb. 3.7). Aufgrund der Wasserstandsdifferenz von 4,5 m ergibt sich eine vorwiegend vertikale (lotrechte) Zuströmung der Uferwand im wasserdurchlässigen, homogenen Boden. In einer Tiefe von −23,00 m wird das Strömungsnetz durch eine Randstromlinie als unteren Modellrand begrenzt, der die Oberfläche einer wasserstauenden, geringdurchlässigen Schicht darstellt. Die seitlichen Modellränder werden ebenfalls als Randstromlinien vorgegeben, wobei angenommen wird, dass durch die Lage dieser Modellränder die Grundwasserpotenziale im Bereich der Uferwand nicht maßgeblich beeinflusst werden. Auch die als undurchlässig angenommene Uferwand wirkt für die Grundwasserströmung als Randstromlinie. Die Gewässersohlen beidseitig der Uferwand (auf −8,00 bzw. +5,00 m) stellen dagegen Randpotenziallinien mit einer Standrohrspiegelhöhe von +2,50 bzw. +7,00 m dar.

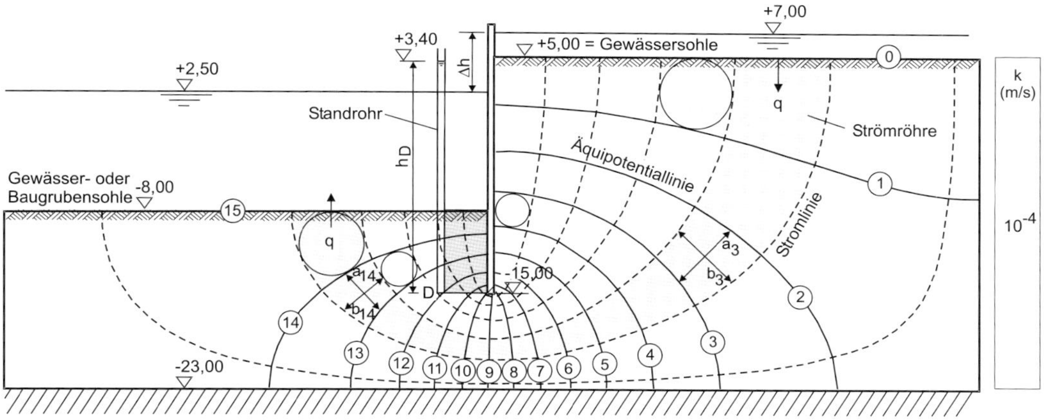

Abb. 3.7 Beispiel für ein Grundwasserströmungsnetz in homogenem Boden bei vertikaler Zuströmung zu einer Uferwand.

In Abb. 3.7 ist das aus den ermittelten Potenziallinien und Stromlinien bestehende Strömungsnetz dargestellt. Dabei gelten folgende Regeln:

- Stromlinien stehen senkrecht auf Potenziallinien.
- Die gesamte Potenzialdifferenz Δh zwischen dem höchsten und dem niedrigsten hydraulischen Potenzial wird in gleiche (äquidistante) Potenzialschritte dh aufgeteilt (in Abb. 3.7 in 15 Schritte, d. h. je Schritt eine Potenzialdifferenz von $4{,}50\,\text{m}/15 = 0{,}3\,\text{m}$).
- Die Anzahl der Potenzialschritte und Stromlinien wurde so gewählt, dass durch benachbarte Potenzial- und Stromlinien krummlinig begrenzte Quadrate gebildet werden, um die geometrische Ähnlichkeit im gesamten Netz zu gewährleisten (Überprüfung durch eingezeichnete Innenkreise)

Deutlich zu erkennen sind die Konzentration der Potenziallinien und damit die erhöhten hydraulischen Gradienten im Bereich des Wandfußes.

3.3.4.6 Näherungsweise Ermittlung des Einflusses bei vertikaler Zuströmung auf Erddruck und Erdwiderstand

Angenähert lässt sich bei vorwiegend vertikaler Zuströmung auf eine Uferwand die Vergrößerung des Erddrucks und die Verringerung des Erdwiderstands infolge der Umströmung durch eine Vergrößerung der Wichte des Bodens auf der Erddruckseite und eine Verringerung auf der Erdwiderstandsseite erfassen. Die Änderung der Wichte des Bodens infolge der Strömung ergibt sich aus dem Produkt des vertikalen hydraulischen Gradienten und der Wichte von Wasser zu:

$$\Delta\gamma' = i \cdot \gamma_w \tag{3.1}$$

Die Vergrößerung der Wichte auf der Erddruckseite und die Verringerung auf der Erdwiderstandsseite können bei ausschließlich vertikaler Zuströmung und homogenem Baugrund nach Brinch Hansen (1953) angenähert wie folgt bestimmt werden:

- auf der Erddruckseite:

$$\Delta\gamma' = \frac{\Delta h}{t_o + \sqrt{t_o \cdot t_u}} \cdot \gamma_w$$

- auf der Erdwiderstandsseite:

$$\Delta\gamma' = -\frac{\Delta h}{t_u + \sqrt{t_o \cdot t_u}} \cdot \gamma_w$$

In den obigen Gleichungen und in Abb. 3.8 bedeuten

Δh Differenz des Wasserspiegels beiderseits der Wand (Potenzialdifferenz),
t_o Einbindetiefe der Spundwand auf der Landseite von der Gewässersohle bis zum Spundwandfußpunkt bzw. Dicke der Bodenschicht in der ein Potenzialabbau stattfindet,
t_u Einbindetiefe der Spundwand auf der Wasserseite von der Gewässersohle bis zum Spundwandfußpunkt bzw. Dicke der Bodenschicht, in der ein Potenzialabbau stattfindet,
γ' Wichte des Bodens unter Auftrieb,
γ_w Wichte des Wassers.

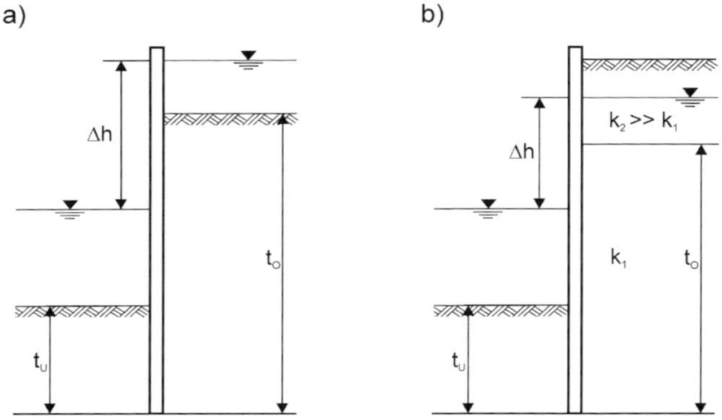

Abb. 3.8 Definitionsskizze für die angenäherte Ermittlung der durch den Strömungsdruck veränderten wirksamen Wichte des Bodens vor und hinter einem Spundwandbauwerk. (a) landseitig freier Wasserspiegel, (b) landseitig Wasserspiegel unter Gelände mit geschichtetem Baugrund; k_1, k_2 = Durchlässigkeitsbeiwerte.

Die angegebenen Gleichungen gelten nur, wenn auch unterhalb des Spundwandfußes Boden ansteht, der bei Durchströmung in gleichem Maß zum Potenzialabbau beiträgt wie der Boden vor und hinter der Spundwand.

Bei horizontaler Zuströmung kann sich das Restpotenzial am Spundwandfuß erheblich erhöhen, daher darf dieser Näherungsansatz bei horizontaler Anströmung nicht verwendet werden.

Die in diesem Beispiel angesetzte hydraulische Randbedingung mit einem Gewässer an der Geländeoberfläche auf der Landseite (Abb. 3.8a), durch die die vertikale (lotrechte) Umströmung der Uferwand verursacht wird, entspricht nur selten natürlichen Verhältnissen. Eine vertikale Umströmung einer Uferwand kann sich jedoch in einem geschichteten Baugrund einstellen, wenn sich eine gut durchlässige, mit Grundwasser gefüllte Schicht über einer gering durchlässigen Schicht befindet, in die die Uferwand einbindet (Abb. 3.8b). In diesem Fall findet der Potenzialabbau nahezu vollständig in der geringdurchlässigen Schicht statt, und das Grundwasser in der landseitig darüber anstehenden, gut durchlässigen Schicht wird in der Regel nicht abgesenkt. Ebenso kann eine überwiegend vertikale Zuströmung bei schnellem Wasserspiegelabsunk im Gewässer (z. B. bei Tideniedrigwasser) eintreten.

3.3.4.7 Beispiel für die Umströmung einer Uferwand bei horizontaler Zuströmung in homogenem Boden

In diesem Beispiel wird der Standardfall einer horizontalen Zuströmung zu einem Gewässer mit einer Uferwand in einem Grundwasserleiter aus einem homogenen Boden betrachtet. Die Zuströmung ergibt sich aufgrund des tieferen Gewässerwasserstands gegenüber dem landseitig der Uferwand anstehenden Grundwasserstands (Abb. 3.9). In diesem Fall wird für die Strömungsberechnung als landseitige Randbedingung zumeist eine von der Grundwasserströmung zum Gewässer unbeeinflusste Randpotenziallinie angenommen (hier mit einer Standrohrspiegelhöhe von +7,00 m entsprechend der Höhe der Geländeoberfläche). Da der Abstand dieser Randbedingung von der unterströmten Wand und die angenommene Standrohrspiegelhöhe entlang dieses Randes die berechnete Grundwasserpotenzialverteilung – auch in Wandnähe – in starkem Maße beeinflusst, ist sie sorgfältig, auf der sicheren Seite liegend, unter Berücksichtigung der Grundwasserstandsschwankungsbreite festzulegen. Zwischen der landseitigen Randbedingung und der Uferwand ergibt sich ein freier Grundwasserspiegel, der hier ebenfalls eine Randstromlinie darstellt. Die Randbedingungen an den weiteren Modellrändern entsprechen denen aus dem Beispiel für die vertikale Zuströmung zur Uferwand (Abschn. 3.3.4.5 und Abb. 3.7).

Im Strömungsnetz nach Abb. 3.9 ist die Potenzialdifferenz $\Delta h = 4{,}50\,\text{m}$ zwischen +7,00 und +2,50 m in 15 Potenzialschritte $\mathrm{d}h = 4{,}50\,\text{m}/15 = 0{,}30\,\text{m}$ aufgeteilt.

Folgende maßgebenden Standrohrspiegelhöhen lassen sich beispielhaft aus dem Strömungsnetz ableiten.

- Standrohrspiegelhöhe in Punkt F am Wandfuß:

$$h_{\text{F}} = 7{,}00\,\text{m} - 10{,}4/15 \cdot 4{,}50\,\text{m} = 3{,}88\,\text{m}\ (= 2{,}50\,\text{m} + 4{,}6/15 \cdot 4{,}50\,\text{m})$$

- Standrohrspiegelhöhe in Punkt E (Eckpunkt des Bruchkörpers nach Terzaghi – vgl. Abschn. 3.4):

$$h_{\text{E}} = 7{,}00\,\text{m} - 12{,}2/15 \cdot 4{,}50\,\text{m} = 3{,}34\,\text{m}\ (= 2{,}50\,\text{m} + 2{,}8/15 \cdot 4{,}50\,\text{m})$$

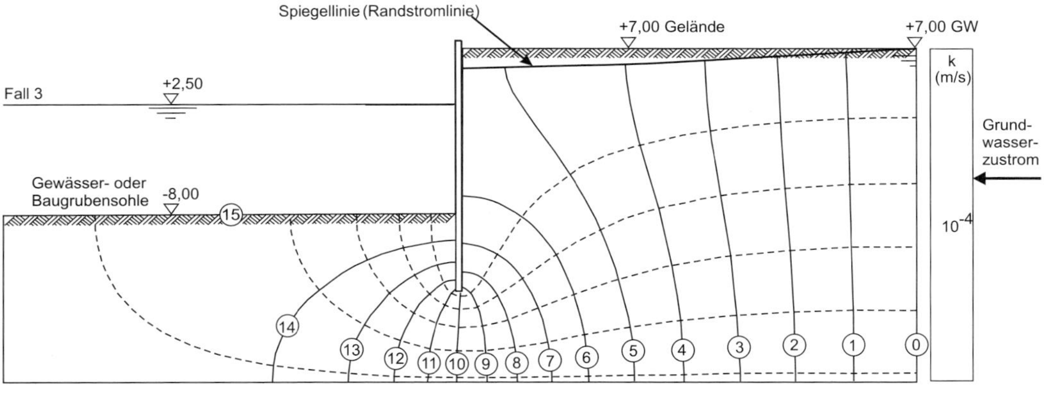

Abb. 3.9 Beispiel für ein Grundwasserströmungsnetz bei horizontaler Zuströmung in homogenem Boden.

3.3.4.8 Beispiel für die Umströmung einer Uferwand bei horizontaler Zuströmung in geschichtetem Boden

In diesem Beispiel wird der Einfluss eines geschichteten Bodens bei horizontaler Zuströmung betrachtet (Abb. 3.10). Dabei werden die Randbedingungen aus dem vorangehenden Beispiel für homogenen Boden (Abb. 3.7) beibehalten. Zusätzlich berücksichtigt wird jedoch eine 2 m dicke, horizontale Schicht zwischen −10,00 und −8,00 m, deren Durchlässigkeit ($k = 10^{-5}$ m/s) eine Zehnerpotenz geringer ist als die des darüber und darunter anstehenden Bodens ($k = 10^{-4}$ m/s). Infolge der wasserstauenden Schicht stellt sich der Grundwasserspiegel oberhalb dieser Schicht näherungsweise horizontal ein. In die geringer durchlässige Schicht bindet die Uferwand 1 m ein (Wandfuß auf −9,00 m).

Das aus den ermittelten Strom- und Potenziallinien gebildete Strömungsnetz ist in Abb. 3.10 dargestellt. Daraus ist die Konzentration der Potenziallinien mit den daraus resultierenden erhöhten hydraulischen Gradienten in der geringer durchlässigen Schicht ersichtlich. Voraussetzung für diese Potenzialverteilung ist, dass die geringer durchlässige Schicht horizontbeständig ist, also seitlich ausreichend weit über die Wand hinaus reicht. Anderenfalls wird die Potenzialverteilung am Wandfuß von der Umströmung der Schicht und nicht nur von der Durchströmung dieser Schicht bestimmt.

Auch im Strömungsnetz nach Abb. 3.10 ist die Potenzialdifferenz $\Delta h = 4{,}50$ m zwischen +7,00 und +2,50 m in 15 Potenzialschritte $\mathrm{d}h = 4{,}50\,\mathrm{m}/15 = 0{,}30$ m aufgeteilt.

Folgende maßgebende Standrohrspiegelhöhen lassen sich beispielhaft aus dem Strömungsnetz ableiten.

- Standrohrspiegelhöhe in Punkt F am Wandfuß:

$$h_F = 7{,}00\,\mathrm{m} - 9{,}5/15 \cdot 4{,}50\,\mathrm{m} = 4{,}15\,\mathrm{m}\ (= 2{,}50\,\mathrm{m} + 5{,}5/15 \cdot 4{,}50\,\mathrm{m})$$

- Standrohrspiegelhöhe in Punkt E (Eckpunkt des ersten untersuchten Bruchkörpers, siehe Abschn. 3.4):

$$h_E = 7{,}00\,\mathrm{m} - 11{,}1/15 \cdot 4{,}50\,\mathrm{m} = 3{,}67\,\mathrm{m}\ (= 2{,}50\,\mathrm{m} + 3{,}9/15 \cdot 4{,}50\,\mathrm{m})$$

- Standrohrspiegelhöhe in Punkt F′ unterhalb des Wandfußpunkts:

$$h_{F'} = 7{,}00\,\mathrm{m} - 8{,}8/15 \cdot 4{,}50\,\mathrm{m} = 4{,}36\,\mathrm{m}\ (= 2{,}50\,\mathrm{m} + 6{,}2/15 \cdot 4{,}50\,\mathrm{m})$$

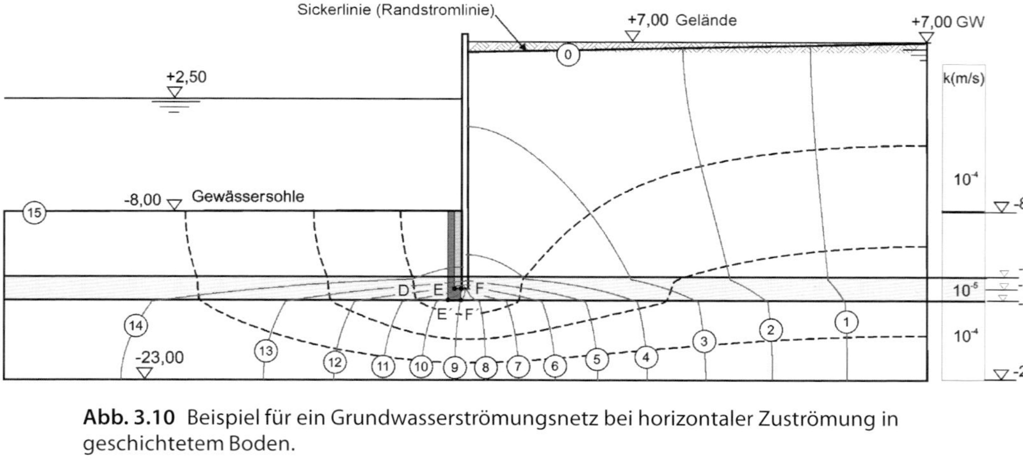

Abb. 3.10 Beispiel für ein Grundwasserströmungsnetz bei horizontaler Zuströmung in geschichtetem Boden.

- Standrohrspiegelhöhe in Punkt E′ (Eckpunkt des zweiten untersuchten Bruchkörpers, siehe Abschn. 3.4):

$$h_{E'} = 7{,}00\,\text{m} - 9{,}5/15 \cdot 4{,}50\,\text{m} = 4{,}15\,\text{m}\ (= 2{,}50\,\text{m} + 5{,}5/15 \cdot 4{,}50\,\text{m})$$

3.4 Hydraulischer Grundbruch

Die Gefahr eines hydraulischen Grundbruchs besteht vor einem umströmten Wandfuß, bei dem der Boden durch die von unten nach oben wirkende Strömungskraft des Grundwassers belastet wird. Dabei wird der Erdwiderstand reduziert. Der Versagenszustand tritt ein, wenn der senkrechte Anteil S_{dst} dieser Strömungskraft innerhalb des maßgebenden Bodenkörpers vor dem Wandfuß die Eigenlast G'_{stb} des unter Auftrieb stehenden Bodenkörpers übersteigt. Dann erfolgt ein hydraulischer Bodentransport (Fluidisierung) und der Erdwiderstand geht vollständig verloren.

Nach DIN EN 1997-1 in Verbindung mit DIN 1054 ist für den von unten nach oben durchströmten Bruchkörper vor dem Wandfuß nachzuweisen, dass im Grenzzustand HYD die folgende Bedingung eingehalten wird:

$$S_{dst,k} \cdot \gamma_H \leq G_{stb,k} \cdot \gamma_{G,stb}$$

Dabei sind

$S_{dst,k}$ der charakteristische Wert der Strömungskraft im durchströmten Bodenkörper,
γ_H der Teilsicherheitsbeiwert für die Strömungskraft im Grenzzustand HYD nach DIN 1054, Tab. A2.1,
$G'_{stb,k}$ der charakteristische Wert der Gewichtskraft des durchströmten Bodenkörpers unter Auftrieb,
$\gamma_{G,stb}$ der Teilsicherheitsbeiwert für stabilisierende ständige Einwirkungen im Grenzzustand HYD nach DIN 1054, Tab. A2.1.

Die Strömungskraft $S_{dst,k}$ kann mithilfe einer ermittelten Potenzialverteilung berechnet werden. $F'_{s,k}$ ergibt sich als Produkt aus dem Volumen des angenommenen hydraulischen Grundbruchkörpers, der Wichte des Wassers γ_w und dem mittleren vertikalen hydraulischen Gradienten (Strömungsgefälle) in diesem Körper.

Wenn ein homogener Boden vor dem Fuß der Wand von unten nach oben durchströmt wird, ist nach DIN 1054, 11.5.(4) die Strömungskraft in einem Bodenkörper zu betrachten, dessen Breite in der Regel gleich der halben Einbindetiefe der Wand angenommen werden darf. Dabei beträgt der charakteristische Wert der vertikalen Strömungskraft $S_{dst,k}$ näherungsweise:

$$S_{dst,k} = \gamma_w \cdot \frac{\Delta h_F + \Delta h_E}{2} \cdot \frac{t}{2}$$

mit

γ_w Wichte des Wassers,
Δh_F Restpotenzialdifferenz am Wandfußpunkt (Differenz der Standrohrspiegelhöhe am Spundwandfußpunkt und dem Gewässerwasserstand),
Δh_E Restpotenzialdifferenz an der dem Wandfuß gegenüberliegenden Begrenzung des Bruchkörpers,
d Einbindetiefe der Wand.

Für das Beispiel einer umströmten Wand in einem homogenen Boden nach Abschn. 3.3.4.7 mit den aus dem Strömungsnetz (Abb. 3.9) ermittelten Standrohrspiegelhöhen ergeben sich die Restpotenzialdifferenzen zu:

$$\Delta h_F = 3{,}88\,\text{m} - 2{,}50\,\text{m} = 1{,}38\,\text{m}$$
$$\Delta h_E = 3{,}34\,\text{m} - 2{,}50\,\text{m} = 0{,}84\,\text{m}$$

Die charakteristische Strömungskraft in dem angenommenen rechteckigen Bruchkörper beträgt:

$$S_{\text{dst,k}} = 10\,\frac{\text{kN}}{\text{m}^3} \cdot \frac{1{,}38\,\text{m} + 0{,}84\,\text{m}}{2} \cdot \frac{7\,\text{m}}{2} = 39\,\text{kN/m}$$

Unter Annahme einer Wichte des Bodens unter Auftrieb von $\gamma' = 11\,\text{kN/m}^3$ beträgt die charakteristische Gewichtskraft des unter Auftrieb stehenden Bruchkörpers:

$$G_{\text{stb,k}} = \gamma' \cdot t \cdot t/2 = 11\,\frac{\text{kN}}{\text{m}^3} \cdot 7\,\text{m} \cdot 3{,}5\,\text{m} = 270\,\text{kN/m}$$

In der ständigen Bemessungssituation BS-P betragen die Teilsicherheitsbeiwerte im Grenzzustand HYD nach DIN 1054, Tab. A2.1:

$$\gamma_{\text{G,stb}} = 0{,}90$$
$$\gamma_H = 1{,}45 \quad \text{für günstigen Untergrund}$$
$$\gamma_H = 1{,}90 \quad \text{für ungünstigen Untergrund}$$

Unter Annahme eines für die Gefahr eines hydraulischen Grundbruchs ungünstigen Bodens ergibt sich damit für die Grenzgleichgewichtsbedingung HYD:

$$39\,\frac{\text{kN}}{\text{m}} \cdot 1{,}90 = 74\,\frac{\text{kN}}{\text{m}} \leq 243\,\frac{\text{kN}}{\text{m}^3} = 270\,\frac{\text{kN}}{\text{m}^3} \cdot 0{,}9$$

Aufgrund des im Vergleich zur Einbindetiefe der Wand geringen Restpotenzialabbaus bis zur Gewässersohle und des daraus resultierenden geringen hydraulischen Gradienten ergibt sich für dieses Beispiel eine deutlich ausreichende Sicherheit gegen hydraulischen Grundbruch. Der Ausnutzungsgrad der Bemessungswerte beträgt:

$$\mu = \frac{74\,\text{kN/m}}{243\,\text{kN/m}} = 0{,}30$$

In dem Beispiel einer umströmten Wand in einem geschichteten Boden nach Abschn. 3.3.4.8 ist aus dem Strömungsnetz (Abb. 3.10) ersichtlich, dass der Potenzialabbau im Wesentlichen nur innerhalb der geringer durchlässigen Schicht erfolgt. Die darüber liegende durchlässige Schicht, in der nur ein vernachlässigbarer Potenzialabbau erfolgt, wirkt wie ein Auflastfilter. In diesem Fall darf die Dicke dieser überlagernden durchlässigen Schicht bei der Ermittlung der Breite des anzunehmenden Bruchkörpers nach DIN 1054, 10.3 A (1d) nicht berücksichtigt werden.

Für den Nachweis der Sicherheit gegen hydraulischen Grundbruch muss bei geschichtetem Boden die maßgebende Unterkante des Bruchkörpers mit der geringsten Sicherheit gesucht werden. Liegt eine geringer durchlässige Schicht über einer durchlässigen, so ist im Allgemeinen die Unterkante der geringer durchlässigen Schicht die maßgebende Unterkante des Bruchkörpers.

Zunächst wird jedoch der vom Wandfuß ausgehende Bruchkörper untersucht. Da die Einbindetiefe der Wand in die geringer durchlässige Schicht 1 m beträgt, wird die Breite des Bruchkörpers mit $t' = 0{,}5$ m angesetzt. Die Restpotenzialdifferenzen an den beiden unteren Eckpunkten F und E dieses Bruchkörpers betragen:

$$\Delta h_{\mathrm{F}} = 4{,}15\,\mathrm{m} - 2{,}50\,\mathrm{m} = 1{,}65\,\mathrm{m}$$
$$\Delta h_{\mathrm{E}} = 3{,}67\,\mathrm{m} - 2{,}50\,\mathrm{m} = 1{,}17\,\mathrm{m}$$

Die charakteristische Strömungskraft in dem angenommenen rechteckigen Bruchkörper beträgt:

$$S_{\mathrm{dst,k}} = 10\,\frac{\mathrm{kN}}{\mathrm{m}^3} \cdot \frac{1{,}65\,\mathrm{m} + 1{,}17\,\mathrm{m}}{2} \cdot 0{,}5\,\mathrm{m} = 7{,}1\,\mathrm{kN/m}$$

Die charakteristische Gewichtskraft des unter Auftrieb stehenden Bruchkörpers beträgt:

$$G_{\mathrm{stb,k}} = \gamma' \cdot t \cdot t' = 11\,\frac{\mathrm{kN}}{\mathrm{m}^3} \cdot 7\,\mathrm{m} \cdot 0{,}5\,\mathrm{m} = 38{,}5\,\mathrm{kN/m}$$

Wiederum unter Annahme eines ungünstigen Bodens ergibt sich damit für die Grenzgleichgewichtsbedingung HYD:

$$7{,}1\,\frac{\mathrm{kN}}{\mathrm{m}} \cdot 1{,}90 = 13{,}5\,\frac{\mathrm{kN}}{\mathrm{m}} \leq 34{,}7\,\frac{\mathrm{kN}}{\mathrm{m}^3} = 38{,}5\,\frac{\mathrm{kN}}{\mathrm{m}^3} \cdot 0{,}9$$

Der Ausnutzungsgrad der Bemessungswerte beträgt:

$$\mu = \frac{11{,}6\,\mathrm{kN/m}}{34{,}7\,\mathrm{kN/m}} = 0{,}39$$

Da der Potenzialabbau in diesem Beispiel für die Wandumströmung in einem geschichteten Boden hauptsächlich in der geringer durchlässigen Schicht stattfindet und die Wand nicht bis zur Unterkante der Schicht reicht, muss zusätzlich ein bis zur Unterkante der Schicht reichender Bruchkörper untersucht werden. Aufgrund der Dicke der geringer durchlässigen Schicht von 2 m wird die Breite des Bruchkörpers mit $t' = 1$ m berücksichtigt. Die Restpotenzialdifferenzen an den beiden unteren Eckpunkten F′ und E′ dieses Bruchkörpers betragen:

$$\Delta h_{\mathrm{F'}} = 4{,}36\,\mathrm{m} - 2{,}50\,\mathrm{m} = 1{,}86\,\mathrm{m}$$
$$\Delta h_{\mathrm{E'}} = 4{,}15\,\mathrm{m} - 2{,}50\,\mathrm{m} = 1{,}65\,\mathrm{m}$$

Die charakteristische Strömungskraft in dem angenommenen rechteckigen Bruchkörper beträgt:

$$S_{\mathrm{dst,k}} = 10\,\frac{\mathrm{kN}}{\mathrm{m}^3} \cdot \frac{1{,}86\,\mathrm{m} + 1{,}65\,\mathrm{m}}{2} \cdot 1{,}0\,\mathrm{m} = 17{,}6\,\mathrm{kN/m}$$

Die charakteristische Gewichtskraft des unter Auftrieb stehenden Bruchkörpers beträgt:

$$G_{\text{stb,k}} = \gamma' \cdot t \cdot t' = 11\,\frac{\text{kN}}{\text{m}^3} \cdot 7\,\text{m} \cdot 1{,}0\,\text{m} = 77\,\text{kN/m}$$

Damit ergibt sich für die Grenzgleichgewichtsbedingung HYD:

$$17{,}6\,\frac{\text{kN}}{\text{m}} \cdot 1{,}90 = 33{,}4\,\frac{\text{kN}}{\text{m}} \le 69{,}3\,\frac{\text{kN}}{\text{m}^3} = 77\,\frac{\text{kN}}{\text{m}^3} \cdot 0{,}9$$

Der Ausnutzungsgrad der Bemessungswerte beträgt:

$$\mu = \frac{33{,}4\,\text{kN/m}}{69{,}3\,\text{kN/m}} = 0{,}48$$

Aus dem Vergleich der ermittelten Ausnutzungsgrade ist ersichtlich, dass für dieses Beispiel der zweite angenommene Bruchkörper maßgebend wird. Für beide Bruchkörper ergibt sich jedoch aufgrund des geringen hydraulischen Gradienten eine deutlich ausreichende Sicherheit gegen hydraulischen Grundbruch.

Wenn Verhältnisse vorliegen, die einen hydraulischen Grundbruch möglich erscheinen lassen, sind bei der Planung geeignete Maßnahmen zu dessen Verhinderung zu berücksichtigen. Insbesondere ist es in diesen Fällen wichtig, dass Uferwände tief genug in den Boden einbinden und somit der hydraulische Gradient möglichst klein ist.

Bei sehr geringen Einbindetiefen der Wand nimmt der Ausnutzungsgrad beim Nachweis gegen hydraulischen Grundbruch mit kleiner werdender Einbindetiefe rechnerisch ab. Dieser Bereich muss baupraktisch gemieden werden (Odenwald und Herten, 2008).

Im Falle von Fehlstellen in den Wänden (z. B. Schlosssprengungen bei Spundwänden) wird der Sickerweg der Umströmung verkürzt und damit der Gradient stark vergrößert. Insofern sind solche Fehlstellen insbesondere auch hinsichtlich der Gefahr eines hydraulischen Grundbruchs zu bewerten.

Die Verbesserung der Rammbarkeit von Spundwänden durch Auflockerungs- oder Austauschbohrungen verändert die geohydraulischen Verhältnisse im Umfeld der Spundwand. Dies ist bei der Berechnung der Unterströmung der Spundwand und beim Nachweis des hydraulischen Grundbruchs zu berücksichtigen.

3.5 Erddruck

3.5.1 Allgemeines

Die nachfolgenden Regelungen beziehen sich auf den Ansatz des aktiven Erddrucks auf der Belastungsseite. Es ist jedoch immer zu prüfen, ob ggf. auch andere Formen des Erddrucks maßgeblich werden können. Zur Begrenzung von Verformungen und bei Verankerungen mit hoher Vorspannung kann der Ansatz des Erdruhedrucks notwendig sein. Bei Verdichtung von Hinterfüllungen unmittelbar hinter einer Ufereinfassung kann der Verdichtungserddruck maßgebend werden. In engen Verfüllräumen, z. B. zwischen zwei Spundwänden, kann sich der Erddruck ggf. durch Siloeffekte verringern. Hinweise zur Ermittlung dieser Erddrücke enthält DIN 4085.

Die charakteristischen Erddrucklasten können nach den in DIN 4085 angegebenen grafischen und/oder analytischen Verfahren ermittelt werden. Andere Verfahren, z. B.

numerische, sind zulässig, wenn sichergestellt ist, dass sie die gleichen Erddrucklasten wie die in der Norm angegebenen Verfahren hervorbringen. In den nachfolgenden Abbildungen und Formeln werden die Bodenkennwerte nicht indiziert, soweit nicht ausdrücklich der charakteristische Wert (Index k) oder der Bemessungswert (Index d) gemeint ist.

Die Berechnung und Bemessung von Spundwänden werden in Abschn. 8.2 behandelt. In Abschn. 8.2.5 finden sich auch Hinweise zum Ansatz des Erddruckneigungswinkels δ_a.

3.5.2 Ansatz der Kohäsion in bindigen Böden

Die Kohäsion in bindigen Böden darf bei der Ermittlung des Erddrucks und Erdwiderstands berücksichtigt werden, wenn folgende Voraussetzungen erfüllt sind.

- Der Boden muss in seiner Lage ungestört sein.
- Bei Hinterfüllungen mit bindigem Material muss der Boden hohlraumfrei eingebaut und verdichtet sein.
- Der Boden muss dauernd gegen Austrocknen und Frost geschützt sein.
- Der Boden darf beim Durchkneten nicht breiig werden.

3.5.3 Ansatz der scheinbaren Kohäsion (Kapillarkohäsion) im Sand

Die scheinbare Kohäsion c_c (Kapillarkohäsion nach DIN 18137, Teil 1) im Sand hat ihre Ursachen in der Oberflächenspannung des Porenzwickelwassers. Bei vollständiger Durchnässung oder Austrocknung des Bodens geht sie verloren. In der Regel ist sie deshalb bei der Ermittlung des Erddrucks und des Erdwiderstands nicht anzusetzen, sie ist dann eine innere Reserve für die Standsicherheit. Die scheinbare Kohäsion darf für Bauzustände berücksichtigt werden, wenn sichergestellt werden kann, dass sie im betreffenden Zeitraum durchgehend wirksam ist. Charakteristische Anhaltswerte für die scheinbare Kohäsion für mindestens mitteldichte Lagerung enthält Tab. 3.5.

Tab. 3.5 Charakteristische Anhaltswerte der scheinbaren Kohäsion für mindestens mitteldichte Lagerung (TGL 35983/02, 1983).

Bodenart	Bezeichnung nach DIN 4020	Scheinbare Kohäsion $c_{c,k}$ [kN/m²]
Kiessand	G/S	≤ 2
Grobsand	gS	≤ 3
Mittelsand	mS	≤ 5
Feinsand	fS	≤ 9

3.5.4 Ermittlung des Erddrucks bei einer gepflasterten steilen Böschung eines teilgeböschten Uferausbaus

Ein Fall mit steiler Böschung liegt vor, wenn die Böschungsneigung β größer ist als der wirksame Reibungswinkel φ' des anstehenden Bodens. Die Standsicherheit der Böschung ist nur dann gewährleistet, wenn eine Kohäsion c' dauernd wirksam ist und ei-

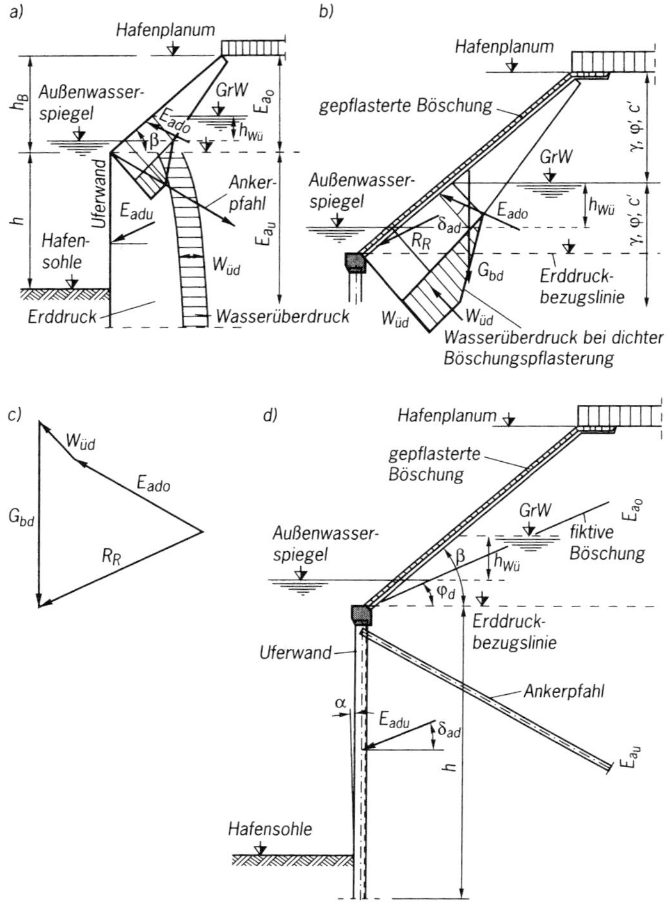

Abb. 3.11 Teilgeböschter Uferausbau mit einer gepflasterten steilen Böschung. (a) Systemskizze; (b) Krafteinwirkungen an einer gepflasterten, steilen Böschungsbefestigung; (c) Krafteck zur Ermittlung der Reaktionskraft R_R zwischen der Böschungspflasterung und der Uferwand; (d) allgemeine Übersicht.

ne Oberflächenerosion, z. B. durch eine dichte Grasnarbe oder ein Deckwerk, dauerhaft verhindert wird.

Wenn die Kohäsion nicht ausreichend ist, um die Standsicherheit der Böschung nachzuweisen, benötigt die Böschung eine Befestigung, beispielsweise eine Pflasterung, die in sich kraftschlüssig ist und mit der Uferwand ebenfalls kraftschlüssig verbunden sein muss. Die Böschungsbefestigung muss so bemessen sein, dass die Resultierende der angreifenden Einwirkungen überall in der inneren Kernweite des Befestigungsquerschnitts liegt. Der Erddruck für den Böschungsbereich herunter bis zur Oberkante des Stützbalkens für die Böschungsbefestigung (Erddruckbezugslinie in Abb. 3.11) kann bei nicht überwiegender Kohäsion

$$\frac{c'}{\gamma \cdot h} < 0{,}1$$

grafisch ermittelt werden, wobei die Eigenlast der Böschungsbefestigung unberücksichtigt bleibt.

Dabei muss neben dem aktiven Erddruck E_a auch ein eventuell vorhandener resultierender Wasserdruck mit berücksichtigt werden. Dieser ist in Abb. 3.11 für eine dichte Pflasterung dargestellt. Bei durchlässiger Pflasterung ist er geringer. Die Lastansätze für eine Böschungsbefestigung sind in Abb. 3.11b dargestellt. Die Reaktionskraft R_R zwischen der Böschungsbefestigung und der Uferwand ergibt sich aus dem Krafteck nach Abb. 3.11c.

Die Reaktionskraft R_R muss in der Berechnung der Uferwand und ihrer Verankerungen voll berücksichtigt werden. Dabei ist zu beachten, dass die Erddrucklast E_{ado} und die Eigenlast der Böschungsbefestigung bereits in der Reaktionskraft R_R enthalten sind und von der Uferwand einschließlich Verankerung unmittelbar abgetragen werden. Näherungsweise kann die Erddrucklast E_{adu} unterhalb der Erddruckbezugslinie auch mit einer um die fiktive Höhe

$$\Delta h = \frac{1}{2} \cdot h_B \cdot \left(1 - \frac{\tan \varphi'}{\tan \beta}\right)$$

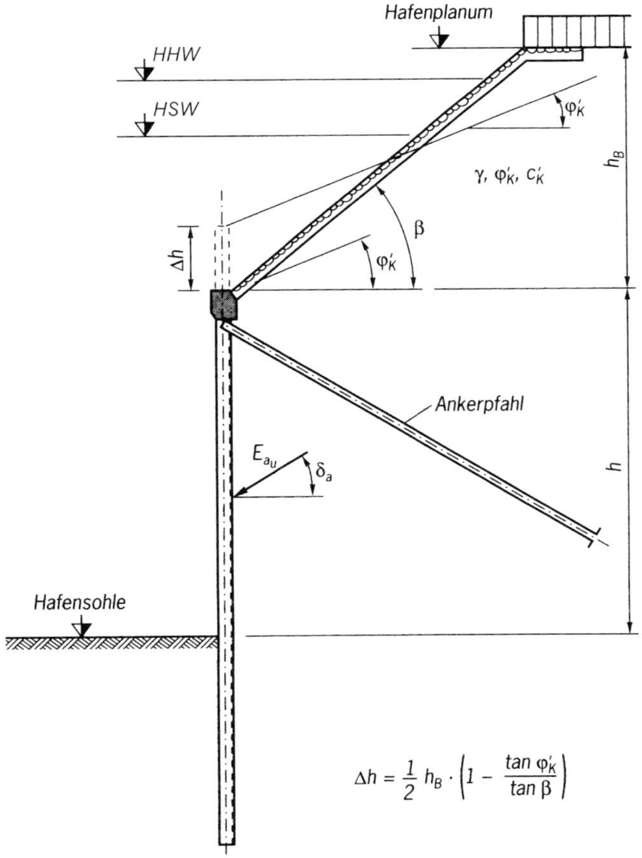

Abb. 3.12 Näherungsansatz zur Ermittlung von E_{au}.

über die Erddruckbezugslinie hinausragenden Wand mit einer gleichzeitig unter dem fiktiven Winkel φ' geneigten fiktiven Böschung ermittelt werden (Abb. 3.12).

3.5.5 Ermittlung der Erddruckabschirmung auf eine Wand unter einer Entlastungsplatte bei mittleren Geländeauflasten

Durch eine Entlastungsplatte kann, abhängig vor allem von der Lage und der Breite der Platte sowie von der Scherfestigkeit und Zusammendrückbarkeit des Bodens, hinter der Wand und unter der Sohle des Bauwerks der Erddruck auf eine Wand mehr oder weniger abgeschirmt werden. Die für die Schnittkraftermittlung maßgebende Erddruckverteilung wird dadurch günstig beeinflusst. Bei einheitlichem nichtbindigen Boden und mittleren Geländeauflasten (üblicherweise 20–40 kN/m² als gleichmäßig verteilte Last) kann die Erddruckabschirmung nach Brennecke und Lohmeyer, 1930 (Abb. 3.13), ermittelt werden. Wie durch Culmann-Untersuchungen nachgewiesen werden kann, trifft unter den obigen Voraussetzungen der Lohmeyer-Ansatz gut zu.

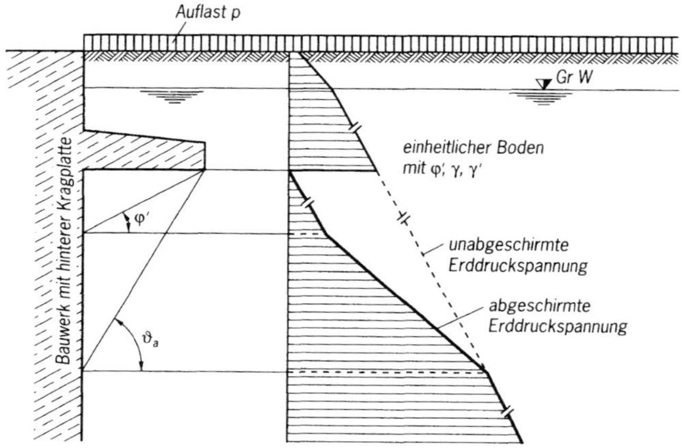

Abb. 3.13 Lösung nach Lohmeyer bei einheitlichem Boden.

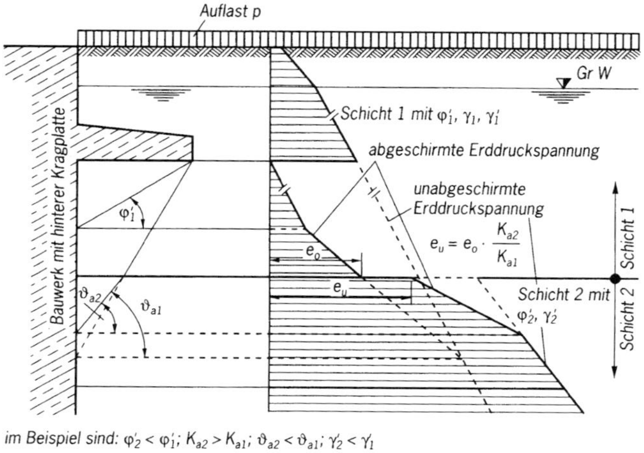

Abb. 3.14 Lösung nach Lohmeyer mit Erweiterung für geschichteten Boden (Lösungsmöglichkeit 1).

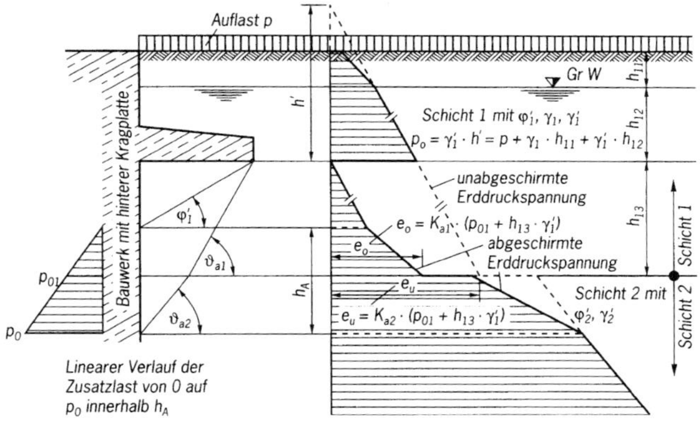

Abb. 3.15 Lösung nach Lohmeyer mit Erweiterung für geschichteten Boden (Lösungsmöglichkeit 2).

Hat der Boden auch eine Kohäsion c', kann der abgeschirmte Erddruck angenähert in der Weise angesetzt werden, dass zunächst die abgeschirmte Erddruckverteilung ohne Berücksichtigung von c' ermittelt und diesem anschließend der Kohäsionsanteil

$$\Delta e_{\mathrm{ac}} = c' \cdot K_{\mathrm{ac}}$$

überlagert wird (K_{ac}: Beiwert für den aktiven Erddruck zur Berücksichtigung der Kohäsion, siehe DIN 4085). Diese Vorgehensweise ist nur zulässig, wenn der Kohäsionsanteil im Verhältnis zum Gesamterddruck gering ist.

Die Ansätze nach den Abb. 3.13–3.15 sind nicht auf Fälle anwendbar, in denen mehrere Entlastungsplatten übereinander angeordnet sind. Außerdem ist, unabhängig von der Abschirmung, die Gesamtstandsicherheit des Bauwerks für die entsprechenden Grenzzustände nach DIN 1054 nachzuweisen, wobei in den maßgebenden Bezugsebenen der volle Erddruck anzusetzen ist.

3.5.6 Erddruckverteilung unter begrenzten Lasten

Der Erddruck aus lotrechten Streifen- oder Linienlasten darf in einer vereinfachten begrenzten Lastfigur auf die Stützwand angesetzt werden. Die Belastung der Wand erstreckt sich auf einen durch den Winkel φ'_{k} von der Vorderkante der Last und durch den Winkel $\vartheta_{\mathrm{a,k}}$ von der Hinterkante der Last begrenzten Bereich (Abb. 3.16). Die Verteilung der Last muss unter der Berücksichtigung der möglichen Verformungen gewählt werden. Sind die Voraussetzungen für eine Erddruckumlagerung gegeben (Abschn. 8.2.3.2), müssen diese Lastanteile ebenfalls umgelagert werden, insbesondere um die Lastkonzentration über Stützstellen nicht zu unterschätzen. Weitere Empfehlungen enthält DGGT (2012), 3.5 (EB 7).

Bei einer in Längsrichtung der Wand begrenzten Streifen- oder Linienlast darf die Lastausbreitung über das Ende hinaus unter einem Winkel von 45° berücksichtigt werden. Die damit einhergehende Entlastung der Wand darf in einem Bereich unter dem Winkel ±45° vom Lastende berücksichtigt werden (Abb. 3.17). Überschneiden sich bei sehr kurzer Lastfläche die Bereiche, wird die Last auf den durch die jeweils äußeren Ausbreitungslinien begrenzten Abschnitt der Wand verteilt.

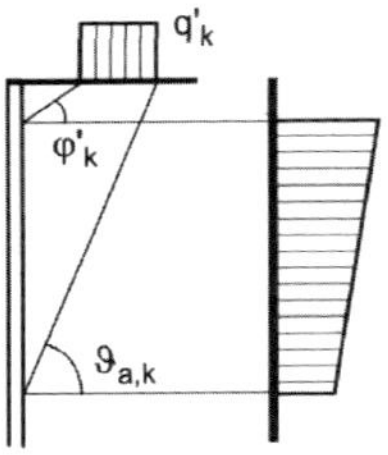

Abb. 3.16 Wirkungsbereich einer Streifenlast.

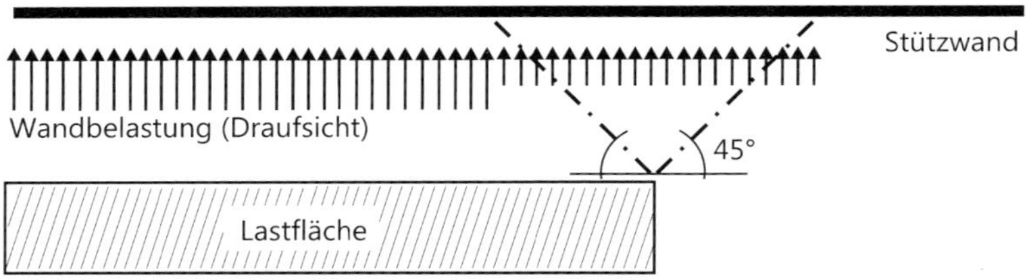

Abb. 3.17 Horizontale Lastverteilung bei begrenzten Lasten.

3.5.7 Ermittlung des aktiven Erddrucks bei wassergesättigten nicht bzw. teilkonsolidierten, weichen, bindigen Böden

Für dränierte Zustände ist mit wirksamen Spannungen und mit wirksamen Scherparametern zu rechnen. Für undränierte Zustände sollte mit wirksamen Spannungen und entsprechend mit wirksamen Scherparametern gerechnet werden. Eine Berechnung mit totalen Spannungen und entsprechend mit undränierten Scherparametern wird nicht empfohlen, da c_u abhängig ist von

- den wirksamen Spannungen im Ausgangszustand,
- dem Grad der Vorbelastung (OCR),
- der zeitlichen Abfolge der Belastung (Spannungspfad),
- der Geschwindigkeit der Lastaufbringung

und diese Einflüsse nur durch eine Analyse der Entwicklung der wirksamen Spannungen und durch eine Berechnung des Erddrucks mit den wirksamen Scherparametern vollständig erfasst werden können.

Wird eine Auflast in einem so kurzen Zeitraum aufgebracht, dass der Boden dabei nicht konsolidieren kann, wird die Auflast zunächst nur vom Porenwasser aufgenommen, die wirksame Spannung σ' bleibt unverändert. Erst mit der danach einsetzenden Konsolidierung wird die Auflast auch auf das Korngerüst des Bodens übertragen. Für die horizontale Belastung der Wand σ_h gilt unmittelbar nach der Lastaufbringung:

$$\sigma_h = e_{ah} + u$$

mit:

$$e_{ah} = \sigma' \cdot K_{agh} - c' \cdot K_{ach} \quad (K_{agh} \text{ und } K_{ach} \text{ nach DIN 4084})$$

$$\Delta p = \Delta u$$

$$u = u_0 + \Delta u$$

e_{ah} horizontaler Erddruck aus wirksamen Spannungen,
σ' wirksame Spannung,
c' wirksame Kohäsion,
Δp „schnell" aufgebrachte Auflast,
Δu Porenwasserüberdruck aus der Auflast,
u_0 hydrostatischer Wasserdruck,
u Gesamtwasserdruck,
σ_h horizontale Gesamtbelastung der Wand.

Wird die Last hingegen langsam aufgebracht, beginnt die Konsolidierung bereits während der Belastung. Als Folge ist der Porenwasserüberdruck Δu aus der Auflast Δp kleiner als diese, die wirksame Spannung σ' nimmt bereits während der Belastung zu. Nach vollständiger Konsolidierung wird die Auflast Δp in voller Größe der wirksamen Spannung σ' zugeschlagen Abb. 3.18b.

Zwischenzustände können berücksichtigt werden, indem über eine Bestimmung des Konsolidierungsgrads derjenige Anteil von Δp ermittelt wird, für den der Boden bereits konsolidiert ist. Dieser wird dann in der obigen Gleichung der wirksamen Spannung zugeschlagen, der noch nicht konsolidierte Anteil (verbleibender Porenwasserüberdruck) wird dem Erddruck unvermindert überlagert.

Eine Erddruckumlagerung (Abschn. 8.2.3.2) ist nur zulässig für Erddruckspannungen aus konsolidierten Bodenschichten.

Am Beispiel nach Abb. 3.18 ist die Erddruckverteilung für den Fall dargestellt, dass die gleichmäßig verteilte Auflast Δp landseitig unbegrenzt ausgedehnt ist, also ein ebener

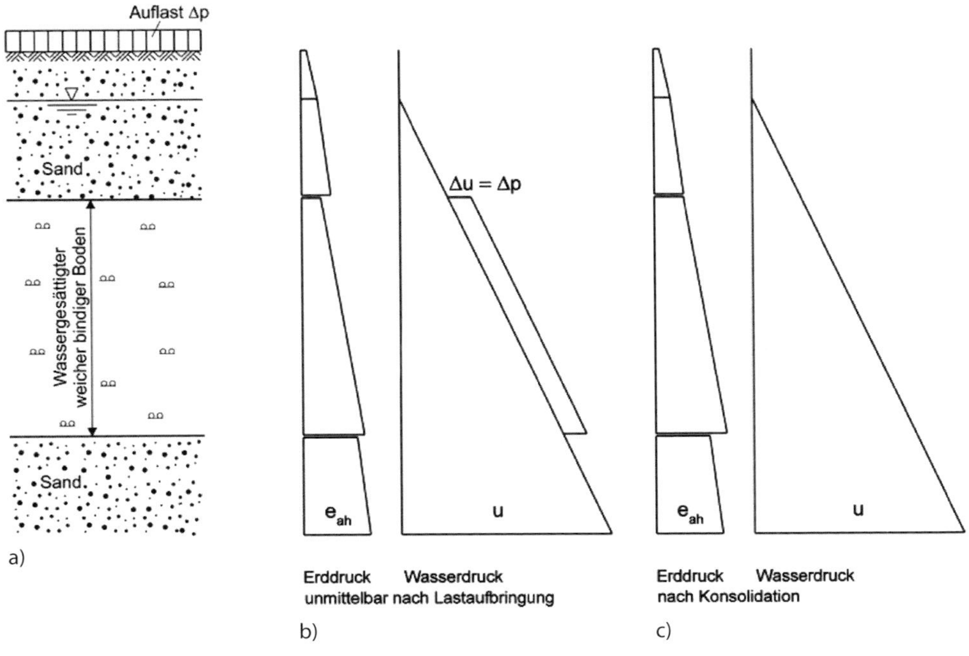

Abb. 3.18 Beispiel für die Ermittlung der waagerechten Komponente der Erddruckverteilung für den Anfangszustand mit Scherparametern des entwässerten Bodens.

Verformungszustand vorliegt. In der weichen, bindigen Schicht ergibt sich die Horizontalbelastung der Wand aus dem Erddruck infolge der jeweiligen wirksamen Spannung σ' und der Kohäsion c', vermehrt um den Porenwasserüberdruck Δu aus der Auflast Δp und dem hydrostatischen Wasserdruck u_0.

Bei einer schnellen Belastung durch eine Aufspülung ist zu prüfen, wie schnell der Sand das Spülwasser wieder abgibt. Erfolgt dies unverzüglich, ist die Auflast aus der Aufspülung mit der Feuchtwichte des Spülsandes zu ermitteln. Andernfalls muss angenommen werden, dass im Aufspülsand ein erhöhter Wasserspiegel ansteht, sodass ein Teil der Auflast noch unter Auftrieb steht.

3.5.8 Auswirkung von Wasserüberdruck unter Gewässersohlen

Wasserüberdruck tritt auf, wenn die Gewässersohle von einer wenig durchlässigen, bindigen Schicht auf einer grundwasserführenden Schicht gebildet wird und der freie Niedrigwasserspiegel des Gewässers unter der Grundwasserdruckfläche des gespannten Grundwasserleiters liegt (Abb. 3.19). Die Auswirkungen des Wasserüberdrucks auf Erddruck und Erdwiderstand müssen im Entwurf berücksichtigt werden. Der Wasserüberdruck belastet die Deckschicht von unten und führt zu deren Durchströmung, was eine Verminderung der wirksamen Wichte γ' und damit des Erddrucks oder des Erdwiderstands zur Folge hat.

In Tidegebieten kann Wasserüberdruck durch die wechselnden Tidewasserstände bei Niedrigwasser bewirkt werden. Ist der Überdruck größer als das Eigengewicht der Deckschicht, kann die Deckschicht bei Niedrigwasser unter der Wirkung des von unten wirkenden Wasserüberdrucks vom nichtbindigen Untergrund abgehoben werden und beginnt entsprechend dem Zustrom von Porenwasser langsam aufzuschwimmen. Beim

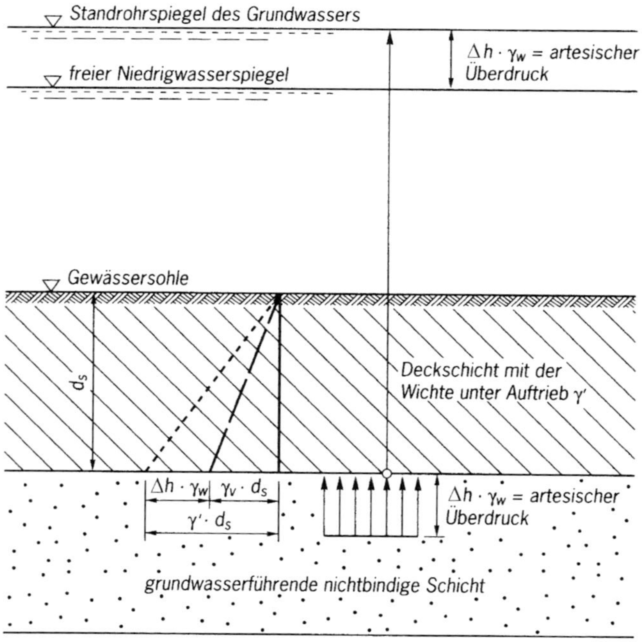

Abb. 3.19 Grundwasserüberdruck unter einer gering durchlässigen Gewässersohle.

anschließenden Hochwasser wird die Deckschicht wieder auf ihre Unterlage gedrückt, wobei das zugeströmte Porenwasser wieder verdrängt werden muss.

Dieser Prozess findet mit jeder Tide statt und ist in der Regel unter den natürlichen Bedingungen unkritisch. Wird eine Deckschicht, unter der tideabhängig der Wasserüberdruck wirkt, aber im Zuge von Baumaßnahmen durch Baggerungen geschwächt, können beulenartige Aufbrüche der Deckschicht eintreten. Diese haben dann örtliche Störungen des Bodens in der Umgebung des Aufbruchs zur Folge. Zugleich wird aber auch der artesische Wasserdruck entspannt, sodass der Prozess auf diese örtlichen Störungen begrenzt bleibt.

3.5.9 Ansatz von Erddruck und resultierendem Wasserdruck und konstruktive Hinweise für Ufereinfassungen mit Bodenaustausch und verunreinigter oder gestörter Baggergrubensohle

3.5.9.1 Allgemeines

Wenn hinter Ufereinfassungen ein Bodenaustausch nach Abschn. 5.9 ausgeführt wird, müssen die Auswirkungen analysiert werden, die die Verunreinigungen der Baggergrubensohle und der hinteren Baggergrubenböschungen auf Erddruck und Wasserdruck haben. Das ist insbesondere dann erforderlich, wenn mit Schlickfall zu rechnen ist. Im Interesse der Wirtschaftlichkeit sollte der Bodenaustausch zudem so durchgeführt werden, dass Zwischenzustände, in denen der Austauschboden, aber vor allem eine bindige Ablagerung auf der Baggersohle und der Böschung zu berücksichtigen sind, nicht bemessungswirksam werden.

3.5.9.2 Berechnungsansätze zur Ermittlung des Erddrucks

Neben der üblichen Bemessung des Bauwerks für die verbesserten Bodenverhältnisse und dem Nachweis des Geländebruchs nach DIN 4084 müssen die Rand- und Störeinflüsse aus der durch das Baggern vorgegebenen Gleitfuge nach Abb. 3.20 berücksichtigt werden.

Für den auf das Bauwerk bis hinunter zur Baggergrubensohle wirkenden Erddruck E_a sind dabei vor allem maßgebend:

1) Länge und – sofern vorhanden – Neigung des rückhaltend wirkenden Abschnitts l_2 der durch die Baggergrubensohle vorgegebenen Gleitfuge,
2) Dicke, Scherfestigkeit τ_2 und wirksame Bodenauflast der Störschicht auf l_2,
3) eine eventuelle Verdübelung des Abschnitts l_2 durch Pfähle und dergleichen,
4) Dicke des hinten anschließenden weichen, bindigen Bodens, seine Scherfestigkeit sowie Ausführung und Neigung der Baggergrubenböschung,
5) Sandauflast und Nutzlast, vor allem auf der Baggergrubenböschung,
6) Eigenschaften des Einfüllbodens.

Die Verteilung des Erddrucks E_a hinunter bis zur Baggergrubensohle richtet sich nach den Verformungen und der Bauart der Ufereinfassung.

Der Erddruck unterhalb der Baggergrubensohle kann z. B. mithilfe des Culmann-Verfahrens ermittelt werden. Hierbei sind die Scherkräfte im Abschnitt l_2 einschließlich etwaiger Verdübelungen mit zu berücksichtigen.

Die jeweils wirkende Scherspannung τ_2 in der Störschicht des Abschnitts l_2 kann für alle Bauzustände, für den Zeitpunkt der Ausbaggerung der Hafensohle und auch für

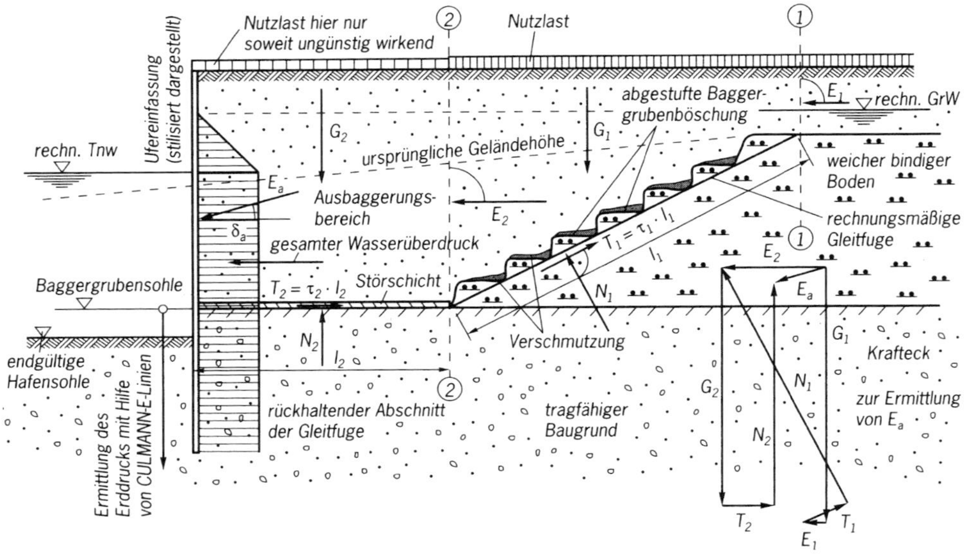

Abb. 3.20 Ermittlung des Erddrucks E_a auf die Ufereinfassung. E_a: Gesamterddruck hinunter bis zur Baggersohle.

etwaige spätere Hafensohlenvertiefungen mit der Beziehung

$$\tau = (\sigma - \Delta u) \cdot \tan \varphi' \approx \sigma' \cdot \tan \varphi'$$

errechnet werden. σ' ist die an der Untersuchungsstelle zum Untersuchungszeitpunkt wirksame lotrechte Auflastspannung, φ' ist der wirksame Reibungswinkel des Störschichtmaterials. Die Endscherfestigkeit nach voller Konsolidierung beträgt

$$\tau = \sigma'_a \cdot \tan \varphi'$$

wobei σ'_a die wirksame Auflastspannung des untersuchten Bereichs des Abschnitts l_2 bei voller Konsolidierung ($\Delta u = 0$) ist.

Für die Erfassung einer Verdübelung des Abschnitts l_2 durch Pfähle sind besondere Berechnungen erforderlich (Brinch Hansen und Lundgren, 1960).

Bei einer ordnungsgemäß ausgeführten Baggerung der Böschung in größeren Stufen verläuft die maßgebende Gleitfuge durch die hinteren Stufenkanten und somit im ungestörten Boden (Abb. 3.20). In diesem Fall muss wegen der langen Konsolidierungsdauer weicher, bindiger Böden die Scherfestigkeit in dieser Gleitfuge gleich der Anfangsscherfestigkeit des Bodens vor dem Aushub gesetzt werden. Weist der weiche, bindige Boden Schichten verschiedener Anfangsscherfestigkeiten auf, müssen diese entsprechend berücksichtigt werden.

Sollte die Baggergrubenböschung im weichen Boden sehr stark gestört, in kleinen Stufen bebaggert oder ungewöhnlich verschmutzt sein, muss anstelle der Anfangsscherfestigkeit des gewachsenen Bodens mit der Scherfestigkeit der gestörten Gleitschicht gerechnet werden. Diese ist in der Regel kleiner als die Anfangsscherfestigkeit, sie muss daher labortechnisch ermittelt werden.

Weil die Konsolidierung von weichen, bindigen Böden unterhalb des Bodenaustauschs wegen der oft langen Entwässerungswege sehr lange dauern kann, darf die

Zunahme der Scherfestigkeit durch Konsolidierung für diese Böden im Allgemeinen nur dann berücksichtigt werden, wenn die Konsolidierung durch eng stehende Dräns beschleunigt wird.

3.5.9.3 Berechnungsansätze zur Ermittlung des resultierenden Wasserdrucks

Der resultierende Wasserdruck ist im Falle eines Bodenaustauschs aus der Wasserspiegeldifferenz zwischen dem Grundwasserspiegel im Bereich der Bezugslinie 1-1 (Abb. 3.20) und dem gleichzeitig auftretenden tiefsten Außenwasserspiegel zu ermitteln. Rückstauentwässerungen hinter der Ufereinfassung können zumindest vorübergehend den Grundwasserspiegel absenken, auf Dauer sind solche Entwässerungen aber nach aller Erfahrung nicht wirksam.

Der resultierende Wasserdruck darf in der üblichen angenäherten Form als Differenz der beidseits der Wand wirkenden, hydrostatisch angenommenen Wasserdrücke angesetzt werden. Ein genauerer Ansatz kann aus einer Untersuchung der Umströmung der Wand abgeleitet werden (Abschn. 3.3).

3.5.9.4 Hinweise für den Entwurf der Ufereinfassung

Untersuchungen an Baggersohlen haben ergeben, dass Störschichten an der Baggersohle und auf den Böschungen innerhalb der Bauzeit vollständig konsolidiert sind, wenn diese nicht dicker als ca. 20 cm sind. Sind die Störschichten dicker, ist eine vollständige Konsolidierung während der Bauzeit ohne genauere Untersuchungen nicht anzunehmen. In solchen Fällen muss die zu erwartende Scherfestigkeit der Störschicht ermittelt werden, z. B. aus einer Abschätzung des Konsolidierungsverlaufs mit den Scherparametern der Störschicht.

Damit aber die verminderte Scherfestigkeit der noch nicht vollständig konsolidierten Störschicht nicht bemessungswirksam wird, kann es erforderlich sein, Baumaßnahmen wie z. B. die Aus- oder Tieferbaggerung der Hafensohle zeitlich so zu planen, dass die Konsolidierung abgeschlossen ist, bevor die mit diesen Maßnahmen verbundenen Belastungen wirksam werden.

Verankerungskräfte werden über Pfähle oder sonstige Tragglieder durch die Baggersohle hindurch in den tragfähigen Baugrund unterhalb der Baggersohle abgeleitet, weil oberhalb der Baggersohle eingeleitete Verankerungskräfte den Gleitkörper zusätzlich belasten würden.

Über das statisch erforderliche Maß hinaus soll der Abschnitt l_2 in Abb. 3.20 wenn möglich so lang sein, dass alle Bauwerkspfähle in der Baggersohle stehen. Das gewährleistet, dass die Biegebeanspruchung der Pfähle aus der Setzung der Hinterfüllung gering bleibt.

Wenn bei starkem Schlickfall auf der Baggersohle trotz aller Sorgfalt der Ausführung des Bodenaustauschs dickere Störschichten und/oder sehr locker gelagerte Sandzonen nicht zu vermeiden sind, können diese hohe Belastungen der Pfähle und insbesondere hohe Biegebeanspruchungen nach sich ziehen. Zur Vermeidung von Sprödbrüchen infolge dieser Einwirkung sind Pfähle aus beruhigtem Stahl zu verwenden (siehe Abschn. 8.1.2 und 8.1.4.2).

Werden beim Nachweis der Standsicherheit des Gesamtsystems nach DIN 4084 Gründungspfähle zum Verdübeln der Gleitfuge im Abschnitt l_2 nach Abb. 3.20 mit herangezogen (Brinch Hansen und Lundgren, 1960), darf beim Spannungsnachweis für diese Pfähle die maximale Hauptspannung aus Axialkraft-, Querkraft- und Biegebeanspruchung 85 % der Streckgrenze nicht überschreiten. Zur Ermittlung der

Verdübelungskräfte dürfen die Pfahlverformungen nur in der Größe angesetzt werden, die mit den sonstigen Bewegungen des Bauwerks und seiner Teile in Einklang stehen. Das sind in der Regel nur wenige Zentimeter. Diese Verformungen reichen in weichen, bindigen Böden (Abb. 3.20) nicht aus, eine wirkungsvolle Verdübelung sicherzustellen. Pfähle, die aus den Setzungen des Untergrunds oder des Einfüllbodens bereits bis zur Streckgrenze beansprucht werden, dürfen zum Verdübeln nicht herangezogen werden.

Will man vermeiden, dass die Eigenschaften einer Störschicht in der Baggersohle oder in der Baggergrubenböschung für die Bauwerksbemessung maßgebend werden, muss darauf hingewirkt werden, dass die Baggersohle unmittelbar vor dem Wiederverfüllen des Austauschbodens gereinigt wird. Darüber hinaus sollten der Abschnitt l_2 nach Abb. 3.20 möglichst lang und die Böschung möglichst flach sein (vgl. hierzu die Auswirkungen im Krafteck in Abb. 3.20).

Bei nur geringer Dicke der Störschicht kann eine auf den Abschnitt l_2 aufgebrachte Schotterschüttung eine wesentliche Verbesserung des Scherwiderstands in diesem Bereich der Gleitfuge bewirken. Wenn ausreichend Zeit zur Verfügung steht, können auch enggestellte Dräns im weichen, bindigen Boden hinter der Baggergrubenböschung die Konsolidierung beschleunigen und damit zu einer Reduzierung des Erddrucks führen. Zur Überwindung ungünstiger Anfangszustände kann auch die Nutzlast auf der Hinterfüllung über der Baggergrubenböschung vorübergehend begrenzt oder der Wasserspiegel bis hinter die Bezugsebene 1-1 vorübergehend abgesenkt werden.

Will man bei anstehendem Klei auf den rückhaltenden Abschnitt l_2 nach Abb. 3.20 verzichten, mit der Baggerböschung also an die Wand heranrücken, muss die Baggergrubenböschung so flach wie möglich, in jedem Fall aber flacher als ca. 1 : 4 angelegt werden, weil dann aus dem Abgleiten des Austauschbodens auf der Baggerböschung keine zusätzliche Beanspruchung der Ufereinfassung folgt. Das ist aber in jedem Fall rechnerisch nachzuweisen.

3.5.10 Einfluss des strömenden Grundwassers auf resultierenden Wasserdruck, Erddruck und Erdwiderstand

Wird ein Bauwerk umströmt, übt das strömende Grundwasser einen Strömungsdruck auf die Bodenmassen der Gleitkörper für Erddruck und Erdwiderstand aus und verändert damit die Größe dieser Kräfte.

Mithilfe einer ermittelten Potenzialverteilung können die Gesamtauswirkungen der Grundwasserströmung auf den Erddruck E_a und den Erdwiderstand E_p ermittelt werden. Hierzu werden aus den Standrohrspiegelhöhen entlang der Gleitkörperbegrenzungen die auf den Gleitkörper wirkenden Wasserdrücke bestimmt und die daraus resultierenden Wasserdruckkräfte W_1, W_2 und W_3 im Coulomb-Krafteck für den Erddruck (Abb. 3.21a) und den Erdwiderstand (Abb. 3.21b) berücksichtigt. Die Abb. 3.21 zeigt für den Fall ebener Gleitfugen die anzusetzenden Kräfte. G_a und G_p sind die Eigenlasten der Gleitkeile für den gesättigten Boden. W_1 ist die Resultierende der Wasserauflast auf den Gleitkörper, W_2 die Resultierende des Wasserdrucks zwischen Gleitkörper und Bauwerk, W_3 die Resultierende des in der Gleitfuge wirkenden Wasserdrucks. W_2 und W_3 können aus der Potenzialverteilung (siehe z. B. Abschn. 3.3.4.5, Abb. 3.7) ermittelt werden. Q_a und Q_p sind die unter φ' zur Gleitflächennormalen wirkenden Bodenreaktionen und E_a bzw. E_p die unter dem Neigungswinkel δ_a bzw. δ_p zur Wandnormalen wirkenden Erddruck- bzw. Erdwiderstandskräfte.

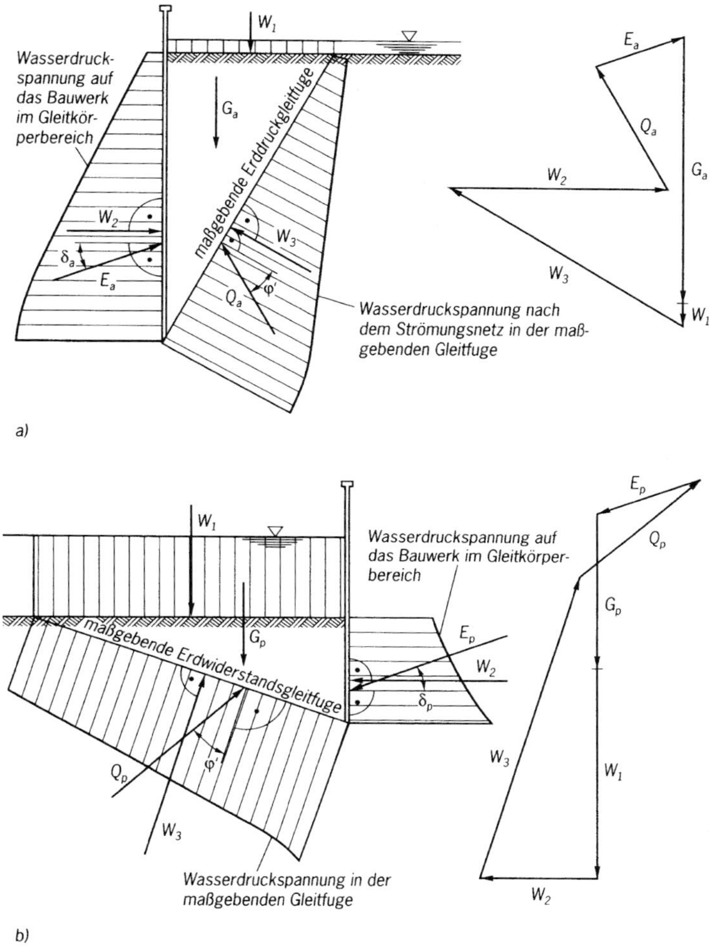

Abb. 3.21 (a) Ermittlung des Erddrucks E_a und (b) des Erdwiderstands E_p unter Berücksichtigung des Einflusses strömenden Grundwassers.

Der resultierende Wasserdruck ergibt sich als Differenz zwischen dem auf das Bauwerk wirkenden Wasserdruck W_2 und dem Außenwasserdruck.

Die Genauigkeit des so ermittelten Wasserdrucks, Erddrucks und Erdwiderstands hängt davon ab, wie genau die realen Verhältnisse durch das Strömungsnetz bzw. die Potenzialverteilung abgebildet werden.

Der vorstehende Ansatz hat sich für Ufereinfassungen grundsätzlich bewährt, im Falle schmaler Baugruben und in Baugrubenecken sind jedoch genauere Untersuchungen erforderlich, die die gegenseitigen Beeinflussungen gegenüberliegender bzw. anstoßender Seiten berücksichtigen (Ziegler et al., 2009).

Die Lösung nach Abb. 3.21 liefert die Resultierenden von E_a und E_p, nicht aber die Verteilung von Erddruck und Erdwiderstand über die Wandhöhe. Für die praktische Anwendung kann daher eine vereinfachte, getrennte Berücksichtigung des horizontalen und des vertikalen Anteils des Strömungsdrucks sinnvoll sein. Der horizontale Anteil des Strömungsdrucks wird dabei als zusätzlicher Wasserdruck berücksichtigt, durch den der auf die Wand wirkende Wasserdruck erhöht oder vermindert wird. Der vertikale Anteil des Strömungsdrucks wird durch eine Erhöhung oder Reduzierung der Bodenwichte bei der Ermittlung des Erddrucks berücksichtigt. Dieser Berechnungsansatz wird in Abschn. 3.3.4.6 behandelt.

In der Regel kann der resultierende Wasserdruck auf Uferwände nach Abschn. 3.3.2 bzw. bei vorwiegend waagerechter Anströmung nach Abschn. 3.3.4 ermittelt werden. Im Falle großer Wasserspiegeldifferenzen beiderseits der Wand kann der Einfluss der Umströmung allerdings so groß sein, dass sich eine genauere Ermittlung aus einem Strömungsnetz lohnt.

3.5.11 Bestimmung des Verschiebungswegs für die Mobilisierung des Erdwiderstands in nichtbindigen Böden

Zur Mobilisierung des vollen Erdwiderstands vor Uferbauwerken sind im Allgemeinen erhebliche Verschiebungswege des Bauwerks erforderlich. Diese sind hauptsächlich von der Einbindetiefe, von der Lagerungsdichte des Bodens und von der Bewegungsart abhängig. Für die in Abhängigkeit des Verschiebungsweges s erreichte horizontale Erddruckkraft E'_{pgh} gibt DIN 4085 Hinweise.

Nach Untersuchungen von Weißenbach (1961) wird vor schmalen Druckflächen der Bodenwiderstand bereits bei geringeren Verschiebungen stärker mobilisiert. Der für den Maximalwert des räumlichen Erdwiderstandes erforderliche Verschiebungsweg $s_{\mathrm{p}}^{\mathrm{r}}$ ergibt sich aus:

$$s_{\mathrm{p}}^{\mathrm{r}} = 40 \cdot \frac{1}{1 + 0{,}5 I_{\mathrm{D}}} \cdot \frac{d^2}{\sqrt{b_0}}$$

mit

b_0 Breite der Druckfläche, ($b_0 < d/3$)
I_{D} bezogene Lagerungsdichte.

Die Versuchsergebnisse von Weißenbach (1961) werden durch die von Horn (1972) vorgeschlagene Mobilisierungsfunktion im Wertebereich $0{,}1 \leq s/s_{\mathrm{p}}^{\mathrm{r}} \leq 1$ gut approximiert:

$$E_{\mathrm{pgh}}^{\mathrm{r}\prime} = E_{\mathrm{pgh}}^{\mathrm{r}} \cdot \frac{s/s_{\mathrm{p}}^{\mathrm{r}}}{0{,}12 + 0{,}88 \cdot s/s_{\mathrm{p}}^{\mathrm{r}}}$$

mit

$E_{\mathrm{pgh}}^{\mathrm{r}\prime}$ mobilisierte passive räumliche Erddruckkraft,
$E_{\mathrm{pgh}}^{\mathrm{r}}$ maximale passive räumliche Erddruckkraft (Erdwiderstand vor schmalen Druckflächen),
$s_{\mathrm{p}}^{\mathrm{r}}$ zum Erreichen von $E_{\mathrm{pgh}}^{\mathrm{r}}$ erforderlicher Verschiebungsweg.

3.5.12 Maßnahmen zur Vergrößerung des Erdwiderstands vor Ufereinfassungen

3.5.12.1 Allgemeines

Zur Vergrößerung des Erdwiderstands vor Ufereinfassungen sind z. B. folgende baulichen Maßnahmen unter Wasser geeignet:

1) Austausch von anstehendem weichen, bindigen Boden durch nichtbindiges Material (Bodenaustausch),
2) Verdichten von anstehendem, locker gelagerten, nichtbindigen Boden, ggf. unter zusätzlicher Auflast,
3) Konsolidierung von weichen, bindigen Böden unter Auflast,
4) Aufbringen einer Schüttung,
5) Verfestigung des anstehenden Bodens,
6) Kombination der Maßnahmen 1.–5.

Die Maßnahmen unterscheiden sich in ihrem Aufwand, teilweise können sie auch spätere Tieferlegungen der Hafensohle oder die Ertüchtigung von Ufereinfassungen durch Vorrammen einer neuen Wand behindern. Um diese Optionen zu erhalten, sollten die im konkreten Fall vorgenommenen Maßnahmen auch mit Blick auf die weitere Entwicklung der Hafenanlage bewertet werden.

Grundsätzlich sind alle vorgenannten Maßnahmen im Spezialtiefbau üblich, auf Besonderheiten der Anwendung im Hafenbau wird nachfolgend hingewiesen.

3.5.12.2 Bodenaustausch

Beim Austausch von weichem, bindigen Baugrund gegen nichtbindigen Boden ist, soweit die Baumaßnahme selbst betroffen ist, Abschn. 5.9 zu beachten. Bei der Ermittlung des Erdwiderstands ist eine eventuelle Ablagerung von Störschichten an der Aushubsohle zu berücksichtigen. Hierzu gelten die entsprechenden Ausführungen in Abschn. 3.5.9 sinngemäß.

Ausdehnung und Tiefe des Bereichs, in dem ein Bodenaustausch vor der Ufereinfassung erforderlich ist, werden in der Regel nach erdstatischen Gesichtspunkten festgelegt. Um den höheren Erdwiderstand des eingebrachten Austauschbodens voll nutzen zu können, muss der Erdwiderstandsgleitkörper vollständig im Bereich des Bodenaustauschs liegen.

3.5.12.3 Bodenverdichtung

Locker gelagerte, nichtbindige Böden können mit Tiefenrüttlern verdichtet werden. Der gegenseitige Abstand der Rüttelpunkte (Rasterweite) richtet sich nach dem anstehenden Baugrund und der angestrebten mittleren Lagerungsdichte. Die Rasterweite muss umso enger gewählt werden, je größer die Lagerungsdichte sein soll und je feinkörniger der zu verdichtende Boden ist. Als Anhaltspunkt für die Rasterweite kann ein Mittelwert von 1,80 m gelten. Die Verdichtung muss im Falle eines Bodenaustauschs den gesamten ausgetauschten Boden erfassen, also bis zur Baggergrubensohle reichen.

Die Tiefenverdichtung muss den gesamten Bereich des Erdwiderstandsgleitkörpers vor dem Bauwerk erfassen und dabei über die vom theoretischen Spundwandfußpunkt ausgehende maßgebende Erdwiderstandsgleitfuge um ein ausreichendes Maß hinausgehen. In Zweifelsfällen ist auch für gekrümmte oder gebrochene Gleitfugen nachzuweisen, dass der Verdichtungsbereich ausreichend bemessen ist.

Bei der Verdichtung mit Tiefenrüttlern wird der Boden im Nahbereich des Rüttlers vorübergehend verflüssigt, unter der Wirkung der Bodenauflast wird er dann verdichtet. Die Verdichtungswirkung ist also die Folge der Bodenauflast. Daher kann der oberflächennahe Bereich (ca. 2–3 m Mächtigkeit) nur verdichtet werden, wenn während der Verdichtung eine vorübergehende Auflast durch Überschüttung aufgebracht wird.

Die Tiefenverdichtung kann auch zur nachträglichen Verstärkung von Ufereinfassungen eingesetzt werden. Dabei ist aber durch eine entsprechende Arbeitsweise sicherzustellen, dass die Standsicherheit der Uferwand durch die vorübergehende lokale Verflüssigung des Bodens nicht beeinträchtigt wird. Erfahrungsgemäß können insbesondere in locker gelagerten feinkörnigen, nichtbindigen Böden und in Feinsand weiträumige und lange andauernde Verflüssigungszustände eintreten.

Eine Bodenverdichtung kann in Erdbebengebieten die Gefahr der Verflüssigung im Erdbebenfall wirkungsvoll verringern.

3.5.12.4 Bodenauflast

Unter besonderen Verhältnissen, beispielsweise zur Sicherung einer vorhandenen Ufereinfassung, kann es zweckmäßig sein, die Stützung des Bauwerks durch Aufbringen einer Schüttung mit hoher Wichte und hohem Reibungswinkel im Erdwiderstandsbereich zu verbessern. Als Material kommen geeignete Metallhüttenschlacken oder Natursteine infrage. Maßgebend ist deren Wichte unter Auftrieb. Bei Metallhüttenschlacken können Werte von $\gamma' \geq 18\,\text{kN/m}^3$ erreicht werden. Der charakteristische Wert des Winkels der inneren Reibung darf hierbei mit $\varphi'_k = 42{,}5°$ angenommen werden.

Bei anstehendem, weichen Baugrund muss durch begrenzte Schüttdicke, geeignete Kornzusammensetzung des Schüttmaterials oder durch Einschalten einer Filterlage zwischen Schüttung und anstehendem Baugrund sichergestellt werden, dass das Schüttmaterial nicht versinkt.

Das einzubauende Material ist ständig auf bedingungsgemäße Beschaffenheit zu kontrollieren. Dies gilt insbesondere für die Wichte.

Bezüglich des erforderlichen Umfangs der Maßnahme gelten die Ausführungen unter Abschn. 3.5.12.2 und 3.5.12.3 sinngemäß.

Zur Beschleunigung der Konsolidierung von weichen Schichten unter der Aufschüttung können zusätzlich Vertikaldränagen eingesetzt werden.

3.5.12.5 Bodenverfestigung

Stehen im Erdwiderstandsbereich gut durchlässige, nichtbindige Böden an (beispielsweise Kies, Kiessand oder Grobsand), können diese auch durch Injektion mit Zement verfestigt werden. Bei weniger durchlässigen, nichtbindigen Böden kommen für die Verfestigung vor allem Hochdruckinjektionen infrage. Eine Verfestigung mit Chemikalien ist möglich, sofern das gewählte Verfestigungsmedium unter Beachtung der chemischen Eigenschaften des Porenwassers aushärten kann. In der Regel sind die Kosten einer chemischen Verfestigung allerdings zu hoch, sodass sie vor allem unter speziellen Randbedingungen und Termindruck für lokale Bereiche infrage kommt.

Grundsätzlich ist allerdings zu beachten, dass eine Verfestigung des anstehenden Bodens für spätere Vertiefungen der Hafensohle und/oder Vorrammungen neuer Uferwände ein Hindernis darstellt.

Voraussetzung für alle Arten von Verfestigung durch Injektionen ist eine ausreichende Auflast, die vorweg aufgebracht und ggf.wieder entfernt werden muss.

Die erforderlichen Abmessungen des Verfestigungsbereichs können sinngemäß nach Abschn. 3.5.12.2 und 3.5.12.3 bestimmt werden. Eine Erfolgskontrolle der Verfestigung durch Kernbohrungen und/oder Sondierungen ist stets erforderlich.

3.5.13 Erdwiderstand vor Geländesprüngen in weichen, bindigen Böden bei schneller Belastung auf der Landseite

Für die Ermittlung des Erdwiderstands vor einer Spundwand bei schnell aufgebrachter Belastung gelten die gleichen Grundsätze wie für die Ermittlung des Erddrucks für diesen Lastfall (Abschn. 3.5.7).

Für den Lastfall „Abgraben“ ist der Erdwiderstand grundsätzlich mit effektiven Scherparametern (c', φ') zu ermitteln, da ein Aushub im Regelfall nicht so schnell erfolgt, dass undräniertes Verhalten maßgeblich wird.

Im Lastfall „Hinterfüllen“ kann die Last so schnell aufgebracht werden, dass auf der Seite des Fußauflagers, bedingt durch eine horizontale Wandverschiebung, undränierte Verhältnisse auftreten können. Eine „schnelle“ Auflast liegt vor, wenn die Lastgeschwindigkeit wesentlich größer als die Konsolidierungsgeschwindigkeit der bindigen Schicht ist. Bei normalkonsolidierten Böden kann dann Porenwasserüberdruck im Erdwiderstandsbereich auftreten, der zu einer Schwächung des Fußauflagers führt. Bei überkonsolidierten Böden tritt wegen deren dilatantem Materialverhalten eher Porenwasserunterdruck auf, dieser ist im Regelfall vernachlässigbar.

Eine genauere Analyse des Einflusses schneller Belastung auf den Erdwiderstand ist nur im Rahmen von numerischen Modellierungen möglich. Diese müssen die Spannungs-Dehnungs-Beziehung des Bodens und den Bauablauf möglichst genau erfassen und eine Prognose der zeitlichen Entwicklung des Porenwasserüberdrucks ermöglichen (Wehnert, 2006; AK Numerik, 1991).

3.5.14 Ufereinfassungen in Erdbebengebieten

3.5.14.1 Allgemeines

In fast allen Ländern, in denen Einwirkungen aus Erdbeben zu erwarten sind, gibt es vor allem für Hochbauten Vorschriften, Richtlinien bzw. Empfehlungen mit in der Regel detaillierten Angaben zur erdbebensicheren Ausbildung und Berechnung. Für die Bundesrepublik Deutschland wird hierzu auf DIN 4149 verwiesen; mit Bezug zu Hafenanlagen z. B. auf PIANC (2001).

Die Intensität der in den verschiedenen Gebieten zu erwartenden Erdbeben wird in den Vorschriften im Allgemeinen durch die Größe der auftretenden waagerechten Erdbebenbeschleunigung a_h ausgedrückt. Eine eventuell gleichzeitig wirksame lotrecht gerichtete Beschleunigung a_v ist im Allgemeinen im Vergleich zur Erdbeschleunigung g vernachlässigbar klein.

Die Beschleunigung a_h bewirkt nicht nur unmittelbare Bauwerkslasten, sondern hat auch einen Einfluss auf den Erddruck, den Erdwiderstand, den Wasserdruck und auf die Scherfestigkeit des Gründungsbodens. Letztere kann in ungünstigen Fällen vorübergehend ganz verloren gehen (Verflüssigung).

Die aus Erdbeben auftretenden Zusatzeinwirkungen werden beim eigentlichen Bauwerk in der Regel in der Weise erfasst, dass gleichzeitig mit den sonstigen Belastungen zusätzlich waagerechte Kräfte

$$\Delta H = \pm k_h \cdot V$$

jeweils im Schwerpunkt der beschleunigten Massen angesetzt werden.

Hierin sind

$k_h = a_h/g$	Erschütterungszahl = Verhältnis der waagerechten Erdbebenbeschleunigung zur Erdbeschleunigung,
V	Eigenlast des betrachteten Bauteils oder Gleitkörpers einschließlich des Porenwassers.

Die Größe von k_h ist abhängig von der Stärke des Bebens, der Entfernung vom Epizentrum und vom anstehenden Baugrund. Die beiden erstgenannten Faktoren sind in den meisten Ländern durch Einteilung der gefährdeten Gebiete in Erdbebenzonen mit entsprechenden Werten für k_h berücksichtigt (DIN 4149). In Zweifelsfällen ist ggf.unter Einschaltung erfahrener Erdbebenfachleute eine Übereinkunft über die anzusetzende Größe von k_h herbeizuführen.

Bei hohen schlanken Bauwerken mit Resonanzgefahr, wenn also die Eigenschwingungsfrequenz im Bereich des Frequenzspektrums des Erdbebens liegt, müssen in den Berechnungen auch Trägheitskräfte berücksichtigt werden. Dies ist bei Ufereinfassungen im Allgemeinen aber nicht der Fall.

Die Ausbildung und Bemessung von erdbebensicheren Ufereinfassungen muss daher vor allem so vorgenommen werden, dass auch die während eines Bebens auftretenden zusätzlichen waagerechten Kräfte bei verminderten Erdwiderständen sicher aufgenommen werden können.

3.5.14.2 Erdbebenauswirkungen auf den Baugrund

Bei Ufereinfassungen in Erdbebengebieten müssen auch die Bodenverhältnisse im tieferen Untergrund berücksichtigt werden. So sind z. B. die Erschütterungen eines Bebens dort am heftigsten, wo lockere, relativ dünne Ablagerungen auf festem Gestein ruhen.

Die nachhaltigsten Auswirkungen eines Erdbebens treten ein, wenn der Untergrund, insbesondere der Gründungsboden, durch das Beben verflüssigt wird, d. h. vorübergehend seine Scherfestigkeit verliert. Dieser Fall kann insbesondere bei locker gelagertem, feinkörnigem, nicht oder schwach bindigem, wassergesättigtem und wenig durchlässigem Boden (z. B. lockerer Feinsand oder Grobschluff) auftreten (Setzungsfließen, Verflüssigung, liquefaction). Die Verflüssigung tritt umso eher ein, je geringer der Überlagerungsdruck ist und je größer die Intensität und die Dauer der Erschütterungen sind.

Wenn die Gefahr der Verflüssigung nicht eindeutig auszuschließen ist, ist das tatsächliche Verflüssigungspotenzial zu untersuchen (z. B. Idriss und Boulanger, 2004).

Zur Verflüssigung neigende lockere Bodenschichten können vorab verdichtet werden. Bindige Böden können durch Erdbebeneinwirkungen nicht verflüssigt werden.

3.5.14.3 Erfassung der Erdbebeneinwirkungen auf Erddruck und Erdwiderstand

Der Einfluss von Erdbeben auf Erddruck und Erdwiderstand wird im Allgemeinen nach Coulomb ermittelt, wobei die durch das Beben erzeugten Zusatzkräfte ΔH nach Abschn. 3.5.14.1 berücksichtigt werden. Die Resultierende aus den Eigenlasten der Erdkeile und der horizontalen Zusatzkräfte ist nicht mehr lotrecht. Dies wird dadurch berücksichtigt, dass die Neigung der Erddruck- bzw. Erdwiderstandsbezugsfläche und die

Neigung der Geländeoberfläche auf die neue Kraftrichtung bezogen werden (Grundbau-Taschenbuch, 2001). Dabei ergeben sich fiktive Neigungswinkel für die Bezugsfläche ($\pm\Delta\alpha$) und für die Geländeoberfläche ($\pm\Delta\beta$).

$$k_{\mathrm{h}} = \tan\Delta\alpha \quad \text{bzw.} \quad k_{\mathrm{h}} = \tan\Delta\beta \qquad \text{(Abb. 3.22)}$$

Der Erddruck bzw. der Erdwiderstand werden dann an dem um den Winkel $\Delta\alpha$ bzw. $\Delta\beta$ gedreht gedachten System (Bezugsfläche und Geländeoberfläche) errechnet.

Sinngemäß kann die Winkelverdrehung nach Abb. 3.22 durch die Berechnung des Erddrucks und des Erdwiderstands mit einer Wandneigung $\alpha \pm \Delta\alpha$ und der Geländeneigung $\beta \pm \Delta\beta$ berücksichtigt werden.

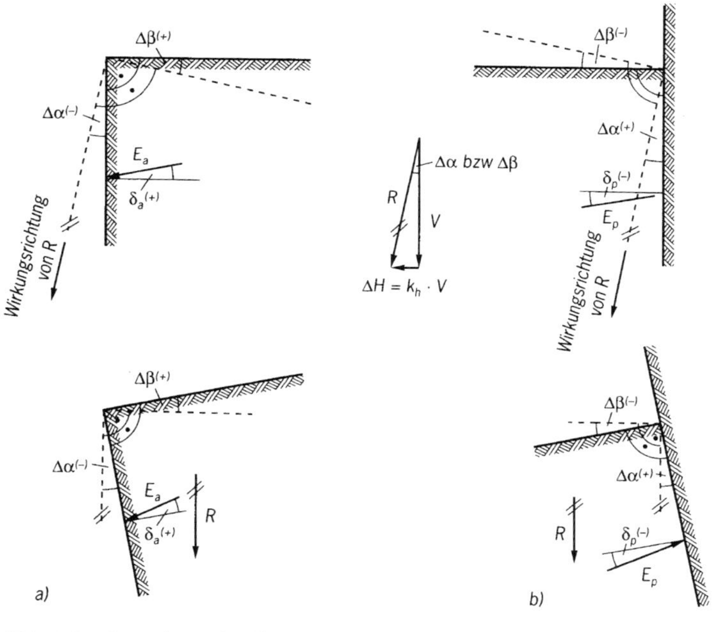

Abb. 3.22 Ermittlung der fiktiven Winkel $\Delta\alpha$ und $\Delta\beta$ und Darstellung der um die Winkel $\Delta\alpha$ bzw. $\Delta\beta$ gedrehten Systeme (mit Vorzeichen nach Krey): (a) zur Berechnung des Erddrucks, (b) zur Berechnung des Erdwiderstands.

Bei der Ermittlung des Erddrucks unterhalb des Wasserspiegels muss beachtet werden, dass sowohl die Masse des Bodens als auch die Masse des in den Poren des Bodens eingeschlossenen Porenwassers bei Erdbeben beschleunigt werden. Die Verminderung der Wichte des Bodens unter Wasser durch Auftrieb bleibt aber erhalten. Daher wird zweckmäßig im Bereich unterhalb des Grundwasserspiegels mit einer größeren Erschütterungsziffer, der sogenannten scheinbaren Erschütterungsziffer k'_{h}, gerechnet.

Im betrachteten Schnitt nach Abb. 3.23 sind:

$$\sum p_{\mathrm{v}} = p + \gamma_1 \cdot h_1 + \gamma'_2 \cdot h_2$$

und

$$\sum p_{\mathrm{h}} = k_{\mathrm{h}} \cdot \left[p + \gamma_1 \cdot h_1 + \left(\gamma'_2 + \gamma_{\mathrm{w}}\right) \cdot h_2\right]$$

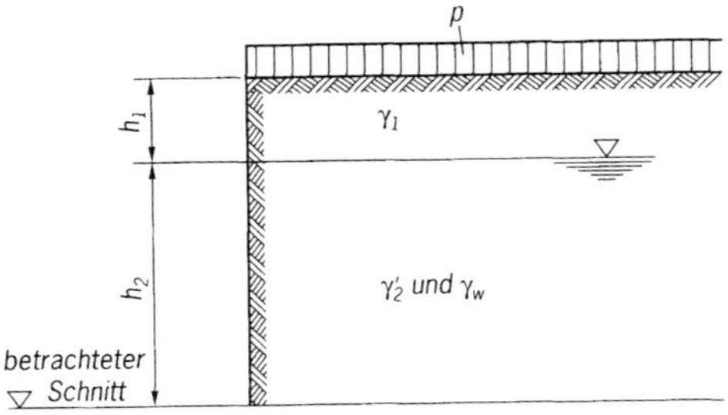

Abb. 3.23 Skizze für den Berechnungsansatz zur Ermittlung von k'_h.

Die scheinbare Erschütterungsziffer k'_h für die Ermittlung des Erddrucks unterhalb des Wasserspiegels ergibt sich somit zu:

$$k'_h = \frac{\sum p_h}{\sum p_v} = \frac{p + \gamma_1 \cdot h_1 + (\gamma'_2 + \gamma_w) \cdot h_2}{p + \gamma_1 \cdot h_1 + \gamma'_2 \cdot h_2} \cdot k_h$$

Für die Erdwiderstandsseite kann sinngemäß verfahren werden.

Für den Sonderfall, dass das Grundwasser an der Geländeoberfläche ansteht und eine Geländeauflast nicht wirkt, ergibt sich mit $\gamma_w = 10\,\text{kN/m}^3$ für die Erddruckseite:

$$k'_h = \frac{\gamma' + 10}{\gamma'} \cdot k_h = \frac{\gamma_r}{\gamma_r - 10} \cdot k_h \cong 2k_h$$

Hierbei bedeuten

γ' Wichte des Bodens unter Auftrieb,
γ_r Wichte des wassergesättigten Bodens.

Der so für die Erddruckseite ermittelte und ungünstig angesetzte Wert für k'_h wird üblicherweise zur Vereinfachung auch in Fällen mit tieferem Grundwasserstand und auch für Verkehrslasten der weiteren Berechnung zugrunde gelegt.

Mit den unter Ansatz von k_h und k'_h ermittelten Erddruckbeiwerten K_{ah} ergibt sich nach Abb. 3.24 in Höhe des Grundwasserspiegels rechnerisch ein Sprung in der Erddruckbelastung. Falls auf eine genauere Ermittlung verzichtet wird, kann der Erddruck vereinfacht gemäß Abb. 3.24 angesetzt werden.

In schwierigen Fällen, in denen Erddruck und Erdwiderstand nicht mit Tafelwerten berechnet werden können, ist es möglich, die Einflüsse sowohl der waagerechten als

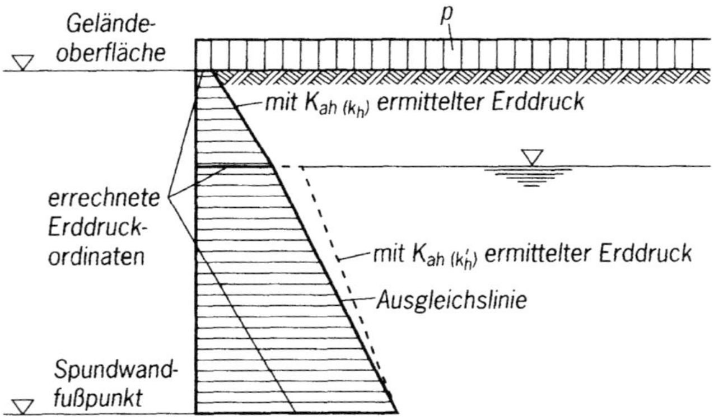

Abb. 3.24 Vereinfachter Erddruckansatz.

auch eventueller lotrechter Erdbebenbeschleunigungen auf Erddruck und Erdwiderstand mit einem erweiterten Culmann-Verfahren zu ermitteln. In den Kraftecken müssen dann auch die auf die Untersuchungskeile jeweils mit der Erschütterungsziffer k_h ermittelten Kräfte aus den Erdbebenbeschleunigungen berücksichtigt werden. Eine solche Berechnung wird auch bei größeren waagerechten Beschleunigungen empfohlen, vor allem dann, wenn der Boden zum Teil unter dem Grundwasserspiegel liegt.

3.5.14.4 Ansatz des resultierenden Wasserdrucks

Der resultierende Wasserdruck darf im Erdbebenfall bei Ufereinfassungen näherungsweise wie im Normalfall, d. h. entsprechend Abschn. 3.3.2 und Abschn. 3.3.3, angesetzt werden, denn die Auswirkungen des Erdbebens auf das Porenwasser sind bereits in der Erddruckermittlung mit der scheinbaren Erschütterungsziffer k'_h nach Abschn. 3.5.14.3 berücksichtigt. Es muss aber beachtet werden, dass die maßgebende Erddruckgleitfuge im Erdbebenfall unter einem flacheren Winkel gegen die Horizontale als im Normalfall verläuft. Bezogen auf die Gleitfuge kann dabei ein erhöhter resultierender Wasserdruck wirksam werden.

3.5.14.5 Verkehrslasten

Da ein gleichzeitiges Auftreten von Erdbeben, voller Verkehrslast und voller Windlast unwahrscheinlich ist, genügt es, die Lasten aus dem Beben nur mit den Einflüssen aus der halben Verkehrslast und der halben Windlast zu kombinieren (vgl. auch DIN 4149, Erläuterungen). Auch aus Wind herrührende Kranradlasten und der Anteil des Pollerzugs aus Wind dürfen daher entsprechend reduziert werden. Die Lasten aus der Fahr- und Drehbewegung von Kranen brauchen mit den Erdbebeneinflüssen nicht überlagert zu werden.

Nicht abgemindert werden dürfen jedoch Lasten, die mit großer Wahrscheinlichkeit über einen längeren Zeitraum in gleicher Größe einwirken, wie z. B. Lasten aus Tank- oder Silofüllungen und aus Schüttungen von Massengütern.

3.5.14.6 Bemessungssituation und Teilsicherheitsbeiwerte

Erdbebenkräfte dürfen entsprechend DIN EN 1990 für Bemessungssituationen bei Erdbeben (BS-E) ohne Teilsicherheitsbeiwerte für Einwirkungen und Widerstände berücksichtigt werden.

3.5.14.7 Hinweise auf die Berücksichtigung der Erdbebeneinflüsse bei Ufereinfassungen

Unter Berücksichtigung obiger Ausführungen und der sonstigen Empfehlungen der EAU ist es auch in Erdbebengebieten möglich, Ufereinfassungen systematisch und ausreichend standsicher zu berechnen und zu gestalten. Ergänzende Hinweise für Spundwandbauwerke sind in Abschn. 8.2.15, und für Pfahlrostkonstruktionen in Abschn. 11.4 enthalten.

Erfahrungen aus dem Erdbeben des Jahres 1995 in Japan sind in JSCE (1996) behandelt. Weitere Folgerungen sind in PIANC (2001) enthalten.

Literatur

AK Numerik (1991). Empfehlungen des AK Numerik in der Geotechnik. Deutsche Gesellschaft für Geotechnik. *Geotechnik* 14: 1–10.

Brennecke, L. und Lohmeyer, E. (1930). *Der Grundbau*. 4. Aufl., II. Bd. Berlin: Ernst & Sohn.

BAW (2017). Merkblatt Einteilung des Baugrunds in Homogenbereiche, Bundesanstalt für Wasserbau, Karlsruhe

Bjerrum, L. (1973). Problems of soil mechanics and constructions on soft clays and structurally unstable soils (collapsible, expansive and others). *Proc. 8th ICSMFE, Moscow* 3: 111–155.

Brinch Hansen, J. (1953). *Earth Pressure Calculations*. Kopenhagen: The Danish Technical Press.

Brinch Hansen, J. und Lundgren, H. (1960). *Hauptprobleme der Bodenmechanik*. Berlin: Springer.

Busch, K.-F., Luckner, L. und Tiemer, K. (1993). *Geohydraulik*, 3. Aufl. Berlin: Borntraeger.

Busse, M. (2009). Einpressen von Spundwänden – Stand der Verfahrens- und Maschinentechnik, bodenmechanische Voraussetzungen. Tagungsband zum Workshop Spundwände – Profile, Tragverhalten, Bemessung, Einbringung und Wiederverwendung. *Veröffentlichungen des Instituts für Geotechnik und Baubetrieb TU Hamburg Harburg* 19: 27–45.

DGGT (2012). *Empfehlungen des Arbeitskreises „Baugruben", Deutsche Gesellschaft für Geotechnik e. V.*, 5. erg. und erw. Aufl. Berlin: Ernst & Sohn.

Gebreselassie, B. (2003). Experimental, analytical and numerical investigations in normally consolidated soft soils. *Schriftenreihe Geotechnik der Universität Kassel* 14.

Gudehus, G. (1981). *Bodenmechanik*. Stuttgart: Ferdinand Enke Verlag.

Horn, A. (1972). *Resistance and movement of laterally loaded abutments*, Proceedings 5th International Conference of Soil Mechanics and Foundation, Madrid.

Idriss, I.M. und Boulanger, R.W. (2004). Semi-empirical procedures for evaluating liquefaction potential during earthquakes. Joint 11th Int. Conf. Soil Dyn. Earthq. Eng. (ICSDEE) and The 3rd Int. Conf. Earthq. Geotech. Eng. (ICEGE) January 7–9, 2004, Berkeley CA, USA.

Jamiolowski, M., Ladd, C.C., Germaine, J.T. und Lancellotta, R. (1985). New developments in field and laboratory testing of soils. Proc. 11th Int. Conf. Soil Mech. Found. Eng. in San Franc. (USA), Vol. 1, pp. 57–153.

Iai, S., Sugano, T., Ichii, K. et al. (1996). JSCE – Japan Society of Civil Engineering: The 1995 Hyogoken-Nanbu Earthquake, *Investigation into Damage to Civil Engineering Structures – Committee of Earthquake Engineering*, Tokyo 1996.

Ladd, C.C. und DeGroot, D.J. (2003). Recommended practise for soft ground site characterisation. Proc. 12th Panam. CSMGE, Arthur Casagrande Lecture, Cambridge (USA).

Ladd, C.C. und Foott, R. (1974). New design procedure for stability of soft clays. *J. Geotech. Eng. Div., ASCE, GT7* 100 (1): 763–786.

Leinenkugel, H.J. (1976). Deformations- und Festigkeitsverhalten bindiger Erdstoffe. *Veröffentlichungen des Instituts für Bodenmechanik und Felsmechanik der Universität Karlsruhe* 66.

Odenwald, B. und Herten, M. (2008). Hydraulischer Grundbruch: Neue Erkenntnisse. *Bautechnik* 85 (9): 585–595.

Odenwald, B. und Ratz, K. (2017). Berücksichtigung von Grundwasserströmungskräften beim Nachweis von Uferspundwänden. Bautechnik 94 (8): 535–541.

Odenwald, B. und Schneider, A. (2015). Wasserdruckansätze zur statischen Berechnung von Uferspundwänden an Kanalstrecken (ohne Hochwasser- und Tideeinfluss). BAWBrief 03/2015, Bundesanstalt für Wasserbau (BAW), Karlsruhe

Odenwald, B., Hekel, U. und Thormann, H. (2018). Grundwasserströmung – Grundwasserhaltung. *Grundbau-Taschenbuch*, Teil 2: Geotechnischen Verfahren, 8. Aufl. (Hrsg. K.J. Witt), S. 635–819. Berlin: Ernst & Sohn.

PIANC (2001). PIANC-Report „Effect of Earthquakes on Port Structures". Report of MarCom, WG 34.

Randolph, M.F. (2004). Characterisation of soft sediments for offshore applications. 2nd Int. Site Charact. Conf., Port, Portugal, Vol. 1, pp. 209–232.

Rollberg, D. (1976). Bestimmung des Verhaltens von Pfählen aus Sondier- und Rammergebnissen. Forschungsberichte aus Bodenmechanik und Grundbau FBG 4, TH Aachen.

Rollberg, D. (1977). Bestimmung der Tragfähigkeit und des Rammwiderstands von Pfählen und Sondierungen. *Veröffentlichungen des Instituts für Grundbau, Bodenmechanik, Felsmechanik und Verkehrswasserbau der Techn. Hochschule Aachen* 3: 43–224.

Seah, T.H. und Lai, K.C. (2003) Strength and deformation behavior of soft Bangkok clay. *Geotech. Test. J.* 26 (4).

Scherzinger, T. (1991). Materialverhalten von Seetonen – Ergebnisse von Laboruntersuchungen und ihre Bedeutung für das Bauen in weichem Baugrund. *Veröffentlichungen des Institutes für Bodenmechanik und Felsmechanik der Universität Karlsruhe* 122.

Terzaghi, K. und Peck, R.B. (1961). *Die Bodenmechanik in der Baupraxis.* Berlin: Springer.

TGL (1983). TGL 35983/02, Ausg. 12.83 Sicherung von Baugruben und Leitungsgräben; Böschung in Lockergestein, Fachbereichsstandard der Deutschen Demokratischen Republik.

VOB (2016). *Vergabe- und Vertragsordnung für Bauleistungen – Teil A (DIN 1960:2016-09), Teil B (DIN 1961:2016-09), Teil C (ATV)* (Hrsg. DIN/DVA) Berlin: Beuth.

Verruijt, A. (1982). *Theory of Groundwater Flow*, 2. Aufl. London: Macmillian.

Wehnert, M. (2006). Ein Beitrag zur drainierten und undrainierten Analyse in der Geotechnik. Mitteilung 53. Institut für Geotechnik, Universität Stuttgart.

Weißenbach, A. (1961). Der Erdwiderstand vor schmalen Druckflächen. *Mitteilung des Franzius-Instituts TH Hannover* 19: 220.

Witt, K.J. (Hrsg.) (2018). *Grundbau-Taschenbuch* 8. Aufl., Teil 1, 2 und 3. Berlin: Ernst & Sohn.

Wroth, C.P. (1984). The interpretation of in situ soil tests. *Géotechnique* 34 (4): 449–489.

Ziegler, M., Aulbach, B., Heller, H. und Kuhlmann, D. (2009). Der Hydraulische Grundbruch – Bemessungsdiagramme zur Ermittlung der erforderlichen Einbindetiefe. *Bautechnik* 86 (9): 529–541.

Normen und Vorschriften

DIN 1054: Baugrund – Sicherheitsnachweise im Erd- und Grundbau – Ergänzende Regelungen zu DIN EN 1997-1.

DIN 1055-2: Einwirkungen auf Tragewerke – Teil 2: Bodenkenngrößen.

DIN 4020: Geotechnische Untersuchungen für bautechnische Zwecke – Ergänzende Regelungen zu DIN EN 1997-2.

DIN 4084: Baugrund – Geländebruchberechnungen.

DIN 4085: Baugrund – Berechnung des Erddrucks.

DIN 4094-1: Baugrund – Felduntersuchungen – Teil 1: Drucksondierungen.

DIN 4094-2: Baugrund – Felduntersuchungen – Teil 2: Bohrlochrammsondierung.
DIN 4094-4: Baugrund und Felduntersuchungen, Teil 4: Flügelscherversuche.
DIN 4096: Baugrund – Flügelsondierung – Maße des Gerätes, Arbeitsweise, Auswertung (ersetzt durch DIN 4094-4).
DIN 4149: Bauten in deutschen Erdbebengebieten – Lastannahmen, Bemessung und Ausführung üblicher Hochbauten.
DIN 18134: Baugrund – Versuche und Versuchsgeräte – Plattendruckversuch.
DIN 18137: Baugrund – Untersuchung von Bodenproben – Bestimmung der Scherfestigkeit.
DIN 18196: Erd- und Grundbau – Bodenklassifikation für bautechnische Zwecke.
DIN EN 1990 Eurocode: Grundlagen der Tragwerksplanung.
DIN EN 1997-1 Eurocode 7: Entwurf, Berechnung und Bemessung in der Geotechnik – Teil 1: Allgemeine Regeln.
DIN EN 1997-2 Eurocode 7: Entwurf, Berechnung und Bemessung in der Geotechnik – Teil 2: Erkundung und Untersuchung des Baugrunds.
DIN EN ISO 22475-1 Geotechnische Erkundung und Untersuchung – Probenentnahmeverfahren und Grundwassermessungen – Teil 1: Technische Grundlagen der Ausführung (ISO 22475:2006).
DIN EN ISO 22476-2 Geotechnische Erkundung und Untersuchung – Felduntersuchungen – Teil 2: Rammsondierungen (ISO 22476-2:2005 + Amd 1:2011).

4
Belastungen auf Ufereinfassungen

4.1 Anlegegeschwindigkeit und Anlegedruck von Schiffen

4.1.1 Richtwerte

Beim Anfahren von Schiffen quer zu einem Liegeplatz müssen die für die Bemessung der Fenderung anzusetzenden Anlegegeschwindigkeiten bestimmt werden.

Für Seeschiffe, die ohne Schlepperhilfe anlegen, sind Anhaltswerte in ROM (1990) zu finden.

ROM (1990) gibt auch Anhaltswerte für Anlegegeschwindigkeiten mit Schlepperhilfe an. Diese fallen jedoch im Vergleich zu den Angaben in PIANC (2002) verhältnismäßig hoch aus. Neue Untersuchungen, siehe Hein (2014), haben dies bestätigt. Daher empfiehlt sich die Anwendung des Ansatzes in PIANC (2002) zur Berechnung der Anlegegeschwindigkeiten mit Schlepperhilfe.

Für Binnenschiffe kann von den Anlegegeschwindigkeiten in Abb. 4.1 quer zum Liegeplatz ausgegangen werden, die DIN EN 14504:2019-09 entnommen sind.

In der Entwurfsbearbeitung brauchen keine außergewöhnlichen Havariestöße, sondern nur die üblichen Anlegedrücke berücksichtigt zu werden. Die Größe dieser Anlegedrücke richtet sich nach den Schiffsabmessungen, der Anlegegeschwindigkeit, der Fenderung und der Verformung von Schiffswand und Bauwerk.

Um den Uferwänden eine ausreichende Belastbarkeit gegen normale Anlegedrücke zu geben, andererseits aber unnötig große Abmessungen zu vermeiden, wird empfohlen, die durch Anlegemanöver betroffenen Bauteile so zu bemessen, dass dort an jeder Stelle

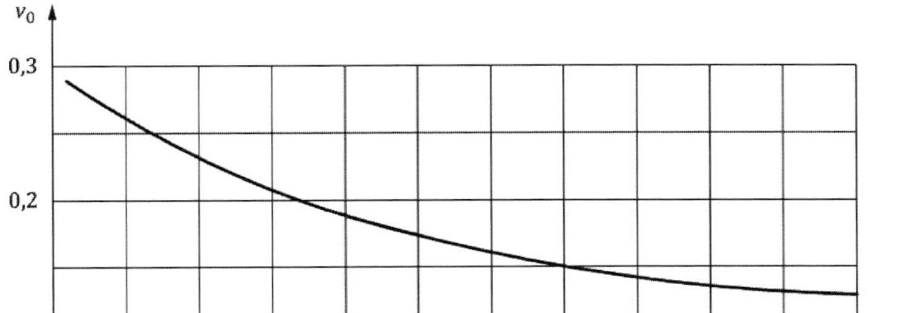

Abb. 4.1 Anlegegeschwindigkeiten von Binnenschiffen als Funktion der Schiffsmasse nach DIN EN 14504:2019-09.

Empfehlungen des Arbeitsausschusses „Ufereinfassung" (EAU 2020), Hrsg. HTG und DGGT, 12. Aufl.
© 2021 Ernst & Sohn GmbH & Co. KG. Published 2021 by Ernst & Sohn GmbH & Co. KG.

eine Einzeldruckkraft in der Größe des maßgebenden Trossenzuges, und zwar bei Kaimauern in Seehäfen nach Abschn. 4.9.1, in Binnenhäfen nach Abschn. 4.9.2, angreifen kann, ohne dass die Gesamtbeanspruchungen die zulässigen Grenzen übersteigen.

Die Einzellast kann entsprechend der Fenderung verteilt werden; ohne Fenderung wird eine Verteilung auf eine quadratische Fläche mit 0,50 m Seitenlänge empfohlen. Bei Uferspundwänden ohne massive Aufbauten brauchen nur die Gurte und die Gurtbolzen für diese Druckkraft bemessen zu werden.

Die Anlegedrücke bei Dalben werden im Kap. 12 behandelt.

Falls das Versagen des Uferbauwerks infolge einer Havarie (z. B. Schiffsstoß) zu besonderen Risiken, z. B. auch für eine unmittelbar dahinter liegende sonstige bauliche Anlage, führt, sind im Einzelfall weitergehende Überlegungen anzustellen und die zu treffenden Maßnahmen zwischen Planer, Bauherr und Genehmigungsbehörden abzustimmen.

4.1.2 Belastung der Ufereinfassungen durch Reaktionskräfte aus Fendern

Die Ermittlung der durch die Fender aufnehmbaren Energie erfolgt durch die deterministische Berechnung entsprechend Abschn. 7.4. Anhaltswerte für die zur Berechnung benötigten Anlegegeschwindigkeiten können Abschn. 4.1.1 entnommen werden.

Über die entsprechenden Diagramme bzw. Tabellen der Hersteller zum ausgewählten Fendertyp sowie die berechnete aufzunehmende Energie lässt sich die Reaktionskraft eines Fenders ermitteln, die maximal auf die Ufereinfassung oder die Fenderdalbe einwirkt. Diese Reaktionskraft ist als charakteristischer Wert zu verstehen.

Im Normalfall führt die Reaktionskraft nicht zu zusätzlicher Belastung der Uferwand. Es ist nur die lokale Lastableitung zu untersuchen, es sei denn, für Fender werden spezielle Konstruktionen, z. B. separat aufgehängte Fendertafeln oder Ähnliches, angeordnet.

4.2 Lotrechte Nutzlasten

In diesem Abschnitt sind alle quantitativen Lastangaben (Einwirkungen) charakteristische Werte.

4.2.1 Allgemeines

Lotrechte Nutzlasten (veränderliche Lasten im Sinne von DIN EN 1991-2:2010-12 (Eurocode 1)) sind im Wesentlichen Belastungen aus Lagergut und Verkehrsmitteln. Die Lasteinflüsse schienen- oder straßengebundener ortsveränderlicher Krane müssen gesondert berücksichtigt werden, sofern sie sich auf das Uferbauwerk auswirken. Letzteres ist bei Ufereinfassungen in Binnenhäfen im Allgemeinen nur an solchen Uferstrecken der Fall, die ausdrücklich für Schwerlastverladung mit ortsveränderlichen Kranen vorgesehen sind. In Seehäfen werden neben den schienengebundenen Kaikranen zunehmend Mobilkrane für den allgemeinen Umschlag – also nicht nur für Schwerlasten – eingesetzt.

Für die dynamischen Einflüsse der Belastungen sind drei verschiedene Grundfälle (Tab. 4.1) zu unterscheiden:

- Im Grundfall 1 werden die Tragglieder der Bauwerke unmittelbar durch die Verkehrsmittel befahren und/oder durch die Stapellasten belastet, z. B. bei Pierbrücken (Tab. 4.1, GRF 1).
- Im Grundfall 2 belasten die Verkehrsmittel und die Stapellasten eine mehr oder weniger hohe Bettungsschicht, die die Lasten entsprechend verteilt an die Tragglieder des Uferbauwerks weitergibt. Diese Ausbildungsform wird beispielsweise bei überbauten Böschungen mit lastverteilender Bettungsschicht auf der Pierplatte angewendet (Tab. 4.1, GRF 2).
- Im Grundfall 3 belasten die Verkehrsmittel und die Stapellasten nur den Erdkörper hinter der Ufereinfassung, die aus den Nutzlasten demnach nur mittelbar über einen erhöhten Erddruck zusätzlich belastet wird. Kennzeichnend hierfür sind reine Uferspundwände oder teilgeböschte Ufer (Tab. 4.1, GRF 3).

Zwischen den drei Grundfällen gibt es auch Übergangsfälle, wie z. B. bei der Pfahlrostkonstruktion mit kurzer Rostplatte.

Wenn vollständige und zuverlässige Berechnungsgrundlagen zur Verfügung stehen, sollten die Nutzlasten in der im Normalfall zu erwartenden Größe angesetzt werden. Eventuell später erforderlich werdende Nutzlasterhöhungen lassen sich im Rahmen der zulässigen Grenzen umso eher aufnehmen, je höher der Eigenlastanteil und je besser die Lastverteilung im Bauwerk sind. Vorteile in dieser Hinsicht bieten Tragsysteme nach Grundfall 2 und besonders nach Grundfall 3.

Bezüglich der Zuordnung der jeweiligen Lasten zu den Bemessungssituationen (BS-P, BS-T, BS-A, BS-E) wird auf Abschn. 1.1.4 verwiesen.

Tab. 4.1 Lotrechte Nutzlasten (GRF = Grundfall).

Grundfall	**Verkehrslasten**[a)]		
	Eisenbahn	**Straßen**	
		Fahrzeug	**Straßengebundene Krane**
GRF 1 	Lastannahmen nach RIL 804 bzw. DIN EN 1991-2:2010-12 dynamischer Beiwert: Die 1,0 überschreitenden Anteile können auf die Hälfte verringert werden.	Lastannahmen nach DIN EN 1991-2:2010-12	Gabelstaplerlasten nach DIN EN 1991-1-4:2010-12; Pratzenlasten für Mobilkrane gem. Abschn. 4.2.2 und 4.10
GRF 2 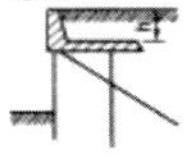	Wie GRF 1, jedoch weitere Abminderung des dynamischen Beiwertes bis 1,0 bei Bettungshöhe h = 1,00 m. Bei Bettungshöhe $h \geq 1{,}50$ m gleichmäßig verteilte Flächenlast von 20 kN/m^2		
GRF 3 	Lasten wie bei GRF 2 mit einer Bettungshöhe von mehr als 1,50 m		

a) Kranlasten sind nach Abschn. 4.10 anzusetzen.

4.2.2 Grundfall 1

Die Verkehrslasten der Eisenbahn entsprechen dem Lastmodell 71 in DIN EN 1991-2:2010-12 (Eurocode 1). Für den Straßenverkehr sind die Lastannahmen nach DIN EN 1991-2:2010-12 (Eurocode 1) anzusetzen. Dabei ist im Allgemeinen von Lastmodell 1 auszugehen. In den angegebenen dynamischen Beiwerten für Eisenbahnbrücken, mit denen die Verkehrslasten zu vervielfachen sind, können im Allgemeinen wegen der langsamen Befahrung die 1,0 überschreitenden Anteile auf die Hälfte verringert werden. Für Straßenbrücken ist in Lastmodell 1 bereits eine langsame Befahrung (Stausituation) vorausgesetzt und somit ist keine Reduktion zulässig. Bei Pierbrücken in Seehäfen sind Lasten aus Gabelstaplern gemäß DIN EN 1991-1-4:2010-12 (Eurocode 1) und Pratzendrücke für Mobilkrane von 1950 kN mit einer Pratzengröße von 5,5 m · 1,3 m anzusetzen, sofern im Einzelfall nicht höhere Ansätze erforderlich sind (siehe Tab. 4.11 und 4.12 im Abschn. 4.10.3 sowie Abschn. 4.2.5).

4.2.3 Grundfall 2

Im Wesentlichen gelten die Ansätze wie im Grundfall 1. Die dynamischen Beiwerte für Eisenbahnbrücken können jedoch je nach Bettungshöhe linear weiter abgemindert und schließlich ganz außer Acht gelassen werden, wenn die Bettungshöhe mindestens 1,00 m – bei eingepflasterten Gleisen ab Schienenoberkante gerechnet – beträgt. Es ist aber eine feldweise Belastung zu berücksichtigen.

Beträgt die Bettungshöhe mindestens 1,50 m, kann die gesamte Verkehrslast aus Eisenbahn durch eine gleichmäßig verteilte Flächenlast von 20 kN/m^2 ersetzt werden.

4.2.4 Grundfall 3

Die Lasten sind wie im Grundfall 2 mit einer Bettungshöhe von mehr als 1,50 m anzusetzen.

4.2.5 Lastansätze auf Kaiflächen

Bei Betrieb mit schweren straßengebundenen Kranen oder ähnlich schweren Fahrzeugen und schweren Baugeräten, wie Raupenbagger und dergleichen, die knapp hinter der Vorderkante des Uferbauwerks entlangfahren, ist für die Bemessung des Uferbauwerks einschließlich einer etwaigen oberen Verankerung mindestens anzusetzen:

a) Nutzlast = 60 kN/m^2 von Hinterkante Wandkopf landeinwärts auf 2,0 m Breite oder
b) Nutzlast = 40 kN/m^2 von Hinterkante Wandkopf landeinwärts auf 3,50 m Breite.

In a) und b) sind Einflüsse aus einer Pratzenlast $P = 500$ kN erfasst, sofern der Abstand zwischen Achse Uferbauwerk und Achse Pratze mindestens 2 m beträgt. Für höhere zu berücksichtigende Pratzenlasten siehe Abschn. 4.2.2 und 4.10.

Außerhalb des Verkehrsbandes werden in Anlehnung an PIANC (1987) folgende Nutzlasten zugrunde gelegt, wobei für die Containerlasten 300 kN Bruttolast für 40′-Container und 240 kN für 20′-Container berücksichtigt sind.

- Stückgut — mind. 20 kN/m^2
- Container:
  - leer, in vier Lagen gestapelt — 15 kN/m^2
  - gefüllt, in zwei Lagen gestapelt — 35 kN/m^2
  - gefüllt, in vier Lagen gestapelt — 65 kN/m^2
- RoRo-Belastung — 30–50 kN/m^2
- Mehrzweckanlagen — 50 kN/m^2
- Offshorebasishäfen — siehe Abschn. 7.5

Weitere Angaben über Materialkennwerte von Schütt- und Stapelgut können auch der DIN EN 1991-1-4:2010-12 (Eurocode 1) und den Tabellen der ROM (1990) entnommen werden.

Für die Berechnung des Erddrucks auf Stützbauwerke können die unterschiedlichen Lasten im Verkehrs- und Containerbereich in der Regel zu einer durchschnittlichen Flächenlast von 30–50 kN/m^2 zusammengefasst werden.

Höhere Lasten können an Anlagen auftreten, die durch die Offshorewindindustrie betrieben werden, z. B. zwecks Bau und Umschlag von Offshorewindenergieanlagen, deren Gründungen sowie Umspannplattformen. Diese Lasten müssen im Einzelfall mit dem Betreiber abgestimmt werden.

4.3 Seegang und Wellendruck

4.3.1 Allgemeines

Die Wellenbelastung von See- und Hafenbauwerken resultiert im Wesentlichen aus dem winderzeugten Seegang, dessen Bedeutung für die Bemessung entsprechend den lokalen Randbedingungen zu überprüfen ist. Im Küstenbereich ist in der Regel nicht allein der örtlich generierte Seegang bemessungsrelevant, da geringe Wassertiefen und Windwirklängen den Wellenenergieeintrag begrenzen. Vielmehr ist der örtlich generierte Seegang (Windsee) in Kombination mit dem auf offener See außerhalb des Projektgebietes erzeugten und auf die Küste zulaufenden Seegang (Dünung) gemeinsam als maßgebend zu betrachten.

Die nachfolgenden Darstellungen beschränken sich auf grundlegende Prozesse und vereinfachte Ansätze zur Ermittlung hydraulischer Randbedingungen und Bauwerksbelastungen. Detaillierte Hinweise hierzu finden sich u. a. in EAK (2002/2015).

Das Einschalten eines im Küsteningenieurwesen tätigen, erfahrenen Instituts oder Ingenieurbüros zur Ermittlung der Wellenverhältnisse im Planungsgebiet und der spezifischen Bauwerksbelastungen wird empfohlen. Vor der Ausführungsplanung ist die Notwendigkeit weitergehender physikalischer oder numerischer Untersuchungen genau zu prüfen.

4.3.2 Beschreibung des Seegangs

Der natürliche Seegang kann grundsätzlich als unregelmäßige zeitliche Abfolge von Wellen unterschiedlicher Höhe (oder Amplitude), Periode (oder Frequenz) und Richtung beschrieben werden und stellt eine zeitliche und räumliche Überlagerung (Superpositionsprinzip) verschiedener kurz- und langperiodischer Seegangskomponenten dar. Unter direktem Windeinfluss entsteht ein unregelmäßiger, kurzperiodischer (kurzkämmiger) Seegang, der auch als Windsee bezeichnet wird. Ein langperiodischer, unregelmäßiger Seegang entsteht durch die Überlagerung von Wellenkomponenten einheitlicher Richtung, bei der eine Sortierung der Wellen durch verschiedene Wechselwirkungen stattfindet und der Seegang nicht mehr dem direkten Windeinfluss ausgesetzt ist.

Der in einem Projektgebiet vorherrschende natürliche unregelmäßige Seegang setzt sich aus dem lokal auftretenden kurzperiodischen Seegang (Windsee) und dem langperiodischen Seegang (Dünung) zusammen, der außerhalb des Projektgebietes originär als Windsee entstanden ist.

In Hinblick auf die Berücksichtigung des tatsächlich vorhandenen und bemessungsrelevanten Seegangs als Belastungsgröße in bestehenden Bemessungsverfahren ist zunächst eine Parametrisierung des unregelmäßigen Seegangs erforderlich, da in der Regel nur einzelne charakteristische Seegangsparameter (siehe Abschn. 4.3.3) in den Berechnungen berücksichtigt werden können. Diese Parametrisierung des unregelmäßigen Seegangs kann sowohl

1) im Zeitbereich (direkte kurzzeitstatistische Auswertung der Zeitreihe) durch Ermittlung und Darstellung kennzeichnender Wellenparameter (Wellenhöhen und -perioden) als arithmetische Mittelwerte als auch
2) im Frequenzbereich (Fourier-Analyse) durch Ermittlung und Darstellung als Wellenspektrum, wobei der Energieinhalt des Seegangs als Funktion der Wellenfrequenz erfasst wird,

erfolgen (EAK, 2002/2015). Durch die Parametrisierung des bemessungsrelevanten Seegangs gehen auswertungsbedingt die vollständigen Informationen über die Wellenzeitreihe, deren Statistik und das Wellenspektrum verloren.

Bei der Planung und Bemessung von See- und Hafenbauwerken sind in Abhängigkeit von der Lage des Projektgebietes die Ergebnisse der Seegangsuntersuchungen aus der Zeitbereichs- und Frequenzbereichsanalyse zu berücksichtigen. In den meisten Fällen ist die Parametrisierung des bemessungsrelevanten Seegangs und Charakterisierung durch einzelne Parameter der Wellenhöhe, -periode und -richtung in der Regel ausreichend. Bei komplexen Wind- und Wellenverhältnissen und insbesondere in Flachwasserbereichen, in denen Wellenbrechen auftritt, kann es erforderlich sein, weitere lokale seegangscharakterisierende Parameter zu ermitteln, um die in die Bemessungsverfahren eingehenden Belastungsgrößen zuverlässig zu definieren (EAK, 2002/2015).

4.3.3 Ermittlung der Seegangsparameter

4.3.3.1 Allgemeines

Seegangsparameter sind Kennwerte, die bestimmte Eigenschaften des zeitlich und örtlich veränderlichen, unregelmäßigen Seegangs beschreiben und quantifizieren. Je nach Auswerteverfahren (vgl. Abschn. 4.3.2) sind dies

1) im Zeitbereich Mittelwerte von einzelnen Parametern, wie Wellenhöhen oder -perioden oder deren Kombinationen, und

2) im Frequenzbereich markante Frequenzen oder integrale Größen aus der spektralen Dichte des Seegangsspektrums.

Die Wellenverhältnisse im Planungsgebiet müssen auf der Grundlage von Messungen oder Beobachtungen über einen ausreichend langen Zeitraum hinsichtlich der theoretischen Eintrittswahrscheinlichkeiten analysiert werden. Dazu sind je nach Aufgabenstellung die aus der kurzzeitstatistischen Analyse resultierenden signifikanten Wellenparameter, wie Wellenhöhen, -perioden und -anlaufrichtungen, nach ihren jahreszeitlichen Häufigkeiten oder den langjährigen Maximalwerten zu ermitteln, um hieraus bemessungsrelevante Aussagen ableiten zu können. Liegen derartige Messungen nicht vor, müssen empirisch-theoretische oder numerische Methoden zur Ermittlung der Wellenparameter aus Winddaten Anwendung finden (hindcasting), die an möglicherweise verfügbaren Wellenmesswerten zu verifizieren sind.

Die Parametrisierung des natürlichen Seegangs erfolgt auf der Grundlage, dass zwischen den Höhen einzelner in einer Messung erfassten Wellen eines natürlichen Seegangs statistische Zusammenhänge bestehen, die nach Longuet-Higgins (1952) unter der Voraussetzung eines engbandigen Wellenspektrums und einer Vielzahl verschiedener Wellen durch die Rayleigh-Verteilung beschrieben werden können, vgl. Abschn. 3.7.4 in EAK (2002/2015) und CEM (2001).

Im Tiefwasser ($d \geq L/2$) stimmen auf Messdaten basierende Wellenhöhenverteilungen auch bei breitbandigeren Wellenspektren sehr gut mit der Rayleigh-Verteilung überein.

Im Flachwasser ($d \leq L/20$) kommt es aufgrund der auf die Wellen einwirkenden Flachwassereffekte (siehe Abschn. 4.3.5) zu größeren Abweichungen zwischen der gemessenen Wellenhöhenverteilung und der theoretischen Rayleigh-Verteilung. Das Wellenspektrum im Flachwasserbereich ist nicht mehr schmalbandig, und die zugehörige Wellenhöhenverteilung kann von der Rayleigh-Verteilung aufgrund des auftretenden Wellenbrechens maßgeblich abweichen.

Abweichungen von der Rayleigh-Verteilung nehmen mit größeren Wellenhöhen zu und mit der Verkleinerung der spektralen Bandbreite ab. Die Rayleigh-Verteilung neigt dazu, große Wellenhöhen in allen Wassertiefenbereichen zu überschätzen.

Nachfolgend wird auf die Ermittlung der Seegangsparameter im Zeit- und Frequenzbereich und deren Beziehungen eingegangen.

4.3.3.2 Seegangsparameter im Zeitbereich

Die aufgezeichneten Wellenhöhen und -perioden eines Beobachtungszeitraums werden bei der Zeitbereichsauswertung durch stochastische Größen der Häufigkeitsverteilung beschrieben. Hinsichtlich der Wellenhöhen kann dabei in guter Näherung die Rayleigh-Funktion zur Beschreibung der Wahrscheinlichkeit $P(H)$ für das Auftreten einer Welle mit der Höhe H (Einzelwahrscheinlichkeit) bzw. die Wahrscheinlichkeit $P(H)$ für das Auftreten einer Anzahl von Wellen bis zu einer Höhe von H (Summenwahrscheinlichkeit) verwendet werden, siehe auch Abb. 4.2 nach Oumeraci (2001):

$$P(H) = 1 - e^{-\frac{\pi}{4}\left(\frac{H}{H_m}\right)^2}$$

mit

- N prozentuale Häufigkeit der Wellenhöhen H im Beobachtungszeitraum,
- H_{m} Mittelwert aller Wellenhöhen einer Seegangsaufzeichnung,
- H_{d} häufigste Wellenhöhe,
- $H_{1/3}$ Mittelwert der 33 % höchsten Wellen,
- $H_{1/10}$ Mittelwert der 10 % höchsten Wellen,
- $H_{1/100}$ Mittelwert der 1 % höchsten Wellen,
- $H_{\max}$ maximale Wellenhöhe,
- H_{rms} Maß der mittleren Wellenenergie, entspricht etwa $1{,}13 \cdot H_{\mathrm{m}}$,
- H_{S} signifikante Wellenhöhe (siehe Abschn. 4.3.3.4).

Aus der Häufigkeitsverteilung der Wellenhöhen ergeben sich näherungsweise nach Longuet-Higgins (1952) und Schüttrumpf (1973) folgende Relationen unter der Annahme der theoretischen Wellenhöhenverteilung des Seegangs, die der Rayleigh-Verteilung entspricht. Diese theoretischen Verhältniswerte stehen in guter Übereinstimmung mit ermittelten Verhältniswerten aus Seegangsmessungen trotz einer eventuell größeren

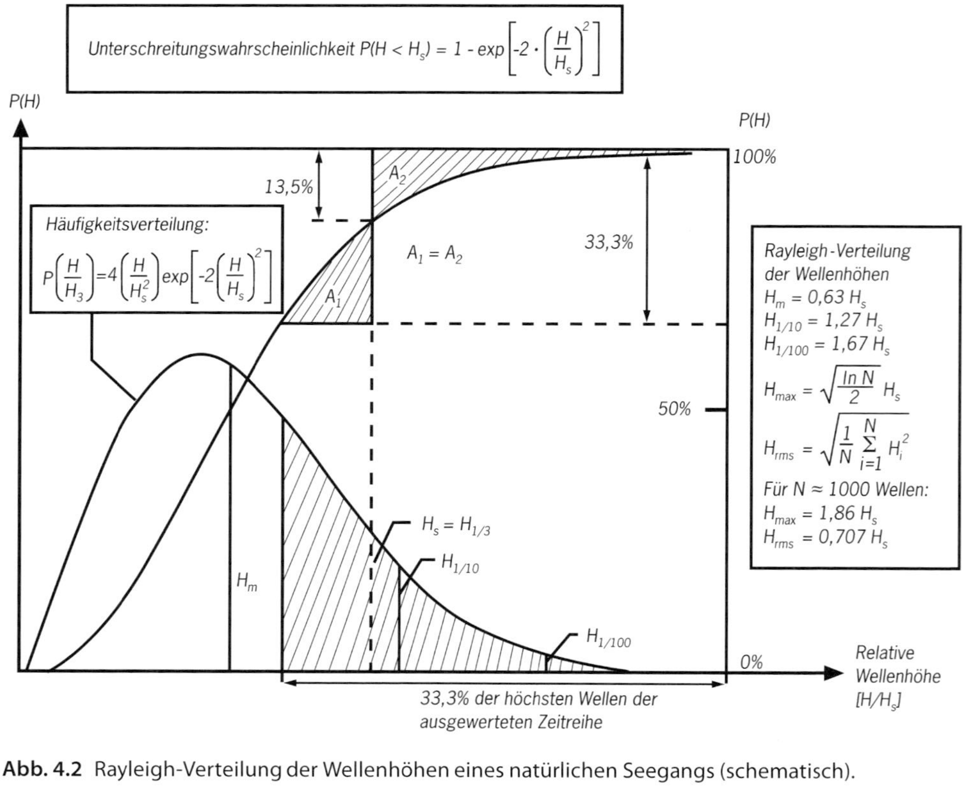

Abb. 4.2 Rayleigh-Verteilung der Wellenhöhen eines natürlichen Seegangs (schematisch).

Bandbreite des Wellenspektrums als von der Rayleigh-Verteilung vorausgesetzt:

$$H_{\mathrm{m}} = 0{,}63 \cdot H_{1/3}$$
$$H_{1/10} = 1{,}27 \cdot H_{1/3}$$
$$H_{1/100} = 1{,}67 \cdot H_{1/3}$$

Die maximale Wellenhöhe $H_{\max}$ ist prinzipiell abhängig von der Anzahl der erfassten Wellen innerhalb des zur Verfügung stehenden Messzeitraumes. Nach Longuet-Higgins (1952) ergibt sich unter Verwendung des Ansatzes

$$H_{\max} = 0{,}707 \cdot \sqrt{\ln(n)} \cdot H_{1/3}$$

für $n = 1000$ Wellen eine maximale Wellenhöhe von $H_{\max} = 1{,}86 \cdot H_{1/3}$. Für die Ingenieurpraxis kann die maximale Wellenhöhe mit

$$H_{\max} = 2 \cdot H_{1/3}$$

hinreichend genau abgeschätzt werden.

Ein weiterer in der Praxis geläufiger Seegangsparameter ist die Wellenhöhe H_{rms} (root mean square, rms). Bei Rayleigh-verteiltem Seegang gilt die Beziehung $H_{\mathrm{rms}} = 0{,}7 \cdot H_{1/3}$. Der Wert H_{rms}, als Maß der mittleren Wellenenergie, gewichtet die höheren Wellen im Wellenspektrum stärker als der einfache Mittelwert H_{m}.

Ähnlich den Verhältniswerten der Wellenhöhen können die Wellenperioden im Zeitbereich auf der Grundlage von Naturmessungen abgeschätzt werden (EAK, 2002/2015).

Die tatsächlichen Verhältniswerte der Wellenhöhen und -perioden hängen u. a. von der tatsächlichen Wellenhöhenverteilung, der konkreten Form des Seegangsspektrums und der Messdauer ab und können insbesondere im Flachwasser aufgrund der konkreten Verteilung der Wellen und deren Asymmetrie von den o. g. theoretischen Werten abweichen. Geringe Messzeiten von z. B. 5 oder 10 min können zu erheblichen Fehlern bei der Bestimmung von Verhältniswerten führen, sodass in EAK (2002/2015) für die Durchführung und Auswertung von Seegangsmessungen eine Messzeit von mindestens 30 min vorgeschlagen wird, um die statistischen Gesetzmäßigkeiten zu erfassen.

4.3.3.3 Seegangsparameter im Frequenzbereich

Bei der Parametrisierung des unregelmäßigen Seegangs im Frequenzbereich wird die Zeitreihe der Seegangsaufzeichnung durch Überlagerung der einzelnen Wellenkomponenten in ein Energiedichtespektrum und die zugehörigen Wellenphasen in ein entsprechendes Phasenspektrum umgewandelt (Fourier-Transformation; Abb. 4.3). Die gemeinsame Darstellung des Seegangsspektrums für alle Wellenrichtungen wird als „eindimensionales Spektrum" bezeichnet und bei getrennter Darstellung für verschiedene Wellenrichtungen als „Richtungsspektrum" ermittelt.

Aus dem Seegangsspektrum können u. a. folgende charakteristische Seegangsparameter als Funktion der Frequenz f [Hz] unter Berücksichtigung spektraler Momente n-ter Ordnung

$$m_n = \int S(f) \cdot f^n \,\mathrm{d}f \quad \text{mit } n = 0, 1, 2, \ldots$$

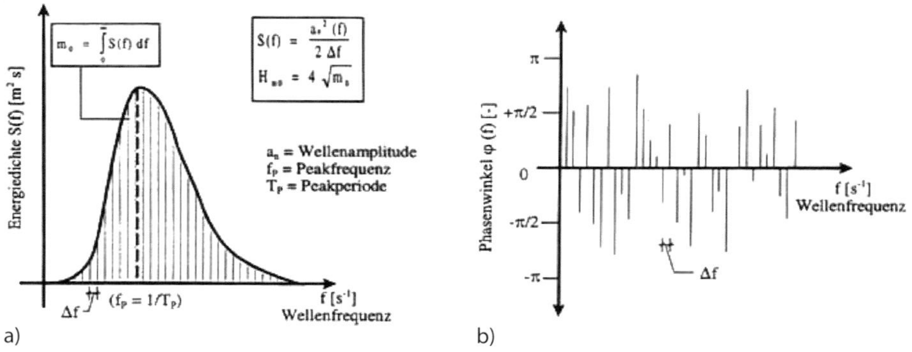

Abb. 4.3 Parameter eines Wellenspektrums – Definitionsskizzen (Oumeraci, 2001). (a) Energiedichtespektrum, (b) Phasenspektrum.

auch als Funktion der Wellenanlaufrichtung angegeben werden (Abb. 4.3) mit

H_{m_0} charakteristische Wellenhöhe, $H_{m_0} = \sqrt{4m_0}$ mit m_0 als Flächeninhalt des Wellenspektrums,
T_{01} mittlere Periode, $T_{01} = m_0/m_1$,
T_{02} mittlere Periode, $T_{02} = \sqrt{(m_0/m_2)}$,
T_p Peakperiode, d. h. Wellenperiode bei maximaler Energiedichte.

Die Wellenperioden T_{01} und T_{02} stehen in Abhängigkeit von der Form des Wellenspektrums in einem festen Verhältnis und beschreiben die Bandbreite des Wellenspektrums.

Mithilfe des Wellenspektrums können insbesondere langperiodische Wellenkomponenten, wie z. B. Dünungswellen, bauwerksbedingt transformierte Wellenkomponenten oder flachwasserbedingte Veränderungen des Spektrums identifiziert werden, die ggf. für die Definition der hydraulischen Randbedingungen zur Bemessung von See- und Hafenbauwerken von Bedeutung sein können.

4.3.3.4 Zusammenhänge zwischen Seegangsparametern im Zeit- und Frequenzbereich

Für ingenieurpraktische Anwendungen wurde zur Charakterisierung des unregelmäßigen Seegangs die „signifikante Wellenhöhe“ H_s eingeführt (PIANC, 1986). Für die Ingenieurpraxis wird unter der Voraussetzung eines Rayleigh-verteilten Seegangs angenommen, dass H_s durch die Wellenhöhe $H_{1/3}$ des Zeitbereiches oder die Wellenhöhe H_{m_0} des Frequenzbereiches bestimmt werden kann.

$$H_\mathrm{s} = H_{1/3} = H_{m_0}$$

Weiterhin können theoretisch die Wellenperioden T_m (Zeitbereich) und T_{02} (Frequenzbereich) gleichgesetzt werden. Für weitere Zusammenhänge zwischen Seegangsparametern im Zeit- und Frequenzbereich, die immer auch in Abhängigkeit vom jeweiligen Wellenspektrum variieren können, wird auf die EAK (2002/2015) verwiesen.

4.3.4 Bemessungskonzepte und Festlegung der Bemessungsparameter

Als Bemessungsseegang wird das Seegangsereignis verstanden, welches zu der maßgebenden Belastung eines Bauwerks oder Bauwerkteils führt oder deren Wirkung charakteristisch beschreibt und sich als maßgebende Kombination verschiedener Einflussgrößen ergibt.

Hinsichtlich der Auslegung von Bauwerken wird zwischen

- der konstruktiven Bemessung als Nachweis der Standfestigkeit für ein extremes Ereignis und
- der funktionellen Bemessung, die die Wirkung und den Einfluss des Bauwerks auf die Umgebung behandelt,

unterschieden, siehe Abschn. 3.7 in EAK (2002/2015).

Die Unregelmäßigkeit des Seegangs und dessen Beschreibung als Eingangsgröße in entsprechenden Bemessungsverfahren ist entscheidend für die Ermittlung der tatsächlich auftretenden Belastungsgrößen. Der Bemessungsseegang kann in Abhängigkeit des zu bemessenden Bauwerks und des anzuwendenden Bemessungsverfahrens

- als charakteristische Einzelwelle eingehen, um daraus eine konkrete Belastung zu ermitteln (deterministisches Verfahren; möglicher Anwendungsfall: Belastung einer Hochwasserschutzwand),
- als charakteristische Wellenzeitreihe berücksichtigt werden, wobei als Ergebnis eine Zeitreihe der auftretenden Bauwerksbelastungen erzeugt wird, die statistisch ausgewertet und hinsichtlich der Maximal- und Gesamtbelastung bewertet werden können (stochastisches Verfahren, möglicher Anwendungsfall: räumlich aufgelöste Bauwerksstrukturen – z. B. Offshoregründungen), oder
- als vollständige statistische Verteilung einfließen, wobei daraus unter Berücksichtigung verschiedener Grenzzustände des Bauwerks eine Versagenswahrscheinlichkeit des Bauwerks ermittelt werden kann (probabilistisches Verfahren).

In der Ingenieurpraxis kommen vorwiegend deterministische Bemessungsverfahren zur Anwendung, auf die im Folgenden eingegangen wird. In EAK (2002/2015) werden Hinweise gegeben, wie auf der Grundlage regelmäßiger Wellen die vorhandene Unregelmäßigkeit des Seegangs bei Untersuchungen, Berechnungen und bei der Bemessung berücksichtigt werden kann.

Da sowohl Wellen- als auch Windmessungen selten die geplante Nutzungsdauer bzw. die mit extremen Seegangssituationen verbundenen Wiederkehrintervalle erfassen, sollte eine Extrapolation der verfügbaren Wellendaten auf einen größeren Zeitraum (häufig 50 oder 100 Jahre) durch Ansatz einer geeigneten theoretischen Verteilung (z. B. Weibull) erfolgen. Eine Extrapolation über das Dreifache des Messzeitraumes hinaus sollte dabei nicht erfolgen. Die theoretische Wiederkehrperiode, und damit die Parameter der Bemessungswellenhöhe H_d, sind unter Berücksichtigung des potenziellen Schadens bzw. des zugelassenen Risikos gegen Überflutung oder Zerstörung des Bauwerkstyps (Art des Versagens), aber auch der Datengrundlage und anderer Aspekte festzulegen (konstruktive Planung).

Hinsichtlich der funktionellen Planung müssen teilweise erheblich kürzere Wiederkehrintervalle zugrunde gelegt werden, um durchschnittlich zu erwartende Nutzungseinschränkungen und Gefährdungssituationen abschätzen zu können.

Tab. 4.2 Empfehlung zur Festlegung der Bemessungswellenhöhe.

Bauwerk	$H_d/H_{1/3}$
Wellenbrecher	1,0–1,5
Geböschte Molen	1,5–1,8
Senkrechte Molen	1,8–2,0
Hochwasserschutzwände	1,8–2,0
Kaimauern mit Wellenkammer	1,8–2,0
Baugrubenumschließungen	1,5–2,0

Bei hohen Sicherheitsforderungen sollte das Verhältnis der Bemessungswellenhöhe H_d zur signifikanten Wellenhöhe $H_{1/3}$ mit 2,0 angesetzt werden (vgl. Tab. 4.2). Zur Erarbeitung sicherer und wirtschaftlicher Lösungen ist jedoch eine genauere Analyse der tatsächlichen Belastungen und der Stabilitätseigenschaften des Bauwerks durch hydraulische Modellversuche empfehlenswert.

Die Bemessungswellenhöhe ist die für die Bemessung eines Bauteils oder Bauwerks anzusetzende maximale Wellenhöhe. Die aus der Bemessungswellenhöhe resultierenden Beanspruchungen sind mit den Teilsicherheitsbeiwerten der maßgebenden Bemessungssituation zu multiplizieren, daraus ergeben sich die Bemessungsschnittgrößen.

Liegen der verwendeten Häufigkeitsverteilung dabei langfristige Beobachtungszeiträume bzw. entsprechende Extrapolationen (ca. 50 Jahre) oder entsprechende theoretische bzw. numerische Ermittlungen zugrunde, so kann die damit ermittelte Bemessungswelle als seltene Welle gemäß Abschn. 1.1.4.3 in der Bemessungssituation BS-A eingestuft werden. Bei kürzeren Beobachtungs- bzw. Ermittlungszeiträumen sollte die ermittelte Bemessungswelle als häufig auftretende Welle definiert werden und eine Einstufung gemäß Abschn. 1.1.4.2 in der Bemessungssituation BS-T erfolgen.

4.3.5 Umformung des Seegangs

Nur in Ausnahmen sind die Wellenbedingungen in unmittelbarer Nähe zu den zu bemessenden Strukturen bekannt. In der Regel ist daher der Seegang vom Tiefwasser auf den Planungsabschnitt an der Küste zu transformieren. Beim Einlaufen der Wellen in das Flachwasser bzw. beim Auftreffen auf Hindernisse werden verschiedene Effekte wirksam:

1) Shoaling-Effekt
Durch Grundberührung der Welle werden die Wellengeschwindigkeit und damit die Wellenlänge verringert. Nach einer lokalen, geringfügigen Verringerung steigt daher die Wellenhöhe beim Einlaufen in das Flachwasser aus Gründen des Energiegleichgewichts ständig an (bis zum Brechpunkt). Dieser Effekt wird als Shoaling bezeichnet (Wiegel, 1964).
2) Bodenreibung und Perkolation
Durch Reibungsverluste und Austauschprozesse an der Sohle wird die Wellenhöhe verringert. Der Einfluss ist normalerweise für Bemessungszwecke vernachlässigbar (Walden und Schäfer, 1969).

3) Refraktion
Bedingt durch die unterschiedliche Grundberührung bei schräg zur Küste (genauer: zu den Tiefenlinien) erfolgendem Wellenangriff lenken die Wellen aufgrund des lokal verschiedenen Shoaling-Effektes zur Küste ein, sodass je nach Form der Küstenlinie die einwirkende Wellenenergie verringert oder auch, z. B. durch Fokussierung von Wellenenergie an einer Landzunge, vergrößert werden kann.
4) Wellenbrechen
Generell können Wellen brechen, wenn entweder die Grenzsteilheit überschritten wird (Parameter H/L) oder aber die Wellenhöhe ein bestimmtes Maß gegenüber der Wassertiefe erreicht hat (Parameter H/d). Die Höhe von in flaches Wasser einlaufenden Tiefwasserwellen wird beim Überschreiten der zugehörigen Grenzwassertiefe durch den Brechvorgang beschränkt. Im Allgemeinen liegt der Verhältniswert der Brecherhöhe H_b zur Grenzwassertiefe d_b zwischen $0{,}8 < H_b/d_b < 1{,}0$ (Brecherkriterium), wobei in Sonderfällen auch höhere Werte beobachtet wurden (Siefert, 1974). Infolge der unterschiedlichen Wellenhöhen in einem Seegangsspektrum erfolgt das Brechen der Wellen meist über eine sogenannte Brandungszone, deren Lage und Ausdehnung u. a. durch die Unterwassertopografie und den Tideeinfluss bestimmt wird.
Das Verhältnis der Brecherhöhe H_b zur Wassertiefe d_b ist genau betrachtet eine Funktion der Strandneigung α und der Steilheit der Tiefwasserwelle H_0/L_0. Diese Parameter sind in der Brecherkennzahl ξ zusammengefasst, die näherungsweise den Brechertyp regelmäßiger Wellen (d. h. Reflexionsbrecher, Sturzbrecher oder Schwallbrecher) angibt. Nähere Einzelheiten können Battjes (1975), Siefert (1974), Galvin (1972) und EAK (2002/2015) entnommen werden.
Die Brecherkennzahl ξ kann sowohl auf die Tiefenwasserwellenhöhe $H_0(\xi_0)$ als auch auf die Wellenhöhe am Brechpunkt $H_b(\xi_b)$ bezogen werden (Tab. 4.3):

$$\xi = \frac{\tan \alpha}{\sqrt{H/L_0}}$$

mit

α Neigungswinkel der Sohle [°],
H/L_0 Wellensteilheit,
H lokale Wellenhöhe,
L_0 Länge der Welle im Tiefwasser.

Tab. 4.3 Festlegung der Brechertypen (die Werte beruhen auf Untersuchungen mit Böschungsneigungen von 1 : 5 bis 1 : 20) (Quelle: EAK (2002/2015)).

Brecherform	ξ_0	ξ_b
Reflexionsbrecher	> 3,3	> 2,0
Sturzbrecher	0,5–3,3	0,4–2,0
Schwallbrecher	< 0,5	< 0,4

Durch stark reflektierende Strukturen sowie Einflüsse aus der Vorlandgeometrie kann der Brechvorgang erheblich beeinflusst werden. Dann werden entsprechende Brecherkriterien benötigt (siehe z. B. Abschn. 4.3.6).

5) Diffraktion
   Diffraktion tritt auf, wenn Wellen auf Hindernisse (Bauwerke, aber auch z. B. der Küste vorgelagerte Inseln) treffen. Nach der Umlenkung vor dem Hindernis laufen die Wellen in den Bauwerksschatten hinein, sodass ein Energietransport entlang des Wellenkamms stattfindet, wodurch die Wellenhöhe im Allgemeinen verringert wird. An bestimmten Stellen außerhalb des Wellenschattens können durch Überlagerung von Diffraktionswellen nahe beieinanderliegender Hindernisse (u. a.) auch Erhöhungen auftreten (SPM, 1984).
6) Bauwerksbedingte Reflexionen
   Auf das Ufer oder auf Bauwerke zulaufende Wellen werden in einem bestimmten Maß reflektiert, welches wesentlich von den Eigenschaften der reflektierenden Berandungen (u. a. Neigung, Rauheit, Porosität) und der Wassertiefe vor dem Bauwerk abhängt. Nicht brechende Wellen werden bei senkrechtem Wellenangriff an einem vertikalen Bauwerk nahezu vollständig zurückgeworfen, sodass sich theoretisch eine stehende Welle mit doppelter Höhe der einlaufenden Welle bildet. Der Reflexionskoeffizient bei geböschten Bauwerken ist zusätzlich stark von der Wellensteilheit abhängig und damit für die im Wellenspektrum enthaltenen Wellen veränderlich.
   Da die o. g. Einflüsse von vielen auch bauwerks- bzw. ortsspezifischen Faktoren abhängen, ist eine allgemeingültige Festlegung nicht möglich; Näheres siehe HTG (1996), EAK (2002/2015) und Oumeraci (2001).

4.3.6 Wellendruck auf senkrechte Uferwände im Küstenbereich

4.3.6.1 Allgemeines

Der Wellendruck bzw. die Wellenbewegung auf der Vorderseite einer Ufereinfassung ist in Rechnung zu stellen bei:

- Blockmauern im Sohlen- und im Fugenwasserdruck,
- überbauten Böschungen mit nicht hinterfüllter Vorderwand beim Ansatz des wirksamen Wasserüberdrucks von beiden Seiten der Wand,
- nicht hinterfüllten Spundwänden,
- Hochwasserschutzwänden,
- den Beanspruchungen im Bauzustand,
- hinterfüllten Bauwerken allgemein auch wegen des abgesenkten Außenwasserspiegels im Wellental.

Außerdem werden die Uferwände über Trossenzüge, Schiffsstöße und Fenderdrücke aus der Schiffsbewegung infolge von Wellen belastet.

Beim Ansatz des Wellendrucks auf senkrechte Uferwände sind drei Belastungsarten zu unterscheiden, und zwar:

1) die Wand wird durch nicht brechende Wellen belastet,
2) die Wand wird durch am Bauwerk brechende Wellen belastet,
3) die Wand wird durch Wellen belastet, die bereits vor dem Bauwerk gebrochen sind.

Welche dieser drei Belastungsarten maßgebend ist, hängt von der Wassertiefe, vom Seegang und von den morphologischen und topografischen Verhältnissen im Bereich des Bauwerks ab.

Für die verschiedenen Belastungsarten werden in den nachfolgenden Abschnitten Belastungsansätze erläutert. Ergänzend wird darauf hingewiesen, dass die Belastungen aus stehenden, brechenden oder bereits gebrochenen Wellen eines natürlichen Seegangs nach Goda (2000) und EAK (2002/2015) ermittelt werden können. Zur Erfassung von dynamischen Druckbelastungen kann dabei der empirisch ermittelte dynamische Druckerhöhungsbeiwert nach Takahashi (1996) verwendet werden. Nachteilig an diesem Verfahren ist, dass nur landwärts gerichtete Belastungskomponenten erfasst werden.

4.3.6.2 Belastung durch nicht brechende Wellen

Ein Bauwerk mit senkrechter oder annähernd senkrechter Vorderwand in einer Wassertiefe, die so groß ist, dass die höchsten ankommenden Wellen nicht brechen, wird durch den infolge Reflexion auf der Wasserseite erhöhten Wasserüberdruck beim Wellenberg bzw. von der Landseite her erhöhten Wasserüberdruck beim Wellental beansprucht.

Durch Überlagerung der ankommenden Wellen mit den zurücklaufenden bilden sich stehende Wellen. In Wirklichkeit treten rein stehende Wellen nicht auf; die Unregelmäßigkeit der Wellen führt zu gewissen Wellenstoßbelastungen, die aber meist gegenüber den nachstehenden Lastansätzen vernachlässigbar sind, sodass diese als quasi statisch aufgefasst werden. Die Wellenhöhe verdoppelt sich infolge Reflexion, wenn die Wellen auf eine senkrechte oder annähernd senkrechte Wand treffen und keine Verluste auftreten (Reflexionskoeffizient $\kappa_R = 1{,}0$). Eine Abminderung der Wellenhöhen aus Teilreflexion ($\kappa_R < 0{,}9$) sollte an senkrechter Wand nur bei Nachweis durch einen großmaßstäblichen Modellversuch berücksichtigt werden. Im Übrigen sind die in der EAK (2002/2015) aufgeführten Reflexionskoeffizienten zu beachten.

Für die Berechnung bei rechtwinkligem Wellenangriff wird das Verfahren von Sainflou (1928) nach Abb. 4.4 empfohlen. Dieses Verfahren liefert bei steilen Wellen geringfügig zu große Belastungen, während die Belastungen aus sehr langperiodischen, flachen Wellen unterschätzt werden. Nähere Angaben und weitere Bemessungsverfahren z. B. nach Miche-Rundgren sind in CEM (2001) und EAK (2002/2015) zu finden.

In Abb. 4.4 bedeuten

- H Höhe der anlaufenden Welle,
- L Länge der anlaufenden Welle,
- h Höhendifferenz zwischen dem Ruhewasserspiegel und der mittleren Spiegelhöhe im Reflexionsbereich vor der Wand: $h = \frac{\pi H^2}{L} \coth \frac{2\pi d}{L}$,
- Δh Differenzhöhe zwischen dem Ruhewasserspiegel vor der Wand und dem Grundwasser- bzw. rückwärtigen Hafenwasserspiegel,
- d_s Wassertiefe beim Grundwasser- bzw. rückwärtigen Hafenwasserspiegel,
- γ Wichte des Wassers,
- p_1 Druckerhöhung (Wellenberg) bzw. -verringerung (Wellental) am Fußpunkt des Bauwerks infolge Wellenwirkung: $p_1 = \gamma H / \cosh \frac{2\pi d}{L}$,
- p_0 maximale Wasserüberdruckordinate in Höhe des landseitigen Wasserspiegels entsprechend Abb. 4.4c: $p_0 = (p_1 + \gamma \cdot d) \cdot \frac{H+h-\Delta h}{H+h+d}$,
- p_x Wasserüberdruckordinate in Höhe des Wellentals entsprechend Abb. 4.4d: $p_x = \gamma \cdot (H - h + \Delta h)$.

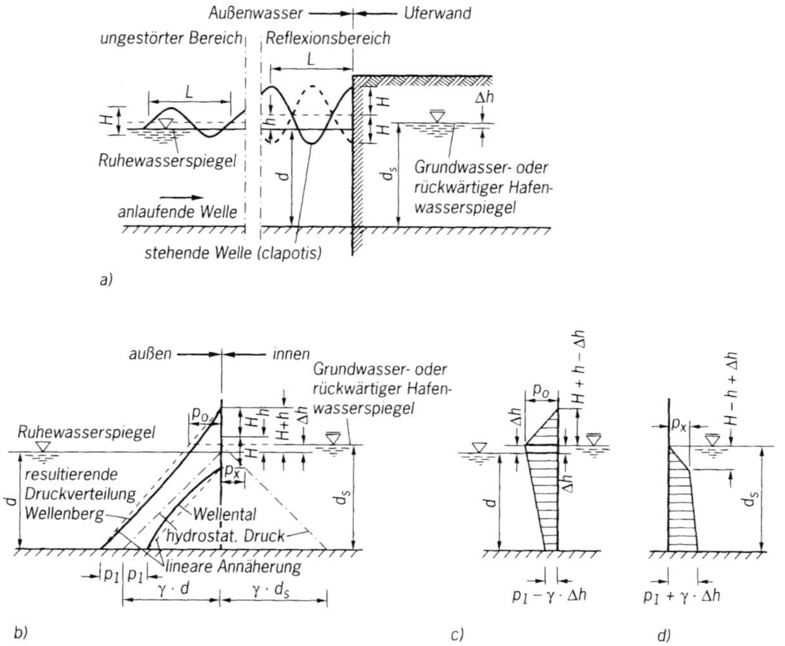

Abb. 4.4 Dynamische Druckverteilung an einer lotrechten Wand bei vollständiger Reflexion der Wellen in Anlehnung an Sainflou (1928) sowie Wasserüberdrücke bei Wellenberg und Wellental. (a) Erläuterung des Berechnungsansatzes; (b) Ansatz des hydrostatischen und des dynamischen Drucks; (c) maximaler Wasserüberdruck von außen; (d) maximaler Wasserüberdruck von innen.

Die Übertragung des Verfahrens auf den Fall des schrägen Wellenangriffs ist in Hager (1975) behandelt. Danach sollten auch bei spitzem Wellenanlaufwinkel besonders für langgestreckte Bauwerke die Ansätze für einen rechtwinkligen Wellenangriff verwendet werden.

4.3.6.3 Belastung durch am Bauwerk brechende Wellen

An einem Bauwerk brechende Wellen können extrem hohe Aufschlagdrücke von 10 000 kN/m^2 und mehr ausüben. Diese Druckspitzen sind allerdings örtlich begrenzt und wirken nur mit sehr kurzer Dauer (1/100–1/1000 s).

Das Brechen hoher Wellen unmittelbar am Bauwerk sollte wegen der dabei auftretenden großen Druckstöße und dynamischen Belastungen durch geeignete Anordnung und Ausbildung des Bauwerks möglichst vermieden werden. Falls dies nicht möglich ist, werden für die endgültige Bemessung Modelluntersuchungen in möglichst großem Maßstab empfohlen. Weitere Hinweise bzgl. Bemessung bei Druckschlägen siehe EAK (2002/2015) Abschn. 4.3.2.3 und CEM (2001).

Bei einfachen Geometrien kann das nachfolgende Berechnungsverfahren angewendet werden.

Aus Versuchen im hydraulischen, großmaßstäblichen Modell an einem Caisson-Bauwerk auf einer Schüttsteinunterlage wurde der nachfolgend beschriebene Näherungsansatz für die Druckschlagbelastung an senkrechten Wänden entwickelt (HTG, 1996; Kortenhaus und Oumeraci, 1997).

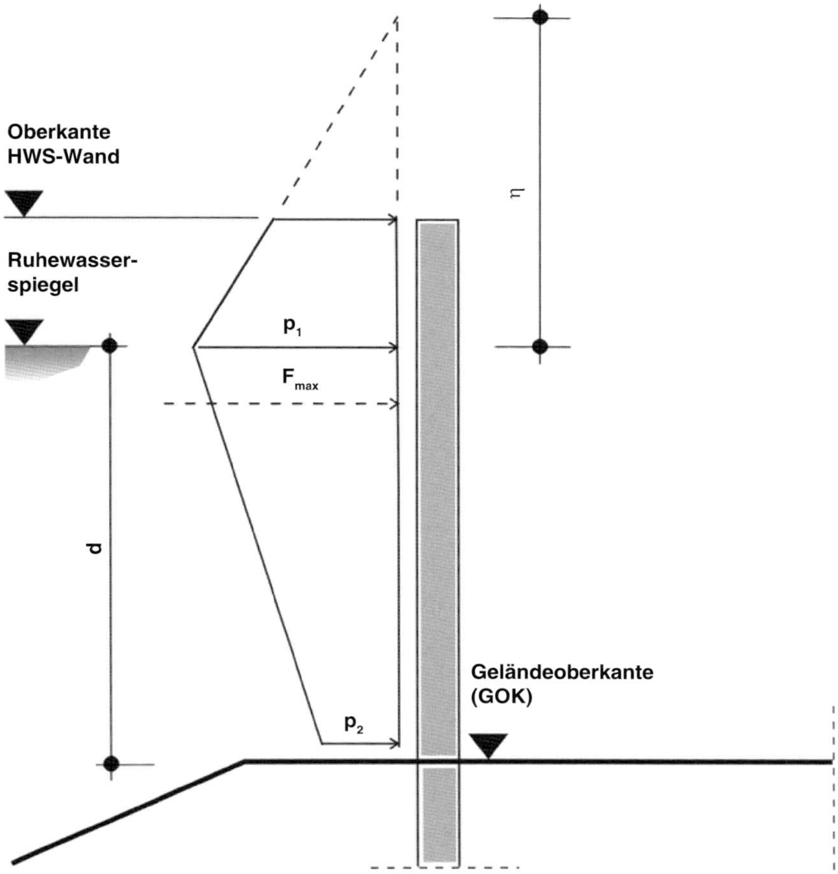

Abb. 4.5 Belastung durch Sturzbrecher (HTG, 1996; Kortenhaus und Oumeraci, 1997).

Die Ermittlung der als maximal statisch anzusetzenden Horizontalkraft F_{max} auf die Uferwand ergibt sich nach Abb. 4.5 zu:

$$F_{max} = \varphi \cdot 8{,}0 \cdot \rho \cdot g \cdot H_b^2 \quad [kN/m]$$

Der Angriffspunkt dieser Kraft liegt geringfügig unterhalb des Ruhewasserspiegels. Ein Näherungsansatz zur Belastungsminderung infolge Wellenüberschlags wird in HTG (1996) erläutert.

- Brecherwellenhöhe H_b: Auf der Grundlage eines für relativ steile Böschungen (HTG, 1996; Kortenhaus und Oumeraci, 1997) entwickelten wellensteilheitsbedingten Brecherkriteriums ergibt sich

$$H_b = L_b \cdot \left[0{,}1025 + 0{,}0217(1-\chi_R)/(1-\chi_R)\right] \tanh(2\pi d_b/L_b)$$

χ_R Reflexionskoeffizient der Uferwand,
d_b Wassertiefe am Brechpunkt,
L_b Wellenlänge der brechenden Welle $L_b = L_0[\tanh(2\pi d_b/L_b)]$.

- Bei einem Reflexionskoeffizienten von 0,9 und der Annahme, dass die Wassertiefe d_b und die Wellenlänge L_b näherungsweise gleich den entsprechenden Werten auf dem Vorland (Wassertiefe d an der Wand und Wellenlänge L_d) sind, ergibt sich:

$$H_b \approx 0{,}1 \cdot L_0 \cdot \left[\tanh(2\pi d/L_d)\right]^2$$

L_0 Wellenlänge im Tiefwasser, $L_0 = 1{,}56 \cdot T_p^2$,
T_p Peakperiode im Wellenspektrum,
L_d Wellenlänge in der Wassertiefe, $d \approx L_0 \cdot [\tanh(2\pi d/L_0)^{3/4}]^{2/3}$.

- Stoßfaktor φ: Die nachfolgend aufgeführten Stoßfaktoren wurden aus Berechnungen zur dynamischen Wechselwirkung der impulsartigen, zeitlich variierenden Wellendruckschlagbelastung mit den Beanspruchungs- und Verformungsbedingungen des Bauwerkes und des Baugrundes abgeleitet (HTG, 1996). Der Stoßfaktor φ ergibt sich in Abhängigkeit von der Höhenlage des Nachweisschnittes zu $\varphi = M_{dyn}/M_{stat}$ (Wandmoment bei stoßartiger Belastung/Wandmoment bei quasistatischer Belastung) (HTG, 1996; Kortenhaus und Oumeraci, 1997; Heil et al., 1997).
- Wände mit nachgiebiger Stützung im Erdkörperbereich (z. B. frei auskragende Wände [beispielhaft Abb. 4.5] bzw. tiefer als 1,50 m unter Geländeoberkante (GOK) abgestützte Wände) (BHFU, 2013):
  $\varphi = 1{,}2$ für alle Nachweise oberhalb 1,50 m unter GOK,
  $\varphi = 0{,}8$ für alle Nachweise tiefer als 1,50 m unter GOK.
- Wände mit starrer Stützung (z. B. Betonwände auf Kaianlagen) bzw. höher als 1,50 m unter GOK abgestützte Wände:
  $\varphi = 1{,}4$ für alle Nachweise oberhalb 1,50 m unter GOK,
  $\varphi = 1{,}0$ für alle Nachweise tiefer als 1,50 m unter GOK.
- Druckordinate p_1 in Höhe des Ruhewasserspiegels:
  $p_1 = F_{max}/(0{,}625 \cdot d_b + 0{,}65 \cdot H_b)$
- Höhe der Druckfigur η (Differenzhöhe zwischen Oberkante Wellendruckbelastung und Ruhewasserspiegel):
  $\eta = 1{,}3 \cdot H_b$
- Druckordinate p_2 in Höhe Geländeoberkante:
  $p_2 = 0{,}25 \cdot p_1$

4.3.6.4 Belastung durch bereits gebrochene Wellen

Eine näherungsweise Ermittlung der Lasten aus bereits gebrochenen Wellen ist nach SPM (1984) möglich. Dabei wird angenommen, dass die gebrochene Welle mit der gleichen Höhe und Geschwindigkeit nach dem Brechvorgang weiterläuft, wodurch die tatsächlichen Belastungen jedoch überschätzt werden. Zur genaueren Erfassung der tatsächlichen Belastungen wird daher in der EAK (2002/2015) eine Korrektur der Rechenwerte, basierend auf dem Verfahren von Camfield (1991), vorgeschlagen, welches hier nicht dargestellt wird.

4.3.6.5 Zusätzliche Lasten infolge von Wellen

Wenn ein Bauwerk auf durchlässiger Bettung keinen dichten Abschluss auf der Wasserseite, z. B. durch eine Dichtungswand, besitzt, ist außer dem Wasserdruck auf die Wandflächen der Einfluss der Wellen auf den Sohlenwasserdruck zu berücksichtigen. Entsprechendes gilt für den Wasserdruck in Blockfugen.

4.4 Auswirkungen von Wellen aus Schiffsbewegungen

4.4.1 Allgemeines

Vom fahrenden Schiff gehen an Bug und Heck Wellen verschiedener Art aus, die je nach den örtlichen Gegebenheiten zu unterschiedlichen Beanspruchungen der Ufer bzw. deren Sicherungen führen (Abb. 4.6 und 4.7). Das fahrende Schiff bewirkt zunächst eine Wasserspiegelanspannung vor dem Bug, deren Abmessung in Fahrtrichtung gesehen bis zu mehreren Schiffslängen betragen kann. Direkt vor dem Schiffsbug tritt ein weiterer lokaler Aufstau ein (Stau- oder Bugwelle). Neben dem Schiff senkt sich infolge der Rückströmung der Wasserspiegel, dem das Schiff folgt (Squat oder dynamische Schiffsabsenkung). Die so entstehende Absunkmulde hat die Länge des Schiffs und reicht in Kanälen über die gesamte Breite. In seitlich unbegrenztem Fahrwasser klingt sie mit zunehmender Entfernung vom Schiff ab, wobei ihre Breite in erster Näherung dem 1,5- bis 2-fachen der Schiffslänge entspricht (BAW, 2010).

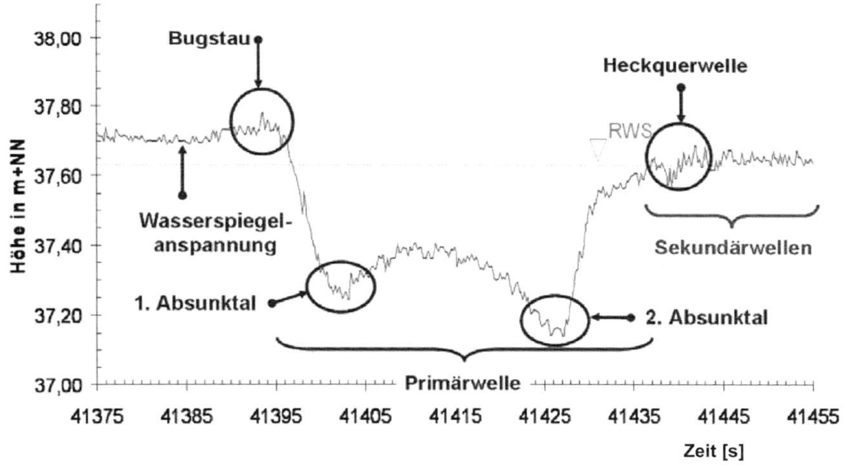

Abb. 4.6 Wasserspiegeländerung bei Fahrt eines Schiffes im begrenzten Fahrwasser (RWS = Ruhewasserspiegel).

Dieses Primärwellensystem wird von Sekundärwellen überlagert, die sich in einem festen Muster vom Schiff ausbreiten (Abb. 4.8). Von besonderer Bedeutung für die Belastung der Ufer sind dabei die Schrägwellen, deren Wellenkamm unter einem Winkel von 55° zur Schiffsachse verläuft.

4.4.2 Wellenhöhen

Die Auswirkungen des Schiffswellensystems auf Böschungen und Uferdeckwerke sind besonders in begrenztem Fahrwasser zu berücksichtigen. Die maßgebenden Bemessungslasten ergeben sich dabei aus der Druckzu- und -abnahme im Bereich der Absunkmulde des Primärwellensystems und dem Brechen der Wellen aus dem Primär- (Heckwelle) und Sekundärwellensystem (Schrägwellen und Heckquerwellen) beim Übergang in den Flachwasserbereich an der Böschung, und zwar abhängig von der Wellenlaufrichtung. Die erforderliche Steingröße der Uferböschung ergibt sich in der Regel aus der Be-

Abb. 4.7 Großmotorschiff bei der Fahrt in der Nähe der kritischen Schiffsgeschwindigkeit im Kanal; die Wasserspiegelanspannung am Bug, die Absunkmulde, die brechende Heckwelle und das Sekundärwellensystem der Heckquerwellen sind zu erkennen (Quelle: BAW, 2010).

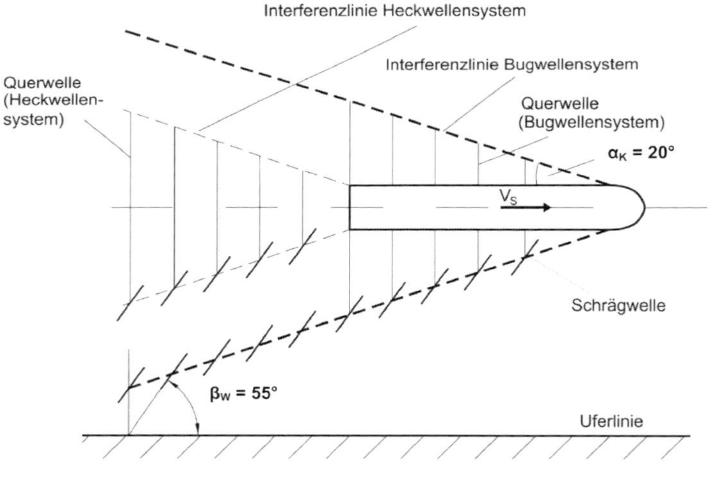

Abb. 4.8 Wellenbild, schematisch nach (BAW, 2010).

lastung durch brechende Heckquerwellen oder durch Überlagerung dieser Wellen mit der Bugsekundärwelle. Stauwelle und Wasserspiegelabsenkung beeinflussen durch ihre hydrostatischen Druckänderungen die Porenwasserdrücke im Untergrund und führen über temporären Drucküberschuss im Untergrund zu einer Destabilisierung der Ufersicherung. Sie bestimmen somit in der Regel die erforderliche Dicke des Deckwerkes (BAW, 2010).

Bei möglichen Reflexionen, beispielsweise in kurzen Abzweigungen mit senkrechtem Abschluss (Schleusenvorhäfen) oder entlang von senkrechten Ufersicherungen, können sich die Stau- oder Absenkungshöhen bis zum doppelten Wert vergrößern. Genauere Werte können in Modellversuchen ermittelt werden.

Der Zeitverlauf des Aufstaus bzw. der Absenkung ist ggf. bei durchlässigen Ufereinfassungen mit seinem Einfluss auf die Grundwasserbewegung zu berücksichtigen. Auf die möglichen Auswirkungen auf selbsttätig arbeitende Verschlüsse, beispielsweise von Deichsielen (Auf- und Zuschlagen der Tore infolge der plötzlichen Druckänderungen) sowie auf Schleusentore wird hingewiesen.

Der Aufstau vor dem Schiff kann als sogenannte „Einzelwelle" aufgefasst werden. Die Stauhöhe ist im Allgemeinen gering und überschreitet selten 0,2 m über dem Ruhewasserspiegel.

Die Höhe der Wellen auf der Interferenzlinie von Bug- und Heckschrägwellen kann nach BAW (2010) wie folgt abgeschätzt werden:

$$H_{\text{Sek}} = A_{\text{W}} \frac{v_{\text{S}}^{8/3}}{g^{4/3}(u')^{1/3}} f_{\text{cr}}$$

mit

A_{W} Wellenhöhenbeiwert [–], abhängig von Schiffsform, Schiffsabmessungen, Abladetiefe und Wassertiefe,
$A_{\text{W}} = 0{,}25$ für konventionelle Binnenschiffe und Schlepper,
$A_{\text{W}} = 0{,}35$ für leere, einspurige Schubverbände,
$A_{\text{W}} = 0{,}80$ für voll beladene, mehrspurige Schubverbände,
f_{cr} Geschwindigkeitsbeiwert [–] ($f_{\text{cr}} = 1$ gültig für $v_{\text{S}}/v_{\text{krit}} < 0{,}8$),
g Erdbeschleunigung [m/s²],
H_{Sek} Sekundärwellenhöhe [m],
u' Abstand Schiffswand-Uferlinie [m],
v_{S} Schiffsgeschwindigkeit durch das Wasser [m/s].

Die Wasserspiegelabsenkung korrespondiert mit der Rückströmung unter und neben dem eingetauchten Schiffskörper und ist in Form und Größe von der Schiffsform, dem Schiffsantrieb, der Fahrgeschwindigkeit des Schiffs und den Fahrwasserbedingungen abhängig (Verhältnis n des rückströmungswirksamen Gewässerquerschnitts zum eingetauchten Hauptspantquerschnitt des Schiffs, Ufernähe und -form). Die maximale Absenkung überschreitet auch bei Erreichen der kritischen Schiffsgeschwindigkeit selten ca. 15 % der Wassertiefe. Die Abb. 4.9 und 4.10 ermöglichen eine auf der sicheren Seite liegende Abschätzung des Absunkmaßes Δh in Abhängigkeit von n und der kritischen Schiffsgeschwindigkeit. Absunk und Wellenhöhe verändern sich mit dem Abstand vom Schiff und vor allem in Ufernähe, siehe u. a. BAW (2010). Die ermittelten Größtwerte können als Bemessungswerte angesetzt werden.

Symbole in Abb. 4.9:

b_{WS} Wasserspiegelbreite [m],
h maximale Wassertiefe [m] im Profil,
h_{m} mittlere Wassertiefe [m],
Δh_{krit} zu v_{krit} gehöriger mittlerer Wasserspiegelabsunk [m],
n Querschnittsverhältnis [–],
v_{krit} kritische Schiffsgeschwindigkeit [m/s]; hydraulisch maximal mögliche Geschwindigkeit für Schiff in Verdrängerfahrt.

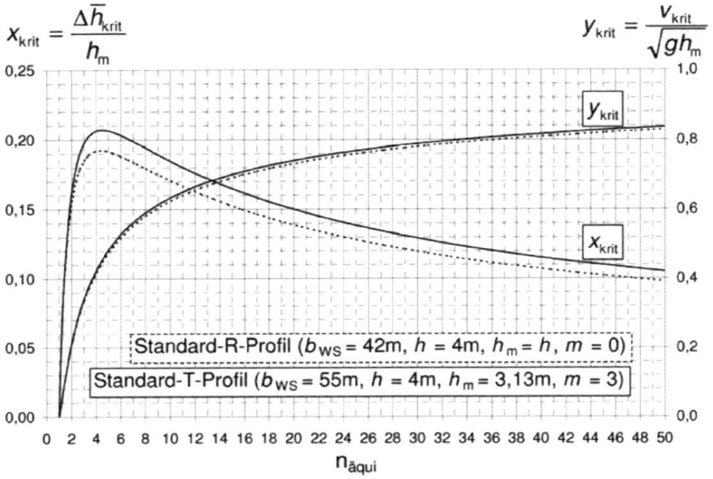

Abb. 4.9 Abhängigkeit der kritischen Schiffsgeschwindigkeit v_{krit} von der mittleren Wassertiefe h_m, der Erdbeschleunigung g und des Querschnittsverhältnisses n für Kanäle mit Rechteck- (R) und Trapez (T)-Profil ($n = n_{äqui}$ für übliche Schiffs- und Kanalabmessungen) (BAW, 2010).

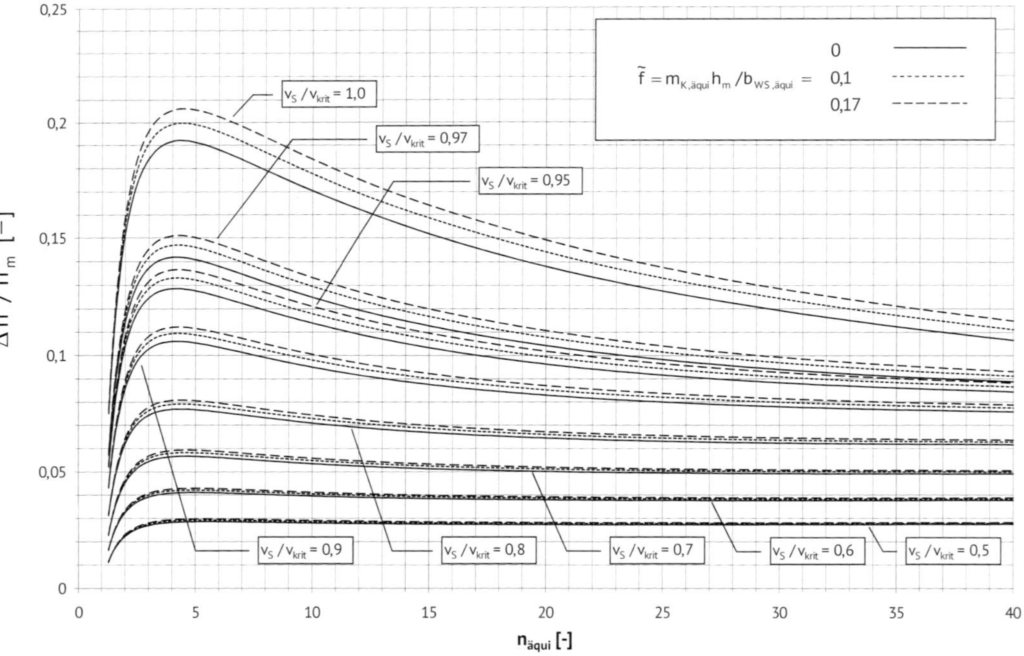

Abb. 4.10 Abhängigkeit der mittleren Wasserspiegelabsenkung Δh von der mittleren Wassertiefe h_m und der relativen, d. h. auf v_{krit} bezogenen Schiffsgeschwindigkeit v_s bei verschiedenen Querschnittsverhältnissen n ($n = n_{äqui}$ für übliche Schiffs- und Kanalabmessungen) (Quelle: BAW, 2010).

v_{krit} ist die kritische Schiffsgeschwindigkeit im Flachwasser bzw. bei der Kanalfahrt, bei der das vom Schiff verdrängte Wasser nicht mehr vollständig im strömenden Zustand entgegen der Fahrtrichtung nach hinten abgeführt werden kann. Es beginnt der Wechsel von strömenden zum schießenden Fließzustand (Froude-Zahl im engsten Querschnitt neben dem Schiff gleich eins). v_{krit} kann von Verdrängern in der Regel nicht überschritten werden.

x_{krit}, y_{krit} dimensionslose Größen [–]

4.5 Wahl einer größeren Entwurfstiefe (Kolkzuschlag)

Durch die Wahl einer größeren Entwurfstiefe (Kolkzuschlag) wird sichergestellt, dass Kolke bis zur Tiefe des Kolkzuschlags die Standsicherheit der Ufereinfassungen nicht gefährden. In Verbindung mit regelmäßigen Peilungen erlaubt der Kolkzuschlag eine Beobachtung der mit den An- und Ablegevorgängen verbundenen Einwirkungen auf die Hafensohle, ohne dass die Standsicherheit der Anlage gefährdet wird. Auf der Grundlage der so gewonnenen Erfahrungen kann dann entschieden werden, ob die Einwirkungen aus dem Hafenbetrieb auf lange Sicht eine Befestigung der Hafensohle erforderlich machen.

Die Größe des Kolkzuschlags hängt von den örtlichen Verhältnissen ab. Diesbezüglich bieten Erfahrungen mit Anlagen unter gleichen Umgebungsbedingungen die besten Anhaltspunkte.

Weitere Hinweise zur Größenordnung des Kolkzuschlags können auch aus einer rechnerischen Abschätzung der für bestimmte Schiffstypen oder bestimmte Strömungen maximal zu erwartenden Kolktiefe gewonnen werden. Allerdings sind die hierfür verfügbaren empirischen Ansätze mit Vorsicht anzuwenden und die ermittelten Kolktiefen können deutlich streuen. In Drewes et al. (1995) werden Modellversuche beschrieben, die eine Abschätzung der Kolktiefe, wie sie allein aus Schiffsmanövern entstehen könnte, ermöglicht. Weitere Hinweise siehe DWA (2020).

Übersteigt der Kolkzuschlag 10–20 % der Höhe der Ufereinfassung, so ist es empfehlenswert zu prüfen, ob die Abdeckung der Hafensohle vor der Ufereinfassung mit einem Kolkschutz wirtschaftlicher ist.

4.6 Lasten aus Schwall- und Sunkwellen infolge Wasserein- bzw. -ableitung

4.6.1 Allgemeines

Schwall- und Sunkwellen entstehen in Gewässern durch vorübergehende oder vorübergehend verstärkte Wasserein- bzw. -ableitung. Schwall- und Sunkwellen treten jedoch nur bei im Verhältnis zur sekundlichen Einleitungs- bzw. Ableitungsmenge kleinen benetzten Gewässerquerschnitten wesentlich in Erscheinung. Der Berücksichtigung von Schwall- und Sunkwellen und ihrer Wirkungen auf Ufereinfassungen kommt daher im Allgemeinen nur in Schifffahrtskanälen größere Bedeutung zu. In diesen Fällen sind die Wirkungen der Wasserstandsänderungen auf Böschungen, Gewässerauskleidungen, Uferdeckwerke und andere Anlagen zu berücksichtigen.

4.6.2 Ermittlung der Wellenwerte

Schwall- und Sunkwellen sind Flachwasserwellen im Bereich

$$\frac{d}{L} < 0{,}05 \, .$$

Die Wellenlänge hängt von der Dauer der Wasserein- bzw. -ableitung ab. Die Wellenfortschrittsgeschwindigkeit kann überschlägig mit

$$c = \sqrt{g \cdot (d \pm 1{,}5H)} \quad [\mathrm{m/s}] \begin{cases} + \text{ für Schwall} \\ - \text{ für Sunk} \end{cases}$$

angesetzt werden. Darin sind

g Erdbeschleunigung [m/s^2],
d Wassertiefe [m],
H Anhebung bei Schwall bzw. Absenkung bei Sunk gegenüber dem Ruhewasserspiegel [m].

Bei kleinem Verhältnis H/d kann

$$c = \sqrt{g \cdot d}$$

gesetzt werden.

Die Wasserspiegelanhebung bzw. -absenkung ergibt sich überschlägig zu

$$H = \pm \frac{Q}{c \cdot B}$$

mit

Q Wassereinleitungs- bzw. -ableitungsmenge [m^3/s]
B mittlere Wasserspiegelbreite [m].

Die Wellenhöhe kann sich durch Reflexionen oder nachfolgende Schwall- oder Sunkwellen vergrößern oder verkleinern. Besonders bei gleichmäßigen Kanalquerschnitten und glatter Kanalauskleidung ist die Wellendämpfung gering, sodass die Wellen vor allem bei kurzen Haltungen mehrmals hin- und herlaufen können.

In Schifffahrtskanälen ist die häufigste Ursache der Schwall- und Sunkerscheinungen die Ein- bzw. Ableitung von Schleusungswasser. Zur Vermeidung extremer Schwall- und Sunkerscheinungen wird die Schleusungswassermenge in der Regel auf 70 bis höchstens 90 m^3/s begrenzt.

Schleusungen im zeitlichen Abstand der Reflexionszeit oder einem Vielfachen davon können, insbesondere in Kanalstrecken, zu einer Überlagerung der Wellen und damit zu einer Erhöhung der Schwall- und Sunkmaße führen.

4.6.3 Lastansätze

Bei den Lastannahmen für Ufereinfassungen ist die hydrostatische Last aus der Höhe der Schwall- oder Sunkwelle und ihrer möglichen Überlagerung durch reflektierte oder nachfolgende Wellen sowie mit gleichzeitig möglichen Wasserspiegelschwankungen, z. B. aus Windstau oder Schiffswellen, in der jeweils ungünstigsten Zusammensetzung zu berücksichtigen. Wegen der langperiodischen Gestalt der Schwall- und Sunkwellen ist bei durchlässigen Deckwerken der daraus herrührende Einfluss auf das Strömungsgefälle des Grundwassers gleichfalls zu überprüfen.

Dynamische Wirkungen der Schwall- und Sunkwellen können wegen der meist geringen Strömungsgeschwindigkeiten, die bei diesen Wellen auftreten, vernachlässigt werden.

Die so ermittelten Lasten sind charakteristische Werte.

4.7 Wellendruck auf Pfahlbauwerke

4.7.1 Allgemeines

Bei der Berechnung von Pfahlbauwerken sind die aus der Wellenbewegung herrührenden Lasten sowohl hinsichtlich der Belastung des Einzelpfahls, als auch des gesamten Pfahlbauwerks zu berücksichtigen, sofern die örtliche Situation dies erfordert. Die Überbauten sollten möglichst oberhalb des Kamms der Bemessungswelle angeordnet werden. Andernfalls können große Horizontal- und Vertikallasten aus dem unmittelbaren Wellenangriff auf die Überbauten einwirken, deren Ermittlung nicht Gegenstand dieser Empfehlung ist, da für solche Fälle zuverlässige Werte nur durch Modelluntersuchungen bestimmt werden können. Die Höhe des Kamms der Bemessungswelle ist unter Berücksichtigung des gleichzeitig auftretenden höchsten Ruhewasserspiegels, ggf. auch des Windstaus, des Gezeiteneinflusses und des Anhebens und des Aufsteilens der Wellen im Flachwasser zu ermitteln.

Für schlanke Bauteile eignet sich das Überlagerungsverfahren nach Morison et al. (1950), während für breitere Bauwerke Verfahren auf der Grundlage der Diffraktionstheorie von MacCamy und Fuchs (1954) verwendet werden.

Gegenstand dieser Empfehlung ist das Überlagerungsverfahren nach Morison et al. (1950), welches für nicht brechende Wellen gilt. Für brechende Wellen wird unter Abschn. 4.7.5 in Ermangelung genauer Rechenansätze ein Behelfsverfahren vorgeschlagen.

Das Verfahren nach Morison liefert brauchbare Werte, wenn für den Einzelpfahl

$$\frac{D}{L} \leq 0{,}05$$

ist. Darin sind

D Pfahldurchmesser oder bei nicht kreisförmigen Pfählen charakteristische Breite des Bauteils (Breite quer zur Anströmrichtung),

L Länge der „Bemessungswelle" nach Abschn. 4.3 in Verbindung mit Tab. 4.4, Nr. 3.

Dieses Kriterium ist meistens erfüllt.

In Tab. 4.4 bedeuten:

$$\vartheta = \frac{2\pi \cdot x}{L} - \frac{2\pi \cdot t}{T} = kx - \omega t \quad \text{(Phasenwinkel)}$$

$$k = \frac{2\pi}{L}, \quad \omega = \frac{2\pi}{T}, \quad c = \frac{\omega}{k}$$

Tab. 4.4 Lineare Wellentheorie: physikalische Beziehungen (Wiegel, 1964).

	Flachwasser $\frac{d}{L} \leq \frac{1}{20}$	**Übergangsbereich** $\frac{1}{20} < \frac{d}{L} < \frac{1}{2}$	**Tiefwasser** $\frac{d}{L} \geq \frac{1}{2}$
1. Profil der freien Oberfläche		Allgemeine Gleichung $\eta = \frac{H}{2} \cos \vartheta$	
2. Wellengeschwindigkeit	$c = \frac{L}{T} = \frac{g}{\omega} kd = \sqrt{gd}$	$c = \frac{L}{T} = \frac{g}{\omega} \tanh(kd) = \sqrt{\frac{g}{k} \tanh(kd)}$	$c = \frac{L}{T} = \frac{g}{\omega} = \sqrt{\frac{g}{k}}$
3. Wellenlänge	$L = c \cdot T = \frac{g}{\omega} kdT = \sqrt{gd} \cdot T$	$L = c \cdot T = \frac{g}{\omega} \tanh(kd) \cdot T = \sqrt{\frac{g}{k} \tanh(kd)} \cdot T$	$L = c \cdot T = \frac{g}{\omega} \cdot T = \sqrt{\frac{g}{k}} \cdot T$
4. Geschwindigkeit der Wasserteilchen			
a) Horizontal	$u = \frac{H}{2} \cdot \sqrt{\frac{g}{d}} \cdot \cos \vartheta$	$u = \frac{H}{2} \cdot \omega \cdot \frac{\cosh\left[k(z+d)\right]}{\sinh(kd)} \cdot \cos \vartheta$	$u = \frac{H}{2} \cdot \omega \cdot \mathrm{e}^{kz} \cdot \cos \vartheta$
b) Vertikal	$w = \frac{H}{2} \cdot \omega \left(1 + \frac{z}{d}\right) \sin \vartheta$	$w = \frac{H}{2} \cdot \omega \cdot \frac{\sinh\left[k(z+d)\right]}{\sinh(kd)} \cdot \sin \vartheta$	$w = \frac{H}{2} \cdot \omega \cdot \mathrm{e}^{kz} \cdot \sin \vartheta$
5. Beschleunigung der Wasserteilchen			
a) Horizontal	$\frac{\partial u}{\partial t} = \frac{H}{2} \cdot \omega \cdot \sqrt{\frac{g}{d}} \cdot \sin \vartheta$	$\frac{\partial u}{\partial t} = \frac{H}{2} \cdot \omega^2 \cdot \frac{\cosh\left[k(z+d)\right]}{\sinh(kd)} \cdot \sin \vartheta$	$\frac{\partial u}{\partial t} = \frac{H}{2} \cdot \omega^2 \cdot \mathrm{e}^{kz} \cdot \sin \vartheta$
b) Vertikal	$\frac{\partial w}{\partial t} = -\frac{H}{2} \cdot \omega^2 \left(1 + \frac{z}{d}\right) \cos \vartheta$	$\frac{\partial w}{\partial t} = \frac{H}{2} \cdot \omega^2 \cdot \frac{\sinh\left[k(z+d)\right]}{\sinh(kd)} \cdot \cos \vartheta$	$\frac{\partial w}{\partial t} = \frac{H}{2} \cdot \omega^2 \cdot \mathrm{e}^{kz} \cdot \cos \vartheta$

t Zeitdauer
T Wellenperiode
c Wellengeschwindigkeit
k Wellenzahl
ω Wellenkreisfrequenz

Für die Ermittlung der Wellenlasten wird auf Hafner (1977) und SPM (1984) verwiesen, in denen Tabellen und Diagramme für die Rechendurchführung enthalten sind. Die Diagramme in SPM (1984) bauen auf der Stromfunktiontheorie auf und sind für Wellen unterschiedlicher Steilheiten bis an die Grenze zum Brechen hin anwendbar, während die Diagramme in Hafner (1977) nur unter den Voraussetzungen der linearen Wellentheorie gültig sind.

Zur Ermittlung der nach oben gerichteten Wellenbelastung wird auf Abschn. 4.7.9 verwiesen.

4.7.2 Berechnungsverfahren nach Morison et al. (1950)

Die Wellenlast auf einen Einzelpfahl setzt sich aus den Anteilen Strömungsdruckkraft und Beschleunigungskraft (Trägheitskraft) zusammen, die getrennt bestimmt und phasengerecht überlagert werden müssen.

Die horizontale Gesamtlast je Längeneinheit ergibt sich nach Hafner (1977), Streeter (1961) und SPM (1984) für einen vertikalen Pfahl zu:

$$p = p_\mathrm{D} + p_\mathrm{M} = C_\mathrm{D} \cdot \frac{1}{2} \cdot \frac{\gamma_\mathrm{w}}{g} \cdot D \cdot u \cdot |u| + C_\mathrm{M} \cdot \frac{\gamma_\mathrm{w}}{g} \cdot F \cdot \frac{\partial u}{\partial t}$$

Für einen Pfahl mit Kreisquerschnitt ist danach:

$$p = C_\mathrm{D} \cdot \frac{1}{2} \cdot \frac{\gamma_\mathrm{w}}{g} \cdot D \cdot u \cdot |u| + C_\mathrm{M} \cdot \frac{\gamma_\mathrm{w}}{g} \cdot \frac{D^2 \cdot \pi}{4} \cdot \frac{\partial u}{\partial t}$$

In diesen Formeln bedeuten

p_D Strömungsdruckkraft infolge des Strömungswiderstands je Längeneinheit des Pfahls [kN/m],
p_M Trägheitskraft infolge der instationären Wellenbewegung je Längeneinheit des Pfahls [kN/m],
p Gesamtlast je Längeneinheit des Pfahls [kN/m],
C_D Widerstandsbeiwert des Strömungsdrucks [–],
C_M Widerstandsbeiwert der Strömungsbeschleunigung [–],
g Erdbeschleunigung [$\mathrm{m/s^2}$],
γ_w Wichte des Wassers [$\mathrm{kN/m^3}$],
u horizontale Komponente der Geschwindigkeit der Wasserteilchen am betrachteten Pfahlort [m/s],
$\frac{\partial u}{\partial t} \approx \frac{\mathrm{d}u}{\mathrm{d}t}$ horizontale Komponente der Beschleunigung der Wasserteilchen am betrachteten Pfahlort [$\mathrm{m/s^2}$],
D Pfahldurchmesser oder (bei nicht kreisförmigen Pfählen) charakteristische Breite des Bauteils [m],
F Querschnittsfläche des umströmten Pfahles im betrachteten Bereich in Strömungsrichtung [$\mathrm{m^2}$].

Die Geschwindigkeit und die Beschleunigung der Wasserteilchen werden aus den Wellengleichungen errechnet. Diesen können unterschiedliche Wellentheorien zugrunde liegen. Für die lineare Wellentheorie sind die erforderlichen Beziehungen in Tab. 4.4 zusammengestellt. Für die Anwendung von Theorien höherer Ordnung wird auf SPM (1984); Kokkinowrachos (1980) und EAK (2002/2015) verwiesen.

4.7.3 Ermittlung der Wellenlasten an einem senkrechten Einzelpfahl

Da die Geschwindigkeiten und entsprechend die Beschleunigungen der Wasserteilchen u. a. eine Funktion des Abstands des betrachteten Orts vom Ruhewasserspiegel sind, ergibt sich das Wellenlastbild entsprechend Abb. 4.11 aus der Berechnung der Wellendrucklast für verschiedene Werte von z.

Der Koordinatennullpunkt liegt in Höhe des Ruhewasserspiegels, kann in der Abszisse aber beliebig gewählt werden. In Abb. 4.11 bedeuten

z	Ordinate des untersuchten Punkts ($z = 0 =$ Ruhewasserspiegel),
x	Abszisse des untersuchten Punkts,
η	zeitlich veränderliche Höhe des Wasserspiegels, bezogen auf den Ruhewasserspiegel (Wasserspiegelauslenkung),
d	Wassertiefe unter dem Ruhewasserspiegel,
D	Pfahldurchmesser,
H	Wellenhöhe,
L	Wellenlänge.

Es ist zu beachten, dass die Komponenten der Wellenlast $\max p_D$ und $\max p_M$ phasenverschoben auftreten. Die Berechnung ist also für unterschiedliche Phasenwinkel durchzuführen und die Maximalbelastung durch eine phasengerechte Überlagerung der Komponenten aus Strömungsgeschwindigkeit und Strömungsbeschleunigung zu ermitteln. So ist beispielsweise bei Anwendung der linearen Wellentheorie die Beschleunigungskraft um 90° ($\pi/2$) phasenverschoben gegenüber der Strömungsdruckkraft, die phasengleich zum Wellenprofil liegt (Abb. 4.12).

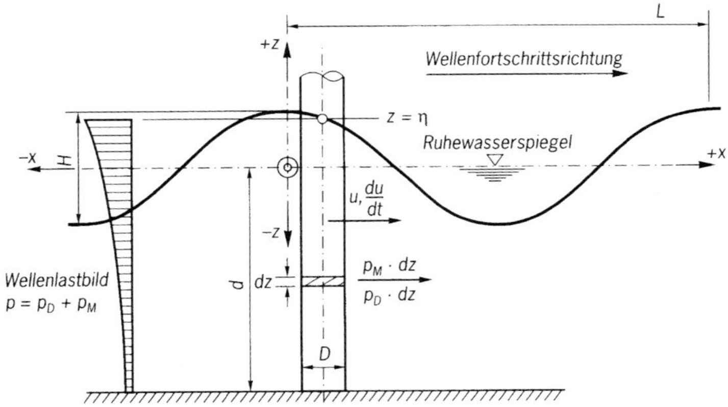

Abb. 4.11 Wellenangriff auf einen lotrechten Pfahl gemäß CEM (2001).

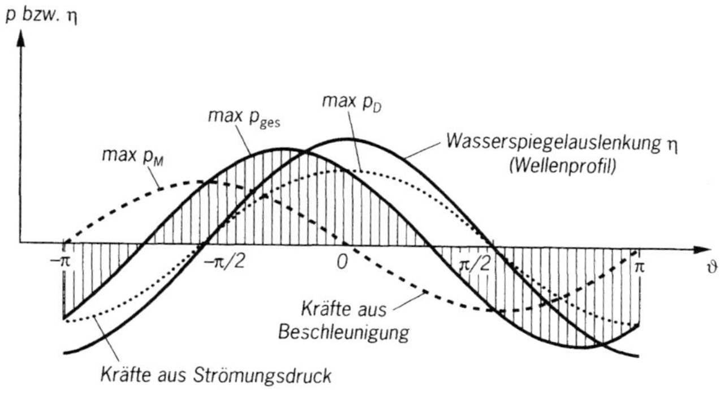

Abb. 4.12 Veränderung der Kräfte aus Strömungsdruck und Beschleunigung über eine Wellenperiode.

4.7.4 Beiwerte C_D und C_M

4.7.4.1 Widerstandsbeiwert für den Strömungsdruck C_D

Der Widerstandsbeiwert für den Strömungsdruck C_D wird aus Messungen ermittelt. C_D ist abhängig von der Form des umströmten Körpers, der Reynolds-Zahl Re, der Oberflächenrauigkeit des Pfahls und dem Ausgangsturbulenzgrad der Strömung (Hafner, 1978; Streeter, 1961; Burkhardt, 1967). Entscheidend für die Strömungsdruckkraft ist die Lage des Ablösungspunkts der Grenzschicht. Bei Pfählen, an denen der Ablösungspunkt durch Ecken oder Abreißkanten vorgegeben ist, ist der C_D-Wert praktisch konstant (Abb. 4.13).

Bei Pfählen ohne stabilen Ablösungspunkt, beispielsweise bei Kreiszylinderpfählen, ergeben sich dagegen Unterschiede zwischen einem unterkritischen Bereich der Reynolds-Zahl mit einer laminaren Grenzschicht und einem überkritischen Bereich mit turbulenter Grenzschicht.

Da in der Natur im Allgemeinen aber hohe Reynolds-Zahlen vorhanden sind, wird bei glatten Oberflächen empfohlen, einen gleichbleibenden Wert von $C_D = 0{,}7$ anzunehmen (SPM, 1984; Hafner, 1978). Weitere Angaben finden sich in Sparboom (1986).

Bei rauen Oberflächen ist mit größeren C_D-Werten zu rechnen, vgl. z. B. Det Norske Veritas (1991).

4.7.4.2 Widerstandsbeiwert für die Strömungsbeschleunigung C_M

Mit der Potenzialströmungstheorie erhält man für den Kreiszylinderpfahl den Wert $C_M = 2{,}0$, während aufgrund von Versuchen für den Kreisquerschnitt auch C_M-Werte bis 2,5 festgestellt worden sind (Dietze, 1964).

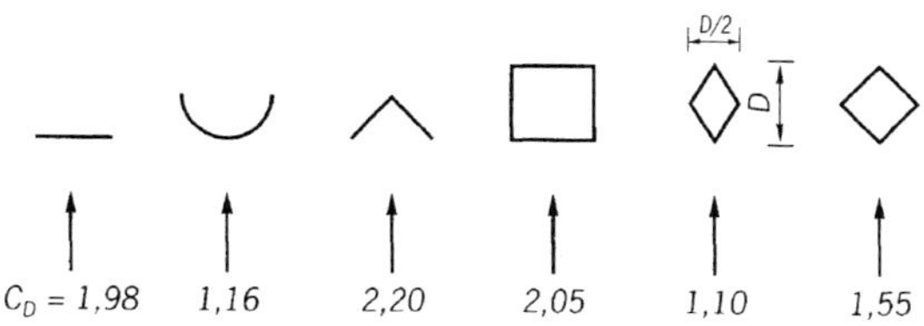

Abb. 4.13 C_D-Werte von Pfahlquerschnitten mit stabilen Ablösepunkten (Hafner, 1978).

Im Normalfall kann mit dem theoretischen Wert $C_M = 2{,}0$ gearbeitet werden. Im Übrigen wird auf SPM (1984), Det Norske Veritas (1991) und Sparboom (1986) hingewiesen.

4.7.5 Kräfte aus brechenden Wellen

Zurzeit existiert noch kein brauchbarer Rechenansatz, nach dem die Kräfte aus brechenden Wellen zutreffend ermittelt werden können. Man behilft sich daher für diesen Wellenbereich ebenfalls mit der Morison-Formel, jedoch unter der Annahme, dass die Welle als Wasserpaket mit hoher Geschwindigkeit ohne Beschleunigung auf den Pfahl wirkt. Dabei wird der Trägheitsbeiwert $C_M = 0$ gesetzt, während der Strömungsdruckbeiwert auf $C_D = 1{,}75$ erhöht wird (SPM, 1984).

4.7.6 Wellenbelastung bei Pfahlgruppen

Bei der Ermittlung der Wellenbelastung von Pfahlgruppen ist der für den jeweiligen Pfahlstandort maßgebende Phasenwinkel ϑ zu berücksichtigen.

Mit den Bezeichnungen nach Abb. 4.14 ergibt sich die horizontale Gesamtbelastung für ein Pfahlbauwerk aus N Pfählen zu:

$$P_{\text{ges}} = \sum_{n=1}^{N} P_n(\vartheta_n)$$

Darin sind

N Anzahl der Pfähle,
$P_n(\vartheta_n)$ Wellenlast eines Einzelpfahls n unter Berücksichtigung des Phasenwinkels $\vartheta = k \cdot x_n - \omega \cdot t$,
x_n Abstand des Pfahls n von der y-z-Ebene.

Es muss beachtet werden, dass bei Pfählen, die dichter als etwa vier Pfahldurchmesser zusammenstehen, eine Erhöhung der Belastung für die in Wellenrichtung nebeneinander stehenden Pfähle und eine Abminderung der Belastung bei hintereinander liegenden Pfählen eintritt.

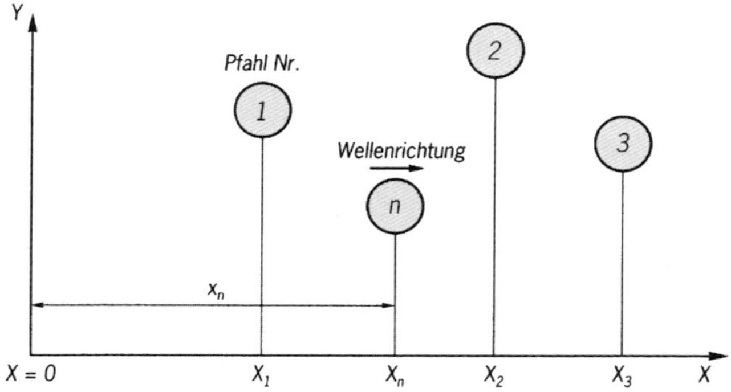

Abb. 4.14 Angaben für eine Pfahlgruppe (im Grundriss) nach (SPM, 1984).

Tab. 4.5 Multiplikator bei kleinen Pfahlabständen (Dietze, 1964).

$\frac{\text{Pfahlmittenabstand } e}{\text{Pfahldurchmesser } D}$	2	3	≥ 4
Für Pfähle in Reihen parallel zum Wellenkamm	1,5	1,25	1,0
Für Pfähle in Reihen senkrecht zum Wellenkamm	0,7[a)]	0,8[a)]	1,0

a) Abminderung gilt nicht für den vordersten, dem Wellenangriff direkt ausgesetzten Pfahl.

Für diesen Fall werden die in Tab. 4.5 zusammengestellten Korrekturfaktoren für die Belastung vorgeschlagen (Dietze, 1964).

4.7.7 Geneigte Pfähle

Bei geneigten Pfählen ist zusätzlich zu beachten, dass der Phasenwinkel ϑ für die Ortskoordinaten x_0, y_0, z_0 der einzelnen Pfahlabschnitte d_s verschieden ist.

Damit ist der Druck auf den Pfahl am betrachteten Ort mit den Koordinaten x_0, y_0 und z_0 nach Abb. 4.15 zu ermitteln.

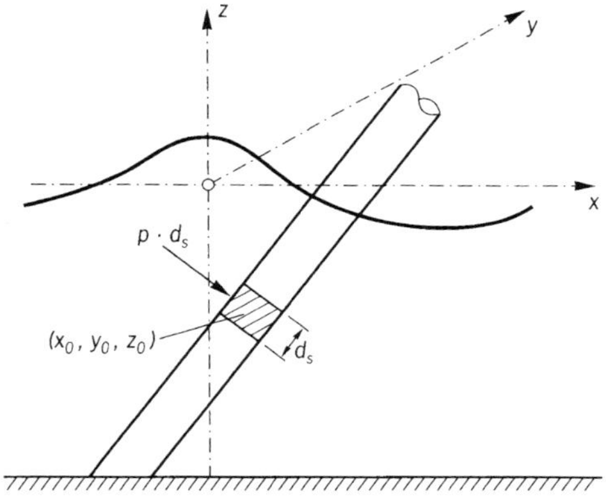

Abb. 4.15 Zur Berechnung der Wellenlasten auf einen geneigten Pfahl (SPM, 1984).

Die örtliche Kraft infolge Strömung und Beschleunigung der Wasserteilchen $p \cdot d_s$ auf das Pfahlelement d_s ($p = f[x_0, y_0, z_0]$) kann nach SPM (1984) der Horizontalkraft auf einen senkrechten Ersatzpfahl an der Stelle (x_0, y_0, z_0) gleichgesetzt werden. Bei größerer Pfahlneigung ist aber zu überprüfen, ob die Belastungsermittlung unter Berücksichtigung der senkrecht zur Pfahlachse wirkenden Komponenten der resultierenden Geschwindigkeit

$$v = \sqrt{u^2 + w^2}$$

und der resultierenden Beschleunigung

$$\frac{\partial v}{\partial t} = \sqrt{\left(\frac{\partial u}{\partial t}\right)^2 + \left(\frac{\partial w}{\partial t}\right)^2}$$

ungünstigere Werte liefert.

4.7.8 Sicherheitsbeiwerte

Die Bemessung von Pfahlbauwerken gegen Wellenangriff ist stark abhängig von der Wahl der „Bemessungswelle“ (Abschn. 4.3 in Verbindung mit Tab. 4.4). Von Einfluss sind weiter die verwendete Wellentheorie und die dieser zugeordneten Beiwerte C_D und C_M.

Das gilt insbesondere für Pfahlbauwerke in flachem Wasser. Zur Berücksichtigung derartiger Unsicherheiten wird in Anlehnung an SPM (1984) empfohlen, die errechneten Lasten mit erhöhten Teilsicherheitsbeiwerten zu multiplizieren.

Hieraus folgt, dass bei seltenem Auftreten der „Bemessungswelle“, also im Normalfall mit Tiefwasserbedingungen, die daraus ermittelte Wellenlast auf Pfähle mit einem Teilsicherheitsbeiwert $\gamma_d = 1{,}5$ zu vergrößern ist. Bei häufigem Auftreten der „Bemessungswelle“, was unter Flachwasserbedingungen meist der Fall ist, wird als Teilsicherheitsbeiwert $\gamma_d = 2{,}0$ empfohlen.

Hinsichtlich der Möglichkeit des Ansatzes der Beiwerte C_D und C_M in Abhängigkeit von der Reynolds- und der Keulegan-Carpenter-Zahl und einer entsprechenden Abminderung des Teilsicherheitsbeiwerts wird auf Sparboom (1986) und EAK (2002/2015) verwiesen.

Kritische Schwingungen können bei Pfahlkonstruktionen gelegentlich auftreten, besonders wenn Ablösewirbel quer zur Anströmrichtung wirken oder die Eigenfrequenz des Bauwerks in der Nähe der Wellenperiode liegt und dadurch Resonanzerscheinungen auftreten. Hierbei können regelmäßige Wellen, die niedriger als die „Bemessungswelle“ sind, ungünstiger wirken. In solchen Fällen sind besondere Untersuchungen erforderlich.

4.7.9 Vertikale Wellenbelastung (Wave Slamming)

Horizontale Bauteile, die in der Nähe des Wasserspiegels liegen, können erhebliche, vertikal nach oben gerichtete Belastungen erfahren, wenn die Wellen das Bauteil erreichen. Dieser Vorgang wird als Wave Slamming bezeichnet, er ruft hohe stoßartige Lasten hervor. Wegen ihrer erheblichen Größe wird im Allgemeinen versucht, durch höhere oder geneigte Anordnung der Bauteile Wave Slamming ganz zu vermeiden.

4.7.9.1 Ermittlung der erforderlichen Höhenlage der Bauteile

Um Wave Slamming auf horizontale Platten, wie z. B. Decks von Landungsbrücken oder Offshoreplattformen, zu vermeiden, wird üblicherweise für die Unterseite der Deckstruktur eine Höhenlage gewählt, die ca. 1,5 m über der Kammlage der Entwurfswelle liegt (sogenannter air-gap approach). Die Kammlage wird für die maximale Wellenhöhe H_{max} des dem Entwurf zugrunde liegenden Sturmereignisses (üblicherweise 1,6–2,0 H_s) unter Berücksichtigung des Entwurfswasserstands ermittelt. Die nach Fourier-Wellentheorie von Rienecker und Fenton (1981) prognostizierte Kammlage kann nach Muttray (2000) abgeschätzt werden mit:

$$h_{cr} = h_{DWL} + H_{max}\left(\frac{1}{2} + \frac{1}{3}\frac{\Pi}{\Pi + 1/2} + \frac{1}{6}\frac{\Pi^2}{\Pi^2 + 1/30}\right)$$

$$\text{darin} \quad \Pi = \frac{H_{max}}{L}\coth^3\left(\frac{2\pi d}{L}\right) \qquad (4.1)$$

mit

h_{cr} Kammlage [m],
h_{DWL} Entwurfswasserstand [m],
H_{max} maximale Wellenhöhe [m],
Π Nichtlinearitätsparameter [–],
L Wellenlänge [m] (nach linearer Wellentheorie),
d Wassertiefe [m].

4.7.9.2 Abschätzung der Belastung von Bauteilen durch Wave Slamming

Aus funktionellen oder wirtschaftlichen Gründen, z. B. bei sehr hohen Entwurfswellenhöhen, kann es schwierig sein, die Bauteile hoch genug über der Kammlage anzuordnen. In diesen Fällen müssen die betroffenen Bauteile für eine vertikale Wellenbelastung bemessen werden. Die im Folgenden vorgestellten Berechnungsverfahren für die vertikalen Belastungen aus Wave Slamming eignen sich für Vorentwürfe. Zu ihrer Überprüfung bzw. für die Ausführungsplanung werden Modellversuche in möglichst großem Maßstab empfohlen. Ähnlich wie bei Untersuchungen mit brechenden Wellen sollte wegen der Nachbildung des Luftanteils im Wasser die Wellenhöhe im Modell mindestens 0,5 m betragen.

Von unten auf horizontale Flächen wirkende vertikale Wellenkräfte sind vergleichbar mit horizontalen Druckschlagbelastungen brechender Wellen auf vertikale Wände oder Pfähle. In der Regel setzt sich die Kraftwirkung aus einem stoßartigen, dynamischen Lastanteil von nur sehr kurzer Dauer und einem periodischen, quasistatischen Lastanteil zusammen. Beim ersten Kontakt zwischen Welle und Bauteil entstehen hohe Druckspitzen, die jedoch nur kurzzeitig und auf eine relativ kleine Fläche wirken. Der anschließende periodische Wellendruck wirkt auf eine größere Fläche, deren Ausdehnung sich beim Passieren der Welle ändert.

4.7.9.3 Bemessungsansatz für horizontale zylindrische Bauteile

Ein einfacher Ansatz zur Abschätzung der vertikalen Wellenkräfte wurde für horizontale zylindrische Bauteile bei fachwerkförmigen Offshoreplattformen entwickelt. Die vertikale Kraft F_S wird hier als Linienlast beschrieben:

$$F_S = \frac{1}{2}\rho_w C_S D w|w| \tag{4.2}$$

mit

F_S vertikale Kraft pro Längeneinheit [kN/m],
ρ_w Dichte des Wassers [t/m^3],
C_S Slamming-Koeffizient [–],
D Durchmesser des zylindrischen Bauteils [m],
w vertikale Geschwindigkeit der Wasseroberfläche [m/s].

Dabei wird angenommen, dass die Druckspitze durch die dreidimensionale Bewegung der Wasseroberfläche im natürlichen Seegang sowie durch Lufteinschlüsse und Lufteintrag abgemindert wird.

Für Kreiszylinder wurden Slamming-Koeffizienten C_S im Bereich zwischen dem 0,5- und 1,7-Fachen des theoretischen Wertes von $C_S = \pi$ in Modellversuchen ermittelt. Ein Slamming-Koeffizient von $C_S \geq 3{,}0$ wird für die statische Bemessung empfohlen. Die dynamisch (also kurzzeitig) auftretenden Lastspitzen können mit einem Koeffizienten in der Größenordnung von $C_S = 4{,}5–6$ abgeschätzt werden. Weitergehende Angaben zur Größe des Slamming-Koeffizienten enthalten (BS 6349-1:2000, Det Norske Veritas 1991). Die Bewegung der Wasseroberfläche kann mit verschiedenen Wellentheorien (lineare oder nicht lineare Theorien) abgeschätzt werden (siehe dazu auch Abschn. 4.7) bzw. die im Folgenden aufgeführte Gl. (4.7).

4.7.9.4 Bemessungsansatz für horizontale Platten

Es gibt keinen allgemein anerkannten Bemessungsansatz für die vertikalen Wellenkräfte aus Wave Slamming auf horizontale Platten. Für den Vorentwurf kann folgender einfache analytische Ansatz zur näherungsweisen Ermittlung vertikaler Wellenkräfte auf ein Deck nach Tanimoto und Takahashi (1978) und Ridderbos (1999) herangezogen werden: Der dynamische Wellendruck (Druckschlag) wird danach maßgeblich durch den Kontaktwinkel β zwischen Wasserspiegel und Deck beeinflusst (beim ersten Kontakt zwischen Welle und Deck, siehe Abb. 4.16). Der gesamte Wellendruck ergibt sich aus der Summe des quasistatischen und des dynamischen Druckanteils:

$$p = p_0 + p_S \tag{4.3}$$

$$p_0 = C_0 \rho_w g(\eta - R_c) \tag{4.4}$$

$$p_S = \frac{1}{2}\rho_w C_S w^2 \tag{4.5}$$

$$C_S = \min\left\{1 + \left(\frac{\pi}{2}\cot\beta\right)^2; 300\right\} \tag{4.6}$$

$$w = c\sin\beta \tag{4.7}$$

mit

p	Wellendruck (gesamt) [kN/m^2],
p_0	quasistatischer Druckanteil [kN/m^2],
p_S	dynamischer Druckanteil [kN/m^2],
η	Wasserspiegelauslenkung [m],
R_c	Freibord des Decks (über Entwurfswasserstand) [m],
ρ_w	Dichte des Wassers [t/m^3],
C_0	quasistatischer Druckkoeffizient [–] ($C_0 = 1$),
w	vertikal nach oben gerichtete Geschwindigkeitskomponente der Wasserteilchen an der Wellenoberfläche [m/s],
C_S	Slamming-Koeffizient [–] ($C_S \leq 300$),
β	Kontaktwinkel zwischen Wellenfront und Deck [°],
c	Wellengeschwindigkeit [m/s]; $c = L/T$ mit Wellenperiode T [s] und Wellenlänge L [m] (nach linearer Wellentheorie).

Die maximale quasistatische Druckbelastung tritt unter dem Wellenkamm auf, siehe Gl. (4.4).

Die resultierende quasistatische Wellenkraft (pro Einheitsbreite) ergibt sich aus der Integration des Wellendrucks p_0, siehe Gl. (4.4), entlang der Kontaktfläche zwischen Wellenberg und Deck. Die Länge der Kontaktfläche l variiert während der Wellenpassage ($l = ct$) und wird durch die Geometrie des Wellenprofils bzw. des Decks (mit Decklänge b) begrenzt. Die Wasserspiegelauslenkung $\eta(x, t)$ kann Tab. 4.6 oder Abb. 4.17 entnommen werden. Für die Bemessung ist ein Koeffizient $C_0 = 1$ empfohlen.

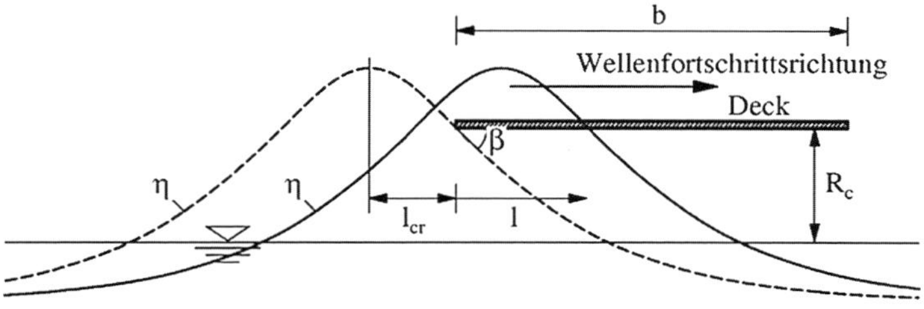

Abb. 4.16 Definitionsskizze für Slamming-Ansatz.

Der Maximalwert des dynamischen Belastungsanteils kann nach Gl. (4.7) ermittelt werden. Kennzeichnend sind der schnelle Druckanstieg und ein exponentieller Druckabfall. Die maximale Druckbelastung wandert entlang der Deckstruktur; die räumliche Ausdehnung des Spitzendrucks ist dabei jedoch sehr begrenzt. Der dynamische Spitzendruck p_s ist deswegen nur bei der Bemessung von (kleinräumigen) Bauteilen unterhalb des Decks zu berücksichtigen.

Die resultierende dynamische Wellenkraft (pro Einheitsbreite) F_S auf das Deck kann nach Kaplan (1992) und Broughton und Horn (1987) näherungsweise ermittelt werden:

$$F_S = \frac{\pi}{4} \rho_W w c l' \,, \quad l' = \min\{l, l_{cr}, b\} \tag{4.8}$$

wobei l die Länge der Kontaktfläche beschreibt ($l = ct$), b die Länge des Decks angibt (in Wellenfortschrittsrichtung) und l_{cr} für den horizontalen Abstand zwischen Wellenkamm und dem ursprünglichen Kontaktpunkt zwischen Welle und Deck steht (Abb. 4.16). Nachdem der Wellenkamm die Front des Decks passiert hat, tritt eine dynamische Druckbelastung nicht mehr auf. Deswegen ist l' immer $\leq l_{cr}$.

Das Wellenprofil und der Kontaktwinkel (nach der Fourier-Wellentheorie, siehe Rienecker und Fenton, 1981) können mithilfe der dimensionslosen Darstellungen in Tab. 4.6 und in Abb. 4.17 ermittelt werden. Dabei variiert das normierte Wellenprofil mit dem

Tab. 4.6 Wellenprofil (links) und Kontaktwinkel (rechts) nach der Fourier-Wellentheorie.

Abstand	**Nichtlinearitätsparameter Π [–]**						**Höhe**	**Nichtlinearitätsparameter Π [–]**					
x/L [–]	**0,1**	**0,2**	**0,3**	**0,4**	**0,5**	**0,6**	**η/H [–]**	**0,1**	**0,2**	**0,3**	**0,4**	**0,5**	**0,6**
	Relative Wasserspiegelauslenkung η/H [–]							**Kontaktwinkel β/H [°]**					
–0,5	–0,40	–0,31	–0,25	–0,21	–0,18	–0,16	0,8				0,0	8,4	8,7
–0,4	–0,36	–0,29	–0,24	–0,20	–0,18	–0,16	0,7		0,0	11,9	15,6	17,2	17,5
–0,3	–0,21	–0,22	–0,20	–0,18	–0,17	–0,16	0,6	0,0	10,7	16,5	18,8	19,9	19,6
–0,2	0,06	–0,03	–0,08	–0,10	–0,11	–0,12	0,5	6,0	13,1	17,0	18,3	19,0	19,2
–0,1	0,41	0,35	0,27	0,21	0,17	0,14	0,4	7,5	13,4	16,2	16,4	17,1	16,0
0	0,60	0,69	0,75	0,79	0,82	0,84	0,3	8,1	12,9	14,5	14,7	14,3	13,7
0,1	0,41	0,35	0,27	0,21	0,17	0,14	0,2	8,1	11,8	13,0	13,5	12,4	11,2
0,2	0,06	–0,03	–0,08	–0,10	–0,11	–0,12	0,1	7,6	10,4	10,9	10,6	10,5	9,6
0,3	–0,21	–0,22	–0,20	–0,18	–0,17	–0,16	0,0	7,0	8,4	8,3	6,8	6,5	5,9
0,4	–0,36	–0,29	–0,24	–0,20	–0,18	–0,16	–0,1	6,0	6,2	5,3	4,3	3,7	2,9
0,5	–0,40	–0,31	–0,25	–0,21	–0,18	–0,16	–0,2	4,9	3,9	1,9	0,3		
							–0,3	3,4	0,8				
							–0,4	0,5					

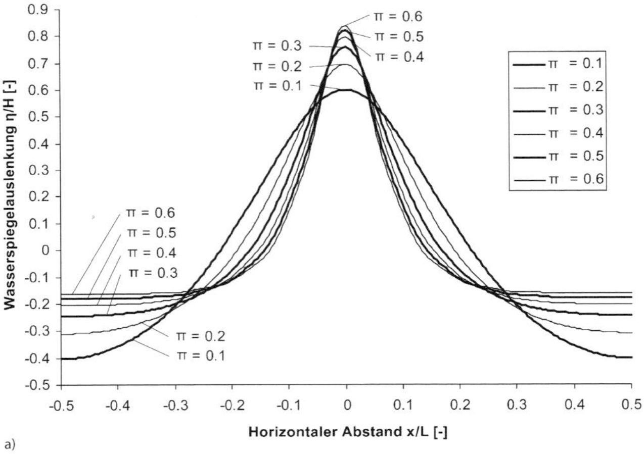

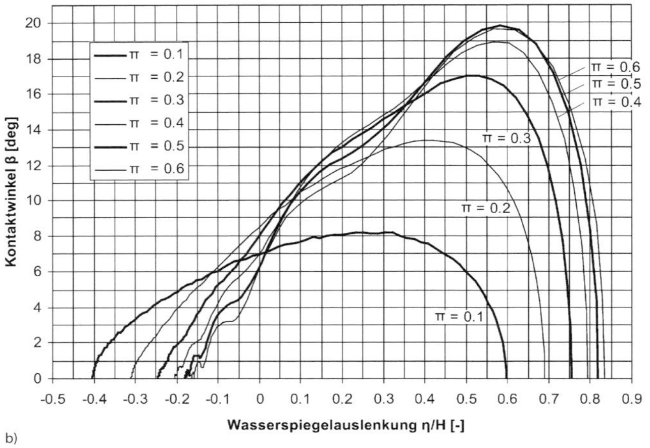

Abb. 4.17 (a) Wellenprofil und (b) Kontaktwinkel nach der Fourier-Wellentheorie.

Nichtlinearitätsparameter Π; das tatsächliche Wellenprofil ergibt sich durch Multiplikation der tabellierten Werte mit der tatsächlichen Wellenlänge L. Der Nichtlinearitätsparameter kann unter Verwendung der Wellenlänge nach linearer Wellentheorie berechnet werden (Gl. (4.1)).

4.7.9.5 Konstruktive Hinweise

Vertikale Wellenkräfte aus Wave Slamming können durch die Wahl einer offenen, durchlässigen Deckstruktur (z. B. Gitterroste) reduziert werden. Schäden durch Wave Slamming können darüber hinaus durch einen Deckaufbau mit losen Deckplatten begrenzt werden, diese werden dann durch große Wellen angehoben und verschoben.

4.8 Vertäute Schiffe und deren Einflüsse auf die Bemessung von Vertäu- und Fendereinrichtungen

4.8.1 Allgemeines

Diese Empfehlung gilt als Ergänzung zu den Vorschlägen und Hinweisen, die sich mit der Planung, dem Entwurf und der Bemessung von Fender- und Vertäueinrichtungen befassen, insbesondere zu Abschn. 4.9 und 12.2.3.

Die Belastungen für Vertäueinrichtungen – wie Poller oder Sliphaken mit den zugehörigen Verankerungen, Gründungen, Stützbauwerken usw. –, die sich nach dieser Empfehlung ergeben, ersetzen die Lastgrößen nach Abschn. 4.9 nur dann, wenn die Einflüsse aus Dünung, Wellen und Strömung am Schiffsliegeplatz vernachlässigt werden können. Sonst müssen letztere gesondert nachgewiesen und zusätzlich berücksichtigt werden.

Der Abschn. 4.1 wird von dieser Empfehlung nicht berührt. Bei der Ermittlung der dort behandelten „normalen Anlegedrücke" bleibt daher der Bezug auf Abschn. 4.9 ohne Einschränkung gültig.

4.8.2 Maßgebende Windgeschwindigkeit

Wegen der Massenträgheit der Schiffe ist nicht die kurzzeitige Spitzenböe (Größenordnung Sekunde) für die Ermittlung von Trossenzugkräften maßgeblich, sondern der mittlere Wind in einem Zeitraum T, welcher zu 10 min angenommen werden kann.

Umrechnungsfaktoren für verschiedene mittlere Windgeschwindigkeiten nach Thoresen (2018) können Tab. 4.7 entnommen werden.

Tab. 4.7 Umrechnungsfaktoren von mittleren Windgeschwindigkeiten in Zehn-Minuten-Wind nach Thoresen (2018).

Mittlerer Wind für Zeitraum	Umrechnungsfaktor von einem Zehn-Minuten-Wind
3 s	1,35
10 s	1,30
15 s	1,27
30 s	1,21
1 min	1,15
10 min	1,00
60 min	0,89

Für die Ermittlung der maßgebenden Windgeschwindigkeit ist es empfehlenswert, Windmessungen zu verwenden. Liegen solche nicht in unmittelbarer Nähe vor, können unter Berücksichtigung der Orografie die Windmessungen aus weiter entfernten Messstationen mittels Interpolations- oder numerischer Berechnungsverfahren herangezogen werden. Die Zeitreihe der Windmessungen sollte zur Erstellung einer Extremwertstatistik genutzt werden. Für den Bemessungswert wird ein Wiederkehrintervall von 50 Jahren empfohlen.

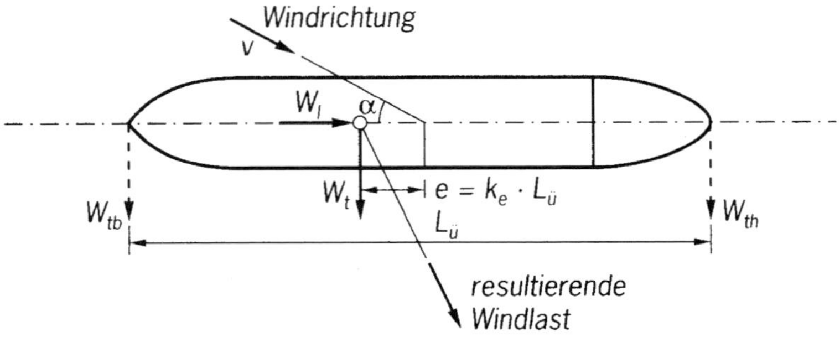

Abb. 4.18 Ansatz der Windlasten auf das vertäute Schiff.

Sofern für den Bereich des Schiffsliegeplatzes keine anderen spezifischen Angaben über die Windverhältnisse vorliegen, können als maßgebende Windgeschwindigkeiten v für alle Windrichtungen die Werte nach DIN EN 1991-1-4:2010-12 angesetzt werden.

Diese Ausgangsgröße kann nach Windrichtungen differenziert werden, sofern hierüber genaue Daten zur Verfügung stehen.

4.8.3 Windlasten auf das vertäute Schiff

Die angegebenen Lasten sind charakteristische Werte.

Windlastkomponenten:

$$W_t = (1 + 3{,}1 \sin \alpha) \cdot k_t \cdot A_W \cdot v^2 \cdot \varphi$$

$$W_l = (1 + 3{,}1 \sin \alpha) \cdot k_l \cdot A_W \cdot v^2 \cdot \varphi$$

Ersatzlasten für $W_t = W_{tb} + W_{th}$:

$$W_{tb} = W_t \cdot (0{,}50 + k_e)$$

$$W_{th} = W_t \cdot (0{,}50 - k_e)$$

(Kräfteschema in Abb. 4.18).

Darin sind

A_W	Windangriffsfläche [m^2],
v	maßgebende Windgeschwindigkeit [m/s],
W_t, W_l	Windlastkomponenten [kN],
k_t, k_l	Windlastkoeffizienten [kN s^2/m^4],
k_e	Exzentrizitätskoeffizient [–],
φ	Faktor für dynamische und andere, nicht erfassbare Einflüsse [–]; im Allg. $\varphi = 1{,}25$.

Die Windangriffsfläche ergibt sich aus dem jeweils ungünstigsten betrachteten Beladungszustand, einschließlich einer eventuell vorhandenen Decksladung.

Die Last- bzw. Exzentrizitätskoeffizienten können nach internationalen Erfahrungen für Schiffe bis 300 m Länge auf der sicheren Seite liegend gemäß den Tab. 4.8 und 4.9 angesetzt werden. Alternativ besteht die Möglichkeit einer genauen Betrachtung mittels einer dynamischen Vertäuanalyse.

Zu genaueren Daten verschiedener Schiffstypen wird auf die Tabellen in PIANC (2002) hingewiesen.

Tab. 4.8 Last- und Exzentrizitätskoeffizienten für Schiffe bis 50 000 dwt.

α [°]	k_t [kN s²/m⁴]	k_e [–]	k_l [kN s²/m⁴]
0	0	0	$9{,}1 \cdot 10^{-5}$
30	$12{,}1 \cdot 10^{-5}$	0,14	$3{,}0 \cdot 10^{-5}$
60	$16{,}1 \cdot 10^{-5}$	0,08	$2{,}0 \cdot 10^{-5}$
90	$18{,}1 \cdot 10^{-5}$	0	0
120	$15{,}1 \cdot 10^{-5}$	−0,07	$-2{,}0 \cdot 10^{-5}$
150	$12{,}1 \cdot 10^{-5}$	−0,15	$-4{,}1 \cdot 10^{-5}$
180	0	0	$-8{,}1 \cdot 10^{-5}$

Tab. 4.9 Last- und Exzentrizitätskoeffizienten für Schiffe über 50 000 dwt.

α [°]	k_t [kN s²/m⁴]	k_e [–]	k_l [kN s²/m⁴]
0	0	0	$9{,}1 \cdot 10^{-5}$
30	$11{,}1 \cdot 10^{-5}$	0,13	$3{,}0 \cdot 10^{-5}$
60	$14{,}1 \cdot 10^{-5}$	0,07	$2{,}0 \cdot 10^{-5}$
90	$16{,}1 \cdot 10^{-5}$	0	0
120	$14{,}1 \cdot 10^{-5}$	−0,08	$-2{,}0 \cdot 10^{-5}$
150	$11{,}1 \cdot 10^{-5}$	−0,16	$-4{,}0 \cdot 10^{-5}$
180	0	0	$-8{,}1 \cdot 10^{-5}$

4.8.4 Belastung von Vertäu- und Fendereinrichtungen

Für die Ermittlung der Vertäu- und Fenderkräfte ist ein statisches Berechnungssystem einzuführen, das durch das Schiff, die Trossen und die Vertäu- bzw. Fenderbauwerke gebildet wird. Die Elastizität der Trossen, die von Material, Querschnitt und Länge abhängig ist, ist ebenso zu berücksichtigen wie die Neigung der Trossen in horizontaler und vertikaler Richtung bei variablen Belastungs- und Wasserstandsverhältnissen. Bei allen Stütz- und Lagerpunkten des statischen Systems ist die Elastizität der Vertäu- und Fenderbauwerke zu erfassen. Verankerte Spundwände und Bauwerke mit Schrägpfahlgründung können dabei als starre Elemente betrachtet werden. Zu beachten ist, dass sich das statische System verändern kann, wenn bei bestimmten Lastsituationen einzelne Leinen lose fallen oder Fender unbelastet bleiben.

Die windabschirmende Wirkung von Bauwerken und Anlagen darf in angemessener Weise berücksichtigt werden.

4.9 Belastung von Pollern

Der Begriff Poller wird zusammengefasst für alle Arten von Pollern wie Kantenpoller, Nischenpoller, Dalbenpoller, Haltekreuze, Festmacherringe usw. verwendet.

Die Poller können als Einzel- oder als Doppelpoller ausgebildet werden. Sie können gleichzeitig mehrere Trossen aufnehmen. Sie sollten so konstruiert sein, dass eine Reparatur oder ein Auswechseln leicht möglich ist.

Alle Poller sollten eine deutliche Beschriftung mit der Angabe der maximalen Pollerzuglast haben.

Für Schleusen der Binnenschifffahrt und deren Vorhäfen gilt DIN 19703:2014-06.

Sogenannte Quick Release Hooks (QRH), wie sie häufig bei Massengutliegeplätzen und insbesondere bei LNG- oder Oil-and-Gas-Terminals zum Einsatz kommen, fallen nicht unter dieses Kapitel. Für diese Festmacheeinrichtungen sollten immer dynamische Vertäuanalysen durchgeführt werden (siehe auch Abschn. 4.8). Die Anordnung von Pollern wird in Abschn. 7.2.6 behandelt.

4.9.1 Belastung von Pollern für Seeschiffe

Ein Vertäusystem besteht aus drei Hauptkomponenten (Abb. 4.19):

- der Winde an Bord eines Schiffes,
- der Festmacherleine und
- dem Poller an Land.

In einem optimalen Vertäusystem gibt zunächst die Bremse der Winde nach, dann bricht die Leine und schließlich versagt die Infrastruktur an Land bzw. das Bordequipment.

In den letzten Jahren hat sich die Aufmerksamkeit bei der Konstruktion von Schiffen zunehmend auf die sichere Vertäuung gerichtet.

Hauptdokumente für die Konstruktion und Vertäuung von Schiffen sind die Richtlinien für die Festmacherausrüstung der OCIMF (2018) und der IACS (2016). Die maximale Pollerbelastung und damit die erforderliche Nutzlast (SWL) eines sich an Land

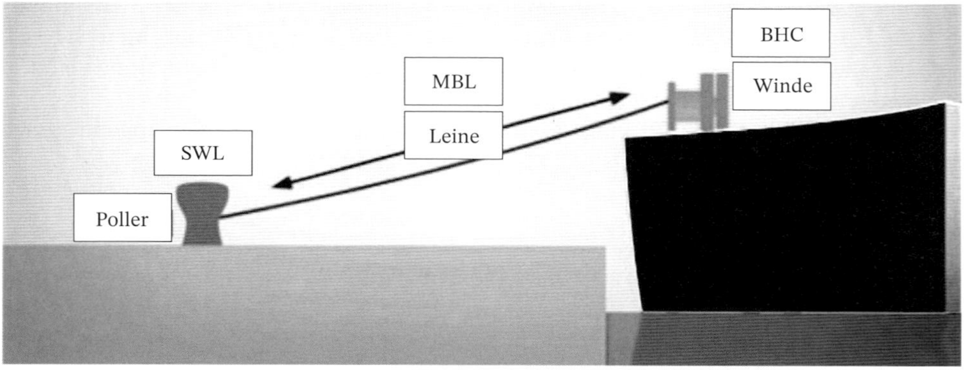

Abb. 4.19 Komponenten eines Vertäusystems.

befindlichen Pollers wird insbesondere von folgenden Parametern bestimmt:

MBL Minimum Breaking Load:
ist die Mindestbruchlast einer Leine.

MBL_{SD} Ship Design MBL:
ist ein theoretischer Wert und beschreibt die Mindestbruchlast von neuen, trockenen Vertäuleinen, für die das Vertäusystem eines Schiffes ausgelegt wird.

WLL Working Load Limit:
ist die Nenntragfähigkeit oder maximale Arbeitslast der Leinen bei normalem Betrieb. Gemäß OCIMF (2018) beträgt sie 50 % der MBL_{SD} für synthetische Leinen.

BHC Brake Holding Capacity:
ist die charakteristische Bremshaltekraft einer Winde. Anhaltswerte lauten:
- für Bulker, Container-, Kreuzfahrt- und Spezialschiffe mit hohen Aufbauten: 80 % der MBL_{SD}
- für Tankerschiffe: 60 % der MBL_{SD}

SWL Safe Working Load:
ist die zulässige charakteristische Nutzlast und meist in Tonnen auf dem Poller angegeben.

Vertäuungen, für die Leinenkräfte größer als WLL errechnet werden, sollten im Normalbetrieb vermieden werden. Vergrößert sich die Beanspruchung der Vertäuung, z. B. infolge außergewöhnlicher Ereignisse, sollte zunächst die Bremse der maximal belasteten Winde nachgeben. Dies führt zu einer Umverteilung der Kräfte und einer Stabilisierung des Systems. Wenn mehr als eine Winde gleichzeitig nachgibt, kann sich das Schiff unter Umständen losreißen.

Folgende Lastfälle sind zu untersuchen.
In der ständigen Bemessungssituation (BS-P) beträgt die Last für einen Poller:

$$F_{k,1} = \mathrm{BHC} + (N-1) \cdot \mathrm{WLL}$$

mit

N Anzahl der Leinen

Als außergewöhnlicher Lastfall (BS-A) wird eine Situation betrachtet, bei der

- Fall 1: alle Winden nachgeben oder
- Fall 2: bis zu zwei Winden blockieren (Leinenkräfte bis MBL) und die anderen Leinen die maximale Arbeitslast (WLL) erfahren.

$$F_{k,2} = \mathrm{MAX}\begin{bmatrix} F_{k,2,1} \\ F_{k,2,2} \end{bmatrix}$$

mit

$$F_{k,2,1} = N \cdot \mathrm{BHC}$$
$$F_{k,2,2} = \mathrm{MBL} \quad \text{für } N = 1$$
$$F_{k,2,2} = 2 \cdot \mathrm{MBL} + (N-2) \cdot \mathrm{WLL} \quad \text{für } N > 1$$

Typische Werte für die großen Containerschiffe von heute (Stand: 2019) sind BHC von 100 t und WLL von 75 t (MBL von 150 t). Aufgrund jüngster Anpassungen der Regularien und der Weiterentwicklung von Schiffsgrößen ist in der Zukunft mit dem Einsatz von Leinen mit wesentlich größerer Bruchlast (MBL) zu rechnen. Das bedeutet, dass für die Poller zukünftiger Containerschiffsliegeplätze eine SWL von mindestens 300 t empfohlen wird.

4.9.2 Belastung von Pollern für Binnenschiffe

Die auftretenden Pollerzuglasten sind in erster Linie von der Schiffsgröße, der Geschwindigkeit und dem Abstand vorbeifahrender Schiffe, der Fließgeschwindigkeit des Wassers am Liegeplatz und vom Quotienten des Wasserquerschnitts zu dem eingetauchten Schiffsquerschnitt abhängig.

Für die Pollerzuglasten in Häfen und an Liegestellen an Binnenwasserstraßen in nicht exponierter Lage (keine Strömung, kein Eisgang) werden Lasten nach Tab. 4.10 für Neubaumaßnahmen in Anlehnung an BAW (2012) empfohlen.

Tab. 4.10 Charakteristische Pollerzuglasten E_k.

Wasserstraßenklasse	Charakteristische Pollerzuglast E_k [kN]
I	100
II	150
III/IV	200
Va/Vb	200
Ab VI	300 oder Einzelfallbetrachtungen

Bei der statischen Überprüfung bestehender Anlagen können die Lasten aus Trossenzug für die Wasserstraßenklassen III und IV gemäß BAW (2012) auf 180 kN reduziert werden.

Das Abbremsen fahrender Schiffe an Pollern ist bei den Lastansätzen unberücksichtigt.

Ab Wasserstraßenklasse VI, sofern nicht 300 kN angesetzt werden, und bei besonders exponierter Lage, z. B. bei Strömung oder Windexposition, sind z. B. dynamische Vertäuberechnungen oder geeignete Messungen der auftretenden Trossenkräfte durchzuführen.

4.9.3 Richtung der Pollerzuglast

Die Pollerzuglast kann Richtung Wasserseite in jedem beliebigen Winkel wirken. Eine Pollerzuglast zur Landseite hin wird nicht angesetzt, es sei denn, dass der Poller auch für eine dahinterliegende Ufereinfassung benötigt wird oder dass er als Eckpoller besondere Aufgaben zu erfüllen hat. Bei der Berechnung des Uferbauwerks wird die Pollerzuglast üblicherweise waagerecht wirkend angesetzt.

Bei der Berechnung des Pollers selbst und seiner Anschlüsse an das Uferbauwerk sind auch nach oben gerichtete Schrägneigungen bis zu 45° mit entsprechender Pollerzuglast zu berücksichtigen.

4.9.4 Bemessung für Pollerzuglasten

Die in diesem Abschnitt angegebenen Pollerzuglasten sind charakteristische Werte und der Bemessungssituation BS-P zuzuordnen.

Für den Nachweis der Befestigung der Poller am Bauteil und für das Bauteil (Rückhängebewehrung) selbst sind für die charakteristischen Einwirkungen die 1,5-fachen Werte der charakteristischen Pollerzuglasten gemäß Abschn. 4.9.1 und 4.9.2 anzusetzen.

4.10 Kaibelastung durch Krane und anderes Umschlaggerät

Nachstehende Lastangaben sind charakteristische Werte, die mit den Teilsicherheitsbeiwerten der in Betracht kommenden Lastfälle (siehe Abschn. 1.1.4) nach DIN 1054:2010-12 zu multiplizieren sind.

4.10.1 Übliche Stückguthafenkrane

Stückguthafenkrane kommen lediglich bei älteren Bestandsanlagen zum Einsatz. Die entsprechenden Lasten sind den Bestandsunterlagen zu entnehmen. Als Ergänzung zu alten Kranen werden häufig Hafenmobilkrane herangezogen. Die entsprechenden Lasten sind in der Regel den Datenblättern des Herstellers zu entnehmen.

4.10.2 Containerkrane

Die eigentlichen Containerkrane werden als Vollportalkrane mit Kragarmen und Laufkatze (Verladebrücken) ausgebildet, deren Stützen in der Regel jeweils bis zu 32 Laufräder aufweisen. Die Kranschienen bestehender Containerumschlaganlagen haben im Allgemeinen einen Mittenabstand zwischen 15,24 m (50′) und 30,48 m (100′), teilweise bis 35,00 m.

Je nach Operationsspezifika (z. B. Twinlift, Double-Fourty, Double-Hoist) kann bei großen Containerbrücken von einer Traglast der Seile von 85 t bis höchstens 135 t ausgegangen werden. Die maximale Ecklast wird insbesondere von der Bauart und der Ausladung beeinflusst. Die benötigte Ausladung variiert je nach Schiffsart, von der die Cotainerterminals angelaufen werden. Bei ULCS kann eine Ausladung von bis zu 80 m notwendig sein (siehe Abb. 4.20).

Die Tendenz in der Containerbrückenentwicklung geht zu Ausladungen, mit denen 24–26 Containerreihen auf den Schiffen bedient werden können. Damit ergeben sich Ausladungen von bis zu 80 m, gemessen ab wasserseitiger Schiene. Es wird empfohlen, zur Erfassung genauer Planungsdaten Erkundigungen bei den Terminalbetreibern einzuholen, da die große Zahl an möglichen Lösungsansätzen eine genauere Angabe von Daten nicht zulässt. Besonders zu berücksichtigen sind dabei auch Entwicklungen, bei denen mehrere Container gleichzeitig bewegt werden, z. B. im Twinlift-Betrieb, der bereits weitgehend üblich ist.

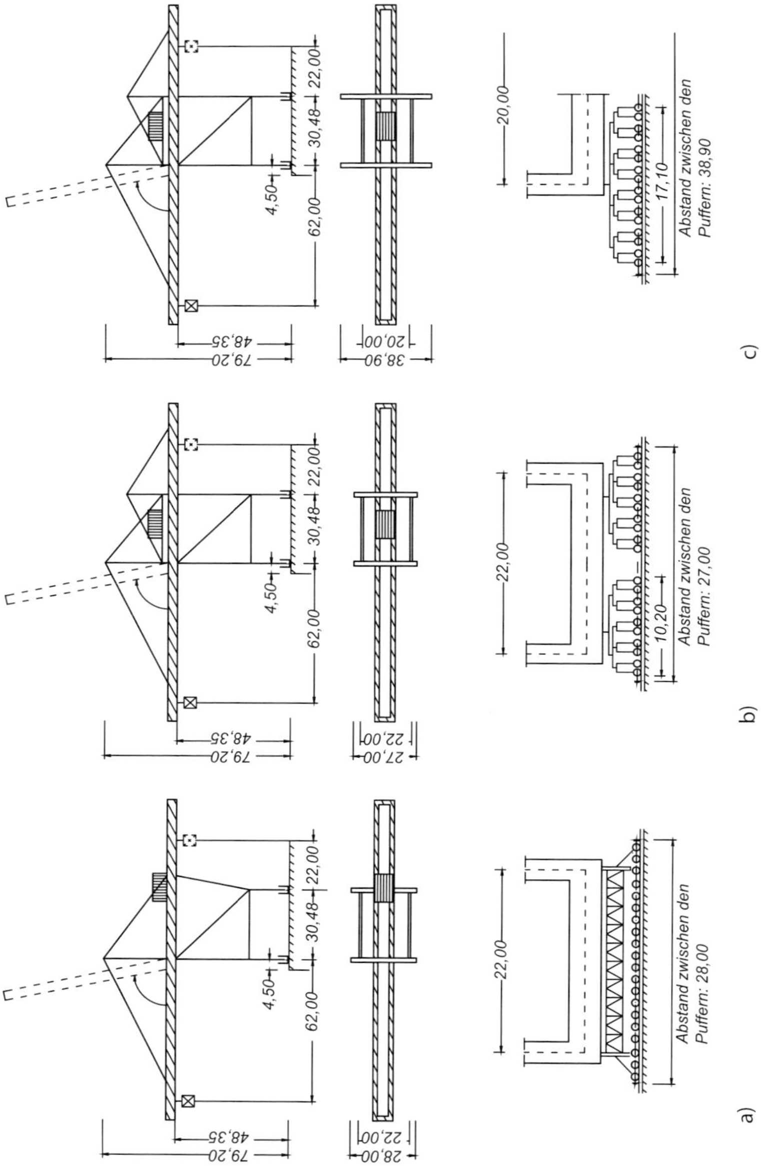

Abb. 4.20 Abmessungen unterschiedlicher, aktueller Containerkrane mit (a) 20 Laufräder auf einem Laufradsatz, (b) 20 Laufrädern auf zwei Laufradsätze, (c) 32 Laufrädern auf zwei Laufradsätze.

4.10.3 Lastangaben für Hafenkrane

Die Stützkonstruktion ist stets ein portalartiger Unterbau, entweder mit drehbarem und höhenverstellbarem Ausleger oder mit starrem Kragarm, der unter Umständen für die Außerbetriebsstellung hochklappbar ist. Das Portal steht meist auf vier Eckpunkten, unter denen je nach Größe der Ecklast mehrere Räder in Schwingen angeordnet sind. Die Ecklast wird auf alle Räder des Eckpunktes möglichst gleichmäßig verteilt. Ergänzend zu den Ausführungen in den Abschn. 4.10.1 und 4.10.2 sind in den Tab. 4.11 und 4.12 generelle Last- und Maßangaben zusammengestellt. Diese dienen einer allgemeinen Vorbemessung von Ufereinfassungen. Abschließende geotechnische und statische Bemessungen sind mit konkreten Lastspezifizierungen der zum Umschlag vorgesehenen Hafenkrane durchzuführen.

Tab. 4.11 Maße und charakteristische Lasten von Dreh- und Containerkranen.

	Drehkrane	**Containerkrane u. a. Umschlagsgeräte**
Tragfähigkeit [t]	7–50	10–110
Eigengewicht [t]	180–350	200–3000[a)]
Portalspannweite [m]	6–19	9–45
Lichte Portalhöhe [m]	5–7	5–13
Maximale vertikale Ecklast [kN]	800–3000	1200–20 000
Maximale vertikale Radaufstandslast [kN/m]	250–600	250–1150
Horizontale Radlast		
Quer zur Schienenrichtung	Bis etwa 10 % der Vertikallast	
In Schienenrichtung	Bis etwa 15 % der Vertikallast der abgebremsten Räder	

a) Durch neuere Entwicklungen können sich die Eigengewichte noch weiter erhöht haben.

Tab. 4.12 Maße und charakteristische Lasten von Mobilkranen.

	Mobilkrane				
Maximale Tragfähigkeit [t]	42	64	84	104	140
Eigengewicht [t]	130	170	250	420	460
Zugehörige Ausladung [m]	12	12	15	22	20
Statische Pratzenlast [kN]	920	1250	1660	2600	3250
Dynamische Pratzenlast [kN]	1080	1450	1950	3050	3650
Pratzengröße [m]	5,5 · 0,8	5,5 · 0,8	5,5 · 1,3	5,5 · 1,8	5,5 · 1,8

4.10.4 Hinweise

Weitere Angaben zu Hafenkranen finden sind in den Empfehlungen und Berichten des Ausschusses für Hafenumschlagstechnik (AHU der HTG), in den Empfehlungen und Berichten des Technischen Ausschusses Binnenhäfen (ETAB, 1981) sowie in der VDI-Richtlinie 3576 (2011).

4.11 Eisstoß und Eisdruck auf Ufereinfassungen, Fenderungen und Dalben im Küstenbereich

4.11.1 Allgemeines

Lasten auf wasserbauliche Anlagen durch Einwirkungen von Eis können auf verschiedene Weise entstehen:

a) als Eisstoß durch auftreffende Eisschollen, die von der Strömung oder durch Wind bewegt werden,
b) als Eisdruck, der durch nachschiebendes Eis auf eine am Bauwerk anliegende Eisdecke oder durch die Schifffahrt wirkt,
c) als Eisdruck, der von einer geschlossenen Eisdecke infolge Temperaturdehnungen auf das Bauwerk wirkt,
d) als Eisauflasten bei Eisbildung am Bauwerk oder als Auf- oder Hublasten bei Wasserspiegelschwankungen.

Die Größe möglicher Lasteinwirkungen hängt u. a. ab von:

- Form, Größe, Oberflächenbeschaffenheit und Elastizität des Hindernisses, auf das die Eismasse auftrifft,
- Größe, Form und Fortschrittsgeschwindigkeit der Eismassen,
- Art des Eises und der Eisbildung,
- Salzgehalt des Eises und davon abhängiger Eisfestigkeit,
- Auftreffwinkel,
- maßgebende Festigkeit des Eises (Druck-, Biege- und Scherfestigkeit),
- Belastungsgeschwindigkeit,
- Eistemperatur.

Die ermittelten Eislasten sind charakteristische Werte. Somit kann gemäß Abschn. 1.1.4 in der Regel als Teilsicherheitsbeiwert 1,0 angesetzt werden.

Die im Weiteren dargestellten Berechnungen gelten für Meereis mit einer Salinität (Salzgehalt) $S_B \geq 5$ ‰. Für geringere Salinitäten und Süßwassereis ist die Empfehlung im Abschn. 4.12 anzuwenden. Ferner sind die genannten Empfehlungen für Eislasten auf Bauwerke grobe Annahmen. Sie gelten nicht für extreme Eisverhältnisse, wie beispielsweise in arktischen Gebieten. Soweit möglich empfiehlt es sich, die maßgebenden Lastwerte für Ufereinfassungen einschließlich Pfahlbauwerken mit den Ansätzen für ausgeführte Anlagen, die sich bewährt haben, oder mit Eisdruckmessungen vor Ort oder im Labor zu überprüfen.

Für geschützte Bereiche (Buchten, Hafenbecken usw.) mit geringer Größe des Eisfelds und in Seehäfen mit deutlichem Tideeinfluss und erheblichem Schiffsverkehr sowie bei Einsatz von Maßnahmen zur Verringerung der Eislast, wie:

- Beeinflussung der Strömung,
- Einsatz von Luftsprudelanlagen,
- Beheizung oder andere Wärmeeinleitungen und Ähnliches,

können stark abgeminderte Lastansätze gelten. Im Einzelfall, wenn eine genaue Festlegung der Eislasten notwendig ist, sollten Fachexpertisen eingeholt und ggf. Modellversuche durchgeführt werden.

Bei der Anordnung von Hafeneinfahrten und bei der Ausrichtung von Hafenbecken sind bezüglich der resultierenden Eislasten bzw. Eisbildungsprozesse die Faktoren

Windrichtung, Strömung und Scherzonenausbildung des Eises besonders zu berücksichtigen.

Falls die Eislasten bei Dalben die Lasten aus Schiffsstoß oder Pollerzug wesentlich überschreiten, sollte geprüft werden, ob solche Dalben für die höheren Eislasten zu bemessen sind oder ob selten auftretende Überbeanspruchungen aus Wirtschaftlichkeitsgründen hingenommen werden können.

Auf die Erläuterungen in Hager (1996) wird hingewiesen. Hinweise aus weiteren internationalen Regelwerken (USA, Kanada, Russland u. a.) finden sich in Hager (2002). Weitere Verfahren zur Bestimmung der Belastung infolge Eisdruck sind in Thoresen (2018) enthalten. Die für Bauwerke im Hamburger Hafen anzusetzenden Werte sind in ZTV-TB (HPA) (2020) zu finden.

4.11.2 Bestimmung der Eisdruckfestigkeit

Die mittlere Eisdruckfestigkeit σ_0 hängt im Wesentlichen von der Temperatur des Eises, dem Salzgehalt und der spezifischen Dehnungsgeschwindigkeit, also der Eisdriftgeschwindigkeit, ab. Ferner weist Eis deutlich anisotrope Eigenschaften auf. Die maximale Druckfestigkeit ist also von der Druckrichtung abhängig.

Soweit keine genauen Untersuchungen der Materialeigenschaften des Eises vorliegen, kann für die norddeutsche Küstenregion von folgenden Annahmen ausgegangen werden:

- lineare Temperaturverteilung über die Eisdicke, mit Temperaturen an der Eisunterseite von ca. −2,0 °C für die deutsche Nordseeküste und ca. −1,0 °C für die deutsche Ostseeküste (variiert mit dem Salzgehalt des Wassers) und Lufttemperatur an der Eisoberfläche,
- Salinität des Eises in Nord- und Ostsee entsprechend Tab. 4.13,
- spezifische Dehnungsgeschwindigkeit von $\dot{\varepsilon} = 0{,}001\ \text{s}^{-1}$ (Eisdruckfestigkeit ist von der Dehnungsgeschwindigkeit abhängig und erreicht im Bereich zwischen duktilem und spröden Versagen bei $\dot{\varepsilon} \approx 0{,}001\ \text{s}^{-1}$ den Maximalwert).

Tab. 4.13 Richtwerte für den Salzgehalt (Salinität S_B) des Meerwassers und des Meereises an der deutschen Nord- und Ostseeküste nach Kovacs (1996).

Nordsee	Salinität Wasser [‰]	Salinität Eis [‰]	Ostsee	Salinität Wasser [‰]	Salinität Eis [‰]
Deutsche Bucht	32–35	14–18	Beltsee	15–20	10–12
Flussmündungen	25–30	12–14	Kieler Bucht	15	8–10
			Mecklenburger Bucht	15	8–10
			Arkonabecken und Bornholmsee	8–10	5–7
			Gotlandsee	5–7	a)
			Finnischer und Botnischer Meerbusen	1–5	a)

a) Die Bestimmung der Eisdruckfestigkeit für Salinitäten kleiner 5 ‰ erfolgt gemäß Empfehlung in Abschn. 4.12.

Aus Salzgehalt und Temperatur des Eises ergibt sich die Porosität φ_B, d. h. die Menge an im Eiskörper eingeschlossenen Salzkristallen sowie Lufteinschlüssen, nach Kovacs (1996) zu:

$$\varphi_B = 19{,}37 + 36{,}18 S_B^{0,91} \cdot |\vartheta_m|^{-0,69}$$

Darin sind

φ_B Porosität [‰],
S_B Salinität [‰],
ϑ_m $(\vartheta_o + \vartheta_u)/2$, mittlere Eistemperatur [°C],
ϑ_u Temperatur an Eisunterseite ($\vartheta_u = -1\,°C$ deutsche Ostsee und $\vartheta_u = -2\,°C$ deutsche Nordsee) [°C],
ϑ_o Temperatur an Eisoberseite (entspricht Lufttemperatur) [°C].

Mit den oben gegebenen oder im Idealfall in situ bzw. experimentell ermittelten Materialeigenschaften ergibt sich die horizontale einachsige Eisdruckfestigkeit σ_0 nach Germanischer Lloyd (2005) und Kovacs (1996) zu:

$$\sigma_0 = 2700 \dot{\varepsilon}^{1/3} \cdot \varphi_B^{-1}$$

Darin sind

σ_0 horizontale einachsige Eisdruckfestigkeit [MN/m²],
$\dot{\varepsilon}$ spezifische Dehnungsgeschwindigkeit [s^{-1}], $\varepsilon = 0{,}001$
φ_B Porosität [‰].

Soweit keine genaueren Eisfestigkeitsuntersuchungen vorliegen, können die Biegezugfestigkeit σ_B mit etwa $1/3\sigma_0$ und die Scherfestigkeit τ mit etwa $1/6\sigma_0$ angenommen werden.

4.11.3 Eislasten auf Ufereinfassungen und andere Bauwerke größerer Ausdehnung

4.11.3.1 Mechanischer Eisdruck

Für die Ermittlung der waagerechten Eislasten auf senkrechte Flächenbauwerke im norddeutschen Küstenraum können für Eisdicken d in der Größenordnung von $0{,}25\,m \leq d \leq 0{,}75\,m$ sowie Eisdruckfestigkeiten gemäß Abschn. 4.11.2 folgende Bemessungsansätze genutzt werden.

a) Eine mittlere waagerecht wirkende Linienlast p_0 in der jeweils ungünstigsten Höhenlage der in Betracht kommenden Wasserstände, wobei vorausgesetzt wird, dass die aus der einaxialen Eisdruckfestigkeit σ_0 errechnete maximale Last im Mittel nur auf 1/3 der Bauwerkslänge wirksam wird (Kontaktbeiwert $k = 0{,}33$). Diese ergibt sich somit zu:

$$p_0 = k \cdot h \cdot \sigma_0$$

Darin sind

p_0 mittlere Linienlast [MN/m],
k Kontaktbeiwert [–], $k = 0,33$
h Dicke des Eises [m],
σ_0 einaxiale Eisdruckfestigkeit [MN/m^2].

b) Für lokale Nachweise einzelner Bauteile ist eine über die Eisdicke wirkende örtliche Flächenlast p zu berücksichtigen. Diese ergibt sich zu:

$$p = \sigma_0$$

Darin sind

p örtliche Flächenlast [MN/m^2],
σ_0 einaxiale Eisdruckfestigkeit [MN/m^2].

c) Eine reduzierte mittlere, waagerecht wirkende Linienlast p'_0 in der jeweils ungünstigsten Höhenlage der in Betracht kommenden Wasserstände bei Buhnen und Uferdeckwerken im Tidegebiet, wenn infolge von Wasserspiegelschwankungen eine gebrochene Eisdecke entsteht. Diese ergibt sich nach Hager (1996) zu:

$$p'_0 = 0{,}40 \cdot p_0$$

Darin sind

p'_0 reduzierte mittlere Linienlast [MN/m],
p_0 mittlere Linienlast [MN/m].

Das gleichzeitige Wirken von Eiseinflüssen mit Wellenlasten und/oder Schiffsstoß ist nicht anzunehmen.

Tab. 4.14 Gemessene maximale Eisdicken als Richtwerte für die Bemessung (BSH, 2001).

Nordsee	Maximale *h* [cm]	Ostsee	Maximale *h* [cm]
Helgoland	30–50	Nord-Ostsee-Kanal	60
Wilhelmshaven	40	Flensburg (Außenförde)	32
Leuchtturm „Hohe Weg“	60	Flensburg (Innenförde)	40
Büsum	45	Schleimünde	35
Meldorf (Hafen)	60	Kappeln	50
Tönning	80	Eckernförde	50
Husum	37	Kiel (Hafen)	55
Hafen Wittdün	60	Lübecker Bucht	50
		Wismar Hafen	50
		Wismar-Bucht	60
		Rostock-Warnemünde	40
		Stralsund-Palmer Ort	65
		Saßnitz-Hafen	40
		Koserow-Usedom	50

Liegen für die maximalen Eisdicken keine standortspezifisch ermittelten Werte vor, kann von den in Tab. 4.14 angegebenen, auf langjährigen Eisbeobachtungen basierenden Maximalwerten ausgegangen werden.

4.11.3.2 Thermischer Eisdruck

Thermischer Eisdruck als eine weitere Form statischer Belastung auf Ufereinfassungen und andere im Wasser befindliche Flächenbauwerke wird durch schnelle Temperaturänderungen bei gleichzeitiger Dehnungsbehinderung verursacht. In vereisten, engen Hafenbecken oder bei ähnlichen Konfigurationen können dabei erhebliche Lasten aus Wärmedehnungen auftreten. Eine genaue Ermittlung des thermischen Eisdrucks auf Ufereinfassungen ist schwierig, da die existierenden Berechnungsansätze zahlreiche oftmals nur mit großen Unsicherheiten bestimmbare Eingangsparameter wie Lufttemperatur, Windgeschwindigkeit, Sonnenstrahlung, Schneedeckenausbildung etc. erfordern.

ISO/FDIS 19906 (2010) gibt für den thermischen Eisdruck von Meereis in Abhängigkeit von der Temperaturänderungsrate [°C/h] die für unterschiedliche Eistemperaturen und Eisdicken in Abb. 4.21 dargestellten Werte an.

DIN 19704-1:2014-11 empfiehlt, als Bemessungsgröße für die deutschen Küstenbereiche und Eisdicken $h \leq 0{,}8$ m, eine über die Eisdicke gleichmäßig verteilte Flächenlast von 0,25 MN/m^2 zu berücksichtigen. Für weiterführende Angaben und Berechnungsansätze wird auf HTG (2010) verwiesen.

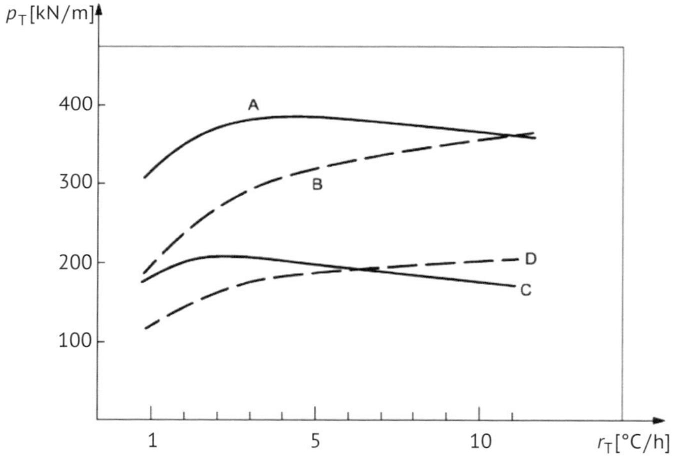

Abb. 4.21 Thermischer Eisdruck in Abhängigkeit von Eistemperatur und Eisdicke (nach ISO/FDIS 19906, 2010). A: $\vartheta_m = -30$ °C; $h = 1{,}0$ m; B: $\vartheta_m = -30$ °C; $h = 0{,}5$ m; C: $\vartheta_m = -20$ °C; $h = 1{,}0$ m; D: $\vartheta_m = -20$ °C; $h = 0{,}5$ m; p_T: thermischer Eisdruck [kN/m]; r_T: Temperaturänderungsrate [°C/h]; h: Eisdicke; ϑ_m: mittlere Eistemperatur.

4.11.4 Eislast auf lotrechte Pfähle

Die auf Pfähle wirkenden Eislasten hängen von der Form, der Neigung und Anordnung der Pfähle sowie von der für den Bruch des Eises maßgebenden Druck-, Biege- oder Scherfestigkeit des Eises ab. Ferner ist die Größe der Belastung von der Belastungs-

Tab. 4.15 Empirische Kontaktbeiwerte k nach Hirayama et al. (1974).

Lasteinwirkung	k
Eisbewegung bei am Bauteil *nicht* fest anliegender Eisdecke (Treibeis)	0,564
Eisbewegung bei am Bauteil fest anliegender Eisdecke (eingefrorenes Bauteil)	0,793

art (ruhend oder Stoßbelastung durch Eisschollen) sowie den dabei auftretenden Dehnungs- und Deformationsgeschwindigkeiten abhängig.

Für bis zu 2 m breite Bauteile mit einem Verhältnis von Bauteilbreite zu Eisdicke von $d/h \leq 12$ und bei Auftreten von ebenem Eis ergibt sich die waagerechte Eislast auf lotrechte Pfähle mit einer Neigung steiler als 6 : 1 ($\beta \geq 80°$) nach Schwarz et al. (1974) zu:

$$P_{\mathrm{p}} = k \cdot \sigma_0 \cdot d^{0,5} \cdot h^{1,1}$$

Darin sind

P_{p} Eislast [MN],
σ_0 einaxiale Eisdruckfestigkeit bei einer spezifischen Dehnungsgeschwindigkeit $\dot{\varepsilon} = 0{,}001\ \mathrm{s}^{-1}$ [MN/m^2],
d Breite des Einzelpfahls [m],
h Dicke des Eises [m],
k empirischer Kontaktbeiwert gemäß Tab. 4.15 [m^{0,4}].

Sofern keine standortspezifischen Untersuchungen vorliegen, können die Eisdicken h für die deutsche Nord- und Ostseeküste mit den Richtwerten gemäß Tab. 4.14 abgeschätzt werden. Im Falle des Auftretens von Presseisrücken – d. h. wall- oder rückenförmig aufgepresstes Meereis mit übereinanderlagernden Eisschollen – sind die ermittelten Eislasten zu verdoppeln.

An der deutschen Nordseeküste wird die Eislast bei freistehenden Pfählen häufig je nach den örtlichen Verhältnissen in 0,5–1,5 m Höhe über MThw angesetzt.

Bei Eislasten auf konische und geneigte Bauteile sind die Hinweise und Berechnungsverfahren gemäß Germanischer Lloyd (2005) zu berücksichtigen.

4.11.5 Waagerechte Eislast auf Pfahlgruppen

Die Eislast auf Pfahlgruppen ergibt sich aus der Summe der Eislasten auf die Einzelpfähle. Im Allgemeinen genügt der Ansatz der Summe der Eislasten, welche auf die dem Eisgang zugekehrten Pfähle wirken.

4.11.6 Eisauflast

Die Eisauflast ist entsprechend den örtlichen Verhältnissen anzusetzen. Ohne näheren Nachweis kann eine Mindesteisauflast von 0,9 kN/m^2 als ausreichend angesehen werden (Germanischer Lloyd, 1976). Neben der Eisauflast kommt der Ansatz der üblichen Schneelast gemäß DIN EN 1991-1-3:2010-12 in Betracht. Dagegen brauchen Verkehrslasten, die bei stärkerer Eisbildung nicht wirken, in der Regel nicht gleichzeitig angesetzt zu werden.

4.11.7 Vertikallasten bei steigendem oder fallendem Wasserspiegel

Vertikale Eiskräfte, die durch Festfrieren einer Eisdecke am Pfahl und nachfolgender Änderung des Wasserstandes auftreten, sind durch die Biegezugfestigkeit $\sigma_B (\sigma_f)$ des Eises begrenzt. Voraussetzung für die Übertragung vertikaler Eiskräfte auf Pfähle ist eine kraftschlüssige Verbindung (Adhäsion) zwischen Pfahloberfläche und Eis.

Für die Ermittlung von auf- und abwärts gerichteten vertikalen Eislasten auf Pfähle wird nach Kohlhase et al. (2006) und Weichbrodt (2008) folgender Berechnungsansatz entsprechend der russischen Norm SNiP (1995) empfohlen:

$$A_V = \left(0{,}6 + \frac{0{,}15D}{h}\right) \cdot 0{,}4 \cdot \sigma_0 h^2$$

mit

A_V vertikale Eislast [kN],
h Dicke der Eisdecke [m],
D Pfahldurchmesser [m],
σ_0 Druckfestigkeit der Eisdecke [kN/m^2].

Die mit dem empfohlenen Ansatz ermittelten vertikalen Eislasten gelten für einzeln stehende Pfähle. Wenn der Abstand von Pfählen untereinander bzw. der Abstand von Pfählen zu festen Strukturen geringer ist als die Ausdehnung der Verformung der Eisschicht bei vertikaler Belastung (charakteristische Länge der Eisschicht l_c), verringern sich die je Pfahl wirkenden vertikalen Eislasten.

Die vertikale Eislast auf Gruppenpfähle bzw. auf Pfähle, die nahe fester Strukturen angeordnet sind, kann durch Multiplikation eines „geometrischen Faktors" f_g aus der vertikalen Eislast für Einzelpfähle berechnet werden.

Der geometrische Faktor f_g wird aus dem Verhältnis zwischen der am Pfahlstandort eventuell durch die Nachbarpfähle bzw. durch benachbarte Strukturen begrenzten Verformungsfläche und der möglichen Verformungsfläche bei Annahme einer unbegrenzten Eisschicht ermittelt.

Die mögliche Verformungsfläche der unbegrenzten Eisschicht wird als Kreisfläche um den Pfahl mit dem Radius der charakteristischen Länge der Eisschicht l_c bestimmt, die näherungsweise mit dem 17-fachen der Eisdicke angenommen werden kann. Die begrenzte Verformungsfläche wird als Mittelwert von vier Kreisflächen bestimmt, deren Radius r jeweils die Hälfte der Entfernung zur nächsten am Boden fixierten Struktur beträgt. Die Entfernungen werden in vier Richtungen, jeweils um 90° versetzt, entsprechend der Ausrichtung des Bauwerks bestimmt. Die Radien r dürfen nicht größer als die charakteristische Länge der Eisschicht l_c sein. Der geometrische Faktor f_g ist nach Edil et al. (1988) wie folgt zu ermitteln:

$$f_g = \frac{r_1^2 + r_2^2 + r_3^2 + r_4^2}{4l_c^2}$$

mit

f_g geometrischer Faktor [–],
r_{1-4} 1/2 Entfernung des Pfahls zur nächsten festen Struktur [m],
l_c charakteristische Länge der Eisschicht [m].

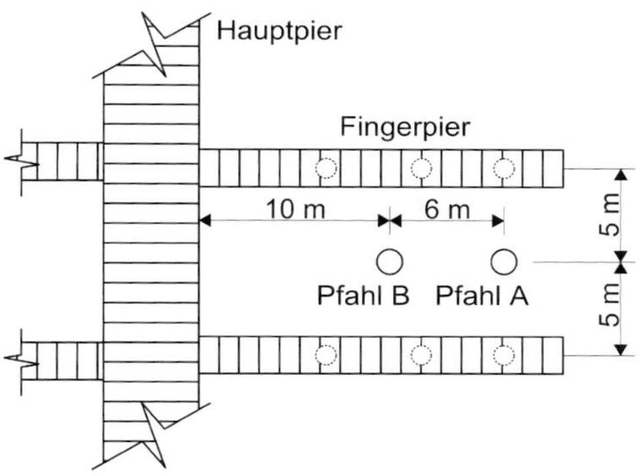

Eisdicke = 0,50 m

Charakteristische Länge

$l_c = 0{,}50\ \text{m} \times 17 = 8{,}5\ \text{m}$

Geometrische Faktoren

Für Pfahl A:

$$f_g = \frac{2{,}5^2 + 2{,}5^2 + 3^2 + 8{,}5^2}{(4)(8{,}5^2)} = 0{,}32$$

Für Pfahl B:

$$f_g = \frac{2{,}5^2 + 2{,}5^2 + 5^2 + 3^2}{(4)(8{,}5^2)} = 0{,}16$$

Für Pfahl A (ohne Pfahl B):

$$f_g = \frac{2{,}5^2 + 2{,}5^2 + 5^2 + 8{,}5^2}{(4)(8{,}5^2)} = 0{,}38$$

Abb. 4.22 Beispielrechnungen zur Ermittlung des geometrischen Faktors f_g.

Die Abb. 4.22 verdeutlicht die Festlegung der Radien r_1–r_4.

4.12 Eisstoß und Eisdruck auf Ufereinfassungen, Pfeiler und Dalben im Binnenbereich

4.12.1 Allgemeines

Die Angaben in der Empfehlung im Abschn. 4.11 sind weitgehend auf den Binnenbereich anwendbar. Dies gilt sowohl für die allgemeinen Aussagen als auch für die Lastansätze, da diese von den jeweiligen Bauwerksabmessungen, der Eisdicke und den Festigkeitseigenschaften des Eises abhängig sind.

Gemäß Abschn. 4.11.1 sind die ermittelten Eislasten charakteristische Werte, auf die im Allgemeinen Teilsicherheitsbeiwerte von 1,0 anzusetzen sind.

Die ergänzenden Hinweise im Abschn. 4.11.1 sind zu beachten.

4.12.2 Eisdicken

Die Eisdicken können nach Korzhavin (1962) aus der Summe der in einer Eisperiode täglich auftretenden Kältegrade – der sogenannten „Kältesumme“ – abgeleitet werden. So ist z. B. nach Bydin (1959)

$$h = \sqrt{\sum |t_L|}$$

worin h die Eisdicke in Zentimeter und $\sum |t_L|$ die Summe der Absolutbeträge der mittleren täglichen Minustemperaturen der Luft in Grad Celsius sind.

Sofern keine genaueren Erhebungen oder Messergebnisse vorliegen, kann im Allgemeinen von einer rechnerischen Eisdicke $h \leq 30$ cm ausgegangen werden, wenn die unter Abschn. 4.12.1 genannten Bedingungen vorliegen.

4.12.3 Eisdruckfestigkeit

Die Eisdruckfestigkeit ist u. a. von der mittleren Eistemperatur ϑ_m abhängig, welche der Hälfte der Eistemperatur an der Oberfläche entspricht, weil an der Unterseite stets 0 °C erreicht werden.

Die einaxiale Eisdruckfestigkeit senkrecht zur Eiswachstumsrichtung kann näherungsweise nach Schwarz (1970) wie folgt bestimmt werden:

$$\sigma_0 = 1{,}10 + 0{,}35|\vartheta_m| \qquad \text{für} \quad \vartheta_m > -5\,°\text{C}$$
$$\sigma_0 = 2{,}85 + 0{,}45|\vartheta_m + 5| \qquad \text{für} \quad \vartheta_m < -5\,°\text{C}$$

Darin ist

ϑ_m mittlere Eistemperatur [°C].

4.12.4 Eislasten auf Ufereinfassungen und andere Bauwerke größerer Ausdehnung

4.12.4.1 Mechanischer Eisdruck

Allgemein gilt für die als Linienlast wirkende Eisdruckkraft auf ein Bauwerk entsprechend Abschn. 4.11.3:

$$p_0 = k \cdot h \cdot \sigma_0$$

Darin sind

p_0 maximal wirkende Linienlast [MN/m],
k Kontaktbeiwert [–], $k = 0{,}33$
h Dicke des Eises [m],
σ_0 einaxiale Eisdruckfestigkeit [MN/m²].

Für lokale Bauteile ist eine über die Eisdicke wirkende örtliche Flächenlast p mit:

$$p = \sigma_0$$

anzusetzen. Darin sind

p örtliche Flächenlast [MN/m²],
σ_0 einaxiale Eisdruckfestigkeit [MN/m²].

Auf geböschte Flächen kann nach Korzhavin (1962) eine reduzierte horizontale Eisdruckkraft mit:

$$p_0' = k \cdot h \cdot \sigma_B \cdot \tan\beta$$

angesetzt werden. Darin sind

p_0' maximal wirkende Linienlast [MN/m],
k Kontaktbeiwert [–], $k = 0{,}33$
σ_B Biegezugfestigkeit des Eises [MN/m²], $\sigma_B = 1/3\sigma_0$
$\tan\beta$ Böschungsneigung [°].

4.12.4.2 Thermischer Eisdruck

Allgemein gelten die Ausführungen gemäß Abschn. 4.11.3.2. Als Anhaltswert für den thermischen Eisdruck aus Wärmedehnungen und für Eisdicken von $0{,}30\,\mathrm{m} \leq h \leq 0{,}50\,\mathrm{m}$ ist eine über die Eisdicke gleichmäßig verteilte Flächenlast von $0{,}15\,\mathrm{MN/m^2}$ anzusetzen (HTG, 2010).

4.12.5 Eislasten auf schmale Bauwerke (Pfähle, Dalben, Brücken- und Wehrpfeiler, Eisabweiser)

Die Ansätze für lotrechte Pfähle nach Abschn. 4.11 gelten unter Berücksichtigung der maßgebenden Eisfestigkeiten in gleicher Weise für den Binnenbereich. Sie sind für Pfeilerkonstruktionen und Eisabweiser unter Berücksichtigung der Querschnitts- und Oberflächenform sowie -neigung gleichfalls anwendbar.

4.12.6 Eislast auf Bauwerksgruppen

Es gelten die Hinweise in Abschn. 4.11.

Für Einbauten, wie Brückenpfeiler in Gewässern, kann zur Vermeidung von Eisaufschiebungen und der resultierenden reduzierten Abflusskapazität das Risiko von Eisaufschiebungen wie in Abb. 4.23 dargestellt abgeschätzt werden.

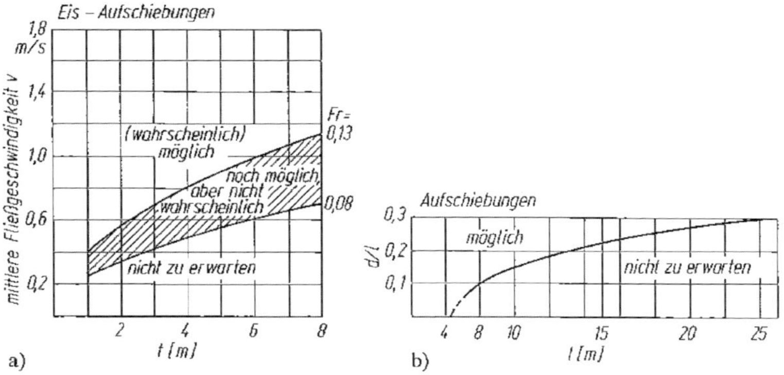

Abb. 4.23 Risiko möglicher Eisaufschiebungen nach Hager (1996) bezüglich (a) Wassertiefe t und Fließgeschwindigkeit v und (b) Pfeilerabstand l und Verhältnis Pfeilerbreite d zu Pfeilerabstand l.

Die Konstruktionen sollten so gewählt werden, dass die Bedingungen nach Abb. 4.23 eingehalten werden. Ist dies nicht möglich, werden weiterführende Untersuchungen, z. B. physikalische Modellversuche, empfohlen. Eisaufschiebungen bewirken jedoch nicht in jedem Fall Erhöhungen der Eislast, wenn beispielsweise die Bruchbedingungen des nachschiebenden Eises maßgebend sind. Zusätzlich sind Änderungen der Lastverteilung und Lastangriffshöhen zu beachten, ebenso Zusatzlasten aus Wasseraufstau sowie Strömungsänderungen durch Querschnittseinengungen.

4.12.7 Vertikallasten bei steigendem oder fallendem Wasserspiegel

Es gelten die Angaben in Abschn. 4.11.7.

Literatur

AHU der HTG. Empfehlungen und Berichte des Ausschusses für Hafenumschlagtechnik (AHU) der Hafenbautechnischen Gesellschaft e. V., Hamburg.

API (American Petroleum Institute) (2014). API RP2A. Recommended practice for planning, designing and constructing fixed offshore platforms. Working stress design, 22nd edn. API, Washington, DC.

Battjes, J.A. (1975). Surf similarity. Proc. 14th Int. Conf. Coastal Eng. Copenhagen 1974, Bd. I.

BAW (2010). BAW-Merkblatt: Grundlagen zur Bemessung von Böschungs- und Sohlensicherungen an Binnenwasserstraßen. Bundesanstalt für Wasserbau.

BAW (2012). Empfehlungen zum Pollerzug (Trossenzugansatz) für Binnenschiffsschleusen. FuE-Abschlussbereicht A39510210106. Karlsruhe: Bundesanstalt für Wasserbau (Hrsg.) (2012).

BHFU (2013). Berechnungsgrundsätze für Hochwasserschutzwände, Flutschutzanlagen und Uferbauwerke im Bereich der Tideelbe der Freien und Hansestadt Hamburg, Landesbetrieb Straßen, Brücken und Gewässer, Hamburg. Hamburg Port Authority, April 2013.

Broughton, P. und Horn, E. (1987). Ekofisk platform 2/4C: Re-analysis due to subsidence. Proc. Inst. Civ. Eng.

BSH (2001). Eiskarten der deutschen Nord- und Ostseeküste (seit 1879). Bundesamt für Seeschifffahrt und Hydrographie.

Burkhardt, O. (1967). Über den Wellendruck auf senkrechte Kreiszylinder. *Mitteilungen des Franzius-Instituts Hannover* 29 .

Bydin, F.I. (1959). Development of certain questions in area of river's winter regime. III. Hydrologic Congress, Leningrad.

Camfield, F.E. (1991). Wave forces on a wall. *J. Waterway Port Coast. Ocean Eng.* 117 (1): 76–79.

CEM (2001). Costal Engineering Manual Part VI. Design of Coastal Projects Elements. US Army Corps of Engineers, Washington DC.

Dietze, W. (1964). Seegangskräfte nichtbrechender Wellen auf senkrechte Pfähle. *Bauingenieur* 39 (9): 354.

Det Norske Veritas (1991). Environmental conditions and environmental loads. Classification Notes No. 30.5.

Drewes, U., Römisch, K. und Schmidt E. (1995). Propellerstrahlbedingte Erosionen im Hafenbau und Möglichkeiten zum Schutz für den Ausbau des Burchardkais im Hafen Hamburg. *Mitteilungen des Leichtweiß-Instituts für Wasserbau der Technischen Universität Braunschweig*, H.134, S. 285.

EAK (2002/2015). Empfehlungen für die Ausführung von Küstenschutzbauwerken durch den Ausschuss für Küstenschutzwerke der DGGT und HTG. Die Küste 65. Korrigierte Ausgabe 2007. Karlsruhe: Bundesanstalt für Wasserbau (BAW), (unveränderter Nachdruck 2015).

Edil, T.B., Roblee, C.J. und Wortley, C.A. (1988). Design approach for piles subject to ice jacking. *J. Cold Reg. Eng.* 2 (2): 65–86.

ETAB (1981). *Empfehlungen und Berichte des Technischen Ausschusses Binnenhäfen*, Bundesverband öffentlicher Binnenhäfen e. V., Neuss.

FEM (1987). Federation Européenne de la Manutention, Section I, Rules for the design of hoisting appliances, Booklet 2: Classification and loading on structures and mechanisms F. E. M. 1.001. 3rd edn., Deutsches National-Komitee Frankfurt/Main.

Galvin, C.H. Ir. (1972). Wave breaking in shallow water, in *Waves on Beaches*, (Hrsg. R.E. Meyer). New York: Academic Press.

Germanischer Lloyd (1976). *Vorschriften für Konstruktion und Prüfung von Meerestechnischen Einrichtungen, Band I – Meerestechnische Einheiten – (Seebauwerke)*. Hamburg: Eigenverlag des Germanischen Lloyd.

Germanischer Lloyd (2005). *Guideline for the Construction of Fixed Offshore Installations in Ice Infested Waters, Rules and Guidelines IV-Industrial Services*, Teil 6, Kap. 7. Hamburg: Eigenverlag des Germanischen Lloyd.

Goda, Y. (2000). *Random Seas and Design of Maritime Structures*. University of Tokyo Press; 2. geänderte Auflage, Advanced Series of Ocean Engineering – Volume 15, World Scientific Singapore.

Hafner, E. (1977). Kraftwirkung der Wellen auf Pfähle. *Wasserwirtschaft* 67 (12): 385.

Hafner, E. (1978). Bemessungsdiagramme zur Bestimmung von Wellenkräften auf vertikale Kreiszylinder. *Wasserwirtschaft* 68 (7/8): 227.

Hager, M. (1975). Untersuchungen über Mach-Reflexion an senkrechter Wand. *Mitteilungen des Franzius-Instituts für Wasserbau und Küsteningenieurwesen der Technischen Universität Hannover* 42.

Hager, M. (1996). Eisdruck, in *Grundbau-Taschenbuch*, Teil 1, Kap. 1.14, 5. Aufl. Berlin: Ernst & Sohn.

Hager, M. (2002). Ice loading actions. in *Geotechnical Engineering Handbook, Bd. 1: Fundamentals*. Berlin: Ernst & Sohn.

Heil, H., Kruppe, J. und Möller, B. (1997). Berechnungsansätze für HWS-Wände und Uferbauwerke. *Hansa* 134 (5): 77 ff.

Hein C. (2014). Anlegegeschwindigkeiten von Großcontainerschiffen, 33. Int. Schifffahrtskongr., 1.–5. Juni 2014, San Francisco, USA, deutsche Beiträge, S. 1–5.

Hirayama, K.I., Schwarz, J. und Wu, H.C. (1974). An investigation of ice forces on vertical structures. Iowa Institute of Hydraulic Research, IIHR Report No. 158.

HTG (1996). Hochwasserschutz in Häfen – Neue Bemessungsansätze. Tagungsband zum HTG-Sprechtag Oktober 1996, Hafenbautechnische Gesellschaft (HTG) e. V., Hamburg.

HTG (2010). Empfehlungen des Arbeitsausschusses Sportboothäfen und wassertouristische Anlagen. Handlungsempfehlungen für Planung, Bau und Betrieb von Sportboothäfen und wassertouristischen Anlagen. Entwurf Mai 2010, in Bearbeitung.

IACS (2016). Anchoring, Mooring and Towing Equipment, Rec. 10 Rev. 3, International Association of Classification Societies.

Kaplan, P. (1992). Wave impact forces on offshore structures: re-examination and new Interpretations. Offshore Technol. Conf., OTC 6814, Houston, USA.

Kohlhase, S., Dede, C., Weichbrodt, F. und Radomski, J. (2006). Empfehlungen zur Bemessung der Einbindelänge von Holzpfählen im Buhnenbau, Ergebnisse des BMBF-Forschungsvorhabens Buhnenbau. Universität Rostock.

Kokkinowrachos, K. (1980) Hydromechanik der Seebauwerke, in *Handbuch der Werften*, Bd. 15. Hamburg: Hamburg: Schifffahrtsverlag Hansa.

Kortenhaus, A. und Oumeraci, H. (1997). Lastansätze für Wellendruck. *Hansa* 134 (5): 77 ff.

Korzhavin, K.N. (1962). Action of ice on engineering structures. English translation, US Cold Region Research and Engineering Laboratory, Trans. T. L. 260.

Kovacs, A. (1996). Sea-Ice Part II. Estimating the Full-Scale Tensile, Flexural, and Compressive Strength of First-Year Ice, US Army Corps of Engineers, CRREL Report 96-11.

Longuet-Higgins, M.S. (1952). On the Statistical Distribution of the Heights of Sea Waves. *J. Mar. Res.* XI (3).

MacCamy, R.C. und Fuchs, R.A. (1954). Wave Forces on Piles: A Diffraction Theory. Techn. Memorandum 69, US Army, Corps of Engineers, Beach Erosion Board, Washington DC, Dec. 1954.

Morison, J.R., O'Brien, M.P., Johnson, J.W. und Schaaf, S.A. (1950). The force exerted by surface waves on piles. *Pet. Trans.* 189: 149–154.

Muttray, M. (2000). Wellenbewegung an und in einem geschütteten Wellenbrecher. Dissertation, TU Braunschweig.

OCIMF (2018). *Mooring Equipment Guidelines (MEG4)*, 4. Aufl., Issued by the Oil Companies International Marine Forum, Book ISBN: 978-1-85609-771-0.

Oumeraci, H. (2001). Küsteningenieurwesen. in Taschenbuch der Wasserwirtschaft (Hrsg. K. Lecher et al.), 8. Aufl., S. 657–743. Berlin: Paul Parey.

Oumeraci, H. und Kortenhaus, A. (1997). Anforderungen an ein Bemessungskonzept. *Hansa* 134: 751 ff.

PIANC (1986). IAHR/PIANC: Int. Ass. For Hydr. Research/Permanent Int. Ass. of Navigation Congresses. List of Sea State Parameters. Supplement to Bulletin No. 52, Brüssel.

PIANC (1987). Report of the Pianc Working Group II-9 „Development of modern Marine Terminals". Supplement to Bulletin No 56, Brüssel.

PIANC (2002). PIANC-Report „Guidelines for the Design of Fender Systems: 2002". Report of MarCom, WG 33, Brüssel.

PIANC (2019). PIANC-report „Mooring of Large Ships at Quay Walls", Report of MarCom, WG186, Brüssel.

Ridderbos, N.L. (1999). Risicoanalyse met behulp van foutenboom en golfbelasting ten gevolge van „slamming" op horizontale constructie. Master thesis, TU Delft, Faculty of Civil Engineering and Geoscience, Delft.

Rienecker, M.M. und Fenton, J.D. (1981). A Fourier approximation method for steady water waves. *J. Fluid Mech.* 104.

ROM (1990). Recomendaciones para Obras Maritimas. (Englische Fassung), Maritime Works Recommendations (MWR): Actions in the design of maritime and Harbor Works (ROM 0.2-90), Ministerio de Obras Publicas y Transportes, Madrid.

Sainflou, M. (1928). Essai sur les digues maritimes verticales. Annales des Ponts et Chaussées, tome 98 II (1928), übersetzt: Treatise on vertical breakwaters. US Army, Corps of Engineers.

Schüttrumpf, R. (1973). Über die Bestimmung von Bemessungswellen für den Seebau am Beispiel der südlichen Nordsee. *Mitteilungen des Franzius-Instituts für Wasserbau und Küsteningenieurwesen der Technischen Universität Hannover* 39.

Schwarz, J. (1970). Treibeisdruck auf Pfähle. *Mitteilung des Franzius-Instituts für Grund- und Wasserbau der Technischen Universität Hannover* 34.

Schwarz, J., Hirayama, K. und Wu, H.C. (1974). Effect of Ice Thickness on Ice Forces. Proc. 6th Annu. Offshore Technol. Conf., Houston, Texas, USA.

Siefert, W. (1974). Über den Seegang in Flachwassergebieten. *Mitteilungen des Leichtweiß-Instituts für Wasserbau der Technischen Universität Braunschweig* 40.

Sparboom, U. (1986). Über die Seegangsbelastung lotrechter zylindrischer Pfähle im Flachwasserbereich. *Mitteilungen des Leichtweiß-Instituts der TU Braunschweig* 93: 1, Braunschweig.

SPM (1984). Shore Protection Manual. US Army Corps of Engineers, Coastal Engineering Research Center, Vicksburg, USA.
Streeter, V.L. (1961). *Handbook of Fluid Dynamics*. New York: McGraw-Hill.
Takahashi, S. (1996). *Design of Breakwaters*. Yokosuka, Japan: Port and Harbour Research Institute.
Tanimoto, K. und Takahashi, S. (1978). Wave forces on horizontal platforms. Proc. 5th Int. Ocean Dev. Conf.
Thoresen, C.A. (2018). Port Designer's Handbook, 4th edn. London: ICE Publishing.
Walden, H. und Schäfer, P. J. (1969). *Die winderzeugten Meereswellen*, Teil II, Flachwasserwellen. Heft 1 und 2, Einzelveröffentlichungen des Deutschen Wetterdienstes, Seewetteramt Hamburg.
Weichbrodt, F. (2008). Entwicklung eines Bemessungsverfahrens für Holzpfahlbuhnen im Küstenwasserbau. Veröffentl. Dissertation, Rostock.
Wiegel, R.L. (1964). *Oceanographical Engineering*. Prentice Hall Series in Fluid Mechanics. Englewood Cliffs: Prentice-Hall.
ZTV-TB (HPA) (2020). Zusätzliche technische Vertragsbedingungen – Technische Bearbeitung, Hamburg Port Authority, Statische Prüfstelle Hafen (SPH), Hamburg, Januar 2020.

Normen und Vorschriften

BS 6349-1:2000: Maritime Structures, Part 1: Code of practice for general criteria, Section 5.
DIN 1054:2010-12: Baugrund – Sicherheitsnachweise im Erd- und Grundbau – Ergänzende Regelungen zu DIN EN 1997-1.
DIN 19703:2014-06: Schleusen der Binnenschifffahrtsstraßen – Grundsätze für Abmessungen und Ausrüstung.
DIN 19704-1:2014-11: Stahlwasserbauten – Teil 1: Berechnungsgrundlagen.
DIN EN 1991-1-1:2010-12: Eurocode 1: Einwirkungen auf Tragwerke – Teil 1-1: Allgemeine Einwirkungen auf Tragwerke – Wichten, Eigengewicht und Nutzlasten im Hochbau.
DIN EN 1991-1-2:2010-12: Eurocode 1: Einwirkungen auf Tragwerke – Teil 1-2: Allgemeine Einwirkungen auf Tragwerke – Brandeinwirkung auf Tragwerke.
DIN EN 1991-1-3:2010-12: Eurocode 1: Einwirkungen auf Tragwerke – Teil 1-3: Allgemeine Einwirkungen – Schneelasten.
DIN EN 1991-1-4:2010-12: Eurocode 1: Einwirkungen auf Tragwerke – Teil 1-4: Allgemeine Einwirkungen – Windlasten.
DIN EN 14504:2019-09: Fahrzeuge der Binnenschifffahrt – Schwimmende Anlegestellen und schwimmende Anlagen auf Binnengewässern – Anforderungen, Prüfungen.
DWA (2020). Auskolkungen an pfahlartigen Bauwerksgründungen. Merkblatt DWA-M 529. Vorlage für Weißdruck, Deutsche Vereinigung für Wasserwirtschaft, Abwasser und Abfall e. V., Hennef. Februar 2020.
ISO/FDIS 19906 (2010) (E). Petroleum and natural gas industries. Arctic offshore structures.
SNiP (1995). SNiP 2.06.04-82: Ministry of Russia. Bautechnische Normen und Regeln – Belastung und Einflüsse aus Wellen, Eis und von Schiffen auf hydrotechnische Anlagen. Moskau.
VDI-Richtlinie 3576 (2011). Schienen für Krananlagen, Schienenverbindungen, Schienenbefestigungen, Toleranzen. Verein Deutscher Ingenieure.

5
Erdarbeiten und Baggerungen

5.1 Baggerarbeiten vor Uferwänden in Seehäfen

In diesem Kapitel werden die technischen Möglichkeiten und Bedingungen erläutert, die bei der Planung und Ausführung von Baggerungen im Nahbereich von Uferwänden berücksichtigt werden sollten.

Stets zu unterscheiden ist zwischen Neubaggerungen und Unterhaltungsbaggerungen, u. a. auch in Hinblick auf erforderliche Genehmigungen.

Die Baggerungen bis zur Entwurfstiefe gemäß Abschn. 5.1 werden im Allgemeinen mit Greiferbaggern, Eimerkettenbaggern, Schneidkopfsaugbaggern, Schneidradbaggern, Grundsaugern oder Laderaumsaugbaggern ausgeführt. Ergänzend dazu werden Eggen und Wasserstrahlgeräte eingesetzt.

Beim Einsatz von Schneidkopfsaugbaggern, Grundsaugern oder Laderaumsaugbaggern im Erdwiderstandsbereich vor Uferwänden müssen diese Bagger über Einrichtungen verfügen, die ein genaues Einhalten der planmäßigen Baggertiefe gewährleisten. Schneidkopfbagger mit großer Schneidkopfleistung und hoher Saugkraft sowie reine Saugbagger sind wegen der Gefahr des Entstehens von Übertiefen und Störungen der unter den Baggerköpfen liegenden Böden in diesem Bereich weniger geeignet.

Für das Baggern des letzten Baggerschnitts ist außerdem zu beachten, dass Eimerkettenbagger, Schneidkopfbagger und Laderaumsaugbagger selbst bei günstigen Verhältnissen und sorgfältiger Arbeit die theoretische Solltiefe nicht genau herstellen können. Es verbleibt dann, sofern der Boden nicht nachrutscht, vor der Uferwand ein etwa 3–5 m breiter Bodenkeil. Ob und wieweit dieser beseitigt werden muss, hängt von der Fenderung der Uferwand und vom Völligkeitsgrad der anlegenden Schiffe ab. Ein stehen gebliebener Bodenkeil kann nur mit Greifern abgetragen werden. Unter Umständen müssen bei bindigen Böden außerdem die Spundwandtäler freigespült werden.

Bei einer Hafenbaggerung mit schwimmendem Gerät wird in der Regel in Baggerschnitten gearbeitet, die abhängig vom Typ und der Leistungsfähigkeit der Geräte zwischen 2–5 m liegen. Anlass für selektives Baggern kann bei wechselnden Bodenarten auch die gewünschte Verwendung des Bodens sein.

Es wird empfohlen, nicht erst nach Abschluss der Baggerung, sondern bereits vor Baggerbeginn und auch in Zwischenzuständen die Uferwand einzumessen, um Verformungen des Bauwerks rechtzeitig feststellen zu können.

Durch das Baggern freigelegte Wandflächen müssen durch Taucher auf Schlossschäden untersucht werden (Abschn. 5.4.4).

Wirtschaftlich und wenig störend für den Hafenbetrieb kann ein Arbeitsvorgang nach Abb. 5.1 sein.

Empfehlungen des Arbeitsausschusses „Ufereinfassung“ (EAU 2020), Hrsg. HTG und DGGT, 12. Aufl.
© 2021 Ernst & Sohn GmbH & Co. KG. Published 2021 by Ernst & Sohn GmbH & Co. KG.

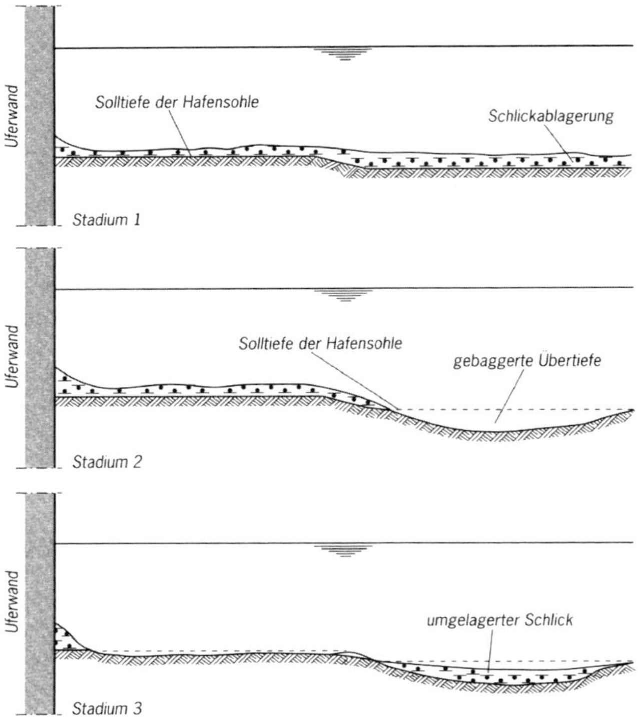

Abb. 5.1 Baggerarbeiten vor lotrechten Spundwänden in Seehäfen. Stadium 1: vorgefundene Situation; Stadium 2: Situation nach Baggerung; Stadium 3: Situation nach der Bearbeitung mit einer Egge oder mit einem Greifbagger.

Nach dem Herstellen einer Übertiefe (Stadium 2) durch ein Nassbaggergerät wird der vor der Wand liegende Schlick mit Greifbaggern oder einer Egge in die Übertiefe der Hafensohle umgesetzt (Stadium 3). Die Übertiefe sollte möglichst schon bei der Neubaggerung hergestellt werden.

Vor jeder Baggerung, bei der die rechnerische Gesamttiefe unter der Solltiefe der Hafensohle voll ausgenutzt wird, muss die Standsicherheit der Ufermauer überprüft werden. Außerdem ist das Verhalten der Uferwand vor, während und nach dem Baggern zu beobachten.

5.2 Bagger- und Aufspültoleranzen

5.2.1 Allgemeines

Die geforderten Baggertiefen und Aufspülhöhen sind innerhalb eindeutig definierter zulässiger Abweichungen (Toleranzen) herzustellen. Liegen die Höhen zwischen einzelnen Stellen einer Baggersohle oder eines aufgespülten Geländes außerhalb der genehmigten Toleranzen, sind ergänzende Maßnahmen erforderlich. Die Vorgabe zu geringer Toleranzen kann zu unverhältnismäßig hohen Mehrkosten für die Baggerarbeiten führen. Die Toleranzen für Bagger- und Aufspülarbeiten sollten daher nach technischen, vor allem aber auch nach wirtschaftlichen Gesichtspunkten festgelegt werden. Der Auftrag-

Boskalis
Hirdes

IHRE HERAUSFORDERUNG – UNSERE LÖSUNG

WASSERBAU

KAMPFMITTELRÄUMUNG

KÜSTENSCHUTZ / UFERAUSBAU

hh.hamburg@boskalis.com
www.boskalis.com/hirdes

Ernst & Sohn
A Wiley Brand

Karl Josef Witt (Hrsg.)

Grundbau-Taschenbuch

Set: Teil 1–3

- **einmaliges Nachschlagewerk jetzt aktualisiert**
- **umfassend und auf höchstem Niveau**
- **Berücksichtigung neuester Normen**

Das Grundbau-Taschenbuch ist seit über 60 Jahren das Standardwerk der Geotechnik. Das Werk umfasst drei Bände und behandelt geotechnische Grundlagen, geotechnische Verfahren und Gründungen.

Teil 1 – Geotechnische Grundlagen
Der erste Band deckt die geotechnischen Grundlagen ab, die physikalischen Eigenschaften von Boden und Fels, ihre Ermittlung und Bewertung, ihre Berücksichtigung in Stoffgesetzen und in konventionellen sowie numerischen Berechnungsmethoden.

Teil 2 – Geotechnische Verfahrung
Der zweite Band enthält die geotechnischen Verfahren des Erdbaus, zur Verbesserung und Stabilisierung des Baugrunds, zur Sicherung von Bauwerken sowie zur Herstellung von Ankern, Pfählen und Abdichtungen. Besondere Aufgabenstellungen wie die Grundwasserhaltung und spezielle Anwendungsgebiete wie der Einsatz von Geokunststoffen im Erd- und Grundbau werden ebenfalls behandelt.

Teil 3 – Gründungen und geotechnische Bauweke
Der dritte Band gibt einen Überblick über die verschiedensten Aufgaben im Grundbau. Neben den Flachgründungen werden Pfahlgründungen, Gründungen im offenen Wasser und in Bergbaugebieten behandelt. Weitere Schwerpunkte des dritten Bandes sind die Sicherung von Baugruben, Spundwände, Pfahl-Schlitz- und Dichtwänden sowie Stützwände und konstruktive Hangsicherungen. Neu hinzugekommen ist ein Kapitel zum geotechnischen Erdbebenwesen und Erschütterungsschutz.

8. vollst. überarb. u. aktualis. Auflage · 2018 · 3326 Seiten · 3 Bände

Hardcover
ISBN 978-3-433-03154-4 **€ 483***

eBundle (Print + PDF)
ISBN 978-3-433-03214-5 **€ 659***

BESTELLEN
+49 (0)30 470 31-236
marketing@ernst-und-sohn.de
www.ernst-und-sohn.de/3154

* Der €-Preis gilt ausschließlich für Deutschland. Inkl. MwSt.

geber muss abwägen, wie viel ihm daran gelegen ist, eine bestimmte Genauigkeit der Baggersohle oder einer Aufspülhöhe einzuhalten.

Neben Abweichungen von der planmäßigen Höhe (vertikale Toleranzen) sind bei Baggerungen für Rinnen, beispielsweise für einen Bodenaustausch, für Düker und Tunnel, auch horizontale Toleranzen festzulegen. Auch hier muss fast immer ein Optimum zwischen den Mehrkosten für größere Bagger- und Auffüllmengen bei größeren Toleranzen und den Mehrkosten infolge von Leistungsverlusten der Geräte bei genauerem und damit langsamerem Arbeiten sowie den Kosten für eventuell erforderliche Zusatzmaßnahmen gefunden werden .

Die erzielbare Genauigkeit von Baggerungen ist bei Binnenwasserstraßen im Allgemeinen größer als bei Fahrrinnenbaggerungen für die Seeschifffahrt, bei denen Tide, Welleneinfluss, Versandungen und/oder Schlickfall eine große Rolle spielen. Aus nautischen Gründen werden bei Wasserstraßen normalerweise Mindesttiefen gefordert.

Folgen auf Baggerarbeiten weitergehende Bauleistungen, wie das Profilieren vor Böschungen, der Einbau von Deckwerken oder das Herstellen von Betoniersohlen, müssen die Baggertoleranzen auf die Erfordernisse der nachfolgenden Arbeiten abgestimmt werden.

5.2.2 Baggertoleranzen

Baggertoleranzen sind unter Berücksichtigung folgender Aspekte festzulegen:

a) Qualitätsanforderungen an die Genauigkeit herzustellender Tiefen, die sich aus der Zielsetzung einer Baggerung ergeben, z. B.:
   - regelmäßig wiederkehrende Unterhaltungsbaggerung zur Beseitigung von Sedimentablagerungen zur Erhaltung der Schiffbarkeit,
   - Herstellung oder Vertiefung eines Liegeplatzes vor einer Kaimauer oder einer Fahrrinne zur Verbesserung der Schiffbarkeit,
   - Herstellung einer Gewässersohle zur Aufnahme eines Bauwerks (Düker- oder Tunnelbauwerke, Sohlensicherungen etc.),
   - Baggerung zur Beseitigung nicht tragfähiger Böden im Rahmen eines Bodenaustausches,
   - Baggerung zur Entfernung schadstoffbelasteter Bodenablagerungen.

   Jede dieser Zielsetzungen erfordert spezielle und deutlich unterschiedliche Genauigkeiten der Baggerung. Dies hat Einfluss auf die Wahl des Gerätes und wirkt sich damit auf die Kosten der Baggerung aus.
b) Daneben sind konstruktive Randbedingungen, der Umfang einer Baggerung und die Beschaffenheit des zu baggernden Bodens zu berücksichtigen, wie z. B.:
   - die Standsicherheit nahe gelegener Unterwasserböschungen, Molen, Kaimauern und dergleichen,
   - die Tiefe unter der projektierten Hafensohle, bis zu der Störungen des Baugrunds hingenommen werden dürfen,
   - horizontale oder vertikale Abmessungen der Baggerung, Länge und Breite des Baggerfeldes, Mächtigkeit der zu baggernden Schicht und die Gesamtbaggermenge,
   - Bodenbeschaffenheit, Bodenart, Korngröße, Kornverteilung, Scherfestigkeit des zu baggernden Bodens,
   - Verwendung des gebaggerten Bodens,

- eine etwaige Kontamination mit spezieller Unterbringung des gebaggerten Bodens.

Vor allem der letzte Punkt gewinnt zunehmende Bedeutung durch die in der Regel extrem hohen Kosten der Behandlung und Ablagerung kontaminierter Böden und kann daher die Einhaltung sehr enger Toleranzen erfordern.

c) Weiterhin spielen örtliche Gegebenheiten eine maßgebliche Rolle, die sich auf den Einsatz und die Steuerung des Baggergerätes sowie auf die generelle Arbeitsstrategie der Nassbaggerung auswirken. Als Beispiele seien genannt:
   - die Wassertiefe,
   - die Erreichbarkeit des Baggerortes für das Baggergerät,
   - tidebedingte Wasserstandsänderungen mit wechselnden Strömungen,
   - eventueller Wechsel von Salz- und Süßwasser,
   - Wetterbedingungen (Wind- und Strömungsverhältnisse),
   - Wellen, Seegang, Dünung,
   - Beeinträchtigung des Baggerprozesses durch Schiffsverkehr,
   - räumliche Enge durch ankernde Schiffe bzw. zwischen Liegeplätzen,
   - der Umfang regelmäßig wiederkehrender Ablagerungen (Sand oder Schlick), ggf. schon während der Baggerarbeiten.
d) Nicht zuletzt kommt es auch auf das einzusetzende Baggergerät selbst und dessen Ausstattung an:
   - die Gerätetechnik und Gerätegröße sowie deren vom Boden und der Baggertiefe abhängige Abgrabungsgenauigkeit,
   - die Instrumentierung an Bord des Baggers (Art der Positionsbestimmung, Tiefenmessung, Leistungsmessung, Qualität der Überwachungs- und Dokumentationstechnik des gesamten Baggerprozesses),
   - Erfahrung und Qualifikation des Baggerpersonals,
   - die Größe des spezifischen Leistungsverlustes eines Baggergerätes wegen einzuhaltender Toleranzen und daraus resultierende Kosten.

Letztlich ist zu berücksichtigen, dass das Ergebnis einer Baggerung und die dabei erreichte Genauigkeit im Allgemeinen durch Peilung kontrolliert und dokumentiert werden. Die durch Peilung ermittelten Werte sind stets auch durch die Genauigkeit der Peilung beeinflusst. Insofern ist bei der Festlegung von Baggertoleranzen auch die Auflösung des für die Kontrolle eingesetzten Peilsystems zu berücksichtigen.

Die International Association of Dredging Companies hat Werte für Baggergenauigkeit veröffentlicht, die nachfolgend zur Orientierung in Tab. 5.1 wiedergegeben werden. Die Werte sind als „+“ und „–„ zu verstehen, also beträgt die Baggertoleranz beispielsweise für einen Eimerkettenbagger im Kies bei normalen Verhältnissen ±20 bis ±30 cm, also bis zu 60 cm. Die Zuschläge für Wassertiefe, Strömung und ungeschützte Gewässer erhöhen das Toleranzband nach oben und unten.

Insgesamt sind die Werte großzügig gewählt. Moderne Ortungsverfahren ermöglichen auch geringere Toleranzen, die insbesondere bei den manchmal erforderlichen geringmächtigen Abtragshöhen auch notwendig sind. Gegebenenfalls empfiehlt es sich, von den Bietern nicht nur die Preisangabe für die in der Ausschreibung geforderte Genauigkeit zu verlangen, sondern ihnen einzuräumen, auch Preise für jeweils von ihnen selbst vorgeschlagene und gewährleistete Toleranzen der Baggerung zu benennen.

Auf eine Angabe von horizontalen Baggertoleranzen wird bewusst verzichtet, weil diese sich bei Böschungen aus der geforderten Böschungsneigung in Verbindung mit

Tab. 5.1 Richtwerte für vertikale Baggerabweichungen in Zentimetern (SBRCURnet, 2014).

Baggergerät	Nichtbindige Böden		Bindige Böden			Zuschläge für		
	Sand	Kies	Fels	Schlick	Ton	Wasser-tiefe 10–20 m	Strömung 0,5–1,0 m/s	Ungeschützte Gewässer
Seilgreifbagger	40–50	40–50	—	30–45	50–60	10	10	20
Eimerkettenbagger	20–30	20–30	—	20–30	20–30	5	10	10
Schneidkopfsaugbagger	30–40	30–40	40–50	25–40	30–40	5	10	10
Schneidradsaugbagger	30–40	30–40	40–50	25–40	30–40	5	10	10
Umweltsaugbagger	10–20	—	—	10–20	—	5	5	—
Tieflöffelbagger	25–50	25–50	40–60	20–40	35–50	10	10	10
Laderaumsaugbagger (Hopper)	40–50	40–50	—	30–40	50–60	10	10	10

Die Werte sind positiv und negativ zu verstehen, z. B. 40 bedeutet +40 und −40.

der Vertikaltoleranz ergeben (Abschn. 5.7). Weiterhin sollten die Horizontaltoleranzen nach den konkreten Erfordernissen und der eingesetzten Technologie zur Positionsbestimmung der Bagger in jedem Fall objektbezogen festgelegt werden. Kontrolllotungen sind so auszuführen, dass die tatsächliche Baggersohle und nicht etwa eine Schichtgrenze von über der Sohle schwebenden Sedimenten gemessen wird.

5.3 Aufspülen von Hafengelände

5.3.1 Allgemeines

Soweit es sich um das unmittelbare Hinterfüllen von Ufereinfassungen handelt, ist Abschn. 5.4 maßgebend.

Tragfähige Hafenflächen können durch Aufspülen geschaffen werden. Voraussetzung ist, dass als Aufspülboden gut abgestufter Sand zur Verfügung steht. Beim Aufspülen über Wasser wird bei sonst gleichen Bedingungen eine größere Lagerungsdichte erzielt als unter Wasser (Abschn. 5.5).

Bei allen Aufspülarbeiten, insbesondere aber in Tidegebieten, ist für einen zügigen Abfluss des Spülwassers und des ggf. während der Tide zugeflossenen Wassers zu sorgen.

Spülsand soll möglichst wenig Feinkornanteil (Schluff und Ton, < 0,06 mm) enthalten. Wie hoch der zulässige Anteil an Feinkorn im konkreten Fall ist, hängt von der geforderten Tragfähigkeit der geplanten Hafenfläche ab und davon, wie groß die zu erwartenden Restsetzungen sind bzw. wann die Hafenflächen in Betrieb genommen werden sollen.

Die oberen 2 m der Aufspülfläche müssen gut verdichtbar und hinreichend tragfähig zur Herrichtung von Verkehrs- und Lagerflächen sein.

Wenn auf dem Hafengelände setzungsempfindliche Anlagen abgesetzt werden sollen, muss der Feinkornanteil des Aufspülbodens im Bereich der Lastabtragung kleiner als 10 % sein, Schluff- und Toneinlagerungen sind nicht zulässig.

Häufig muss der Auffüllboden aus wirtschaftlichen Gründen in unmittelbarer Nähe der Auffüllung gewonnen werden, oder es muss ein Material verwendet werden, das beispielsweise bei Baggerungen im Hafen gewonnen wird. Dabei wird das Baggergut oft mit Schneidkopfbaggern oder Grundsaugbaggern gelöst und über Rohrleitungen direkt auf das geplante Hafengelände gespült.

In solchen Fällen ist eine aussagefähige Voraberkundung der in der Entnahmestelle anstehenden Bodenarten und ihrer Eigenschaften, insbesondere aber des Feinkornanteils, unerlässlich. Zweckmäßig ist die durchgehende Beprobung der Sandgewinnung durch Bohrkerne, weil in diesen auch dünne Einlagerungen bindiger Schichten festgestellt werden können. In Verbindung mit ergänzenden Drucksondierungen ergeben diese Untersuchungen belastbare Erkenntnisse darüber, wie hoch der Feinkornanteil in der Sandentnahme ist und wie er über die Tiefe und in der Fläche der Entnahmestelle verteilt ist.

Wird der Spülsand über Rohrleitungen von der Entnahmestelle direkt in das Hafengelände gespült, findet sich dort der Feinkornanteil in vollem Umfang wieder, möglicherweise sogar konzentriert in Lagen im Bereich der Spülfeldausläufe (Mönche). Wird mit einem Laderaumsaugbagger gebaggert oder der Spülsand mit Schuten in das Spülfeld verbracht, wird ein Teil des Feinkorns mit dem Überlauf ausgewaschen. Insofern ist diese Art der Verfüllung bei Sandvorkommen mit größerem Schluff- und Tonanteil vorteilhafter als das direkte Einspülen. Allerdings muss die mit dem Überlauf von Feinkorn verbundene Trübung des Gewässers zulässig sein.

Wenn sich örtlich an den Oberflächen der Aufspülung, z. B. am Spülfeldauslauf, Schluff oder Ton abgesetzt hat, sind diese Böden in der Regel bis zu einer Tiefe von 1,5–2,0 m unter dem zukünftigen Geländeniveau zu beseitigen und durch Sand zu ersetzen (siehe hierzu auch Abschn. 5.5).

In Schichten abgelagerter Schluff oder Ton im Spülfeld behindert das zügige Ablaufen des Spülwassers, sodass der Spülsand eine geringere Lagerungsdichte hat als bei zügigem Ablauf. Durch eine angemessene Spülfeldunterhaltung und durch Steuerung des Spülstromes kann erreicht werden, dass Schluff oder Ton aus dem Spülfeld ausgetragen werden.

Falls bindige Einlagerungen dennoch nicht verhindert werden können, kann die Konsolidierung dieser Schichten z. B. mit Vertikaldräns (Abschn. 5.11) unterstützt und beschleunigt werden.

Böschungen von Aufspülungen mit Mittelsand haben über Wasser Neigungen von 1 : 3 bis 1 : 4, in Tiefen ab 2 m unter dem Wasserspiegel können die Böschungsneigungen auch bis 1 : 2 sein. Diese Böschungen sind nicht stabil, insbesondere Strömungswirkungen flachen die Böschungen ab.

5.3.2 Aufspülen von Hafengelände über dem Wasserspiegel

Das Aufspülen von Hafenflächen im Trockenen ist schematisch in Abb. 5.2 gezeigt. Durch sinnvolle Festlegung der Spülfeldbreite und -länge und der Lage der Ausläufe (Mönche) kann das Abführen von Feinkornanteilen mit dem Spülstrom unterstützt werden.

Breite und Länge des Spülfelds sowie die Ausläufe müssen so festgelegt werden, dass das mit Schwebstoffen und Feinkornanteilen befrachtete Spülwasser so schnell wie möglich abgeführt wird, insbesondere aber keine Totwasserbereiche entstehen. Außerdem sollte möglichst ohne Unterbrechung gespült werden.

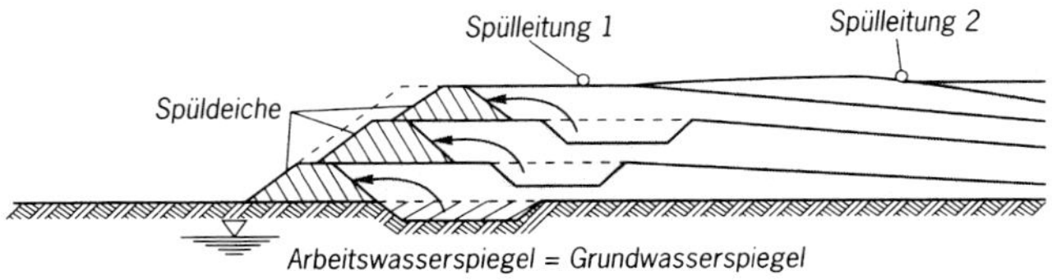

Abb. 5.2 Aufspülen von Hafengelände über dem Wasserspiegel (schematisch).

Sind Unterbrechungen der Spülarbeiten (beispielsweise an Wochenenden) nicht zu vermeiden, ist nach jeder Unterbrechung zu prüfen, ob sich Feinkornschichten abgelagert haben, diese sind dann vor der Fortsetzung der Spülarbeiten zu beseitigen.

Wird das mit Schwebstoffen und Feinkornanteilen befrachtete Spülwasser in das Gewässer zurückgeleitet, sind ggf. Absetzbecken vorzuschalten, damit die Bedingungen der wasserrechtlichen Genehmigung hinsichtlich der Wassertrübung und der Einleitung von Schwebstoffen eingehalten werden können. Die so abgetrennten Sedimente müssen gesondert abgelagert werden.

Bilden Spüldeiche die spätere Begrenzung der Hafenfläche z. B. als Ufer zu einem Gewässer, empfiehlt sich, sie als Sanddeiche mit Folienabdeckung herzustellen. Damit sich im Bereich der Spüldeiche möglichst grobkörniger Sand ablagert, werden die Spülleitungen auf den Spüldeichen oder in deren spülfeldseitigem Fußbereich angeordnet. Der vor den Spüldeichen abgelagerte grobe Sand kann dann zur weiteren Aufhöhung der Spüldeiche verwendet werden (Abb. 5.2). Die Aufhöhung muss so begrenzt werden, dass die Tragfähigkeit des Untergrunds nicht überschritten wird.

5.3.3 Aufspülen von Hafengelände unter dem Wasserspiegel

5.3.3.1 Einspülen von grobkörnigem Spülsand

Grobkörniger Spülsand kann ohne weitere Maßnahmen gespült werden (Abb. 5.3). Die Neigung der natürlichen Spülböschung ist abhängig von der Grobkörnigkeit des Spülsandes und den Strömungen im Wasser. Außerhalb der planmäßigen Unterwasserböschungen abgelagerter Spülsand wird später weggebaggert (Abschn. 5.7).

Der im ersten Arbeitsgang aufgespülte Sand soll bei Grobsand etwa 0,5 m, bei Grob- bis Mittelsand mindestens 1,0 m über den maßgebenden Arbeitswasserspiegel reichen. Darüber wird zwischen Spüldeichen entsprechend Abschn. 5.3.2 weitergearbeitet. In Tidegebieten ist der Spülbetrieb ggf. tideabhängig zu betreiben.

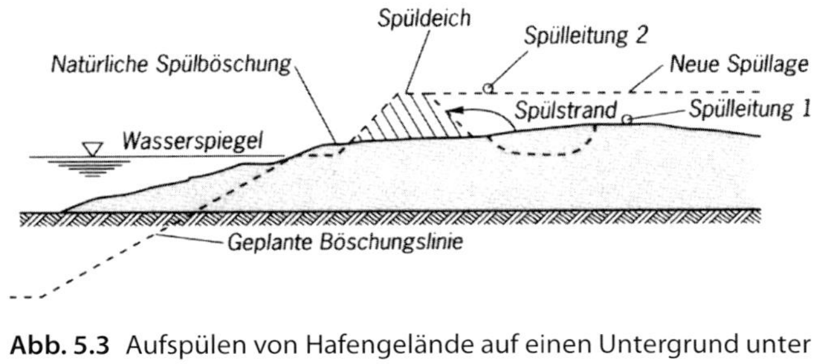

Abb. 5.3 Aufspülen von Hafengelände auf einen Untergrund unter dem Wasserspiegel.

5.3.3.2 Einspülen von feinkörnigem Spülsand

Feinkörniger Spülsand wird unter Wasser durch Einspülen oder Verklappen zwischen Spüldeichen aus Steinschüttmaterial eingebracht (Abb. 5.4). Diese Bauweise ist auch dann sinnvoll, wenn beispielsweise wegen der Schifffahrt nicht genügend Raum für eine natürliche Spülböschung zur Verfügung steht.

Das für die Spüldeiche unter Wasser verwendete Schüttmaterial sollte gegenüber dem Spülsand filterstabil sein.

Bilden die Spüldeiche die begrenzende Böschung der Hafenfläche, müssen sie den Einwirkungen aus Strömung und Wellenbelastung Stand halten. Dazu muss ggf. ein Deckwerk auf der Böschung angeordnet werden. Spüldeiche aus Steinschüttmaterial sind problematisch, wenn später Rammarbeiten ausgeführt werden müssen.

In solchen Fällen können Aufspülflächen mit vorauslaufend verklapptem Sand begrenzt werden (Abb. 5.5). Diese Bauweise erfordert die Verwendung möglichst groben Sands, um dessen Verfrachtung bei Strömungsangriff zu vermeiden. Überschüttungen werden abschließend weggebaggert (Abschn. 5.7).

Eine Alternative zum Verklappen von Sand ist das sogenannte Rainbow-Verfahren. Dabei wird das Spülgut über eine Düse versprüht (Jet). Diese Arbeitsweise ist allerdings nur möglich, wenn das Spülgut nicht durch Strömungen verfrachtet wird.

5.3.3.3 Aufspülung von Hafenflächen über Ablagerungen aus Sedimenten – weich

Bei der Verfüllung nicht mehr genutzter Hafenbecken zum Zwecke einer späteren Nutzung werden weiche kohäsive Sedimente an der Gewässersohle aus wirtschaftlichen Gründen oft überschüttet. Vor und hinter Ufereinfassungen und Böschungen ist allerdings der Austausch der Sedimentschichten in der Regel aus statischen Gründen erforderlich.

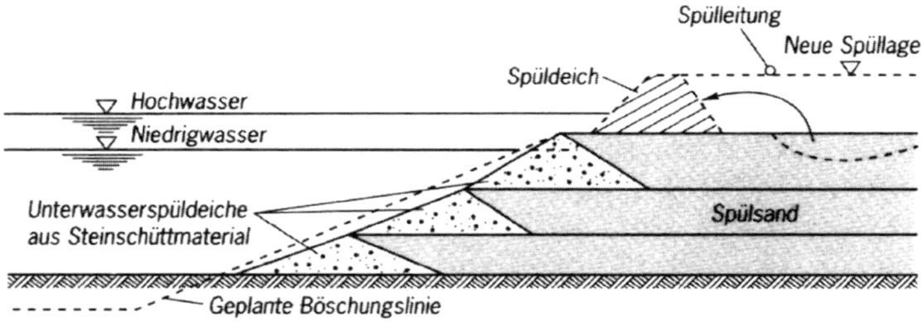

Abb. 5.4 Unterwasserspüldeiche aus Steinschüttmaterial. Der feinkörnige Auffüllsand wird eingespült oder verklappt.

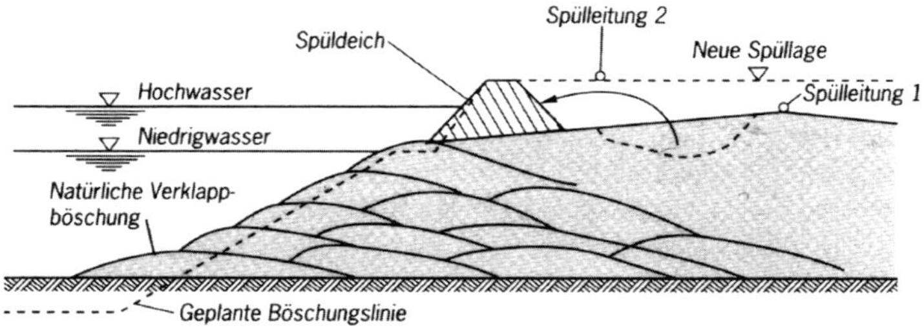

Abb. 5.5 Unterwasseraufbau von Deichen aus Grobsand durch Verklappen.

Im Hafenbecken verbleiben die Sedimente auf der Sohle und werden durch den eingespülten Sand abgedeckt. Der Spülsand muss in Lagen eingebracht werden, deren Dicke durch die Tragfähigkeit der anstehenden Sedimente begrenzt wird. Bei Sedimenten mit sehr geringer Festigkeit kann die erste Spüllage oft nur wenige Dezimeter dick sein, damit örtliche Verwerfungen und Grundbrüche ausgeschlossen sind. Das Einspülen derart dünner Schichten ist nur im Rainbow-Verfahren möglich. Mit den heute üblichen Geräten können Schichten von 10 cm abgelagert werden (Möbius et al., 2002). Die Einhaltung der zulässigen Dicke der Spüllagen muss durchgängig überwacht werden, um das Einbrechen des abgelagerten Sands in die anstehenden Weichsedimente zuverlässig zu verhindern. Gelingt das nicht, können später in der fertigen Fläche stark unterschiedliche Setzungen eintreten.

Unter der Auflast der neu eingebrachten Spülsandlagen konsolidieren die anstehenden Sedimente, sodass die zweite Spülsandlage entsprechend der mit der Konsolidierung angestiegenen Festigkeit der Sedimente entsprechend dicker sein kann. Die erforderliche Dauer der Konsolidierung kann durch Setzungsanalysen vorab abgeschätzt werden, eine zuverlässige Bestimmung der erforderlichen Konsolidierungsdauer ist allerdings nur durch eine messtechnische Begleitung der Maßnahme möglich (Abschn. 5.12.5.1).

Das Aufspülen von Hafenflächen über Ablagerungen aus weichen Sedimenten erfordert also vorab sorgfältige bodenmechanische Untersuchungen der Festigkeit und der Konsolidierungseigenschaften der anstehenden Weichsedimente und eine umfassende Überwachung der Baumaßnahme durch begleitende Messungen, z. B. der Setzungen und der Entwicklung des Porenwasserüberdrucks sowie der Scherfestigkeit.

Wenn die Aufspülung so weit aufgehöht ist, dass die Fläche befahrbar ist, kann die Konsolidierung durch Vertikaldräns, ggf. auch in Verbindung mit einer Vorbelastung, beschleunigt werden (Abschn. 5.11).

Bei der Entwicklung von Hafenflächen durch die Überschüttung von weichen Sedimenten in Gewässern muss die Fläche zunächst mit einem Damm oder einer Spundwandumfassung eingegrenzt werden, innerhalb des so geschaffenen Polders können dann die anstehenden Weichsedimente bis auf die planmäßige Höhe überschüttet werden.

5.3.3.4 Überhöhung zur Berücksichtigung von Setzungen bei Aufspülarbeiten

Das Maß der Überhöhung bei Aufspülarbeiten ist weitgehend von der Genauigkeit abhängig, mit der die Setzungen des Untergrunds und die Setzungen und Sackungen des Aufspülmaterials abgeschätzt werden können. Die zutreffende Abschätzung der Setzungen erfordert bodenmechanische Feld- und Laboruntersuchungen in hinreichendem Umfang und mit der erforderlichen Qualität. In jedem Fall wird es allerdings erforderlich sein, zur Herstellung der Zielhöhe auch Profilierungsarbeiten vorzusehen. Die Aufspültoleranzen sind außerdem in Abhängigkeit von der Aufspülhöhe festzulegen.

Sind größere Setzungen zu erwarten, sollten das Setzungsmaß und die daraus abgeleitete Überhöhung in der Ausschreibung berücksichtigt werden.

Wenn das nicht möglich ist, kann eine gesonderte Vergütung des wegen der Setzungen zusätzlich erforderlichen Einfüllvolumens verabredet werden.

5.4 Hinterfüllen von Ufereinfassungen

5.4.1 Allgemeines

Werden Ufereinfassungen im freien Wasser errichtet und anschließend hinterfüllt, kann es vorteilhaft sein, in der Rammtrasse und im Erddruck- und Erdwiderstandsbereich anstehende weiche Sedimente vor dem Rammen von Wänden und Pfählen in der Rammtrasse zu entfernen und durch einen gut verdichtungsfähigen Boden auszutauschen. Damit wird erreicht, dass die spätere Hinterfüllung direkt auf tragfähigem Baugrund lagert. Dadurch werden Bauzustände vermieden, in denen die Bodenauflast der Hinterfüllung über weiche, bindige Schichten auf die Uferwand einwirkt, die für diese Lasten nicht konsolidiert sind. Durch diese Maßnahme können also Einwirkungen aus Erddruck im unkonsolidierten Zustand vermieden werden, und vor der Wand kann der Erdwiderstand von Anfang an in voller Größe angesetzt werden. Außerdem werden Setzungsunterschiede zwischen Uferbauwerk und Hinterfüllung minimiert.

5.4.2 Hinterfüllen im Trockenen

Im Trockenen hergestellte Uferbauwerke sollen, soweit möglich, auch im Trockenen hinterfüllt werden. Die Hinterfüllung muss in waagerechten, dem verwendeten Verdichtungsgerät angepassten Schichten eingebracht und gut verdichtet werden. Als Füllboden wird, soweit möglich, Sand oder Kies verwendet. Nichtbindige Hinterfüllungen müssen insbesondere im oberen Bereich eine Lagerungsdichte $D \geq 0{,}5$ aufweisen. Andernfalls sind Unterhaltungsarbeiten an Straßen, Gleisen und dergleichen zu erwarten.

Die Lagerungsdichte der Hinterfüllung kann mit Drucksondierungen überprüft werden. Der Sondierspitzenwiderstand in einer Hinterfüllung mit ungleichförmigem Sand und < 10 % Gewichtsanteil der Körnung < 0,06 mm, soll $q_c > 6\,\mathrm{MN/m^2}$ sein. Nach einer Verdichtung kann der Sondierspitzenwiderstand unterhalb von ca. 0,6 m Tiefe $q_c > 10\,\mathrm{MN/m^2}$ erreichen.

Für das Hinterfüllen im Trockenen sind auch bindige Bodenarten, wie Geschiebemergel, sandiger Lehm, lehmiger Sand und in Ausnahmefällen auch steifer Ton oder Klei, geeignet. Diese Böden müssen in dünnen Lagen eingebracht und gut verteilt und verdichtet werden, damit sie eine möglichst hohe Dichte haben und in der Hinterfüllung keine Hohlräume verbleiben. Eine bindige Hinterfüllung muss mit einer ausreichend dicken Sandschicht abgedeckt und so vor den direkten Einwirkungen beim Befahren geschützt werden.

5.4.3 Hinterfüllen unter Wasser

Unter Wasser darf als Füllboden nur Sand oder Kies oder sonstiger geeigneter, nichtbindiger Boden verwendet werden. Eine mitteldichte Lagerung ($0{,}3 < D < 0{,}5$) der Hinterfüllung kann in der Regel erreicht werden, wenn ungleichförmiger Sand so eingespült wird, dass er sich ohne Entmischung ablagert. Mit gleichförmigem Sand wird im Allgemeinen nur eine lockere Lagerung ($D < 0{,}3$) erreicht. Höhere Lagerungsdichten können nur durch zusätzliche Verdichtung mit Tiefenrüttlern erzielt werden. Beim Einsatz von Tiefenrüttlern im unmittelbaren Einwirkungsbereich auf die Uferwand ist sicherzustellen, dass die Erschütterungen beim Rütteln und der Druck aus dem lokal verflüssigten Boden aufgenommen werden können.

Wenn der Spülsand Feinkornanteile enthält oder mit Schlickfall zu rechnen ist, muss so hinterfüllt werden, dass im Bodenkörper hinter der Uferwand keine durchgehenden Ablagerungshorizonte entstehen, die ggf. Gleitflächen mit verminderter Festigkeit ausbilden und in denen ein erhöhter Erddruck und/oder ein verminderter Erdwiderstand anzusetzen sind.

Werden im Zuge der Hinterfüllung die oberen Lagen durch Aufspülen über dem Wasserspiegel aufgebracht, ist der Spülbetrieb so zu steuern, dass das Spülwasser schnell abgeführt wird. Andernfalls müsste ein erhöhter Wasserüberdruckansatz für die Uferwand berücksichtigt werden. Eine ggf. bereits vorhandene Entwässerung der Uferwand darf nicht zum Abziehen des Spülwassers benutzt werden, weil sie dabei irreparabel verschmutzt und wirkungslos werden könnte.

In der Regel klingen die Setzungen des Baugrunds unter der Auflast der Hinterfüllung und die Eigensetzungen der Hinterfüllung nicht ab, bevor die Ufereinfassung wasserseitig abgebaggert und in Betrieb genommen wird. Daher können in den ersten Jahren des Hafenbetriebs Restsetzungen auftreten.

5.4.4 Ergänzende Hinweise

Spundwände erleiden beim Rammen gelegentlich Rammschäden (Schlosssprengungen) an den Schlössern, die bei Wasserüberdruck durchströmt werden. Dabei kann die Hinterfüllung lokal ausgespült werden. Gegebenenfalls kann auch die Hafensohle vor der Spundwand erodiert werden.

In der Hinterfüllung entstehen Hohlräume, die über einige Zeit wegen der Gewölbebildung standsicher sein können, früher oder später aber als Versackungen an der Oberfläche angezeigt werden. Ausspülungen an der Hafensohle werden durch Peilungen und/oder Taucheruntersuchungen identifiziert. Insbesondere im Falle von Schlossschäden mit nur sehr geringer Öffnung treten Versackungen oft erst nach jahrelangem Hafenbetrieb ein und können dann erhebliche Sach- und Personenschäden verursachen.

Um das zu vermeiden, muss die Uferwand unmittelbar nach der Baggerung auf Solltiefe im Bereich zwischen Wasserspiegel und Baggersohle bzw. Hafensohle durch Taucher auf Rammschäden untersucht werden.

5.5 Lagerungsdichte von aufgespülten, nichtbindigen Böden

5.5.1 Allgemeines

Die Tragfähigkeit von aufgespülten Hafenflächen wird im Wesentlichen von der Lagerungsdichte und der Festigkeit der obersten 1,5–2 m des aufgespülten Bodens bestimmt. Die Lagerungsdichte des aufgespülten Bodens ist vor allem von folgenden Faktoren abhängig:

- Kornzusammensetzung, insbesondere Schluffgehalt des Spülmaterials. Zur Erzielung einer möglichst hohen Lagerungsdichte ist es wichtig, den Kornanteil < 0,06 mm auf höchstens 10 % zu begrenzen. Dies kann z. B. durch die Art der Schutenbeladung (Abschn. 5.3) gewährleistet werden.
- Art der Gewinnung und weitere Verarbeitung des Spülmaterials,
- Formgebung und Einrichtung des Spülfeldes,
- Ort und Art des Spülwasserabflusses.

Beim Aufspülen über Wasser wird ohne zusätzliche Maßnahmen im Allgemeinen eine größere Lagerungsdichte erzielt als unter Wasser.

Unter Tideeinfluss und dem Einfluss von Wellen wird der aufgespülte Sand oft bereits nach kurzer Zeit verdichtet und kann dann eine sehr hohe Lagerungsdichte einnehmen.

5.5.2 Erfahrungswerte der Lagerungsdichte

Bei Aufspülungen unter Wasser werden erfahrungsgemäß etwa folgende Lagerungsdichten D erzielt:

- Feinsand mit verschiedenen Ungleichförmigkeitsgraden mit einer mittleren Korngröße $d_{50} < 0{,}15$ mm:
  $D = 0{,}35–0{,}55$
- Mittelsand mit verschiedenen Ungleichförmigkeitsgraden mit einer mittleren Korngröße $d_{50} = 0{,}25–0{,}50$ mm:
- $D = 0{,}15–0{,}35$

Da die Kornzusammensetzung und der Schluffgehalt des Materials während der Ausführung streuen, sind die vorgenannten Erfahrungswerte nur ein grober Anhalt für die tatsächlich erzielbare Lagerungsdichte.

5.5.3 Erforderliche Lagerungsdichte für Hafenflächen

Die oberen 1,5–2 m einer Hafenfläche sollten in Abhängigkeit von der jeweiligen Nutzung und der Körnung der Auffüllung etwa Lagerungsdichten D gemäß Tab. 5.2 erreichen.

Tab. 5.2 Nutzungsabhängige erforderliche Lagerungsdichten D nichtbindiger Böden für Hafenflächen.

Nutzungsart	Lagerungsdichte D	
	Feinsand $d_{50} < 0{,}15$ mm	Mittelsand $d_{50} = 0{,}25–0{,}50$ mm
Lagerflächen	0,35–0,45	0,20–0,35
Verkehrsflächen	0,45–0,55	0,25–0,45
Bauwerksflächen	0,55–0,75	0,45–0,65

Grundsätzlich sind also bei gleicher Beanspruchung für Feinsand höhere Lagerungsdichten zu fordern als für Mittelsand.

5.5.4 Überprüfung der Lagerungsdichte

Die Lagerungsdichte des oberen Bereichs einer Aufspülung kann mit den gebräuchlichen Versuchen zur Dichtebestimmung nach DIN EN ISO 22475-1 in der Regel durch Ersatzmethoden sowie durch Plattendruckversuche nach DIN 18134 oder mit einer radiometrischen Einstichsonde ermittelt werden. Diese Methoden erlauben allerdings nur eine Bewertung der Lagerungsdichte bzw. der Tragfähigkeit des oberen Bereichs (max. 1 m). In größeren Tiefen kann die Lagerungsdichte durch Druck- oder Rammsondie-

Tab. 5.3 Beziehung zwischen der Lagerungsdichte D, dem Spitzendruck q_c der Drucksonde und den Rammsondenwiderständen bei Schlagzahl N_{10} für aufgespülte Sande (Erfahrungswerte für ungleichförmigen Feinsand und für gleichförmigen Mittelsand).

Nutzungsart		Lagerflächen	Verkehrsflächen	Bauwerksflächen
Lagerungsdichte D	Feinsand	0,35–0,45	0,45–0,55	0,55–0,75
	Mittelsand	0,20–0,35	0,25–0,45	0,45–0,65
Drucksonde CPT $15q_c$ [MN/m²]	Feinsand	2–5	5–10	10–15
	Mittelsand	3–6	6–10	> 15
Schwere Rammsonde DPH, N_{10}	Feinsand	2–5	5–10	10–15
	Mittelsand	3–6	6–15	> 15
Leichte Rammsonde DPL, N_{10}	Feinsand	6–15	15–30	30–45
	Mittelsand	9–18	18–45	> 45
Leichte Rammsonde DPL-5, N_{10}	Feinsand	4–10	10–20	20–30
	Mittelsand	6–12	12–30	> 35

rungen nach DIN 4094-1 und DIN EN ISO 22476-2 oder mit einer radiometrischen Tiefensonde überprüft werden.

Für die Überprüfung der Lagerungsdichte aufgespülter Sande ist die Drucksonde (CPT) besonders geeignet, ersatzweise aber auch die Schwere Rammsonde (DPH), wenn etwa Flächen mit der Drucksonde nicht erreicht werden können. Bei Erkundungstiefen von weniger als ca. 3 m kommt auch die leichte Rammsonde (DPL) in Betracht. Die Werte nach Tab. 5.3 sind Erfahrungswerte für die Beziehung zwischen den Sondierungsergebnissen und der Lagerungsdichte. Sie gelten aber erst ab Sondiertiefen von ca. 1,0 m unter dem Ansatzpunkt der Sondierung.

5.6 Lagerungsdichte von verklappten, nichtbindigen Böden

5.6.1 Allgemeines

Diese Empfehlung ist im Wesentlichen eine Ergänzung zu den Ausführungen in den Abschn. 5.3 bis 5.5.

Das Verklappen nichtbindiger Böden führt im Allgemeinen zu einer mehr oder weniger großen Entmischung des Materials. Die Folge ist eine stark wechselnde Zusammensetzung der Hinterfüllung, insbesondere wenn die feinkörnigeren Bestandteile des Bodens zusätzlich durch Strömungen verfrachtet werden können. Böschungen stellen sich beim Verklappen nichtbindiger Böden zunächst relativ steil ein, diese Böschungen sind aber nicht stabil und werden durch Böschungsbrüche immer wieder abgeflacht. Dabei wird der Boden aufgelockert. Böschungen mit einer Neigung von 1 : 5 oder flacher sind über längere Dauer stabil.

Auch verklappte, nichtbindige Böden können sich unter Tide- und Welleneinfluss weiter verdichten.

5.6.2 Einflüsse auf die erzielbare Lagerungsdichte

Die Lagerungsdichte von verklappten, nichtbindigen Böden ist vor allem von folgenden Einflüssen abhängig:

a) Im Allgemeinen ergibt ein ungleichförmiger Kornaufbau eine höhere Lagerungsdichte als ein gleichförmiger. Der Schluffgehalt soll 10 % nicht übersteigen.
b) Mit zunehmender Wassertiefe nimmt die Entmischung insbesondere von nichtbindigen Böden mit einer Ungleichförmigkeitszahl $U > 5$ zu. Damit ändert sich die Kornverteilung, die grobkörnigen Fraktionen erreichen eine höhere Lagerungsdichte als die feinkörnigen Fraktionen. Insgesamt entsteht ein Bodenkörper mit inhomogener Lagerungsdichte.
c) Je größer die Strömung ist, umso größer ist die Entmischung und umso ungleichmäßiger setzt sich der Boden ab.
d) Mit Schuten, deren Laderäume sich nach dem Spaltklappprinzip öffnen, wird im Allgemeinen eine höhere Lagerungsdichte erzielt als durch Schuten mit Bodenklappen.

Weil die vorgenannten Einflussfaktoren teilweise gegenteilige Auswirkungen auf die Lagerungsdichte haben, kann die Lagerungsdichte von nichtbindigen Böden beim Verklappen sehr unterschiedlich sein.

Die Erdauflast hat auf die Lagerungsdichte verklappter, nichtbindiger Böden nur einen untergeordneten Einfluss. Selbst unter dem Einfluss großer Überlagerungsspannungen nimmt die Lagerungsdichte des verklappten Sandes im Allgemeinen nur wenig zu. Daher sollte in verklapptem Sand ohne zusätzliche Verdichtung nur eine lockere Lagerung angenommen werden.

5.7 Baggern von Unterwasserböschungen

5.7.1 Allgemeines

Unterwasserböschungen werden in vielen Fällen so steil ausgeführt, wie es aus Standsicherheitserwägungen verantwortet werden kann. Hinsichtlich der dauerhaften Standsicherheit von gebaggerten Unterwasserböschungen sind die Einflüsse von Wellenschlag und Strömung sowie die Einwirkungen aus dem Baggern selbst und aus dem Schiffsverkehr zu bewerten. Die Erfahrung zeigt, dass gerade während der Baggerung und kurz danach häufig Abrutschungen an gebaggerten Böschungen auftreten.

Die hohen Kosten für das Wiederherstellen abgerutschter Baggerböschungen rechtfertigen vorausgehende sorgfältige Bodenaufschlüsse und bodenmechanische Untersuchungen als Grundlage für die Festlegung der planmäßigen Neigung der Baggerböschung sowie die Ausschreibung der Baggerarbeiten.

Grundsätzlich kann es zweckmäßig sein, mit Brunnen unmittelbar hinter der Baggerböschung Grundwasser aus dem Böschungsbereich zu fördern und so einen in die Böschung hinein gerichteten Strömungsgradienten zu erzeugen. Damit wird der andernfalls während des Baggerns aus der Böschung heraus gerichtete Strömungsgradient nicht mehr maßgebend für die Standsicherheit der Böschung.

5.7.2 Baggern von Unterwasserböschungen in lockerem Sand

Besondere Probleme können beim Baggern von Unterwasserböschungen in lockerem Sand eintreten. Einwirkungen wie beispielsweise Erschütterungen und lokale Spannungsänderungen aus dem Baggerbetrieb können große Mengen von Sand in Bewegung setzen. Der Sand verhält sich dann vorübergehend wie eine schwere Flüssigkeit, deshalb werden diese Formen der Böschungsrutschung auch als „Böschungsfließen" bezeichnet. Ob ein zu baggernder Boden fließen kann, muss vor Beginn der Baggerung untersucht werden. Gegebenenfalls kann die Gefahr des Böschungsfließens durch eine Verdichtung des Bodens vorab ausgeschaltet werden. Andernfalls muss die Baggerböschung von vornherein so flach gehalten werden, dass das Böschungsfließen ausgeschlossen werden kann. Das ist allerdings oft baupraktisch nicht möglich, zumal bereits eine dünne Schicht locker gelagerten Sandes in der zu baggernden Bodenmasse das Böschungsfließen auslösen kann.

5.7.3 Baggergeräte

Grundsätzlich können Unterwasserböschungen mit allen gängigen Nassbaggergeräten hergestellt werden. Das Gerät muss den Einsatzbedingungen entsprechend ausgewählt werden.

Mit großen Schneidkopf-/Schneidradbaggern können Böschungen bis zu einer Tiefe von ca. 30 m hergestellt werden, mit großen Eimerkettenbaggern solche bis zu ca. 35 m, Tieflöffelbagger erreichen derzeit Tiefen bis zu 20 m.

Mit dem Löffelbagger wird vor allem bei schweren Böden gearbeitet. Sind nur kleine Mengen zu baggern oder sind Baggerungen nach Abschn. 5.1 auszuführen, können auch Greifer eingesetzt werden.

Grundsaugbagger eignen sich nur für die Herstellung von Böschungen mit geringen Anforderungen an die Herstellungsgenauigkeit. Sie verursachen durch ihre Arbeitsweise leicht Böschungsbrüche. Sie kommen daher für das gezielte Baggern planmäßiger Unterwasserböschungen im Allgemeinen nicht infrage.

Unterschneidungen müssen beim Baggern von Unterwasserböschungen unbedingt vermieden werden.

5.7.4 Ausführung der Baggerarbeiten

5.7.4.1 Grobe Baggerarbeiten

Oberhalb bis dicht unterhalb des Wasserspiegels wird zunächst eine vorgezogene Baggerung durchgeführt, bei der beispielsweise mit einem Greiferbagger dieser Teil der Böschung profilgerecht hergestellt wird. Vor dem Baggern der weiteren Unterwasserböschung wird in einem solchen Abstand von der Böschung gebaggert, dass das Baggergerät mit möglichst hoher Leistung arbeiten kann, ohne dass die Gefahr eines Böschungsbruchs in der zukünftigen Böschung auftritt.

Aus den Beobachtungen des anstehenden Bodens während der Vorbaggerungen können Hinweise zum erforderlichen Abstand des Baggergeräts zur geplanten Böschung abgeleitet werden.

Nach Abschluss der groben Baggerarbeiten muss der noch über der Unterwasserböschung stehende Boden mit einem Gerät entfernt werden, das mit der Zielsetzung auszuwählen ist, die Standsicherheit der Böschung nicht zu gefährden (Abb. 5.6 und 5.7).

5.7.4.2 Baggerarbeiten entlang Böschungen

Entlang der herzustellenden Böschungen muss so gebaggert werden, dass Böschungsbrüche möglichst nicht auftreten. Hierzu eignen sich die nachfolgend aufgeführten Geräte. Ihre Eignung muss im Einzelfall untersucht und bewertet werden.

Eimerkettenbagger

Früher wurden sowohl für die Vorbaggerungen als auch für das Baggern der Böschungen ausschließlich Eimerketten- und Greiferbagger eingesetzt. Mit kleinen Eimerkettenbaggern kann schon ab einer Tiefe von ca. 3 m unter der Wasseroberfläche gebaggert werden.

Der Eimerkettenbagger arbeitet zweckmäßig parallel zur Böschung, wobei in der Regel schichtweise abgetragen wird. Eine voll- oder halbautomatische Steuerung der Bewegung der Baggerleiter ist möglich und zu empfehlen.

Die Böschung wird stufenweise gebaggert. Die Bodenart ist maßgebend dafür, wieweit die Stufen die theoretische Böschungslinie anschneiden dürfen (Abb. 5.6).

In bindigen Böden werden die Stufen im Allgemeinen in die planmäßige Böschungslinie gebaggert. In nichtbindigen Böden darf die planmäßige Böschungslinie nicht angeschnitten werden. Die eventuelle Beseitigung des überstehenden Bodens ist abhängig von den Toleranzen, die in Abhängigkeit von den Bodenverhältnissen und den unter Abschn. 5.2 aufgeführten Randbedingungen festzulegen sind.

Die Höhe der Stufen ist u. a. von der Bodenbeschaffenheit abhängig und liegt im Allgemeinen zwischen ca. 1,0 und 2,5 m.

Die Genauigkeit, mit der Böschungen auf diese Weise hergestellt werden können, ist unter anderem von der geplanten Böschungsneigung, der Bodenart und außerdem von den Fähigkeiten und Erfahrungen der Mannschaft, die das Baggergerät bedient, abhängig.

Bei Böschungsneigungen von 1 : 3 bis 1 : 4 und in bindigen Böden kann eine senkrecht zur theoretischen Böschungslinie gemessene Genauigkeit von ±50 cm erreicht werden. Bei nichtbindigem Boden soll die Genauigkeit der Baggerung, abhängig von der Baggertiefe, +25 bis +75 cm betragen.

Schneidkopf- oder Schneidradbaggerung

Heute werden für Baggerarbeiten unter Wasser aus wirtschaftlichen Gründen auch Schneidkopf- und Schneidradbagger eingesetzt.

Beim Baggern bewegt sich der Schneidkopfbagger parallel zu Böschung, vergleichbar zu einem Eimerkettenbagger. Wie bei diesem wird auch hier schichtweise gearbeitet. Empfehlenswert ist eine rechnergesteuerte Führung des Baggers und der Baggerleiter.

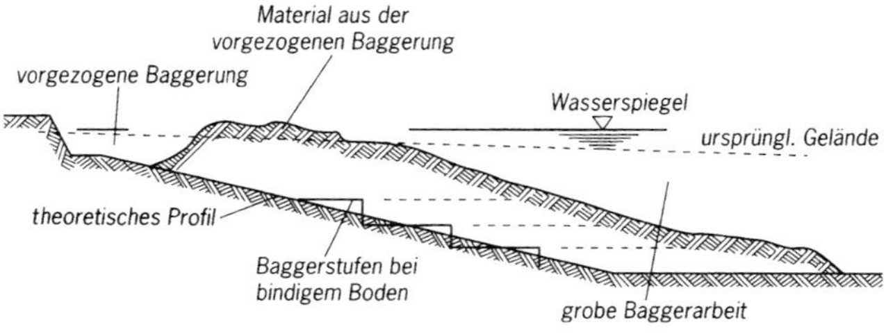

Abb. 5.6 Herstellen einer Unterwasserböschung mit Eimerkettenbagger.

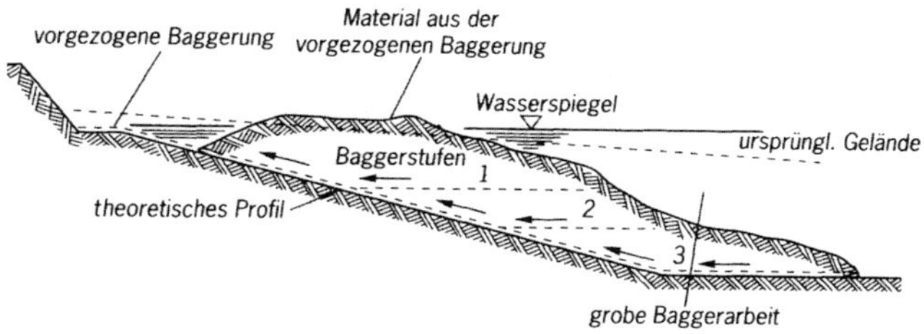

Abb. 5.7 Herstellen einer Unterwasserböschung mit Schneidkopf- oder Schneidradbagger.

In Abb. 5.7 ist angedeutet, wie ein Schneidkopf bzw. -rad parallel zur theoretischen Böschungslinie nach oben arbeitet, nachdem ein waagerechter Baggerschnitt ausgeführt wurde. Auf diese Weise können Unterwasserböschungen mit großer Genauigkeit hergestellt werden. Wenn die Baggerleiter durch einen Rechner gesteuert wird, sind Genauigkeiten T_h quer zur Böschung von +25 cm bei kleinen und von +50 cm bei großen Schneidkopfbaggern zu erreichen. Wird ohne besondere Steuerung gearbeitet, gelten die erreichbaren Genauigkeiten wie bei der Baggerung mit Eimerkettenbaggern, sofern ausgeschlossen ist, dass der Boden ins Fließen gerät.

5.8 Sackungen nichtbindiger Böden

Sackungen im engeren geotechnischen Sinn sind lastunabhängige Verformungen nichtbindiger Böden, die zu einer höheren Lagerungsdichte führen. Ursache der Sackungen sind der Wegfall der Kapillarkohäsion (scheinbare Kohäsion) bei Sättigung oder dynamische Einwirkungen. Sackungen treten weiterhin auf, wenn in verkitteten Böden die Bindungen zwischen den Bodenaggregaten zerfallen oder die Kohäsion infolge chemischer Bindungen durch äußere Einwirkungen zerstört wird.

Die Abb. 5.8 zeigt die Sackung als schlagartig eintretende Setzung während der Wassersättigung eines erdfeucht eingebauten Sandes beim Kompressionsversuch.

Insbesondere in den ersten Jahren nach Erstellung von Erdbauwerken können Sackungen eintreten. Sackungen sind vor allem in Böden mit geringer Lagerungsdichte zu erwarten, in locker gelagertem Sand sind Sackungsmaße bis zu 10 % der Schichtdicke möglich. Bei dicht gelagertem Sand können Sackungen noch eine Größenordnung von bis zu 0,5 % der Schichtdicke haben. Allerdings werden Sackungen in dicht gelager-

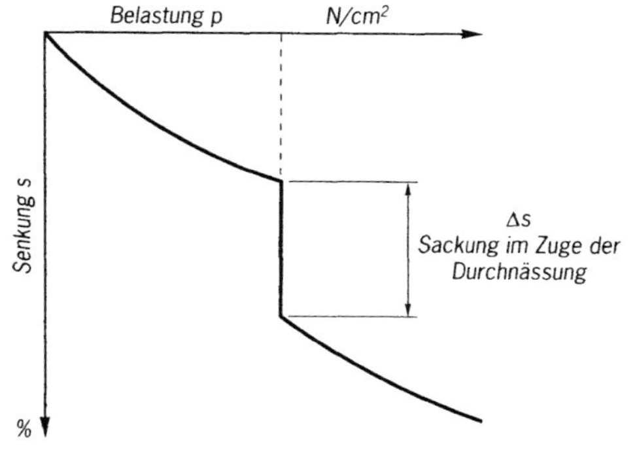

Abb. 5.8 Lastsenkungsdiagramm eines erdfeuchten Sands bei Durchnässung.

ten Böden nur durch besondere Einwirkungen, wie z. B. Erschütterungen beim Rammen und Rütteln, ausgelöst.

Das Sackungspotenzial eines grobkörnigen und damit hinreichend durchlässigen Bodens lässt sich durch Wasserzugabe bei der Verdichtung deutlich verringern (Einbau „auf dem nassen Ast" der Proctorkurve). Im Falle feinkörniger und damit gering durchlässiger Böden kann die Wasserzugabe die Verdichtung behindern.

Bei Felsschüttungen können Sackungen auftreten, wenn sie zum ersten Mal eingestaut werden. Sackungen werden in diesem Fall primär durch Schwächungen des Gefüges des Gesteins durch Wasseraufnahme und daraus resultierendem Materialbruch an sehr hoch beanspruchten Kontaktstellen ausgelöst.

Das Sackmaß ist im Allgemeinen bei rundkörnigen Böden größer als bei scharfkantigen, nichtbindigen Böden. Gleichförmige Sande zeigen ein größeres Sackungsmaß als ungleichförmige, wobei der Unterschied allerdings nur bei sehr lockerer und bei lockerer Lagerung erkennbar ist.

Sackungen im weiteren Sinne können auch infolge von Materialentzug in tieferen Schichten auftreten. Dies kann durch hydraulischen Materialtransport (Suffosion, Kontakterosion und Ähnliches), durch Schadstellen in Stützwänden, durch Auslaugungsprozesse (Erdfälle) oder durch organische Zersetzungsprozesse ausgelöst werden.

5.9 Ausführung von Bodenaustausch in der Rammtrasse von Ufereinfassungen

5.9.1 Allgemeines

Ein Bodenaustausch kann zweckmäßig sein, wenn in der Rammtrasse von Ufereinfassungen schwer rammbare Bodenarten und/oder Rammhindernisse anstehen. In diesem Fall besteht die Gefahr, dass insbesondere kombinierte Spundwände nicht ohne Rammschäden eingebracht werden können. Die Kosten des Bodenaustauschs werden dann durch die gewonnene Planungs- und Ausführungssicherheit und die zuverlässige Vermeidung von Schäden kompensiert.

Ein Bodenaustausch ist auch dann zweckmäßig, wenn in der Trasse der Uferwand bindige Böden mit nur geringer Festigkeit in großer Schichtdicke anstehen. In einem solchen Fall ist der Bodenaustausch die Voraussetzung dafür, dass die Standsicherheit der Uferwand in allen Bauphasen und im Endzustand gewährleistet ist.

Eine wirtschaftliche Voraussetzung eines Bodenaustauschs ist, dass der erforderliche Austauschboden, in der Regel gut einbaubarer und verdichtbarer Sand, kostengünstig beschafft werden kann.

Planerische Grundlage eines Bodenaustauschs sind aussagefähige Baugrunderkundungen bereits in der Phase der Entwurfsplanung. Ihre Erkenntnisse erlauben die genaue Festlegung des Austauschbereichs und eine optimierte Planung des Geräteeinsatzes.

Zur Optimierung des Geräteeinsatzes kann es bei umfangreichen Baggerarbeiten sinnvoll sein, vorab eine Probebaggerung durchzuführen. Die Beobachtung der Baggergrube erlaubt zudem eine Beurteilung der Standsicherheit der Baggerböschungen unter der Einwirkung von Wellen und Strömungen und des Schlickfalls.

5.9.2 Bodenaushub

5.9.2.1 Wahl des Baggergeräts

Für den Aushub von bindigem Boden können Eimerkettenbagger, Schneidkopfbagger, Schneidradbagger oder Tieflöffelbagger eingesetzt werden. Wenn Böden mit eingelagerten Hindernissen gebaggert werden müssen (beispielsweise Boden mit Geröllagen), besteht beim Baggern mit Saugbaggern die Gefahr, dass Gerölle, die von Saugbaggern nicht erfasst werden, an der Baggersohle abgelagert werden und dort bei späteren Rammarbeiten eine kaum zu durchdringende Schicht bilden. In einem solchen Fall muss der Bodenaustausch so tief reichen, dass durch das Baggern entstandene Hindernislagen unterhalb der Absetztiefe aller Rammprofile liegen.

Beim Baggern von bindigen Böden unter Wasser ist nicht zu vermeiden, dass sich gelöster Boden aus der Baggerschaufel auf der Baggersohle als Schlickschicht ablagert. Insbesondere beim Aushub mit Eimerkettenbaggern (Abb. 5.9) ist wegen übervoller Eimer, unvollständigem Entleeren der Eimer in der Ausschüttanlage und Überfließen der Baggerschuten mit einem hohen Sedimentaufkommen zu rechnen. Die so entstehende Sedimentationsschicht, ggf. auch in Verbindung mit Schlickfall aus dem Gewässer, hat nur eine sehr geringe Festigkeit und sollte daher vor dem Überschütten entfernt werden. Dazu sollte die Schnitthöhe bei Erreichen der Baggergrubensohle reduziert und mindestens ein Sauberkeitsschnitt geführt werden, mit dem die sedimentierte Schlickschicht so weit wie möglich entfernt wird (Abb. 5.9 und 5.10).

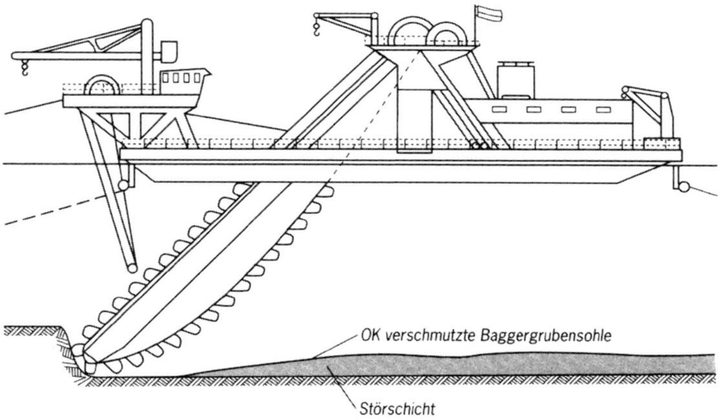

Abb. 5.9 Störschicht beim Aushub mit Eimerkettenbagger.

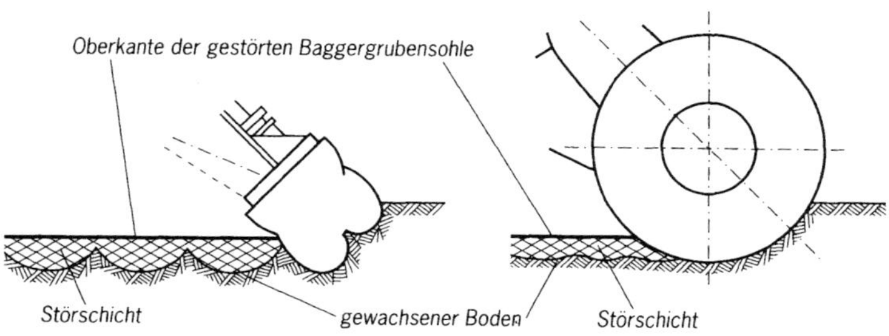

Abb. 5.10 Störschichtbildung beim Aushub mit Schneidkopf- bzw. Schneidradsaugbagger.

Beim Einsatz von Schneidkopf- und Schneidradbaggern entsteht eine gewellte Baggergrubensohle nach Abb. 5.10, deren Störschicht dicker ist als die beim Baggern mit Eimerkettenbaggern.

Durch eine besondere Schneidkopfform, eine niedrige Drehzahl, kurze Vorschübe sowie eine langsame Schergeschwindigkeit kann die Dicke der Störschicht klein gehalten werden.

5.9.2.2 Ausführung und Kontrolle der Baggerarbeiten

Der Aushub wird in Stufen durchgeführt, die am Baggergrubenrand der mittleren Profilneigung entsprechen. Die Höhe dieser Stufen ist von Art und Größe der Geräte und von der Bodenart abhängig. Auf ein genaues Einhalten der Schnittbreiten ist zu achten, da zu breit ausgeführte Schnitte örtlich zu übersteilen Böschungen und damit zu Böschungsrutschungen führen können.

Die ordnungsgemäße Ausführung der Baggerung kann durch moderne Vermessungsverfahren (z. B. Echolot in Verbindung mit Differential Global Positioning System, DGPS) überwacht werden. Auch eventuelle Profiländerungen, die unter Umständen auf Rutschungen in der Unterwasserböschung zurückzuführen sind, lassen sich rechtzeitig erkennen. Die Markierung der Baggerschnittbreite an den Seitendrähten des Baggers allein ist zur Kontrolle der Baggerarbeiten nicht ausreichend.

Zur Überwachung von Rutschungen an Unterwasserböschungen haben sich Inklinometermessungen am Rand der Baggergrube bewährt.

Eine letzte Messung ist unmittelbar vor Beginn des Sandeinbaus durchzuführen. Dabei ist auch die Beschaffenheit der Baggergrubensohle durch die Entnahme von Bodenproben zu überprüfen. Hierfür hat sich ein aufklappbares Sondierrohr (Sedimentbohrer) mit einem Mindestdurchmesser von 100 mm und einer Fangvorrichtung (Kernfänger) bewährt. Dieses Rohr wird je nach den Erfordernissen 0,5–1,0 m oder auch tiefer in die Baggergrubensohle getrieben. Nach dem Ziehen und Öffnen des Rohrs kann anhand des im Rohr enthaltenen Kerns der in der Baggergrubensohle anstehende Boden angesprochen und beurteilt werden.

Bezüglich der Qualität des Einfüllsandes sei auf die Ausführungen in Abschn. 5.3 verwiesen.

5.9.3 Säubern der Baggergrubensohle vor dem Sandeinbau

Eine Baggersohle frei von bindigen Ablagerungen ist vor allem im Verfüllbereich vor Uferwänden wichtig, weil dort eine an der Baggersohle verbleibende Schicht bindigen Bodens den Erdwiderstand drastisch reduzieren könnte. Deswegen muss unmittelbar vor dem Einbau des Sandes die Baggergrubensohle von Ablagerungen bindiger Böden, die beispielsweise durch das Sedimentieren von Schlick zwischen Baggerung und Sandeinbau entstanden sein können, gesäubert werden. Wenn die Ablagerungen nicht zu fest sind, können dazu Schlicksauger eingesetzt werden. Liegt zwischen dem Ende der Baggerarbeiten und dem Beginn des Schlicksaugens allerdings ein Zeitraum von mehreren Tagen und länger, können die abgelagerten Sedimente bereits so verfestigt sein, dass das Absaugen nicht mehr möglich ist und ein nochmaliger Sauberkeitsschnitt ausgeführt werden muss. Gute Erfahrungen sind auch mit dem Einsatz des Wasserinjektionsverfahrens gemacht worden. Die Sauberkeit der Baggergrubensohle ist ständig zu überprüfen. Hierfür kann das unter Abschn. 5.9.2.2 beschriebene Sondierrohr verwendet werden. In weichen Ablagerungen kann für die Entnahme der Proben auch ein entsprechend ausgebildeter Greifer (Handgreifer) eingesetzt werden. Die Kombination von punktuellen Sedimentsondierungen mit Echolotpeilungen, die allerdings zum zweifelsfreien Erkennen der Baggersohle mit unterschiedlichen Frequenzen durchzuführen sind, erlaubt dann eine zuverlässige Beurteilung der Baggersohle.

Wenn nicht gewährleistet werden kann, dass auf der Baggersohle keine Schlickablagerungen verbleiben, muss sichergestellt werden, dass der Austauschboden sich nach dem Einbau mit dem unter der Baggersohle anstehenden tragfähigen Boden verzahnt, sodass die Schlickschicht keine durchgehende Gleitfläche ausbilden kann. Dazu kann z. B. als erste Schicht der Verfüllung Grobschotter eingebaut werden, der die Sedimente verdrängt und so eine kraftschlüssige Verbindung zum Boden unter der Baggersohle herstellt. Die Schichtdicke des Schotters muss so gewählt sein, dass die Sedimente im Porenvolumen des Schotters aufgenommen werden können, ohne dass der mineralische Kontakt zwischen den einzelnen Steinen verlorengeht. Wenn sichergestellt ist, dass später weder gerammt noch die Hafensohle vertieft werden soll, kann zur Gewährleistung der Verzahnung zwischen anstehendem Boden und Austauschboden anstelle von Schotter auch grobstückiges Bruchsteinmaterial verwendet werden. In nichtbindigem Boden und bei geringer Tiefe der Baggersohle kann die Verzahnung zwischen dem Einfüllboden und dem Untergrund auch durch Verdübeln mit einer Einheit von zwei bis vier Rüttlern erreicht werden.

5.9.4 Einbau des Sandes

Grundsätzlich muss das Verfüllen des Sandes so betrieben werden, dass im Bodenkörper keine durchgehenden Schlickschichten entstehen. Das kann bei starkem Schlickfall durch einen kontinuierlichen, leistungsfähigen Betrieb, der auch an Wochenenden nicht unterbrochen wird, erreicht werden. Im Übrigen wird auf die Ausführungen zum Einbau von Sand unter Wasser im Abschn. 5.3.3 verwiesen.

Gut bewährt hat sich die Bearbeitung der Oberflächen von bereits eingefüllten Sandlagen während des Sandeinbaus mit dem Wasserstrahlverfahren. Dadurch gehen abgelagerte Sedimente wieder in Suspension und somit können durchgehende Sedimentlagen gar nicht erst entstehen. Die Sandverluste beim Einsatz des Wasserstrahlverfahrens müssen bei der Bedarfsermittlung des Sandes berücksichtigt werden.

Um zu vermeiden, dass auf die Ufereinfassung ein Erddruck wirkt, der höher als der Erddruck ist, der in den statischen Nachweisen angesetzt wurde, muss die Baggergrube so verfüllt werden, dass Schichtgrenzen innerhalb des Bodenaustauschs entgegengesetzt zu den Erddruckgleitflächen geneigt sind. Das gilt gleichermaßen für einen Bodenaustausch auf der Erdwiderstandsseite.

Ergänzend wird auf den PIANC-Bericht (1980) verwiesen.

5.9.5 Kontrolle des Sandeinbaus

Während des Sandeinbaus sind ständig Peilungen durchzuführen und deren Ergebnisse zu dokumentieren. Damit können der Sandeinbau und Strömungseinwirkungen in einem gewissen Umfang kontrolliert werden. Gleichzeitig lassen diese Aufzeichnungen erkennen, wie lange Einbauflächen stabil sind und ob sich Sedimente abgelagert haben.

Bei zügigem, ununterbrochenem Verspülen und/oder Verklappen kann auf die Entnahme von Proben aus dem jeweiligen unmittelbaren Einbaubereich verzichtet werden. Wenn der Sandeinbau allerdings unterbrochen war, muss, wie vorstehend beschrieben, die Einbauoberfläche vor dem weiteren Einbau von Sand auf Schlickablagerungen überprüft werden.

Nach Abschluss des Sandeinbaus muss der Bodenaustausch durch Kernbohrungen in Verbindung mit Drucksondierungen stichprobenartig, aber systematisch erkundet werden. Die Bohrungen und Sondierungen sind bis in den unter der Baggergrubensohle anstehenden Boden zu führen.

Ein Abnahmeprotokoll bildet die verbindliche Grundlage für die endgültige Berechnung und Bemessung der Ufereinfassung und eventuell erforderlich werdende Anpassungsmaßnahmen.

5.10 Bodenverdichtung mit schweren Fallgewichten (dynamische Intensivverdichtung)

Vor allem gut wasserdurchlässige Böden können mit schweren Fallgewichten wirkungsvoll verdichtet werden. Dieses Verfahren ist auch bei schwach bindigen sowie bei nicht wassergesättigten, bindigen Böden anwendbar, weil durch die Schlageinwirkung der Druck im kompressiblen Porenfluid (Porenwasser und Luft) so groß wird, dass die Bodenstruktur aufgerissen wird. Der Abbau des Drucks im Porenfluid leitet dann eine relativ schnell ablaufende Konsolidierung ein.

Mit sehr großen Fallmassen und hoher Fallhöhe können mit diesem Verfahren auch wassergesättigte, bindige Böden verdichtet werden.

Damit der Erfolg einer Verdichtung mit der dynamischen Intensivverdichtung zuverlässig bewertet werden kann, muss der zu verdichtende Boden vorab bodenmechanisch auf seine Eignung untersucht werden. Dabei sind auch Bereiche festzulegen, in denen die dynamische Intensivverdichtung ggf. nicht erfolgreich eingesetzt werden kann. Hier muss dann z. B. ein Bodenaustausch durchgeführt werden.

Die erforderliche Fallhöhe, die erforderliche Fallmasse sowie die Anzahl der Verdichtungsübergänge sollten vorab in einem Versuchsfeld erkundet werden. In diesem Zusammenhang können auch der von der Verdichtung ausgehende Schlaglärm und die Erschütterungen von Nachbarbebauungen beurteilt werden. Die erreichte Verdichtung wird mit den in Abschn. 5.5 aufgezeigten Methoden überprüft.

5.11 Vertikaldräns zur Beschleunigung der Konsolidierung weicher, bindiger Böden

5.11.1 Allgemeines

Die beschleunigende Wirkung von Vertikaldräns auf die Konsolidierung basiert darauf, dass sie bei der Konsolidierung eine radiale Entwässerung der Schichten anstelle der Entwässerung nach oben und unten ermöglichen. Der radiale Entwässerungsweg ist der halbe Abstand der Dräns untereinander und kann damit im Gegensatz zum Entwässerungsweg nach oben (= Schichtdicke) oder nach oben und unten (= halbe Schichtdicke) beeinflusst werden. Durch Vertikaldräns werden somit die Konsolidierungssetzungen (primäre Setzungen) wenig wasserdurchlässiger Schichten wesentlich beschleunigt. Zugleich sind die Setzungen aus Konsolidierung insbesondere weicher, bindiger Schichten mit Vertikaldräns größer als ohne, weil bei den kürzeren Entwässerungswegen der Stagnationsporenwasserdruck (bei dem die Konsolidierung zum Stillstand kommt) geringer ist als im Falle langer Entwässerungswege.

Nicht beeinflusst durch Vertikaldräns werden hingegen die sekundären Setzungen (Kriechsetzungen), die insbesondere bei weichen, bindigen und organischen Böden betragsmäßig groß sein können und lange andauern.

Vertikaldräns bewirken vor allem in horizontal geschichteten, weichen, bindigen Böden wie Klei eine Beschleunigung der Konsolidierung, weil sie die horizontale Durchlässigkeit dieser Böden erschließen, die oft um eine Zehnerpotenz größer ist als die vertikale Durchlässigkeit. Das gilt gleichermaßen für geschichtete Böden wechselnder Wasserdurchlässigkeit (z. B. lagenweise Klei- und Wattsandschichten); die gering durchlässigen Schichten werden über die angrenzenden Schichten höherer Durchlässigkeit entwässert, diese führen das Wasser den Vertikaldräns zu.

5.11.2 Anwendung

Vertikaldräns werden bei Schüttungen von Massengütern, Deichen, Dämmen oder Geländeaufhöhungen auf weichen, bindigen Böden eingesetzt. Die Konsolidierungsdauer wird verkürzt, und der anstehende Boden erhält früher die für die vorgesehene Nutzung erforderliche Tragfähigkeit. Vertikaldräns werden auch zur Stabilisierung von Böschungen oder Geländesprüngen eingesetzt, und wenn seitliche Fließbewegungen aus Aufschüttungen begrenzt werden sollen.

Dem Einsatz von Vertikaldräns sind Grenzen gesetzt, wenn Schadstoffe im Boden in unzulässiger Weise mobilisiert werden können.

5.11.3 Entwurf

Beim Entwurf einer Vertikaldränage sind folgende Aspekte zu berücksichtigen.

- Die Konsolidierung eines Bodens erfordert in jedem Fall eine Auflast. Mit Vertikaldräns kann die Konsolidierung beschleunigt werden, sie klingt im Idealfall ab, bevor das Bauwerk in Betrieb genommen wird. Es bleiben aber ggf. die Sekundärsetzungen, deren Verlauf sich durch Vertikaldräns nicht beeinflussen lässt und die somit in jedem Fall erst während der Betriebsphase auftreten.
- Durch Konsolidierung unter einer Auflast, die größer ist als die zukünftige planmäßige Belastung, kann ein Teil der Sekundärsetzung kompensiert werden. Wenn die über der planmäßigen Belastung liegende Auflast wieder entfernt wird, ist der Boden überkonsolidiert.
- Die aus der Konsolidierung zu erwartende Setzung kann auf der Grundlage der Konsolidierungstheorie nach Terzaghi abgeschätzt werden. Bei Koppejan (1948) finden sich Ansätze für die gleichzeitige Abschätzung von Konsolidierungs- und Sekundärsetzungen. Weil diese aber für sehr stark vereinfachte Randbedingungen entwickelt wurden, sind ihre Ergebnisse im Rahmen der Ausführungsplanung nur bedingt umsetzbar. In jedem Fall sollten die Setzungen immer für wahrscheinliche Bandbreiten der bodenmechanischen Parameter ermittelt werden, um damit auch die Inhomogenität der anstehenden Böden zu erfassen.
- Der zeitliche Verlauf der Konsolidierung kann auf Grundlage der verschiedenen Konsolidierungstheorien nicht sicher abgeleitet werden, diese liefern bestenfalls grobe

Abschätzungen. In Verbindung mit Setzungsmessungen können allerdings die Eingangsparameter der Berechnungen kalibriert werden.

- In der Regel sind die Setzungen bei Konsolidierung mit Vertikäldräns größer als unter gleichen Verhältnissen ohne Vertikaldräns, weil der Stagnationsgradient der Konsolidierung im Falle von Vertikaldräns kleiner ist als ohne.
- Bei gespanntem Wasserspiegel unter der zu konsolidierenden Schicht sollten die Dräns ca. 1 m oberhalb der unterlagernden Schicht enden, weil sonst Grundwasser durch die Vertikaldräns nach oben gefördert wird.
- Für die Festlegung des optimalen Dränabstands ist der Baugrundaufbau vorab sorgfältig zu erkunden. Vor allem die Wasserdurchlässigkeit der anstehenden Bodenarten kann oft nur aus Probeabsenkungen zuverlässig bestimmt werden.

Beim Einbringen der Vertikaldräns muss vermieden werden, dass die Kontaktfläche zum Boden verschmutzt und dadurch der Wassereintrittswiderstand so groß wird, dass er eine Entwässerung des Bodens verhindert. Außerdem muss sichergestellt sein, dass die Wirkung der Vertikaldräns nicht durch mechanische Überbeanspruchung (z. B. infolge eines lokalen Grundbruchs) eingeschränkt wird oder ganz verloren geht.

Die Vertikaldräns werden mit einer Sand- oder Kiesschicht abgedeckt, in der das aus dem Boden austretende Wasser gefasst wird und die ihrerseits das Wasser an eine Vorflut abgibt.

Die Vertikaldräns erleiden dieselben Setzungen wie die Bodenschichten, in denen sie eingebaut sind. Bei großen Setzungen können Kunststoffdräns abknicken, wodurch ihre Funktion erheblich beeinträchtigt werden kann.

Heute werden vor allem Vertikaldräns aus Kunststoff eingesetzt.

5.11.4 Bemessung von Vertikaldräns aus Kunststoff

Ziel der Bemessung ist die Ermittlung des erforderlichen Abstands der Vertikaldräns untereinander, damit die Konsolidierung innerhalb eines durch den Bauzeitenplan vorgegebenen Zeitraums (meist weniger als zwei Jahre), soweit erforderlich, abgeschlossen wird.

Der benötigte Zeitraum t um einen bestimmten mittleren Konsolidierungsgrad U_h zu erreichen, wird nach Kjellmann (1948) und Barron (1948) auf Grundlage der eindimensionalen Konsolidationstheorie ermittelt. Hansbo (1976) hat den Ansatz von Kjellmann unter Annahme einheitlicher Bodenverformung und ungestörter Bodenverhältnisse vereinfacht:

$$t = \frac{D_\mathrm{e}^2 \alpha}{8 c_\mathrm{h}} \cdot \ln\left(\frac{1}{1 - U_\mathrm{h}}\right)$$

mit

$$\alpha = \frac{n^2}{n^2 - 1} \cdot \left[\ln(n) - \frac{3}{4} + \frac{1}{n^2} \cdot \left(1 - \frac{1}{4 \cdot n^2}\right)\right]$$

$$n = \frac{D_\mathrm{e}}{d_\mathrm{w}}$$

In den vorstehenden Beziehungen sind:

t zur Verfügung stehender Zeitraum für die Konsolidierung [s],
D_e Durchmesser des gedränten Bodenzylinders [m], Einflussbereich eines Dräns,
c_h horizontaler Konsolidierungskoeffizient [m^2/s],
d_w äquivalenter Durchmesser der Vertikaldräns (Dränumfang/π) [m],
U_h mittlerer Konsolidierungsgrad [–].

Bei symmetrischer Anordnung der Ansatzpunkte der Dräns und teilweiser Überschneidung der gedränten Bodenzylinder ist der Abstand s der einzelnen Dräns untereinander:

- für gleichschenklige Dreiecksraster: $s = \frac{D_e}{1{,}05}$
- für Quadratraster: $s = \frac{D_e}{1{,}13}$

Für die Bemessung wird der Dränabstand s gewählt, daraus wird D_e errechnet. Sodann werden n als Verhältnis des Durchmessers des gedränten Bodenzylinders D_e zum äquivalenten Durchmesser d_w des gewählten Dräns und der Beiwert α berechnet. Schließlich kann mit diesen Werten und der Zielvorgabe des Konsolidierungsgrads U_h die Konsolidierungsdauer t berechnet werden. Ist diese zu lang, muss der Abstand s der Dräns verringert und die Berechnung erneut durchgeführt werden.

Die Bemessung kann auch mit Nomogrammen und Rechenprogrammen durchgeführt werden, die von den Herstellern der Dräns entwickelt wurden. Weitere Bemessungsansätze finden sich bei Hansbo (1981) und bei Sondermann und Kirsch (2009).

Da die erforderliche Nutzungsdauer von Vertikaldräns aus Kunststoff in der Regel unter zwei Jahren liegt, bestehen hinsichtlich der Dauerhaftigkeit keine besonderen Anforderungen. Lediglich der Erhalt der Funktionsfähigkeit im geknickten Zustand muss im Falle großer Setzungen nachgewiesen werden. Hinweise zur Beurteilung des Wasserableitvermögens im geknickten Zustand finden sich in den niederländischen Empfehlungen BRL 1120 (1997).

5.11.5 Ausführung

Sanddräns haben einen Durchmesser von ca. 25–35 cm, sie werden eingerammt, eingebohrt oder eingespült. Schmierschichten in der Kontaktfläche zwischen Drän und Boden können nur bei eingerammten Vertikaldräns zuverlässig vermieden werden.

Kunststoffdräns werden in Breiten von ca. 10 cm geliefert, sie sind 5–10 mm dick und ihre Wasserableitkapazität liegt bei einem Bodendruck von 350 kN/m^2 zwischen 0,01 und 0,05 l/s und ist damit im Vergleich zur Dränspende des Bodens relativ groß.

Vertikaldräns aus Kunststoff werden mit speziellen Geräten (Sticker) in den Boden eingepresst oder gerüttelt, für die allerdings in vielen Fällen vorab ein Arbeitsplanum geschaffen werden muss. Dieses sollte mindestens ca. 0,5 m dick sein, ein zu dickes Arbeitsplanum kann allerdings das Einbringen der Dräns erschweren.

Im Falle eines kontaminierten Untergrunds sind Einbringverfahren zu vermeiden, bei denen Bohr- oder Spülgut anfällt. Außerdem darf eine ggf. vorhandene dichtende Schicht nicht durchstoßen werden. Um Zeit für die Konsolidierung zu gewinnen, ist es sinnvoll, die Dräns frühzeitig einzubringen und die Konsolidierung durch eine Vorbelastung einzuleiten.

5.12 Konsolidierung weicher, bindiger Böden durch Vorbelastung

5.12.1 Allgemeines

Für Hafenerweiterungen stehen häufig nur Flächen mit weichen, bindigen Bodenarten zur Verfügung, die allerdings oft nicht genügend tragfähig sind. Die Tragfähigkeit dieser Flächen lässt sich aber durch eine Vorbelastung verbessern, zugleich werden die Setzungen vorweggenommen, sodass die Restsetzungen aus der Hafennutzung die zulässigen Setzungen nicht überschreiten.

Statt einer Vorbelastung durch Aufbringen einer Schüttung kann die Verbesserung der Tragfähigkeit auch mit einer Vakuumbelastung erreicht werden.

5.12.2 Anwendung

Ziel der Vorbelastung ist es, Setzungen der weichen Bodenschicht aus der späteren Nutzung vorwegzunehmen (Abb. 5.11). Der dafür erforderliche Zeitraum ist abhängig von der Dicke der weichen Schichten, deren Wasserdurchlässigkeit und der Höhe der Vorbelastung. Vorbelastungen sind nur wirkungsvoll, wenn genügend Zeit für die Konsolidierung zur Verfügung steht. Sinnvoll ist es, die Vorbelastung so hoch wie möglich und so rechtzeitig vorzunehmen, dass die Setzungen bereits vor Beginn der Bauarbeiten für die eigentliche Ufereinfassung vollständig abgeklungen sind.

Bei Vorbelastungen sind nach Abb. 5.11 zu unterscheiden:

a) der Teil der Vorbelastungsschüttung, der als Erdbauwerk hergestellt werden soll (Dauerschüttung) – er erzeugt die Auflastspannung p_0,
b) die darüber hinausgehende Vorbelastungsschüttung, die vorübergehend als zusätzliche Auflast mit der Vorbelastungsspannung p_v wirkt,

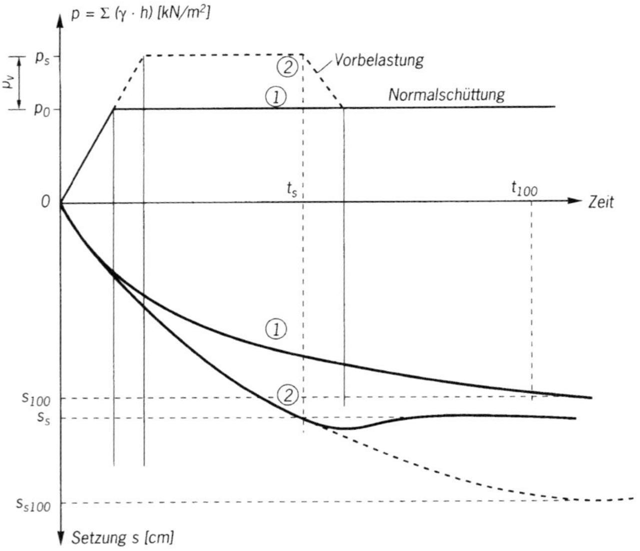

Abb. 5.11 Abhängigkeit der Setzungen von der Zeit und den Auflasten (Prinzip).

c) die Summe beider Schüttungen (Gesamtschüttung), welche die Gesamtspannung $p_s = p_0 + p_v$ ergibt.

5.12.3 Tragfähigkeit des anstehenden Bodens

Die Höhe der im ersten Schritt möglichen Vorbelastung wird durch die Tragfähigkeit des anstehenden Untergrunds begrenzt. Die maximale Schütthöhe h einer Vorbelastung kann mit der Beziehung

$$h = \frac{4c_u}{\gamma}$$

abgeschätzt werden. Mit der Konsolidierung wächst die Scherfestigkeit c_u und damit die zulässige Schütthöhe h für die weitere Vorbelastung.

Bei Schüttungen unter Wasser muss damit gerechnet werden, dass an der Gewässersohle eine weiche Sedimentschicht ansteht. Bleibt diese im Boden, beeinflusst sie das Setzungsverhalten der späteren Hafenfläche. Wenn das nicht in Kauf genommen werden kann, muss sie entfernt werden (Abschn. 5.9.3).

Gelegentlich wird versucht, die Sedimentschicht mit einer Vorbelastungsschüttung vor Kopf zu verdrängen. Das führt allerdings erfahrungsgemäß nur dann zum Erfolg, wenn die Sedimentschicht sehr weich ist. Sehr viel öfter gelingt die Verdrängung nicht oder nicht vollständig, und es verbleiben dann im Untergrund lokal Reste der Sedimentschicht, verbunden mit der Gefahr von ungleichmäßigen Setzungen.

5.12.4 Schüttmaterial

Das Material einer Schüttung, die dauerhaft auf die Weichschichten aufgebracht werden soll, muss gegen den vorhandenen weichen Untergrund filterstabil sein. Gegebenenfalls sind vor dem Aufbringen der Schüttung Filterschichten oder Geotextilien aufzubringen. Im Übrigen richtet sich die geforderte Qualität des Materials für die Schüttung nach dem Verwendungszweck.

5.12.5 Bestimmung der Höhe der Vorbelastungsschüttung

5.12.5.1 Bodenmechanische Grundlagen

Die erforderliche Höhe einer Vorbelastungsschüttung ergibt sich im Wesentlichen aus der zur Verfügung stehenden Konsolidierungszeit. Grundlage der Dimensionierung ist der zeitliche Verlauf der Konsolidierung, die durch den Konsolidierungsbeiwert c_v beschrieben wird. Mit c_v-Werten aus der Zeitsetzungslinie von Kompressionsversuchen kann der Verlauf der Konsolidierung allerdings nur grob abgeschätzt werden, sie sind daher nur im Rahmen der Vorplanung zulässig. Das gilt ebenso für Konsolidierungsbeiwerte, die mit der Beziehung

$$c_v = \frac{k \cdot E_s}{\gamma_w}$$

aus dem Steifemodul E_s und der Durchlässigkeit k abgeleitet werden. Hier ist zusätzlich zu bedenken, dass auch der Durchlässigkeitsbeiwert k mit erheblichen Streuungen behaftet sein kann.

Eine zuverlässige Abschätzung des Setzungsverlaufs ist hingegen möglich, wenn der Konsolidierungsbeiwert c_v aus einer vorweg durchgeführten Probeschüttung ermittelt wird. Dabei werden der Setzungsverlauf und möglichst auch der Porenwasserdruckverlauf gemessen. c_v kann dann unter Verwendung von Abb. 5.12 nach folgender Beziehung berechnet werden:

$$c_v = \frac{H^2 \cdot T_v}{t}$$

Darin bedeuten

T_v bezogene Konsolidierungszeit [–],
t Konsolidierungszeit der Probeschüttung [s],
H Dicke der einseitig entwässerten weichen Bodenschicht [m].

Für einen Konsolidierungsgrad $U = 0{,}95$, also nahezu vollständige Konsolidierung, ist die bezogene Konsolidierungszeit T_v = ca. 1,0. Mit der zu dem Konsolidierungsgrad $U = 0{,}95$ gehörenden Konsolidierungszeit t_{100} kann dann der Konsolidierungsbeiwert berechnet werden:

$$c_v = \frac{H^2}{t_{100}}$$

5.12.5.2 Dimensionierung der Vorbelastungsschüttung

Für die Dimensionierung der Vorbelastungsschüttung müssen die Dicke der weichen Bodenschicht und der c_v-Wert bekannt sein. Ferner muss die Konsolidierungszeit t_s (Abb. 5.11) vorgegeben sein (Bauzeitenplan). Man ermittelt $t_s/t_{100} = T_v$ mit $t_{100} = H^2/c_v$ und mithilfe von Abb. 5.12 den erforderlichen Konsolidierungsgrad $U = s/s_{100}$ unter Vorbelastung. Die 100 %-Setzung s_{100} der Dauerschüttung p_0 wird mithilfe einer Setzungsberechnung nach DIN 4019 bestimmt.

Die Höhe der Vorbelastung p_v (Abb. 5.11) ergibt sich dann nach Horn (1984) zu

$$p_v = p_0 \cdot \left(\frac{A}{U} - 1\right)$$

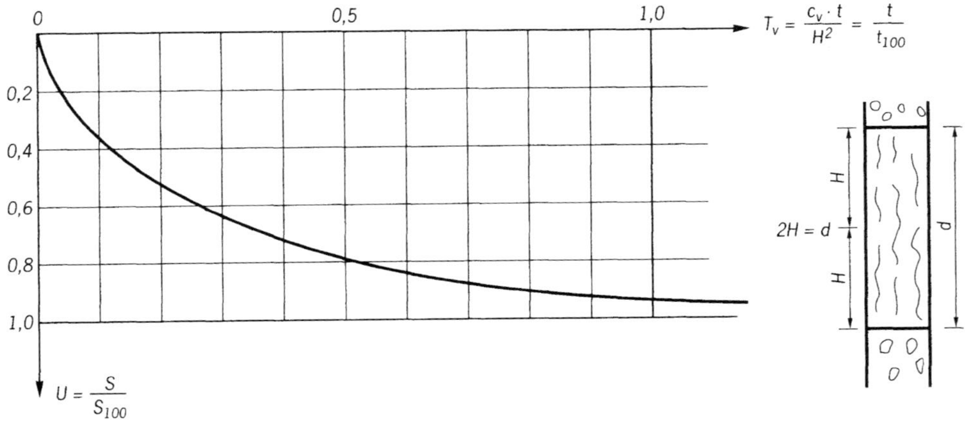

Abb. 5.12 Beziehung zwischen dem Zeitfaktor T_v und dem Konsolidierungsgrad U.

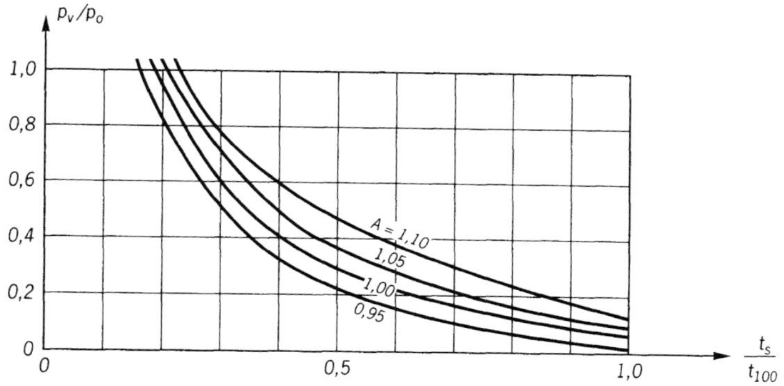

Abb. 5.13 Bestimmung der Vorbelastung p_v abhängig von der Zeit t_s.

A ist das Verhältnis der Setzung s_s nach Wegnahme der Vorbelastung zur Setzung s_{100} der Dauerschüttung: $A = s_s/s_{100}$.

A muss gleich oder größer 1,0 sein, wenn eine vollständige Vorwegnahme der Setzungen erreicht werden soll (Abb. 5.13).

So errechnet sich beispielsweise bei einer beidseitig entwässerten Schicht mit einer Dicke $d = 2H = 5$ m und $c_v = 3\,\mathrm{m^2/Jahr}$ sowie einer vorgegebenen Konsolidierungszeit von $t_s = 1$ Jahr die Dauer für die vollständige Konsolidierung dieser Schicht zu $t_{100} = (2{,}5\,\mathrm{m})^2/(3\,\mathrm{m^2/Jahr}) = 2{,}08$ Jahre. Damit wird $t_s/t_{100} = 1\,\mathrm{Jahr}/2{,}08\,\mathrm{Jahre} = 0{,}48$. Der Konsolidierungsgrad ist damit gemäß Abb. 5.12 nach einem Jahr U = ca. 0,78, d. h., die Konsolidierungssetzungen sind zu ca. 80 % abgeklungen.

Soll die Setzung s_s aus der Vorbelastung um 5 % größer sein als die Setzung aus der späteren Dauerbelastung s_{100}, wird $A = 1{,}05$, und daraus kann die Höhe der Vorbelastung zu

$$p_v = p_0\left(\frac{A}{U} - 1\right) = p_0\left(\frac{1{,}05}{0{,}78} - 1\right) = 0{,}35\,p_0$$

abgeschätzt werden.

Wie bereits ausgeführt, wird p_v durch die Tragfähigkeit des anstehenden Bodens begrenzt, sodass es erforderlich sein kann, die Vorbelastungsschüttung in mehreren Stufen aufzubringen.

5.12.6 Mindestausdehnung der Vorbelastungsschüttung

Um Material zu sparen, wird im Allgemeinen die zu verfestigende Bodenschicht Abschnittsweise vorbelastet. Der Ablauf der Vorbelastung richtet sich nach dem Bauzeitenplan. Um eine möglichst gleichmäßige Spannungsausbreitung im Untergrund zu erreichen, darf die Fläche der Schüttung allerdings nicht zu klein sein. Als Anhalt gilt, dass die geringste Seitenabmessung der Vorbelastungsschüttung das Zwei- bis Dreifache der Summe der Dicken von weicher Schicht und Dauerschüttung betragen soll.

5.12.7 Bodenverbesserungen durch Vakuumverfahren mit Vertikaldräns

Die Erhöhung der Scherfestigkeit wird bei einer herkömmlichen Vorbelastung durch eine zusätzliche Auflast (totale Spannungen) bewirkt. Im Gegensatz dazu wird beim

Vakuumverfahren die Konsolidierung durch eine Verringerung des Porenwasserdrucks bewirkt, die totalen Spannungen bleiben unverändert.

Auf den zu konsolidierenden Boden muss vorab eine Sandschicht von mindestens ca. 0,8 m Dicke aufgebracht werden, die einerseits als Arbeitsebene für das Einbringen der Vertikaldräns, andererseits als Dränschicht dient. Sehr weiche, bindige Böden haben in der Regel eine zu geringe Festigkeit, um die Dränschicht in der erforderlichen Dicke in einem Zuge aufzubringen.

Innerhalb der Dränschicht wird das anfallende Wasser mithilfe einer Horizontaldränage gefasst und abgeführt. Die Dränschicht wird mit einer Kunststoffdichtungsbahn abgedeckt.

Pumpen, die gleichzeitig Wasser und Luft abpumpen bzw. absaugen, werden an die Dränschicht angeschlossen und erreichen in der Regel ein maximales Vakuum von 75 % des atmosphärischen Druckes (ca. 0,75 bar). Der Pumpleistungsfaktor $n < 1{,}0$ bezeichnet das Verhältnis des aufgebrachten Vakuums zum atmosphärischen Druck.

Die Spannungen im Boden ergeben sich mit dem atmosphärischen Druck P_a, den Wichten γ des feuchten Bodens in der Dränschicht, γ_r des unter der Dränschicht anstehenden Bodens und γ_w von Wasser sowie der Tiefe z und der Dicke h der Dränschicht aus den folgenden Beziehungen:

totale Spannung: $\sigma = z \cdot \gamma_r + h \cdot \gamma + P_a$

Porenwasserdruck: $u = z \cdot \gamma_w + P_a$

wirksame Spannung: $\sigma' = \sigma - u = z \cdot \gamma' + h \cdot \gamma$

Mit der Inbetriebnahme der Vakuumpumpen wird der atmosphärische Druck um P_a abgebaut, dadurch nimmt die wirksame Spannung um diesen Betrag zu:

$$\sigma'_{\text{Vakuum}} = \sigma' + n \cdot P_a$$

Aus der Konsolidierung mit der Zusatzspannung $\Delta\sigma = n \cdot P_a$ folgt mit dem Konsolidierungsgrad U_t eine Zunahme der Scherfestigkeit $\Delta\tau$ um:

$$\Delta\tau = U_t \cdot (\tan\varphi' \cdot \Delta\sigma)$$

Die Endsetzungen sowie der Setzungsverlauf können mit der Konsolidationstheorie von Terzaghi und Barron berechnet werden. Die Scherfestigkeit nach Konsolidierung entspricht derjenigen unter einer äquivalenten Sandauflast. Die vorübergehende Zunahme der Festigkeit nichtbindiger Böden infolge des Unterdrucks geht nach dem Abschalten der Absauganlage verloren.

5.12.8 Ausführung von Bodenverbesserungen durch Vakuumverfahren mit Vertikaldräns

Von der vorab aufgebrachten Arbeitsebene (Dicke > ca. 0,8 m) aus werden Vertikaldräns (üblich sind 5 cm äquivalenter Kreisdurchmesser, es können auch Band- und Runddräns kombiniert eingesetzt werden) eingebracht. Damit ein hydraulischer Kontakt zu den unterliegenden Schichten sicher ausgeschlossen ist, müssen die Vertikaldräns ca. 0,5–1,0 m oberhalb unterliegender nichtbindiger Schichten enden. Um diese Bedingung sicher zu erfüllen, sind bei inhomogenen Baugrundverhältnissen baubegleitende indirekte Aufschlüsse (z. B. Drucksondierungen) notwendig, mit denen die Absetztiefen vorauseilend festgelegt werden.

Bei stark wechselndem Baugrundaufbau können zusätzlich auch Probeeinbringungen (ohne Dräns) in einem Raster von z. B. 10 m · 10 m durchgeführt werden. Der Geräteführer kann bei den Probeeinbringungen Sandzwischenlagen oder die Oberkante unterlagernder Sande am erhöhten Eindringwiderstand erkennen.

Der Erfolg der Baugrundverbesserung mit dem Vakuumverfahren hängt davon ab, dass die abdeckende Kunststoffdichtungsbahn während der Konsolidierung dicht ist und bleibt. Da Fehlstellen in der abdeckenden Kunststoffdichtungsbahn schwierig zu lokalisieren und zu reparieren sind, sollte sie nicht mit steinigem oder scharfkantigem Material abgedeckt werden. Zum Schutz der Kunststoffdichtungsbahn kann sie auch mit Wasser überstaut werden.

In Sonderfällen kann die anstehende Weichschicht selbst die Funktion der vakuumhaltenden Membran erfüllen. Dazu müssen die Vertikaldräns ca. 1,0 m unterhalb der Oberfläche der Weichschicht enden und mit einer Horizontaldränage verbunden werden.

Das Vakuumverfahren ist derzeit wegen der begrenzten Absetztiefe von Vertikaldränagen auf Schichtdicken des zu verbessernden Bodens von ca. 40 m begrenzt.

5.12.9 Kontrolle der Konsolidierung

Weil generell Setzungen und Konsolidationsgrad bei der Baugrundverbesserung weicher, bindiger Böden nur unscharf prognostiziert werden können, muss die Baugrundverbesserung auch beim Vakuumverfahren durch Beobachtung von Setzungen und Porenwasserdruck überwacht werden. Mit den Ergebnissen können die Berechnungsansätze kalibriert werden.

An den Rändern der Schüttung können Inklinometermessungen Überschreitungen der Baugrundtragfähigkeit anzeigen.

Für die Beendigung der Vorbelastung wird meist ein Grenzwert der Setzungsgeschwindigkeit (z. B. in Millimeter pro Tag oder in Zentimeter pro Monat) vorgegeben.

5.12.10 Sekundärsetzungen

Die von der Konsolidierung unabhängigen Sekundärsetzungen werden nur in sehr geringem Umfang durch Vorbelastung vorweggenommen (beispielsweise bei hochplastischen Tonen). Sind Sekundärsetzungen größeren Ausmaßes zu erwarten, sind besondere zusätzliche Untersuchungen erforderlich.

5.13 Verbesserung der Tragfähigkeit weicher, bindiger Böden durch Vertikalelemente

5.13.1 Allgemeines

Häufig werden für die Gründung von Erdbauwerken auf weichen, bindigen Böden vermörtelte oder unvermörtelte Schottersäulen oder Sandsäulen ausgeführt, die auf tiefliegende tragfähige Schichten abgesetzt werden.

Die Säulen übernehmen die Vertikallasten und leiten sie in den tragfähigen Untergrund ab, dabei werden sie durch den umgebenden Boden gestützt. Der Boden muss daher mindestens eine Festigkeit von $c_u > 15\,kN/m^2$ haben. Vermörtelte Stopfsäulen bedürfen der Stützung nur im Einbauzustand.

Sehr weiche, organische, bindige Böden können eine Stützung in der erforderlichen Größenordnung nicht gewährleisten, und daher sind die vorgenannten Gründungssysteme in diesen Böden nur ausführbar, wenn die seitliche Stützung anderweitig erfolgt, z. B. durch Ummantelung mit Geokunststoffen.

Schotter- und Sandsäulen haben Dräneigenschaften wie Vertikaldräns (vgl. Abschn. 5.11) und bewirken somit auch eine Erhöhung der Scherfestigkeit des anstehenden Bodens durch Konsolidation.

5.13.2 Verfahren

Ein seit Langem angewandtes und erprobtes Verfahren zur Baugrundverbesserung mit Vertikalelementen ist das Rütteldruckverfahren. Mit einem Rüttler wird der Boden in dessen Einflussbereich verdichtet, durch Bodenzugabe wird der dabei entstehende Volumenverlust ausgeglichen. Durch Anordnung der Verdichtungspunkte in einem Dreieck- oder Viereckraster entsteht eine flächige Verbesserung der Tragfähigkeit. Allerdings ist die Anwendung auf nichtbindige, verdichtungsfähige Böden beschränkt. Bereits geringe Schluffkornanteile können eine Verdichtung durch den Rüttler verhindern, weil die feinkörnigen Bodenteilchen nicht durch Schwingung voneinander getrennt werden können.

Für diese Böden wurde die Rüttelstopfverdichtung entwickelt. Die Bodenverbesserung wird hier zum einen durch die Verdrängung des anstehenden Bodens erreicht, zum anderen durch die in den anstehenden Boden eingearbeiteten Säulen aus verdichtetem, grobkörnigen Material. Die so entstehenden Säulen benötigen die Stützwirkung des umgebenden Bodens, als Maß für die Anwendbarkeit gilt in der Regel die undränierte Scherfestigkeit $c_u > 15\,kN/m^2$.

In sehr weichen, bindigen Böden mit $c_u < 15\,kN/m^2$ kann die seitliche Stützung der Tragelemente durch den Boden durch eine Stützung mit einem geotextilen Schlauch ersetzt werden.

Beim Entwurf geokunststoffummantelter Säulen sind folgende Gesichtspunkte zu berücksichtigen:

- Die geokunststoffummantelte Säule ist ein flexibles Tragelement, welches sich horizontalen Verformungen anpassen kann.
- Praktische Erfahrungen im Feld und im Labor haben gezeigt, dass die Gefahr des Durchstanzens der Säulen in unterlagernde Schichten geringer Festigkeit nicht besteht, da die Setzungen der ummantelten Säule und des umgebenden Bodens gleich sind.
- Durch eine Überlast größer als die Summe aller späteren Belastungen können Restsetzungen vorweggenommen werden (Überschütten).
- Die geotextilummantelten Säulen werden in einem gleichmäßigen Raster angeordnet (in der Regel Dreiecksraster). Der Abstand zwischen den Säulen beträgt je nach Säulenraster ca. 1,5–2,0 m.
- Die Berechnung der jeweiligen Zugkraft im Geokunststoff basiert auf der Stauchung bzw. Setzung einer Einzelsäule infolge der effektiven Spannungskonzentration über der Säule und der horizontalen Stützung des anteiligen umgebenden Weichbodens. Dadurch entsteht eine volumenbeständige Ausbauchung der Säule über die Tiefe, die

wiederum eine Dehnung des Geokunststoffes bewirkt. Nähere Angaben und Berechnungsverfahren siehe Raithel (1999) und Kempfert (1996).

Durch die Messung des Porenwasserdrucks und der Spannungen in und über den Weichschichten während und nach der Bauausführung muss der tatsächliche Konsolidationsverlauf kontrolliert werden. Die geotextilummantelten Säulen wirken bezüglich der Konsolidation wie ein Vertikaldrän mit großem Durchmesser.

Die rasterartig angeordneten Tragelemente binden in tragfähige tiefere Bodenschichten ein. Über eine Tragschicht aus verdichtetem Sand oberhalb der Tragelemente werden Bauwerks- und Gründungslasten über Gewölbebildung in die Tragelemente eingeleitet. Daraus resultieren eine Spannungskonzentration über den Tragelementen und eine Entlastung des umgebenden bindigen Bodens.

Die Tragwirkung wird erhöht, wenn über den Tragelementen eine Geokunststoffbewehrung eingebaut wird, die sich wie eine Membran über die Weichschichten spannt.

Für den Entwurf eines mit Geokunststoffen bewehrten Erdbauwerkes auf pfahlartigen Gründungselementen sollten folgende Randbedingungen und Abmessungen berücksichtigt werden (siehe Abb. 5.14):

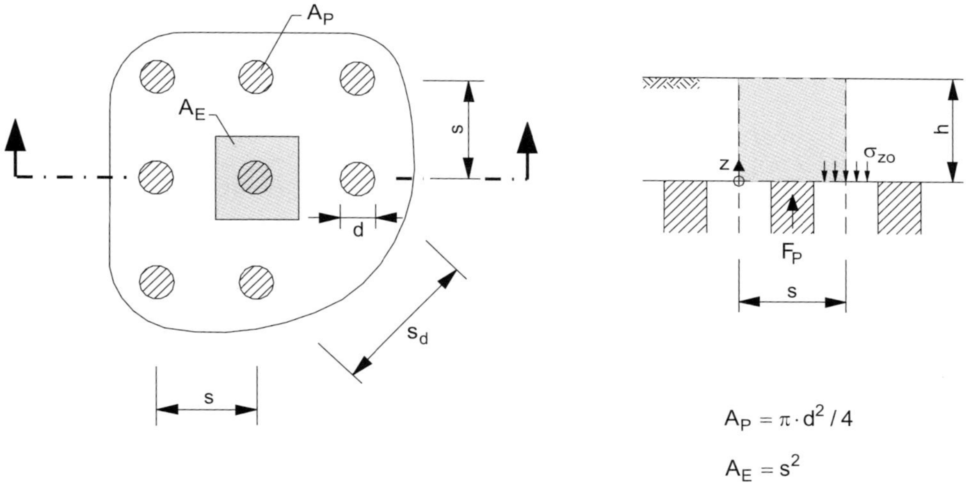

Abb. 5.14 Belastung auf die Pfähle (Zaeske, 2001).

- Der Durchmesser der pfahlartigen Tragelemente ist in der Regel ca. 0,6–0,8 m, und der Abstand zwischen den in einem regelmäßigen Raster angeordneten Elementen beträgt ca. 1,0–2,5 m.
- Die Bewehrung wird im Allgemeinen 0,2–0,5 m oberhalb der Elementköpfe angeordnet. Zusätzliche Bewehrungslagen können im Abstand von 0,2–0,3 m oberhalb der Bewehrung über den Elementen angeordnet werden. Der Sand zwischen den Bewehrungslagen verhindert das Gleiten der Geokunststoffe aufeinander.
- Die Nachweise der Standsicherheiten für die Bauphasen und den Endzustand können nach DIN 4084 mit Kreisgleitflächen oder mit Starrkörperbruchmechanismen geführt werden. Dabei ist das räumliche System in ein ebenes Ersatzsystem mit wandartigen Scheiben unter Wahrung der Flächenverhältnisse umzurechnen. Widerstände aus den

„geschnittenen" Pfählen und aus der Geokunststoffbewehrung können berücksichtigt werden.

- Die Aufteilung der Belastung auf die Tragelemente und den umgebenden setzungsempfindlichen Weichboden wird durch die Lastumlagerung E beschrieben. E bezeichnet die Kraft F_P, die von einem Tragelement aufgenommen werden muss, in Bezug auf die Einflussfläche F_AE:

$$E = \frac{F_\mathrm{P}}{F_\mathrm{AE}} = 1 - \frac{\sigma_\mathrm{zo} \cdot (A_\mathrm{E} - A_\mathrm{P})}{(\gamma \cdot h) \cdot A_\mathrm{E}}$$

Die Lastumlagerung E und damit die Spannung σ_zo, die auf den Boden zwischen den Säulen wirkt, kann mithilfe eines Gewölbeschalenmodells rechnerisch ermittelt werden. Dabei wird angenommen, dass eine Spannungsumlagerung nur innerhalb einer begrenzten Zone oberhalb der Weichschicht erfolgt (Zaeske, 2001).

Die Lastumlagerung in der Tragschicht ist direkt von der Scherfestigkeit des Tragschichtmaterials abhängig. Es gilt für:

- Rechteckraster mit den Achsmaßen s_x und s_y:

$$F_\mathrm{p} = E \cdot (\gamma \cdot h + p) \cdot s_x \cdot s_y$$

- Dreieckraster mit den Achsmaßen s_x und s_y:

$$F_\mathrm{p} = E \cdot (\gamma \cdot h + p) \cdot \frac{1}{2} s_x \cdot s_y$$

Die Membranwirkung der Geokunststoffbewehrung wird begünstigt, wenn die Bewehrung möglichst dicht über den fast starren Pfählen verlegt wird. Um ein Abscheren des Geokunststoffes zu vermeiden, ist über den Pfahlköpfen allerdings eine Ausgleichsschicht vorzusehen, die ein direktes Aufliegen auf den Pfahlköpfen verhindert.

Durch die Membranwirkung der Geokunststofflage kann eine weitere Entlastung der Weichschichten erzielt werden. Näheres zur Berechnung in Zaeske (2001) sowie Kempfert et al. (1997).

5.13.3 Ausführung von pfahlartigen Tragelementen

Zur Herstellung der Tragelemente muss das Arbeitsplanum ausreichend tragfähig für den Einsatz der Baugeräte sein. Hierzu kann eine oberflächennahe Bodenverbesserung bzw. ein Bodenaustausch erforderlich sein.

Rüttelstopfsäulen werden mit Schleusenrüttlern hergestellt. Nach Erreichen der Solltiefe oder des tragfähigen Baugrundes wird der Schleusenrüttler um einige Dezimeter gehoben und aus einer Schleusenkammer grobkörniges Material durch Druckluft oder Wasser ausgetrieben. Anschließend wird der Rüttler wieder abgesenkt, wodurch das Zugabematerial verdichtet wird. Der anstehende Boden wird dabei verdrängt und ebenfalls verdichtet. Dieser Vorgang wiederholt sich in mehreren Tiefenstufen, bis von unten nach oben ein verdichtetes Pfahlelement entsteht.

Um ein Ausfließen des Pfahlmaterials in den umgebenden Boden zu verhindern, dürfen Rüttelstopfsäulen in bindigen Böden nur dann ausgeführt werden, wenn deren undränierte Scherfestigkeit $c_\mathrm{u} \geq 15\,\mathrm{kN/m^2}$ ist.

Bei vermörtelten oder teilvermörtelten Stopfsäulen wird das gleiche Einbauverfahren angewendet wie bei der Rüttelstopfsäule. Das grobkörnige Material wird jedoch beim

Einbau mit einer Zementsuspension vermischt oder komplett aus Beton hergestellt. Es gilt auch hier, dass die undränierte Scherfestigkeit bindiger Schichten $c_u > 15\,\text{kN/m}^2$ sein muss. In Zwischenschichten von weniger als ca. 1,0 m Dicke darf die Scherfestigkeit geringer, muss aber $c_u > 8\,\text{kN/m}^2$ sein.

Bei der Verdrängung des Bodens durch den Rüttler entsteht Porenwasserüberdruck. Dieser wird im Falle von Rüttelstopfsäulen wegen derer dränierenden Wirkung relativ schnell wieder abgebaut und wird daher nicht bemessungswirksam. Bei voll- oder teilvermörtelten Stopfsäulen oder Betonrüttelsäulen ist die Entwässerungswirkung stark eingeschränkt bis gar nicht vorhanden. In diesen Fällen muss nachgewiesen werden, dass der Porenwasserüberdruck die Tragfähigkeit und Gebrauchstauglichkeit nicht beeinträchtigt.

Der Einbau der geokunststoffummantelten Säulen erfolgt durch Bodenverdrängung oder durch Bodenaushub im Schutz einer Verrohrung.

Beim Einbauverfahren mit Bodenaushub wird eine unten offene Verrohrung bis auf den tragfähigen Baugrund eingerüttelt, danach wird der Boden im Rohr ausgehoben, und ein vorkonfektionierter, geotextiler Schlauch wird in das Rohr eingehängt und mit Sand oder Schotter gefüllt. Danach wird das Rohr mit einem Rüttler gezogen, der geotextile Schlauch mit dem eingefüllten Sand oder Schotter verbleibt im Boden.

Beim Verdrängungsverfahren ist das Vortriebrohr unten mit Klappen verschlossen, der geotextile Schlauch wird mit dem Rohr bei gleichzeitiger Verfüllung auf Tiefe gebracht. Danach wird das Rohr gezogen.

Der vorkonfektionierte, geotextile Schlauch ist entweder rundgewebt oder werkseitig mit einer Naht zu einem Schlauch gefertigt.

Das Verdrängungsverfahren ist wirtschaftlicher als das Einbringen im Bohrverfahren, durch die Bodenverdrängung kann zudem bereits beim Einbringen der geokunststoffummantelten Säulen die Anfangsscherfestigkeit des Weichbodens erhöht werden. Das ist ggf. durch Messungen vor und nach dem Säuleneinbau zu kontrollieren.

Bei der Bodenverdrängung ist nach der Säulenherstellung mit kurzzeitig erhöhtem Porenwasserüberdruck zu rechnen, der jedoch wegen der Dränwirkung der Säule schnell abgebaut wird. Durch die Bodenverdrängung wird die Oberfläche der Weichschicht vorübergehend angehoben.

Literatur

Barron, R.A. (1948). Consolidation of fine-grained soils by drain wells. *Trans. ASCE* 113: Paper No 2346.

BRL 1120 (1997). Nationale Beoordelingsrichtlijn, Geokunststoffe: Geprefabriceerde verticale drains. Rijswijk, Kiwa.

Hansbo, S. (1976). Consolidation of clay by band-shaped prefabricated drains, Ground Engineering, Foundation Publications Ltd., July 1976.

Hansbo, S. (1981). Consolidation of fine-grained soils by prefabricated Drains, 10th Int. Conf. Soil Mech. Found. Eng., Stockholm.

Horn, A. (1984). Vorbelastung als Mittel zur schnellen Konsolidierung weicher Böden. *Geotechnik* 3: 189.

Kempfert, H.-G. (1996). Embankment foundation on geotextile-coated sand columns in soft ground. Proc. 1st Eur. Geosynth. Conf. EurGeo 1, Maastricht, Netherlands.

Kempfert, H.-G., Stadel, M. und Zaeske, D. (1997). Berechnung von geokunststoffbewehrten Tragschichten über Pfahlelementen, *Bautechnik* 74 (12): 818–825.
Kjellmann, W. (1948). Accelerating consolidation of fine grained soils by means of card-board wicks. 2nd Int. Conf. Soil Mech. Found. Eng.
Koppejan, A.W. (1948). A Formular combining the Therzaghi Load-compression relationship and the Buisman secular time effect. Proc. 2nd Int. Conf. Soil Mech. Found. Eng.
Möbius, W., Wallis, P., Raithel, M., Kempfert, H.-G. und Geduhn, M. (2002). Deichgründung auf geokunststoffummantelten Sandsäulen. *Hansa* 139 (12): 49–53.
PIANC (1980). Report of the 3rd International Wave Commission. Supplement of the Bulletin No 36, Brüssel.
Raithel, M. (1999). Zum Trag- und Verformungsverhalten von geokunststoffummantelten Sandsäulen. *Schriftenreihe Geotechnik, Universität Kassel* 6.
SBRCURnet (2014). Construction and Survey Accuracies for the execution of rock works. Best practices from the "Maasvlakte 2" Port Expansion Project, Rotterdam, Niederlande.
Sondermann, W. und Kirsch, K. (2009). Baugrundverbesserung, in *Grundbau-Taschenbuch*, Kap. 2.1, (Hrsg. K.J. Witt). doi:10.1002/9783433600559.ch2.
Zaeske, D. (2001). Zur Wirkungsweise von unbewehrten und bewehrten mineralischen Tragschichten über pfahlartigen Gründungselementen. *Schriftenreihe Geotechnik, Universität Kassel* 10.

Normen und Vorschriften

DIN 4019: Baugrund – Setzungsberechnungen.
DIN 4084: Baugrund – Geländebruchberechnungen.
DIN 4094-1: Baugrund – Felduntersuchungen – Teil 1: Drucksondierungen.
DIN 18134: Baugrund – Versuche und Versuchsgeräte – Plattendruckversuch.
DIN EN ISO 22475-1: Geotechnische Erkundung und Untersuchung – Probenentnahmeverfahren und Grundwassermessungen – Teil 1: Technische Grundlagen der Ausführung (ISO 22475:2006).
DIN EN ISO 22476-2: Geotechnische Erkundung und Untersuchung – Felduntersuchungen – Teil 2: Rammsondierungen (ISO 22476-2:2005 + Amd 1:2011).

6
Schutz- und Sicherungsbauwerke

6.1 Böschungs- und Sohlsicherung

6.1.1 Böschungssicherungen an Binnenwasserstraßen

6.1.1.1 Allgemeines

Uferböschungen im Lockergestein sind gegen instationäre hydraulische Belastungen nur in sehr flacher Neigung (1 : 8 bis 1 : 15) dauerhaft stabil. Bei steileren Ufern sind Böschungssicherungen erforderlich, die die Stabilität gegenüber den hydraulischen Lasten und die ausreichende Gesamtstandsicherheit der Böschung gewährleisten.

Bei der Wahl der Böschungsneigung ist den technischen Vorteilen eines flacheren Ufers der Nachteil der größeren Sicherungsfläche und des größeren Geländebedarfs gegenüberzustellen. Daher müssen die Bau- und Unterhaltungskosten im richtigen Verhältnis zum wirtschaftlichen und ökologischen Nutzen stehen.

Bei starker hydraulischer Belastung der Sohle von Wasserstraßen (Schleusenein- und -ausfahrten, Liegestellen) können diese ebenfalls mit Deckwerken gesichert werden. Ist auf der Sohle einer Wasserstraße eine Dichtung eingebaut, ist zu deren Schutz ebenfalls ein geeignetes Deckwerk erforderlich.

Für den Entwurf gelten folgende Bedingungen:

- die Neigung der Böschungssicherung sollte so steil sein, wie es die Standsicherheit erlaubt,
- die Konstruktion soll – soweit möglich – maschinell ausgeführt werden können.

Die folgenden Ausführungen beziehen sich primär auf Binnenwasserstraßen, gelten aber dem Sinne nach grundsätzlich. Ergänzende Hinweise zu Konstruktion und Dimensionierung von Deckwerken können dem Merkblatt „Anwendung von Regelbauweisen für Böschungs- und Sohlensicherungen an Binnenwasserstraßen" (MAR, 2008) entnommen werden.

6.1.1.2 Belastungen an Binnenwasserstraßen

Ufer an künstlichen Binnenwasserstraßen (Kanäle) werden im Wesentlichen durch schifffahrtsinduzierte hydraulische Einwirkungen, an staugeregelten oder frei fließenden Flüssen zusätzlich durch natürliche Strömungen belastet.

Die durch die Schifffahrt erzeugten hydraulischen Lasten können aufgeteilt werden in Propellerstrahl, Rückströmung und daraus resultierend Wasserspiegelabsenkung neben dem Schiff, Heckquerwelle mit Wiederauffüllungsströmung auf Höhe des Schiffshecks und sekundäre Wellensysteme. Jede Einwirkung bildet für sich eine Be-

Empfehlungen des Arbeitsausschusses „Ufereinfassung" (EAU 2020), Hrsg. HTG und DGGT, 12. Aufl.
© 2021 Ernst & Sohn GmbH & Co. KG. Published 2021 by Ernst & Sohn GmbH & Co. KG.

lastung der Ufer. Die Rückströmung greift vor allem entlang der Böschung unter dem Ruhewasserspiegel an, die Heckquerwelle und die sekundären Wellensysteme wirken im Wesentlichen in der Nähe des Ruhewasserspiegels. Für die Dimensionierung von Deckwerken an Binnenwasserstraßen sind in der Regel die Heckquerwelle mit der Wiederauffüllungsströmung und der Wasserspiegelabsunk die maßgeblichen hydraulischen Einwirkungen. Angaben über Wellenlasten aus Wasserein- und -ableitung und aus Schifffahrt enthalten Abschn. 4.4 und 4.6.

Die Uferdeckwerke müssen so entworfen werden, dass sie den hydraulischen Schub- und Strömungskräften widerstehen können. Welche der Belastungskomponenten für den Entwurf ausschlaggebend ist, hängt von der erwarteten Schiffsflotte (Antriebsleistung und Querschnitt der Schiffe) und vom Querschnitt der Wasserstraße ab.

Auch die Wasserspiegeldifferenzen, die durch die Schifffahrt und Gezeiten entstehen oder natürlich vorhanden sind, führen zu einer Belastung der Ufer. Hierbei muss zwischen dem aufwärts gerichteten Wasserdruck unter der Abdeckung des Ufers, der umso größer ist, je weniger durchlässig die Abdeckung ist, und dem hydraulischen Gefälle in den Filterschichten und im Untergrund unterschieden werden.

Bei durchlässigen Deckwerken tritt das freie Wasser mit dem Grundwasser in Wechselwirkung. Bei begrenztem Fahrwasserquerschnitt erfolgt der Wasserspiegelabsunk bei Vorbeifahrt eines Schiffes je nach Durchlässigkeit des Untergrundes schneller als der entsprechende Druckabfall im Porenwasser. Die Folge ist ein Porenwasserüberdruck im Boden, dessen Abnahme zur Oberfläche hin in guter Näherung mit einer Exponentialfunktion dargestellt werden kann (Köhler und Schulz, 1986). Porenwasserüberdruck im Boden setzt dessen Scherfestigkeit herab und führt damit zu einem Stabilitätsverlust, der bei der Bemessung der Uferböschung und der Deckwerke berücksichtigt werden muss. Besonders gefährdet sind Böden mit geringer Durchlässigkeit, die aber keine oder nur sehr geringe Kohäsion haben, wie z. B. schluffige Feinsande.

6.1.1.3 Aufbau von Böschungssicherungen

Am häufigsten werden für Ufersicherungen Deckwerke eingesetzt. Die verschiedenen, je nach Erfordernis zu verwendenden Komponenten sind von oben (außen) nach unten (innen) (Abb. 6.1):

- Deckschicht
- Filter/Trennlage
- Dichtung

Zur Herstellung eines ebenen Planums kann zusätzlich eine Ausgleichsschicht unter dem Deckwerk erforderlich werden. Ebenso kann eine Polsterschicht verwendet werden, um einzelne Komponenten des Deckwerks, z. B. eine Dichtung oder einen geotextilen Filter, vor Beanspruchungen zu schützen.

Weitere Elemente eines Deckwerks sind eine Fußsicherung und ggf. Anschlüsse an andere Bauteile.

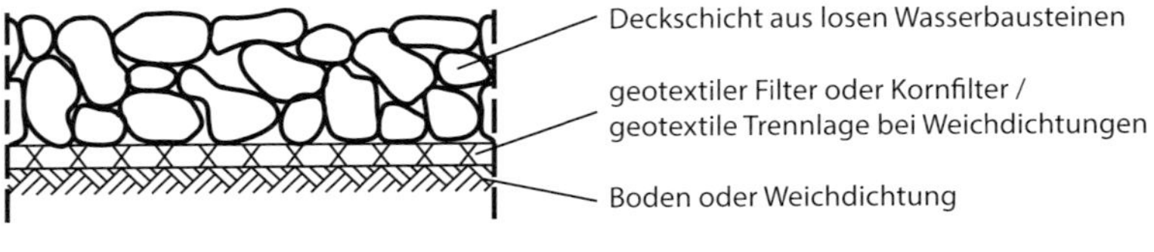

Abb. 6.1 Aufbau eines Deckwerks.

Wir decken das gesamte Spektrum des Spezialwasserbaus im Küstenschutz und Schifffahrtsstraßenbau ab.

Seit 1860
Colcrete - von Essen
Spezial-Wasserbau
Küstenschutz

Colcrete-von Essen GmbH & Co. KG

Am Waldrand 9c · 26180 Rastede
Tel. 04402 / 97 87 0
Fax 04402 / 97 94 8

Colcrete-von Essen Wasserbau GmbH & Co. KG

Ziegeleistraße 4 · 17373 Ueckermünde
Tel. 039771 / 54 17 0
Fax 039771 / 54 17 20

E-mail: info@colcrete-von-essen.de
ueckermuende@colcrete-von-essen.de
Internet: www.colcrete-von-essen.de

Martin Ziegler

Geotechnische Nachweise nach EC 7 und DIN 1054

Einführung mit Beispielen

- schnelle Einarbeitung in das neue Regelwerk
- die in der Praxis erforderlichen Nachweise werden erläutert und anhand von Ablaufdiagrammen und Beispielen verdeutlicht

BESTELLEN
+49 (0)30 470 31-236
marketing@ernst-und-sohn.de
www.ernst-und-sohn.de/2975

Der €-Preis gilt ausschließlich für Deutschland. Inkl. MwSt.

Ernst & Sohn
A Wiley Brand

3., neu bearbeitete Auflage · 2012 · 398 Seiten · 189 Abbildungen · 54 Tabellem

Softcover

ISBN 978-3-433-02975-6 € 59*

Ernst & Sohn
A Wiley Brand

Deutsche Gesellschaft für Geotechnik e.V. (Hrsg.)

Empfehlungen des Arbeitskreises „Baugrunddynamik“

- **Bereitet ein schwer zu überblickendes Fachgebiet praxisgerecht auf**
- **Fasst den aktuellen Stand der Technik zusammen**
- **Praxisnahe Anwendungsbeispiele**

Die „Empfehlungen des Arbeitskreises Baugrunddynamik“ erläutern die Wellenausbreitung im Untergrund, zeigen wie die Bodenkennwerte für dynamische Berechnungen ermittelt werden und behandeln dynamisch belastete Fundamente und Pfahlgründungen sowie bleibende Verformungen.

2018 · 174 Seiten · 71 Abbildungen · 20 Tabellen

Hardcover
ISBN 978-3-433-03198-8 **€ 59***

eBundle (Print + PDF)
ISBN 978-3-433-03287-9 **€ 79***

BESTELLEN
+49 (0)30 470 31-236
marketing@ernst-und-sohn.de
www.ernst-und-sohn.de/3198

* Der €-Preis gilt ausschließlich für Deutschland. Inkl. MwSt.

6.1.1.3.1 Deckschicht

Die Deckschicht ist die oberste, erosionsfeste Schicht einer Ufersicherung, die durchlässig oder dicht ausgeführt werden kann. Sie wird nach hydraulischen und geotechnischen Gesichtspunkten bemessen: Strömung, Wellenangriff und Wasserspiegelabsunk dürfen nicht zu einer Verlagerung von Bauelementen oder von Boden führen, Druckschläge müssen schadlos aufgenommen werden können. Gleichzeitig soll Wellenenergie dissipiert werden. Die Hinweise zu Kolkschutzschichten in Abschn. 6.1.4 gelten grundsätzlich auch für Deckschichten auf Böschungen.

Häufig wird die Deckschicht als Schüttung loser Wasserbausteine ausgeführt (lose Deckschicht). Die Wasserbausteine müssen fest, licht-, frost- und wetterbeständig sein (DIN EN 13383-1). Außerdem sollten sie für ihre Lagestabilität eine möglichst hohe Rohdichte besitzen. Diese Bauweise ist sehr flexibel und passt sich Untergrundverformungen problemlos an. Sie ist relativ einfach herzustellen und im Schadensfall auch leicht zu reparieren. Die Wasserbausteine werden größtenteils aus Naturstein, aber auch industriell bei der Metallproduktion hergestellt. In losen Deckschichten ist mit Steinverlagerungen durch hydraulische Einwirkungen zu rechnen, diese können jedoch durch eine ausreichende Bemessung auf ein Minimum beschränkt werden. Gestützt auf experimentell belegte Grundlagenforschung sind in den letzten Jahren für die Bemessung solcher Deckwerke Ansätze entwickelt worden (PIANC, 1987a,b, 1992a; GBB, 2010; CIRIA, CUR, CETMEF, 2007).

Um den Widerstand gegen hydraulische Belastungen zu erhöhen, können Schüttmaterialien teilweise oder voll mit hydraulisch gebundenem Mörtel vergossen werden. Diese Bauweise empfiehlt sich für stark beanspruchte Bereiche, z. B. besonders in Manövrierbereichen, wie z. B. Liegestellen oder Vorhäfen. Ein Teilverguss muss so ausgeführt werden, dass eine ausreichende Flexibilität und Durchlässigkeit der Deckschicht erhalten bleibt. Idealerweise entstehen durch Teilverguss Konglomerate, die gegeneinander gut verzahnt sind und die Anpassungsfähigkeit und den Erosionswiderstand großer Einzelelemente besitzen. Aufgrund der hohen hydraulischen Widerstandsfähigkeit teilvergossener Deckschichten kann die Größe der Wasserbausteine zum Teil deutlich geringer gewählt werden als bei losen Wasserbausteinen.

Eine ähnliche Wirkung wird mit pflasterartig verlegten Formsteinen erzielt, wenn die Deckschicht ausreichend durchlässig ist und die Steine miteinander verbunden sind. Das mit Formsteinen erreichbare Flächengewicht ist jedoch begrenzt.

Undurchlässige (voll vergossene) Deckschichten wirken gleichzeitig als Dichtung und als Schutzschicht mit erhöhtem Widerstand gegen Erosion und andere mechanische Beschädigungen. Sie benötigen im Allgemeinen eine geringere Bauhöhe als durchlässige Deckwerke, sind jedoch starr und in ökologischer Hinsicht umstritten.

6.1.1.3.2 Filter

Grundsätzlich muss eine Böschungssicherung so aufgebaut sein, dass ein Materialtransport aus dem Untergrund vermieden wird. Hierfür sind bedarfsweise zwischen dem Untergrund und der Deckschicht Filterschichten mit entsprechend aufeinander abgestimmten Eigenschaften anzuordnen. Alle Schichten müssen untereinander filterstabil sein.

Ist in das Deckwerk eine gesonderte Tondichtung integriert, ist zwischen Deckschicht und Dichtung ein Geotextil oder ein Mineralfilter als Trennlage ohne Filterfunktion vorzusehen (Abb. 6.1).

Der Filter ist nach geohydraulischen (d. h. durch Porenwasserströmungen und ihren Wechselwirkungen mit dem Korngerüst bestimmten) Gesichtspunkten zu dimensionieren. Neben Kornfiltern eignen sich geotextile Filter (Abschn. 6.1.3). Für beide Bauweisen sind Wasserdurchlässigkeit und Filtersicherheit (Filterfunktion und Trennungsfunktion) charakteristische Entwurfsanforderungen.

Infolge der turbulenten Anströmung und der wechselseitigen Durchströmung unterliegen Kornfilter und geotextile Filter in Böschungs- und Sohlensicherungen im Gegensatz zum Einsatz bei Dränanwendungen mit nur einsinniger Durchströmung hohen instationären hydraulischen Belastungen. Die Eigenschaften der Filter sind daher besonders sorgfältig auf den Boden, die Decklage und die Belastung abzustimmen.

6.1.1.3.3 Dichtung

Dichtungen werden aus wasserwirtschaftlichen Gründen oder bei Dämmen zur Erhöhung der Standsicherheit erforderlich. Grundsätzlich sind dichte Deckwerke (Beläge oder Vollverguss aus Asphalt oder hydraulisch gebundenem Mörtel), die Dichtungs- und Schutzwirkung kombinieren und Deckwerke mit separaten Dichtungsschichten wie Naturton, Erdstoffgemische, geosynthetische Tondichtungsbahn (GTD, Bentonitmatte) zu unterscheiden. Hinweise zu mineralischen Dichtungen enthält Abschn. 6.1.6.

Auf ein dichtes Deckwerk kann im Gegensatz zum durchlässigen Deckwerk ein rückwärtiger Wasserüberdruck wirken. Dieser ist bei der Bemessung des Deckwerks zu berücksichtigen. Die Größe des Wasserüberdrucks hängt von der Größe der Wasserspiegeländerungen an der Böschung und den gleichzeitig auftretenden Grundwasserständen hinter dem Deckwerk ab. Der Wasserüberdruck vermindert die mögliche Reibungskraft zwischen dem Deckwerk und der darunterliegenden Bettung.

Asphalt ist ein viskoses Material. Daher können Wurzeln und Rhizome Deckwerke mit Asphaltverguss durchdringen, und das Deckwerk kann kriechen. Deckwerke aus Asphalt oder mit Asphaltvollverguss sind als starre Lösungen einzustufen, wenn nicht unwesentliche Bodenverformungen unter dem Deckwerk aus Erosion, Suffosion oder Sackung rascher entstehen als der stets sehr langsam ablaufende Kriechvorgang im Asphalt. Detailliertere Hinweise zu Asphaltdichtungen befinden sich in den „Empfehlungen für die Ausführung von Asphaltarbeiten im Wasserbau“ (EAAW, 2008).

Für alle Belastungsfälle wird gefordert, dass die Komponente der Eigenlast des Deckwerks normal zur Böschung stets größer ist als der unmittelbare darunter auftretende größte Wasserdruck, sodass die Deckschicht nie abgehoben werden kann (Abhebekriterium).

6.1.1.3.4 Ausgleichsschicht

Ausgleichsschichten werden verwendet, um für das Deckwerk ein ebenes Planum zu schaffen, wenn dies nicht durch Abgraben erreicht werden kann.

Eine Ausgleichsschicht kann als Filterschicht aufgebaut werden, wenn darunter ein sehr inhomogener Boden ansteht. Die Kornverteilung der Ausgleichsschicht wird in diesem Fall dem anstehenden gröberen Erdstoff angepasst und wirkt gegenüber dem feineren als Filter. Diese Lösung vermeidet die Notwendigkeit, den Filter bereichsweise unterschiedlich aufbauen zu müssen. Eine Ausgleichsschicht kann auch anstelle eines Bodenaustauschs ausgeführt werden, z. B. wenn eine Böschung nicht sauber profiliert werden kann, weil der anstehende Boden ausfließt.

6.1.1.3.5 Polsterschicht

Polsterschichten werden in besonderen Fällen zum Schutz gegen sehr große Beanspruchungen auf unterliegende Schichten (z. B. besonders große Wasserbausteine auf geotextilem Filter) angeordnet. Sie müssen die Filterkriterien gegenüber den angrenzenden Schichten erfüllen.

6.1.1.4 Fußsicherung

Die hangabtreibenden Kräfte aus der Böschungsbefestigung können bei steilen Böschungen durch Reibung zwischen Deckwerk und Untergrund nicht vollständig aufgenommen werden. Der die Reibung überschreitende Teil der Hangabtriebskräfte muss über eine Fußstützung aufgenommen werden. Die Forderung, die Hangabtriebskräfte vollständig über Reibung abzutragen, würde zu unwirtschaftlich dicken Deckwerken oder zu unwirtschaftlich flachen Böschungen führen.

Bei Böschungen, die bis zur Gewässersohle reichen, wird das Böschungsdeckwerk daher im Allgemeinen mit gleicher Neigung in den Untergrund weitergeführt (Fußeinbindung, Abb. 6.2a). Die Einbindetiefe soll bei erosionsgefährdeten Böden in der Gewässersohle (Sande und nichtbindige Sand-Schluff-Gemische) nicht weniger als 1,5 m betragen (z. B. MAR, 2008; GBB, 2010). Alternativ kann das Deckwerk auch horizontal in der Sohle weitergeführt werden (Fußvorlage, Abb. 6.2b). Diese Fußvorlage sollte allerdings nicht angewendet werden, wenn in der Sohle erosionsgefährdete Böden (Sande und feiner) anstehen. Im Falle eines Sohldeckwerks stützt sich das Böschungsdeckwerk darauf ab.

Weiterhin kann die Fußstützung des Deckwerks durch eine Fußspundwand hergestellt werden, sofern der Boden rammbar ist. Diese Lösung entspricht konstruktiv und in der Bemessung der Abstützung von Deckwerken auf Teilböschungen hinter Spundwandufern (siehe Abschn. 7.1.4 und 7.1.5).

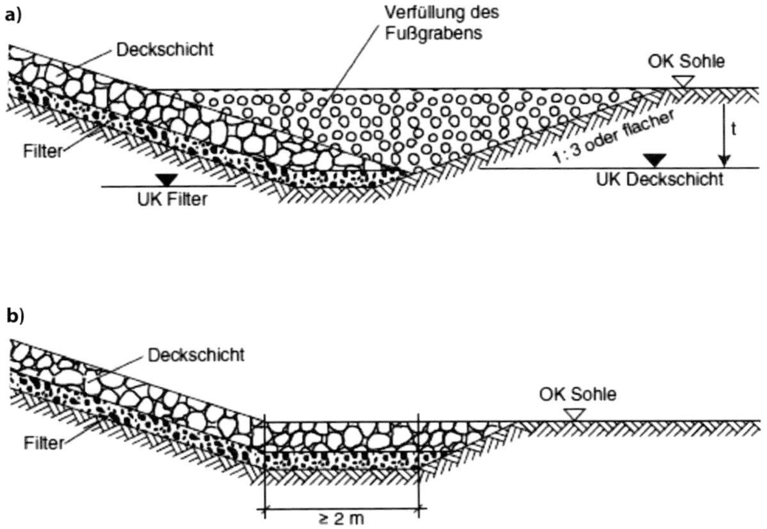

Abb. 6.2 Fußsicherung mit (a) Einbindung und (b) Vorlage (nach MAR, 2008).

6.1.1.5 Anschlüsse

Besondere Beachtung erfordern die Übergangskonstruktionen zu Bauwerken sowie die Übergänge zum Abdeckmaterial oder zum Untergrund. In der Praxis sind viele Schadensfälle auf Entwurf- und/oder Ausführungsfehler bei diesen Übergangskonstruktionen zurückzuführen. Beim Anschluss eines Deckwerks an eine Spundwand oder ein anderes Bauteil ist für einen guten Kraftschluss, für Filterstabilität und für Erosionssicherheit an der Stoßstelle Sorge zu tragen.

Häufig bietet es sich an, am Übergang zu starren Bauwerken die losen Wasserbausteine in einem Streifen von 0,5–1 m voll zu vergießen und anschließend einen Teilverguss mit abnehmender Vergussstoffmenge vorzusehen.

Auch die Anschlüsse von Filterschichten und Dichtungen an Bauwerken sind besonders sorgfältig zu planen und auszuführen.

6.1.1.6 Bemessung von Deckwerken

Bei der Bemessung von Deckwerken müssen folgende Aspekte berücksichtigt werden.

- Stabilität des Einzelsteins gegenüber dem hydraulischen Angriff:
  Die erforderliche Steingröße wird im Wesentlichen durch die Höhe der Heckquerwelle und Geschwindigkeiten der Rück- bzw. Wiederauffüllungsströmung sowie überproportional durch die Steinrohdichte beeinflusst.
- Ausreichendes Deckwerksgewicht zur Vermeidung von Bruchzuständen in der Böschung bei schnellem Wasserspiegelabsunk:
  Das erforderliche Deckwerksgewicht wird durch die Dicke der Deckschicht sichergestellt. Die wesentlichen Einflussparameter sind die Steinrohdichte, das Maß und die Geschwindigkeit des Wasserspiegelabsunks, die Filterart und die Wasserdurchlässigkeit des Bodens.

Die Bemessung kann für Binnenwasserstraßen nach GBB (2010) erfolgen. Unter bestimmten Randbedingungen können ohne rechnerischen Nachweis Regelbauweisen für Deckwerke nach MAR (2008) verwendet werden. Für eine Wasserstraße der Klasse V mit moderner Schiffsflotte werden Steine der Klasse $LMB_{5/40}$ mit einer Mindestrohdichte von 2650 kg/m^3 empfohlen. Die üblichen Dicken der Deckschicht liegen dann abhängig vom Boden und der Filterart bei 60–80 cm.

6.1.2 Böschungen in Seehäfen und in Binnenhäfen mit Tide

6.1.2.1 Allgemeines

In Hafenbereichen mit Massengutumschlag, an Uferliegeplätzen sowie im Bereich der Hafeneinfahrten und Wendebecken können die Ufer auch bei großem Tidehub und großen Wasserstandsschwankungen dauernd standsicher geböscht ausgeführt werden. Hierbei müssen bestimmte konstruktive Grundsätze beachtet werden, damit größere Unterhaltungsarbeiten vermieden werden.

Große Seeschiffe fahren in den Häfen in der Regel mit dem eigenen Maschinenantrieb und werden dabei durch Schlepper unterstützt. Beim An- und Ablegen kann der Schraubenstrahl erhebliche Schäden an Böschungen erzeugen. Zusätzlich können große Schlepper, Binnenschiffe und kleine Seeschiffe und Küstenmotorschiffe mit ihrem Schraubenstrahl und ihren Bug- und Heckwellen das Ufer über eine Tiefe von etwa 6–7 m unter dem jeweiligen Wasserstand angreifen (Abschn. 6.1.4). Besondere Einwirkun-

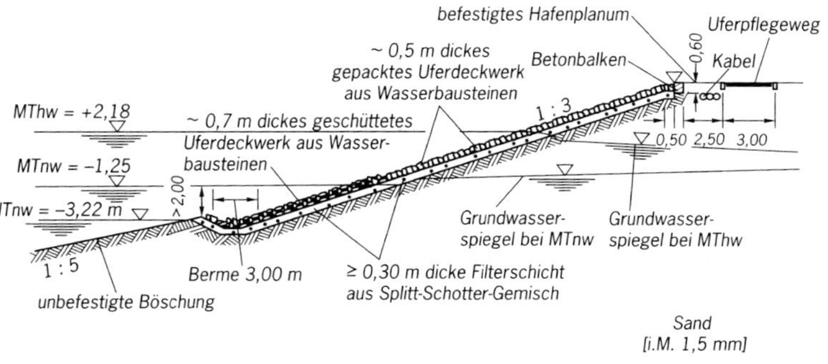

Abb. 6.3 Ausführung einer Hafenböschung mit durchlässigem Deckwerk in Bremen (Beispiel).

gen entstehen durch Bug- und Heckstrahlruder oder Azipodantriebe (Propellergondelantriebe), die im Einzelfall (z. B. Fährhäfen) speziell angepasste Lösungen erfordern.

6.1.2.2 Ausführungsbeispiele mit durchlässigem Deckwerk

Die Abb. 6.3 zeigt eine in Bremen ausgeführte Lösung. Der Übergang vom ungesicherten zum gesicherten Bereich der Böschung wird durch eine 3,00 m breite, waagerechte, mit Wasserbausteinen abgedeckte Berme gebildet. Oberhalb dieser Berme hat das Steindeckwerk eine Neigung von 1 : 3. Die obere Begrenzung des Deckwerks bildet ein im Hafenplanum liegender 0,50 m breiter und 0,60 m hoher Betonbalken. Das Deckwerk besteht aus schweren Wasserbausteinen, die bis knapp über MTnw in ca. 0,70 m Schichtdicke in Schüttbauweise eingebracht wurden. Im darüberliegenden Böschungsbereich besteht die Deckschicht aus einem ca. 0,5 m dicken gepackten rauen Steindeckwerk. Beim Packen der Wasserbausteine ist für einen guten Verbund und eine ausreichende gegenseitige Stützung der Steine zu sorgen, damit diese durch Welleneinwirkungen nicht aus dem Verbund gerissen werden können.

Zur Unterhaltung des Steindeckwerks und als Zuwegung zu den Schiffsliegeplätzen ist 2,50 m hinter dem oberen Betonbalken ein 3,00 m breiter, für schwere Fahrzeuge ausgebauter Uferpflegeweg angeordnet (Abb. 6.3). Im Streifen zwischen dem Betonbalken und dem Uferpflegeweg sind Kabel für die Stromversorgung der Hafenanlage und der Uferfeuer sowie die Telefonleitungen usw. verlegt.

Die Abb. 6.4 zeigt einen Böschungsquerschnitt aus dem Hamburger Hafen. Bei dieser Lösung ist am Deckwerksfuß ein Widerlager aus Ziegelschutt, ca. 3,5 m^3/m (siehe Abb. 6.4), auf Kunststoffgittergewebe angeordnet. Darüber liegt die auf dem größten Teil der Böschungshöhe einheitlich ausgeführte zweistufige Abdeckung.

Unter Berücksichtigung der vorhandenen Bodenverhältnisse wird die Böschungssicherung im Allgemeinen nur bis 0,7 m unter MTnw geführt. Wenn darunter Ausspülungen entstehen, können diese durch einfaches Nachwerfen von Ziegelschutt wieder beseitigt werden. Bei Eisgang können bei dieser Konstruktion die Schüttsteine fortgerissen werden, der Aufwand für das Ergänzen des Bewurfs wird in Hamburg aber als verhältnismäßig gering bewertet.

Um die Forderung nach naturnahem Ausbau von Uferböschungen zu erfüllen, wurden in Hamburg Schüttsteinböschungen mit Begrünungstaschen entwickelt (Abb. 6.5). Dabei wird im Normalquerschnitt nach Abb. 6.4 im Bereich von NN + 0,40 m je nach Platz ein ca. 8,00–12,00 m breiter horizontaler Streifen angeordnet, der ca. 0,4–0,5 m dick mit Klei aufgefüllt wird und so eine Begrünungstasche bildet. Der Unterbau aus Zie-

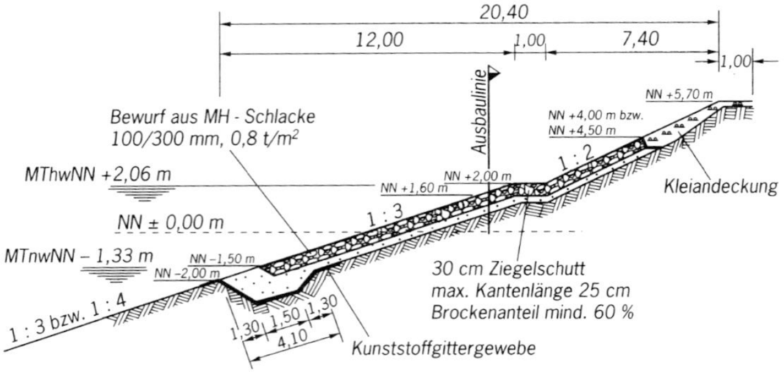

Abb. 6.4 Ausführung einer Hafenböschung mit durchlässigem Deckwerk in Hamburg (Beispiel).

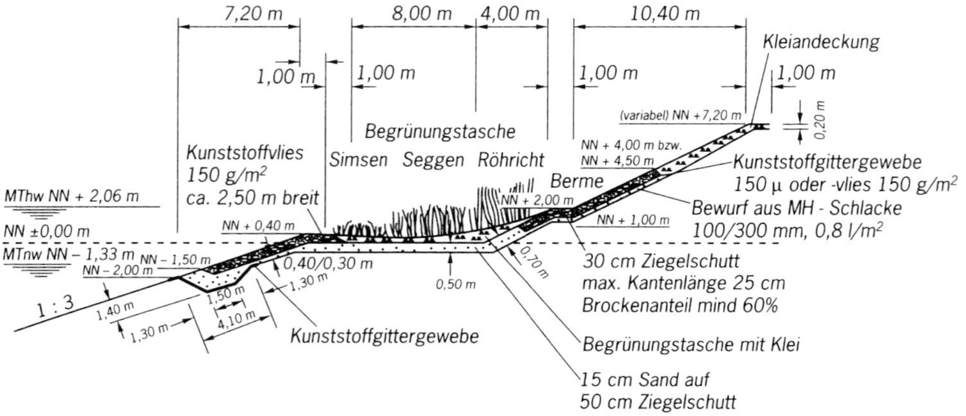

Abb. 6.5 Ausführung einer Hafenböschung mit durchlässigem Deckwerk und Begrünungstasche in Hamburg (Beispiel).

gelschutt ist auf 0,5 m Dicke verstärkt, zwischen Klei und Ziegelschutt liegt eine 0,15 m dicke Schicht aus Elbsand als Belüftungszone.

Die Begrünungstasche wird, gestaffelt nach Standorthorizonten, mit Simsen bzw. Binsen (*Schoenoplectus tabernaemontani*), Seggen (*Carex gracilis*) und Röhricht (*Phragmites australis*) bepflanzt. Oberhalb der Berme bei NN + 2,0 m, also auch im normalen Schüttsteindeckwerk, werden Weidensteckhölzer eingesetzt. Wegen der besseren Wachstumsbedingungen sollte die Bepflanzung im April/Mai erfolgen.

Die Sonderform mit Begrünungstasche lässt sich jedoch nur in Uferbereichen mit ausreichendem Platz und geringem Schwell durch Schiffsverkehr und Wellenschlag realisieren.

Die Abb. 6.6 zeigt eine im Hafen Rotterdam realisierte Lösung mit durchlässigem Deckwerk. Sie ähnelt, abgesehen vom Deckwerk selbst, in ihrem Aufbau weitgehend der Rotterdamer Lösung mit undurchlässigem Deckwerk, sodass bezüglich weiterer Einzelheiten auf die Ausführungen unter Abschn. 6.1.2.3 verwiesen werden kann. Die Abb. 6.7 zeigt eine weitere Lösung für eine durchlässige Hafenböschung.

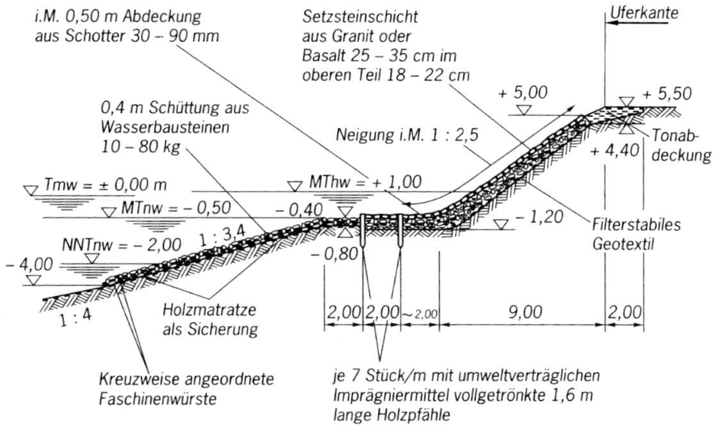

Abb. 6.6 Ausführung einer Hafenböschung mit durchlässigem Deckwerk in Rotterdam (Beispiel).

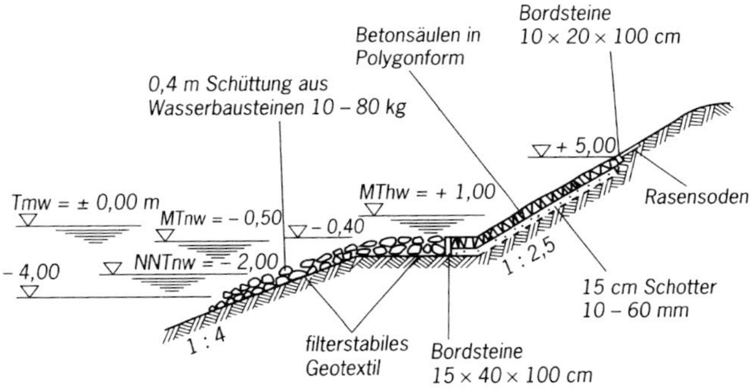

Abb. 6.7 Ausführung einer Hafenböschung mit durchlässigem Deckwerk bei Rotterdam (Beispiel).

6.1.2.3 Ausführungsbeispiele mit undurchlässigem Deckwerk

Die Ausführung nach Abb. 6.8 zeigt ein in Rotterdam entwickeltes und erprobtes Beispiel mit einem sogenannten „offenen Fuß“ zur Abminderung des Wasserüberdrucks. Dieser Fuß besteht aus einer Grobkiesschüttung $d_{50} \geq 30$ mm, gesichert durch zwei Rei-

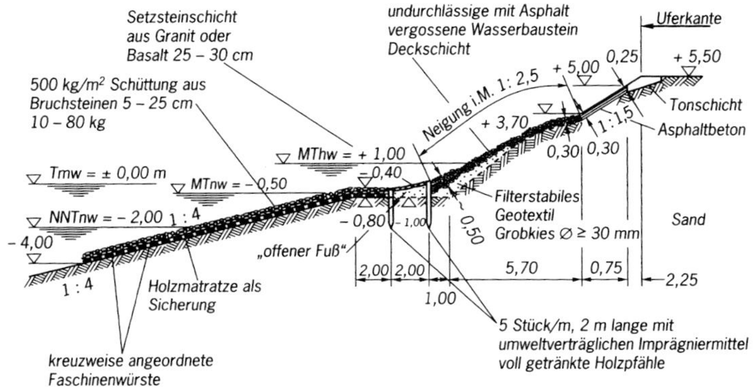

Abb. 6.8 Ausführung einer Hafenböschung mit undurchlässigem Deckwerk in Rotterdam (Beispiel).

hen dicht an dicht stehender Holzpfähle, die mit umweltverträglichem Imprägniermittel voll getränkt, 2,00 m lang und ca. 0,2 m dick sind. An das untere Ende der asphaltvergossenen Bruchsteinabdeckung anschließend wird die Grobkiesschicht mit 25–35 cm großen Setzsteinen aus Granit oder Basalt wasserdurchlässig abgedeckt.

Unter der Grobkiesschicht, die auch unter einen wesentlichen Teil der dichten Deckschicht reicht, befindet sich ein geotextiler Filter.

An den „offenen Fuß" schließt sich eine 2,0 m breite Berme an, darunter folgt dann die bei Sand unter 1 : 4 geneigte Unterwassersicherung mit einer Holzmatratze bis ca. 3,5 m unter MTnw. Darauf sind waagerecht und in Böschungsrichtung Faschinenwürste angeordnet. Darüber liegt eine 0,30–0,50 m dicke Schüttung aus Bruchsteinen, da die Auflast aus der Deckschicht etwa 3–5 kN/m^2 betragen soll.

Das asphaltvergossene Bruchsteindeckwerk reicht von der landseitigen Holzpfahlreihe bis etwa 3,7 m über MTnw und hat eine mittlere Neigung von 1 : 2,5. Sein Flächengewicht (Dicke) muss im Einzelfall nach der Größe der maßgebenden Wasserdrücke an seiner Unterseite bemessen werden. Im Regelfall nimmt die Dicke von unten nach oben von ca. 0,5 auf ca. 0,3 m ab.

Die Bruchsteine haben ein Stückgewicht von 10–80 kg.

An das Deckwerk schließt sich auf 1,3 m Höhe eine 0,25–0,3 m dicke Asphaltbetonschicht mit einer Neigung von 1 : 1,5 an und darüber in gleicher Neigung bei 0,50 m Höhe eine Tonabdeckung. Dadurch soll die spätere Verlegung von Rohren und Leitungen ermöglicht werden, ohne die Böschungsbefestigung aufzubrechen.

6.1.3 Anwendung von geotextilen Filtern bei Böschungs- und Sohlensicherungen

6.1.3.1 Allgemeines

Geotextilien werden in Form von Geweben, Vliesstoffen und Verbundstoffen bei Böschungs- und Sohlensicherungen verwendet.

Als verrottungsbeständige Materialien für geotextile Filter haben sich bisher Kunststoffe wie Polyacryl, Polyamid, Polyester, Polyvinylalkohol, Polyethylen und Polypropylen bewährt. Hinweise auf deren Eigenschaften können PIANC (1987a,b) entnommen werden.

Für Geokunststoffe, die bei Böschungs- und Sohlensicherungen zum Einsatz kommen sollen, müssen die in DIN EN 13253 geforderten Eigenschaften erfüllt werden. Grenzwerte für diese Eigenschaften ergeben sich aus der individuellen Anwendung. Beispiele für Grenzwerte finden sich in PIANC (1992a) und TLG (2003).

Der Vorteil von geotextilen Filtern gegenüber mineralischen Filtern liegt in der maschinellen Vorfertigung, bei der sehr gleichmäßige Eigenschaften erreicht werden können. Bei Beachtung bestimmter Einbauregeln und Produktanforderungen können geotextile Filter auch unter Wasser eingebaut werden. Geotextile Filter besitzen nur ein sehr geringes Eigengewicht. Daher kann unter Umständen gegenüber mineralischen Filtern eine dickere Deckschicht erforderlich werden. Bei nichtbindigen, feinkörnigen Böden besteht unter der Einwirkung von Wellen in der Wasserwechselzone und darunter die Gefahr der Verflüssigung und der Verlagerung des Bodens unter dem Deckwerk. Um dies zu verhindern, muss der Filter mechanisch filterfest und das Gewicht des Deckwerks ausreichend groß sein (MAG, 1993).

6.1.3.2 Bemessungsgrundlagen

Geotextile Filter in Böschungs- und Sohlensicherungen können in Hinblick auf mechanische und hydraulische Filterwirksamkeit, Einbaubeanspruchungen wie Zug- und Durchschlagkräfte und Dauerhaftigkeit gegenüber Abriebbeanspruchungen bei ungebundenen Deckschichten nach den in PIANC (1987a,b), MAG (1993) und DWA (2017) angegebenen Regeln bemessen werden. PIANC (1987a,b) und DWA (2017) enthalten für instationäre Belastungen Bemessungsregeln, die auf Erfahrungen mit stationären hydraulischen Belastungen beruhen. MAG (1993) enthält Bemessungsregeln auf der Grundlage von Durchströmungsversuchen („Bodentypverfahren"), die auf instationäre hydraulische Belastungen ausgelegt sind. Beide Verfahren bauen im Wesentlichen auf nationalen Erfahrungen auf. Internationale Erfahrungen und Bemessungsgrundlagen finden sich z. B. in Veldhuyzen van Zanten (1994), Koerner (2005) und CFEM (2006).

Geotextile Filter müssen neben der mechanischen und hydraulischen Filterwirksamkeit vor allem auch den Einbaubeanspruchungen widerstehen. In dieser Beziehung haben sich für den Einbau unter Wasser bei laufendem Schiffsverkehr relativ dicke ($d \geq$ 4,5 mm) bzw. schwere ($g \geq 500\,\text{g/m}^2$) Geotextilien bewährt.

6.1.3.3 Anforderungen

Die Zugfestigkeit der geotextilen Filter an der Bruchgrenze muss bei Verlegen im Nassen mindestens 1200 N/10 cm in Längs- und in Querrichtung betragen.

Bei Deckschichten aus geschütteten Steinmaterialien ist die Durchschlagfestigkeit nachzuweisen (RPG, 1994).

Können unter Wellen- bzw. Strömungsbelastungen Scheuerbewegungen der Deckschichtsteine auftreten, ist die Abriebfestigkeit des Geotextils nachzuweisen (RPG, 1994).

6.1.3.4 Zusatzausrüstungen

Im Bedarfsfall können die Eigenschaften des Geotextils durch Zusatzausrüstungen verbessert werden. Im Folgenden werden hierzu einige Beispiele benannt.

Durch die Anordnung von gröberen Zusatzschichten an der Unterseite des Geotextils kann bei richtiger Abstimmung auf die Körnung eine Verzahnung mit dem Untergrund und damit eine Stabilisierung der Grenzschicht zwischen Untergrund und Filter erreicht werden. Allerdings ist es meist günstiger, die Auflast auf dem geotextilen Filter zu erhöhen, zumal mit solchen Zusatzschichten auch negative Auswirkungen verbunden sein können (z. B. Aufständerung, ungewollte Dränwirkung). Faschinenroste auf der Oberseite von Geotextilien ermöglichen einen faltenfreien Einbau des Geotextils und erhöhen die Lagestabilität des Schüttmaterials auf dem Geotextil, sie sind beim Bau von Sinkstücken seit Langem bewährt. Zur Erhöhung der Reibung zwischen einem gewebten Geotextil und dem Untergrund und zur Verbesserung der Filterwirkung kann eine Kombination aus Gewebe und vernadeltem Vliesstoff verwendet werden.

Eine werkseitige mineralische Einlagerung aus Sand oder anderen Granulaten („Sandmatte") erhöht das Flächengewicht des Geotextils, wodurch eine bessere Lagestabilität beim Einbau erreicht wird. Außerdem wird durch die Füllung die Gefahr der Faltenbildung beim Verlegen verringert.

6.1.3.5 Allgemeine Ausführungshinweise

Vor dem Einbau von geotextilen Filtern ist in jedem Fall die vertragsgemäße Lieferung der Geotextilien nach entsprechenden Lieferbedingungen, beispielsweise nach RPG

(1994) und TLG (2003), zu prüfen. Die angelieferten Geotextilien sind sorgfältig zu lagern und gegen UV-Strahlung, Witterung und sonstige schädigende Einflüsse zu schützen.

Um Funktionsmängel auszuschließen, muss beim Verlegen von mehrschichtigen geotextilen Filtern (Verbundstoffen) mit porenmäßig abgestuften Filterlagen auf die richtige Lage von Ober- und Unterseite geachtet werden.

Die Geotextilien sollen faltenfrei verlegt werden, damit bevorzugte Wasserwege und Möglichkeiten für einen Bodentransport vermieden werden.

Das Vernageln mit dem Untergrund an der Böschungsoberkante ist nur zulässig, wenn dadurch beim weiteren Baufortschritt das Geotextil keine Zwängungen erleidet. Besser als die starre Fixierung durch das Vernageln ist die Einbindung in einen Graben an der Böschungsoberkante. Dies erlaubt ein kontrolliertes Nachgeben des Geotextils bei hoher Beanspruchung während der folgenden Bauschritte. Da Geotextilien beim Nasseinbau schwimmen oder schweben, müssen sie durch Aufbringen der Deckschicht oder einer Polsterschicht unmittelbar nach dem Verlegen in Position gehalten werden. Bei Temperaturen unter +5 °C sollten Geotextilien nicht eingebaut werden.

Besonders wichtig für das Bodenrückhaltevermögen von geotextilen Filtern ist die sorgfältige Verbindung der einzelnen Bahnen durch Vernähen oder Überlappen. Beim Vernähen muss die Festigkeit der Naht der geforderten Mindestfestigkeit der Geotextilien entsprechen. Beim Einbau im Trockenen mit einer Böschungsneigung von 1 : 3 oder flacher müssen die planmäßigen Überlappungen mindestens 0,5 m, beim Einbau im Nassen und bei allen steileren Böschungen mindestens 1,0 m breit sein. Bei weichem Untergrund ist zu überprüfen, ob größere Überlappungen erforderlich sind, damit Querverkürzungen der Geotextilbahnen beim Bewurf mit Schüttsteinen nicht zu offenen Stellen führen.

Baustellennähte und Überlappungen sollen grundsätzlich nur in Böschungsfallrichtung verlaufen. Sind ausnahmsweise Überlappungen in Böschungslängsrichtung unvermeidlich, muss die in Böschungsfallrichtung tiefer liegende Bahn über die obere Bahn greifen, um eine böschungsabwärts gerichtete Erosion durch die Überlappung zu vermeiden.

Beim Verlegen über Wasser ist zu verhindern, dass das relativ leichte Geotextil durch Wind verlagert werden kann.

Um beim Unterwassereinbau von geotextilen Filtern unter laufendem Verkehr eine faltenfreie, vollflächig und verzerrungsfrei auf dem Einbauplanum aufliegende geotextile Filterlage mit ausreichender Überlappung zu erreichen, sind die nachfolgenden Gesichtspunkte zu beachten.

- Die Baustelle ist so zu kennzeichnen, dass sie von allen Schiffen nur in Langsamfahrt passiert werden darf.
- Das Einbauplanum muss sorgfältig vorbereitet und frei von Steinen sein.
- Das Verlegegerät muss so positioniert sein, dass Strömungen und Absunk aus der durchgehenden Schifffahrt den Verlegevorgang nicht beeinträchtigen können und keine unzulässigen Kräfte auf das Geotextil einwirken (vorteilhaft sind Geräte, die beim Verlegen auf Stelzen stehen).
- Der Gefahr des Aufschwimmens der Geotextilbahnen muss durch eine entsprechende Verlegungstechnik begegnet werden. Von Vorteil ist es, das Geotextil beim Verlegen auf den Untergrund zu pressen. Der Abstand zwischen Verlegen des Geotextils und Beschütten mit Wasserbausteinen soll räumlich und zeitlich klein sein.

- Arretierungen der Geotextilbahnen auf dem Verlegegerät müssen beim Einbringen der Schüttsteine gelöst werden.
- Das Einbauen von Schüttsteinen auf Böschungen mit Geotextilien muss von unten nach oben erfolgen.
- Der Unterwassereinbau soll nur zugelassen werden, wenn der Auftragnehmer nachgewiesen hat, dass er die gestellten Bedingungen erfüllen kann.
- Taucherkontrollen sind unerlässlich.

6.1.4 Kolkbildung und Kolksicherung vor Ufereinfassungen

6.1.4.1 Allgemeines

Ufereinfassungen – insbesondere senkrechte – bewirken eine Umlenkung und Konzentration der Strömung, die zu einem Abtrag von Material an der Hafensohle führen kann, was als „Kolkbildung" bezeichnet wird. Sie beruht im Wesentlichen auf zwei Ursachen:

1) Die natürliche Strömung trägt Material an der Sohle der Ufereinfassung ab. Dies tritt beispielsweise an den Molenköpfen von Hafeneinfahrten zu See- und Binnenhäfen, die durch starke Querströmung belastet werden, oder an der Außenseite von Flusskrümmungen auf, an der wegen der größeren Wassertiefen Hafenanlagen bevorzugt angelegt werden.
2) Die Strahlen des Schiffsantriebs und ihrer Manövrierhilfen wie Bugstrahlruder oder Schlepper tragen örtlich begrenzt Material an der Hafensohle vor der (meistens) senkrechten Ufereinfassung ab.

Kolkbildung ist ein Prozess, d. h., Kolke entstehen nicht augenblicklich, sondern die Strömung benötigt Zeit, um eine bestimmte Menge an Boden von der Hafensohle abzutragen. Dies ist insbesondere bei Kolkbildung aus Schiffsmanövern entscheidend, da die damit verbundenen Strömungsbelastungen zwar hoch sind, aber nur kurzzeitig einwirken, während die natürliche Strömung oft vergleichsweise gering, aber von langer Dauer ist.

Die beiden vorgenannten Kolkursachen können sich überlagern. Recht häufig tritt allerdings auch der Fall auf, dass natürliche Sedimentationsprozesse die Liegewannen vor Kaianlagen beispielsweise in nicht durchströmten Hafenbecken verlanden lassen. Die durch das An- und Ablegen sowie das Liegen der Schiffe am Liegeplatz hervorgerufene örtliche Kolkbildung trägt die Anlandungen wieder ab und reduziert somit den Unterhaltungsaufwand.

Beim Entwurf von Ufereinfassungen ist zunächst die Frage zu beantworten, ob im konkreten Fall überhaupt mit Kolkbildung zu rechnen ist. Erfahrungen von anderen Ufereinfassungen in vergleichbarer Lage können diesbezüglich eine wichtige Beurteilungsgrundlage sein. Ansonsten sind die im Folgenden genannten Randbedingungen zu bewerten:

- Situation des Gewässers, z. B. die Stärke der natürlichen Strömung entlang der Ufereinfassung und die Sedimentkonzentration des Wassers.
- Art und Beschaffenheit des an der Gewässersohle anstehenden Bodens; nichtbindige feinkörnige Bodenarten sind besonders kolkgefährdet, demgegenüber sind bindige Bodenarten mit halbfester bis fester Konsistenz weitgehend erosionsstabil und damit wenig kolkgefährdet.

- Art des An- und Ablegens der Schiffe: Wie werden Manövrierhilfen, wie Schlepper oder Bugstrahlruder, aber auch die Hauptmaschine der anlegenden Schiffe eingesetzt? Erschweren starke Strömungen oder Wind das An- und Ablegen?
- Art des Verkehrs: RoRo-Schiffe und Fähren legen im Allgemeinen immer an der gleichen Stelle an und verursachen damit an der gleichen Stelle Kolke. Andere Verhältnisse liegen an Containerkajen vor, wo Schiffe sehr unterschiedlicher Größe an immer wieder anderen Positionen anlegen, sodass sich die Einwirkungen aus verschiedenen An- und Ablegevorgängen überlagern. Dabei kann der Bodenabtrag aus einem neuen Kolk einen bereits bestehenden Kolk ganz oder teilweise wieder verfüllen.

Der Gefahr der Kolkbildung kann entweder durch eine größere Hafentiefe oder durch die Befestigung der Hafensohle entgegengewirkt werden. Abschnitt 4.5 geht ein auf die Wahl einer größeren Entwurfstiefe (Kolkzuschlag).

6.1.4.2 Abdecken der Hafensohle (Kolkschutz)

Für die Sicherung der Hafensohle gegen Kolkung kommen folgende Maßnahmen infrage:

1) Abdecken der Hafensohle mit loser Steinschüttung,
2) Abdecken der Hafensohle mit einer vergossenen (festen) Steinschüttung,
3) Abdecken der Hafensohle mit flexiblen Verbundsystemen,
4) Unterwasserbetonsohle (z. B. in Fährbetten),
5) strahllenkende Gestaltung der Uferwand, ggf. zusammen mit einer Sohlbefestigung.

Zu 1. Abdecken der Hafensohle mit loser Steinschüttung Die Steinschüttung in loser Form (Natursteine und Reststoffe wie z. B. Schlacken) stellt eines der am häufigsten verwendeten Schutzsysteme dar. Zu stellende Forderungen sind:

- ausreichende Stabilität gegenüber dem Propellerstrahlangriff,
- Einbau so, dass die Sohle sicher abgedeckt ist – das bedeutet einen zwei- bis dreilagigen Einbau der Schüttsteine,
- filtergemäßer Einbau, d. h., Einbau auf einem Korn- oder Textilfilter, welcher auf den anstehenden Untergrund abgestimmt ist (MAG, 1993 und MAK, 2013),
- unterströmungs- und somit erosionssicherer Anschluss an das feste Bauwerk, besonders bei Spundwandausführung der Kaiwand.

Weitere Ausführungshinweise enthält Abschn. 6.1.1.

Die Dicke der Deckwerkssteine bzw. das Gewicht des Einzelsteins ergibt sich aus der Strömungsbelastung bzw. der Strömungsgeschwindigkeit an der Sohle. Für propellerstrahlinduzierte Strömung wird in Abschn. 6.1.4.3 ein Berechnungsverfahren zur Ermittlung der sohlnahen Strömungsgeschwindigkeit angeboten, die in die nachfolgende Formel eingesetzt werden kann.

Der erforderliche mittlere Steindurchmesser bei losen Steinschüttungen ergibt sich nach Römisch (1994) wie folgt:

$$d_{\mathrm{erf}} \geq \frac{v_{\mathrm{Sohle}}^2}{B^2 \cdot g \cdot \Delta'}$$

gewatech

Bauen im und am Wasser

- Hydrocrete® - das Baustoffsystem
- Verklammerung von Deckwerken
- Vollverguss von Deckwerken
- Kolksicherungen
- Unterwasserbeton
- Begrünung von Deckwerken

gewatech
Grund- und Wasserbau GmbH & Co. KG
Merkureck 14
48165 Münster

Tel.: +49 25 01 9 29 10 75
Fax: +49 25 01 9 29 10 76

info@gewatech.de
www.gewatech.de

BÜV-ZERT NORD-OST DIN EN 9001:2015 NO-002/12-NI 01

Ernst & Sohn
A Wiley Brand

Hans-Wolf Reinhardt

Ingenieurbaustoffe

- **Grundlagen des Werkstoffverhaltens für die richtige, optimale Baustoffwahl**

Das Buch ist keine Enzyklopädie der Baustoffe, es ist vielmehr eine systematische Abhandlung mit Betonung auf den Grundlagen des Stoffverhaltens, um somit das Verständnis für die Abhängigkeiten der Werkstoffkonstanten, die eigentlich keine Konstanten sind, zu fördern.

2. aktualis. u. erw. Auflage · 2010 · 382 Seiten · 313 Abbildungen · 69 Tabellen

Hardcover

ISBN 978-3-433-02920-6 € 24,90*

BESTELLEN
+49 (0)30 470 31–236
marketing@ernst-und-sohn.de
www.ernst-und-sohn.de/2920

* Der €-Preis gilt ausschließlich für Deutschland. Inkl. MwSt.

Ernst & Sohn
A Wiley Brand

Achim Hettler, Karl-Eugen Kurrer

Erddruck

- Sammlung von Arbeitsanleitungen und Anwendungshinweisen
- Kommentar zur DIN 4085
- historische Aufarbeitung der Entwicklung der Erddrucktheorie
- umfassende und konkurrenzlose Darstellung

Nach einer Darstellung der Entwicklung der Erddrucktheorie konzentriert sich das Buch auf aktuelle Berechnungsgrundlagen. Es bietet Grundbauingenieuren und Tragwerksplanern in Baufirmen, Ingenieurbüros sowie Bauverwaltung eine hilfreiche Sammlung von Arbeitsanleitungen.

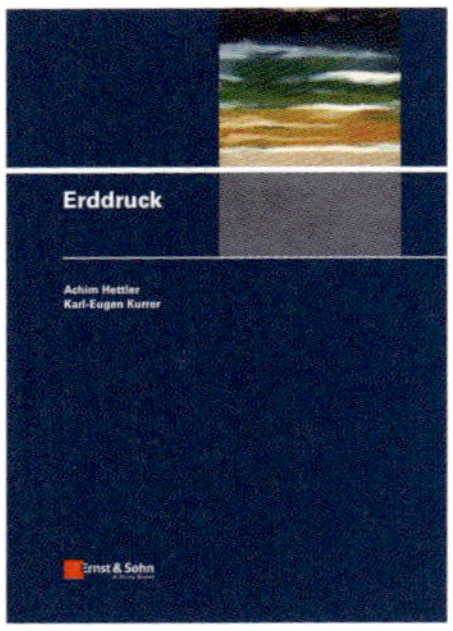

2019 · 394 Seiten · 261 Abbildungen · 14 Tabellen

Hardcover
ISBN 978-3-433-03274-9 **€ 89***

eBundle (Print + PDF)
ISBN 978-3-433-03275-6 **€ 79***

BESTELLEN
+49 (0)30 470 31-236
marketing@ernst-und-sohn.de
www.ernst-und-sohn.de/3274

* Der €-Preis gilt ausschließlich für Deutschland. Inkl. MwSt.

d_{erf} erforderlicher mittlerer Durchmesser der Befestigungssteine [m] (obere Lage),
v_{Sohle} Sohlgeschwindigkeit nach Abschn. 6.1.4.3 [m/s],
B Stabilitätsbeiwert [1], nach Römisch (1994),
= 0,90 für Heckpropeller ohne Zentralruder,
= 1,25 für Heckpropeller mit Zentralruder,
= 1,20 für Bugstrahlruder,
g = 9,81 (Erdbeschleunigung) [m/s²],
Δ' relative Dichte des Sohlmaterials unter Wasser [1],
$= (\rho_s - \rho_0)/\rho_0$,
ρ_s, ρ_0 Dichte des Schüttmaterials bzw. des Wassers [t/m³].

Für d_{erf} wird in der Regel der Korndurchmesser d_{50}, manchmal auch der Korndurchmesser d_{75}, einer Steingrößenklasse eingesetzt. Der experimentell ermittelte Stabilitätsbeiwert B berücksichtigt die unterschiedliche Turbulenzintensität (erosive Wirkung der Strömung), die sich aus den verschiedenen Anordnungen von Propellern und Rudern ergeben kann.

Bei Sohlgeschwindigkeiten über 3 m/s werden lose Steinschüttungen zunehmend unwirtschaftlich, da die zugeordneten mittleren Durchmesser größer als etwa 0,5 m werden, sodass die Deckschicht unverhältnismäßig dick wird. Für höhere Sohlgeschwindigkeiten sind vergossene Steinschüttungen, Sonderbauweisen mit flexiblen Abdeckungen oder Unterwasserbetonsohlen erforderlich.

Zu 2. Abdecken der Hafensohle mit einer vergossenen (festen) Steinschüttung Bei den vergossenen Steinschüttungen bzw. Deckwerken wird zwischen Teilverguss und Vollverguss unterschieden. Bei Vollverguss wird das gesamte Hohlraumvolumen der Steinschüttung mit Vergussstoff gefüllt und es entsteht eine Deckschicht vergleichbar einer unbewehrten Betonsohle. Üblicherweise wird der Verguss so eingebracht, dass die Steinspitzen noch herausragen und zur Energiedissipation der Strömung beitragen. Bei Teilverguss wird nur so viel Vergussmasse in das Steingerüst eingebracht, dass die einzelnen Steine in ihrer Lage fixiert werden, die Steinschüttung jedoch noch eine ausreichende Durchlässigkeit besitzt, um Wasserüberdruck unter der Deckschicht zu verhindern. Weitere Ausführungshinweise enthält Abschn. 6.1.1.

Durch die Verklammerungswirkung sind teilvergossene Steinschüttungen bis zu einer Sohlgeschwindigkeit von 6–8 m/s stabil, vgl. Römisch (2000). Höhere Strömungsgeschwindigkeiten an der Sohle treten im Allgemeinen infolge Propellerstrahl nicht auf.

Zu 3. Abdecken der Hafensohle mit flexiblen Verbundsystemen Verbundsysteme sind Systeme, bei denen durch Verkopplung einzelner Grundelemente ein flächiges Schutzsystem entsteht. Wichtiges Grundprinzip ist, dass die Verkopplung flexibel gestaltet wird, um eine gute Anpassung an Randkolke und somit deren Stabilisierung zu erreichen. Nachstehende technische Ausführungen der Verkopplung sind bekannt:

- seil- oder kettenverkoppelte Betonelemente,
- ineinander greifende Betonformsteine,
- bruchsteingefüllte Maschendrahtbehälter (Stein- oder Schottermatratzen oder Gabionen),
- mörtelgefüllte Geotextilmatten,
- Geotextilmatten mit fest verbundenen Betonsteinen,

- Matten aus gewebeverstärkten schweren Kautschukmaterialien,
- sandgefüllte Beutel bzw. Säcke aus geotextilen Vliesen.

Diese Systeme haben bei ausreichender Dimensionierung sehr gute Stabilitätseigenschaften, wobei ein verallgemeinerungsfähiger strömungsmechanischer Bemessungsansatz wegen der individuellen Vielfalt der angebotenen Systeme nur für Sonderfälle vorliegt, vgl. Römisch (1993). Die Dimensionierung erfolgt somit oft nach Erfahrungswerten der Hersteller.

Bei ausreichender Flexibilität der Verkopplung gewährleisten diese Systeme eine selbständige Stabilisierung von Randkolken und verhindern damit rückschreitende Erosion.

Das Maschendrahtgewebe von Drahtschottermatratzen ist allerdings bei guten Stabilitäts- und Schutzeigenschaften für Randkolke anfällig gegenüber Korrosion, Sandschliff und mechanischer Beschädigung. Bei Zerstörung des Maschendrahtgewebes verlieren die Gabionen ihre strömungsmechanische Stabilität. Die Matratzenelemente oder Gabionen müssen miteinander zugfest verbunden sein.

Zu 4. Unterwasserbetonsohle (z. B. in Fährbetten) Eine Unterwasserbetonsohle, die in ihrer Höhe viel genauer hergestellt werden kann als eine Steinschüttung, bildet für begrenzte Areale (z. B. Fährbetten) einen sehr wirksamen Erosionsschutz. Durch die homogene Struktur des Betons wird die auf die Sohle vom Propeller lokal übertragene Schubkraft auf eine große Fläche verteilt, sodass eine Sohle aus sorgfältig hergestelltem Beton selbst bei sehr hohen Strahlbelastungen stabil bleibt.

Nachteilig ist, dass die starre Betonsohle bei ungleichmäßigen Setzungen reißen und brechen kann. Auch kann die Sohle Randkolke nicht selbstständig stabilisieren, sodass dafür spezielle Lösungen erforderlich sind. In Fährbetten haben sich als Abschluss der Unterwasserbetonsohle Herdwände bewährt. Die Unterwasserbetonsohlen werden – je nach Strömungsbelastung und Einbautechnologie – in Stärken von 0,3–1,0 m eingebaut.

Der Einbau von Unterwasserbeton sollte nur durch eine Fachfirma erfolgen, die entsprechende Erfahrung bei diesen Arbeiten nachweisen kann. Da in der Regel relativ geringe Schichtdicken eingebaut werden, die eine Anwendung des Kontraktorverfahrens nicht erlauben, muss sogenannter erosionsfester Unterwasserbeton eingesetzt werden, der sich beim freien Fall durch Wasser nicht entmischt.

Zu 5. Strahllenkende Gestaltung der Uferwand, ggf. zusammen mit einer Sohlbefestigung
Die Rückverlegung der Spundwand gemäß Abb. 6.9 zur Schaffung eines Wasserpolsters zwischen Kaivorderkante und Schiffswand, ggf. in Kombination mit der Anordnung von Strahllenkern, bietet effiziente Möglichkeiten zur Vermeidung bzw. Minimierung der Sohlbelastung. Diese Maßnahmen sind besonders zur Kolkreduzierung bei Strahlerosion infolge des Bug- oder Heckstrahlruders geeignet.

Bei ausreichenden Maßnahmen zur Strahllenkung, d. h. beispielsweise Neigung der Wand um $\alpha = 10°$ und Anordnung eines Strahllenkers an der Sohle entsprechend Abb. 6.9, wird die Kolkwirkung des Propellerstrahls so gemindert, dass weitere Sicherungsmaßnahmen entbehrlich werden, vgl. Römisch (2001).

6.1.4.3 Strömungsgeschwindigkeit auf Deckwerke infolge Propellerstrahl

Für die Bemessung loser Steinschüttungen als Deckwerke zum Schutz vor Kolkung durch Propellerstrahl sowie für manche Sonderkonstruktionen ist es erforderlich,

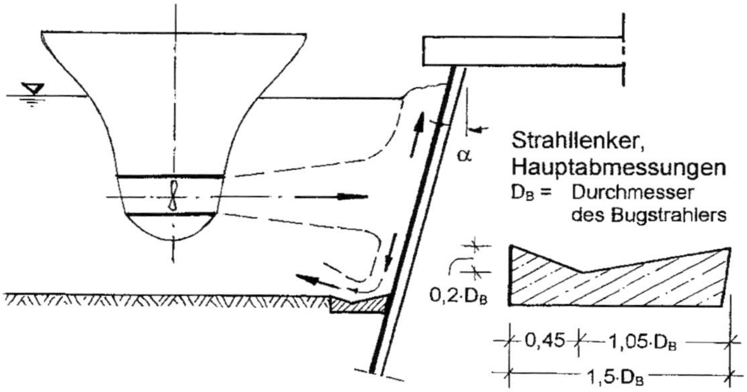

Abb. 6.9 Strahllenkende Maßnahmen an einer Kaiwand zur Kolkreduktion (Römisch, 2001), Mindestabmessungen.

die durch den Strahl erzeugte sohlnahe Strömungsgeschwindigkeit anzusetzen. Im Folgenden wird ein Verfahren zur Abschätzung dieser Geschwindigkeit angeboten.

6.1.4.3.1 Strahlerzeugung durch die Heckschraube

Die vom rotierenden Propeller erzeugte Strahlgeschwindigkeit, die sogenannte induzierte Strahlgeschwindigkeit (tritt direkt hinter dem Propeller auf), kann nach Römisch (1994) berechnet werden (siehe Abb. 6.10):

$$v_0 = 1{,}6 \cdot n \cdot D \cdot \sqrt{k_T}$$

mit

n Drehzahl des Propellers [1/s],
D Durchmesser des Propellers [m],
k_T Schubbeiwert des Propellers [–], $k_T = 0{,}25–0{,}50$.

Durch den Schubbeiwert werden die durch die Schiffskonstruktion vorgegebenen unterschiedlichen Propellerarten, die Anzahl der Propellerblätter und deren Steigung berücksichtigt. Für einen mittleren Wert des Schubbeiwertes erhält man vereinfacht:

$$v_0 = 0{,}95 \cdot n \cdot D$$

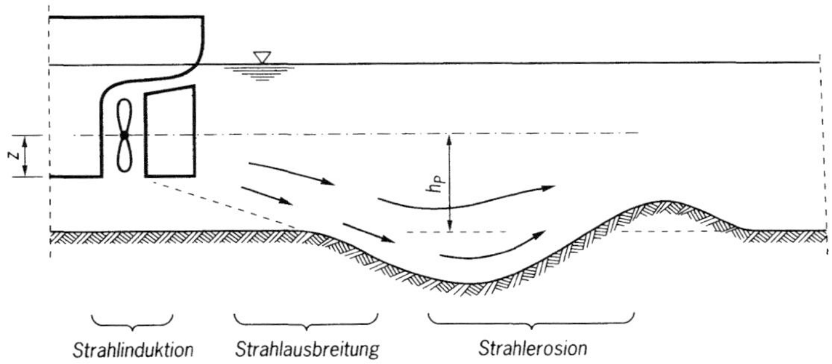

Abb. 6.10 Strahlerzeugung durch die Heckschraube.

Tab. 6.1 Gebräuchliche Dimensionen der Kenngrößen Propellerdurchmesser und Propellernenndrehzahl.

Containerschiff	Propellerdurchmesser D [m]	Nenndrehzahl n [min^{-1}]	Umfangsgeschwindigkeit $n \cdot D$ [m/s]
800 TEU	5,2	135	12
2 500 TEU	7,2	105	13
8 000 TEU	9,2	100	15
19 000 TEU	10,5	79	14
Vielzweckfrachter			
5 000 tdw	3,4	200	11
12 000 tdw	5,2	150	13
25 000 tdw	6,1	120	12
Bulkcarrier			
20 000 tdw	4,8	140	12
50 000 tdw	6,3	115	12
75 000 tdw	6,8	105	12
180 000 tdw	8,1	82	11
Tanker			
10 000 tdw	4,4	180	13
20 000 tdw	5,2	140	12
44 000 tdw	6,4	115	12
120 000 tdw	7,8	90	12
300 000 tdw	9,6	75	12

Die Strahlgeschwindigkeit ergibt sich also im Wesentlichen aus dem Produkt der Propellerdrehzahl n mit dem Propellerdurchmesser D. Für die Bemessung von Kolkschutzeinrichtungen an Ufereinfassungen sind die Drehzahlen des Propellers beim An- und Ablegen entscheidend. Nach praktischen Erfahrungen liegt die Propellerdrehzahl bei Hafenmanövern zwischen 30–50 % der Nenndrehzahl (Fahrtstufen „ganz langsam voraus“ (30 %), „langsam voraus“ (40 %) und „halb voraus“ (50 %, nur für kleine Schiffe) nach Bruderreck et al. (2011). Da sich der erforderliche Steindurchmesser loser Steinschüttungen aus dem Quadrat der Drehzahl errechnet (siehe Abschn. 6.1.4.2), kommt ihrer Abschätzung eine erhebliche Bedeutung zu. Die Angaben in der Literatur hierzu streuen stark.

Die Nenndrehzahl des Propellers und sein Durchmesser sind wesentliche schiffbauliche Konstruktionsmerkmale des Antriebs. Je größer ein Propeller, desto geringer muss seine Drehzahl sein, um Kavitation an den Propellerspitzen zu vermeiden. Tabelle 6.1 vermittelt einen Eindruck von den gebräuchlichen Dimensionen. Es zeigt sich, dass das Produkt aus Nenndrehzahl und Propellerdurchmesser für einen weiten Variationsbereich der Schiffsgröße und des Schiffstyps relativ konstant ist.

Im weiteren Verlauf weitet sich der erzeugte Strahl durch turbulente Austausch- und Vermischungsprozesse kegelförmig auf (Abb. 6.10) und verliert mit zunehmender Lauflänge an Geschwindigkeit.

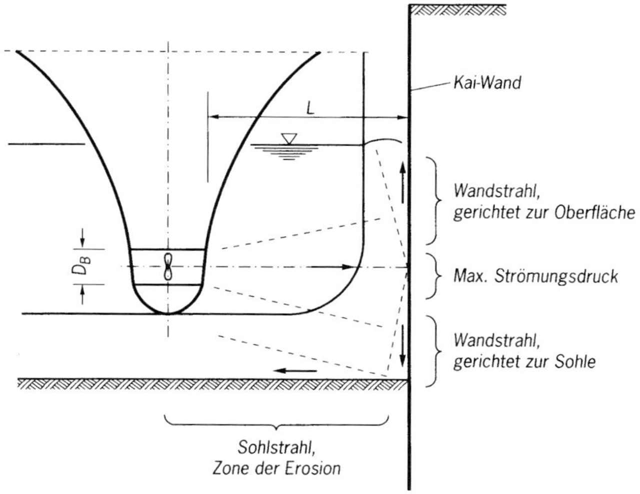

Abb. 6.11 Strahlbelastung der Hafensohle durch das Bugstrahlruder.

Die in Sohlnähe auftretende maximale Strahlgeschwindigkeit, die in erster Linie für die Kolkbildung verantwortlich ist, kann nach Römisch (1994) folgendermaßen berechnet werden:

$$\frac{\max v_{\text{Sohle}}}{v_0} = E \cdot \left(\frac{h_\text{P}}{D}\right)^a$$

E	0,71 für Einschrauber mit Zentralruder, 0,42 für Einschrauber ohne Zentralruder, 0,42 für Zweischrauber mit Mittelruder gültig für $0{,}9 < h_\text{P}/D < 3{,}0$, 0,52 für Zweischrauber mit Zweifachrudern, den Propellern jeweils nachgeordnet, gültig für $0{,}9 < h_\text{P}/D < 3{,}0$,
a	−1,00 für Einschrauber, −0,28 für Zweischrauber,
h_P	Höhe der Propellerachse über der Sohle [m] (Abb. 6.10),
D	Durchmesser des Propellers [m].

6.1.4.3.2 Strahlerzeugung durch das Bugstrahlruder

Das Bugstrahlruder besteht aus einem quer zur Schiffslängsachse angeordneten Propeller, der in einem Rohr arbeitet. Es dient zum Ausführen von Manövern aus dem Stand und ist deshalb im Bereich des Bugs – seltener am Heck – installiert. Beim Einsatz des Bugstrahlruders in Kainähe trifft der erzeugte Strahl direkt auf die Kaiwand und wird dort allseitig umgelenkt. Kritisch für die Uferwand ist der zur Sohle gerichtete Strahlanteil, der beim Auftreffen auf die Sohle unmittelbar im Wandbereich Kolke hervorrufen kann (Abb. 6.11).

Die Strahlgeschwindigkeit $v_{0,\text{B}}$ am Bugstrahlruderaustritt kann nach Römisch (1994) berechnet werden:

$$v_{0,\text{B}} = 1{,}04 \cdot \left(\frac{P_\text{B}}{\rho_0 \cdot D_\text{B}^2}\right)^{1/3}$$

mit

P_B Leistung des Bugstrahlruders [kW],
D_B Innendurchmesser der Bugstrahlruderöffnung [m],
ρ_0 Dichte des Wassers [t/m³].

Bei Bugstrahlrudern großer Containerschiffe ($P_B = 2500$ kW und $D_B = 3{,}00$ m) ist mit Strahlgeschwindigkeiten von 6,5–7,0 m/s zu rechnen.

Der für die Erosion der Sohle verantwortliche Anteil der Strahlgeschwindigkeit max v_{Sohle} berechnet sich zu:

$$\frac{\max v_{\text{Sohle}}}{v_{0,B}} = 2{,}0 \cdot \left(\frac{L}{D_B}\right)^{-1{,}0}$$

L Abstand zwischen Bugstrahlruderöffnung und Kaiwand [m] (Abb. 6.11).

Das Bug- bzw. Heckstrahlruder wird normalerweise mit voller Leistung betrieben.

6.1.4.4 Abmessungen von Sohlbefestigungen

Die Abmessungen der Sohlbefestigung sollten unter strömungsmechanischen Aspekten so gewählt werden, dass in ihrem Randbereich die Strahlgeschwindigkeiten soweit abgebaut sind, dass keine Gefahr einer Unterspülung der Befestigung durch Randkolke besteht. Diese Forderung kann allerdings zu sehr großen Abmessungen der Befestigung führen und ist daher mit erheblichen Kosten verbunden.

Aus wirtschaftlichen Überlegungen und unter Beachtung des Grundsatzes, dass nicht die Sohle, sondern das Bauwerk (Kaiwand oder Ähnliches) zu schützen ist, werden die Abmessungen der Sohlbefestigung so gewählt, dass zumindest die intensiven Strömungsbelastungen abgefangen werden. Außerdem sind die Mindestabmessungen der Befestigung so zu wählen, dass der Bereich des statisch wirksamen Erdwiderstandskeils am Fußpunkt der Kaiwand gegen Randkolke geschützt ist.

Als erste Näherung für die Mindestabmessungen werden die Werte gemäß Abb. 6.12 empfohlen. Dabei ist zu beachten, dass bei Einhaltung dieser Abmessungen des Kolkschutzes an dessen Rändern noch ca. 70–80 % der maximalen Sohlgeschwindigkeit vorhanden sind. Bei erosionsanfälligen Böden an der Hafensohle ist die Befestigung

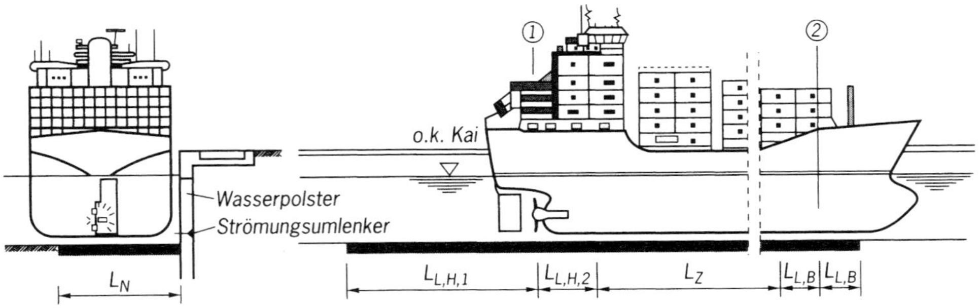

Abb. 6.12 Abmessungen der Befestigungsflächen vor einem Kai; (1) heckwärtige Extremposition des Schiffs; (2) bugwärtige Extremposition des Schiffs.

mit einer geeigneten Randsicherung abzuschließen, die sich flexibel einem Randkolk anpassen kann und diesen so stabilisiert.

Die empfohlenen Mindestabmessungen der Sohlbefestigung sind für Einschrauber:

- normal zum Kai:

$$L_{\mathrm{N}} = (3 \text{ bis } 4 \cdot D) + \Delta RS$$

- zum Kai:

$$L_{\mathrm{L,H,1}} = (6 \text{ bis } 8 \cdot D) + \Delta RS$$
$$L_{\mathrm{L,H,2}} = 3 \cdot D + \Delta RS$$
$$L_{\mathrm{L,B}} = (3 \text{ bis } 4 \cdot D_{\mathrm{B}}) + \Delta RS$$

mit

D Propellerdurchmesser,
ΔRS Zuschlag für die Randsicherung, ca. 3–5 m.

Für Zweischrauber sind die vorgenannten Abmessungen zu verdoppeln.

Die Gesamtausdehnung der Befestigung längs zum Kai hängt von der erwarteten Variation der Liegeplatzpositionen ab. Für Liegeplätze mit genau definierten Schiffspositionen kann die Zwischenlänge L_{Z} unbefestigt belassen bleiben.

Für stark frequentierte Liegeplätze, z. B. Fähranleger, und bei besonders setzungsempfindlichen Kaikonstruktionen, sollte über die o. g. Empfehlung (Mindestabmessungen) hinausgehend die Ausdehnung der Befestigung durch Analyse der Reichweite des Propellerstrahls genauer untersucht werden.

6.1.5 Kolksicherung an Pfeilern und Dalben

Kolksicherungen an Pfeilern und Dalben sind vom Grundsatz her aufgebaut wie Uferdeckwerke (Abschn. 6.1.1). Die Deckschicht muss den maximal auftretenden Beanspruchungen standhalten, eine Filterschicht gewährleistet die langfristige Stabilität des Kolkschutzes (Verhinderung von Erosion des anstehenden Bodens durch die Hohlräume des Deckwerks). Der Einbau von Kolksicherungen wird durch Strömungen und Wellenschlag erschwert. Daher werden Elemente benötigt, die die erforderliche Filterfähigkeit mit einem ausreichenden Gewicht verbinden, um der hydraulischen Belastung standzuhalten. Dazu eignen sich geosynthetische Container.

Geosynthetische Container können auch in solchen Fällen zu einer Filterschicht verlegt werden, in denen mineralische oder geotextile Filter nicht mehr sicher eingebaut werden können, weil die Strömungsgeschwindigkeiten zu hoch sind. Bei passender Wahl von Größe und Füllung können Geokunststoffcontainer sogar bei hohen Fließgeschwindigkeiten verlegt werden. Untersuchungen in einer hydraulischen Versuchsrinne ergaben bei einer Schwelle aus gestapelten Geocontainern (drei Lagen bis zu einer Höhe von 1,8 m) eine Standfestigkeit bis zu Fließgeschwindigkeiten senkrecht zur Schwelle von maximal ca. 4 m/s und im Durchschnitt von 1,5–2 m/s (Pilarczyk und Zeidler, 1996). Bei in der Fläche verlegten Containern ist auch bei wesentlich höheren Geschwindigkeiten eine ausreichende Lagesicherheit zu erwarten.

Um eine einwandfreie Filterlage zu gewährleisten, dürfen zwischen den Elementen keine Lücken entstehen, sodass in der Regel zwei Lagen Container eingebaut werden.

Außerdem sollte die Füllung 80 % des theoretischen Volumens nicht übersteigen, da sich prall gefüllte Geocontainer nicht an den Boden, an Bauwerke oder an die umliegenden Geocontainer anpassen. Bei geringeren Füllgraden kann das Geotextil von der Strömung in schwingende Bewegungen gesetzt werden (flapping), wodurch der Hüllstoff Ermüdungsversagen erleiden kann.

Aufgrund ihrer hohen Dehnfähigkeit ist bei geotextilen Containern mit einer Umhüllung aus Vliesstoff die Gefahr einer mechanischen Beschädigung während des Einbaus sehr gering. Durch das große Verformungsvermögen des Vliesstoffs kann der Container hohe Stoßlasten beim Auftreffen auf dem Boden oder beim Beschütten mit Wasserbausteinen aufnehmen. Für eine ausreichende Robustheit während der Installation und des Betriebs werden ein Flächengewicht des Vliesstoffs von mindestens 500 g/m^2 und eine Mindestzugfestigkeit von 25 kN/m empfohlen. Weil der Reibungswinkel des Vliesstoffs größer ist als der von Geweben, können mit geotextilen Containern aus Vliesstoff auch relativ steile Böschungen bedeckt werden.

Üblicherweise wird eine Deckschicht aus Wasserbausteinen (lose oder teilvergossen) über der Filterschicht aus geotextilen Containern eingebaut. Die Container können aber auch als dauerhafte Deckschicht zum Einsatz kommen. Die Lebensdauer der geotextilen Container ist über Wasser aufgrund der UV-Strahlung ohne Zusatzausrüstungen begrenzt. Unter Wasser spielt die UV-Strahlung eine untergeordnete Rolle, sodass die Container z. B. zum dauerhaften Kolkschutz an Brückenpfeilern und Dalben eingesetzt werden können. Dabei ist ein ausreichender Widerstand gegen Abrieb erforderlich, der z. B. durch entsprechende Prüfungen nach RPG (1994) nachgewiesen werden kann.

6.1.6 Einbau mineralischer Sohldichtungen unter Wasser und ihr Anschluss an Ufereinfassungen

6.1.6.1 Begriff

Eine mineralische Unterwasserdichtung besteht aus natürlichem, feinkörnigem Boden, der so zusammengesetzt bzw. aufbereitet ist, dass er entweder ohne zusätzliche Stoffe zur Erzielung der Dichtungswirkung eine sehr geringe Durchlässigkeit besitzt oder durch geeignete Additive die gewünschten Eigenschaften erhält (Dichtungen aus vollvergossenen Schüttsteindeckwerken werden in Abschn. 6.1.1.3 behandelt).

6.1.6.2 Einbau im Trockenen

Mineralische Dichtungen, die im Trockenen eingebaut werden, werden in DWA (2012) ausführlich behandelt. Geosynthetische Tondichtungsbahnen werden in EAG-GTD (2002) und EAO (2002) behandelt.

6.1.6.3 Einbau im Nassen

6.1.6.3.1 Allgemeines

Bei Vertiefungen oder Erweiterungen von gedichteten Hafenbecken oder Wasserstraßen ist es häufig erforderlich, Sohldichtungen unter Wasser, ggf. auch unter laufendem Schiffsverkehr, einzubauen. Dabei ist es nicht zu vermeiden, dass die Sohle bereichsweise vorübergehend nicht gedichtet ist. Die daraus folgenden Auswirkungen hinsichtlich der anzusetzenden Wasserstände und für die Qualität des Grundwassers sind in der Ausführungsplanung zu berücksichtigen. An das Dichtungsmaterial sind, abhängig vom Einbauverfahren, besondere Anforderungen zu stellen.

6.1.6.3.2 Anforderungen

Unter Wasser eingebaute, mineralische Dichtungsstoffe können nicht oder nur begrenzt mechanisch verdichtet werden. Sie müssen daher homogen aufbereitet und in einer solchen Konsistenz eingebaut werden, dass eine gleichmäßige Dichtungswirkung von vornherein gewährleistet ist, das eingebrachte Material sich Unebenheiten des Planums anpasst ohne zu reißen, den Erosionskräften aus der Schifffahrt auch während des Einbaus standhält und in der Lage ist, die Dichtheit der Anschlüsse an den Ufereinfassungen zu gewährleisten, auch wenn Verformungen dieser Bauwerke auftreten.

Wenn die Dichtungen auf Böschungen hergestellt werden sollen, muss die Einbaufestigkeit groß genug sein, um die Standsicherheit auf der Böschung zu gewährleisten.

Für den Einbau von mineralischen Dichtungen muss ein ausreichender Widerstand nachgewiesen werden:

- gegen die Gefahr des Zerfalls des frisch eingebrachten Dichtungsmaterials unter Wasser,
- gegen Erosion aus der Rückströmung des den Baustellenbedingungen angepassten Schiffsverkehrs,
- gegen das Durchbrechen der Dichtung in Form von dünnen Röhren bei grobkörnigem Untergrund (piping),
- gegen Abgleiten auf bis 1 : 3 geneigten Böschungen und
- gegen die Beanspruchungen beim Beschütten der Dichtung mit Filtern und Wasserbausteinen.

Dichtungen aus natürlichen Erdstoffen ohne Zusatzmittel erfüllen im Allgemeinen diese Anforderungen, wenn das Dichtungsmaterial folgende Bedingungen erfüllt (geotextile Tondichtungsbahnen sind gesondert zu betrachten):

- Sandanteil ($d \geq 0{,}063$ mm) < 20 %,
- Tonanteil ($d \leq 0{,}002$ mm) > 30 %,
- Durchlässigkeit $k \leq 10-9$ m/s,
- undränierte Scherfestigkeit $15\,\mathrm{kN/m^2} \leq c_u \leq 25\,\mathrm{kN/m^2}$,
- Dicke (bei 4 m Wassertiefe) $d \geq 0{,}20$ m.

Bei mit bestimmten Additiven und einem Zementanteil aufbereiteten Mischungen, die nach dem Einbau eine Verfestigung erfahren, darf die Flexibilität der Dichtung im Endzustand nicht beeinträchtigt werden, was durch Versuche nachzuweisen ist, z. B. nach Henne (1989).

Beim Einbau von mineralischen Dichtungen in größeren Wassertiefen, auf kiesigem Boden, bei großen Porenweiten des Untergrundes oder bei steileren als 1 : 3 geneigten Böschungen sowie bei der Bemessung des Dichtungsmaterials hinsichtlich Selbstheilung bei Spaltenbildung und Dichtungswirkung von Stumpfstößen, sind besondere Untersuchungen erforderlich (Schulz, 1987a,b).

Hinsichtlich der Eignungs- und Überwachungsprüfungen siehe ZTV-W LB 210 (2006).

Für die heute nur einlagigen, weichen, mineralischen Dichtungen stehen mehrere, zum Teil patentrechtlich geschützte Verfahren zur Verfügung (EAO, 2002). Bei allen Verfahren empfiehlt es sich, das Verlegegerät auf Stelzen zu positionieren.

6.1.6.4 Anschlüsse

Der Anschluss von mineralischen Sohldichtungen an Bauwerke erfolgt im Allgemeinen durch einen Stumpfstoß, wobei der Dichtungsstoff in der Regel mit geeigneten, der Form der Fuge (z. B. dem Spundwandprofil) angepassten Geräten angepresst wird. Zuvor wird eine dem Fugenverlauf entsprechende Menge Dichtungsstoff mittels geeigneter Geräte eingebracht. Da die Dichtungswirkung über die Kontaktnormalspannung zwischen Dichtungsstoff und Fuge (Schulz, 1987a,b) zustande kommt, ist der Anpressvorgang sehr sorgfältig vorzunehmen.

Die Kontaktlänge zwischen einer mineralischen Dichtung und einer Spundwand oder einem Bauteil soll bei einer undränierten Scherfestigkeit des Dichtungsmaterials unter $c_u = 25\,\mathrm{kN/m^2}$ mindestens 0,5 m, bei höherer Festigkeit mindestens 0,8 m betragen. Die Scherfestigkeit einer mineralischen Dichtung soll im Anschlussbereich an Wände $c_u = 50\,\mathrm{kN/m^2}$ nicht übersteigen. Der Anschluss einer geosynthetischen Dichtungsbahn erfolgt mittels eines Dichtungskeils aus geeignetem Dichtungsmaterial mit einer Kontaktlänge zur Dichtungsbahn von mindestens 0,8 m.

6.2 Hochwasserschutzwände in Seehäfen

6.2.1 Allgemeines

Hochwasserschutzwände haben die Aufgabe, das dahinter liegende Gelände vor Überflutung zu schützen. Sie benötigen gegenüber Deichen wesentlich weniger Platz und werden daher oft im Bereich von Häfen angewendet. Die besonderen Anforderungen an derartige Wände werden in den folgenden Abschnitten erläutert.

6.2.2 Maßgebende Wasserstände

6.2.2.1 Maßgebende Wasserstände für Hochwasser

6.2.2.1.1 Außenwasserstand und Sollhöhe

Die Sollhöhe einer Hochwasserschutzwand ergibt sich aus dem maßgebenden Ruhewasserspiegel (Bemessungswasserstand entsprechend dem höchsten erwarteten Sturmflutwasserstand, HHThw) zuzüglich Freibordzuschlägen für örtliche Seegangseinflüsse (Wellen, Abschn. 5.7) und ggf. Windstau.

Wegen des größeren Wellenauflaufs an Wänden wird die Krone von Hochwasserschutzwänden höher als bei Deichen gelegt, es sei denn, dass ein kurzzeitiges Überlaufen der Wände in Kauf genommen werden kann. Dafür muss sichergestellt sein, dass überlaufendes Wasser hinter der Wand keinen Kolk hervorruft und schadlos abgeführt werden kann (Abschn. 6.2.7.1).

Für die zulässige Wellenüberschlagsrate werden in der EAK (2002), Tab. A 4.2.3 folgende Werte empfohlen:

- $q_T < 0{,}5\,\mathrm{l/(m\,s)}$ bei ebenem Gelände mit ruhendem Verkehr,
- $q_T < 5\text{–}10\,\mathrm{l/(m\,s)}$ bei befestigten, aber leeren Flächen.

Im Bereich von Hafenanlagen ist hier abhängig vom Schadenspotenzial ggf. ein abweichender Wert anzusetzen.

Durch Überlaufabweiser an der Wandoberkante kann der Wellenüberlauf wirksam reduziert werden (Hamburg, 2013).

6.2.2.1.2 Binnenwasserstand

Der Binnenwasserstand (Grundwasser) ist allgemein auf Höhe der Geländeoberkante unmittelbar hinter der Wand anzusetzen (Abb. 6.13).

Der Standsicherheitsnachweis für den Hochwasserfall kann entsprechend in der Bemessungssituation BS-T geführt werden, wobei eine mittlere Wellenhöhe zu berücksichtigen ist. Wird der maximale Wellendruck oder eine Sonderbeanspruchung gemäß Abschn. 6.2.5 berücksichtigt, kann der Nachweis in BS-A erfolgen. Für extrem seltene Lastkombinationen darf der Extremfall angewandt werden.

6.2.2.2 Maßgebender Wasserstand für Niedrigwasser

6.2.2.2.1 Außenwasserstand

Als Regelniedrigwasser ist in BS-P das mittlere Tideniedrigwasser (MTnw) zu berücksichtigen.

Außergewöhnlich niedrige Außenwasserstände, die nur einmal im Jahr auftreten, sind der BS-T zuzuordnen.

Das niedrigste jemals gemessene Niedrigwasser (NNTnw) bzw. ein in Zukunft noch zu erwartender niedrigster Außenwasserstand ist in BS-A einzustufen.

6.2.2.2.2 Binnenwasserstände

Im Allgemeinen ist der Binnenwasserstand auf Geländeoberkante (GOK) anzusetzen, sofern nicht ein niedrigerer Wasserstand durch genauere strömungstechnische Untersuchungen nachgewiesen oder durch bauliche Maßnahmen, beispielsweise Dränagen, dauerhaft sichergestellt wird. Bei Ausfall der Dränage muss jedoch noch eine Sicherheit $\geq 1{,}0$ (Extremfall) vorhanden sein. Im Einzelfall kann der maßgebende Binnenwasserstand – bei genauer Kenntnis der örtlichen Gegebenheiten – auch anhand der Beobachtung von Grundwasserpegeln bestimmt werden.

6.2.2.2.3 Ablaufendes Hochwasser

Bei ablaufendem Hochwasser können Wasserspiegeldifferenzen auftreten, die der Situation bei Niedrigwasser entsprechen (Überdruck von der Landseite), jedoch zu einer höheren Belastung der Wand führen, wie z. B. bei einem Wasserstand über Gelände auf der Binnenseite.

6.2.3 Wasserüberdruck und Bodenwichte

Der Verlauf der Wasserüberdruckkoordinaten kann mithilfe eines Potenzialströmungsnetzes nach Abschn. 3.3.4 ermittelt werden. Die Veränderung der wirksamen Wichte durch das fließende Grundwasser kann nach Abschn. 3.3.4 berücksichtigt werden.

Tritt infolge der Wanddurchbiegung zwischen der Wand und einer wenig durchlässigen Schicht ein Spalt auf, wird diese Schicht als voll durchlässig betrachtet. Weitere Angaben zur Berechnung umströmter Wände finden sich in Abschn. 3.3.4.

6.2.4 Mindesteinbindetiefe der HWS-Wand

Die Mindesteinbindetiefe der HWS-Wand ergibt sich aus der statischen Berechnung und dem erforderlichen Nachweis der Geländebruchsicherheit. Dabei ist die Wichteverminderung infolge der lotrechten Durchströmung des Bodens im Erdwiderstandsbereich von unten nach oben zu berücksichtigen (siehe auch Abschn. 3.3.4). Außerdem ist das Baugrund- sowie das Ausführungsrisiko in Bezug auf mögliche Undichtigkeiten (Schlossschäden) zu berücksichtigen, wobei

- schon eine Fehlstelle in der HWS-Wand zum Versagen des ganzen Bauwerks führen kann,
- eine Eignungsprüfung für den Bemessungslastfall Hochwasser nicht möglich ist und
- der Rammtiefenzuschlag unter Berücksichtigung einer eventuell ungünstig wirkenden Böschung gemäß Abschn. 8.2.9 zu ermitteln ist.

Daher sollte im Hochwasserlastfall der Strömungsweg im Boden folgende Werte nicht unterschreiten:

- bei homogenen Böden mit relativ durchlässigem Bodenaufbau und bei Spaltbildung infolge Wanddurchbiegung das Vierfache der Differenz zwischen dem Bemessungswasserstand und der landseitigen Geländeoberkante (unabhängig vom tatsächlichen Binnenwasserstand),
- bei geschichtetem Boden mit Durchlässigkeitsunterschieden von mehr als zwei Zehnerpotenzen das Dreifache der Differenz zwischen dem Bemessungswasserstand und der landseitigen Geländeoberkante (unabhängig vom tatsächlichen Binnenwasserstand). Dabei dürfen horizontale Sickerwege, die z. B. durch Setzungen unterhalb einer Überbauplatte entstehen können, nicht angerechnet werden.

6.2.5 Sonderbeanspruchung einer HWS-Wand

Abgesehen von den üblichen Nutzlasten sind Lasten aus Stoß von treibenden Gegenständen (auch Boote) bei Hochwasser und aus dem Anprall von Landfahrzeugen mit mindestens 30 kN zu berücksichtigen (Abb. 6.13). Die Wirkungslinie der Last ist sinnvoll festzulegen.

Bei gefährdeter Lage mit ungünstigen Strömungs- und Windverhältnissen beziehungsweise guter Zugänglichkeit ist die Anpralllast jedoch wesentlich größer anzusetzen. Eine Verteilung der Lasten durch geeignete konstruktive Maßnahmen ist zulässig, wenn dadurch die Funktionsfähigkeit der HWS-Wand nicht beeinträchtigt wird.

Zu den Sonderbeanspruchungen gehört außerdem der Eisdruck. Für Sonderbeanspruchungen darf der Standsicherheitsnachweis nach Bemessungssituation BS-A geführt werden.

6.2.6 Hinweise zur Berechnung von HWS-Wänden in Böschungen

Für die Bemessung von HWS-Wänden in oder in der Nähe von Böschungen sind im Allgemeinen die Niedrigwasserstände im Außenwasser maßgebend.

Für die Bemessung ist der ungünstigste resultierende Wasserdruck anzusetzen. Bei Umströmung der Wand sind die Auswirkungen auf Wasserdruck, Erddruck und Erdwiderstand (Abschn. 6.2.3) zu berücksichtigen. Die veränderten Wasserstände führen häufig auch zu einer Verminderung der Sicherheit gegen Geländebruch. Deshalb wird empfohlen, bei der Berechnung der Sickerströmung den horizontalen Sickerweg nur zur Hälfte anzusetzen.

Bei geschichteten Böden (bindige Zwischenschichten), die nicht durch ausreichend lange Spundbohlen vernadelt sind, ist neben dem üblichen Nachweis des Böschungs-

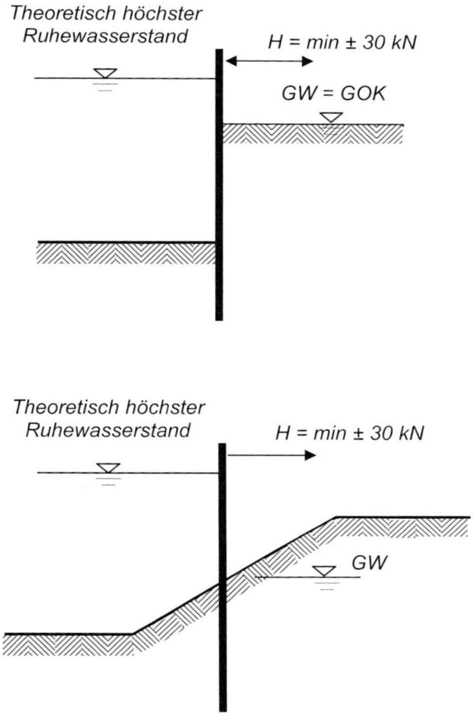

Abb. 6.13 Maßgebende Wasserstände bei Hochwasser.

bruchs auch die Standsicherheit des Bodenkeils vor der HWS-Wand (Muschelbruch, Gleitsicherheit) nachzuweisen.

Die Außenböschung ist durch Packlagen oder gleichwertige Maßnahmen gegen Auskolkung zu schützen. Die Sicherheit gegen Gelände- bzw. Böschungsbruch ist nach DIN 4084 mindestens für die Bemessungssituation BS-T nachzuweisen. Regelmäßige Kontrollen dieser Böschungen sind zu veranlassen.

6.2.7 Konstruktive Maßnahmen

6.2.7.1 Flächensicherung auf der Landseite der HWS-Wand

Zur Vermeidung von landseitigen Auskolkungen, die im Hochwasserfall durch überschlagendes Wasser hervorgerufen werden können, ist eine Flächensicherung vorzusehen. Ihre Breite sollte mindestens der freien landseitigen Wandhöhe entsprechen.

6.2.7.2 Verteidigungsstraße

Die Anordnung einer HWS-Verteidigungsstraße mit Asphaltfahrbahn nahe an der HWS-Wand wird empfohlen. Sie sollte mindestens 2,50 m breit sein und kann gleichzeitig der Flächensicherung nach Abschn. 6.2.7.1 dienen.

6.2.7.3 Entspannungsfilter

Unmittelbar an der HWS-Wand sollte landseitig ein etwa 0,3–0,5 m breiter Entspannungsfilter angeordnet werden, damit sich unter der Verteidigungsstraße kein größerer Sohlenwasserdruck aufbauen kann.

Bei Spundwandbauwerken genügt es, die landseitigen Täler mit entsprechendem Filtermaterial (z. B. Metallhüttenschlacke 35/55) aufzufüllen.

6.2.7.4 Dichtheit der Spundwand

Der über Gelände stehende Bereich der Spundwand erhält im Allgemeinen eine künstliche Schlossdichtung nach Abschn. 8.1.3.

6.2.8 Leitungen im Bereich von HWS-Wänden

6.2.8.1 Allgemeines

Leitungen im Bereich von HWS-Wänden können aus mehreren Gründen Schwachstellen darstellen. Hierzu seien vor allem erwähnt:

- undichte Flüssigkeitsleitungen vermindern durch Ausspülungen den sonst vorhandenen Sickerweg im Boden,
- Aufgrabungen zum Auswechseln schadhafter Leitungen vermindern die stützende Wirkung des Erdwiderstands und verkürzen ebenfalls den Sickerweg,
- außer Betrieb genommene Leitungen können unkontrollierte Hohlräume hinterlassen. Sie sind daher möglichst rückzubauen, mindestens aber zu verfüllen.

Leitungsarbeiten in der sturmflutgefährdeten Jahreszeit sind nach Möglichkeit zu vermeiden. Wo dies nicht möglich ist, muss der Bauablauf mögliche Hochwassersituationen berücksichtigen.

6.2.8.2 Leitungen parallel zu einer HWS-Wand

Leitungen parallel zu einer HWS-Wand sollen in einem hinreichend breiten Schutzstreifen beiderseits der HWS-Wand (> 15 m) nicht angeordnet werden. Vorhandene Leitungen sollten verlegt oder außer Betrieb genommen werden. Dabei entstehende oder verbleibende Hohlräume müssen sicher verfüllt werden.

Im Schutzstreifen verbleibenden Leitungen ist besondere Aufmerksamkeit zu widmen. Leitungen, die Flüssigkeiten führen, müssen beim Eintritt in den und beim Austritt aus dem Schutzstreifen durch geeignete Absperrvorrichtungen verschließbar gemacht werden.

6.2.8.3 Leitungskreuzungen mit einer HWS-Wand

Leitungsführungen durch eine HWS-Wand sind potenzielle Schwachstellen und daher möglichst zu vermeiden. Daher sollen

- die Leitungen möglichst über die HWS-Wand geführt werden, insbesondere Hochdruck- oder Hochspannungsleitungen,
- Einzelleitungen im Erdreich außerhalb des Schutzstreifens zusammengefasst und als Gesamtleitung oder Leitungsbündel durch den Schutzstreifen und die HWS-Wand geführt werden und
- Leitungskreuzungen möglichst rechtwinklig zur Wand angelegt werden.

Dem unterschiedlichen Setzungsverhalten von Leitungen und HWS-Wand ist durch konstruktive Maßnahmen Rechnung zu tragen (flexible Durchführungen, Rohrgelenke). Starre Durchführungen sind nicht zulässig.

Die Ausbildung von Leitungskreuzungen hängt von der Art der Leitung ab und ist entsprechenden Regelwerken zu entnehmen.

6.3 Geschüttete Molen und Wellenbrecher

6.3.1 Allgemeines

Molen unterscheiden sich von Wellenbrechern vor allem durch eine andere Art der Nutzung. Erstere sind befahr- oder mindestens begehbar. Ihre Krone liegt daher im Allgemeinen höher als die eines Wellenbrechers, welcher auch unter dem Ruhewasserspiegel enden kann. Auch haben Wellenbrecher nicht immer einen Landanschluss.

Bei einer Ausführung von Molen und Wellenbrechern in geschütteter Bauweise sind neben einer sorgfältigen Ermittlung der Wind- und Wellenverhältnisse, der Strömungen und eines eventuellen Sandtriebs zutreffende Aufschlüsse des Baugrunds unerlässlich.

Lage und Querschnitt von großen geschütteten Wellenbrechern werden nicht nur von ihrem Zweck, sondern auch durch die bauliche Ausführbarkeit bestimmt.

Hinweise zur geotechnischen Bemessung finden sind in der EAK (2002). Die Bemessung von Wellenbrechern selbst ist ausführlich in CIRIA, CUR, CETMEF (2007) dargestellt. Hier erfolgt im Folgenden nur eine kurze Übersicht.

6.3.2 Standsicherheitsnachweise, Setzungen und Sackungen sowie bauliche Hinweise

Locker gelagerte, nichtbindige Böden in der Aufstandsfläche müssen vorab verdichtet werden, gering tragfähige Böden sind auszutauschen.

Infrage kommt auch die Verdrängung weicher, bindiger Schichten durch bewusste Überschreitung der Tragfähigkeit, sodass die Schüttung in den Untergrund eindringt oder die Sprengung unter der Schüttung, wobei der Boden verdrängt wird. Bei beiden Verfahren ist aber mit größeren Setzungsunterschieden des fertigen Bauwerks zu rechnen, weil die so erreichte Verdrängung nie gleichmäßig ist.

Schlickschichten werden durch eine Schüttung vor Kopf verdrängt, die entstehende Schlickwalze ist abzubaggern, weil sie sonst in die Schüttung eingetragen werden könnte und deren Eigenschaften nachhaltig negativ beeinflusst.

Für geschüttete Wellenbrecher sind die Grund- und Geländebruchsicherheit nachzuweisen. Dabei wird die Wellenwirkung mit dem charakteristischen Wert der Bemessungswelle erfasst. In Erdbebenzonen ist zusätzlich die Gefahr der Bodenverflüssigung zu bewerten.

Die Summe von Setzungen aus Schüttungsauflast, Sackungen unter Welleneinwirkung und Eindringung der Schüttung in den Untergrund bzw. von Boden in die Schüttung kann mehrere Meter betragen und muss bei der Festlegung der Höhe durch ein überhöhtes Profil kompensiert werden.

Geschüttete Wellenbrecher sind durchlässig und werden daher durchströmt. Bei nicht homogenem Aufbau ist die Filtersicherheit der angrenzenden Schichten zu gewährleisten.

6.3.3 Festlegung der Bauwerksgeometrie

Die wesentlichen Eingangsparameter für die Festlegung des Wellenbrecherquerschnitts sind:

- Bemessungswasserstände,
- signifikante Wellenhöhen, Wellenperioden und die Angriffsrichtung der Wellen,

- Baugrundverhältnisse,
- verfügbare Baumaterialien.

Die Kronenhöhe wird so festgelegt, dass auch nach Abklingen der Setzungen ein Überschlagen der Wellen auf ein Minimum reduziert wird.

Es wird vorgeschlagen, die Kronenhöhe bei Wellenbrechern auf etwa folgende Höhe festzulegen:

$$R_c = 1{,}2H_S + S$$

Es bedeuten

R_c Freibordhöhe (Kronenhöhe über Ruhewasserspiegel) [m],
H_S signifikante Wellenhöhe $H_{1/3}$ des Bemessungsseeganges [m],
S Summe aus erwarteter Endsetzung, Sackung und Eindringung [m].

Bei $R_c < H_S$ ist ein beträchtlicher Wellenüberlauf hinzunehmen.

Bei $R_c = 1{,}5H_S$ ist der Wellenüberlauf fast ausgeschlossen.

Bei der Festlegung des Ruhewasserspiegels sind ggf. erhöhte Wasserstände, wie sie z. B. bei Sturmfluten auftreten können, zu berücksichtigen, wenn sie gleichzeitig mit den bemessungsgebenden Wellenereignissen auftreten.

Der Überlauf q kann nach Van der Meer Janssen (1994) oder Owen (1980) berechnet werden.

Abb. 6.14 Beispiele für gebräuchliche Formsteine.

Die Steingröße der Deckschicht wird aus erprobten Erfahrungsgleichungen, z. B. nach Hudson, errechnet. Das Verfahren von Hudson ist im nächsten Abschnitt beschrieben.

Häufig reicht die Blockgröße, die wirtschaftlich aus Steinbrüchen gewonnen werden kann, für die Deckschicht nicht aus. Dann kann auf Betonformsteine, z. B. auf die in Tab. 6.2 erwähnten und auf Abb. 6.14 dargestellten gebräuchlichen Formsteine, zurückgegriffen werden.

Tab. 6.2 Empfohlene K_D-Werte für die Bemessung der Deckschicht bei einer zugelassenen Zerstörung bis zu 5 % und nur geringfügigem Wellenüberlauf (Auszug teilweise aus SPM 1984).

Art der Deckschichtelemente (Beispiele)	Anzahl der Lagen	Art der Anordnung	Wellenbrecherflanke K_D [a)]		Wellenbrecherkopf K_D		
			Brechende Wellen [e)]	Nicht brechende Wellen [e)]	Brechende Wellen	Nicht brechende Wellen	Neigung
Glatte, abgerundete Natursteine	2	Zufällig	1,2	2,4	1,1	1,9	1 : 1,5 bis 1 : 3
	3	Zufällig	1,6	3,2	1,4	2,3	1 : 1,5 bis 1 : 3
Scharfkantige Bruchsteine	2	Zufällig	2,0	4,0	1,9	3,2	1 : 1,5
	3	Zufällig	2,2	4,5	1,6	2,8	1 : 2
	2	Speziell Gesetzt [b)]	5,8	7,0	1,3	2,3	1 : 3
					2,1	4,2	1 : 1,5 bis 1 : 3
					5,3	6,4	1 : 1,5 bis 1 : 3
Tetrapode	2	Zufällig	7,0	8,0	5,0	6,0	1 : 1,5
					4,5	5,5	1 : 2
					3,5	4,0	1 : 3
Antifer-Block	2	Zufällig	8,0	—	—	—	1 : 2
Accropode	1		12,0	15,0	9,5	11,5	bis 1 : 1,33
Core Loc	1		16,0	16,0	13,0	13,0	bis 1 : 1,33
Tribar	2	Zufällig	9,0	10,0	8,3	9,0	1 : 1,5
					7,8	8,5	1 : 2
					6,0	6,5	1 : 3
Tribar	1	Gleichmäßig	12,0	15,0	7,5	9,5	1 : 1,5 bis 1 : 3
Dolos	2	Gesetzt	15,8 [c)]	31,8 [c)]	8,0	16,0	1: 2 [d)]
		Zufällig			7,0	14,0	1 : 3
Xbloc	1	Zufällig	16	16	13	13	bis 1 : 1.33

a) Für Neigungen von 1 : 1,5 bis 1 : 5.
b) Längsachse der Steine senkrecht zur Oberfläche.
c) K_D-Werte nur für Neigung 1 : 2 experimentell bestätigt. Bei höheren Anforderungen (Zerstörung < 2 %) sind die K_D-Werte zu halbieren.
d) Steilere Neigungen als 1 : 2 werden nicht empfohlen.
e) Brechende Wellen treten zunehmend auf, wenn die Ruhewassertiefe vor dem Wellenbrecher die Wellenhöhe unterschreitet.

Anhaltswerte für die seeseitige Böschung enthält Tab. 6.2.
Die Mindestkronenbreite ergibt sich aus

$$B_{\mathrm{min}} = (3 \text{ bis } 4)\, D_{\mathrm{m}}$$

$$D_{\mathrm{m}} = \sqrt[3]{\frac{W}{\rho_{\mathrm{s}}}} \qquad D_{\mathrm{m}} = \sqrt[3]{\frac{W_{50}}{\rho_{\mathrm{s}}}}$$

mit

B_{min}	Mindestbreite der Krone des Wellenbrechers [m],
D_{m}	mittlerer Durchmesser des Einzelsteins oder Blocks der Deckschicht [m],
W, W_{50}, ρ_{s}	nach Abschn. 6.3.4.

Da feinkörniges Material in den überwiegenden Fällen erheblich billiger ist als das grobe Deckschichtmaterial, zeigen die meisten Wellenbrecher den klassischen Aufbau gemäß Abb. 6.15 aus

- Kern,
- Filterschicht und
- Deckschicht.

Es ist aber auch z. B. bei weiten Transportwegen möglich, dass der Preisunterschied zwischen Kern- und Deckschichtmaterial verschwindet. Dann kann man, besonders bei einem Einbau mit Seegerät, den Wellenbrecher aus einheitlichen Blockgrößen aufbauen.

Besonders bei grobkörnigen Kernen ist auf einen Fußfilter Wert zu legen.

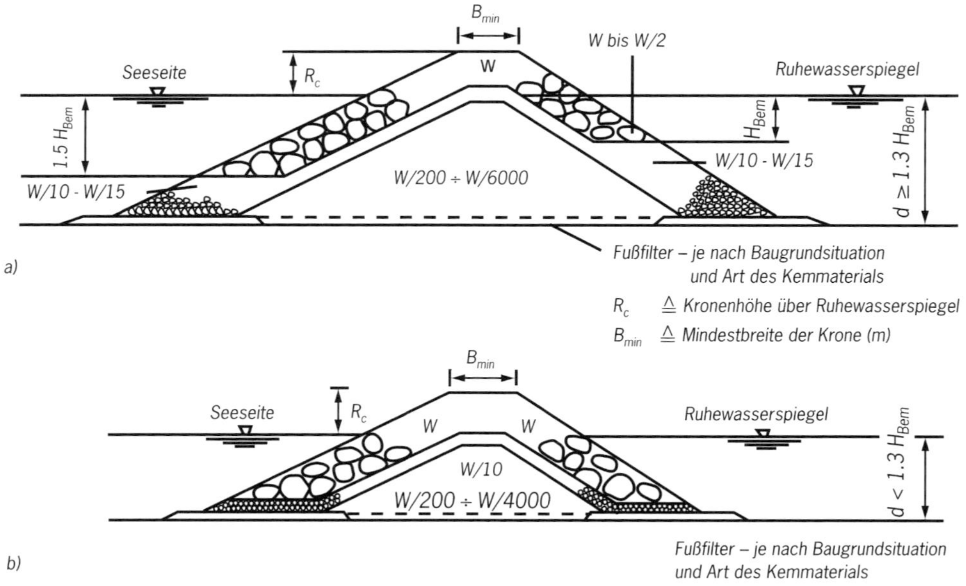

Abb. 6.15 Filterförmiger Wellenbrecheraufbau in drei Abstufungen; (a) bei nicht brechenden Wellen; (b) bei brechenden Wellen.

Um auf der Krone von Molen fahren zu können, werden die Kronensteine häufig durch ein Kronenbauwerk aus Beton überdeckt.

Kronenmauern auf geschütteten Wellenbrechern werden für die Abweisung von Überschlags- und Spritzwasser und für die Zugänglichkeit von Molen sehr häufig angewendet. Sie bilden einen Fremdkörper, an dem die erheblichen Setzungen und Setzungsunterschiede sichtbar werden. Verkantungen und Risse in den Kronenmauern treten daher regelmäßig auf.

6.3.4 Bemessung der Deckschicht

Die Standsicherheit der Deckschicht hängt bei gegebenen Wellenverhältnissen von der Größe, der Masse und der Form der Konstruktionselemente sowie von der Neigung der Deckschicht ab.

In langjährigen Versuchsreihen hat Hudson die nachfolgende Gleichung für die erforderliche Blockmasse entwickelt (SPM, 1984; PIANC, 1992a; Bruun, 1985). Sie hat sich in der Praxis bewährt und lautet:

$$W = \frac{\rho_s \cdot H^3_{\text{Bem,d}}}{K_D \cdot \left(\frac{\rho_s}{\rho_w} - 1\right)^3 \cdot \cot\alpha}$$

Darin bedeuten

W Blockmasse [t],
ρ_s Dichte des Blockmaterials [t/m^3],
ρ_w Dichte des Wassers [t/m^3],
H_{Bem} „Bemessungswelle“ [m] (siehe weitere Erläuterungen),
α Böschungswinkel der Deckschicht [°],
K_D Form- und Standsicherheitsbeiwert [–].

Die vorgenannte Gleichung gilt für eine aus Steinen mit etwa einheitlicher Masse aufgebaute Deckschicht. Die gebräuchlichsten Form- und Standsicherheitsbeiwerte K_D von Bruch- und Formsteinen für geneigte Wellenbrecherdeckschichten nach SPM (1984) sind in der Tab. 6.2 zusammengefasst. Die Abb. 6.14 zeigt Beispiele für gebräuchliche Formsteine.

Bei der Wahl der Art der Deckschichtelemente ist bei möglichen Setzungs- oder Sackungsbewegungen nach Abschn. 6.3.2 zu beachten, dass abhängig von der Elementform zusätzliche Zug-, Biege-, Schub- und Torsionsbeanspruchungen auftreten können. Wegen der hohen schlagartigen Beanspruchung sollten bei größeren Dolossen die K_D-Werte halbiert werden.

Für die Bemessung einer aus abgestuften Natursteingrößen bestehenden Deckschicht wird nach SPM (1984) für Bemessungswellenhöhen bis zu ca. 1,5 m folgende abgeänderte Gleichung empfohlen:

$$W_{50} = \frac{\rho_s \cdot H^3_{\text{Bem,d}}}{K_{RR} \cdot \left(\frac{\rho_s}{\rho_w} - 1\right)^3 \cdot \cot\alpha}$$

Darin bedeuten

W_{50} Masse eines Steins mittlerer Größe [t],
K_{RR} Form- und Standsicherheitsbeiwert [1]:
= 2,2 für brechende Wellen,
= 2,5 für nicht brechende Wellen.

Die Masse der größten Steine soll dabei $3{,}5\,W_{50}$ und die der kleinsten mindestens $0{,}22\,W_{50}$ betragen. Wegen der komplexen Vorgänge sollten nach SPM (1984) im Fall eines schrägen Wellenangriffs auf das Bauwerk die Blockmassen im Allgemeinen nicht abgemindert werden.

Die Bedeutung der Bemessungswelle für das Bauwerk ist daran zu erkennen, dass die erforderliche Masse der Einzelblöcke W proportional mit der dritten Potenz der Wellenhöhe ansteigt. Im Übrigen wird nach PIANC (1992a) für alle Wellenhöhen empfohlen, in die Hudson-Gleichung die „Bemessungswelle" mit $H_{\text{Bem}} = H_s$ anzusetzen, wobei dieser Wert in der Regel mithilfe der Extremwertstatistik auf einen längeren Zeitraum (z. B. 100-jährliche Wiederkehr) extrapoliert werden kann. Für die Extrapolation müssen ausreichende Wellenmessdaten zur Verfügung stehen (siehe dazu auch Abschn. 4.3).

Auf Verwendung von Teilsicherheitsbeiwerten wird hier verzichtet, weil die Bemessungssicherheit sehr stark von der Wahl des Wiederkehrintervalls und der Extremwertstatistik abhängig ist. Zudem tritt mit Überschreitung des Bemessungsseegangs nicht Bauwerkversagen ein, sondern es nimmt die Bauwerksschädigung langsam zu.

Wirtschaftliche Überlegungen können dazu führen, bei der Planung eines geschütteten Wellenbrechers von den Kriterien für eine weitestgehende Zerstörungsfreiheit der Deckschicht abzuweichen, wenn eine extreme Belastung durch Seegang sehr selten auftritt oder im Landanschlussbereich, wenn seeseitig alsbald Verlandungen in einem solchen Umfang eintreten, dass die Deckschicht nicht mehr nötig ist. Der sparsamere Weg sollte dann gegangen werden, wenn die kapitalisierten Instandsetzungskosten und die zu erwartenden Kosten für das Beseitigen eintretender sonstiger Schäden im Hafenbereich niedriger sind als der erhöhte Kapitalaufwand bei einer Auslegung der Blockgewichte für eine selten eintretende, besonders hoch festgelegte Bemessungswelle. Dabei sind aber auch die generellen Instandsetzungsmöglichkeiten am Ort mit der zu erwartenden Ausführungsdauer jeweils besonders zu berücksichtigen.

Weitere Berechnungsansätze finden sich in PIANC (1973, 1976) und PIANC (1992a). Über den Einfluss der Größe, Einbaudicke und Trockenrohdichte der verwendeten Wasserbausteine auf die Stabilität einer gebundenen Deckschicht gegenüber Strömungs- und Wellenbelastungen enthält Abromeit (1997) grundlegende Ausführungen und Vorschläge zur Ermittlung technisch gleichwertiger Deckschichten.

Im Bericht der PIANC-Arbeitsgruppe 12 des ständigen Technischen Komitees II für den Küsten- und Seebereich PIANC (1992b) und PIANC (1992a) wird zur Ermittlung der Deckschichten von geschütteten Wellenbrechern neben der Hudson-Formel insbesondere die Van der Meer-Formel behandelt.

Diese Gleichungen berücksichtigen die Brecherform der Wellen (Sturzbrecher und Reflexionsbrecher), die nach der Iribarren-Zahl aus der Höhe und der Periode der Welle errechnet wird. Sie berücksichtigen aber auch die Sturmdauer, den Zerstörungsgrad und die Porosität des Wellenbrechers. Die Formeln wurden aus Modellversuchen mit Wellen abgeleitet, die in der Verteilung von Wellenhöhe und Wellenlänge einem natürlichen Wellenspektrum entsprechen. Hudson (1958, 1959) dagegen verwandte bei seinen Versuchen nur regelmäßige (reguläre) Wellen. Die Berechnungsmethode nach van der Meer setzt die Kenntnis vieler Detailbeziehungen voraus, wie PIANC (1992a) entnommen werden kann. Die Ergebnisse von Berechnungen der Deckschichtgrößen nach Hudson und van der Meer unterscheiden sich in Grenzfällen erheblich.

Es wird daher empfohlen, bei großen Molen- oder Wellenbrecherbauten in hydraulischen Modellversuchen in einem anerkannten Hydraulischen Institut den gewählten Querschnitt als Ganzes zu untersuchen. Damit kann auch die Wirkung der Kronenmauer auf die Gesamtstabilität des Wellenbrechers beurteilt werden.

6.3.5 Aufbau der Wellenbrecher

In der Praxis haben sich nach den Empfehlungen von SPM (1984) Wellenbrecher in Drei-Schichten-Abstufungen nach Abb. 6.15 bewährt.

Darin sind

W Masse der Einzelblöcke [t],
H_{Bem} Höhe der „Bemessungswelle" [m].

Eine einlagige Schicht aus Bruchsteinen sollte nicht angewendet werden.

Ganz allgemein wird empfohlen, die Böschung an der Seeseite nicht steiler als 1 : 1,5 auszubilden.

Besondere Sorgfalt ist der Stützung der Deckschicht zu widmen, vor allem, wenn diese auf der Seeseite nicht bis zum Böschungsfuß hinabgeführt wird. Nach den Erfordernissen der Standsicherheit der Böschung ist eine ausreichende Berme vorzusehen (Abb. 6.16).

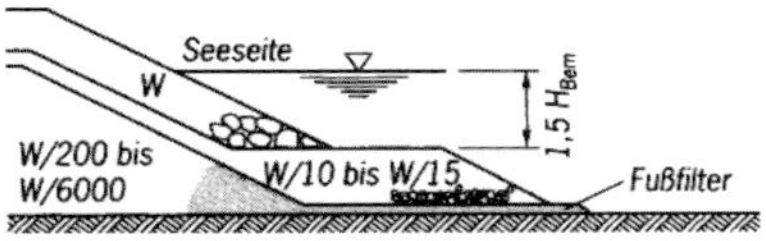

Abb. 6.16 Seeseitige Fußsicherung eines Wellenbrechers.

Auch gegenüber dem Untergrund sind die Filtergesetze einzuhalten. Das kann vor allem unter den großstückigen Außenschichten an den Fußpunkten häufig zweckmäßig durch eine besondere Filterschicht (Kornfilter, Geotextil, Sandmatte und geotextile, filterfähige Container) erreicht werden, weil diese eine höhere Verlegesicherheit haben.

6.3.6 Bauausführung und Geräteeinsatz

6.3.6.1 Allgemeines

Der Bau von geschütteten Molen und Wellenbrechern erfordert oft den Einbau großer Materialmengen in verhältnismäßig kurzer Zeit unter schwierigen örtlichen Bedingungen aus Witterung, Tide, Seegang und Strömung. Die gegenseitige Abhängigkeit der einzelnen Arbeitsgänge unter solchen Baubedingungen erfordert eine besonders sorgfältige Planung von Bauablauf und Geräteeinsatz.

Der entwerfende Ingenieur und der ausführende Unternehmer sollten sich über die während der Bauzeit zu erwartenden Wellenhöhen genau unterrichten. Dazu benötigen sie Angaben über den vorherrschenden Seegang während des Bauvorganges, nicht nur über sehr seltene Wellenereignisse. Die Dauer der z. B. in einem Jahr auftretenden Wellenhöhe H_s und H_{max} kann nach Abb. 6.17 abgeschätzt werden. Eine zuverlässige

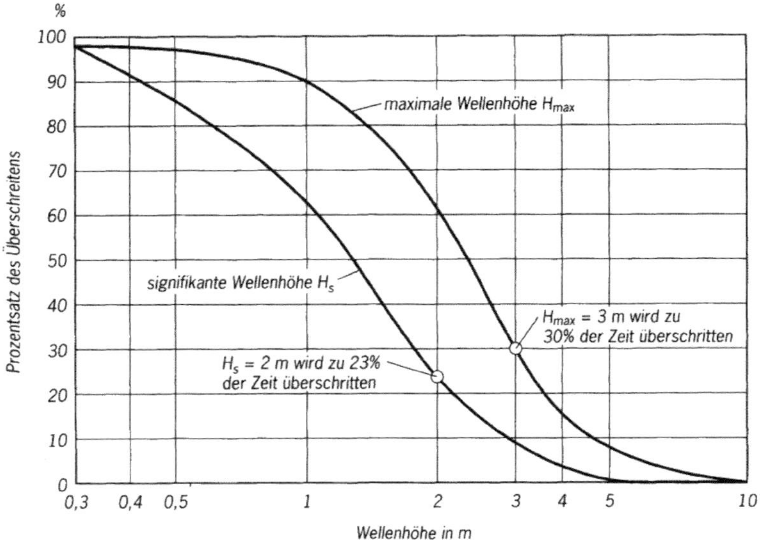

Abb. 6.17 Wellenhöhendauerlinie. Dauer des Überschreitens bestimmter, in einem Jahr auftretender Wellenhöhen, z. B. $H_s = 2$ m; $H_{max} = 3$ m.

Beschreibung des Wellenklimas durch eine Wellenhöhendauerlinie setzt lange Beobachtungszeiträume voraus.

Der Entwurf eines Wellenbrechers muss eine Ausführung ermöglichen, die auch bei plötzlichem Auftreten von Stürmen größere Schäden vermeidet, z. B. durch Schichtaufbau mit wenigen Abstufungen.

Bei der Festlegung der Leistungsfähigkeit der Baustelle bzw. bei der Wahl der Gerätegrößen müssen realistische Ansätze für den möglichen Arbeitsausfall durch Schlechtwetter berücksichtigt werden.

Die Schüttarbeiten werden je nach örtlicher Bauaufgabe

1) mit schwimmenden Geräten,
2) mit Landgeräten im Vorbauverfahren,
3) mit festen Gerüsten, Hubinseln und dergleichen,
4) mit Seilbahnen,
5) in Kombination aus 1.–4.

durchgeführt.

An besonders exponierten Stellen mit gravierendem Einfluss von Wind, Tide, Seegang und Strömung werden bevorzugt Bauverfahren mit festen Gerüsten, Hubinseln und dergleichen eingesetzt. Dieses gilt in verstärktem Maße, wenn auf oder in der Nähe der Baustelle kein Schutzhafen vorhanden ist.

6.3.6.2 Bereitstellung von Schütt- und sonstigem Einbaumaterial

Die Bereitstellung von Schütt- und Einbaumaterial erfordert eine umsichtige Planung je nach den Gewinnungs- und Transportmöglichkeiten. Die Beschaffung des Grobmaterials ist häufig das dominierende Problem.

6.3.6.3 Einbau des Materials mit schwimmenden Geräten

Für den Einbau mit schwimmenden Geräten muss der Querschnitt des Wellenbrechers auf die Geräte abgestimmt werden. Klappschuten benötigen stets genügend Wassertiefe. Deckschuten erlauben ein seitliches Abschieben auch bei geringeren Wassertiefen. Bei den heutigen computergesteuerten Ortungsverfahren können auch mit schwimmendem Gerät Genauigkeiten erzielt werden, die in früheren Zeiten nur Landgeräte erreichten.

6.3.6.4 Einbau des Schüttmaterials mit Landgeräten

Die Arbeitsebene der Landgeräte sollte in der Regel oberhalb der Einwirkung von normalem Seegang und Brandung liegen. Die Mindestbreite dieser Arbeitsebene ist auf die Bedürfnisse der zum Einsatz kommenden Baugeräte abzustimmen.

Beim Einbau mit Landgeräten erfolgt beim Vor-Kopf-Schütten der Antransport mit Hinterkippern. Diese Bauweise erfordert deshalb im Allgemeinen einen aus dem Wasser ragenden Kern mit einer überbreiten Krone. Der als Fahrbahn dienende Kern muss vor Aufbringen der Deckschichten häufig in einer bestimmten Schichtdicke wieder abgetragen werden, damit eine ausreichende Verzahnung und die hydraulische Homogenität wiederhergestellt werden.

Bei geringer Breite der Arbeitsebene ist ein Portalkran als Einbaugerät häufig von Vorteil, da Material für vorlaufende Arbeiten unter ihm hindurch transportiert werden kann.

Schüttsteine, die zum Einbau durch den Kran bestimmt sind, werden meist in Stein-Skips auf Plattformanhängern, LKW mit besonderer Ladefläche oder auf Tiefladern herangefahren.

Bei geringer Fahrbahnbreite werden Anhänger eingesetzt, die ohne zu wenden zurückgefahren werden können. Große Steine und Betonfertigteile werden mit Mehrschalengreifern oder Spezialzangen versetzt.

Elektronische Anzeigegeräte im Führerhaus des Einbaukrans erleichtern den profilgerechten Einbau auch unter Wasser.

Besonders wenn „vor Kopf" gearbeitet wird, sollten Kernschüttung und -abdeckung mit nur geringer Längenentwicklung rasch aufeinanderfolgen, um ein Fortspülen ungeschützten Kernmaterials zu vermeiden, mindestens aber gering zu halten. Weiteres kann CIRIA/CUR (1991) entnommen werden.

6.3.6.5 Einbau des Materials mit festen Gerüsten, Hubinseln und dergleichen

Der Einbau von einem festen Gerüst, einer Hubinsel und dergleichen aus, aber auch mit einer Seilbahn kommt vor allem für die Überbrückung einer Zone mit ständig starker Brandung in Betracht.

Beim Einsatz einer Hubinsel hängt der Einbaufortschritt im Allgemeinen von der Leistungsfähigkeit des Einbaukrans ab. Hierfür sollte daher ein Gerät eingesetzt werden, das bei der erforderlichen Reichweite auch eine große Tragfähigkeit aufweist.

Der Entwurf sollte klarstellen, welche Querschnittsteile des Wellenbrechers bei sehr ruhiger See einzubauen sind und welche noch bei einem bestimmten Wellengang eingebracht werden dürfen. Dies gilt sowohl für das Kernmaterial als auch für die Betonfertigteile der Deckschicht. Betonfertigteile können beim Absetzen bereits bei geringer Dünung durch ihre großen Massen unter Wasser Stoßbewegungen erleiden, die zu Rissen und zum Bruch führen können.

6.3.7 Setzungen und Sackungen

Gleichmäßige und geringe Setzungen von geschütteten Wellenbrechern werden durch Überhöhen berücksichtigt. Erst nach dem Abklingen der Setzungen, das immer durch Setzungspegel zu kontrollieren ist, sollte der Kronenbeton in nicht zu langen Baublöcken eingebaut werden.

Werden große Setzungsunterschiede erwartet, sollte auf Kronenmauern verzichtet werden, weil deren Setzungen später zu einer optisch unbefriedigenden Gesamterscheinung des Wellenbrechers führen, ohne dass die Funktion oder die Standsicherheit gefährdet wären.

6.3.8 Abrechnung der eingebauten Mengen

Da das Setzungs- und Sackungsverhalten solcher Bauwerke nur schwer vorausgesagt werden kann, empfiehlt es sich, für die Abrechnung nach Zeichnung hinsichtlich der Formgebung der Mole und der Einbauschichten von vornherein gut einhaltbare Toleranzen (±) zur Kompensation des Setzungs- und ggf. Eindringvolumens und in Abhängigkeit vom gewählten technischen Verfahren festzulegen.

Ferner sollte die Ausschreibung definitiv festlegen, ob nach eingebauten Mengen oder Aufmaß abgerechnet wird. Bei Abrechnung nach eingebauten Mengen sind Setzungspegel mit auszuschreiben.

Wenn der Untergrund aufgrund der Baugrunduntersuchungen besondere Schwierigkeiten bei der Abrechnung der eingebauten Mengen erwarten lässt, empfiehlt sich, sofern keine andere speziell auf diese Untergrundverhältnisse abgestimmte Lösung möglich ist, die Abrechnung auf Gewichtsgrundlage (CIRIA/CUR, 1991). Das Aufmaßverfahren (höchste Punkte einer Steinschicht oder Verwendung einer Kugel/Halbkugel am Fuß einer Messlatte) ist anzugeben.

Literatur

Abromeit, H.-U. (1997). Ermittlung technisch gleichwertiger Deckwerke an Wasserstraßen und im Küstenbereich in Abhängigkeit von der Trockenrohdichte der verwendeten Wasserbausteine. *Mitteilungsblatt der Bundesanstalt für Wasserbau* 75, Karlsruhe.

Bruderreck, L., Römisch, K. und Schmidt, E. (2011). Kritische Propellerdrehzahl bei Hafenmanövern als Basis zur Bemessung von Sohlsicherungen. *Hansa* 148 (5): 85–88.

Bruun, P. (1985). Design and Construction of Mounds for Breakwaters and Coastal Protection, Bd. 37, 1. Aufl. Elsevier Science, eBook ISBN: 9780444600455.

CFEM (2006). *Canadian Foundation Engineering Manual*, 4. Aufl. Canadian Geotechnical Society, ISBN 0-920505-28-7.

CIRIA/CUR (1991). Manual on the use of rock in coastal and shoreline engineering. *CIRIA Special Publication 83, CUR Report 154*, Rotterdam, A.A. Balkema 1991.

CIRIA, CUR, CETMEF (2007). *The Rock Manual. The Use of Rock in Hydraulic Engineering*, 2. Aufl. London: C683, CIRIA, ISBN 978-0-86017-683-1.

Drewes, U., Römisch, K. und Schmidt E. (1995). Propellerstrahlbedingte Erosionen im Hafenbau und Möglichkeiten zum Schutz für den Ausbau des Burchardkais im Hafen Hamburg. *Mitteilungen des Leichtweiß-Instituts für Wasserbau der Technischen Universität Braunschweig* 134.

DWA (Deutsche Vereinigung für Wasserwirtschaft, Abwasser und Abfall e. V.) (2012). Dichtungssysteme im Wasserbau – Teil 1: Erdbauwerke. Merkblatt M 512-1.

DWA (Deutsche Vereinigung für Wasserwirtschaft, Abwasser und Abfall e. V.) (2017). Filtern mit Geokunststoffen. Merkblatt M 511.

EAAW (2008). *Empfehlungen für die Ausführung von Asphaltarbeiten im Wasserbau*, 5. Ausgabe. Deutsche Gesellschaft für Geotechnik, nur digital verfügbar auf http://www.dggt.de/images/PDF-Dokumente/eaaw2008.pdf.

EAG-GTD (2002). *Empfehlungen zur Anwendung geosynthetischer Tondichtungsbahnen*, (Hrsg. Deutsche Gesellschaft für Geotechnik). Berlin: Ernst & Sohn.

EAK (2002). Empfehlungen für die Ausführung von Küstenschutzwerken durch den Ausschuss für Küstenschutzwerke. *Die Küste* 65, korrigierte Ausgabe 2007.

EAO (2002). Empfehlungen zur Anwendung von Oberflächendichtungen an Sohle und Böschung von Wasserstraßen. *Mitteilungsblatt der Bundesanstalt für Wasserbau* 85, Karlsruhe.

GBB (2010). Grundlagen zur Bemessung von Böschungs- und Sohlensicherungen an Binnenwasserstraßen. Merkblatt der Bundesanstalt für Wasserbau, Karlsruhe, digital verfügbar auf www.baw.de.

Hamburg (2013). Freie und Hansestadt Hamburg – Berechnungsgrundsätze für Hochwasserschutzwände, Flutschutzanlagen und Uferbauwerke im Bereich der Freien und Hansestadt Hamburg. Hamburg Port Authority.

Henne, J. (1989). Versuchsgerät zur Ermittlung der Biegezugfestigkeit von bindigen Böden. *Geotechnik* 12 (2): 96–99.

Hudson, R.Y. (1958). Design of quarry stone cover layers for rubble mound breakwaters, Research Report No 2.2, WES, Vicksburg, July 1958.

Hudson, R.Y. (1959). Laboratory investigation of rubble mound breakwaters, Proc. ASCE, Vol 85, WW3, September 1959.

Koerner, R.M. (2005). *Designing with Geosynthetics*. Englewood Cliffs: Prentice-Hall.

Köhler, H.-J. und Schulz, H. (1986). Bemessung von Deckwerken unter Berücksichtigung von Geotextilien. 3. Int. Konf. Geotext. Wien 1986, Rotterdam: Balkema.

MAG (1993). Merkblatt „Anwendung von geotextilen Filtern an Wasserstraßen". Ausgabe 1993, Bundesanstalt für Wasserbau, Karlsruhe.

MAK (2013). Merkblatt „Anwendung von Kornfiltern an Wasserstraßen". Ausgabe 2013, Bundesanstalt für Wasserbau, Karlsruhe.

MAR (2008). Merkblatt „Anwendung von Regelbauweisen für Böschungs- und Sohlensicherungen an Binnenwasserstraßen". Bundesanstalt für Wasserbau, Karlsruhe, digital verfügbar auf www.baw.de.

Owen, M.W. (1980). Design of seawalls allowing for wave overtopping. Hydraulic Research, Wallingford, Report No. 783, Delft.

PIANC (1973). Report of the International Waves Commission, PIANC-Bulletin No. 15, Brüssel.

PIANC (1976). Report of the International Waves Commission, PIANC-Bulletin No. 25 (1976), Brüssel.

PIANC (1987a). Report of the Pianc Working Group II-9 „Development of modern Marine Terminals". Supplement to Pianc-Bulletin No. 56, Brüssel.

PIANC (1987b). Report of Working Group I-4 „Guidelines for the design and construction of flexible revements incorporating geotextiles for inland waterways". Supplement to Pianc-Bulletin No. 57, Brüssel.

PIANC (1992a). Report of Working Group II-21 „Guidelines for the design and construction of flexible revetments incorporating geotextiles in marine environment". Supplement to Pianc-Bulletin No. 78/79, Brüssel.
PIANC (1992b). Analysis of rubble mound breakwaters, PIANC MarCom WG 12.
Pilarczyk, K. und Zeidler, R. (1996). *Offshore Breakwaters and Shore Evolution Control*. Rotterdam: Balkema.
Römisch, K. (1993). Propellerstrahlinduzierte Erosionserscheinungen in Häfen. *Hansa* 130 (8): 62–68.
Römisch, K. (1994). Propellerstrahlinduzierte Erosionserscheinungen – Spezielle Probleme. *Hansa* 131 (9).
Römisch, K. (2000). Strömungsstabilität vergossener Steinschüttungen. *Wasserwirtschaft* 90 (7/8): 356–361.
Römisch, K. (2001). Scouring in Front of Quay Walls Caused by Bow Thruster and New Measures for its Reduction. V. International Seminar on Renovation and Improvements to Existing Quay Structures, TU Gdansk, 28–30 May 2001.
RPG (1994). *Richtlinien für die Prüfung von geotextilen Filtern im Verkehrswasserbau*. Karlsruhe: Bundesanstalt für Wasserbau.
Schulz, H. (1987a). Mineralische Dichtungen für Wasserstraßen. Fachseminar „Dichtungswände und Dichtsohlen", Juni 1987 in Braunschweig. *Mitteilungen des Instituts für Grundbau und Bodenmechanik, Techn. Universität Braunschweig* 23.
Schulz, H. (1987b). Conditions for day sealings at joints. Proc. IX. Eur. Conf. Soil Mech. Found. Eng., Dublin.
SPM (1984). Shore Protection Manual. US Army Corps of Engineers, Coastal Engineering Research Center, Vicksburg, USA.
TLG (2003). Technische Lieferbedingungen für Geotextilien und geotextilverwandte Produkte an Wasserstraßen – Ausgabe 2003 – des Bundesministeriums für Verkehr, Bau- und Wohnungswesen. Verkehrsblatt 2003, Heft 18.
Van der Meer, J.W. und Janssen, J.P.F.M. (1994). Wave run-up and waver overtopping at dikes and revetments. Delft Hydraulics Publication No. 485.
Veldhuyzen van Zanten, R. (1994). *Geotextiles and Geomembranes in Civil Engineering*. Rotterdam/Boston: Balkema.
ZTV-W LB 210 (2006). Zusätzliche Technische Vertragsbedingungen – Wasserbau (ZTV-W) für Böschungs- und Sohlensicherungen (Leistungsbereich 210). Bundesministerium für Verkehr, Bau und Stadtentwicklung.

Normen und Vorschriften

DIN 4084: Baugrund – Geländebruchberechnungen.
DIN EN 13253: Geotextilien und geotextilverwandte Produkte – Geforderte Eigenschaften für die Anwendung in Erosionsschutzanlagen (Küstenschutz und Deckwerksbau).
DIN EN 13383-1: Wasserbausteine – Teil 1: Anforderungen.

7
Ausführung von Ufereinfassungen

7.1 Querschnittsgestaltung

7.1.1 Querschnittsgrundmaße von Ufereinfassungen in Seehäfen

7.1.1.1 Querschnittsgrundmaße

Für die Anlage neuer Umschlaganlagen und den Umbau bestehender Anlagen werden unter Berücksichtigung aller in Betracht kommenden Einflüsse die Querschnittsgrundmaße nach Abb. 7.1 empfohlen.

Der Abstand von 1,75 m zwischen Kranschiene und Uferkante ist als Mindestmaß zu verstehen. Es sollte bei Neubau- und Vertiefungsmaßnahmen von Liegeplätzen durch Vorbau besser 2,50 m betragen, weil dann die wasserseitigen Kranlaufwerke entsprechend breit ausgebildet werden können (die Kranlaufwerke heutiger Hafenkrane haben Breiten von ca. 0,60–1,20 m) (Abb. 7.1) und die Unfallverhütungsvorschriften beim Festmachen bzw. für den Zu- und Abgang zu den Schiffen über die Gangway leichter zu erfüllen sind.

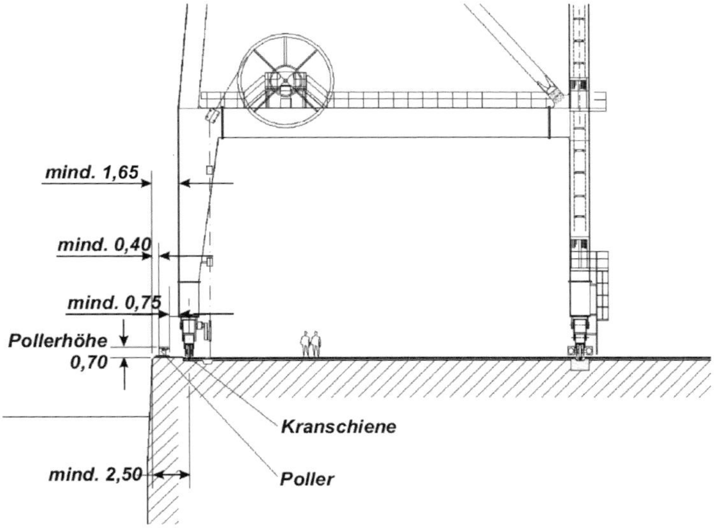

Abb. 7.1 Querschnittsgrundmaße von Ufereinfassungen in Seehäfen (die Versorgungskanäle sind nicht dargestellt).

Empfehlungen des Arbeitsausschusses „Ufereinfassung" (EAU 2020), Hrsg. HTG und DGGT, 12. Aufl.
© 2021 Ernst & Sohn GmbH & Co. KG. Published 2021 by Ernst & Sohn GmbH & Co. KG.

Für den Eisenbahnbetrieb muss ein Sicherheitsabstand zum Kran eingehalten werden, der Abstand der Achse des ersten Gleises von der vorderen Kranschiene muss mindestens 3,00 m sein. Allerdings werden Eisenbahnanlagen an Kaikanten nur noch in Ausnahmefällen eingerichtet.

7.1.1.2 Gehstreifen (Leinenpfade)

Der Gehstreifen (Leinenpfad) vor der wasserseitigen Kranschiene wird für das Aufstellen der Poller, das Auflagern des Landgangs (Gangway), als Weg und Arbeitsraum für die Festmacher, als Zuweg zu den Schiffsliegeplätzen und zur Aufnahme des wasserseitigen Teils des Kranfußes benötigt. Dem Gehstreifen kommt demnach für den Hafenbetrieb eine besondere Bedeutung zu.

Die Breite des Gehstreifens wird demzufolge zunächst von den einschlägigen Unfallverhütungsvorschriften bestimmt. Weiter muss der Tatsache Rechnung getragen werden, dass Aufbauten oft über den Rumpf der anliegenden Schiffe ragen und dass der Umschlagbetrieb auch an krängenden Schiffen möglich sein muss.

Aus den vorgenannten Gründen muss der Gehstreifen so breit sein, dass die äußeren Begrenzungen der Umschlageinrichtungen mindestens 1,65 m, besser jedoch 1,80 m hinter der Lotrechten durch die Vorderkante der Uferwand bzw. die Vorderkante von Reibeholz, Reibepfahl oder Fenderung liegen (Abb. 7.1).

7.1.1.3 Geländer, Schrammbord und Gleitschutz

An Kaikanten mit Anlege- und Umschlagbetrieb sind Geländer nicht erforderlich, sie sind jedoch mit einem Schrammbord oder mit Gleitschutz entsprechend Abschn. 9.2 zu versehen. Kaikanten, die nicht dem Anlege- und Umschlagbetrieb dienen, aber für Personen öffentlich zugänglich sind, sollten mit einem Geländer ausgerüstet werden.

7.1.1.4 Kantenpoller

Kantenpoller müssen mit ihrer Vorderkante mindestens 0,15 m hinter der Kaimauervorderkante liegen, weil andernfalls das Auflegen und Abheben der Trossen von dicht an der Uferwand liegenden Schiffen erschwert wird. Die Breite der Pollerköpfe ist zweckmäßig mindestens 0,50 m.

7.1.1.5 Kaikopfausbildung an Containerumschlaganlagen

Aufgrund der Sicherheitsanforderungen sowie hoher Anforderungen an die Leistungsfähigkeit wird für Containerumschlaganlagen ein größerer Abstand zwischen Kaivorderkante und Achse der wasserseitigen Kranschiene als nach Abb. 7.1 empfohlen. Es sollte möglich sein, zwischen Kaivorderkante und Kran, Gangways und Ähnlichem parallel zum Schiff abzulegen sowie Service- und Lieferfahrzeuge abzustellen und so die Flächen für Umschlag und Schiffsservice voneinander zu trennen. Die Auslage der Containerkrane ist dann entsprechend größer, das wird in Kauf genommen.

Werden die Container zwischen Containerbrücken und Lagerfläche automatisiert transportiert, müssen der Serviceverkehr von und zu den Schiffen und der Umschlagverkehr aus Sicherheitsgründen getrennt werden. In solchen Fällen wird die Kaivorderkante so weit vor die wasserseitige Kranschiene gelegt, dass alle Servicefahrspuren in diesem Bereich verlaufen. Eine andere Lösung ist die Anordnung einer Fahrspur für den Serviceverkehr an der Kaivorderkante und einer zweiten, vom Umschlagbereich durch einen Zaun getrennten, neben der wasserseitigen Schiene im Portalbereich der Containerbrücke.

7.1.2 Oberkante der Ufereinfassungen in Seehäfen

7.1.2.1 Allgemeines

Bestimmend für die Höhenlage der Oberkante von Ufereinfassungen in Seehäfen ist die Höhenlage der Betriebsebene des Hafens. Für deren Festlegung sind folgende Einflüsse zu beachten:

1) Wasserstände und deren Schwankungen, insbesondere Höhen und Häufigkeiten von möglichen Sturmfluten, Windstau, Gezeitenwellen, Auswirkungen evtl. Oberwasserzuflüsse sowie ggf. weitere Einflüsse nach Abschn. 7.1.2.2.2,
2) mittlere Höhe des Grundwasserspiegels mit Häufigkeit und Größe der Spiegelschwankungen,
3) Schifffahrtsbetrieb, Hafeneinrichtungen und Umschlagvorgänge, Nutzlasten,
4) Geländebeschaffenheit, Untergrund, Verfügbarkeit von Boden zur Aufhöhung, Bodenmanagement,
5) konstruktive Möglichkeiten für die Ufereinfassungen,
6) Belange des Umweltschutzes.

Je nach den Anforderungen an den Hafen müssen die vorstehend aufgelisteten Einflüsse technisch und wirtschaftlich bewertet werden, um die optimale Höhenlage der Hafenbetriebsfläche zu finden.

7.1.2.2 Höhe der Hafenbetriebsfläche in Bezug zu Höhen und Häufigkeit der Hafenwasserstände

Hinsichtlich der Höhe der Hafenbetriebsfläche ist grundsätzlich zwischen Dockhäfen und offenen Häfen mit oder ohne Tide zu unterscheiden.

7.1.2.2.1 Dockhäfen

Bei hochwassersicheren Dockhäfen wird die Hafenbetriebsfläche so hoch über dem mittleren Betriebswasserstand angeordnet, dass sie beim höchsten möglichen Betriebswasserstand im Hafen nicht überflutet wird. Zugleich muss sie über dem höchsten Grundwasserstand liegen und hinsichtlich der Anforderungen des Umschlags zweckmäßig sein.

Die Hafenbetriebsfläche soll im Allgemeinen 2,00–2,50 m, mindestens aber 1,50 m über dem mittleren Betriebswasserstand im Hafen liegen.

7.1.2.2.2 Offene Häfen

Für die Höhe der Hafenbetriebsfläche in offenen Häfen sind Höhe und Häufigkeit des Hochwassers maßgebend.

Bei der Planung sind so weit wie möglich Häufigkeitslinien für Überschreitungen des Mittleren Hochwasserstands heranzuziehen. Hierbei sind neben den Haupteinflussgrößen nach Abschn. 7.1.2.1, Punkt 1 folgende Einflüsse zu beachten:

- Windstau im Hafenbecken,
- Schwingungsbewegungen des Hafenwassers durch atmosphärische Einflüsse (Seiches),
- Wellenauflauf entlang des Ufers (sogenannter Macheffekt),
- Resonanz des Wasserspiegels im Hafenbecken,
- säkulare Hebungen des Wasserspiegels und
- langfristige Küstenhebungen bzw. -senkungen.

Liegen für die vorgenannten Einflüsse keine oder nur wenige belastbare Daten vor, müssen im Rahmen der Entwurfsarbeiten möglichst viele Messungen an Ort und Stelle durchgeführt und mit Hochwasserständen sowie Windeinwirkungen in Verbindung gebracht werden.

7.1.2.3 Auswirkungen von Höhe und Veränderungen des Grundwasserspiegels im Gelände auf die Höhe der Hafenbetriebsfläche

Die mittlere Höhe des Grundwasserspiegels und seine örtlichen Änderungen nach Jahreszeit, Häufigkeit und Größe müssen bei der Festlegung der Höhe der Hafenbetriebsfläche berücksichtigt werden, insbesondere in Hinblick auf zu erstellende Rohrleitungen, Kabel, Straßen, Eisenbahnen, Geländenutzlasten usw. in Verbindung mit den Untergrundverhältnissen. Wegen der nötigen Vorflut zur Ableitung von Niederschlägen muss auch der Verlauf des Grundwasserspiegels zum Hafenwasser hin beachtet werden.

7.1.2.4 Höhe der Betriebsebene in Abhängigkeit von der Umschlagart

1) Stückgut- und Containerumschlag
   Generell muss für den Umschlag von Stückgut und Containern eine hochwasserfreie Betriebsebene angestrebt werden. Ausnahmen sollten nur in besonderen Fällen zugelassen werden.
2) Massengutumschlag
   Wegen der Vielfalt der Umschlagverfahren und Lagerungsarten sowie der unterschiedlichen Empfindlichkeit der Güter und Anfälligkeit der Umschlaggeräte kann eine allgemeine Empfehlung zur Höhe der Hafenbetriebsfläche für Anlagen zum Umschlag von Massengütern nicht gegeben werden. Eine hochwasserfreie Hafenbetriebsfläche ist allerdings immer anzustreben, nicht zuletzt auch mit Bezug auf die Vermeidung von Umweltbelastungen.
3) Spezialumschlag
   Bei Schiffen mit Seitenpforten für den Truck-to-Truck-Umschlag, Heck-bzw. Bugklappen für den Roll-on/Roll-off-Umschlag oder anderen Spezialausrüstungen muss die Oberkante der Ufereinfassung je nach Schiffstyp und Art der Übergangsrampe (fest oder beweglich) gewählt werden. Die Höhe der Ufereinfassung muss für diese Art des Umschlags aber nicht prinzipiell gleich der Geländehöhe sein. Tideeinflüsse können angepasste Höhenlagen im Nutzungsbereich von Rampen erfordern. Gegebenenfalls müssen schwimmende Anlagen vorgesehen werden. Auf jeden Fall sind die infrage kommenden Schiffstypen bezüglich ihrer Anforderungen an die Höhe der Hafenbetriebsflächen besonders zu betrachten.
4) Umschlag mit Bordgeschirr
   Um auch bei tiefliegenden Schiffen noch ausreichende Arbeitshöhe unter dem Kranhaken zu haben, liegen die Umschlaganlagen beim Umschlag mit Bordgeschirr im Allgemeinen tiefer als beim Umschlag mit Kaikranen.

7.1.3 Querschnittsgrundmaße von Ufereinfassungen in Binnenhäfen

7.1.3.1 Höhe der Betriebsebene

Die Betriebsebene in Binnenhäfen soll über dem höchsten Hochwasserstand liegen. Diese Höhenlage ist allerdings bei Häfen an Fließgewässern mit großen Wasserstandsschwankungen oftmals nur mit erheblichem Aufwand zu realisieren. Ein gelegentliches

Überfluten der Betriebsebene kann in Kauf genommen werden, wenn das dem Umschlag nicht schadet und eine Verunreinigung des Gewässers durch das zeitweise auf der Betriebsebene stehende Wasser ausgeschlossen werden kann.

In Häfen an Binnenkanälen sollte die Betriebsebene mindestens 2,00 m über dem normalen Kanalwasserstand liegen.

7.1.3.2 Uferfront

Ufer in Binnenhäfen sollen möglichst geradlinig sein und eine möglichst glatte Vorderfläche haben (Abschn. 7.1.5). Für Ufer in Binnenhäfen sind wellenförmige Spundwände bis auf Ausnahmefälle (Abschn. 7.2.4) als Uferbefestigung uneingeschränkt geeignet.

Es muss sichergestellt sein, dass zum Wasser hin äußerste Konstruktionsteile von Kranen nicht in die Flucht oder über die Vorderkante der Uferbefestigung ragen. Dabei ist die Breite der Kranstützen mit 0,60–1,00 m anzunehmen.

7.1.3.3 Lichtraumprofil

Bei der Anordnung von Kranbahnen und der Konstruktion von Umschlagkränen sind die erforderlichen seitlichen und oberen Sicherheitsabstände einzuhalten, wie sie in den geltenden Vorschriften (EBO, BOA, UVV Eisenbahnen) festgelegt sind (Abb. 7.2).

Für Straßenfahrbahnen unter Kranportalen gilt die in Abb. 7.3 dargestellte Empfehlung des Bundesverbands öffentlicher Binnenhäfen (EBO, EBA, UVV).

7.1.3.4 Anordnung der wasserseitigen Kranschiene

Die wasserseitige Kranschiene sollte möglichst nahe an der Uferkante liegen, um die Auslegung des Krans auf ein Mindestmaß zu beschränken und zugleich eine möglichst große Lagerfläche in Ufernähe zu gewinnen. Der Gehstreifen ist dann landseitig der Kranportalstütze anzuordnen (Abb. 7.2). Falls der Gehstreifen zwischen Uferkante und Kranportal angeordnet wird, muss er mindestens 0,80 m breit sein.

Das Uferbauwerk kann je nach den Gegebenheiten als massive Stahlbetonwand oder als Spundwand bzw. in der Kombination dieser beiden Bauweisen als Stahlbetonstützwand auf Bohrpfählen mit vorderer abschließender Spundwand (Abb. 7.4)

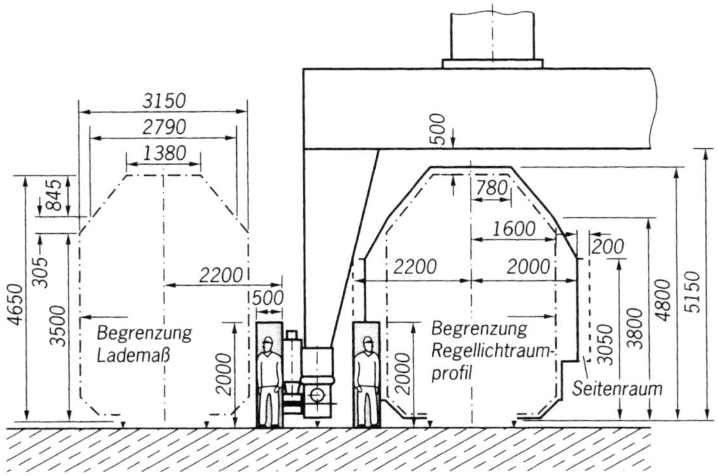

Abb. 7.2 Seitlicher und oberer Sicherheitsabstand bei Eisenbahnen.

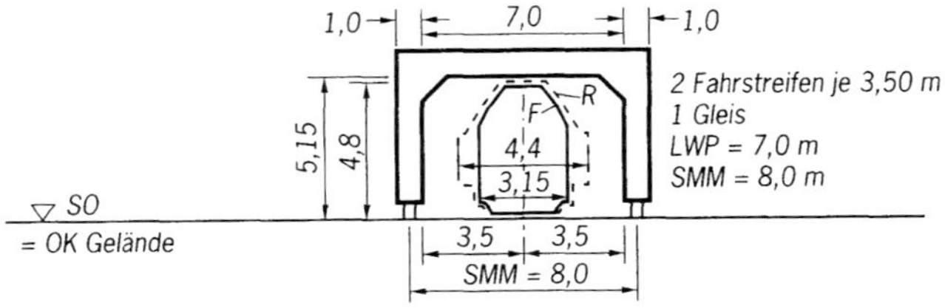

Abb. 7.3 Empfohlene Spurmittenmaße (SMM) und lichte Weiten (LWP) für Kranportale über Straßenfahrbahnen und eingedeckten Gleisen.

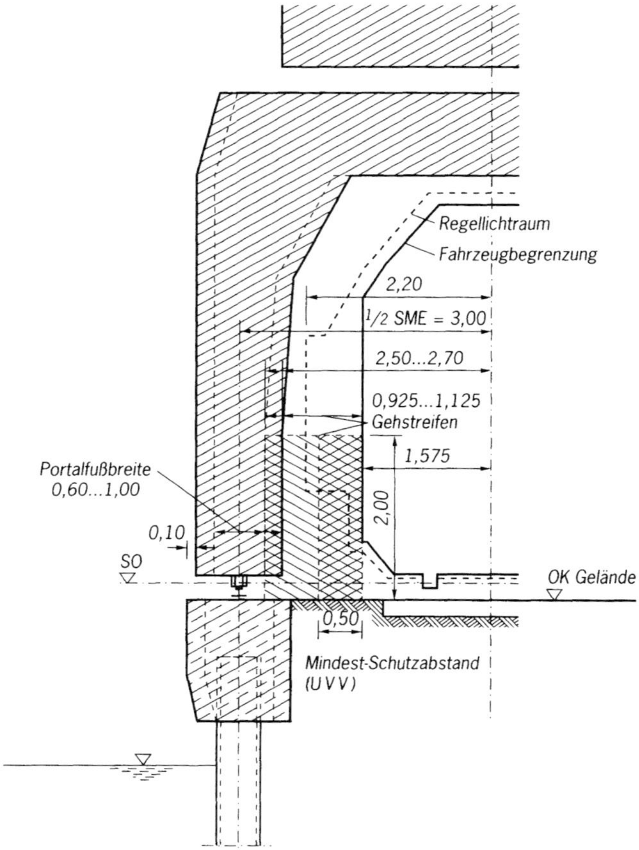

Abb. 7.4 Beispiel für eine verankerte Spundwand mit Anlegepfählen/Stahlbetonwand; Regellichtraum und Fahrzeugbegrenzung nach EBO bzw. EBOA.

ausgeführt werden. Die Stahlbetonstützwände haben den Vorteil, dass sie problemlos als glatte Wandflächen ausgebildet werden können.

Bei Spundwänden sollte die Kranschiene in der Spundwandachse aufgelagert werden (Abb. 7.5). Wegen der notwendigen geometrischen Vorgaben nach Abschn. 7.1.3.2 kann es allerdings notwendig werden, die Kranschiene außermittig aufzulagern (Abb. 7.6).

Die Kombination einer oberen, auf Bohrpfählen gegründeten Stahlbetonwand mit vorgesetzter Spundwand nach Abb. 7.4 hat den Vorteil, dass die Kranlasten über die

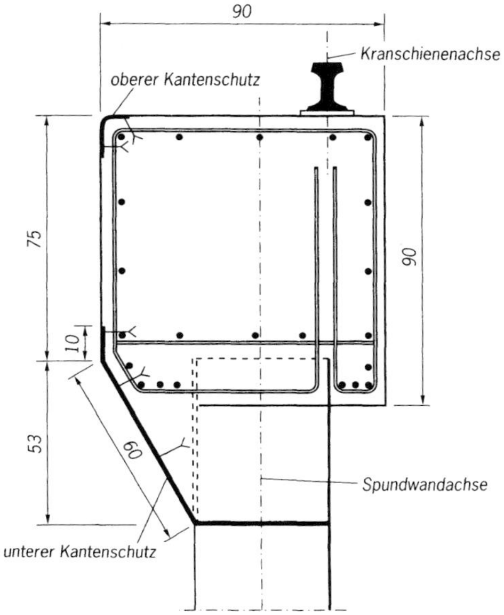

Abb. 7.5 Querschnittsgrundmaße bei Spundwandbauwerken in Binnenhäfen (Kranschiene in Spundwandachse).

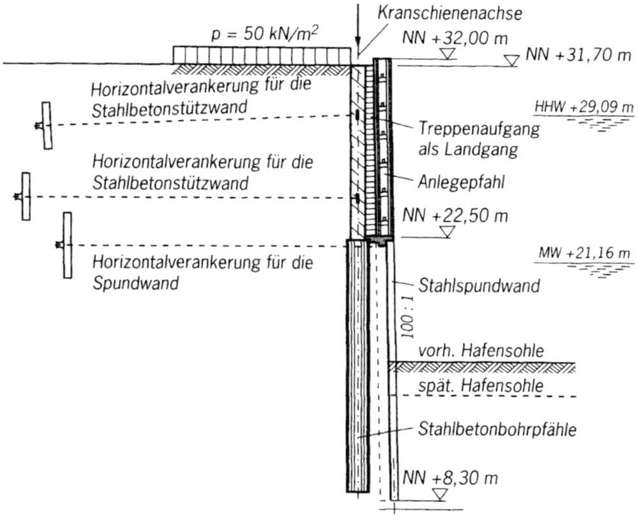

Abb. 7.6 Kranschiene außermittig Spundwandachse (Beispiel).

Bohrpfähle in den Baugrund abgetragen werden. Außerdem wirken dann trotz der ufernahen Verlegung der Kranschiene auf diese keine Stoßbelastungen aus anlegenden Schiffen ein. Für den Zugang zu den Schiffen können die Treppen optimal hinter den Anlegepfählen angeordnet werden (Abb. 7.4 und Empfehlung E 42 der Empfehlungen des Bundesverbands öffentlicher Binnenhäfen).

7.1.3.5 Festmacheeinrichtungen

An der Wasserseite der Ufereinfassungen sind ausreichende Festmacheeinrichtungen für die Schiffe anzuordnen (Abschn. 4.9).

7.1.4 Ausbau teilgeböschter Ufer in Binnenhäfen mit großen Wasserstandsschwankungen

7.1.4.1 Gründe für den teilgeböschten Ausbau

Das Anlegen, Festmachen, Liegen und Ablegen von Schiffen in Binnenhäfen und das gefahrlose Betreten der Schiffe durch Hafen- und Betriebspersonal muss bei jedem Wasserstand ohne Benutzung von Ankern möglich sein. Das ist aber nur an senkrechten Ufern möglich.

Wenn zusätzlich gefordert ist, dass die Hafenbetriebsebene hochwasserfrei sein soll, führt das in Binnenhäfen mit wechselnden Wasserständen zu sehr hohen Uferwänden.

In solchen Fällen bietet es sich an, Umschlaganlagen mit einer unteren senkrechten Uferwand und einer daran anschließenden oberen Böschung auszubilden (Abb. 7.7 und 7.8).

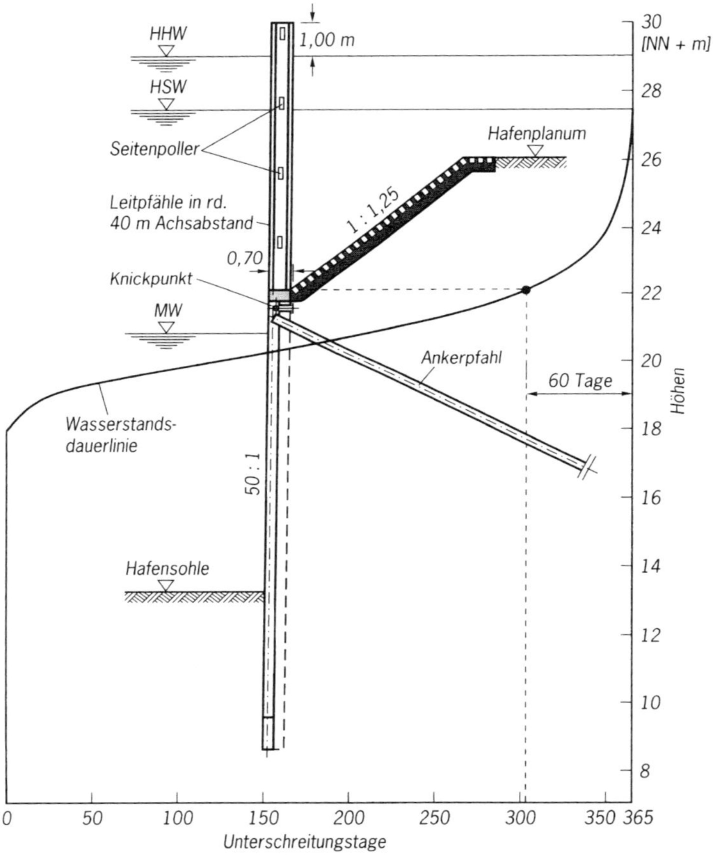

Abb. 7.7 Teilgeböschtes Ufer bei Schiffsliegeplätzen, vor allem für Schubleichter bei nicht hochwasserfreiem Hafenplanum. Anmerkung: Die Spundwand wird mit Nischenpollern nach Abschn. 7.2.6 und Steigeleitern nach Abschn. 7.2.2 ausgerüstet.

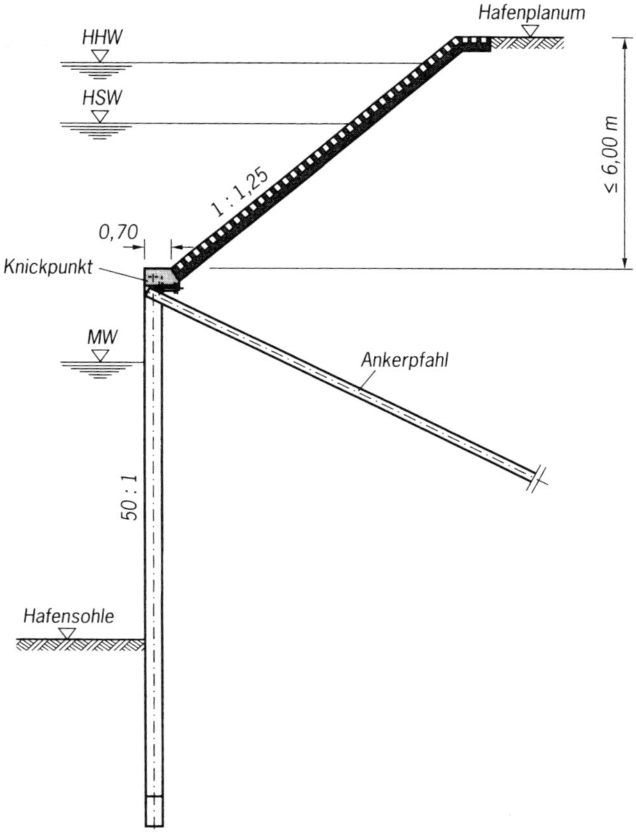

Abb. 7.8 Teilgeböschtes Ufer bei hochwasserfreiem Hafenplanum. Anmerkung: Die Spundwand wird mit Nischenpollern nach Abschn. 7.2.6 und Steigeleitern nach Abschn. 7.2.2 ausgerüstet.

7.1.4.2 Entwurfsgrundsätze

Für den Umschlagbetrieb an einem teilgeböschten Ufer sollte der Übergang vom senkrechten in das geböschte Ufer so hoch liegen, dass er nicht länger als 60 Tage (im langjährigen Mittel) überstaut wird.

Dies entspricht beispielsweise am Niederrhein einer Höhenlage des Übergangs von etwa 1 m über MW (Abb. 7.7). Innerhalb eines Hafenbeckens sollte die Höhe des Übergangs vom senkrechten Ufer in die Böschung einheitlich sein.

Bei Ufern mit sehr hoher Hafenbetriebsfläche ist der Übergang von der Uferwand in die Böschung aus betrieblichen und statischen Gründen so hoch zu legen, dass die Böschung maximal 6 m hoch ist (Abb. 7.8).

An Liege- und an Koppelplätzen für unbemannte Schiffe ohne Umschlagbetrieb sind zur Markierung, zum sicheren Festmachen und zum Schutz der Böschung im senkrechten Uferabschnitt Leitpfähle im Abstand von etwa 40 m zweckmäßig. Sie werden ohne wasserseitigen Überstand 1,00 m über HHW hinausragend ausgebildet (Abb. 7.7).

Der senkrechte Uferabschnitt wird im Allgemeinen als einfach verankerte, im Boden eingespannte Spundwand ausgeführt.

Den oberen Abschluss bildet ein ca. 0,70 m breiter Stahl- oder Stahlbetonholm, der zwischen den Leitpfählen als sicher begehbare Berme genutzt werden kann (Abb. 7.7 und 7.8). Im Bereich der Leitpfähle muss es möglich sein, hinter diesen zu gehen.

Das Aufsetzen der Schiffe bei fallendem Wasserstand muss durch das ordnungsgemäße Festmachen verhindert werden.

Die wasserseitige Kante des Stahlbetonholms ist nach Abschn. 9.2.6 durch ein Stahlblech gegen Beschädigungen zu schützen.

Die Böschung oberhalb der Uferwand soll wegen der erforderlichen Begehbarkeit der Treppen nicht steiler als 1 : 1,25 sein. Üblich sind Böschungsneigungen von 1 : 1,25 bis 1 : 1,5.

Poller werden entsprechend Abschn. 7.2.6 ausgeführt.

7.1.5 Gestaltung von Uferflächen in Binnenhäfen nach betrieblichen Gesichtspunkten

7.1.5.1 Anforderungen

Die Ausbildung des Uferquerschnitts von Binnenhäfen wird vorrangig durch wirtschaftliche und betriebliche Gesichtspunkte bestimmt. Beim Umschlag mit Kranen ist die Übersichtlichkeit der Anlage wichtig.

Ein störungsfreier Schifffahrtsbetrieb ist gewährleistet, wenn die Schiffe sicher und leicht am Ufer fest- und losgemacht werden können und Einflüsse aus vorbeifahrenden Schiffen oder Schiffsverbänden keine störenden Schiffsbewegungen verursachen. Bei wechselnden Wasserständen müssen die Festmachedrähte oder -leinen gut gefiert werden können.

Die Ufereinfassung soll den anlegenden Schiffen auch als Leiteinrichtung dienen.

Schubleichter haben verhältnismäßig große Massen, zudem sind sie kastenförmig mit eckigen Begrenzungen ausgebildet. Deshalb sollten Ufereinfassungen für den Umschlagbetrieb mit Schubleichtern möglichst ebene Vorderflächen haben.

Um Schiffe schnell und sicher be- und entladen zu können, sollten sie während des Umschlags möglichst geringe Bewegungen ausführen. Andererseits müssen sie einfach zu verholen sein.

Für den Personenverkehr zwischen Land und Schiff muss ein direkter Übergang oder ein sicheres Auslegen eines Landstegs möglich sein (E 42, Empfehlungen des technischen Ausschusses Binnenhäfen, ETAB).

7.1.5.2 Planungsgrundsätze

Grundsätzlich sind lange, gerade Uferstrecken anzustreben. Falls Richtungsänderungen nicht zu vermeiden sind, sollten diese als Knicke und nicht als Kreisbogen ausgebildet werden. Der Abstand zwischen den Knickpunkten muss so groß sein, dass an den Zwischengeraden Schiffe oder Schiffsverbände festmachen können. Die Forderung nach einem störungsfreien Schiffsbetrieb ist mit glatten Uferwänden ohne hervorstehende Einrichtungen und ohne Nischen am ehesten zu erfüllen. Die Vorderflächen der Uferwände können geböscht, teilgeböscht, geneigt oder senkrecht sein.

7.1.5.3 Uferquerschnitte

1) Böschungen

   Geböschte Ufer sind in sich möglichst eben zu gestalten. Zwischenpodeste sind wenn möglich zu vermeiden. Treppen sollen in Fallrichtung der Böschungen, also

rechtwinklig zur Uferlinie, angelegt werden. Poller und Halteringe dürfen nicht über die Böschungsfläche hinausragen. Sind bei hohen Uferböschungen Zwischenbermen unvermeidlich, dürfen sie nicht im Bereich häufigen Wasserstandwechsels liegen. Stattdessen sollten sie in der Hochwasserzone angeordnet werden.
Zur Lage des Übergangs vom geböschten zum senkrechten Ufer vgl. Abschn. 7.1.4.2. Bei geböschten und teilgeböschten Ufern ist die sichere Führung der Schiffe nur in Verbindung mit Festmachedalben in ausreichend engem Abstand gewährleistet.

2) Senkrechte Ufer
Senkrechte oder wenig geneigte Ufereinfassungen in Massivbauweise müssen mit einer glatten Vorderfläche ausgeführt werden. Diese Bedingung ist beim Bau der Uferwand im Trockenen leicht zu erfüllen. Werden senkrechte Ufer als Schlitz- oder Bohrpfahlwände ausgeführt, müssen die wasserseitigen Wandflächen in der Regel noch nachgearbeitet werden, um den betrieblichen Anforderungen an die Ebenheit der Wand zu genügen.
Senkrechte Ufer in Spundwandbauweise sind in technischer und wirtschaftlicher Hinsicht vielfach bewährt. Falls es der Schifffahrtsbetrieb erfordert, können sie entsprechend Abschn. 7.2.4 gepanzert werden, um eine glatte Oberfläche zu erhalten.

7.1.6 Solltiefe und Entwurfstiefe der Hafensohle (E 36)

7.1.6.1 Solltiefe der Hafensohle in Seehäfen

Die Solltiefe der Hafensohle ist die Wassertiefe unter einer bestimmten Bezugshöhe. In der Solltiefe der Hafensohle vor Ufermauern müssen folgende Faktoren berücksichtigt sein:

1) Der Tiefgang des größten anlegenden, voll abgeladenen Schiffs: Der Tiefgang muss unter Berücksichtigung des Salzgehalts des Hafenwassers und der Krängung des Schiffes ermittelt werden.
2) Ein Sicherheitsabstand zwischen Schiffsboden und Hafensohle: Der Sicherheitsabstand richtet sich nach den Bestimmungen der örtlichen Hafenbehörden, er sollte jedoch mindestens 0,50 m sein.

Die Bezugshöhe für die Solltiefe ist in der Regel ein statistisch begründetes Niedrigwasser (NW).

In Gebieten ohne Tide, wie z. B. der Ostsee, wird das Niedrigwasser aus langjährigen Wasserstandszeitreihen abgeleitet.

In tidebeeinflussten Gewässern erfordert die Wahl der Bezugshöhe und damit die Festlegung der Solltiefe vor Ufereinfassungen eine angemessene Berücksichtigung der tidebedingten Änderungen des Wasserstands, damit mit ausreichender statistischer Häufigkeit eine ausreichende Wassertiefe zur Verfügung steht. Hier wird als Bezugshöhe häufig das Seekartennull (SKN) gewählt.

Bis Ende 2004 wurde das SKN in Deutschland vom Mittleren Springtideniedrigwasser (MSpTnw) abgeleitet. Seit 2005 ist die Lowest Astronomical Tide (LAT) als SKN definiert. Damit wurde für alle Nordsee-Anrainerstaaten eine einheitliche Bezugsebene geschaffen, die auch international üblich ist.

Die LAT bezeichnet den durch astronomische Verhältnisse niedrigstmöglichen Wasserstand. Im Bereich der deutschen Nordseeküste liegt LAT etwa 0,50 m unter dem MSpTnw.

Die zu wählende Bezugshöhe ergibt sich immer aus den örtlichen Anforderungen und kann auch vom Seekartennull LAT abweichen, wenn eine Unterschreitung des Wasserstands bei außergewöhnlichen meteorologischen oder astronomischen Bedingungen mit einer höheren statistischen Häufigkeit akzeptiert werden kann. Die Bezugshöhe muss daher vor der Festlegung der Solltiefe der Hafensohle zwischen allen Beteiligten einvernehmlich festgelegt werden.

7.1.6.2 Solltiefe der Hafensohle in Binnenhäfen

Die Solltiefe der Hafensohle in Binnenhäfen und in Hafeneinfahrten ist so zu wählen, dass Schiffe mit der auf der Wasserstraße größten möglichen Abladetiefe den Hafen erreichen können. In Binnenhäfen an Flüssen soll die Wassertiefe in der Regel 0,30 m größer sein als die in der anschließenden Wasserstraße, um die Gefährdung von Schiffen im Hafen bei niedrigen Wasserständen zu vermeiden.

7.1.6.3 Entwurfstiefe vor Uferwänden

Soll vor Uferwänden wegen Schlick-, Sand-, Kies- oder Geröllablagerungen gebaggert werden, muss die Baggerung bis unter die nach Abschn. 7.1.6.1 und 7.1.6.2 festgelegte Solltiefe der Hafensohle ausgeführt werden (Abb. 7.9).

Die Entwurfstiefe setzt sich zusammen aus der Solltiefe der Hafensohle, der Tiefe der Unterhaltungsbaggerung bis zur planmäßigen Baggertiefe zuzüglich einer Baggertoleranz und anderer Zuschläge, z. B. für eventuelle Auflockerungen des Bodens beim Baggern (Störzone). Die Entwurfstiefe liegt daher um ein frei gewähltes Maß unterhalb der Baggertiefe.

Die Baggertiefe wird durch folgende Faktoren bestimmt:

1) Umfang des Schlickfalls, des Sandeintriebs, der Kies- oder Geröllablagerungen je Baggerperiode,
2) Tiefe unter der Solltiefe der Hafensohle, bis zu welcher der Boden entfernt oder gestört werden darf,
3) Kosten jeder Störung im Umschlagbetrieb, verursacht durch Baggerarbeiten,

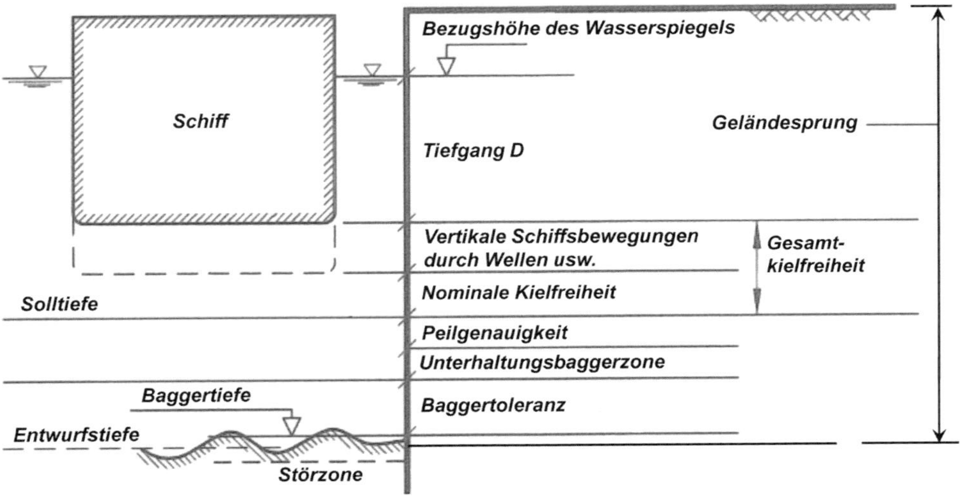

Abb. 7.9 Ermittlung der Entwurfstiefe nach CUR (2013).

Tab. 7.1 Anhaltswerte für die Höhe der Unterhaltungsbaggerzone und Mindesttoleranzen.

Wassertiefe unter dem niedrigsten Wasserstand [m]	Höhe der Unterhaltungsbaggerzone [m]	Mindesttoleranz[a)] [m]
5	0,5	0,2
10	0,5	0,3
15	0,5	0,4
20	0,5	0,5
25	0,5	0,7

a) Abhängig vom Baggergerät.

4) ständiges oder nur zeitweiliges Vorhalten der erforderlichen Baggergeräte,
5) Kosten der Baggerarbeiten in Bezug auf die Höhe der Unterhaltungsbaggerzone,
6) Mehrkosten einer Uferwand mit tieferer Hafensohle.

Ergänzend wird auf Abschn. 7.2 verwiesen.

Wegen der Bedeutung der vorgenannten Faktoren muss der Zuschlag zur Solltiefe für die Unterhaltungsbaggerung mit Bedacht festgelegt werden. Ein zu geringer Zuschlag kann hohe Kosten für häufige Unterhaltungsbaggerungen und daraus resultierende Betriebsstörungen zur Folge haben, ein zu großer Zuschlag erfordert höhere Baukosten und fördert ggf. die Sedimentation.

Es ist zweckmäßig, die Hafensohle durch mindestens zwei mit Zeitabstand ausgeführte Baggerschnitte herzustellen. Dabei darf die jeweilige Schnittdicke nicht größer 3 m sein.

Anhaltswerte für die Höhe der Unterhaltungsbaggerzone und die mindestens anzusetzende Baggertoleranz sind in Tab. 7.1 für verschiedene Wassertiefen unter dem Wasserstand aufgelistet. Hinsichtlich der Baggertoleranzen wird auf Abschn. 7.2.2 verwiesen.

In den Anhaltswerten von Tab. 7.1 sind die nach DIN EN 1997-1 geforderten Zuschläge bereits berücksichtigt (siehe auch Kap. 2).

Ist vor der Uferwand Sohlenerosion zu erwarten, muss die Entwurfstiefe entsprechend vergrößert werden, oder es sind geeignete Maßnahmen zur Verhinderung der Erosion zu treffen.

7.1.7 Verstärkung von Ufereinfassungen zur Vertiefung der Hafensohle in Seehäfen

7.1.7.1 Allgemeines

Die Entwicklung der Schiffsabmessungen hat zur Folge, dass zuweilen eine Vertiefung der Hafensohle vor bestehenden Uferbauwerken erforderlich wird. In solchen Fällen sind dann oft auch größere Kran- und Nutzlasten anzusetzen, sodass insgesamt eine Verstärkung der Uferwände erforderlich wird.

Ob es im Einzelfall möglich und wirtschaftlich ist, die Hafensohle zu vertiefen und die Uferwände zu verstärken, hängt von verschiedenen Bedingungen ab.

Zunächst ist zu prüfen, ob die erforderliche Vertiefung der Hafensohle mit Bezug auf die aktuelle Hafensohle überhaupt möglich ist.

Sodann muss geprüft werden, ob die Konstruktion und der Erhaltungszustand der Uferwand eine Weiternutzung mit vertiefter Hafensohle ermöglicht. In diesem Zusammenhang kann auf die Konstruktionszeichnungen und die statischen Nachweise der Wand und die Ergebnisse von Baugrunderkundungen aus der Bauphase zurückgegriffen werden, sofern diese verfügbar sind. Gegebenenfalls ermöglichen ergänzende Baugrunderkundungen den Ansatz günstigerer Bodenkennwerte, mit denen die Verbesserung der Baugrundeigenschaften seit dem Bau durch Konsolidierung berücksichtigt wird.

Schließlich muss geprüft werden, ob die erforderlichen Verstärkungen mit Bezug auf die noch zu erwartende Lebensdauer der Uferwand gegenüber den Kosten für einen Neubau wirtschaftlich sind.

Für die Einwirkungen aus den neuen Belastungen und für die vergrößerte rechnerische Tiefe der Hafensohle müssen dann die Standsicherheit und die Gebrauchstauglichkeit nachgewiesen werden.

Liegen die Nachweise der Standsicherheit der vorhandenen Wand und/oder deren Konstruktionszeichnungen nicht mehr vor, kann versucht werden, die Beanspruchungen der Wand infolge der Vertiefung der Hafensohle durch eine Verringerung der Nutzlasten zu kompensieren.

7.1.7.2 Ausbildung von Bauwerksverstärkungen

Für eine Verstärkung von Kaimauern zur Aufnahme zusätzlicher Lasten aus einer Vertiefung der Hafensohle gibt es zahlreiche Möglichkeiten. Grundsätzlich ist darauf zu achten, dass die Einbindetiefe der Wand auch nach der Vertiefung noch ausreicht. Das gilt bei kombinierten Wänden auch für die Füllbohlen. Nachfolgend sind einige beispielhafte Lösungen dargestellt.

7.1.7.2.1 Maßnahmen zur Erhöhung des Erdwiderstands

Die Tragfähigkeit von Uferwänden kann durch eine Erhöhung des Erdwiderstands im Bodenauflager erhöht werden.

Ist der anstehende Boden ein weicher, bindiger Boden mit geringer Festigkeit, kann er in der erforderlichen Tiefe gegen ein nichtbindiges Material mit hoher Wichte und hoher Scherfestigkeit ausgetauscht werden (Abb. 7.10).

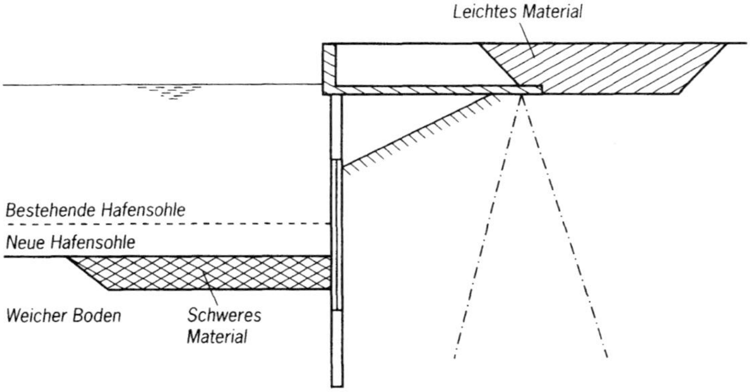

Abb. 7.10 Bodenersatz vor und/oder hinter dem Bauwerk.

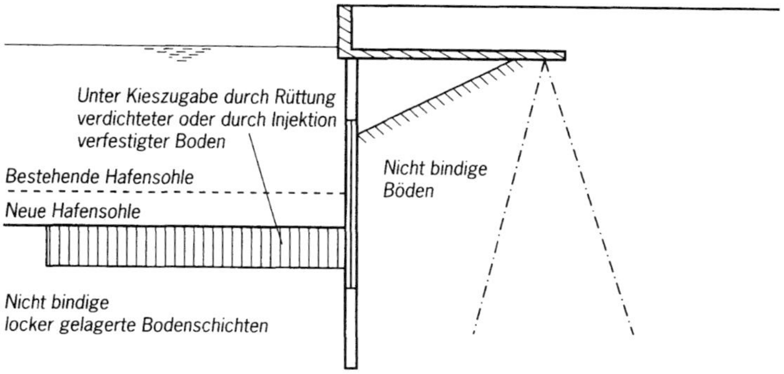

Abb. 7.11 Bodenverfestigung oder Bodenverdichtung vor dem Bauwerk.

Der Übergang zum anstehenden Boden muss filterstabil ausgeführt werden. Der Bodenaustausch darf nur in Teilschritten ausgeführt werden, dabei müssen die Wandverformungen beobachtet werden. Während des Bodenaustauschs sollte im betreffenden Bereich kein Umschlag stattfinden, ggf. kann die Wand durch temporäres Abbaggern der Hinterfüllung entlastet werden. Einzelheiten zum Bodenaustausch siehe Abschn. 3.5.13 und 5.9.

Wenn vor der Uferwand verdichtungsfähige, nichtbindige Böden anstehen, kann der Erdwiderstand durch eine Verdichtung, ggf. mit Zugabe von Kies oder Schotter, erhöht werden (Abb. 7.11). Durchlässige, nichtbindige Böden können durch Verpressen von Bindemitteln verfestigt werden.

7.1.7.2.2 Maßnahmen zur Verringerung des aktiven Erddrucks

Der aktive Erddruck auf Uferwände kann z. B. durch eine Abschirmplatte auf Pfählen reduziert werden (Abb. 7.12).

Weitere Möglichkeiten sind der Teilaustausch der Hinterfüllung gegen ein leichteres Material (Abb. 7.10) oder die Verfestigung der Hinterfüllung mit Bindemitteln.

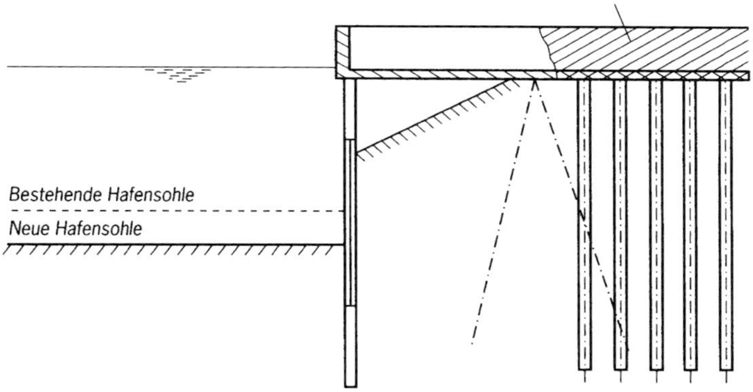

Abb. 7.12 Sicherung durch eine Entlastungskonstruktion auf Pfählen.

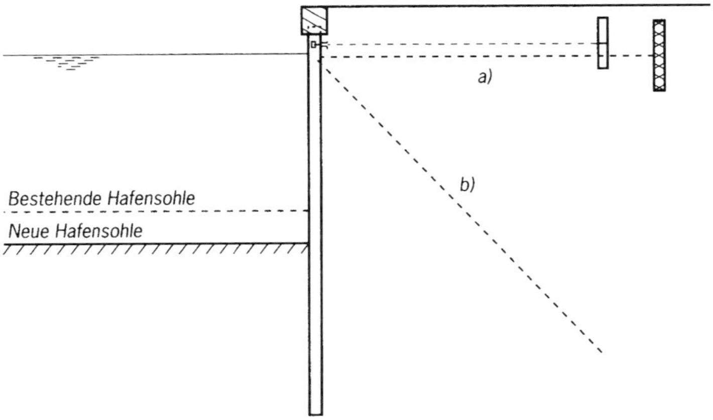

Abb. 7.13 Anwendung von Zusatzankern (a) horizontal oder (b) schräg.

7.1.7.2.3 Maßnahmen am Uferbauwerk

Das Uferbauwerk selbst kann durch zusätzliche Anker für die Aufnahme höherer Lasten ertüchtigt werden (Abb. 7.13). Gegebenenfalls ist es auch möglich, die Uferwand tiefer zu rammen und aufzustocken (Abb. 7.14). Dabei sind die vorhandenen Verankerungen vorübergehend zu lösen und wieder anzuschließen oder durch neue Verankerungen zu ersetzen.

In den meisten Fällen wird es allerdings nötig sein, eine neue Wand vor die alte zu stellen und diese entweder durch einen neuen Überbau zu verankern (Abb. 7.15) oder durch Schrägpfahlanker oder Horizontalanker zu verankern (Abb. 7.16).

Sofern genügend Platz vorhanden ist, kann vor der vorhandenen Wand eine ganz neue Pfahlrostplatte zur Aufnahme der Umschlaglasten gebaut werden (Abb. 7.17). Bei dieser Lösung entsteht zugleich eine größere Umschlagfläche. Zur Ausbildung und Berechnung der Pfahlrostplatte vgl. Abschn. 11.1.

7.1.8 Böschungen unter Ufermauerüberbauten hinter geschlossenen Spundwänden

7.1.8.1 Belastung der Böschungen

Böschungen unter Ufermauerüberbauten können außer durch Erddruck durch Strömungen in Ufermauerlängsrichtung und durch Strömungskräfte aus Grundwasserströmungen beansprucht werden. Strömungskräfte sind hinsichtlich der Standsicherheit der Böschung nachteilig, wenn der Grundwasserspiegel hinter der Böschung höher ist als der Hafenwasserspiegel, sodass die Strömungskräfte aus der Böschung heraus gerichtet sind (Abschn. 3.4).

Die Neigung der Böschung muss daher so sein, dass die Böschung bei allen Wasserständen dauerhaft standsicher ist. Außerdem muss die Oberfläche der Böschung stabil gegen Erosion aus Strömungen des Hafenwassers sein.

7.1.8.2 Verschlickungsgefahr hinter der Spundwand

In Tidegebieten besteht die Gefahr, dass sich auf Böschungen unter Überbauten Schlick ablagert. Die dadurch entstehenden Zusatzbelastungen für die Pfähle von Überbauten können erheblich sein.

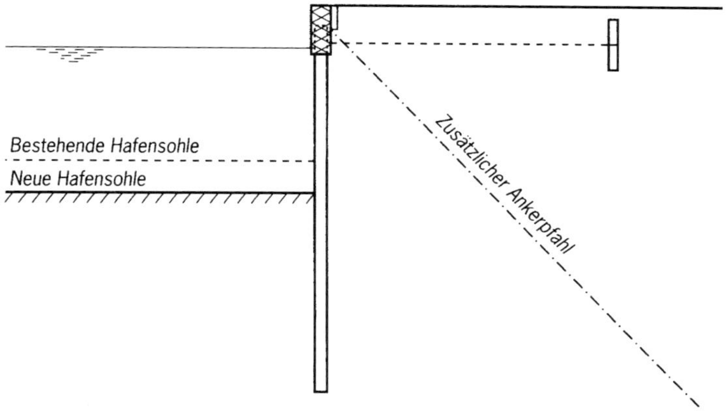

Abb. 7.14 Tieferrammen und Aufstocken der vorhandenen Ufereinfassung und Zusatzverankerung.

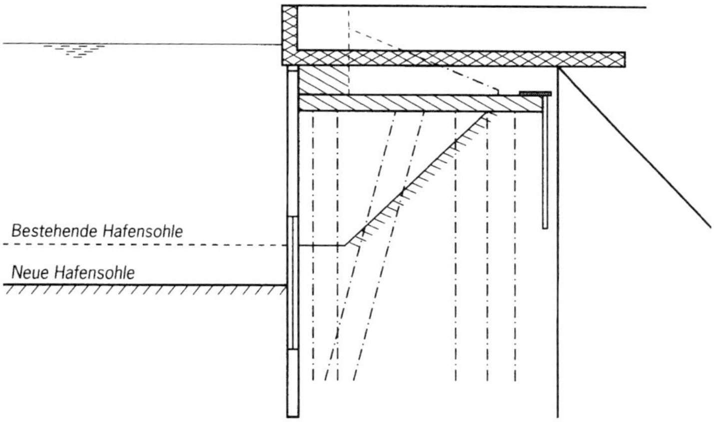

Abb. 7.15 Vorbau einer Spundwand und eines neuen Überbauwerks.

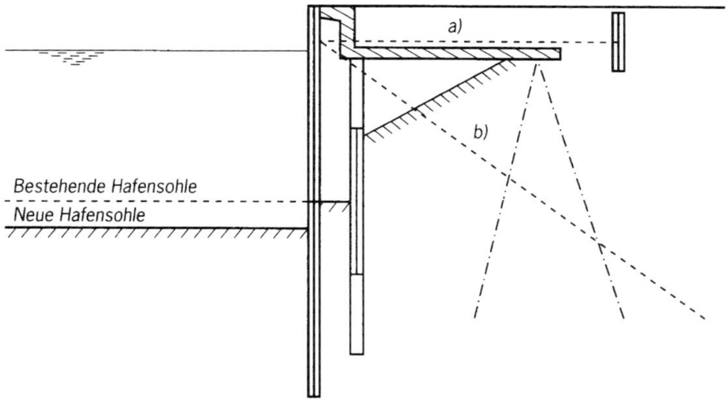

Abb. 7.16 Vorbau einer Spundwand und einer Zusatzverankerung (a) oder (b).

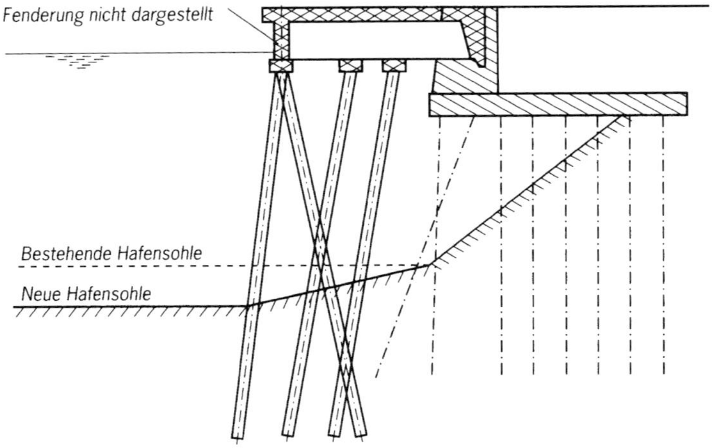

Abb. 7.17 Vorbau auf Pfählen mit Unterwasserböschung.

Die Ablagerung von Schlick kann nur dann dauerhaft unterbunden werden, wenn in den Bereich unter dem Überbau kein schlickhaltiges Wasser eindringen kann. Das erfordert aber in der Regel erhebliche Zusatzkosten für die Uferwand.

Im Allgemeinen wird daher der Eintritt von Außenwasser in den Bereich unter dem Überbau in Kauf genommen, die Ablagerung von Schlick soll dann durch günstig angeordnete Abströmöffnungen in der Spundwand kurz oberhalb des Böschungsfußpunktes verhindert werden.

Die Wirkung solcher Maßnahmen ist im Einzelfall zu überwachen. Falls sie nicht den erwünschten Erfolg haben, muss der abgelagerte Schlick regelmäßig geräumt werden.

7.1.9 Umgestaltung von Ufereinfassungen in Binnenhäfen

7.1.9.1 Anlass für die Umgestaltung

An Kanälen und staugeregelten Flüssen kann der Ausbau für eine größere Abladetiefe eine Vertiefung der Hafenanlagen erfordern. Im Einzelfall kann auch eine Vergrößerung der Kran- und Nutzlasten eine Umgestaltung des Uferbauwerks erforderlich machen.

Bei Flusshäfen wird die Vergrößerung der Wassertiefe erforderlich, wenn die Häfen in seitlichen Stichbecken liegen und sich die Flusssohle durch Erosion vertieft. Um die Zugänglichkeit der Hafenanlagen sicherzustellen, muss dann die Hafensohle tiefer gebaggert werden.

Bei Hafenanlagen mit geböschten Ufern hat eine Tieferlegung der Sohle eine Verringerung der Hafenbeckenbreite und des Wasserquerschnitts zur Folge. Wenn das nicht hingenommen werden kann, muss das Ufer teilgeböscht oder mit senkrechtem Ufer umgestaltet werden. Das ist dann auch für den Umschlag vorteilhaft, weil die Auslegung von Umschlagkranen bei teilgeböschtem und senkrechtem Ausbau geringer ist als bei geböschten Ufern.

Die Vertiefung der Hafensohle und/oder höhere Verkehrslasten führen zu höheren Belastungen einzelner Bauteile, die dann unter Umständen nicht mehr ausreichend bemessen sind.

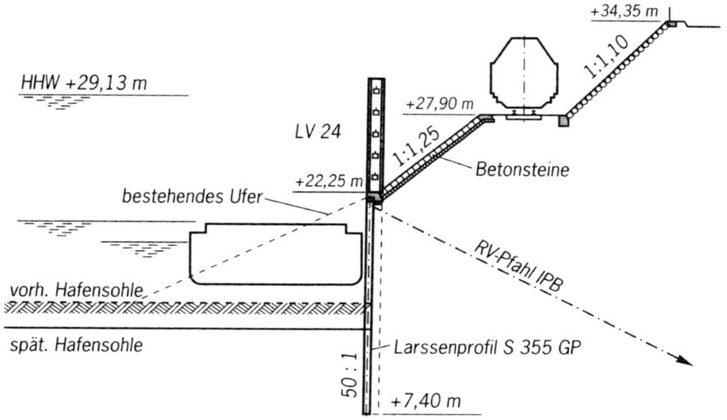

Abb. 7.18 Uferausbau mittels Ersatz eines geböschten Ufers durch ein teilgeböschtes Ufer.

7.1.9.2 Möglichkeiten der Umgestaltung

Grundsätzlich ist es unter den vorgenannten Umständen immer möglich, eine neue Ufereinfassung vor der alten oder anstelle der alten zu errichten. Oftmals genügt es aber, Teile des Uferbauwerks zu erneuern oder zu verstärken bzw. durch konstruktive Maßnahmen entsprechend Abschn. 7.1.7 zu ertüchtigen.

So können z. B. Spundwände tiefer gerammt und durch eine neue Konstruktion aufgeständert werden. Erhöhte Ankerkräfte können durch zusätzliche Anker aufgenommen werden. Nichtbindige Böden an der Hafensohle können verdichtet werden und haben dann einen größeren Erdwiderstand. Die Standsicherheit von Böschungen kann durch Vernagelung mit dem Untergrund verbessert werden.

7.1.9.3 Ausführungsbeispiele

Die Abb. 7.18–7.23 zeigen Beispiele für die Umgestaltung von Ufereinfassungen in Binnenhäfen. Die in den Bildern angegebenen Höhen sind jeweils auf NN bezogen.

Die Vergrößerung der Wassertiefe durch die Umgestaltung eines geböschten Ufers mit einer Spundwand zu einem teilgeböschten Ufer zeigt Abb. 7.18.

Im Beispiel der Abb. 7.19 wurden hinter einer bereits vorhandenen Uferspundwand Trägerprofile IPB 500 im Abstand von 4,2 m gerammt. Die Spundwand wurde mit einem Stahlbetonbalken aufgestockt und mit RV-Pfählen neu verankert.

Beim Beispiel in Abb. 7.20 hat die vorhandene Spundwand eine zusätzliche Verankerung mit RV-Pfählen erhalten, in Abb. 7.21 wurde vor die vorhandene Uferwand eine neue rückverankerte Spundwand gerammt.

Die Abb. 7.22 zeigt eine Ertüchtigung einer Uferwand durch die Vergrößerung des Erdwiderstands vor der Wand durch Verdichtung des anstehenden Bodens, im Falle von Abb. 7.23 wurde die Böschung über der Uferwand vernagelt.

7.1.10 Ufereinfassungen in Bergsenkungsgebieten

7.1.10.1 Allgemeines

Ufereinfassungen in Bergsenkungsgebieten müssen so ausgeführt werden, dass die im Laufe der Betriebsdauer zu erwartenden Bodenbewegungen aufgenommen werden können. Hinsichtlich der Bergsenkung sind lotrechte Bodenbewegungen (Senkungen)

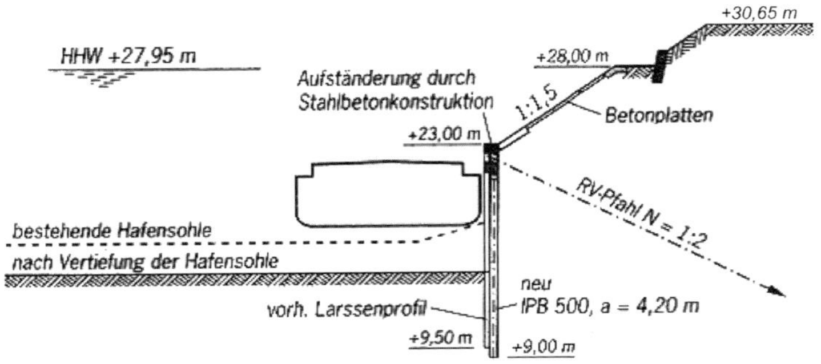

Abb. 7.19 Uferausbau durch Hinterrammen von rückverankerten Trägern IPB 500 und Aufstocken der vorhandenen Uferspundwand.

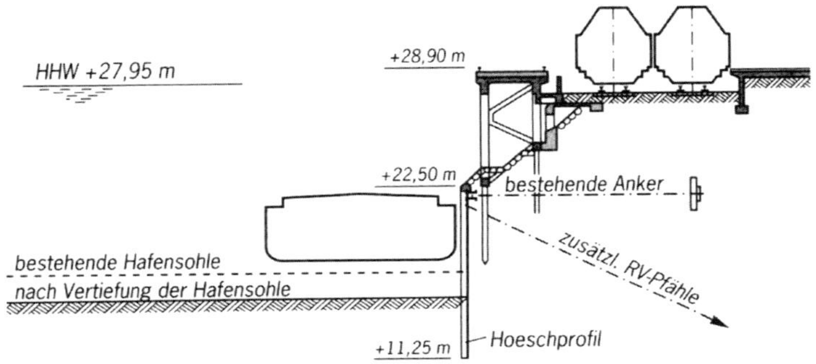

Abb. 7.20 Uferausbau durch zusätzliche Verankerung einer vorhandenen Spundwand.

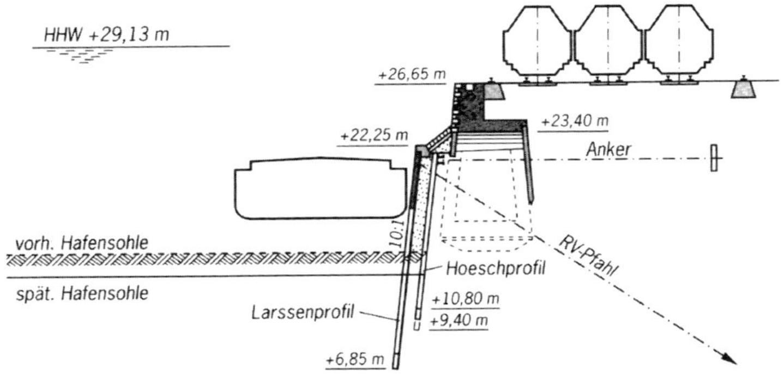

Abb. 7.21 Uferausbau durch Vorrammen einer neuen rückverankerten Spundwand.

und Bewegungen in horizontaler Richtung (Zerrungen und Pressungen) zu unterscheiden.

Da die Bewegungen in Bergsenkungsgebieten in der Regel zu unterschiedlichen Zeiten eintreten, können Ufereinfassungen durch Senkungen, Zerrungen und Pressungen in wechselnder Folge beansprucht werden.

Örtliche Senkungen beeinflussen in der Regel den Grundwasserspiegel nicht, der Wasserspiegel in Kanälen wird in der Regel gehalten und wird demzufolge ebenfalls nicht durch örtliche Senkungen beeinflusst.

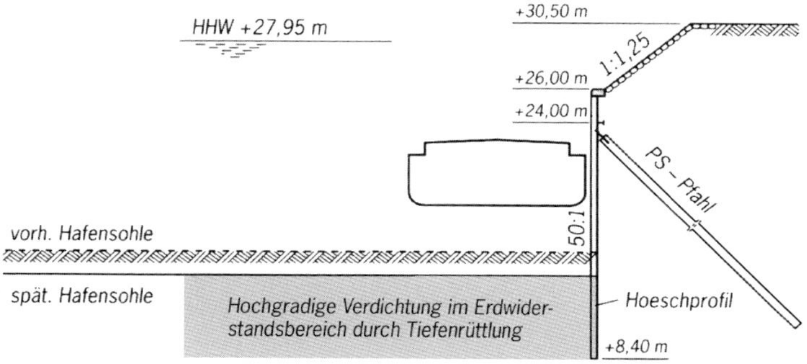

Abb. 7.22 Uferausbau durch Verdichtung nichtbindigen Bodens im Erdwiderstandsbereich vor der Spundwand.

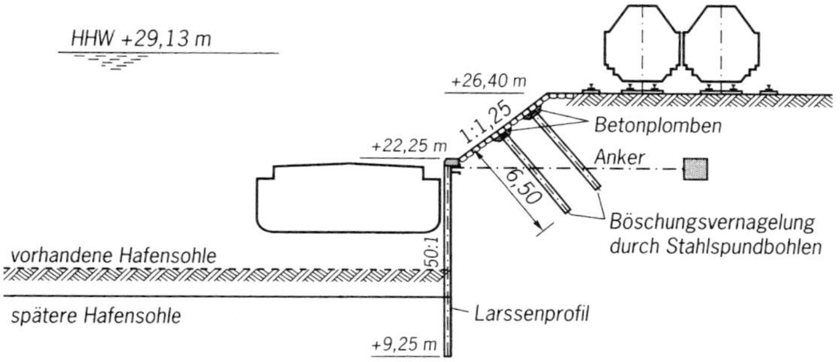

Abb. 7.23 Uferausbau mit Böschungssicherung durch Vernagelung.

Vor dem Bau von Ufereinfassungen und anderen Bauwerken im Bergsenkungsgebiet ist die Planung dem zuständigen Bergbauunternehmen frühzeitig bekanntzugeben und vorzulegen. Es ist dann dem Bergbauunternehmen anheimgestellt, entweder Sicherungsmaßnahmen gegen die Einwirkungen aus Bergbau zu fordern und die dafür entstehenden Kosten oder aber die Kosten zur Beseitigung von eventuell eintretenden Schäden aus Bergsenkungen zu übernehmen. Diese und ihr Umfang können allerdings im Allgemeinen vorab nicht tatsächlich eingegrenzt oder abgesehen werden.

Lehnt das zuständige Bergbauunternehmen Maßnahmen gegen etwaige Beschädigungen aus Bergsenkungen ab oder hält es sie für nicht erforderlich und ist auch der Bauherr nicht bereit, solche Maßnahmen vorzusehen, sollte die gewählte Konstruktion so geplant und ausgeführt werden, dass Bergsenkungen ohne große Schäden aufgenommen werden und Schäden leicht wieder beseitigt werden können.

Die Erfahrung hat gezeigt, dass massive Ufereinfassungen durch Zerrungen und Pressungen sowie Verdrehungen aus Bergsenkungen häufig stark beschädigt werden. Dagegen sind nennenswerte Schäden an Bauwerken aus wellenförmigen Stahlspundbohlen infolge Bergsenkungen bisher nicht bekannt.

Für Ufereinfassungen in Bergsenkungsgebieten können daher wellenförmige Stahlspundwände generell als geeignet bezeichnet werden, wenn im Rahmen von Planung, Entwurf und Berechnung sowie Bauausführung einige grundsätzliche Regeln beachtet werden.

7.1.10.2 Hinweise zur Planung von Ufereinfassungen in Bergsenkungsgebieten

Die Größe der zu erwartenden Bodenbewegungen aus Bergsenkung ist beim zuständigen Bergbauunternehmen zu erfragen. Daraus folgen die Festlegungen der Höhenkoten und der Lastannahmen.

Erwartete Senkungen können z. B. an Kanälen durch eine entsprechend höhere Oberkante der Ufereinfassung ausgeglichen werden. Dies ist im Allgemeinen wirtschaftlicher, als die Wand nach Eintritt der Senkung aufzuhöhen. Sind über die Länge einer Uferwand unterschiedliche Senkungsmaße zu erwarten, kann die Oberkante der Wand entsprechend der zu erwartenden Senkung unterschiedlich hoch angelegt werden, sodass nach Eintritt der Senkungen die Wand möglichst eine einheitliche Höhe hat.

In Einzelfällen kann es aus gestalterischen Erwägungen zweckmäßig sein, Uferwände erst nach Eintritt der Senkungen zu erhöhen. In diesen Fällen muss jedoch schon beim Entwurf die entsprechende höhere Last aus Erddruck und Wasserdruck sowie die daraus resultierende höhere Ankerlast berücksichtigt werden, um nachträgliche, meist sehr aufwendige Verstärkungen zu vermeiden.

Zerrungen und Pressungen in der Ebene der Uferwand wirken sich bei wellenförmigen Spundwänden im Allgemeinen nicht schädigend aus, weil die Verformungsmöglichkeiten der Wellenwände (Ziehharmonikaeffekt) eine Anpassung an die Bodenbewegungen ohne Überbeanspruchungen ermöglichen.

Pressungen quer zur Uferwand bewirken eine Verschiebung der Wand zur Wasserseite. Zerrungen quer zur Ufereinfassung können eine Zunahme der Ankerkräfte bewirken, wenn die Verankerung sehr lang ist. In der Regel können diese zusätzlichen Ankerlasten aus Zerrungen aber aufgenommen werden, ohne dass die Anker versagen.

7.1.10.3 Hinweise für Entwurf, Berechnung und Bauausführung

Uferwände müssen mit Bezug zu den Beanspruchungen aus Bergsenkung in der Regel nicht für höhere Belastungen als außerhalb von Bergsenkungsgebieten bemessen werden, sofern dies nicht vom zuständigen Bergbauunternehmen gefordert und bezahlt wird. Dies gilt auch für Stahlbetonholme und ihre Bewehrung, sofern diese auch nach Eintritt von Senkungen noch über Wasser liegen und dann im Falle späterer Beschädigungen ausgebessert oder ganz erneuert werden können.

Um Uferwände gegen die Einwirkungen aus Bergsenkungen möglichst unempfindlich zu machen, sollte die Wandhöhe über dem Anker (Überankerteil) klein sein, die Verankerung samt Gurt sollte also möglichst knapp unter der Oberkante der Spundwand angeordnet werden. Aus diesem Grund und wegen der Wandverformungen bei Zerrungen sollten Uferwände in Bergsenkungsgebieten für den vollen Erddruck bemessen werden, also nicht unter Annahme einer Erddruckumlagerung.

Für Uferspundwände in Bergsenkungsgebieten können die Stahlsorten nach Abschn. 8.1.6 gewählt werden, für Gurt und Holm und die Verankerung die Stahlsorten S235J2 und S355J2 nach DIN EN 10025. Werden die Wände mit Rundstahlankern verankert, sind Ankeraufstauchungen im Gewindebereich zulässig, wenn die Forderungen gemäß Abschn. 8.2.7. erfüllt werden. Aufgestauchte Rundstahlanker verfügen über einen größeren Dehnweg und eine größere Biegeweichheit als Rundstahlanker ohne Aufstauchung im Gewindebereich, sie sind leichter einzubauen und billiger.

Die Verankerung von Uferwänden im Bergsenkungsgebiet sollte über Gurte aus zwei U-Stählen erfolgen, weil bei diesen die Gurtbolzen den Verformungen der Wand leichter folgen können. Die Gurte sind so zu bemessen, dass alle Einwirkungen aus der Bergsenkung ohne spätere Gurtverstärkungen abgetragen werden können.

Für die Beweglichkeit in Längsrichtung der Wand sollen Gurte und Stahlholme über Langlöcher oder Löcher mit ausreichender Bewegungsmöglichkeit gestoßen werden. Muss eine Wand nachträglich aufgeständert werden, ist das bereits beim Entwurf der Holmkonstruktion zu berücksichtigen, z. B. durch Vorsorge für eine einfache Demontage des Holms. Ankeranschlüsse in einem Holmgurt sind zu vermeiden.

Vorteilhaft für Uferwände im Bergsenkungsgebiet sind waagerechte oder flach geneigte Verankerungen, weil in diesen bei unterschiedlicher Setzung von Verankerungen und Wand nur geringe Zusatzspannungen aktiviert werden. Die Ankeranschlüsse müssen aus dem gleichen Grund gelenkig ausgebildet werden. Die Ankeranschlüsse sind möglichst im wasserseitigen Tal des Spundwandprofils anzuordnen, damit sie zugänglich bleiben und leicht beobachtet werden können.

Bei der Abnahme der Spundbohlen nach Abschn. 8.1.2 ist besonders darauf zu achten, dass die dort definierten Schlosstoleranzen eingehalten werden.

Die Verformungsfähigkeit der Spundwand in der Wandebene wird durch das Verschweißen der Schlösser, beispielsweise um sie zu dichten, nicht wesentlich beeinträchtigt. Verschweißte Schlösser behindern allerdings die lotrechten Verformungen. Daher sollten bei Spundwänden im Bergsenkungsgebiet nicht alle Baustellenschlösser verschweißt werden.

Wenn also Spundwände im Bergsenkungsgebiet wasserdicht sein sollen, können die im Werk zusammengezogenen Schlösser durch elastische, profilierte Dichtungsmassen, die die lotrechte Verformbarkeit nicht behindern, gedichtet werden, die Baustellenschlösser werden verschweißt.

Zugängliche Schlösser können auch auf der Baustelle durch vor den Schlössern liegende, von einem Blech geschützte, elastische Dichtungen abgedichtet werden. Generell sind Schweißungen möglichst zu vermeiden, die die Verformbarkeit der Spundwand beeinträchtigen.

Diese Forderung gilt sinngemäß auch für das Zusammenwirken von Bauteilen aus Stahlbeton mit der Spundwand. Insbesondere darf durch massive Bauteile die Verformbarkeit der Spundwand nicht eingeschränkt werden. Uferwände und Kranbahnen sind getrennt voneinander auszubilden und zu gründen, damit sie sich unabhängig voneinander setzen und Setzungen jeweils unmittelbar ausgeglichen werden können.

Werden Kranbahnen nicht mit Schwellenrosten gemäß Abschn. 7.2.7.2.1 gegründet, sondern auf Stahlbetonbalken, sind diese zur Gewährleistung der Spurhaltung durch kräftige Zerrbalken miteinander zu verbinden. Die Zuführung der elektrischen Energie sollte vorzugsweise durch Schleppkabel erfolgen.

7.1.10.4 Bauwerksbeobachtungen

Uferbauwerke in Bergsenkungsgebieten bedürfen regelmäßiger Beobachtungen und Kontrollmessungen. Wenn auch der Bergbau für etwaige Schäden aufzukommen hat, bleibt doch der Eigentümer der Anlage für deren Sicherheit verantwortlich.

7.2 Ausrüstung

7.2.1 Ausrüstung von Großschiffsliegeplätzen mit Sliphaken

Sliphaken anstelle von Pollern werden nur in Ausnahmefällen an besonderen Großschiffsliegeplätzen vorgesehen, bei denen ein Festmachen nach einem definierten Ver-

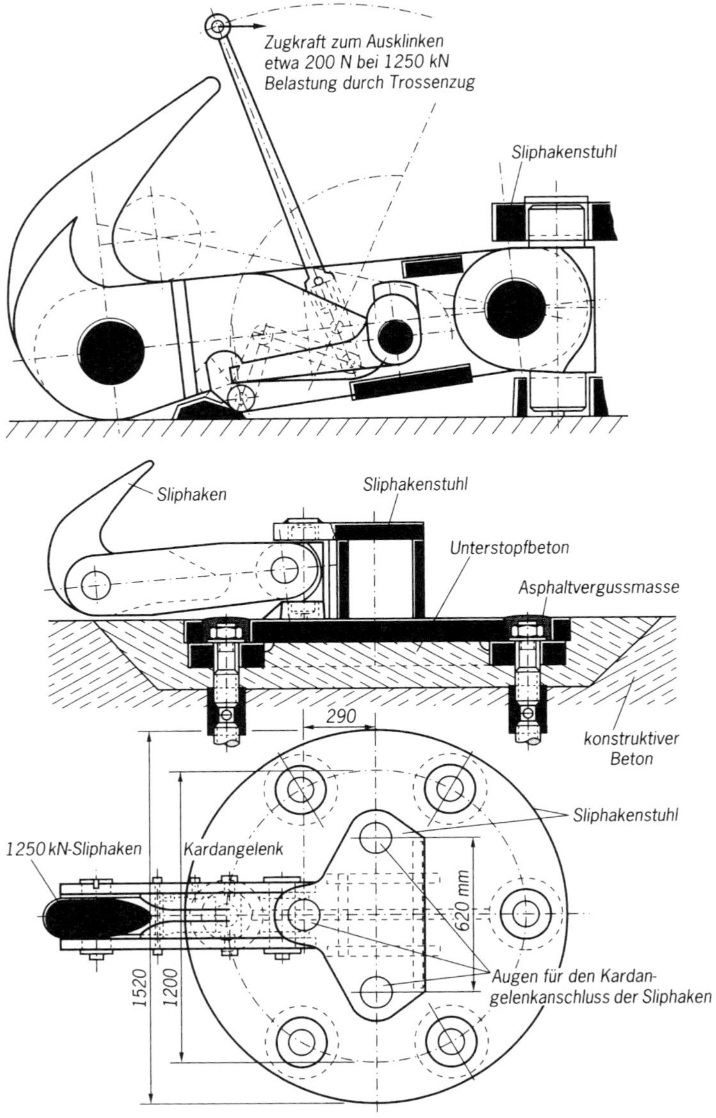

Abb. 7.24 Beispiel eines Sliphakens.

täuplan erfolgt. Der Schwenkbereich der Sliphaken ist entsprechend dem Vertäuplan definiert. Manuelle und ölhydraulische Auslösevorrichtungen mit Fernbedienung gewährleisten auch bei schweren Trossen mit Lasten bis zu 3000 kN ein einfaches Festmachen und rasches Lösen der Trossen.

Die Abb. 7.24 zeigt das Beispiel eines Sliphakens von 1250 kN Größtlast mit manueller Lösevorrichtung. Er kann mit mehreren Trossen belegt werden und gibt sie sowohl bei Volllast als auch bei geringer Belastung durch das Betätigen eines Handgriffs mit kleiner Zugkraft frei.

Die Sliphaken werden mit einem Kardangelenk an einem Sliphakenstuhl befestigt. Die Anzahl der Sliphaken richtet sich nach dem jeweils zu berücksichtigenden Trossenzug gemäß Abschn. 4.9 und nach den gleichzeitig zu bedienenden Haupttrossenrichtungen. Auf einem Sliphakenstuhl können mehrere Sliphaken installiert werden. Die Schwenkbereiche sind so zu wählen, dass bei allen infrage kommenden Betriebsfällen ein Klemmen der Haken vermieden wird. Der Schwenkbereich reicht bis 180° in der Horizontalen und 45° zur Vertikalen.

Das Auflegen der schweren Schlepptrossen wird erleichtert, wenn der Sliphaken mit einem Spill kombiniert wird.

7.2.2 Anordnung, Ausbildung und Belastung von Steigeleitern

7.2.2.1 Anordnung

Steigeleitern dienen nur in Ausnahmefällen als Zugang oder zum Verlassen von Schiffen. Sie dienen vor allem als Zugang zu den Festmacheeinrichtungen und sollen ins Wasser gestürzten Personen das Anlandkommen ermöglichen. Fachkundigen und geübten Personen des Schiffs- und Betriebspersonals ist die Benutzung von Steigeleitern im Falle großer Wasserstandsschwankungen auch bei größeren Höhenunterschieden zuzumuten.

Steigeleitern in Uferwänden aus Stahlbeton werden in einem Abstand von ca. 30 m angeordnet. Die Lage der Leiter richtet sich nach der Pollerlage, da die Benutzung der Leitern nicht durch Trossen behindert werden darf. Bei Uferwänden aus Stahlbeton mit Blockfugen empfiehlt sich die Anordnung der Leitern im Bereich der Blockfugen. Bei Uferspundwänden sollten die Steigeleitern in den Bohlentälern liegen.

Beidseitig neben jeder Leiter sollen Festmacheeinrichtungen angeordnet werden (Abschn. 4.9).

7.2.2.2 Ausbildung

Um das Ersteigen der Leiter vom Wasser aus auch bei niedrigen Wasserständen zu ermöglichen, muss die Leiter bis 1,00 m unter NNW bzw. NNTnw geführt werden. Damit die Leitern leicht montiert und ausgewechselt werden können, werden die untersten Leiterhalterungen so ausgebildet, dass die Wangen der oberen Leitern in Steckverbindungen eingeschoben werden.

Die Übergänge der Leitern zum Ufergelände müssen so ausgebildet werden, dass ohne Absturzgefahr ein- und ausgestiegen werden kann. Gleichzeitig darf jedoch der Verkehr auf dem Uferbauwerk nicht behindert werden.

Eine hinsichtlich dieser Zielvorstellungen bewährte Ausführung zeigt Abb. 7.25. Hier ist der Kantenschutz im Bereich der Leiter landseitig verschwenkt und ein Haltebügel von ca. 40 mm Durchmesser und ca. 30 cm Höhe in ca. 55 cm Achsabstand hinter der Uferflucht angeordnet.

Wenn die Haltebügel den Umschlag behindern, sind andere geeignete Ausstiegshilfen vorzusehen.

Eine in diesen Fällen bewährte Konstruktion zeigt Abb. 7.26. Die oberste Sprosse liegt bei dieser Lösung 15 cm unter der Oberkante der Ufermauer.

Die Leitersprossen liegen mit ihrer Achse mindestens 10 cm hinter der Vorderkante des Uferbauwerks und bestehen aus Quadratstahl 30/30 mm, der so eingebaut wird, dass eine Kante nach oben zeigt. Dadurch wird die Rutschgefahr bei Vereisung oder Verschmutzung vermindert. Die Sprossen sind mit 28–30 cm Achsabstand in den Leiterwangen befestigt, deren lichtes Maß mindestens 45 cm beträgt.

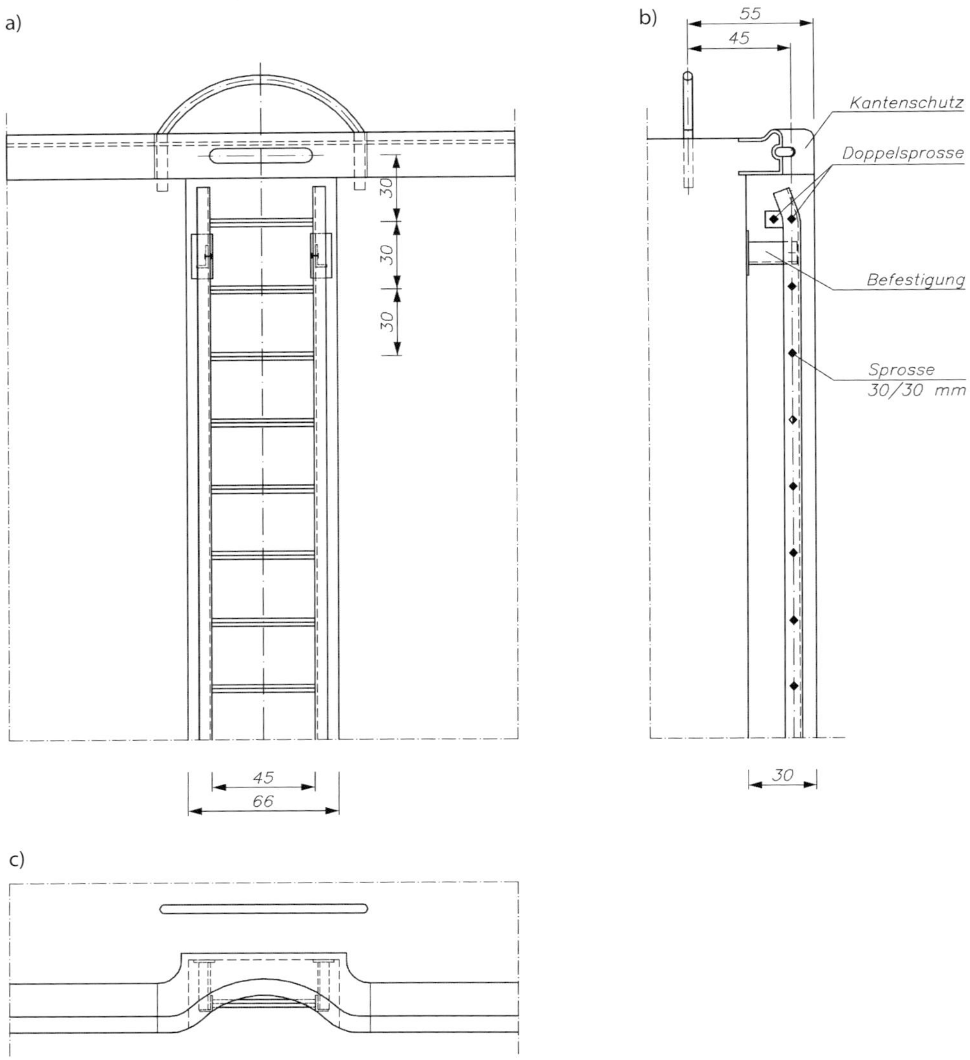

Abb. 7.25 Steigeleiter bei Stahlholmen (Maße in cm); (a–c) verschiedene Seitenansichten.

7.2.3 Anordnung und Ausbildung von Treppen in Seehäfen

7.2.3.1 Anordnung von Treppen

Treppen werden in Seehäfen immer dann angeordnet, wenn Personen, die mit den Verhältnissen in Häfen nicht vertraut sind und denen die Benutzung von Steigeleitern nicht zugemutet werden kann, von Schiffen auf die Uferwände steigen müssen. Die obere Ausmündung der Treppe ist so zu legen, dass sich der Personen- und der Hafenumschlagverkehr möglichst wenig stören. Der Treppenzugang muss übersichtlich sein und die reibungslose Abwicklung des Personenverkehrs gestatten. Das untere Treppenende muss so angeordnet werden, dass die Schiffe leicht und sicher anlegen können und dass der Verkehr zwischen Schiff und Treppe gefahrlos möglich ist.

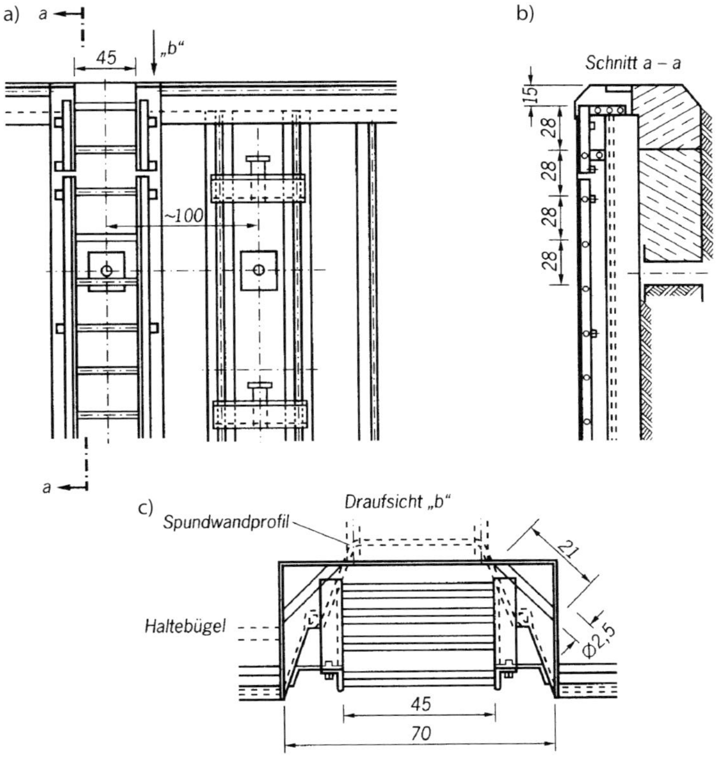

Abb. 7.26 Steigeleiter in Stahlbetonholmen (Maße in cm); (a) Seitenansicht, (b) Schnitt a–a, (c) Draufsicht „b".

7.2.3.2 Ausbildung der Treppen

Treppen sollen maximal ca. 1,50 m breit sein, sodass sie bei Seeschiffsmauern noch vor der wasserseitigen Kranbahn angeordnet werden können, ohne in den Bereich der Befestigung der im Abstand von 1,75–2,50 m hinter der Uferkante liegenden Kranschiene zu ragen. Die Treppensteigung ist nach der bekannten Gleichung $2s + a = 59–65$ cm zu wählen (Steigung s, Auftritt a). Betonstufen erhalten einen rauen Hartbetonüberzug, die Trittkanten einen Kantenschutz aus Stahl.

7.2.3.3 Podeste

Bei großem Tidehub liegen die Podeste jeweils 0,75 m über MTnw, Tmw und MThw. Je nach der Höhe des Bauwerks können weitere Podeste erforderlich sein. Zwischenpodeste sind nach höchstens 18 Stufen anzuordnen, die Podestlänge soll 1,50 m betragen bzw. gleich der Treppenlaufbreite sein.

7.2.3.4 Geländer

Die Treppen werden mit einem Handlauf ausgerüstet, dessen Oberkante 1,10 m über der vorderen Stufenkante liegt. Sofern der sonstige Hafenbetrieb es gestattet, erhalten die Treppen ein 1,10 m hohes Geländer, das auch abnehmbar ausgeführt werden kann.

7.2.3.5 Festmacheeinrichtungen

Die Uferwand neben dem untersten Treppenpodest wird mit Haltekreuzen ausgerüstet (Abschn. 4.10). Außerdem wird knapp unter jedem Podest ein Nischenpoller bzw. Haltekreuz angeordnet. Nischenpoller werden bei massiven Kaimauern bzw. Kaimauerteilen, Haltekreuze im Allgemeinen bei Spundwandbauwerken angewendet.

7.2.3.6 Treppen in Spundbauwerken

Treppen in Spundwandbauwerken werden aus Stahl hergestellt. Die Spundwand wird im Treppenbereich so weit nach hinten versetzt, dass eine ausreichend große Nische entsteht, in die die Treppe eingesetzt wird.

Die Treppe ist in geeigneter Weise (z. B. durch Reibepfähle) gegen Unterfahren zu schützen.

7.2.4 Gepanzerte Stahlspundwände

7.2.4.1 Notwendigkeit der Panzerung/Anwendungsbereich

Die zunehmende Größe der Schiffe, der Verkehr von Schiffsverbänden und die erhöhten Antriebsleistungen haben zu erhöhten betrieblichen Anforderungen an Ufer in Binnenhäfen und an Wasserstraßen geführt. Um Schäden an Spundwandbauwerken zu vermeiden, müssen diese eine möglichst glatte Oberfläche haben (Abschn. 7.1.6). Das kann durch eine Panzerung der Spundwand erreicht werden, bei der in oder über die Spundwandtäler Bleche geschweißt werden (Abb. 7.27).

Durch die Panzerung entsteht eine einheitlich ebene Uferkonstruktion, die eine geringere Elastizität hat als eine Wand ohne Panzerung.

Wegen des technischen und wirtschaftlichen Aufwands wird eine Panzerung nur für Uferstrecken empfohlen, die besonderen Verkehrsbelastungen ausgesetzt sind. Dies sind in Binnenhäfen Ufer mit sehr dichtem Verkehr mit Schubleichtern und Großmotorschiffen, Ufer im Bereich von Richtungsänderungen sowie die Leitwerke in Schleuseneinfahrten.

7.2.4.2 Konstruktive Ausbildung und Herstellung der Panzerung

Die Spundwandpanzerung ist in dem Höhenbereich des Ufers erforderlich, in dem vom niedrigsten bis zum höchsten Wasserstand eine Schiffsberührung der Spundwand mög-

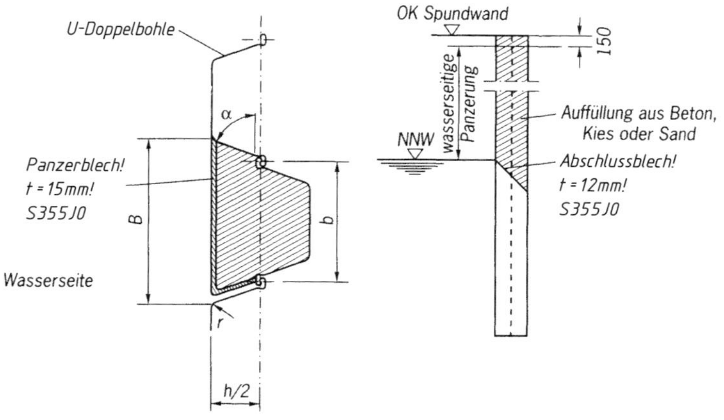

Abb. 7.27 Panzerung eines u-förmigen Spundwandwellenprofils.

lich ist (Abb. 7.27). Die konstruktive Ausbildung der Panzerung und deren Abmessungen sind vorrangig von der Öffnungsweite *B* des Spundwandtals abhängig. Diese wird vom Systemmaß *b* der Wand, von der Neigung *α* der Bohlenschenkel, von der Wandhöhe *h*, vom Radius *r* zwischen Schenkel und Rücken der Spundwand bestimmt (Abb. 7.27) und der Profilform (Z-Bohlen oder U-Bohlen). Außerdem ist zwischen Panzerungen, die werksseitig und damit vor dem Rammen, und solchen, die auf der Baustelle nach dem Rammen eingeschweißt werden, zu unterscheiden.

Im Falle von Wänden aus Z-Bohlen und Herstellung der Panzerung auf der Baustelle werden die Bleche bis an die Schlösser in voller Breite auf den Profilrücken aufgelagert. Die Panzerung schützt auch die Schlösser, weil sie entsprechend ihrer Dicke übersteht (Abb. 7.28). Das werksseitige Einschweißen der Panzerung kann für Z-Bohlen nicht empfohlen werden, weil die Panzerung die Bohlen so versteift, dass sie beim Rammen

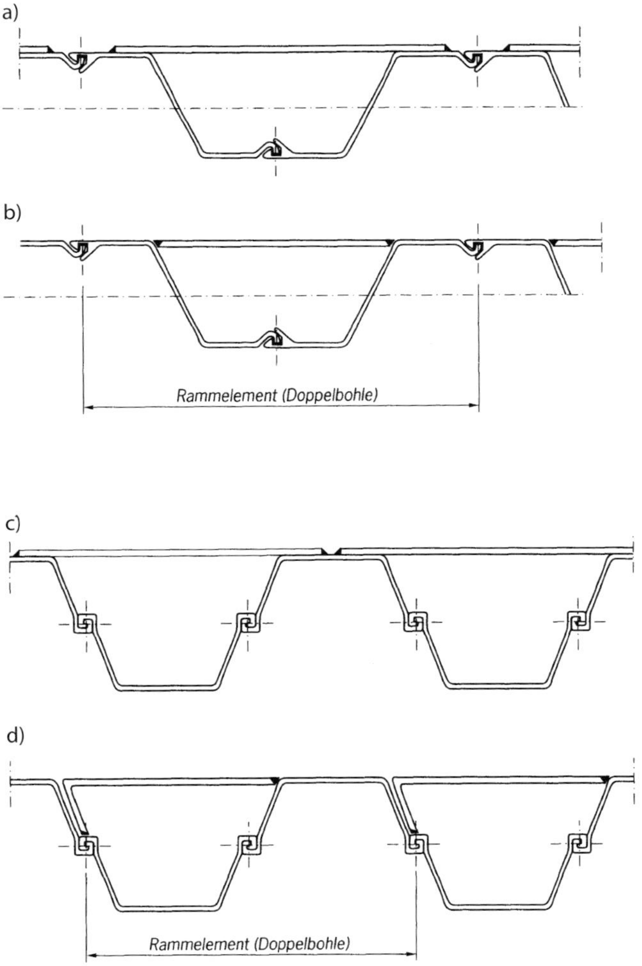

Abb. 7.28 Panzerungen bei Z- und bei U-Bohlen: (a) Z-Bohlen – Herstellung auf der Baustelle; (b) Z-Bohlen – werksseitige Herstellung; (c) U-Bohlen – Herstellung auf der Baustelle; (d) U-Bohlen – werksseitige Herstellung.

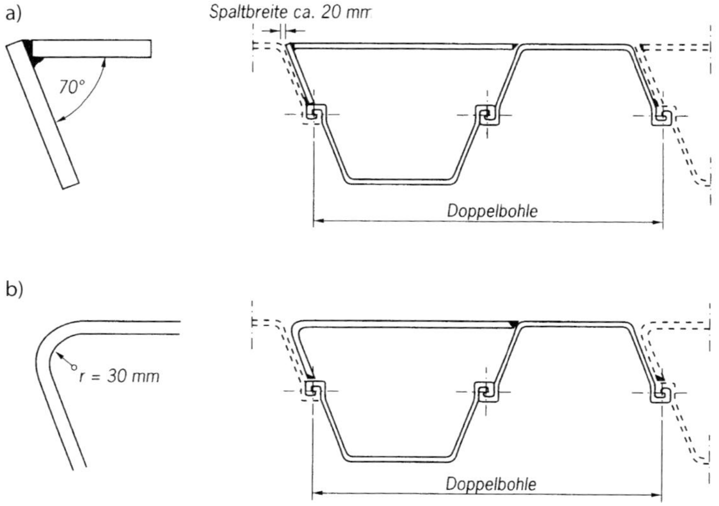

Abb. 7.29 Werksseitig hergestellte Panzerung in (a) geschweißter und (b) in abgekanteter (gebogener) Ausführung.

unvermeidbare Rammabweichungen zwischen benachbarten Doppelbohlen nicht mehr ausgleichen können. Bei Wänden aus U-Bohlen können sich der Bohlenrücken und der freie Schenkel der Bergbohle elastisch verformen.

Beim Einbau der Panzerung auf der Baustelle sind bei beiden Profilarten Anpress- und Anpassarbeiten nicht zu vermeiden. Für das Einbringen der Profile und den Schiffsbetrieb sind Wände aus U-Bohlen mit werksseitiger Herstellung der Panzerung am günstigsten. Die Panzerungen führen bei diesen zu einer völlig glatten Wand (Abb. 7.28).

A. Werksseitiger Einbau der Panzerung bei U-Bohlen Beim werksseitigen Einbau der Panzerung von U-Bohlen wird das geschweißte oder abgekantete Panzerblech (Abb. 7.29) am Schloss der Talbohle und am Rücken der Bergbohle befestigt (Abb. 7.28). Außerdem muss das Schloss der Doppelbohle verschweißt werden, sodass eine starre Verbindung entsteht. Nur dann können die Anschlussnähte der Panzerung den Rammvorgang ohne Schaden überstehen.

Die Panzerbleche können geschweißt oder abgekantet (gebogen) ausgeführt werden (Abb. 7.29). Der Spalt zwischen den Bohlen hat bei geschweißter Panzerung eine Breite von ca. 20 mm, sodass, bezogen auf ein Systemmaß von 1,0 m, die Wand zu ca. 98 % geschlossen ist. Bei Wänden mit abgekanteter Panzerung ist der Spalt wegen der bei der Kaltverformung einzuhaltenden Mindestradien breiter.

B. Steigeleitern innerhalb der Panzerung Im Bereich von Steigeleitern und Nischenpollern muss die Panzerung der Spundwand in der Regel unterbrochen werden. Falls auch hier eine weitgehend glatte Oberfläche erforderlich ist, kann die Leiterbohle mit Trittnischen (Abb. 7.30) gepanzert werden, oder es wird ein durchgehender Trittnischenkasten nach Abb. 7.31 angeordnet.

C. Nischenpoller innerhalb der Panzerung Die Anordnung von Nischenpollern in einer gepanzerten Wand zeigt Abb. 7.32. Diese Lösung entspricht den Anforderungen nach Abschn. 7.2.6.1 und 7.2.6.2.

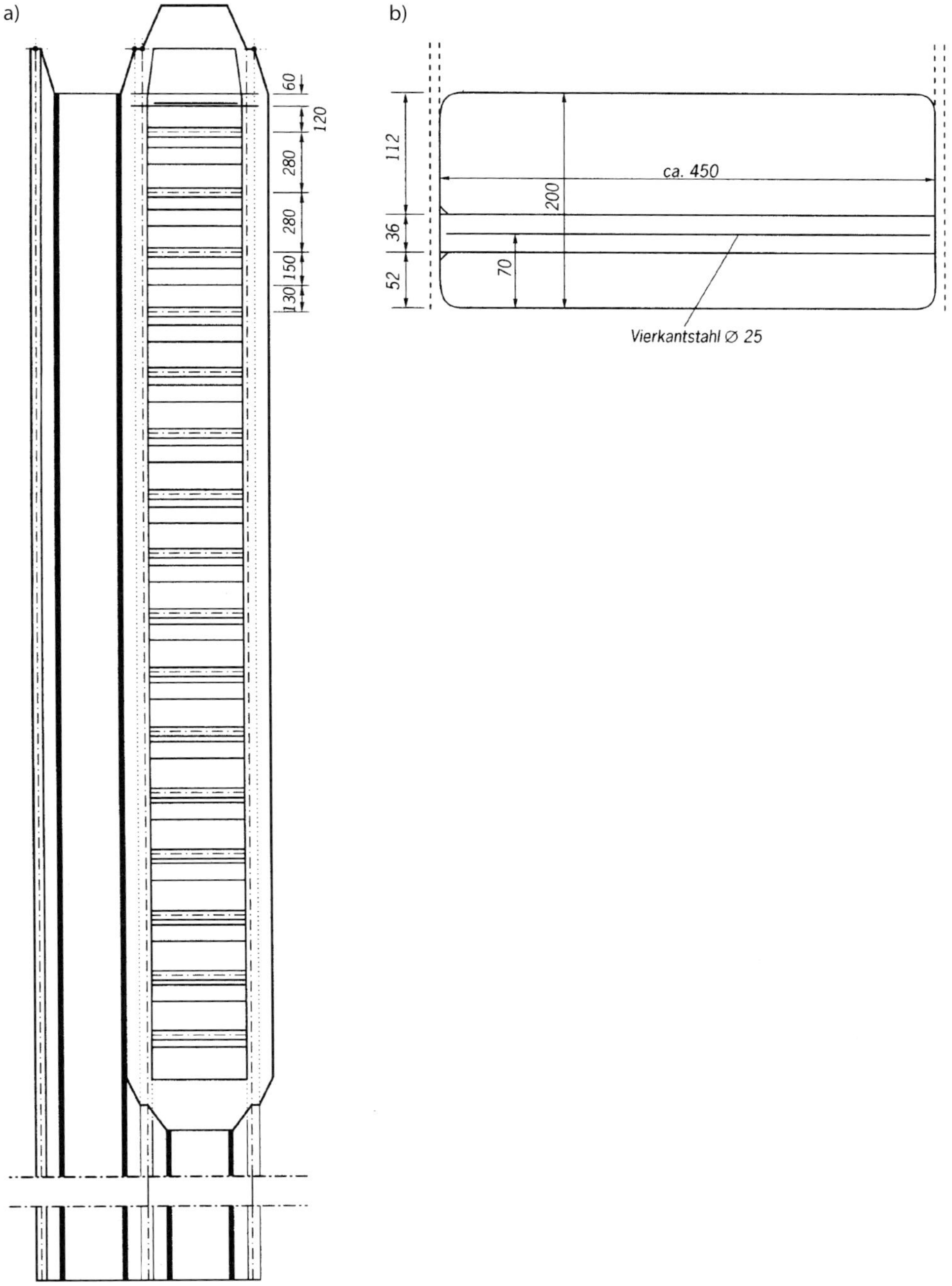

Abb. 7.30 Panzerung mit Trittnischen; (a) Ansicht Doppelbohle mit Stoßpanzer als Leiter und (b) Trittkasten (Detailansicht).

D. Verfüllung der Panzerung Zum Verfüllen des Raumes zwischen Panzerung und Bohle wird im Allgemeinen als unterer Abschluss ein Bodenblech eingeschweißt (Abb. 7.27). Als Verfüllmaterial kommen Sand, Kies oder Beton infrage.

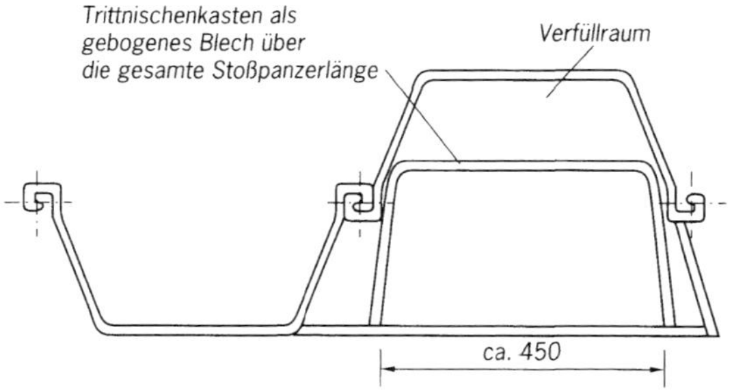

Abb. 7.31 Stoßpanzerung mit eingebautem Trittnischenkasten.

E. Blechdicke der Panzerung Die erforderliche Blechdicke der Panzerung ergibt sich aus der Öffnungsweite der Spundwandtäler. Da diese immer größer ist als die Rückenbreite des Bohlenbergs, müssen die Panzerbleche dicker sein als die Bohlenrücken. Um Blechdicken > 15 mm zu vermeiden, kann der Raum zwischen Panzerung und Bohle verfüllt werden.

Bei der statischen Bemessung der Wand wird die Panzerung nicht berücksichtigt.

7.2.5 Ausrüstung von Ufereinfassungen in Seehäfen mit Ver- und Entsorgungsanlagen

7.2.5.1 Allgemeines

Versorgungsanlagen dienen dazu, öffentliche Einrichtungen und Installationen, aber auch im Hafen ansässige Betriebe sowie die festmachenden Schiffe und dergleichen mit den notwendigen Stoffen, Energien usw. zu versorgen. Entsorgungsanlagen dienen der Ableitung von in den Schiffen anfallendem Schmutzwasser und von Betriebsstoffen.

Die Ver- und Entsorgungsanlagen müssen in unmittelbarer Nähe und zum Teil in den Ufereinfassungen selbst angeordnet werden.

Für die Leitungen sind in den Baukörpern der Uferwände, wie z. B. Kranbahnbalken, ausreichende Durchbrüche vorzusehen. Deshalb muss schon bei der Planung eine Abstimmung aller Beteiligten zur Anordnung der Ver- und Entsorgungsanlagen stattfinden. Für eventuelle spätere Erweiterungen sind Reservedurchbrüche vorzusehen.

Zu den Versorgungsanlagen gehören:

- Wasserversorgungsanlagen,
- Anlagen zur Versorgung mit elektrischer Energie,
- Fernmelde- und Fernsteuerungsanlagen,
- sonstige Anlagen.

Zu den Entsorgungsanlagen gehören:

- Regenwasserentwässerung,
- Schmutzwasserentwässerung,
- Benzin- und Ölabscheider.

Die jeweiligen Entsorgungsordnungen sind zu beachten.

7.2.5.2 Wasserversorgungsanlagen

Die Wasserversorgungsanlagen dienen der Versorgung mit Trink- und Brauchwasser und stehen im Brandfall in der Regel auch für Löschzwecke zur Verfügung.

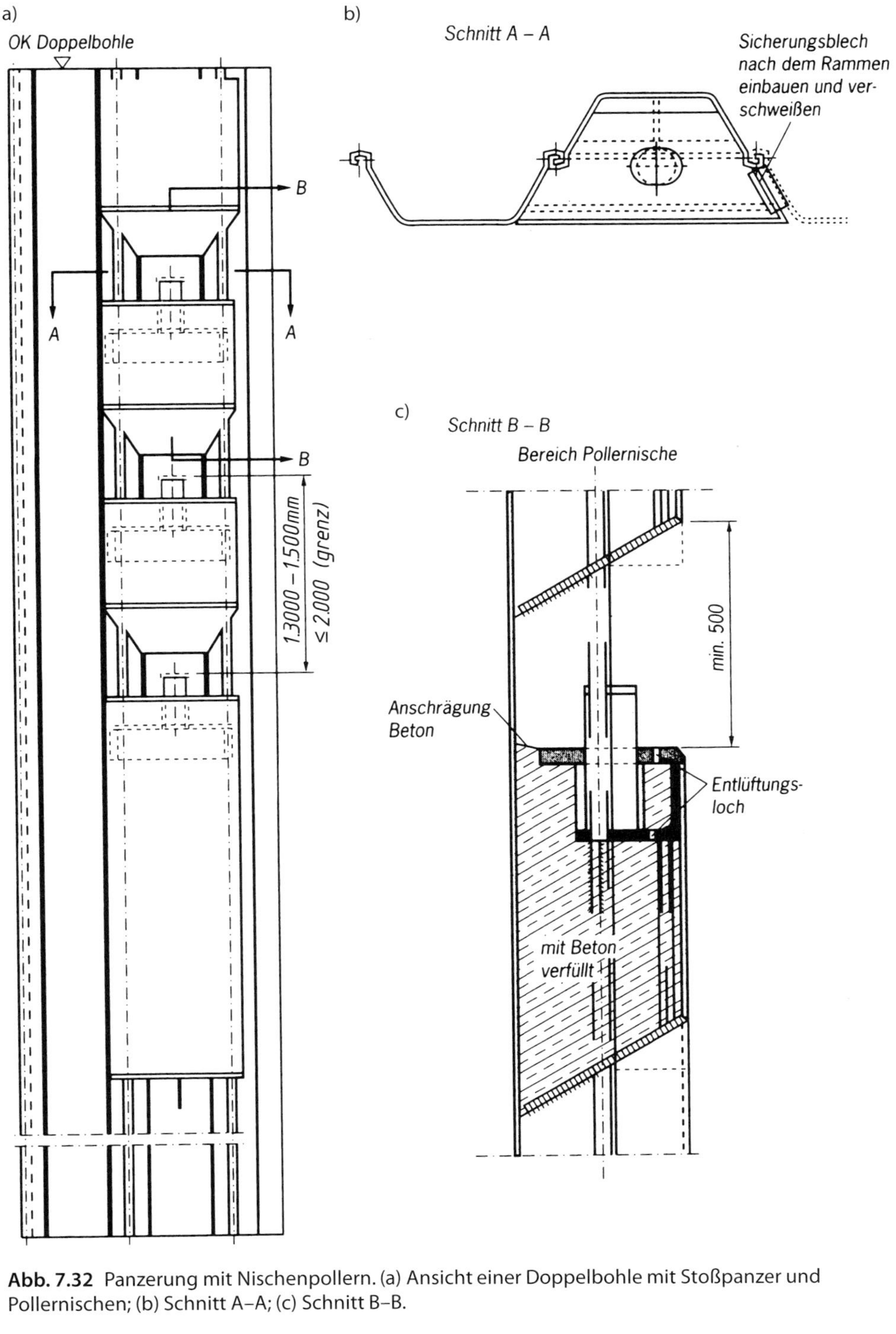

Abb. 7.32 Panzerung mit Nischenpollern. (a) Ansicht einer Doppelbohle mit Stoßpanzer und Pollernischen; (b) Schnitt A–A; (c) Schnitt B–B.

7.2.5.2.1 Trink- und Brauchwasserversorgung

Für das Trink- und das Brauchwasserversorgungsnetz im Hafen werden aus Sicherheitsgründen für einen Hafenabschnitt mindestens zwei voneinander unabhängige Einspeisungen verlangt, wobei die Leitungen zur Sicherstellung der ständigen Durchströmung als Ringnetze angelegt werden.

In Abständen von 100–200 m werden Hydranten angeordnet. Ein üblicher Abstand der Wasserentnahmehydranten zur Schiffsversorgung in Kailängsrichtung ist 60 m. An Kaimauern und in befestigten Kran- und Gleisbereichen werden Unterflurhydranten gesetzt, damit der Betrieb nicht behindert wird. Die Hydranten sind so anzuordnen, dass auch bei aufgesetztem Standrohr keine Quetschgefahr durch schienengebundene Krane und Fahrzeuge besteht.

Bei Verwendung von Unterflurhydranten ist zu beachten, dass die Anschlusskupplungen vor Verschmutzung auch bei Überflutung der Kaianlage geschützt sind. Durch einen zusätzlichen Absperrschieber sollten die Hydranten von der Versorgungsleitung trennbar sein. Die Hydranten müssen stets zugänglich sein. Sie sind in Bereichen anzuordnen, in denen eine Lagerung von Gütern aus betrieblichen Gründen nicht möglich ist.

Die Rohrleitungen werden im Allgemeinen mit einer Erddeckung von 1,5–1,8 m verlegt. Aus Gründen der Frostsicherheit sollen sie von der Kaimauervorderfläche einen Abstand von mindestens 1,5 m haben. In Belastungsbereichen mit Gleisen der Hafenbahn werden die Leitungen in Schutzrohren verlegt.

Bei Kaimauern mit Betonüberbauten können die Leitungen in die Betonkonstruktion eingelegt werden. Bei der Auflagerung der Leitungen sind unterschiedliche Verformungen angrenzender Baublöcke sowie unterschiedliche Setzungen von tief- oder flachgegründeten Bauwerken zu berücksichtigen. Die Trinkwasserversorgung erfolgt in der Regel über landseitige Ringleitungen und Stichleitungen zu den an der Kaivorderkante liegenden Hydranten. Die Stichleitungen müssen entwässert werden können, um das Wasser aus den nicht ständig betriebenen Stichleitungen aus hygienischen Gründen ablassen zu können.

Um den Aufwand im Falle von Rohrbrüchen gering zu halten, sollten die Leitungen zur Wasserversorgung nicht unter betonierten Flächen verlegt werden. Üblich sind gepflasterte Leitungsstreifen.

7.2.5.2.2 *Separate Löschwasserversorgung*

Im Falle von hohen Brandlasten in einem Hafenabschnitt empfiehlt es sich, das Trink- und das Brauchwasserversorgungsnetz durch ein unabhängiges Löschwasserversorgungsnetz zu ergänzen. Das Löschwasser wird dabei mittels Pumpen unmittelbar dem Hafenbecken entnommen. Die zugehörigen Pumpenräume können in Kammern der Kaimauern unter Flur angeordnet werden, sodass sie den Umschlag nicht behindern.

An besonderen Anschlussstellen ist es ferner möglich, Löschwasser über die Pumpen feuerwehreigener Feuerlöschboote einzuspeisen.

Bei Spundwandkaimauern können die Pumpensaugrohre in den Spundwandtälern angeordnet werden. Diese Saugrohre sind in den Spundwandtälern ausreichend gegen Schiffsstoß geschützt. Die Saugrohre können bei Betonüberbauten in ausgesparten Schlitzen angeordnet werden.

Für die Führung der Leitungsnetze gelten die gleichen Anforderungen wie für die Trink- und Brauchwasserversorgung.

7.2.5.3 Anlagen zur Versorgung mit elektrischer Energie

Verwaltungsgebäude im Hafen, Hafenbetriebe, Krananlagen, Beleuchtungsanlagen von Gleisflächen, Straßen, Betriebsflächen, Plätzen, Kais, Anlegern, Dalben usw. müssen mit elektrischer Energie versorgt werden. In Hoch- und Niederspannungsnetzen von Häfen werden, abgesehen von Bauzuständen, nur Erdkabel eingesetzt. Diese werden im Boden mit einer Erddeckung von ca. 0,8–1,0 m, in Kaimauern und Betriebsflächen in einem Kunststoffrohrsystem mit überfahrbaren Betonziehschächten verlegt. Solche Rohrsysteme haben den Vorteil, dass die Kabelanlagen ohne Unterbrechung des Hafenbetriebs verstärkt oder erweitert werden können.

Im Falle häufiger Überflutungen der Kaianlage ist es oft zweckmäßig, die Kraftsteckdosen in hohen, überflutungsfreien Ständern anzuordnen.

In den Kaimauerköpfen werden Kraftsteckdosen im Allgemeinen in Abständen von ca. 100–200 m angeordnet. Sie müssen überfahrbar und mit einer Entwässerung versehen sein. Die Steckdosen in den Kaimauerköpfen dienen unter anderem dem Stromanschluss für Schweißgeneratoren zur Ausführung kleinerer Reparaturen an Schiffen und Kranen sowie als Anschluss für eine Notbeleuchtung.

Für die Versorgung der Krananlagen müssen in den Kaibereichen Schleifleitungskanäle, Kabelablagerinnen und Kraneinspeiseschächte angeordnet werden. Die Entwässerung und Belüftung dieser Anlagen ist besonders wichtig. Bei Kaimauern mit Betonüberbauten können diese Anlagen in die Betonkonstruktion mit einbezogen werden.

Es wird besonders darauf hingewiesen, dass die elektrischen Versorgungsnetze mit Potentialausgleichanlagen versehen werden müssen, damit verhindert wird, dass an Kranschienen, Spundwänden oder sonstigen leitfähigen Teilen im Bereich der Kaimauer durch Fehler in elektrischen Anlagen (z. B. eines Krans) unzulässig hohe Berührungsspannungen auftreten. Solche Potentialausgleichanlagen sollten etwa alle 60 m angeordnet werden.

Bei Kranbahnen im Kaimauerüberbau werden die Leitungen für den Potentialausgleich aus Kostengründen üblicherweise ohne Schutzrohr in den Überbau einbetoniert. Wenn allerdings Setzungsunterschiede zwischen benachbarten Bauwerksblöcken erwartet werden müssen, sind die Leitungen in den Übergangsbereichen in Schutzrohren mit ausreichender Bewegungsfreiheit zu verlegen.

Im Zuge der Vermeidung von Luft- und Lärmemissionen kann es zusätzlich erforderlich sein, auch die im Hafen liegenden Schiffe mit elektrischer Energie zu versorgen Die Landstromversorgung (onshore power supply, OPS) wurde zwar bisher nur in Einzelfällen realisiert (Abb. 7.33–7.35), dennoch wird empfohlen, beim Bau neuer oder beim Umbau vorhandener Anlagen die Möglichkeit einer externen Versorgung von Schiffen mit elektrischer Energie vorzusehen. Dabei ist neben der Frequenzumwandlung vom Landnetz (20–100 kV/50 Hz) auf das jeweilige Bordnetz (6–12 kV/60 Hz) auch auf die unterschiedlichen bordeigenen Stromverbräuche der Schiffe zu achten, die bei sehr großen Kreuzfahrtschiffen zwischen 5–10 MW liegen kann.

Bei der Ausstattung von Schiffsliegeplätzen mit OPS in Überflutungs- bzw. Tidebereichen ist die Landstromversorgung Hochwasserschutz sicher zu konstruieren.

7.2.5.4 Sonstige Anlagen

Zu den sonstigen Anlagen zählen alle nicht unter Abschn. 7.2.5.2 und 7.2.5.3 genannten Versorgungsanlagen, wie sie beispielsweise an Werftkaimauern erforderlich sind. Hierzu zählen die Versorgung mit Gas, Sauerstoff, Pressluft und Azetylen, Dampf und Kondensat. Bei der Anordnung und Verlegung der Leitungen für diese Medien sind die einschlägigen Vorschriften, insbesondere die Sicherheitsbestimmungen, einzuhalten.

Fernmeldeanschlüsse werden üblicherweise in Abständen von 70–80 m auf den Kaivorderkanten zur Verfügung gestellt. Zwar geht aufgrund der zunehmenden Verbrei-

Abb. 7.33 Ausführungsbeispiel für eine Landstromversorgung von Fährschiffen im Überflutungsbereich (Föhr, Fähranleger).

Abb. 7.34 Ausführungsbeispiel für eine Landstromversorgung von Binnenschiffen mit Schwimmkörper im Tidebereich (Bremen, Binnenschiffsliegeplatz Osterdeich).

tung des Mobilfunks die Nutzung immer mehr zurück, Hafenbehörden verlangen jedoch in der Regel den Anschluss eines sogenannten Gefahrguttelefons an das Festnetz.

7.2.5.5 Entsorgungsanlagen

7.2.5.5.1 Regenwasserentwässerung

Das im Kaimauerbereich und auch landseitig davon anfallende Regenwasser wird unmittelbar durch die Kaimauer in den Hafen geleitet. Hierzu sind die Kai- und Betriebs-

Abb. 7.35 Ausführungsbeispiel für eine Landstromversorgung von Kreuzfahrtschiffen (Hamburg, Kreuzfahrtterminal Altona).

flächen mit einem Entwässerungssystem auszurüsten, bestehend aus Einläufen, Quer- und Längskanälen und einem Sammelkanal mit Auslauf in den Hafen. Die Größe der anzuschließenden Einzugsgebiete ergibt sich aus den örtlichen Gegebenheiten. In der Uferwand sollten möglichst wenige Ausläufe angeordnet werden. Sie müssen so gelegt und ausgebildet werden, dass sie beim Anlegen von Schiffen und durch Schiffsanprall nicht beschädigt werden.

Bei Kai- und Betriebsflächen, auf denen die Gefahr eines Auslaufens von gefährlichen oder giftigen Stoffen sowie von Löschwasser in das Entwässerungssystem besteht, sind die Ausläufe mit Schiebern auszurüsten, damit das Auslaufen der Stoffe in den Hafen verhindert werden kann.

7.2.5.5.2 Schmutzwasserentwässerung

Die Übernahme von Schmutzwasser aus Seeschiffen durch die Hafenbetreiber ist derzeit nicht üblich.

Das im Hafengebiet anfallende Schmutzwasser wird in einem besonderen Schmutzwasserentwässerungssystem in die städtische Kanalisation geleitet. Eine Einleitung in das Hafenwasser ist nicht statthaft. In der Ufereinfassung liegt daher nur in Ausnahmefällen eine Schmutzwasserleitung.

7.2.5.5.3 Benzin- und Ölabscheider

Benzin- und Ölabscheider werden überall dort angeordnet, wo sie auch bei Anlagen außerhalb des Hafengebiets gefordert werden.

7.2.5.5.4 Entsorgungsordnung für Schiffsabfall

Entsprechend der MARPOL-Konvention soll in den Häfen die Möglichkeit vorhanden sein, Schiffsabfall wie öl- und chemikalienhaltige Flüssigkeiten, festen Schiffsabfall (Kombüsen- und Verpackungsabfall) und sanitäre Abwässer zu beseitigen.

7.2.6 Anordnung von Pollern

Die Belastung von Pollern wird in Kap. 4.9 behandelt.

7.2.6.1 Anordnung von Pollern für Seeschiffe

Poller für Seeschiffe sind bedarfsgerecht anzuordnen. Soweit der Hafenbetreiber keine abweichenden Vorgaben macht, gelten folgende Empfehlungen.

- Für die Vertäuung von großen Schiffen mit einer Länge ≥ 330 m (ultra large container ship, ULCS) sind Einzelpoller im Abstand von ca. 10 m oder Doppelpoller im Abstand von ca. 15–20 m zu wählen.
- Für die Vertäuung von kleineren Schiffen sind Einzelpoller im Abstand von ca. 15 m oder Doppelpoller im Abstand von ca. 30 m zu wählen.
- Werden Blockfugen angeordnet, sollten die Poller in den Blöcken symmetrisch angeordnet werden.
- Grundsätzlich wird für die Vertäuung von Schiffen mit einer Länge ≥ 330 m bzw. einer Wasserverdrängung ≥ 100 000 t empfohlen, diese mittels einer dynamischen Vertäuanalyse zu untersuchen und daraus die Pollerlasten und Abstände zu definieren. Hierbei ist die Anzahl der aufzulegenden Trossen auf einen Poller von entscheidender Wichtigkeit. In der Regel ist die Anzahl der Trossen in Abhängigkeit zur Belastbarkeit des Pollers und der Trossen auf maximal drei pro Poller begrenzt.

Die immer größer werdenden Abmessungen der Containerschiffe führen zu einer höheren Anzahl von Trossen, die zum Festmachen benötigt werden. Aktuell werden große Schiffe mit einer 3-3-2-Konfiguration vertäut, d. h. am Bug bzw. Heck sind je drei Vor- bzw. Achterleinen, drei Querleinen und zwei Springleinen vorhanden. Die zukünftige Vertäuung von großen Schiffen wird mindestens mittels einer 4-4-2-Konfiguration erfolgen.

Ein Beispiel für den Abstand der Poller von der Uferlinie ist in Abschn. 7.1 angegeben. Der benötigte Abstand des Pollers zu der Vorderseite des Betons (Kaikante) ist abhängig von der Pollerkonstruktion und der Bewehrungsführung in der Betonkonstruktion. Hinter dem Poller sind mindestens 1,2 m als freier Arbeitsraum vorzusehen.

7.2.6.2 Anordnung von Pollern für Binnenschiffe

In Binnenhäfen sollen Schiffe mit drei Trossen, sogenannten Drähten, am Ufer festgemacht werden, und zwar mit dem Vorausdraht, dem Laufdraht und dem Achterdraht. Hierfür sind am Ufer ausreichend Poller vorzusehen.

Poller müssen auf und oberhalb der Hafenbetriebsebene angeordnet werden, wobei sie mit der Oberkante über HSW und, soweit möglich, über HHW hinausreichen sollen. Der Durchmesser solcher Poller soll größer als 15 cm sein. Wenn der Poller nicht über HHW hinausreicht, ist durch eine Quersprosse das Abgleiten der Trosse zu verhindern. Außer den Pollern an der Oberkante des Ufers müssen in Flusshäfen – entsprechend den örtlichen Wasserstandsschwankungen – weitere Poller in verschiedenen Höhenlagen angeordnet werden. Nur dann können bei jedem Wasserstand und jeder Freibordhöhe die Schiffe vom Schiffspersonal ohne Schwierigkeiten festgemacht werden.

Die Poller in unterschiedlichen Höhen liegen bei senkrechten Uferwänden jeweils in einer Reihe lotrecht übereinander. Die Lage der Reihen richtet sich nach der Lage der Steigeleitern. Um ein Überspannen der Leitern zu vermeiden, wird neben jeder Steigeleiter links und rechts im Achsabstand von etwa 0,85–1,00 m bei Massivwänden und einem Doppelbohlenabstand bei Spundwänden zur Leiterachse je eine Pollerreihe angeordnet. Der Abstand der Steigeleitern bzw. der Pollerreihen sollte etwa 30 m betragen. Bei Stahlspundwänden wird das genaue Achsmaß durch das Systemmaß der Bohlen, bei Massivwänden ggf. durch die Blocklänge bestimmt, wenn Blockfugen angeordnet werden.

Der unterste Poller wird etwa 1,50 m über NNW, im Tidegebiet über MSpTnw angeordnet. Der lotrechte Abstand zwischen diesem und der Oberkante der Uferwand wird durch weitere Poller im Abstand von 1,30–1,50 m (im Grenzfall bis 2,00 m) unterteilt.

Bei Uferbauten aus Stahlbeton werden die Poller in Nischen angeordnet oder bei landseitig versetzten Wänden an bündig einbetonierten, verankerten Stahlplatten angeschraubt, deren Gehäuse, mit Anschlussankern versehen, einbetoniert werden. Bei Stahlspundwänden können die Poller angeschraubt oder angeschweißt werden. Die Vorderkante des Pollerzapfens soll 5 cm hinter der Vorderkante der Uferwand liegen. Damit die Schiffstrossen leicht aufgelegt und wieder abgenommen werden können, ist seitlich hinter und über dem Pollerzapfen ein entsprechender Abstand zu halten. Um eine Beschädigung der Trossen und der Uferkonstruktion zu vermeiden, sind die Übergangskanten zur Flucht der Uferwand abzurunden.

Bei teilgeböschten und geböschten Ufern werden die Poller beidseitig neben den Treppen (Abb. 7.36) angeordnet. Die Treppen befinden sich in der Verlängerung der Leitern.

Bei dieser Anordnung wird das Pollerfundament zweckmäßig unter der Treppe hindurch gemeinsam für beide Poller ausgeführt.

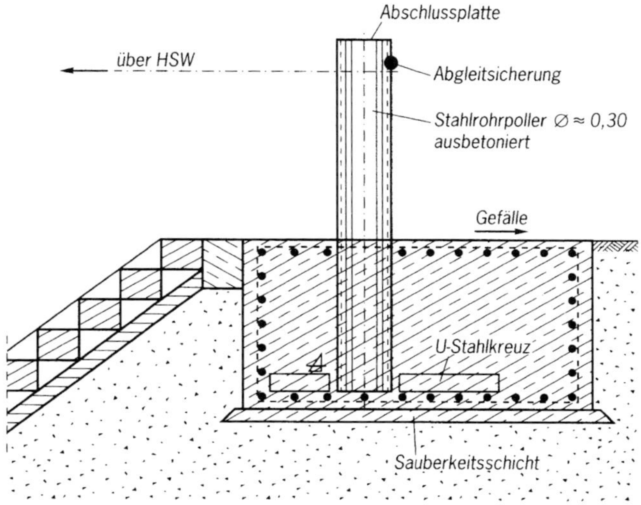

Abb. 7.36 Pollerfundament bei einem teilgeböschten Ufer (beispielhafte Darstellung, Bemessung nach statischen Erfordernissen).

7.2.7 Gründung von Kranbahnen bei Ufereinfassungen

7.2.7.1 Allgemeines

In vielen Fällen ist es aus konstruktiven Gründen zweckmäßig, die wasserseitige Kranbahn gemeinsam mit der Uferwand tief zu gründen, während die landseitige Kranbahn unabhängig von der Ufereinfassung gegründet wird. In Binnenhäfen wird auch die wasserseitige Kranbahn häufig unabhängig von der Ufereinfassung gegründet. Hierdurch werden spätere Umbaumaßnahmen erleichtert, die beispielsweise bei veränderten Betriebsverhältnissen durch neue Krane oder Umbauten an der Ufereinfassung erforderlich sein können. Auch verschiedene Zuständigkeiten und Eigentumsverhältnisse können eine getrennte Gründung von Uferbauwerk und Kranbahnen erforderlich machen.

Ob die wasser- und/oder landseitige Kranbahn tief gegründet werden muss, hängt von dem jeweils anstehenden Baugrund und davon ab, ob die bei Flachgründungen unvermeidbaren Setzungen zugelassen werden können.

Da es also bei der Entscheidung über die Art der Gründung von Kranbahnen auf die Setzungen des anstehenden Baugrunds ankommt, muss dieser entsprechend erkundet werden (Abschn. 3.1).

Für die Ausbildung langer Kranbahnbalken ohne Fugen wird auf Abschn. 10.3.2 verwiesen. Kranbahnbalken sind schon mit einer Länge von 2000 m fugenlos hergestellt worden.

7.2.7.2 Ausbildung der Gründung/Toleranzen

Je nach den örtlichen Baugrundverhältnissen, der Empfindlichkeit der jeweiligen Krane gegenüber Setzungen und Verschiebungen, den auftretenden Kranlasten usw. können Kranbahnen flach oder müssen tief gegründet werden.

Zu beachten sind hierbei die zulässigen Maßabweichungen der Kranbahnen bei der Herstellung (Montagetoleranzen) und im Betrieb (Betriebstoleranzen).

Die Montagetoleranzen bezeichnen im Wesentlichen die bei der Verlegung und Befestigung der Kranschienen einzuhaltenden Maßabweichungen und sind für die Entscheidung über die Art der Gründung in der Regel nicht relevant. Die Betriebstoleranzen beschreiben die während des Betriebs der Anlage zulässigen Setzungen und Setzungsunterschiede und sind damit für die Wahl der Gründung maßgebend.

Als Betriebstoleranzen können abhängig von der Bauart der Kranportale die folgenden Anhaltswerte angenommen werden:

- Höhenlage einer Schiene (Längsgefälle): 2–4 ‰,
- Höhenlage der Schienen zueinander (Quergefälle): max. 6 ‰ der Spurweite,
- Neigung der Schienen zueinander (Schränkung): 3–6 ‰.

Für spezielle Umschlageinrichtungen können erheblich geringere Betriebstoleranzen gelten, so soll z. B. für die Höhenlage der Schienen von Containerbrücken das Längsgefälle $\leq$ 1 ‰ sein. Die Betriebstoleranzen sind in jedem Einzelfall gemeinsam mit dem Kranhersteller festzulegen.

Hinsichtlich der Beziehung zwischen Kranbahn und Kransystem wird auf den Ausschuss für Hafenumschlagtechnik der HTG verwiesen.

7.2.7.2.1 Flach gegründete Kranbahnen

Streifenfundamente aus Stahlbeton Bei setzungsunempfindlichen Böden können die Kranbalken als flach gegründete Streifenfundamente aus Stahlbeton hergestellt werden. Der Kranbahnbalken wird dann als elastischer Balken auf elastischer Bettung berechnet. Die Aufnahme der Bodenpressungen unter dem Balken ist rechnerisch nachzuweisen, die Setzungen und Setzungsdifferenzen sind ebenfalls rechnerisch zu ermitteln und mit den vereinbarten Betriebstoleranzen zu vergleichen.

Für die Bemessung des Balkenquerschnitts gilt DIN 1045. Es sind die Beanspruchungen aus lotrechten und waagerechten Radlasten – in Kranbahnachse auch aus Bremsen – nachzuweisen.

Bei Kranbahnen mit geringen Spurweiten (z. B. Vollportalkrane, die nur ein Gleis überspannen) sind Zerrbalken oder Verbindungsstangen als Spursicherungsriegel etwa in einem Abstand gleich der Spurweite einzubauen. Bei großen Spurweiten werden beide Kranbahnen unabhängig voneinander ausgebildet und gegründet, die Krane müssen einseitig eine Pendelstütze haben.

Für die Ausbildung der Schienenbefestigung wird auf Abschn. 7.2.7 verwiesen.

Setzungen des Kranbahnbalkens bis zu 3 cm können im Allgemeinen durch den Einbau von Schienenunterlegplatten oder durch die Justiermöglichkeiten von Schienentragkörpern (Schienenstühle) auch während des Betriebs ohne größere Störungen ausgeglichen werden. Bei größeren und nur langsam abklingenden Setzungen während des Betriebs ist in der Regel eine Tiefgründung des Kranbahnbalkens wirtschaftlicher, weil die Setzungen nicht mehr durch einfaches Unterlegen von Platten oder durch die Nachjustierung von Schienenstühlen ausgeglichen werden können und somit die Kosten und die Stillstandszeiten länger werden.

Schwellengründungen Kranschienen auf Schwellen in einem Schotterbett werden wegen ihrer verhältnismäßig einfachen Nachrichtemöglichkeiten vor allem bei großen Setzungen und in Bergsenkungsgebieten angewendet. Auch große Lageänderungen können durch Regulieren nach Höhe, Seitenlage und Spurweite kurzfristig ausgeglichen werden. Schwellen, Schwellenabstand und Kranschiene werden nach der Theorie des elastischen Balkens auf elastischer Bettung und nach den Vorschriften für den Eisenbahnoberbau berechnet. Es können Holz-, Stahl-, Stahlbeton- oder Spannbetonschwellen verwendet werden. Bei Anlagen für das Verladen von Stückerz, Schrott und dergleichen werden wegen der geringeren Gefahr von Beschädigungen durch herabfallende Stücke Holzschwellen bevorzugt.

7.2.7.2.2 Tief gegründete Kranbahnen

Auf setzungsempfindlichen Böden oder Hinterfüllungen größerer Mächtigkeit ist eine Tiefgründung der Kranbahnbalken auf Pfählen erforderlich. Werden die Pfähle tief genug geführt, ist mit der Tiefgründung des Kranbahnbalkens zugleich auch eine Entlastung des Uferbauwerks verbunden, weil die Lasten aus dem Kranbahnbalken nicht mehr vom Uferbauwerk aufgenommen werden.

Für die Tiefgründung von Kranbahnen können grundsätzlich alle üblichen Pfahlarten eingesetzt werden. Insbesondere die Pfähle der wasserseitigen Kranbahn werden wegen der Durchbiegung der Uferwand zusätzlich durch Biegung beansprucht. Ebenso können einseitig größere Nutzlasten erhebliche waagerechte Zusatzlasten für die Gründungspfähle hervorrufen.

Die waagerechten Lasten aus dem Kranbetrieb müssen entweder durch den mobilisierten Erdwiderstand vor dem Kranbahnbalken, durch Schrägpfähle oder durch eine Verankerung aufgenommen werden.

Der Kranbahnbalken wird als elastischer Balken auf elastischer Stützung berechnet.

Anstelle einer Tiefgründung auf Pfählen können Kranbahnbalken auch auf einem Bodenaustausch oder einer Baugrundverbesserung flach gegründet werden.

7.2.8 Befestigung von Kranschienen auf Beton

Kranschienen sind auf Beton längsbeweglich aufzulagern und spannungsfrei einzubauen. Hierfür werden je nach Einsatzzweck erprobte Kranschienenlagerungen angeboten.

Nachfolgend werden einige Möglichkeiten der Lagerung von Kranschienen auf Beton vorgestellt.

7.2.8.1 Lagerung der Kranschiene auf einer durchlaufenden Stahlplatte über einer durchlaufenden Betonbettung

Bei der Lagerung der Kranschiene auf einer durchlaufenden Stahlplatte wird zunächst eine möglichst ebene Stahlplatte auf dem Kranbahnbalken ausgerichtet und in geeigneter Weise untergossen oder auf einem erdfeuchten, verdichtet eingebrachten Splittbeton gelagert. Die Kranschiene wird auf der durchlaufenden Stahlplatte in Längsrichtung nur geführt, in lotrechter Richtung aber so verankert, dass auch abhebende Kräfte aus der Wechselwirkung von Bettung und Schiene aufgenommen werden können. Für die Berechnung von Größtmoment und Verankerungskraft sowie der größten Betondruckspannung kann das Bettungszahlverfahren angewendet werden.

Die Abb. 7.37 zeigt ein Ausführungsbeispiel für eine schwere Kranbahn. Hier wurde der Bettungsbeton zwischen Winkelstählen eingestampft, abgezogen und oben mit einer Ausgleichschicht ≥ 1 mm aus Kunstharz oder einem dünnen Bitumenanstrich versehen.

Wird zwischen Beton und durchlaufender Stahlplatte eine elastische Zwischenschicht angeordnet, sind Schiene und Verankerung für diese weichere Bettung zu berechnen. Das kann zu größeren Abmessungen führen. Die Schienen sind zu verschweißen, um Schienenstöße weitgehend zu vermeiden. An Bewegungsfugen von Ufermauerblöcken sind kurze Schienenbrücken anzuordnen.

7.2.8.2 Brückenartige Auflagerung mit zentrierter Lagerung der Schiene auf Lagerplatten

Hierbei werden Lagerplatten besonderer Ausführung angewendet, die eine mittige Einleitung der lotrechten Kräfte in den Kranbahnbalken gewährleisten und die in Längsrichtung verschieblich gelagerte Schiene führen. Das Kippen der bei dieser Lagerung erforderlichen hohen Schienen ist zu verhindern. Abhebende Auflagerkräfte und horizontale Kräfte müssen aufgenommen werden können. Sie müssen sowohl abhebende Auflagerkräfte wie auch waagerechte Kräfte aufnehmen.

Diese Ausführung der Kranschienenbefestigung wird für übliche Stückgutkranbahnen und in Binnenhäfen bevorzugt auch für Massengutkranbahnen angewendet. In schwerer Ausführung ist sie vor allem bei den Bahnen für Schwerlastkrane, überschwere Uferentlader, Entnahmebrücken und dergleichen zu empfehlen. Als Laufschienen werden bei leichten Anlagen die Profile S 49 und S 64 eingesetzt. Bei schweren Anlagen werden nach DIN 536 Teil 1 und 2, PRI 85 oder MRS 125 oder überschwere Spezialschienen aus St 70 oder St 90 verwendet.

Ein Ausführungsbeispiel für eine leichte Anlage mit Lagerung der Schiene S 49 bzw. S 64 auf Lagerplatten nach Art des K-Oberbaus der Deutschen Bahn AG zeigt Abb. 7.38. Schiene, Lagerplatten, Anker und Spezialdübel werden fertig zusammengebaut auf die Schalung oder eine besondere Stützkonstruktion aus Stahl mit Justiermöglichkeiten ge-

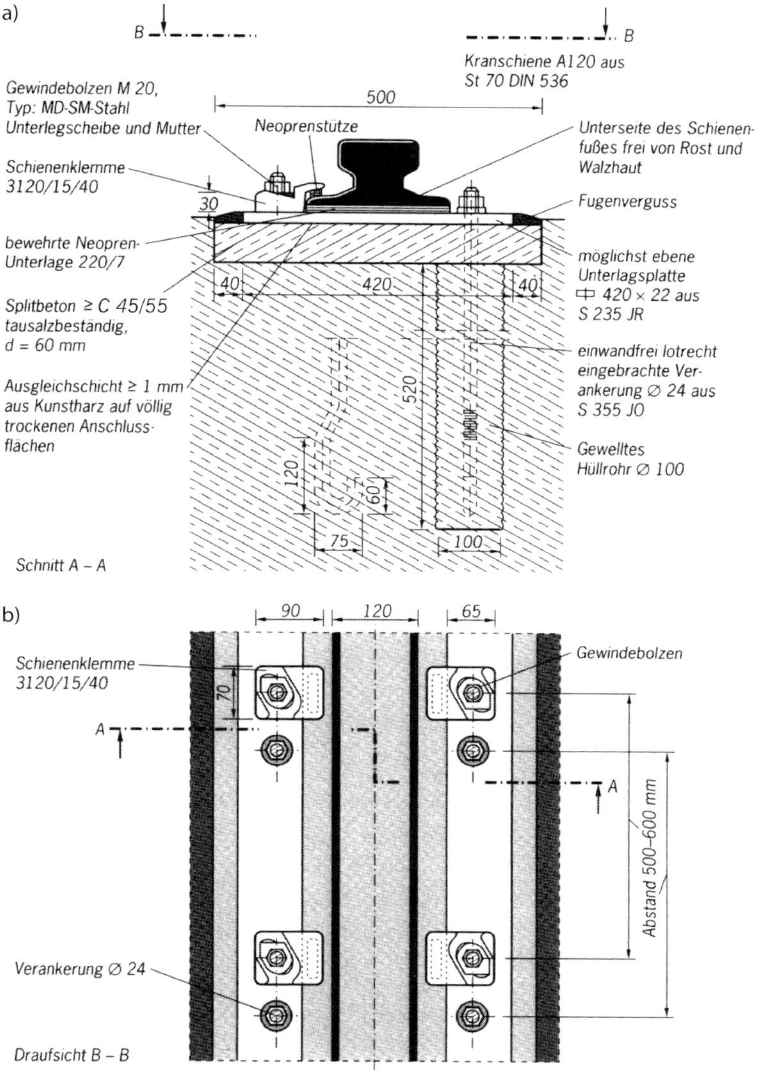

Abb. 7.37 Schwere Kranbahn auf durchgehender Betonbettung (Ausführungsbeispiel); (a) Schnitt A–A; (b) Draufsicht B–B.

setzt und unverschieblich befestigt. Der Beton wird dann mit Rüttelhilfe so eingebracht, dass die Lagerplatten satt aufliegen. Gelegentlich wird zwischen Lagerplatte und Unterkante Schiene eine etwa 4 mm dicke Kunststoffzwischenlage angeordnet (Abb. 7.38). Bei gewölbten Lagerplatten ist durch konstruktive Maßnahmen dafür zu sorgen, dass die Kunststoffzwischenlage nicht abrutschen kann.

Die Abb. 7.39 zeigt eine schwere Kranbahn, bei der die Auflager der Schiene in Längsrichtung nach oben gewölbt sind, sodass die Schiene auf den Wölbungen aufliegt. Die Lagerplatten sind mit einem schwindfreien Material unterstopft bzw. untergossen. Die Lagerplatten werden auch mit Langlöchern in Querrichtung versehen, damit ggf. Spur-

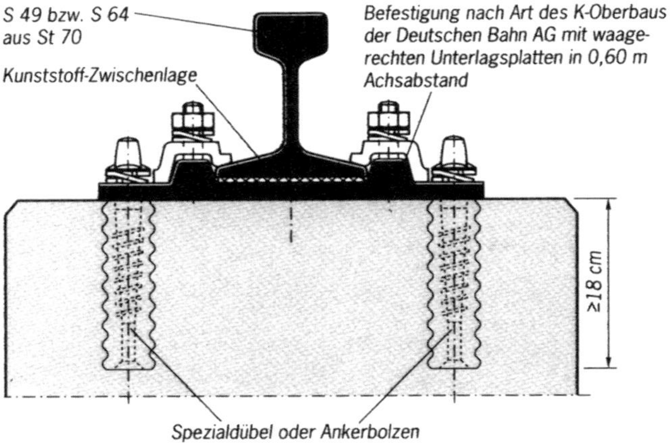

Abb. 7.38 Leichte Kranbahn auf Einzelstützen.

veränderungen ausgeglichen werden können. Diese Lagerung ist vor allem für Hochstegschienen vorzusehen.

Eine diskontinuierliche Auflagerung kann auch bei sehr hohen Radlasten vorgesehen werden. Für Kranschienen mit kleinem Widerstandsmoment, z. B. A 75 bis A 120 oder S 49, empfiehlt sich jedoch bei Lasten über ca. 350 kN eine durchgehende Auflagerung, da sonst die Platten- oder Tragkörperabstände zu gering werden.

7.2.8.3 Brückenartige Auflagerung mit Auflagerung der Schiene auf Schienentragkörpern (Schienenstühlen)

Bei der Lagerung der Schiene auf Schienentragkörpern (auch Schienenstühle genannt) ist die Schiene in statischer Hinsicht ein Durchlaufträger auf unendlich vielen Stützen. Um die Elastizität der Schiene zu nutzen, lagert die Schiene auf bis zu 8 mm dicken elastischen Zwischenlagen, z. B. aus Neopren (bis zu 12 N/mm^2 Pressung) oder Kautschukgewebeplatten, zwischen Schienenfuß und Schienenstuhl. Die elastischen Zwischenlagen reduzieren zusätzlich Stöße und Schläge auf Räder und Fahrgestelle der Krane.

Die Oberseite der Schienentragkörper ist gewölbt, das bewirkt eine mittige Einleitung der Auflagerkraft in den Beton. Diese „Wölblager“ liegen über der Oberkante des Betons, wegen der Nachgiebigkeit der Federringe der Schienenbefestigung kann sich die Schiene in Längsrichtung ausdehnen. Damit können Längenänderungen der Schiene aus Temperaturänderungen sowie Pendelbewegungen aufgenommen werden (Abb. 7.40). Die Schienentragkörper können durch ihre Formgebung allen gewünschten Erfordernissen angepasst werden. So lassen die Schienentragkörper u. a. eine nachträgliche Justierung der Schiene um $\Delta s = \pm 20$ mm in Querrichtung und um $\Delta h = +50$ mm in der Höhe zu.

Außerdem können seitliche Taschen zur Aufnahme von Kantenschutzwinkeln im Bereich von Überfahrten angeordnet werden.

Die Schienentragkörper werden gemeinsam mit der Schiene montiert. Nach dem Ausrichten und Fixieren wird eine zusätzliche Längsbewehrung durch besondere Öffnungen der Tragkörper gezogen und mit der aufgehenden Anschlussbewehrung der Unterkonstruktion verbunden (Abb. 7.40). Die Betongüte der Auflagerung richtet sich nach statischen Erfordernissen. Es ist jedoch mindestens C 20/25 erforderlich.

Wenn Setzungen und/oder waagerechte Verschiebungen der Kranschiene ein späteres Nachrichten der Schiene erforderlich machen, muss dies bereits bei der Planung durch

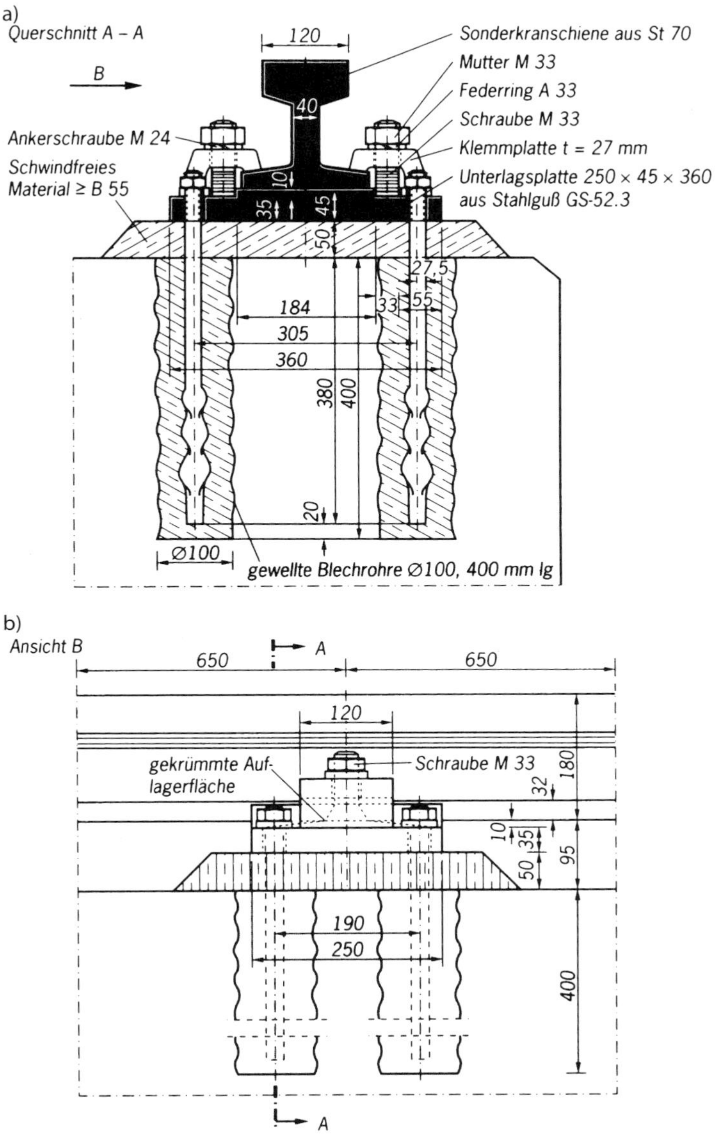

Abb. 7.39 Schwere Kranbahn auf unterstopften Einzelstützen; (a) Querschnitt A–A, (b) Ansicht B.

die Wahl von Schienentragkörpern mit entsprechender Justiermöglichkeit berücksichtigt werden.

7.2.8.4 Überfahrbare Kranbahnen

Der Hafenbetrieb erfordert häufig, dass die Kranschienen von straßengebundenen Verkehrsmitteln und Hafenumschlaggeräten überfahren werden können. Zu diesem Zweck müssen die Kranschienen so verlegt werden, dass der Schienenkopf mit der Hafenfläche bündig ist.

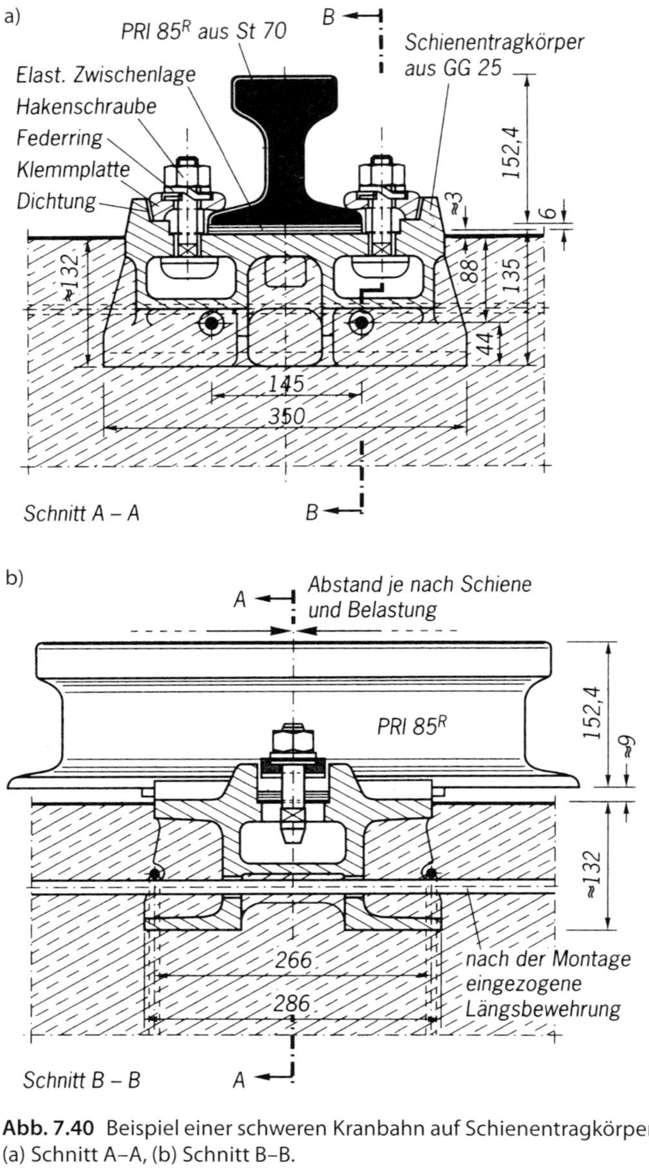

Abb. 7.40 Beispiel einer schweren Kranbahn auf Schienentragkörpern;
(a) Schnitt A–A, (b) Schnitt B–B.

1) Überfahrbare schwere Kranbahnschiene:
   Die Abb. 7.41 zeigt eine erprobte Ausführung einer überfahrbaren schweren Kranbahnschiene. Die Kranbahnschiene ist auf dem Kranbahnbalken auf einem Splittbeton > C 45/55 gebettet, der über eine Flachstahlleiste (Leiterlehre) waagerecht abgezogen wird. Zur Lastverteilung liegt die auf der Unterseite mit einem dünnen Bitumenanstrich versehene Schiene auf einer durchgehenden Auflagerplatte, die auf einer Ausgleichschicht > 1 mm aus Kunstharz gebettet ist. Die Auflagerplatte ist mit der Befestigungskonstruktion nicht verbunden, um eine Lastabtragung aus den Längsbewegungen von Schiene und Auflagerplatte auf die Bolzen der Schienenbefestigung zu vermeiden. Die genaue Positionierung der Bolzen wird durch nachträg-

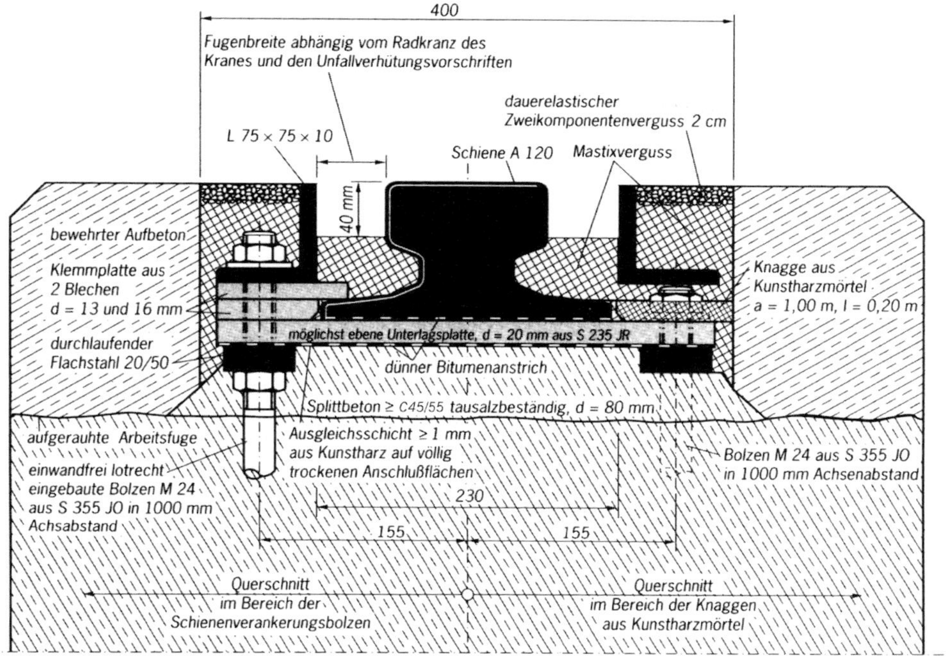

Abb. 7.41 Ausführungsbeispiel einer überfahrbaren schweren Kranbahn (die Bewehrung ist nicht dargestellt).

lich eingesetzte Bolzen gewährleistet. Das muss jedoch bereits beim Bewehren des Kranbahnbalkens berücksichtigt werden, damit zwischen den Bewehrungsstäben ausreichend Platz für die zur Aufnahme der Befestigungsbolzen einzubetonierenden Blech- oder Kunststoffrohre vorhanden ist. Gegebenenfalls können die Löcher für die Bolzen aber auch nachträglich eingebohrt werden.

Um auch Horizontalkräfte quer zur Schienenachse abzutragen und die Schiene in genauer Lage zu halten, werden in Abständen von ca. 1 m zwischen dem Fuß der Schienenkonstruktion und den angrenzenden seitlichen Kanten des Aufbetons ca. 20 cm breite Knaggen aus Kunstharzmörtel eingebracht.

Der Mastixverguss im Kopfbereich des mit Bügeln an den Kranbahnbalken angeschlossenen bewehrten Aufbetons erhält in den oberen 2 cm zweckmäßig einen dauerelastischen Zweikomponentenverguss.

Weitere Einzelheiten können Abb. 7.41 entnommen werden.

2) Überfahrbare leichte Kranbahnschiene:

Die Abb. 7.42 zeigt eine erprobte Ausführung für eine überfahrbare leichte Kranbahnschiene.

Auf dem eben abgezogenen Kranbahnbalken werden in Abständen von ca. 60 cm waagerechte Rippenplatten mit Dübeln und Schwellenschrauben befestigt. Die Kranschiene, beispielsweise S 49, wird nach Vorschrift der Deutschen Bahn AG durch Klemmplatten und Hakenschrauben mit den Rippenplatten verbunden. Zum Ausgleich geringer Höhendifferenzen in der Betonoberfläche können beispielsweise Stahlbleche, Kunststoffplatten oder dergleichen als Ausgleichsplatten unter dem Schienenfuß eingebaut werden.

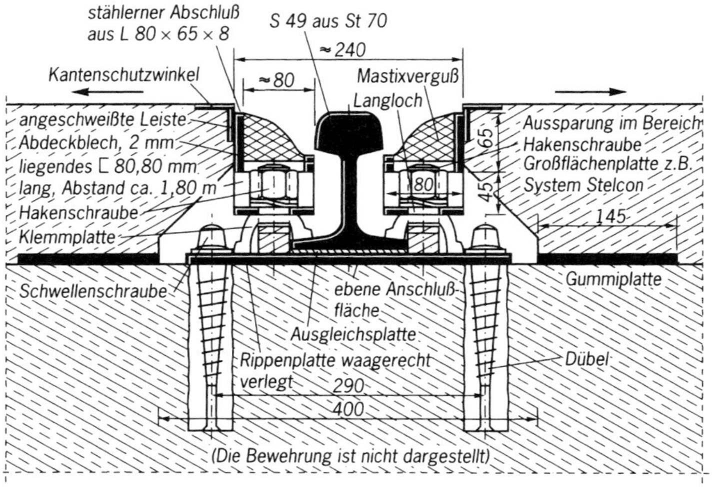

Abb. 7.42 Ausführungsbeispiel einer überfahrbaren leichten Kranbahn.

Als Widerlager für seitlich anstoßende Stahlbetongroßflächenplatten wird ein durchgehender stählerner Abschluss eingebaut. Dieser besteht aus einem parallel zum Schienenkopf verlaufenden Winkel L 80 · 65 · 8 aus S 235 JR, unter dem im Abstand von je drei Rippenplatten 80 mm lange U 80-Profilabschnitte geschweißt sind, die zur Befestigung an den Hakenschrauben unten mit Langlöchern versehen sind. Im Bereich der dazwischenliegenden Rippenplatten wird der Winkel durch 8 mm dicke Bleche ausgesteift. Über den Befestigungsmuttern erhält er im waagerechten Schenkel Aussparungen, die nach Anziehen der Muttern durch 2 mm dicke Bleche abgedeckt werden. Damit der dann folgende Mastixverguss unten ausreichenden Halt hat, wird am Schenkelende des Winkels entlang des Schienenkopfes eine Leiste angeschweißt.

Stahlbetongroßflächenplatten zur Befestigung der Hafenfläche, wie z. B. Stelcon-Platten, werden lose gegen den stählernen Abschluss gelegt. Dabei empfiehlt es sich, Gummiplatten unterzulegen, die ein Kippen der Platten verhindern und gleichzeitig eine Entwässerung der Fläche von der Kranschiene weg ermöglichen.

7.2.8.5 Hinweis zur Berücksichtigung der Schienenabnutzung

Bei allen Kranlaufschienen muss bereits im Entwurf die für das vorgesehene Verkehrsalter zu erwartende Abnutzung berücksichtigt werden. In der Regel genügt hierfür bei guter Schienenauflagerung ein Höhenabzug von 5 mm. Außerdem ist zur Erhöhung der Lebensdauer der Schienen je nach Ausführung der Lagerung eine mehr oder weniger häufige Wartung und Kontrolle der Befestigungen zu empfehlen.

7.2.8.6 Kantenpressungen

Wenn Kantenpressungen zwischen der Schienenbefestigung und dem darunter befindlichen Mörtel durch wandernde Lasten nicht konstruktiv sicher vermieden werden, sind diese bei der Berechnung des Mörtels zu berücksichtigen. Wenn sich unter der Platte eckige Teile von Schrauben befinden, ist nachzuweisen, dass keine Beschädigung des Mörtels durch Kerbwirkung oder elastische Verformungen auftreten kann.

7.2.9 Anschluss der Dichtung der Bewegungsfuge in einer Stahlbetonsohle an eine tragende Umfassungsspundwand aus Stahl

Stahlbetonsohlen mit Bewegungsfugen, beispielsweise in einem Trockendock oder dergleichen, werden gegen große gegenseitige Verschiebungen in lotrechter Richtung durch eine Verzahnung in Form eines Eselsrückens gesichert. Dabei sind nur geringfügige gegenseitige lotrechte Verschiebungen möglich. Der Übergang der Sohle zu einer lotrecht tragenden, angeschlossenen Umfassungsspundwand aus Stahl wird als fest an die Spundwand angeschlossener verhältnismäßig schmaler Stahlbetonbalken ausgebildet, an den die durch die Bewegungsfuge getrennten Sohlplatten ebenfalls mit einem Eselsrücken verzahnt gelenkig angeschlossen werden.

Die Verzahnung wird auch im Anschlussbalken ausgeführt.

Die Bewegungsfuge der Sohlplatte wird von unten durch ein Fugenband mit Schlaufe abgedichtet. Dieses Band endet bei den wellenförmigen Stahlspundwänden aus U-Profilen nach Abb. 7.43 an einem Wellenberg einer eigens hierzu einzubauenden Einzelbohle.

Bei z-förmigen Profilen nach Abb. 7.44 endet das Fugenband auf einem über das gesamte Wellental geschweißten Anschlussblech. Im Anschlussbereich wird das Band hochgezogen und angeklemmt.

Die Schlösser der Anschlussbohlen (Einzelbohle bei U-Profil, Doppelbohle bei Z-Profil) sind vor dem Einbringen mit einem Gleitmittel großzügig einzuschmieren.

Weitere Einzelheiten sind Abb. 7.43 und 7.44 zu entnehmen.

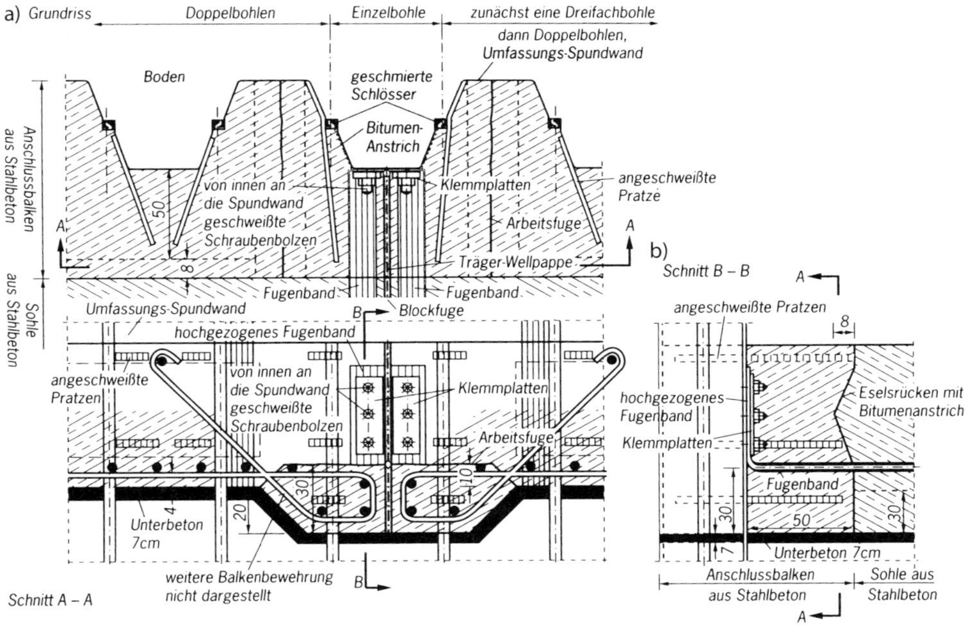

Abb. 7.43 Anschluss der Sohlendichtung einer Bewegungsfuge an eine u-förmige Spundwand (Beispiel); (a) Schnitt A–A, (b) Schnitt B–B.

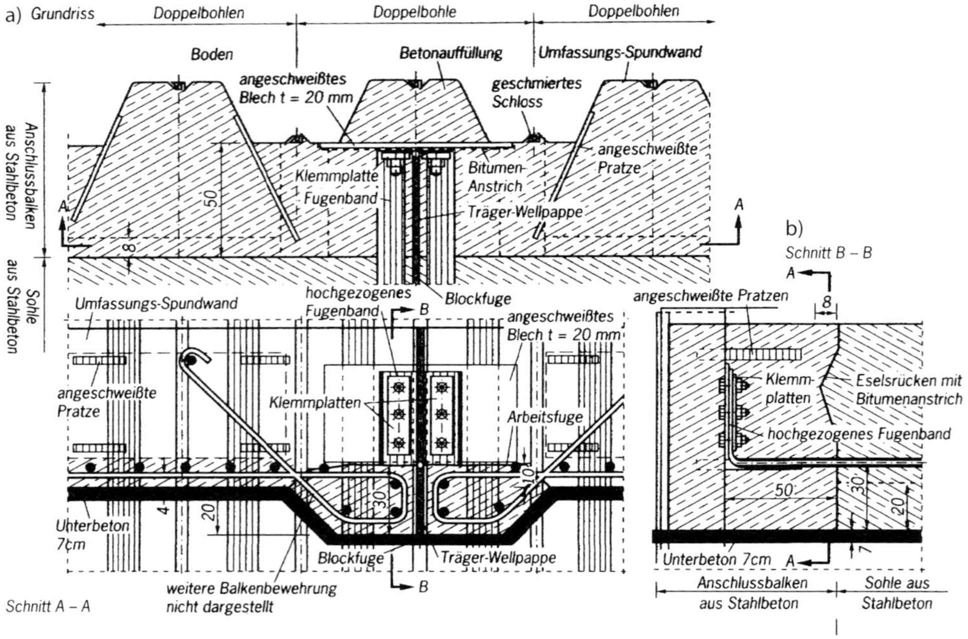

Abb. 7.44 Anschluss der Sohlendichtung einer Bewegungsfuge an eine z-förmige Spundwand (Beispiel); (a) Schnitt A–A, (b) Schnitt B–B.

7.2.10 Anschluss einer Stahlspundwand an ein Betonbauwerk

Der Anschluss einer Stahlspundwand an ein Betonbauwerk ist immer eine Sonderkonstruktion und muss entsprechend den bestehenden geometrischen Verhältnissen konstruiert werden. Dabei muss im Vordergrund stehen, dass die Konstruktion auf der Baustelle zuverlässig ausgeführt werden kann. Daher sollten möglichst einfache, aber robuste Ausführungen angestrebt werden.

Der Anschluss zwischen Spundwand und Betonbauwerk muss gegenseitige lotrechte Bewegungen der Bauwerke zulassen, andererseits aber z. B. im Wasserbau dauerhaft dicht sein.

Die Abb. 7.45 zeigt Ausführungsbeispiele für den Anschluss einer Spundwand aus U-Bohlen an ein Betonbauwerk.

Wenn das Betonbauwerk neu erstellt wird, kann bei dessen Herstellung eine coupierte Einzelbohle mit angeschweißten Pratzen durch die Schalung gesteckt und mit einbetoniert werden. Die anschließende Spundwand wird dann in das Schloss der einbetonierten Bohle eingefädelt (Abb. 7.45a). Das Anschlussschloss muss mit einer plastischen Masse gefüllt werden, damit es gängig bleibt (siehe Abschn. 8.1.3.3).

Wenn eine Stahlspundwand an ein bereits bestehendes Betonbauwerk angeschlossen werden muss, ist beispielsweise eine Lösung nach Abb. 7.45b empfehlenswert. Hier wird eine U-Bohle mit angeschweißtem Schloss an das Betonbauwerk angedübelt, und der Zwischenraum wird verfüllt. Anstelle von bituminiertem Mischkies hat sich auch eine Verfüllung mit kleinen Säcken mit Frischbeton (Sackbeton) bewährt. In das angeschweißte Schloss wird dann die Spundwand eingefädelt. Um die Dichtigkeit dieses

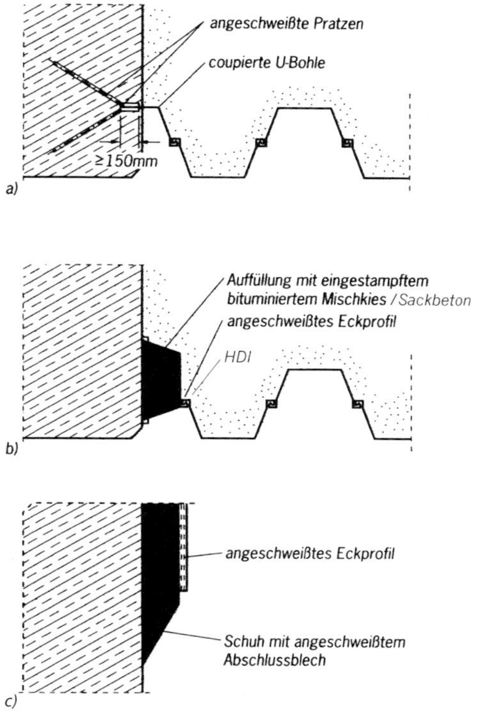

Abb. 7.45 Anschluss einer Spundwand aus U-Bohlen an ein Bauwerk: (a) Anschluss an ein erst zu erstellendes Betonbauwerk; (b) Anschluss an ein vorhandenes Betonbauwerk; (c) Anschluss an ein vorhandenes Betonbauwerk (Schnitt)

Anschlusses dauerhaft zu sichern, kann eine Vermörtelung des Bodens hinter der Wand mit Hochdruckinjektion sinnvoll sein.

Sinngemäße Ausführungsbeispiele für den Anschluss einer Spundwand mit Z-Bohlen zeigt Abb. 7.46.

Sind hohe Anforderungen an die Wasserdichtheit und/oder Beweglichkeit des Anschlusses zu stellen, sollte der Anschluss mit Fugenbändern erfolgen, die mit Klemmplatten an die Spundwand und an einen Festflansch in der Betonkonstruktion angeschlossen werden (Abb. 7.47). Die Einbindetiefen der Spundwand sind so festzulegen, dass eine Umströmung bei Einbindung in gering durchlässige Schichten entweder unterbunden wird oder die Länge der Sickerwege groß genug ist, um die zuströmende Wassermenge auf eine zulässige Größenordnung zu beschränken und hydraulischen Grundbruch auszuschließen. Bei der Bewertung der Dichtwirkung sind auch Bewegungen der Bauteile gegeneinander zu berücksichtigen.

Auf DIN 18195, Teile 1–4 sowie 6, 8, 9 und 10 wird besonders hingewiesen.

7.2.11 Stahlholme für Stahlspundwände bei Ufereinfassungen

7.2.11.1 Allgemeines

Stahlholme für Stahlspundwände werden nach konstruktiven, statischen, betrieblichen und einbautechnischen Gesichtspunkten ausgebildet. Für Uferbauwerke aus Stahlbeton gilt Abschn. 7.2.12

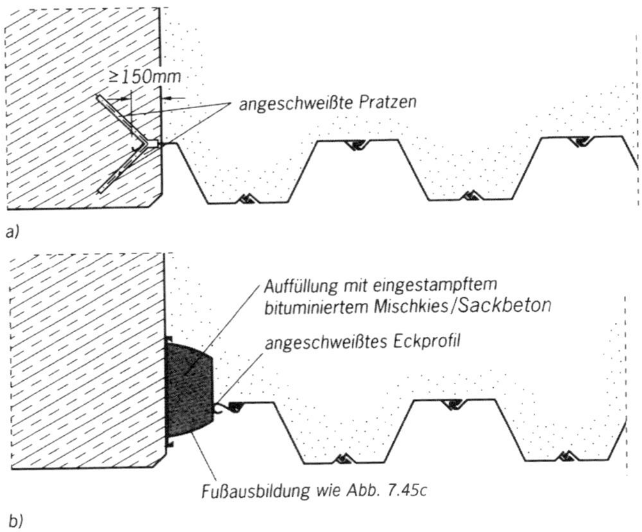

Abb. 7.46 Anschluss einer Spundwand aus Z-Bohlen an ein Betonbauwerk: (a) Anschluss an ein erst zu erstellendes Betonbauwerk; (b) Anschluss an ein vorhandenes Betonbauwerk.

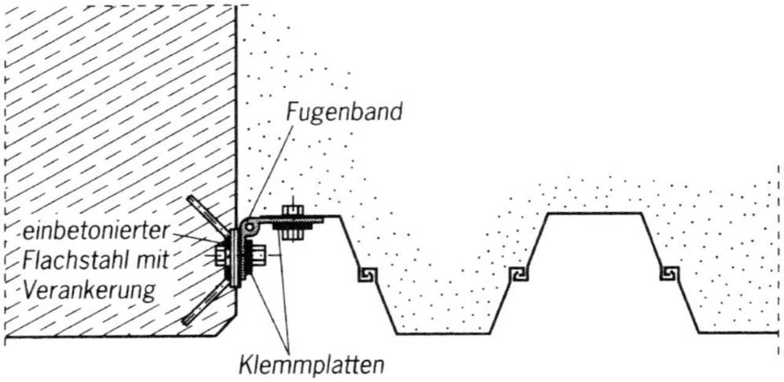

Abb. 7.47 Anschluss einer Spundwand aus U-Bohlen an ein Betonbauwerk bei hohen Anforderungen an die Dichtheit des Anschlusses.

7.2.11.2 Konstruktive und statische Anforderungen

Der Holm dient zur Abdeckung der Spundwand (Abb. 7.48). Bei entsprechender Biegesteifigkeit (Abb. 7.49) kann er auch zur Übernahme von Kräften beim Ausrichten des Spundwandkopfes und von Lasten aus dem Betrieb herangezogen werden. Der Spundwandkopf kann mit dem Holm allerdings nur dann ausgerichtet werden, wenn die Spundwand genügend hoch freisteht und sich entsprechend verformen kann.

Ist der Abstand zwischen Holm und Gurt klein, wird die Spundwand vorwiegend mit dem steiferen Gurt ausgerichtet.

Im Betrieb verteilt der Holm am Spundwandkopf einwirkende ungleichmäßige Belastungen, und er verhindert ungleichmäßige Kopfauslenkungen.

Eine Regelausbildung eines Holmes zeigt Abb. 7.48.

Je größer der Abstand zum Gurt ist, umso wichtiger ist, dass der Holm die notwendige Eigensteifigkeit hat, um die Wand auszurichten. Dabei sind auch angreifende Anlegedrücke zu beachten. Einen verstärkten Holm bzw. Holmgurt zeigt Abb. 7.49.

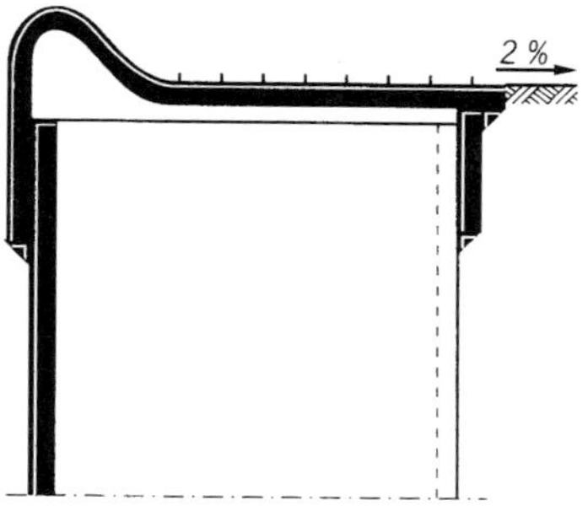

Abb. 7.48 Gewalzte oder gepresste Stahlholme mit Wulst, an die Spundwand geschweißt.

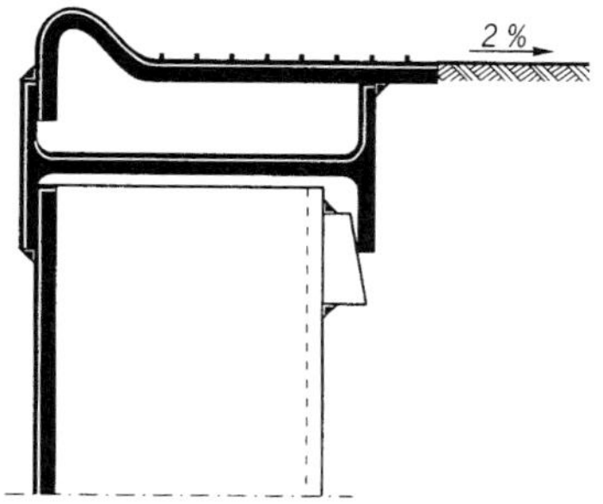

Abb. 7.49 Verschweißter Holmgurt mit hohem Widerstandsmoment.

Damit sich der Holm unter Beanspruchung nicht durchbiegt oder ausbeult, wird er gemäß Abb. 7.48 in breiten Wellentälern mit Aussteifungen verstärkt, die an Holm und Spundwand angeschweißt werden.

Dient der Holm auch als Gurt (Holmgurt), muss er gemäß Abschn. 9.2.1 und 9.2.2 ausgebildet und bemessen werden.

7.2.11.3 Betriebliche Anforderungen

Die Oberkante des Holms muss so beschaffen sein, dass darüber geführte Trossen nicht beschädigt werden oder den Kaikopf beschädigen. Es ist ferner darauf zu achten, dass Trossen und Leinen (z. B. auch dünne Wurfleinen) nicht in Zwischenräume, Spalten oder Ähnliches geraten können. Zum Schutze gegen Abgleiten von Personen sollte der vordere Teil des Holms als Wulst ausgebildet werden. Die horizontalen Bereiche des Holms sind möglichst mit einer Profilierung (Warzen, Riffel) als Gleitschutz zu versehen (Abb. 7.48 und 7.49).

Bei starkem Fahrzeugverkehr empfiehlt sich eine aufgeschweißte Schiene als Kantenschutz (Abb. 7.50). Ist gemäß Abschn. 7.1.3.4 eine wasserseitige Kranschiene vorhanden, wird diese in den Kantenschutz einbezogen.

Die Wasserseite des Holms muss glatt sein. Unvermeidbare Kanten sind möglichst abzufasen. Die Konstruktion ist außerdem so zu gestalten, dass Schiffe nicht unterhaken und an Umschlagkaien Holmteile durch Kranhaken nicht abgerissen werden können (Abb. 7.50).

7.2.11.4 Lieferung, Einbau und Korrosionsschutz

Die Stahlholmteile müssen unverzogen und maßgerecht auf die Baustelle geliefert werden. Bei der werkstattmäßigen Bearbeitung sind die Toleranzen für die Profilbreite und -höhe der Spundwandprofile und die Abweichungen beim Rammen zu beachten. Soweit

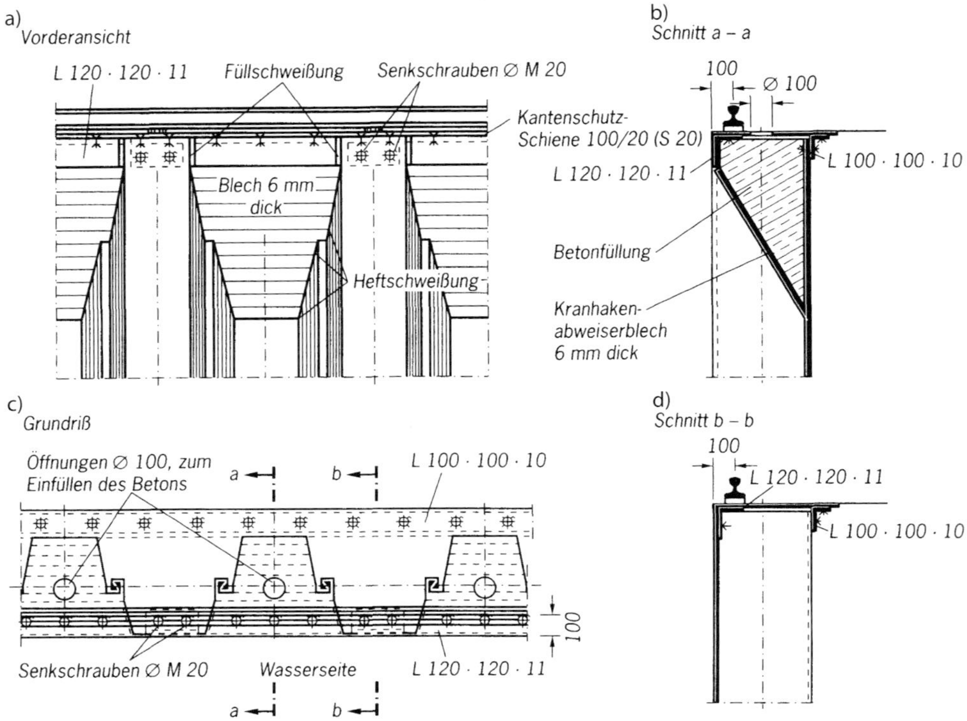

Abb. 7.50 Sonderausführung eines Stahlspundwandholms mit Kranhakenabweiser; (a) Vorderansicht, (b) Grundriss, (c) Schnitt a–a, (d) Schnitt b–b.

erforderlich, sind die Holme auf der Baustelle anzupassen und auszurichten. Holmstöße werden mit voller Querschnittsdeckung (Vollstöße) ausgebildet.

Nach dem Einbau des Holms ist dieser von der Rückseite her mit verdichtetem Sand zu hinterfüllen, um ihn vor Korrosion zu schützen. Die Hinterfüllung ist zu ergänzen, wenn sie sich so gesetzt hat, dass der Holm freiliegt.

Liegt der Holm so tief, dass überflutet oder überströmt werden kann oder im Bereich von Wellenschlag oder gar planmäßig unter dem Wasserspiegel, besteht die Gefahr, dass eine zum Schutz gegen Korrosion eingebrachte Hinterfüllung ausgespült wird.

Um das zu verhindern, ist ein erosionsstabiler und dichter Abschluss zwischen Stahlholm und Spundwand erforderlich. Dieser kann beispielsweise durch Hinterfüllen des Holms mit Beton hergestellt werden. Die Hinterfüllung aus Beton muss durch an den Holm angeschweißte Pratzen oder Bolzen gesichert werden. Unter dem anschließenden Pflaster der Hafenfläche muss ein Kornfilter oder ein geotextiler Filter angeordnet werden, damit die Bettung des Pflasters nicht ausgewaschen wird.

7.2.12 Stahlbetonholme für Stahlspundwände bei Ufereinfassungen

7.2.12.1 Allgemeines

Für die Ausbildung von Stahlbetonholmen für Stahlspundwände sind statische, konstruktive, betriebliche sowie einbautechnische Gesichtspunkte maßgebend.

7.2.12.2 Statische Forderungen

Der Holm dient in vielen Fällen nicht nur zur Abdeckung der Spundwand, sondern er steift gleichzeitig die Spundwand aus und wird damit auch durch horizontale und lotrechte Einwirkungen beansprucht. Überträgt er als Holmgurt auch Verankerungskräfte, muss er entsprechend kräftig ausgebildet werden, zumal dann, wenn er zusätzlich noch eine unmittelbar aufgesetzte Kranbahn zu tragen hat.

Bezüglich des Ansatzes der horizontalen und lotrechten Einwirkungen gilt Abschn. 9.2.2 sinngemäß. Hinzu kommen in Bereichen mit Pollern oder sonstigen Festmacheeinrichtungen die auf diese wirkenden Lasten (Abschn. 4.9 und 4.10), sofern letztere nicht durch Sonderkonstruktionen aufgenommen werden. Darüber hinaus sind auch noch die lotrechten und die horizontalen Kranradlasten aufzunehmen (Abschn. 4.11), wenn ein Stahlbetonholm eine unmittelbar aufgesetzte Kranbahn trägt (Abb. 7.52). In den statischen Nachweisen wird der Stahlbetonholm sowohl in waagerechter als auch in lotrechter Richtung zweckmäßig als auf der Spundwand elastisch gebetteter biegsamer Balken betrachtet. Die horizontale Bettung kann bei schweren Holmen für Seeschiffskaimauern näherungsweise mit einem Bettungsmodul $k_{s,bh} = 25\,MN/m^3$ erfasst werden. Die Bettung in senkrechte Richtung hängt weitgehend vom Profil der Wand, von deren Länge und von der Holmbreite ab. Der Bettungsmodul $k_{s,bv}$ für die senkrechte Bettung muss daher für jedes Bauwerk besonders ermittelt werden.

Im Rahmen der Entwurfsplanung darf der senkrechte Bettungsmodul näherungsweise mit $k_{s,bv} = 250\,MN/m^3$ angenommen werden, für die Ausführungsplanung des Holms sind für die Bettungsbedingungen Grenzbetrachtungen anzustellen, die Bemessung muss für den ungünstigsten Fall erfolgen.

An den Holm angeschlossene Verankerungen des Spundwandbauwerks oder von Pollerfundamenten sind im Rahmen der Bemessung zu berücksichtigen.

Besondere Beachtung ist den Beanspruchungen des Holms aus Längenänderungen infolge Schwinden und Temperaturwechseln zu widmen. Die Längenänderungen des Holms können durch die angeschlossene Spundwand und die Hinterfüllung stark behindert werden, sodass entsprechende Beanspruchungen aus Schwinden und Temperaturänderungen möglich sind.

Bezüglich der für Stahlbetonholme zu verwendenden Betongruppen und der Bewehrungsführung wird auf Abschn. 10.2 verwiesen.

Lotrechte Lasten in der Spundwandebene werden im Allgemeinen mittig in den Spundwandkopf eingeleitet. Dazu muss der Stahlbetonholm unmittelbar über der Spundwand eine ausreichende Spaltzugbewehrung haben. Auf wellenförmigen Stahlspundwänden kann der Stahlbetonholm mit bauaufsichtlich zugelassenen Schneidenlagerungen aufgelagert werden. Bei Einleitung großer Einzellasten, z. B. aus einer Kranbahn, über den Holm in die Spundwand sollte sichergestellt werden, dass diese z. B. durch entsprechende Schlossverschweißungen die Lasten wie eine Scheibe abtragen kann.

Geometrische Vorgaben aus dem Hafenbetrieb können eine außermittige Auflagerung der vorderen Kranschiene auf dem Holm notwendig machen.

Die sichere Überleitung aller Schnittkräfte aus dem Holm in die Wand ist nachzuweisen.

7.2.12.3 Konstruktive und betriebliche Anforderungen

Der Spundwandkopf ist vor dem Betonieren des Holms soweit erforderlich auszurichten. Hierzu kann der planmäßig vorgesehene Stahlgurt oder ein Hilfsgurt aus Stahl dienen. Der Stahlbetonholm bildet dann die optisch wichtige Flucht der Wand.

Um im Bedarfsfall auch im Bereich des Spundwandkopfs eine ausreichende Betonüberdeckung sicherzustellen, muss der Holm breit genug sein. Im Allgemeinen soll der planmäßige Überstand des Betons über die Spundwand je nach Ausbildung sowohl zur Boden- als auch zur Wasserseite hin mindestens 15 cm und die Höhe des Betonholms mindestens 50 cm betragen (Abb. 7.51 und 7.52). Die Spundwand soll ca. 10–15 cm in den Betonholm einbinden.

Ein Stahlbetonholm sollte so hoch über dem Wasserspiegel angeordnet werden, dass die Spundwand unmittelbar unter dem Betonholm zugänglich ist, damit dieser Bereich regelmäßig auf Korrosion kontrolliert und ein eventuell vorhandener Korrosionsschutz erneuert werden kann.

Bei Uferbauwerken, z. B. im Salzwasser oder im Brackwasser, bei denen die Gefahr der Korrosion besonders groß ist, sollte die Spundwand wasserseitig bis zur Oberkante der Uferwand hochgezogen und der Stahlbetonholm hinter der Spundwand angeordnet

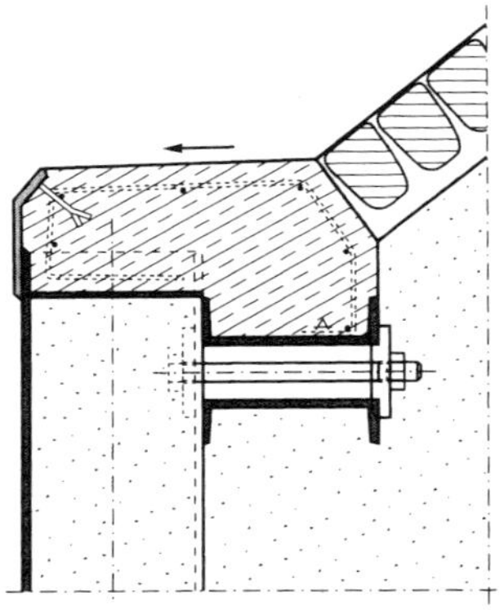

Abb. 7.51 Stahlbetonholm für eine Wellenspundwand ohne wasserseitige Betonüberdeckung bei einem teilgeböschten Ufer.

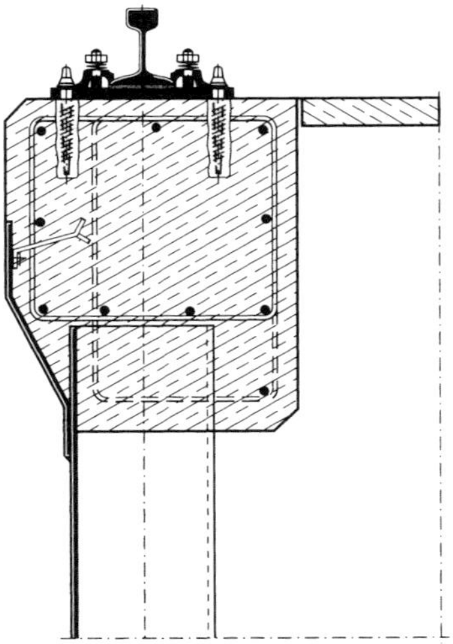

Abb. 7.52 Stahlbetonholm für eine Wellenspundwand mit beidseitiger Betonüberdeckung und unmittelbar aufgesetzter Kranbahn.

werden. So wird die schwer zu verhindernde Korrosion am Übergang von Stahl zu Beton auf der Wasserseite wirkungsvoll vermieden.

Um zu vermeiden, dass Schiffskörper unter dem Stahlbeton unterhaken können, wird der Holm – ähnlich wie in Abb. 7.52 dargestellt – an der Wasserseite unten mit einem unter 2 : 1 oder steiler abgeknickten Stahlblech versehen. Die untere Kante dieses Stahlblechs wird mit der Spundwand verschweißt bzw. entsprechend Abb. 7.50 in die wasserseitigen Täler der Spundwand eingeschweißt.

Auf der Wasserseite kann der Stahlbetonholm mit einem an die Spundwand geschweißten Stahlprofil geschützt werden (Abb. 7.51). Diese Lösung ist im Allgemeinen wirtschaftlicher als eine geschraubte Verbindung des Stahlprofils mit der Spundwand. Über den Spundwandtälern sind dann Pratzen anzubringen, mit denen das Stahlprofil im Beton des Holms verankert wird. Zum Schutz von über den Holm laufenden Leinen ist das Schutzprofil oben abzukanten (Abb. 7.51). Unregelmäßigkeiten in der Flucht des Spundwandkopfs bis zu etwa 3 cm können durch Unterfüttern ausgeglichen werden.

Der Holm wird mit einem Kanten- und Gleitschutz nach Abschn. 7.2.12 bzw. DIN 19703 versehen. Die dort formulierten Hinweise gelten sinngemäß.

Die Bügelbewehrung von Stahlbetonholmen ist so auszubilden, dass sie die durch die Spundwand getrennten Teilquerschnitte schubfest verbindet. Zu diesem Zweck werden die Bügel entweder mit den Spundwandstegen verschweißt, oder sie werden durch in die Spundwand gebrannte Löcher gesteckt bzw. in Schlitze in der Spundwand eingelegt.

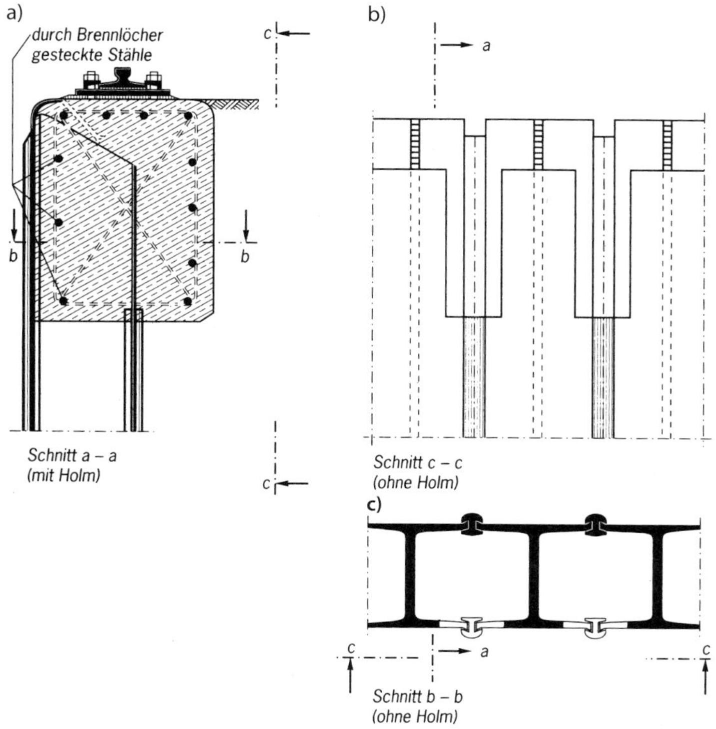

Abb. 7.53 Stahlbetonholm für eine Kastenspundwand ohne wasserseitige Betonüberdeckung mit unmittelbar aufgesetzter Kranbahn: (a) Schnitt a–a (mit Holm), (b) Schnitt c–c (ohne Holm), (c) Schnitt b–b (ohne Holm).

Wird der Holm über der Spundwand zum Abtragen der lotrechten Lasten auf Spaltzug bewehrt, müssen zusätzliche Bügel, beispielsweise beiderseits der Spundwand in den Wellentälern, eine schubfeste Bewehrung auch auf der Unterseite des Holms sicherstellen.

Eine Auflagerung des Stahlbetonholms auf bauaufsichtlich zugelassenen Schneidenlagern ermöglicht einen geschlossenen Querschnitt des Holms, sodass in diesem Fall eine besondere Bewehrungsführung der Bügel nicht erforderlich ist.

Auch Stahlbetonholme auf Kastenspundwänden können mit vorderen Stahlprofilen geschützt werden (Abb. 7.53). Die Bewehrung wird dabei in den Zellen der Spundwand verlegt. Hierzu werden die Stege und Flansche entsprechend ausgeschnitten und soweit erforderlich mit Brennlöchern versehen. In gleicher Weise können Stahlbetonholme auf kombinierten Spundwänden ausgeführt werden.

Stahlbetonholme können soweit erforderlich örtlich verstärkt werden, damit Poller direkt auf ihnen abgesetzt werden können (Abb. 7.54). Große Trossenzugkräfte werden in solchen Fällen am besten mit schweren Rundstahlankern aufgenommen, um die Ankerdehnung und damit die Biegemomente im Holm klein zu halten.

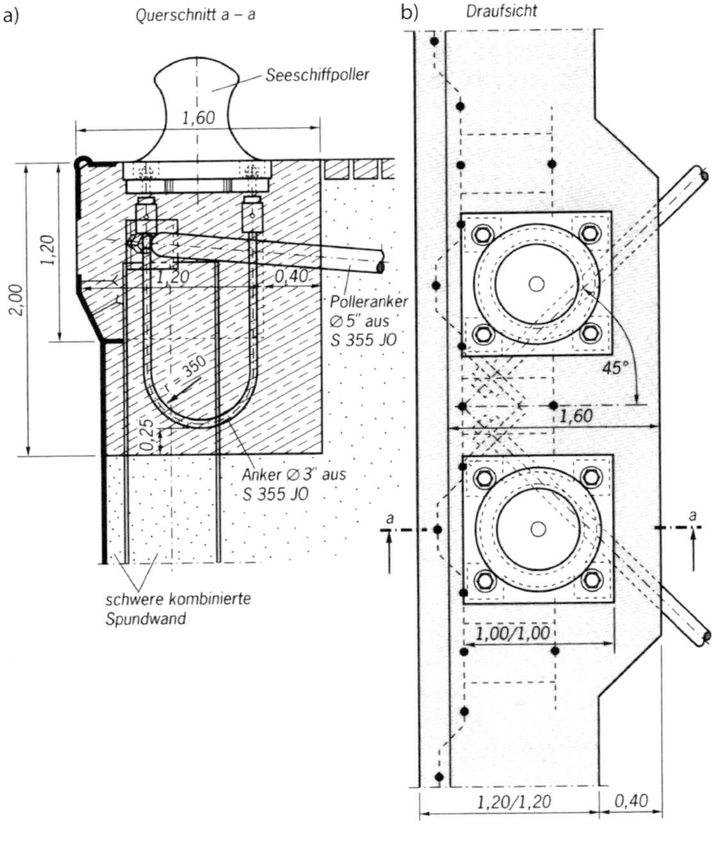

Abb. 7.54 Schwerer Stahlbetonholm einer Seeschiffskaimauer. Ausbildung im Bereich einer Pollergründung mit Verankerung: (a) Querschnitt a–a, (b) Draufsicht.

7.2.12.4 Dehnungsfugen

Unter Berücksichtigung aller auftretenden Einwirkungen aus Lastbeanspruchungen und Zwang (Schwinden, Kriechen, Setzungen, Temperatur) können Stahlbetonholme fugenlos ausgebildet werden, wenn die dann auftretenden Risse akzeptiert werden können. Die rechnerischen Rissbreiten sind unter Beachtung der Umweltbedingungen zu begrenzen (Abschn. 10.1).

Sind planmäßig Bewegungsfugen vorgesehen, sollten die Blocklängen so festgelegt werden, dass keine nennenswerten Zwangskräfte in Blocklängsrichtung auftreten. Andernfalls sind die Zwangskräfte unter Beachtung der Unterkonstruktionen bzw. des Untergrundes entsprechend zu berücksichtigen.

Auch die Fugen selbst müssen örtlich so ausgebildet werden, dass die Längenänderungen des Stahlbetonholms im Bereich der Fugen nicht durch die Spundwand beeinträchtigt werden. Hierzu bietet es sich, beispielsweise bei Wellenspundwänden, an, die Dehnungsfuge unmittelbar über einem Steg der Spundwand anzuordnen. Der Steg wird dann mit einer elastischen Auflage versehen, die die Längenänderungen des Holms ohne Zwängungsspannungen aufnehmen kann.

Wird die Dehnungsfuge des Holms über einem Wellental der Spundwand angeordnet, darf die Bohle dieses Wellentals nur wenig in den Stahlbetonholm einbinden und muss zur Sicherung der Bewegungsmöglichkeit mit einer kräftigen elastischen Auflage abgedeckt werden, die den direkten Kraftschluss mit dem Holm verhindert und gleichzeitig einen dichten Anschluss zwischen Holm und Spundwand sicherstellt. Ein Beispiel für eine solche Fuge des Holms über dem Wellental einer Spundwand zeigt Abb. 7.55.

Horizontale Kräfte können an den Dehnungsfugen von Stahlbetonholmen mit hinreichend großem Querschnitt durch Verzahnung über rechteckige Querschnitte übertragen werden. Holme mit geringeren Querschnittsabmessungen können mit einem Stahldorn verdübelt werden.

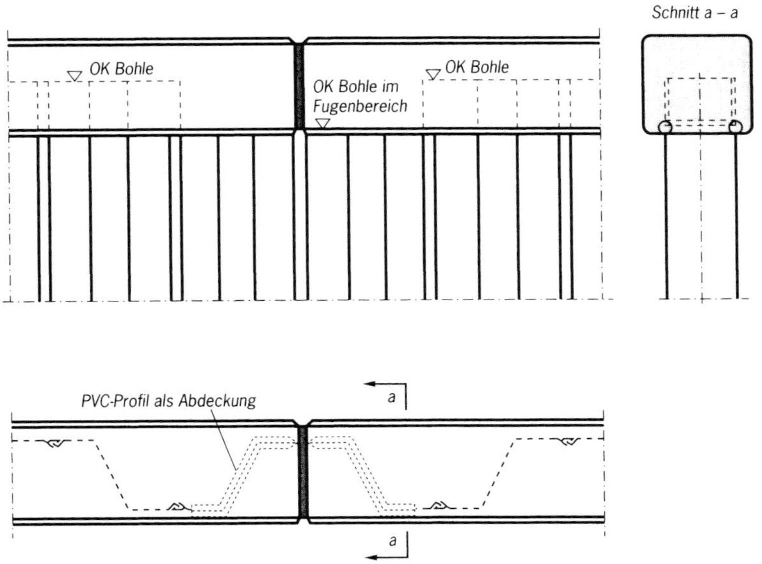

Abb. 7.55 Dehnungsfuge eines Stahlbetonholms.

7.2.13 Oberer Stahlkantenschutz für Stahlbetonwände und -holme bei Ufereinfassungen

7.2.13.1 Allgemeines

Die Kanten von Ufereinfassungen aus Stahlbeton erhalten wasserseitig zweckmäßig einen sorgfältig ausgebildeten Schutz aus Stahl. Dieser soll sowohl die Kante als auch darüber geführte Trossen gegen Beschädigungen aus dem Schiffsbetrieb schützen und den Festmachern und sonstigem Personal ein sicheres Arbeiten auf dem Hafengelände ohne Abgleitgefahr ermöglichen. Der Kantenschutz muss so ausgeführt werden, dass Schiffe nicht unterhaken können. Gleiches gilt für Kranhaken.

Werden in Binnenhäfen Ufereinfassungen bei Hochwasser überflutet und besteht die Gefahr, dass dann Schiffe auf der Ufereinfassung aufsetzen, darf der Kantenschutz keine Wülste oder Leisten aufweisen.

7.2.13.2 Ausführungsbeispiele

Die Abb. 7.56 zeigt eine bei Ufereinfassungen in Häfen und bei Binnenschiffsschleusen häufig angewandte Ausführung des oberen Kantenschutzes. Die Entwässerungsrinne kann entfallen, wenn Niederschläge zur Landseite hin abgeführt werden. Das ist im Falle von Ufereinfassungen mit Umschlag von wassergefährdenden Gütern ohnehin erforderlich.

Der Stahlkantenschutz nach Abb. 7.56 kann auch mit anderen Öffnungswinkeln als 90° hergestellt werden, sodass er schrägen Ober- oder Vorderflächen von Ufereinfassungen angepasst werden kann. Teilstücke des Kantenschutzes werden vor dem Einbau verschweißt.

Die Ausführung nach Abb. 7.57 zeigt ein in den Niederlanden entwickeltes und dort häufig mit Erfolg angewendetes Sonderprofil für den Kantenschutz. Es besteht aus relativ dicken Blechen und wird mit verstärkten Stahlpratzen angeschlossen, sodass der obere Hohlraum zur Gewährleistung der Tragfähigkeit nicht vollständig ausbetoniert werden muss. Allerdings müssen die oberen Entlüftungsöffnungen, die beim Einbetonieren sicherstellen sollen, dass das Profil satt auf dem Beton aufliegt, nach dem Einbetonieren verschlossen werden, um den Korrosionsangriff von der Innenseite zu unterbinden.

Die Ausführungen des Kantenschutzes nach den Abb. 7.58 und 7.59 haben sich bei zahlreichen deutschen Ufereinfassungen bewährt.

Der Kantenschutz nach den Abb. 7.56–7.59 muss sorgfältig ausgerichtet in der Schalung befestigt werden. Die Ausführungen nach den Abb. 7.58 und 7.59 müssen satt ein-

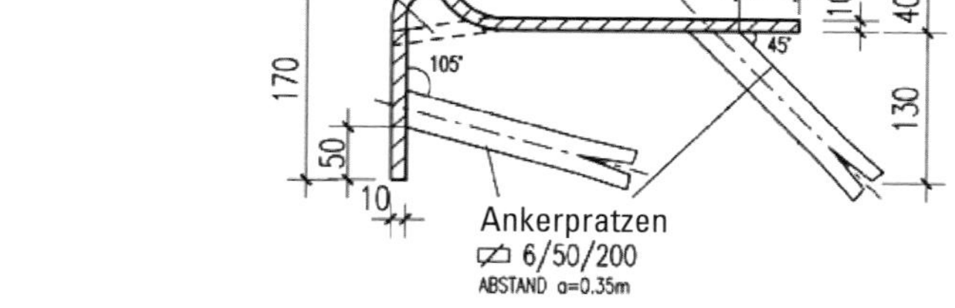

Abb. 7.56 Kantenschutz mit Entwässerungsrinne.

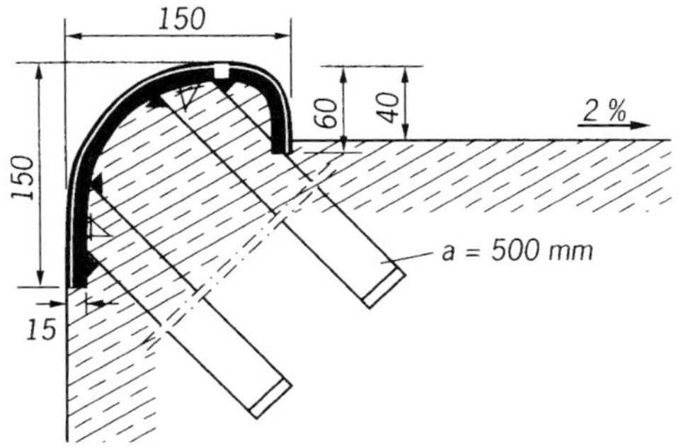

Abb. 7.57 In den Niederlanden gebräuchlicher Kantenschutz mit Sonderprofil.

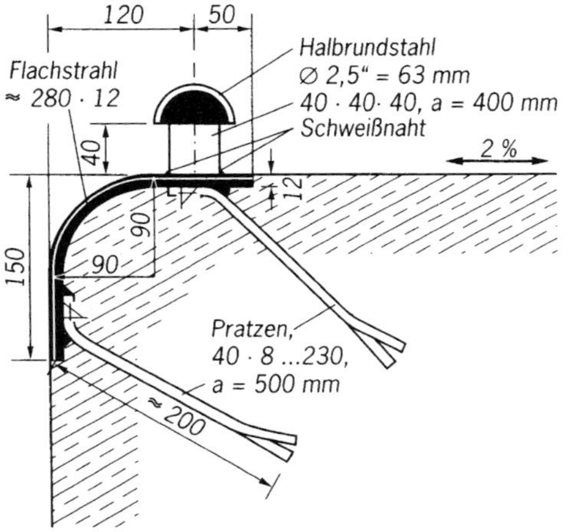

Abb. 7.58 Kantenschutz mit abgerundetem Blech, in Seehäfen mit und in Binnenhäfen ohne Fußleiste.

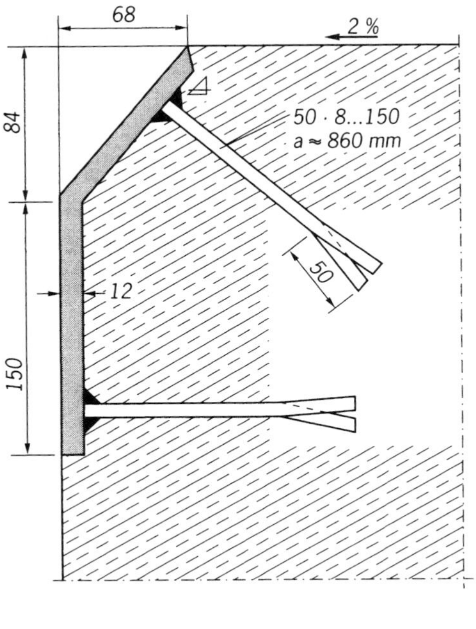

Abb. 7.59 Kantenschutz mit abgewinkeltem Blech ohne Fußleiste für nicht hochwasserfreie Ufer in Binnenhäfen.

betoniert werden. Die Innenflächen des Kantenschutzes sind vor dem Einbetonieren von anhaftendem Rost zu säubern.

7.2.14 Schwimmende Landeanlagen in Seehäfen

Für schwimmende Landeanlagen an Bundeswasserstraßen gilt das Merkblatt „Schwimmende Anlegestellen“ des BMVI (2012). Es kann sinngemäß auch für Seehäfen angewendet werden, dabei sind die folgenden Hinweise zu beachten.

7.2.14.1 Allgemeines

In Seehäfen werden für den Fährverkehr zur Personenbeförderung als Liegeplätze für Hafenfahrzeuge sowie für die Sportschifffahrt schwimmende Anlagen vorgehalten, die aus einem oder mehreren Schwimmkörpern (Pontons) bestehen und durch eine Brücke oder eine feste Treppenanlage mit dem Ufer verbunden sind. Die Pontons werden dabei in der Regel durch gerammte Führungspfähle gehalten, während die Zugangsbrücke an Land ein festes und auf dem Ponton ein bewegliches Lager erhält.

Besteht die Anlage aus mehreren Pontons, wird die durchgehende Begehbarkeit durch Übergangsklappen zwischen den Pontons gewährleistet.

7.2.14.2 Entwurfsgrundsätze

Bei der Festlegung des Standortes einer schwimmenden Anlage sind Strömungsrichtungen und Strömungsgeschwindigkeiten sowie Welleneinwirkungen zu berücksichtigen.

Im Tidebereich sollten HHThw und NNTnw als Bemessungswasserstände angesetzt werden. Dabei sollte die Neigung des Zugangssteges bei mittleren Tideverhältnissen nicht steiler als 1 : 6 und bei extremen Wasserständen nicht steiler als 1 : 4 sein.

An die Betriebsbereitschaft der Anlage – speziell für den öffentlichen Personenverkehr – sind hohe Anforderungen zu stellen, z. B. also auch bei Eisgang. Hierfür müssen sowohl bauliche als auch organisatorische Maßnahmen vorgesehen werden.

Die Schotteinteilung der Pontons sollte so gewählt werden, dass bei Ausfall einer Zelle durch Havarie oder andere Umstände der Ponton nicht sinkt. Die Zellen sollten einzeln belüftet werden, z. B. mit Schwanenhalsrohren. Zur einfachen Kontrolle der Dichtigkeit empfiehlt es sich, die Zellen mit Peilrohren auszustatten, die von Deck aus zugänglich sind. Im Einzelfall kann auch der Einsatz von Alarmanlagen zweckmäßig sein, die auf unerkannte Wassereinbrüche hinweisen. Aus arbeitsschutztechnischen Gründen sollte jede Zelle direkt vom Deck durch maximal ein Schott zugänglich sein.

Auch eine porendichte Ausschäumung der Zellen kann in Betracht kommen.

Für den Wasserablauf ist eine Balkenbucht (Überhöhung im Pontondeck) erforderlich.

Um im Havariefall ein schnelles Ausschwimmen der Pontons zu gewährleisten, empfiehlt es sich, für die Zugangsbrücken eine Abhängemöglichkeit vorzusehen, beispielsweise durch zwei jeweils neben die Brücken gerammte Pfähle mit zwischengehängter Traverse.

Der erforderliche Mindestfreibord der Pontons ist abhängig von der zulässigen Krängung, den zu erwartenden Wellenhöhen und der beabsichtigten Nutzung. Während bei kleineren Anlagen, z. B. für die Sportschifffahrt, ein Mindestfreibord bei halbseitiger Belastung von 0,20 m ausreichend ist, sind für große Pontons erheblich größere Freibordhöhen erforderlich. Als Anhaltswert sollte die Freibordhöhe bei bis zu 30 m langen und 3–6 m breiten Pontons ca. 0,8–1,0 m sein, bei Pontons von 30–60 m Länge und bis zu 12 m Breite sollte die Freibordhöhe ca. 1,2–1,5 m sein.

Die Freibordhöhen sind insbesondere bei einer Nutzung der Anlage für den öffentlichen Personenverkehr den Aus- und Einstiegshöhen der Schiffe anzupassen.

7.2.14.3 Lastannahmen und Bemessung

Grundsätzlich ist die Lage der Pontons auf ebenem Kiel nachzuweisen, im Bedarfsfall ist ein Ballastausgleich vorzusehen.

Für die Nachweise der Schwimmstabilität und der Krängung unter halbseitiger Belastung ist eine Verkehrslast von 5 kN/m^2 anzusetzen.

Im Rahmen des Nachweises der Schwimmstabilität sind auch hydrodynamische Lasten wie Staudruck, Strömungsdruck und Welleneinwirkungen zu berücksichtigen, die Berechnung ist ggf. durch Versuche zu bestätigen. Die Krängung der Pontons sowie die Neigungen der Übergänge zwischen aneinandergekoppelten Pontons und an den Übergangsklappen sind nachzuweisen.

In Abhängigkeit von den Pontonabmessungen, der Krängungsbeschleunigung und dem gegenseitigen Versatz mehrerer Pontons darf die Krängung maximal 5° betragen; dabei liegt die Obergrenze der Schwingbreiten bei 0,25–0,30 m. Größere Krängungswinkel sind im Rahmen einer Einzelfallbetrachtung zu überprüfen.

Der Schiffsanlegedruck als Belastung durch anlegende Schiffe ist grundsätzlich mit 300 kN und 0,3 m/s, bei großen Anlagen (über 30 m Pontonlänge) mit 300 kN und 0,5 m/s anzusetzen.

Beim Schiffsanlegedruck kann die dämpfende Wirkung durch Fenderung auf der Außenhaut, durch Federkonsolen und Gleitleisten sowie durch die Führungsdalben berücksichtigt werden, wenn sie durch entsprechende Untersuchungen nachgewiesen ist. Die dämpfende Wirkung von Führungsdalben kann erhöht werden, wenn sie in Form gekoppelter Rohrpfähle ausgebildet werden.

7.3 Entwässerung

7.3.1 Ausbildung von Durchlaufentwässerungen in Spundwandbauwerken

Durchlaufentwässerungen in Spundwandbauwerken sind nur in schlickfreiem Wasser und bei ungefährlich niedrigem Eisengehalt des Grundwassers dauerhaft wirksam. Sind diese Bedingungen nicht erfüllt, besteht immer die Möglichkeit, dass Durchlaufentwässerungen verschlicken oder verockern und dann ihre Wirkung verlieren. Der Eisengehalt im Grundwasser beträgt in norddeutschen Marschgebieten bis zu 25 mg/l, in Geestbereichen dagegen nur 5 mg/l. Die Gefahr der Verockerung ist somit besonders groß, wenn im Hinterland nacheiszeitliche bindige Böden anstehen.

Die dauerhafte Wirksamkeit von Durchlaufentwässerungen darf daher bei schlickhaltigem und stark eisenhaltigem Wasser vorausgesetzt werden, wenn ihre Funktion überprüft und ggf. wieder hergestellt werden kann. Durchlaufentwässerungen können auch bei starkem Muschelbewuchs ihre Wirksamkeit verlieren.

Im Falle zeitweise sehr hoher Außenwasserstände kann das von außen eindringende Wasser hinter der Wand einen erhöhten Wasserstand verursachen. Die Auftriebssicherheit aller Bauwerke hinter der Uferwand muss für diesen erhöhten Wasserstand gewährleistet sein. In diesen Fällen ist außerdem zu beachten, dass steigende und fallende Wasserstände in der Hinterfüllung ggf. Sackungen auslösen können.

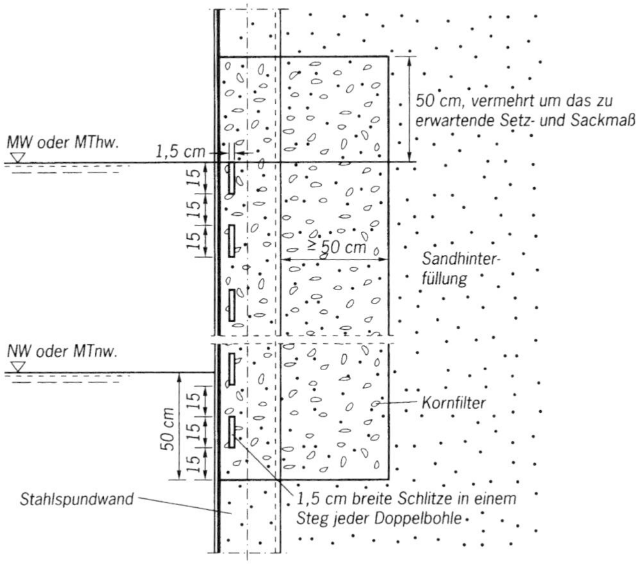

Abb. 7.60 Beispiel einer Durchlaufentwässerung bei Wellenprofilspundwänden.

Durchlaufentwässerungen müssen unter Mittelwasser liegen, damit sie nicht zuwachsen. Sie werden zur Gewährleistung der dauerhaften Wirksamkeit zweckmäßig mit Kornfiltern nach Abschn. 7.3.2 ausgeführt.

Für den Wasserdurchtritt werden in die Spundwandstege 1,5 cm breite und etwa 15 cm hohe, an den Enden ausgerundete Schlitze eingebrannt (Abb. 7.60). Im Gegensatz zu Rundlöchern können die Kieskörner des Filters die Schlitze nicht zusetzen. Im Übrigen wird auf Abschn. 3.4, letzter Absatz verwiesen.

Durchlaufentwässerungen sind wesentlich billiger als Entwässerungen mit Rückstauverschluss. Sie bewirken aber in Tidegebieten wegen ihrer Lage unter Mittelwasser erfahrungsgemäß nur eine geringe Absenkung des Wasserüberdrucks, da der Wasserstand hinter der Spundwand zu Hochwasserzeiten eingestaut wird.

Durchlaufentwässerungen sind bei Uferwänden, die gleichzeitig dem Hochwasserschutz dienen, nicht zulässig.

Durchlaufentwässerungen sind vor allem im Nicht-Tidegebiet, bei schnellem Abfall des freien Wasserspiegels, bei starkem Grundwasser- oder bei Hangwasserzustrom sowie bei Bauwerksüberflutungen zweckmäßig.

Im Rahmen statischer Nachweise muss in der Regel auch der Fall untersucht werden, dass eine Durchlaufentwässerung nicht mehr wirksam ist. Nach Abschn. 1.1.4 darf dieser Fall der Bemessungssituation BS-A zugeordnet werden.

7.3.2 Ausbildung von Entwässerungen bei Uferbauwerken im Tidegebiet

7.3.2.1 Allgemeines

Entwässerungen von Uferbauwerken sind grundsätzlich nur wirksam, wenn hinter den Uferbauwerken nichtbindiger Boden ansteht. Auf die Gefahr der Verockerung wurde bereits in Abschn. 7.3.1 hingewiesen.

Soll eine Entwässerung in schwebstoff- bzw. schlickhaltigem Hafenwasser auf die Dauer wirksam sein und auch bei größerem Tidehub den Wasserüberdruck begrenzen, muss sie mit Sammelsträngen und mit dauerhaft betriebssicheren Dränsträngen und Rückstauverschlüssen bzw. -klappen ausgerüstet werden, die den Wasseraustritt aus dem Sammler in das Hafenwasser gestatten, den Rückstrom schlickhaltigen Wassers aber verhindern. Die Entwässerungsanlage ist so herzustellen, dass sie auch dann betriebssicher bleibt, wenn sich die Hinterfüllung der Wand setzt.

Die Erfahrung zeigt, dass zahlreiche Spundwandentwässerungen im Laufe der Zeit wegen Verschlickung als Folge unwirksamer Rückstauklappen oder wegen Verockerung ihre Wirkung verlieren. Damit dies nicht geschieht, sind an Planung, Ausführung und Unterhaltung der Entwässerungen hohe Anforderungen zu stellen.

7.3.2.2 Planung, Ausbildung und Wartung der Entwässerungsanlage

Die Ausläufe müssen durch Rückstauverschlüsse/-klappen gegen von außen eindringendes Wasser gesichert und so angeordnet werden, dass sie bei MTnw zugänglich sind. Die Rückstauverschlüsse müssen dauerhaft auch gegen Wellenbelastung dicht schließen. Der Abstand untereinander beträgt etwa 30 m.

In Abb. 7.61 und 7.62 sind eine Standardentwässerungsanlage für Kaimauern in Rotterdam dargestellt. Ein besonderes technisches Element ist ein Rückschlagsystem mit einem PU-Ball, der ein Eindringen von Meerwasser verhindert.

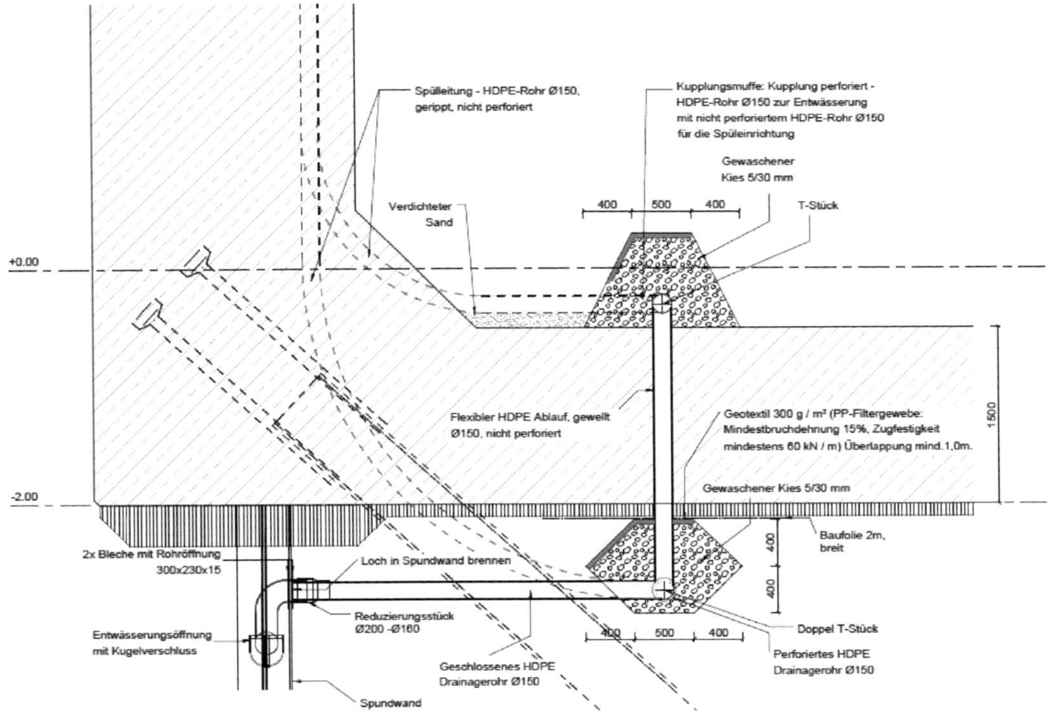

Abb. 7.61 Standardentwässerung der Kaimauer in Rotterdam.

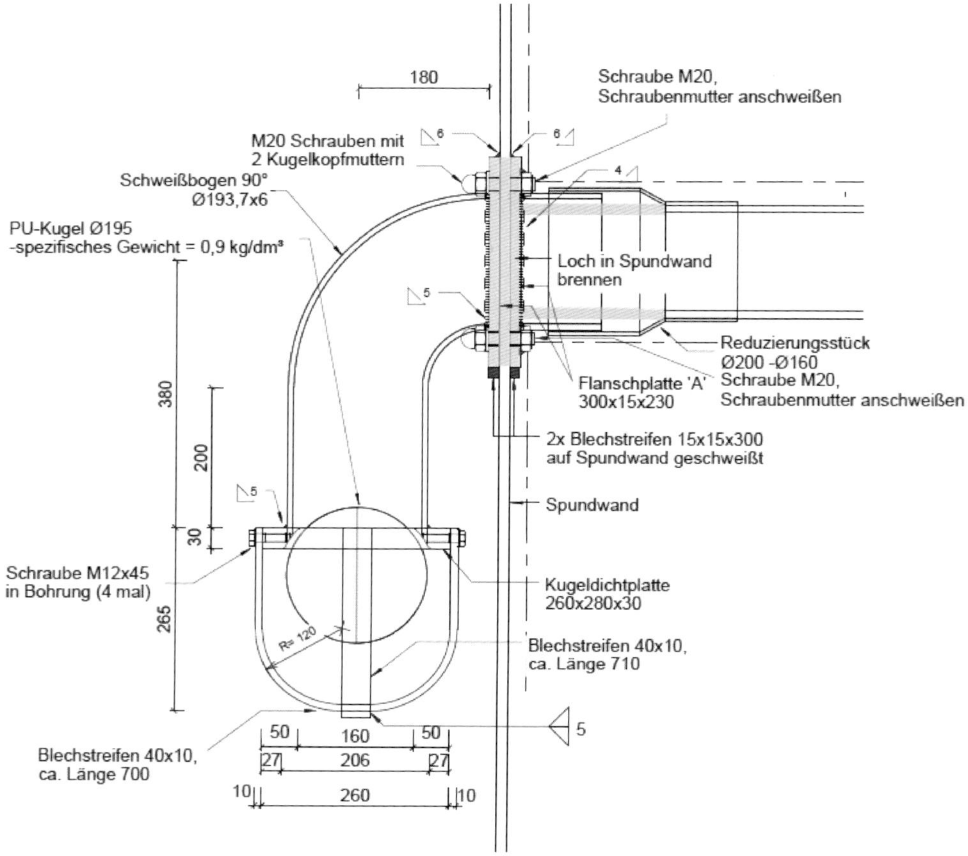

Abb. 7.62 Detailschnitt durch die Standardentwässerung der Kaimauer in Rotterdam.

Der Dränstrang zwischen den Ausläufen besteht aus einem oder mehreren in Kornfilter oder in eine mit Geotextil ummantelte Schotterpackung gebetteten Kunststoffdränrohren, die für die Auflast aus der Überschüttung bemessen sind.

Dränstrang und Auslauf sind so miteinander zu verbinden, dass ein Abscheren durch Setzung der Spundwandhinterfüllung sicher vermieden wird.

Kontrollschächte sind so auszubilden und anzuordnen, dass von dort aus der Dränstrang für Kontrollen und ggf. Reinigung in voller Länge zugänglich ist.

Die Entwässerungsanlage ist regelmäßig zu kontrollieren und zu warten. Kontrolle und Wartung sind zu dokumentieren.

7.3.2.3 Entwässerungsanlagen für große Uferbauwerke

Die Abb. 7.63 zeigt eine Grundwasserentlastung einer größeren Kaianlage im Tidegebiet. Über vier Vollsickerrohre DN 350 aus PE-HD (DIN 19666), die über die gesamte Kailänge verlaufen, erfolgt die Entwässerung. Die Rohre sind in einer Kiespackung eingebettet, die gegenüber dem umgebenden Boden mit Filtervlies gesichert ist. Die Tiefe wurde so gewählt, dass die Vollsickerrohre ständig im Grundwasser liegen. Damit wird die Gefahr der Verockerung vermindert. Die Rohre sind gefällefrei verlegt.

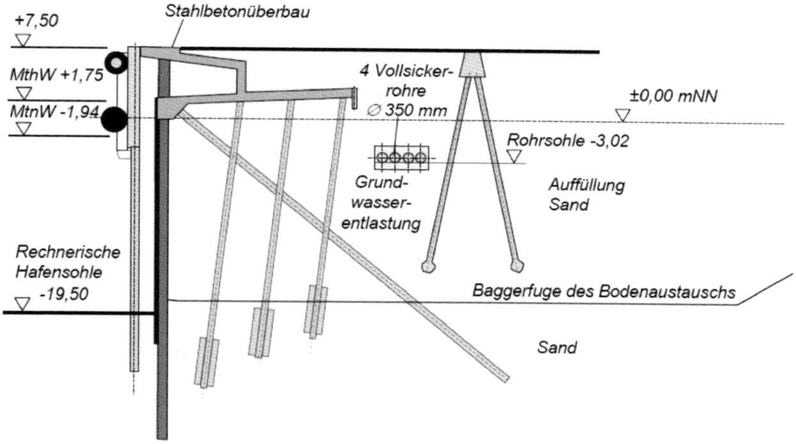

Abb. 7.63 Beispiel einer Grundwasserentlastung für eine Kaianlage im Tidegebiet.

Die Grundwasserentlastung nach Abb. 7.63 hat eine Zwangsentwässerung über ein Pumpwerk. Somit wurden anfällige Rückstauklappen und die Gefahr des Abscherens der Verbindung zwischen Entwässerungsleitung und Rückstauklappe vermieden.

7.4 Fenderausrüstung

7.4.1 Fenderungen für Großschiffe

7.4.1.1 Allgemeines

Um Schiffen ein gefahrloses Anlegen an Uferbauwerken zu ermöglichen, ist es heute üblich, diese mit Fenderungen auszurüsten. Sie dämpfen den Schiffsstoß beim Anlegen und vermeiden Beschädigungen an Schiff und Bauwerk während der Liegezeit. Vor allem für Großschiffe sind Fender unentbehrlich. Zwar sind nach wie vor Holzfenderungen, Gummireifen und Ähnliches als Fenderersatz häufig anzutreffen, aber andere, moderne Fenderungen setzen sich mehr und mehr durch. Wesentliche Gründe dafür sind:

- der Fendergebrauch erhöht die Lebensdauer der Uferbauwerke (vgl. Abschn. 8.1.10.4),
- die Schiffskosten nehmen immer mehr zu, Schiffe verlangen daher eine gute Fenderung,
- die Schiffsgrößen nehmen zu, damit auch die Windangriffsflächen,
- die Anforderungen der Umschlagmittel an ein liegendes Schiff werden höher,
- die Belastbarkeit der Schiffsaußenhaut wird immer weiter reduziert.

Fender werden nicht nur an Uferbauwerken, sondern häufig auch an Dalben angeordnet und wirken bei der Energieaufnahme mit der elastischen Dalbe zusammen (siehe auch Kap. 12).

Das Prinzip der Fenderung, die Grundsätze zur Bemessung und die erforderlichen Arbeitsvermögen von Fendern werden in Kap. 4 behandelt.

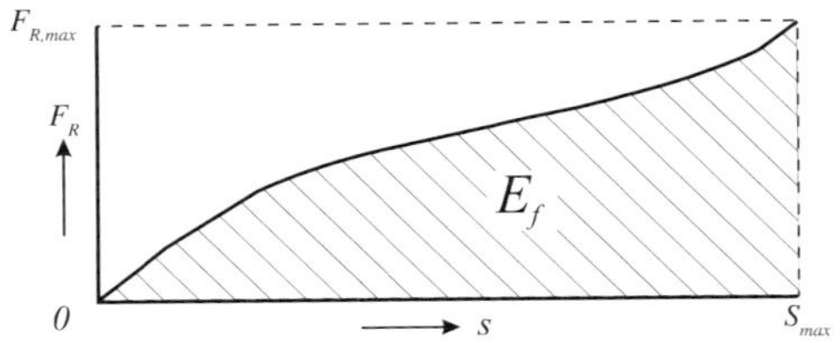

Abb. 7.64 Arbeitskennlinie eines Fenders.

7.4.1.2 Prinzip der Fenderung

Eine Fenderung ist im Prinzip eine stoßabsorbierende Anlage zwischen Schiff und Uferbauwerk, die einen Anteil der kinetischen Energie eines anlegenden Schiffes aufnimmt. Energieverzehrende Fender absorbieren den größten Anteil der aufgenommenen kinetischen Energie. Die vom Fender aufgenommene Energie wird bei Fendern, die sich auf Uferbauwerken abstützen, an das Uferbauwerk weitergegeben. Ein Teil der Anlegeenergie wird von der Schiffshaut durch elastische Verformungen aufgenommen.

Die Energieaufnahme E_f eines Fenders wird durch seine Arbeitskennlinie charakterisiert (Abb. 7.64), sie beschreibt die Beziehung zwischen der Fenderverformung s und der Fenderreaktionskraft F_R. Die Fläche unter der Arbeitskennlinie ist die Energieabsorption E_f. Die Energieabsorption bei maximaler Verformung (s_{max}) wird als Arbeitsvermögen bezeichnet.

Bei allen Fenderkonstruktionen, die sich gegen ein starres Hafenbauwerk abstützen, steigt die Reaktionskraft des Bauwerkes beim Erreichen des Arbeitsvermögens des Fenders in der Regel sprunghaft an. Diese Fenderreaktionskräfte sind bei der Bemessung des Bauwerkes zu berücksichtigen.

Die Abmessungen und Eigenschaften (z. B. Kraft- und Arbeitskennlinien) der verschiedenen Fender können den Druckschriften der Lieferfirmen entnommen werden. Bei der Übernahme der Arbeitskennlinien aus diesen Unterlagen ist allerdings zu beachten, dass sie nur gelten, wenn die Fender nicht seitlich ausknicken können und wenn die Kriechverformungen unter Dauerbelastung nicht zu groß sind.

Werden Fender an flexiblen Bauteilen und anderen Stützkonstruktionen (z. B. Dalben) verwendet, so ist nicht nur die Energieaufnahme des Fenders, sondern auch die der stützenden Bauteile zu berücksichtigen.

7.4.1.3 Grundsätze zur Bemessung von Fendern

Die Konstruktion und Bemessung von Fendersystemen erfordert die gleiche Sorgfalt wie die Konstruktion und Bemessung der Uferwand. Bereits bei deren Planung muss das Fendersystem berücksichtigt werden. Umfangreiche Hinweise zur Bemessung und Konstruktion von Fendern sind im PIANC Report (2020) enthalten, für Anlegegeschwindigkeit, Anlegewinkel, hull pressure, siehe Roubos et al. (2017), Roubos et al. (2018a,b), Hein (2014) und Broos et al. (2018).

Die grundsätzlichen Anforderungen an das Fendersystem sind:

- Schiffe müssen ohne Beschädigung anlegen können.
- Schiffe müssen ohne Beschädigung liegen können.
- Die Einsatzzeiten des Fendersystems sollten möglichst lang sein.
- Schäden am Uferbauwerk müssen vermieden werden.
- Schäden an Dalben müssen vermieden werden.
- Schäden an Fendersystem müssen vermieden werden.

Bei der Konstruktion und Bemessung von Fendersystemen werden folgende Bearbeitungsschritte empfohlen:

- Zusammenstellen der funktionalen Anforderungen,
- Zusammenstellen der operativen Anforderungen,
- Einschätzung der örtlichen Bedingungen,
- Einschätzung der Randbedingungen der Konstruktion,
- Ermittlung der Energie, die durch das Fendersystem aufgenommen werden muss,
- Auswahl eines geeigneten Fendersystems,
- Bestimmung der Reaktionskraft und möglicher Reibungskräfte,
- Überprüfung, ob die auftretenden Kräfte im Uferbauwerk, an der Dalbe und in der Schiffshaut aufgenommen werden können,
- Sicherstellen, dass alle konstruktiven Details im Uferbauwerk oder an der Dalbe aufgenommen werden können, insbesondere Befestigungsvorrichtungen, Einbauteile, Ketten u. a., ohne dass Schäden am Schiff oder am Uferbauwerk/an der Dalbe durch vorstehende Befestigungsteile oder andere Konstruktionsteile auftreten.

Zur Auswahl stehen Fender und Fendersysteme diverser Hersteller. Häufig bieten die Hersteller nicht nur Standardprodukte an, sondern liefern auch speziell an die jeweiligen Situationen angepasste Systeme.

Zur Vergleichbarkeit der verschiedenen angebotenen Fender sollten die Qualitäts- und Systemangaben der Hersteller den Testverfahren des PIANC (2020) entsprechen.

Fenderungen erfordern zum Teil erhebliche Unterhaltungsaufwendungen. Es empfiehlt sich daher, vor ihrem Einbau sorgfältig zu prüfen, ob und in welchem Maße Schiff oder Bauwerk tatsächlich gefährdet sind und welche besonderen Anforderungen daraus für die Auswahl des Fendersystems resultieren.

Bei der Bemessung einer Kaimauer, einer Pieranlage oder einer Dalbe usw. sowie der Fenderhalterungen sind nicht nur die Anlegedrücke zu berücksichtigen. Durch waagerechte und lotrechte Bewegungen der Schiffe beim An- oder Ablegen, den Lösch- und Ladevorgängen, bei Dünung oder Wasserstandsschwankungen usw. können zusätzlich zu den Anlegedrücken Reibungskräfte in lotrechter und/oder waagerechter Richtung auftreten, falls diese Bewegungen nicht durch Abrollen geeigneter Rundfender aufgenommen werden. Falls niedrigere Werte des Reibungsbeiwerts nicht nachgewiesen werden, ist bei trockenen Elastomerfendern zur Sicherheit mit einem Reibungsbeiwert $\mu = 0{,}9$ zu rechnen. Polyethylenoberflächen haben zur Schiffshaut eine geringere Reibung. Hierfür sollte ein Reibungsbeiwert von $\mu = 0{,}3$ angenommen werden.

Bei der Dimensionierung von Fendern für große Seeschiffe ist eine Druckkraft von max. $200\,kN/m^2$ zu berücksichtigen. Diese Flächenpressung wird von allen gängigen Fendertypen eingehalten. Laut Broos et al. (2018) ist der Schiffshautdruck nicht das maßgebliche Designkriterium. Die Fender sind im Verhältnis zur Anlegegeschwindigkeit zu entwerfen. Diese Entwicklungen sollten weiter untersucht werden. Bei der Auswahl der Fenderart ist hierauf zu achten. Spezialschiffe, z. B. der Marine, erfordern weichere Fender.

7.4.1.4 Erforderliches Arbeitsvermögen

7.4.1.4.1 Allgemeines

Das Arbeitsvermögen eines Fenders bezeichnet die unter festgelegten Randbedingungen aufnehmbare Energie, sie muss mindestens so groß wie die bei einem Anlegemanöver aufzunehmende kinetische Energie des anlegenden Schiffes sein.

Beim Anlegen bewegt sich ein Schiff im Allgemeinen in Quer- und/oder Längsrichtung und dreht sich gleichzeitig um seinen Massenschwerpunkt. Im Moment des Anlegens wird in der Regel zunächst nur eine Dalbe bzw. ein Fender getroffen (Abb. 7.65). Maßgebend für die dabei in diese Dalbe eingeleitete Energie ist die Anlegegeschwindigkeit v des Schiffs am Fender, deren Größe und Richtung sich aus der vektoriellen Addition der Geschwindigkeitskomponenten υ und $\omega \cdot r$ ergibt. Bei vollem Reibungsschluss zwischen Schiff und Fender wird im Verlauf des Anlegevorgangs die Anlegegeschwindigkeit des Schiffs, die dann identisch mit der Verformungsgeschwindigkeit des Fenders ist, bis auf $\upsilon = 0$ abgebaut. Der Massenschwerpunkt des Schiffs wird dabei aber im Allgemeinen weiter in Bewegung bleiben, wenn auch mit einer anderen Geschwindigkeit und ggf. auch in einer anderen Drehrichtung.

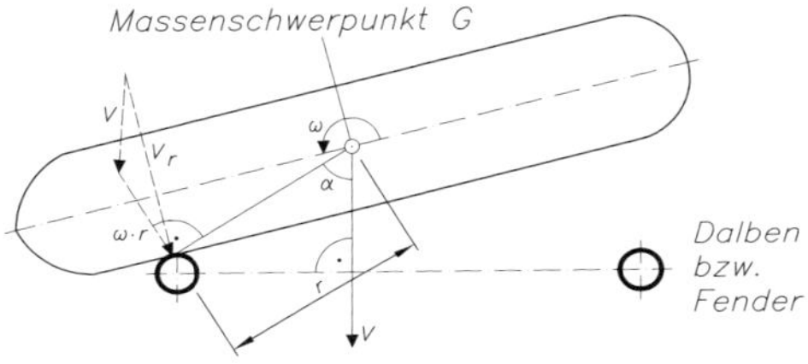

Abb. 7.65 Definitionsskizze zur Berechnung der aufzunehmenden Energie infolge eines Anlegemanövers.

Das Schiff behält also auch zum Zeitpunkt der maximalen Fenderverformung einen Teil seiner ursprünglichen Bewegungsenergie. Das kann unter bestimmten Voraussetzungen dazu führen, dass das Schiff nach der Berührung mit dem ersten Fender auf den zweiten zudreht und dort im Moment der Berührung eine noch größere Anlegekraft hervorruft.

Die üblicherweise angewandte Methode zur Bemessung von Fendern ist das deterministische Nachweisverfahren. Grundlage ist die Energiegleichung

$$E = \frac{1}{2} \cdot G \cdot v^2$$

mit

E kinetische Energie des Schiffs [kN m],
G Masse des Schiffs, d. h. Verdrängung [t] des Schiffs gemäß Abschn. 5.1,
v Anlegegeschwindigkeit des Schiffs [m/s].

Der von einem Bauwerk (Fender und/oder Dalbe) im Verlauf des Anlegevorgangs aufzunehmende Anteil der Bewegungsenergie des Schiffs stellt das erforderliche Arbeitsvermögen dar, um Schäden am Schiff und/oder dem Bauwerk zu vermeiden. Dieses Arbeitsvermögen ergibt sich für den in Abb. 7.65 dargestellten allgemeinen Fall zu:

$$E_\mathrm{d} = \frac{G \cdot C_\mathrm{m} \cdot C_\mathrm{s} \cdot C_\mathrm{c}}{2 \cdot (k^2 + r^2)} \cdot \left[v^2 \cdot (k^2 + r^2 \cdot \cos^2 \alpha) + 2 \cdot v \cdot \omega \cdot r \cdot k^2 \cdot \sin \alpha + \omega^2 \cdot k^2 \cdot r^2\right]$$

Für $\omega = 0$ (keine Drehung des Schiffes) vereinfacht sich die Gleichung zu:

$$E_\mathrm{d} = \frac{1}{2} \cdot G \cdot v^2 \cdot \frac{k^2 + r^2 \cos^2 \alpha}{k^2 + r^2} \cdot C_\mathrm{m} \cdot C_\mathrm{s} \cdot C_\mathrm{c} = \frac{1}{2} \cdot G \cdot v^2 \cdot C_\mathrm{e} \cdot C_\mathrm{m} \cdot C_\mathrm{s} \cdot C_\mathrm{c}$$

In den beiden Gleichungen bedeuten

- C_c Dämpfungsfaktor des Uferbauwerkes [1].
- C_e Exzentrizitätsfaktor [1],
- C_m virtueller Massenfaktor [1],
- C_s Faktor für die Nachgiebigkeit des Schiffes [1],
- E_d zu absorbierende Anlegeenergie [kN m],
- G Masse des Schiffes, d. h. Wasserverdrängung des anlegenden Schiffs nach Abschn. 5.1 [t]; es sollte stets die Masse des voll beladenen Schiffs angesetzt werden, auch wenn an der betreffenden Dalbe betriebsbedingt üblicherweise nur entladene Schiffe anlegen, um den Fall eines außerplanmäßigen Wiederanlegens zu erfassen,
- k Massenträgheitsradius des Schiffs [m]; er kann bei großen Schiffen mit hohem Völligkeitsgrad im Allgemeinen zu $0{,}25l$ angesetzt werden.
- l Länge des Schiffs zwischen den Loten [m],
- r Abstand des Massenschwerpunktes des Schiffs vom Auftreffpunkt am Fender/der Dalbe [m],
- v Anlegegeschwindigkeit, d. h. translative Bewegungsgeschwindigkeit des Massenschwerpunktes des Schiffs zum Zeitpunkt der ersten Berührung mit dem Fender/der Dalbe [m/s],
- α Winkel zwischen dem Geschwindigkeitsvektor v und der Strecke r [°],
- ω Drehgeschwindigkeit des Schiffs zum Zeitpunkt der ersten Berührung mit dem Fender/der Dalbe [rad/s],

7.4.1.4.2 Hinweise für Dalbenliegeplätze

Wird ein Schiff mit Schlepperhilfe an einen Dalbenliegeplatz bugsiert, kann vorausgesetzt werden, dass es in Richtung seiner Längsachse kaum noch Fahrt macht und dass die Bordwand während des Anlegens nahezu parallel zur Flucht der Dalben liegt. Daher kann in diesem Fall für die Bemessung der inneren Dalben einer Dalbenreihe der Geschwindigkeitsvektor v senkrecht zur Strecke r angenommen werden, d. h., der Winkel α ist 90°.

Bei der Berechnung der äußeren Dalben einer Dalbenreihe kann dies jedoch nicht vorausgesetzt werden, weil hier der Schiffsschwerpunkt in Richtung der Dalbenflucht auch nahe an den Dalbenpunkt heranrücken kann.

Die einzelnen Faktoren der vorstehenden Gleichungen sind wie folgt definiert:

1) Masse des Schiffes/Wasserverdrängung G
   Für die Berechnung der aufzunehmenden Energie wird die Masse des Schiffes, d. h. die Wasserverdrängung, benötigt. Die Empfehlung in Abschn. 5.1 enthält Ansatzwerte für die Wasserverdrängung verschiedener Schiffstypen. Sofern für eine Hafenplanung keine spezifischen Angaben vorliegen, können die dort angegebenen Werte der Wasserverdrängung angesetzt werden.

2) Anlegegeschwindigkeit v
Die Anlegegeschwindigkeit v geht in die aufzunehmende Anlegeenergie quadratisch ein und ist damit der wesentliche Einflussparameter für die Dimensionierung von Fendern und Dalben. Die Anlegegeschwindigkeit wird rechtwinklig zum Uferbauwerk oder der Dalbenreihe angegeben. Üblicherweise liegen für die Anlegegeschwindigkeit keine Messwerte vor. In diesen Fällen können die Ansatzwerte nach Abschn. 5.3 benutzt werden.
3) Winkel α
Messungen in Japan haben für Schiffe mit mehr als 50 000 dwt Anlegewinkel von in der Regel weniger als 5° (entsprechend $\alpha > 85°$) ergeben. Um in Berechnungen auf der sicheren Seite zu liegen, wird empfohlen, für diese Schiffe einen Anlegewinkel von 6° (entsprechend $\alpha = 84°$) anzunehmen. Für kleinere Schiffe und vor allem beim Anlegen ohne Schlepperhilfe sollte ein Anlegewinkel von 10–15° (entsprechend $75° \leq \alpha \leq 80°$) angenommen werden.
4) Exzentrizitätsfaktor C_e
Mit dem Exzentrizitätsfaktor C_e wird berücksichtigt, dass der erste Kontakt eines Schiffes mit dem Fender in der Regel nicht in der Schiffsmitte und damit auch nicht im Massenschwerpunkt des Schiffs erfolgt. Der Exzentrizitätsfaktor ergibt sich nach PIANC (2020) mit den in der Energiegleichung erläuterten Faktoren zu

$$C_e = \frac{k^2 + r^2 \cos^2 \alpha}{k^2 + r^2}$$

Der Anlegewinkel kann in der Regel beim Anlegen an Fendern und an den inneren Dalben einer Dalbenreihe mit ausreichender Genauigkeit mit 0°, d. h. $\alpha = 90°$, angenommen werden. Damit ist der Exzentrizitätsfaktor

$$C_e = \frac{k^2}{k^2 + r^2}$$

Der Massenträgheitsradius (k) kann bei großen Schiffen mit hohem Völligkeitsgrad im Allgemeinen mit $0{,}25l$ angesetzt werden, wobei l die Länge zwischen den Loten ist.
Falls keine genaueren Daten vorliegen sowie für einfache Überschlagsrechnungen, kann für die Bemessung von Fendern an Uferwänden der Exzentrizitätsfaktor mit $C_e = 0{,}5$ angesetzt werden, für Dalbenfender $C_e = 0{,}7$.
Bei RoRo-Schiffen, die mit Bug oder Heck anlegen, sollten die kopfseitigen Fender mit einem Exzentrizitätsfaktor $C_e = 1{,}0$ bemessen werden.
5) Virtueller Massenfaktor C_m
Der virtuelle Massenfaktor berücksichtigt, dass zusammen mit dem Schiff eine erhebliche Wassermenge bewegt wird, die in der Energieberechnung zusätzlich zur Masse des Schiffes zu berücksichtigen ist. Zur Ermittlung des virtuellen Massenfaktors C_m gibt es diverse Ansätze, siehe dazu PIANC (2020).
Die Auswertung dieser und weiterer Ansätze aus der Literatur liefert Werte zwischen $C_m = 1{,}45$ und $C_m = 2{,}18$.
Nach PIANC (2020) wird empfohlen, für die Bemessung folgende Massenfaktoren zu verwenden:
- bei großen Kielfreiheiten ($0{,}5t$): $C_m = 1{,}5$,
- bei kleinen Kielfreiheiten ($0{,}1t$): $C_m = 1{,}8$.

Hierbei ist t der Tiefgang des Schiffes [m].
Bei Kielfreiheiten zwischen $0{,}1t$ und $0{,}5t$ kann der Massenfaktor linear interpoliert werden.

6) Faktor für die Nachgiebigkeit des Schiffes C_s
Der Faktor C_s für die Nachgiebigkeit des Schiffes berücksichtigt das Verhältnis der Elastizität des Fendersystems zu der der Schiffshaut, da auch diese einen Teil der Anlegeenergie aufnimmt. Folgende Faktoren C_s werden in der Regel benutzt:
   - für weiche Fender und kleinere Schiffe: $C_s = 1{,}0$,
   - für harte Fender und größere Schiffe: $0{,}9 < C_s < 1{,}0$.

   Auf der sicheren Seite liegend kann allgemein ein Wert von $C_s = 1{,}0$ angenommen werden.
7) Dämpfungsfaktor des Uferbauwerks C_c
Der Faktor C_c berücksichtigt die Dämpfung des Anlegevorgangs durch das Uferbauwerk. Bei einer geschlossenen Wand (z. B. senkrechte Spundwand) nimmt das Wasser zwischen Schiff und Wand bereits einen erheblichen Anteil der Anlegeenergie auf, wenn es bei der Annäherung des Schiffes beschleunigt und seitlich verdrängt wird. Der Dämpfungsfaktor C_c des Uferbauwerks hängt von verschiedenen Einflüssen ab, wie:
   - Struktur des Uferbauwerks,
   - Kielfreiheit,
   - Anlegegeschwindigkeit,
   - Anlegewinkel,
   - Bautiefe des Fendersystems,
   - Schiffsquerschnitt.

   Erfahrungsgemäß können im Rahmen der Bemessung folgende Werte für C_c angesetzt werden:
   - offene Uferwandkonstruktionen und Dalben: $C_c = 1{,}0$,
   - geschlossene Uferwandkonstruktionen und paralleles Anlegen ($\alpha \approx 90°$): $C_c = 0{,}9$.

   Kleinere Werte als $C_c = 0{,}9$ sollten nicht angesetzt werden.
   Bereits bei einem Anlegewinkel von $\alpha = 85°$ kann sich die Dämpfung durch das Uferbauwerk erheblich verringern, d. h., bei nicht parallelem Anlegen sollte $C_c = 1{,}0$ angesetzt werden.
8) Computerprogramme für die Berechnung von Fendern
Von den Herstellern von Fendern werden Computerprogramme für deren Berechnung angeboten. Je nach Hersteller werden in diesen Programmen die Einflussparameter in metrischen oder nicht metrischen Einheiten eingesetzt. Demzufolge müssen die Ergebnisse der Berechnungen zu Vergleichszwecken ggf. umgerechnet werden.
9) Zusatzfaktoren für außergewöhnliche Anlegemanöver
Mit den vorstehend im Detail dargestellten Ansätzen kann die erforderliche Energieaufnahme von Fendern oder Dalben ausreichend genau ermittelt werden. Es bleibt der Beurteilung des planenden Ingenieurs überlassen, darüber hinaus mögliche Erschwernisse bei außergewöhnlichen Anlegemanövern, z. B. durch den Ansatz von höheren Anlegegeschwindigkeiten oder pauschaler Zusatzfaktoren zur errechneten Energie, zu berücksichtigen.
Außergewöhnliche Erschwernisse können z. B. vorliegen, wenn häufig Gefahrgüter umgeschlagen werden. Auf den PIANC (2020) und Roubos et al. (2018a,b) wird ver-

wiesen. Allgemein werden Zusatzfaktoren in einer Spanne von etwa 1,1 bis max. 2,0 empfohlen. Die Tab. 7.2 enthält Anhaltswerte für Zusatzfaktoren in Abhängigkeit von Schiffstyp und Schiffsgröße im Falle außergewöhnlicher Anlegemanöver.

10) Auswahl der Fender
Mit der ermittelten Energie lassen sich aus den einschlägigen Herstellerunterlagen die benötigten Fender auswählen. Es wird jedoch empfohlen, für eine detaillierte Planung die Beratungsleistungen der Hersteller in Anspruch zu nehmen, weil sich zahlreiche Konstruktionsdetails nicht aus den Herstellerunterlagen entnehmen lassen. Dies betrifft in besonderem Maße die konstruktiven Details der Fenderaufhängungen.

Tab. 7.2 Zusatzfaktoren für außergewöhnliche Anlegemanöver in Abhängigkeit von Schiffstyp und Schiffsgröße.

Schiffstyp	Schiffsgröße	Zusatzfaktor
Tanker, Massengut	Groß	1,25
	Klein	1,75
Container	Groß	1,5
	Klein	2,0
Stückgut		1,75
RoRo, Fähren		≥ 2,0
Schlepper, Arbeitsschiffe		2,0

7.4.1.5 Ausführungsarten von Fendersystemen

Am internationalen Markt sind diverse Fendersysteme erhältlich. Die Typen und Ausführungsarten sind den Katalogen der Hersteller zu entnehmen.

Am gebräuchlichsten sind zylindrische Fender, die in vielen unterschiedlichen Größen am Markt erhältlich sind. An Kaimauern, die erheblichen Wasserstandsschwankungen infolge der Tide ausgesetzt sind, haben sich Schwimmfender gut bewährt. Für Fähranleger werden häufig Sonderlösungen gewählt, bei denen mit PE belegte Gleitplatten auf konischen oder in Längsachse beanspruchten zylindrischen Fendern befestigt sind.

Auf die Zusammenstellung unterschiedlicher Fendertypen im PIANC (2020) wird hingewiesen. Weitere Hinweise zu Vor- und Nachteilen der verschiedenen Fendersysteme sind ebenfalls dem Report zu entnehmen.

Zu beachten ist, dass die Bezeichnungen der Hersteller für gleiche Fendertypen unterschiedlich sein können. Testverfahren von Materialien und Fendern sollten den Angaben in PIANC (2020) entsprechen, um die Gleichwertigkeit der Produkte unterschiedlicher Hersteller bewerten zu können.

Als Materialien für Fender werden heute fast ausschließlich Elastomerprodukte oder andere synthetische Produkte verwendet. Mit Ausnahme von Dalben und seltenen Sonderkonstruktionen geben nur diese Produkte die Gewähr, dass die beim Anlegen auftretenden Energien berechnungsgemäß und schadlos in die tragende Konstruktion eingeleitet werden können.

Aus diesem Grunde sind früher übliche Fenderungen, z. B. aus Buschwerk, Autoreifen oder Holz (Streichbalken, Reibehölzer, Reibepfähle), nicht als Fender zu bezeichnen, weil ihre Materialeigenschaften nicht definiert sind und daher eine planmäßige Energieaufnahme nicht belegbar ist. Fender aus Holz oder Autoreifen dürfen daher lediglich konstruktiv eingesetzt werden, z. B. als Kantenschutz oder Leiteinrichtungen.

7.4.1.5.1 Elastomerfender

7.4.1.5.1.1 Allgemeines Elastomerfender werden in vielen Häfen zur Abfenderung der Anlegestöße bzw. zur Aufnahme der Anlegedrücke an Liegeplätzen verwendet. Da sie in der Regel aus seewasser-, öl- und alterungsbeständigem Material bestehen und auch bei gelegentlicher Überlastung nicht zerstört werden, haben sie eine lange Lebensdauer.

Für Fender werden Elastomerelemente in verschiedenen Formen, Größen und spezifischen Wirkungscharakteristiken hergestellt. Sie können für alle einschlägigen Aufgaben, von der einfachen Fenderung für die Kleinschifffahrt bis zu Fenderkonstruktionen für Großtanker und Massengutfrachter, eingesetzt werden. Fenderungen in Fährbetten, Schleusen, Trockendocks und dergleichen unterliegen besonderen Einwirkungen.

An Elastomerfendern legen die Schiffe entweder unmittelbar an oder sie dienen als passend gestaltete Puffer zwischen Fenderpfählen, Fenderwänden oder Fenderschürzen und Bauwerk. Gelegentlich werden auch beide Anwendungsarten kombiniert. Dadurch kann mit den im Handel erhältlichen Elastomeren und den aus ihnen hergestellten Elementen jeweils das Energieaufnahmevermögen und die Federsteifigkeit erreicht werden, die für den betreffenden Fall am günstigsten ist.

7.4.1.5.1.2 Konische Fender mit Stahlplatte Die meisten modernen Fender sind heute konische Fender mit einer Stahlplatte, auf dem eine UHMW-PE-Platte montiert ist (Abb. 7.66). Die großen Stahlplatten sind aufgrund der erforderlichen Belastbarkeit der Schiffsaußenhaut gemäß PIANC (2020) notwendig. Die Stahlplatten sollen von Kajenoberkante bis zum Niedrigwasserniveau ausgeführt werden. Broos et al. (2018) geben einen Ansatz, um von den Tabellenwerten für den Schiffshautdruck abzuweichen.

Abb. 7.66 Super Cone Fender (SCN) mit Stahlplatte, Hafen Rotterdam.

Diese Fenderart ist kostenintensiv und in der Unterhaltung bzw. im Betrieb anfällig für Schäden. Gegenüber Ausknicken sind sie aber erheblich geringer anfällig als zylindrische Fender. Ihre Energie- und Verformungscharakteristiken sind ähnlich wie bei den axial belasteten Zylinderfendern.

7.4.1.5.1.3 Zylinderfender Häufig werden dickwandige Zylinder aus Elastomeren als Fender (Zylinderfender) verwendet. Die Zylinder können Durchmesser von 0,125 bis über 2 m haben. Sie besitzen je nach Verwendungsart variable Federcharakteristiken. Zylinder mit kleineren Durchmessern werden mit Seilen, Ketten oder Stangen waagerecht oder lotrecht, ggf. auch schräg vor der Uferwand angeordnet.

Im letztgenannten Fall werden sie vorwiegend als „Girlande" zum Kantenschutz vor eine Kaimauer, einen Molenkopf oder dergleichen gehängt.

Zylinderfender werden in der Regel waagerecht liegend eingebaut. Zur Vermeidung von Durchbiegungen und der Einreißgefahr an den Enden dürfen sie nicht mit Seilen oder Ketten direkt vor die Kaimauer gehängt werden, sondern müssen auf starre Stahlrohre oder Stahlrohrfachwerkträger gezogen werden. Diese werden dann mit Ketten oder Stahlseilen an die Kaimauer gehängt oder auf Stahlkonsolen, die neben den Fendern angeordnet sind, gelagert (Abb. 7.67).

7.4.1.5.1.4 Axial belastete Zylinderfender Zylindrische Fender können auch so verwendet werden, dass sie beim Anlegen axial belastet werden. Wegen der Knickgefahr kommen für diese Bauweise jedoch nur Zylinder mit geringer Höhe in Betracht. Falls dann die Reaktionswege zur Aufnahme der Anlegeenergie nicht ausreichen, können mehrere

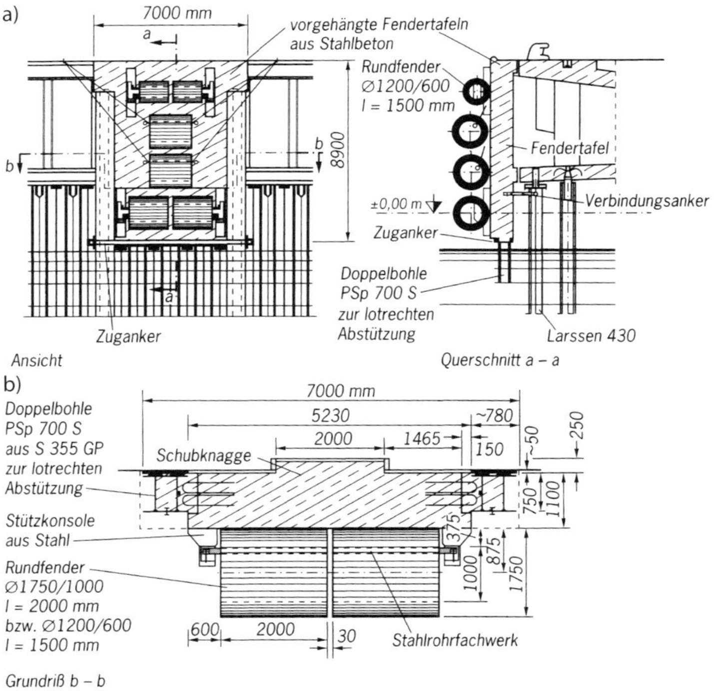

Abb. 7.67 Beispiel einer Fenderanlage mit zylindrischen Fendern; (a) Ansicht und Querschnitt a–a, (b) Grundriss b–b.

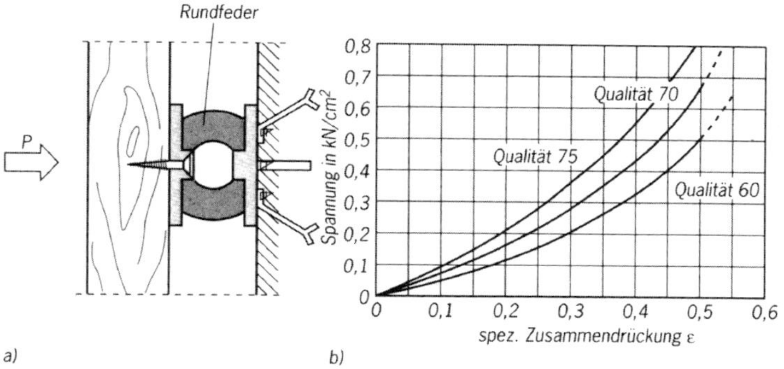

Abb. 7.68 Generelle Angaben für in Längsrichtung belastete Rundfender aus Elastomerqualität mit 60, 70 und 75 (ShA) nach DIN 53505; (a) Ausführungsbeispiel in belastetem Zustand und (b) charakteristische Spannungs-Zusammendrückungs-Diagramme.

zylindrische Fenderelemente nebeneinander angeordnet werden. Um das Ausknicken solcher Zylinderreihen zu verhindern, können beispielsweise zwischen den einzelnen Elementen Stahlbleche mit geeigneter Führung angeordnet werden (Abb. 7.68). Die Reaktionskraft dieser Fender steigt zunächst bis zur Knicklast schnell an und fällt dann mit dem Ausweichen des Fenders wieder ab.

7.4.1.5.1.5 Trapezfender Um die Arbeitskennlinie von Fendern günstiger zu gestalten, wurden Spezialformen unter Verwendung von besonderen Einlagen, beispielsweise einvulkanisierten Geweben, Federstählen oder Stahlplatten, entwickelt. Solche Bauteile müssen beim Einvulkanisieren metallisch blank gestrahlt und völlig trocken sein. Diese häufig in Trapezform hergestellten Fender haben Bauhöhen von etwa 0,2–1,3 m. Sie werden mit Dübeln und Schrauben an der Kaimauer befestigt (Abb. 7.69).

7.4.1.5.1.6 Schwimmfender Schwimmfender bieten vor allem in Tidegewässern den großen Vorteil, dass Schiffe praktisch genau in der Wasserlinie und damit etwa auch in ihrem Schwerpunkt abgefendert werden. Schwimmfender werden als schaumgefüllte oder als luftgefüllte Fender angeboten.

Luftgefüllte Fender haben Ausblasventile, die im Falle einer Überbeanspruchung das Platzen des Fenders verhindern. Diese Ventile müssen regelmäßig gewartet werden.

Schaumgefüllte Fender können aufgrund des Herstellverfahrens praktisch in beliebigen Größen und Charakteristika hergestellt werden. Sie besitzen einen Kern aus geschlossenporigem Polyethylenschaum und einen Mantel aus Polyurethan, der mit Gewebe bewehrt ist. Der Mantel ist leicht reparierbar. Auf die Materialeigenschaften des Mantels sollte sorgfältig geachtet werden, weil die Beanspruchung bei der Verformung sehr hoch ist.

7.4.1.5.1.7 Fender aus Autoreifen und Gummiabfällen In verschiedenen Seehäfen werden gebrauchte Autoreifen, meist mit Gummiabfällen gefüllt, als Fender flach vor Ufermauern gehängt. Sie wirken polsterartig. Ein nennenswertes Arbeitsvermögen besitzen sie nicht.

Häufiger werden mehrere ausgestopfte Lkw-Reifen (meist fünf bis zwölf Stück) über einen Stahldorn gezogen, der an den Enden je eine aufgeschweißte Rohrhülse zum Anlegen der Fang- und Halteseile erhält. Mit diesen wird der Fender drehbar vor die Kaimau-

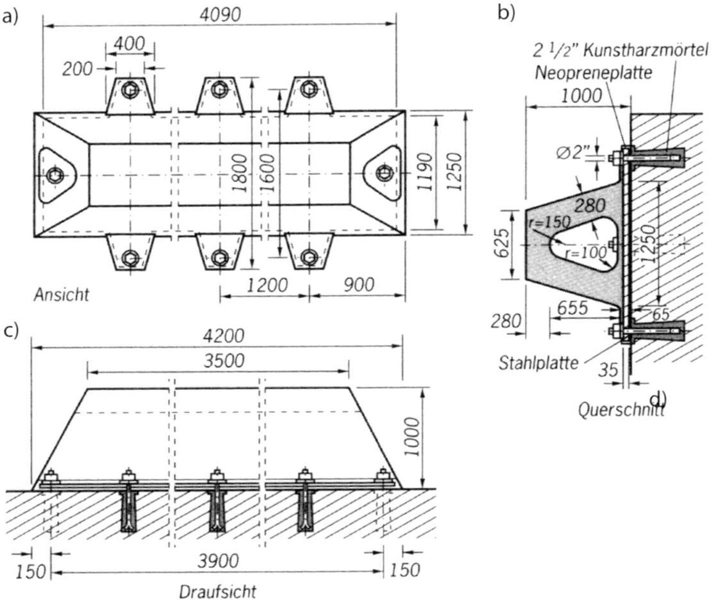

Abb. 7.69 Beispiel eines Trapezfenders: (a) Ansicht, (b) Querschnitt und (c) Draufsicht.

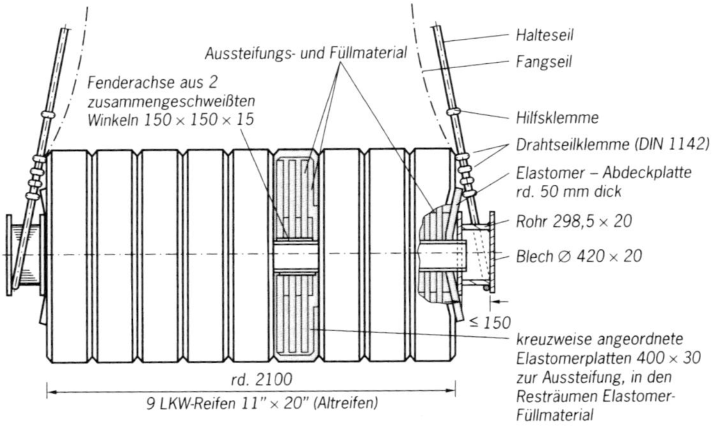

Abb. 7.70 Beispiel eines Lkw-Reifenfenders.

er gehängt. Die Reifen werden mit kreuzweise angeordneten Elastomerplatten ausgelegt und dadurch gegen den Stahldorn abgestützt. Die dann noch verbleibenden Resträume werden mit Elastomerfüllmaterial versehen (Abb. 7.70). Solche Fender (gelegentlich auch in einfacherer Ausführung mit Holzdorn) sind preisgünstig, und sie haben sich für das Anlegen von Schiffen mit geringer Anlegeenergie bewährt. Wie bereits vorstehend ausgeführt, kann ihr Arbeitsvermögen allerdings nicht zuverlässig abgeschätzt werden.

Nicht zu verwechseln mit diesen Behelfslösungen sind die genau bemessenen, auf einer Achse drehbar gelagerten Fender aus meist sehr großen Spezialreifen, die entweder mit Gummiabfällen ausgestopft oder mit Luft gefüllt sind. Fender dieser Bauart werden an exponierten Stellen wie den Einfahrten in Schleusen oder Trockendocks sowie bei engen Hafeneinfahrten auch im Tidebereich waagerecht und/oder lotrecht zur Führung der Schiffe mit Erfolg eingesetzt.

An Erzverladeanlagen in der Nähe von Tagebauen werden gelegentlich gebrauchte Reifen von Transportfahrzeugen als Fender verwendet. In diesen Fällen muss das Arbeitsvermögen durch Versuche ermittelt werden.

7.4.1.5.2 Fender aus Naturstoffen

In Ländern, in denen geeignetes Rohmaterial zur Verfügung steht und/oder Devisen eingespart werden sollen, werden auch noch heute Buschhängefender ausgeführt. Buschhängefender erfordern allerdings höhere Investitions- und Unterhaltungskosten als Elastomerfender und sind daher nur dann zu empfehlen, wenn Elastomerfender nicht verfügbar sind. Durch Witterung sowie Wellengang sind Buschhängefender einem natürlichen Verschleiß unterworfen. Die Fenderabmessungen werden den größten anlegenden Schiffen angepasst. Sofern nicht besondere Umstände größere Abmessungen erfordern, werden die in Tab. 7.3 angegebenen Fendermaße empfohlen.

Tab. 7.3 Fenderabmessungen von Buschhängefendern.

Schiffsgröße [dwt]	Fenderlänge [m]	Fenderdurchmesser [m]
Bis 10 000	3,0	1,5
Bis 20 000	3,0	2,0
Bis 50 000	4,0	2,5

7.4.1.6 Konstruktive Hinweise

Fender sind in regelmäßigem Abstand entlang der Kaianlage anzuordnen. Der Abstand der Fender untereinander richtet sich nach der Konstruktion des Fendersystems und den erwarteten Schiffen. Ein wesentliches Kriterium ist dabei der Radius des Schiffes zwischen dem Bug und dem Mittelflach. Dieser Radius definiert bei vorgegebenem Fenderabstand, bei welchem Vorbaumaß der Fender und deren voller Eindrückung der Bug die Uferwand zwischen zwei Fendern berührt. Um das zu vermeiden, muss der Fenderabstand angepasst werden.

In der Regel sollten die Fender keine größeren Abstände als 30 m voneinander haben.

Der Vorbau der Fender kann nicht beliebig groß gewählt werden. Häufig beeinflusst das maximale Lastmoment von Kränen das Vorbaumaß der Fender.

Schwierigkeiten bereitet es, ein für große und kleine Schiffe gleichermaßen geeignetes Fendersystem zu entwerfen. Während für ein großes Schiff ein entsprechend ausgelegter Fender ausreichend „weich“ ist, kann er für ein kleines Schiff eine zu geringe Nachgiebigkeit haben, also zu hart sein. Das kann zu Schäden am Schiff führen. Außerdem ist die Höhenlage der Fender in Bezug auf den Wasserspiegel bei kleinen Schiffen von größerer Bedeutung als bei großen. In Tidegewässern können hier Schwimmfender erhebliche Vorteile bieten.

Wenn an Großschiffsliegeplätzen auch Container-Feederschiffe oder Binnenschiffe abgefertigt werden, besteht für diese die Gefahr des Unterhakens unter fest angebrachten Fendern. Außerdem können Krängungen kleiner Schiffe aus Ladevorgängen bei Niedrigwasser zu Beschädigungen der Aufbauten und der Ladung durch die oberen Fenderlagen führen.

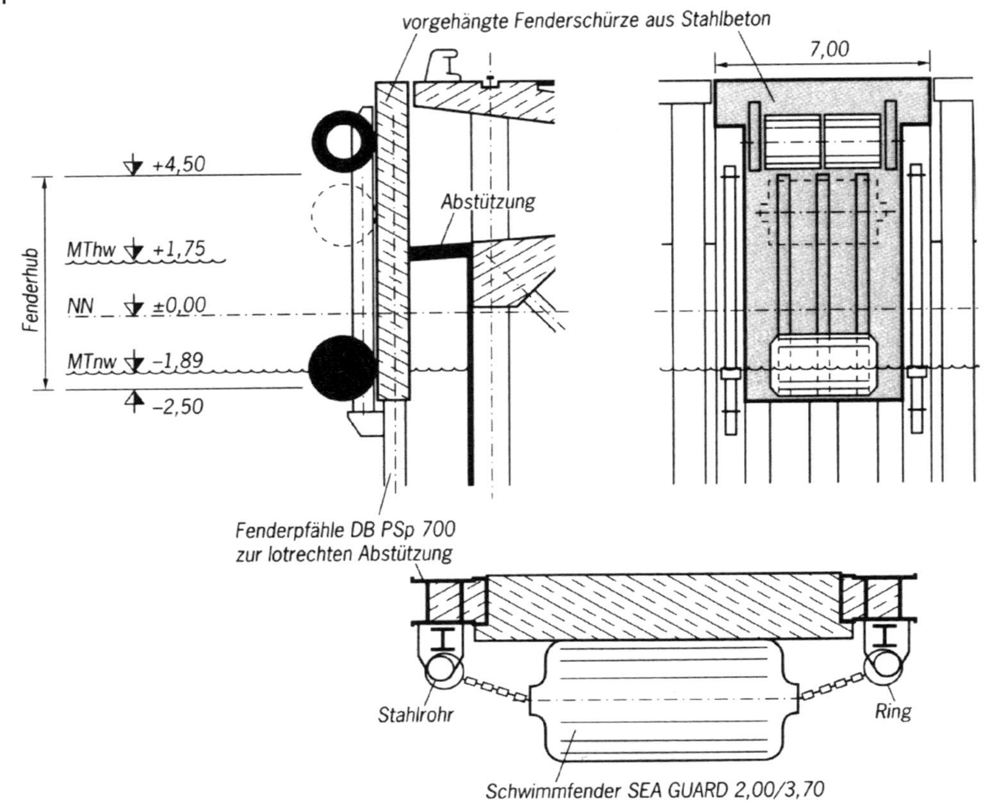

Abb. 7.71 Beispiel einer Schwimmfenderanlage an einem Großschiffsliegeplatz mit Anlegemöglichkeit für Feeder- und Binnenschiffe.

Bei einer Neuentwicklung für die Containerkaje in Bremerhaven sind vor Fendertafeln Schwimmfender angebracht worden, die sich mithilfe seitlicher Führungsrohre mit der Tide auf- und abwärts bewegen. Diese Lösung ist in Abb. 7.71 gezeigt. Die Fenderkonstruktion besteht hier aus einer oberen fest angeordneten Fenderlage aus Rollenfendern mit einem Durchmesser von 1,75 m und dem beweglichen Schwimmfender mit einem Durchmesser von 2,0 m vor einer festen Fenderschürze. Die Durchmesser sind so gewählt, dass auch bei niedrigen Wasserständen eine ausreichende Krängung kleinerer Schiffe möglich ist.

7.4.1.7 Ketten

Ketten in Fendersystemen sollten mindestens für die drei- bis fünffache rechnerische Kraft ausgelegt werden.

7.4.1.8 Leiteinrichtungen und Kantenschutz

7.4.1.8.1 Allgemeines

Neben den eigentlichen Fenderungen, die zur Aufnahme von Energie speziell bemessen sind, gibt es eine Vielzahl von Bauelementen, die lediglich konstruktiv angeordnet werden, z. B. als Leiteinrichtungen in Durchfahrten und Schleusen, als Kantenschutzeinrichtungen oder als nicht besonders bemessene Anlegevorrichtungen für kleinere

Fahrzeuge. Hierzu zählen Reibepfähle, Reibehölzer, Gleitleisten und Kantenschutzprofile.

7.4.1.8.2 Reibeleisten und Reibepfähle aus Holz

Bei der Verwendung von Holz für Reibeleisten und Reibepfähle in Salzwasser und in Brackwasser ist zu bedenken, dass Holz durch die sogenannte Bohrmuschel (Teredo navalis) befallen werden kann. Das kann innerhalb von wenigen Jahren zu einer Totalzerstörung der Hölzer führen. Der Bohrmuschelbefall ist von außen praktisch nicht sichtbar, weil sich die Bohrmuschel radial in das Holz einbohrt und ihre Gänge dann axial ausweitet. Gefährdet sind im Wesentlichen weiche Hölzer, wie z. B. Nadelholz, aber auch heimisches Hartholz, z. B. Eiche, und auch tropische Hölzer.

In Salz- und Brackwasser mit mehr als 5 ‰ Salzgehalt ist daher von der Verwendung von Holz in tragenden Konstruktionen immer abzuraten. Wird Holz z. B. für Reibepfähle verwendet, muss damit gerechnet werden, dass diese wegen Bohrmuschelbefalls ausgetauscht werden müssen.

7.4.1.8.3 Kantenschutzprofile

Zum Schutz von Kanten werden spezielle Profile und von Fenderprofilen abgeleitete Profile verwendet. Aufgrund ihrer geringen Größe oder ihrer Profilform haben sie kein nennenswertes Energieaufnahmevermögen.

7.4.1.8.4 Gleitleisten und Gleitplatten aus Polyethylen

Um die Reibungsbeanspruchungen zwischen Schiff und Ufereinfassung beim Anlegen und Liegen von Schiffen zu vermindern, werden neben Streichbalken, Reibehölzern und Reibepfählen auch Gleitleisten oder Gleitplatten aus Kunststoff, häufig aus Polyethylen (PE), eingesetzt. Diese Bauteile müssen die aus Druck- und Reibung angreifenden Lasten ohne Bruch aufnehmen und über ihre Halterungen in das Uferbauwerk übertragen können. Hierzu müssen sie ggf. durch zusätzliche Tragglieder gestützt werden.

Für Gleitleisten im Wasser- und Seehafenbau haben sich Polyethylenmassen mittlerer Dichte (HDPE) nach DIN EN ISO 1872 und hoher Dichte (UHMW-PE) nach DIN 16972 als geeignet erwiesen. Übliche Lieferformen sind Rechteckvollprofile mit Querschnitten von 50 mm · 100 mm bis zu 200 mm · 300 mm und Profillängen bis zu 6000 mm. Auch Sonderprofile und -längen können geliefert werden. HDPE wird in Formen gegossen und ist bei niedrigen Temperaturen (unter –6 °C) sprödbruchanfällig. UHMW-PE wird profilgerecht geschnitten und hat daher glatte Kanten.

Um die Reibungskräfte klein zu halten, sollten Gleitleisten aus einem Material bestehen, das einen möglichst kleinen Reibungsbeiwert bei geringen Abrieb- und Verschleißraten aufweist, z. B. ultrahochmolekulares Polyethylen (UHMW-PE).

Die Formstücke müssen frei von Lunkern sein und so hergestellt und verarbeitet werden, dass sie verzugs- und spannungsfrei sind. Die Güte der Verarbeitung lässt sich durch Abnahmeprüfungen zur Kontrolle der erforderlichen Eigenschaftswerte sowie durch zusätzliche Warmlagerversuche von herausgeschnittenen Proben der Profile überprüfen.

Regenerate von PE-Massen mittlerer Dichte dürfen wegen der abgeminderten Werkstoffeigenschaften nicht eingesetzt werden.

Die Abb. 7.72 und 7.73 zeigen Befestigungs- und Konstruktionsbeispiele von Gleitleisten. Die Köpfe von Befestigungsbolzen sollen mindestens 40 mm hinter der Anfahrfläche der Gleitleisten enden. Auswechselbare Schrauben sollten mindestens

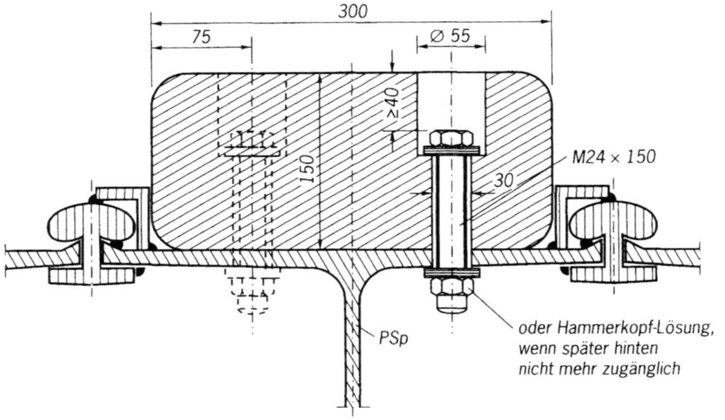

Abb. 7.72 Gleitleiste unmittelbar auf einer Peiner Spundwand befestigt.

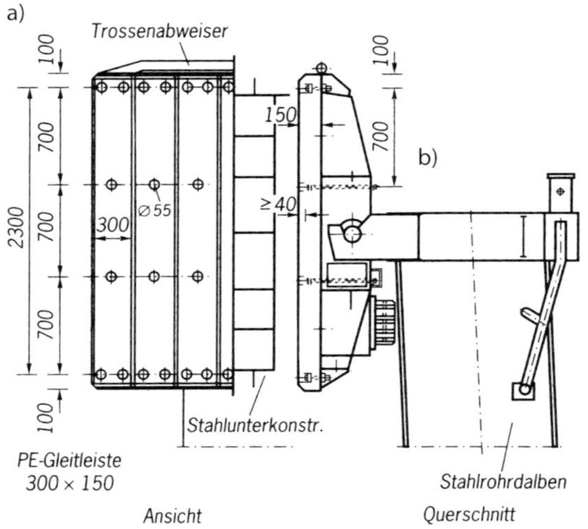

Abb. 7.73 Ausrüstung der Fenderschürze einer Stahlrohrdalbe mit Gleitleisten; (a) Ansicht, (b) Querschnitt.

einen Durchmesser von 22 mm und einbetonierte einen Durchmesser von mindestens 24 mm haben und feuerverzinkt sein.

7.4.2 Fenderungen in Binnenhäfen

Die Anlegeflächen der Ufereinfassungen in Binnenhäfen bestehen im Allgemeinen aus Beton, Stahlspundbohlen oder vorgeblendetem Naturstein. Sie sind entweder lotrecht oder geringfügig zur Landseite hin geneigt (1 : 20 bis 1 : 50).

Zum Schutz von Ufereinfassung und Schiffskörper werden vom Schiffspersonal in der Regel etwa 1 m lange Reibehölzer zwischen Uferwand und Schiffskörper gehängt.

Es wird empfohlen, von der Ausrüstung der Ufereinfassung von Binnenhäfen mit Reibepfählen oder Reibehölzern abzusehen.

7.5 Offshorebasishäfen

7.5.1 Allgemeines

Für die Installation von Windparks ist es erforderlich, küstennahe Umschlagsmöglichkeiten für die einzelnen Komponenten der Windenergieanlagen zu errichten. Diese Offshorebasishäfen bestehen wasserseitig aus Anlegemöglichkeiten für unterschiedliche Schiffskategorien wie Versorgungsschiffe, Schiffe für den Materialtransport der einzelnen Komponenten, insbesondere Jack-up-Bargen und Hubschiffe sowie weiterer Spezialschiffe. Für die Ausbildung der wasserseitigen Uferbefestigung ergeben sich zunächst keine wesentlich anderen Randbedingungen als für die Bemessung und Ausbildung von klassischen Hafenanlagen. Lediglich für die erforderlichen Aufjackvorgänge von Hubschiffen und Jack-up-Bargen ist es erforderlich, das Seebett vor der Kaje so auszubilden, dass der Jack-up-Vorgang problemlos und ohne Auswirkungen auf die Ufereinfassung ausgeführt werden kann. Im Hinterlandbereich sind für den Umschlag von Turmteilen, Gondeln, Rotorblättern und Gründungskörpern entsprechende Vorrichtungen vorzusehen. Diese einzelnen Bauteile sind durch hohe Lasten, die durch geeignete Maßnahmen sicher in den Untergrund abzuleiten sind, gekennzeichnet. Die Infrastruktur ist generell in Abhängigkeit von den Randbedingungen des Umschlaghafens individuell zu planen. Das Design dieser Umschlagsanlagen beeinflusst in der Regel die Bemessung der Kaianlage nicht und wird deshalb im vorliegenden Werk nicht behandelt. Weitere Anforderungen an die Suprastruktur, wie die Versorgung mit Medien, äußere Anbindung, Einzäunung, Straßen, Entwässerung und Beleuchtung werden ebenfalls nicht in den Empfehlungen des Arbeitskreises Ufereinfassungen behandelt. Hier wird auf die entsprechende Fachliteratur verwiesen, wobei die entsprechenden Randbedingungen in eine individuelle Planung einzubeziehen sind.

7.5.2 Berechnungsgrundlagen

Die wesentlichen Randbedingungen für die Ufereinfassungen von Offshorebasishäfen unterscheiden sich nicht von Ufereinfassungen für andere Nutzungsformen. Aus diesem Grunde wird an dieser Stelle für die Bemessungsgrundlagen und die Bemessung selbst auf die einzelnen Kapitel der EAU verwiesen. Diese sind

- Kapitel 2 für die Festlegung grundlegender Schiffsabmessungen,
- Kapitel 3 für die Ermittlung von Erddruck und Erdwiderstand,
- Kapitel 3 für die Nachweise gegen den hydraulischen Grundbruch und Geländebruch,
- Kapitel 4 für die Belastungen von Ufereinfassungen,
- Kapitel 5 für Erdarbeiten und Baggerungen,
- Kapitel 6 für die Planung von Schutz- und Sicherungsbauwerken,
- Kapitel 8 für die Bemessung der Ufereinfassung selbst.

In Ergänzung zu den vorgenannten Berechnungsgrundlagen gilt es für den Nachweis von Hubvorgängen die Beineindringung vor der Ufereinfassung zu bemessen. Die grundlegenden Randbedingungen hierzu werden nachfolgend beschrieben.

Für die Bemessung von Ufereinfassungen von Offshorebasishäfen bzw. den Nachweis von vorhandenen Anlagen ist es erforderlich, die Belastungen hinter der Ufereinfassung realitätsnah zu erfassen. Neben den vertikalen Belastungen sind auch Horizontallasten aus Bewegungsvorgängen der Transportgeräte einzubeziehen. Da die logistischen

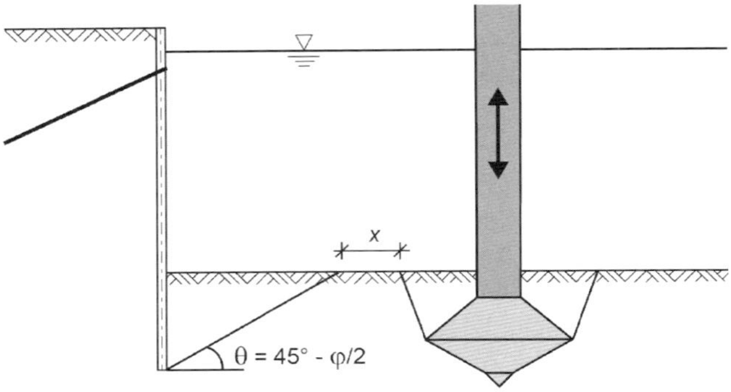

Abb. 7.74 Vermeiden einer Überlappung des Eindring- oder Herausziehschermechanismus des Hubbeins mit dem Erdwiderstandsbruchkörper.

Randbedingungen sehr individuell sind und sich auch zügig fortentwickeln, sind die Beanspruchungen mit dem Betreiber festzulegen.

Vor der Ufereinfassung müssen die Beanspruchungen aus den Hubvorgängen ermittelt werden. Hierzu werden nachfolgend Hinweise zur Abschätzung der Beineindringung gegeben. Hieraus leiten sich dann Maßnahmen und Auswirkungen ab, wobei folgende Szenarien möglich sind:

a) Aus dem Hubvorgang und der Beineindringung ergeben sich keine Auswirkungen auf die Ufereinfassung, da die Standsicherheit der Wand aufgrund des Abstands zwischen der Ufereinfassung und des Abdrucks der Beineindringung (Footprint) nicht gefährdet ist (siehe Abb. 7.74).
b) Die Beineindringung hinterlässt einen Abdruck, der einen Nachweis der Ufereinfassung erfordert.

Bei b) sind geeignete Maßnahmen zur Verringerung der Beineindringung durch eine Bodenverbesserung empfehlenswert. Diese ist im Zusammenspiel mit einem Baugrundgutachter zu dimensionieren (ergänzende Hinweise hierzu sind Abschn. 5.9 zu entnehmen). Unabhängig hiervon sind Vorgänge zu untersuchen, die sich aus dem mehrfachen Hubvorgang ergeben. Insbesondere die Interaktion aus nacheinander erfolgenden Hubvorgängen an gleichen Lokationen ist zu untersuchen, wobei derartige Auswirkungen durch geeignete Verfüllungen der Abdrücke vermieden werden. Numerische Untersuchungen zum Eindringen von Spudcans werden in Qiu et al. (2013, 2014) vorgestellt.

Zusätzlich zu den genannten Einflüssen sind die Einflüsse aus einer Kolkbildung bei längeren Standzeiten in Sandböden zu betrachten. Weiterhin sind gesonderte Untersuchungen notwendig, wenn das Errichterschiff ein Spülsystem einsetzt, um das Herausziehen der Beine aus dem Boden zu erleichtern. Dies sollte im Basishafen im Allgemeinen vermieden werden, da hierdurch eine weiträumige und tiefgehende Störung des Baugrundes vor der Ufereinfassung hervorgerufen wird.

7.5.3 Nautische Anforderungen

Die nautischen Anforderungen an einen Offshorebasishafen lassen sich aus den offshoreaffinen Schiffstypen herleiten. Hierbei werden die nautischen Anforderungen nicht nur durch Transport- und Errichterschiffe bestimmt, sondern auch durch Service- und Feederschiffe.

7.5.3.1 Bemessungsschiffe

Für die Bemessung der Ufereinfassung als auch für die Wahl der Ausrüstungselemente unterscheiden sich die Bemessungsschiffe nicht grundlegend von anderen Schiffen. Bei den klassischen Errichterschiffen ist davon auszugehen, dass diese Schiffe sich ausschließlich in einer Entfernung zwischen 10–25 m von der Ufereinfassung aufrichten werden. Ein Vertäueinsatz oder der Gebrauch einer Fenderanlage für die Errichterschiffe ist standardmäßig nicht anzusetzen.

Errichterschiffe/ Jack-up-Installationsschiffe

Die gegenwärtigen Errichterschiffe (Abb. 7.75) werden derzeit als Installationsschiffe im Windpark eingesetzt und holen sich die zu installierenden Elemente in den Basishäfen ab. Hierzu heben sich die Schiffe im Basishafen mittels ihrer Hubbeine aus dem Wasser, um so ihre besonders leistungsfähigen Bordkräne einsetzen zu können. Der Bordkran des Erichterschiffes Innovation hat z. B. bei einer Auslage von 32,5 m eine Tragfähigkeit von 1500 t (siehe Abschn. 2.3).

Bei den Hubbeinen (spuds) handelt es sich, abhängig vom Schiff, um zylindrische oder gitterförmige Stahlkonstruktionen. Am unteren Ende der Beine befinden sich bei den meisten Schiffen sogenannte Spudcans. Unter Spudcans versteht man eine Vergrößerung der Aufstandsfläche, die bewirkt, dass die Hubbeine beim Vorgang des Aufrichtens nicht zu sehr in den Boden eindringen.

In Abhängigkeit von der Maximallast (preloading), die ein Errichterschiff pro Hubbein aufzubringen hat, sind die Flächen der Spudcans sehr unterschiedlich. In der Tab. 7.4 sind für einige bekannte Errichterschiffe die maximalen Preload-Lasten, die Spudcan-Fläche und die resultierenden Flächenlasten ausgewiesen.

Offshorekranschiffe

Die beiden derzeit größten Offshorekranschiffe, die im Rahmen der Errichtung von Offshorewindparks eingesetzt werden, sind die Stanislav Yudin und die Oleg Strashnow. Die Oleg Strashnow ist mit einem Offshorekran ausgerüstet, der bei einer Auslage von 32 m

Abb. 7.75 Jack-up-Schiff beim Heben eines Monopiles.

Tab. 7.4 Preload-Lasten und Spudcan-Abmessungen von Errichterschiffen.

Schiffsname/Typ	Maximale Preload-Last [t]	Spudcan-Fläche [m²]	Resultierende Flächenlast [t/m²]	Bemerkung
Seabreeze-Klasse (Victoria Matthias,	7 200	11	655	Ohne Spudcans
Friedrich Ernestine)	7 200	90	80	Mit Spudcans
Innovation	15 000	140	107	
Vidar	13 500	126	107	
Thor	4 677	57	82	
Brave Tern	6 800	106	64	
Aeolus	9 500	50	188	
MPI Discovery	6 475	74	88	Sechs Hubbeine
SeaJacks Zalathan	2 700	29	93	
SeaJacks Leviathan	5 500	62	89	
Sea Installer A2SEA	9 000	105	86	

über eine Tragfähigkeit von 5000 t verfügt. Das Schiff hat eine Länge von 183 m und eine Breite von 47 m. Der Tiefgang dieses Schiffes beträgt 8,5–13,5 m (Kranbetrieb).

Feederschiffe
Feederschiffe kommen zum einen dann zum Einsatz, wenn die Elemente von Offshorewindkraftanlagen von anderen Standorten zugeliefert werden (Import). So kommen z. B. die Pfähle zum Verankern von Jacket- und Tripod-Strukturen mittlerweile aus Fernost, wie z. B. Malaysia. Bei den Feederschiffen handelt es sich meist um Schiffe der Panamax-Klasse. In diese Kategorie fallen alle Schiffe, die gerade so groß sind, dass sie noch durch die Schleusen des Panama-Kanals passen. Die Schleusenkammern sind 305 m lang, 33,5 m breit und 12,5 m tief.

Bargen
Als Standardbarge hat sich in Deutschland die Nordsee-Barge etabliert. Diese Bargen sind in ihren Abmessungen standardisiert und haben eine Länge von etwa 100 m und eine Breite von ca. 30 m. Die Tragfähigkeit beträgt ca. 11 000 t. Bei einem Mindestfreibord von 2,0 m ergibt sich in Verbindung mit einer Seitenhöhe der Barge von 8,0 m ein maximaler Tiefgang von ca. 6,0 m. Da diese Bargen bei der Verladung und auch bei der Zwischenlagerung von Offshoreanlagenbauteilen relativ häufig verwendet werden, sind ausreichend Liegeplätze für leere und voll beladene, auf ein Errichterschiff wartende Bargen einzuplanen.

Sonstige Schiffe
Neben den bereits genannten Schiffsarten kommen an den Häfen, von denen Offshorewindkraftanlagen verschifft werden, häufig auch sogenannte Hotelschiffe zum Einsatz. Bei diesen Schiffen handelt es sich meist um ausgemusterte Fähren, die für die Besatzung eines Errichterschiffes als Übergangsunterkunft im Falle eines Crew-Wechsels dienen. Als Beispiel für diese Schiffsart kann die MS Regina Baltica genannt werden. Dieses Schiff hat eine Länge von 145 m und eine Breite von 25 m.

7.5.3.2 Überkragende Ladung und Verkehrsbreite

Während der Transport von Einzelsektionen einer Windenergieanlage (Rotorblatt, Maschinenhaus, Turm, Fundament) in der Regel nicht über die Breitenbeschränkung eines Errichterschiffes hinausgeht, können projektbezogene Ladungsszenarien oder der Transport von vorgefertigten Großteilen dazu führen, dass Ladungsteile ein- oder zweiseitig über die Schiffswände herauskragen.

Während z. B. querliegende Rotorblätter oder Monopiles dazu führen, dass beidseitige Kraglängen von bis zu 20 m erreicht werden, erzeugt der sogenannte Sterntransport (vorgefertigte Nabeneinheit mit drei Rotoren) eine Gesamtbreite von ca. 120 m.

Für den Hafen- und Liegebereich führen solche Breiten zu Konfliktpunkten bei dem Abstand zwischen Schiff und Kajenbauwerk (insbesondere im Tidebereich) und anderen Bauwerken (insbesondere Seeschleusen).

Je nach Revierlage eines Offshorebasishafens sind unterschiedliche Restriktionen für die Revierfahrt zu erwarten. Bei einem Sterntransport führt die Breite des Sternes mit 120 m durch erforderliche Sicherheitsabstände und Manövrierraum zu anderen Schiffen zu einer Verkehrsbreite von 240 m.

Je nach Ausbaugrad, Fahrrinnenbreite, Verkehrsart, Verkehrsdichte und morphologischen Merkmalen des Reviers sind unterschiedliche Restriktionen und Auflagen für derartige Sondertransporte zu erwarten.

7.5.4 Ermittlung der Beineindringung von Errichterschiffen

Das zu erwartende Lastbeineindringverhalten während des Preloadings[1] kann mit numerischen Berechnungsverfahren oder in Anlehnung an die SNAME-Richtlinie (2008) und DIN EN ISO 19905-1:2016-11 vereinfacht rechnerisch abgeschätzt werden. Die Berechnung der Beineindringung beruht darauf, dass die Eindringung der Spudcans (Beine) dann zum Stoppen kommt, wenn der Eindringwiderstand F_V des „Preloads" entspricht (Ausnutzungsgrad $\mu = 1$). Gemäß der SNAME-Richtlinie (2008) bzw. DIN EN ISO 19905-1:2012 wird zwischen verschiedenen Versagensmechanismen unterschieden: konventioneller Grundbruch im homogenen Einschichtsystem (nichtbindiger Boden mit effektiven Scherparametern oder bindiger Boden mit undränierten Scherfestigkeiten), Durchstanzen (punch through), seitliches Ausweichen der Weichschicht (squeezing) für geschichteten Baugrund und die Kombination der Mechanismen.

Für die Berechnung des Eindringwiderstandes F_V wird vereinfacht eine kreisförmige Fläche mit äquivalentem Flächeninhalt der Spudcans berücksichtigt. Wenn die konische Spitze der Spudcans vollständig in den Baugrund eindringt, wird die maximale Fläche der Spudcans für die Tragfähigkeitsanalyse angesetzt. Aus diesem Grund wird die Eindringtiefe z im Folgenden als der Abstand zwischen der Gewässersohle und der Spitze der Spudcans (niedrigster Punkt der Spudcans) definiert. Jedoch wird für die Bestimmung der Beineindringung der Abstand zwischen der Gewässersohle und der maximalen Grundfläche des Spudcans verwendet. Diese Beineindringtiefe wird als h definiert. Der maximale äquivalente Durchmesser des Spudcans ist D_{eff}.

---

1) Unter Preloading wird die Vorbelastung der Beine nach dem Hubvorgang vor der Aufnahme der eigentlichen Arbeiten verstanden. Die dabei auf das Bein aufgebrachten Lasten sollen deutlich höher als die im normalen Betrieb auftretenden Lasten sein. Sie werden im Wesentlichen dadurch erzeugt, dass das Gewicht des Schiffkörpers einschließlich der Lasten auf zwei diagonal liegende Beine verteilt wird, und die restlichen Beine möglichst weitgehend entlastet werden.

Die Ermittlung der Beineindringtiefe ist grundsätzlich stark abhängig von der Güte der Baugrundaufschlüsse und den angesetzten Scherparametern. Es sollten daher stets eine Bandbreite der Bodenparameter verwendet und untere und obere Grenzwerte der Beineindringung ermittelt werden. Hierbei ist unter Umständen auch eine Variation der Methodik zur Berechnung der nachfolgend beschriebenen Grundbruchbeiwerte einzubeziehen.

7.5.4.1 Eindringwiderstand in nichtbindigen Boden

Der Eindringwiderstand von nichtbindigen Böden (Silikatsande) wird nach SNAME-Richtlinie (2008) als dränierter Prozess mit

$$F_V = \left(0{,}5\gamma' D_{eff} N_\gamma s_\gamma d_\gamma + p'_0 N_q s_q d_q\right) \cdot A_{eff}$$

berechnet. In der Gleichung ist γ' die Auftriebswichte des Bodens, N_γ (nach Brinch Hansen gemäß SNAME-Richtlinie, 2008) und N_q sind Tragfähigkeitsbeiwerte. Bei Spudcan-Durchmessern D_{eff} von mehr als 3 m wird gemäß SNAME-Richtlinie (2008) empfohlen, den Reibungswinkel bei der Ermittlung der Tragfähigkeitsbeiwerte um 5° zu reduzieren. s_γ und s_q sind Formfaktoren und d_γ und d_q sind Tiefenbeiwerte (gemäß SNAME-Richtlinie, 2008). Des Weiteren ist p'_0 der effektive Überlagerungsdruck und A_{eff} die effektive Fläche der Spudcans.

In dem Fall, dass ein scheinbar tragfähiger Boden einen nicht tragfähigen Boden überlagert, kann es zum Grundbruch in dem nicht ausreichend tragfähigen Boden kommen (punch through).

Unter den gegebenen Randbedingungen ist dies partiell beim Übergang von den oberflächennah anstehenden Sanden zum Ton/Schluff gegeben. Hier wird der charakteristische Beineindringwiderstand unter Berücksichtigung von Durchstanzen mit der Lastausbreitungsmethode (loadspread) gem. DIN EN ISO 19905-1:2016-11 bzw. SNAME-Richtlinie (2008) prognostiziert. Der Eindringwiderstand wird an der Oberkante des nicht tragfähigen Bodens unter Berücksichtigung einer über die Lastausbreitung fiktiv vergrößerten Fläche (unter der Neigung von $1 : n$) der Spudcans berechnet (siehe Abb. 7.76).

Für den Fall ohne Berücksichtigung eines Nachfließens des seitlich anstehenden Bodens wird der Eindringwiderstand F_V von „nichtbindigem Boden über bindigem Boden“ (sand over clay) wie folgt berechnet

$$F_V = F_{V,b} - W$$

mit

$$F_{V,b} = \left(c_u N_c s_c d_c + p'_0\right)\left(1 + \frac{2T}{nD_{eff}}\right)^2 A_{eff} \quad \text{und} \quad W = \left(1 + \frac{2T}{nD_{eff}}\right)^2 A_{eff} T\gamma'$$

wobei T der Abstand zwischen der maximalen Fläche der Spudcans und der Oberkante der nicht tragfähigen Schicht und $1 : n$ die Neigung der Lastausbreitung ist. Gemäß SNAME-Richtlinie (2008) und DIN EN ISO 19905-1:2016-11 werden für Sand Werte von $3 \leq n \leq 5$ empfohlen. Nach Dutt und Ingram (1984) und Tomlinson (1986) kann ein Ausbreitungswinkel von $\tan^{-1}(1/2)$ für grobkörnige Materialien angesetzt werden. c_u, N_c, s_c und d_c beschreiben das Festigkeitsverhalten des unterlagernden bindigen Bodens.

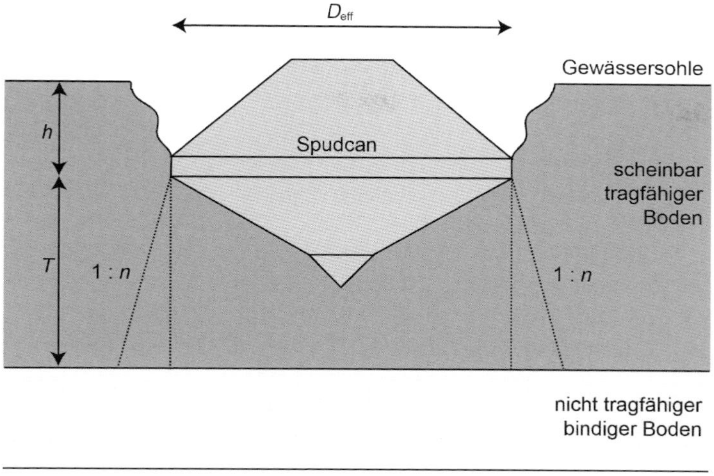

Abb. 7.76 Angenommener Schermechanismus beim Durchstanzen (punch through).

7.5.4.2 Eindringwiderstand in bindigen Böden

Generell wird der Eindringwiderstand F_V von bindigen Böden ohne Berücksichtigung eines Nachfließens des seitlich anstehenden Bodens (back-flow) nach SNAME-Richtlinie (2008) wie folgt als undränierter Prozess berechnet

$$F_V = \left(c_u N_c s_c d_c + p'_0\right) \cdot A_{eff}$$

wobei c_u die undränierte Scherfestigkeit des Bodens, N_c ein Grundbruchfaktor, s_c ein Formbeiwert und d_c ein Tiefenfaktor ist. Für die Berechnungen werden die in der SNAME-Richtlinie (2008) bzw. in der DIN EN ISO 19905-1:2016-11 für konisch geformte Kreisfundamente angegebenen Werte für N_c, s_c und d_c angesetzt.

In dem Fall, dass eine weiche, bindige Schicht eine „tragfähigere" Schicht (tragfähige, bindige Schicht oder nichtbindige Schicht) überlagert, ist die Möglichkeit des seitlichen Ausweichens der Weichschicht zu berücksichtigen. Nach SNAME-Richtlinie (2008) bzw. DIN EN ISO 19905-1:2016-11 tritt seitliches Ausweichen in bindigen Böden auf, wenn

$$D_{eff} \geq 3{,}45T\left(1 + 1{,}1\,\frac{h}{D_{eff}}\right)$$

wobei T der Abstand zwischen der maximalen Fläche der Spudcans und der Oberkante der tragfähigeren Schicht ist (siehe Abb. 7.77).

Falls das seitliche Ausweichen der Weichschicht relevant wird, ist der Eindringwiderstand F_V (ohne back-flow) des weichen, bindigen Bodens wie folgt zu berechnen

$$F_V = A_{eff}\left[\left(a + \frac{bD}{T} + \frac{1{,}2h}{D_{eff}}\right)c_u + p'_0\right]$$

wobei a und b Squeezing-Faktoren sind. Für die Berechnungen sind die in der SNAME-Richtlinie (2008) empfohlenen Squeezing-Beiwerte $a = 5$ und $b = 0{,}33$ anzusetzen. Im Falle des seitlichen Ausweichens der Weichschicht ($T \ll D_{eff}$) kann die Tragfähigkeit des weichen Bodens jedoch nicht höher als die Tragfähigkeit des unterlagernden Bodens werden.

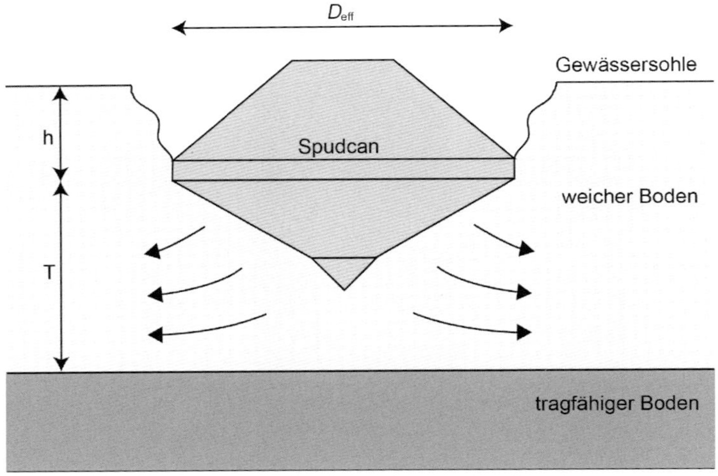

Abb. 7.77 Seitliches Ausweichen des Bodens (squeezing).

7.5.4.3 Empfehlungen zur Dimensionierung

Besteht bei den anstehenden Böden die Gefahr von Durchstanzen und daraus folgend eine Gefahr für die Errichterschiffe durch ein rasches Eindringen der Beine, ist ein Bodenaustauschpolster vor der Ufereinfassung zu dimensionieren. Für die Dimensionierung wird angenommen, dass Durchstanzen auszuschließen ist, wenn der prognostizierte charakteristische Eindringwiderstand F_V (unter Berücksichtigung der Lastausbreitungsmethode) oberhalb der wenig tragfähigen Schicht einen ca. 1,5-mal höheren Wert als der angegebene Preload erreicht (Lietaert, 2011; Dier et al., 2004). Die Mächtigkeit des Bodenaustauschpolsters d für die Sohlertüchtigung ist damit iterativ zu ermitteln, bis das oben genannte Sicherheitskriterium gegen Durchstanzen erreicht wird.

Dieselben Ansätze sind auch für die Berechnungen eines Bemessungsschiffes ohne Spudcans zu wählen. Ein möglicher Ansatz von Mantelreibung ist auf der sicheren Seite liegend für die Bestimmung des Bodenaustauschpolsters zu vernachlässigen.

7.5.5 Unterhaltung und Monitoring der Jackingflächen

Jackingflächen unterliegen einem erhöhten Bedarf an einem regelmäßigen Monitoring und einem Unterhaltungsbedarf der Bodenaustauschflächen. In der Regel werden Bodenaustauschflächen während ihrer Herstellung aus Kostengründen unverdichtet hergestellt. Dies bedeutet, dass je nach gewähltem Austauschmaterial (Sand oder Wasserbausteine) und den bodenmechanischen Eigenschaften des gewachsenen Bodens unter dem Austauschkörper mit unterschiedlich hohen Eindringmaßen gerechnet werden muss. Hierbei sind die spezifischen Flächenlasten und die Geometrien der Spudcans der Errichterschiffe eine maßgebliche Einflussgröße der zu erwartenden Eindringmaße.

Aus bereits durchgeführten Sohlertüchtigungen sind Eindringmaße zwischen 0,70–3,50 m bekannt. Bei den jeweiligen Umschlagseinheiten für ein Windparkprojekt wird in der Regel ein und dasselbe Errichterschiff intervallartig die gleiche Aufjackposition an der Umschlaganlage aufsuchen. Aufgrund der hohen Manövrierfähigkeit und den DP-Antriebssystemen verfügen moderne Errichterschiffe über alle erforderlichen tech-

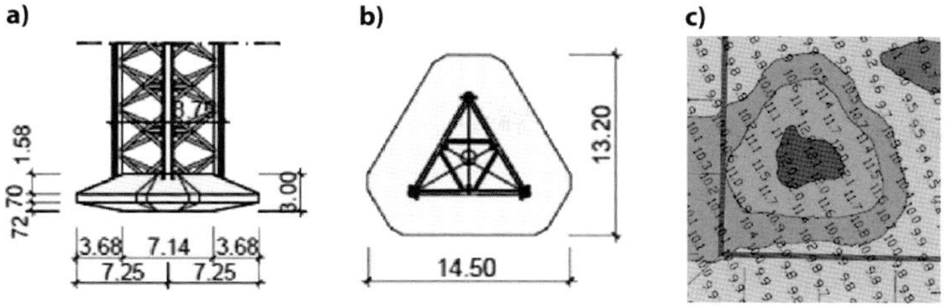

Abb. 7.78 (a), (b) Spudcan-Geometrie eines Errichterschiffes und (c) zugehöriger Abdruck auf der Sohlertüchtigung.

nischen Voraussetzungen, um die Absetzpunkte ihrer Beine mit hoher Genauigkeit immer wieder zu treffen.

In der Anfangsphase eines neuen Projektes sollten die Eindrückgeometrien und -tiefen der Abdrücke regelmäßig gepeilt und ausgewertet werden (siehe Abb. 7.78). Der Einsatz eines Fächersonars mit der Möglichkeit einer dreidimensionalen Betrachtung des Abdrucks vereinfacht die Analyse.

Bereits nach kurzer Zeit empfiehlt sich bei tieferen Eindringmaßen eine Verfüllung der Abdrücke, damit die Oberkante der Sohlertüchtigung wieder ein einheitliches Höhenniveau aufweist. Diese Vorsorgemaßnahme ist erforderlich, damit ein Errichterschiff bei einer nicht punktgerechten Aufjackposition nicht seitlich in den eigenen Abdruck abgleiten kann. Bei diesem Vorgang könnten Spannungen in den Hubbeinen zu einer möglichen Schädigung des Hydrauliksystems der Hubbeine führen.

Spätestens bei einer Nutzung durch ein anderes Errichterschiff mit anderen Abständen der Hubbeine und anderen Spudcan-Geometrien ist eine solche Verfüllung zwingend erforderlich. In der Offshorebranche lehnen die Reedereien in der Regel eine Aufjackposition ab, die durch eine Position eines anderen Schiffes bereits in Teilbereichen vorverdichtet wurde und durch deren Eindringung im Höhenniveau tieferliegt.

Die Wiederverfüllung dieses Bereiches kann mit dem gleichen Material der bisherigen Sohlertüchtigung erfolgen. Bei dem Einsatz von sandigen Materialien ist eine Verklappung durch Schuten oder Hopperbagger möglich. Eine Verteilung in der Fläche kann bei diesen Materialien beispielsweise durch ein Wasserinjektionsgerät oder einen Stelzenponton erfolgen.

Bei dem Einsatz von Wasserbausteinen empfiehlt sich die Wiederverfüllung durch ein gezieltes Ablegen des Materials über einen Stelzenponton mit einem entsprechend ausgerüsteten Hydraulikbagger, der das Material unter Wasser höhengerecht verteilen kann.

7.5.6 Logistische Anforderungen

Aufgrund ihrer Geometrie und ihrer hohen Lasten stellen die unterschiedlichen Komponenten für eine Offshorewindenergieanlage (OWEA) hohe logistische und technische Anforderungen an einen Basishafen. Bis zum heutigen Tag sind keine einheitlichen Standards bei Lagerung, Transport und Umschlag der verschiedenen Segmente erkennbar, sodass insbesondere bei der Lagerung unterschiedlichste Systeme zum Einsatz kommen. Des Weiteren sind die Fahr- und Transportwege, die Lagerflächen und die Vorstauflächen für den Umschlag auf die Errichterschiffe durch unterschiedliche Anforderungen geprägt, die stark von einem jeweiligen Logistikkonzept abhängen. Dieses

Kapitel beschreibt zunächst alle bekannten Abmessungen und Gewichte von Standard- und Sonderkomponenten, die unterschiedlichen Transport- und Lagersysteme sowie deren Bedeutung für die erforderlichen Flächenlasten auf den unterschiedlichen Betriebsflächen.

7.5.6.1 Standardkomponenten von Offshorewindenergieanlagen

Monopiles/Transition Pieces Monopiles haben derzeit Längen von ca. 50–80 m und einen Durchmesser von 6–8 m (Tab. 7.5). Das Gesamtgewicht eines Monopiles beträgt ca. 400–1300 t. Monopiles mit großen Abmessungen und hohem Gewicht werden in einzelnen Projekten schwimmend transportiert, wobei die Schwimmfähigkeit des Monopiles mithilfe von Schotten hergestellt wird. Inklusive der Schotten wiegen die Monopiles dann ca. 1300 t.

Tab. 7.5 Abmessungen von Monopiles.

Monopiles	Durchmesser [m]		Länge [m]		Gewicht [t]	
	Von	Bis	Von	Bis	Von	Bis
Aktuell	5	8	50	80	400	1300
Prognose	5	10	50	90	400	2000

In Zukunft können Monopiles mit einem Durchmesser von bis zu 10 m, einer Länge von ca. 90 m und einem Gewicht von bis zu 2000 t bei Projekten mit Wassertiefen von bis zu 40 m zum Einsatz kommen. Ein weiteres Anwachsen der Abmessungen scheint im Hinblick auf die zur Verfügung stehende Rammtechnik mittelfristig wenig wahrscheinlich.

Die Lagerung von Monopiles erfolgt mittels Beton- bzw. Stahllagerböcken oder im Sandbett.

Die Monopile-Gründungsstrukturen für Offshorewindenergieanlagen sind in der Regel zweiteilig ausgeführt und bestehen aus dem eigentlichen Monopile sowie dem Transition Piece, das nach dem Rammen des Monopiles installiert wird. Die strukturelle Anbindung wird über eine Grout-, Flansch- oder Schweißverbindung hergestellt. Künftig werden in einzelnen Projekten auch Monopile-Konstruktionen eingesetzt werden, welche über kein getrenntes Transition Piece verfügen.

Die Transition Pieces weisen ähnliche Durchmesser auf wie der jeweilige Monopile (Tab. 7.6). Die Länge beträgt 15–25 m bei Gewichten von 200–300 t. Für die kommende Generation von großen Monopiles sind Längen von bis zu 30 m und Gewichte von bis zu 350 t zu erwarten.

Tab. 7.6 Abmessungen von Transition Pieces.

Transition Pieces für Monopiles	Durchmesser [m]		Länge [m]		Gewicht [t]	
	Von	Bis	Von	Bis	Von	Bis
Aktuell	5	8	15	25	200	300
Prognose	5	10	15	30	200	350

Jackets

Jackets haben eine Grundfläche von 25 m × 25 m bis 35 m × 35 m und eine Höhe von 50–70 m bei einem Gesamtgewicht von bis zu 900 t (Tab. 7.7). Beim Jacket ist das Transition Piece ein integraler Bestandteil der Gründungsstruktur. Die Angaben zu Höhe und Gewicht enthalten jeweils auch das Transition Piece.

Tab. 7.7 Abmessungen von Jackets.

Jackets	Grundfläche [m²]		Höhe [m]		Gewicht [t]	
	Von	Bis	Von	Bis	Von	Bis
Aktuell	25 · 25	35 · 35	50	70	600	900
Prognose	25 · 25	45 · 45	50	90	600	1400

Die Gründungspfähle zum Verankern des Jackets haben einen Durchmesser von 2,5–3,6 m und eine Länge von 40–75 m. Das Gesamtgewicht eines Pfahles beträgt bis zu 250 t (Tab. 7.8). Die Lagerung dieser Pfähle erfolgt, wie auch bei Monopiles, mittels Lagerböcken aus Beton oder Stahl. Die Abmessungen eines Lagerbockes betragen etwa 1,25 m · 2,0 m. Das Gewicht eines Gründungspfahls wird somit über ca. 5,0 m^2 in den Boden abgetragen.

Tab. 7.8 Abmessungen von Gründungspfählen für Jackets.

Gründungspfähle für Jackets	Durchmesser [m]		Länge [m]		Gewicht pro Pfahl [t]	
	Von	Bis	Von	Bis	Von	Bis
Aktuell	2,5	3,6	40	75	90	250
Prognose	2,5	4,5	40	90	90	320

In Zukunft werden Jacketgründungsstrukturen voraussichtlich in Wassertiefen von bis zu 65 m eingesetzt werden, dann mit Grundflächen von bis zu 45 m · 45 m und Höhen von bis zu 90 m bei einem Gewicht von bis zu 1400 t.

Neben dem im Aufbau symmetrischen Jacket mit vier Beinen sind als in manchen Fällen mögliche Alternativen das dreibeinige Jacket und das sogenannte Twisted Jacket zu nennen.

Tripods

Die Tripods, die derzeit in den Windparks verbaut werden, haben eine Grundfläche von ca. 30 m · 30 m und eine Höhe von ca. 65 m. Das Gesamtgewicht dieser Gründungsstrukturen beträgt ca. 900 t. Die Gründungspfähle zum Verankern der Tripods haben ähnliche Abmessungen und Gewichte wie die der Jackets.

Die Tripods werden mit Self-Propelled Modular Transporter (SPMT) transportiert. Dafür kommen Lagerböcke aus Beton und Stahl zum Einsatz, mit dessen Hilfe das Element auch von den SPMT aufgenommen werden kann. Die Aufstandsfläche der Lagerböcke beträgt ca. 8–10 m^2 pro Bein. Zum Transport eines Tripods fährt unter jeden der drei Auflagerböcke eine SPMT-Einheit mit jeweils ca. zwölf Achsen.

Tripiles
Dieser Gründungsstrukturtyp (Tab. 7.9) wird aus Kostengründen bei künftigen Projekten voraussichtlich nicht zum Einsatz kommen.

Tab. 7.9 Abmessungen von Tripiles.

Tripiles	Grundfläche [m^2]		Höhe [m]		Gewicht [t]	
	Von	Bis	Von	Bis	Von	Bis
Aktuell	20 · 20	30 · 30	50	60	750	900
Prognose	Wahrscheinlich keine Entwicklung zu größeren Strukturen					

Turmsegmente
Die Türme der heutigen Offshorewindenergieanlagen in der Leistungsklasse von 3,6–6,0 MW bestehen derzeit aus zwei bzw. drei Segmenten. Das untere Turmsegment enthält in vielen Fällen eine elektrotechnische Ausrüstung und kann daher nur im stehenden Zustand transportiert werden. Die oberen Segmente können auch liegend transportiert werden. Der Durchmesser der Turmsektionen beträgt 4,5–6,0 m, die Höhe 12,5–36,0 m und das Gewicht 50–125 t, je nach Anlagentyp und Anzahl der Turmsegmente (Tab. 7.10).

Tab. 7.10 Abmessungen von Turmsegmenten.

Turmsegmente	Untere Turmsektion						Mittlere Turmsektion						Obere Turmsektion					
	Durchmesser [m]		Höhe [m]		Gewicht [t]		Durchmesser [m]		Höhe [m]		Gewicht [t]		Durchmesser [m]		Höhe [m]		Gewicht [t]	
	Von	Bis	Von	Bis	Von	Bis	Von	Bis	Von	Bis	Von	Bis	Von	Bis	Von	Bis	Von	Bis
Aktuell[a)]	4,5	6,0	12,5	25,0	50	105	4,0	6,0	17,5	35,0	50	120	3,0	6,0	15,0	36,0	60	90
Aktuell[b)]	5,5	6,0	34,0	36,0	110	125	–	–	–	–	–	–	5,5	5,5	34,0	36,0	110	125
Prognose	4,5	8,0	12,5	30,0	50	175	4,0	7,5	17,5	35,0	50	165	3,0	6,5	15,0	40,0	60	165

a) drei Sektionen
b) zwei Sektionen

Für künftige Anlagen mit Leistungen von 8,0–10,0 MW sind Durchmesser von bis zu 8 m, Höhen von bis zu 40 m und Gewichte von bis 175 t zu erwarten.

Die Lagerung der Turmsegmente erfolgt mittels sogenannter Lagerböcke. Die Lagerböcke bestehen aus zwei Betonfüßen und einem aufgelegten Stahlträger. Davon kommen je Turmsegment vier Stück zum Einsatz. Bei einer Kantenlänge von ca. 1,0 m · 1,5 m ergeben sich unter den Lagerböcken Flächenlasten von ca. 20 t/m^2.

Maschinenhäuser

Die Maschinenhäuser der heutigen Offshorewindenergieanlagen in der Leistungsklasse 3,6–6,0 MW weisen Längen von bis zu 26 m, Breiten und Höhen von bis zu 11 m sowie ein Gewicht von bis zu 400 t auf (Tab. 7.11).

Tab. 7.11 Abmessungen von Maschinenhäusern.

Maschinenhäuser	Länge [m]		Breite [m]		Höhe [m]		Gewicht [t]	
	Von	Bis	Von	Bis	Von	Bis	Von	Bis
Aktuell	15	26	6	11	6	11	160	400
Prognose	15	34	6	15	6	15	160	550

Für künftige Anlagen mit Leistungen von 8,0–10,0 MW sind Längen von bis zu 34 m, Breiten und Höhen von bis zu 15 m sowie ein Gewicht von bis zu 550 t zu erwarten.

Zur Wartung und Unterhaltung bieten die meisten Gondeln eine Hubschrauberplattform, von der aus die Servicetechniker das Gehäuse der Gondel leicht und sicher betreten können.

Die Gondeln können aufgrund ihres hohen Gewichtes nur mit SPMT transportiert werden. Dafür werden zwei SPMT-Module mit jeweils acht Achsen nebeneinander angeordnet. Durch die SPMT in Verbindung mit der geladenen Gondel ergeben sich Gesamtlasten von ca. 400–430 t, abhängig vom Hersteller der Gondel.

Die Lagerung der Gondeln erfolgt, wie auch bei den Turmsegmenten, über einfache Betonstützen, die über einen Stahlträger miteinander verbunden sind. Die Auflagerfläche einer Betonfläche beträgt etwa 1,0 m^2.

Rotorblätter/Rotornaben

Die Rotorblätter der heutigen Offshorewindenergieanlagen in der Leistungsklasse 3,6–6,0 MW weisen Längen von 55–70 m, eine maximale Profiltiefe von bis zu 6,0 m sowie ein Gewicht von 15–35 t auf. Das Gewicht der Rotornaben beträgt bis zu 75 t (Tab. 7.12).

Tab. 7.12 Abmessungen von Rotorblätter und -naben.

Rotorblätter/Rotornaben	Rotorblätter						Rotornaben	
	Länge [m]		Profiltiefe [m]		Gewicht [t]		Gewicht [t]	
	Von	Bis	Von	Bis	Von	Bis	Von	Bis
Aktuell	55	70	4	6	15	35	45	75
Prognose	55	100	4	9	15	60	45	90

Für künftige Anlagen mit Leistungen von 8,0–10,0 MW sind Rotorblattlängen von bis zu 100 m, Profiltiefen von bis zu 9 m, ein Rotorblattgewicht von bis zu 60 t sowie ein Gewicht der Rotornaben von bis zu 90 t zu erwarten.

Auf öffentlichen Straßen kann das Rotorblatt mit einem Schwerlast-Lkw transportiert werden. Der Lkw ist beladen mit dem Rotorblatt insgesamt 85 m lang und etwa 4 m hoch. Das Gesamtgewicht dieses Transports beträgt 54 t.

Die Lagerung der Rotorblätter erfolgt mittels speziell gefertigter Stahlkonstruktionen. Diese Lagerung erlaubt eine Stapelung der Rotorblätter, wodurch im Bereich der Lagerflächen viel Fläche eingespart werden kann.

Die Rotorblätter werden in naher Zukunft Längen von bis zu 90 m erreichen. Mit dieser Länge werden sie nicht mehr auf der Straße transportiert werden können.

7.5.6.2 Transportsysteme und Umschlagssysteme

Transportsysteme

Self-Propelled Modular Transporter (SPMT) Ein grundsätzlich einsetzbares Transportmittel für die gesamte Bandbreite der Großkomponenten für Offshorewindenergieanlagen ist der Self-Propelled Modular Transporter (SPMT). Durch seine „modularen Potenziale“, durch eine entsprechende Anzahl Achsen und seine hohe Flexibilität in der Fläche ist er das einzige Transportmittel, das die Einsatzkriterien bei allen Großkomponenten erfüllt.

Bei diesen Fahrzeugen handelt es sich um selbstfahrende, aus einem geschweißten Plattformrahmen bestehende Fahrzeuge, mit vier oder sechs Achsen pro Modul. Jedes dieser Module ist mit einer hydraulischen Kupplung versehen, mittels derer beliebig viele Module zusammengesetzt werden können, wodurch sich die Tragfähigkeit der Konfiguration erhöht. Die elektronische Vielweglenkung macht die Kombination einzelner Module äußerst wendig und manövrierfähig. In Verbindung mit der Steuerungstechnologie per Funkfernbedienung wird damit ein punktgenaues Verfahren und Positionieren aller im Fahrzeugverbund integrierten Einheiten möglich.

Des Weiteren werden noch teilweise Cargo-/Rolltrailer mit Zugmaschinen für kleinere Elemente oder schienengebundene Fahrwerkssysteme für Spezialgüter verwendet.

Umschlagssysteme

Drehkran fest (Installationsschiff) Ein grundsätzlich geeignetes Umschlagmittel für die gesamte Bandbreite der Großkomponenten für Offshorewindenergieanlagen ist ein Drehkran mit einer sehr hohen Tragfähigkeit (bis zu 15 000 kN), wenn er auf dem Installationsschiff installiert ist und die Doppelfunktion Beladung/Entladung und Installation wahrnehmen kann.

Mobilkran Da nicht mit Sicherheit davon auszugehen ist, dass auch in Zukunft Installationsschiffe die Großkomponenten für Offshorewindenergieanlagen im Basishafen abholen bzw. laden, sondern die Zuführung der Großkomponenten zum Windpark/Installationsschiff durch Feederschiffe erfolgen wird, kommen für den Umschlag auch

a) ein landseitig installierter Drehkran mit ähnlicher Tragfähigkeit wie auf dem Installationsschiff (vor allem für das Beladen von Gründungsstrukturen und Türmen) und bedingt/eingeschränkt auch
b) Mobilkrane vor allem für Pfähle und Turmsegmente (im Tandembetrieb), aber auch für Gondeln, Naben und Rotorblätter

infrage.

Portalkran Ein Portalkran ist nur sehr beschränkt nutzbar (z. B. für das Verladen von Stützkreuzen). Für das Verladen langer zylindrischer Großkomponenten (Pfähle, Monopiles, Türme, ggf. auch Turmsegmente) sind in der Regel zwei Portalkrane im Tandembetrieb notwendig.

In der Regel sind Portalkräne aufgrund der Höhenrestriktion nicht in der Lage, direkt auf ein Errichterschiff zu verladen.

7.5.6.3 Verkehrslasten

Die erforderlichen Verkehrslasten für einen Offshorebasishafen hängen sehr stark von den unterschiedlichen Nutzungsflächen und deren logistischen Szenarien ab. Eine einheitlich geltende Empfehlung für die anzusetzenden Verkehrslasten ist daher nicht auszusprechen.

Während durch die Nutzung von mehrachsigen SPMT-Einheiten die resultierenden Flächenlasten auch für Großkomponenten auf bis unter 50 kN/m^2 und niedriger konfiguriert werden können, haben die meisten Schwerlastanlagen heute deutlich höher aufnehmbare Verkehrslasten vorzuweisen. Die heutigen Bestandsbauwerke sehen ganzflächige Verkehrslasten von 100–200 kN/m^2 vor.

Einige Planungsprojekte sehen auch Sonderschwerlastbereiche vor, die je nach Ausbildungsgrad zwischen 400–700 kN/m^2 vorweisen. Diese Sonderschwerlastbereiche sehen meistens den Einsatz eines Raupenkranes vor. Diese Lasten lassen sich durch Lastverteilung (z. B. Baggermatratzen) jedoch noch reduzieren.

Für die Ermittlung spezifisch erforderlicher Lastansätze sind für die unterschiedlichen Umschlagsszenarien gesonderte Lastberechnungen für den Einzelfall erforderlich.

7.6 RoRo-Anleger

7.6.1 Allgemeines

Roll-on/Roll-off (RoRo)-Terminals ermöglichen RoRo-Schiffen bei wechselnden Wasserständen und verschiedenen Beladungszuständen den Güterumschlag durch einen Rolltransport. Terminals können einen oder mehrere RoRo-Liegeplätze haben, an denen RoRo-Schiffe festmachen können; derartige Liegeplätze haben feste und/oder verstellbare Rampen zum Ufer, wie nachstehend beschrieben.

Dieser Abschnitt befasst sich mit den wasserbaulichen Anforderungen für RoRo-Terminals. Landseitige Anforderungen wie Schranken, Zwischenlagerkapazitäten und Bauwerke sollen für übergreifende Funktionen unterhalten und eingerichtet werden. Für diese wird jedoch auf PIANC (2015/2016) Bezug genommen.

Im Allgemeinen können die folgenden Verkehrsarten unterschieden werden:

a) gewerblicher RoRo-Verkehr,
b) kombinierter RoPax-Verkehr (Roll-on/Roll-off/Personenverkehr),
c) kombinierter RoRo-/Schienenverkehr.

Allgemeine Daten zu Schiffsabmessungen der RoRo-Fähren finden sich unter Abschn. 2.1.6. RoRo-Schiffe unterscheiden sich

a) durch die Passagierkapazitäten und
b) durch die unterschiedlichen rollenden Ladungseinheiten wie Trailer, Eisenbahnwaggons und Straßenfahrzeuge aller Art.

Typischerweise können die folgenden Arten von Schiffen unterschieden werden:

a) Eisenbahn- und RoRo-Fähren,
b) Fähren mit oder ohne Möglichkeit des Passagiertransportes,
c) Fast Ferries (Schnellfähren),
d) Autotransporter,
e) ConRo-Schiffe (Kombination von Container- und RoRo-Schiff).

Für die Ostsee kann die maximale Länge des Schiffes mit 250 m angenommen werden, was zu einer maximalen Breite des Schiffes von 35 m führt. Die derzeit größten Fähren im Bereich der Nordsee messen 240 m Länge mit einer Schiffsbreite von 32 m.

Die Auslegung des Terminals für derartigen Verkehr erfordert besondere Kenntnis des beabsichtigten Verkehrszwecks, der die Lasten und Kinematik der RoRo-Liegeplätze bestimmt.

7.6.2 Lastannahmen für RoRo-Terminals

7.6.2.1 Lastannahmen für Verkehrslasten

In Abhängigkeit von der Art der Schiffe und der Ankoppelung müssen die Lastannahmen für den Terminal in der frühen Entwurfsphase festgelegt werden. Allgemeine Festlegungen zum Verkehr müssen in Übereinstimmung mit den öffentlichen Bestimmungen sein, die aus Normen und Vorschriften sowie aus örtlichen Festlegungen der Straßenbehörden gefordert werden.

In Deutschland werden Lastannahmen durch die DIN EN 1991-2 (Einwirkungen auf Brücken) getroffen. Für Fährbrücken, die als Brücken angesehen werden, ist der Lastfall LM 1 im Tragwerksentwurf anzuwenden. Neben der typischen statischen Berechnung derartiger Bauwerke sind auch Ermüdungsberechnungen durchzuführen. Mit dem Auftraggeber/Nutzer sind ggf. anzusetzende Fahrspurbreiten und Fahrspurbeanspruchungen im Lastansatz schriftlich zu vereinbaren.

Zusätzlich kann es notwendig sein (abhängig von der Kapazität des Schiffes), einzelne Schwerlastfahrzeuge wie Gabelstapler, schwere Niederflurfahrzeuge, Tugmaster (RoRo-Zugmaschinen) oder gleichartige Fahrzeuge zu berücksichtigen. Diese Fahrzeuge sind Sonderlasten und nicht in der Lastannahme LM 1 erfasst. Dabei kann berücksichtigt werden, dass der Verkehrsfluss für Schwertransporte am Anleger überwacht und gesteuert wird. Entsprechend kann meist eine gleichzeitige Belastung aus Sonderfahrzeug und Lasten aus LM 1 in den einzelnen Fahrspuren ausgeschlossen werden. Typische Schwerlastfahrzeuge sind in Tab. 7.13 zusammengefasst.

Für Schiffe mit mehreren Decks ist es notwendig, die Verkehrslasten in Abhängigkeit von der Lastaufnahme der einzelnen Decks zu berücksichtigen. Heutzutage ist es im Verkehr in der Ost- und Nordsee allgemein verbreitet, den Lkw-Verkehr sowohl auf dem Hauptdeck als auch auf dem Oberdeck zu platzieren.

7.6.2.2 Verkehrsbreite

Beim Entwurf des Terminals muss eine ausreichende Breite der Fährbrücke einschließlich des Bereichs auf der Landseite berücksichtigt werden. Zum Beispiel ist es empfehlenswert, die übliche Breite einer Fahrspur auf 4,5 m oder auch 5,0 m zu erhöhen, um ein sicheres Befahren vom und auf das Schiff zu ermöglichen.

Für die Berücksichtigung von Schwerlastverkehren, einer landseitigen kurvenförmigen Anfahrt oder von Fahrzeugen für einen besonderen Zweck (z. B. Offshorerotator-

Tab. 7.13 Typischer Schwerlastverkehr für RoRo-Terminals.

Art des Fahrzeugs	**Gesamtlast (einschl. Ladung)**	**Typische Übersicht der Lasten des einzelnen Schwerverkehrs**
Gabelstapler	634 kN	2-spuriger Verkehr 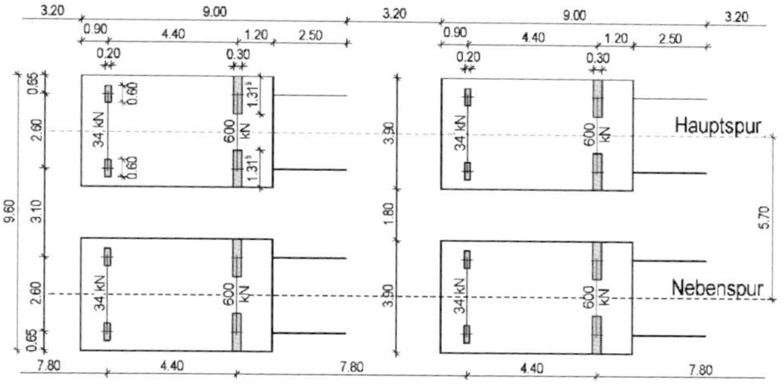
Aufleger	890 kN	2-spuriger Verkehr 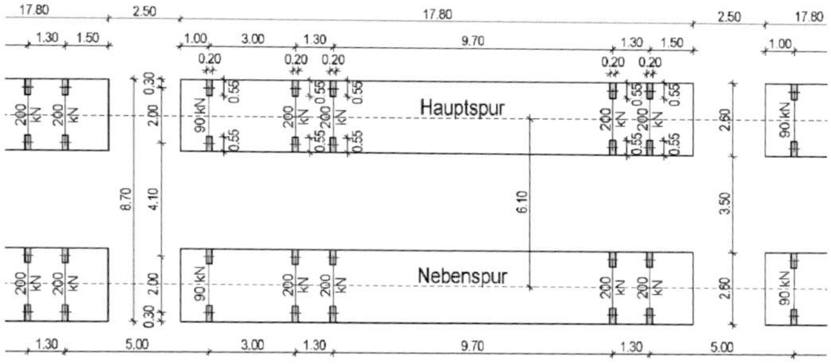
Sattelanhänger	1060 kN	2-spuriger Verkehr 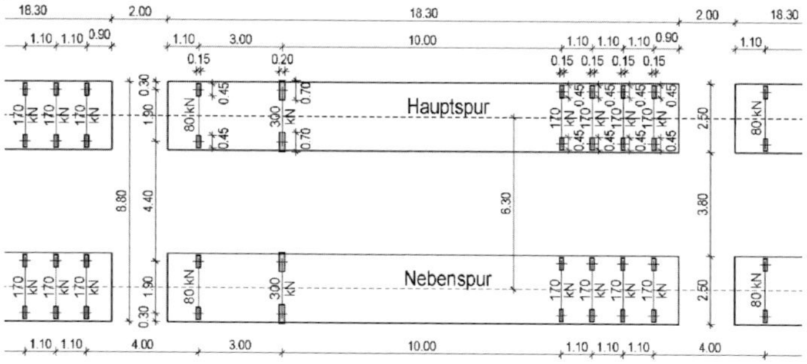
Anhänger (Mafi-Aufleger)	1244 kN	2-spuriger Verkehr 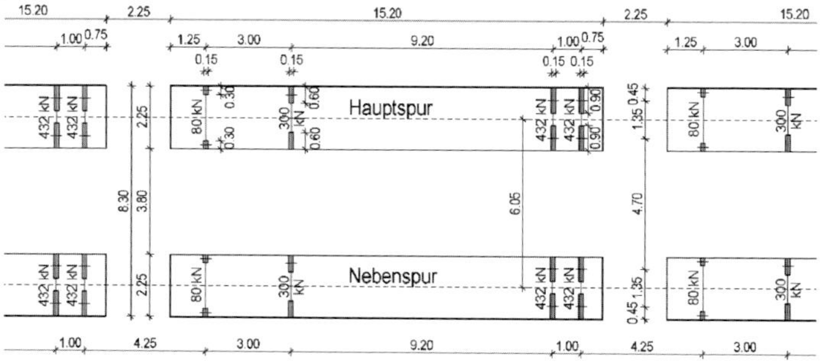

Tab. 7.13 Typischer Schwerlastverkehr für RoRo-Terminals. (Fortgesetzt)

Art des Fahrzeugs	Gesamtlast (einschl. Ladung)	Typische Übersicht der Lasten des einzelnen Schwerverkehrs
Schweres Niederflur-Fahrzeug	2120 kN	1-spurig, Sondertransport - Einzelfahrt 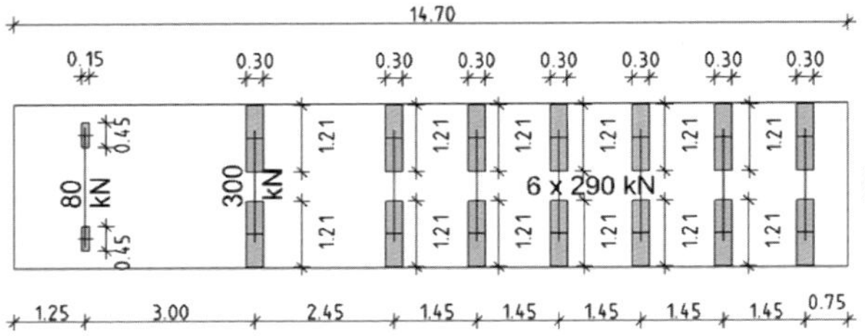
Tugmaster (RoRo-Zugmaschine)	1123 kN	1-spuriger Sondertransport 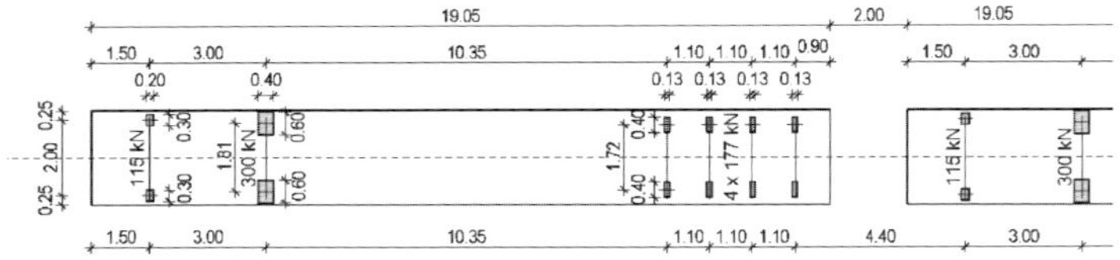

transport) sind die minimalen Wendekreise auf den zur Verfügung stehenden Verkehrsflächen zu untersuchen.

7.6.2.3 Anlegegeschwindigkeit

Im Allgemeinen sind die Empfehlungen gem. Abschn. 4.1 ebenfalls für Fährterminals anzuwenden. Jedoch können bei häufig frequentierten Fähranlegern auch erhöhte Anlegegeschwindigkeiten planmäßig auftreten. So sind zu berücksichtigende Anlegegeschwindigkeiten von bis zu 1,00 m/s bei der Auslegung der Seitenfender nicht unüblich. Für die Auslegung der Stoppfender können Anlegegeschwindigkeiten von bis zu 0,50 m/s erforderlich werden. Die festzulegenden Anlegegeschwindigkeiten für das Design der Fähranleger sind im Rahmen einer genauen Untersuchung und Vereinbarung mit dem Kunden und dem Betreiber der Fährschiffe festzulegen.

7.6.3 Kinematik

7.6.3.1 Wasserstand

Es ist beim Entwurf eines RoRo-Terminals von höchster Bedeutung, die Wasserstände am Terminal in den folgenden Kategorien festzulegen:

a) Betriebswasserstand und
b) extremale Wasserstände.

Betriebszeitfenster sollten recht ausgedehnt sein, um die Betriebsmöglichkeit der Verbindung zur Fähre unter Einhaltung optimaler Be- und Entladebedingungen der RoRo-Schiffe zu maximieren. Beispielsweise wird im Hafen von Rotterdam an einem stark frequentierten RoRo-Anleger ein Betriebszeitfenster für einen Ereigniszeitraum

- von einmal in zehn Jahren mit einem leeren Schiff bei Hochwasser und
- bis einmal in zehn Jahren mit einem voll beladenen Schiff bei Niedrigwasser

gewährleistet.

Außerhalb des vorgesehenen Betriebszeitfensters ist eine sichere Lage des Schiffes am Terminal sicherzustellen.

7.6.3.2 Krängungsbedingungen des Schiffes

Um eine einwandfreie kinematische Berechnung zu ermöglichen, müssen Krängungswerte von 2° (für Betriebsbedingungen) und von 5° (für extremale Betriebsbedingungen mit eingeschränkter Be- und Entladung) angewendet werden.

7.6.3.3 Kinematisches Design: typische Winkel für das Befahren der Fährbrücke

Der Entwurf von festen und beweglichen Fährbrücken muss ein sicheres Befahren von Fahrzeugen ermöglichen. Daher gilt die Mehrzahl der zu berücksichtigenden Entwurfsfälle für das Befahren mit typischen Straßenfahrzeugen.

Die gewählte Kinematik für die Fährbrücke hängt nicht nur von der Geometrie der Fahrzeuge selbst ab, sondern auch von der Geschwindigkeit der Fahrzeuge während der Fährbrückenüberfahrt. Je schneller das Fahrzeug die Brücke überfährt, desto ruckfreier ist der Übergang zwischen den Schiffen und dem Ufer auszulegen. Ebenfalls beeinflusst die zur Verfügung stehende Zeit zur Be- und Entladung der RoRo-Schiffe und damit die Möglichkeit die Roll-on/Roll-off-Abläufe durch das Bedienpersonal zu regeln, die notwendige Kinematik der Fährbrücke. Die Be- und Entladung von Fahrzeugen mit hohen Anforderungen an Bodenfreiheit, maximalen Neigungen und Winkeländerungen kann durch einen günstigeren Ballastzustand des Schiffes und/oder den wechselnden Wasserständen angepasst werden.

Die beabsichtigte Kinematik der Fährbrücke muss sorgfältig an die beabsichtigten Verkehrsvorgänge angepasst werden. Die in Tab. 7.14 gegebenen Winkel und Winkeländerungen sind für viele Fährbrücken in der Ostsee angewendet worden, wobei der Schwerpunkt auf der Abfertigung von Fahrzeugen, Lastkraftwagen und typischem Schwerlastverkehr gemäß Tab. 7.13 in großer Anzahl und innerhalb kurzer Zeit liegt. Beim extremalen Betriebswasserstand ist unter Ansatz der Extremwerte, der Knickwinkel und Krängungszustände eine beschränkte Abfertigung des Schiffes zu gewährleisten.

Zur Einhaltung der in Tab. 7.14 dargestellten Fahrbahnwinkel können auch zum Teil patentierte Sonderlösungen wie beispielsweise Einhängeflaps angewandt werden, welche eine Verkürzung der Fährbrücken bei Einhaltung der maximalen Knickwinkel ermöglichen.

7.6.4 Klassifikation der Ship-to-Shore-Anlagen

7.6.4.1 Allgemeines

RoRo-Liegeplätze bestehen typischerweise aus festen und/oder anpassbaren landseitigen Rampen, an denen die RoRo-Schiffe festgemacht werden können (BS (2007)). Gemäß BS (2000) wird eine feste landseitige Rampe definiert als „die festgelegte Neigung zwischen der normalen Kaioberfläche und der äußeren Oberfläche der Kaimauer, an der das landseitige Ende eines Schiffes ruhen kann". Im Gegensatz dazu ist die verstellbare

Tab. 7.14 Empfohlene Winkel/Winkeländerungen für die Ostsee.

Art	RoRo-Terminal (allgemein) Kuppe/Tal	RoRo-Terminal (mit höheren Anforderungen für Durchfahrtsgeschwindigkeit) Kuppe/Tal	Eisenbahnterminals
Betriebswasserstand	Max. 4,5°/4,5° (Schwall/Sunk)	max. 1°/2° (Schwall/Sunk; empfohlen für das Hauptdeck)	2,1°
Extremaler Betriebswasserstand	Max. 7,5°/7,5° (Schwall/Sunk)	Max. 4,5°/4,5° (Schwall/Sunk)	2,1°
Feste Rampe beweglicher Fußwegbrücken (Oberdeck)	Max. 1 : 10 (Neigung) Max. 3° (Winkeländerung)	Max. 1 : 12,5 (Neigung) Max. 1° (Winkeländerung)	–

landseitige Rampe, d. h. eine Fährbrücke, eine „vertikal verstellbare Fahrbahn, gewöhnlich auf der Küstenseite gelenkig gelagert und unabhängig vom Schiff am äußeren Ende unterstützt, die eine dazwischenliegende Verbindung zwischen dem Land und dem Schiff bietet und auf der das landseitige Ende der Schiffsrampe lagern kann".

Grundsätzlich ist eine große Vielfalt von verschiedenen Bauwerken für RoRo-Rampen und Fährbrücken möglich, die nachfolgend erläutert werden. Feste landseitige Rampen werden in der Regel bei geringen Schwankungen des Bemessungswasserstandes ($\Delta \leq 1{,}5$ m) genutzt. Der Einsatz von beweglichen Rampen/Fährbrücken wird bei hohen Schwankungen der Bemessungswasserstände bzw. bei Notwendigkeit geringer Winkeländerungen zum Überfahren der RoRo-Rampen erforderlich.

Des Weiteren sind folgende Entwurfskriterien bei der Wahl der Konstruktionsart des RoRo-Anlegers zu berücksichtigen:

a) Art des RoRo-Verkehrs,
b) Ausrüstung des RoRo-Schiffes,
c) Änderung von Wasserstand und Bemessungstiefgang,
d) Liegezeit am Liegeplatz,
e) Verfügbarkeitsanforderungen des Liegeplatzes (ungünstiges Wetter und Tidebedingungen, Betriebsbereitschaft).

Ebenfalls haben die verschiedenen Schiffsbreiten der für einen Liegeplatz vorgesehenen Schiffstypen und die Position der Schiffsrampe einen bedeutenden Einfluss auf den Entwurf der Fährbrücke. Die in der Tab. 7.15 aufgeführten Kriterien sind u. a. für den Entwurf von RoRo-Ship-to-Shore-Systemen zu berücksichtigen.

Da es im Bereich der Betriebs- und Extremwasserstände erhebliche Unterscheidungen zwischen den einzelnen Häfen wie z. B. in der Nord- und Ostseeregion gibt, variieren die jeweiligen konstruktiven Lösungen erheblich. Im Bereich von Terminals mit Passagierverkehren sollte aus Sicherheitsgründen der Passagier- vom Fahrzeugverkehr

Tab. 7.15 Entwurfskriterien für RoRo-Ship-to-Shore-Systeme.

Standortbedingungen	Topografie Bathymetrie Geologie/Baugrund Lage des Anlegers zur Hauptwindrichtung Seismizität (falls zutreffend)
Umweltbedingungen	Meteorologie: normale und außergewöhnliche, Wind, Regen, Temperatur Ozeanografie: normale und außergewöhnliche Wellen, Tide, Strömung, Eis, chemische Zusammensetzung des Wassers, Wellengang, Schwall im Hafen usw. Häufigkeit und Wahrscheinlichkeit von Sturmbedingungen
Betriebseinflüsse	Schiffe (Daten, Abmessungen, Arten, Häufigkeit, Annäherungsgeschwindigkeit, Liegezeit am Liegeplatz, Anforderungen zum Beladen und Unterhalt) Fahrzeuge (Daten, Abmessungen, Arten, Ladung, Betriebsabmessungen [Wenderadien usw.]) Besondere Ausrüstung, Ausrüstung zum Festmachen, Ankerwinde usw. Service und Betriebsmittel, Verbindungen zum Land (z. B. Gangway), Beleuchtung und Sicherheit, Strom, Leitungen Schienen, Kräne, Beladevorrichtungen, Bahnkörper, Kapazität, Gewichte, Spielraum, Pegel, Geschwindigkeit, Ausladung und Hub usw. Lagerfläche für Fracht
Funktionale Betrachtungen	Ausbaggerung, Auskolkung und Verschlammung, Ausspülung durch Schiffsschrauben Wartungsmethoden: kathodischer Schutz, Reparatur von Schäden usw.
Berücksichtigung von Navigationsgesichtspunkten	Fahrwasserbreite und -tiefe Annäherungsbedingungen für das Schiff (in Bezug auf Zeit)
Beschränkungen	Begrenzung von Hafen und Mole durch Behörde: Standard der Wasserqualität, ölhaltiger Ballast, Baggeraushubbeseitigung, Schüttung usw. Genehmigungen und Lizenzen (d. h. für Radio/WLAN-Verbindung zwischen Terminal und Schiff) Bestehende Einrichtung: veränderte Nutzung oder Erweiterung/ Begrenzung

getrennt werden, z. B. mit gesonderten Gangway-Anlagen oder mit von den Fahrbahnen getrennten Fußwegen.

In Hinblick auf die Fahrzeugzufahrt können die RoRo-Ship-to-Shore-Systeme in drei verschiedene Kategorien gemäß BS (2007) und PIANC (1995) wie folgt eingeteilt werden:

a) direkte Zufahrt mit Schiffsrampen,
b) feste Uferrampen,
c) verstellbare Uferrampen wie Systeme mit Ponton oder beweglicher Fährbrücke.

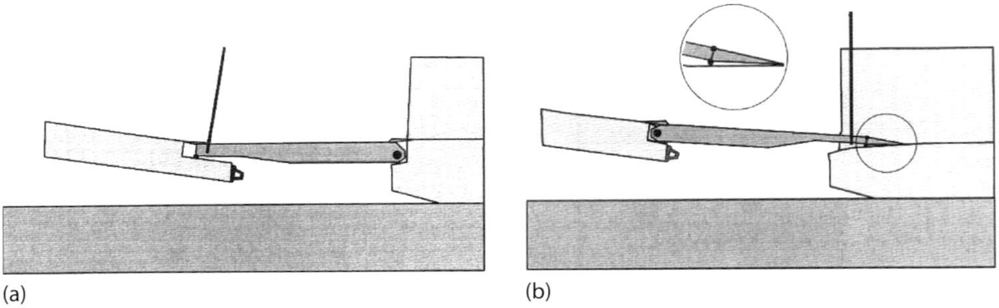

Abb. 7.79 Schiffe (a) mit oder (b) ohne eine eigene Fährbrücke (BS (2007)).

Die allgemeinen Vor- und Nachteile dieser drei verschiedenen Arten von RoRo-Ship-to-Shore-Systemen sind in Tab. 7.16 aufgeführt.

Tab. 7.16 Vergleich verschiedener Entwurfstypen für RoRo-Ship-to-Shore-Systeme.

Allgemeine Beschreibung	Schiffsrampe	Feste Uferrampe	Verstellbare Uferrampen – Pontons	Verstellbare Uferrampen – bewegliche Fährbrückensysteme
Vorteil	Hohe Flexibilität	Geeignet für unbegleiteten Verkehr	Leichte Verstellung bei verschiedenen Wasserständen in Tidegebieten	Genau angepasst, reduziert die Verweilzeit gemäß der genau angepassten Fährbrücke, Verladung auf mehrere Decks möglich
Nachteil	Erhöhte lokale Lasten, benötigt eine verhältnismäßig lange Schiffsrampe	Von der Neigung abhängige Nutzung	Typischer einspuriger Verkehr	Erfordert Wartung
Kostenansatz	–	±	+	++

Ebenfalls maßgebend für die Ausbildung des RoRo-Ship-to-Shore-Systems ist die Konstruktionsart des Schiffes. Gemäß Abb. 7.79 können hier zwei Arten von Schiffen unterschieden werden:

a) Schiffe mit einer eigenen Schiffsklappe und
b) Schiffe ohne eine eigene Schiffsklappe (z. B. Eisenbahnfähranleger).

7.6.4.2 Ship-to-Shore-Anlagen für Schiffe mit schiffseigener Klappe

Schiffseigene Klappen variieren zum Teil erheblich in Länge, Breite und Höhe. Die Abb. 7.80 zeigt ein Schiff, welches mithilfe einer schiffseigenen Klappe an einem standardisierten Liegeplatz be- und entladen werden kann.

In der Regel sind zusätzliche Einrichtungen auf der Landseite wie Pontons oder feste Uferrampen notwendig, um ungünstige Winkeländerungen während des Be- und Entladens zu vermeiden.

Abb. 7.80 Schiff mit eigener Klappe an einem Standardliegeplatz.

Verstellbare Uferrampen - Pontons

Pontons wie in Tab. 7.17 gezeigt, bieten einen hohen Grad an Flexibilität bei der Nutzung des Liegeplatzes für den Umschlag weiterer Ladungsgüter und/oder bei sich ändernder Art des Festmachens der RoRo-Schiffe während der Lebensdauer des Liegeplatzes. Jedoch sind die Anforderungen an Wartung und Bedienung bei Pontons höher als im Vergleich zu festen Uferrampen.

Feste Uferrampen

Feste Rampen bedingen grundsätzlich Schiffe mit einer schiffseigenen Klappe.

Ebenfalls kommen kurze feste Rampen geringer Höhe als Übergang zwischen dem Kai und dem Brückenbauwerk einer beweglichen Fährbrücke zum Einsatz.

Gemäß BS (2007) wird der Entwurf von festen Rampen durch den Tidehub bestimmt. Bei Tidehüben von mehr als 1,5 m tritt eine erhöhte Winkeländerung ein, welche in der Regel zum notwendigen Einsatz einer beweglichen Fährbrücke führt.

Die Abb. 7.81 zeigt die Ausbildung einer festen Rampe am Liegeplatz 60 im Hafen von Rostock. Der Entwurf dieser festen Rampe hat seine Grundlage auf einem Vergleich der Kinematik verschiedener Schiffstypen. Bei verschiedenen Wasserständen und Beladungszuständen der Schiffe erfolgt die Ablage der schiffseitigen Klappen auf den unterschiedlich geneigten Bereichen der festen Rampe.

7.6.4.3 Bewegliche Fährbrückensysteme für Schiffe mit und ohne schiffseigene Klappe

Gemäß der Art des Verkehrs werden zwei allgemeine Arten von Fährbrücken wie folgt unterschieden:

a) Fährbrücken für Verkehr mit gummibereiften Fahrzeugen und
b) Fährbrücken für Bahn- und Lkw-Verkehr.

Tab. 7.17 Ponton-Ship-to-Shore-Systeme.

Verbindungsarten	Vorteil	Nachteil
Flutbare Ponton-Systeme 	Mehrfachnutzen, Flexibilität (Tidehub), ggf. ausstattbar mit zusätzlicher Höhensteuerung	Lastbeschränkung, typischer einspuriger Verkehr
Von einem Ponton unterstützte Fährbrücke (BS (2007)) 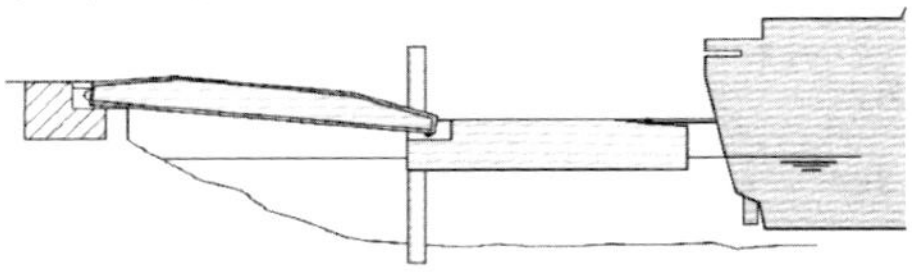	Kostengünstig im Falle hoher Tidehübe	Lastbeschränkung, typischer einspuriger Verkehr
Halb absenkbarer Ponton (BS (2007)) 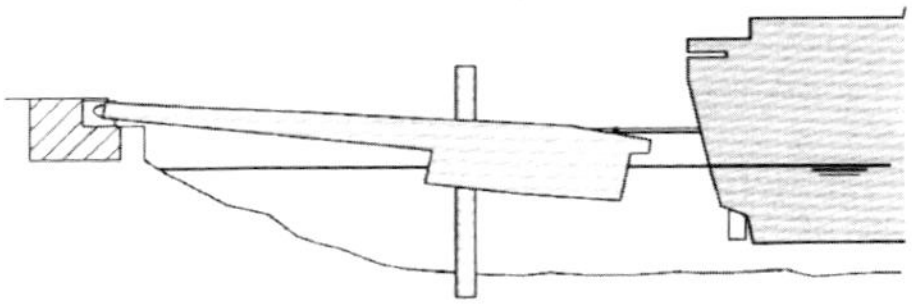	Kostengünstig im Falle hoher Tidehübe	Lastbeschränkung, typischer einspuriger Verkehr, ungünstige Kinematik

In Abhängigkeit von der Häufigkeit und der Bedeutung der Fährverbindung ist es heutzutage üblich, Fährbrücken mit mehreren Decks für gummibereiften Verkehr einzusetzen, welche eine direkte Beladung der Haupt- und Oberdecks der Schiffe ermögli-

a) b)

Abb. 7.81 Beispiel für eine feste Rampe im Hafen (Rostock, Liegeplatz 60): (a) Teilübersichtslageplan, (b) Foto der festen Rampe.

a) b)

Abb. 7.82 Beispiel für eine bewegliche Fährbrücke mit Doppeldeck (Fahrzeugverkehr) (Rostock, Liegeplatz 54): (a) schematische Darstellung, (b) Foto der beweglichen Fährbrücke.

Abb. 7.83 Beispiel einer beweglichen Eisenbahnfährbrücke (Lübeck, Liegeplatz 64).

chen (siehe Abb. 7.82). Vereinzelt erfolgt zusätzlich eine mögliche Beladung des Hauptdecks mit Eisenbahnwaggons.

Durch geeignete konstruktive Maßnahmen, z. B. Anordnung von Stoppfendern, ist eine Kollision des Schiffes mit der Fährbrücke zu verhindern.

Weiterhin müssen bewegliche Fährbrücken innerhalb der Gesetzgebung der EU der EU-Maschinenrichtlinie entsprechen. Entsprechend dieser Anforderung erfordern der Entwurf, die Ausführung und der Betrieb beweglicher Fährbrücken eine sichere Überwachung und Vorkehrungen während des gesamten Vorgangs beim Terminal.

Bewegliche Fährbrückensysteme werden für Schiffe mit oder ohne Schiffsklappe verwendet. Die Abb. 7.83 zeigt eine bewegliche Eisenbahnfährbrücke am Liegeplatz 64 in Lübeck. Eisenbahnfähranleger erfordern die exakte Positionierung der Brücke zum Schiff bedingt durch die durchlaufenden Schienensysteme. Hier wird typischerweise ein sogenannter King-Pin zur festen Positionierung von Fährbrücke/Schiff eingesetzt.

Aus Gründen des Korrosionsschutzes sowie der unabhängigen Betreibung der Fährbrücken von Eisgang ist ein planmäßiges Eintauchen der Fährbrückenkonstruktion unter Betriebsbedingungen zu vermeiden.

Für das Design der beweglichen Fährbrücken sind die maximalen Winkeländerungen gemäß Abschn. 7.6.3.3 zu berücksichtigen. Im Falle einer erhöhten Entwurfsgeschwindigkeit für den Verkehr (z. B. Entwurfsgeschwindigkeit für Fahrzeuge von 40 km/h) sollten die maximalen Winkeländerungen unter Betriebsbedingungen auf 2,0° (Kuppe/Tal) begrenzt werden. Bei Eisenbahnterminals ist die maximale für Schienenverkehr mögliche Neigung (z. B. 2,1° in Abstimmung mit den örtlich zulässigen Bedingungen) zu berücksichtigen.

Normalerweise benötigen Fährbrücken für den Schienenverkehr daher längere und, durch die hohen Lasten, schwerere Brücken, was typischerweise zu Trogbrücken führt. Diese liegen immer direkt auf dem Schiff auf. Eine entsprechende Koordination mit dem Schiff zur Ableitung der Lasten ist im Rahmen des Entwurfes zu führen.

Infolge des wesentlich höheren Gewichtes von Eisenbahnfährbrücken ist es üblich, ein System mit Gegengewicht für die Höhenverstellung zu verwenden. Diese Systeme werden rein mechanisch oder kombiniert mit hydraulischen Antrieben bewegt.

7.6.5 Landseitige Einrichtungen

7.6.5.1 Fendersysteme am Fährliegeplatz

Die Fendersysteme müssen ein sicheres Anlegen des Schiffes gewährleisten und während der Be- und Entladung das Schiff am Liegeplatz sicher positionieren. Folgende Fendersysteme werden hierfür eingesetzt:

a) Seitenfender,
b) Leitwerke für Klemmbettlösungen,
c) Fender für das Anlegen des Schiffshecks (Positionier- oder Stoppfender).

Wie bereits in Abschn. 7.6.2.3 ausgeführt, sind für die Fendersysteme erhöhte Anlegegeschwindigkeiten zu berücksichtigen. Zusätzlich sind die Sicherheitsfaktoren beim Entwurf der Fendersysteme zu erhöhen. PIANC 2020 gibt Werte von Sicherheitsfaktoren von „2,0 oder höher“ für RoRo-Schiffe an.

Die Sicherheitsfaktoren und Anlegegeschwindigkeiten für die Bemessung der Fendersysteme sind mit dem Betreiber des Liegeplatzes abzustimmen und festzulegen.

7.6.5.2 Regelungen zum Festmachen

Die Bestimmung der Polleranordnung hat sowohl unter betrieblichen als auch sicherheitstechnischen Aspekten zu erfolgen. In der Regel sind im Rahmen des Entwurfes hierzu Abstimmungen mit dem Nutzer sowie den Ordnungsbehörden (z. B. Hafenkapitän) erforderlich.

Zusätzlich zu den wasserseitigen Kantenpollern einer Kaianlage sind bei Fähranlegern oftmals weitere landseitig anzuordnende Zusatzpoller notwendig. Zum schnelleren Festmachen der Fährschiffe kommen bei diesen landseitigen Zusatzpollern entsprechende Vorstrecker zur Anwendung.

Für hochfrequentierte Liegeplätze mit einer begrenzten Verweilzeit können automatische Festmachsysteme ggf. in Kombination mit Klemmbettsystemen erforderlich sein. Diese Systeme bedingen eine exakte Angleichung der landseitigen Befestigungen mit den Einrichtungen am Schiff (z. B. Zusatzpoller am Schiffskörper bzw. Verstärkungen der Schiffshaut). Es gibt auf dem Markt u. a. zwei Arten von automatischen Festmachsystemen:

- konventionelle mechanische Festmachsysteme und
- automatische Vakuumsysteme.

Konventionelle Festmachsysteme sind weit verbreitet in den deutschen Ostseehäfen wie Puttgarden, Lübeck und Rostock. Vakuumfestmachsysteme sind an ausgewählten Fährhäfen in Europa, z. B. in Dover (England), im Einsatz und benötigen u. a. eine Eisfreiheit, welche durch Beheizungssysteme erreicht werden kann.

Bei dem Einsatz von automatischen Festmacheeinrichtungen ist im Entwurf zu prüfen, wie die Schiffe im Fall eines Ausfalls/Überlastung der Anlage sicher vertäut werden. In diesem Fall ist ein gesondertes Betriebsregime erforderlich.

Poller an allgemeinen Schiffsliegeplätzen, welche ebenfalls zur Be- und Entladung von RoRo-Schiffen mit schiffseigener Klappe dienen, müssen demontierbar ausgeführt werden. Damit kann ein ausreichender Freiraum zur Ablage der Schiffsklappe gewährleistet werden (siehe Abb. 7.80).

7.6.5.3 Schutz vor Auskolkung

Durch die jeweilig identische Positionierung eines RoRo-Schiffes durch die kaiseitige Anordnung von festen und beweglichen Rampen sind RoRo-Terminals im erheblichen Maß von erhöhten Auskolkungen betroffen. Zum Schutz der landseitigen Anlagen vor Auskolkung sind konstruktive Maßnahmen am RoRo-Anleger, aber auch betriebliche Vorkehrungen beim Anlegeregime der RoRo-Schiffe zu treffen.

Moderne RoRo-Schiffe sind in der Regel mit kraftvollen Antrieben (z. B. Azipodantriebe) und Strahlrudern ausgestattet und legen ohne Unterstützung eines Schleppers am Liegeplatz an. Die maximale Kolkbelastung beim An- und Ablegen tritt hierbei oftmals unmittelbar vor der Fährbrücke bzw. Rampe auf. Hierbei sind in den vergangenen Jahren Schäden bei verschiedenen Fähranlegern mit erheblichen Auswirkungen auf deren Standsicherheit aufgetreten. Offene Gründungslösungen im Gegensatz zu Spundwandlösungen bieten den Vorteil, dass die auftretende Energie großflächig unter dem Anleger verteilt wird und lokale Schädigungen so minimiert werden.

Im Rahmen der Planung sind geeignete Kolkschutzmaßnahmen unter Berücksichtigung der örtlichen Situation in Verbindung mit dem vorgesehenen Schiffstyp zu bestimmen. Der Schutz von baulichen Anlagen kann durch einen anzuordnenden Kolkschutz, aber auch durch erhöhte Kolkzuschläge bei der statischen Bemessung der Anlagen erfolgen. Während der Nutzung des Liegeplatzes hat ein regelmäßiges Monitoring des Zustandes der getroffenen Kolkschutzmaßnahmen zu erfolgen. Auftretende Kolke oberhalb der getroffenen Kolkzuschläge im Rahmen der Standsicherheitsberechnung sind unmittelbar zu verfüllen.

7.6.5.4 Gangway-Anlagen für Passagierverkehre

Aus Sicherheits- oder Serviceaspekten erfolgt eine Trennung der Fußgänger- von den Fahrzeugverkehren mithilfe von Gangway-Anlagen und Fußgängerüberführungen. Der Entwurf und die Abmessungen von Fußgängerüberführungen und Fahrgastbrücken sollten

- sicherstellen, dass die erwartete Vielfalt an Schiffstypen sicher bedient werden kann,
- das Von-Bord-Gehen sämtlicher Fußgänger in kurzer Zeit ermöglichen,

- in rollstuhlgerechter Auslegung erfolgen bzw. mit entsprechenden Sondermaßnahmen (z. B. Begleitung durch Operator) definiert werden,
- die Mitnahme von Gepäck und Fahrrädern gewährleisten,
- ausreichenden Schutz vor dem Klima außerhalb sicherstellen, wodurch Beheizung, Kühlung und Belüftung notwendig sein können,
- Rollsteige oder Gepäckfließbänder bei langen Wegen zwischen Terminal und Fähre bieten,
- rutschfeste Fußbodenbeläge und begrenzte Neigungen haben,
- leichte Reinigung und kurze Wartungszeiträume erlauben.

Die Fußwege von Gangway-Anlagen sind oftmals oberhalb der Fahrzeugdecks hoch über der Kaioberkante angeordnet. Falls die Anlage nicht vollständig geschlossen ist, sind entwurfsseitig besondere Maßnahmen erforderlich, die eine Gefährdung von Passagieren ausschließen (z. B. gesonderte Geländer mit Übersteigschutz). Die Kameraüberwachung für Betriebssicherheit (CCTV) wird insbesondere für Fußgängerüberführungen mit langen Wegstrecken und am abschließenden Verbindungsbereich zum Schiff empfohlen. Der unmittelbare Übergangsbereich zwischen Gangway und Schiff wird meistens durch eingewiesenes Betriebspersonal überwacht. Für bewegliche Gangway-Anlagen sind Risikobeurteilungen nach EU-Maschinenrichtlinie erforderlich.

Fluchtwege im Brandfall und der Feueralarm sind gemäß den betreffenden lokalen Vorschriften zu berücksichtigen.

Tab. 7.18 Verschiedene Arten von Gangway-Systemen.

Art	Layout		Wasserstands- und Tauchtiefenänderungen	Freiheitsgrad	Flexibilität der Anlage
1a	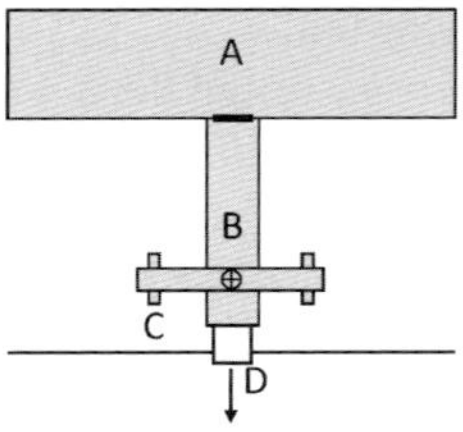	A: Festes Gebäude B: Fußgängerweg C: Hubgestell D: Ausziehbare Fußgängerüberführung	Klein bis mittel	2	Begrenzt
1b	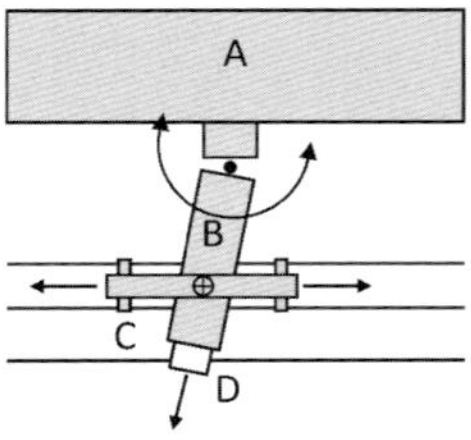	A: Festes Gebäude B: Klappbare Fußgängerüberführung C: Bewegliches Hubgestell D: Ausziehbare Fußgängerüberführung	Klein bis mittel	3	Mittel

Tab. 7.18 Verschiedene Arten von Gangway-Systemen. (Fortgesetzt)

Art	Layout	Wasserstands- und Tauchtiefen- änderungen	Freiheitsgrad	Flexibilität der Anlage
2	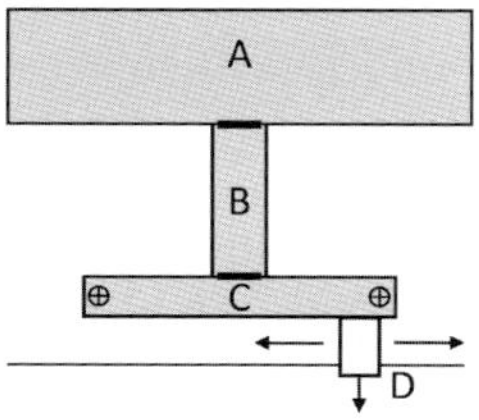 A: Festes Gebäude B: Klappbare Fußgänger- überführung C: Schwenkbare Zugbrücke D: Bewegliche Zugangs- plattform und Fußgänger- überführung	Klein bis mittel	3	Mittel
3	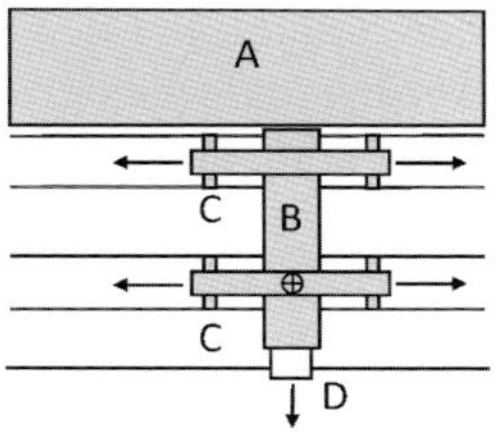 A: Festes Gebäude B: Klappbare Fußgänger- überführung C: Beweglicher Rah- men/bewegliches Hubge- stell D: Ausziehbare Fußgänger- überführung	Klein bis mittel	3	Hoch
4	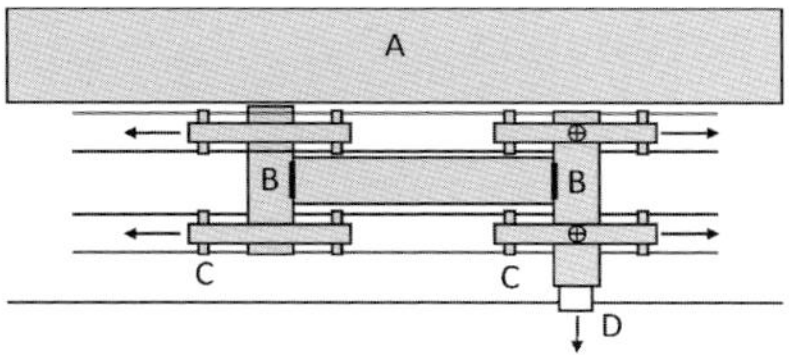 A: Festes Gebäude B: Klappbare Fußgängerüberführung C: Beweglicher Rahmen/bewegliches Hubgestell D: Ausziehbare Fußgängerüberführung	Mittel bis groß	3	Hoch

Gangway-Anlagen zum seitlichen Schiffszugang können gemäß Tab. 7.18 in verschiedenen Bauarten ausgeführt werden. Fußgängerüberführungen für den Zugang über den Heck- oder Bugbereich werden üblicherweise mit der Fährbrücke kombiniert.

Die Auswahl des geeigneten Passagierzuganges hängt u. a.

- von dem Schiffstyp und der Abmessung des Fährschiffes,
- der Tidehöhe und
- dem Abstand zwischen Fahrgastterminal und dem Schiff

ab.

Gangway-Anlagen der Typen 1a und 1b der Tab. 7.18 sind für einen kleinen bis mittleren Tidehub in Abhängigkeit von der Länge und den betreffenden Neigungen der Fußgängerüberführungen geeignet. Typ 1a erfordert dabei eine fixe Position des Schiffs an seiner Zugangstür, da nur eine vertikale Bewegung der Fußgängerüberführung möglich ist. Neben dem Passagierverkehr bietet der Typ 1b mit seiner klappbaren Fußgängerüberführung eine erhöhte Flexibilität zum Festmachen verschiedener Schiffstypen mit verschiedenen Positionen der Schiffszugangstür.

Typ 2 der Tab. 7.18 bietet eine ähnliche Flexibilität wie Typ 1a, wobei die Art der Konstruktion eine kleinere Flexibilität erreicht.

Die Typen 3 und 4 der Tab. 7.18 bieten die höchste Flexibilität in Bezug auf die Bandbreite der zu bedienenden Schiffe. Die klappbare Fußgängerüberführung vom Typ 4 stellt geeignete Neigungen gleichfalls für hohe Wasserstands- und Tauchtiefenänderungen sicher. Jedoch sind diese beiden Typen sowohl in der Konstruktion als auch in der Wartung sehr aufwendig.

Die letzte Verbindung zwischen der Passagierbrücke und dem Schiff wird häufig als eine ausziehbare Fußgängerüberführung oder als Dockingkabine ausgebildet und mit einem Haken oder Bolzen zu einer auf der Schiffsseite passenden Konstruktion verbunden. Robuste Geländer mit geeigneter Ausfachung sind notwendig, um die Sicherheit der Passagiere auf dem offenen Überführungsbereich zu gewährleisten.

In Abhängigkeit von den Abmessungen der zu bedienenden Schiffe und der Passagierbrücke muss die Übergangskonstruktion so entworfen werden, dass sie der Bewegung des Schiffs aktiv oder passiv folgen kann. Eine passive Bewegung der Brücke wird durch die Kräfte erzeugt, die von der mechanischen Verbindung mit dem Schiff übertragen werden. Das Verbindungselement für eine derartige Verbindung ist so zu bemessen, dass es einen kontrollierten Bruch im Fall von Überlastung zulässt. Moderne Brückenkonstruktionen sind in der Lage, die Bewegung des Schiffs zu messen und dem Schiff mit automatischen Stellantrieben aktiv zu folgen. Derartige Systeme ermöglichen in Notsituationen auch automatische Abkopplungsmanöver, mit der die Schiffsbrücke kontrolliert und sicher vom Schiff getrennt werden kann.

7.7 Anlegebrücken

7.7.1 Einleitung

Im Gegensatz zu einer Kaimauer, welche dem Schiff einen Liegeplatz mit direkter Terminal- bzw. Hinterlandanbindung bietet, besteht eine Anlegebrücke aus einer Lade- und/oder Löscheinrichtung in einem gewissen Abstand zum Ufer.

Anlegebrücken bestehen in der Regel aus fest installierten Strukturen, wobei – insbesondere in Regionen mit starken Wasserspiegeländerungen – auch schwimmende Anleger zur Ausführung kommen. Beispielhafte Ausführungen einer fest installierten und einer schwimmenden Anlegebrücke sind in den Abb. 7.84 und 7.85 dargestellt.

Die Mehrzahl der Anlegebrücken wird als Einrichtung für den Umschlag von trockenem oder flüssigem Massengut genutzt.

Liegeplätze für andere Umschlaggüter wie Container oder Stückgut sowie für anderweitige Nutzungen, wie z. B. für den Fährverkehr oder als Kreuzfahrtterminal, werden hingegen überwiegend als feste Kaianlagen entworfen und gebaut, um den komplexen logistischen Anforderungen des Terminalbetriebs Rechnung zu tragen. In manchen Fällen können Anlegebrücken aber auch hier vorteilhafte Lösungen bieten.

Abb. 7.84 Beispiel einer fest installierten Anlegebrücke, Lumut (Malaysia) (BAM International).

Abb. 7.85 Beispiel einer schwimmenden Anlegebrücke, Köln (Shell Deutschland).

Anleger bestehen generell aus drei Grundkomponenten:

- Anlege- und Vertäueinrichtungen zur Gewährleistung von sicheren Anlege- und Ablegemanövern sowie zur Bereitstellung von geeigneten Liegeplatzbedingungen,
- Belade- oder Löschplattform zur Gewährleistung des störungsfreien und effizienten Warenumschlags,
- Verbindung zwischen der Umschlagsplattform und dem Ufer, entweder in Form einer festen Brückenverbindung oder auch einer Unterwasserleitung (Pipeline) bei Flüssiggutumschlag.

7.7.2 Entwurf von Anlegebrücken

7.7.2.1 Liegeplatzausrichtung und -verfügbarkeit

Anlegebrücken sind häufig an exponierten Orten gelegen, die in Extremsituationen keinen ausreichenden Schutz gegenüber Wellenangriff und Strömungen bieten, sodass Schiffe zeitweise den Liegeplatz verlassen müssen, um Gefahrensituationen zu vermeiden. Sofern Häufigkeit und Dauer ungünstiger Randbedingungen im akzeptablen Rahmen bleiben, können in der Regel auch exponierte Anlegebrücken die im Hinblick auf das Umschlagvolumen gestellten Nutzungsanforderungen erfüllen.

Dazu ist beim Entwurf der Anlagen darauf zu achten, dass Orientierung und Gestaltung der Liegeplätze eine bestmögliche Ausnutzung der Ankerleinen unterstützen und so die Belastungen auf das Schiff minimiert werden. Die optimale Auslastung der Ankerleinen ist wesentlich durch die günstige Positionierung der Dalben (Anlege- und Festmacherdalben) im Entwurf zu berücksichtigen.

Zur Minimierung der Schiffsbelastungen am Anleger sollte die Ausrichtung der Schiffe am Liegeplatz weitestgehend mit den vorherrschenden Angriffsrichtungen von Wind, Seegang (vor allem Dünung) und Strömungen abgestimmt werden. Um die resultierenden Ankerleinenkräfte eines Schiffes zu bestimmen, welches den für den betreffenden Liegeplatz maßgebenden Kombinationen von Wind, Wellen und Strömungen ausgesetzt ist, ist generell eine dynamische Vertäustudie durchzuführen. Neben der Obergrenze akzeptabler Liegeplatzrandbedingungen kann mit einer Vertäustudie anhand der statistischen Verteilung vorliegender Umweltrandbedingungen auch die mittlere Eintrittswahrscheinlichkeit abgeschätzt werden, in der Schiffe den Liegeplatz nicht ansteuern können.

In der technischen Vorplanung von Projekten (Front-End Engineering Design, FEED) werden häufig nautische Simulationen eingesetzt, um die erforderlichen Fahrwasserbereiche und deren Kennzeichnung durch Seezeichen festzulegen sowie die Schlepperunterstützung von Großschiffen zu erörtern.

Auch können derartige Analysen zur Untersuchung und Festlegung von maximalen Umweltrandbedingungen bezüglich einer sicheren Schiffspassage im Zufahrtkanal sowie des An- und Ablegens von Schiffen herangezogen werden. Echtzeitsimulationen bieten den Vorteil, dass der menschliche Faktor in den Modellberechnungen realistischer erfasst werden kann.

Im Fall, dass mehrere Liegeplätze an einer Anlegebrücke geplant sind, ist dem Abstand der Liegeplätze untereinander eine größtmögliche Berücksichtigung zuzuordnen. Die Kriterien bezüglich sicherer Mindestabstände können aus einer Reihe von Anforderungen abgeleitet sein:

- genügend Fahrwasser rund um den Schiffskörper zum sicheren Navigieren mit Schlepperunterstützung entsprechend der Ergebnisse der nautischen Studie,
- Einhalten von Sicherheitsabständen rund um den Übergabepunkt von brennbaren Gasen oder Flüssigkeiten, wie z. B. LPG oder LNG.

Sind potenzielle Liegeplätze mit ausreichender natürlicher Wassertiefe nur in relativ großer Entfernung zum Ufer verfügbar, steigen die Kosten für die Zugangsbrücke, und das Projekt wird möglicherweise unrentabel. Um die Erschließungskosten zu minimieren, ist in solchen Fällen abzuwägen, ob die Länge der Zugangsbrücke zugunsten eines zu baggernden, seeseitigen Zugangskanals gekürzt werden kann. Dabei ist zu beachten, dass für derartige Vergleichsstudien die gesamten Lebenszykluskosten einbezogen werden müssen, also auch Kosten für z. B. Unterhaltungsbaggerungen.

7.7.2.2 Höhe der Anlegebrücke

Die Höhe der Zugangs- und Anlegebrücken muss ausreichend bemessen sein, um Wellenschlag an empfindlichen Komponenten der Tragstruktur, einschließlich Rohrleitungen, Förderbändern, Brückenträgern etc. zu vermeiden. Robuste Balkenkopfverbindungen und Querträger zwischen den Fundierungspfählen sollten bevorzugt oberhalb des Wellenkamms installiert werden, wenn nicht nachgewiesen werden kann, dass die Wellenbelastungen unbeschadet durch die Struktur aufgenommen werden können.

Die Ermittlung der maximalen Wasserspiegelauslenkung des Seegangs muss dabei über die gesamte Länge der Anlegebrücke erfolgen, da sich die maximalen Wasserspiegelauslenkungen infolge Bodenreibung und Shoaling verändern. Beim Einlaufen der Welle ins Flachwasser verformt sich das Wellenprofil, sodass der maximale Wellenkamm nicht notwendigerweise nahe des seeseitigen Teils der Anlegebrücke auftritt.

7.7.2.3 Einfluss der Umweltbedingungen auf Bauablauf und bauliche Konzepte

Wie erwähnt, liegen Anlegebrücken teilweise stark exponiert gegenüber Wind, Wellen und Strömungsbelastungen, welches bei der Orientierung der Liegeplätze und der Höhe der Brücken entsprechend berücksichtigt werden muss. Darüber hinaus kann die Auswahl bevorzugter Tragwerkskonzepte sowie geeigneten Gerätes für die Installation von Bauwerkskomponenten (Gründungen, Pfahlköpfe, Brückenelemente etc.) durch ungünstige Umweltrandbedingungen eingeschränkt werden.

Die Obergrenze betrieblicher Randbedingungen für schwimmendes Arbeitsgerät (z. B. Kranbargen) ist bereits bei niedrigen Wellenhöhen erreicht, während sogenannte Hubinseln weniger empfindlich gegenüber Seegang sind. Im Hinblick auf die sichere Bauausführung unter ausgeprägten Seegangsverhältnissen ist der Entwurfsverfasser daher gefordert, eine grundlegende Analyse und sinnvolle Auswahl bezüglich Anzahl und Gewicht der Bauwerkskomponenten durchzuführen (Optimierung von Hebekapazität und Hebezyklen).

Die Berücksichtigung eines sicheren und effizienten Geräteeinsatzes in der Planung ist dabei nur ein ausgewähltes Beispiel, um die wichtige Interaktion zwischen Bauwerksentwurf und Bauausführung sowie die Einbeziehung von baurelevanten Aspekten in einer frühen Phase des Entwurfes aufzuzeigen.

7.7.3 Entwurf der Anlege- und Vertäueinrichtungen (ship to shore)

Der Entwurf von Anlege- und Festmacherdalben ist dahingehend zu optimieren, dass gefahrloses An- und Ablegen sowie ein sicheres Liegen der Schiffe am Anleger gewährleistet ist.

Es sollte jeweils mindestens ein Fender bzw. Anlegepunkt in einem möglichst großen Abstand voneinander an den gegenüberliegenden Enden des Mittschiffs verfügbar sein, um eine ausreichende Stabilität des festgemachten Schiffes zu gewährleisten (siehe Abb. 7.86). Dabei ist darauf zu achten, dass sich die Anlegepunkte im Bereich des parallelen Mittschiffs befinden, da anderenfalls die Fender an der Außenhaut des Schiffes eine Neigung erfahren, welches bei Variationen des Wasserstands bzw. Änderungen des Tiefgangs (während Lade- oder Löschvorgängen) zu unerwünschten Vertikalbelastungen von Fender und Schiff führt.

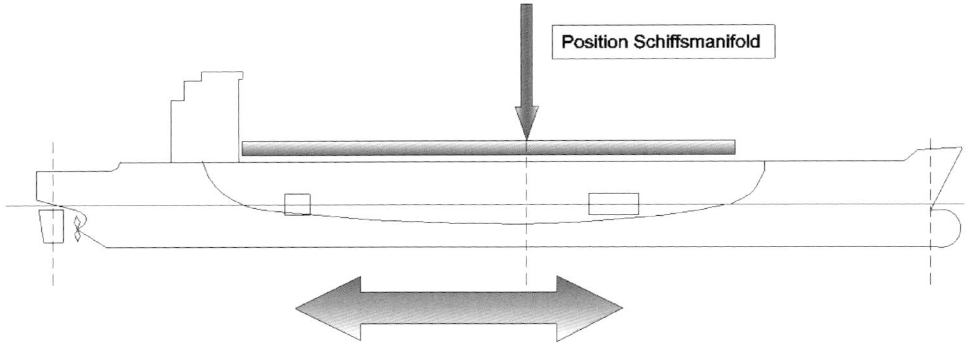

Abb. 7.86 Kriterien zur Ableitung des empfohlenen Dalbenabstands. *Doppelpfeil*: Der Dalbenabstand ist so groß wie möglich zu wählen, um die Stabilität des vertäuten Schiffes zu maximieren. Der Abstand ist durch die Länge des parallelen Mittschiffs begrenzt. Die abgeleitete Empfehlung für den Dalbenabstand ist ca. 0,25–0,40 Lüa.

Unter Ansatz der obigen Angaben beträgt der Abstand der Anlegepunkte gemäß Abschn. 12.1.2 in der Regel zwischen 25–40 % der Schiffslänge.

Bei der Planung eines Anlegers ist dieses Kriterium für die gesamte vorgesehene Bandbreite von Schiffstypen sowie für alle realistischen Positionen entlang des Liegeplatzes einzuhalten (z. B. um das Schiffsmanifold mit dem landseitigen Übergabepunkt abzustimmen). Aus dieser Analyse resultiert die minimal erforderliche Anzahl von Anlegepunkten. Zusätzlich wird empfohlen, mindestens zwei weitere redundante Anlegepunkte (Fender) an jeder Seite des Mittschiffs vorzusehen, um im Versagensfall eines einzelnen Fenders den Liegeplatz weiter nutzen zu können.

Dieselben Prinzipien gelten ebenfalls bei durchgehenden Kajen für trockenen Massengutumschlag. Allerdings ist hier weiterhin darauf zu achten, dass die Anzahl der Fender auch bei größeren Anlegewinkeln ausreichend ist, um jeglichen Kontakt des Schiffsrumpfes mit der Kaje zu vermeiden. In derartigen Situationen ist der maximale Fenderabstand zu beschränken.

Festmacherdalben sollten so positioniert werden, dass die Kapazität der Festmacheleinen an Bord des Schiffes optimal ausgenutzt wird. Greifen Kräfte durch Seegang, Strömung, Wind und vorbeifahrenden Schiffen aus wechselnden Richtungen an, wird eine generelle Anordnung der Leinen gemäß Abb. 7.87 empfohlen.

Die obige Anordnung der Leinen ist bei Vorherrschen einer einzelnen Belastungsrichtung unter Umständen weniger geeignet. Zum Beispiel bei Vorliegen starker Strömung in Längsrichtung des Schiffes ist ggf. mehr Augenmerk auf die Beschränkung der seitlichen Schiffsbewegungen zu legen.

Darüber hinaus ist eine derartige Vertäuanordnung aus praktischen Gründen für Schüttgutanleger ungeeignet. Querleinen können hier nicht senkrecht zur Schiffsachse verlaufen, da diese u. a. den Einsatz von Ladekränen einschränken würden. Stattdessen müssen die Festmachepunkte entlang der Anlegelinie (Fenderlinie) vorgesehen werden, wodurch jedoch die Kapazität der Trossen hinsichtlich der Aufnahme lateraler Kräfte stark abnimmt.

Die Kapazitätsermittlung des Vertäusystems soll entsprechend der Empfehlung in Abschn. 7.4 erfolgen. Dabei ist die Eisbelastung gemäß Abschn. 4.11 und 4.12 zu berücksichtigen.

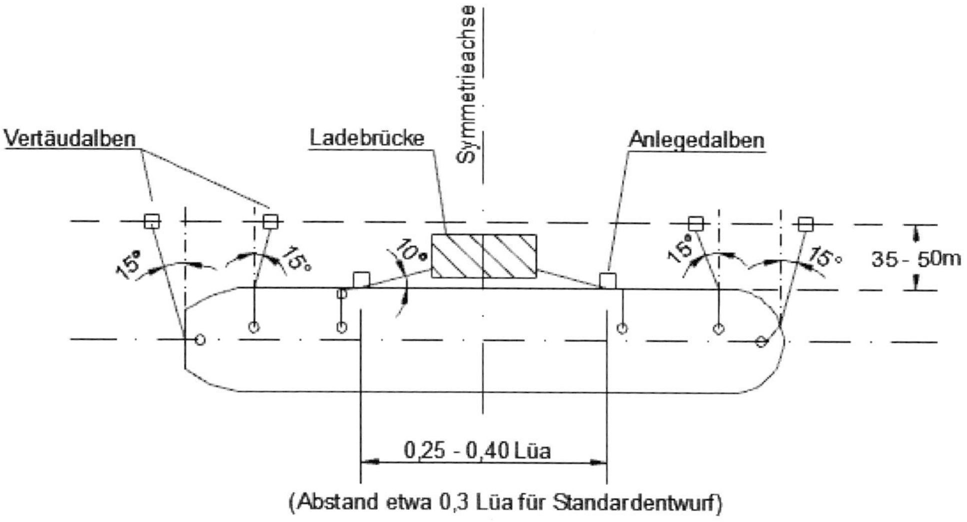

Abb. 7.87 Empfohlene Anordnung der Festmacheleinen (OCIMF Guidelines). Die angegebenen Horizontalwinkel dürfen nicht überschritten werden.

Die Ermittlung der Vertäueinrichtungen für einen Liegeplatz kann dabei z. B. auf Basis der aus einer (dynamischen) Vertäuanalyse ermittelten Maximalkräfte durchgeführt werden.

Im Falle eines ungeschützten Anlegers, der nicht durchgehend als Allwetterliegeplatz genutzt werden kann, soll hingegen das Vermögen der Vertäueinrichtung unter der Annahme bestimmt werden, dass die Winschen bei 60 % der minimalen Nennbruchlast der Leinen nachgeben. Die entsprechenden Kräfte sollten als Gebrauchslast angesetzt werden.

Anlege- und Vertäueinrichtungen für Flüssig- und Schüttgüter basieren in der Regel auf unterschiedlichen Konzepten. Im Fall eines Anlegers für flüssiges Massengut ist die Ladeplattform generell relativ klein. Große Belastungen durch Anlegemanöver, Schiffsanprall oder aus Vertäueinrichtungen sind in Hinblick auf potenzielle Schäden an den installierten Rohrleitungen soweit möglich auszuschließen. Daher werden für diese Anleger von der Plattform losgelöste separat gegründete Festmache- und Anlegedalben eingesetzt.

Die Ausrüstung von Anlegern für Trockengut ist hingegen relativ unempfindlich und die Anlegeplattform aufgrund ihrer für den Umschlag erforderlichen Größe robuster, sodass Fender und Poller häufig direkt an der Plattform installiert werden. In Regionen mit starker Gezeitenwirkung bzw. in denen das Risiko des Auftretens von tropischen Wirbelstürmen und extremen Seegangs signifikant ist, wird das Niveau der Plattform meist so hoch gewählt, dass auch hier eine Trennung von Tragkonstruktion der Plattform und Gründung der Dalben vorteilhaft ist.

7.7.4 Bauwerkskomponenten von Anlegern

7.7.4.1 Plattformen

Anlegebrücken werden generell für den Warenumschlag (Import/Export) entworfen. Im Allgemeinen wird dabei in Terminals für flüssiges Massengut (wie z. B. Ölprodukte) und trockenes Massengut (Schüttgut) unterschieden.

Anleger für flüssiges Massengut sind dadurch charakterisiert, dass der Umschlag punktuell im Bereich des sogenannten Schiffsmanifolds abgewickelt wird. In diesem Bereich liegen die Übergabeflansche für den Produktumschlag. Ein System von Pumpen regelt die Zufuhr und Abfuhr des Flüssiggutes von den jeweiligen Schiffstanks. Die Ladeplattform kann daher im Vergleich zu den Trockengutanlegern relativ klein ausgelegt werden.

Trockenes Massengut wird hingegen über die gesamte Länge der Ladeluken des Schiffs umgeschlagen. Diese müssen entsprechend durch Lade- und Löscheinrichtungen erreichbar sein.

Schiffsanleger sind durch eine Zugangsbrücke mit dem Land verbunden. Verschiedenartige Plattformen mit jeweils spezifischen Aufgaben ergänzen das Bauwerk.

a) Umschlagplattform
   Auf der Umschlagplattform sind, wie oben beschrieben, die Umschlagseinrichtungen, wie Schneckenförderer für Trockengut oder Ladearme für flüssige Güter, installiert. Zusätzlich befinden sich hier weitere wichtige Installationen, wie z. B.:
   - technische Einrichtungen, z. B. Anlagen zur Unterstützung und Sicherung der Belade- und Löschvorgänge (Antriebsaggregate, Steuerpulte, Feuerlöscheinrichtungen etc.) und
   - Transporteinrichtungen für die Anlieferung von Waren (Schiffsversorgung) und Transfer von Besatzung und Personal vom und zum Schiff (Gangway, Ladebaum/Versorgungskran, Flucht- und Zugangsleitern etc.).

b) Neben- oder Zusatzplattformen
   Nebenplattformen haben die Aufgabe, den Belade- und Löschvorgang zu unterstützen. Eine große Bandbreite solcher Plattformen ist im Gebrauch; die nachfolgende Auflistung typischer Nutzungen dient zur Übersicht:
   - Übergabeplattform
     Übergabeplattformen dienen vornehmlich der Installation von Hoppern, die zur Verteilung sowie Weiter- und Umleitung von Schüttgut (z. B. mithilfe von Förderbändern) genutzt werden.
   - Mess- oder Dosierplattform
     Die Steuer- und Kontrolleinrichtungen zur Überwachung des Umschlagvolumens an großen Flüssiggutanlegern erfordert die Installation von Durchflusszählern für verschiedene Produktleitungen. In manchen Fällen werden hierfür spezielle separate Plattformen neben der eigentlichen Umschlagsplattform errichtet.
   - Plattform zur Aufnahme von Rohrdehnungsschleifen
     Zur Begrenzung von Spannungen in Rohrleitungen durch Temperaturschwankungen werden in der Regel mehrere sogenannte Dehnungsschleifen vorgesehen, die als eine Art mechanische Feder die Belastungen in den Rohrwandungen vermindern. Die Rohrschleifen kragen häufig seitlich aus der Zugangsbrücke heraus und benötigen daher eine eigene Plattform zur Unterstützung.

- Verzweigungsplattform
  Verzweigungen sind in manchen Fällen notwendig, z. B. wenn eine einzelne Zugangsbrücke mehrere Liegeplätze beidseitig der Brücke anschließt. Um den Übergang zu vereinfachen und die Tragsysteme zu entkoppeln, werden hierfür häufig separate Plattformen erstellt.
- Steuerzentrale/Kontrollraum
  Für weit vor der Küste liegende Anleger werden häufig extra Kontrollstände in Sichtweite der Ladeplattformen errichtet, die separate Pfahlgründungen erfordern.

Fahrbare Schiffslader benötigen eine Umschlagplattform, die etwa der Länge des größten vorgesehenen Schiffes am Liegeplatz entspricht, um sämtliche Ladeluken bedienen und darüber hinaus Stellflächen für Geräte neben den Luken bereitstellen zu können.

Anleger für flüssiges Massengut sind relativ klein bemessen, eine typische Plattformfläche für einen einzelnen Liegeplatz ist in der Regel kleiner als 40 m · 40 m. Die tatsächliche Größe hängt von den zu installierenden Zusatzeinrichtungen ab.

Das bevorzugte Tragwerkskonzept der Umschlagplattformen hängt wesentlich von der Lage und den vorherrschenden Umweltrandbedingungen ab. Die meisten Umschlagplattformen bestehen aus einem Betondeck, welches durch ein Pfahlrost und Schrägpfähle getragen wird. Die Herstellungsweise des Decks (Fertigteile oder Ortbeton etc.) wird vornehmlich durch die Erreichbarkeit des Anlegers festgelegt. Im Hinblick auf die Tatsache, dass Anleger häufig weit vor der Küste ungeschützt im offenen Meer liegen, schreiben Sicherheitsrichtlinien in der Regel die weitgehende Ausführung mit Fertigteilen vor.

Ein weiterer Trend in der Bauindustrie ist die zunehmende Vorfertigung großer Module, bis hin zur Erstellung kompletter Plattformen an Land, die in einem Schritt vor Ort installiert werden (siehe Abb. 7.88). Die Erreichbarkeit des Anlegers für Arbeitskräfte während der Bauphase spielt bei diesen Erwägungen eine wichtige Rolle.

Abb. 7.88 Installation einer an Land gefertigten Plattform, Darwin (Australien) (BAM-Clough).

7.7.4.2 Zugangsbrücken

Zugangsbrücken stellen die Verbindung zwischen der Umschlagplattform und der Küste her (siehe Abb. 7.89). Ihre Länge kann dabei weniger als 100 m (bei unmittelbar vor der Küste bestehenden Tiefwasserbedingungen), aber auch bis zu mehreren Kilometern betragen.

Die Zugangsbrücke bietet Flächen für folgende Installationen/Einrichtungen:

- Verfahrens- und Prozesstechnik (Ölleitungen, Gasleitungen, Förderbänder und deren Auflager),
- technische Versorgungseinrichtungen und -netze (Löschwassernetz, Leitungen für Trinkwasser, Stickstoff, Druckluft, Elektrik, Leitungen für Überwachung und Messtechnik etc.),
- Verkehrserschließung (Mobilkrane, Kraftfahrzeuge, Fußgänger).

Neben den betrieblichen Anforderungen einer Zugangsbrücke, abhängig von deren Nutzung für Produktleitungen, technische Versorgungsnetze und dem sonstigen Verkehr, sind auch die Anforderungen zur regelmäßigen Wartung und Reparatur der Umschlageinrichtung bei der Bemessung des erforderlichen Raumangebots und der Tragstruktur einzubeziehen. Die Festlegung der Strategie zum Erhalt der Anlage sollte dabei in Abwägung der damit verbundenen Kosten und Risiken erfolgen.

Der Bedarf eines 50-Tonnen-Krans für Unterhaltungsarbeiten würde z. B. eine für die normale Nutzung stark überbemessene Zugangsbrücke bedingen. Alternative Erhaltungskonzepte, basierend auf Hinzuziehung schwimmenden Gerätes für den vergleichbar selten geforderten Einsatz größerer Kräne, erlauben die Auslegung der Zugangsbrücke auf wesentlich kleinere Einheiten für häufiger anfallende Wartungsarbeiten.

Die betrieblichen und sonstigen Anforderungen für eine Zugangsbrücke können je Projekt stark variieren und sollten bereits in der Konzeptplanung eines Projektes einbezogen werden.

Im Falle sehr langer Zugangsbrücken wird die Struktur generell in Abschnitte von ca. 200 m unterteilt. Jeder Abschnitt wird dabei als eigenständig angesehen und muss für

Abb. 7.89 Beispiel einer Zugangsbrücke, Fujairah (VAE) (BAM International).

sich genommen standsicher sein. Zwischen den Abschnitten sind Dehnungsfugen angeordnet, um thermische Verformungen weitgehend spannungsarm aufzunehmen ohne Belastungen auf benachbarte Abschnitte auszuüben.

Horizontale Belastungen einer Brücke entstehen vornehmlich durch Wind-, Wellen- und Strömungskräfte, können aber auch durch Arbeitsgerät und Einrichtungen auf der Brücke ausgelöst werden. Start- und Bremskräfte von Laufbändern, Reibungskräfte von Rohrleitungen, Leitungsdruckschläge beim plötzlichen Schließen von Ventilen sowie Bremskräfte von Fahrzeugen sind als typische Beispiele zu nennen.

Um horizontal (quer zur Achse) auf die Zugangsbrücke einwirkende Belastungen aufzunehmen und daraus resultierende Verformungen zu begrenzen, ist jeder Pfahlbock mit Schrägpfählen ausgestattet. Lasteinwirkungen in Achsrichtung der Zugangsbrücke werden durch mehrere Schrägpfähle abgetragen, die an einer Unterstützung des jeweiligen Abschnittes, dem sogenannten Festpunkt, konzentriert werden.

In Gebieten mit Erdbebenrisiko müssen beim Nachweis der horizontalen Standsicherheit der Brücke zudem seismische Belastungen einbezogen werden. Hierfür wird auf die Fachliteratur und (lokale) Richtlinien verwiesen.

7.7.5 Wechselwirkung Tragstruktur – Deckinstallationen

Der Grundriss der Umschlagplattform wird weitgehend durch die erforderlichen Ladevorrichtungen festgelegt, die wiederum von dem umzuschlagenden Produkt und dem Typ der anlegenden Schiffe abhängen. Die Ermittlung der Belastungen der Tragstruktur stellt einen interaktiven Prozess zwischen den Planern der Deckinstallationen (top works) und der Brückenstruktur dar, wobei ein Unterschied zwischen Löschvorrichtungen für flüssiges und trockenes Massengut gilt.

7.7.5.1 Laden und Löschen von Flüssiggut

Flüssiges Massengut kann mithilfe von Verladearmen oder Schlauchtürmen geladen werden. Beispielhafte Ausführungen sind in der Abb. 7.90 dargestellt.

Der Abstand von Ladearmen für Flüssiggut untereinander variiert vorwiegend zwischen 3 m (Ladearme bis 12 Zoll Durchmesser) und 4 m (Ladearme bis 16 Zoll Durch-

a) b)

Abb. 7.90 (a) Verladearme sowie Türme für Feuerlöschmonitor und Gangway, Gujairat (Indien) (Shell); (b) Gangway, Rotterdam (Cyclomedia Technology B.V).

messer). Verladearme müssen ausreichend unterstützt werden, sowohl in Hinsicht auf die vertikale Tragfähigkeit ,aber auch gegenüber horizontalen Belastungen, um eine einwandfreie Funktion der Rotationsköpfe, z. B. auch bei hohen Windbelastungen, zu gewährleisten.

Während Verladearme generell bei großen Umschlaganlagen und entsprechend großen Schiffen mit hoher Ladekapazität eingesetzt werden, kommen bei kleineren Anlagen häufiger auch sogenannte Schlauchtürme zum Einsatz. Schlauchtürme sind weniger kostenintensiv und können für eine Reihe verschiedener Produkte Verwendung finden, wobei die Laderaten jedoch deutlich niedriger liegen. Der Koppelvorgang der Flanschverbindungen von Landleitung und Schiffsmanifold erfolgt dabei von Hand.

7.7.5.2 Laden und Löschen von trockenem Massengut

Das Beladen und Löschen von trockenen Schüttgütern erfolgt in der Regel durch einen Umschlagkran. Um alle Ladeklappen eines Massengutschiffes zu erreichen, werden hierzu fahrbare Kräne eingesetzt. Während der Beladevorgang meistens durch einen Füllstutzen stattfindet, erfolgt das Löschen von Massenschüttgut mit anderen technischen Vorrichtungen. Traditionell werden für das Entladen Greifer verwendet, die zu-

a) b)

Abb. 7.91 (a) Verfahrbare Löschbrücken, Lumut (Malaysia) (BAM International) und (b) Eimerkettenentlader (FLSmidth).

a) b)

Abb. 7.92 (a) Entladevorrichtung mit Förderschnecke (Cyclomedia Technology B.V.; Siwertell) und (b) Radialbelader (Telestack).

verlässig, aber vergleichsweise langsam arbeiten. Alternativ können Eimerkettenentlader zum Einsatz kommen. Unter der Voraussetzung, dass das Schüttgut relativ homogen ist und keine Verschmutzungen oder Verklumpungen aufweist, können auch Entladevorrichtungen mit Förderschnecke eingesetzt werden. Beispielhafte Ausführungen zu Lade- und Löschvorrichtungen für trockenes Massengut sind in den Abb. 7.91 und 7.92 dargestellt.

Radiallader oder Linienlader werden ebenfalls häufig eingesetzt. Ein Radiallader benötigt einen abweichenden Unterbau, wie in Abb. 7.92b ersichtlich. Der Kran selbst steht auf einer sogenannten Pivot-Plattform, während der Ladebaum durch einen sichelförmigen Auflagerbalken nahe der Liegeplatzflucht unterstützt wird.

Literatur

BMVI (2012). Merkblatt Schwimmende Anlegestellen, 2. Aufl., Bundesministerium für Verkehr, Bau- und Stadtentwicklung, Abteilung Schifffahrt.

Broos, E.J., Rhijnsburger, M.P.M., Vredeveldt, A.W. und Hoebee, W. (2018). The safe use of cylindrical fenders on LNG, Oil and Container Terminals, PIANC World Congress Panama 2018.

CUR (2013). *Handbook of Quay Walls*, Centre for Civil Engineering Research and Codes, 2. Aufl. Leiden: Taylor & Travess.

Dier, A., Carroll, B. und Abolfathi, S. (2004). Guidelines for jack-up rigs with particular reference to foundation integrity. Research Report 289, Prepared by MSL Engineering Limited for the Health and Safety Executive 2004.

Dutt, R.N. und Ingram, W.B. (1984). Jack-up Rig Siting in Calcareous Soils. Proc. 16th Annu. OTC, Houston, Paper OTC 4840.

Hein, C. (2014). Berthing Velocity Of Large Container Ships, PIANC World Congress Panama 2018.

HTG (1985). Beziehung zwischen Kranbahn und Kransystem. Ausschuss für Hafenumschlagtechnik der Hafenbautechnischen Gesellschaft e. V. *Hansa* 122 (21): 2215 und 122 (22): 2319.

Lietaert, B. (2011). Design and development of a hazard map for the positioning and siting of large jack-up rigs at the geologically complex areas of the Gulf of Suez. MSc Thesis Engineering Geology, Delft University of Technology.

OCIMF (2008). *Mooring Equipment Guidelines*, 3. Aufl., OCIMF MEG 4, 2018, London.

PIANC (1995). Port Facilities for Ferries – Practical Guide, report of Pianc Working group No. 11, (Hafeneinrichtungen für Fähren – Praktische Anleitung, Bericht der PIANC-Arbeitsgruppe Nr. 11).

PIANC (2002). PIANC-Report „Guidelines for the Design of Fender Systems: 2002". Report of MarCom, WG 33.

PIANC (2015/2016). PIANC-Report „Entwurf von Terminals für RoRo- und RoPax-Schiffe". Report of MarCom, WG 167.

PIANC (2020). PIANC-Report „Berthing Velocities and Fender Design". Report of MarCom, WG 145.

Qiu, G., Pucker, T. und Grabe, J. (2013). Penetration of a spudcan near a cavity. Proc. Conf. Marit. Energy 2013, Hamburg, S. 323–331.

Qiu, G., Drauschke, C., Grabe, J. und Jost, O. (2014). Zur Interaktion von Jack-up Vorgängen vor Spundwänden. Tagungsband zum Workshop Offshore Basishäfen, Hamburg, S. 5–20.

Roubos, A.A., Groenewegen, L., und Peters, D.J. (2017). Berthing velocity of large seagoing vessels in the port of Rotterdam. *Mar. Struct.* 51: 202–219.

Roubos, A.A., Peters, D.J., Groenewegen, L. und Steenbergen, R.D.J.M. (2018a). Partial safety factors for berthing velocity and loads on marine structures. *Mar. Struct.* 58: 73–91.

Roubos, A.A., Groenewegen, L., Ollero, J., Hein, C. und Wal, E. vd. (2018b). Design values for berthing velocity of large Seagoing vessels, PIANC World Congress Panama 2018.

SNAME (2008). Site specific assessment of mobile jack-up units. Society of Naval Architects and Marine Engineers, Technical Research Bulletin 5-5A, New Jersey und Corrigenda 2015.

Tomlinson, M.J. (1986). *Foundation Design and Construction*. London: Longman.

Normen und Vorschriften

BS 6349-1-2000: Part 1: Code of Practice for General Criteria.

BS 6349-8-2007: Part 8: Code of Practice for the Design of Ro-Ro ramps, linkspans and walkways.

DIN 1045: Tragwerke aus Beton, Stahlbeton und Spannbeton.

DIN 16972: Gepresste Tafeln aus Polyethylen hoher Dichte (PE-UHMW), (PE-HMW), (PE-HD).

DIN 19666:2011-5: Sickerrohr- und Versickerrohrleitungen – Allgemeine Anforderungen.

DIN 19703: Schleusen der Binnenschifffahrtsstraßen – Grundsätze für Abmessungen und Ausrüstung.

DIN EN 1991-2:2010-12, Teil 2: Verkehrslasten auf Brücken.

DIN EN ISO 1872: Kunststoffe – Polyethylen (PE) – Formmassen.

DIN EN 19905-1:2012-11, Teil 1: Hubinseln.

DIN EN ISO 19905-1:2016-11: Erdöl und Erdgasindustrie – Beurteilung von mobilen Offshore Einheiten bezüglich ihres Einsatzgebietes – Teil 1: Hubinseln.

Ernst & Sohn
A Wiley Brand

Konrad Bergmeister, Frank Fingerloos,
Johann-Dietrich Wörner (Hrsg.)

Beton-Kalender 2019

Schwerpunkte: Parkbauten, Geotechnik und Eurocode 7

- **Erläuterungen und Hintergründe zum Eurocode 7 auf aktuellem Stand**
- **verlässliches Nachschlagewerk für die fehlerfreie Planung dauerhafter Betonkonstruktionen**

Parkhäuser und Tiefgaragen erfordern Spezialwissen für Funktionalität und Dauerhaftigkeit – die aktuellen Regelwerke werden erläutert. Hintergrundwissen zum Eurocode 7 für Berechnung und Bemessung sowie Kurzfassung EC7 mit NA. Flachgründungen und Pfahlgründungen mit Beispielen.

2018 · 1044 Seiten · 762 Abbildungen · 166 Tabellen

Hardcover
ISBN 978-3-433-03242-8 **€ 174***

Fortsetzungspreis **€ 154***

BESTELLEN
+49 (0)30 470 31-236
marketing@ernst-und-sohn.de
www.ernst-und-sohn.de/bk19

* Der €-Preis gilt ausschließlich für Deutschland. Inkl. MwSt.

Bill Addis (Hrsg.)

Physical Models

Their historical and current use in civil and building engineering design

- das Buch fasst erstmals die Geschichte der Modellversuche von Planungs- und ausführenden Bauingenieuren in einem Band zusammen

BESTELLEN
+49 (0)30 470 31-236
marketing@ernst-und-sohn.de
www.ernst-und-sohn.de/3257

Ernst & Sohn
A Wiley Brand

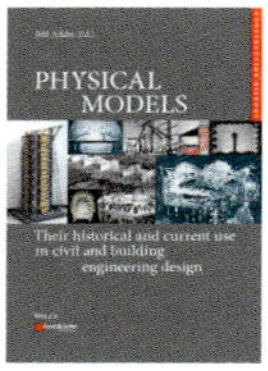

2020 · 1114 Seiten · 896 Abbildungen · 14 Tabellen · Sprache: Englisch

Hardcover
ISBN 978-3-433-03257-2 € 139*

eBundle (Print + PDF)
ISBN 978-3-433-03305-0
ca. **€ 229***

* Der €-Preis gilt ausschließlich für Deutschland. Inkl. MwSt.

BUNTE

Unsere Geschäftsbe

- Straßenbau
- Bahnbau
- Erdbau
- Wasserbau
- Ingenieurbau
- Brückenbau
- Rohrleitungsbau
- Schlüsselfertigbau
- Projektentwicklung
- Project Investment
- Logistik
- Asphalt

JOHANN BUNTE
Bauunternehmung GmbH & Co. KG
Hauptkanal links 88
26871 Papenburg
Tel. 04961 895-0
www.johann-bunte.de

8
Spundwandbauwerke

8.1 Baustoffe und Ausführung

8.1.1 Spundwand Baustoffe

Spundwandkonstruktionen bestehen aus einzelnen, untereinander verbundenen, ins Erdreich eingetriebenen, biegebeanspruchten und vertikalbelasteten Elementen. Sie werden als Stützbauwerke für Geländesprünge mit teilweise sehr großen Höhen, als Uferwände im Hafenbau und an Binnenwasserstraßen eingesetzt. Sie werden durch Erd- und Wasserdruck belastet und übertragen vertikale Lasten aus Überbauten und Verankerung in die meist tiefliegenden, tragfähigen Bodenschichten. Als Baustoff von Spundwänden dominiert seit vielen Jahrzehnten Stahl. In Sonderfällen werden aber auch Spundbohlen aus Holz, Stahl- oder Spannbeton und Kunststoff verwendet.

8.1.1.1 Holzspundwände

Holzspundwände sind nur zweckmäßig, wenn der Baugrund das Einbringen ohne Beschädigungen erlaubt. Aus natürlichen Randbedingungen ist die Dicke der Bohlen begrenzt, daher darf die Biegebeanspruchung nicht zu groß sein. Europäische Nadel- und Laubhölzer besitzen

- eine Druckfestigkeit von $\leq 60\,N/mm^2$ und
- einen E-Modul von $\leq 14\,000 N/mm^2$.

Für Bauwerke mit großer Nutzungsdauer müssen die Bohlen unterhalb der Fäulnisgrenze enden, und der Befall durch Holzbohrtiere muss ausgeschlossen werden können. Unter diesen Bedingungen und wenn andere Baustoffe wegen der örtlichen Gegebenheiten nicht zur Verfügung stehen, können Holzspundwände als Fußsicherung flacher Uferböschungen, als Buhnen oder als Anleger in Sportboothäfen infrage kommen.

Für die Planung und den Entwurf von Holzspundwänden ist DIN EN 1995, Holzbauwerke, sinngemäß anzuwenden. Verbindungsmittel aus Stahl sind mindestens in feuerverzinkter Ausführung oder mit gleichwertigem Korrosionsschutz vorzusehen. Die Abschn. 8.1.1.2–8.1.1.5 der EAU 2012 enthalten Empfehlungen für das Rammen der Holzbohlen, für das Abdichten ihrer Nut- und Federverbindungen sowie für den Schutz des Holzes.

8.1.1.2 Betonspundwände

Betonspundwände aus Stahl- oder Spannbeton eignen sich prinzipiell für Uferbauwerke. Auch lässt sich ein kraftschlüssiger Verbund der einzelnen Profile durch Nut- und

Empfehlungen des Arbeitsausschusses „Ufereinfassung“ (EAU 2020), Hrsg. HTG und DGGT, 12. Aufl.
© 2021 Ernst & Sohn GmbH & Co. KG. Published 2021 by Ernst & Sohn GmbH & Co. KG.

Federausbildung so gestalten, dass eine Dichtung eingebracht werden kann. Allerdings ist der hierfür erforderliche Aufwand erheblich. Ebenso verursachen die relativ schweren Profile gegenüber der Stahlspundwand einen erhöhten Transport- und Rammaufwand. Ihre Anwendung sollte deshalb auf Bauwerke beschränkt bleiben, bei denen die Anforderungen an die Dichtigkeit gering sind oder bei denen Stahlspundbohlen wegen ei

Bei Normalbetonen liegen die

- Zylinderdruckfestigkeiten zwischen 12–100 N/mm^2 und die
- E-Module zwischen 27 000–45 000 N/mm^2.

Bei der Auswahl der Betone für Spundbohlen sind die jeweiligen Expositionsklassen entsprechend den vorliegenden Umgebungsbedingungen zu berücksichtigen (DIN EN 1992-1-1). Ihre Bemessung erfolgt ebenfalls nach der DIN EN 1992-1-1.

Weitere und detaillierte Empfehlungen zur Bemessung und Herstellung sowie zum Rammen der Stahlbetonbohlen und zum Abdichten ihrer Nut- und Federverbindungen sind in den Abschn. 8.1.2.3–8.1.2.6 der EAU 2012 enthalten.

8.1.1.3 Stahlspundwände

Der Baustoff Stahl zeichnet sich im Vergleich zu den zuvor genannten Baustoffen durch höhere Materialwiderstände aus. Bei Stahlspundbohlen liegen je nach Stahlsorte die

- Biegezug- und Biegedruckfestigkeiten zwischen 240–460 N/mm^2,
- bei einem von den Stahlsorten unabhängigen E-Modul von 210 000 N/mm^2.

Stahlspundbohlen werden entsprechend ihrer Herstellung in kaltgeformte und in warmgewalzte Stahlspundbohlen unterschieden. Während mit kaltgeformten Profilen wie Leichtprofile und Kanaldielen meist nur wenige Meter betragende Geländesprünge abgefangen werden können, eignen sich die warmgewalzten Profile zum Abfangen hoher Geländesprünge.

8.1.2 Stahlspundwände: Eigenschaften und Ausbildungen

8.1.2.1 Gütevorschriften/mechanische und technologische Eigenschaften/Maßtoleranzen

Für warmgewalzte Spundbohlen gelten DIN EN 10248-1 und -2, für kaltgeformte Spundbohlen gelten DIN EN 10249-1 und -2.

Werden Stahlspundbohlen in Dickenrichtung (normal zur Walzrichtung) beansprucht, beispielsweise bei Abzweigbohlen für Kreis- und Flachzellen, sind zur Vermeidung von Terrassenbrüchen Stahlsorten mit entsprechenden Eigenschaften beim Spundbohlenhersteller zu bestellen (vgl. DIN EN 1993-1-10). Warmgewalzte Stahlspundbohlen werden in Stahlsorten mit den Bezeichnungen S240GP bis S460GP hergestellt.

Stähle nach DIN EN 10248 mit Streckgrenzen unterhalb 355 N/mm^2 sollen mit einem Werkszeugnis 2.2 und bei darüberliegenden mit einem Abnahmeprüfzeugnis 3.1 nach DIN EN 10204:2005-01 belegt werden. Bei besonderen Anforderungen kann zusätzlich die Angabe der Legierungs- und Begleitelemente C, Si, Mn, P, S, Nb, V, Ti, Cr, Ni, Mo, Cu, N, Al vereinbart werden.

In Sonderfällen, z. B. zur Aufnahme großer Biegemomente, können unter Beachtung der Empfehlung in Abschn. 8.1.1.3, auch Stahlsorten mit höheren Mindeststreckgrenzen bis zu 500 N/mm^2 eingesetzt werden. Der Einsatz von Stahlsorten mit Mindest-

HTG (Ed.)

Recommendations of the Committee for Waterfront Structures Harbours and Waterways

EAU 2012

- **essential help for planners and designers**
- **complete revision in accordance with EC 7 and DIN 1054**

The „EAU 2012" takes into account the new generation of the Eurocodes. The recommendations apply to the planning, design, specification, tender procedure, construction and monitoring, as well as the handover of and cost accounting for port and waterway systems.

9th edition · 2015 · 676 pages

Hardcover
ISBN 978-3-433-03110-0
€ 129*

ORDER
+49 (0)30 470 31-236
marketing@ernst-und-sohn.de
www.ernst-und-sohn.de/en/3110

*All book prices inclusive VAT.

Ernst & Sohn
A Wiley Brand

Zukunftsfähige Wasserstraßen und sichere Küstenlinien

Unsere Leistungen für Sie:
- Schiffsschleusenanlagen
- Wehre
- Düker | Durchlässe
- Kanalbrücken
- Uferwände | Kanaldämme
- Häfen | Liege- & Umschlagstellen
- Deiche | Dämme | Dichtungen | Deckwerk
- Pump-, Schöpf- & Entlastungsbauwerke

www.sweco-gmbh.de

SWECO

Ernst & Sohn
A Wiley Brand

Konrad Bergmeister, Frank Fingerloos,
Johann-Dietrich Wörner (Hrsg.)

Beton-Kalender 2020

Schwerpunkte: Wasserbau, Konstruktion und Bemessung

- **Topaktuell: Hintergrundinformationen und Erläuterungen zu DIN EN 1992 Teil 4, Ausgabe April 2019 zur Bemessung der Verankerung von Befestigungen in Beton**

Der Beton-Kalender 2020 bietet eine solide Arbeitsgrundlage und ein topaktuelles und verlässliches Nachschlagewerk für die fehlerfreie Planung von Betonkonstruktionen. Besonders aktuell sind die Erläuterungen zur Bemessung der Verankerung von Befestigungen nach Eurocode 2 Teil 4.

2019 · 1244 Seiten · 600 Abbildungen · 200 Tabellen

Hardcover
ISBN 978-3-433-03268-8 **€ 174***

Fortsetzungspreis **€ 154***

BESTELLEN
+49 (0)30 470 31-236
marketing@ernst-und-sohn.de
www.ernst-und-sohn.de/bk20

* Der €-Preis gilt ausschließlich für Deutschland. Inkl. MwSt.

Tab. 8.1 Anforderungen an die mechanischen Eigenschaften von Stahlsorten für warmgewalzte Spundbohlen.

Stahlsorte	Mindestzugfestigkeit R_m [N/mm²]	Mindeststreckgrenze R_{eH} [N/mm²]	Mindestbruchdehnung für eine Messlänge von $L_0 = 5{,}65\sqrt{S_0}$ [%]
S 240 GP	340	240	26
S 270 GP	410	270	24
S 320 GP	440	320	23
S 355 GP	480	355	22
S 390 GP	490	390	20
S 430 GP	510	430	19
S 460 GP[a)]	530	460	17

a) Gemäß Tab. 2, DIN EN 10248-1:2006, Entwurf.

streckgrenzen oberhalb 430 N/mm² sind nicht in der derzeit geltenden DIN EN 10248 geregelt, daher sollte in Deutschland für Spundbohlen dieser Stahlsorten eine allgemeine bauaufsichtliche Zulassung vorliegen.

Der Entwurf von DIN EN 10248:2006 führt als Spundwandstahlsorten sieben Güten bis hin zur Stahlsorte S460GP auf. Der Einsatz höherfester Stähle ist mit dem Herstellerwerk der Profile bei der Bestellung besonders zu vereinbaren.

Für kaltgeformte Stahlspundbohlen kommen die Stahlsorten S235JRC, S275JRC und S355J0C nach DIN EN 10249 in Betracht.

In Sonderfällen, wie beispielsweise in Abschn. 8.1.5.7 genannt, werden Stähle mit entsprechender Kerbschlagarbeit verlangt.

Die Anforderungen an die mechanischen Eigenschaften für warmgewalzte Spundbohlen können Tab. 8.1 entnommen werden. Die mechanischen Eigenschaften für kaltgeformte Spundbohlen aus Stählen werden in DIN EN 10025 und DIN EN 10249 beschrieben.

Für den Nachweis der chemischen Zusammensetzung von Spundwandstählen (siehe Tab. 8.2) ist die Schmelzanalyse verbindlich. Die Stückanalyse dient zur nachträglichen Kontrolle in Zweifelsfällen. Der Nachweis der chemischen Zusammensetzung durch Stückanalysen im Rahmen der Abnahmeprüfung muss besonders vereinbart werden.

8.1.2.2 Schlossformen und -verhakungen

Stahlspundwände sind in statischer und rammtechnischer Hinsicht universell einsetzbar. Sie bestehen aus einzelnen, untereinander durch Schlösser kraftschlüssig verbundenen Stahlelementen.

Beispiele bewährter Schlossformen von Stahlspundbohlen sind in Abb. 8.1 dargestellt. Die Nennmaße a und b, die von den Lieferfirmen erfragt werden können, werden rechtwinklig zur ungünstigsten Verschiebungsrichtung gemessen. Die minimale Schlossverhakung, die aus $a - b$ berechnet wird, sollte den im Abb. 8.1 angegebenen Werten entsprechen. In kurzen Teilabschnitten dürfen diese Mindestwerte um nicht mehr als 1 mm unterschritten werden. Bei den Formen 1, 3, 5 und 6 muss die geforderte Verhakung auf beiden Schlossseiten vorhanden sein.

Tab. 8.2 Chemische Zusammensetzung der Schmelz-/Stückanalyse für warmgewalzte Stahlspundbohlen.

Stahlsorte	Chemische Zusammensetzung % Max. für Schmelze/Stück				
	C	Mn	Si	P und S	N[a)b)]
S 240 GP	0,20/0,25	–/–	–/–	0,045/0,055	0,009/0,011
S 270 GP	0,24/0,27	–/–	–/–	0,045/0,055	0,009/0,011
S 320 GP	0,24/0,27	1,60/1,70	0,55/0,60	0,045/0,055	0,009/0,011
S 355 GP	0,24/0,27	1,60/1,70	0,55/0,60	0,045/0,055	0,009/0,011
S 390 GP	0,24/0,27	1,60/1,70	0,55/0,60	0,040/0,050	0,009/0,011
S 430 GP	0,24/0,27	1,60/1,70	0,55/0,60	0,040/0,050	0,009/0,011
S 460 GP[c)]	0,24/0,27	1,70/1,80	0,55/0,60	0,035/0,045	0,012/0,014

a) Überschreitung der festgelegten Werte ist zulässig, vorausgesetzt, dass für jede Erhöhung um 0,001 % N der max. P-Gehalt um 0,005 % vermindert wird. Der N-Gehalt der Schmelzanalyse darf jedoch nicht höher als 0,012 % sein.
b) Der Höchstwert für Stickstoff gilt nicht, wenn die chemische Zusammensetzung einen Mindestgesamtgehalt von Al von 0,020 % aufweist oder wenn genügend N-bindende Elemente vorhanden sind. Die N-bindenden Elemente sind in der Prüfbescheinigung anzugeben.
c) Gemäß Tab. 1, DIN EN 10248-1:2006, Entwurf.

Tab. 8.3 Zulässige Maßabweichungen der Schlösser nach Abb. 8.1.

Form	Nennmaße (nach Profilzeichnungen)	Maßabweichungen von den Nennmaßen		
		Bezeichnung	Plus [mm]	Minus [mm]
1	Hakenbreite a	Δa	2,5	2,5
	Schlossöffnung b	Δb	2	2
2	Knopfbreite a	Δa	1	3
	Schlossöffnung b	Δb	3	1
3	Knopfbreite a	Δa	(1,5–2,5)[a)]	0,5
	Schlossöffnung b	Δb	4	0,5
4	Keulenhöhe a	Δa	1	3
	Schlossöffnung b	Δb	2	1
5	Krafthakenbreite a	Δa	1,5	4,5
	Schlossöffnung b	Δb	3	1,5
6	Daumenbreite a	Δa	2	3
	Schlossöffnung b	Δb	3	2

a) Vom Profil abhängig.

Beim Walzen der Spundbohlen bzw. der Schlossstähle sind Abweichungen von den Nennmaßen unvermeidlich. Die zulässigen Maßabweichungen sind in Tab. 8.3 zusammengestellt.

8.1.2.3 Übernahmebedingungen für Stahlspundbohlen und Stahlpfähle auf der Baustelle/einzuhaltende Liefertoleranzen

Für die Gebrauchstauglichkeit von Bauwerken aus Stahlspundwänden oder von Stahlpfählen kommt es neben einer sorgfältigen und fachgerechten Bauausführung vor allem auch darauf an, dass die auf die Baustelle gelieferten Profile den Lieferanforderun-

TAGU®
seit 1927
Performing Solutions
• Ingenieurwasserbau
• Seekabelinstallation
• Rammarbeiten
• Kajenbau
• Offshore Service
• Gründungen
• Marine Logistik
• Deckwerksverguss
GU - Tiefbau GmbH Unterweser
ımerländer Heerstraße 368
26129 Oldenburg
9 (0) 441 9704 - 500
o@tagu.de - www.tagu.de • Ein Unternehmen der Ludwig Freytag Gruppe

Henner Türke
Statik im Erdbau
Klassiker des Bauingenieurwesens
■ wertvolles Nachschlagewerk für die Planungspraxis
In diesem Buch werden Berechnungsverfahren und Versagenszustände sowie die Nachweise für Böschungen, Dämme sowie Stützmauern vorgestellt und anhand ausgewählter Zahlenbeispiele verdeutlicht. (Unveränderter Nachdruck)
BESTELLEN
+49 (0)30 470 31-236
marketing@ernst-und-sohn.de
www.ernst-und-sohn.de/3237
* Der €-Preis gilt ausschließlich für Deutschland. Inkl. MwSt.
Ernst & Sohn
A Wiley Brand
2017 · 306 Seiten 396
111 Tabellen
Hardcover
ISBN 978-3-433-03237-4 € 59.-*

Ernst & Sohn
A Wiley Bran

Peter Martens (Hrsg.)

Silo-Handbuch

Klassiker des Bauingenieurwesens

- **Unveränderter Nachdruck**

Dieses Buch vermittelt umfangreiche Kenntnisse für Planung und Bauausführung von Siloanlagen. Dabei wird sehr detailliert auf die Berechnung von Silos aus Stahl- und Spannbeton, Stahl, Aluminium sowie GFK eingegangen.

2017 · 569 Seiten · 612 Abbildungen · 111 Tabellen

Hardcover
ISBN 978-3-433-03240-4 **€ 79***

BESTELLEN
+49 (0)30 470 31-236
marketing@ernst-und-sohn.de
www.ernst-und-sohn.de/3240

* Der €-Preis gilt ausschließlich für Deutschland. Inkl. MwSt.

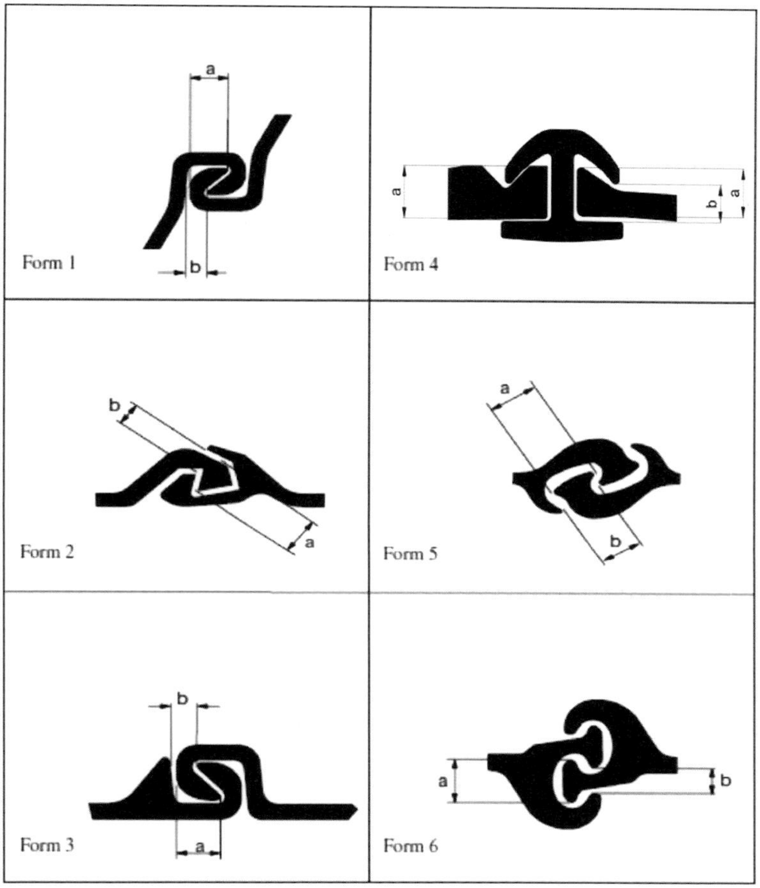

Abb. 8.1 Beispiele bewährter Schlossformen und Verhakungen für Stahlspundbohlen. Form 1: a = Hakenbreite, b = Schlossöffnung, a – b ≥ 4 mm. Form 2: a = Knopfbreite, b = Schlossöffnung, a – b ≥ 4 mm. Form 3: a = Hakenbreite, b = Schlossöffnung, a – b ≥ 4 mm. Form 4: a = Keulenbreite, b = Schlossöffnung, a – b ≥ 4 mm. Form 5: a = Krafthakenbreite, b = Schlossöffnung, a – b ≥ 6 mm. Form 6: a = Daumenbreite, b = Schlossöffnung, a – b ≥ 6 mm.

gen entsprechen und ihre Grenzabmaße sowie Formtoleranzen eingehalten werden. Um dies sicherzustellen, ist eine Übernahme des Materials auf der Baustelle erforderlich, bei der die Einhaltung der Grenzabmaße und Formtoleranzen überprüft und dokumentiert wird. Ergänzend zur internen Werkskontrolle der Lieferfirma kann zusätzlich eine Werksabnahme vereinbart werden, welche z. B. beim Versand nach Übersee in der Regel vor der Verschiffung durchgeführt werden können.

Bei der Übernahme auf der Baustelle muss jede ungeeignete Bohle zurückgewiesen werden, bis sie in einen verwendbaren Zustand nachgearbeitet worden ist, sofern sie nicht ganz aussortiert wird. Grundlagen der Übernahme der Profile auf der Baustelle sind:

- DIN EN 10248-1 und -2 für warmgewalzte Spundbohlen bzw.
- DIN EN 10249-1 und -2 für kaltgeformte Spundbohlen und
- DIN EN 10219-1 und -2 für kaltgefertigte, geschweißte Hohlprofile.

Tab. 8.4 Biegetragfähigkeit, Steifigkeit und Abmessungen von Stahlspundwänden.

	Wellenförmige Stahlspundwände	$Wy_{el,Wand}$ cm³/m	G_{Wand} kg/m²	Jy_{Wand} cm⁴/m	b_{Sys} mm	h_{Wand} mm	t_{Fl} mm	t_w mm	
Kaltgeformte DIN EN 10249	U-Bohle 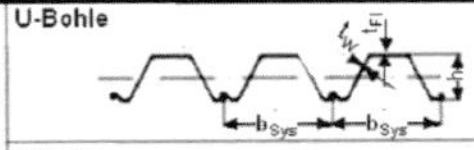	112 bis 2.032	40 bis 120	5100 bis 44700	660 bis 1680	90 bis 450	$t_{Fl} = t_w$ 4,0 - 10,0		1
	Z-Bohle 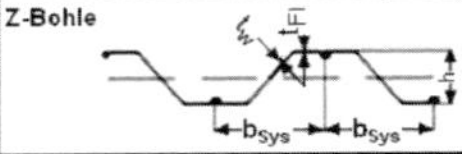	600 bis 2.400	50 bis 250	4800 bis 129400	580 bis 900	269 bis 409	$t_{Fl} = t_w$ 3,0 - 16,0		2
Warmgewalzte DIN EN 10248	U-Bohle 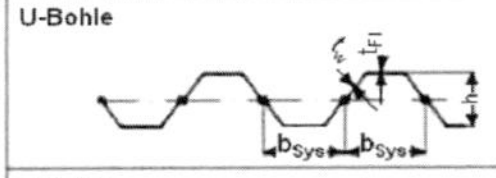	500 bis 3.370	70 bis 210	9700 bis 75400	400, 500, 600, 700, 750	150 bis 460	6,0 bis 21	6,0 bis 12	3
	Z-Bohle 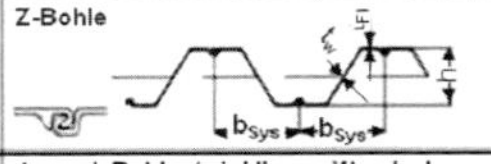	1.200 bis 5.200	70 bis 253	21500 bis 130000	580, 630, 670, 700, 750, 770, 800	300 bis 510	8,5 bis 24	8,4 bis 17	4
Verbundwände DIN EN 10248	Jagged Bohle (winklig zur Wandachse 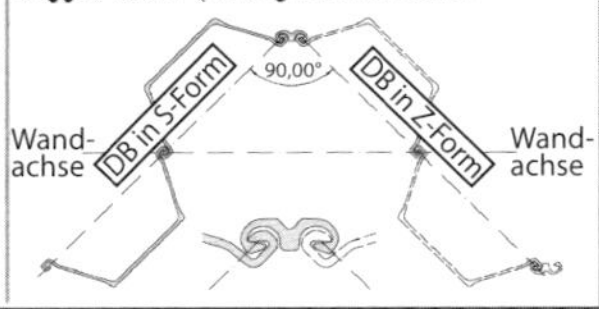	3.800 bis 8.700	110 bis 270	112000 bis 495000	706 bis 1135	750 bis 1170	7,5 bis 20	6,4 bis 12	5

Bezüglich der zulässigen Maßabweichungen der Schlösser gelten zusätzlich die Werte aus Tab. 8.3.

Bezüglich der Grenzabweichung der Geradheit von Tragbohlen kombinierter Spundwände gilt zusätzlich DIN EN 10248, Abschn. 6.

Hinsichtlich der Handhabung und Lagerung der Profile auf der Baustelle wird auf DIN EN 12063, Abschn. 8.3 verwiesen.

8.1.2.4 Wahl des Profils und der Wandform

Sowohl bei den warmgewalzten als auch bei den kaltgeformten Spundwandprofilen gibt es Unterschiede in den Grundformen ihrer Einzelbohlen. Die warmgewalzten u-förmigen und z-förmigen Profile unterscheiden sich von denen der kaltgeformten Profile durch ihre Schlossausbildung, ihren erreichbaren Querschnittswiderständen und durch ihre Kombinationsmöglichkeiten. Bei den warmgewalzten Profilen gibt es zusätzlich die Unterteilungen in die leichteren Wellen- und Verbundwände sowie in die schweren kombinierten Wände.

Zu den Wellenwänden zählen die in Tab. 8.4, Zeilen 1–5 dargestellten

- kaltgeformten Stahlspundbohlen aus U-, Z- und Omega-Profilen,
- warmgewalzten Stahlspundbohlen aus U- und Z-Profilen und
- die zur Wandachse winklig angeordneten Verbundwände (jagged walls)

Zu den kombinierten Wänden zählen die in Tab. 8.5, Zeilen 6–10 dargestellten Wandformen.

8.1.2.5 Kaltgeformte Stahlspundbohlen

Wellenspundwände nach Zeilen 1 und 2 der Tab. 8.4 sind für den Bau von Ufereinfassungen ungeeignet. Infolge ihres Herstellverfahrens (Kaltverformung) besitzen sie Eigenspannungen, die beispielsweise beim Einschweißen der für Hafen- und Uferwände notwendigen Ausrüstungs- und Verankerungselemente berücksichtigt werden müssen.

Tab. 8.5 Biegetragfähigkeit, Steifigkeit und Abmessungen von kombinierten Wänden und Trägerpfahlwänden.

	Kombinierte Stahlspundwände	$Wy_{el} = \frac{2 \cdot Iy_{TrPf}}{h \cdot b_{Sys}}$ cm³/m	G_{TrPf} kg/m	Jy_{TrPf} cm⁴	b_{Sys} mm	h mm	a mm	Zeile
Kombinierte Wände	**H-Tragpfahl mit Z-Doppelbohle** 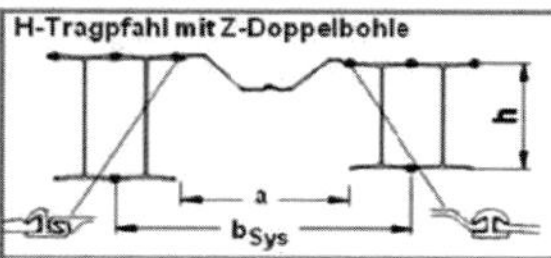	(E-Pf.) 3 480 – 12 240 bis 5 170 – 20 240 (DB-Pf.)	(E-Pf.) 230 bis 960 (DB-Pf.)	(E-Pf.) 210 000 – 1 390 000 bis 420 000 – 2 650 000 (DB-Pf.)	(E-Pf.) 1 790 bis 2 540 (DB-Pf)	630 bis ≤ 1 090	1 260 bis 1 600	6
	Rohr-Tragpfahl mit U-Dreifachohle 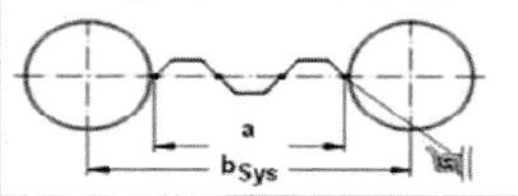	2 180 bis 16 800	210 bis 980	245 000 bis 5 098 250	2 300 bis 3 600	860 bis ≤ 1 830	1 500 bis 1 800	7
	Rohr-Tragpfahl mit Z-Doppelbohle 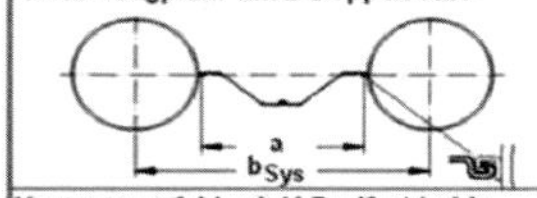	2 360 bis 18 000			2 100 bis 3 400		1 260 bis 1 600	8
	Kastentragpfahl mit U-Dreifachbohle 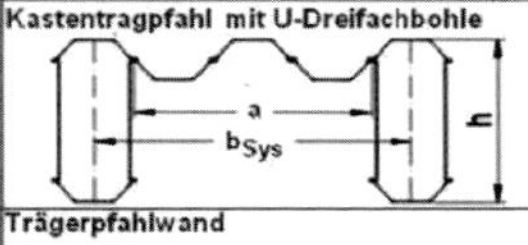	3 300 bis 13 600	265 bis 490	380 000 bis 2 600 000	1 600 bis 2 550	1 000 bis 1 800	1 500 bis 1 800	9
Pfahlwand	**Trägerpfahlwand** 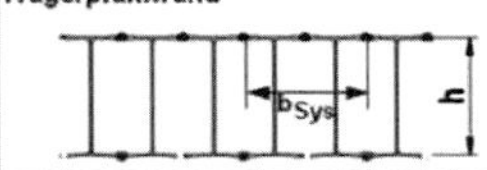	13 700 bis 46 000	(E-Pf.) 230 bis 960 (DB-Pf.)	410 000 bis 2 580 000	(E-Pf.) 470 bis 950 (DB-Pf.)	630 bis 1 100	(E-Pf.) 470 bis 950 (DB-Pf)	10

Ihre Schlossverbindungen sind einfache Verhakungen und gehören nicht zu den bewährten Schlossformen nach Abb. 8.1. Im Vergleich zu den bewährten Schlossformen fehlt ihnen der durchflussmindernde, labyrinthartige Strömungskanal in der Schlosskammer. Ihre Tragfähigkeiten sind gering und liegen im unteren Bereich der warmgewalzten Wellenspundwände. Ihre Flansch- und Stegschlankheiten liegen häufig über den Grenzwerten der Klasse 3 gemäß Tab. 4.2 „Querschnittsklassifizierung" der DIN EN 1993-5, sodass sie nur mit entsprechender Abminderung ihrer Widerstände, meist über die Abminderung der Stahlstreckgrenze fy, beim Tragfähigkeitsnachweis berücksichtigt werden dürfen.

8.1.2.6 Warmgewalzte Wellenspundwände

Wellenspundwände nach den Zeilen 3 und 4 der Tab. 8.4 haben sich seit vielen Jahrzehnten beim Bau von Ufereinfassungen bewährt. Wellenförmige Stahlspundbohlen werden fast ausschließlich als Doppelbohlen in ungestoßenen Längen bis 31,0 m auf die Baustelle geliefert, um hohe Einbringleistungen zu erzielen. Dabei können sie bei Bedarf bereits werkseitig mit allen notwendigen Konstruktionselementen für Eckausbildungen und Abzweige in den Wandverläufen versehen werden. Ebenso sind – falls erforderlich – eine vor Korrosion schützende Beschichtung (siehe Abschn. 8.1.10.4.1) oder eine Durchströmung vermindernde Schlossabdichtung (siehe Abschn. 8.1.3.3) im Lieferumfang möglich. So kann die Spundwand als komplettes Fertigteil für das sofortige Einbringen auf die Baustelle geliefert werden. Dies trifft für beide Grundelemente (u- und z-förmige Einzelbohle) der wellenförmigen Stahlspundwände zu.

Im Allgemeinen sind die Schlankheiten der Flansche und Stege bei den meisten warmgewalzten Profile so, dass eine elastisch/plastische Nachweisführung nach DIN EN 1993-5 möglich ist. Das heißt, dass zur Aufnahme der am elastischen System ermittelten Beanspruchungen die vollen plastischen Widerstände des Profilquerschnitts (Klasse 2) angesetzt werden dürfen.

8.1.2.6.1 *Schubfeste Schlossverbindungen*

Die u-förmigen Einzelbohlen unterscheiden sich von den z-förmigen dadurch, dass ihre Schlossverbindungen in der Wandachse und die der z-förmigen in der Randfaser der Wandhöhe liegen. Da beim z-förmigen Grundelement die oberhalb und unterhalb der Wandachse liegenden Profilflächen durch den durchlaufenden Steg miteinander verbunden sind, wirken sie bei der Ermittlung der Widerstandsgröße Iy mit ihren Steiner Anteilen mit, was bei den u-förmigen Grundelementen durch ihre gleitende in der Wandachse liegende Schlossverbindung nicht ohne Weiteres vorausgesetzt werden kann. Um auch bei ihnen ein Mitwirken beider Flächenanteile zu gewährleisten, sind beide Anteile zur Erzielung der größtmöglichen Profilwiderstände in den Schlössern schubfest miteinander zu verbinden.

Bei Doppelbohlen kann eine schubfeste Verbindung durch Verpressung oder Verschweißung erreicht und nachgewiesen werden.

8.1.2.6.2 *Nachweis der Verbundwirkung durch Verschweißen*

Der Schubfluss T_d in den Schlossverschweißungen wird nach der Formel

$$T_\mathrm{d} = V_\mathrm{d} \cdot \frac{S}{I} \div 100 \qquad \left[\frac{\mathrm{kN}}{\mathrm{m}}\right]$$

ermittelt. Darin bedeuten

V_d Bemessungswert der Querkraft [kN],
S statisches Moment des anzuschließenden Querschnittsteiles bezogen auf die Schwerachse der verbundenen Elemente [cm^3],
I Trägheitsmoment der verbundenen Elemente [cm^4].

Bei unterbrochenen Nähten ist der Schubfluss nach DIN EN 1993-1-8, Abschn. 4.9 entsprechend höher anzusetzen. Der Nachweis der Schweißnähte ist nach DIN EN 1993-1-8, Abschn. 4.5 zu führen, wobei der plastische Nachweis (Annahme eines gleichmäßigen Schubflusses) zulässig ist. Für Stahlsorten mit Streckgrenzen, die nicht von Tab. 4.1 in DIN EN 1993-1-8 abgedeckt werden, darf der Korrelationsbeiwert β_w linear interpoliert werden.

Die Schlossverschweißungen sollen so angeordnet und ausgeführt werden, dass eine möglichst kontinuierliche Aufnahme der Schubkräfte erreicht wird. Dazu bietet sich eine durchlaufende Naht an. Wird eine unterbrochene Naht gewählt, soll die Länge der Einzelnähte > 200 mm sein, sofern sich nicht durch den zuvor beschriebenen Nachweis längere Nähte ergeben. Um die Nebenspannungen in Grenzen zu halten, sollten Unterbrechungen der Naht ≤ 800 mm sein.

In Bereichen mit stärkerer Auslastung der Spundwand, wie z. B. vor allem im Bereich von Ankeranschlüssen und der Einleitung der Ersatzkraft C am Fuß der Wand, sind die Schweißnähte stets durchlaufend anzuordnen (Abb. 8.2).

Über die statischen Belange hinaus müssen die Einflüsse aus Rammbeanspruchungen und Korrosion bei allen Bohlen beachtet werden. Um den Rammbeanspruchungen gewachsen zu sein, sind folgende Maßnahmen erforderlich:

INDUSTRIEBAU | HOCHBAU | BRÜCKENBAU | WASSERBAU | SPEZIALTIEFBAU | BRANDSCHUTZ

Bautechnische Prüfungen · Objektplanung für Ingenieurbauwerke · Tragwerksplanung · Beratung / Gutachten · Brandschutzplanung / -prüfung · Bauphysik · Bauüberwachung

Hafen Schwelgern, Duisburg, Sanierung Nordufer
Tragwerksplanung | © thyssenkrupp Steel Europe AG

IDN

Ingenieurbüro DOMKE Nachf.

Partnerschaft
Beratender Ingenieure mbB

Prüfingenieure für Baustatik

www.idn-du.de | Tel.: 0203 - 75 840 - 0 | Mannesmannstr. 161 | 47259 Duisburg

Tel.: 05921 - 72 933 - 18 | Bentheimer Straße 23 | 48529 Nordhorn | Tel.: 0231 - 44 20 30 - 0 | Schleefstraße 4 | 44287 Dortmund

Ernst & Sohn
A Wiley Brand

Klaus D. Kluckert

Spezialtiefbau 2.0

- **umfangreiche baupraktische Erfahrung im Spezialtiefbau**
- **Fehler vermeiden, Qualität sichern und Unfallgefahren minimieren**

Der Autor zeigt anhand eigener Erlebnisse typische Fehler im Spezialtiefbau auf und analysiert deren Ursachen. Mit diesem „etwas anderen Lehrbuch" fasst er sein Wissen zusammen und lässt Kollegen, Berufsanfänger und Studenten an seinem wertvollen Erfahrungsschatzschatz teilhaben.

2015 · 144 Seiten

Softcover

ISBN 978-3-433-03146-9

€ 24.90*

BESTELLEN
+49 (0)30 470 31-236
marketing@ernst-und-sohn.de
www.ernst-und-sohn.de/3146

* Der €-Preis gilt ausschließlich für Deutschland. Inkl. MwSt.

Achim Hettler, Theodoros Triantafyllidis, Anton Weißenbach

Baugruben

- das Buch zeigt, welche Nachweise mit welchen Methoden zu erbringen sind
- wertvoller Ratgeber für die tägliche Praxis in der Geotechnik und im übrigen Konstruktiven Ingenieurbau

Das gegenüber der zweiten Auflage vollständig überarbeitete Buch behandelt die Bemessung von Baugruben, die Dimensionierung der Baugrubenwände und zugehöriger Einzelteile sowie Baugrubenkonstruktionen. Berechnungsbeispiele erläutern die Anwendung der vorgestellten Verfahren.

3., vollständig überarbeitete Auflage · 2018 · 434 Seiten · 224 Abbildungen · 50 Tabellen

Hardcover
ISBN 978-3-433-03244-2 **€ 89***

eBundle (Print + PDF)
ISBN 978-3-433-03261-9 **€ 119***

BESTELLEN
+49 (0)30 470 31-236
marketing@ernst-und-sohn.de
www.ernst-und-sohn.de/3244

* Der €-Preis gilt ausschließlich für Deutschland. Inkl. MwSt.

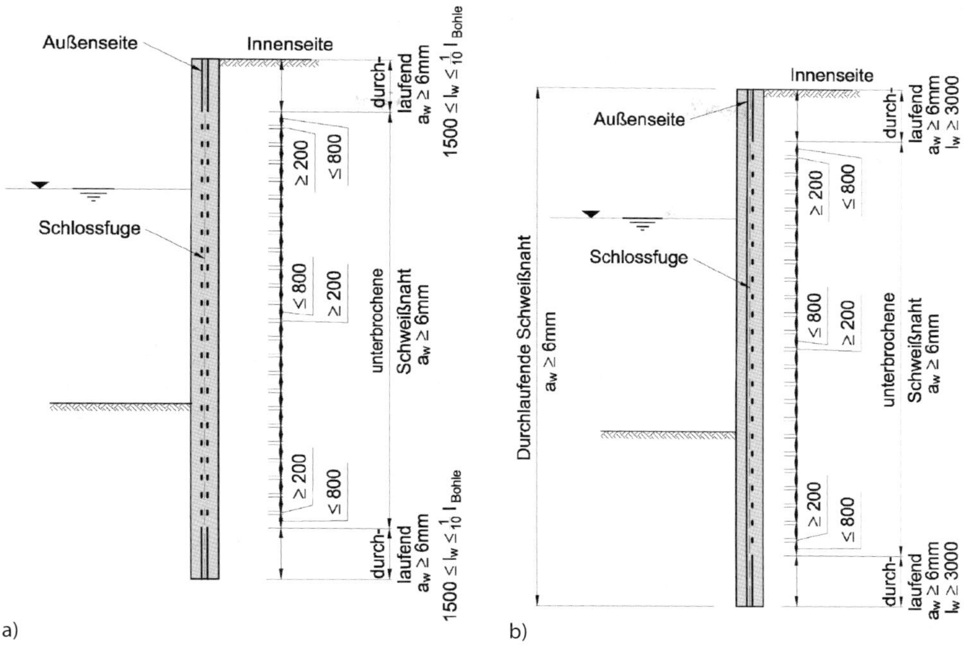

Abb. 8.2 Prinzipskizze für die Schlossverschweißung zur Schubkraftaufnahme bei u-förmigen Mehrfachbohlen: (a) bei leichter Rammung und nur geringem Korrosionsangriff aus Hafen- und Grundwasser, (b) bei schwerer Rammung oder stärkerer Korrosion von außen im Hafenwasserbereich.

- Am Kopf- und Fußende sind die Schlösser beidseitig zu verschweißen.
- Die Länge der beidseitigen Kopf- und Fußverschweißungen ist abhängig von der Bohlenlänge und von der Schwierigkeit der Rammung. Sie sollten bei leichter bis mittelschwerer Rammung mindestens 1/10 der Bohlenlänge betragen, jedoch 1,50 m nicht unterschreiten.
- Bei Wänden für Ufereinfassungen sollen diese Nahtlängen bei schwerer Rammung ≥ 3000 mm sein.
- Außerdem sind bei leichter Rammung weitere Nähte nach Abb. 8.2 und bei schwerer Rammung solche nach Abb. 8.2b erforderlich.

In Gebieten mit stärkerem Korrosionsangriff aus dem Hafenwasser wird auf der Außenseite bis zum Spundwandfußpunkt eine durchlaufende Schweißnaht mit einer Dicke von $a \geq 6$ mm angeordnet (Abb. 8.2a).

Liegt ein starker Korrosionsangriff sowohl aus Hafenwasser als auch aus dem Grundwasser vor, muss auch die Wandinnenseite durchlaufend mit einer Naht $a \geq 6$ mm verschweißt werden.

Wird als Vertragsbestandteil die ZTV-W (LB 214) vereinbart, gelten die dort angegebenen Mindestschweißnahtdicken und die dort aufgeführten Korrosionszuschläge.

8.1.2.6.3 Nachweis der Verbundwirkung durch Verpressen

Mit dem Verpressen der Schlösser kann lediglich nur ein begrenzter Verbund erreicht werden, weil sich die Schlösser an den Pressstellen bei Schubbeanspruchung um wenige Millimeter verschieben können. Die Anzahl der Pressstellen je Schloss beeinflusst

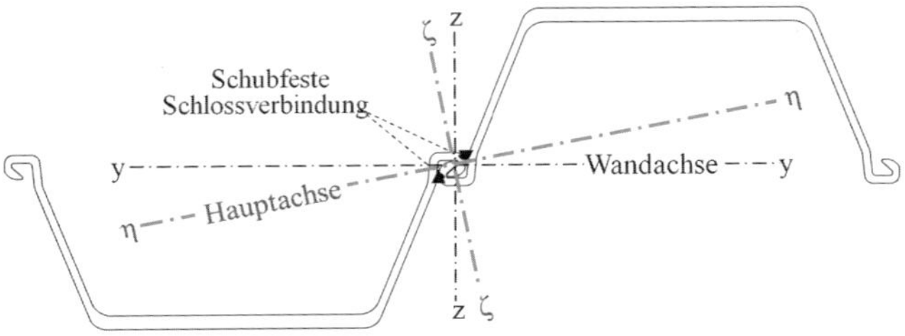

Abb. 8.3 Schubfest verbundene u-förmige Doppelbohle mit Haupt- und Wandachsen.

die Möglichkeit der Verschiebung der verpressten Bohlen gegeneinander und verstärkt damit die Verbundwirkung. Die Verteilung der Schubkräfte ergibt sich aus der Querkraftlinie. Die Schubkraft P_S im Verbindungsschloss ergibt sich zu:

$$P_s = \frac{Sy}{Iy} \cdot b_e \cdot \int_{l_V} V_Z(x)\,dx \quad [\mathrm{kN}]$$

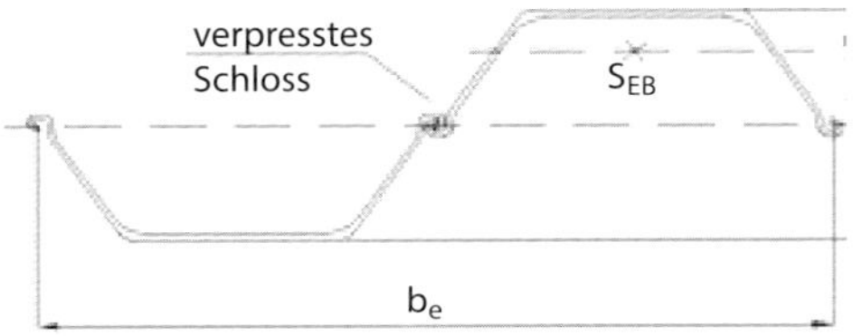

V_Z Querkraft [kN/m],
Sy statischer Moment [cm^3/m] bezogen auf Schlossachse,
Iy Trägheitsmoment [cm^4/m],
b_e Belastungsbreite [m].

Beim Nachweis gegen Versagen der Pressstellen dürfen als Widerstandslängen l_V die Querkraftbereiche mit gleichem Vorzeichen angesetzt werden.

Die Anzahl n der benötigten Pressstellen pro m Schlossleiste im Bereich l_V ergibt sich

$$n \geq \eta \cdot \frac{P_S}{R_{ser} \cdot l_V} \quad \text{mit} \quad \eta = \frac{Sy}{Iy} b_e$$

Gemäß DIN EN 1993-5, 6.4(4) beträgt die repräsentative Kraft R_{ser} die von einem Verpresspunkt im Grenzzustand der Gebrauchstauglichkeit aufgenommen wird, mindestens 75 kN.

8.1.2.6.4 Abminderung der Tragfähigkeit und der Steifigkeit von u-förmigen Doppelbohlen

Wird eine schubfest verbundene u-förmige Doppelbohle (Abb. 8.3) bei der Bemessung zugrunde gelegt, ist dabei zu beachten, dass der Doppelbohlenquerschnitt unsymmetrisch ist und somit der Nachweis der Doppelbohle für ihre Hauptachsenlage geführt werden müsste, was zu geringeren Tragfähigkeiten als beim Nachweis in der Wandachse führt. Um eine aufwendige Nachweisführung zu vermeiden, gibt DIN EN 1993-5 die Abminderungsfaktoren β_B und β_D in Abhängigkeit vom statischen System, der Steifigkeit/Konsistenz des Bodens und von der Anzahl der verbundenen Einzelbohlen an, mit denen die Profilwiderstände senkrecht zur Wandachse (Wy und Iy) alternativ abzumindern sind.

8.1.2.7 Verbundwände aus warmgewalzten U-Bohlen

Verbundwände aus winklig zur Wandachse angeordneten, schubfest verbundenen u-förmigen Doppelbohlen nach Zeile 5 der Tab. 8.4 können dann zum Einsatz kom-

Ernst & Sohn
A Wiley Brand

Deutsche Gesellschaft für Geotechnik e.V. (Hrsg.)

Taschenbuch für den Tunnelbau 2021

- **Hilfestellung und Lösungen für viele Herausforderungen im Tunnelbau**
- **große Praxisnähe**

Das Taschenbuch für den Tunnelbau ist seit vielen Jahren ein praxisnaher Ratgeber für Auftraggeber Planer und Bauausführende. Es greift aktuelle Entwicklungen und Problemstellungen auf präsentiert innovative Lösungen und doku-

vorl. Abb.

45. Auflage · 11 / 2020 · ca. 350 Seiten · ca. 25 Abbildungen · ca. 25 Tabellen

Hardcover
ISBN 978-3-433-03319-7
€ 39,90*

Bereits vorbestellbar.

BESTELLEN
+49 (0)30 470 31-236
marketing@ernst-und-sohn.de
www.ernst-und-sohn.de/3319

* Der €-Preis gilt ausschließlich für Deutschland. Inkl. MwSt.

Ernst & Sohn
A Wiley Brand

Gerd Möller

Geotechnik

Set: Grundbau und Bodenmechanik

- für jeden Bauingenieur, auch Berufsanfänger
- Berücksichtigt das aktuellste Regelwerk
- 40 Bemessungs- und Berechnungsbeispiele

Das Geotechnik-Set besteht aus den beiden Bänden Bodenmechanik und Grundbau. Beide Bände basieren auf dem aktuellen Regelwerk, erhalten zahlreiche Beispielen und sind eine wertvolle Orientierungshilfe in der Planungs- und Gutachterpraxis.

3. Auflage · 2017 · 1185 Seiten · 2 Bücher

Softcover
ISBN 978-3-433-03176-6 **€ 98***

SET: Teil 1 + 2

BESTELLEN
+49 (0)30 470 31-236
marketing@ernst-und-sohn.de
www.ernst-und-sohn.de/3176

* Der €-Preis gilt ausschließlich für Deutschland. Inkl. MwSt.

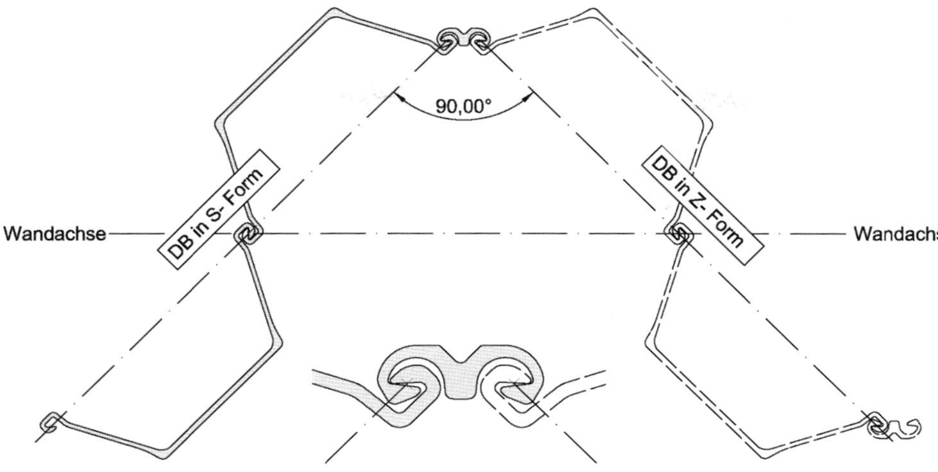

Abb. 8.4 Verbundwände: zur Wandachse winklig stehende Doppelbohlen.

men, wenn selbst die größten Tragfähigkeiten der parallel zur Wandachse angeordneten Wellenwände nicht mehr ausreichend sind. Jede dieser Doppelbohlen erhält in einem ihrer Randschlösser ein Omega-Verbindungselement, das in der Regel mit einem Schlossdrehwinkel von 45° zur Doppelbohlenachse mit der Bohle verschweißt wird und als Baustellenfädelschloss der nächsten Doppelbohle dient. Somit wird eine Verbundwand aus jeweils einer Doppelbohle in S-Form und einer in Z-Form erzielt, die die Tragfähigkeitslücke zwischen Wellenwand und kombinierter Wand schließt (Abb. 8.4).

8.1.2.8 Kombinierte Spundwände

Im Falle hoher Geländesprünge und großer Einwirkungen aus Erd- und Wasserüberdruck sowie Vertikallast können ggf. die erforderlichen Querschnittswerte (Widerstands- und Trägheitsmomente) mit wellenförmigen Profilen nicht mehr realisiert werden. In diesen Fällen werden Profilkombinationen und Anordnungen gewählt, die höhere Tragwiderstände ermöglichen: Kombinierte Stahlspundwände nach Tab. 8.5 werden durch wechselweise Anordnung von langen Tragbohlen mit kürzeren und leichteren Füllbohlen gebildet (Abb. 8.5). Die Tragpfähle bestehen aus H-Profilen, aus Rohren oder aus mit/ohne Blechen verbundenen Wellenwandprofilen, die zu Kastenpfählen verschweißt werden. Als Füllbohlen werden im Allgemeinen U- oder Z-Profile als Doppel- oder Dreifachbohlen verwendet. Konstruktive und statische Gründe können eine Teilaussteifung von Dreifachbohlen erfordern. Auch andere Profile kommen als Füllbohlen infrage, wenn sie die auf sie einwirkenden Lasten in die Tragbohlen überleiten können und so eingebracht werden, dass die Schlossverbindungen unversehrt bleiben.

Wenn Füllbohlen mit den Schlossformen 1, 2, 3, 5 oder 6 nach Abschn. 8.1.2.2 bzw. DIN EN 10248-2 verwendet werden, sind an die Tragbohlen entsprechende Schlossstähle oder Bohlenabschnitte schubfest anzuschweißen. Die äußeren und die inneren Schweißnähte sollten $a > 6$ mm dick sein. Die Elemente der Füllbohlen sind durch Verschweißen oder Pressen ihrer Schlösser gegen Verschieben zu sichern. Für die Einleitung der Füllbohlenbelastung in den Tragpfahl oder das Tragrohr sind die Anschlusselemente, die Verbindungsmittel und die Lastaufnahme an der Anschlussstelle nachzuweisen.

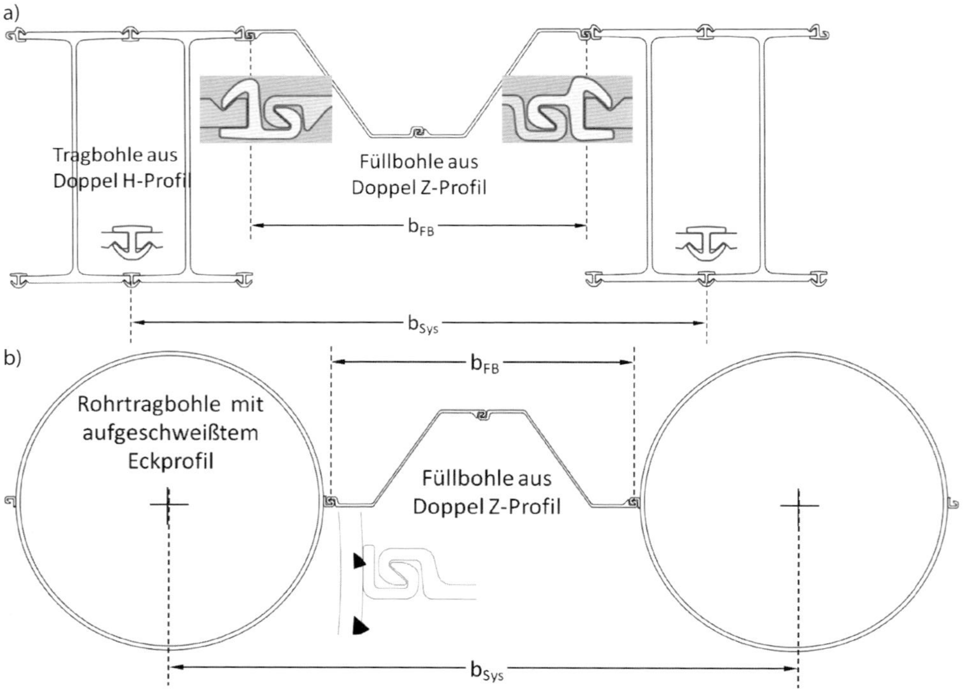

Abb. 8.5 Kombinierte Spundwände aus (a) doppeltem H-Profil und z-förmiger Füllbohle und (b) Tragrohr und z-förmiger Füllbohle.

Werden Füllbohlen mit der Schlossform 4 nach Abschn. 8.1.2.2 verwendet, sind auch dieser Schlossform entsprechende Tragbohlen zu wählen. Schlossstähle der Form 4 werden vor dem Rammen entweder auf die Füllbohlen oder auf die Tragbohlen gezogen.

Die Materialeigenschaften der Tragbohlen sind durch Abnahmeprüfzeugnis 3.1 nach DIN EN 10204:2005-01 zu belegen. Bei den übrigen Komponenten der kombinierten Stahlspundwand ist Abschn. 8.1.2.1 zu beachten

Im Bedarfsfall sind Form- und Maßabweichungen der Profile gegenüber der Norm besonders zu vereinbaren. Weiterhin müssen bei Rohren aus Feinkornbaustählen nach DIN EN 10219 und aus thermomechanisch behandelten Stählen bauaufsichtliche Zulassungen in Hinblick auf den beabsichtigten Verwendungszweck beachtet werden.

Anmerkungen zu Tragrohren

Tragelemente aus Rohren werden zur Verbindung mit den Füllbohlen mit entsprechenden Schlossprofilen kraftschlüssig verschweißt. Hierbei muss die Schlossverbindung die Toleranzen nach Abschn. 8.1.2.2 einhalten und die Lasten aus den Füllbohlen auf die Rohre sicher übertragen. An den Kreuzungsstellen mit Rund- und Schraubenliniennähten müssen Schlossprofile satt am Rohrmantel aufliegen. Entsprechend sind Rohrnähte bzw. Schlossprofile an den Kreuzungsstellen auszubilden. Für Schweißverbindungen von Schlössern mit Rohren aus Feinkornbaustählen ist eine Verfahrensprüfung nach DIN EN ISO 15614-1 erforderlich.

Die Füllbohlen bestehen im Allgemeinen aus Doppelbohlen in Z-Form oder aus Dreifachbohlen in U-Form. Sie werden bei Tragrohren meist in der Wandachse angeordnet, somit haben diese Wände keine bündige Anlegefläche.

Bei kombinierten Wänden mit Tragelementen aus H-Profilen werden die Füllbohlen in der Regel in der wasserseitigen Schlossverbindung angeordnet.

Rohre mit innen liegenden Schlössern kommen als Tragrohre von kombinierten Spundwänden besonders dann zum Einsatz, wenn sie geräuscharm und erschütterungsfrei mittels Drehbohrverfahren eingebracht werden sollen. Hier werden Schlosskammern bündig mit der Rohraußenkante in die geschlitzte Rohrwandung als innen liegendes Schloss eingeschweißt.

Die Stahlsorte der Rohre soll DIN EN 10219 entsprechen und alle Anforderungen erfüllen, die sonst an Spundwandstähle gestellt werden.

Tragrohre von kombinierten Stahlspundwänden werden im Werk in voller Länge mit Voll- oder Halbautomaten spiralnahtgeschweißt oder aus einzelnen längsnahtgeschweißten und durch Rundnähte miteinander verbundenen Einzelschüssen gefertigt. Unterschiedliche, nach innen abgestufte Wanddicken sind bei längsnahtgeschweißten Rohren möglich.

Längs- und Spiralnähte sind durch Ultraschall zu prüfen. Bei der Prüfung identifizierte Fehler müssen farblich gekennzeichnet von Hand instandgesetzt werden. Die Nachprüfung ausgebesserter Schweißnähte sollte im Rahmen einer erneuten Ultraschallprüfung durch ein zugeschaltetes Druckerprotokoll dokumentiert werden.

Rundnähte zwischen den einzelnen Rohrschüssen und Quernähte zwischen den Coil-Enden von SN-Rohren sind durch Röntgenaufnahmen nachzuweisen.

Für das Abtragen der Axiallast der Rohrtragbohlen in den Baugrund wird auf Abschn. 8.2 verwiesen.

Voraussetzung für die Aktivierung des Spitzenwiderstands ist die Verspannung des Bodens im Inneren des Rohrs (Pfropfenbildung) und somit die Verdichtungsfähigkeit des Bodens im Pfahlfußbereich. Der aktivierbare Spitzenwiderstand muss ggf. durch Probebelastung nachgewiesen werden.

8.1.2.9 Zugbeanspruchte Stahlspundwandprofile/Flachprofile

Flachprofile nach Tab. 8.6 gehören nicht zu den biegebeanspruchbaren Stahlspundwänden. Sie besitzen nur eine sehr geringe Biegesteifigkeiten und können nur auf Zug beansprucht werden. Deshalb müssen ihre Lagerung und Verladung mit Vorsicht erfolgen, um Schäden an den Bohlen, den Schlössern und ggf. der Beschichtung zu vermeiden. Hierzu sollten die Verlade- und Stapelempfehlungen des Herstellers für Transport und dem Handling auf der Baustelle beachtet werden. Flachbohlen mit Längen ab 15 m sollten für ihren vertikalen Einbau so aus ihrer horizontalen Lagerung angehoben werden, dass sie neben der Kopfhalterung noch durch zwei bis drei zusätzliche Halterungen unterstützt werden, sodass ihre Verformungen infolge Eigengewichts im elastischen Bereich bleiben.

Tab. 8.6 Zugfestigkeit und Abmessungen von Kreiszellenwänden.

Stahlspundbohlen als Zellenwände	t_w mm	Schlosszugfestigkeit kN/m	Schlossdrehung δ[°]	G_{Mantel} kg/m²	Iy cm⁴	Wy cm³	b_{Sys} mm	h mm
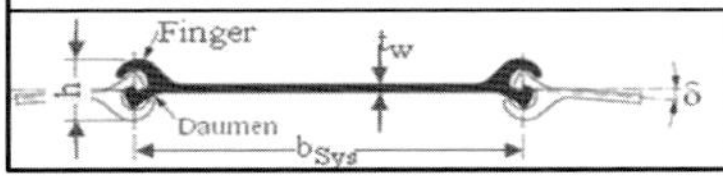	9,5 bis 12,7	3.000 bis 5.500 (6.000)	≤ 4,5	128 bis 154	168 bis 204	46 bis 51	500	69 bis 75

Ihre Schlossverbindungen sind in der Lage, Zugkräfte (2000–6000 kN/m) untereinander zu übertragen. Sie eignen sich deshalb als bodenumspannende Membranwände (Zellenfangedämme), die mit geeignetem Füllmaterial als schwerer monolithischer Block großen, äußeren Horizontaleinwirkungen in der Regel aus Wasserdruck, Wellenschlag und Anprall aber auch aus Erddruck widerstehen, um diese – ähnlich den Schwergewichtsmauern – über Gleit- und Kippwiderstand, wie in Abschn. 8.2.17.1 ausgeführt, in den tragfähigen Baugrund abzugeben. Die in den Flachprofilen durch den Erdruhedruck der Fangedammfüllung und ggf. auch durch einen Wasserüberdruck bei nicht entwässertem Füllmaterial erzeugten Ringzugkräfte $F_{t,Ed}$ werden gemäß Abschn. 8.2.17.1 ermittelt.

Zellenfangedämme können als Ufereinfassungen wirtschaftlich sein, wenn große Wassertiefen, d. h. hohe Geländesprünge, mit großen Liegeplatzlängen zusammentreffen und wenn eine Verankerung nicht möglich oder nicht wirtschaftlich ist. Der Mehrbedarf an Spundwandfläche kann in diesen Fällen oft durch die Gewichtsersparnis der dann leichteren und kürzeren Flachprofile und durch den Wegfall von Gurten und Ankern aufgewogen werden.

Insbesondere dann, wenn bei felsigem Untergrund ein Einbringen von Profilen nach Tab. 8.4 und 8.5 in den Baugrund nicht möglich ist, erweisen sich Fangedammkonstruktionen aus Flachprofilen oft als wirtschaftliche Lösung

Das Auf- und Herstellen von Kreiszellenfangedämmen wird in Abschn. 8.1.5.6 beschrieben.

Unterschieden werden Zellenfangedämme in

- Kreiszellen (Abb. 8.6a),
- Flachzellen (Abb. 8.6b),
- Monozellen (Abb. 8.6a).

1. Kreiszellenfangedämme

Kreiszellenfangedämme, bei denen die geschlossenen Hauptzellen durch schmale, bogenförmige Zwickelwände verbunden werden, haben den Vorteil, dass jede Hauptzelle für sich aufgestellt und verfüllt werden kann und daher für sich allein standsicher ist. Die zum Abdichten erforderlichen Zwickelwände können nachträglich eingebaut werden. Sie werden über Abzweigbohlen an die standsicheren Kreiszellen angeschlossen. Abzweigbohlen bestehen in der Regel aus speziell geformten Walzprofilen oder aus geschweißten bzw. geschraubten Flachprofilen, bei denen der Abzweigwinkel zwischen 30° und 45° variieren soll. Für geschweißte Abzweigbohlen sind zur Vermeidung von Terrassenbrüchen nur Stahlsorten mit entsprechenden Eigenschaften zu verwenden (Abschn. 8.1.6). Ausführungsbeispiele für geschweißte Abzweigbohlen können DIN EN 12063 entnommen werden.

Um die unvermeidbaren Zusatzbeanspruchungen in den Abzweigbohlen gering zu halten, sollten der lichte Abstand der Kreiszellen sowie der Radius der Zwickelwände möglichst klein gehalten werden. Gegebenenfalls können in der Zwickelwand geknickte Bohlen angeordnet werden.

Hinweise zur Berechnung finden sich bei Clasmeier (1996).

2. Flachzellenfangedämme

Flachzellenfangedämme mit geraden Querwänden und bogenförmigen Stirnwänden müssen dann angewendet werden, wenn bei großen Kreisdurchmessern der Bemes-

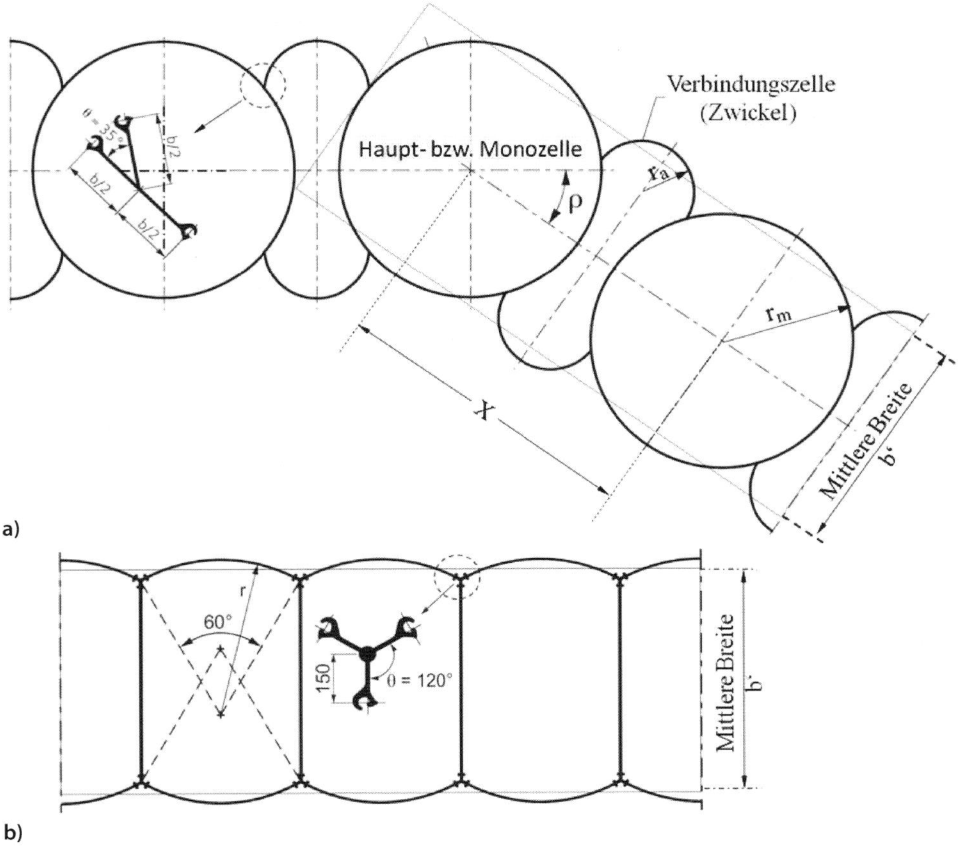

Abb. 8.6 Schematische Grundrisse von Zellenfangedämmen: (a) Kreiszellenfangedamm, (b) Flachzellenfangedamm.

sungswert der Ringzugkraft $F_{t,Ed}$ größer wird als der maßgebende Bemessungswert der Flachprofilwiderstände $F_{ts,Rd}$.

Wegen fehlender Stabilität der Einzelzelle müssen Flachzellen stufenweise verfüllt werden, wenn nicht andere Stabilisierungsmaßnahmen getroffen werden. Aus diesem Grund sind die Endbereiche des Flachzellenfangedamms als standsichere Kopfbauwerke auszubilden. Bei langen Bauwerken empfehlen sich Zwischenfestpunkte, insbesondere dann, wenn Havariegefahr besteht und im Schadensfall weitreichende Zerstörungen auftreten können. Flachzellenfangedämme weisen je laufendem Meter unter sonst gleichen Voraussetzungen einen größeren Stahlbedarf als Kreiszellenfangedämme auf.

3. Monozellen

Monozellen sind einzeln angeordnete Kreiszellen, die als Gründungskörper für den Einsatz im offenen Wasser verwendet werden können. Zu nennen sind hier Molenköpfe, Führungs- und Fenderpunkte in Hafeneinfahrten oder auch die Verwendung als Fundamentbasis für Schifffahrtszeichen (Leuchtfeuer und Ähnliches).

8.1.3 Wasserdichtheit von Stahlspundwänden

8.1.3.1 Allgemeines

Spundwände aus Stahlspundbohlen sind wegen des erforderlichen Spiels in den Schlossverbindungen nicht wasserdicht. Werkseitig eingezogene Schlösser (W-Schlösser) sind in der Regel weniger dicht als Baustellenfädelschlösser (B-Schlösser), die sich beim Einbringen zumindest teilweise mit Boden zusetzen.

Im Laufe der Zeit kann im Allgemeinen eine Selbstdichtung (natürliche Dichtung) der Schlösser infolge Korrosion mit Verkrustung sowie bei sinkstoffführendem Wasser durch das Ablagern von Feinteilen in den Schlössern erwartet werden. Sofern das nicht reicht, können die Schlösser gedichtet werden.

Die Durchlässigkeit von Spundwandschlössern kann entsprechend Anhang E von DIN EN 12063 beurteilt werden. Bei den Lieferfirmen von Stahlspundbohlen können für die verschiedenen künstlichen Dichtungen nach Abschn. 8.1.3.3 die entsprechenden Durchlässigkeiten erfragt werden. Gelten sehr strenge Anforderungen an die Dichtigkeit der Spundwandschlösser, müssen diese durch Versuche nachgewiesen werden. Sofern die dabei ermittelten Werte stark streuen, muss dies bei der Festlegung der Durchlässigkeit berücksichtigt werden.

In gering wasserdurchlässigen Böden wirken nicht gedichtete Schlösser wie senkrechte Dräns.

Stehen hinter einer Spundwand feinkörnige, nichtbindige Böden wie Feinsand oder Grobschluff an, können diese durch nicht gedichtete Schlösser leicht ausgewaschen werden. Dies ist insbesondere dann der Fall, wenn hinter Baugrubenwänden ein hoher Wasserüberdruck wirkt und/oder die Wand unter der Einwirkung von Wellen wechselnd beansprucht wird. In diesen Fällen sind in der Regel gezielte Maßnahmen zur Dichtung der Schlösser erforderlich.

8.1.3.2 Unterstützung der natürlichen Dichtung

Die natürliche Dichtung von Spundwandschlössern kann bei frei im Wasser stehenden Wänden unterstützt werden, wenn, wie z. B. bei Baustellenwänden, zeitweise einseitiger Wasserüberdruck auf die Wand wirkt. Dazu wird außerhalb der Baugrube ein umweltverträglicher Schwebstoff, wie z. B. Kesselschlacke, ins Wasser geschüttet.

Wenn dann die Baugrube mit möglichst großer Pumpleistung gelenzt wird, entsteht ein Wasserspiegelunterschied zwischen außen und innen. Der daraus resultierende Wasserüberdruck presst die Schlösser zusammen. Mit dem durch die Schlösser fließenden Wasser werden die Schwebstoffe in die Schlösser eingetragen und lagern sich dort ab, sodass die Durchlässigkeit der Schlösser abnimmt.

Wenn sich die Spundwand durch Wellenschlag oder Dünung bewegen kann, ist die Dichtwirkung allerdings nicht nachhaltig, weil die eingetragenen Dichtstoffe in den Schlössern zerrieben und ausgewaschen werden. Eine dauerhafte Dichtung durch Schwebstoffe ist im Falle wechselseitigen Wasserüberdrucks auf beiden Wandseiten ebenfalls nicht möglich.

8.1.3.3 Künstliche Dichtungen

Spundwandschlösser lassen sich sowohl vor als auch nach dem Einbau künstlich dichten.

BÖGER + JÄCKLE

Planen und Beraten Prüfen und Überwachen

www.boeger-jaeckle.de

Henstedt-Ulzburg/Hamburg Leipzig Dessau Chemnitz Berlin

Beratende Ingenieure VBI
Prüfingenieure VPI
Schweißfachingenieure
Beschichtungsinspektoren

BÖGER + JÄCKLE

Mehr als 50 Jahre Kompetenz und Erfahrung

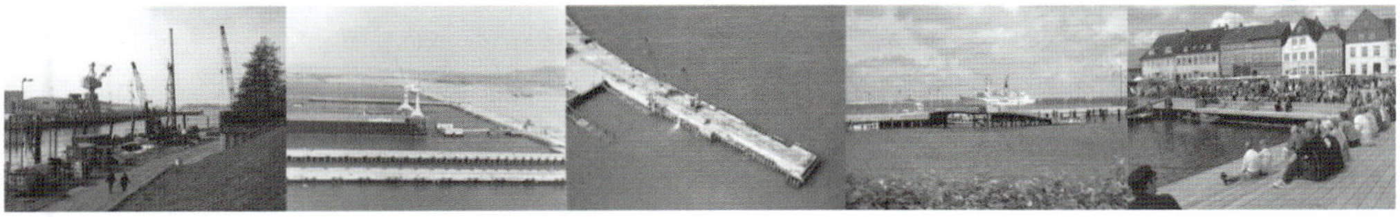

Konstruktiver Ingenieurbau
Brückenbau / Tunnelbau
Verkehrsanlagen

Wasser- u. Hafenbau
Landschaftsplanung
Ingenieur - Hochbau

Projektsteuerung u. Bauüberwachung
Bauwerksprüfung u. Instandsetzung
Werkstattüberwachung im Stahlbau

Deutsche Gesellschaft für Geotechnik e.V. (Hrsg.)

Geotechnisch-markscheiderische Untersuchung, Bewertung und Sanierung von altbergbaulichen Anlagen

Empfehlungen des Arbeitskreises Altbergbau

- **Praxisgerechte Darstellung einer komplexen Problemstellung**

BESTELLEN
+49 (0)30 470 31-236
marketing@ernst-und-sohn.de
www.ernst-und-sohn.de/3296

* Der €-Preis gilt ausschließlich für Deutschland. Inkl. MwSt.

Ernst & Sohn
A Wiley Brand

2020 · 180 Seiten · 15 Abbildungen · 20 Tabellen

Hardcover
ISBN 978-3-433-03296-1 € 59*

eBundle (Print + PDF)
ISBN 978-3-433-03297-8 € 79*

Ernst & Sohn
A Wiley Brand

Bundesingenieurkammer (Hrsg.)

Ingenieurbaukunst

Engineering Made in Germany

- **Bauingenieure aus Deutschland sind weltweit gefragt**
- **Die Bundesingenieurkammer präsentiert die besten Bauwerke**

Das Buch präsentiert herausragende Bauwerke der letzten Jahre in Europa und weltweit von Ingenieurinnen und Ingenieuren aus Deutschland. Herausgegeben von der Bundesingenieurkammer feiert das Kompendium die Ingenieurbaukunst made in Germany.

2020 · 180 Seiten · 260 Abbildungen

Softcover
ISBN 978-3-433-03326-5 **€ 45.90***

Biliguale Sonderausgabe: Deutsch / Englisch

BESTELLEN
+49 (0)30 470 31-236
marketing@ernst-und-sohn.de
www.ernst-und-sohn.de/3326

* Der €-Preis gilt ausschließlich für Deutschland. Inkl. MwSt.

8.1.3.3.1 Dichtungsverfahren vor dem Einbau der Spundbohlen

a) Verfüllen der Schlossfugen mit einer dauerhaften und umweltverträglichen, ausreichend plastischen Masse, und zwar der W-Schlösser im Werk und der B-Schlösser im Werk oder auf der Baustelle. Eine deutliche Verbesserung der Wasserdichtheit wird durch Applizieren der B-Schlösser im Werk mit einer extrudierten Polyurethan (PU)-Polymerdichtung (ugs.: Kunststoffdichtung) erreicht.
b) Mit diesem Verfahren können auch später nicht mehr zugängliche B-Schlösser gedichtet werden, z. B. unterhalb von Baugruben- oder Gewässersohlen. Bezüglich der Lage der gedichteten Schlösser wird auf c) verwiesen.
c) Bei beiden Arten der Dichtung ist die erzielbare Dichtheit der Schlösser abhängig vom Wasserüberdruck und vom Einbringverfahren der Profile. Rammen beansprucht die Dichtung wenig, da die Bewegung der Bohle im Schloss nur in einer Richtung stattfindet. Bei Vibration ist die Beanspruchung der Dichtungsmassen im Schloss größer als beim Rammen, der vollständige Verlust der Dichtwirkung infolge Reibung und Temperatur kann nicht ausgeschlossen werden.
d) Schlossfugen der W-Schlösser werden dicht geschweißt, und zwar im Werk oder auf der Baustelle. Um beim Einbauvorgang Risse in der Dichtnaht zu vermeiden, sind Zusatznähte erforderlich, z. B. beidseitig am Kopf und am Fuß des Einbauelements, sowie Gegennähte im Bereich der Dichtnaht. Die Dichtnaht muss auf der richtigen Seite der Spundwand liegen, z. B. bei Trockendocks und Schleusen auf der Luft-/Wasserseite.
e) Speziell für Abdichtungen an Dammstrecken von Wasserstraßen mit höchsten Anforderungen an die Wasserdichtigkeit kann eine aus der Altlastensanierung bekannte Bauweise angewandt werden. Bei dieser werden verrohrte Bohrungen mit einem Durchmesser von ca. 0,1–0,3 m im Systemabstand der verwendeten Profile hergestellt und mit Dichtwandmassen verfüllt. Nach dem Ziehen der Verrohrung und vor dem Erstarren der Dichtwandmassen werden die an den W-Schlössern verschweißten Profile eingerammt.

8.1.3.3.2 Dichtungsverfahren nach dem Einbau der Spundwand

a) Verstemmen der Schlossfugen mit Holzkeilen (Quellwirkung), mit Gummi oder wasserquellenden Kunststoffschnüren, rund oder profiliert, mit einer quell- und abbindefähigen Stemmmasse, z. B. Fasermaterial mit Zement versetzt.
   Die Schnüre werden mit handlichen Lufthämmern und einem stumpfen Meißel eingestemmt. Auch wasserführende Schlösser können verstemmt werden. B-Schlösser lassen sich im Allgemeinen besser verstemmen als gepresste W-Schlösser. Vor dem Verstemmen sind die Schlossfugen von anhaftenden Bodenteilen zu säubern.
b) Die Schlossfugen werden dicht geschweißt. In der Regel werden die Mittelschlösser (W-Schlösser) bereits im Werk geschweißt, die Randschlösser (B-Schlösser) auf der Baustelle. Das bauseitige Verschweißen der Schlösser ist nur möglich, wenn diese trocken und gesäubert sind. Wasserführende Schlösser müssen daher mit einem Flach- und Profilstahl abgedeckt werden, der mit zwei Kehlnähten an die Spundwand geschweißt wird. So kann eine völlig wasserdichte Spundwand hergestellt werden.
c) Am fertigen Bauwerk können an den zugänglichen Fugen oberhalb des Wasserspiegels jederzeit Kunststoffdichtungen eingebaut oder PU-Schaum über Schlag- oder Schraubnippel in die Schlosskammer injiziert werden. Die Kunststoffdichtungen können nur auf trockener Oberfläche aufgebracht werden. Dazu müssen die Schlösser zuvor provisorisch gedichtet werden.

Kastenspundwände mit Doppelschlössern können durch Auffüllen der geleerten Zellen mit einem geeigneten abdichtenden Material, z. B. mit Unterwasserbeton, gedichtet werden.

8.1.3.3.3 Abdichten von Durchdringungsstellen

Abgesehen von der Dichtheit der Schlösser ist auf ein ausreichendes Abdichten der Durchdringungsstellen von Ankern, Gurtbolzen und dergleichen zu achten.

Zum Dichten dieser Bereiche können Blei- oder Gummischeiben jeweils zwischen Spundwand und Unterlegplatte sowie zwischen Unterlegplatte und Mutter angeordnet werden. Damit die Dichtungsscheiben beim Anspannen der Anker und Gurtbolzen nicht beschädigt werden, müssen Anker mittels Spannschloss und Gurtbolzen mit Mutter auf der Gurtseite angespannt werden.

Die Löcher in der Spundwand für die Gurtbolzen und die Anker müssen sauber entgratet werden, damit die Unterlegplatten satt anliegen.

8.1.4 Schweißen von Stahlspundwänden

8.1.4.1 Schweißeignung, Werkstoffe

Eine uneingeschränkte Schweißeignung von Stählen kann nicht vorausgesetzt werden, da die Eigenschaften eines Stahls nach dem Schweißen nicht nur vom Werkstoff, sondern auch von den Abmessungen und der Form sowie den Fertigungs- und Betriebsbedingungen des Bauteils abhängen.

Die Eignung zum Lichtbogenschweißen kann unter Beachtung der allgemeinen Schweißvorschriften bei allen Spundwandstahlsorten vorausgesetzt werden. Das Kohlenstoffäquivalent (CEV) sollte mit Rücksicht auf die Schweißeignung die Werte der Tab. 1 der DIN EN 10248-1:2006, Entwurf nicht überschreiten.

Zum Schweißen geeignet sind Spundwandstahlsorten nach Abschn. 8.1.2.1 und die Stähle nach DIN EN 10025. Die Schweißeignung muss grundsätzlich durch ein Abnahmeprüfzeugnis 3.1 nach DIN EN 10204:2005-01 belegt sein, aus dem sowohl die mechanischen und technologischen Eigenschaften als auch die chemische Zusammensetzung hervorgehen (Abschn. 8.1.2.1).

Die Schweißzusatzwerkstoffe sind unter Berücksichtigung der Empfehlungen des Lieferwerks der Profile vom Schweißfachingenieur der ausführenden und für die Arbeiten zugelassenen Firma auszuwählen. Es sind im Allgemeinen basische Elektroden bzw. Zusatzwerkstoffe mit hohem Basizitätsgrad zu verwenden (Fülldraht, Pulver).

Beim Zusammentreffen ungünstiger Bedingungen für die Schweißung mit Beanspruchungen aus dem Einbringen (z. B. Schweißung bei niedrigen Temperaturen und schwere Rammung), im Fall räumlicher Spannungszustände und/oder vorwiegend wechselnder Beanspruchungen sind Stähle mit einer Kerbschlagarbeit von 27 J bei −20 °C oder 40 J bei −20 °C bzw. 27 J bei −30 °C zu verwenden.

Die Schweißzusatzwerkstoffe sind in Anlehnung an DIN EN ISO 2560 und DIN EN ISO 14341 bzw. nach den Angaben des Lieferwerks auszuwählen.

8.1.4.2 Ausbildung geschweißter Stöße an Stahlspundbohlen und Stahlrammpfählen

Dieser Abschnitt gilt für Schweißstöße an Stahlspundbohlen und Stahlrammpfählen *jeder Bauart*.

Die Bemessung der Stöße erfolgt nach DIN EN 1993-1-8. Konstruktion und Herstellung müssen mindestens den Anforderungen von DIN EN 12063 bzw. DIN EN 12699 entsprechen, bei höheren Anforderungen wird auf DIN EN ISO 3834 verwiesen. Die Arbeitsplätze für Schweißarbeiten auf der Baustelle sind gegen Wind und Wetter zu schützen. Die Schweißstellen sind von jeglicher Art Verunreinigung zu säubern, trocken zu halten und ggf. vorzuwärmen.

8.1.4.2.1 Einstufung der Schweißstöße

Ein Stumpfstoß soll den Stahlquerschnitt der Bohlen und Rammpfähle möglichst vollwertig mit 100 % ersetzen. Der Prozentsatz der erreichbaren Stoßdeckung ist aber abhängig von der Bauart der Elemente, dem Kantenversatz an den Stoßenden und den Gegebenheiten auf der Baustelle (Tab. 8.7).

Tab. 8.7 Kohlenstoffäquivalent (CEV).

Bezeichnung nach EN 10027		Chemische Zusammensetzung in % max[b)]													
Kurzname	Werkstoff-nummer	C		Mn		Si		P		S		N[c)]		CEV	
		Schmelze	Stück	Schmelze	Stück	Schmelze	Stück	Schmelze	Stück	Schmelze	Stück	Schmelze	Stück	Schmelze	Stück
S240GP	1.0021	0,20	0,25	-	-	-	-	0,040	0,050	0,040	0,050	0,012	0,014	0,47	0,52
S270GP	1.0023	0,24	0,27	-	-	-	-	0,040	0,050	0,040	0,050	0,012	0,014	0,47	0,52
S320GP	1.0046	0,24	0,27	1,60	1,70	0,55	0,60	0,040	0,050	0,040	0,050	0,012	0,014	0,47	0,52
S355GP	1.0083	0,24	0,27	1,60	1,70	0,55	0,60	0,040	0,050	0,040	0,050	0,012	0,014	0,47	0,52
S390GP	1.0522	0,24	0,27	1,60	1,70	0,55	0,60	0,035	0,045	0,035	0,045	0,012	0,014	0,47	0,52
S430GP	1.0523	0,24	0,27	1,60	1,70	0,55	0,60	0,035	0,045	0,035	0,045	0,012	0,014	0,47	0,52
S460GP *		0,24	0,27	1,70	1,80	0,55	0,60	0,035	0,045	0,035	0,045	0,012	0,014	0,47	0,52

a) Siehe 7.3
b) Falls der Hersteller es für notwendig erachtet, können zur Erzielung der angegebenen Eigenschaften V, Nb, Ti zulegiert werden.
c) Der Höchstwert für den Stickstoff gilt nicht, wenn der Stahl einen Gesamtgehalt an Aluminium von mindestens 0,020 % oder genügend andere stickstoffabbindende Elemente enthält. Die stickstoffabbindenden Elemente sind in der Prüfbescheinigung anzugeben.

*) Quelle: Tab. 1 DIN EN 10248-1: 2006, Entwurf.

Erreicht der Querschnitt von Stumpfstößen nicht den Stahlquerschnitt der Bohlen bzw. Pfähle und ist aus statischen Gründen ein voller Stahlquerschnitt notwendig, muss die volle Stoßdeckung durch Laschen oder Zusatzprofile hergestellt werden.

Die Stoßdeckung wird in Prozent ausgedrückt und ist das Verhältnis vom Stumpfnahtquerschnitt zum Stahlquerschnitt der Bohlen bzw. Pfähle. Die möglichen Stoßdeckungen sind Tab. 8.8 zu entnehmen.

8.1.4.2.2 Ausbildung der Schweißstöße

Stöße sind möglichst in einem niedrig beanspruchten Querschnitt anzuordnen. Stöße benachbarter Profile sind um mindestens 1 m zu versetzen.

Stumpfstöße unter der Ramme sind aus wirtschaftlichen Gründen und wegen etwaiger Witterungseinflüsse, die sich auf die Schweißung nachteilig auswirken können, soweit wie möglich zu vermeiden.

Tab. 8.8 Stoßdeckung in Prozent.

Bauart der Spundbohlen bzw. Pfähle		Stoßdeckung in % Zulage	
		in der Werkstatt	unter der Ramme
a) Rohre	Endkalibrierte Stoßenden, durchgeschweißte Wurzel	100	100
b) Pfähle I-förmige Profile H-förmige Profile	Querschnittschwächung durch das Ausnehmen der Kehlen	80–90 90–95	80–90
c) Bohlen	Einzelbohlen	100	100
	Z- und U-förmige Doppelbohlen Schlossbereich Nur mit einseitiger Verschweißung	80–90	70–80
d) Kastenpfähle	Einzelprofil stoßen, dann Zusammenbau	100	50–70
	Den bereits zusammengebauten Kastenpfahl stoßen	70–80	

Sind zur Stoßdeckung aus statischen Gründen Flanschlaschen erforderlich, sollen folgende Regeln eingehalten werden:

- Die Laschen sollen um nicht mehr als 20 % dicker sein als die überlaschten Profilteile, höchstens jedoch 25 mm dick.
- Die Laschen sollen so breit sein, dass sie auf den Flanschen rundum ohne Endkrater verschweißt werden können.
- Die Enden der Laschen sollen vogelzungenförmig auslaufen, wobei das Ende unter einer Neigung von 1 : 3 auf 1/3 der Laschenbreite verjüngt wird.
- Vor dem Auflegen der Lasche ist die Stumpfnaht blecheben abzuschleifen.
- Zerstörungsfreie Prüfungen müssen vor dem Auflegen der Laschen abgeschlossen sein.

Werden Stumpfstöße im Betrieb nicht vorwiegend ruhend beansprucht (vgl. Abschn. 8.2.7), sind Überlaschungen zu vermeiden.

8.1.4.2.2.1 Vorbereitung der Stoßenden

- Der Zuschnitt des zu verschweißenden Profils ist winkelrecht zur Stabachse in eine Ebene zu legen, eine Versetzung im Stoß ist zu vermeiden.
- Auf eine Kongruenz der Querschnitte und auf eine gute Gängigkeit der Schlösser bei Spundbohlen ist besonders zu achten. Breiten- und Höhenunterschiede sollen innerhalb ±2 mm liegen, sodass ein maximaler Schweißkantenversatz von 4 mm nicht überschritten wird.
- Bei Hohlpfählen, die aus mehreren Profilen zusammengeschweißt werden, empfiehlt es sich, die benötigte Pfahllänge zunächst in voller Länge herzustellen und mit entsprechender Kennzeichnung dann in Verarbeitungslängen (z. B. für den Transport, für das Rammen usw.) zu trennen.
- Die für den Stumpfstoß vorgesehenen Enden sind auf ca. 500 mm Länge auf Dopplungen zu prüfen.

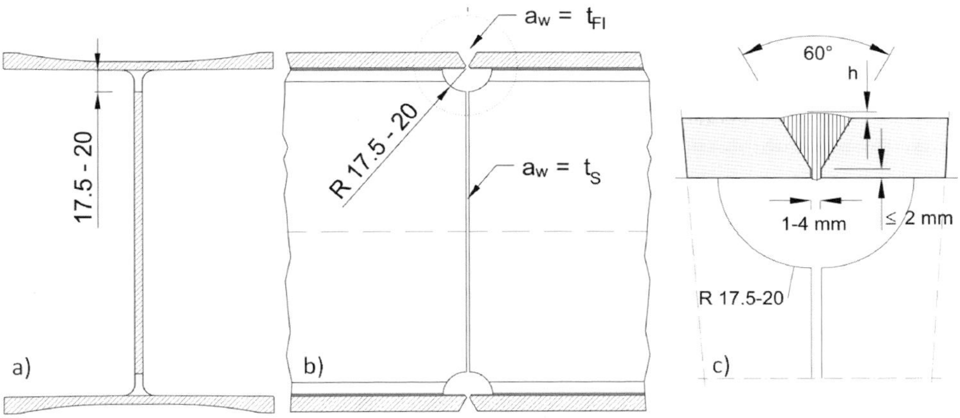

Abb. 8.7 Ausführungsskizzen eines Trägerstoßes: (a) Schnitt durch die Stoßstelle, (b) Seitenansicht, (c) Detail.

Beim Stoßen von I- und H-Profilen sind die Kehlbereiche des Stegs in Form eines zum Flansch offenen Halbkreises mit einem Durchmesser von 35–40 mm auszunehmen (Abb. 8.7), damit der Flansch mit Kapplage voll durchgeschweißt werden kann. Die Ränder der Ausnehmungen müssen nach Fertigstellen der Schweißung kerbfrei bearbeitet werden. An den Flanschnähten sind im Bereich des Stumpfstoßes grundsätzlich Ein- und Auslaufbleche vorzusehen, damit ein sauberer Nahtabschluss am Flansch erreicht wird. Nach dem Abtrennen der Bleche ist der Flanschrand kerbfrei nachzuschleifen.

8.1.4.2.2.2 Schweißnahtvorbereitung In der Werkstatt werden Stumpfnähte im Allgemeinen als V- oder als Y-Nähte ausgebildet. Die Nähte sind an beiden Teilen des Stumpfstoßes entsprechend vorzubereiten.

Muss an bereits gerammten Stahlspundbohlen oder Stahlrammpfählen ein Stumpfstoß ausgeführt werden, muss zunächst der obere Bereich der bereits gerammten Profile mit einem Trennschnitt unter dem Kopfende gemäß Abschn. 8.1.4.4 abgetrennt werden. Das Aufsatzstück wird für eine Stumpfnaht mit oder ohne Kapplage vorbereitet.

8.1.4.2.2.3 Ausführung der Schweißung Alle zugänglichen Seiten des gestoßenen Profils werden voll angeschlossen. Soweit möglich, werden die Wurzeln ausgeräumt und mit Kapplagen gegengeschweißt.

Wurzellagen, die nicht mehr zugänglich sind, erfordern eine hohe Passgenauigkeit der zu stoßenden Profile und eine sorgfältige Nahtvorbereitung.

Die Schweißnahtfolge ist so festzulegen, dass Überlagerungen von Beanspruchungen aus dem Schweißvorgang mit denen des Betriebszustands vermieden werden.

8.1.4.2.2.4 Undichtigkeiten Sind bei Spundwandbauwerken schweißtechnisch bedingte Undichtigkeiten vorhanden, durch die der dahinterliegende Boden ausfließen kann, ist für eine werkstoffgerechte Abdichtung solcher Stellen zu sorgen (Abschn. 8.1.3.3).

8.1.4.3 Anschweißen von Verstärkungslamellen

Verstärkungslamellen dienen der Erhöhung der Biegesteifigkeit der Tragbohlen und müssen stets auf ihrem vollen Umfang mit der Stahlspundbohle verschweißt werden, um ein Unterrosten zu vermeiden. Die Lamellenenden sollten zur Verringerung einer sprunghaften Änderung des Trägheitsmoments verjüngt werden (siehe Abschn. 8.1.4.2.2). Die Schweißnahtdicke a soll in Fällen ohne Korrosionsangriff mindestens 5 mm und bei Korrosionsangriff mindestens 6 mm betragen oder den Angaben der ZTV-W (LB 214) entsprechen.

Führt eine Lamelle über ein Schloss im Bohlenrücken hinweg, muss dieses im Bereich der Lamelle mit mindestens 500 mm Vorlage durchlaufend verschweißt werden, und zwar auf der der Lamelle gegenüberliegenden Seite mit $a \geq 6$ mm und unter der Lamelle in sonst gleicher Weise so dick, wie es das ebene Anlegen der Lamelle ohne Nacharbeiten gestattet. Sonst können die Lamellenanschlussnähte beim Rammen gefährdet werden.

Will man auf das Verschweißen des Schlosses verzichten, ist die Verstärkungslamelle zu teilen und jedes Teilstück für sich auf dem Bohlenflansch anzuschweißen.

8.1.4.4 Abtrennen der Kopfenden gerammter Stahlprofile für tragende Schweißanschlüsse

Erhalten bereits eingebrachte Stahlprofile an ihrem Kopfende tragende Schweißanschlüsse (z. B. Schweißstöße, tragende Kopfausrüstungen und dergleichen), dürfen diese nicht in Bereichen liegen, die z. B. durch das Einbringen beschädigt bzw. plastifiziert sind. Etwaige Versprödungen in diesen Bereichen wirken sich negativ auf die Tragfähigkeit der Schweißanschlüsse aus. Daher sind die Kopfenden unterhalb der Verformungsgrenze abzutrennen oder die Schweißnähte sind außerhalb des Verformungsbereichs anzuordnen.

8.1.5 Einbringen von Stahlspundwänden

8.1.5.1 Allgemeines

Maßgebend für die Wahl des Profils und seiner Abmessungen sowie der Stahlsorte sind neben den statischen Anforderungen und den Erwartungen an die Gebrauchstauglichkeit sowie wirtschaftliche Erwägungen vor allem die Beanspruchungen, die beim Einbringen der Profile in den anstehenden Baugrund entstehen. Es muss sichergestellt sein, dass die gewählten Profile ohne Beschädigungen – insbesondere der Schlossverbindungen – eingebracht werden können.

Dies setzt stets hinreichende Fachkenntnisse und Sorgfalt bei der Ausführung voraus, damit eine geschlossene Wand mit der notwendigen Einbringgenauigkeit (siehe Abschn. 8.1.7.2) entsteht. An die Bauausführung sind umso höhere Anforderungen zu stellen, je schwieriger die Bodenverhältnisse, je größer die Bohlenlänge und die Einbringtiefe und je tiefer die spätere Abbaggerung vor der Wand sind.

Sehr ungünstig kann es sich auf die Einbringgenauigkeit auswirken, wenn lange Bohlen nacheinander auf ihrer ganzen Länge in den Boden eingebracht werden (fortlaufendes Einbringen), da dann die Einfädelhöhe und daher die Schlossführung zu Beginn des Rammens gering ist.

Für die einbringtechnische Beurteilung des Bodens geben Bohrungen und bodenmechanische Untersuchungen durch Druck- und Rammsondierungen einen gewissen Anhalt (Abschn. 3.2.4). In kritischen Fällen sind Einbringversuche, die ggf. mit Einbringhilfen kombiniert werden, empfehlenswert (siehe Abschn. 3.2.4.2.5–3.2.4.2.7 „Probe -

Wir decken mit unserem profilierten Mitarbeiterteam und unseren leistungsfähigen, modernen Geräten das gesamte Spektrum des Wasserbaus im Küstenschutz und Schifffahrtsstraßenbau ab.

Colcrete - von Essen
Spezial-Wasserbau
Küstenschutz

Colcrete-von Essen GmbH & Co. KG
Am Waldrand 9c · 26180 Rastede · Germany
Tel. +49 4402 / 9787-0
Fax +49 4402 / 97948

info@colcrete-von-essen.de
www.colcrete-von-essen.de

Colcrete-von Essen Wasserbau GmbH & Co. KG
Ziegeleistraße 4 · 17373 Ueckermünde · Germany
Tel. +49 39771 / 5417-0
Fax +49 39771 / 5417-20

ueckermuende@colcrete-von-essen.de
www.colcrete-von-essen.de

Spezial-Wasserbau • Konstruktiver Wasserbau • Stahlwasserbau • Hochwasserschutz

Gerd Möller

Geotechnik

Set: Grundbau und Bodenmechanik

- **für jeden Bauingenieur, auch Berufsanfänger**
- **Berücksichtigt das aktuellste Regelwerk**
- **40 Bemessungs- und Berechnungsbeispiele**

Das Geotechnik-Set besteht aus den beiden Bänden Bodenmechanik und Grundbau. Beide Bände basieren auf dem aktuellen Regelwerk, erhalten zahlreiche Beispielen und sind eine wertvolle Orientierungshilfe in der Planungs- und Gutachterpraxis.

BESTELLEN
+49 (0)30 470 31-236
marketing@ernst-und-sohn.de
www.ernst-und-sohn.de/3176

Der €-Preis gilt ausschließlich für Deutschland. Inkl. MwSt.

Ernst & Sohn
A Wiley Brand

3. Auflage · 2017 · 1185 Seiten · 2 Bücher

Softcover
ISBN 978-3-433-03176-6 **€ 98***

SET: Teil 1 + 2

Ernst & Sohn
A Wiley Brand

HTG (Ed.)

Recommendations of the Committee for Waterfront Structures Harbours and Waterways

EAU 2012

- essential help for planners and designers
- complete revision in accordance with EC 7 and DIN 1054
- the recommendations are also used in specifications and cost accounting

The „EAU 2012" takes into account the new generation of the Eurocodes. The recommendations apply to the planning, design, specification, tender procedure, construction and monitoring, as well as the handover of and cost accounting for port and waterway systems.

9th edition · 2015 · 676 pages

Hardcover

ISBN 978-3-433-03110-0 **€ 129***

ORDER
+49 (0)30 470 31-236
marketing@ernst-und-sohn.de
www.ernst-und-sohn.de/en/3110

* All book prices inclusive VAT.

rammungen“). So können sowohl die Einbringbarkeit als auch die Abweichungen der Profile von der Solllage festgestellt werden.

Erfolg und Güte des Einbringens der Bohlen hängen wesentlich davon ab, wie gerammt wird. Dies setzt voraus, dass der beauftragte Unternehmer neben geeignetem, zuverlässig arbeitenden Gerät auch selbst über ausreichende Erfahrung und qualifizierte Fach- und Aufsichtskräfte verfügt und Gerät und Personal richtig einsetzen kann. Die Sicherheitsanforderungen an Geräte für Bohr- und Gründungsarbeiten entsprechend DIN EN 16228 – Teile 1–7 sind dabei zu beachten. Für Geräte zum Einbringen von Spundwänden gelten die entsprechenden Anforderungen aus den Teilen 1, 2 und 4 der Norm. Ebenso sollte der Auftragnehmer in Anlehnung an ZTV-W_LB 214:2015, Abschn. 3.1 (22), Anlage (6a) vier Wochen vor Herstellungsbeginn dem Bauherrn eine Herstellungsanweisung vorlegen.

Auch sollte das Erstellen von Einbringprotokollen in Anlehnung an ZTV-W_LB 214:2015, Abschn. 3.1 (22), Anlage (6b.1 bzw. 6b.2) zwischen Bauherrn und Auftragnehmer vereinbart werden.

Derzeit gibt es vier Verfahren zum Einbringen der Bohlen in den Boden. Dies sind das

- Einschlagen von Bohlen mittels Fallgewicht (ugs.: Rammen)/schlagende Rammung,
- Einvibrieren von Bohlen,
- Einpressen von Bohlen,
- Einstellen von Bohlen in suspensionsgestützte Schlitze.

Einen ersten Anhalt für die Wahl des Einbringverfahrens mit Hinblick auf die zu durchfahrenden Bodenschichten liefert Abschn. 3.2.4.2.

Als Einbringelemente werden bei den u- oder z-förmigen Spundwandprofilen aus statischen und konstruktiven Gründen Doppelbohlen gewählt. Auch das Einbringen von Dreifachbohlen kann technisch und wirtschaftlich vorteilhaft sein. Dadurch wird das Aufnehmen und Aufstellen der Mehrfachbohlen sowie deren Einbringen erleichtert und ein Mitziehen bereits eingebrachter Bohlen weitgehend ausgeschaltet.

Die zu einem Einbringelement zusammengezogenen u-förmigen Bohlen sollen möglichst durch Verpressen oder Verschweißen der auf der Wandachse liegenden Mittelschlösser kraftschlüssig verbunden werden (Abschn. 8.1.2.6.1).

Aus rammtechnischen Gründen kann es bei schwierigem Untergrund, felsartigen Böden und/oder großer Einbringtiefe notwendig werden, Spundbohlen mit einer größeren Wanddicke oder einer höheren Stahlsorte als statisch erforderlich zu wählen. Auch sind zuweilen der Bohlenfuß und ggf. auch der Bohlenkopf zu verstärken, z. B. beim Rammen in Böden mit Steineinlagerungen und in felsartigen Böden.

Für das Einbringen von langen Spundbohlen ist gemäß ZTV-W_LB 214:2015, Abschn. 3.4 (20) eine doppelte Führung vorzusehen. Ein Mäkler ohne untere Führung gilt als einfache Führung. Als Führungen können auch Lehren, Hilfsgerüste oder Ähnliches eingesetzt werden. Schlösser von Nachbarbohlen gelten nicht als Führung gemäß Abschn. 8.1.5.2.1.

8.1.5.2 Schlagendes Einbringen

Das wohl älteste Verfahren für das Einbringen der Bohlen ist das Schlagen/Einrammen von Stahlspundbohlen. Es ist ein weitverbreitetes und bewährtes Einbringverfahren für alle Stahlspundwandkonstruktionen nach Tab. 8.4 und 8.5, Abschn. 8.1.2.4.

8.1.5.2.1 Rammgeräte

Die Rammgeräte müssen so beschaffen sein, dass die Rammeinheiten mit der nötigen Sicherheit und Schonung gerammt und dabei ausreichend geführt werden. Die Führung ist vor allem bei langen Bohlen und bei großen Einrammtiefen wichtig, um unzulässig große Rammabweichungen zuverlässig zu vermeiden. Im Übrigen sind Größe und Leistungsfähigkeit der Rammgeräte von den Abmessungen und Gewichten der Rammeinheiten, deren Stahlsorte, der Einrammtiefe, den Untergrundverhältnissen und der gewählten Rammmethode abhängig.

Die Rammung erfolgt mit schlagenden Rammbären (Freifallbäre, Explosionsbäre, Schnellschlaghämmer und Hydraulikbäre).

Bei Freifallbären sollte das Verhältnis des Fallgewichts zum Gewicht des Rammelementes mit Haube ca. 1 : 1 sein, um einem möglichst günstigen Wirkungsgrad zu erzielen.

Langsam schlagende, schwere Bäre sind universell einsetzbar, insbesondere für das Rammen in bindigen Böden.

Hydraulikbäre, deren Schlagenergie in Anpassung an den jeweiligen Rammwiderstand und Baugrund (auch Fels) kontrolliert regelbar ist, sind ebenfalls universell einsetzbar.

Schnellschlaghämmer beanspruchen das Rammelement schonend und sind für das Rammen in nichtbindigen Böden besonders gut geeignet.

Folgende Faktoren bestimmen den Wirkungsgrad und die Rammleistung von schlagenden Einbringgeräten:

- Gesamtgewicht des Hammers,
- Kolbengewicht, Einzelschlagenergie, Beschleunigungsart,
- Energieübertragung, Krafteinleitung (Haube und Führung),
- Spundbohle: Gewicht, Länge, Neigung, Querschnitt und Konstruktion,
- Baugrund (siehe Abschn. 3.2).

Ein hoher Wirkungsgrad der Rammen wird durch optimale Abstimmung dieser Faktoren erreicht.

Beim Rammen sind Rammhauben zwischen Spundbohle und Ramme unbedingt erforderlich. Ihre Form und Größe müssen auf das Rammgerät und die Spundbohle abgestimmt sein.

Der Rammschlag soll möglichst so in das Rammelement eingeleitet werden, dass in Bezug auf die Widerstände eine symmetrische axiale Krafteinleitung entsteht. Der einseitig wirkenden Schlossreibung bei fortlaufender Rammung kann durch eine Verlegung des Aufschlagpunktes aus dem Profilschwerpunkt hin zum Fädelschloss begegnet werden.

Die Rammelemente müssen entsprechend ihrer Steifigkeit und Rammbeanspruchung so geführt werden, dass sie im Endzustand ihre Sollstellung haben. Um das zu gewährleisten, muss die Ramme selbst ausreichend stabil sein, einen festen Stand haben und der Mäkler in der Neigung der geplanten Wandflucht ausgerichtet sein.

Die Rammelemente sollten zur Gewährleistung der erforderlichen Rammgenauigkeit *mindestens* in zwei Ebenen mit möglichst großem Abstand geführt werden. Eine starke untere Führung sowie das Ausfuttern der Rammelemente in dieser Führung sind für die Genauigkeit der Rammung besonders wichtig. Auch das vorauseilende Schloss der Rammelemente muss gut geführt werden.

Steht die Ramme auf schwimmendem Gerät, müssen die Eigenbewegungen des Rammschiffs so gering sein, dass sie keinen Einfluss auf die Rammgenauigkeit haben; ggf. ist eine Hubinsel einzusetzen.

Das erste Rammelement einer Uferwand muss besonders sorgfältig gestellt werden, damit dieses den folgenden Rammelementen eine gute Schlossführung bietet. Das ist vor allem für die Genauigkeit beim Rammen in tiefem Wasser wichtig.

Der Energieaufwand für das Rammen ist umso geringer und der Rammfortschritt umso größer, je sorgfältiger die Rammelemente gestellt und geführt werden und je besser Rammbär und Rammverfahren auf die örtlichen Verhältnisse abgestimmt sind. Die Mindesteindringtiefe pro Hitze (zehn Schläge) ist gemäß Angabe des Geräteherstellers einzuhalten.

8.1.5.2.2 Einrammen Stahlspundbohlen

Rammmethoden Bei schwierigen Untergrundverhältnissen und bei großer Einrammtiefe ist zur Gewährleistung der Rammgenauigkeit eine zweiseitige Schlossführung der Rammelemente erforderlich. Wenn beim fortlaufenden Rammen (Abb. 8.8) der Rammwiderstand entlang der Rammstrecke wegen der Verdichtung des Bodens zunimmt und die Profile dadurch aus der Solllage abweichen, sollte staffelweise (z. B. Vorrammen mit einem leichteren und Nachrammen mit einem schwereren Gerät; Abb. 8.9) oder fachweise (Abb. 8.10) gerammt werden, wobei mehrere Rammelemente aufgestellt und dann in profilüberspringender Reihenfolge (1-3-5-2-4) eingerammt werden.

Auch für das Rammen geschlossener Spundwandkästen wird staffelweises Rammen zum Schließen des Kastens empfohlen.

Spundbohlen in U-Form neigen zum Voreilen des Bohlenkopfs, Spundbohlen in Z-Form zum Voreilen des Bohlenfußes. Beim fortlaufenden Rammen kann bei U-Bohlen auch der in Rammrichtung vorauseilende Schenkel um wenige Millimeter aufgebogen werden, sodass sich das Systemmaß etwas vergrößert. Bei Z-Bohlen kann der in Rammrichtung vorauseilende Steg zum Wellental hin geringfügig eingedrückt werden.

Das Voreilen kann in vielen Fällen durch staffelweises bzw. fachweises Rammen verhindert werden. Wenn dies nicht gelingt, müssen Keilbohlen eingeschaltet werden. Diese sind so auszubilden, dass der wellenförmige Teil des Rammelements an Kopf und Fuß die gleiche Form hat und der anschließende mit einem eingeschweißten Keil versehene Flansch in Rammrichtung liegt (Abb. 8.11a). Dadurch wird das Pflügen der Stege

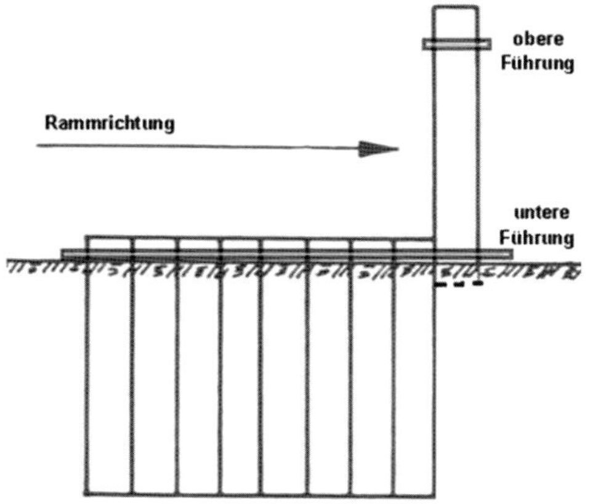

Abb. 8.8 Fortlaufendes Einbringen von Spundbohlen.

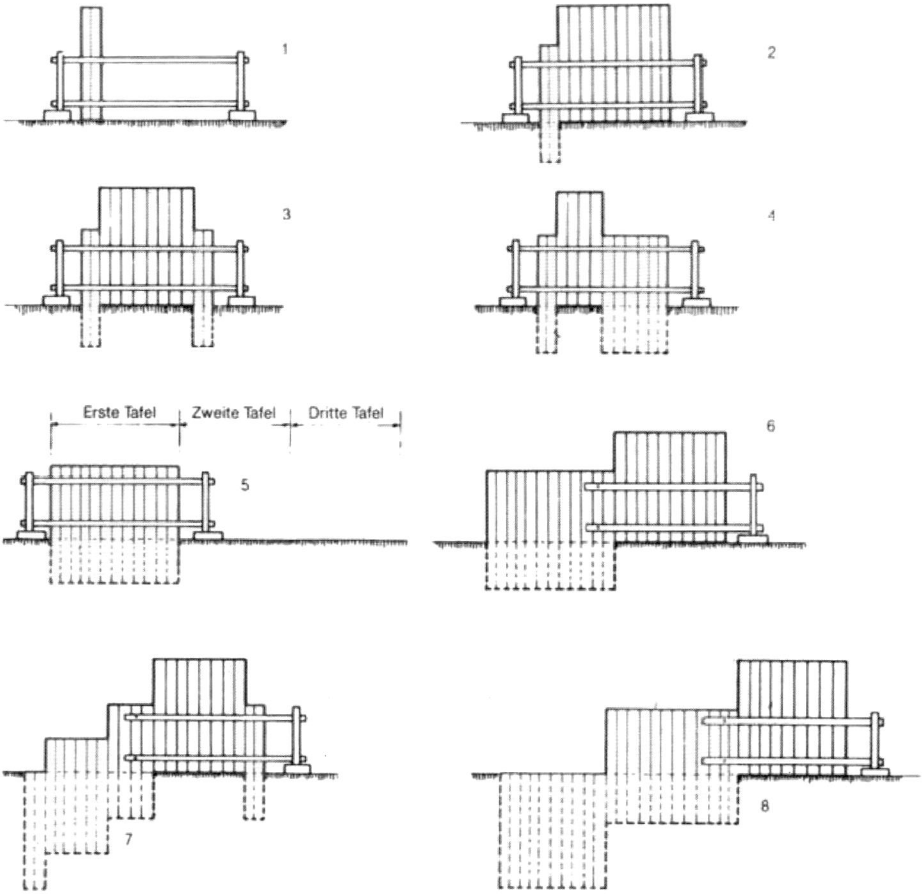

Abb. 8.9 Staffelweises Einbringen von Spundbohlen. 1 – die erste Doppelbohle vertikal und horizontal ausrichten; 2 – die erste Bohle anrammen, die restlichen Bohlen aufstellen und ausrichten; 3 – Anrammen der letzten Bohle; 4 – Einrammen der restlichen Bohlen, beginnend von der letzten zurück zur ersten; 5 – erste Tafel teilweise eingerammt; 6 – zweite Tafel ausgerichtet; aus der letzten Doppelbohle der ersten Tafel wird die erste Bohle der zweiten Tafel; die Führungsträger werden an der letzten eingerammten Bohle befestigt; 7 – erste Tafel stufenweise auf Endtiefe bringen, die letzte Bohle der zweiten Tafel anrammen; 8 – erste Tafel vollständig, zweite Tafel teilweise eingerammt, dritte Tafel ausgerichtet; die letzte Bohle der zweiten Tafel wird zur ersten der dritten Tafel.

im Boden vermieden. Sowohl bei U- wie auch bei Z-Bohlen kann das Anschrägen der Bohlenfüße zu Schlossschäden führen und ist deshalb zu unterlassen.

Müssen die Achsmaße bestimmter Wandstrecken möglichst genau eingehalten werden, ist die Breitentoleranz der Bohlen zu beachten. Erforderlichenfalls sind Passbohlen (Abb. 8.11b) einzuschalten.

8.1.5.2.2.1 Einrammen von Stahlspundwänden in Fels Wenn Fels eine dickere verwitterte Übergangszone mit einer nach der Tiefe zunehmenden Festigkeit aufweist, oder wenn weiches Gestein ansteht, lassen sich Stahlspundbohlen erfahrungsgemäß so tief

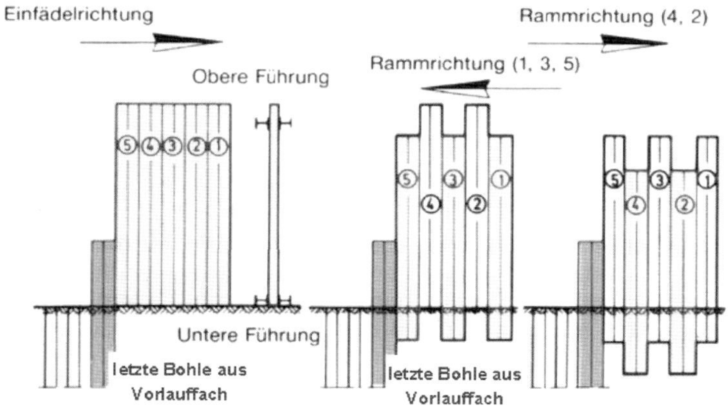

Abb. 8.10 Fachweises Einbringen von Spundbohlen.

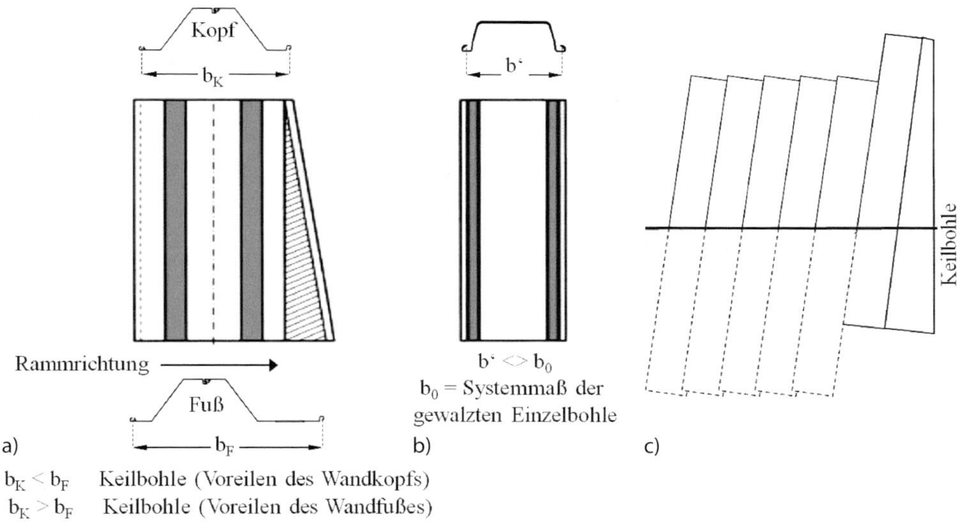

Abb. 8.11 Prinzipskizzen für Keil- und Passbohlen: (a) Keilbohle, (b) Passbohle, (c) Voreilen des Wandkopfs.

in den Fels einrammen, dass eine Fußstützung erzielt wird, die mindestens für freie Auflagerung ausreichend ist.

Um das Einrammen der Spundbohlen in den Fels zu ermöglichen, müssen diese je nach Profilart und Gestein am Wandfuß und ggf. auch am Kopf entsprechend verstärkt werden. Mit Rücksicht auf die erforderliche große Rammenergie empfiehlt es sich, für den Spundwandwerkstoff die Stahlgüte S 355 GP (Abschn. 8.1.2.1) zu wählen. Es ist sehr zweckmäßig, mit schweren Rammbären und mit entsprechend kleiner Fallhöhe zu arbeiten. Eine ähnliche Wirkung lässt sich bei Einsatz von Hydraulikbären erzielen, deren Schlagenergie in Anpassung an den jeweiligen Rammenergiebedarf kontrolliert regelbar ist (siehe Abschn. 8.1.5.2.1).

Steht ein nicht verwitterter, harter Fels bis zur Oberfläche an, sind Proberammungen und Felsuntersuchungen unerlässlich. Gegebenenfalls müssen für die Fußsicherung und die Bohlenführung besondere Maßnahmen getroffen werden wie z. B. durch Verwendung von Felsdübel gemäß Abschn. 8.12 der DIN EN 12063:1999.

8.1.5.2.3 Einrammen der Tragbohlen und Füllbohlen kombinierter Stahlspundwände

Die Tragbohlen kombinierter Stahlspundwände, Kasten-, Träger- oder Rohrpfähle (Abschn. 8.1.2.8), werden meist eingerammt. Füllbohlen können gerammt und/oder einvibriert (Abschn. 8.1.5.3) werden. Damit die Füllbohlen eingebracht werden können, ohne dass die Schlossverbindungen überbeansprucht werden, müssen die Tragbohlen innerhalb vereinbarter Toleranzen im planmäßigen Abstand und ohne Verdrehung parallel zueinander stehen.

Wenn Tragrohre beim Einbringen auf Hindernisse stoßen, können diese durch Ausbaggern im Inneren des Rohres beseitigt werden. Voraussetzung ist allerdings, dass der Innendurchmesser der Rohrtragbohlen ausreichend groß ist, um geeignetes Baggergerät einsetzen zu können (> 1200 mm) und im Rohrinneren keine Konstruktionselemente, wie z. B. innen liegende Schlosskammern, vorstehen (Abschn. 8.1.5).

Beim Einrammen von Stahlrohren besteht die Gefahr, dass die Pfahlköpfe ausbeulen, besonders bei Rohren mit verhältnismäßig geringen Wanddicken. Dies kann bedeuten, dass die Rohre nicht auf die geplante Tiefe gebracht werden können. Um in solchen Fällen ein Ausbeulen zu verhindern, muss der Pfahlkopf ausgesteift werden. Es haben sich verschiedene Maßnahmen bewährt (siehe Abb. 8.12).

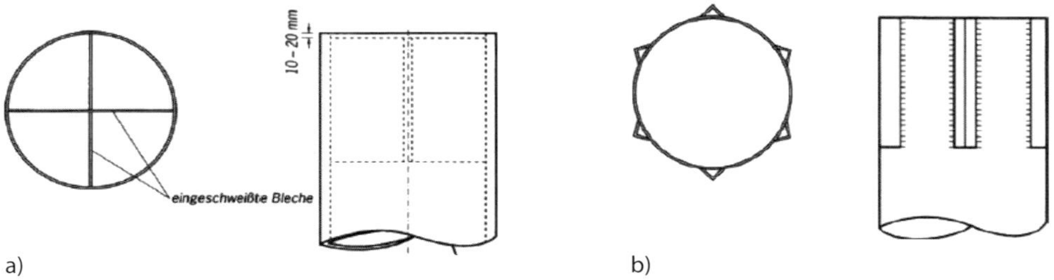

Abb. 8.12 Aussteifung der Rohrköpfe (a) mit eingeschweißten Blechen und (b) mit außen angeschweißten Winkelprofilen.

Kombinierte Stahlspundwände werden oft zum Bauen von Kaimauern in Seehäfen verwandt. Wegen der bei solchen Konstruktionen meist erheblichen Längen der Tragelemente von kombinierten Stahlspundwänden sind diese mit größtmöglicher Sorgfalt zu rammen. Nur dann kann damit gerechnet werden, dass die Tragbohlen ihre Sollstellung haben und die Füllbohlen mit unversehrten Schlossverbindungen eingebracht werden können. Dies setzt aber auch eine Flexibilität der Füllbohlen beim Einbringen voraus

Anforderungen an die Wandelemente Zum Erhalt dieser benötigten Flexibilität sollten die Mittelschlösser der Füllbohlen nicht auf ihrer gesamten Länge starr verbunden sein, sodass sich hier noch eine Schlossdrehung einstellen kann. Deshalb sollten sie lediglich am Kopf mit einer Transport- und Anhebesicherung auf wenige Dezimeter verpresst oder verschweißt werden.

Bei Tragbohlenlängen von mehr als 20 m sollten entweder Tragbohlen als Kastenpfähle oder Doppelbohlen aus Breitflansch- oder Kastenspundwandprofilen, die in beiden Richtungen eine ausreichend große Biegesteifigkeit sowie eine große Torsionssteifigkeit haben, oder Rohre verwendet werden. Der erhöhte Rammaufwand für diese Querschnitte muss in Kauf genommen werden.

Werden die Verbindungsschlösser auf die Tragbohlen aufgezogen oder mit diesen verschweißt, besteht die Gefahr, dass sich diese bereits beim Einbringen der Tragbohlen mit Boden füllen. Ein Einbringen der Füllbohlen kann dann leichter zu Schlosssprengungen führen. Daher sind die Verbindungsschlösser in diesem Fall vor dem Rammen am unteren Ende zu verschließen und z. B. mit weichem Bitumen zu verfüllen.

Werden die Schlossstähle auf die Tragbohlen gezogen, sind sie mit diesen schubfest zu verschweißen ($a \geq 6$ mm), wenn unter Verzicht auf die größere Drehbeweglichkeit ein höheres Trägheits- und Widerstandsmoment erreicht werden soll. Hierdurch entfernt sich die Schwerpunktslage des Tragpfahles von der Mitte des Pfahles in Richtung des Flansches mit den Verbindungsschlössern.

Sind die Verbindungsschlösser auf die Füllbohlen aufgezogen, werden sie bei größerer Einrammtiefe nur am oberen Ende verschweißt, damit beim Rammen die Verdrehbarkeit zwischen Tragbohle und Zwischenbohle erhalten bleibt und somit die Schlossreibung während des Rammens verringert wird.

Bei beiden Positionen der Verbindungsschlösser muss die Länge der Schweißnaht/Verpressung auf die Bohlenlänge, die Einrammtiefe, die Bodenverhältnisse und auf etwa zu erwartende Rammschwierigkeiten abgestellt werden. Sie liegt im Allgemeinen zwischen 200–500 mm.

Bei besonders langen Bohlen und/oder schwerer Rammung empfiehlt sich zusätzlich eine Sicherungsschweißung am Fuß. Ist die Einrammtiefe nur gering, genügt im Allgemeinen eine kürzere Transportsicherung am Kopf der Bohlen.

Müssen die Füllbohlen tiefer als Oberkante der Tragbohlen gerammt werden, muss die Rammhaube die äußeren Schlossstähle zwar überdecken, aber nur so weit, dass noch ausreichend Abstand zwischen den Tragbohlen verbleibt.

Bestehen die Tragbohlen aus U- oder Z-Profilen, die durch Stegbleche miteinander verbunden sind, so sind die Stegbleche außen durchlaufend und an den Enden des Tragpfahls innen auf mindestens 1000 mm mit den U- oder Z-Profilen zu verschweißen. Die Schweißnahtdicke muss $a > 8$ mm betragen. Außerdem müssen die Tragpfähle an Kopf und Fuß durch Breitflachstähle zwischen den Stegblechen ausgesteift werden, um die Rammenergie ohne Beschädigung der Tragpfähle ableiten zu können.

Die Tragbohlen müssen über die sonst üblichen Forderungen nach Abschn. 8.1.2.3 hinaus gerade sein, das Stichmaß der Profile soll gemäß DIN EN 10248-2 kleiner als 2 ‰ der Bohlenlänge sein. Tragbohlen von kombinierten Spundwänden dürfen nicht verdreht sein und müssen bei großer Länge und gleichzeitig großer Rammtiefe ausreichend biege- und torsionssteif sein.

Weder in DIN EN 10248 noch in vergleichbaren Normenwerken sind zulässige Toleranzen für die Verdrillung für Tragbohlen kombinierter Spundwände angegeben. Diese müssen daher bei Bestellung mit dem Lieferanten gesondert vereinbart oder vom Auftraggeber vorgegeben werden.

Der Kopf der Tragbohlen muss eben und winkelrecht bearbeitet und so ausgebildet sein, dass der Rammschlag mithilfe einer ausreichend bemessenen und gut angepassten Rammhaube über den gesamten Bohlenquerschnitt eingeleitet wird. Beim Einbringen der Tragbohlen ist darauf zu achten, dass die Resultierende der Rammenergie und die

Resultierende des Rammwiderstandes in der Schwerachse des Tragpfahles angreifen, um ein Verlaufen des Tragpfahles infolge exzentrischer Beanspruchung zu vermeiden.

Verstärkungen am Fuß der Bohle zur Erhöhung der Tragfähigkeit in axialer Richtung, z. B. Flügel, müssen so angeordnet werden, dass die Resultierende des Rammwiderstands in der Schwerachse der Tragbohle angreift. Andernfalls könnte die Tragbohle beim Rammen verlaufen. Flügel müssen so hoch über den Bohlenfuß geführt werden, dass sie die Tragbohle beim Rammen führen.

Füllbohlen sollen so ausgebildet werden, dass sie Abweichungen der Tragbohlen von der Solllage im erforderlichen Maße folgen können. Füllbohlen aus Z-Profilen ermöglichen wegen der außen liegenden Schlösser in begrenzter Größenordnung eine Anpassung an Lageveränderungen der Tragbohlen. Bei Füllbohlen aus U-Profilen liegen die Schlösser in der Wandachse, sodass eine Anpassung an Rammabweichungen der Tragbohlen nur durch Längung oder Verkürzung der Profilbreite möglich ist.

Die Schlösser zwischen Tragbohlen und Füllbohlen müssen gut gängig und ausreichend tragfähig sein (vgl. Abschn. 8.1.2.2). Zusammengehörende Schlösser, wie z. B. die auf einer Flanschseite liegenden Verbindungsschlösser, müssen richtig zueinander liegen und dürfen gegeneinander nicht verdreht sein.

Ausführen der Rammung Die Tragbohlen müssen so eingebracht werden, dass sie nach dem Rammen folgende Anforderungen erfüllen:

- *Parallelität*: Die Tragbohlen müssen weitestgehend parallel zueinander stehen. Die Bohlen müssen dabei senkrecht stehen bzw. die vorgeschriebene Neigung einhalten.
- *Flucht*: Die Rammflucht muss eingehalten werden.
- *Verdrehungen/Verdrillungen*: Verdrehungen/Verdrillungen erhöhen die Gefahr von Schlosssprengungen und müssen daher weitestgehend vermieden werden.
- *Abstand*: Die Tragbohlen dürfen über ihre gesamte Länge nur gering vom theoretischen Systemmaß abweichen.

Diese Anforderungen lassen sich nur durch eine strikte Führung der Tragbohlen, zweckmäßigerweise mit doppelter Führung, erfüllen. Diese Führung muss sowohl beim Stellen der Tragbohlen als auch beim Rammen gewährleistet sein. Zum Stellen und Rammen der Tragbohlen ist ein geeignetes, der Länge und dem Gewicht der Bohlen angepasstes schweres, ausreichend steifes Rammgerät zu verwenden, das einen festen Stand und ausreichende Stabilität besitzt.

Für das Einbringen von kombinierten Spundwänden an exponierten Standorten, wie solchen mit extremen Witterungsbedingungen und hohem Seegang, z. B. an Standorten in Flussästuaren, werden folgende Verfahren empfohlen:

- Hubinseln als Trägergeräte für die Ramme und die Rammführung oder ausreichend steife Rammgerüste auf Hilfspfählen, die anschließend gezogen werden.[1)]

1) Anmerkung: Schwimmende Geräte, z. B. Arbeitspontons oder so genannte Half Diver sind weniger geeignet. Bei derartigen Geräten muss davon ausgegangen werden, dass sie sich in der Dünung und im Wellengang, wenn auch nur geringfügig, bewegen. Schwimmende Geräte sind für die Rammung von kombinierten Wänden nur in geschützten Standorten geeignet.

Mäklergeführte Rammung

- Führen der Tragbohle über die Rammhaube am Mäkler, sodass sie auch oberhalb der Horizontalführung in Soll-Lage gehalten wird. Das Spiel zwischen Tragbohle und Haube sowie zwischen Haube und Mäkler muss beim Rammen so gering wie möglich sein.
- Ständige Überprüfung der Position von Hubinseln während des Rammens, weil auch Hubinseln infolge von Rammerschütterungen ihre Position (z. B. die Neigung) verändern können.
- Vermeidung des Verdrehens der Tragbohlen durch eine steife Führung, die unabhängig von Tide, Dünung, Schwell und Wellenschlag befestigt ist. Durch die Führung wird auch die Parallelität und Richtung der Tragbohlen (lotrecht bzw. geneigt) verbessert.
- Bei großen Wassertiefen das Sichern der Tragbohlen unterhalb der Rammführung durch eine unter Wasser mitlaufende Parallelführung oder Käfige. Käfige sind unverschiebliche Führungsschablonen in möglichst tiefer Lage. Es wird darauf hingewiesen, dass das Ziehen von Käfigen teilweise erhebliche Hebekräfte erfordert, die über die Gewichte der Tragbohlen weit hinausgehen.

Die Tragbohlen werden in der Regel zunächst mit einem Vibrator gestellt und anschließend mit einem schweren Rammgerät auf Endtiefe gebracht.

Bei geringer Wassertiefe kann die Führung dadurch verbessert werden, dass an der Hafensohle vor dem Rammen ein Graben ausgehoben wird, sodass eine Führung möglichst tief angesetzt werden kann und die Rammtiefe verringert wird.

Die Tragbohlen werden nicht fortlaufend, sondern in überspringender Reihenfolge (Pilgerschritt) gerammt. Dadurch wird sichergestellt, dass der Fuß der Bohlen niemals in nur einseitig verdichtetem Boden eingebracht wird. In der Regel wird eine Rammstaffel von sieben Tragbohlen in der Reihenfolge 1-7-5-3-2-4-6 eingebracht (großer Pilgerschritt). Mindestens sollte aber die Reihenfolge 1-3-2-5-4-7-6 (kleiner Pilgerschritt) eingehalten werden.

Im Allgemeinen werden die Tragbohlen bei ausschließlicher Rammung in einem Zuge auf planmäßige Tiefe gerammt.

Die Füllbohlen werden anschließend der Reihe nach eingesetzt und eingebracht. Werden sie (teilweise) im Vibrationsverfahren eingebracht, ist unbedingt darauf zu achten, dass die Bohlen stetig tiefer eindringen. Deutet der Fortschritt beim Vibrieren darauf hin, dass die Zwischenbohle nur noch geringfügig weiter eindringt, so ist das Vibrieren sofort abzubrechen, um Schäden in den Fädelschlössern und an den Verschweißungen von Schlössern auf jeden Fall zu vermeiden. Deshalb sollten die Eindringgeschwindigkeiten, wie in Abschn. 8.1.5.3.4e erläutert, nicht geringer als 0,5 m/min sein.

Je nach Länge der Füllbohlen ist deren Wandstärke ausreichend zu wählen. Bei Füllbohlenlängen ab 20 m sollte deren Wandstärke nicht dünner als 12 mm sein.

Bei spülfähigem, steinfreiem Boden können die Trag- und ggf. auch die Füllbohlen mit Spülhilfe eingebracht werden. Die Spüleinrichtungen sind symmetrisch anzuordnen und seitlich gut zu führen, um dem seitlichen Abweichen der Tragbohlen aus der Solllage zu begegnen.

Sind Geröll- oder feste Bodenschichten zu durchrammen, empfiehlt sich ein Bodenaustausch. Bei Landbaustellen kann in der Rammtrasse ein Schlitz ausgehoben werden, in den die Spundwand eingestellt und nachgerammt wird.

Speziell bei schwierigen Bodenverhältnissen sind unter Umständen Sondermaßnahmen erforderlich, um Schäden beim Einbringen von kombinierten Spundwänden zu verhindern. So können unter Umständen Bodenaustausch, Vorbohrungen und anderes sinnvoll sein.

Planung und Bau einer kombinierten Spundwand erfordern vom Planer, vom Konstrukteur, vom Hersteller sowie bei der Arbeitsvorbereitung und insbesondere von der ausführenden Mannschaft umfangreiche Erfahrungen.

Ausbildung von Rammgerüsten Rammarbeiten im Wasser können entweder von einer Hubinsel oder einem Ponton aus durchgeführt werden. Diese Einrichtungen sind mobil und können dem Baufortschritt entsprechend verholt werden. Allerdings setzt ihr Einsatz schiffbare Wassertiefen voraus. Sind diese nicht vorhanden, kann durch Aufschüttungen ein Rammplanum geschaffen werden. Eine Alternative sind Rammgerüste, auf denen die Ramme einen sicheren Stand hat und entsprechend dem Baufortschritt verfahren werden kann.

Rammgerüste sind auf Stahl-, Holz- oder Betonpfählen gegründete Arbeitsplattformen (Abb. 8.13). Sie müssen so konstruiert und gebaut werden, dass sie die für den Rammbetrieb notwendige Baustelleneinrichtung aufnehmen können und zugleich wirtschaftlich sind. Für ihre Konstruktion und den Bau sind folgende Randbedingungen zu beachten:

- Rammgerüste können schwimmend gerammt werden, die dabei möglichen Rammabweichungen sind in der Auslegung der Konstruktion zu berücksichtigen.
- Die Länge des Rammgerüsts ist so zu wählen, dass das Rammgerüst bei laufendem Rammbetrieb im bereits gerammten Bereich des Uferbauwerks rückgebaut und für die Fortsetzung der Rammarbeiten vorgestreckt werden kann.
- Die Gründungspfähle des Rammgerüsts werden im Rückbaubereich gezogen und für das Vorstrecken wiederverwendet. Wenn das Ziehen der Gründungspfähle auch mit Unterstützung durch Spüllanzen nicht gelingt, müssen sie unterhalb der planmäßigen Hafensohle gekappt werden. Dabei sind Baggertoleranzen und spätere Vertiefungen des Hafens zu berücksichtigen. Das Rammgerüst muss für die beim Ziehen der Gerüstpfähle auftretenden Lasten bemessen werden.
- Für das Rammgerüst sollten statisch einfache Systeme und Konstruktionen gewählt werden, sodass die Bauteile mehrfach wiederverwendet werden können.
- Stehen an der Hafensohle kolkgefährdete Böden (Sand, Schluff) an, muss eine mögliche Kolkbildung bei der Festlegung der Rammtiefe der Gerüstpfähle berücksichtigt werden. Da die Kolktiefe im Bereich von Pfahlgruppen in Tideströmungen vorab nur unscharf abgeschätzt werden kann, muss die Kolkbildung während der Bauarbeiten durch Peilung regelmäßig überwacht werden. Werden dabei Kolke festgestellt, die tiefer sind als in der Rammtiefe der Gerüstpfähle berücksichtigt, müssen die Kolke mit nicht kolkgefährdeten Böden (Kies, Steine, bindiger Boden) aufgefüllt werden.
- Die Pfähle des Rammgerüsts müssen so weit von den Bauwerkspfählen entfernt sein, dass sie beim Rammen der Bauwerkspfähle keine Mitnahmesetzungen erleiden. Der erforderliche Abstand ist im Einzelfall entsprechend der Schichtenfolge des Baugrunds und der Art der Bauwerkspfähle festzulegen. In bindigen Böden können nach dem Ziehen der Gerüstpfähle Hohlräume verbleiben. Diese sind zu verfüllen, wenn sie eine Beeinträchtigung der Standsicherheit oder der Gebrauchstauglichkeit des Bauwerks verursachen können.
- Rammgerüste in Ufernähe können aus einer Pfahlreihe im Wasser und einem Auflager für die Plattformträger am Ufer bestehen. Rammgerüste im Wasser werden auf

zwei oder mehreren Pfahlreihen gegründet. Dabei können auch Bauwerkspfähle mitbenutzt werden.

Für Rammgerüste sind die Sicherheitsanforderungen und -maßnahmen entsprechend DIN EN 16228 maßgebend.

Neben den Lasten aus der Ramme und der Rammbrücke sowie ggf. einem Kran sind für die Nachweise der Gerüstpfähle und Verbände Lasten aus dem Strömungsdruck, aus Wellenschlag und aus Eisdruck anzusetzen. Zusätzlich sind Lasten aus Schiffsstoß und ggf. Pollerzug von jeweils 100 kN in ungünstigster Einwirkungsrichtung anzusetzen, sofern keine Sicherung gegen Schiffberührungen, z. B. von Pontons oder anderen schwimmenden Geräten des Baubetriebs, durch zusätzliche Maßnahmen (Schutzdalben) angeordnet werden.

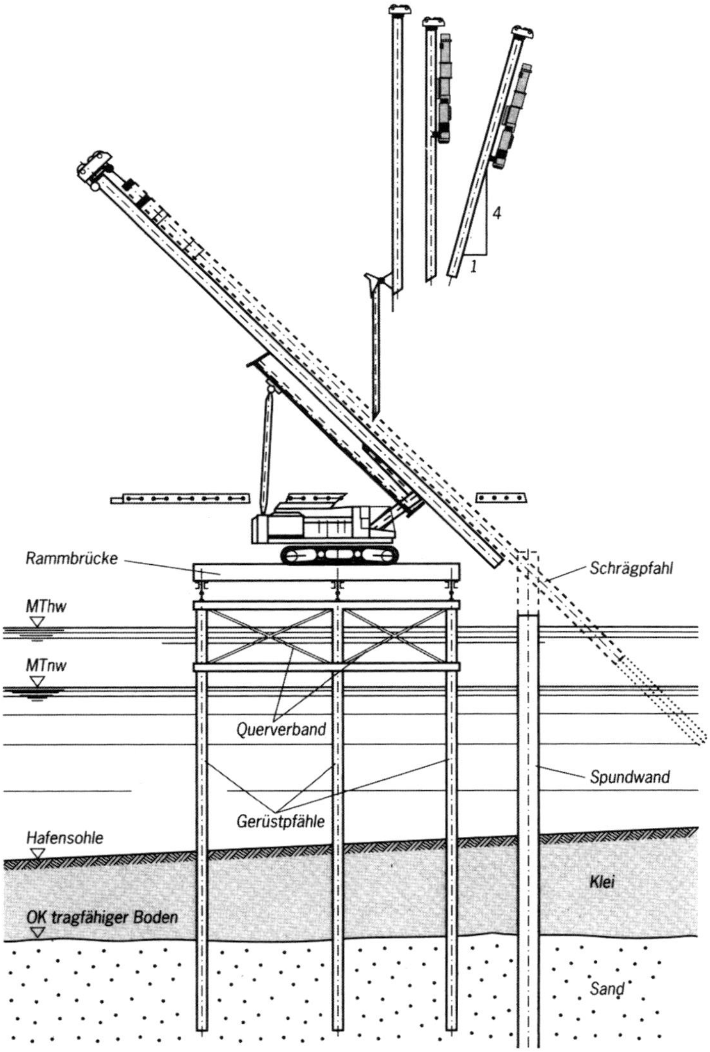

Abb. 8.13 Rammgerüst für Senkrecht- und Schrägrammung.

8.1.5.3 Einvibrieren von Stahlspundbohlen

Zum Einvibrieren wellenförmiger Stahlspundbohlen werden Vibrationsbäre (Rüttler) eingesetzt, die mit Klemmzangen (siehe Abschn. 8.1.5.3.3) fest mit der Spundbohle verbunden sind. Im Rüttler werden durch gegenläufig synchron rotierende Unwuchten vertikal gerichtete Schwingungen erzeugt, die sich auf die Spundbohle übertragen und den Boden zum Mitschwingen anregen. Dadurch können die Endringwiderstände des Bodens (Mantelreibung und Spitzenwiderstand) erheblich reduziert werden.

Ob das Einvibrieren im konkreten Anwendungsfall mit Erfolg angewendet werden kann, muss durch eine fachkundige Beurteilung des Zusammenwirkens von Vibrationsbär, Spundbohle und Boden bewertet werden. Der Abschn. 3.2.4.2.3 behandelt den Einfluss des Bodens auf das Einrütteln.

Die Auswirkungen des Einvibrierens auf die Tragfähigkeit und das Setzungsverhalten von Gründungselementen und die Lagerungsdichte des anstehenden Bodens sollten im Anwendungsfall durch einen Sachverständigen für Geotechnik bewertet werden. Insbesondere im Falle von Gründungselementen mit Wechselbeanspruchungen (Zug und Druck) sollte die Tragfähigkeit vorab durch Probebelastungen nachgewiesen werden.

8.1.5.3.1 Begriffe, Kenndaten für Vibrationsbäre

Wesentliche Begriffe und Kenndaten für den Betrieb von Vibrationsbären sind:

1) Die Antriebsart: Vibrationsbäre können elektrisch, hydraulisch oder elektrohydraulisch angetrieben werden.
2) Die Antriebsleistung P [kW] bestimmt die Leistungsfähigkeit der Bäre. Pro 10 kN Fliehkraft ist eine Antriebsleistung von mindestens 2 kW erforderlich.
3) Das wirksame Moment M [kg m] ist das Produkt aus der Gesamtmasse m der Unwuchten, multipliziert mit dem Abstand r des Schwerpunktes der einzelnen Unwucht von ihrer Drehachse.

   $$M = m \cdot r \quad [\mathrm{kg\,m}]$$

   Das wirksame Moment bestimmt die Schwingweite bzw. Amplitude des Vibrationsbären.
4) Die Drehzahl n [$\mathrm{U\,min^{-1}}$] der Unwuchtwellen. Die Drehzahl beeinflusst die Fliehkraft quadratisch. Elektrische Vibratoren arbeiten mit konstanter, hydraulische mit stufenlos einstellbarer Drehzahl.
5) Die Fliehkraft (Erregerkraft) F [kN] ist das Produkt aus dem wirksamen Moment und dem Quadrat der Winkelgeschwindigkeit:

   $$F = M \cdot 10^{-3} \cdot \omega^2 \quad [\mathrm{kN}] \quad \text{mit} \quad \omega = \frac{2 \cdot \pi \cdot n}{60} \quad [\mathrm{s^{-1}}]$$

   Für die Praxis ist die Fliehkraft eine Vergleichsgröße unterschiedlicher Rüttelbäre. Dabei ist jedoch auch wichtig, bei welcher Drehzahl und welchem wirksamen Moment die größte Fliehkraft wirkt.
   Moderne Vibrationsbäre ermöglichen eine stufenlose Regulierung der Drehzahl und des statischen Momentes während des Betriebs. Diese Geräte haben den Vorteil, dass sie mit einer Schwingungsamplitude von null resonanzfrei angefahren werden können. Erst nach Erreichen der vorgewählten Drehzahl werden die Unwuchten ausgefahren und eingeregelt. Damit werden unerwünschte An- und Auslaufspitzen der Schwingweite bzw. Amplitude vermieden

6) Die Schwingweite S [m] und die Amplitude [$\overline{x}$]. Die Schwingweite S ist die gesamte vertikale Verschiebung der vibrierenden Einheit im Verlauf einer Umdrehung der Unwuchten. Die Amplitude ist die halbe Schwingweite. In den Gerätelisten der Hersteller wird manchmal die Schwingweite, manchmal die Amplitude angegeben.
Die Amplitude ist der Quotient aus wirksamem Moment M [kg m] und der dynamischen Masse $m_{\text{Bärdyn}}$ [kg] des Bären:

$$\overline{x} = \frac{M}{m_{\text{Bärdyn}}} \quad [\text{m}]$$

Die für die Praxis erforderliche „Arbeitsamplitude" $\overline{x}_A$ ist dagegen eine Amplitude, die sich beim Einvibrieren einstellt, sie wird als Quotient aus dem wirksamen Moment M und der gesamten mitschwingenden Masse m_{dyn} errechnet:

$$\overline{x}_A = \frac{M}{m_{\text{dyn}}} \quad [\text{m}]$$

Die mitschwingende Masse m_{dyn} ist die Summe aus der dynamischen Masse $m_{\text{Bärdyn}}$ des Vibrators, der Masse $m_{\text{Spundbohle}}$ der Spundbohle und der Masse m_{Boden} des mitschwingenden Bodenvolumens. Letztere ist im Allgemeinen nicht bekannt, bei Rammprognosen wird daher oft $\text{m}_{\text{Boden}} \geq 0{,}7(m_{\text{Bärdyn}} + m_{\text{Spundbohle}})$ angesetzt. Für einen optimalen Arbeitsablauf des Einvibrierens sollte die rechnerische Arbeitsamplitude $\overline{x}_A \geq 0{,}003$ m sein.

7) Die Beschleunigung a [m/s^2] der Spundbohle wirkt auf das Korngerüst des umgebenden Bodens. Dadurch werden die zwischen den Einzelkörnern nichtbindiger Böden wirkenden Spannungen beeinflusst, im Idealfall sogar ganz aufgehoben, sodass der Boden in einen „pseudoflüssigen" Zustand versetzt wird, solange der Vibrationsbär arbeitet. Dadurch werden die Reibung im Boden und der Eindringwiderstand der Profile herabgesetzt. Das Produkt aus der Arbeitsamplitude und dem Quadrat der Winkelgeschwindigkeit ergibt die Beschleunigung „a" der Spundbohle.

$$a = \overline{x} \cdot \omega^2 \quad [\text{m/s}^2] \quad \text{mit} \quad \omega = \frac{2 \cdot \pi \cdot n}{60} \quad [\text{s}^{-1}]$$

Erfahrungsgemäß sollte für erfolgreiches Einvibrieren $a \geq 100\,\text{m/s}^2$ sein.

8.1.5.3.2 Verbindung zwischen Vibrationsbär und Rammelement

Der Vibrator muss mit dem Rammelement über hydraulische Klemmbacken so verbunden werden, dass eine möglichst starre Verbindung mit der Spundbohle entsteht. Dadurch wird sichergestellt, dass die Energie des Vibrators optimal in die Spundbohle und über dieses in den Boden eingeleitet wird und somit das Einvibrieren erfolgreich ist. Der Vibrator sollte wie bei der schlagenden Rammung in der Schwerlinie des Rammwiderstands angeordnet sein, deshalb ist für das Einvibrieren von Doppelbohlen (oder Mehrfachbohlen) eine Doppelklemmzange zu verwenden. Auf eine Lochung zum Anschlagen der Bohlen in unmittelbarer Nähe der lasteinleitenden Klemmzangen sollte zur Vermeidung von Rissen verzichtet werden. Anzahl und Positionen der Klemmbacken sind so zu wählen, dass sie dem Profil angepasst sind.

8.1.5.3.3 Kriterien für die Wahl des Vibrationsbären

Für das Einbringen von Spundwandprofilen in homogene, umlagerungsfähige (nichtbindige) und wassergesättigte Böden sollte der Vibrationsbär eine Fliehkraft von mindestens 15 kN je Meter Rammtiefe und 30 kN je 100 kg Spundbohlenmasse erzeugen können. Die Fliehkraft kann damit aus der Beziehung

$$F = 15 \cdot \left(t + \frac{2 \cdot m_{\text{Rammgut}}}{100} \right) \quad [\text{kN}]$$

errechnet werden. Darin bedeuten

F	Fliehkraft [kN],
t	Rammtiefe [m],
m_{Rammgut}	Masse des Rammelements [kg].

Zur Wahl des Vibrationsbären kann auch auf entsprechende Angaben der Gerätehersteller und auf rechnergestützte Prognosemodelle zurückgegriffen werden. Für größere Bauvorhaben sind Eignungsversuche zu empfehlen.

8.1.5.3.4 Anmerkungen zum Einvibrieren von Stahlspundbohlen

a) Die Einwirkungen aus Erschütterungen auf benachbarte Bauwerke und sonstige Anlagen aus dem Einvibrieren von Spundwandprofilen können nicht sicher vorherbestimmt werden.
b) Grundsätzlich werden Bauwerke im Einflussbereich der Vibrationsbäre durch Schwingungen z. B. der Fundamente wie auch von Geschossdecken beansprucht (direkte Einwirkungen). DIN 4150, Teil 2 und 3 enthalten Anhaltswerte für zulässige Schwinggeschwindigkeiten. Durch Verwendung resonanzfrei anlaufender Vibrationsgeräte kann dieser Einfluss minimiert werden.
Daneben können die Erschütterungen aus dem Betrieb von Vibrationsbären Setzungen des Bodens verursachen, die sich dann als indirekte Einwirkungen auf Bauwerke übertragen.
c) Für Bauwerke im Einflussbereich der vom Einvibrieren ausgehenden Schwingungen sollten die zu erwartenden direkten und indirekten Einwirkungen vorab prognostiziert werden. Prognoseverfahren sind z. B. von Achmus et al. (2005) zusammengestellt worden. Anhand dieser Prognose können Gerät und Betriebsdaten so ausgewählt werden, dass die Anhaltswerte von DIN 4150, Teil 2 und Teil 3 nicht überschritten werden und die Setzungen aus den indirekten Einwirkungen abgeschätzt werden.
d) Bei Eindringgeschwindigkeiten der Spundbohle von ≥ 1 m/min sind schädigende Einwirkungen auf die benachbarte Bebauung erfahrungsgemäß nicht zu befürchten. Sind die Eindringgeschwindigkeiten der Spundbohle über längere Eindringstrecken $\leq 0{,}5$ m/min, sollten begleitende Messungen an der benachbarten Bebauung durchgeführt und durch einen geotechnischen Sachverständigen in Verbindung mit einem Tragwerksplaner dahingehend bewertet werden, ob die von den Rüttelbären ausgehenden Schwinggeschwindigkeiten zugelassen werden können. Kurzzeitig verringerte Eindringgeschwindigkeiten, z. B. beim Durchteufen verfestigter Bodenschichten, sind in der Regel unproblematisch.
e) In gering umlagerungsfähigen Böden (schwach bindige Böden, Schluff) oder in trockenen Böden ist die Wirkung der Rüttelbäre deutlich geringer. Sie kann durch Spülhilfe (Abschn. 8.1.6.1) verbessert werden. Weitere mögliche Hilfsmittel zur Unterstützung des Einbringens können Lockerungsbohrungen mit einem geringen Vorlauf oder ein Bodenaustausch sein.

f) Die in Abschn. 3.2.4.2.3 erwähnte Verdichtung von Böden durch das Einvibrieren ist vor allem beim Rütteln mit hohen Drehzahlen zu erwarten (Abschn. 8.1.5.3.1). Um die Verdichtung zu vermeiden, kann es zweckmäßig sein, die Arbeiten mit einem Rüttelbär auszuführen, der eine gleichwertige Fliehkraft erzeugt, aber mit geringerer Drehzahl und damit geringerer Beschleunigung arbeitet.
g) Bezüglich der Dichtheit künstlich vorgedichteter Schlösser wird auf Abschn. 8.1.3.3 hingewiesen.
h) Für die Dokumentation des Einbringens mit dem Rüttelbär gilt Abschn. 8.1.5.2.3 sinngemäß. Die Protokolle über das Einbringen sollten neben den Betriebsdaten des Rüttlers mindestens die erforderliche Rütteldauer für je 0,5 m Eindringung ausweisen. Vorzugsweise sollte das Einvibrieren durch eine kontinuierliche Aufzeichnung der Betriebsdaten, Rütteldauer und Eindringung dokumentiert werden.
i) Das Einvibrieren ist im Allgemeinen eine lärmarme Einbringmethode. Höhere Lärmpegel können bei mangelhafter Vibrationswirkung infolge Mitschwingens der Wand und der Rammzange durch Gegeneinanderschlagen entstehen. Intensiv kann das Mitschwingen bei hochstehenden Wänden in staffelweiser oder fachweiser Einbringung auftreten. Der Einsatz von Einbringhilfen nach Abschn. 8.1.6 oder gepolsterter Rammzangen kann Abhilfe schaffen.
j) Auch bei Einsatz moderner Hochfrequenzvibratoren mit variablen Unwuchten ist im Nahbereich von Bauwerken die Gefahr von Setzungen zu beachten.
k) Zu beachten ist weiter, dass bei geringen Eindringgeschwindigkeiten und anhaltendem Rütteln mit leistungsstarken Rüttlern die Schlösser bis zum Verschweißen erhitzt werden können. Im Falle kurzzeitig verringerter Eindringgeschwindigkeit kann das Verschweißen durch Wasserkühlung der Bohle insbesondere im Schlossbereich vermieden werden.
l) Beim Einbringen mit Rüttelbären können Hindernisse im Boden in den meisten Fällen unmittelbar durch eine stark abnehmende Eindringgeschwindigkeit erkannt werden.

8.1.5.4 Einpressen Stahlspundbohlen

8.1.5.4.1 Allgemeines

Die heute vermehrt aufgestellte Forderung nach geringer Lärmemission und Erschütterungsfreiheit beim Einbringen von Stahlspundbohlen kann durch Einpressen der Bohlen erfüllt werden.

In Abschn. 3.2.4.2.4 werden Grenzen der Einpressbarkeit von Stahlspundbohlen in unterschiedliche Böden aufgeführt.

Die Kosten für das Einpressen sind höher als die für das Rammen oder das Rütteln, sie werden aber in vielen Fällen zumindest teilweise dadurch aufgewogen, dass z. B. Maßnahmen zum Schallschutz gemäß Abschn. 8.1.9 entfallen.

8.1.5.4.2 Pressgeräte

Man unterscheidet zwischen freireitenden, mäklergeführten und selbstschreitenden Pressen.

Freireitende Pressgeräte benötigen zum Einpressen der Spundbohlen ein Führungsgerüst, in dem die Bohle in zwei Ebenen geführt wird. Beim mäklergeführten Pressen werden die Bohlen oben am Mäkler und unten in einem Führungsrahmen geführt. Beide Bauarten haben in der Wandachse mehrere Pressstempel nebeneinander, mit denen die Bohlen staffelweise eingepresst werden. Die Reaktionskräfte für die Presskräfte werden durch das Trägergerät, das Gewicht der Bohlen und deren Mantelreibung im Boden aufgebracht.

Wegen ihres geringen Platzbedarfs werden häufig selbstschreitende Pressen eingesetzt. Sie sitzen ohne weitere Führung und ohne Trägergerät direkt auf den bereits eingebrachten Bohlen. Die jeweils einzupressende Bohle wird durch Presszylinder im Presskopf gleichzeitig ausgerichtet und eingepresst. Bei den selbstschreitenden Pressen werden die Reaktionskräfte über die abgeteuften Nachbarbohlen aktiviert. Allerdings sind hier die in Abschn. 8.1.5.2.2 beschriebenen Einbringmethoden nicht anwendbar.

Das Einpressen kann durch Lockerungsbohrungen oder Spülhilfen unterstützt werden. Die dafür erforderlichen Einrichtungen sind bei einigen Pressen schon integriert.

Das Einpressen von Spundbohlen gelingt nur dann, wenn die Eindringwiderstände der Bohlen zutreffend eingeschätzt werden und die Presskräfte und die Steifigkeit der Profile darauf abgestimmt sind.

Derzeit marktübliche Spundwandpressen können Presskräfte von maximal ca. 1500 kN aufbringen. Bei selbstschreitenden Pressen müssen die Reaktionskräfte allein über die Nachbarbohlen aktiviert werden, daher sollten bei diesen Pressen Presskräfte von ca. 800 kN nicht überschritten werden, weil andernfalls die bereits eingebrachten Profile teilweise wieder gezogen werden.

8.1.5.4.3 *Presselemente*

Die meisten der heute auf dem Markt vorhandenen Spundwandpressen können nur einzelne Spundbohlen in U- oder Z-Form einpressen. Freireitende und mäklergeführte Spundwandpressen nehmen lose eingezogene Doppel-, Drei- oder Vierfachbohlen in U- oder Z-Form auf, die wechselweise als Einzelbohle eingepresst werden.

Kommen diese Geräte für das Einbringen von U-Bohlen zum Einsatz, ist DIN EN 1993-5/NA NDP zu 6.4(3) zu beachten.

Spundwandpressen, mit denen Doppelbohlen eingepresst werden, können während des Einbringens in der Regel durch Vorbohrungen im Bohlental unterstützt werden.

Um die Schlossreibung in nichtbindigen feinkörnigen Böden zu minimieren, werden die Schlosskammern der freien Randschlösser möglichst mit einem weichen Füllmaterial wie Heißbitumen oder Ähnlichem verfüllt.

Die Profile für das Einpressen müssen sowohl nach den statischen Erfordernissen im fertigen Bauwerk wie auch nach den Beanspruchungen beim Einpressen gewählt werden. Erfahrungsgemäß sollten zum Einpressen nicht zu weiche Profile verwendet werden.

8.1.5.5 Einstellen von Stahlspundbohlen in suspensionsgestützte Schlitze

Bei schwierigen geologischen Verhältnissen, großen Einbringtiefen oder in der Nähe zu sensibler Bausubstanz ist das Einstellen von Spundwandprofilen in einen Bentonitschlitz eine geeignete Lösung. Müssen Altlasten durchquert oder abgeschottet werden, wird mit diesem Verfahren eine nahezu undurchlässige Wand mit dem Korrosionsschutz für die tragende Spundwand durch die Bentonitzementsuspension erreicht. Zum besseren Absenken der Spundbohlen sollten vorgefertigte Mehrfachbohlen oder kombinierte Teilsysteme gewählt und ggf. mit einer mobilen Auflast versehen werden.

8.1.5.6 Aufstellen von Flachprofilen und Wirkungsweise von Kreiszellenfangedämmen

Zellenfangedämme dürfen nur auf tragfähigem Baugrund errichtet werden. Weiche Bodenschichten, insbesondere wenn sie im unteren Bereich des Fangedamms anstehen, setzen die Standsicherheit durch Ausbildung von Zwangsgleitflächen entscheidend herab. Diese Böden sollten im Inneren des Fangedamms gegen Verfüllsand ausgetauscht oder müssen durch Vertikaldränagen entwässert werden. Werden keine dieser Maßnahmen ergriffen, erhöht sich nach dem Verfüllen die Ringzugkraft infolge des auftretenden Porenwasserüberdruckes, was sich nachteilig auf den Nachweis gegen das Versagen des Spundwandprofils (STR) auswirkt.

Für die Zellenfüllung darf kein feinkörniger Boden nach DIN 18196 bzw. nach DIN EN ISO 14688-2 verwendet werden.

Bei Baugrubenumschließungen sollte der Füllboden besonders gut wasserdurchlässig sein, um das Absenkziel für die Wasserhaltung sicher zu gewährleisten.

Um die Abmessungen des Fangedamms zu minimieren und um eine ausreichende Standsicherheit zu gewährleisten, sollte daher ein Boden mit großer Wichte γ bzw. γ' und großem innerem Reibungswinkel φ_k verwendet werden. Beide Bodenkennwerte können durch Einvibrieren des Verfüllbodens vergrößert werden.

8.1.5.6.1 Zellenfangedämme als Baugrubenumschließung

Bei Baugrubenumschließungen mit der Gründungssohle auf Fels muss das Wasser im Fangedamm mit einer durch Beobachtungsbrunnen kontrollierbaren Entwässerungsanlage jederzeit so weit abgesenkt werden können, dass die Nachweise zur Standsicherheitsberechnung erfüllt sind. Entwässerungsöffnungen im luftseitigen Sohlenbereich, Filteranordnung in Höhe der Baugrubensohle und eine gute Durchlässigkeit der Gesamtfüllung sind unerlässlich.

Die Durchlässigkeit der unter Zugspannung stehenden Spundwandschlösser ist erfahrungsgemäß gering, sodass hier keine besonderen Maßnahmen getroffen werden müssen.

Der mit dem äußeren Wasserdruck belastete Teil der Baugrubenumschließung muss eine ausreichende Wasserdichtigkeit aufweisen. In manchen Fällen kann es sinnvoll sein, auf der dem Wasser zugewandten Fangedammseite zusätzliche Abdichtungsmaßnahmen vorzusehen, z. B. durch Unterwasserbeton.

8.1.5.6.2 Zellenfangedämme als Uferbauwerk

Bei Uferbauwerken steht die Zellenfüllung weitgehend unter Wasser. Eine tiefliegende Entwässerung ist somit nicht anwendbar. Bei stärkeren und schnell eintretenden Wasserspiegelschwankungen kann zur Vermeidung eines größeren Wasserüberdrucks jedoch die Anordnung einer Entwässerung der Zellenfüllung und der Bauwerkshinterfüllung von Vorteil sein (Abb. 8.14). In solchen Fällen ist die planmäßige Wirksamkeit der Entwässerungsmaßnahmen von ausschlaggebender Bedeutung für die Standsicherheit und die Lebensdauer des Uferbauwerkes.

Der Überbau ist so auszuführen und zu bemessen, dass

- die Gefahr einer lokalen Beschädigung der Fangedammzellen infolge Schiffsstoß vermieden wird; dies kann z. B. durch lastverteilende Bauteile erreicht werden,
- die anzusetzende Größe der globalen Einwirkung aus Schiffsstoß durch entsprechende Maßnahmen so weit reduziert wird – z. B. mit Fenderungen hohen Arbeitsvermögens –, dass die Standsicherheit der Fangedammzellen nicht gefährdet ist,
- vertikale Belastungen aus Überbauten oder anderen Kopfbauwerken auf dem Füllmaterial gegründet werden, sodass sie in den Flachprofilen ausschließlich Ringzugkräfte erzeugen,
- auf eine entsprechende Kopfausbildung ist zu achten (Abb. 8.15).

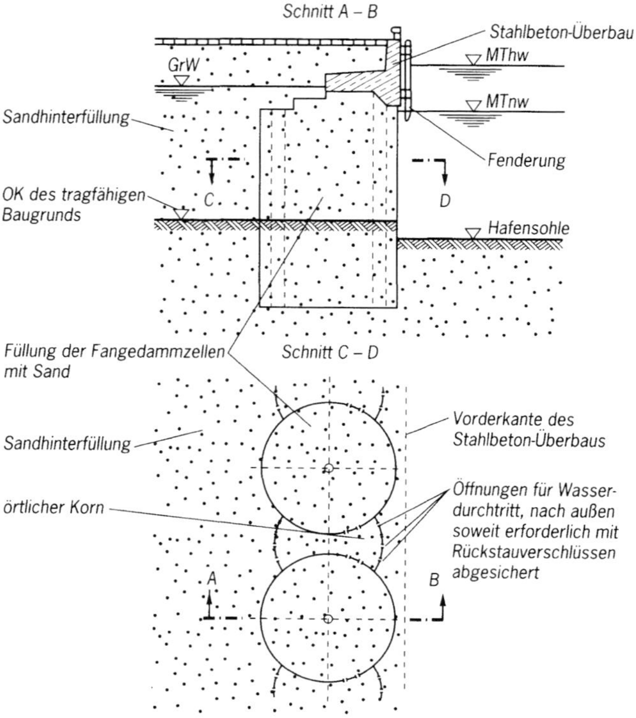

Abb. 8.14 Schematische Darstellung einer Ufereinfassung in Kreiszellenfangedammbauweise mit Entwässerung.

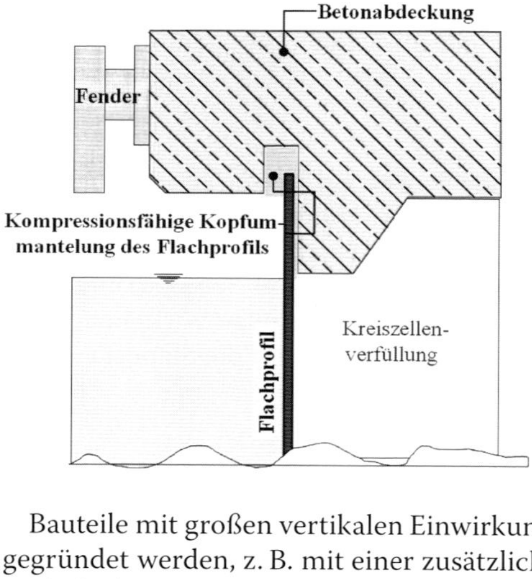

Abb. 8.15 Kopfausbildung bei überbautem Kreiszellenfangedamm.

Bauteile mit großen vertikalen Einwirkungen – z. B. aus Kranbetrieb – sollten separat gegründet werden, z. B. mit einer zusätzlichen Pfahlgründung, die neben oder auch innerhalb des Fangedamms angeordnet werden kann. Dadurch kann eine Vergrößerung der Ringzugkraft und eine größere Ausmitte der Einwirkungsresultierenden vermieden werden. Die Pfähle sind zur Lastabtragung bis in die tragfähigen Schichten unterhalb der Sohle des Fangedamms zu führen, sodass ihre Einwirkungen beim Nachweis gegen Versagen des Zellenfangedamms nicht berücksichtigt werden.

8.1.5.6.3 Bautechnik

Fangedämme sind unter den in Abschn. 8.1.2.9 angegebenen Randbedingungen sinnvoll. Sie lassen sich in Abhängigkeit vom Verwendungszweck sowohl in Land- wie auch in Seebauweise herstellen. Als Hochwasserschutzelement oder als Element der Baugrubenumschließung wird der zu nutzende Fangedamm im Allgemeinen im Trockenen gebaut.

Der ausschließlich als Ufereinfassung einzusetzende Fangedamm wird hingegen meist schwimmend oder von einer Hubinsel aus in das Wasser hineingebaut.

8.1.5.6.3.1 Landbauweise Der klassische Einsatzfall für die Landbauweise von Fangedämmen ist auf der Wehr- oder Kraftwerksbaustelle an einem aufzustauenden Fluss zu finden. Im Überflutungsgebiet wird zu Zeiten geringeren Abflusses der Fangedamm auf trockenem Untergrund errichtet, um in seinem Schutz die Baugrube auszuheben und das Bauwerk zu erstellen. Die Fangedammbauweisen (Kasten- oder Zellenfangedamm, Spundwandwellen- oder -flachprofile) werden an Führungen aufgestellt und abhängig vom Untergrund bis zu mehreren Metern tief eingerammt. Der Innenraum des Fangedamms wird mit nichtbindigem Boden gefüllt, anschließend hochgradig verdichtet und wenn möglich entwässert.

Wird der Fangedamm als Umschließung für die Baugrube genutzt, ist er entsprechend tief zu rammen. Ein Verfüllen der Zellen ist in diesem Falle nicht bzw. nur bedingt erforderlich, der anstehende Boden stellt die Füllung dar. Es kann aber trotzdem die Verbesserung des Bodens im Fangedamm durch Verdichtung mit Tiefenrüttlern oder der Einbau von Vertikaldräns zum Abbau des Porenwasserdruckes und damit zur Erhöhung der Standsicherheit notwendig werden.

8.1.5.6.3.2 Seebauweise Grundsätzlich unterscheidet sich die Seebauweise von der Landbauweise dadurch, dass hier alle Arbeitsvorgänge schwimmend oder von einer Hubplattform aus eingeleitet werden müssen. Für den Bau von Kastenfangedämmen sind vorab Rammgerüste herzustellen, oder es werden Hubplattformen und Arbeitspontons notwendig. Zellenfangedämme erfordern den Aufbau von Arbeitstischen im Wasser. Möglich ist dabei auch die Vormontage einer gesamten Zelle um einen an Land stehenden Montagetisch herum. Mithilfe eines Schwimmkranes wird die Zelle mit dem Montagetisch aufgenommen und in Position gebracht. Die mühsame Montage der einzelnen Bohlenelemente in der oftmals bewegten See entfällt auf diese Weise.

Allgemein werden auf die Fangedämme Kopfbauwerke in Form von Winkelstützmauern oder von Wellenkammern aufgesetzt, in die die gesamten Ausrüstungselemente integriert werden, die zum Anlegen von Seeschiffen notwendig sind.

Der Erfolg oder das Misslingen bei der Erstellung von Uferbauwerken aus Zellenfangedämmen ist wesentlich durch die Vorbereitung der Arbeiten geprägt. Da die einzelne Zelle ohne Füllung ein sehr empfindliches, nicht tragfähiges und leicht zerstörbares Element darstellt, folgen einige Anmerkungen zum Flachprofil, zum Aufbau des Rammtisches und zur Rammtechnik.

Durchmesser von Kreiszellen Unabhängig von der statischen Berechnung ist der tatsächliche Durchmesser einer Kreiszelle von der Anzahl der Einzelbohlen sowie deren Walztoleranzen und dem Spiel in den einzelnen Schlössern abhängig. Er kann somit zwischen zwei Werten schwanken, die für die Größe des Führungsringes von Wichtigkeit sind. Für dessen Herstellung muss zwangsläufig ein Mindestdurchmesser bestimmt werden.

8.1.5.6.4 Einbringen von Flachbohlen

Das ordnungsgemäße Einbringen der Bohlen erfordert mindestens zwei, bei großen Fangedammhöhen auch drei Führungsringe. Diese werden um den Führungstisch gelegt, der als ein räumliches Fachwerk ausgebildet ist, das an mehreren eingerammten Pfählen oder an auf dem tragfähigen Seeboden abgesetzten Pfahlböcken aufgehängt ist.

Die Bohlen werden in der Gesamtheit um den Führungstisch aufgestellt und die Ringe entsprechend gespannt. Anschließend erfolgt das gestaffelte Einbringen der Bohlen jeweils um etwa 50 cm pro Umlauf mittels Vibratoren oder Schnellschlagbären. Auch das Absenken der gesamten Zelle durch den Einsatz einer Vielzahl von Vibratoren, die jeweils mehrere Bohlen gleichzeitig überspannen, ist möglich.

Vor Beginn des Einbringens werden alle Schlösser, ggf. mithilfe von Tauchern, in ihren Verbindungen überprüft.

Bei sehr hohen Zellen kann es erforderlich werden, die Bohlen in der Länge zu teilen, um sie besser handhaben zu können. Da grundsätzlich nur Zugkräfte aus dem Innendruck bzw. nach unten gerichtete Wandreibungskräfte aus dem Erddruck aufzunehmen sind, kann eine entsprechende Staffelung vorgesehen werden, ohne dass Tragfähigkeitsverluste eintreten.

Nach dem Aufstellen aller Flachbohlen der Zelle sollte das Einbringen der einzelnen Bohlen schrittweise erfolgen, z. B. durch einen mehrfach um die Zelle herumlaufenden Rammvorgang, bei dem der Rammtiefenzuwachs pro Umlauf einen geringen Wert annimmt.

Eine für die Standsicherheit der Kreiszelle kritische Situation kann auftreten, wenn sie aufgestellt und der Führungstisch nach dem Einbringen der Bohlen bereits wieder abgebaut ist. Äußere Einwirkungen – z. B. infolge Wellendrucks – können dann die Kreiszelle zum Einsturz bringen. Es werden daher die Schlösser im Kopfbereich der Zelle verschweißt und schnellstmöglich eine Basisfüllung bis zu etwa 2/3 der Höhe eingebracht. Es wird empfohlen, zeitgleich mit dem Entfernen des Führungstisches den gesamten Kreiszellenfangedamm zu verfüllen.

8.1.5.7 Rammen von Stahlspundbohlen und Stahlpfählen bei tiefen Temperaturen

Bei Temperaturen über 0 °C können Stahlspundbohlen aller Stahlsorten unbedenklich gerammt werden. Muss bei tieferen Temperaturen gerammt werden, ist besondere Sorgfalt bei der Handhabung der Rammelemente sowie bei der Rammung geboten.

Leichte Rammungen können noch bis etwa −10 °C ausgeführt werden, insbesondere, wenn für die Spundbohlen Stahlgüten S355GP und höherfeste Stähle verwendet werden. Vollberuhigte Stähle nach DIN EN 10025 sind dann zu wählen, wenn eine schwere Rammung mit hohem Energieaufwand zu erwarten ist und dickwandige Profile oder geschweißte Rammelemente eingebracht werden müssen.

Bei noch tieferen Temperaturen als −10 °C sind Stahlsorten mit erhöhter Kaltverformbarkeit zu verwenden.

8.1.6 Einbringhilfen

- Lassen die Ergebnisse der Baugrunduntersuchung (Kap. 3) eine schwere oder gar schwerste Rammung (Einbringung) erwarten, müssen gewisse Einbringleistungen eingehalten oder die Stahlspundbohlen besonders schonend eingebracht werden, ist dies oft nur durch den Einsatz von Einbringhilfen möglich. Sie bereiten den Baugrund so auf, dass ein wirtschaftlicher Rammfortschritt erreicht wird. Damit werden

gleichzeitig auch Überbelastungen der Rammgeräte und der Rammprofile vermieden, und es kann sichergestellt werden, dass die erforderlichen Rammtiefen erreicht werden. Rammhilfen reduzieren den Energieaufwand beim Einbringen der Profile. Die erwünschte Folge sind geringere Belastungen durch Lärm und Erschütterungen.
- Grundsätzlich wird empfohlen, die im Einzelfall zu erwartenden Erschütterungen und den Lärm durch Voruntersuchungen, z. B. mit numerischen Prognosemodellen, abzuschätzen. Zur Kalibrierung sind ggf. Proberammungen sinnvoll. DIN 4150 Teil 2 und Teil 3 geben Anhaltswerte für zulässige Schwinggeschwindigkeiten aus Rammungen.
- Hinsichtlich des Lärmschutzes beim Rammen wird auf Abschn. 8.1.9 verwiesen.

Als Einbringhilfen werden bislang das Spülen, das Vorbohren und das Sprengen neben dem in Abschn. 8.1.5.5 erwähnten Einstellen der Bohlen in suspensionsgestützte Schlitze angewandt

8.1.6.1 Spülhilfe beim Einbringen von Stahlspundbohlen

In den Empfehlungen in Abschn. 3.2.4.2.5, 8.1.5.2.3, 8.1.5.3 und 8.1.9.4 und wird auf die Einbringhilfe durch Spülen mit Wasser hingewiesen. Spülhilfe mit Wasser kann bei den Einbringverfahren Rammen, Vibrieren und Pressen eingesetzt werden, um:

- das Einbringen generell zu ermöglichen,
- eine Überlastung der Geräte und Überbeanspruchungen der Rammelemente zu vermeiden,
- die erforderliche Einbindetiefe zu erreichen,
- Bodenerschütterungen zu reduzieren und
- die Kosten durch Verkürzung der Einbringzeiten und -energien zu senken und/oder den Einsatz leichterer Geräte zu ermöglichen.

Je nach Bodenstruktur und Festigkeit wird mit jeweils angepassten Wasserdrücken gespült.

8.1.6.1.1 Niederdruckspülverfahren

- Beim Niederdruckspülverfahren wird über Spülrohre ein Wasserstrahl an den Fuß des Rammelements geleitet. Dieser lockert und erodiert den Boden im Fußbereich. Der gelöste Boden wird mit dem Spülstrom abtransportiert. Im Wesentlichen wird hierbei der Widerstand im Fußbereich der einzubringenden Bohlen reduziert. Je nach Bodenstruktur kann durch aufsteigendes Wasser aber auch die Mantel- und die Schlossreibung vermindert werden.
- Dem Niederdruckspülverfahren sind durch die Festigkeit des Untergrunds, die Anzahl der Spüllanzen und der Höhe des erforderlichen Wasserdrucks sowie der erforderlichen Wassermenge Grenzen gesetzt. Zur Festlegung der Betriebsdaten einer Niederdruckspülhilfe sind vorab Proberammungen erforderlich.
- Das Niederdruckspülverfahren kann in nichtbindigen, dicht gelagerten Böden und insbesondere in trockenen, gleichförmigen nichtbindigen Böden sowie in Sand und Kies erfolgreich eingesetzt werden.
- Die Spüllanzen haben Durchmesser von 45–60 mm, der Spüldruck an der Pumpe liegt zwischen 5–20 bar. Durch eine Einschnürung der Spüllanzenspitzen oder spezielle Spülköpfe kann eine Düsenwirkung mit entsprechend erhöhter Spülwirkung erzielt werden. Das Spülwasser wird in der Regel von Kreiselpumpen geliefert. Der Wasserverbrauch kann bis zu ca. 1000 l/min reichen.

- Je nach Schwere der Einbringung werden die Spüllanzen neben der Spundbohle eingespült oder am Rammgut befestigt und mit diesem auf Tiefe gebracht. Durch das Einbringen relativ großer Wassermengen in den Untergrund kann dessen Festigkeit abgemindert werden und es können Setzungen ausgelöst werden.
- Niederdruckspülverfahren, bei denen gleichzeitig mit dem Einvibrieren gespült wird und der Spüldruck auf 15–40 bar begrenzt ist, haben sich für das Einbringen von Spundbohlen in sehr kompakte Böden bewährt, die ohne Spülhilfe nur sehr schwer rammbar sind.
- Wegen seiner Umweltverträglichkeit kann das Niederdruckspülverfahren auch in Wohngebieten und Innenstädten eingesetzt werden.
- Der Erfolg des Niederdruckspülverfahrens hängt wesentlich von der optimalen Abstimmung der Spülung und des Rüttlers auf den anstehenden Boden ab. Deswegen ist es wichtig, lokale Erfahrungen auszuwerten und Eignungsversuche durchzuführen, wenn diese nicht vorliegen. Optimal sind Vibratoren mit verstellbarem wirksamen Moment und Drehzahlregelung, weil deren Arbeitsdaten an den konkreten Eindringwiderstand angepasst werden können.
- Üblicherweise werden an der an Spundbohle (Doppelbohle) zwei bis vier Lanzen befestigt. Die Lanzenspitzen enden plangleich mit dem Bohlenfuß. Optimal ist der Einsatz je einer Pumpe pro Lanze. Das Spülen beginnt gleichzeitig mit dem Rütteln, um eine Verstopfung der Lanzenöffnung durch eindringenden Boden zu vermeiden.
- Bei Eindringgeschwindigkeiten von $\geq 1\,\mathrm{m/min}$ kann die Spülung bis zum Erreichen der statisch erforderlichen Einbindetiefe beibehalten werden. Im Allgemeinen gelten dann auch die vorher ermittelten Bodenkennwerte für die Spundwandberechnung. Die Neigungswinkel des Erddrucks und des Erdwiderstands sollten allerdings auf $\delta_a = +1/2\varphi$ und $\delta_P = -1/2\varphi$ begrenzt werden.
- Sollen hohe vertikale Lasten über mit Einspülhilfe eingebrachte Profile abgetragen werden, muss die lotrechte Tragfähigkeit durch Probebelastungen nachgewiesen werden.

8.1.6.1.2 Hochdruck-Vorschneid-Technik (HVT)

Mit der Hochdruck-Vorschneid-Technik (HVT) kann das Einbringen der Spundbohlen in wechselhaft feste Böden erleichtert bzw. gar erst ermöglicht werden. Als Spüllanzen werden Präzisionsrohre von z. B. 30 mm Durchmesser verwendet. Der Spüldruck an der Pumpe (Kolbenpumpe) liegt zwischen 250 und 500 bar. Die Spüllanzen sind unten mit eingeschraubten Düsen ausgerüstet, deren Querschnitt auf den anstehenden Boden eingestellt werden kann. Der Wasserbedarf liegt zwischen 30 und 150 l/min je Düse.

Die Hochdruck-Vorschneid-Technik ist vor allem für feste, überkonsolidierte bindige Böden wie Schluff- und Tongestein und mürben Sandstein geeignet.

Wirtschaftlich ist die Hochdruck-Vorschneid-Technik allerdings nur, wenn die Spüllanzen wiedergewonnen werden. Zu diesem Zweck dürfen die Spüllanzen nicht fest mit den einzubringenden Profilen verbunden sein, sondern sie müssen in Schellen geführt werden, die ihrerseits mit den Profilen verschweißt sind. Die Spülköpfe müssen ca. 5–10 mm über der Unterkante der Profile liegen und sind so zu wählen, dass sie eine möglichst hohe Standzeit erreichen.

Der Einsatz der Hochdruck-Vorschneid-Technik erfordert in jedem Fall eine Abstimmung von Spüldruck, Anzahl der Lanzen und Art der Düsen auf die konkret anstehenden Böden, im Falle wechselnder Bodenverhältnisse auch während der laufenden Baumaßnahmen.

Die Neigungswinkel des Erddrucks und des Erdwiderstands sollten auf $\delta a = +1/2\varphi$ und $\delta P = --1/2\varphi$ begrenzt werden. Sollen hohe vertikale Lasten über mit der Hochdruck-Vorschneid-Technik eingebrachte Profile abgetragen werden, muss die lotrechte Tragfähigkeit durch Probebelastungen nachgewiesen werden.

8.1.6.2 Lockerungssprengungen

Felsartige Böden werden häufig durch Sprengungen vorab gelockert (Lockerungssprengungen). Dabei wird der Fels entlang der Rammtrasse so zerstückelt, dass ein lotrechter schottergefüllter Graben entsteht, in den die Spundbohlen vorzugsweise einvibriert werden können. Die Auflockerung soll bis zum geplanten Spundwandfuß reichen und so breit sein, dass sie das Spundwandprofil aufnehmen kann. Außerhalb des Grabens bleibt der Fels standfest.

Grundsätzlich können Lockerungssprengungen in jedem Gestein ausgeführt werden. Entscheidend für den Erfolg der Lockerungssprengungen ist die Wahl der auf das jeweilige Gestein abgestellten Sprengmethode, Zündfolge, Anordnung der Sprengladung, Art des Sprengstoffes (möglichst wasserfest, hochbrisant) und ganz besonders die exakte Lage, der Abstand und die Richtungsgenauigkeit der Bohrlöcher.

8.1.6.2.1 Sprengverfahren

Für das Erreichen des Sprengziels bei minimalen Erschütterungen hat sich die Grabensprengung mit Kurzzeitzündung und geneigten Bohrlöchern nach Abb. 8.16 bewährt. Mit diesem Verfahren sind Gräben bis 1 m Breite herstellbar (Dynamit Nobel, 1993).

Die Sprengfolge beginnt mit dem Keileinbruch (siehe Längsschnitt rechter Teil in Abb. 8.16). Er löst die Verspannung des Gebirges, indem er eine zweite freie Fläche zusätzlich zur Grabenoberfläche schafft, gegen die der Fels geworfen werden kann. Dadurch verbessert sich die Sprengwirkung, und die Sprengerschütterungen sind geringer als bei senkrechten Bohrlöchern.

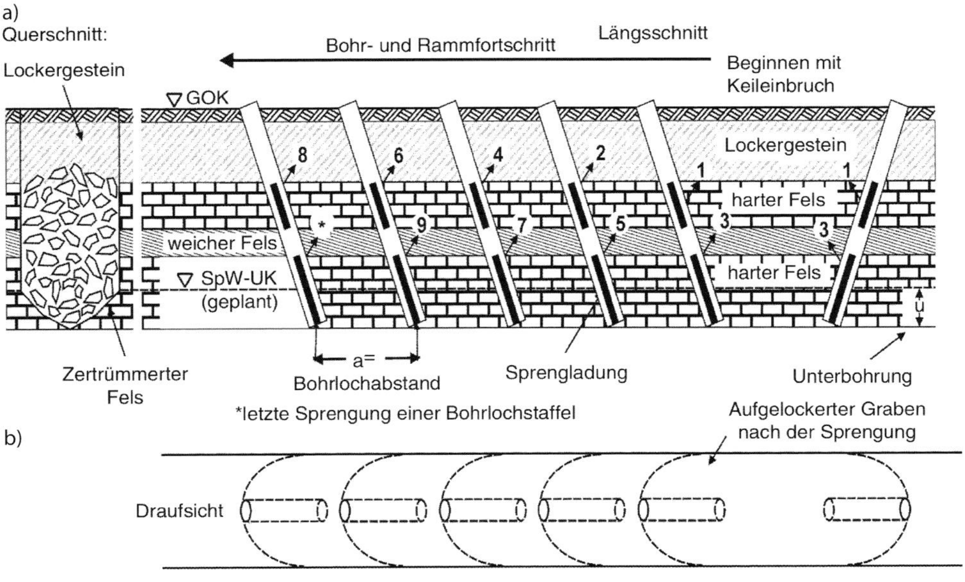

Abb. 8.16 Prinzip der Grabensprengung mit geneigten Bohrlöchern (Skizze nicht maßstäblich): (a) Querschnitt, (b) Draufsicht.

Nach dem Keileinbruch werden die weiteren Sprengladungen in der Regel in Intervallen von 25 ms gezündet. Die im ersten Intervall gezündeten Sprengladungen schaffen Platz für die Auflockerungen des Gesteins durch die nachfolgenden Zündungen. Zudem wird das Gestein entlang der Sprengtrasse durch die Sprengungen mehrfach gegeneinander geworfen und so zu Schottergröße zerlegt.

Der Sprengstoff wirkt v-förmig (Öffnungswinkel 90°) in Richtung der freien Fläche (siehe Querschnitt Abb. 8.16). Damit die Spundwand trotz der verengten Spitze des Ausbruchtrichters ihre Tiefe erreicht, müssen die Sprenglöcher bis unter den geplanten Spundwandfuß reichen. Oberhalb des Ausbruchtrichters entsteht ein schottergefüllter Graben, in den die Spundbohlen schonend einvibriert werden können.

Der Bohrlochabstand a in Abb. 8.16 entspricht etwa der mittleren Grabenbreite. Übliche Bohrlochabstände bei geneigtem Bohren sind 0,5–1,0 m.

Der Graben sollte wenige Dezimeter breiter sein als die Höhe des aufzunehmenden Spundwandprofils. Da in den statischen Nachweisen der Spundwandfuß als eingespannt angenommen wird, sollte der Sprenggraben allerdings nicht zu breit werden.

Bei Fels mit wechselnden Festigkeiten sollten die einzelnen Sprengstoffladungen in den harten Felspartien platziert werden, weil damit eine optimale Sprengwirkung erzielt werden kann.

8.1.6.2.2 Hinweise für die Ausführung von Lockerungssprengungen

Bei der Planung und Ausführung von Lockerungssprengungen sind die nachfolgenden grundlegenden Hinweise zu berücksichtigen:

1) Der anstehende Baugrund muss vor Beginn der Arbeiten durch Probebohrungen und Probesprengungen erkundet werden. Ziel der Erkundungen ist die Festlegung eines optimalen Bohrlochabstands und Besatzes der Sprenglöcher. Der durch die Sprengungen aufgelockerte Bereich kann z. B. mit Ultraschall durch den Vergleich der Laufzeiten vor und nach der Sprengung identifiziert werden.
2) Da das Einbringen durch Rütteln für die Spundwand schonender ist als das Einbringen durch Rammen, sollten die Profile in den gelockerten Graben einvibriert werden. Eine Verdichtung des gelockerten Gesteins ist beim Einvibrieren in der Regel nicht zu befürchten. Das Einbringen der Profile durch Rammung sollte nur in Ausnahmefällen zugelassen werden.
3) Die Profile müssen unmittelbar nach der Sprengung einvibriert werden, weil die durch die Sprengung bewirkte Auflockerung durch die geostatische Auflast und ggf. den Strömungsdruck von Wasser (hydraulische Verdichtung) teilweise wieder rückgängig gemacht werden kann.
4) Die Rammbarkeit des gesprengten Gesteins bzw. die Möglichkeit, Profile mit dem Rüttler einzubringen, kann mit den Ergebnissen einer schweren Rammsondierung (DPH) überprüft werden. Sehr hohe Schlagzahlen ($N_{10} > 100$) lassen Schwierigkeiten beim Einbringen der Profile erwarten.
5) Treten beim Einbringen der Profile Schwierigkeiten auf, muss nachgesprengt werden. Zuvor ist die Spundwand wieder anzuheben.
6) In durch Spaltsprengung gelockerte Gesteine können Profile nur durch Rammen eingebracht werden.
7) Zur Beweissicherung sollten die Sprengerschütterungen an den nächstgelegenen Bauwerken mit Erschütterungsmessungen nach DIN 45669 erfasst werden, z. B. im Rahmen einer Eigenüberwachung durch den Auftragnehmer.

8) Die Daten der Bohrungen für die Sprengungen werden in Bohrtagebüchern dokumentiert. Für jedes Bohrloch sind die Schichtgrenzen, der Anpressdruck beim Bohren, Spülverluste und Wasserführung aufzuzeichnen. Diese Daten liefern Hinweise auf Klüfte, Hohlräume und Bohrlochverengungen. Schließlich sind die Bohrlochneigung und Bohrlochtiefe zu dokumentieren. Die Bohrtagebücher müssen dem verantwortlichen Sprengberechtigten vor dem Beladen der Bohrlöcher vorgelegt werden, damit dieser die Sprengstoffladungen im Bohrloch optimal anordnen kann.
9) Die Bohrgenauigkeit muss stichprobenartig, jedoch besonders am Anfang der Bohrarbeiten, durch Messungen nachgewiesen werden. Hierfür stehen präzise Bohrlochvermessungssysteme zur Verfügung (z. B. BoreTrack). Eine Bohrgenauigkeit von 2 % ist realisierbar. Die Achsen der Bohrlöcher und der Spundwand müssen auch in großer Tiefe in einer Ebene liegen, sodass die Profile stets in die durch das Sprengen aufgelockerte Zone eingebracht werden.
10) Die Bohrungen sollten nur mit Wasserspülung ausgeführt werden, weil am Farbumschlag der Wasserspülung und am Bohrklein Schichtwechsel erkennbar sind. Demgegenüber entsteht beim Bohren mit Luftspülung nur eine gleichmäßig schmutzige Staubwolke. Auch kann beim Bohren mit Luftspülung die unter Hochdruck eingeblasene Luft in weichere Schichten und bestehende Klüfte eindringen und so unerwünschte Wegsamkeiten schaffen. Diese wiederum können während der Sprengung zu Ausbläsern fern von der gewünschten Sprengstelle führen und so den Sprengerfolg verhindern.
11) In weichen, bindigen Böden und nichtbindigen Böden sollte verrohrt gebohrt werden, um das Nachfallen von Boden in den geneigten Bohrlöchern zu verhindern.
12) Auf der Grundlage der Erkenntnisse aus den ersten Sprengungen sollten die Sprengdaten systematisch optimiert werden. Gesonderte Probesprengungen sind dann nicht erforderlich. Eine strenge Koordination der Bohr- und Rammarbeiten und ein laufender Austausch der Informationen über die erreichten Leistungen sind notwendig und verbessern den Erfolg der Arbeiten.
13) Die maximale Sprengstoffmenge pro Zündstufe ist vor den Sprengarbeiten auf der Grundlage von Erschütterungsberechnungen festzulegen. Sie soll nicht überschritten werden.

8.1.6.3 Vorbohren

Durch unverrohrte Bohrungen von 105–300 mm Durchmesser, die in einem Abstand entsprechend der Einzelbohlenbreite der Spundwand abgeteuft werden, kann der Untergrund perforiert und so entspannt werden, dass die Spundbohlen eingerammt werden können.

Der gleiche Effekt kann bei wechselhaft festen Gesteinen und dergleichen mit der Hochdruck-Vorschneide-Technik erreicht werden (Abschn. 8.1.6.1.2).

Sind größere Einrammtiefen im Fels erforderlich, bieten sich gezielte Sprengungen an, die den Fels im Bereich der Spundwand auflockern und rammfähig machen. Bei der Wahl des Profils und der Stahlsorte muss auf mögliche Ungleichmäßigkeiten des Baugrunds und den daraus resultierenden Rammbeanspruchungen Rücksicht genommen werden. Bezüglich Lockerungssprengungen wird auf Abschn. 8.1.6.2 verwiesen.

8.1.7 Einbringkontrollen

Beim Einbringen von Stahlspundbohlen sind Lage, Stellung und Zustand der Rammelemente laufend zu beobachten und das Erreichen der Sollstellung durch geeignete Messungen zu kontrollieren. Neben der richtigen Ausrichtung beim Ansetzen der Rammelemente ist die Einhaltung der Toleranzen auch in Zwischenstationen, insbesondere nach den ersten Metern des Einbringens, zu prüfen. Dadurch können selbst geringfügige Abweichungen von der Solllage (Neigung, Ausweichen, Verdrehen) oder Verformungen des Kopfes sofort erkannt und schon frühzeitig Korrekturen vorgenommen und wenn erforderlich, geeignete Gegenmaßnahmen eingeleitet werden.

Die Eindringungen, Flucht und Stellung der Bohlen sind häufig und besonders sorgfältig zu beobachten, wenn schwerer Baugrund mit Hindernissen ansteht. Zieht ein Rammelement nicht mehr, d. h., die Eindringungen sind ungewöhnlich gering, sollte das Einbringen dieses Rammelementes sofort abgebrochen werden. Es können dann zunächst die nachfolgenden Bohlen eingebracht werden. Später kann dann versucht werden, das hochstehende Rammelement tiefer zu rammen.

Die Beobachtungen beim Einbringen von Tragbohlen und Füllbohlen sind für jede Systemeinheit zu dokumentieren (siehe Abschn. 8.1.7.4). Alle Aufzeichnungen sollten unverzüglich vorliegen, sodass über Aufstockungen oder andere Maßnahmen zeitnah entschieden werden kann.

Sind einzelne Rammelemente kurz vor Erreichen der rechnerischen Tiefe nur noch sehr schwer zu rammen, sollten sie nicht mit Gewalt weitergerammt werden, weil sonst die Gefahr besteht, dass die Profile, die Schlösser und die Schweißnähte beschädigt werden. In Einzelfällen kann eine kürzere Einbindetiefe in Kauf genommen werden, wenn damit die Beschädigung der Profile vermieden wird. Allerdings muss sichergestellt sein, dass wegen der kürzeren Einbindung einzelner Rammelemente weder die Standsicherheit (Erdwiderstand, hydraulischer Grundbruch) noch die Gebrauchstauglichkeit (z. B. Umläufigkeit) des Gesamtbauwerks beeinträchtigt werden.

Bei ungewöhnlich großen Eindringmaßen von Tragbohlen kombinierter Wände, wenn also die Tragbohlen nicht „fest werden“, kann es erforderlich sein, die Tragbohlen wieder zu ziehen und nach einer Verdichtung des Bodens erneut zu rammen, damit diese die ihnen zugewiesenen lotrechten Lasten abtragen können. Gegebenenfalls sind die Bohlen aufzustocken.

Deuten die Beobachtungen beim Einbringen, wie Verdrehungen oder Schiefstellungen, darauf hin, dass die Einbringelemente beschädigt sein könnten, sollte versucht werden, diese freizulegen oder zu ziehen und die Ursachen der Verdrehung oder Schiefstellung, z. B. durch eine Untersuchung des Baugrunds auf Rammhindernisse, zu erkunden.

8.1.7.1 Schlossschäden, Signalgeber

Die Instandsetzung von Havarieschäden ist in den meisten Fällen möglich. Die Schlösser von Spundwänden können durch konstruktive Maßnahmen gedichtet werden (Abschn. 8.1.8). Schlossschäden an Spundwänden entstehen, wenn das Schloss eines einzubringenden Elements aus dem des bereits gerammten herausläuft. Ursache von Schlossschäden können Rammhindernisse im Boden sein, bei kombinierten Wänden aber vor allem auch Abweichungen der bereits gerammten Bohlen von der Sollstellung im Grundriss und in der Wandebene. Daher ist die Einhaltung der Rammtoleranzen die wichtigste Vorsorgemaßnahme gegen Schlossschäden. Allerdings sind Schlossschäden

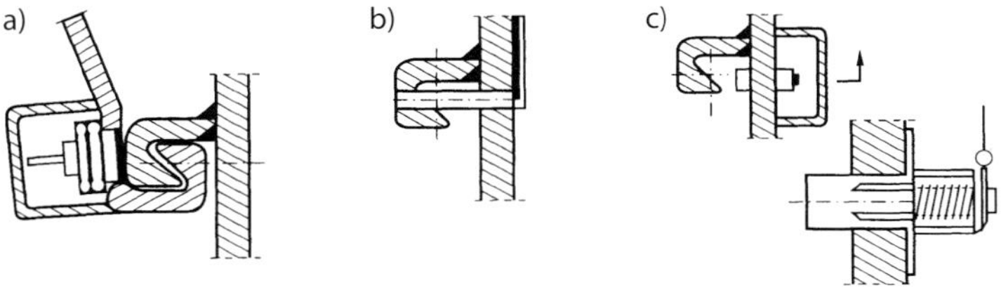

Abb. 8.17 Signalgeber: (a) Näherungsschalter, (b) elektrischer Kontaktstift, (c) mechanischer Federstift.

auch bei sorgfältigem Rammen und Einhaltung der Rammtoleranzen, insbesondere bei kombinierten Wänden, nicht ganz auszuschließen.

Das Herauslaufen aus dem Schloss kann nur in Ausnahmefällen an den Rammdaten (Rammenergie, Rammfortschritt) erkannt werden. Daher ist es erforderlich, die gerammte Wand nach dem Freibaggern ggf. durch Taucher auf Schlossschäden zu untersuchen und diese zu sanieren.

Bei Konstruktionen, bei denen Schlossschäden die Standsicherheit oder die Gebrauchstauglichkeit beeinträchtigen können (z. B. Baugruben im freien Wasser), können Schlosssprungdetektoren (Signalgeber) eingesetzt werden, mit denen das Herauslaufen der Schlösser bereits beim Einbringen erkannt wird (Abb. 8.17).

Mit einem Näherungsschalter nach Abb. 8.17a kann beim Einbringen kontinuierlich festgestellt werden, ob die Schlossverbindung noch intakt ist. Erreicht das Schloss der Fädelbohle den elektrischen Kontaktstift nach Abb. 8.17b, wird dieser abgeschert und damit angezeigt, dass das Fädelschloss noch im Schloss der bereits gerammten Bohle läuft. Ähnlich zeigt der mechanische Federstift nach Abb. 8.17c, dass die Schlossverbindung noch intakt ist.

Daneben gibt es die praktisch erprobte und robuste Möglichkeit, ein kurzes, mit einem Draht verschweißtes Schlossstück am Fuß des Fädelschloss der nachfolgenden Bohle mit auf Tiefe zu rammen, um so anzuzeigen, dass das Fädelschloss noch im bereits gerammten Schloss läuft.

8.1.7.2 Rammabweichungen und Toleranzen

Für die Abweichungen der Bohlen aus der Sollstellung sind in Übereinstimmung mit DIN EN 12063 folgende Größenordnungen als Toleranzen bei Wellenspundwänden bereits bei der Planung anzunehmen:

- ±1,0 % der Einrammtiefe bei normalen Bodenverhältnissen und Landrammung,
- ±1,5 % der Einrammtiefe bei Wasserrammung,
- ±2,0 % der Einrammtiefe bei schwierigem Baugrund.

Die Abweichung ist am oberen Meter der Rammelemente zu messen.

Die Abweichung des Spundbohlenkopfes senkrecht zur Wand darf bei Landrammung 75 mm und bei Wasserrammung 100 mm nicht überschreiten.

Die in DIN EN 12063 angegebenen Toleranzen für Wellenspundwände sind als Maße für die geforderte Genauigkeit der Tragbohlen in kombinierten Wänden ungeeignet. Die Rammung der Tragbohlen einer kombinierten Spundwand muss erheblich genauer erfolgen, als es die Toleranzen von DIN EN 12063 für Wellenspundwände erlauben. Daher gelten die vorgenannten Toleranzen der Rammabweichungen ausdrücklich nicht für die Tragbohlen kombinierter Wände. Diese müssen im Einzelfall vereinbart werden.

Zur Festlegung der Toleranzen für die Tragbohlen kombinierter Wände wird auf Bild 6 in DIN EN 12063 verwiesen.

Die Tragbohlen kombinierter Wände müssen wegen der Gefahr von Schlosssprengungen gerade, senkrecht bzw. in der vorgeschriebenen Neigung, parallel zueinander, unverdreht und in den planmäßigen Abständen stehen (Abschn. 8.1.5.2.3).

8.1.7.3 Messung der Rammabweichungen

Die richtige Ausgangsstellung und auch Zwischenstellungen der Rammelemente können z. B. mit zwei Messeinrichtungen geprüft werden, von denen je eine die Stellung in y-Richtung und eine die Stellung in z-Richtung kontrolliert. Diese Messungen sollten für die Tragbohlen von kombinierten Wänden generell vorgeschrieben werden. Die beim Rammen von kombinierten Spundwänden einzuhaltenden Toleranzen müssen stets zwischen Planer, Bauherrn und Baufirmen im Sinne von DIN EN 12063 unter Berücksichtigung der in DIN EN 10248 angegebenen Walztoleranzen und ggf. der vom Produktlieferanten angegebenen zusätzlichen Profilverformbarkeiten, wie z. B. Breitenlängung/-stauchung, den Grenzwerten für Schlossdrehung etc., festgelegt und vereinbart werden. Bei Kaimauern in exponierten Lagen sollten nach dem Rammen und dem Ausbau der Führungen für jede Tragbohle die vereinbarten Toleranzen nicht nur am Bohlenkopf und direkt über der Wasserlinie, möglichst bei Niedrigwasser, sondern auch durch Taucher in Höhe der Gewässersohle nachgewiesen werden.

Werden die zulässigen Toleranzen überschritten, sind die Tragbohlen zu ziehen und erneut zu rammen oder es müssen Passbohlen als Füllbohlen angeordnet werden. Die Passbohlen werden entweder entsprechend den Aufmaßen oder als besonders flexible Elemente (Federbohlen) angefertigt. Diese Flexibilität kann z. B. durch Entfernen des Mittelschlosses einer Zwischenbohle und Aufschweißen einer Halbschale erreicht werden.

Wird die lotrechte Stellung von Rammelementen mit Wasserwaagen überprüft, sind ausreichend lange Waagen (mind. 2,0 m), ggf. mit Richtscheit, einzusetzen. Die Kontrolle ist an verschiedenen Stellen zu wiederholen, um örtliche Unregelmäßigkeiten auszugleichen.

8.1.7.4 Aufzeichnungen

Für das Aufzeichnen der Rammbeobachtungen wird auf DIN EN 12699, Abschn. 10 verwiesen. Die hier aufgeführten Daten entsprechen denen in den Mustervordrucken für die Aufzeichnungen beim Rammen der nicht mehr gültigen ZTV-W_LB 214:2015, Abschn. 3.1 (22), Anlage (6b.1 bzw. 6b.2). Bei schwierigen Rammungen sollte außerdem für die ersten drei Elemente sowie für jedes 20. Element die Rammenergie über die gesamte Einbringlänge aufgezeichnet werden.

Moderne Rammgeräte erfassen die Rammdaten vollständig auf Datenträgern und erlauben innerhalb kürzester Zeit eine Auswertung mit einer speziellen Software. Vor allem bei schweren Rammungen und in Böden wechselnder Schichtenfolge ist die vollständige Aufzeichnung der Rammdaten zu empfehlen.

Auch bei Einbringen von Rammelemente im Vibrationsverfahren sollte das Eindringen kontinuierlich aufgezeichnet und dokumentiert werden, um Unregelmäßigkeiten feststellen zu können.

8.1.8 Sanierung von Schlossschäden an eingerammten Stahlspundwänden

8.1.8.1 Allgemeines

Beim Einbringen von Stahlspundbohlen oder durch andere äußere Einwirkungen können Schlossschäden auftreten. Die Gefahr von Schlossschäden beim Einbringen ist jedoch umso geringer, je sorgfältiger und umsichtiger die Empfehlungen beachtet werden, die sich mit dem Entwurf und der Bauausführung von Spundwandbauwerken befassen. Auf die Empfehlungen in Abschn. 8.1.2 und 8.1.5 wird in diesem Zusammenhang hingewiesen.

Auch bei strikter Einhaltung dieser Empfehlungen können Schlossschäden insbesondere an kombinierten Wänden auftreten. Besonders kritisch sind Schlossschäden in Uferwänden im Tidebereich, weil auf diese bei Niedrigwasser regelmäßig ein Wasserüberdruck wirkt, der die Hinterfüllung durch die Fehlstellen ausspülen kann. Es bilden sich dann in der Hinterfüllung Hohlstellen, die wegen der Gewölbewirkung über lange Zeit stabil sein können, dann aber unerwartet einstürzen und Versackungen in der Hafenfläche verursachen.

Daher sind Spundwände im Wasser nach dem Freibaggern durch Taucher auf Schlossschäden zu untersuchen. Dabei festgestellte Schäden müssen saniert werden. Der Baustoff Stahl bietet hierzu viele Möglichkeiten entsprechend den jeweiligen Randbedingungen.

8.1.8.2 Sanierungsbeispiele

Deuten bereits Beobachtungen beim Rammen auf Schlossschäden in einem größeren Bereich der Wand hin und kann die Spundwand beispielsweise aus zeitlichen Gründen nicht wieder gezogen werden, kommt vor allem eine Sanierung durch großflächiges Verfestigen des Bodens hinter der Wand infrage. Damit wird verhindert, dass Boden aus der Wand austritt und dass hinter der Wand Versackungen auftreten. Für die Bodenverfestigung hat sich das Hochdruckinjektionsverfahren (HDI) bewährt (siehe Abb. 8.22). Anschließend können die Schadensbereiche durch vorgesetzte Stahlprofile (Verplatten) dauerhaft gesichert werden.

Einzelne Schlossschäden werden in der Regel erst durch Taucheruntersuchungen nach dem Aushub des Bodens vor der Wand festgestellt. Sie müssen so saniert werden, dass nicht nur der schadhafte Wandbereich abgedichtet wird, sondern dass die Wand ihre planmäßigen Aufgaben ohne Einschränkung erfüllen kann. Diese Forderung gilt insbesondere für Wellenspundwände.

Die Art der Abdichtung von Schlosssprengungen hängt vor allem von der Größe der Schlossöffnung und vom Spundwandprofil ab.

Saniert wird im Allgemeinen von der Wasserseite aus. Kleinere Schlossöffnungen können durch Holzkeile geschlossen werden. Größere Schäden können beispielsweise mit einem schnellbindenden Material wie Blitzzement oder Zweikomponentenmörtel, in Säcken eingebracht, vorübergehend abgedichtet werden.

Für eine dauerhafte Sicherung des Schadensbereichs ist es aber erforderlich, die schadhaften Bereiche bis mindestens 0,5 m, besser bis 1,0 m unter die rechnerische Hafensohle (Abb. 8.22) vollständig mit vorgesetzten Stahlteilen zu schließen (Verplatten). Die vorgesetzten Stahlteile sind an der Spundwand dauerhaft zu befestigen. Zusätzlich ist der Schadensbereich auszubetonieren, um das spätere Austreten von Sand und in dessen Folge Versackungen hinter der Wand sicher zu vermeiden. Der eingebrachte Beton muss ggf. gegen Schiffsstoß geschützt werden. Im Sohlbereich vor

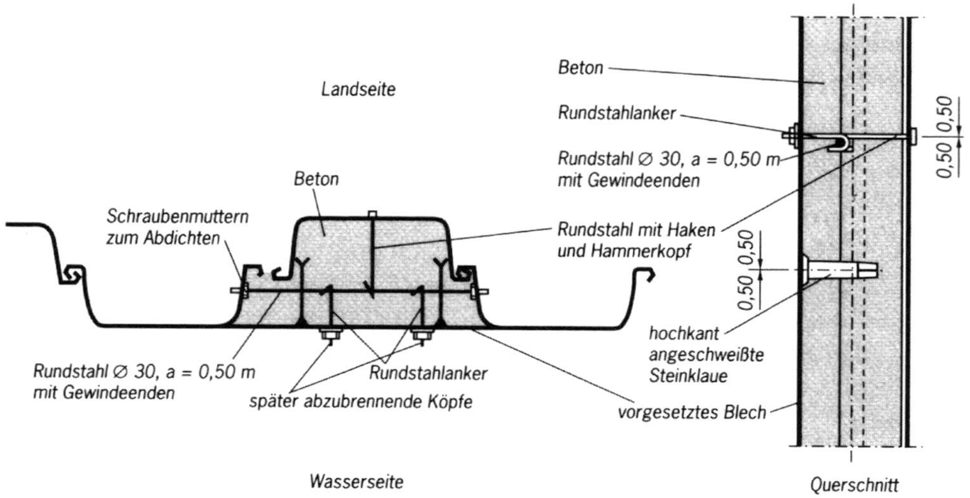

Abb. 8.18 Beispiel der Sanierung eines kleinen Schlossschadens in einer Wellenwand.

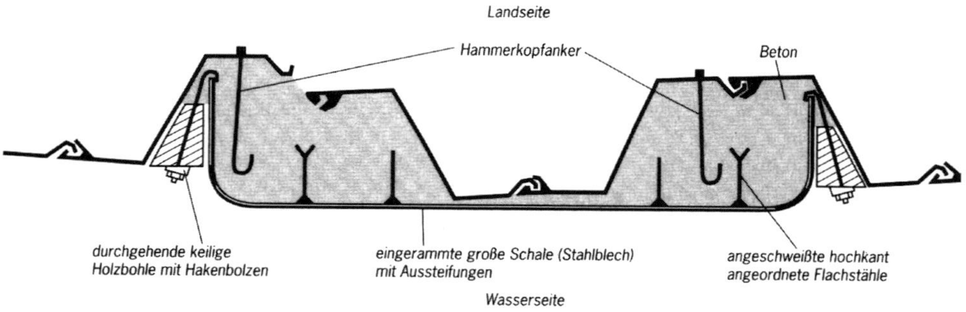

Abb. 8.19 Beispiel der Sanierung eines großen Schlossschadens in einer Wellenwand.

der Schadensstelle wird eine zusätzliche Schutzschicht, z. B. von Schotter, empfohlen, wenn der Boden an der Hafensohle kolkgefährdet ist. Andernfalls ist die Verplattung bis unter die rechnerische Kolktiefe zu führen.

Die Arbeiten sind weitgehend unter Wasser und daher immer mit Taucherhilfe auszuführen. An die Fachkunde und die Zuverlässigkeit der Taucher sind daher sehr hohe Anforderungen zu stellen. Bei schwierigen Bedingungen können die Verplattungen auch im Schutz von Einhausungen (Habitate), die vom Wasserdruck an die Wand gepresst werden, im Trockenen ausgeführt werden.

Anzustreben ist eine möglichst glatte Oberfläche der Spundwand auf der Wasserseite. Aus diesem Grunde sind beispielsweise vorstehende Bolzen nach dem Ausbetonieren der Schadensstelle abzubrennen, wenn sie ihre Aufgabe als Schalungselement erfüllt haben. Die Stahlbleche und die Spundwand sind durch Ankerelemente – sogenannte Steinklauen – mit dem Beton zu verbinden.

Die in den Abb. 8.18–8.22 skizzierten Lösungen für das Sanieren von Schlossschäden in Spundwänden zeigen ausgeführte Beispiele, erheben aber keinen Anspruch auf Vollständigkeit.

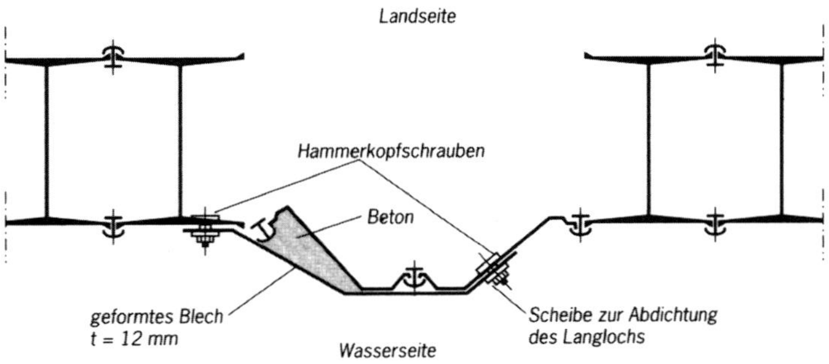

Abb. 8.20 Beispiel der Sanierung eines Schlossschadens in einer kombinierten Spundwand.

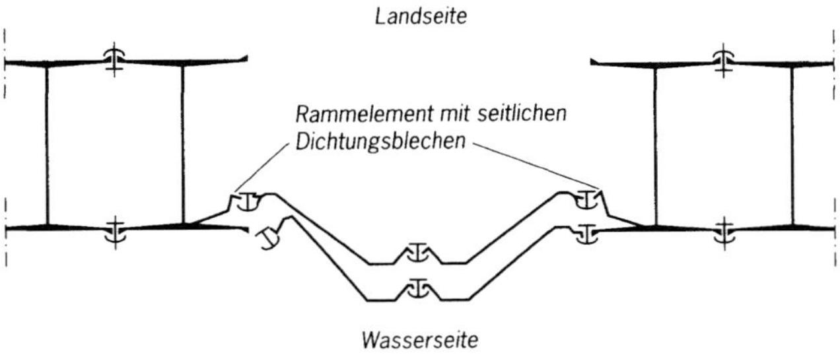

Abb. 8.21 Beispiel der Sanierung eines Schlossschadens in einer kombinierten Wand durch Hinterrammung mit einem Rammelement.

Schlossschäden an kombinierten Spundwänden werden, wenn möglich, durch Hinterrammen von Füllbohlen, gemäß Abb. 8.21, oder von der Wasserseite her, gemäß Abb. 8.20, saniert. Bei Hinterrammungen nach Abb. 8.21 wird beispielsweise das Rammelement beim wasserseitigen Ausbaggern durch den Überdruck hinter der Wand gegen die intakten Teile der Spundwand gedrückt.

Die Sanierungen nach den Abb. 8.18–8.20 setzen voraus, dass durch den Schadensbereich kein Boden ausgespült wird, z. B. weil hinter der Wand kein Wasserüberdruck wirkt oder weil es zuvor gelungen ist, den Schadensbereich temporär abzudichten.

Das ist allerdings in der Regel nicht der Fall, sodass die Sanierung wie in Abb. 8.22 in zwei Schritten erfolgen muss. Zunächst muss der Boden hinter der Wand durch HDI verfestigt werden, dazu ist der Schadensbereich vor der Wand durch eine großzügig bemessene Vorschüttung zu verdämmen, damit die HDI-Suspension nicht durch die Schadstelle austritt. Danach kann die Verdämmung weggebaggert werden und die Schadstelle bis unter die rechnerische Hafensohle mit angepassten Stahlteilen und Beton dauerhaft gesichert werden.

Bei Vorrammungen ist sicherzustellen, dass der Fuß des Rammelements stets gegen die Tragbohle gedrückt wird, er also so nahe wie möglich an der Tragbohle verläuft. Vor dem Ausbaggern ist der Kopf des Rammelements an der Tragbohle zu befestigen, z. B. mit Hammerkopfschrauben. Dem Tragvermögen des Rammelements zwischen diesem oberen festen Auflager und dem unteren nachgiebigeren Erdauflager ist die Höhe des ersten Baggerschnitts anzupassen. Nach dessen Ausführung ist nun im freigelegten Bereich das Rammelement an der Tragbohle zu befestigen usw.

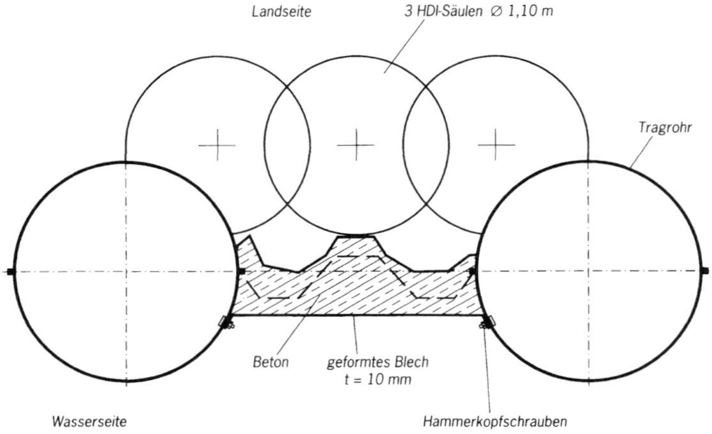

Abb. 8.22 Beispiel der Sanierung eines Schlossschadens in einer kombinierten Rohrspundwand mit HDI und vorgesetzter Verplattung.

Während der Baggerarbeiten sind ständig Taucheruntersuchungen der sanierten Bereiche erforderlich. Mögliche örtliche Undichtigkeiten können durch ergänzende Injektionen gedichtet werden.

8.1.9 Lärmschutz, schallarmes Rammen

8.1.9.1 Allgemeines zum Schallpegel und zur Schallausbreitung

Bereits während der Planung einer Rammbaustelle muss angestrebt werden, die im Zuge der späteren Baumaßnahme zu erwartende Umweltbelästigung auf ein Mindestmaß zu beschränken. Dazu gehört die Verlagerung von Bauzeiten mit hoher Lärmbelastung in Tageszeiten, in denen das weniger störend ist, und die strikte Einhaltung von Rammpausen, z. B. in den frühen Morgenstunden, in der Mittagszeit und abends. Ist dadurch eine Minderung der Tagesleistung in Kauf zu nehmen, muss das in der Ausschreibung berücksichtigt werden.

Die von einer Schallquelle ausgehende Schallemission wird über die Schallleistung oder über den Schalldruckpegel in einem definierten Abstand charakterisiert. Die Schallleistung ist die pro Zeiteinheit abgestrahlte Schallenergie. Sie ist unabhängig von den Umgebungsbedingungen und damit eine Kenngröße der Schallquelle und wird nach empfindungsorientierten Kriterien (z. B. dem menschlichen Hörvermögen) bewertet.

Hauptbewertungsgröße ist der A-bewertete Schallleistungspegel als zehnfacher Logarithmus des Verhältnisses der Schallleistung zur Bezugsleistung ($P_0 = 1\,\text{pW} = 1 \cdot 10^{-12}\,\text{W}$). Die A-Bewertung reflektiert einen Filter für den Frequenzgang des menschlichen Hörempfindens. Die Kennzeichnung der Bewertungsart erfolgt entweder über den Index L_{WA} oder über einen Zusatz in der Maßeinheit dB(A).

Der Schalldruckpegel ist der zehnfache Logarithmus des Verhältnisses des Schalldruckes der Schallquelle zu einem Bezugsdruck (in Luft: $p_0 = 20\,\mu\text{Pa}$) und ist damit eine vom Messabstand und den akustischen Umgebungsbedingungen abhängige Größe.

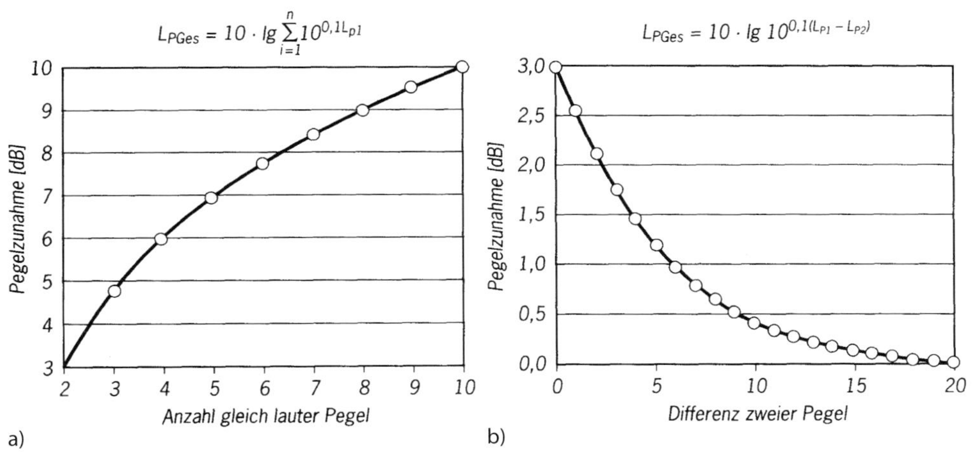

Abb. 8.23 (a) Pegelzunahme beim Zusammenwirken mehrerer gleich lauter Pegel; (b) Pegelzunahme bei zwei unterschiedlich lauten Pegeln.

Weitere wichtige Kenngrößen zur Einschätzung der Schallemission einer Schallquelle können die Schallverteilung über verschiedene Frequenzbänder (Terz-, Oktav-, Schmalband), eventuelle zeitliche Schwankungen und Richtcharakteristiken sein.

Aufgrund der logarithmischen Gesetzmäßigkeiten der Akustik kann leicht nachvollzogen werden, dass bei einer Verdopplung der Anzahl der Schallquellen der Schalldruckpegel um 3 dB(A) ansteigt. Untersuchungen zeigen für das menschliche Hörempfinden dagegen, dass dieses erst eine Erhöhung des Schalldruckpegels um 10 dB(A) als Lärmverdopplung empfindet. Die Zunahme des Gesamtschalldruckpegels bei Überlagerung einer Anzahl gleich starker Quellen zeigt Abb. 8.23a.

Unterschiedlich starke Quellen haben einen wesentlich differenzierteren Einfluss auf den Gesamtpegel. Ist der Abstand der Schalldruckpegel zweier Quellen größer als 10 dB(A), so hat die leisere Quelle tatsächlich keinen Einfluss mehr auf den Gesamtpegel (siehe Abb. 8.23b).

Hieraus folgt, dass Maßnahmen gegen den Lärm nur dann wirkungsvoll sein können, wenn zunächst die lautstärksten Einzelschallquellen gemindert werden. Die Beseitigung schwächerer Einzelschallquellen bringt nur einen geringen Effekt für die Lärmminderung.

Bei idealer Freifeldausbreitung in den unendlichen Halbkugelraum verringert sich aufgrund der geometrisch bedingten Ausbreitung der Schallenergie der Schalldruck einer punktuellen Schallquelle mit der Entfernung um

$$\Delta L_P = -20 \cdot \lg \frac{S}{S_0}$$

mit

ΔL_P Veränderung des Schalldrucks [dB],
S Entfernung 1 zur Schallquelle [m],
S_0 Entfernung 2 zur Schallquelle [m].

Daraus folgt bei Verdoppelung der Entfernung eine Verringerung des Schalldrucks um 6 dB(A). Zusätzlich wird der Schall in größeren Entfernungen über gewachsenem, unebenem Gelände aufgrund von Luft- und Bodenabsorption sowie durch Bewuchs oder Bebauung um bis zu 5 dB(A) gedämpft.

Umgekehrt muss beachtet werden, dass die einfache Schallreflexion an einem Bauwerk in der Nähe der Schallquelle oder an betonierten bzw. asphaltierten Flächen je nach Absorptions- und Streuungsgrad der Oberfläche zu einer Erhöhung des Schallpegels von bis zu 3 dB(A) führen kann. Bei mehreren reflektierenden Flächen kann jede Schallquelle durch eine gedachte Spiegelschallquelle mit gleicher Lautstärke wie die Originalschallquelle ersetzt und die resultierende Pegelerhöhung unter Beachtung der Rechenregeln für das Zusammenwirken mehrerer Schallquellen (siehe Abb. 8.23a) ermittelt werden.

Bei der Schallausbreitung über größere Entfernungen muss außerdem beachtet werden, dass die Schallpegelabnahme durch meteorologische Einflüsse, wie Windströmungen und Temperaturschichtung, sowohl positiv, d. h. im Sinne einer größeren Pegelabnahme, als auch negativ verändert werden kann. So führt z. B. ein positiver Temperaturgradient (Zunahme der Lufttemperatur in der Höhe = Bodeninversion) aufgrund der Beugung der Schallstrahlen zurück auf den Boden an Orten ab etwa 200 m Entfernung von der Schallquelle zu einer Verstärkung des Pegels. Diesen Effekt findet man insbesondere auch über Wasserflächen, die im Allgemeinen kälter sind als die sich schneller erwärmende Umgebungsluft und daher, wie auch die nach Sonnenuntergang rasch auskühlende Erdoberfläche, zu einem positiven Temperaturgradienten führen.

Im Zusammenwirken mit der Bodenreflexion kann die Krümmung der Schallstrahlen ferner bewirken, dass die Ausbreitung des Schalls auf einen Korridor zwischen dem Boden und der Inversionsschicht beschränkt bleibt, wodurch die geometrische Ausbreitungsdämpfung auf die Hälfte vermindert wird.

Der Einfluss des Windes ist vergleichbar mit dem der Temperatur. Auch hier ist die geringere Pegelabnahme in Mitwindrichtung auf eine Änderung der horizontalen Windgeschwindigkeit mit zunehmender Höhe und der damit verbundenen Beugung der Schallstrahlen nach unten zurückzuführen. Besonders ausgeprägt ist dieser Effekt an bewölkten oder nebeligen Tagen, wenn der Wind mit einer Geschwindigkeit von bis zu 5 m/s noch eine überwiegend laminare Luftströmung aufweist. Hingegen können Turbulenzen und vertikale Luftzirkulationen, die vor allem am Tag durch die Sonneneinstrahlung ausgelöst werden, durch Streuung und Brechung der Schallstrahlen eine höhere Pegelminderung bewirken.

8.1.9.2 Vorschriften und Richtlinien zum Lärmschutz

Zum Lärmschutz sind die nachfolgend aufgelisteten Vorschriften und Richtlinien zu beachten:

- Allgemeine Verwaltungsvorschrift zum Schutz gegen Baulärm – Geräuschimmissionen. Die Bundes- und Landesvorschriften zum Schutz gegen Baulärm, Carl Heymanns Verlag KG, Köln 1971.
- Allgemeine Verwaltungsvorschrift zum Schutz gegen Baulärm – Emissionsmessverfahren (1971). Carl Heymanns Verlag KG, Köln.
- Richtlinie 79/113/EWG des Rates vom 19.12.1978 zur Angleichung der Rechtsvorschriften der Mitgliedsstaaten betreffend die Ermittlung des Geräuschemissionspegels von Baumaschinen und Baugeräten (Abl. EG1979 Nr. L 33 S. 15).

- 15. Verordnung zur Durchführung des BImSchG vom 10.11.1986 (Baumaschinen-LärmVO).
- Richtlinie 2000/14/EG des Europäischen Parlaments und des Rates vom 8. Mai 2000 zur Angleichung der Rechtsvorschriften der Mitgliedstaaten über umweltbelastende Geräuschemissionen von zur Verwendung im Freien vorgesehenen Geräten und Maschinen (ABl. Nr. L 162 vom 3.7.2000 S. 1; ber. ABl. Nr. L 311 vom 12.12.2000, S. 50).
- DIN ISO 9613-1, Ausgabe: 1993-06, Acoustics – Attenuation of sound during propagation outdoors Part 1: Calculation of the absorption of sound by atmosphere.
- DIN ISO 9613-2, Ausgabe: 1999-10, Akustik – Dämpfung des Schalls bei der Ausbreitung im Freien – Teil 2: Allgemeines Berechnungsverfahren (ISO 9613-2:1996).
- Dritte Verordnung zum Gerätesicherheitsgesetz, 3. GSGV – Maschinenlärminformationsverordnung vom 18. Januar 1991 (BGBl. 15. 146; 1992 S. 1564; 1993 S. 704).
- VDI-Richtlinie 2714 [01/88] Schallausbreitung im Freien – Berechnungsverfahren.

Weiterhin sind die jeweiligen in der Kompetenz der Ländergesetzgebung liegenden übergeordneten Verordnungen zur Regelung der einzuhaltenden Nacht- und Feiertagsruhezeiten sowie die Gesetze und Vorschriften zum personenbezogenen Arbeitsschutz (UVV, GDG i. V. m. 3. GSGV) zu berücksichtigen.

Die zulässigen Geräuschimmissionen im Einwirkungsbereich einer Lärmquelle sind gestaffelt nach der Schutzbedürftigkeit der vom Baulärm beeinträchtigten Gebiete festgelegt. Die Schutzbedürftigkeit ergibt sich dabei entsprechend der im Bebauungsplan festgesetzten oder – wenn kein Bebauungsplan aufgestellt ist oder die vorhandene Nutzung erheblich von der im Bebauungsplan vorgesehenen abweicht – der tatsächlichen baulichen Nutzung der Gebiete.

Nach AVV Baulärm darf der von der Baumaschine am Immissionsort erzeugte Wirkpegel um 5 bzw. 10 dB(A) abgemindert werden, wenn die durchschnittliche tägliche Betriebsdauer weniger als 8 bzw. 2,5 h beträgt. Andererseits ist ein Lästigkeitszuschlag von 5 dB(A) zu addieren, wenn in dem Geräusch deutlich hörbare Töne wie Pfeifen, Singen, Heulen oder Kreischen hervortreten.

Überschreitet der so ermittelte Beurteilungspegel des von der Baumaschine hervorgerufenen Geräusches den zulässigen Immissionsrichtwert um mehr als 5 dB(A), sollen Maßnahmen zur Minderung des Lärms angeordnet werden. Hiervon kann allerdings abgesehen werden, wenn durch den Betrieb der Baumaschinen infolge nicht nur gelegentlich einwirkender Fremdgeräusche keine zusätzlichen Gefahren, Nachteile oder Belästigungen eintreten.

Das Emissionsmessverfahren dient dazu, Geräusche von Baumaschinen zu erfassen und zu vergleichen. Hierzu werden die Baumaschinen während verschiedener Betriebsvorgänge unter definierten Randbedingungen einer detailliert vorgeschriebenen Messprozedur unterzogen. Im Zuge der Harmonisierung der EG-Vorschriften wird die Schallemission einer Baumaschine als Schallleistungspegel L_{WA} bezogen auf eine Halbkugeloberfläche von 1 m^2 angegeben. Vielfach gebräuchlich ist auch noch die Verwendung des Schalldruckpegels L_{PA}, bezogen auf einen Radius von 10 m um das Zentrum der Schallquelle oder im Zusammenhang mit dem Arbeitsschutz auch am Bedienerplatz.

Für die Zulassung bzw. das Inverkehrbringen verschiedener Baumaschinen sind Emissionsrichtwerte bestimmt, deren Überschreitung nach dem Stand der Technik vermeidbar ist. Für Rammgeräte sind bislang noch keine verbindlichen Richtwerte festgelegt.

8.1.9.3 Passive Lärmschutzmaßnahmen

Beim passiven Lärmschutz durch Schallschirme wird die Ausbreitung der Schallwellen in bestimmten Richtungen behindert. Der Schallschirm ist auf der der Schallquelle zugewandten Seite mit einem schallabsorbierenden Material ausgekleidet, um Reflexionen und sogenannte stehende Wellen zu vermeiden. Die Wirksamkeit eines Schallschirms richtet sich nach der wirksamen Schallschirmhöhe und -breite und dem Abstand von der abzuschirmenden Schallquelle. Grundsätzlich sollte der Schirm so nah wie möglich an der Schallquelle angeordnet werden. Für die Wirkung ist wichtig, dass der Schirm keine Fehlstellen oder offene Fugen hat.

Bei der sogenannten Kapselung durch Schallmäntel, Schallschürzen oder Schallschutzkamine wird die Lärmquelle vollständig mit schallabsorbierendem Material umgeben.

Durch eine schalldämpfende Ummantelung der Ramme und der Bohle kann der Schallpegel von Rammen verringert werden. Allerdings erschweren die Ummantelungen den Arbeitsablauf erheblich. Da die Beobachtung des Rammvorganges durch die Ummantelung unmöglich wird und dadurch eine erhöhte Unfallgefahr entsteht, ist diese Art des passiven Lärmschutzes nur sehr bedingt einsetzbar. Ummantelungen sind darüber hinaus teuer, sie belasten das Arbeitsgerät durch erhebliches Zusatzgewicht und sind reparaturanfällig.

Wenn eine Abschirmung der Ramme nicht zu umgehen ist, ist eine u-förmige aufgehängte Abschirmmatte aus Noppenfolie, die Bär und Spundbohle überdeckt, vorzuziehen, da sie dem Rammenführer ermöglicht, den Rammvorgang einzusehen. Für die abgeschirmte Richtung können bis zu 8 dB(A) erreicht werden.

Schallkamine wurden bisher nur bei der Rammung kleinerer Rammelemente verwendet.

8.1.9.4 Maßnahmen des aktiven Lärmschutzes

Die wirkungsvollste und in der Regel auch preisgünstigste Maßnahme zur Reduzierung der Lärmbelästigung sowohl am Arbeitsplatz als auch in der Nachbarschaft von Rammbaustellen ist der Einsatz von Baumaschinen mit geringer Geräuschemission. Durch den Einsatz von Rüttelbären kann der Schallpegel im Vergleich zur Schlagrammung beträchtlich verringert werden. Das hydraulische Einpressen von Spundbohlen sowie das Einbringen von Tragbohlen im Bohrdrehverfahren können grundsätzlich als geräuscharm eingestuft werden. Ob sie im konkreten Fall eingesetzt werden können, ist jedoch maßgeblich von der Beschaffenheit des vorhandenen Baugrunds abhängig.

Zu den aktiven Maßnahmen des Lärmschutzes zählen auch Bauverfahren, die das Einbringen von Spundwänden oder Pfählen in den Untergrund erleichtern und somit den Energieaufwand beim Rammen verringern. Hierzu zählen neben Lockerungsbohrungen und -sprengungen sowie Spülhilfen auch der Bodenaustausch im Bereich der zu rammenden Elemente sowie das Einstellen der Spundbohlen in suspensionsgestützte Schlitze. Voraussetzung für die Anwendung dieser Maßnahmen ist allerdings, dass der anstehende Baugrund und die baulichen Verhältnisse den Einsatz der vorstehend aufgeführten Lärmschutzmaßnahmen zulassen.

- Rammarbeiten
  Spundwandpressverfahren
  Spundwand rammen und ziehen (Vibrationsverfahren)
  Spundwand schlagend einbringen (hydraulisch, Dieselbären)
  Bohrverfahren / Vorbohren
- Gerätevermietung
  Bohr- und Rammgeräte
  Rammequipment
  Schwimmende Einheiten (selbstfahrende Arbeitspontons, Arbeits-/Lagerpontons)
- Stahlrohrgründungen / Dalben

Gebr. Neumann Bauunternehmung

Gebr. Neumann
GmbH
Bauunternehmung

Schwabenstraße 42
26723 Emden
Niederlassung in Bremen

Tel.: 04921 92140
Fax: 04921 33551

E-Mail: info@gebr-neumann.de
Web: www.gebr-neumann.de

Ernst & Sohn
A Wiley Brand

ANMELDEN
ernst-und-sohn.de/nl

Ernst & Sohn
A Wiley Brand

Hrsg.: DGGT — Deutsche Gesellschaft für Geotechnik e.V.

Geotechnik

Die Zeitschrift für Bodenmechanik, Erd- und Grundbau, Felsmechanik, Ingenieurtechnologie sowie Kunststoffe in der Geotechnik und Umweltgeotechnik enthält neben themenspezifischen Fachbeiträgen zur u.a. europäischen Normung der Geotechnik auch Mitteilungen der Deutschen Gesellschaft für Geotechnik und deren Arbeitskreisen. Die im peer-review-Prozess begutachteten Inhalte bieten höchstes technisches und wissenschaftliches Niveau. Schwerpunktthemen sind: Bodenmechanik, Erd- und Grundbau, Neuigkeiten aus der Industrie.

4 Ausgaben / Jahr
41. Jahrgang
print / online: **€ 92 ***
print + online: **€ 115 ***

PROBEHEFT BESTELLEN
+49 (0)30 470 31-236
marketing@ernst-und-sohn.de
www.ernst-und-sohn.de/gete

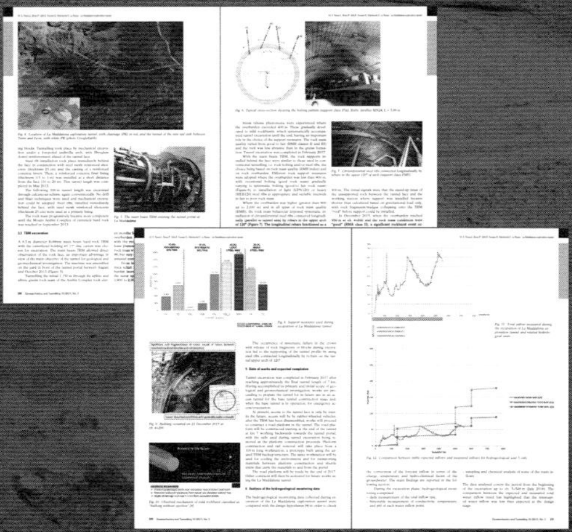

ÖSTERREICHISCHE GESELLSCHAFT FÜR GEOMECHANIK

* €-Preise sind Nettoinlandspreise, zzgl. MwSt., inkl. Versandkosten. Mengenrabatt und Preise in anderen Währungen (USD, GBP) auf Anfrage.

8.1.10 Korrosion bei Stahlspundwänden und Gegenmaßnahmen

8.1.10.1 Allgemeines

Der natürliche Prozess der Korrosion von Stahl im Kontakt mit Wasser wird von zahlreichen chemischen, physikalischen und gelegentlich auch biologischen Parametern beeinflusst. Der Korrosionsangriff ist über die Höhe einer Spundwand unterschiedlich (Abb. 8.25 und 8.26), die verschiedenen Korrosionszonen unterscheiden sich nach Intensität und Art der Korrosion (Flächen-, Mulden- oder Narbenkorrosion).

Das Maß der Korrosion wird als Wanddickenverlust in Millimeter oder als Abrostungsgeschwindigkeit in Millimeter pro Jahr angegeben.

Typische Mittel- und Maximalwerte von Wanddickenverlusten sind in den Diagrammen der Abb. 8.25 und 8.26 dargestellt. In diesen Bildern sind die Ergebnisse zahlreicher Wanddickenmessungen an Spundwänden und Pfählen sowie Dalben in Nord- und Ostsee und im Binnenland zusammengefasst und den Korrosionszonen NWZ, UWZ und SpWZ zugeordnet. Wegen der Vielzahl der Einflussparameter auf die Korrosion ist die Streubreite der Messwerte sehr groß.

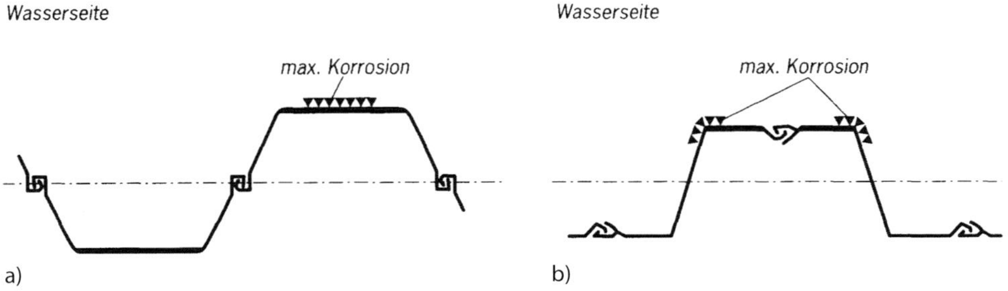

Abb. 8.24 Bereiche möglicher Durchrostungen an (a) U- und (b) Z-Bohlen in der Niedrigwasserzone (Meerwasser).

8.1.10.2 Einfluss der Korrosion auf Tragsicherheit, Gebrauchsfähigkeit und Dauerhaftigkeit von Stahlspundwänden

Hinsichtlich der Bewertung der Korrosion für die Standsicherheit, Gebrauchsfähigkeit und Dauerhaftigkeit von ungeschützten Stahlspundwänden sind folgende Aspekte zu beachten:

1) Durch Korrosion vermindert sich der Bemessungswert des Bauteilwiderstandes entsprechend dem Wanddickenverlust in den verschiedenen Korrosionszonen (Abb. 8.25 und 8.26). Je nach der lokalen Biegebeanspruchung kann die Tragfähigkeit und die Gebrauchsfähigkeit des Bauwerkes durch Korrosion herabgesetzt werden (DIN EN 1993-5, Abschn. 4–6).
2) Für die Nachweise der Tragfähigkeit und der Gebrauchstauglichkeit nach DIN EN 1993-5 sind das Widerstandsmoment, das Trägheitsmoment und die Querschnittsfläche der Spundbohlen proportional zu den Mittelwerten der Wanddickenverluste für Süßwasser nach Abb. 8.25 und für Meerwasser nach Abb. 8.26 abzumindern. Ungeschützte Spundwände sind möglichst so zu gestalten, dass der Bereich größter Biegemomente außerhalb der Zone größter Korrosion liegt.
3) Nach den Erfahrungen der letzten Jahrzehnte kann die Dauerhaftigkeit von Spundwänden (DIN EN 1993-5, Abschn. 4) besonders im Meerwasser der Nord- und Ost-

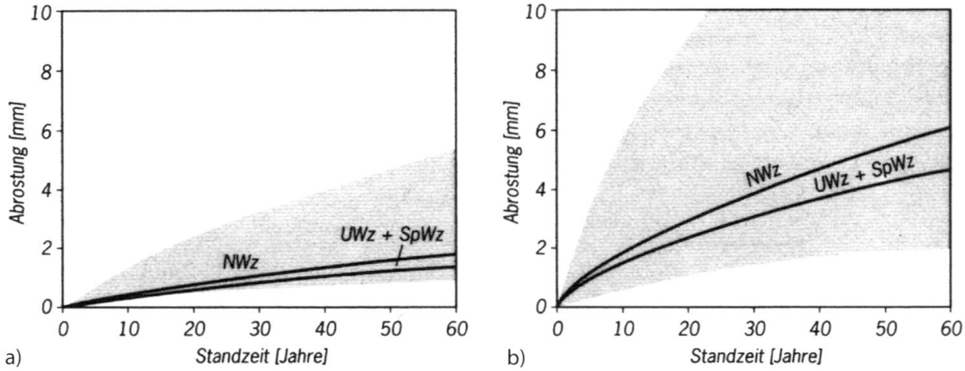

Abb. 8.25 Korrosionsbedingte Abrostungen (Wanddickenverluste) im Süßwasser: (a) Mittelwerte, (b) Maximalwerte.

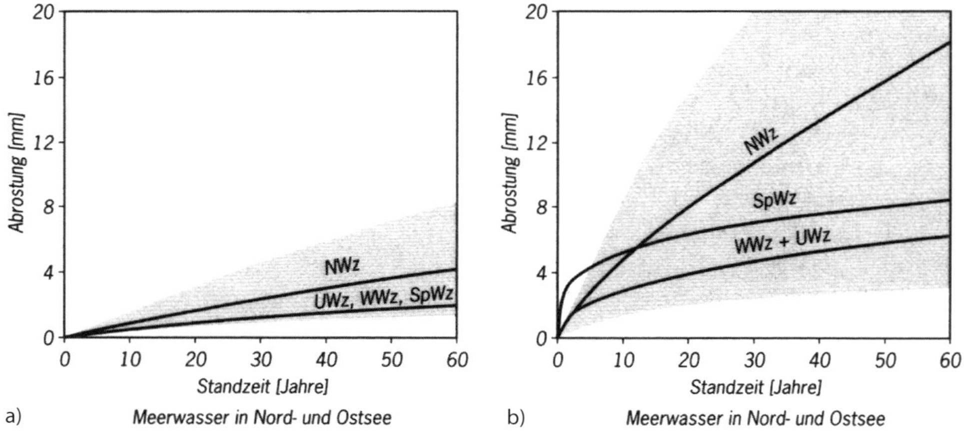

Abb. 8.26 Korrosionsbedingte Abrostungen (Wanddickenverluste) im Meerwasser: (a) Mittelwerte, (b) Maximalwerte.

see teilweise schon nach einer Standzeit von 20–30 Jahren als Folge von Durchrostungen eingeschränkt sein (Alberts, 2001). Im Falle von Durchrostungen kann der hinterfüllte Boden ausgespült werden, und es können hinter der Spundwand Hohlräume entstehen, die irgendwann schlagartig zusammenbrechen und Versackungen an der Hafenfläche zur Folge haben. Damit können erhebliche Sicherheitsrisiken und Einschränkungen des Umschlagbetriebs verbunden sein. Durchrostungen treten bei U-Profilen häufig in der Mitte der Bergbohle und bei Z-Profilen am Übergang vom Flansch zum bergseitigen Steg auf (Abb. 8.24).

Grundlage für die Beurteilung der Dauerhaftigkeit von Spundwandbauwerken (Abschätzung der Standzeit bis zum Entstehen erster Durchrostungen) sind die Maximalwerte der Wanddickenverluste für Süßwasser nach Abb. 8.25b und für Meerwasser nach Abb. 8.26b.

Sofern keine Erfahrungswerte für die an einem Standort zu erwartenden Abrostungen vorliegen, sollten ungeschützte Spundwände für die Wanddickenverluste entsprechend den Regressionskurven in den Abb. 8.25a und 8.26b geplant und bemessen werden. Dabei ist zu entscheiden, ob der Bemessung die Regressionskurven der Mittelwerte oder die der Maximalwerte zugrunde zu legen sind. Zur Vermeidung von unwirtschaftlichen Konstruktionen wird empfohlen, die Messwerte für die Korrosion oberhalb der Regressionskurven nur zu benutzen, wenn diese durch örtliche Erfahrungen gestützt werden.

Für ältere, ungeschützte Spundwände sollte die Beurteilung der Standsicherheit stets auf der Grundlage von Wanddickenmessungen mit Ultraschall erfolgen, um so die örtlichen Einflüsse auf die Korrosion zu erfassen. Angaben zur Durchführung und Auswertung von Wanddickenmessungen mit Ultraschall und zu den möglichen Fehlern finden sich bei Alberts und Schuppener (1991) und Alberts und Heeling (1996).

8.1.10.3 Bemessungswerte der Wanddickenverluste in verschiedenen Medien

Sofern keine örtlichen Erfahrungen vorliegen, können die folgenden Erfahrungswerte zum Wanddickenverlust durch Korrosionsangriff in verschiedenen Medien für Entwurf und Ausführungsplanung neuer Spundwandbauwerke sowie für die Überprüfung vorhandener Spundwände im Sinne von Bemessungswerten zugrunde gelegt werden.

1) Süßwasser
Die Bemessungswerte für die Wanddickenverluste an Spundwänden im Süßwasser können aus den Regressionskurven in Abb. 8.25 in Abhängigkeit vom Alter des Bauwerks abgegriffen werden. Der grau unterlegte Bereich stellt den Streubereich der untersuchten Bauwerke dar.
2) Meerwasser der Nord- und Ostsee
Die Bemessungswerte für die Wanddickenverluste an Spundwänden im Meerwasser der Nord- und Ostsee können aus den Regressionskurven in Abb. 8.26 in Abhängigkeit vom Alter des Bauwerks abgelesen werden. Die grau unterlegte Fläche stellt den Streubereich dar. Die in den Diagrammen Abb. 8.25 und 8.26 enthaltenen Messwerte sind denen aus der internationalen Literatur vergleichbar (Hein, 1990), liegen aber insgesamt etwas höher.
3) Brackwasser
In Brackwasserzonen vermischt sich das Süßwasser des Binnenlandes mit dem salzigen Meerwasser. Die Bemessungswerte der Wanddickenverluste sind je nach Lage des Bauwerks aus den Werten für Meerwasser (Abb. 8.26) und Süßwasser (Abb. 8.25) abzuschätzen.
4) Korrosion oberhalb der Spritzwasserzone (atmosphärische Korrosion)
Die Abrostungsgeschwindigkeit oberhalb der Spritzwasserzone (Abb. 8.25) ist bei Wasserbauwerken mit Werten um 0,01 mm/a gering (C1–C5 nach DIN EN ISO 12944). Bei Einwirkung von Tausalzen sowie bei Lagerung und Umschlag stahlaggressiver Stoffe sind höhere Werte anzusetzen.
5) Korrosion im Boden/mikrobiell induzierte Korrosion (MIC)
Die Aggressivität von Böden und Grundwasser kann nach DIN 50929 grob bewertet werden. In Böden kann die Korrosion auch durch die Aktivität stahlaggressiver Bakterien (mikrobiell induzierte Korrosion [MIC]) begünstigt werden (Binder und Graff (1995); Graff et al. (2000)). Mit mikrobiell induzierter Korrosion ist zu rechnen, wenn organische Stoffe an die Hinterseite der Spundwand gelangen, sei es durch strömendes Wasser (z. B. im Bereich von Hausmülldeponien oder in Abwasserverrieselungsgebieten) oder durch Böden mit hohen organischen Anteilen. In solchen Fällen ist mit erhöhten Korrosionsraten bei typischerweise ungleichmäßigem Abtrag zu rechnen. Aggressive Böden wie Humus, kohlehaltige Böden, Waschberge

und Schlacken sind grundsätzlich in der Hinterfüllung von Spundwandbauwerken möglichst zu vermeiden, das gilt gleichermaßen für aggressives Wasser.

6) Binden Stahlspundwände in nicht aggressive, natürlich gewachsene Böden ein, ist die zu erwartende beidseitige Abtragungsgeschwindigkeit mit 0,01 mm/a sehr gering.
Die gleiche Größenordnung der Korrosionsrate ist zu erwarten, wenn die Spundwand mit Sand so hinterfüllt wird, dass auch die Wellentäler der Spundwand vollständig eingeerdet sind.

8.1.10.4 Korrosionsschutz

Der im Einzelfall erforderliche Korrosionsschutz für Spundwandbauwerke ergibt sich aus der Abwägung der nachfolgend aufgeführten Randbedingungen und Nutzungsanforderungen:

- geplante Nutzung und Gesamtnutzungsdauer des Bauwerks,
- allgemeine und spezifische Korrosionsbelastung am Standort des Bauwerks,
- Erfahrungen über die Korrosionserscheinungen an Nachbarbauwerken,
- Möglichkeiten der korrosionsschutzgerechten Gestaltung und Bemessung,
- Kosten für eine vorzeitige Sanierung ungeschützter Spundwände, z. B. durch Vorplattungen (Binder, 2001).

Da nachträgliche Schutzmaßnahmen oder Vollerneuerungen nur sehr schwierig durchführbar sind, müssen Planung und Umsetzung bzw. Applikation des Schutzsystems mit besonderer Sorgfalt ausgeführt werden. Je nach Art und Intensität der Korrosion und den Anforderungen an den Korrosionsschutz können spezifisch angepasste und ergänzende Schutzmaßnahmen erforderlich sein.

Grundsätzlich sind nachfolgende Maßnahmen des Korrosionsschutzes zu unterscheiden.

8.1.10.4.1 Korrosionsschutz durch Beschichtungen

Beschichtungen verlängern nach den bisherigen Erfahrungen die Nutzungsdauer von Spundwandbauwerken um bis zu 25 Jahre (DIN EN ISO 12944).

Voraussetzung ist, dass die zu schützenden Flächen vor dem Auftragen der Beschichtungen nach Vorbereitungsgrad Sa 21/2 gestrahlt werden und dass das Beschichtungssystem für den konkreten Anwendungsfall geeignet ist.

Hinweise zur Auswahl des Beschichtungssystems in Abhängigkeit von den Umgebungsbedingungen werden von der BAW in der „Liste der empfohlenen Systeme" veröffentlicht. Von der BAW geprüfte Beschichtungsstoffe sind auf der „Liste der geprüften Systeme" für Im 1 bzw. 2/3 zu finden (BAW).

Auch kann dieser Liste die Verträglichkeit des Beschichtungssystems mit einem kathodischen Korrosionsschutz (KKS) gemäß Abschn. 8.1.10.4.2 entnommen werden

Die für eine Listung erforderlichen Laborprüfungen sind in der BAW Richtlinie „Prüfung von Beschichtungssystemen für den Korrosionsschutz im Stahlwasserbau (RPB)" beschrieben (BAW).

Regelungen zur Vorbereitung der Oberflächen, zur Ausführung und Überwachung der Beschichtungsarbeiten und andere bauvertragliche Regelungen enthält die ZTV-W LB 218 (Zusätzliche Technische Vertragsbedingungen – Wasserbau [ZTV-W] für Korrosionsschutz im Stahlwasserbau [Leistungsbereich 218] Ausgabe 2009, Herausgegeben vom Bundesministerium für Verkehr, Bau und Stadtentwicklung).

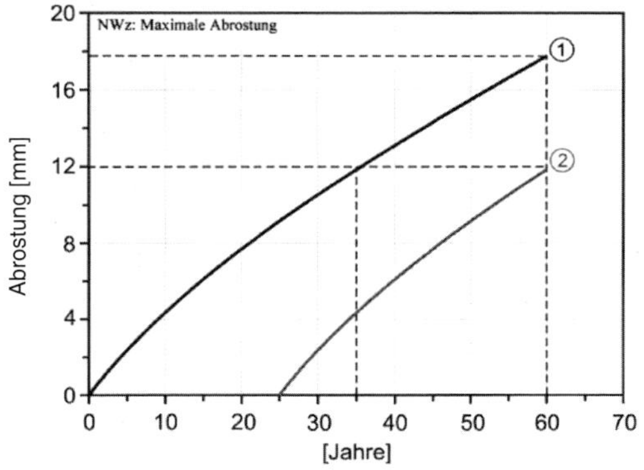

Abb. 8.27 Abrostung im Meerwasser in der Niedrigwasserzone in Millimeter, maximale Abrostungsrate. Kurve 1: unbeschichteter Stahl, Kurve 2: beschichteter Stahl.

Informationen zur Instandsetzung von Beschichtungssystemen sind in den aktuellen Forschungsberichten der BAW zu diesem Thema enthalten.

Hinsichtlich der *Gebrauchstauglichkeit* von Spundwandbauwerken ist die Abrostung in der Niedrigwasserzone entscheidend. Aus Abb. 8.26 (Maximalwerte) ist abzuleiten, dass eine 12 mm dicke Spundbohle im Meerwasser ohne Beschichtung nach 35 Jahren durchrostet ist (Abb. 8.27, Kurve 1). Wird eine Beschichtung mit einer angenommenen Schutzdauer von 25 Jahren appliziert, so treten die ersten Durchrostungen erst nach einer Standzeit von 60 Jahren auf (Abb. 8.27, Kurve 2).

Hinsichtlich der Tragfähigkeit ist die mittlere Abrostungsrate zu wählen. Die maximale Biegebeanspruchung von Spundwandbauwerken des Hafenbaus liegt meist in der Unterwasserzone (UWz). Daher ist zur Beurteilung der Beeinträchtigung der Standsicherheit von Spundwandbauwerken durch Korrosion die (gleichmäßige) mittlere Abrostung gemäß Abb. 8.26a heranzuziehen. Danach tritt in 60 Jahren Standzeit eine statisch wirksame Abrostung von 2,0 mm ein. Eine Beschichtung reduziert die Abrostung bei gleicher Standzeit auf 1,4 mm.

In der Niedrigwasserzone (NWz) ist gemäß Abb. 8.28b die statisch wirksame Abrostung von Stahlspundwänden ohne Beschichtung 4,0 mm und mit Beschichtung 2,6 mm.

Beschichtungen von Stahlspundbohlen sollten bereits im Werk vollständig aufgebracht werden, sodass vor Ort lediglich Transport- und Montagebeschädigungen auszubessern sind.

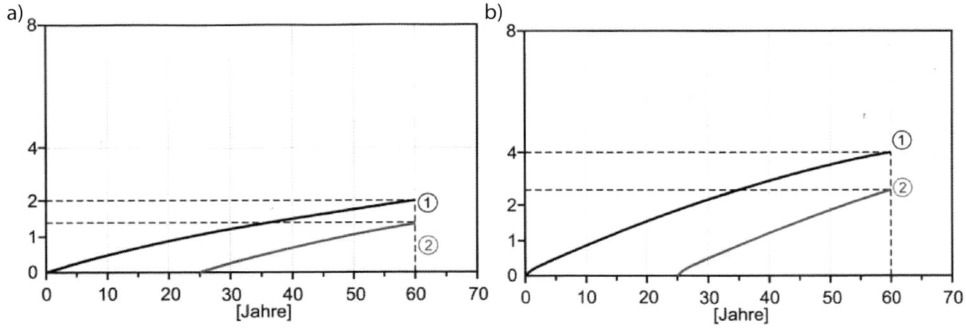

Abb. 8.28 Wanddickenverluste im Süßwasser: (a) Unterwasserzone (UWz), mittlere Abrostung; (b) Niedrigwasserzone (NWz), mittlere Abrostung. Kurve 1: unbeschichteter Stahl, Kurve 2: beschichteter Stahl.

Das Beschichtungssystem sollte so gewählt werden, dass notwendigenfalls ein kathodischer Korrosionsschutz (KKS) nachträglich eingerichtet werden kann. In diesem Zusammenhang ist darauf zu achten, dass die Beschichtungsstoffe mit dem KKS verträglich sind. Hinweise gibt die Liste der von der BAW zugelassenen Systeme unter BAW. Diese Liste basiert auf Laborversuchen, örtliche Erfahrungen sind zu berücksichtigen.

Sollen Stahlspundwände durch Beschichtungen gegen Sandschliff geschützt werden, ist der Abriebswert (A_w) des Beschichtungsstoffes maßgebend (RPB 2011, Richtlinie für die Prüfung von Beschichtungssystemen für den Korrosionsschutz im Stahlwasserbau). Zum Schutz der Beschichtung gegen Schiffsstoß ist eine Fenderung anzubringen.

8.1.10.4.2 Kathodischer Korrosionsschutz (KKS)

Die Korrosion von Stahlspundwänden unter der Wasserlinie kann durch einen kathodischen Korrosionsschutz (KKS) mit Fremdstrom oder Opferanoden weitgehend ausgeschaltet werden. Eine zusätzliche Beschichtung oder Teilbeschichtung ist wegen der besseren Stromverteilung und des geringeren Strombedarfs meist unerlässlich und zudem wirtschaftlich.

Kathodische Korrosionsschutzanlagen sind besonders geeignet zum Schutz von Spundwandbereichen, in denen eine Erneuerung von Schutzbeschichtungen oder die Sanierung von Korrosionsschäden bei ungeschützten Spundwänden nicht oder nur mit hohem technischen und wirtschaftlichem Aufwand möglich ist (z. B. im Tideniedrigwasserbereich).

Der kathodische Korrosionsschutz erfordert besondere konstruktive Maßnahmen für Spundwandbauwerke (Wirsbitzki, 1981), deshalb ist eine ggf. später vorgesehene Ergänzung eines kathodischen Korrosionsschutzes bereits bei der Planung des Spundwandbauwerks zu berücksichtigen. Die Kombination von Anlagen des kathodischen Korrosionsschutzes mit Beschichtungen gewährleistet auch im Bodenbereich hinter Spundwandbauwerken einen dauerhaften Schutz.

Beim Betrieb einer fremdstrombasierten KKS-Anlage ist darauf zu achten, dass das für eine zusätzlich vorhandene Beschichtung zulässige Potential nicht unterschritten wird

8.1.10.4.3 Legierungszusätze für die Spundwandstähle

Bei den Spundwandstählen nach DIN EN 10248 und den Stahlsorten nach DIN EN 10025 (Baustähle) und DIN EN 10028 sowie DIN EN 10113 (höherfeste Feinkornbaustähle) konnte kein unterschiedliches Korrosionsverhalten festgestellt werden. Auch konnte der vielfach propagierte positive Effekt geringfügiger Zulegierung von Kupfer in Verbindung mit Nickel und Chrom bisher nicht bestätigt werden.

8.1.10.4.4 Korrosionsschutz durch Überdimensionierung

Die Nutzungsdauer von Spundwandbauwerken kann durch Überdimensionierung der Wanddicken der Profile verlängert werden. In diesen Fällen sind für die Nachweise der Grenzzustände der Tragfähigkeit (ULS) und der Gebrauchstauglichkeit (SLS) die Mittelwerte der Wanddickenverluste gemäß den Abb. 8.25 und 8.26 anzunehmen, sofern keine örtlichen Erfahrungswerte zur Abrostungsrate vorliegen.

Wenn der AG nichts anderes vorgibt, dürfen die Nachweise der Tragfähigkeit (ULS) für die unter Berücksichtigung der Abrostung am Ende der Nutzungsdauer zu erwartenden Wanddicken der Bemessungssituation BS-A zugeordnet werden.

Für den Nachweis gegen Durchrosten können, sofern keine örtlichen Erfahrungswerte vorliegen, die Maximalwerte der Wanddickenverluste gemäß den Abb. 8.25 und 8.26 als Anhaltswerte angenommen werden.

8.1.10.4.5 Weitere Hinweise zum Korrosionsschutz

Hinsichtlich des Korrosionsangriffs sind Konstruktionen ungünstig, bei denen die Spundwand auf ihrer Rückseite nicht oder nur teilweise hinterfüllt ist.

Oberflächenwasser sollte so gefasst und abgeleitet werden, dass es nicht unmittelbar hinter die Spundwand gelangen kann. Dies gilt insbesondere für Kais, an denen aggressiver Güter (Dünger, Getreide, Salze usw.) umgeschlagen werden.

Frei stehende offene Pfähle sind auf der gesamten Umfangsfläche, geschlossene Pfähle, wie z. B. Kastenpfähle, dagegen im Wesentlichen auf der Außenfläche der Korrosion ausgesetzt. Die Innenflächen von geschlossenen Pfählen sind erfahrungsgemäß gegen Korrosion geschützt, wenn der Pfahl mit Sand verfüllt wird.

Bei frei stehenden Spundwänden, z. B. Hochwasserschutzwänden, ist die Beschichtung der Spundwand ausreichend tief in den Bodenbereich zu führen. Dabei sind spätere Setzungen des Bodens zu berücksichtigen.

Für Rundstahlanker wird zum Schutz gegen Korrosion eine Verlegung in einer Sandbettung empfohlen, inhomogenes Auffüllmaterial ist hingegen zu vermeiden. Eine Beschichtung oder Konservierung der Anker ist grundsätzlich nicht notwendig, weil die Bemessung der Anker nach Abschn. 9.1.6.7 Reserven hinsichtlich der Spannungen im Anker beinhaltet. Wird eine Beschichtung aufgebracht, darf sie nicht beschädigt werden, weil sonst Lochfraßkorrosion im Bereich der Beschädigung begünstigt wird. Die Ankeranschlüsse von Rundstahlankern sind sorgfältig abzudichten.

Bei der Hinterfüllung von beschichteten Spundwandbauwerken sind Beschädigungen der Beschichtung grundsätzlich nicht ganz auszuschließen. Diese können allerdings durch die Verwendung von steinfreiem Hinterfüllboden in den meisten Fällen als unbedeutend vernachlässigt werden.

Schiffsliegeplätze sollten stets durch Reibehölzer/-pfähle und fest stehende Fendersysteme vor dauerndem Scheuern durch Pontons oder Schiffe sowie deren Fender so geschützt werden, dass ein direkter Kontakt zwischen Spundwandoberfläche und Schiff bzw. Pontons vermieden wird. Andernfalls können Abrostungsraten eintreten, die deutlich größer sind als die in den Abb. 8.25 und 8.26 angegebenen Werte.

Stahl in Beton ist eine sehr aktive Kathode und kann somit die Korrosion begünstigen. Am Übergang von Stahl zu Stahlbeton (z. B. an Betonholmen) ist daher grundsätzlich verstärkte Korrosion zu erwarten. Einzelheiten dazu siehe Heiß et al. (1992). Zu Stahlholmen auf Stahlspundwänden ist Abschn. 7.2.11 zu beachten.

8.1.11 Sandschliffgefahr bei Spundwänden

Werden Stahlspundwände eingesetzt, müssen diese Beschichtungen erhalten, die dem am Einsatzort herrschenden Sandschliff auf Dauer standhalten. Die Beurteilung der erforderlichen Abriebfestigkeit der Beschichtung erfolgt nach der RPB 2011, Richtlinie für die Prüfung von Beschichtungssystemen im Stahlwasserbau.

8.2 Berechnung und Bemessung der Spundwand

8.2.1 Allgemeines

Für die Tragfähigkeitsnachweise bietet DIN EN 1997, Teil 1 Abschn. 2.4.7.3.4 drei Nachweisverfahren an. Dies geschieht in der Form, dass die Beanspruchungen A (action), Widerstände R (resistance) und die geotechnischen Kenngrößen M (material) kombiniert werden, wobei die zugehörigen Teilsicherheitsbeiwerte dem Anhang A der DIN EN 1997 zu entnehmen sind. Die Anwendung in Deutschland stützt sich bis auf eine Ausnahme auf das Nachweisverfahren 2.

Zur Unterscheidung zu der ebenfalls unter Nachweisverfahren 2 zugelassenen Variante, bei der die Teilsicherheitsbeiwerte auf die Einwirkungen angewendet werden, wird das deutsche Verfahren als Nachweisverfahren 2* bezeichnet.

Zu den Tragfähigkeitsnachweisen bei Stützbauwerken gehören die Grenzzustände

- STR (structure failure, Grenzzustand des Versagens von Bauwerk oder Bauteil),
- GEO-2 (geotechnic failure, Grenzzustand des Versagens von Baugrund) und
- GEO-3 (Nachweis der Gesamtstandsicherheit).

Zum Grenzzustand STR zählt der Nachweis des Bauteils Spundwand unter Biege- und Normalkraftbeanspruchung. Die Tragfähigkeitsnachweise für Spundwände aus

- Stahlbeton erfolgen nach DIN EN 1992,
- Holz erfolgen nach DIN EN 1995,
- Stahl erfolgen nach DIN EN 1993 Teil 5 unter Beachtung von Abschn. 8.2.7.

DIN EN 1993 Teil 5 lässt u. a. auch eine plastisch-plastische Bemessung für Stahlspundwandbauwerke zu. Diese Bemessung, die sowohl die plastische Querschnittsgestaltung als auch die plastische Systemtragfähigkeit (bei statisch unbestimmten Systemen) im Grenzzustand der Tragfähigkeit ausnutzt, kann in Sonderfällen auch für Ufereinfassungen sinnvoll sein. Im Regelfall werden aber die im Folgenden erläuterten Verfahren der elastisch-elastischen bzw. elastisch-plastischen Bemessung angewendet. Für die plastisch-plastische Bemessung von Ufereinfassungen fehlen vertiefte Erfahrungen zur Erddruckverteilung infolge Schnittkraftumlagerung bei Vollausnutzung der Systemreserven. Die klassische Erddruckverteilung und die Erddruckfiguren der EAU dürfen der Berechnung mit plastisch-plastischen Verfahren nicht zugrunde gelegt werden.

Zum Grenzzustand GEO-2 zählen bei Stützwänden die Nachweise:

- Bruch des Bodens im Erdwiderstandsbereich infolge der Horizontalkraftbeanspruchung aus dem Bodenauflager $B_{h,d}$ (Nachweisformat $B_{h,d} \leq E_{ph,d}$, siehe DIN 1054, Abschnitt „zu 9.7.4“),
- axiales Versinken der Stützwand im Baugrund infolge der Vertikalkraftbeanspruchung $\sum V_{i,d}$ (Nachweisformat $\sum V_{i,d} \leq \sum R_{i,d}$, siehe Abschn. 8.2.5.6),
- Grundbruchwiderstand,
- Standsicherheit in der tiefen Gleitfuge bei verankerten Stützwänden (siehe Abschn. 9.3).

Zum Grenzzustand GEO-3 zählt der Nachweis der Sicherheit gegen Geländebruch. DIN 1054 beschreibt in Abschnitt „zu 9.7.2“ die Zustände, für die der Nachweis des Geländebruchs bei Stützwänden zumindest geführt werden sollte.

Mit den Nachweisen des horizontalen Fußauflagers der Stützwand im Boden und der Aufnahme der Vertikalkomponente des mobilisierten Erdwiderstands wird die erforderliche Einbindelänge der Stützwand in den Baugrund ermittelt. Bei beiden Nachweisen darf auf der Belastungsseite der Stützwand eine Erddruckumlagerung gemäß Abschn. 8.2.3.1 berücksichtigt werden.

Beim Nachweis einer ausreichenden horizontalen Fußauflagerung der Stützwand ist grundsätzlich nur der unabgeminderte Teilsicherheitsbeiwert $\gamma_{R,e}$ für den Erdwiderstand anzusetzen. Der Ansatz von abgeminderten Teilsicherheitsbeiwerten wird in den Abschn. 8.2.1.2 und 8.2.1.3 näher erläutert.

Die Gebrauchstauglichkeit (SLS) umfasst Zustände, die das Bauwerk unbrauchbar werden lassen, ohne dass dabei die Tragfähigkeit verloren geht. Bei Uferbauwerken muss dieser Nachweis dahingehend geführt werden, dass die Wandverformung für das Bauwerk und die Umgebung unschädlich ist. Im Gegensatz zum Nachweis der Tragfähigkeit ist der Einfluss der Ankerdehnung zu berücksichtigen. Weitere Erläuterungen zum Gebrauchstauglichkeitsnachweis siehe DIN 1054, Abschnitt „zu 9.8“.

8.2.1.1 Teilsicherheitsbeiwerte für Beanspruchungen und Widerstände

Bei der Berechnung von Spundwandbauwerken sowie Ankerwänden und -platten von Rundstahlverankerungen sind für Nachweise im Grenzzustand STR folgende Teilsicherheitsbeiwerte maßgebend:

- γ_G und γ_Q für Einwirkungen gemäß Tab. 1.1,
- $\gamma_{R,e}$ und $\gamma_{R,h}$ für Widerstände gemäß Tab. 1.2,
- $\gamma_{R,e,red}$ für den Erdwiderstand nach Abschn. 8.2.1.2,
- $\gamma_{G,red}$ für die Einwirkungen aus dem resultierenden Wasserdruck nach Abschn. 8.2.1.3.

Für die Anwendung der reduzierten Teilsicherheitsbeiwerte $\gamma_{R,e,red}$ und $\gamma_{G,red}$ wird auf Abschn. 8.2.1.2 und 8.2.1.3 verwiesen.

8.2.1.2 Ermittlung der Bemessungswerte für die Biegebeanspruchungen

Zur Mobilisierung des vollen Erdwiderstands vor Uferbauwerken sind im Allgemeinen erhebliche Verschiebungswege des Bauwerks erforderlich. Diese sind hauptsächlich abhängig von der Einbindetiefe, von der Lagerungsdichte des Bodens und von der Bewegungsart. Für die in Abhängigkeit des Verschiebungsweges s erreichte horizontale Erddruckkraft E'_{pgh} gibt DIN 4085 Hinweise.

Die Umlagerung des aktiven Erddrucks nach Abschn. 8.2.3.1 erfolgt bis zur Berechnungssohle.

Bei der Ermittlung der Biegemomente darf ein reduzierter Teilsicherheitsbeiwert $\gamma_{R,e,red}$ für die Abminderung des Erdwiderstands gemäß Tab. 8.9 angesetzt werden, wenn unterhalb der Berechnungssohle nichtbindige Böden mit mindestens mittlerer Festigkeit ($q_c \geq 7{,}5\,MN/m^2$) und bindige Böden mit mindestens steifer Konsistenz anstehen.

Tab. 8.9 Reduzierte Teilsicherheitsbeiwerte $\gamma_{R,e,red}$ für den Erdwiderstand bei Ermittlung der Biegemomente.

GEO-2	BS-P	BS-T	BS-A
$\gamma_{R,e,red}$	1,20	1,15	1,10

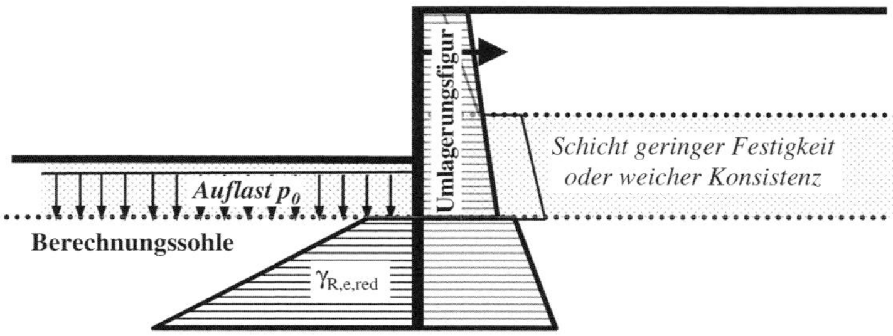

Abb. 8.29 Lastbild für die Ermittlung der Biegemomente mit reduzierten Teilsicherheitsbeiwerten bei Böden mit geringer Festigkeit bzw. weicher Konsistenz.

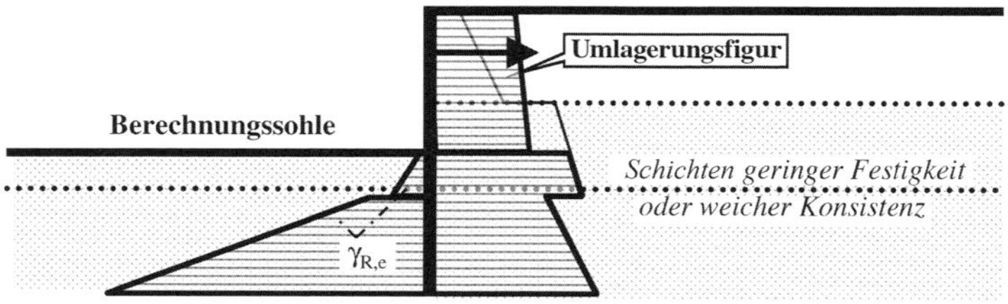

Abb. 8.30 Lastbild für die Ermittlung der Biegemomente mit nicht reduzierten Teilsicherheitsbeiwerten bei Böden mit geringer Festigkeit bzw. weicher Konsistenz unterhalb der Berechnungssohle.

Stehen ab Berechnungssohle (Solltiefe zzgl. Baggertoleranz, Vorratsbaggerung, Kolkzuschlag etc.) zunächst Böden weicher Konsistenz oder geringer Festigkeit an, dürfen diese zur horizontalen Stützung der Wand nicht herangezogen werden. Diese Schichten dürfen nur als Auflast p_0 auf die neue Berechnungssohle, die in Höhe des Beginns der tragfähigen, d. h. der mindestens festen bzw. mindestens steifen, Böden liegt, angesetzt werden.

Der reduzierte Teilsicherheitsbeiwert $\gamma_{R,e,red}$ zur Ermittlung der Biegemomente darf nur in den tragfähigen Schichten angesetzt werden (Abb. 8.29).

Stehen im Erdwiderstandsbereich ausschließlich Böden geringer Festigkeit bzw. weicher Konsistenz an, muss die Berechnung der Beanspruchungen mit nicht herabgesetzten Teilsicherheitsbeiwerten $\gamma_{R,e}$ durchgeführt werden.

Wenn auf die Anwendung der herabgesetzten Teilsicherheitsbeiwerte $\gamma_{R,e,red}$ verzichtet wird, ist die Erddruckumlagerungsfigur entsprechend Abb. 8.30 nur bis auf die Tiefe der Gewässer-/Ausbaggerungssohle zu führen.

Sind die genannten Randbedingungen für den Ansatz des reduzierten Teilsicherheitsbeiwertes $\gamma_{R,e,red}$ erfüllt, darf zur Ermittlung der Biegebeanspruchungen der Einspanngrad für die volle Ausnutzung der mit unabgemindertem Teilsicherheitsbeiwert ermittelten Einbinde-/Bohlenlänge angesetzt werden. Die mit $\gamma_{R,e,red}$ ermittelten Schnittgrößen (Momente und Querkräfte) sind für den Nachweis der Spundwand maßgebend.

Ankerkräfte und die erforderliche Einbindelänge der Wand dürfen bei Bauwerken, die in den Anwendungsbereich der EAU fallen, nur unter Ansatz des unabgeminderten Teilsicherheitsbeiwertes $\gamma_{R,e}$ bestimmt werden.

Die Umlagerung des aktiven Erddrucks nach Abschn. 8.2.3 erfolgt stets bis zur zuvor definierten Berechnungssohle.

8.2.1.3 Teilsicherheitsbeiwerte für den Wasserdruck

Die Einwirkungen aus Wasserdruck sind nach Abschn. 3.3.2, 3.3.4 und 3.5.7 zu ermitteln.

Bei Vorliegen der unten genannten Randbedingungen darf eine Reduzierung des Teilsicherheitsbeiwertes γ_G für die Ermittlung des Bemessungswertes der Beanspruchungen aus Wasserdruck vorgenommen werden. Die Teilsicherheitsbeiwerte $\gamma_{G,red}$ sind Tab. 8.10 zu entnehmen.

Tab. 8.10 Reduzierte Teilsicherheitsbeiwerte $\gamma_{G,red}$ für die Ermittlung des Bemessungswertes aus Wasserdruckeinwirkungen.

STR	BS-P	BS-T	BS-A
$\gamma_{G,red}$	1,20	1,10	1,00

Die Reduzierung der Teilsicherheitsbeiwerte für die Beanspruchung aus Wasserdruckeinwirkungen darf nur vorgenommen werden, wenn mindestens eine der drei folgenden Bedingungen erfüllt ist.

- Es liegen Messwerte über die höhenmäßige und zeitliche Abhängigkeit zwischen Grund- und Außenwasserständen als Absicherung des in die Berechnung eingehenden Wasserdruckes sowie als Basis zur Einstufung in die Bemessungssituationen BS-P bis BS-A vor.
- Bandbreite und Auftretenshäufigkeit der tatsächlichen Wasserstände und damit des Wasserdrucks werden auf der sicheren Seite liegend numerisch modelliert. Diese Prognosen sind beginnend mit der Herstellung der Spundwand mit der Beobachtungsmethode zu überprüfen. Stellen sich dabei größere Messwerte ein als vorhergesagt, müssen die der Bemessung zugrunde gelegten Werte durch geeignete Maßnahmen wie Dränagen, Pumpenanlagen etc. gewährleistet werden. Diese sind dauerhaft zu beobachten.
- Es liegen geometrische Randbedingungen vor, die den auftretenden Wasserstand auf einen Maximalwert begrenzen, wie dies z. B. bei den Spundwandoberkanten von Hochwasserschutzwänden durch Begrenzung der Stauhöhe der Fall ist. Hinter der Spundwand eingebaute Dränagen stellen im Sinne dieser Festlegung keine eindeutige geometrische Begrenzung des Wasserstandes dar.

8.2.2 Unverankerte Spundwandbauwerke

8.2.2.1 Allgemeines

Unverankerte, im Boden voll eingespannte Spundwände können – in Abhängigkeit von der Biegesteifigkeit der Wand – wirtschaftlich sein, wenn es sich um einen verhältnismäßig kleinen Geländesprung handelt. Sie können auch bei größeren Geländesprüngen eingesetzt werden, wenn der Einbau einer Verankerung oder einer anderen Kopfabstützung sehr aufwendig ist und wenn in Hinsicht auf die Gebrauchstauglichkeit die relativ großen Kopfverschiebungen als unschädlich eingestuft werden können.

8.2.2.2 Entwurf, Berechnung und Bauausführung

Um die erforderliche Standsicherheit von unverankerten Spundwänden zu erreichen, sind an Entwurf, Berechnung und Bauausführung die folgenden Anforderungen zu stellen.

- Alle Einwirkungen sind möglichst genau zu erfassen, z. B. auch der Verdichtungserddruck bei Hinterfüllungen nach DIN 4085. Dies gilt speziell für diejenigen Einwirkungen, die im oberen Bereich der Spundwand angreifen, da diese den Bemessungswert des Biegemomentes und die erforderliche Einbindetiefe maßgeblich beeinflussen.
- Die eindeutige Einstufung in die Bemessungssituationen BS-P bis BS-A unter Einschluss z. B. ungewöhnlich tief ausgebildeter Kolke und besonderer Wasserüberdrücke muss möglich sein.
- Die Berechnungstiefe der Sohle ist im Erdwiderstandsbereich unter Einschluss der erforderlichen Zusatztiefen für die eventuelle Bildung von Kolken und für Baggerarbeiten anzusetzen.
- Die statische Berechnung darf nach dem Ansatz von Blum (1931) durchgeführt werden, wobei der aktive Erddruck in klassischer Verteilung angesetzt werden muss.
- Die rechnerisch erforderliche Einbindetiefe unter Berücksichtigung von Abschn. 8.2.9 und 8.2.10 muss in der Bauausführung unbedingt erreicht werden.
- Im Gebrauchszustand – d. h. bei einem Nachweis mit charakteristischen Einwirkungen – ist zusätzlich zu den Schnittgrößen auch die Verformung der Wand zu berechnen. Die auftretenden Verformungswerte sind auf ihre Verträglichkeit mit dem Bauwerk und dem Untergrund zu untersuchen, z. B. in Hinblick auf die Bildung von Spalten in bindigen Böden auf der Erddruckseite, die sich mit Wasser füllen können. Ebenso ist die Verträglichkeit der Verformungen mit dem gesamten sonstigen Bauvorhaben zu überprüfen. Diese Vorgehensweise ist besonders für größere Geländesprünge wichtig.
- Einflüsse aus Wandverformungen können durch geeignete Rammneigungen kompensiert werden, um einen optisch unvorteilhaften Überhang des Wandkopfes zu vermeiden.
- Der Kopf der unverankerten Spundwand soll zumindest bei Dauerbauwerken mit einem die Einwirkungen verteilenden Holm bzw. Gurt aus Stahl oder Stahlbeton versehen werden, um ungleichmäßige Verformungen so weit wie möglich zu verhindern.

8.2.3 Berechnung einfach verankerter, im Boden eingespannter Spundwandbauwerke

8.2.3.1 Erddruck

Verankerte Stützbauwerke im Hafenbau dürfen unter Ansatz des aktiven Erddrucks berechnet werden. Unter bestimmten Voraussetzungen ist der Mindesterddruck nach DIN 4085 in bindigen Schichten anzusetzen.

Die mit der klassischen Verteilung über die Höhe H_E ermittelte resultierende Erddruckkraft, welche ggf. unter Berücksichtigung des Mindesterddrucks in kohäsiven Schichten vergrößert wird, darf für den Tragfähigkeits- und Gebrauchstauglichkeitsnachweis der Spundwand über die Höhe H_E umgelagert werden. Zur Bestimmung der Ankerkraft muss sie umgelagert werden.

Das Größenverhältnis der Ankerkopflage a in Bezug auf die Umlagerungshöhe H_E dient als Kriterium zur Fallunterscheidung bei der Auswahl der Umlagerungsfiguren

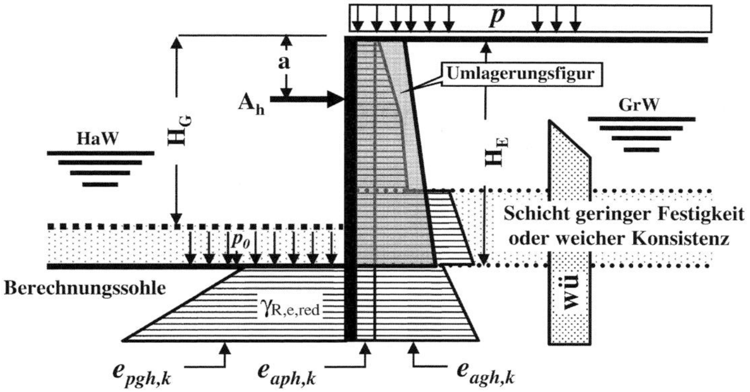

Abb. 8.31 Beispiel 1: Umlagerungshöhe H_E und Ankerkopflage a bei der Ermittlung der Biegemomente mit $\gamma_{R,e,red}$.

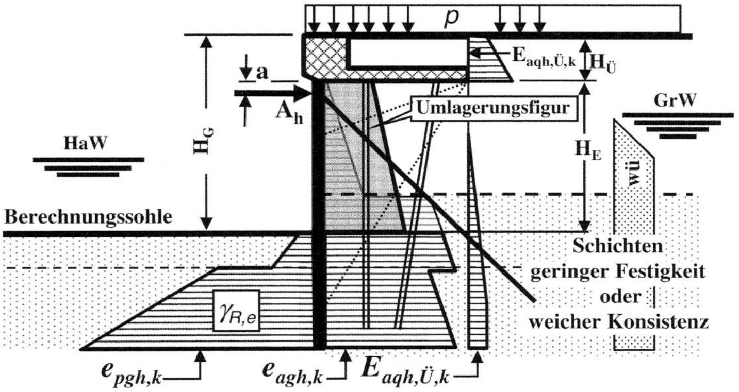

Abb. 8.32 Beispiel 2: Umlagerungshöhe H_E und Ankerkopflage a bei Ermittlung der Biegemomente mit $\gamma_{R,e}$.

(Abschn. 8.2.3.2). Die Strecken H_E und a sowie die klassische Erddruckverteilung $e_{agh,k}$ aus Bodeneigenlast bzw. Mindesterddruck und aus einer großflächigen veränderlichen Geländeauflast bis 10 kN/m^2 sind in den Abb. 8.31 und 8.32 definiert. Einwirkungen aus anderen Lasten (Blocklasten oder weiteren großflächigen Geländeauflasten) sind unter Beachtung des realen Tragverhaltens der Wand umzulagern. Dabei ist insbesondere zu berücksichtigen, dass steifere Bauteile Lasten anziehen.

In Abb. 8.32 ist beispielhaft eine Überbaukonstruktion mit der Bauhöhe $H_Ü$ und einer Stahlbetonplatte zur Erddruckabschirmung dargestellt.

Es gelten folgende Bezeichnungen:

- H_G Höhe des gesamten Geländesprunges,
- $H_Ü$ Höhe einer Überbaukonstruktion von OK Gelände bis UK Abschirmplatte,
- H_E Höhe des Erddruckumlagerungsbereiches oberhalb der Berechnungssohle. Bei einem Überbau mit Abschirmplatte beginnt die Höhe HE in Höhe UK Abschirmplatte.
- a Abstand des Ankerkopfes A vom oberen Beginn der Umlagerungshöhe H_E.

Unterhalb der Berechnungssohle wird auf der Einwirkungsseite die nicht umgelagerte Verteilung des aktiven Erddrucks angesetzt.

8.2.3.2 Erddruckumlagerung

Die Erddruckumlagerung ist in Abhängigkeit von zwei Herstellverfahren zu wählen:

- Verfahren „Abgrabung vor der Wand“ (Fälle 1–3, Abb. 8.33),
- Verfahren „Verfüllung hinter der Wand“ (Fälle 4–6, Abb. 8.34).

Dabei werden jeweils drei Bereiche des Ankerkopfabstandes a unterschieden:

- $0 \leq a \leq 0{,}1 \cdot H_E$,
- $0{,}1 \cdot H_E < a \leq 0{,}2 \cdot H_E$,
- $0{,}2 \cdot H_E < a \leq 0{,}3 \cdot H_E$,

In den Abb. 8.33 und 8.34 gilt – neben den Bezeichnungen der Abb. 8.31 und 8.32 – für die Größe des Mittelwerts e_m der Erddruckverteilung über die Umlagerungshöhe

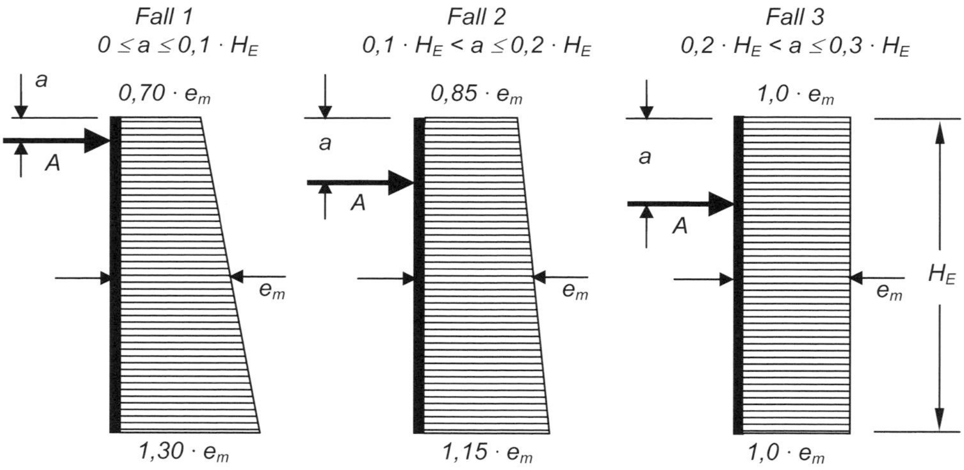

Abb. 8.33 Erddruckumlagerung für das Herstellverfahren „Abgegrabene Wand“.

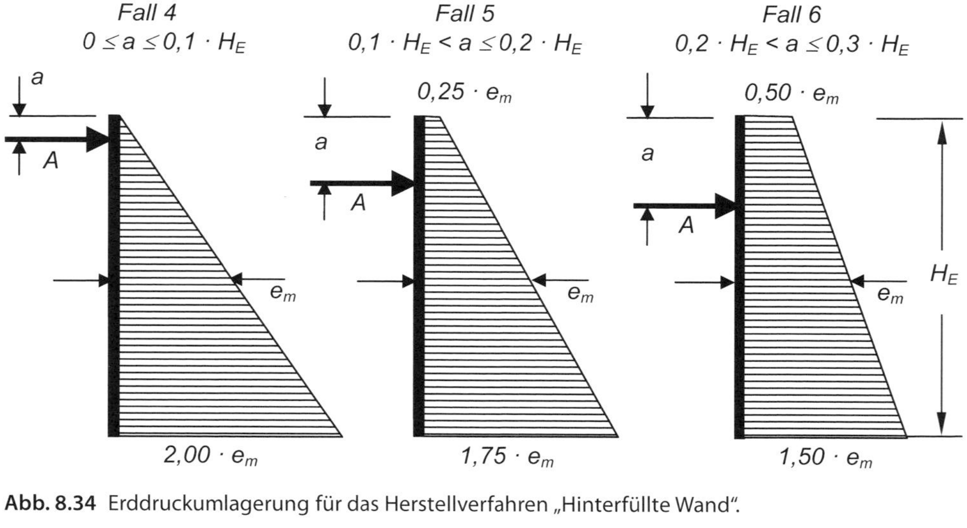

Abb. 8.34 Erddruckumlagerung für das Herstellverfahren „Hinterfüllte Wand“.

TRACTEBEL
ENGIE

WWW.HYDROPROJEKT.DE

INGENIEURKOMPETENZ. MADE IN GERMANY.

Geschäftsfelder

- Hochwasser- und Küstenschutz
- Stauanlagen
- Wasserkraftanlagen
- Verkehrswasser- und Hafenbau
- Maschinen- und Stahlwasserbau
- Fördertechnik und Kranbau
- Brückenbau
- Infrastruktur
- Umwelt

Tractebel Hydroprojekt GmbH · Rießnerstraße 18 · 99427 Weimar · hydroprojekt-DE@tractebel.engie.com · www.hydroprojekt.de
Bad Vilbel · Dresden · Freiburg i. Br. · Hamburg · Magdeburg · München · Weimar

With the trusted expertise of LAHMEYER HYDROPROJEKT

Ernst & Sohn
A Wiley Brand

Deutsche Gesellschaft für Geotechnik e.V. (Hrsg.)

Empfehlungen zu Dichtungssystemen im Tunnelbau EAG-EDT

- **berücksichtigt alle aktuellen Regelwerke**
- **Fallbeispiele zeigen praxistaugliche Lösungen**

Das Buch behandelt Dichtungssysteme mit Kunststoffdichtungsbahnen für Tunnel in geschlossener und offener Bauweise sowie für sonstige unterirdische Bauwerke. Es dient als Leitfaden für Bauherren, Planer und Ausführende.

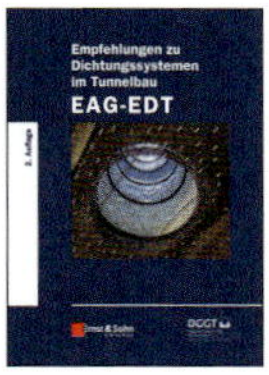

2., völlig neu bearb. Auflage · 2018 · 236 Seiten · 52 Abbildungen · 33 Tabellen

Hardcover
ISBN 978-3-433-03243-5
€ 59*

eBundle (Print + PDF)
ISBN 978-3-433-03245-9
€ 79.-*

BESTELLEN
+49 (0)30 470 31-236
marketing@ernst-und-sohn.de
www.ernst-und-sohn.de/3243

* Der €-Preis gilt ausschließlich für Deutschland. Inkl. MwSt.

Ernst & Sohn
A Wiley Brand

Deutsche Gesellschaft für Geotechnik e.V. (Hrsg.)

Empfehlungen für den Entwurf und die Berechnung von Erdkörpern mit Bewehrungen aus Geokunststoffen (EBGEO)

- **komplett aktualisiertes und umfassend erweitertes Regelwerk zur Bemessung von geokunststoffbewehrten Erdkörpern unter Berücksichtigung der aktuellen Normengeneration**

Die Empfehlungen behandeln die Grundlagen der Nachweisführung und die Anwendung von Geokunststoffen zur Bewehrung von unterschiedlichen Gründungsystemen, Bodenverbesserungsmaßnahmen, im Verkehrswegebau, bei Böschungen und Stützkonstruktionen und im Deponiebau.

2., vollst. überarb. u. erw. Auflage · 2010 ·
327 Seiten · 138 Abbildungen · 26 Tabellen

Hardcover
ISBN 978-3-433-02950-3 **€ 87,90***

BESTELLEN
+49 (0)30 470 31-236
marketing@ernst-und-sohn.de
www.ernst-und-sohn.de/2950

* Der €-Preis gilt ausschließlich für Deutschland. Inkl. MwSt.

H_E der Ausdruck

$$e_m = \frac{E_{ah,k}}{H_E}$$

Die Lastfiguren der Abb. 8.33 und 8.34 erfassen alle Ankerkopflagen a im Bereich von $a \leq 0{,}30 \cdot H_E$. Für tiefer angeordnete Verankerungen gelten diese Umlagerungsfiguren nicht, sondern es sind für den jeweiligen Einzelfall zutreffende Erddruckverläufe zu ermitteln.

Liegt die Geländeoberfläche in geringem Abstand unter dem Anker, darf der Erddruck entsprechend dem Wert $a = 0$ umgelagert werden.

Die Umlagerungsfiguren Fälle 1–3 gelten nur unter der Voraussetzung, dass sich der Erddruck infolge ausreichender Wandverformung auf die steiferen Auflagerbereiche verlagern kann. Dadurch bildet sich zwischen Ankerpunkt und Bodenauflager ein „vertikales Erddruckgewölbe" aus. Fälle 1–3 dürfen demzufolge nicht angesetzt werden, wenn

- die Spundwand zwischen Gewässersohle und Verankerung größtenteils hinterfüllt und anschließend vor ihr nicht so tief gebaggert wird, dass dadurch eine ausreichende zusätzliche Durchbiegung entsteht (Anhaltswert für eine ausreichende Durchbiegung ist eine Baggertiefe von ca. einem Drittel der Umlagerungshöhe $H_{E,0}$ des ursprünglich vorhandenen Systems entsprechend Abb. 8.35),
- hinter der Spundwand bindiger Boden ansteht, der noch nicht ausreichend konsolidiert ist,
- die Stützwand mit zunehmender Biegesteifigkeit die für eine Gewölbebildung erforderlichen Wanddurchbiegungen nicht aufweist, wie z. B. bei Stahlbetonschlitzwänden. In diesem Fall ist zu prüfen, ob die Verschiebung des Fußauflagers infolge der Mobilisierung des Erdwiderstands für die Erddruckumlagerung nach dem Verfahren „Abgrabung" Fälle 1–3 ausreicht.

Ist der Ansatz der Lastfiguren Fälle 1–3 aus den vorgenannten Gründen nicht zulässig, dürfen die zu dem vorliegenden a/H_E-Wert gehörenden Fälle 4–6 des Herstellverfahrens „Hinterfüllte Wand" zugrunde gelegt werden.

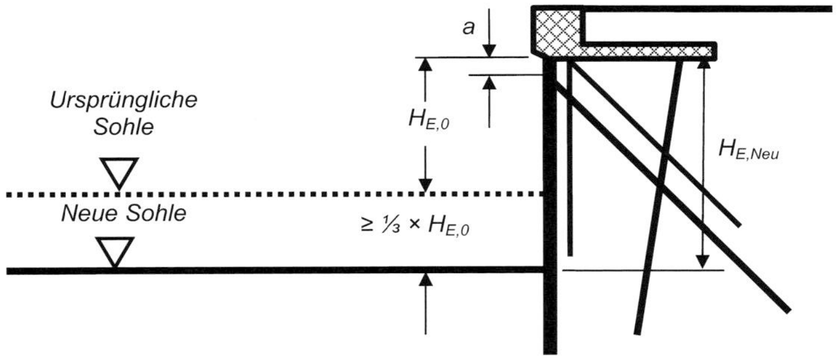

Abb. 8.35 Erforderliche zusätzliche Baggertiefe für eine Erddruckumlagerung nach dem Herstellverfahren „Abgegrabene Wand".

8.2.3.3 Erdwiderstand

Die zu erwartende Bodenreaktion wird bei einer Spundwandberechnung mit dem Ansatz von Blum (1931) entgegen dem tatsächlichen Verlauf mit einem linearen Anstieg in die Berechnung eingeführt. Gleichzeitig wird bei eingespannten Stützwänden eine für diesen Ansatz aus Gleichgewichtsgründen erforderliche Ersatzkraft C angesetzt.

Das für die Ermittlung der Einbindelänge erforderliche charakteristische Bodenauflager $B_{\mathrm{h,k}}$ wird dabei durch den mobilisierten Erdwiderstand $E_{\mathrm{ph,mob}}$ gebildet, der einen zum charakteristischen Erdwiderstand $E_{\mathrm{ph,k}}$ affinen Verlauf aufweisen muss und nicht umgelagert werden darf.

Weitere Erläuterungen sind Abschn. 8.2.5.5 zu entnehmen.

8.2.3.4 Bettung

Das Bodenauflager einer Spundwand kann auch unter Ansatz einer horizontalen Bettung nachgewiesen werden, siehe Laumans (1977). Dabei ist zu beachten, dass die Bodenreaktionsspannung $\sigma_{\mathrm{h,k}}$ in der Berechnungssohle infolge charakteristischer Einwirkungen nicht größer sein darf als die charakteristischen – d. h. maximal möglichen – Erdwiderstandsspannungen $e_{\mathrm{ph,k}}$ gemäß DIN 1054, Gl. (A9.3) und (A9.4). Weitere Hinweise hierzu enthält die EB 102 gemäß EAB (2012).

8.2.4 Berechnung zweifach verankerter Spundwände

Im Unterschied zu Abschn. 9.2.4, in der die mit Hilfsverankerungen zusammenhängenden Problemstellungen erfasst sind, werden in diesem Kapitel doppelt verankerte Spundwandbauwerke behandelt, d. h., es liegen zwei Verankerungslagen in verschiedenen Höhen vor.

Die gesamten Einwirkungen auf die Spundwand durch Erd- und Wasserdruck sowie veränderliche Lasten werden den beiden Ankerlagen $\mathrm{A_1}$ und $\mathrm{A_2}$ sowie dem Bodenauflager B zugewiesen. Wegen der Verteilung der Einwirkungen auf das vorliegende statische System wird der überwiegende Teil der Gesamtverankerungskraft vom unteren Anker $\mathrm{A_2}$ aufgenommen.

Besteht die Verankerung aus Rundstahlankern, werden beide Ankerlagen zweckmäßig zu einer gemeinsamen Ankerwand geführt und in gleicher Höhe angeschlossen, wobei als Ankerrichtung beim Nachweis der Standsicherheit für die tiefe Gleitfuge gemäß Abschn. 9.3 die Richtung der Resultierenden aus den Ankerkräften A_1 und A_2 angesetzt wird.

Bei nicht in einer Ankerwand zusammengeführten Verankerungen (z. B. mit Verpressankern nach DIN EN 1537) sind beide Anker unabhängig voneinander in den Standsicherheitsnachweis mit einzubeziehen.

8.2.4.1 Erddruck und Erdwiderstand

Aktiver Erddruck und Erdwiderstand sind wie bei der einfach verankerten Wand zu berücksichtigen.

8.2.4.2 Lastfiguren

Die in Abschn. 8.2.3 für die einfach verankerte Spundwand angegebenen Lastfiguren gelten für die Ermittlung der Schnittgrößen, Auflagerkräfte und Einbindelänge für zweifach verankerte Spundwände sinngemäß. Die zur Festlegung der Lastfigur benötigte Höhe der Ankerkopflage a zur Ermittlung des a/H_{E}-Wertes ist hierbei die mittlere Kote zwischen den beiden Ankerlagen A_1 und A_2. Der Erddruck wird dann analog zu den einfach verankerten Spundwänden über die Höhe H_E bis zur Berechnungs- bzw. Modellsohle umgelagert.

8.2.4.3 Berücksichtigung von Verformungen vorheriger Aushubphasen

Da bereits eingetretene Durchbiegungen von Spundwänden wegen des Nachrutschens des Bodens auf der Erddruckgleitfläche nur teilweise reversibel sind, müssen die Einflüsse der Bauzustände auf die Beanspruchungen im Endzustand dann berücksichtigt werden, wenn sie für den Nachweis der Gebrauchstauglichkeit maßgebend werden. Dies kann z. B. der Fall sein bei der Berücksichtigung der Wanddurchbiegung in Höhe des Ankerpunktes A_2, die bei einer vorübergehend nur im Punkt A_1 verankerten Spundwand als Stützensenkung für das statische System im Endzustand zu berücksichtigen ist.

8.2.4.4 Bettung

Die zweifach verankerte Spundwand kann wie die einfach verankerte Spundwand auch unter Verwendung horizontaler Bettungskräfte als Bodenauflager berechnet werden (Abschn. 8.2.3.4).

8.2.4.5 Vergleichsberechnung

Für die Gestaltung des Wandkopfes und für die Bemessung der oberen Ankerlage A_1 muss vergleichsweise auch eine Berechnung nach Abschn. 9.2.4 „Hilfsverankerung am Kopf von Stahlspundwandbauwerken“ durchgeführt werden. Ergeben sich hierbei größere Beanspruchungen, ist dieses Ergebnis für die Bemessung maßgebend.

8.2.5 Ansatz der Erddruckneigungswinkel und die Nachweise in vertikaler Richtung

Die Größe der jeweils gewählten bzw. zulässigen Erddruckneigungswinkel hängt von dem physikalisch größtmöglichen Reibungswinkel zwischen Baustoff und Baugrund (Wandreibungswinkel), den Gleichgewichtsbedingungen und den Relativverschiebungen der Wand gegenüber dem Boden ab.

Die Erddruckneigungswinkel haben Einfluss auf die Nachweise der Wand in vertikaler Richtung. Folgende Gleichgewichts- und Grenzzustandsbedingungen müssen erfüllt werden:

- Nachweis der Vertikalkomponente des mobilisierten Erdwiderstandes nach Abschn. 8.2.5.5,
- Versagen durch Vertikalbewegung nach Abschn. 8.2.5.6.

Bei unbehandelten Wandoberflächen hängt der anzusetzende Erddruckneigungswinkel von der Wandbeschaffenheit ab. Dabei sind folgende Unterscheidungen zu treffen.

- Als „verzahnt“ wird eine Wandrückseite bezeichnet, wenn sie durch ihre Form eine so große Oberfläche aufweist, dass nicht die unmittelbar zwischen Boden und Wandbaustoff wirkende Wandreibung maßgebend ist, sondern die Reibung in einer ebenen, die Wand nur stellenweise berührenden Bruchfläche im Boden. Dies ist z. B. bei Pfahlwänden der Fall. Auch Dichtwände aus erhärtender Zement-Bentonit-Suspension mit eingestellten Spundwänden oder Bohlträgern dürfen als verzahnt eingestuft werden. Dies gilt auch für eingerammte, eingerüttelte oder eingepresste Spundwände.

- Als „rau“ können im Allgemeinen die unbehandelten Oberflächen von Stahl, Beton und Holz angesehen werden, insbesondere aber die Oberflächen von Bohlträgern und von Ausfachungen.
- Als „weniger rau“ darf die Oberfläche einer Schlitzwand eingestuft werden, sofern die Filterkuchenbildung gering ist, z. B. bei Schlitzwänden in bindigem Boden. Erfahrungsgemäß gilt dies auch bei Schlitzwänden in nichtbindigem Boden, wenn die Standzeit des suspensionsgestützten Schlitzes entsprechend den allgemeinen Herstellungsregeln kurz gehalten wird.
- Als „glatt“ sind alle Wandrückseiten einzustufen, wenn der anstehende Boden infolge seines Tongehaltes und seiner Konsistenz nicht erwarten lässt, dass eine nennenswerte Reibung aktiviert werden kann.

Die Erddruckneigungswinkel können je nach Wandbeschaffenheit entsprechend Abschn. 8.2.5.1 und 8.2.5.2 angesetzt werden.

Bei vorbehandelten Oberflächen, im Baugrund vorhandenen Weichböden, die sich beim Einbringen als Schmierschichten auf den Profiloberflächen ablagern können, und mit Spülhilfe eingebrachten Profilen kann die Reibung so weit herabgesetzt sein, dass sich die Wandreibungswinkel nach Abschn. 8.2.5.1 und 8.2.5.2 nicht einstellen können. In diesen Fällen müssen die Wandreibungswinkel auf maximal den halben Reibungswinkel $|\delta_k| \leq 0{,}5 \cdot |\varphi'_k|$ begrenzt werden, oder der Ansatz eines betragsmäßig höheren Wandreibungswinkels ist durch einen Sachverständigen für Geotechnik nachzuweisen.

Der Einfluss von Rammfußverstärkungen auf den Wandreibungswinkel ist ebenfalls von einem Sachverständigen für Geotechnik zu bewerten.

8.2.5.1 Neigungswinkel $\delta_{a,k}$ des aktiven Erddrucks

In der Regel wird der aktive Erddruck mit ebenen Gleitflächen ermittelt. Dabei darf der Neigungswinkel $\delta_{a,k}$ des Erddrucks je nach Wandbeschaffenheit bis zu folgenden Grenzwerten angesetzt werden:

Wandbeschaffenheit	
verzahnte Wand	$|\delta_{a,k}| \leq (2/3) \cdot \varphi'_k$
raue Wand	$|\delta_{a,k}| \leq (2/3) \cdot \varphi'_k$
weniger raue Wand	$|\delta_{a,k}| \leq (1/2) \cdot \varphi'_k$
glatte Wand	$\delta_{a,k} = 0$

8.2.5.2 Neigungswinkel $\delta_{p,k}$ des Erdwiderstands

Die Ermittlung des Erdwiderstandes erfolgt in der Regel für gekrümmte Gleitflächen. Dabei darf der Neigungswinkel $\delta_{p,k}$ des Erdwiderstands in den Grenzen

$$-\varphi'_k \leq \delta_{p,k} \leq +\varphi'_k$$

angesetzt werden.

Der Ansatz mit ebenen Gleitflächen ist zur Vereinfachung der Berechnung in den Grenzen

$$-\frac{2}{3} \cdot \varphi'_k \leq \delta_{p,k} \leq +\frac{2}{3} \cdot \varphi'_k$$

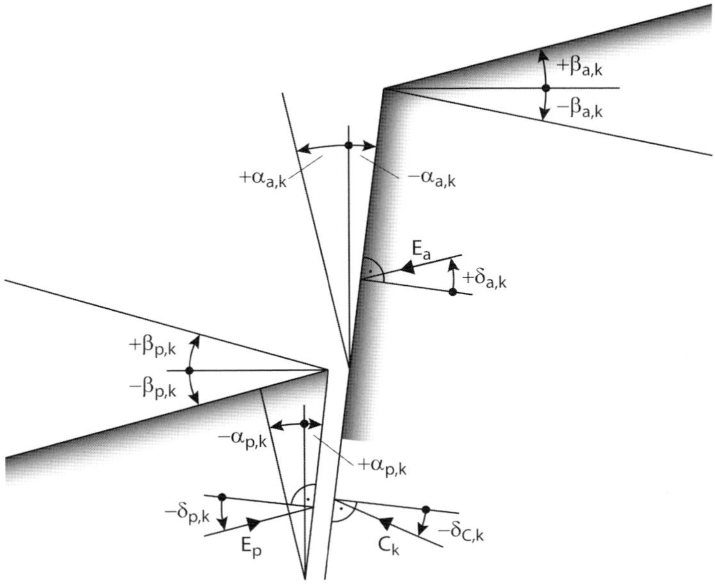

Abb. 8.36 Vorzeichendefinition der Wandneigungswinkel α_k, der Geländeneigungswinkel β_k, des Neigungswinkels des Erddrucks $\delta_{a,k}$, des Erdwiderstands $\delta_{p,k}$ und des Neigungswinkels $\delta_{C,k}$ der Ersatzkraft *C*.

zulässig, sofern Reibungswinkel φ_k, Wandneigungswinkel α_k sowie Geländeneigungswinkel β_k und Neigungswinkel $\delta_{p,k}$ innerhalb folgender Grenzen liegen:

$$\varphi'_k \leq 35°$$
$$\alpha_k \leq 0° \quad \text{(Vorzeichendefinition nach Abb. 8.36)}$$
$$\beta_k \geq 0° \quad \text{für } \delta_{p,k} \geq 0° \text{ bzw. } \beta_k \leq 0° \text{ für } \delta_{p,k} \leq 0°$$

Für diese Bedingungen unterscheiden sich die K_{ph}-Werte für den jeweiligen Grenzwert min $\delta_{p,k}$ aus den Verfahren mit ebenen ($\min\delta_{p,k} = (-2/3)\varphi'_k$) und mit gekrümmten ($\min\delta_{p,k} = -\varphi'_k$) Gleitflächen nicht wesentlich.

In Abhängigkeit von der Wandbeschaffenheit gelten folgende zusätzliche Grenzwerte des Neigungswinkels des Erdwiderstands:

Wandbeschaffenheit

verzahnte Wand	$\lvert\delta_{p,k}\rvert \leq \varphi'_k$
raue Wand	$\lvert\delta_{p,k}\rvert \leq \varphi'_k - 2{,}5° \leq 30°$
weniger raue Wand	$\lvert\delta_{p,k}\rvert \leq (1/2) \cdot \varphi'_k$
glatte Wand	$\delta_{p,k} = 0°$

8.2.5.3 Neigungswinkel $\delta_{C,k}$ der Ersatzkraft C_k

Bei der Berechnung von im Boden voll oder teilweise eingespannten Wänden nach dem Ansatz von Blum (1931) wird zur Aufnahme der Ersatzkraft *C* die Bodenreaktion unterhalb des theoretischen Fußpunkts TF auf der Einwirkungsseite herangezogen. Die zur Aufnahme dieser Reaktionskraft zusätzlich erforderliche Tiefe ist nach Abschn. 8.2.9 als

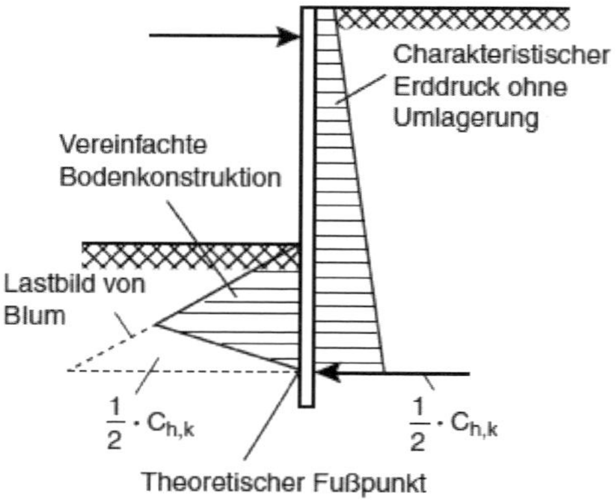

Abb. 8.37 Wirksamer Anteil der Bodenreaktion bei Einspannung im Boden nach Blum (1931).

Zuschlag Δt_1 zur Einbindetiefe t_1 zu berechnen. Bei diesem Ansatz ist die Wirkungsrichtung der Ersatzkraft C unter dem Winkel $\delta_{\mathrm{C,k}}$ gegen die Horizontale geneigt.

Der Neigungswinkel $\delta_{\mathrm{C,k}}$ darf in den Grenzen

$$-\varphi'_{\mathrm{k}} \leq \delta_{\mathrm{C,k}} \leq +\frac{1}{3} \cdot \varphi'_{\mathrm{k}}$$

angesetzt werden, er darf jedoch in Abhängigkeit von der Wandbeschaffenheit nicht größer sein als die in Abschn. 8.2.5.2 angegebenen Grenzwerte für $\delta_{\mathrm{p,k}}$.

8.2.5.4 Größe der Ersatzkraft *C*

Die Größe der sich beim Blum'schen Ansatz für den Erdwiderstand ergebenden Ersatzkraft C_{k} für eingespannte Wände wird über die Gleichgewichtsbedingung $\sum H_{\mathrm{k}} = 0$ aller charakteristischen Einwirkungen und Auflagerreaktionen ermittelt. Bei allen Nachweisen in vertikaler Richtung muss beachtet werden, dass sich hierbei eine zu große Ersatzkraft C ergibt, weil der für das Bodenauflager B_{k} mobilisierte Erdwiderstand bis zum theoretischen Wandfußpunkt TF in voller Größe wirkend angesetzt wird. Bei Berücksichtigung des tatsächlichen Verlaufs der stützenden Bodenreaktion B_{k} tritt die Ersatzkraft C aber nur in etwa halber rechnerischer Größe auf. Gleichzeitig ist das zugehörige Bodenauflager B_{k} um eben diesen Wert geringer (vgl. Abb. 8.37 und 8.40).

Um diesen Fehler auszugleichen, werden die Horizontalkomponenten der Ersatzkraft und des Bodenauflagers nach Blum ($C_{\mathrm{h,k}}$ und $B_{\mathrm{h,k}}$) für die Berechnung der zugehörigen Vertikalkomponenten um jeweils $1/2 \cdot C_{\mathrm{h,k}}$ abgemindert.

8.2.5.5 Nachweis der Vertikalkomponente des mobilisierten Erdwiderstandes

1) Nachweisformat

   Mit diesem Nachweis, der für jede charakteristische Einwirkungskombination zu führen ist, wird sichergestellt, dass sich der für die Berechnung des Erdwiderstands gewählte Neigungswinkel $\delta_{\mathrm{p,k}}$ auch tatsächlich einstellen kann. Der Neigungswinkel $\delta_{\mathrm{p,k}}$ darf nur mit demjenigen negativen Wert angesetzt werden, für den nachgewiesen wird, dass die von oben nach unten gerichteten charakteristischen Einwirkungen $\sum V_{\mathrm{i,k}}$ größergleich den von unten nach oben gerichteten charakteristischen Einwirkungen $B_{\mathrm{v,k}}$ sind (DIN 1054, Abschnitt A9.7.8). Das hierfür notwendige Nachweisformat lautet bei freier Auflagerung:

$$\sum V_{\mathrm{i,k}} \geq |B_{\mathrm{v,k}}| \quad \text{mit} \quad B_{\mathrm{v,k}} = \sum B_{\mathrm{hi,k}} \cdot \tan \delta_{\mathrm{pi,k}}$$

und bei eingespannten Wänden:

$$\sum V_{i,k} \geq |B^*_{v,k}| \quad \text{mit} \quad B^*_{v,k} = \sum B_{hi,k} \cdot \tan \delta_{pi,k} - \frac{1}{2} C_{h,k} \cdot \tan \delta_{pr,k}$$

Der Nachweis ist mit den gleichen Neigungswinkeln zu führen, mit denen zuvor der Erddruck und der Erdwiderstand berechnet wurden.
Um diesen Nachweis zu erfüllen, muss ggf. der Neigungswinkel $\delta_{p,k}$ bis zum Erreichen des positiven Grenzwertes für $\delta_{p,k}$ nach Abschn. 8.2.5.2 geändert werden. Daraus ergibt sich eine deutliche Abnahme der Erdwiderstandskraft $E_{ph,k}$ und somit auch eine größere erforderliche Einbindelänge t_1 der Wand.
Auch der Nachweis gegen Bruch des Bodens im Erdwiderstandsbereich infolge der Beanspruchung $B_{h,d}$ aus dem Bodenauflager (nach Abschn. 8.2.1) muss für den geänderten Neigungswinkels $\delta_{p,k}$ erfüllt werden.
Bei eingespannten Wänden ist für den Nachweis das Bodenauflager B_k mit $i = 1$ bis r Schichten bis zur Tiefe des theoretischen Fußpunkts TF nach Abb. 8.40 anzusetzen.

2) Vertikalkomponenten $V_{Q,k}$ aus veränderlichen Einwirkungen
Vertikalkomponenten $V_{Q,k}$ aus veränderlichen Einwirkungen Q dürfen bei diesem Nachweis nicht angesetzt werden, wenn sie keine nennenswerten Anteile zur Beanspruchung des Bodenauflagers B_k beitragen. Dies ist z. B. bei Einwirkungen der Fall, die unmittelbar am Wandkopf auftreten, wie z. B. die Auflagerkräfte $F_{Qv,k}$ des Überbaus aus Kran und Stapellasten und die nach unten gerichteten Vertikalkomponenten $\Delta A_{Qvi,k}$ der Ankerkraft aus horizontalen veränderlichen Einwirkungen im Wandkopfbereich bzw. oberhalb der Ankerlage, wie z. B.
   - Kranseitenstoß und Sturmverriegelung,
   - Pollerzug,
   - Erddruck aus veränderlichen Einwirkungen auf den Wandbereich oberhalb der obersten Ankerlage.
3) Vertikalkraftkomponenten $V_{i,k}$
Die Vertikalkraftkomponenten $V_{i,k}$ sind mit dem Neigungswinkel δ anzusetzen (positiv nach unten, negativ nach oben):

$V_{G,k} = \sum F_{G,k}$ aus *ständigen* Axialeinwirkungen F,
$V_{Av,k} = P_{v,k,min}$ bei nach unten geneigten Ankern aus der Ankerkraft,
$P_{v,k,min} = P_{v,k} - \Delta P_{Qv,k}$ ($P_{v,k,max}$ bei nach oben geneigten Ankern oder auf Druck beanspruchten Schrägpfählen),
$V_{Eav,k} = \sum(E_{ah,i,k} \cdot \tan \delta_{ai,k})$ aus Erddruck E_{ah} mit $i = 1$ bis r Schichten bis zur Tiefe des theoretischen Fußpunkts TF,
$V_{Cv,k} = 1/2 C_{h,k} \cdot \tan \delta_{C,k}$ aus der Ersatzkraft $C_{h,k}$ (siehe auch Abschn. 8.2.9).

8.2.5.6 Versagen durch Vertikalbewegung

Neben dem Nachweis der horizontalen Tragfähigkeit des Bodenauflagers und der Vertikalkomponente des mobilisierten Erdwiderstandes gemäß der Modellvorstellung von aktiven und passiven Gleitkörpern muss nach Abschn. 8.2.1 auch der Nachweis gegen Versagen bodengestützter Wände durch Vertikalbewegung geführt werden.

Mit diesem Nachweis wird sichergestellt, dass die Wand eine ausreichende Sicherheit gegen Versinken infolge vertikaler, nach unten gerichteter Einwirkungen aufweist.

Bei Wänden aus Stahlträgerprofilen (i-förmige Wandprofile) und bei kombinierten Wänden erfolgt der Nachweis der axialen Tragfähigkeit der Tragelemente (offene Stahlrohre, Hohlkastenpfähle, einfache und doppelte Stahlträgerprofile) nach EA Pfähle (2012) in Verbindung mit dem Technischen Jahresbericht EAP, TJB (2014). Zur Herleitung des Nachweiskonzeptes siehe Becker und Lüking (2015). Hierbei sind als wesentliche Merkmale die geometrieabhängige Idealisierung von Verspannungseffekten (Pfropfenbildung) und deren Auftreten in Abhängigkeit vom Einbringverfahren zu nennen. Die Erfahrungswerte für äußere Mantelreibung und Pfahlspitzendruck auf den Pfropfen sind Becker und Lüking (2015) zu entnehmen.

Vereinfachend darf beim Nachweis der vertikalen Tragfähigkeit von Tragelementen bei Ufereinfassungen mit Randbedingungen gemäß Abschn. 8.2.5.6, 6. das Modell 2, d. h. der Ersatz einer möglichen Pfropfenbildung durch eine innere Mantelreibung, angewendet werden.

1. Lastbilder

Für die Nachweisführung darf eine der in Abb. 8.38 dargestellten Lastbilder (Systemskizze 1 oder Systemskizze 2) gewählt werden. Unter Beachtung von Abschn. 8.2.5.6, 4. kann auf der Erdwiderstandseite entweder die Vertikalkomponente des Bodenauflagers $B^*_{v,k}$ (Abb. 8.38, Systemskizze 1) oder die Mantelreibung $q_{s,k}$ angesetzt werden (Abb. 8.38, Systemskizze 2).

Die in diesem Abschnitt angegebenen Empfehlungen gelten für die Systemskizze 1 unterhalb des theoretischen Fußpunktes (TF). Für die Systemskizze 2 gelten die Empfehlungen im gesamten Einbindebereich.

Die wirksamen Mantelflächen sind nach Abb. 8.38 und 8.39 anzusetzen.

Besonderheit bei Systemskizze 2: Die Mantelreibung $q_{s,k}$ darf oberhalb des theoretischen Fußpunktes nicht auf der durch aktiven Erddruck beanspruchten Fläche als Widerstand angesetzt werden. Bei einer abgegrabenen Wand ist jedoch ein erhöhter horizontaler Spannungszustand durch die Vorbelastung gegeben. Daher darf für die Nachweisführung auf der Fläche oberhalb des theoretischen Fußpunktes die Mantelreibung

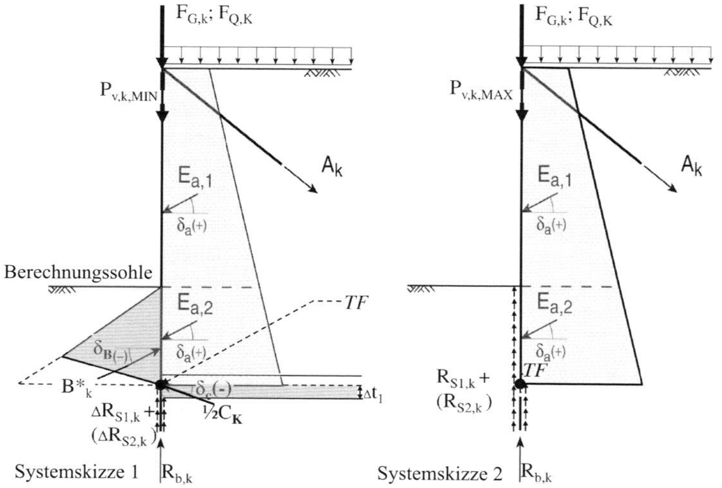

Abb. 8.38 Ansatz der Einwirkungen und Widerstände am Beispiel einer eingespannten Wand.

nach Tab. 8.11–8.14 verdoppelt werden. Vereinfachend darf der volle Umfang des Tragprofils von der Berechnungssohle bis zum theoretischen Fußpunkt angesetzt werden. Hierbei darf jedoch die Erhöhung der Mantelreibung auf der passiven Seite nicht angesetzt werden. Für weitere Informationen siehe Untersuchungen von Becker (2017).

Unterhalb des theoretischen Fußpunktes darf bei beiden Systemskizzen die umlaufende Abwicklungsfläche in Ansatz gebracht werden.

2. Nachweisformat

Beim Nachweis der Sicherheit von bodengestützten Wände gegen Versagen durch Vertikalbewegung im Baugrund (DIN EN 1997, Teil 1, Abschn. 9.7.5) müssen alle nach unten gerichteten axialen Einwirkungen $\sum V_i$ und die axialen Widerstände $\sum R_i$ mit ihren Bemessungswerten berücksichtigt werden. Die Gesamtbeanspruchung V_d darf höchstens so groß werden wie die axialen Widerstände $\sum R_{i,d}$. Der Nachweis der Grenzzustandsbedingung lautet:

$$V_d = \sum V_{i,d} \leq \sum R_{i,d}$$

3. Vertikalbeanspruchung V_d

V_d ist der Bemessungswert aller nach unten gerichteten axialen Einwirkungen am Wand- oder Bohlträgerfuß nach DIN 1054, Abschn. 9.7.5.

Zu seiner Ermittlung werden alle von oben nach unten wirkenden charakteristischen axialen Teileinwirkungen mit den für die jeweilige Bemessungssituation geltenden Teilsicherheitsbeiwerten des Grenzzustandes GEO-2 nach Tab. 1.1 für ständige (G) und veränderliche (Q) Einwirkungen multipliziert, und zwar innerhalb der Einwirkungskombinationen nach Ursachen getrennt.

$$V_{F,d} = \sum(V_{F,G,k} \cdot \gamma_G + V_{F,Q,k} \cdot \gamma_Q)$$

aus axialen, nach unten gerichteten Einwirkungen F,

$$V_{Pv,d} = \sum(V_{Pv,G,k} \cdot \gamma_G + V_{Pv,Q,k} \cdot \gamma_Q)$$

aus den Ankerkraftkomponenten P_v,

$$V_{Eav,d} = \sum(V_{Eav,G,k} \cdot \gamma_G + V_{Eav,Q,k} \cdot \gamma_Q)$$

aus der sich aus der Erddruckverteilung ergebenden Summe der schichtweisen Resultierenden E_{av} aller Schichten bis zur Tiefe des theoretischen Fußpunkts TF.

4. Bemessungswerte der axialen Widerstände $R_{i,d}$

Die Ermittlung der Bemessungswerte $R_{i,d}$ der von unten nach oben gerichteten axialen Widerstände erfolgt durch Division des charakteristischen Werts $R_{i,k}$ des einzelnen Widerstands durch die für die jeweilige Bemessungssituation geltenden Teilsicherheitsbeiwerte des Grenzzustandes GEO-2.

Für Wandreibung und Spitzendruck werden in Anlehnung an die Pfahlbemessung die Teilsicherheitsbeiwerte für Pfähle angesetzt.

Für Reibungswiderstände $R_{Bv,k}$ bzw. $R^*_{Bv,k}$ und $R_{Cv,K}$ aus den charakteristischen horizontalen Komponenten der Bodenauflagerkraft $B_{h,k}$ bzw. $B^*_{h,k}$ und der halben Ersatzkraft $1/2C_{h,k}$ wird der Teilsicherheitsbeiwert für den Erdwiderstand $\gamma_{R,e}$ angesetzt.

Für den Tragfähigkeitsnachweis stehen zwei Möglichkeiten zur Verfügung:

a) Berücksichtigung des Bodenauflagers (siehe Abb. 8.38, Systemskizze 1)
Folgende Widerstände sind anzusetzen:

$R_{Bv,d} = (B_{h,k} - 1/2C_{h,k}) \cdot \tan \delta_B / \gamma_{R,e}$	Wandreibungswiderstand aus dem mobilisierten Bodenauflager $B_{h,k}$,
$R_{Cv,d} = 1/2C_{h,k} \cdot \tan \delta_C / \gamma_{R,e}$	Wandreibungswiderstand aus der Hälfte der Ersatzkraft $C_{h,k}$,
$R_{b,d} = R_{b,k} / \gamma_b$	Fußwiderstand aus dem Spitzenwiderstand $R_{b,k}$ für offene Stahlrohre, Hohlkästen, einfache und doppelte Stahlträgerprofile: nach EAP, TJB (2014) für Spundwände: $R_{b,k} = A_W \cdot q_{b,k}$,
$\Delta R_{s,d} = \Delta R_{s,k} / \gamma_s$	Zusätzlicher Mantelwiderstand aus der Wandreibung für offene Stahlrohre, Hohlkästen, einfache und doppelte Stahlträgerprofile: nach EAP, TJB (2014) $\Delta R_{s,k} = A_S \cdot q_{s,k}$

b) Berücksichtigung von Wandreibung und Spitzenwiderstand (siehe Abb. 8.38, Systemskizze 2)
Folgende Widerstände sind anzusetzen:

$R_{b,d} = R_{b,k} / \gamma_b$	Fußwiderstand aus dem Spitzenwiderstand $R_{b,k}$ für offene Stahlrohre, Hohlkästen, einfache und doppelte Stahlträgerprofile: nach EAP, TJB (2014) für Spundwände: $R_{b,k} = A_W \cdot q_{b,k}$
$R_{b,d} = Q_{b,k} / \gamma_b$	Fußwiderstand aus dem Spitzenwiderstand $Q_{b,k}$ bei Ansatz von $Q_{b,k}$ aus Probebelastungen.
$R_{s,d} = R_{s,k} / \gamma_s$	Mantelwiderstand aus der Wandreibung für offene Stahlrohre, Hohlkästen, einfache und doppelte Stahlträgerprofile: nach EAP, TJB (2014) für Spundwände: $R_{s,k} = A_S \cdot q_{s,k}$,
$R_{s,d} = Q_{s,k} / \gamma_s$	Mantelwiderstand infolge Wandreibung $Q_{s,k}$ bei Ansatz von $Q_{s,k}$ aus Probebelastungen.

Die Größe des negativen Erddruckneigungswinkels δ_B beim Nachweis „Versagen gegen Vertikalbewegung“ darf in Abhängigkeit von der Wandrauigkeit mit $|\delta_B| \leq \varphi'_k$ angesetzt werden und ist unabhängig vom Nachweis nach Abschn. 8.2.5.5.
Der Spitzenwiderstand $R_{b,k}$ wird durch Multiplikation der Querschnittsfläche des Wandprofils A_W mit dem Spitzendruck am Wandfuß $q_{b,k}$ ermittelt. Als Erfahrungs-

Tab. 8.11 Erfahrungswerte des charakteristischen Spitzenwiderstands $q_{b,k}$ und der charakteristischen Mantelreibung $q_{s,k}$ von gerammten Spundwänden in nichtbindigen Böden.

Mittlerer Sondierspitzenwiderstand q_c der Drucksonde [MN/m²]	Spitzenwiderstand $q_{b,k}$ im Bruchzustand [MN/m²]	Mantelreibung $q_{s,k}$ im Bruchzustand [kN/m²]
7,5	9	20
15	18	40
≥ 25	25	50

wert für den Spitzendruck darf der von q_c abhängige Wert aus Tab. 8.11 gewählt werden.

Die Größe der von der Bemessungssituation unabhängigen Teilsicherheitsbeiwerte γ_b und γ_s hängt von der Ermittlung des Spitzendrucks ab. Wird der Spitzendruck $q_{b,k}$ und die Wandreibung $q_{s,k}$

- aus Erfahrungswerten der EA Pfähle (2012) gewonnen, so ist $\gamma_b = \gamma_s = 1{,}40$,
- im geotechnischen Bericht beschrieben und mittels Probebelastungen bestätigt, so ist $\gamma_b = \gamma_s = 1{,}10$.

Der Mantelwiderstand $R_{s,k}$ wird durch Multiplikation der Abwicklungsfläche des Wandprofils A_S mit der Wandreibung ermittelt. Die Abwicklungsfläche wird in Abhängigkeit von der Modellvorstellung (s. Abb. 8.38) angesetzt. Zur Aktivierung zusätzlich benötigter Wandreibungswiderstände ΔR_s ist die Wand über TF hinaus zu verlängern.

5. Wellenspundwände – anzusetzende Widerstände

Mantelreibung und Spitzenwiderstand sollten anhand von statischen und dynamischen Probebelastungen ermittelt werden. Sofern keine Ergebnisse aus Probebelastungen vorliegen, dürfen bei gerammten Spundwänden die Erfahrungswerte für Mantelreibung und Spitzenwiderstand aus Tab. 8.11 und 8.12 bei der Bemessung in Ansatz gebracht werden. Zwischenwerte dürfen linear interpoliert werden.

Die Erfahrungswerte in Tab. 8.11 und 8.12 sind abhängig vom über die Tiefe gemittelten Sondierspitzenwiderstand q_c der Drucksonde bzw. der Scherfestigkeit des undränierten Bodens. Bei der Festlegung des Zahlenwertes verläuft

Tab. 8.12 Erfahrungswerte des charakteristischen Spitzenwiderstands $q_{b,k}$ und der charakteristischen Mantelreibung $q_{s,k}$ von gerammten Spundwänden in bindigen Böden.

Scherfestigkeit $c_{u,k}$ des undränierten Bodens [kN/m²]	Spitzenwiderstand $q_{b,k}$ im Bruchzustand [MN/m²]	Mantelreibung $q_{s,k}$ im Bruchzustand [kN/m²]
60	–	15
100	1,00	20
150	1,75	25
≥ 250	2,50	35

- der maßgebende Bereich für den Spitzenwiderstand (von $1 \cdot D_{eq}$ oberhalb bis $4 \cdot D_{eq}$ unterhalb des Wandfußes) und
- der maßgebende Bereich für die Mantelreibung entlang der Einbindelänge der Wand (siehe Abb. 8.39).

Hat die Bodenschichtung einen großen Einfluss auf den Sondierspitzenwiderstand bzw. die undränierte Scherfestigkeit, dann sind für die Mantelreibung mehrere Bereiche festzulegen.

Die in Tab. 8.11 und 8.12 angegebenen Erfahrungswerte wurden aus den Ergebnissen von Probebelastungen an gerammten Spundwänden vor Hinterfüllung bzw. Abgrabung abgeleitet.

6. Kombinierte Wände – anzusetzende Widerstände

Für doppelte und einfache Stahlträgerprofile sowie Rohre ab einem Durchmesser von 1400 mm darf das Modell 2 (siehe Abb. 8.39) angewendet werden. Dieses berücksichtigt sowohl die innere als auch die äußere Mantelreibung, wobei die äußere Mantelreibung $q_{s,k}$ maximal bis auf Höhe der Berechnungssohle anzusetzen ist.

Die innere Mantelreibung $q_{is,k}$ist aufgrund von Mitnahmesetzungen bei der Herstellung auf bis zu 80 % der Einbindelänge anzusetzen. Dabei wird die Einbindelänge auf den Bereich unterhalb der Berechnungssohle beschränkt, auch wenn die Profile herstellungsbedingt (z. B. einseitig abgegrabene Wände) oberhalb der Berechnungssohle mit Boden gefüllt sein können. So wird sichergestellt, dass die Erfahrungswerte der Tabellen 8.11 und 8.12 anwendbar sind. Zur Ermittlung der Widerstände bei kleineren Durchmessern sollte EAP, TJB (2014) hinzugezogen werden.

Mantelreibung und Spitzenwiderstand sollten anhand von statischen und dynamischen Probebelastungen ermittelt werden. Sofern keine Ergebnisse aus Probebelastungen vorliegen, dürfen für offene Stahlrohrpfähle, Hohlkastenpfähle, Stahlträgerprofilpfähle und doppelte Stahlträgerprofilpfähle Erfahrungswerte für die charakteristischen Werte für den Spitzenwiderstand $q_{b,k}$ und die Mantelreibung (äußere Mantelreibung) $q_{s,k}$ nach den Tab. 8.13 und 8.14 in Ansatz gebracht werden.

Die in Tab. 8.13 angegebenen Erfahrungswerte wurden aus den Ergebnissen von Probebelastungen an gerammten Stahlrohrpfählen, Hohlkastenpfählen, Stahlträgerprofilpfählen und doppelten Stahlträgerprofilpfählen in nichtbindigen Böden abgeleitet.

Bei kombinierten Spundwänden ist für die Berechnung des Bodenauflagers der räumliche Erddruck beispielsweise nach Weißenbach (1985) anzusetzen, wenn dieser bei gewählter Einbindelänge kleiner als der durchgehende Erdwiderstand ist. Bei Einhaltung

Tab. 8.13 Erfahrungswerte des charakteristischen Spitzenwiderstands $q_{b,k}$ und der charakteristischen äußeren Mantelreibung $q_{s,k}$ für offene Stahlrohrpfähle, Hohlkastenpfähle, Stahlträgerprofilpfähle und doppelte Stahlträgerprofilpfähle in nichtbindigen Böden.

Mittlerer Sondierspitzenwiderstand q_c der Drucksonde [MN/m^2]	Spitzenwiderstand $q_{b,k}$ im Bruchzustand [MN/m^2]	Äußere Mantelreibung $q_{s,k}$ im Bruchzustand [kN/m^2]
7,5	9	30
15	18	60
≥ 25	25	80

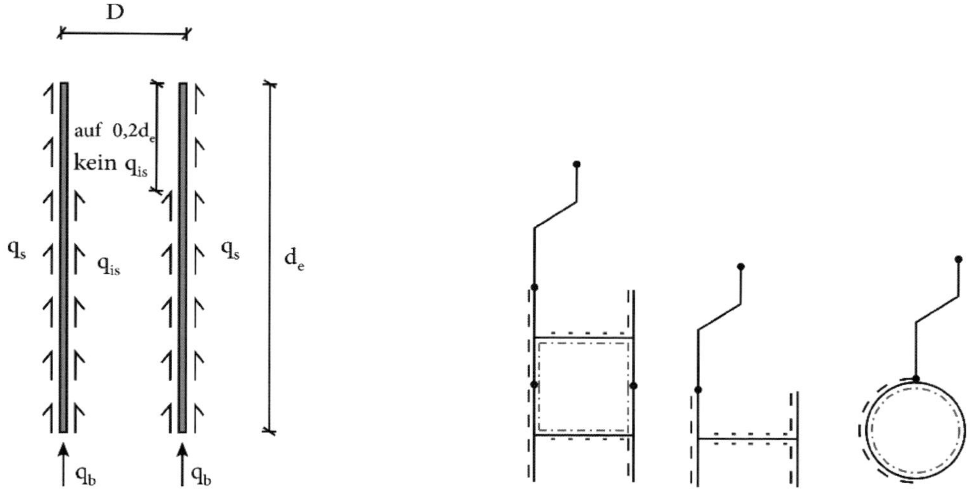

d_e Länge unterhalb des theoretischen Fußpunkts (Systemskizze 1), bzw. Einbindetiefe (Systemskizze 2)

$q_{s,k}$ Charakteristischer Wert der äußeren Mantelreibung

$q_{is,k}$ Charakteristischer Wert der inneren Mantelreibung

$q_{b,k}$ Charakteristischer Wert des Pfahlspitzendrucks der Profilaufstandsfläche

· · · · $q_{s,k}$
— — $\leq 2 \times q_{s,k}$
–·–· $q_{is,k} = 0{,}5\ q_{s,k}$

Abb. 8.39 Ansatz der wirksamen Mantelfläche und Spitzenwiderstände gemäß Modell 2 (Systemskizzen Sk1 und Sk2) EAP, TJB (2014).

Tab. 8.14 Erfahrungswerte des charakteristischen Spitzenwiderstands $q_{b,k}$ und der charakteristischen äußeren Mantelreibung $q_{s,k}$ für offene Stahlrohrpfähle, Hohlkastenpfähle, Stahlträgerprofilpfähle und doppelte Stahlträgerprofilpfähle in bindigen Böden.

Scherfestigkeit $c_{u,k}$ des undränierten Bodens [kN/m²]	Spitzenwiderstand $q_{b,k}$ im Bruchzustand [MN/m²]	Äußere Mantelreibung eines Einzelträger $q_{s,k}$ im Bruchzustand [kN/m²]
60	–	20
100	1,00	27
150	1,75	35
≥ 250	2,50	50

eines lichten Tragbohlenabstandes von max. 1,80 m und einer Mindesteinbindetiefe von 5,00 m kann im Erdwiderstandsbereich vereinfachend der volle passive Erddruck angesetzt werden, auch wenn die Zwischenbohlen eine geringere Einbindetiefe als die Tragbohlen aufweisen.

8.2.6 Berücksichtigung von ungünstigen Grundwasserströmungen im Erdwiderstandsbereich

Der Einfluss einer Umströmung der Spundwand infolge unterschiedlicher Wasserstände vor und hinter der Wand muss bei der Berechnung und Bemessung berücksichtigt werden (Abschn. 3.3.4).

Unabhängig davon ist der Nachweis der Sicherheit der Sohle gegen einen hydraulischen Grundbruch im Grenzzustand HYD zu führen.

Eine eventuelle Gefährdung der Standsicherheit durch einen Erosionsgrundbruch der Sohle infolge der Durchströmung ist zu untersuchen und ggf. durch geeignete Maßnahmen auszuschließen.

8.2.7 Tragfähigkeitsnachweis für Uferwände

1) Vorwiegend gleich bleibende Beanspruchung
Die Tragfähigkeitsnachweise für alle Bauarten von Spundwänden sind nach DIN EN 1993-5 zu führen. Danach lautet das Nachweisformat der Sicherheit gegen Verlust der Tragfähigkeit des Spundwandprofils mit dem Bemessungswert E_d der Schnittgrößen und dem Bemessungswert R_d des Profilwiderstandes:

$$E_d \leq R_d$$

DIN EN 1993-5 verweist hinsichtlich der Berechnungsverfahren und -methoden von Tragbohlen in kombinierten Spundwänden auf DIN EN 1993-1. Dabei darf der Nachweis des Biegedrillknickens, der nur für i-förmige Tragbohlen in kombinierten Spundwänden zu führen wäre, unter folgenden Randbedingungen entfallen:
   - bei voll mit mindestens mitteldicht gelagerten nichtbindigen Böden bzw. bindigen Böden mit mindestens steifer Konsistenz hinterfüllter Kombiwand oder
   - bei kombinierter Spundwand aus Doppeltragbohlen mit I-Querschnitt, wenn die Tragbohlen mindestens dreiseitig im tragfähigen Baugrund einbinden und die freie Länge maximal 7,5 m beträgt oder
   - die Doppel-I-Tragbohlen durch ausreichende Verschweißung einem Hohlkastenprofil mit hohem Biegedrillknickwiderstand entsprechen.
2) Vorwiegend wechselnde Beanspruchung
Nicht hinterfüllte, frei im Wasser stehende Spundwände werden durch Wellenschlag vorwiegend wechselnd beansprucht. Dabei tritt über die Verkehrsdauer der Wand eine große Zahl von Lastspielen auf, sodass der Nachweis der Betriebsfestigkeit nach DIN EN 1993-1-9 zu führen ist.
Um nachteilige Einflüsse aus der Kerbwirkung, z. B. von konstruktiven Schweißnähten, Heftnähten, unvermeidlichen Unregelmäßigkeiten in der Oberfläche aus dem Walzvorgang, Lochkorrosion und dergleichen, zu vermeiden, sind in solchen Fällen beruhigte Stähle nach DIN EN 10025 zu verwenden.
3) Vereinfachtes Bemessungsverfahren für einfach verankerte kombinierte Spundwände
Die Bemessung der Tragbohlen einer einfach im Kopfbereich verankerten und in tragfähigen Boden einbindenden kombinierten Spundwand gemäß Abschn. 8.1.2.8 darf vereinfacht geführt werden, wenn
   - die Randbedingungen für den Entfall des Biegedrillknicknachweises nach Punkt 1 erfüllt sind,
   - einachsige Biegung mit Normalkraft (Druck) vorliegt,

ASDO
Rundstahlanker
M36 - M160+
Mikropfähle
M68 - M160+
Ausrüstung
Gurtung, Steigeleitern, Holmabdeckung
Poller
50 kN - 3000 kN
ANKER SCHROEDER
ASDO steel tension members
Anker Schroeder ASDO GmbH
Hannöversche Straße 48
D-44143 Dortmund
Tel.: +49 231 51701 0
Email: post@anker.de
100
years steel tradition
1920-2020

Ernst & Sohn
A Wiley Brand

Balthasar Novák, Ulrike Kuhlmann, Mathias Euler

Werkstoffübergreifendes Entwerfen und Konstruieren

Einwirkung, Widerstand, Tragwerk

- **Zusammenhänge und Vergleiche zwischen den verschiedenen Bau- und Verbundbaustoffen**
- **zahlreiche Beispiele, Hinweise auf Besonderheiten**
- **Grundwissen für Studium und Berufseinstieg**

Das Buch vermittelt die Grundlagen der Tragwerksbemessung, einschließlich Sicherheitskonzept, Lastannahmen und Baustoffeigenschaften. Dabei werden Holzbau, Stahlbau, Stahlbeton und Mauerwerksbau gleichwertig betrachtet. Zahlreiche Beispiele dienen der Anschaulichkeit und dem Vergleich.

2012 · 602 Seiten · 464 Abbildungen · 125 Tabellen

Softcover
ISBN 978-3-433-02917-6 **€ 59***

BESTELLEN
+49 (0)30 470 31-236
marketing@ernst-und-sohn.de
www.ernst-und-sohn.de/2917

* Der €-Preis gilt ausschließlich für Deutschland. Inkl. MwSt.

- Einzel-, Doppel-, oder Mehrfachtragbohlen mit I-Querschnitt oder Rohrprofile als Tragpfähle vorhanden sind,
- der Nachweis für die Querschnittsklasse 3 (Verfahren elastisch – elastisch) geführt wird,
- die Druckbeanspruchung $N_{Ed} \leq 0{,}25 N_{pl}$ (überwiegende Biegebeanspruchung) ist.

Sind vorgenannte Randbedingungen erfüllt, dürfen Querschnitts- und Stabilitätsnachweis der Tragbohlen kombiniert als erweiterter Normalspannungsnachweis geführt werden:

$$\sigma_{x,\mathrm{Ed}} = \frac{N_{\mathrm{Ed}}}{A} + \frac{M_{y,\mathrm{Ed}}}{W_{\mathrm{el},y}} + \frac{N_{\mathrm{Ed}} \cdot w_{z,\mathrm{d}}}{W_{\mathrm{el},y}} \leq \frac{f_y}{\gamma_{\mathrm{M1}}}$$

In der Formel bedeuten:

$\sigma_{x,\mathrm{Ed}}$ Bemessungswert der einwirkenden Normalspannung in Längsrichtung,
$M_{y,\mathrm{Ed}}$ Bemessungswert des einwirkenden Momentes um die y-Achse,
N_{Ed} zugehöriger Bemessungswert der einwirkenden Normalkraft (Druck),
$w_{z,\mathrm{d}}$ größte Durchbiegung unter Bemessungseinwirkungen unter γ-fachen Einwirkungen,
A Querschnittsfläche der Tragbohle,
$W_{\mathrm{el},y}$ Elastisches Widerstandsmoment der Tragbohle um die y-Achse,
f_{y} maßgebende Streckgrenze,
γ_{M1} Teilsicherheitsbeiwert für die Beanspruchbarkeit von Bauteilen bei Stabilitätsversagen, $\gamma_{\mathrm{M1}} = 1{,}1$.

Lokale Auswirkungen von Wasserdrücken sind nach DIN EN 1993-5, Abschn. 5.5.4 durch Ansatz einer reduzierten Streckgrenze zu berücksichtigen. Gegebenenfalls sind zusätzlich Schubspannungs- und Vergleichsspannungsnachweise zu führen. Liegt vorwiegend wechselnde Beanspruchung vor, ist Punkt 2 zu beachten.
Sofern nach DIN EN 1993-5, Abschn. 5.5.1 die Berücksichtigung von Rammimperfektionen festgelegt wurde, sind diese in geeigneter Weise zu berücksichtigen. Dies kann z. B. durch eine Erhöhung von $w_{z,\mathrm{d}}$ erfolgen.
Eine Anwendung des Verfahrens bei Querschnitten der Klasse 4 ist möglich, wenn die rechnerisch in Ansatz gebrachte Streckgrenze soweit reduziert wird, dass damit eine Einstufung des Querschnitts in Klasse 3 erfolgen kann.
Die Klassifizierung der Tragbohlenquerschnitte erfolgt nach Tab. 5.2 der DIN EN 1993-1-1.
Wird bei der Bemessung unter γ-fachen Einwirkungen die sich ergebende Tragpfahllänge aus der Bemessung mit charakteristischen Einwirkungen (Nachweisverfahren 2* der DIN EN 1997) als Stablänge angesetzt, ist das zugrunde gelegte Bodenauflager am Stabende anzusetzen.

8.2.8 Wahl der Einbindetiefe von Spundwänden

Für die Spundwandeinbindetiefe können neben den entsprechenden Tragfähigkeitsnachweisen und dem erforderlichen Zuschlag nach Abschn. 8.2.9 auch konstruktive, ausführungstechnische, betriebliche und wirtschaftliche Belange maßgebend sein. Vorhersehbare spätere Vertiefungen der Hafensohle und eine eventuelle Gefahr durch die Bildung von Kolken unterhalb der Berechnungssohle müssen genauso berücksichtigt werden wie die erforderliche Sicherheit gegen Geländebruch, Grundbruch, hydraulischen Grundbruch und Erosionsgrundbruch.

Durch die letztgenannten Anforderungen ist im Allgemeinen eine solche Mindesteinbindetiefe der Spundwand gegeben, dass zumindest eine teilweise Einspannung vorliegt – abgesehen von speziellen Gründungen im Fels. Auch wenn eine freie Auflagerung rein theoretisch bereits ausreichen würde, empfiehlt es sich oft, die Einbindetiefe zu vergrößern, weil dies auch wirtschaftlich vorteilhaft sein kann. Der Profilwiderstand wird über die Spundwandlänge gleichmäßiger ausgenutzt, und daher ist eine zumindest teilweise Einspannung der Spundwand im Boden nach dem Ansatz von Blum (1931) zweckmäßig.

Wenn mit der Spundwand auch Vertikalbeanspruchungen in den Baugrund abzutragen sind, müssen nicht alle Bohlen in den tragfähigen Baugrund geführt werden, sondern es kann ausreichend sein, die Einbindelänge nur eines Teils der Rammeinheiten so groß zu wählen, dass sie als Vertikaltragpfähle wirksam sind, wenn mit dieser Teilmenge der Nachweis der Tragfähigkeit gegen das Versinken im Baugrund geführt werden kann.

8.2.9 Ermittlung der Einbindetiefe für voll bzw. teilweise im Boden eingespannte Spundwände

Wird eine Spundwand nach dem Verfahren von Blum (1931) berechnet, setzt sich bei voller Einspannung im Boden (Einspanngrad $\tau_1 = 100\,\%$) die gesamte Einbindelänge unterhalb der Berechnungssohle aus der Einbindetiefe t_1 bis zum theoretischen Fußpunkt und dem Tiefenzuschlag Δt_1 zusammen („Rammtiefenzuschlag"). Die Zusatzlänge Δt_1 ist erforderlich, um den Bemessungswert der im theoretischen Fußpunkt TF tatsächlich wirkenden (mobilisierten) Ersatzkraft R_C (entsprechend der Ersatzkraft C nach Blum (1931)) als eine über die Tiefe Δt_1 verteilte Bodenreaktionskraft aufzunehmen (Abb. 8.40 und 8.41).

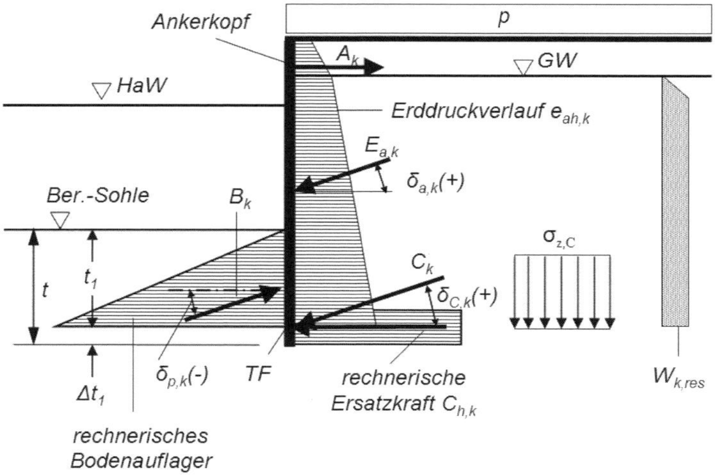

Abb. 8.40 Einwirkungen, rechnerische Auflager- und Bodenreaktionen einer im Boden voll eingespannten Spundwand.

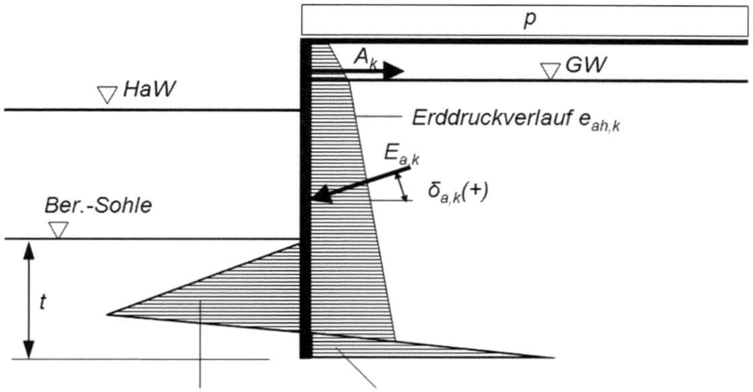

Abb. 8.41 Mobilisierte Auflager- und Bodenreaktionen einer im Boden eingespannten Spundwand.

In den Abb. 8.40 und 8.41 bedeuten:

t	erforderliche Gesamteinbindetiefe $t = t_1 + \Delta t_1$ für die im Boden voll eingespannte Spundwand [m],
TF	theoretischer Fußpunkt der Spundwand (Lastangriffspunkt der Ersatzkraft C),
t_1	Abstand zwischen TF und Berechnungssohle [m],
Δt_1	Tiefenzuschlag für die Aufnahme der Ersatzkraft $1/2C_{h,d}$ über eine Bodenreaktionskraft unterhalb von TF [m],
$\sigma_{z,C}$	vertikale Bodenspannung in TF auf der Ersatzkraftseite [kN/m²],
$\delta_{p,k}$	Neigungswinkel des Erdwiderstands [°],
$K_{pgh,C}$	Erdwiderstandsbeiwert in TF auf der Ersatzkraftseite für den Neigungswinkel $\delta_{C,k}$,
$\delta_{C,k}$	Neigungswinkel der Ersatzkraft C [°].

Sofern der weiter unten aufgeführte, genauere Nachweis zur Ermittlung von Δt_1 nicht geführt wird, darf der Tiefenzuschlag bei voll im Boden eingespannten Spundwänden vereinfachend mit

$$\Delta t_1 = t_1/5$$

angesetzt werden, jedoch nur dann, wenn kein erheblicher Wasserdruckanteil innerhalb der Einwirkungen vorhanden ist.

Der Bemessungswert $C_{h,d}$ ist

$$C_{h,d} = \sum(C_{Gh,k} \cdot \gamma_G + C_{Qh,k} \cdot \gamma_Q)$$

bzw. ist bei reduziertem Teilsicherheitsbeiwert für den Wasserdruckanteil und Trennung nach den Ersatzkraftanteilen

$$C_{h,d} = \sum(C_{Gh,k} \cdot \gamma_G + C_{Gh,W,k} \cdot \gamma_{G,red} + C_{Qh,k} \cdot \gamma_Q)$$

Die rechnerischen Ersatzkraftanteile sind

$C_{\text{Gh,k}}$ infolge ständiger Einwirkungen G,
$C_{\text{Gh,W,k}}$ infolge der ständigen Einwirkung Wasserdruck und
$C_{\text{Qh,k}}$ infolge veränderlicher Einwirkungen Q.

Die zugehörenden Teilsicherheitsbeiwerte sind

γ_{G} für ständige Einwirkungen,
$\gamma_{\text{G,red}}$ für Wasserdruck bei einer zulässigen Reduzierung und
γ_{Q} für veränderliche Einwirkungen.

Der charakteristische Wert $E_{\text{phC,k}}$ des Bodenauflagers für die Aufnahme der tatsächlichen Ersatzkraft $1/2C_{\text{h,d}}$ ergibt sich im Bruchzustand als Größe der Erdwiderstandskraft auf der Ersatzkraftseite unterhalb des theoretischen Fußpunkts TF zu:

$$E_{\text{phC,k}} = \Delta t_1 \cdot e_{\text{phC,k}}$$

Der charakteristische Wert der Erdwiderstandsspannung $e_{\text{phC,k}}$ auf der Ersatzkraftseite in Höhe von TF ist:

$$e_{\text{phC,k}} = \sigma_{z,\text{C}} \cdot K_{\text{pgh,C}} \quad \text{bei nichtbindigen Böden bzw.}$$
$$e_{\text{phC,k}} = \sigma_{z,\text{C}} \cdot K_{\text{pgh,C}} + c'_{\text{k}} \cdot K_{\text{pch,C}} \quad \text{bei bindigen Böden}$$

(unter Berücksichtigung des jeweiligen Konsolidierungszustandes infolge der Scherparameter $c_{\text{u,k}}$ bzw. φ'_{k} und c'_{k}).

Die vertikale Bodenspannung $\sigma_{z,\text{C}}$ ist in Höhe des Fußpunkts TF auf der Ersatzkraftseite zu ermitteln.

Der Bemessungswert $E_{\text{phC,d}}$ des Bodenauflagers zur Aufnahme der Ersatzkraft $1/2C_{\text{h,d}}$ ergibt sich mit dem Teilsicherheitsbeiwert $\gamma_{\text{R,e}}$ für den Erdwiderstand zu:

$$E_{\text{phC,d}} = \frac{E_{\text{phC,k}}}{\gamma_{\text{R,e}}}$$

Das Nachweisformat für die Einhaltung der Grenzzustandsbedingung bei Aufnahme der Ersatzkraft $C_{\text{h,d}}$ als Bodenreaktion lautet:

$$\frac{1}{2}C_{\text{h,d}} \leq E_{\text{phC,d}}$$

Aus dieser Grenzzustandsbedingung ergibt sich die Größe des erforderlichen Tiefenzuschlages Δt_1 unterhalb des theoretischen Fußpunkts TF von im Boden voll eingespannten Wänden zu:

$$\Delta t_1 \geq \frac{1}{2}C_{\text{h,d}} \cdot \frac{\gamma_{\text{R,e}}}{e_{\text{phC,k}}}$$

Mit der vorstehenden Gleichung für den Tiefenzuschlag bei voller Einspannung im Boden (Einspanngrad $\tau_1 = 100\,\%$) wird auch der Tiefenzuschlag für die nur teilweise im Boden eingespannten Spundwände ermittelt, d. h. für einen beliebigen Einspanngrad

SteelWall® Schlossprofile

SteelWall Schlossprofil L4S

Kreuzverbindung; geeignet für alle Spundbohlen mit Larssen-Schloss.

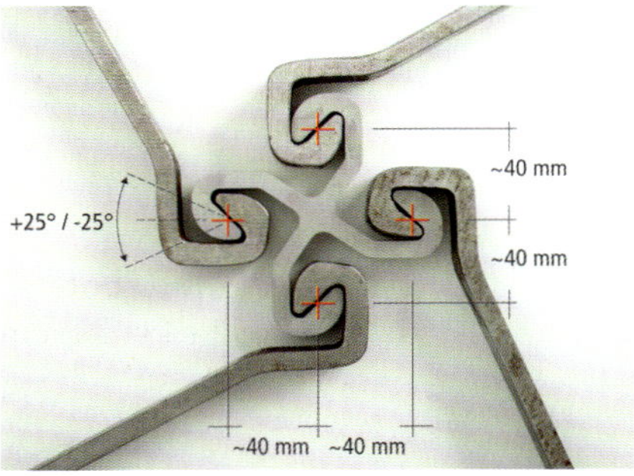

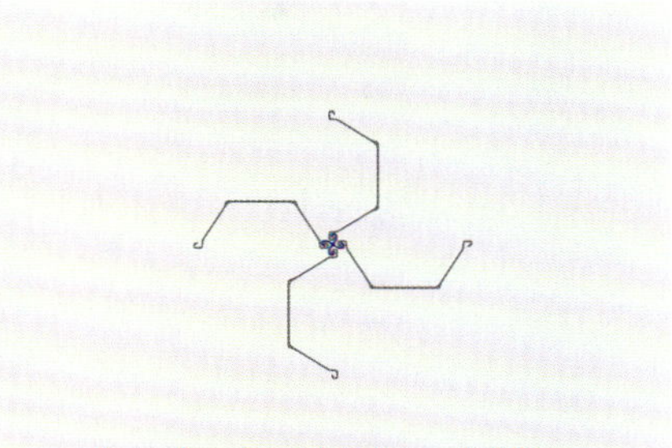

Anwendungsbeispiel mit Larssen U-Bohlen.

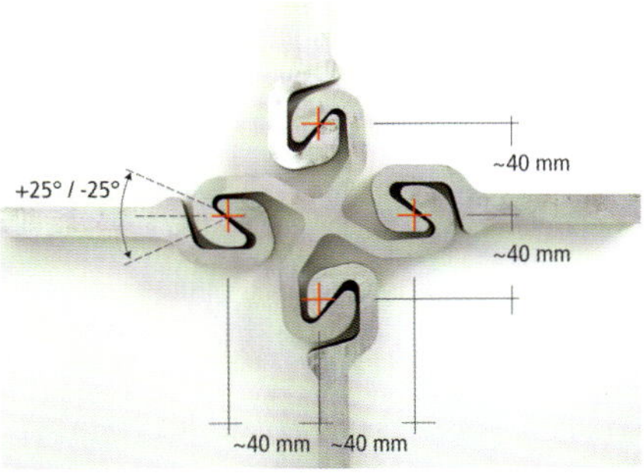

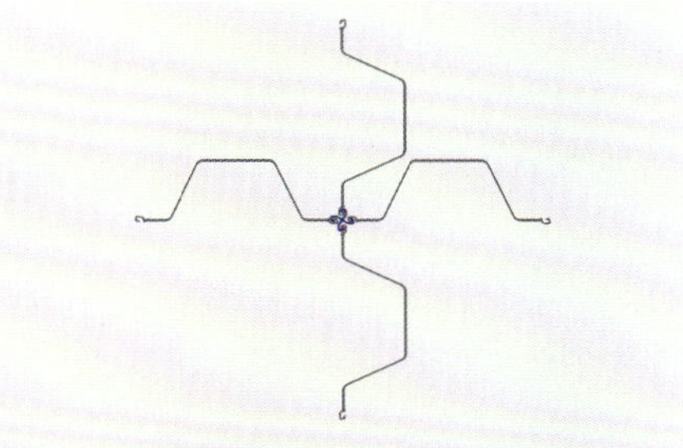

Anwendungsbeispiel mit Larssen Hutbohlen.

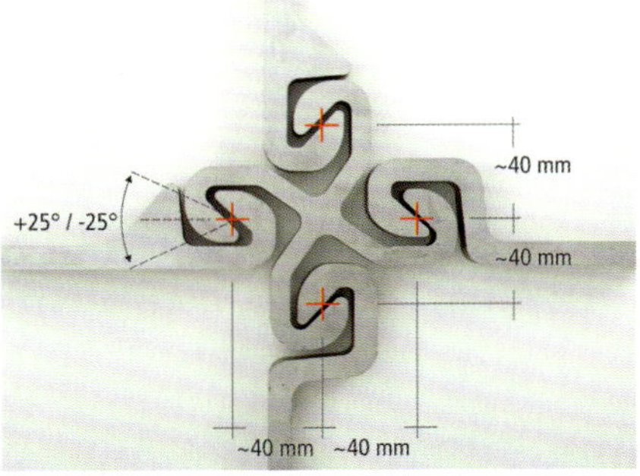

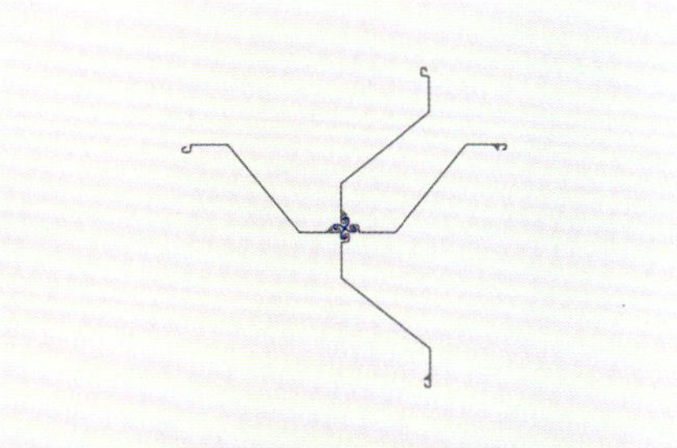

Anwendungsbeispiel mit Larssen Z-Bohlen.

Schlossprofile für Spundwandkonstruktionen
Ecken, T-Profile, Kreuzverbindungen, Abzweigungen, Anschweißprofile

www.steelwall.eu

Stand: 07.2020 · Copyright by SteelWall ISH GmbH

SteelWall® Schlossprofile

SteelWall Schlossprofile LZ250-12-A, LZ250-12-B

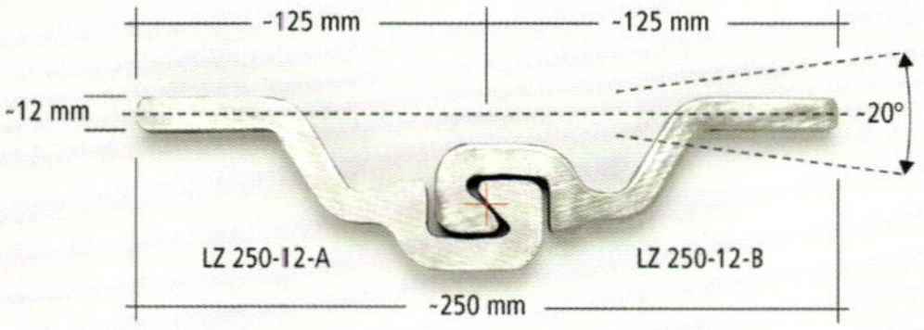

Schlossprofile mit hoher Verformungseigenschaft.

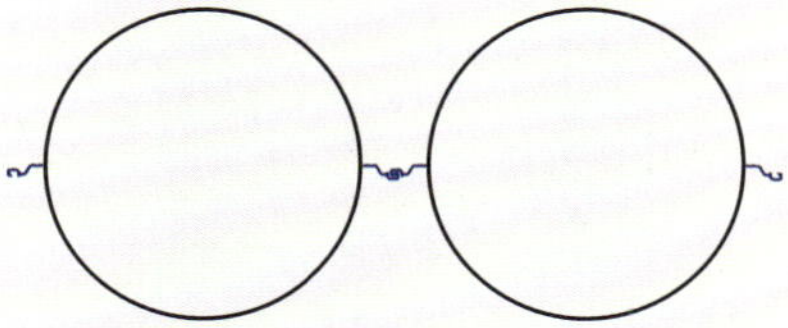

Rohrspundwand

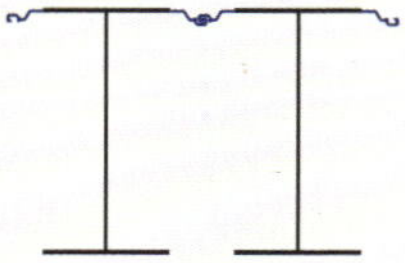

H-Spundwand

SteelWall Schlossprofil MF64

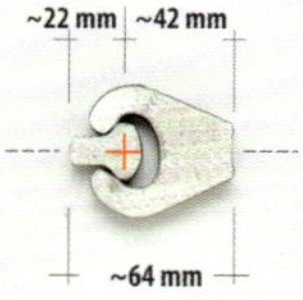

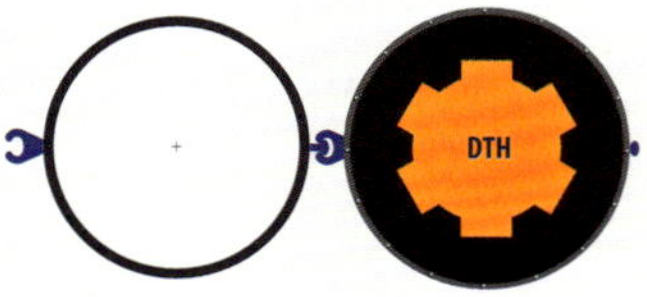

Für Rohrspundwände im DTH-Einbringverfahren.

Schlossprofile für Spundwandkonstruktionen
Ecken, T-Profile, Kreuzverbindungen, Abzweigungen, Anschweißprofile

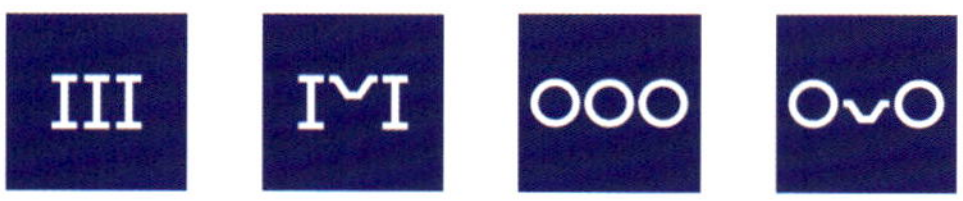

www.steelwall.eu

Stand: 07.2020 · Copyright by SteelWall ISH GmbH

aus der möglichen Bandbreite von $\tau_1 = 100\,\%$ bis $\tau_0 = 0\,\%$ (freie Auflagerung im Boden).

Der hier mit τ_{1-0} bezeichnete Einspanngrad einer teilweise eingespannten Spundwand ergibt sich zu $\tau_{1-0} = 100 \cdot (1 - \epsilon(E)/\max \epsilon(E))$ [%] mit dem Endtangentenwinkel $\epsilon(E)$ der Biegelinie für den gewählten theoretischen Fußpunkt TF und dem Endtangentenwinkel max$\epsilon(E)$ bei freier Auflagerung im Boden. Die zu dem Einspanngrad τ_{1-0} gehörende Einbindetiefe wird mit t_{1-0} und der Tiefenzuschlag mit Δt_{1-0} bezeichnet.

Bei teilweiser Einspannung im Boden treten gegenüber voller Einspannung kleinere Werte für die Ersatzkraftkomponente $C_{h,d}$ auf, und damit sind auch Tiefenzuschläge $\Delta t_{1-0} < \Delta t_1$ verbunden. Im Fall der freien Auflagerung der Spundwand im Boden ($\tau_0 = 0\,\%$) gilt: $C_{h,d} = 0$ und $\Delta t_0 = 0$.

Es ist ein erforderlicher Mindestwert Δt_{min} für die zusätzliche Einbindetiefe einzuhalten, der in Abhängigkeit vom vorliegenden Einspanngrad ($100\,\% \geq \tau_{1-0} \geq 0\,\%$) definiert ist:

$$\Delta t_{min} = \frac{\tau_{1-0}}{100} \cdot \frac{t_{1-0}}{10}$$

8.2.10 Gestaffelte Einbindetiefe bei Stahlspundwänden

8.2.10.1 Anwendung

Häufig werden die Rammeinheiten einer Spundwand – im Allgemeinen Doppelbohlen – aus rammtechnischen und bei eingespannten Wänden auch aus wirtschaftlichen Gründen abwechselnd verschieden tief eingerammt. Das zulässige Maß dieser Staffelung – d. h. der Unterschied der Einbindelänge – hängt von der Beanspruchung der längeren Bohlen im Fußbereich und von baulichen Gesichtspunkten ab. Aus rammtechnischen Gründen ist bei wellenförmigen Spundbohlen eine Staffelung innerhalb einer Rammeinheit nicht zu empfehlen.

Im Bereich des Bodenauflagers einer gestaffelten Spundwand bildet sich im Bruchzustand – ähnlich wie vor Ankerplatten mit geringem Abstand – unter Beachtung der geometrischen Randbedingungen nach Abschn. 8.1.2.5 ein einheitlich durchlaufender Erdwiderstandsgleitkörper aus. Die Bodenreaktion kann daher bei der Ermittlung der Beanspruchungen ohne Berücksichtigung der Staffelung bis zum Fuß der tieferen Bohlen in voller Größe angesetzt werden. In Unterkante der kürzeren Bohlen muss das an dieser Stelle vorhandene Biegemoment von den längeren Bohlen allein aufgenommen werden können. Bei wellenförmigen Stahlspundwänden wird man deshalb immer nur direkt benachbarte Rammeinheiten – mindestens Doppelbohlen – staffeln (Abb. 8.42 und 8.43), um die Beanspruchungen der tiefer hinab reichenden Bohlen zu begrenzen.

Als Staffelmaß ist ein Wert von 1,0 m üblich, für das sich erfahrungsgemäß ein statischer Nachweis der längeren Spundbohlen erübrigt. Bei größerer Staffelung ist die Tragfähigkeit der tiefer einbindenden Spundbohlen bzgl. der Mehrfachbeanspruchung infolge des Biegemoments mit Längs- und Querkraft nachzuweisen.

8.2.10.2 Im Boden eingespannte Spundwände

Bei nach dem Ansatz von Blum (1931) voll im Boden eingespannten Spundwänden ($\tau_1 = 100\,\%$) darf das gesamte Staffelmaß s zur Stahlersparnis ausgenutzt werden: Die längeren Spundwandbohlen werden bis in die Tiefe der nach Abschn. 8.2.9 ermittelten rechnerischen Wandunterkante geführt (Abb. 8.42), die kürzeren enden um das Staffelmaß s höher.

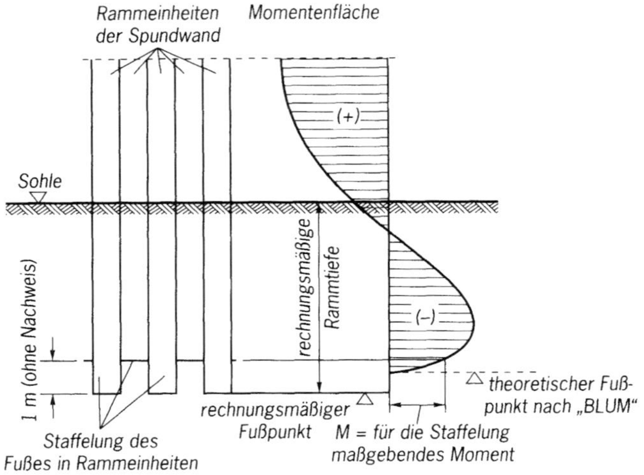

Abb. 8.42 Staffelung des Spundwandfußes bei einer voll im Boden eingespannten Spundwand.

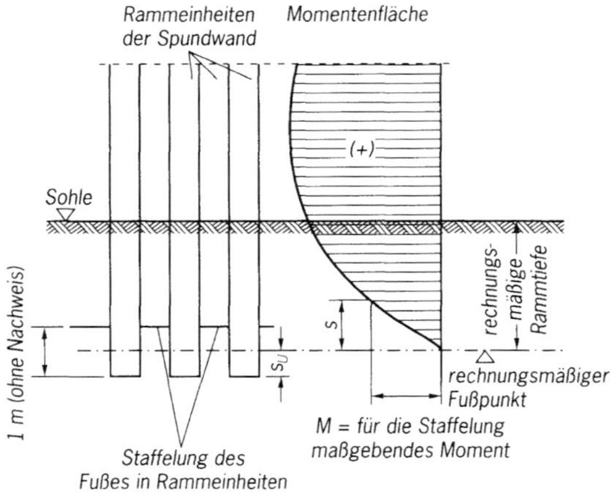

Abb. 8.43 Staffelung des Spundwandfußes bei einer frei im Boden aufgelagerten Spundwand.

Bei teilweise im Boden eingespannten Wänden (100 % > τ_{1-0} > 0 %) darf die Stahlersparnis nur mit der Größe des jeweils vorliegenden Einspanngrades vorgenommen werden. Eine entsprechende Stahlersparnis wird erzielt, indem die längeren Spundwandbohlen um ein bestimmtes Teilstaffelmaß s_U unter die Tiefenkote der rechnerischen Wandunterkante geführt werden, die kürzeren Bohlen enden um das Staffelmaß s höher.

Das Teilstaffelmaß s_U hängt vom Einspanngrad τ_{1-0} [%] ab und beträgt

$$s_U = (100 - \tau_{1-0}) \cdot \frac{s}{2 \cdot 100}$$

8.2.10.3 Im Boden frei aufgelagerte Spundwand

Bei freier Auflagerung der Spundwand im Boden führt das Staffelmaß s – wegen der auch für den Einspanngrad $\tau_0 = 0\,\%$ geltenden Gleichung für das Teilstaffelmaß s_U aus Abschn. 8.2.10.2 – nicht mehr zu einer Stahlersparnis, sondern nur zu einer Vergrößerung des mobilisierbaren Bodenauflagers B, die jedoch rechnerisch nicht anzusetzen ist.

Die längeren Bohlen müssen hierbei nach Abb. 8.43 um das Teilstaffelmaß $s_U = s/2$ unter die rechnerische Wandunterkante geführt werden.

Wird das Staffelmaß s größer als 1,0 m ausgeführt, muss der Nachweis der Tragfähigkeit des tiefer einbindenden Spundwandprofils nach Abb. 8.43 erfolgen.

Bei Spundwänden aus Stahlbeton oder aus Holz gilt dasselbe, wenn die Spundung ausreichend tragfähig ist, um das Zusammenwirken der kürzeren und der längeren Bohlen zu gewährleisten.

8.2.10.4 Kombinierte Spundwand

Bei Spundwänden, die aus Trag- und Zwischenbohlen zusammengesetzt sind (Abschn. 8.1.2.5), muss bei einer Umströmung der Wand der vorhandene resultierende Wasserdruck dahingehend berücksichtigt werden, dass die erforderliche Sicherheit gegen hydraulischen Grundbruch (Abschn. 3.4) vor den kürzeren Zwischenbohlen gewährleistet ist. Bei einer eventuellen Gefährdung infolge der Bildung von Kolken sind entsprechende Zuschläge zur Bohlenlänge vorzusehen.

Stehen im Sohlenbereich weiche oder breiige Bodenschichten an, ist die Einbindetiefe der kurzen Bohlen bzw. der Zwischenbohlen durch besondere Untersuchungen zu ermitteln.

8.2.11 Horizontale Einwirkungen auf Stahlspundwände in Längsrichtung des Ufers

8.2.11.1 Allgemeines

Kombinierte und wellenförmige Stahlspundwände sind gegen horizontale Einwirkungen in Längsrichtung des Ufers verhältnismäßig nachgiebig. Treten solche Einwirkungen auf, ist nachzuweisen, dass die dadurch hervorgerufene Horizontalkraftbeanspruchung parallel zur Uferlinie von der Spundwand aufgenommen werden kann oder ob dafür zusätzliche Maßnahmen erforderlich sind.

In vielen Fällen lassen sich Beanspruchungen von Spundwandbauwerken in ihrer Ebene infolge der Einwirkungen aus Erd- und Wasserdruck dadurch vermeiden, dass die Konstruktion entsprechend gewählt wird. Dies kann bei Kaimauerecken z. B. durch eine kreuzweise Verankerung nach Abschn. 9.2.6 erfolgen. Ufermauern oder Molenköpfe mit Wandabschnitten in Form eines Kreisbogens können mit radial angeordneten Rundstahlankern an einer im Kreismittelpunkt angeordneten Herzstückplatte verankert werden. Von dieser zentralen Platte aus verlaufen weitere Rundstahlanker zu einer rückwärtig eingebrachten Ankerwand aus Spundwandprofilen. Die Ankerkraftresultierende der hier angeschlossenen Anker muss dieselbe Wirkungsrichtung aufweisen wie die resultierende Ankerkraft der radial verlaufenden Anker, damit an der Herzstückplatte keine Umlenkkräfte auftreten.

8.2.11.2 Übertragung von Horizontalkräften in die Spundwandebene

Die Übertragung kann mit vorhandenen Konstruktionselementen wie Holm und Gurt stattfinden, wenn diese entsprechend ausgebildet sind. Andernfalls muss sie durch zusätzliche Maßnahmen sichergestellt werden, wie z. B. durch den Einbau von Diagonalverbänden hinter der Wand. Für kleinere Längskräfte genügt ggf. auch ein Verschweißen der Schlösser im oberen Bereich.

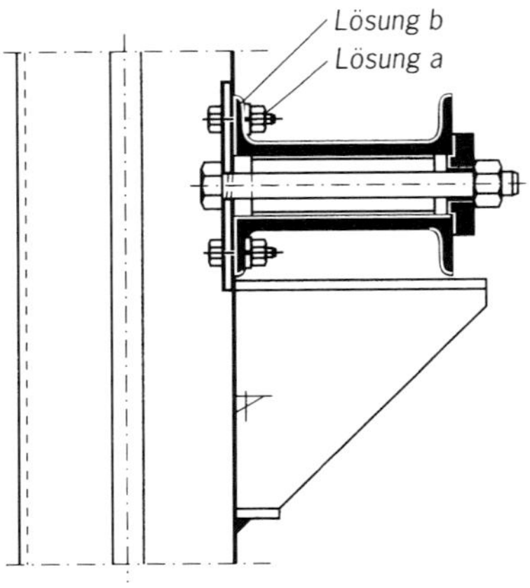

Abb. 8.44 Übertragung von Längskräften mit Passschrauben in den Gurtflanschen (Lösung a) oder mit Schweißnähten (Lösung b).

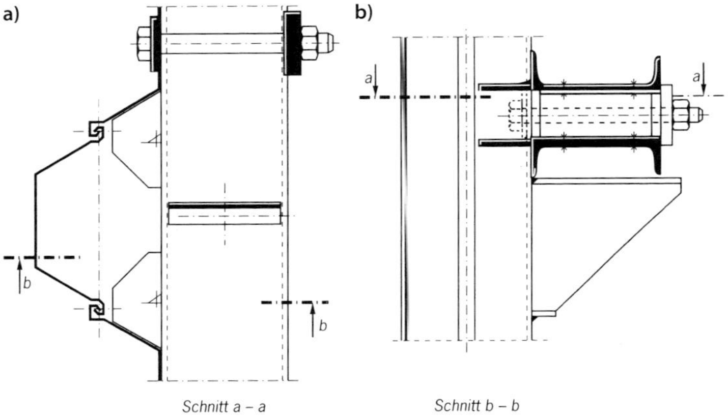

Abb. 8.45 Übertragung von Längskräften mit an den Gurt geschweißten Knaggen; (a) Schnitt a–a, (b) Schnitt b–b.

Die parallel zur Uferlinie gerichteten Einwirkungskomponenten aus Trossenzug treten jeweils an den Festmacheeinrichtungen auf, die größten Einwirkungen aus Wind an den Verriegelungspunkten der Kräne und die infolge der Schiffsreibung an den Fenderungen. Der Lastangriffspunkt dieser Reibungskräfte kann an jeder beliebigen Stelle der Wandflucht auftreten. Dies trifft auch für die Horizontalbeanspruchungen infolge der Kranbremsung zu, die vom Überbau in den Wandkopf übertragen werden müssen. Die Längsbeanspruchungen können über eine größere Verteilungsstrecke in die Spundwandebene geleitet werden, wenn die Ausbildung der verteilenden Konstruktionselemente entsprechend gewählt wird.

Hierzu sind bei Stahlgurten die Flansche der Gurte mit dem landseitigen Spundwandrücken zu verschrauben oder zu verschweißen (Abb. 8.44).

Die Längskraftübertragung kann auch durch Knaggen erreicht werden, die an den Gurt geschweißt werden und sich gegen die Stege der Spundwand abstützen (Abb. 8.45).

Bei einem Gurt aus zwei U-Profilen kann der Gurtbolzen nur dann zur Übertragung von Längskräften herangezogen werden, wenn die beiden Gurte am landseitigen Bohlenrücken durch eine senkrecht eingeschweißte, gebohrte Platte verbunden werden, die

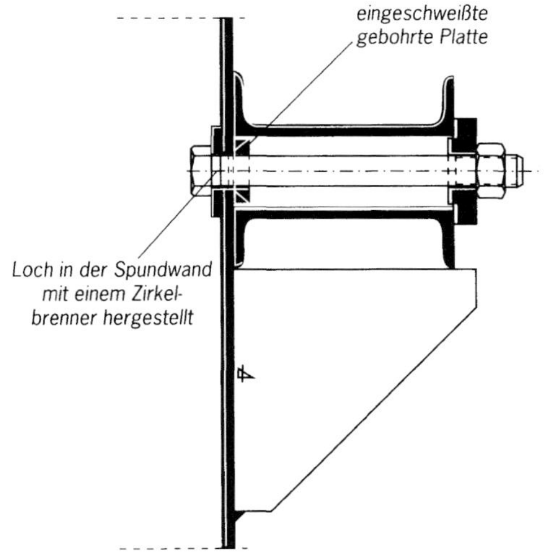

Abb. 8.46 Übertragung von Längskräften mit Gurtbolzen und eingeschweißter, gebohrter Platte.

die Kraft aus dem Gurtbolzen durch Lochleibungsdruck übernimmt, wobei der Bolzen auf Abscheren beansprucht wird (Abb. 8.46).

Beim Auftreten von parallel zur Spundwandebene gerichteten Beanspruchungen sind Holme und Gurte einschließlich ihrer Stöße auf Biegung mit Längskraft und Querkraft zu bemessen.

Zur Übertragung von Horizontalkraftbeanspruchungen in Richtung der Uferlinie von einem Stahlbetonholm auf den Spundwandkopf muss dieser ausreichend in den Holm einbinden. Die Bemessung des Stahlbetonquerschnitts muss entsprechend aller in diesem Bereich auftretenden globalen und lokalen Beanspruchungen erfolgen.

8.2.11.3 Übertragung der parallel zur Spundwandflucht wirkenden Horizontalkräfte von der Wandebene in den Baugrund

Waagerechte Längskräfte in der Spundwandebene werden durch Reibung an den landseitigen Spundwandflanschen und durch Widerstand vor den Spundwandstegen in den Boden übertragen. Letzterer kann aber nicht größer sein als die Reibung im Boden auf der Länge des Spundwandtals.

Die Kraftaufnahme kann daher bei nichtbindigen Böden insgesamt über Reibung berechnet werden, wobei ein angemessener Mittelwert der Reibungsfaktoren zwischen Boden und Stahl sowie zwischen Boden und Boden angesetzt wird. Diese Kraftüberleitung ist bei den nichtbindigen Böden umso günstiger, je größer der Reibungswinkel und die Festigkeit des Hinterfüllbodens sind, bei bindigen Böden wächst die Größe der Kraftüberleitung mit der vorhandenen Scherfestigkeit und Konsistenz.

Bei der Kraftüberleitung der parallel zur Spundwandebene im Holm oder Gurt wirkenden Horizontalkräfte in den Baugrund treten zusätzliche – quer zur Haupttragrichtung der Spundwand wirkende – Biegemomentbeanspruchungen auf. Die Biegemomente können mit dem Berechnungsmodell einer eingespannten oder frei aufgelagerten Ankerwand berechnet werden. An die Stelle der widerstehenden Bodenreaktion infolge des mobilisierten Erdwiderstands tritt in diesem Fall jedoch die oben angegebene mittlere Wandreibungskraft bzw. ein entsprechender Scherwiderstand.

Als Tragelemente zur Aufnahme dieser Zusatzbeanspruchungen sind in der Regel nur schubfest verschweißte Doppelbohlen einzusetzen. Unverschweißte Bohlen können nur als Einzelbohlen berücksichtigt werden.

Bei der Aufnahme von waagerechten Kräften in Längsrichtung des Ufers werden die Spundbohlen durch Biegung in zwei Ebenen beansprucht. Bei der Überlagerung der hierbei auftretenden Spannungen darf nach DIN EN 1993-1-1 der Bemessungswert der Vergleichsspannung $\sigma_{v,d}$ angesetzt werden, der unter den dort ebenfalls genannten Randbedingungen für die einzelnen Eckspannungen den Wert der Grenznormalspannung $\sigma_{R,d}$ um 10 % überschreiten darf.

Durch die Inanspruchnahme von Reibungswiderständen in waagerechter Richtung darf in der Berechnung für die Spundwand nur noch ein verminderter Erddruckneigungswinkel $\delta_{a,k,red}$ angesetzt werden. Dabei darf die Größe der Resultierenden der Vektoraddition der beiden orthogonal aufeinanderstehenden Reibungswiderstände den maximal möglichen Wert des Wandreibungswiderstandes der Spundwand gegenüber dem Boden nicht überschreiten.

8.2.12 Berechnung von im Boden eingespannten Ankerwänden

Infolge von Hindernissen im Baugrund, wie Kanäle, Versorgungsleitungen und dergleichen, ist es gelegentlich nicht möglich, die Rundstahlanker mittig zur Ankerwand zu führen und dort anzuschließen. Die Rundstahlanker müssen dann höher gelegt und im Kopfbereich der Ankerwand angeschlossen werden.

Die Berechnung der Ankerwand ist in solchen Fällen wie für eine unverankerte Spundwand im Grenzzustand STR bzw. GEO-2 durchzuführen (Abb. 8.47). Die Ankerkraft A_k der zu verankernden, vorderen Spundwand geht hierbei als charakteristischer Wert F_k der am Ankerwandkopf einwirkenden Zugkraft in die Berechnung ein.

Die Teilsicherheitsbeiwerte für die Einwirkungen Erddruck und eventuell Wasserdruck werden nach Abschn. 8.2.1 angesetzt, der Beiwert für die Zugkraft F_k ergibt sich als Quotient von Bemessungswert A_d und charakteristischem Wert A_k der Ankerkraft, die beide der Berechnung der vorderen Spundwand zu entnehmen sind.

Der erforderliche Tiefenzuschlag Δt_1 zur Einbindetiefe wird nach Abschn. 8.2.9 ermittelt.

Die Spundbohlen der Ankerwand werden bei dieser Bauweise gegenüber einer mittig belasteten Ankertafel wesentlich länger und weisen größere Profilquerschnitte auf.

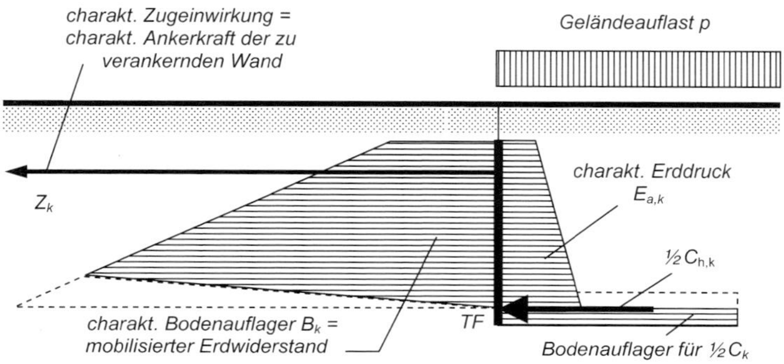

Abb. 8.47 Einwirkungen, Bodenreaktion und Ersatzkraft einer im Boden voll eingespannten Ankerwand für Standsicherheitsnachweise im Grenzzustand GEO-2.

Eine Staffelung der Ankerwand nach Abschn. 8.2.13 ist nur am unteren Ende zulässig und kann bei hohen Ankerwänden ohne besonderen Nachweis bis zu 1,0 m ausgeführt werden.

Bei vorwiegend waagerechter Grundwasseranströmung muss die Ankerwand mit Wasserdurchtrittsöffnungen versehen werden, wenn der auf die Wand einwirkende Wasserdruck verringert werden soll. Der dabei entstehende Wasserdruck ist bei der Spundwandberechnung der Ankerwand zu berücksichtigen.

8.2.13 Gestaffelte Ausbildung von Ankerwänden

Zur Materialeinsparung können Ankerwände wie Uferspundwände gestaffelt ausgeführt werden. Die Staffelung darf gleichzeitig am unteren und oberen Ende vorgenommen werden. Das Staffelmaß sollte im Allgemeinen jedoch nicht mehr als jeweils 0,5 m betragen. Bei Staffelung an beiden Enden können alle Doppelbohlen dieselbe Länge aufweisen, indem diese 0,5 m kürzer als die Höhe der Ankerwand gewählt und dann abwechselnd so gerammt werden, dass von zwei benachbarten Doppelbohlen die eine mit dem oberen Ende auf Sollhöhe von Oberkante (OK) Ankerwand, die andere mit dem unteren Ende auf Sollhöhe von Unterkante (UK) Ankerwand liegt. Eine größere Staffelung als 0,5 m ist nur bei tiefliegenden Ankerwänden zulässig, wenn die Tragfähigkeit des Bodenauflagers und die Profiltragfähigkeit bzgl. der Schnittgrößen Biegemoment, Querkraft und Längskraft nachgewiesen wird. Die zuvor genannten Nachweise sind jedoch auch schon bei einer Staffelung von 0,5 m erforderlich, wenn die gesamte Ankerwandhöhe kleiner als 2,5 m ist. In diesem Fall ist auch nachzuweisen, dass die Biegemomente von den tiefer hinabreichenden Enden in die benachbarten Bohlen übergeleitet werden.

Bei Stahlbeton- und bei Holzbohlen kann sinngemäß verfahren werden, wenn die Spundung ausreichend tragfähig ist, um das Zusammenwirken aller Bohlen zu gewährleisten.

8.2.14 Uferspundwände in nicht konsolidierten, weichen, bindigen Böden, insbesondere in Verbindung mit unverschieblichen Bauwerken

Aus verschiedenen Gründen müssen Häfen und Industrieanlagen mit den zugehörigen Ufereinfassungen auch in Gebieten mit schlechtem Baugrund errichtet werden. Vorhandene alluviale, bindige Böden – ggf. mit moorigen Zwischenlagen – werden hierbei durch Aufhöhungen des Geländes zusätzlich belastet und dadurch in einen nicht konsolidierten Zustand versetzt. Die dann auftretenden Setzungen und waagerechten Verschiebungen erfordern besondere bauliche Maßnahmen und eine möglichst zutreffende statische Behandlung.

In nicht konsolidierten, weichen, bindigen Böden dürfen Spundwandbauwerke nur dann „schwimmend" ausgeführt werden, wenn sowohl die Nutzung als auch die Standsicherheit des Gesamtbauwerks und seiner Teile die dabei auftretenden Setzungen und waagerechten Verschiebungen bzw. deren Unterschiede gestatten. Um dies beurteilen und die erforderlichen Maßnahmen treffen zu können, müssen die zu erwartenden Setzungen und Verschiebungen errechnet werden.

Wird eine Uferwand in nicht konsolidierten, weichen, bindigen Böden im Zusammenhang mit einem praktisch unverschieblich gegründeten Bauwerk, beispielsweise mit einem stehend gegründeten Pfahlgruppenbauwerk, ausgeführt, sind folgende Lösungen anwendbar.

Die Spundwand wird in lotrechter Richtung frei verschieblich verankert oder abgestützt, sodass der Anschluss an das Bauwerk auch bei den größten rechnerisch auftretenden Verschiebungen noch tragfähig und voll wirksam bleibt.

Diese Lösung bereitet, abgesehen von der Setzungs- und Verschiebungsberechnung, keine Schwierigkeiten. Sie kann jedoch bei Pfahlgruppenbauten aus betrieblichen Gründen im Allgemeinen nur bei einer hinten liegenden Spundwand angewendet werden. Die an der Abstützung auftretende lotrechte Reibungskraft muss in der Pfahlgruppenberechnung berücksichtigt werden. Bei den Ankeranschlüssen einer vorderen Spundwand genügen Langlöcher nicht, vielmehr muss dann eine frei verschiebliche Verankerung ausgeführt werden.

Die Spundwand wird durch Tieferführen einer ausreichenden Anzahl von Rammeinheiten in dem tragfähigen, tiefliegenden Baugrund gegen lotrechte Bewegungen aufgelagert. Hierbei muss die Tragfähigkeit der Spundwand gegenüber den folgenden Vertikalbeanspruchungen von den tiefer geführten Rammeinheiten allein sichergestellt werden:

- Eigenlast der Wand,
- an Spundwand hängender Boden infolge negativer Wandreibung und Haftfestigkeit,
- axiale Einwirkungen auf die Spundwand.

Bei vorne liegender Spundwand ist diese Lösung technisch und betrieblich zweckmäßig. Da sich der bindige Boden während des Setzungsvorgangs an der Spundwand aufhängt, wird der Erddruck kleiner. Treten auch im stützenden Boden vor dem Spundwandfuß Setzungen auf, vermindert sich infolge negativer Wandreibung allerdings auch der charakteristische Erdwiderstand und damit das mögliche Bodenauflager. Dies muss in der Spundwandberechnung berücksichtigt werden.

Bei der Berechnung der aus der Bodensetzung herrührenden lotrechten Beanspruchung der Spundwand wird die negative Wandreibung und Haftfestigkeit für den Anfangs- und Endzustand berücksichtigt.

Die Spundwand wird, abgesehen von der Verankerung oder Abstützung gegen waagerechte Kräfte, an dem Bauwerk so aufgehängt, dass die zuvor genannten Einwirkungen in das Bauwerk und von dort in den tragfähigen Baugrund übertragen werden.

Bei dieser Lösung werden die Spundwand und ihre obere Aufhängung nach den vorstehenden Angaben berechnet.

Liegt der tragfähige Boden in bautechnisch erreichbarer Tiefe, wird die gesamte Wand bis in den tragfähigen Boden geführt. Der Erdwiderstand in dieser Schicht wird mit den üblichen Erddruckneigungswinkeln sowie den Teilsicherheitsbeiwerten nach Tab. 1.2 berechnet. Bei Berechnung der Bodenreaktion des darüber liegenden Bodens geringerer Lagerungsdichte bzw. Konsistenz darf nur ein reduzierter charakteristischer Erdwiderstand angesetzt werden. Der Nachweis der Gebrauchstauglichkeit muss geführt werden.

8.2.15 Ausbildung und Bemessung einfach verankerter Spundwandbauwerke in Erdbebengebieten

Anhand der Baugrundaufschlüsse und der bodenmechanischen Untersuchungen muss zunächst sorgfältig geprüft werden, welche Auswirkungen die während des maßgebenden Erdbebens auftretenden Erschütterungen auf die Scherfestigkeit des Baugrundes haben können.

Das Ergebnis dieser Untersuchungen kann für die Gestaltung des Bauwerks maßgebend sein. Beispielsweise dürfen bei Baugrundverhältnissen, bei denen mit Bodenverflüssigung (liquefaction) nach Abschn. 3.5.14.2 gerechnet werden muss, keine Verankerungen durch eine hochliegende Ankerwand bzw. Ankerplatten gewählt werden, es sei denn, der stützende Verankerungserdkörper wird im Zuge der Baumaßnahmen ausreichend verdichtet und damit die Gefahr der Verflüssigung beseitigt. Bezüglich der Größe der anzusetzenden Erschütterungszahl k_h und sonstiger Einwirkungen sowie der Bemessungswerte für Beanspruchungen und Widerstände und der dafür geforderten Sicherheiten wird auf Abschn. 3.5.14.2 verwiesen.

Unter Berücksichtigung der nach Abschn. 3.5.14.2 ermittelten Spundwandbeanspruchungen und Auflagerreaktionen kann die Berechnung nach Abschn. 8.2.3 durchgeführt werden, jedoch ohne Umlagerung des Erddrucks.

Der mit fiktiven Neigungswinkeln für Bezugs- und Geländeoberfläche ermittelte charakteristische aktive Erddruck und der Erdwiderstand werden allen Berechnungen und Nachweisen zugrunde gelegt, obwohl Versuche gezeigt haben, dass der Anstieg der Erddruckvergrößerung aus einem Beben nicht linear mit der Tiefe zunimmt, sondern in Oberflächennähe größer ist. Deshalb ist die Verankerung mit angemessenen Reserven zu bemessen.

Der Nachweis der Standsicherheit der Verankerung in der tiefen Gleitfuge ist nach Abschn. 9.3 zu führen. Hierbei sind die zusätzlichen waagerechten Kräfte, die durch die Beschleunigung des zu verankernden Erdkörpers und des darin enthaltenen Porenwassers bei verminderter Verkehrslast auftreten, zu berücksichtigen.

8.2.16 Spundwandufer an Binnenkanälen

8.2.16.1 Allgemeines

In Fällen, in denen Kanäle in räumlich beengtem Gelände neu angelegt oder erweitert werden müssen, sind Ufereinfassungen aus verankerten Stahlspundwänden häufig die technisch beste und bei Berücksichtigung der Kosten für den Grunderwerb und die Unterhaltung auch die wirtschaftlichste Lösung. Dies gilt vor allem für Kanalstrecken mit gedichteter Sohle. Falls erforderlich, können die Spundwandschlösser nach Abschn. 8.1.3 gedichtet werden. Ein Ausführungsbeispiel ist in Abschn. 3.3.2 mit der Abb. 3.4 zu finden.

Falls es die schifffahrtsbetrieblichen Belange zulassen, wird aus Gründen des Korrosionsschutzes und der Landschaftsgestaltung die Spundwandoberkante unterhalb des Wasserspiegels gelegt. Hinsichtlich der Querschnittsgestaltung wird auf die Regelquerschnitte des Bundesministeriums für Verkehr und digitaler Infrastruktur verwiesen.

8.2.16.2 Nachweis der Standsicherheit

Der Nachweis der Standsicherheit und die Bemessung des Bauwerks und seiner Teile wird nach den einschlägigen Empfehlungen durchgeführt. Besonders wird auf den Ansatz der Wasserdrücke in Abschn. 3.3.2 und 1.1.4 verwiesen. Als lotrechte Nutzlast wird abweichend von Abschn. 4.2 eine gleichmäßig verteilte Geländenutzlast von $10\,kN/m^2$ (charakteristischer Wert) angesetzt (Abb. 3.4).

Hingewiesen wird außerdem auf Besonderheiten bei gestaffelter Einbindetiefe (Abschn. 8.2.10) und auf Hinweise zur Wahl der Einbindetiefe (Abschn. 8.2.8).

8.2.16.3 Bemessungssituationen

Die den Bemessungssituationen zugeordneten Einwirkungen und Beanspruchungen sind charakteristische Werte. In der Bemessungssituation BS-P ist mit dem resultierenden Wasserdruck zu rechnen, der sich bei häufig auftretenden ungünstigen Kanal- und Grundwasserständen ergibt. Dazu zählt auch eine Absenkung des Normalwasserspiegels vor der Spundwand um 0,80 m durch vorbeifahrende Schiffe.

In der Bemessungssituation BS-A und im Fall eines raschen und starken Abfalls des Kanalwasserspiegels müssen die beiden folgenden Belastungsfälle untersucht werden (Abb. 3.4):

- der Kanalwasserspiegel liegt 2,00 m tiefer als der Grundwasserspiegel,
- der Kanalwasserspiegel wird in Höhe Kanalsohle und der Grundwasserspiegel 3,00 m höher angesetzt.

Bei Ufereinfassungen, bei deren Versagen der Einsturz von Brücken und Verladeanlagen usw. möglich ist, ist die Spundwand für den Belastungsfall „leergelaufener Kanal" zu bemessen oder durch konstruktive Maßnahmen besonders zu sichern.

In den statischen Untersuchungen kann die planmäßige Kanalsohle bzw. Aushubsohle (z. B. Unterkante Sohlensicherungen) als rechnerische Sohle angesetzt werden. Eine Tieferbaggerung bis zu 0,30 m unter Sollsohle ist bei voller Einspannung der Wand im Boden fallweise ohne besondere Berechnung vertretbar (Abschn. 7.1.6). Das gilt allerdings nicht für unverankerte Wände und verankerte Wände mit freier Fußauflagerung. Sind in Ausnahmefällen größere Abweichungen der Sohlenlage zu erwarten und besteht starke Kolkgefahr durch Propellerstahl, ist die Berechnungssohle mindestens 0,50 m unter der Sollsohle anzusetzen.

8.2.16.4 Einbindetiefe

Steht bei gedichteten Dammstrecken in erreichbarer Tiefe gering wasserdurchlässiger Boden an, wird die Uferspundwand so tief gerammt, dass sie in diese Schicht einbindet. Dann kann die Sohlendichtung eingespart werden. Durch eine solche Maßnahme dürfen sich jedoch keine negativen Auswirkungen auf die großräumige Grundwasserströmung ergeben.

8.2.17 Berechnung und Bemessung von Fangedämmen

8.2.17.1 Nachweise im Grenzzustand der Tragfähigkeit STR und GEO-2 sowie GEO-3

Es sind die folgenden vier Nachweise gegen Versagen des Zellenfangedamms im Baugrund in den Grenzzuständen der Tragfähigkeit GEO-2 und GEO-3 zu führen.

1) Nachweis des Versagens gegen Kippen und Gleiten (GEO-2)
   Der Nachweis der Sicherheit gegen das Versagen von Fangedämmen im Grenzzustand der Tragfähigkeit GEO-2 ist mit den in den Abb. 8.48–8.50 dargestellten Einwirkungen ($W_{ü}$, E_a) und etwaiger veränderlicher äußerer Einwirkungen sowie den widerstehenden Größen (G, E_p) und ggf. der Kohäsion in der Gleitfuge zu führen. Dabei ist bei Kreis- und Flachzellenfangedämmen als rechnerische Breite des Zellenfangedamms die mittlere Breite b' nach Abb. 8.6 einzusetzen. Sie ergibt sich durch Umwandlung des tatsächlichen Grundrisses in ein flächengleiches Rechteck.
   Steht ein Fangedamm auf Fels (Abb. 8.48), tritt im Bruchzustand zwischen den Wandfüßen des Fangedamms eine nach oben gekrümmte Bruchfläche auf. Die erzeugende Kurve dieser Gleitfläche kann in erster Näherung durch eine logarith-

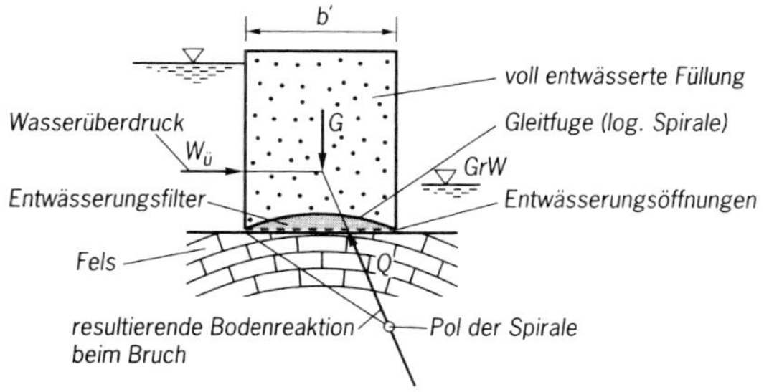

Abb. 8.48 Frei auf Fels stehender Fangedamm mit Entwässerung.

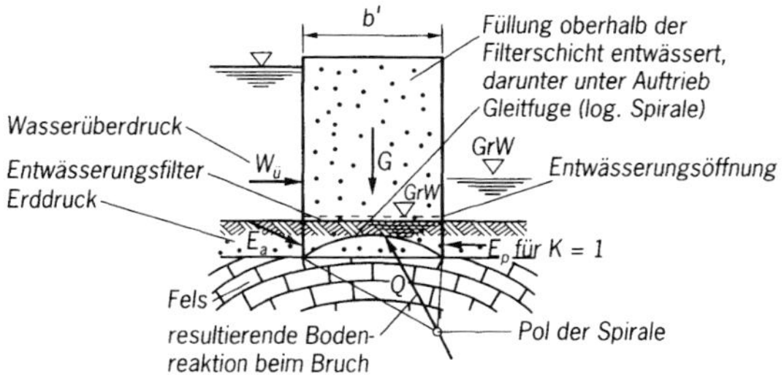

Abb. 8.49 Auf überlagertem Fels stehender Fangedamm mit Entwässerung.

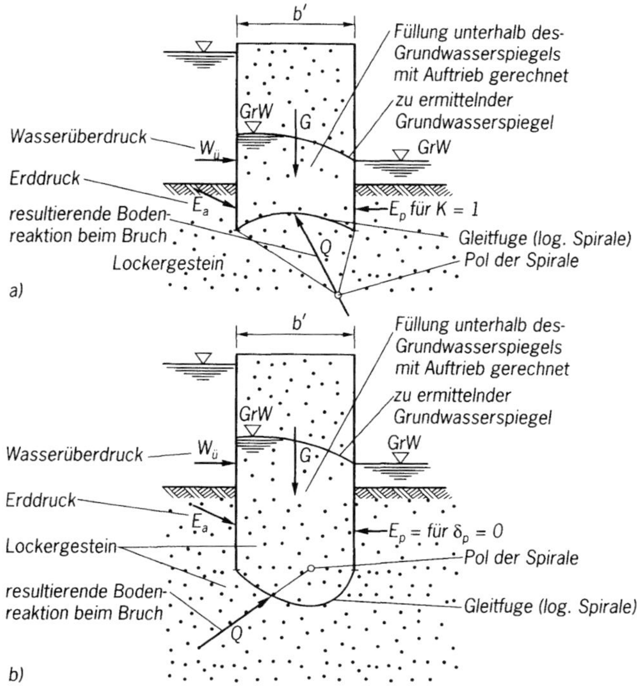

Abb. 8.50 In tragfähiges Lockergestein einbindender Fangedamm mit Entwässerung: (a) bei flacher Einbindung, (b) Zusatzuntersuchung bei tiefer Einbindung.

mische Spirale für den charakteristischen Wert des Reibungswinkels φ_k angenähert werden.
Steht der Fangedamm auf Fels und wird dieser von anderen Bodenschichten überlagert (Abb. 8.49) oder bindet der Fangedamm in tragfähiges Lockergestein ein (Abb. 8.50), werden die Einwirkungen um den zusätzlichen Erddruck dieser Bodenschicht und der Widerstand um den zusätzlichen Erdwiderstand vergrößert. Dieser Erdwiderstand ist mit Rücksicht auf die geringen Formänderungen nur in verminderter Größe anzusetzen – in der Regel mit $K_p = 1{,}0$ – und bei tieferer Einbindung in das Lockergestein mit K_p für $\delta_p = 0$.
Als charakteristische Beanspruchung aus Einwirkungen und als charakteristische Widerstände aus den widerstehenden Größen werden die sich aus diesen ergebenden Momente um den Pol der Spirale bezeichnet. Zur Ermittlung des Bemessungswertes der Momentenbeanspruchung M_{Ed} infolge der horizontalen Einwirkungen $W_ü$, E_a und veränderlicher äußerer Einwirkungen, wie z. B. aus Pollerzug, werden die charakteristischen Werte der Einzelmomente mit den Teilsicherheitsbeiwerten γ_G und γ_Q für Einwirkungen multipliziert und aufsummiert.
Zur Ermittlung des Bemessungswertes des widerstehenden Momentes M_{Rd} infolge der vertikalen Einwirkung G (Eigenlast der Fangedammfüllung), des Erdwiderstandes E_p (bei Einbindung in Lockergestein) und der möglichen Kohäsion in der Gleitfuge werden die charakteristischen Werte der Einzelmomente durch die Teilsicherheitsbeiwerte $\gamma_{R,h}$, $\gamma_{R,e}$ und γ_c dividiert und aufsummiert.

$$M_{Ed} = M_{kG} \cdot \gamma_G + M_W \cdot \gamma_G + M_{kQ} \cdot \gamma_Q \leq \frac{M_{kG}^R}{\gamma_{R,h}} + \frac{M_{Ep}^R}{\gamma_{R,e}} + \frac{M_c^R}{\gamma_c} = M_{Rd}$$

mit

M_{kG} charakteristischer Wert des einwirkenden Einzelmomentes aus Erddruckbelastung E_a,
M_W charakteristischer Wert des einwirkenden Einzelmomentes aus dem resultierenden Wasserdruck $W_ü$,
M_{kQ} charakteristischer Wert des einwirkenden Einzelmomentes aus veränderlicher, äußerer Belastung,
M_{kG}^R charakteristischer Wert des widerstehenden Einzelmomentes aus Füllungseigenlast G,
M_{Ep}^R charakteristischer Wert des widerstehenden Einzelmomentes aus Erdwiderstand E_p,
M_c^R charakteristischer Wert des widerstehenden Einzelmomentes aus Kohäsion in der logarithmischen Gleitfuge.

Dabei sind die Teilsicherheitsbeiwerte des Grenzzustandes der Tragfähigkeit GEO-2 nach Abschn. 1.2.4 für Einwirkungen und Widerstände in Abhängigkeit von der jeweiligen Bemessungssituation anzusetzen.
Der Nachweis gegen das Versagen ist erfüllt, wenn

$$M_{Ed} \leq M_{Rd}$$

ist.

Die ungünstigste Gleitlinie für den Nachweis ist diejenige logarithmische Spirale, für die sich das kleinste Verhältnis von $M_{\text{Rd}}/M_{\text{Ed}}$ ergibt.
Die hauptsächliche Einwirkung auf Fangedämme ist in der Regel der resultierende Wasserdruck $W_{ü}$. Dieser ergibt sich als Differenz der Wasserdrücke auf die äußere und innere Fangedammwand und wird bis zur Unterkante der äußeren, d. h. lastseitigen Wand angesetzt. Der Wasserstand innerhalb der Fangedammumschließung muss dabei nicht immer der Sohlenhöhe entsprechen.
Der Widerstand des Fangedamms gegen das Versagen im Grenzzustand der Tragfähigkeit GEO-2 „Kippen und Gleiten" kann vergrößert werden durch
- das Verbreitern des Fangedamms,
- die Wahl eines Verfüllmaterials mit größerer Wichte und größerem Reibungswinkel,
- eine Zellenentwässerung,
- und bei der Gründung in Lockergestein durch eine tiefere Einbindung der Fangedammbohlen in den Baugrund.

Wird ein Fangedamm mit tiefer Einbindung gewählt, ist der Nachweis gegen das Versagen nicht nur mit einer nach oben (Abb. 8.50a), sondern auch mit einer nach unten gekrümmten Bruchfläche zu führen (Abb. 8.50b).
Im Falle der nach unten gekrümmten Bruchfläche ist die Lage der Spirale so zu wählen, dass ihr Pol unterhalb der Wirkungslinie von Ep für $\delta p = 0°$ liegt (Abb. 8.50), was auch Bedingung für eine tiefe Einbindung ist.
Mit dem vorstehenden Nachweis ist sowohl die Sicherheit gegen das Versagen infolge Kippen als auch infolge Gleiten nachgewiesen.

2) Nachweis des Versagens gegen Grundbruch (GEO-2)
   Für Fangedämme, die nicht auf Fels stehen, ist der Nachweis der Grundbruchsicherheit nach DIN 4017 auf der Grundlage von DIN 1054 zu führen, wobei die mittlere Breite b' als Fangedammbreite einzusetzen ist.
3) Nachweis des Versagens gegen Verlust der Gesamtstandsicherheit (GEO-3)
   Bei hinterfüllten Fangedämmen, die Teil eines Uferbauwerks sind, ist gemäß DIN EN 1997, Teil 1, Abschn. 11 der Nachweis des Versagens gegen Verlust der Gesamtstandsicherheit (Geländebruch) nach DIN 4084 zu führen. Für den Nachweis ist die Gleitfläche durch die lastseitige, ideelle Begrenzung der Fangedammbreite zu legen, die mit dem o. g. Wert für die mittlere Breite b' übereinstimmt.
4) Zusätzliche Nachweise bei Auftreten einer Wasserströmung:
   - Bei den in den Punkten 1–3 geforderten Nachweisen ist ein eventuell vorhandener Strömungsdruck zu berücksichtigen.
   - Der Nachweis gegen Versagen des Baugrundes infolge eines hydraulischen Grundbruches ist zu führen.
   - Der Nachweis gegen Versagen des Baugrundes infolge eines Erosionsgrundbruches ist zu führen.
   - Bei Fangedämmen auf geklüftetem Fels oder veränderlich festen Gesteinen sind besondere Abdichtungsmaßnahmen am Spundwandfuß erforderlich, um die zuvor genannten Versagensfälle auszuschließen.

Im Nachgang ist der Nachweis gegen Versagen des Bauteils Flachprofil infolge der Ringzugkraft im Grenzzustand der Tragfähigkeit (STR) zu führen.

Bei der Zellenfangedammberechnung kann angenommen werden, dass die Beanspruchungen infolge der äußeren Einwirkungen wie Wasser- und ggf. Erddruck durch die

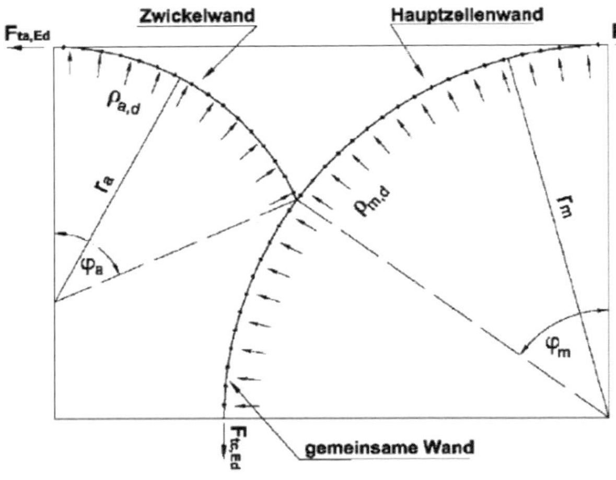

Abb. 8.51 Ringzugkräfte ($F_{t,Ed}$) in den einzelnen Wandelementen eines Kreiszellenfangedamms.

monolithische Blockwirkung der Fangedammfüllung aufgenommen werden. Für den Nachweis gegen das Versagen des Flachprofils genügt in diesem Fall die Ermittlung der Ringzugkraft in Höhe der Baugruben- oder Gewässersohle, da dort im Allgemeinen die maßgebenden Innendrücke auftreten.

Es kann jedoch unter Umständen erforderlich sein, den Nachweis zur Aufnahme der Ringzugkraft in mehreren Ebenen zu führen, wenn bindige Schichten vorhanden sind, die der Fangedamm einschließt oder in die er einbindet. In diesem Bereich können durch den sprunghaft größeren Wert des Innendrucks bzw. den kleineren Wert des Erdwiderstandes sowie durch einen eventuell auftretenden Porenwasserdruck größere Ringzugkräfte auftreten als in Höhe der Sohle.

Die Bemessungswerte der Ringzugkräfte werden nach der Kesselformel $F_{t,Ed} = \sum p_{i,d} \cdot r$ ermittelt. Sie werden berechnet, indem die charakteristischen Einwirkungen innerhalb der Zelle infolge resultierendem Wasserdruck, Erdruhedruck (mit $K_0 = 1 - \sin \varphi_k$) und veränderlichen Lasten ($\sum p_{a,K}$, $\sum p_{m,k}$) mit den zugehörigen Teilsicherheitsbeiwerten (nach Abschn. 1.2.4) multipliziert werden.

Der Bemessungswert der Ringzugkräfte ($F_{tc,Ed}$, $F_{tm,Ed}$, $F_{ta,Ed}$) in den einzelnen Wandelementen darf vereinfachend nach DIN EN 1993-5, Abschn. 5.2.5 (9) wie folgt ermittelt werden (Abb. 8.51):

in der gemeinsamen Wand: $$F_{tc,Ed} = \sum p_{a,d} \cdot r_a \cdot \sin \varphi_a + \sum p_{m,d} \cdot r_m \cdot \sin \varphi_m$$

in der Hauptzellenwand: $$F_{tm,Ed} = \sum p_{m,d} \cdot r_m$$

in der Zwickelwand: $$F_{tc,Ed} = \sum p_{a,d} \cdot r_a$$

Der Nachweis der Spundwandprofile sowie der geschweißten Abzweigbohlen erfolgt nach DIN EN 1993-5, Abschn. 5.2.5.

Für die Wandprofile ist der Nachweis erbracht, wenn die widerstehende Zugfestigkeit ($F_{ts,Rd}$) des Stegs und des Schlosses größer oder gleich den Bemessungswerten der Ringzugkraft ($F_{tc,Ed}$, $F_{tm,Ed}$, $F_{ta,Ed}$) ist.

$$F_{ts,Rd} \geq F_{tc,Ed} \quad \text{bzw.} \quad F_{tm,Ed} \quad \text{bzw.} \quad F_{ta,Ed}$$

wobei

$$F_{ts,Rd} = \beta_R \cdot \frac{R_{k,S}}{\gamma_{MO}} \text{ (Schloss)} \quad F_{ts,Rd} = t_w \cdot \frac{f_{yk}}{\gamma_{MO}} \text{ (Steg)}$$

mit

$R_{k,S}$ charakteristischer Wert der Schlosszugfestigkeit,
f_{yk} Mindeststreckgrenze des Stahls nach Abschn. 8.1.2.1, Tab. 8.1,
t_w Stegdicke des Flachprofils gemäß Tab. 8.6,
γ_{M0} Teilsicherheitsbeiwert für den Spundwandwerkstoff,
β_R Abminderungsfaktor für Schlosszugfestigkeit (nach DIN EN 1993-5: $\beta_R = 0{,}8$).

Für die Abzweigprofile ist unter Voraussetzung, dass diese in Anlehnung an DIN EN 12063 verschweißt werden, der Nachweis erbracht, wenn die widerstehende Zugfestigkeit des Abzweigprofils ($\beta_T \cdot F_{ts,Rd}$ für Schloss und Steg) größer oder gleich dem Bemessungswert der Ringzugkraft ($F_{tm,Ed}$) ist.

$$\beta_T \cdot F_{ts,Rd} \geq F_{tm,Ed} = \sum P_{m,d} \cdot r_m$$

Hierbei kann der Abminderungsfaktor β_T gemäß DIN EN 1993-5, Abschn. 5.2.5 (14) zu

$$\beta_T = 0{,}9 \cdot \left(1{,}3 - 0{,}8\frac{r_a}{r_m}\right) \cdot (1 - 0{,}3 \tan \varphi_K)$$

errechnet werden.

8.2.17.2 Kastenfangedämme als Baugrubenumschließungen und als Uferbauwerke

Bei Kastenfangedämmen sind die beiden parallel angeordneten z- oder u-förmigen Stahlspundwände entsprechend den Baugrundverhältnissen sowie nach hydraulischer und statischer Erfordernis in den Untergrund einzubringen bzw. einzustellen und gegenseitig zu verankern. Steht der Kastenfangedamm auf Fels oder hat keine ausreichende Einbindung, sind mindestens zwei Ankerlagen vorzusehen.

Querwände bzw. Festpunktblöcke nach Abb. 8.52 können in Hinblick auf die Bauausführung zweckmäßig sein. Bei langen Dauerbauwerken sind sie auch zur Begrenzung von Havarieschäden erforderlich. Aus dem Abstand der Querwände bzw. Festpunktblöcke ergeben sich die einzelnen Bauabschnitte, in denen der Fangedamm einschließlich der Verankerung und Füllung fertiggestellt wird.

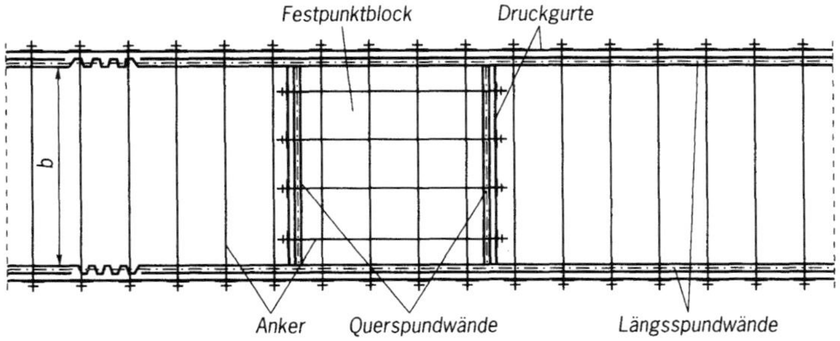

Abb. 8.52 Grundriss eines Kastenfangedamms mit in sich verankerten Festpunktblöcken.

Bezüglich der Füllung gilt Abschn. 8.1.5.6. Bei den Nachweisen gegen das Versagen eines Fangedamms mit großen äußeren Einwirkungen aus Wasserdruck, wie z. B. Baugrubenumschließungen im freien Wasser, ist die dauerhaft wirksame Entwässerung seiner Bodenfüllung zur Minimierung seiner Abmessungen von entscheidender Bedeutung. Die Verfüllung wird nach der Baugrubenseite hin entwässert. Hierfür reichen Durchlaufentwässerungen nach Abschn. 7.3.1 aus.

Auch bei Verwendung von Fangedämmen als Ufereinfassung kann eine Entwässerung zweckmäßig sein. Diese Fangedämme werden zur Hafenseite hin entwässert. Besteht eine Verschmutzungsgefahr, sind stets Entwässerungen mit Rückstauverschlüssen nach Abschn. 7.3.1 anzuwenden.

Im Folgenden wird die äußere Spundwand von Fangedämmen, mit den ständigen Einwirkungen aus Wasser- und Erddruck sowie den veränderlichen Einwirkungen, als lastseitige Wand bezeichnet, die lastabgewandte Spundwand je nach Verwendungszweck des Fangedamms als Luft-, Baugruben- oder Hafenseite.

Es sind folgende Nachweise des Bauteils Spundwand im Grenzzustand der Tragfähigkeit (STR) zu führen.

Bei einem verfüllten Fangedamm beruht die Lastabtragung in den Baugrund auf seiner Wirkungsweise als kompakter Bodenblock. Die Momentenbeanspruchung infolge der horizontalen Einwirkungen (Wasserdruck und Erddruck) bzgl. des Drehpols wird über die als Monolith wirkende Fangedammfüllung mittels vertikaler Bodenspannungen in den tragfähigen Untergrund abgeleitet. Diese lotrechten Bodenspannungen sind über die Fangedammbreite linear veränderlich und weisen an der lastabgewandten, d. h. der luft- bzw. hafenseitigen Spundwand ihren Höchstwert auf. Auf diese Spundwand wirkt deshalb ein höherer als der aktive Erddruck. Diese Erddruckerhöhung kann aufgrund von Erfahrungen im Allgemeinen durch das Vergrößern des mit $\delta_a = +2/3\varphi'_k$ berechneten aktiven Erddrucks um 25 % ausreichend genau berücksichtigt werden. Als weitere Einwirkung auf die luftseitige Spundwand ist der resultierende Wasserdruck zu nennen, der sich aus einer eventuellen Wasserspiegeldifferenz zwischen dem Absenkziel innerhalb der Verfüllung und dem luft- bzw. hafenseitigen Wasserstand ergibt.

Wird die Fangedammfüllung im Spülverfahren eingebaut und verdichtet, kann der Erddruck bis zum hydrostatischen Druck infolge des Verfüllungseffektes anwachsen. Bei Nutzung des gewachsenen Bodens als Fangedammfüllung kann es nach dem Herstellen der Baugrube oder der Hafensohle jedoch auch zur Bildung von Nebengleitfugen innerhalb der Füllung kommen. Eine Umlagerung des Erddrucks nach Abschn. 8.2.3 ist dann zulässig.

Die luftseitige Wand wird unter Berücksichtigung aller Einwirkungen als verankerte Spundwand berechnet. Bindet die Spundwand in tragfähiges Lockergestein ein, kann der stützende Erdwiderstand mit Neigungswinkeln nach Abschn. 8.2.5 ermittelt werden. Die Ermittlung der Bemessungswerte der Beanspruchungen kann bei einfacher Verankerung der Spundwand nach Abschn. 8.2.3 und bei doppelter Verankerung nach Abschn. 8.2.4 vorgenommen werden.

Die lastseitige Spundwand kann mit einem anderen Profil und kürzer als die luftseitige bzw. hafenseitige Spundwand ausgeführt werden, wenn dies für die einzelnen Bauzustände nachgewiesen wird bzw. wenn die Anforderungen an die Wasserdichtigkeit und Begrenzung der Wasserumläufigkeit erfüllt sind.

Bei der Berechnung der Bemessungswerte der Beanspruchungen der lastseitigen Wand sind verschiedene Einwirkungen und Widerstände zu berücksichtigen:

- Einleitung der Ankerkraft der luftseitigen Wand (bzw. der Ankerkräfte bei zweifacher Verankerung),
- äußerer Wasserdruck,
- äußerer aktiver und ggf. auch passiver Erddruck,
- Schiffsstoß, Trossenzug und sonstige horizontale Einwirkungen,
- Stützung durch die Bodenverfüllung.

Die Bodenstützung über die Wandhöhe muss in Verteilung und Größe so angesetzt werden, dass die Gleichgewichtsbedingung $\sum H = 0$ erfüllt ist. Falls die lastseitige Wand eine Einspannung erhält, ist die Ersatzkraft C in dieser Gleichgewichtsbetrachtung mit zu berücksichtigen.

Weiterhin sind folgende Nachweise gegen Versagen von Kastenfangedämmen im Grenzzustand der Tragfähigkeit (GEO-2) zu führen:

1) Nachweis der Standsicherheit in der tiefen Gleitfuge
   Die Standsicherheit in der tiefen Gleitfuge ist nach Abschn. 9.3 nachzuweisen. Hierbei darf der Verlauf der tiefen Gleitfuge bei einfacher Verankerung näherungsweise wie folgt angenommen werden:
   - luft- bzw. hafenseitige Wand:
     - bei freier Auflagerung der hafenseitigen Wand vom theoretischen Fußpunkt,
     - bei Einspannung vom Querkraftnullpunkt im Einspannbereich.
   - lastseitige Wand:
     - vereinfachend am Fußpunkt einer frei aufgelagert angenommenen Ersatzankerwand der Höhe $2 \cdot \alpha$ (Abb. 8.53a).
     - im Querkraftnullpunkt einer eingespannten Ersatzankerwand (Abb. 8.53).
       Der Querkraftnullpunkt der eingespannten Ersatzankerwand ergibt sich aus der Ankerkraft und dem Verlauf des Teilerdwiderstandes $\overline{E}_p$.

       Für den Teilerdwiderstand $\overline{E}_p$ darf vereinfachend eine dreieckförmige Verteilung mit der Maximalordinate $\overline{e}_p$ im Schnittpunkt der vom Kopf der luftseitigen Wand ausgehenden und unter ϑ_p für $\delta = 0°$ geneigten Gleitlinie mit der Achse der lastseitigen Spundwand gewählt werden. Der dreieckförmige Teilerdwiderstand wird dabei von Oberkante Fangedamm bis auf die Höhe des Querkraftnullpunktes der luftseitigen Wand angesetzt. Die Maximalordinate des Teilerdwiderstandes ergibt sich aus dem Momentengleichgewicht um die untere Spitze des wie vor ermittelten Teilerdwiderstandes
       Im Fall einer eingespannten Ersatzankerwand sind ergänzend zum Nachweis der Standsicherheit in der tiefen Gleitfuge folgende Nachweise zu erbringen:
       - Nachweis der Ersatzkraft C;
       - Nachweis der Beanspruchung der Wand.

       Der Nachweis der Beanspruchung der Wand darf entfallen, wenn für die lastseitige Wand mindestens das gleiche Profil wie für die luftseitige Wand gewählt wird.

   Bei mehrfacher Verankerung darf ebenfalls mit einer Ersatzankerwand gerechnet werden. Der Verlauf der tiefen Gleitfuge darf analog zur einfachen Verankerung festgelegt werden, wobei der Querkraftnullpunkt unterhalb des untersten Ankers zu betrachten ist.

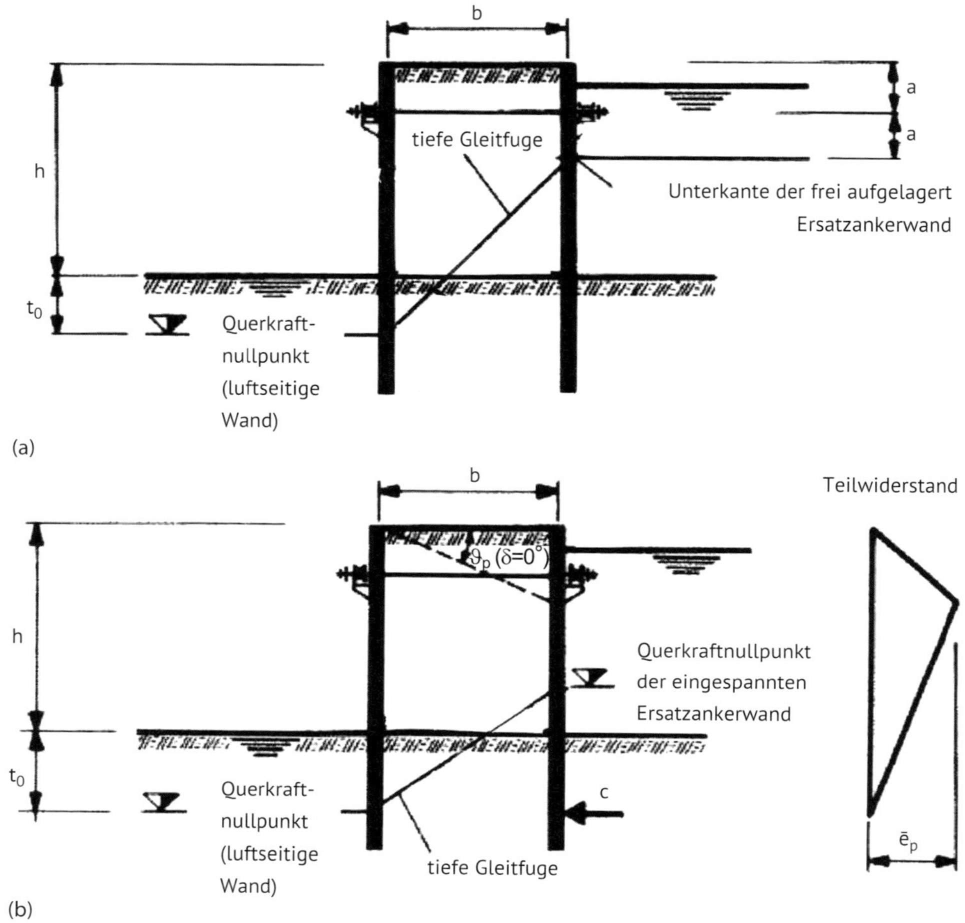

Abb. 8.53 Verlauf der tiefen Gleitfuge innerhalb eines Kastenfangedamms: (a) Annahme einer frei aufgelagerten Ersatzankerwand; (b) Annahme einer eingespannten Ersatzankerwand.

2) Nachweis des Versagens gegen Kippen und Gleiten (äußere Standsicherheit)
Als rechnerische Breite des Kastenfangedamms wird hier der Achsabstand b zwischen den beiden Spundwandachsen angesetzt. Für die Nachweise von Kastenfangedämmen gelten analoge Grundsätze wie für Zellenfangedämme.
Im Gegensatz zu Abb. 8.50a,b darf der Erdwiderstand E_p vor der luftseitigen Spundwand wegen ihrer größeren Durchbiegungsmöglichkeit entsprechend einer üblichen verankerten Spundwand nach Abschn. 8.2.5 unter einem Neigungswinkel $\delta_p < 0°$ angesetzt werden. Für die Lage der zu untersuchenden Gleitlinien gelten folgende Angaben:
- Luftseitige Wand:
  - Bei einer im Boden frei aufgelagerten Spundwand wird die logarithmische Spirale der Gleitfläche zum Fußpunkt dieser Wand geführt.

  - Bei einer eingespannten Spundwand wird die logarithmische Spirale der Gleitfläche zum Querkraftnullpunkt geführt.
- Lastseitige Spundwand:
  Der Ansatzpunkt der logarithmischen Spirale liegt hier im Allgemeinen auf derselben Höhe wie bei der luftseitigen Spundwand. Ist die lastseitige Wand kürzer als die luftseitige, muss die Gleitlinie an der lastseitigen Wand zum vorhandenen Fußpunkt geführt werden.

Wegen der tieferen Einbindung der Spundwände in den Baugrund wird bei einem Kastenfangedamm im Allgemeinen eine nach unten gekrümmte Gleitfläche maßgebend. Der Widerstand gegen Versagen des Kastenfangedamms kann durch eine oder mehrere der folgenden Maßnahmen vergrößert werden:

- Verbreitern des Fangedamms,
- Wahl eines Verfüllmaterials mit größeren Bodenkennwerten γ_k, γ'_k und φ'_k,
- Verdichten der Fangedammverfüllung, eventuell einschließlich des Untergrundes,
- Tieferführen der Fangedammspundwand, wenn dadurch eine nach unten gekrümmte Gleitfläche erzwungen werden kann, mit der die Grenzzustandsbedingung gegen das Versagen des Bodens erfüllt wird,
- zusätzliche Ankerlagen (es sollte hierbei jedoch untersucht werden, ob der erschwerte Einbau dieser Lage – z. B. unter Wasser mit Taucherhilfe – sinnvoll ist).

3) Grundbruchsicherheit
   Siehe Abschn. 8.2.17.1, Punkt 2.
4) Geländebruch
   Siehe Abschn. 8.2.17.1, Punkt 3.
5) Zusätzliche Nachweise bei Auftreten einer Wasserströmung
   Siehe Abschn. 8.2.17.1, Punkt 4.

Folgende bauliche Maßnahmen sind zu beachten:

1) Baugrubenumschließung
   Die Ausführungen in Abschn. 8.1.5.6.1 sind zu beachten, jedoch ohne die Angaben bzgl. zugbeanspruchter Schlossverbindungen.
   Die Entwässerungsschlitze im Sohlenbereich der luft- bzw. hafenseitigen Spundwand werden bei Wellenprofilen zweckmäßig in den Stegen der Spundwandprofile angeordnet.
   Die Gurte zum Übertragen der Ankerkräfte werden – soweit schifffahrtsbetriebliche Gründe nicht dagegen sprechen – auf den Außenseiten der Spundwände als Druckgurte angeordnet. Bei dieser Lösung entfallen die Gurtbolzen, und es ergeben sich Vorteile beim Einbau der Anker. Die lastseitige, d. h. wasserseitige Ankerdurchführung muss abgedichtet werden.
2) Uferbauwerke, Wellenbrecher und Molen
   Die Ausführungen in Abschn. 8.1.5.6.2 gelten hier sinngemäß (Abb. 8.54).
3) Besonderheiten bei der Herstellung von Kastenfangedämmen

Besondere Sorgfalt ist auf die Herstellung einer eventuell vorhandenen unteren Verankerung zu legen. Da sich diese im Allgemeinen unter Wasser befindet und nur mit Taucherhilfe eingebaut werden kann, sind möglichst einfache, aber gleichzeitig wirksame Anschlüsse an die Spundwand zu wählen.

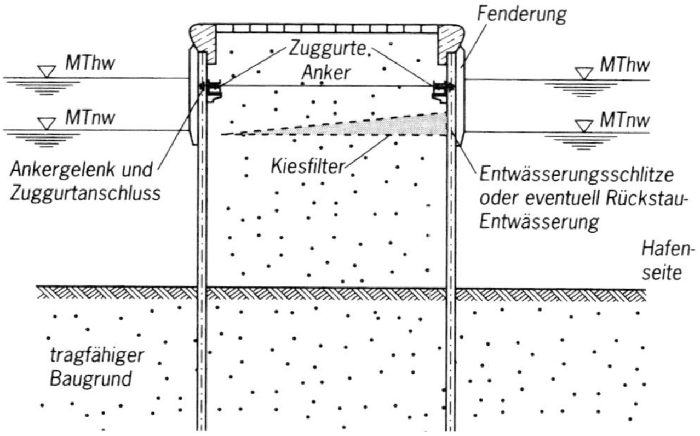

Abb. 8.54 Schematische Darstellung eines Molenbauwerkes in Kastenfangedammbauweise.

Vor dem Verfüllen des Fangedamms sollte die Sohlfläche im Fangedamm gereinigt werden, um dort keinen erhöhten Erddruck und somit auch keine erhöhten Beanspruchungen der unteren Ankerlage hervorzurufen.

8.2.17.3 Schmale Trennmolen in Spundwandbauweise

Schmale Trennmolen in Spundwandbauweise sind Kastenfangedämme, bei denen der Abstand der Spundwände nur wenige Meter beträgt und somit erheblich geringer ist als bei einem üblichen Kastenfangedamm (Abschn. 8.2.17.1). Diese Trennmolen werden vorwiegend durch den resultierenden Wasserdruck, Schiffsstoß, Eisstoß, Pollerzug und dergleichen belastet.

Die Spundwände werden im Kopfbereich gegenseitig auf Zug verankert und zur gemeinsamen Übertragung der äußeren Einwirkungen zusätzlich auch druckfest ausgesteift.

Der Raum zwischen den Spundwänden wird mit Sand oder Kiessand von mindestens mitteldichter Lagerung verfüllt.

Für die Aufnahme der senkrecht zur Trennmolenachse angreifenden äußeren Einwirkungen und zu deren Abtragung in den Baugrund wird die Trennmole als ein freistehendes, im Boden voll eingespanntes Bauwerk betrachtet, bestehend aus zwei parallelen, gekoppelten Spundwänden. Der Einfluss der Bodenverfüllung infolge der Silowirkung zwischen den beiden Spundwänden wird bei der Ermittlung der Systemsteifigkeit vernachlässigt. Die beiden Spundwände werden im Kopfbereich überwiegend gelenkig miteinander verbunden. Es kann auch eine biegesteife Verbindung vorgesehen werden, die jedoch zu großen Biegemomenten am Kopf der Spundwände und somit zu aufwendigen Anschlusskonstruktionen führt. Außerdem treten dadurch Spundwandlängskräfte auf, die unter Umständen bei der unter Zug stehenden Spundwand den mobilisierbaren Erdwiderstand vermindern.

Der mobilisierbare Erdwiderstand kann nicht in voller Größe angesetzt werden, weil dieser teilweise zur Aufnahme des Erddrucks und eines eventuell resultierenden Wasserdrucks aus der Trennmolenverfüllung herangezogen werden muss. Dieser Anteil muss vorab ermittelt und von dem insgesamt mobilisierbaren Erdwiderstand abgezogen werden.

Da beide Spundwände infolge der äußeren Einwirkungen eine weitgehend parallele Biegelinie aufweisen, kann das am Gesamtsystem auftretende Biegemoment im Verhältnis der Biegesteifigkeiten der beiden Spundwände aufgeteilt werden. Die Grenzzustandsbedingungen nach DIN EN 1993-5 sind getrennt für jede der beiden Spundwände mit den auf sie entfallenden Bemessungswerten der Beanspruchungen (M_{Ed}, V_{Ed}, N_{Ed}) und der Profilwiderstände zu führen.

Die einzelnen Spundwände werden durch Erddruck aus der Verfüllung und der Auflast auf Füllung sowie durch etwaige äußere Einwirkungen belastet. Außerdem sind resultierende Wasserdrücke zu berücksichtigen, wenn in der Verfüllung der Wasserspiegel höher stehen kann als vor den Spundwänden. Generell sollte für den resultierenden Wasserdruck auch eine Sunkeinwirkung angesetzt werden, wodurch eine Überflutung der Mole mit anschließendem kurzfristigen Absinken des äußeren Wasserstandes berücksichtigt wird. Durch den deutlich langsamer sinkenden Innenwasserstand wird unter Umständen ein großer resultierender Wasserdruck hervorgerufen. Die gegenseitige Verankerung der Molenspundwände ist für die Zugbeanspruchung infolge der zuvor genannten Einwirkungen zu bemessen.

Gurtung, Verankerung und Aussteifung müssen nach den einschlägigen Empfehlungen berechnet, ausgebildet und eingebaut werden.

Besondere Bedeutung kommt den Lasteinleitungspunkten zur Aufnahme der äußeren Einwirkungen auf die Trennmole zu. Der Nachweis parallel zur Molenachse auftretender Einwirkungen ist gemäß Abschn. 8.2.11 zu führen.

Querwände bzw. Festpunktblöcke sind entsprechend Abschn. 8.2.17.1 vorzusehen.

Literatur

Achmus, M., Kaiser, J. und Wörden, F.T. (2005). Bauwerkserschütterungen durch Tiefbauarbeiten, Grundlagen, Messergebnisse, Prognosen. *Mitteilungen Institut für Grundbau, Bodenmechanik und Energiewasserbau (IGBE), Universität Hannover* 61.

Alberts, D. (2001). Korrosionsschäden und Nutzungsdauerabschätzung an Stahlspundwänden und -pfählen im Wasserbau. 1. Tagung „Korrosionsschutz in der maritimen Technik", Germanischer Lloyd, Hamburg.

Alberts, D. und Heeling, A. (1996). Wanddickenmessungen an korrodierten Stahlspundwänden; statistische Datenauswertung. *Mitteilungsbl. BAW* Nr. 75, Karlsruhe.

Alberts, D. und Schuppener, B. (1991). Comparison of ultrasonic probes for the measurement of the thickness of sheet-pile walls. in *Field Measurements in Geotechnics*, (Hrsg. Sørum). Rotterdam: Balkema.

Baumaschinen-LärmVO. 15. Verordnung zur Durchführung des BImSchG vom 10.11.1986 (Baumaschinen-LärmVO).

Binder, G. (2001). Probleme der Bauwerkserhaltung – eine Wirtschaftlichkeitsberechnung. BAW-Brief Nr. 1, Karlsruhe.

BAW. www.baw.de, letzter Zugriff: 21.06.2020.

BAW. https://www.baw.de/DE/service_wissen/publikationen/qualitaetsbewertung/qualitaetsbewertung.html, letzter Zugriff: 21.06.2020.

BAW (2011). Richtlinie Prüfung von Beschichtungssystemen für den Korrosionsschutz im Stahlwasserbau (RPB), Bundesanstalt für Wasserbau (BAW).

Becker, P. (2017). Zum Nachweis der Abtragung von Vertikalkräften bei Verbauwänden. *Bautechnik* 94: 190–199.

Becker, P. und Lüking, J. (2015). Harmonisierung der Berechnungsverfahren der axialen Tragfähigkeit für offene Profile nach EA-Pfähle und EAU. *Bautechnik* 92 (2): 161–176.

Binder, G. und Graff M. (1995). Mikrobiell verursachte Korrosion an Stahlbauteilen. *Materials and Corrosion* 46 (11): 639–648.

Blum, H. (1931). *Einspannverhältnisse bei Bohlwerken*. Berlin: Ernst & Sohn.

Clasmeier, H.-D. (1996). Ein Beitrag zur erdstatischen Berechnung von Kreiszellenfangedämmen. *Mitteilung des Instituts für Grundbau und Bodenmechanik, Universität Hannover* 44.

EA Pfähle (2012). *Empfehlungen des Arbeitskreises „Pfähle"*, (Hrsg. Deutsche Gesellschaft für Geotechnik e. V.), Berlin: Ernst & Sohn.

EAB (2012) Empfehlungen des Arbeitsausschusses „Baugruben" (Hrsg. Deutsche Gesellschaft für Geotechnik e. V.), Berlin, Ernst & Sohn.

EAP, TJB (2014) Moormann, C. und Kempfert, H.-G., Jahresbericht 2014 des Arbeitskreises „Pfähle" der DGGT. *Bautechnik* 91 (12): 922 ff.

Graff, M.; Klages, D. und Binder, G. (2000). Mikrobiell induzierte Korrosion (MIC) in marinem Milieu. *Materials and Corrosion* 51 (4): 247–254.

Heiß, P.; Möhlmann, F. und Röder, H. (1992). Korrosionsprobleme im Hafenbau am Übergang Spundwandkopf zum Betonüberbau. *HTG-Jahrbuch* 47: 170–174.

Hein, W. (1990). Zur Korrosion von Stahlspundwänden in Wasser. *Mitteilungsbl. BAW* Nr. 67: 1–40, Karlsruhe.

Laumans, Q. (1977). Verhalten einer ebenen, in Sand eingespannten Wand bei nichtlinearen Stoffeigenschaften des Bodens. Baugrundinstitut Stuttgart, Mitteilung 7.

Weißenbach, A. (1985). *Baugruben, Teil II, Berechnungsgrundlagen*, 1. Nachdruck. Berlin: Ernst & Sohn.

Wirsbitzki, B. (1981). *Kathodischer Korrosionsschutz im Wasserbau*. Hamburg: Hafenbautechnische Gesellschaft e. V.

ZTV-W (LB 214) (2015) *Zusätzliche Technische Vertragsbedingungen – Wasserbau für Spundwände, Pfähle, Verankerungen*. Bundesanstalt für Wasserbau Karlsruhe.

Normen und Vorschriften

DIN 1054: Baugrund – Sicherheitsnachweise im Erd- und Grundbau – Ergänzende Regelungen zu DIN EN 1997-1.

DIN 4017: Baugrund – Berechnung des Grundbruchwiderstands von Flachgründungen.

DIN 4084: Baugrund – Geländebruchberechnungen.

DIN 4085: Baugrund – Berechnung des Erddrucks.

DIN 4150: Erschütterungen im Bauwesen.

DIN 18196: Erd- und Grundbau – Bodenklassifikation für bautechnische Zwecke.

DIN 45669: Messung von Schwingungsimmissionen.

DIN 50929: Korrosion der Metalle – Korrosionswahrscheinlichkeit metallener Werkstoffe bei äußerer Korrosionsbelastung.

DIN EN 1537: Ausführung von besonderen geotechnischen Arbeiten (Spezialtiefbau) – Verpressanker.

DIN EN 1992: Eurocode 2: Bemessung und Konstruktion von Stahlbeton- und Spannbetontragwerken.

DIN EN 1993: Eurocode 3: Bemessung und Konstruktion von Stahlbauten.

DIN EN 1995: Eurocode 5: Bemessung und Konstruktion von Holzbauten.

DIN EN 1997: Eurocode 7: Entwurf, Berechnung und Bemessung in der Geotechnik.

DIN EN 10025: Warmgewalzte Erzeugnisse aus Baustählen.
DIN EN 10028: Flacherzeugnisse aus Druckbehälterstählen.
DIN EN 10113: Warmgewalzte Erzeugnisse aus schweißgeeigneten Feinkornbaustählen.
DIN EN 10204:2005-01: Metallische Erzeugnisse – Arten von Prüfbescheinigungen; Deutsche Fassung EN 10204:2004.
DIN EN 10219: Kaltgefertigte geschweißte Hohlprofile für den Stahlbau aus unlegierten Baustählen und aus Feinkornbaustählen
DIN EN 10248: Warmgewalzte Spundbohlen aus unlegierten Stählen.
DIN EN 10249: Kaltgeformte Spundbohlen aus unlegierten Stählen.
DIN EN 12063: Ausführung von besonderen geotechnischen Arbeiten (Spezialtiefbau) – Spundwandkonstruktionen.
DIN EN 12699: Ausführung spezieller geotechnischer Arbeiten (Spezialtiefbau) – Verdrängungspfähle.
DIN EN 16228: Teil 1–7 Geräte für Bohr- und Gründungsarbeiten – Sicherheit.
DIN EN ISO 2560: Schweißzusätze - Umhüllte Stabelektroden zum Lichtbogenhandschweißen von unlegierten Stählen und Feinkornstählen.
DIN EN ISO 3834: Qualitätsanforderungen für das Schmelzschweißen von metallischen Werkstoffen.
DIN EN ISO 12944: Beschichtungsstoffe – Korrosionsschutz von Stahlbauten durch Beschichtungssysteme.
DIN EN ISO 14341: Schweißzusätze – Drahtelektroden und Schweißgut zum Metall-Schutzgasschweißen von unlegierten Stählen und Feinkornstählen – Einteilung.
DIN EN ISO 14688: Geotechnische Erkundung und Untersuchung – Benennung, Beschreibung und Klassifizierung von Boden.
DIN EN ISO 15614: Anforderung und Qualifizierung von Schweißverfahren für metallische Werkstoffe – Schweißverfahrensprüfung.

BAUER SPEZIALTIEFBAU

Mit der Umsetzung anspruchsvollster Projekte setzt die BAUER Spezialtiefbau Gruppe weltweit Maßstäbe. Von der Planung bis zur Ausführung bieten wir individuelle, kreative und wirtschaftlich Spezialtiefbaulösungen für die Bauprojekte unserer Kunden.

BAUER Spezialtiefbau GmbH • BAUER-Straße 1 • 86529 Schrobenhausen **bst.bauer.**

Karl-Eugen Kurrer

Geschichte der Baustatik

Auf der Suche nach dem Gleichgewicht

- **Einziges geschlossenes Werk über die Geschichte der Baustatik**
- **Zeitfenster werden geöffnet: Protagonisten, Anlässe und Umstände von Theoriebildungen werden beschrieben und in die Zusammenhänge gesetzt**

Wann setzte das statische Rechnen im Entwurfsprozess ein? Beginnend mit den Festigkeitsbetrachtungen von Leonardo und Galilei wird die Herausbildung baustatischer Verfahren vorgestellt. Neu in der 2. Auflage: Erddrucktheorie, Schalentheorie, FEM, historische Lehrbuchanalyse.

BESTELLEN
+49 (0)30 470 31-236
marketing@ernst-und-sohn.de
www.ernst-und-sohn.de/3134

* Der €-Preis gilt ausschließlich für Deutschland. Inkl. MwSt.

Ernst & Sohn
A Wiley Brand

2. stark erweiterte Auflage · 2015 · 1188 Seiten · 970 Abbildungen

Hardcover

ISBN 978-3-433-03134-6 € 109*

9
Verankerungen

9.1 Pfähle und Anker

9.1.1 Allgemeines

Ufereinfassungen müssen in der Regel mit entsprechenden Verankerungselementen zur Gewährleistung der Kipp- und Gleitsicherheit, zur Aufnahme der Horizontalkräfte aus Erd- und Wasserdruck sowie den Kräften aus dem Überbau, wie Pollerzug und Schiffsstoß, ausgestattet werden. Bei kleineren Geländesprüngen können diese Kräfte ggf. durch entsprechende Ausbildung des Pfahlrostes über Pfahlböcke abgeleitet werden. Größere Geländesprünge, wie sie in den modernen See- und Binnenhäfen vorkommen, verlangen besondere Verankerungselemente.

Zur Verankerung von Ufereinfassungen stehen im Wesentlichen die nachfolgend beschriebenen Bauelemente zur Verfügung:

- Pfähle, im Besonderen Verdrängungspfähle, Mikropfähle, Sonderpfähle (Lastübertragung in den Baugrund auf ganzer Länge, keine „freie Strecke").
- Anker (Lastübertragung in den Baugrund lokal durch Verankerungselement, wie Ankertafel, örtlich in der Länge begrenzter Verpresskörper, „freie Ankerlänge").

9.1.2 Verdrängungspfähle

9.1.2.1 Herstellung

Die Herstellung von Verdrängungspfählen ist in DIN EN 12699 „Verdrängungspfähle" mit DIN SPEC 18538 geregelt. Dabei wird kein Boden gefördert; der Boden wird in dem den Pfahl umgebenden Bereich im Untergrund verdrängt und ggf. verdichtet. Verdrängungspfähle werden durch Rammen, Einrütteln, Einpressen oder Eindrehen in den Baugrund eingetrieben. Im Folgenden werden drei typische Bauarten beschrieben; ausführlichere Informationen enthält die EA Pfähle (2012). Verdrängungspfähle können (in der Regel bis 45°) geneigt hergestellt werden.

9.1.2.2 Stahlpfähle (ohne Verpressung)

Für Stahlpfähle werden Walzerzeugnisse verwendet, die als i-förmige Profile in großen Längen geliefert werden können. Sie können bei entsprechender Vorplanung in ihrer geometrischen Form und Stahlgüte an die jeweiligen statischen, geotechnischen und einbringungstechnischen Verhältnisse angepasst werden. Stahlpfähle können als „nackte" Pfähle gerammt oder gerüttelt werden und sind relativ unempfindlich gegen Rammhindernisse und schwere Rammung. Wenn die örtlichen Bodenverhältnisse dies erfor-

Empfehlungen des Arbeitsausschusses „Ufereinfassung" (EAU 2020), Hrsg. HTG und DGGT, 12. Aufl.
© 2021 Ernst & Sohn GmbH & Co. KG. Published 2021 by Ernst & Sohn GmbH & Co. KG.

dern, können sie am Pfahlkopf verlängert werden. Stahlpfähle lassen sich über Schweißkonstruktionen problemlos mit anderen Bauwerksteilen aus Stahl oder Stahlbeton verbinden.

Verwendet werden sollten die Stahlgüten nach DIN EN 1993-1-1 und DIN EN 10025.

In Sonderfällen können Stahlpfähle mit angeschweißten Stahlflügeln ausgerüstet und so in ihrer Tragfähigkeit verbessert werden. Flügelpfähle sollten nur in hindernisfreien und vorzugsweise nichtbindigen Böden angewendet werden und müssen ausreichend tief in den tragfähigen Boden einbinden. Stehen bindige Schichten an, so sollten die Flügel unterhalb dieser Schichten liegen und offene Rammkanäle, z. B. durch Verpressen, verschlossen werden. Die Flügel müssen so gestaltet und angeordnet werden, dass sie das Rammen nicht zu sehr erschweren und ihrerseits den Rammvorgang unbeschadet überstehen. Die Gestaltung der Flügel und ihre Anschlusshöhen müssen daher den jeweiligen Bodenverhältnissen angepasst werden. Hierbei ist zu beachten, dass wassergesättigte, bindige Böden beim Rammen wohl verdrängt, nicht aber verdichtet werden. Bei nichtbindigen Böden kann sich durch die Rammerschütterung vor allem im Flügelbereich ein hochverdichteter fester Pfropfen bilden, der das Einrammen erschwert.

Die Flügel werden symmetrisch zur Pfahlachse und im Allgemeinen knapp über dem Pfahlfußende beginnend angeordnet, sodass am Fußende noch eine mindestens 8 mm dicke Schweißnaht zwischen Flügel und Pfahl angebracht werden kann. Auch das obere Flügelende muss eine entsprechend kräftige Quernaht aufweisen. Die Nähte werden anschließend auch auf beiden Seiten des Flügels in Pfahllängsrichtung auf ca. 500 mm Länge ausgeführt. Dazwischen genügen einzelne Schweißraupen (unterbrochene Schweißnaht).

Die Anschlussfläche der Flügel soll mit Rücksicht auf Zwangskräfte ausreichend breit sein (im Allgemeinen mindestens 100 mm). Je nach Bodenschichtung können die Flügel auch höher am Pfahlschaft liegend angeordnet werden.

9.1.2.3 Verpressmörtelpfähle (VM-Pfähle)

Unter diesen Begriff fallen auch die Verpressmantelpfähle sowie die unter den Namen MV- und RV-Pfahl bekannten Rammverpresspfähle. VM-Pfähle bestehen aus Stahlprofilen, wie unter Abschn. 9.1.2.2 beschrieben. Die Pfähle weisen jedoch zum Zweck des Einbringens von Verpressmörtel am Pfahlfuß eine spezielle Fußausbildung auf. Als Pfahlspitze dient dabei ein Schneidschuh aus einer kastenförmigen, geschweißten Blechkonstruktion.

Der Verpressmörtel wird in einer am Pfahl angebrachten Leitung bis zur Pfahlspitze geführt, tritt dort aus und gelangt in den zu verfüllenden Hohlraum, den der Schneidschuh hinterlassen hat.

Der im Hohlraum erhärtete Verpressmörtel (Zementmörtel/Feinkornbeton) stellt den Verbund zwischen Stahlpfahl und Baugrund her, der übertragbare Mantelreibungswiderstand kann je nach Baugrund um den Faktor drei bis fünf größer sein als bei einem unvermörtelten Stahlpfahl.

Eine zusätzliche Steigerung der Tragfähigkeit des VM-Pfahls folgt aus der Bodenverdrängung beim Rammen, die eine räumliche Verspannung des Baugrunds bewirkt. VM-Pfähle werden in der Regel in Neigungen zwischen 2 : 1 und 1 : 1 hergestellt.

Besonders geeignet für VM-Pfähle sind nichtbindige Böden mit verhältnismäßig großem Porenvolumen.

Beton- und Stahlbetonbau

Die Fachzeitschrift veröffentlicht anwendungsorientierte Beiträge zum gesamten Massivbau. Neueste wissenschaftliche Erkenntnisse, Themen aus der Baupraxis und anwedungsorientierte Beiträge über neue Normen, Vorschriften und Richtlinien machen Beton- und Stahlbetonbau zu einem unverzichtbaren Begleiter und einer der bedeutendsten Zeitschriften für den Bauingenieur, seit mehr als 100 Jahren.

4 Ausgaben / Jahr
115. Jahrgang
print / online: **€ 548 ***
print + online: **€ 685 ***

Probeheft Bestellen
+49 (0)30 470 31-236
marketing@ernst-und-sohn.de
ernst-und-sohn.de/best

BESTELLEN
+49 (0)30 470 31-236
marketing@ernst-und-sohn.de
www.ernst-und-sohn.de/best

* Der €-Preis gilt ausschließlich für Deutschland. Inkl. MwSt.

Ernst & Sohn
A Wiley Brand

GKT Spezialtiefbau GmbH

GKT Spezialtiefbau

Tiefgründungen
- Ortbetonrammpfähle
  - Simplex
  - mit ausgerammtem Fuß
- Teilverdrängungsbohrpfähle
- Vollverdrängungsbohrpfähle
- Großbohrpfähle

Komplettbaugruben
- Bohrpfahlwände
- Berliner u. Essener Verbau
- Spundwände
- Dichtwände in Schlitzwandbauweise

HWS Billhafen Hamburg

Haidkamp 95, 25421 Pinneberg

Telefon: 04101 / 80 510 - 00
Telefax: 04101 / 80 510 - 05
E-Mail: info@gktspezi.de
Internet: www.gktspezi.de

Ernst & Sohn
A Wiley Brand

Christoph Motzko (Hrsg.)

Praxis des Bauprozessmanagements

Termine, Kosten und Qualität zuverlässig steuern

- **Komplex des Bauprozessmanagement aus bauingenieurlicher Sicht**
- **mit Beiträgen von ausgewiesenen Experten und namenhaften Unternehmen**
- **mit Perspektiven für die zuverlässige Steuerung von Terminen, Kosten und Qualität**

Das Buch zeigt, wie durch Prozessoptimierung, Industrialisierung und Anwendung neuer Technologien (Sensortechnik, digitale Kommunikation, Echtzeitsteuerung etc.) die Wirtschaftlichkeit von Bauprojekten erheblich gesteigert werden kann.

2013 · 226 Seiten · 111 Abbildungen

Softcover
ISBN 978-3-433-03007-3 **€ 24.90***

BESTELLEN
+49 (0)30 470 31-236
marketing@ernst-und-sohn.de
www.ernst-und-sohn.de/3007

* Der €-Preis gilt ausschließlich für Deutschland. Inkl. MwSt.

9.1.2.4 Rüttelinjektionspfähle (RI-Pfähle)

RI-Pfähle weisen einige Gemeinsamkeiten mit den VM-Pfählen auf. Sie bestehen aus Stahlprofilen gemäß Abschn. 9.1.2.2 Am Fuß werden zur Aufweitung des i-förmigen Pfahlquerschnitts umlaufend ca. 20 mm dicke Flachstähle auf dem Steg und den Flanschen aufgeschweißt. Diese erzeugen entlang des Pfahlschaftes einen der Blechdicke entsprechenden Hohlraum, der während des Einrüttelns – ähnlich wie beim VM-Pfahl – mit Zementmörtel verpresst wird, um den Mantelwiderstand zu erhöhen.

RI-Pfähle können in Neigungen zwischen lotrecht und 1 : 1 eingebracht werden. Bei gerüttelten Schrägpfählen ist es allerdings schwierig, einen befriedigenden Eindringfortschritt (Pfahleindringung pro Zeiteinheit bezogen auf die aufgebrachte Rüttelenergie) zu erzielen. Es hat sich bewährt, den schräg liegenden RI-Pfahl gegen den Boden mit ca. 100 kN Längsdruckkraft „vorzuspannen“. Auf diese Weise hält der Pfahl ständig kraftschlüssigen Kontakt zum Baugrund und die aufgebrachte Energie kann wirkungsvoll in Eindringfortschritt umgesetzt werden.

9.1.3 Tragfähigkeit von Verdrängungspfählen

9.1.3.1 Innere Tragfähigkeit

Die innere Tragfähigkeit der Pfähle ist in Abhängigkeit von den verwendeten Werkstoffen nachzuweisen. Eine ausführliche Darstellung dieser Nachweise und Nachweisformate gibt EA Pfähle (2012), Abschn. 5.10. Bei verpressten Verdrängungspfählen erfolgt die Krafteinleitung über die Verbundspannung zwischen Stahlpfahl und Verpressmörtel. Da diese gemessenen Verbundspannungswerte nachweislich oberhalb der Mantelreibungswerte für Verpressmörtel und Baugrund liegen, kann somit auf einen Nachweis in dieser Fuge verzichtet werden. Hier wird ausdrücklich auf die entsprechende Literatur (Aufsatz Kempfer, Lüking, Mardtfeld) verwiesen. Weiterhin wurden diese Ergebnisse in der EA Pfähle (2. Auflage) als Dokumentation in Anhang (A 5) aufgenommen.

9.1.3.2 Äußere Tragfähigkeit

Der Widerstand von Verdrängungspfählen bei Zugbelastung wird nach DIN EN 1997-1 ermittelt. Nach DIN EN 1997 sollte die äußere Tragfähigkeit von Zugpfählen stets durch Probebelastungen nachgewiesen werden.

Auf die Vorgehensweise beim Nachweis der äußeren Tragfähigkeit nach DIN EN 1997-1 wird in EA Pfähle (2012), Abschn. 6.3 ausführlich eingegangen. Außerdem werden in EA Pfähle auch die Pfahlprüfungen bzw. erforderliche Probebelastungen eingehend behandelt.

Für Vorentwürfe kann die äußere Tragfähigkeit von Pfählen näherungsweise auch aus dem Sondierspitzenwiderstand von Drucksondierungen abgeleitet werden. Zur einwandfreien Identifizierung der anstehenden Böden ist bei den Sondierungen stets auch die lokale Mantelreibung zu messen. Die eindeutige Zuordnung der Messwerte der Sondierung zu den anstehenden Bodenarten erfolgt durch mindestens eine Bohrung zur Kalibrierung der Ergebnisse der Sondierungen. Anhaltswerte für die charakteristischen Pfahlwiderstände in Abhängigkeit von den Bodenarten und ihrer Festigkeit können der EA Pfähle entnommen werden.

Neben dem Versagen des Einzelpfahles durch Herausziehen aus dem Boden muss bei Zugpfahlgruppen auch das Versagen des Bodenblocks, der die Pfähle enthält (z. B. das Aufschwimmen bei rückverankerten Sohlen oder der Nachweis der tiefen Gleitfuge bei Rückverankerungen von Geländesprüngen), untersucht werden.

9.1.3.3 Zusatzbeanspruchungen

Bei der Rückverankerung von Ufereinfassungen mittels Schrägpfählen können vielfältige Formen von Zusatzbeanspruchungen, beispielsweise aus Konsolidierungssetzungen, Verdichtungssetzungen, Blocktragverhalten, Bodenverformung aus Spundwanddurchbiegung usw., auftreten. Bei duktilen Pfählen kann bei der genannten Zusatzbeanspruchung auf den Nachweis der inneren Sicherheit im Feld und bei ausreichend beweglicher oder duktiler Ausbildung auch im Wandanschlussbereich verzichtet werden. Anleitungen zur Berücksichtigung dieser Zusatzbeanspruchungen sind der EA Pfähle (2012), Abschn. 4.6.2 zu entnehmen.

9.1.4 Mikropfähle

9.1.4.1 Herstellung

Die Herstellung von Mikropfählen ist in DIN EN 14199 in Verbindung mit DIN SPEC 18539 geregelt. Mikropfähle können im Bohrverfahren (max. Schaftdurchmesser 300 mm) oder Verdrängungsverfahren (maximale Querschnittsabmessung 150 mm) eingebracht werden. Das Zugglied wird entweder in die vorbereiteten Löcher eingebaut oder dient bei selbstbohrenden Mikropfählen direkt als „verlorenes" Bohrwerkzeug. Mikropfähle sind generell nicht vorgespannt. Im Gegensatz zu Verpressankern übertragen Mikropfähle auf ihrer gesamten Länge die Last in den Baugrund; eine „freie Strecke" ist nicht vorgesehen.

9.1.4.2 Verbundpfähle

Mikropfähle in der Bauweise als Verbundpfähle haben ein durchgehendes, vorgefertigtes Tragglied aus Stahl und werden mit Zementmörtel verfüllt und verpresst. Der Verpressvorgang erfolgt über einen erhöhten Flüssigkeitsdruck (mindestens 5 bar) auf das Verpressgut. Bei entsprechender technischer Ausrüstung ist es möglich, die Mikropfähle über Ventil- oder Manschettenrohre nachzuverpressen. Bei selbstbohrenden Pfahlsystemen ist eine Nachverpressung nicht möglich. Verbundpfähle benötigen eine Zulassung. Das Stahltragglied besteht aus Betonstahl mit Gewinderippen, Vollstahl oder aus Stahlrohren mit eingeschnittenen oder aufgewalzten Gewinderillen oder aufgeschweißten Drähten. Hiermit lassen sich auf einfache Weise Anschlüsse an Stahlbeton- oder Stahlwandkonstruktionen herstellen. Für diese Anschlusskonstruktionen sind ebenfalls Zulassungen erforderlich.

9.1.4.3 Ortbetonpfähle

Mikropfähle in der Bauweise als Ortbetonpfähle haben Schaftdurchmesser von 150–300 mm. Sie werden im Bohrverfahren eingebracht, erhalten eine durchgehende Längsbewehrung aus Betonstahl und werden mit Feinkornbeton oder Zementmörtel verfüllt. Die Verpressung erfolgt in der Regel über Druckluft auf dem freien Ortbetonspiegel. Mit dem Pfahl eingebrachte Ventilrohre ermöglichen ein späteres Nachverpressen.

9.1.4.4 Tragfähigkeit von Mikropfählen

9.1.4.4.1 Innere Tragfähigkeit von Mikropfählen

Die innere Tragfähigkeit von Mikropfählen in Verbundbauweise nach Abschn. 9.1.4.2 wird durch die Material- und Querschnittskennwerte des verwendeten Stahls bestimmt und ist in der benötigten Zulassung geregelt.

Ernst & Sohn
A Wiley Brand

Deutsche Gesellschaft für Geotechnik e.V. (Hrsg.)

EA-Pfähle

Empfehlungen des Arbeitskreises „Pfähle"

- **Empfehlung mit Normencharakter**
- **fasst wichtige Erfahrungswerte für die Bemessung zusammen**
- **gilt auch für die Gründung von Offshore-Windenergieanlagen**

Dieses Handbuch gibt einen vollständigen Überblick über Pfahlsysteme und ihre Anwendungen und Herstellung sowie die Berechnung nach dem neuen Sicherheitskonzept anhand zahlreicher Beispiele für Einzelpfähle, Pfahlroste und -gruppen.

2., wesentlich überarb. u. erw. Auflage · 2012 · 498 Seiten · 181 Abbildungen · 98 Tabellen

Hardcover

ISBN 978-3-433-03005-9 **€ 89***

BESTELLEN
+49 (0)30 470 31-236
marketing@ernst-und-sohn.de
www.ernst-und-sohn.de/3005

* Der €-Preis gilt ausschließlich für Deutschland. Inkl. MwSt.

Ernst & Sohn
A Wiley Brand

Walter Herth, Erich Arndts

Theorie und Praxis der Grundwasserabsenkung

Klassiker des Bauingenieurwesens

- Standardwerk mit hoher Relevanz für die Ingenieurpraxis
- bietet nach wie vor umfangreiches Grundlagenwissen

Im diesem Werk wird die Grundwasserabsenkung im Zusammenhang mit der Wiederversickerung ausführlich dargestellt. Die Berechnung von Grundwasserabsenkungen wird ebenso erläutert wie deren Auswirkungen auf den Wasserhaushalt sowie bestehende Bebauung. (Unveränderter Nachdruck)

2017 · 357 Seiten · 152 Abbildungen · 12 Tabellen

Hardcover
ISBN 978-3-433-03241-1 **€ 49,90***

BESTELLEN
+49 (0)30 470 31-236
marketing@ernst-und-sohn.de
www.ernst-und-sohn.de/3241

* Der €-Preis gilt ausschließlich für Deutschland. Inkl. MwSt.

Die innere Tragfähigkeit von Mikropfählen in der Ortbetonbauweise nach Abschn. 9.1.4.3 wird nach den Regeln der Stahlbetonbemessung nachgewiesen.

9.1.4.4.2 Äußere Tragfähigkeit von Mikropfählen

Der Widerstand von Mikropfählen bei Zugbelastung wird nach DIN EN 1997-1 ermittelt. Zum Nachweis der äußeren Tragfähigkeit sind danach grundsätzlich Probebelastungen durchzuführen.

Für Vorentwürfe darf die äußere Tragfähigkeit von Mikropfählen mit den Erfahrungswerten der EA Pfähle ermittelt werden. Aber auch diese Werte müssen durch Probebelastungen abgesichert werden. Für auf Zug belastete Mikropfähle sind nach DIN EN 1997-1 Probebelastungen an mindestens 3 % der Pfähle, jedoch an mindestens zwei Pfählen vorgeschrieben.

9.1.4.4.3 Verbundspannung von verpressten Mikropfählen

Der Nachweis der Verbundspannungen in der Fuge Pfahlschaft/Verpressmörtel von verpressten Mikropfählen wird grundsätzlich für jede Bauart bei den Untersuchungen zur Erlangung der Zulassung geführt.

9.1.4.4.4 Zusatzbeanspruchungen von Mikropfählen

Grundsätzlich gelten auch für Mikropfähle die Ausführungen unter Abschn. 9.1.4. Nach EA Pfähle (2012), Abschn. 4.6.2 (4) wird der Korrosionsschutz des Tragglieds von Mikropfählen durch Zusatzbeanspruchungen quer zur Pfahlachse nicht beeinträchtigt, wenn die Zugglieder in durchgehenden, mit Zement verfüllten Kunststoffhüllrohren verlegt sind.

9.1.5 Sonderpfähle

Für die Verankerung von Uferwänden werden immer wieder Sonderbauarten angeboten. Bei diesen handelt es sich meist um eine Kombination verschiedener bekannter Bauverfahren und Methoden, die für ein konkretes Bauverfahren entwickelt wurden, wie z. B. das Düsenstrahlverfahren, kombiniert mit gerammten oder gebohrten Stahlprofilen. Diese Pfähle haben sich im Einzelfall bewährt, es fehlt allerdings die verallgemeinerbare Erfahrung, um sie im Rahmen dieser Empfehlung zu regeln. Wenn derartige Sonderbauarten angewendet werden sollen, ist jedes Mal im Einzelfall deren Verwendbarkeit nachzuweisen.

9.1.6 Anker

9.1.6.1 Herstellung

Anker haben im Gegensatz zu Pfählen immer eine definierte Verankerungsstrecke oder Verankerungsstelle, über die die Kraft in den Boden eingeleitet wird sowie eine ebenso klar definierte Freispielstrecke (freie Ankerlänge), über die planmäßig keine Krafteinleitung in den Baugrund erfolgt. Anker werden entweder im Bohrverfahren in verrohrte oder auch unverrohrte Bohrungen eingebracht (Verpressanker) oder oberflächennah verlegt, an Ankertafeln fixiert und anschließend überschüttet (z. B. Anker aus Rundstahl oder Walzprofilen). Die Kopfkonstruktion der Verpressanker ist in Zulassungen geregelt, die Anschlusskonstruktionen der verlegten Anker wird in Abschn. 9.2 behandelt.

9.1.6.2 Verpressanker

Die Herstellung von Verpressankern ist in DIN EN 1537 in Verbindung mit DIN SPEC 18537 geregelt. Verpressanker bestehen aus einem Ankerkopf und einem Zugglied mit definierter freier Ankerlänge und Krafteintragungslänge. Für die Zugglieder werden Baustähle, Betonstabstähle und Spannstähle verwendet, letztere als Stab- oder Litzenspannglieder. Verpressanker nach DIN EN 1537 können vorgespannt werden. Alle Verpressanker für den dauerhaften Einsatz (mehr als zwei Jahre) benötigen eine Zulassung. Hierin sind alle Aspekte von der werksmäßigen Fertigung des Zuggliedes über den Korrosionsschutz, das Einbauen des Zuggliedes bis zur Prüfung und dem Vorspannen der Anker geregelt.

9.1.6.3 Verankerung mit rückliegender Ankertafel

Der verlegte Anker besteht, wie der Verpressanker, nach Abschn. 9.1.6.2 aus einem Ankerkopf sowie einer definierten freien Ankerlänge. Die Kraft wird nicht über Verbund zwischen Anker und Boden, sondern über eine großflächige Ankertafel (Ankerwand) in den Baugrund eingeleitet. Aufgestauchte Hammerköpfe und Gewindeenden, Ankerstühle, Muffen und Spannschlösser sowie Ankertafeln aus Wellenspundwänden oder Stahlbetonfertigteilen (siehe Abb. 9.1) ermöglichen bautechnisch variable Lösungen für die verschiedensten Problemstellungen. Die Einbauneigung der verlegten Anker ist im Allgemeinen auf max. ca. 8°−10° begrenzt, weil sonst der Umfang der erforderlichen Erdarbeiten für Aushub der Ankergräben und deren Wiederverfüllung unwirtschaftlich groß wird.

Abb. 9.1 Beispielhafte Darstellung mit Spundwandankertafeln.

Für spezielle Bauwerke, wie Molenköpfe, Kaimauer- und Landspitzen, sind horizontale Verankerungen mit verlegten Ankern ebenfalls geeignet, wenn zwischen den gegenüberliegenden Uferwänden durchgeankert werden kann. In diesen Fällen ist es meist nicht möglich, eine Verankerung mit Schrägpfählen unterzubringen.

9.1.6.4 Klappanker

Klappanker sind komplett vorgefertigte Stahlzugelemente, die aus einem Stahlprofil und einer Ankertafel bestehen. Die Einbauneigung liegt zwischen 0°–45° aus der Horizontalen (siehe Abb. 9.2).

Bei der Vorfertigung wird der Ankerkopf zur späteren Verbindung von Klappanker (siehe Abb. 9.2 und 9.3) und Uferwand mit einer rotationsfähigen Stahlkonstruktion versehen. Die Tragbohlen werden zur Aufnahme dieses Ankerkopfes mit einem dazu kompatiblen Stahlbauanschluss ausgestattet, in dem der Klappanker frei drehbar gelagert werden kann. Am Ankerfuß wird rechtwinkelig zur Ankerachse die Ankertafel angeschweißt (siehe Abb. 9.3)

Zum Einbau des Klappankers wird dieser mit einem Hebegerät aufgenommen. Der Ankerkopf wird mit der Spundwand gelenkig und kraftschlüssig verbunden. Anschließend wird der noch immer im Kran hängende Ankerfuß abgesenkt, wobei sich der An-

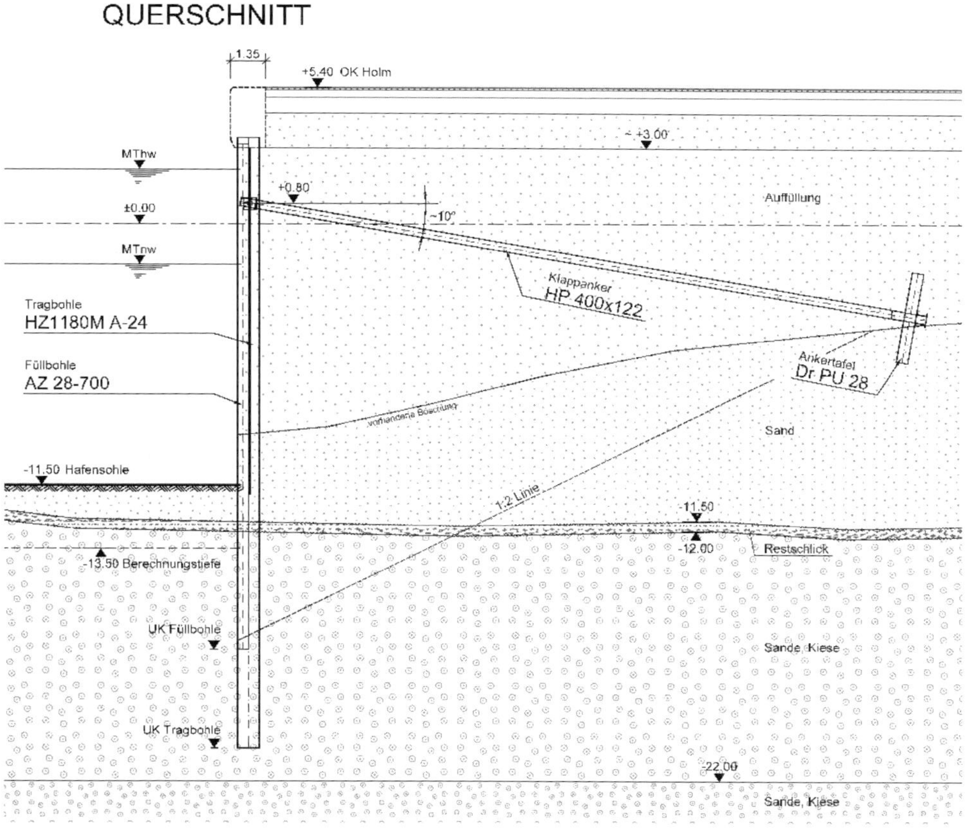

Abb. 9.2 Beispielhafte Darstellung eines Klappankers im Querschnitt.

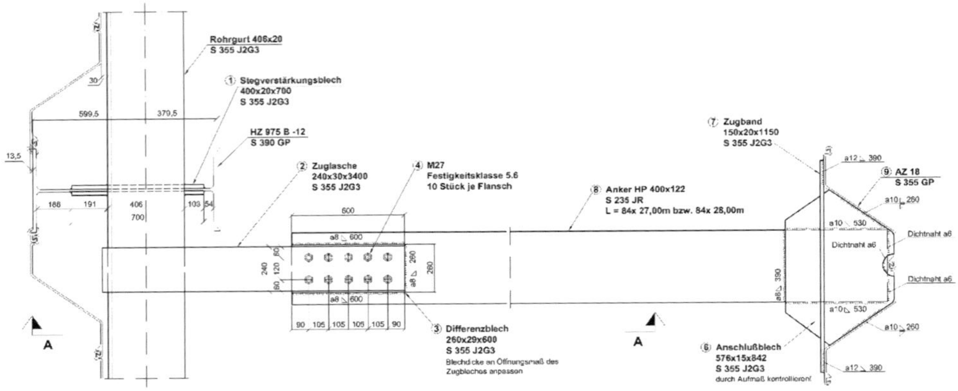

Abb. 9.3 Beispielhafte Darstellung eines Klappankers in der Draufsicht.

kerschaft um den Gelenkpunkt dreht und die Ankertafel auf der Gewässersohle abgesetzt wird. Nach diesem „Klappvorgang" befindet sich der Anker in seiner Endposition. Anschließend erfolgt das Aufspülen des Verfüllbodens, wobei es zwingend erforderlich ist, die ersten Verfüllmengen direkt vor und auf der Ankertafel einzubringen. Dadurch kann nämlich bereits in diesem Bauzustand der Ankerwiderstand mobilisiert werden. Die Tragfähigkeit von Klappankern lässt sich verbessern, wenn die Ankertafel mit einem Unterwasserrüttler bis zur halben Höhe in die Gewässersohle eingerüttelt wird.

9.1.6.5 Tragfähigkeit von Ankern

9.1.6.5.1 Innere Tragfähigkeit

Die innere Tragfähigkeit von Ankern wird durch die Material- und Querschnittskennwerte des verwendeten Stahls bestimmt.

9.1.6.5.2 Äußere Tragfähigkeit von Verpressankern

Zur Ermittlung der äußeren Tragfähigkeit von Verpressankern sind immer Eignungsprüfungen durchzuführen. Aus den Ergebnissen wird der charakteristische Herausziehwiderstand nach DIN EN 1997-1 ermittelt.

Darüber hinaus müssen alle Verpressanker nach Handbuch EC 7 vor Ingebrauchnahme eine Abnahmeprüfung bestehen. Eine Stichprobenprüfung, wie sie bei Pfählen und Mikropfählen vorgesehen ist, genügt nicht.

9.1.6.5.3 Tragfähigkeit von Verankerungswänden

Die Nachweise zur Standsicherheit von Verankerungen mit Ankertafeln werden in Abschn. 8.2 behandelt.

9.1.6.6 Ankerwand

Für den Tragfähigkeitsnachweis von Ankertafeln und eingespannten Ankerspundwänden gilt Abschn. 8.2.7, Punkt 1.

Vorwiegend wechselnde Beanspruchung

Für den Tragfähigkeitsnachweis gilt Abschn. 8.2.7, Punkt 2. Für geschraubte Gurt- und Holmstöße sind Passschrauben mindestens der Festigkeitsklasse 4.6 zu verwenden.

9.1.6.7 Rundstahlanker und Gurtbolzen

Die Bemessung von Rundstahlankern und Gurtbolzen ist nach DIN EN 1993-5, Abschn. 7.2 mit dem Abminderungsfaktor κ und dem Spannungsquerschnitt A_S zu führen.

Vorwiegend ruhende Beanspruchung

Stahlsorten für Rundstahlanker und Gurtbolzen sind in Abschn. 8.1.2.1 analog den Spundbohlen aufgeführt.

Das Nachweisformat für die Grenzzustandsbedingung der Tragfähigkeit nach DIN EN 1993-5 lautet:

$$Z_d \leq R_d$$

Die Bemessungswerte sind mit den folgenden Größen zu ermitteln:

Z_d Bemessungswert der Ankerkraft, $Z_d = Z_{G,k} \cdot \gamma_G + Z_{Q,k} \cdot \gamma_Q$,
R_d Bemessungswiderstand des Ankers, $R_d = \min[F_{tt,Rd}; F_{tg,Rd}]$,
$F_{tg,Rd}$ $A_g \cdot f_y / \gamma_{M0}$,
$F_{tt,Rd}$ $\kappa \cdot A_s \cdot f_{ua,k} / \gamma_{M2}$,
A_g Querschnittsfläche im Schaftbereich,
A_s Spannungsquerschnitt im Gewindebereich,
$f_{y,k}$ Streckgrenze,
$f_{ua,k}$ Zugfestigkeit,
γ_{M0} Teilsicherheitsbeiwert nach DIN EN 1993-5 im Ankerschaft,
γ_{M2} Teilsicherheitsbeiwert nach DIN EN 1993-5 im Gewindequerschnitt,
κ Abminderungsfaktor ($\kappa = 0{,}6$).

Als Bemessungswiderstand des Ankers R_d ist in der Regel der mit dem Abminderungsfaktor κ multiplizierte Widerstand des Gewindeteils anzusetzen. Auch werden mit dem Abminderungsfaktor $\kappa = 0{,}6$ eventuelle Zusatzbeanspruchungen infolge des Ankereinbaus unter nicht idealen Einbaubedingungen des rauen Baustellenbetriebes und daraus resultierender unvermeidlicher Biegebeanspruchungen des Gewindeteils berücksichtigt. Unbeschadet davon ist es, weiterhin erforderlich konstruktive Maßnahmen zur ausreichend frei drehbaren Lagerung des Ankerkopfes vorzusehen.

Die in DIN EN 1993-5 geforderten Zusatznachweise für die Gebrauchstauglichkeit sind wegen des gewählten κ Wertes und den üblichen Aufstauchverhältnissen zwischen Schaft- und Gewindedurchmesser bereits implizit in der Grenzzustandsbedingung $Z_d \leq R_d$ enthalten und brauchen daher nicht geführt zu werden. Rundstahlanker können geschnittene, gerollte oder warmgewalzte Gewinde nach Abschn. 9.1.6.8 aufweisen.

Voraussetzung für die ordnungsgemäße Bemessung ist die konstruktiv richtige Ausbildung des Ankeranschlusses. Hierfür sind die Anker mit Gelenken auszurüsten und anzuschließen. Die Anker sind überhöht einzubauen, sodass eventuelle Setzungen oder Sackungen nicht zu Zusatzbeanspruchungen führen.

Aufstauchungen der Enden von Ankerstangen für die Gewindebereiche und Hammerköpfe sowie Rundstahlanker mit Gelenkaugen sind zulässig,

- wenn die Gütegruppen J2 und K2 ggf. im normalgeglühten/normalisierend gewalzten Zustand (+ N) – jedoch keine thermomechanisch gewalzten Stähle der Gruppen J2 und K2 – eingesetzt werden (Abschn. 8.1.2.1 ist zu beachten),

- wenn andere Stahlsorten – wie z. B. S 355 J0 – eingesetzt werden und durch begleitende Prüfungen sichergestellt wird, dass nach dem Normalisierungsvorgang des Schmiedeprozesses die geforderten Festigkeitswerte nach DIN EN 10025 nicht unterschritten werden,
- wenn die Aufstauchungen, Hammerköpfe und Gelenkaugen durch Fachfirmen ausgeführt werden und sichergestellt wird, dass in allen Bereichen des Rundstahlankers die mechanischen und technologischen Werte entsprechend der gewählten Stahlsorte vorhanden sind, dass durch den Bearbeitungsprozess der Faserverlauf nicht beeinträchtigt wird und schädliche Gefügestörungen sicher vermieden werden.

Bei Rundstahlverankerungen und Ankerpfählen braucht der Nachweis „Ausfall eines Ankers“ nicht berücksichtigt zu werden.

Rundstahlanker sollen, wie in Abschn. 8.1.10.4.5 erwähnt, ohne konservierende Beschichtung eingebaut werden. Die in ISO 13 genormten, passgenauen und durchgängigen Gewinde (siehe Abb. 9.2 und 9.3, Abschn. 9.1.6.4) bieten einen vergleichsweise hohen Schutz gegen Unterrostung.

In jedem Fall müssen die Rundstahlanker nach dem Einbau auf ganzer Länge in einer ausreichend dicken Sandschicht im Auffüllboden allseitig eingebettet werden.

Falls eine Beschichtung der Rundstahlanker zu Konservierungszwecken erforderlich ist, sind auf der Baustelle Maßnahmen vorzusehen, um diese Beschichtung nicht zu beschädigen. Treten trotzdem Beschädigungen auf, muss die Beschichtung so saniert werden, dass deren Ursprungsqualität wiederhergestellt ist.

9.1.6.8 Gewinde von Spundwandankern

Folgende Gewindearten werden für Spundwandanker verwendet:

9.1.6.8.1 Geschnittene Gewinde (spanabhebende Gewinde) nach Abb. 9.4

Der Gewindeaußendurchmesser ist gleich dem Durchmesser des Rundstahls bzw. einer ggf. vorgenommenen Aufstauchung.

9.1.6.8.2 Gerollte Gewinde (spanlos in kaltem Zustand hergestellte Gewinde) nach Abb. 9.5

Nach dem Gewinderollen ist der Außendurchmesser der Gewinde größer als der Durchmesser des Ankerstahls. Daher darf der Durchmesser oder der Aufstauchdurchmesser von Rundstahlankern mit gerolltem Gewinde bei gleicher Tragfähigkeit kleiner sein als der von Ankern mit geschnittenem Gewinde.

Bei Ankern aus den Stählen S 235 JR und S 355 J2 muss vor dem Gewinderollen der Anker eine eventuelle Aufstauchung auf den Nenndurchmesser des Gewindes abgedreht oder vorgeschält werden, um ein normgerechtes Gewinde zu erhalten.

Gezogene Stähle (bis ∅36 mm) brauchen nicht vorbearbeitet zu werden.

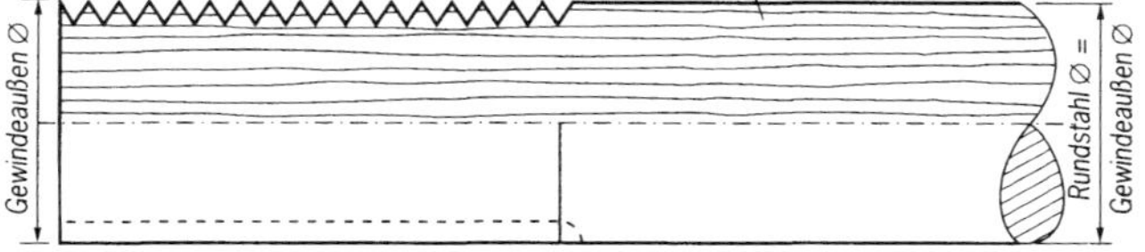

Abb. 9.4 Geschnittenes Gewinde.

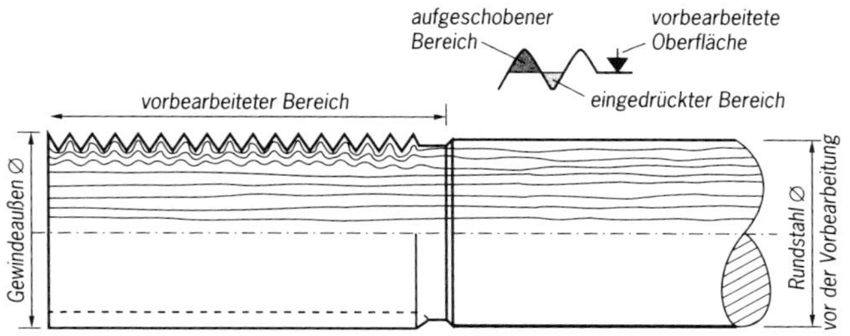

Abb. 9.5 Gerolltes Gewinde.

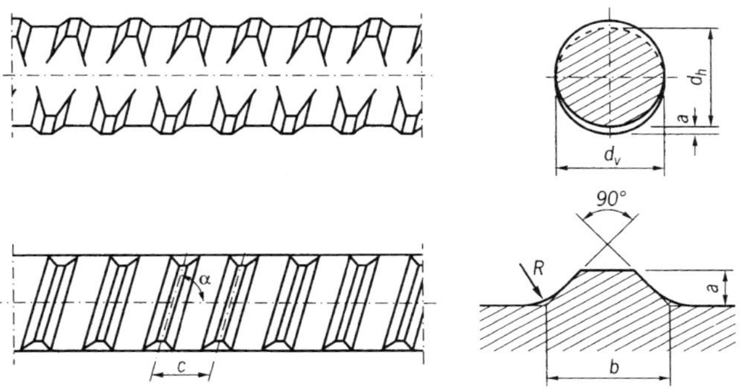

Abb. 9.6 Warmgewalztes Gewinde.

9.1.6.8.3 Warmgewalzte Gewinde (spanlose, warm hergestellte Gewinde) nach Abb. 9.6

Dem Gewindestab werden beim Warmwalzen zwei gegenüberliegende Reihen von Gewindeflanken aufgewalzt, die sich zu einem durchgehenden Gewinde ergänzen. Für die Tragfähigkeit ist der Nenndurchmesser maßgebend, der tatsächliche Durchmesser weicht von diesem leicht ab. Für Endverankerungen und Stoßausbildungen sind Bauelemente mit gleicher Gewindeform zu verwenden.

9.1.6.9 Geforderte Sicherheiten

Bezüglich des Nachweises der Tragfähigkeit von Rundstahlankern mit Gewinden der verschiedenen Formen und der konstruktiven Gestaltung der Verankerung wird auf Abschn. 9.1.6.7 verwiesen.

9.1.6.10 Weitere Hinweise zu gerollten Gewinden

- Gerollte Gewinde besitzen eine hohe Profilgenauigkeit.
- Beim Rollen des Gewindes wird der Stahl kalt verformt. Dadurch werden seine Festigkeit und die Streckgrenze im Gewindegrund und im Bereich der Gewindeflanken erhöht, was günstig für die zentrische Einleitung der Ankerkräfte über das Gewinde ist.
- Der Gewindegrund und die Gewindeflanken gerollter Gewinde sind besonders glatt und haben daher bei dynamischer Belastung eine hohe Dauerfestigkeit.
- Der Faserverlauf des Stahls wird bei gerollten oder warmgewalzten Gewinden im Gegensatz zu geschnittenen Gewinden nicht unterbrochen.
- Gerollte Gewinde mit größeren Durchmessern sind vor allem für zentrisch belastete Anker mit dynamischen Beanspruchungen geeignet.
- Für Rundstahlanker mit gerolltem Gewinden müssen die Muttern, Muffen oder Spannschlösser nicht ebenfalls ein gerolltes Gewinde haben, weil Innengewinde stets geringer beansprucht werden als Außengewinde. Bei der Belastung von Innenge-

winden werden Ringzugkräfte mobilisiert, die das Gewinde abstützen. Es können daher ohne Bedenken gerollte Außengewinde auf den Ankern mit geschnittenen Innengewinden in Muttern und Spannschlössern kombiniert werden.

Die vorgenannten Maßnahmen verringern die Gefahr von anodischen Bereichen an den Rundstahlankern und die daraus eventuell entstehende Lochkorrosion.

Für die Ausführung und Bemessung von Spundwandverankerungen mit verpressten Rundstahlankern gilt DIN EN 1537.

9.1.6.11 Vorwiegend schwellende Beanspruchung

Anker werden im Allgemeinen vorwiegend ruhend beansprucht. Vorwiegende Schwellbeanspruchungen treten bei Ankern nur in seltenen Sonderfällen auf, jedoch bei Gurtbolzen häufiger.

Bei Schwellbeanspruchungen dürfen nur voll beruhigte Stahlsorten nach DIN EN 10025 verwendet werden.

Für den Nachweis der Betriebsfestigkeit gilt DIN EN 1993-1-9.

Ist die statische Grundlast gleich oder kleiner als die Wechsellastamplitude wird empfohlen, die Anker bzw. Gurtbolzen bis über den Wert der Spannungsamplitude kontrolliert und bleibend vorzuspannen. Dadurch wird vermieden, dass die Anker oder Gurtbolzen spannungslos werden und beim wiederholten Ansteigen der Schwellbeanspruchung durch die schlagartige Belastung zu Bruch gehen.

Eine nicht genau erfassbare Vorspannung wird Ankern und Gurtbolzen in vielen Fällen schon während des Einbauvorganges aufgebracht. In solchen Fällen ohne kontrollierte Vorspannung darf im Gewinde der Anker bzw. Gurtbolzen, unabhängig von Bemessungssituation und Stahlgüte, unter Außerachtlassung der Vorspannung nur eine Spannung $\sigma_{R,d} = 80\,N/mm^2$ angesetzt werden.

In jedem Fall muss dafür gesorgt werden, dass sich die Muttern der Gurtbolzen bei wiederholten Spannungsänderungen nicht lockern können.

9.2 Gurte und Pfahl- bzw. Ankeranschlüsse

Im Allgemeinen werden Spundwandgurte als Zuggurte auf der Innenseite der Spundwand angebracht, um eine glatte Außenfläche der Wand zu erreichen. Bei Ankerwänden liegen die Gurte in der Regel als Druckgurte hinter der Wand.

Gurte und Anker- bzw. Pfahlanschlüsse müssen robust ausgeführt werden, da sie neben den rechnerischen Beanspruchungen zusätzliche Einwirkungen, z. B. aus dem Ausrichten der Wand, Anlegedruck oder auch infolge unterschiedlicher Steifigkeiten der Rückverankerung, aufnehmen müssen. Daher sind die rechnerischen Verankerungskräfte der rückverankerten Spundwände um 15 % zu erhöhen.

9.2.1 Ausbildung von Spundwandgurten aus Stahl

9.2.1.1 Ausbildung

Die Gurte werden zweckmäßig aus zwei U-Profilen hergestellt.

Gurtstöße werden an Stellen mit möglichst geringer Beanspruchung angeordnet. Eine volle Flächendeckung des Stoßes ist nicht erforderlich, jedoch müssen mindestens die rechnerischen Schnittkräfte gedeckt werden.

9.2.1.2 Befestigung

Die Gurte werden entweder auf angeschweißten Stützkonsolen gelagert (Abschn. 8.2.11, Abb. 8.44–8.46), oder – besonders bei beschränktem Arbeitsraum unter den Gurten – an der Spundwand aufgehängt. Die Befestigung muss so ausgebildet werden, dass die lotrechten Gurtbelastungen in die Spundwand abgeleitet werden. Konsolen erleichtern den Einbau der Gurte. Aufhängungen dürfen den Gurt nicht schwächen und werden deshalb an den Gurt geschweißt oder an die Unterlegplatten der Gurtbolzen angeschlossen.

Die Ankerkraft der Spundwand wird durch Gurtbolzen in den Gurt eingeleitet. Sie liegen in der Mitte zwischen den beiden U-Stählen des Gurts und geben ihre Last über Unterlegplatten ab, die durch Auflagerknaggen oder durch Verschweißung mit dem Gurt lagemäßig gesichert werden (Abschn. 8.2.11, Abb. 8.44–8.46). Die Gurtbolzen erhalten Überlängen, damit sie zum Ausrichten der Spundwand gegen den Gurt mitbenutzt werden können.

Gurtbolzen sind mit Rücksicht auf die Korrosionsgefahr, auf die Beanspruchung beim Ausrichten der Wand und auf den Anlegedruck mindestens 38 mm dick auszuführen.

9.2.1.3 Zusatzgurt

Eine Spundwand mit besonders großen Rammabweichungen kann mit einem zusätzlichen Gurt ausgerichtet werden, der im Bauwerk bleibt.

9.2.2 Nachweise für Spundwandgurte aus Stahl

Gurte, Gurtbolzen (siehe auch Abschn. 9.1.6.7) und Unterlegplatten werden nach DIN EN 1993-1 bzw. DIN EN 1993-5 bemessen. Schwerere Gurte aus S 235 JR sind leichteren aus S 355 J2 vorzuziehen, weil sie robuster sind und damit auch zur Ausrichtung der Wand benutzt werden können. Stöße, Aussteifungen, Bolzen und Anschlüsse müssen entsprechend den Regeln des Stahlbaus konstruiert und schweißtechnisch günstig gestaltet werden. Tragende Schweißnähte müssen wegen der Korrosionsgefahr mindestens 2 mm dicker als statisch erforderlich ausgeführt werden. Darüber hinaus müssen sie so bemessen werden, dass sämtliche angreifenden horizontalen und lotrechten Einwirkungen aufgenommen und in die Anker oder in die Spundwand (Ankerwand) abgeleitet werden können. Zu berücksichtigen sind folgende Einwirkungen.

9.2.2.1 Horizontale Einwirkungen

1) Der Bemessungswert der um 15 % erhöhten horizontalen Teilkraft des Ankerzugs aus der Spundwandberechnung,
2) die Bemessungswerte von unmittelbar angreifenden Trossenzügen,
3) der Bemessungswert des Anlegedrucks in Abhängigkeit von der Schiffsgröße, dem Anlegemanöver, den Strömungs- und Windverhältnissen; Eisstoß kann vernachlässigt werden.

9.2.2.2 Lotrechte Einwirkungen

1) Die Eigenlast der Gurtstähle und ihrer Aussteifungen, Gurtbolzen und Unterlegplatten,
2) die anteilige Bodenauflast, gerechnet ab Rückseite der Spundwand bis zur Lotrechten durch Hinterkante Gurt,

3) die anteilige Nutzlast der Uferwand zwischen Hinterkante Spundwandholm und der Lotrechten durch Hinterkante Gurt,
4) die lotrechte Teilkraft des Erddrucks, der von der Unterkante Gurt bis Oberkante Gelände auf die lotrechte Fläche durch Hinterkante Gurt wirkt,
5) die um 15 % erhöhte lotrechte Teilkraft des schrägen Ankerzugs.

Die unter 1.–5. genannten Einwirkungen sind mit ihren Bemessungswerten für den Grenzzustand GEO-2 anzusetzen.

Bei mehreren übereinanderliegenden Gurten werden die lotrechten Einwirkungen anteilig auf die Gurte verteilt. Um den sicheren Anschluss der Gurtkonsolen zu gewährleisten, werden die Einwirkungen dafür in die Außenkante des von der Spundwand abgewandten Gurts angesetzt.

9.2.2.3 Berechnungsweise

Die zahlenmäßig erfassten Einwirkungen werden in Teilkräfte senkrecht und parallel zur Spundwandebene (Hauptträgheitsachsen der Gurte) zerlegt. In der Berechnung ist anzunehmen, dass die Gurte für die Aufnahme der senkrecht zur Spundwandebene wirkenden Kräfte an den Ankern und für die parallel dazu wirkenden Einwirkungen an den Stützkonsolen oder den Aufhängungen aufgelagert sind. Das Stütz- und Feldmoment aus dem Bemessungswert der Spundwandauflagerkraft wird mit Rücksicht auf die Endfelder im Allgemeinen nach der Formel $q \cdot l^2/10$ errechnet.

9.2.3 Spundwandgurte aus Stahlbeton bei Verankerung durch Stahlrammpfähle

9.2.3.1 Allgemeines

Bei Uferwänden sind häufig Verankerungen mit 1 : 1 geneigten Stahlrammpfählen zweckmäßig und besonders wirtschaftlich.

Dies gilt vor allem, wenn im oberen Bereich hinter der Wand Bodenarten anstehen, die eine Verankerung der Wand über Rundstahlanker erschweren oder unmöglich machen und wenn die Wand nach dem Rammen hinterfüllt werden muss.

Werden die Stahlpfähle früher als die Spundwand gerammt und eilen die Spundbohlen beim Rammen der Wand vor oder nach, liegen die bereits gerammten Stahlpfähle nicht immer in planmäßiger Lage zur Spundwand.

Diese Abweichungen können mit Spundwandgurten aus Stahlbeton ausgeglichen werden, bei deren Bewehrung die örtliche Lage der Stahlrammpfähle zur Spundwand berücksichtigt wird (Abb. 9.7).

Liegt der Stahlbetongurt in größerem Abstand über dem vorhandenen Gelände, ist es zweckmäßig, die Spundwand mit einem Hilfsgurt aus Stahl auszurichten und diesen rückzubauen, nachdem die Pfähle angeschlossen sind und der Stahlbetongurt tragfähig ist.

9.2.3.2 Ausführung von Stahlbetongurten

Stahlbetongurte müssen aus konstruktiven Gründen die Mindestabmessungen nach Abb. 9.7 haben.

Stahlbetongurte werden mithilfe von Rund- oder Vierkantstählen an die Spundwand angeschlossen, die an die Spundwandstege geschweißt werden (Abb. 9.7, Pos. 4 und 5). Die Bewehrung wird im Allgemeinen nur im Bereich eventueller Dehnungsfugen

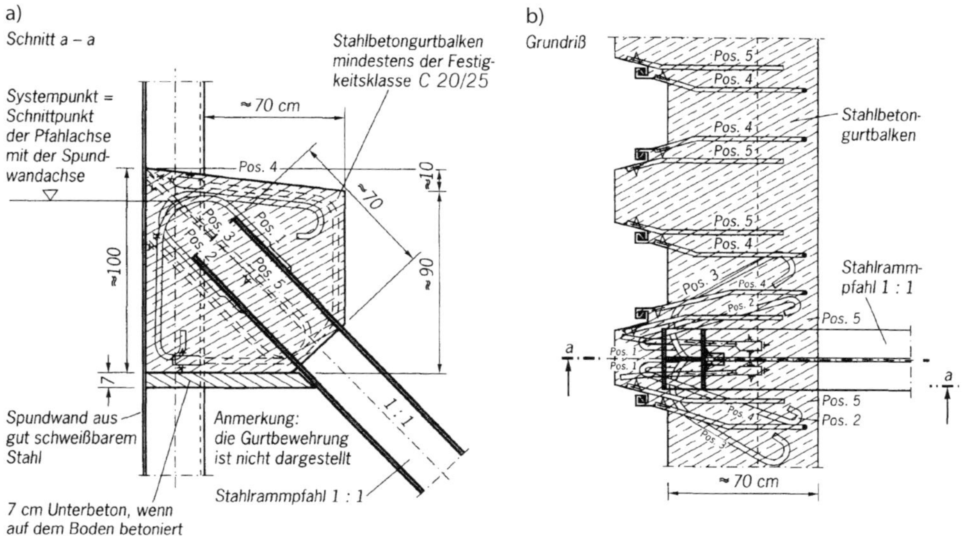

Abb. 9.7 Stahlbetongurt einer Stahlspundwand; (a) Schnitt a–a, (b) Grundriss.

verstärkt. Auch die Pfahlkräfte werden über Rund- oder Vierkantstähle angeschlossen (Abb. 9.7, Pos. 1–3).

Die an die Spundwand und die Stahlpfähle geschweißten Anschlussstähle werden im Allgemeinen aus Stahl S 235 JR hergestellt. Außerdem werden Rundstähle BSt 500 verwendet.

Die Schweißarbeiten dürfen nur von geprüften Schweißern unter der Aufsicht eines Schweißfachingenieurs ausgeführt werden. Es dürfen nur Werkstoffe verwendet werden, deren Schweißeignung bekannt und gleichmäßig gut ist und die miteinander verträglich sind (Abschn. 8.1.4).

9.2.3.3 Ausführung der Pfahlanschlüsse

Sind in der Hinterfüllung der Wand keine größeren Setzungen oder Sackungen zu erwarten, können die Stahlpfähle in den Stahlbetongurt einbetoniert werden.

Dieser wirtschaftliche Anschluss kann auch verwendet werden, wenn im Falle nur geringer Setzungsmaße (z. B. setzungsempfindliche Böden mit nur geringer Mächtigkeit oder gut verdichtete Hinterfüllung mit nichtbindigem Boden) die aus den Setzungen resultierenden Zwängungsspannungen bei der Bemessung des Gurts mit angesetzt werden.

In Abb. 9.8 ist eine günstige Anschlusslösung mit sogenannten „Rundkopfbolzen" dargestellt, wie sie bislang schon bei Pollerverankerungen angewendet wurde. Hierbei wird ein Ende des Rundstahls so aufgestaucht, dass am Kopf ein Teller von bis zum dreifachen Durchmesser des Rundstahls entsteht. Das an den Zugpfahl anzuschweißende Ende des Rundstahls wird abgeflacht, um eine gute Schweißung zu ermöglichen.

Die Endverankerung im Beton kann aber auch dadurch erreicht werden, dass an Rund- und Quadratankerstangen Querstäbe oder Platten in entsprechender Größe angeschweißt werden.

Der Pfahl soll etwa auf den doppelten Betrag seiner Höhe in den bewehrten Beton einbinden.

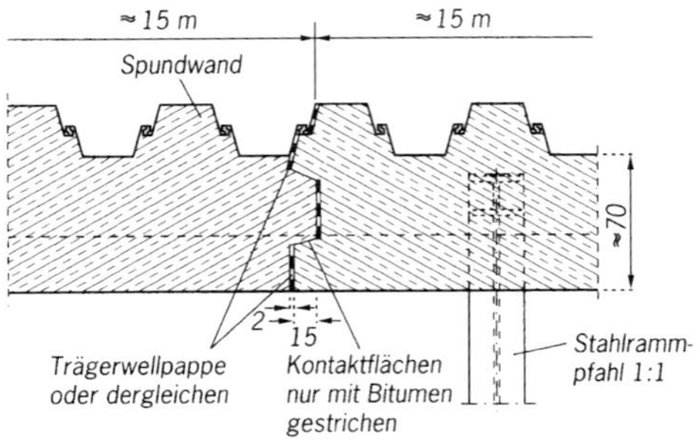

Abb. 9.8 Fugenverzahnung eines Stahlbetongurts.

Die Einleitung der Schnittkräfte des Stahlpfahls an der Anschlussstelle in den Stahlbetongurt ist nachzuweisen. Dabei ist die kombinierte Beanspruchung des Pfahlkopfs durch Normalkraft, Querkraft und Biegemoment zu beachten. Im Bedarfsfall kann der Stahlpfahl zur besseren Einleitung der Schnittkräfte durch seitliche Bleche verstärkt werden, an die dann die als Schlaufen ausgebildeten Verankerungsstähle angeschlossen werden. Die bei dieser Lösung neben dem Steg der Stahlpfähle entstehenden Kammern müssen zur Vermeidung von Korrosion besonders sorgfältig ausbetoniert werden.

Bei allen Uferwänden mit Verankerung durch Stahlpfähle, die größeren Biegebeanspruchungen ausgesetzt sind, dürfen für die Pfähle und ihre Anschlüsse nur sprödbruchunempfindliche, besonders beruhigte Stähle (FF) wie S 235 J2 oder S 355 J2 verwendet werden.

Stehen im Bereich der Verankerung stark setzungsempfindliche Bodenarten in größerer Dicke an oder kann eine Hinterfüllung nicht verdichtet werden, ist der Pfahlanschluss zweckmäßig gelenkig auszubilden.

9.2.3.4 Berechnung des Pfahlanschlusses

Die um 15 % erhöhte rechnerische Pfahlkraft wird im Schnittpunkt der Spundwandachse mit der Pfahlachse angesetzt. Der Gurt einschließlich seiner Anschlüsse an die Spundwand wird als gleichmäßig gestützt berechnet. Eigenlasten, lotrechte Auflasten, Pfahlkräfte, Biegemoment und Querkräfte aus den Stahlpfählen sind Einwirkungen und werden als Bemessungswerte eingeführt.

Die Schnittkräfte am Pfahlanschluss aus Bodenauflasten auf dem Stahlpfahl im Bereich der Hinterfüllung oder aus Setzungen werden für einen im Gurt und im tragfähigen Boden eingespannt angenommenen Ersatzbalken errechnet. Das am Pfahlanschluss wirkende Einspannmoment und die dort auftretende Querkraft müssen beim Nachweis des Anschlusses des Gurts an die Spundwand in der Bemessungssituation BS-A nachgewiesen werden. Für die Nachweise der Wand selbst sind diese Lasten nur dann weiter zu verfolgen, wenn eine Abschirmung der Spundwandbelastung durch die Stahlpfähle berücksichtigt wird.

Eine Schwächung des Pfahlquerschnitts an der Einspannstelle in den Gurt zur Verminderung des Anschlussmoments und der damit zusammenhängenden Querkraft ist nicht zulässig, weil eine solche Schwächung – vor allem bei unsachgemäßer Ausführung – leicht zu einem Pfahlbruch führen kann.

Werden Stahlpfähle gelenkig angeschlossen, müssen auch die gelenkigen Anschlüsse für die Zusatzbeanspruchungen aus Setzungen und/oder Sackungen nachgewiesen werden.

9.2.3.5 Bewegungsfugen

Stahlbetongurte können mit oder ohne Bewegungsfugen hergestellt werden. Die Ausbildung richtet sich nach Abschn. 9.2.5.4 und Abschn. 10.3.2. Bezüglich der Arbeitsfugen wird auf Abschn. 10.3.1 verwiesen.

Werden Bewegungsfugen angeordnet, sind sie so auszubilden, dass die Längenänderungen der Blöcke nicht behindert werden.

Zur gegenseitigen Stützung der Baublöcke in horizontaler Richtung werden die Bewegungsfugen nach Abb. 9.8 verzahnt, ggf. verdübelt. Bei Pfahlrostmauern wird die horizontale Verzahnung in der Rostplatte untergebracht. Fugenspalten sind gegen ein Auslaufen der Hinterfüllung zu sichern.

9.2.4 Hilfsverankerung am Kopf von Stahlspundwandbauwerken

9.2.4.1 Allgemeines

Aus statischen und wirtschaftlichen Gründen wird die Verankerung vor allem von Uferspundwänden, die einen hohen Geländesprung sichern, im Allgemeinen nicht am Kopf der Wand, sondern in einem gewissen Abstand unterhalb des Kopfes angeschlossen. Dadurch wird die Spannweite der Wand zwischen Anker und Einspannung verringert und damit auch das Feldmoment und das Einspannmoment im Boden. Außerdem wird die Erddruckumlagerung begünstigt.

Der Teil der Wand über der Verankerung muss in solchen Fällen häufig am Kopf durch eine zusätzliche Hilfsverankerung gehalten werden, die die Lage des Spundwandkopfs sichert und dessen Durchbiegung begrenzt. Die Hilfsverankerung wird im Rahmen der Spundwandbemessung nicht berücksichtigt.

9.2.4.2 Überlegungen zur Lage der Hilfsverankerung

Ab welcher Höhe des Überankerteils eine Hilfsverankerung erforderlich ist, hängt von verschiedenen Faktoren, wie z. B. der Biegesteifigkeit der Spundwand, der Größe der horizontalen und lotrechten Nutzlasten und von den betrieblichen Anforderungen an die Flucht des Spundwandkopfes ab.

Wird die Ufereinfassung direkt durch Lasten aus Kranen belastet, sollte eine Hilfsverankerung möglichst nahe am Kopf der Wand angeordnet werden, sofern nicht besser der Hauptanker so hochgelegt wird, dass er die Lasten direkt aufnehmen kann. Auch Belastungen des Überankerteils durch Haltekreuze erfordern in der Regel eine Hilfsverankerung. Poller werden in der Regel getrennt verankert oder an die Verankerung der Wand angeschlossen.

9.2.4.3 Ausbildung, Berechnung und Bemessung der Hilfsverankerung

Die Hilfsverankerung wird an einem Ersatzsystem berechnet, bei dem der Überankerteil in Höhe des Hauptankers als eingespannt angenommen wird. Hierbei sind die Lasten nach Abschn. 4.2.5 anzusetzen. Die Hilfsanker werden über einen Gurt angeschlossen.

Mit Bezug auf die Einwirkungen beim Ausrichten des Spundwandkopfes und zur Aufnahme leichterer Havariestöße wird der Gurt der Hilfsanker stärker als rechnerisch erforderlich, im Allgemeinen wie der Hauptankergurt, ausgebildet.

Die Hilfsanker werden an Ankerplatten oder durchgehenden Ankerwänden angeschlossen, deren Standsicherheit sowohl gegen Aufbruch des Verankerungsbodens als auch für die tiefe Gleitfuge nachzuweisen ist. Die tiefe Gleitfuge beginnt am Fuß der

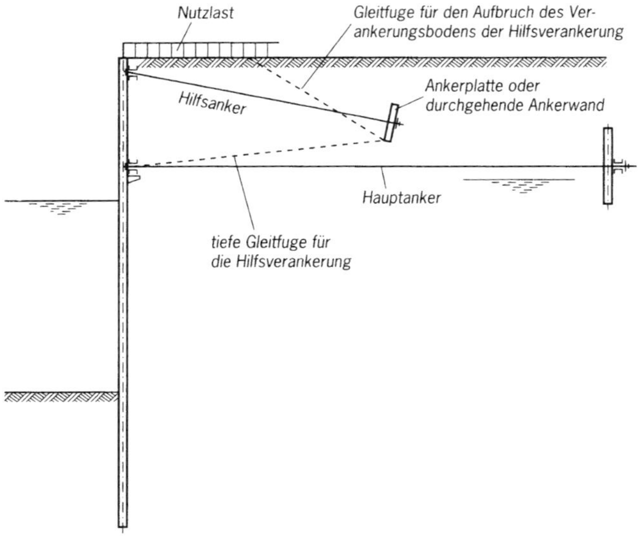

Abb. 9.9 Einfach verankertes Spundwandbauwerk mit Hilfsverankerung.

Ankerplatten bzw. der Ankerwand und führt zum Anschluss der Hauptanker (Abb. 9.9). Der Nachweis wird nach Abschn. 9.3 geführt.

9.2.4.4 Bauausführung

Die Hafensohle vor der Uferspundwand wird zweckmäßig erst nach dem Einbau der Hilfsverankerung freigebaggert. Wird zeitlich in umgekehrter Folge verfahren, kann sich der Spundwandkopf unkontrolliert bewegen, sodass ein späteres Ausrichten nur mit der Hilfsverankerung allein nicht immer zum gewünschten Erfolg führt.

9.2.5 Spundwandverankerungen in nicht konsolidierten weichen, bindigen Böden

9.2.5.1 Allgemeines

Die Berechnung von Uferspundwänden in nicht konsolidierten, weichen, bindigen Böden wird in Abschn. 8.2.15 behandelt. Grundsätzlich sind die nach dem Bau eintretenden Setzungen und Wandverformungen bei Spundwänden in nicht konsolidierten weichen, bindigen Böden größer als in Böden mit höherer Festigkeit.

Die besonderen Eigenschaften weicher, bindiger Böden müssen auch bei der Verankerung solcher Wände berücksichtigt werden, damit Setzungen und Setzungsunterschiede nicht zu unplanmäßigen Belastungen führen.

Wie Beobachtungen an ausgeführten Bauwerken gezeigt haben, wird der Schaft von Rundstahlankern durch Setzungen der Hinterfüllung nach unten mitgenommen (Mitnahmesetzungen). Er schneidet selbst in weichen, bindigen Böden kaum in den Boden ein.

Die Ankeranschlüsse an Uferwänden, deren Fuß in tragfähigem Boden steht (stehende Gründung), erfahren somit erhebliche Krümmungen, wenn sich der Boden hinter der Wand setzt. Neigungen des Anschlusses ursprünglich horizontal eingebauter Anker bis zu 1 : 3 sind für Kaimauern mittlerer Höhe überliefert. Das Gleiche gilt für die Ankeranschlüsse an tiefgegründeten Bauwerken, Ankerwänden oder Pfahlböcken.

Auch wenn Uferspundwände in Sonderfällen nicht in tragfähige Böden einbinden, muss doch angenommen werden, dass der Fußbereich solcher „schwimmender“ Wände in Böden steht, die steifer sind als die darüber anstehenden Böden. Es ist daher auch bei solchen Wänden damit zu rechnen, dass sich der Boden im Bereich der Verankerung relativ zur Uferwand setzt und dass sich dadurch die Neigung des Ankeranschlusses ändert.

Bei schwimmend gegründeten Ankerwänden bleiben die Setzungsunterschiede zwischen schwimmend gegründeter Hauptwand und Ankerwand im Allgemeinen gering.

Die Setzungen nicht konsolidierter bindiger Böden können auch entlang der Verankerung stark unterschiedlich sein. Daher müssen sich die Anker biegen können, ohne dass die Normalspannung aus der planmäßigen Ankerlast und die zusätzlichen Spannungen aus der Biegung die Festigkeit der Anker überschreiten.

Für die Verankerung von Spundwänden in nicht konsolidierten, weichen, bindigen Böden, haben sich aufgestauchte Rundstahlanker mit gerollten Gewinden bewährt, weil sie bei gleicher Tragfähigkeit einen größeren Dehnweg haben und biegeweicher sind als Rundstahlanker ohne Aufstauchung.

9.2.5.2 Anschluss von Rundstahlankern an Uferwände

Rundstahlanker werden gelenkig an die Uferwand und die Ankerwand angeschlossen. Um dem Ankerende eine ausreichende Bewegungsfreiheit für die, im Falle weicher, bindiger Böden, zu erwartende große Drehbewegung um den Gelenkpunkt zu geben, muss der Abstand der U-Profile des Gurtes groß genug sein. Häufig übersteigt aber die zur Aufnahme der Setzungen erforderliche Spreizung das baulich tragbare Maß. In solchen Fällen müssen die Anker unterhalb des Gurtes angeschlossen werden, wodurch sie im Falle von Setzungen unabhängig von der Spreizung des Gurts frei verdrehbar sind. Der einwandfreie Kraftfluss aus der Wand in den Anker muss dann durch Verstärkungen an der Spundwand oder durch Zusatzkonstruktionen am Gurt gewährleistet werden.

9.2.5.3 Anschluss von Rundstahlankern an schwimmende Ankerwände

Für die freie Verdrehbarkeit des Ankeranschlusses an schwimmende Ankerwände genügt im Allgemeinen der übliche Abstand der beiden U-Profile der Gurtung, wenn die Anker zwischen den U-Profilen hindurchgeführt und hinter der Ankerwand mit einem Kippgelenk an den Druckgurt angeschlossen werden (Abb. 9.10).

Auch anstehend gegründete Bauteile und Bauwerke müssen die Anker gelenkig angeschlossen werden.

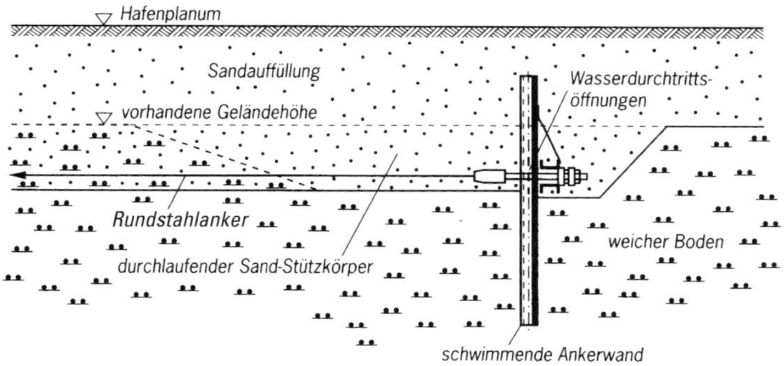

Abb. 9.10 Schwimmende Ankerwand mit ausmittigem Ankeranschluss.

9.2.5.4 Ausbildung der Gurte

Die Eigenschaften weicher, nicht konsolidierter, bindiger Böden, können über sehr kurze Entfernungen stark unterschiedlich sein. Demzufolge können Bereiche mit besonders geringer Tragfähigkeit auch dann nicht ausgeschlossen werden, wenn sie im Rahmen von Bohrungen und Sondierungen mit dem üblichen Abstand (Abschn. 3.2.2) nicht erkundet wurden.

Um die Zusatzbeanspruchungen aus unterschiedlichen Setzungen des Baugrunds abzudecken, müssen die Gurte von Uferspundwänden in diesen Bodenarten stärker bemessen werden als in anderen Fällen.

Im Allgemeinen sollen die Gurte mindestens aus Profilen U 400 der Stahlsorte S 235 JR, bei größeren Bauwerken S 355 J2, ausgeführt werden, auch wenn diese Profile statisch nicht erforderlich sein sollten. Stahlbetongurte müssen mindestens das gleiche Tragvermögen haben wie Stahlgurte aus Profilen U 400. Sie werden in Blöcken von 6,00–8,00 m Länge unterteilt. Ihre Fugen werden gegen horizontalen Versatz verzahnt (Abschn. 9.2.3).

9.2.5.5 Verankerungen an Pfahlböcken oder schwimmenden Ankerwänden

Ist eine Verschiebung des Kopfs der Uferwand nicht zulässig, müssen die Anker an Pfahlböcken unverschieblich gegründeter Bauwerke oder Bauteile verankert werden.

Kann eine Verschiebung der Uferwand hingenommen werden, können die Anker auch an einer schwimmend gegründeten Ankerwand verankert werden. Hierbei müssen die horizontalen Pressungen vor der Ankerwand entsprechend der zugelassenen Verschiebung der Wand begrenzt werden. Liegen zum Zusammenhang von der Verschiebung der Wand und dem aktivierten Erdwiderstand keine örtlichen Erfahrungen vor, sind entsprechende bodenmechanische Untersuchungen und ggf. auch Probebelastungen und deren Bewertung durch einen Sachverständigen für Geotechnik erforderlich.

9.2.5.6 Ausbildung der Verankerung an schwimmenden Ankerwänden

Wird das Gelände bis zum Hafenplanum mit Sand aufgefüllt, wird die in Abb. 9.10 dargestellte Ausbildung einer schwimmenden Verankerung empfohlen. Der gering tragfähige Boden vor der Ankerwand wird dabei bis knapp unter den Ankeranschluss ausgekoffert und durch ein verdichtetes Sandpolster von ausreichender Breite ersetzt. Die Anker können in Gräben verlegt werden, die mit sorgfältig verdichtetem Sand oder mit geeignetem Aushubboden verfüllt werden.

Die Ankerwand wird ausmittig angeschlossen, sodass sowohl in der Sandauffüllung als auch im Bereich des weichen Bodens die zulässige horizontale Beanspruchbarkeit nicht überschritten wird. Sowohl oberhalb wie auch unterhalb des Ankeranschlusses kann eine gleichmäßig verteilte Bettung angenommen werden, deren Größe sich aus den Gleichgewichtsbedingungen bezogen auf den Ankeranschluss ergibt. Mit einer Verankerung nach Abb. 9.10 werden auch Ungleichmäßigkeiten der Bettung ausgeglichen.

Um einen resultierenden Wasserdruck auf die Ankerwand zu vermeiden, müssen in der Ankerwand Öffnungen zum Ausgleich des Wasserdrucks angeordnet werden.

9.2.5.7 Nachweis der Standsicherheit schwimmender Ankerwände

Die Standsicherheit in der tiefen Gleitfuge muss für schwimmende Ankerwände sowohl für den Anfangszustand des nicht konsolidierten Bodens wie auch für alle Zwischenzustände und den Endzustand des konsolidierten Bodens nach Abschn. 8.2.6 nachgewiesen werden. Im Falle von weichen, bindigen Böden, deren Scherdehnung im Dreiaxialversuch nach DIN 18137-2 größer als 10 % ist, ist der Ausnutzungsgrad entsprechend DIN 4084 abzumindern.

9.2.6 Ausbildung und Berechnung vorspringender Kaimauerecken mit Rundstahlverankerung

9.2.6.1 Hinweise zur Ausbildung der Verankerung

Werden die Uferspundwände an vorspringenden Kaimauerecken durch schräg von Uferwand zu Uferwand gespannte Anker verankert, werden hohe Zugbeanspruchungen in die Gurte eingeleitet. Besonders problematisch sind Gurtstöße (Abschn. 8.2.11). Die größten Zugbeanspruchungen ergeben sich für die am weitesten von der Kaimauerecke entfernten Anker.

Die schrägen Zugbeanspruchungen erfordern eine entsprechende Bemessung der Gurte und deren Anschluss an die Wand. Wellenförmige Stahlspundwände können die Komponenten der Ankerlast in der Wandebene aber nur über große Einbindetiefen aufnehmen.

Daher sind Verankerungen von vorspringenden Kaimauerecken mit schräg über Eck geführten Ankern technisch und wirtschaftlich aufwendig und zudem ist die Aufnahme von unplanmäßigen Belastungen, z. B. aus wechselnden Baugrundeigenschaften, nicht eindeutig nachvollziehbar.

Verankerungen von vorspringenden Kaimauerecken sind also nicht zu empfehlen.

9.2.6.2 Empfohlene kreuzweise Verankerung

Schräg angreifende Zugkräfte in vorspringenden Ecken von Spundwänden können vermieden werden, wenn die Wände kreuzweise an rückliegenden Ankerwänden verankert werden (Abb. 9.11). Die Uferwand und die Ankerwände bilden so einen robusten Eckblock, der für sich standsicher ist. Wegen der sich kreuzenden Anker müssen die Gurte und die Ankerlagen allerdings in der Höhe versetzt angeordnet werden, damit in den Kreuzungspunkten ein genügend großer Abstand der Anker verbleibt.

Kantenpoller im Bereich vorspringender Kaimauerecken erhalten eigene Verankerungen.

9.2.6.3 Gurte

Die Gurte an der Uferspundwand werden als Zuggurte in Stahl ausgebildet und dem Grundriss der Uferwand angepasst. Die Übergänge von den Gurten des Eckblocks zu den Gurten der Uferwände werden so gestaltet, dass sie sich unabhängig voneinander bewegen können. Dazu werden sie über einen Laschenstoß mit Langlöchern verbunden.

Auch die Gurte der Ankerwände müssen sich im Anschlussbereich an die Uferwand und im Kreuzungsbereich der Ankerwände frei bewegen können.

Die Gurte an den Ankerwänden werden aus Stahl oder aus Stahlbeton als Druckgurte hergestellt.

9.2.6.4 Ankerwände

Die Ankerwände werden an der Ecke bis zur Uferwand durchgeführt (Abb. 9.11), ihre Einbindetiefe wird zur Uferwand hin gestaffelt bis zur Hafensohle vergrößert. Damit wird verhindert, dass im Falle einer Havarie an der stets besonders gefährdeten vorspringenden Ecke die Hinterfüllung des Eckbereichs nur bis zu den Ankerwänden ausgespült werden kann.

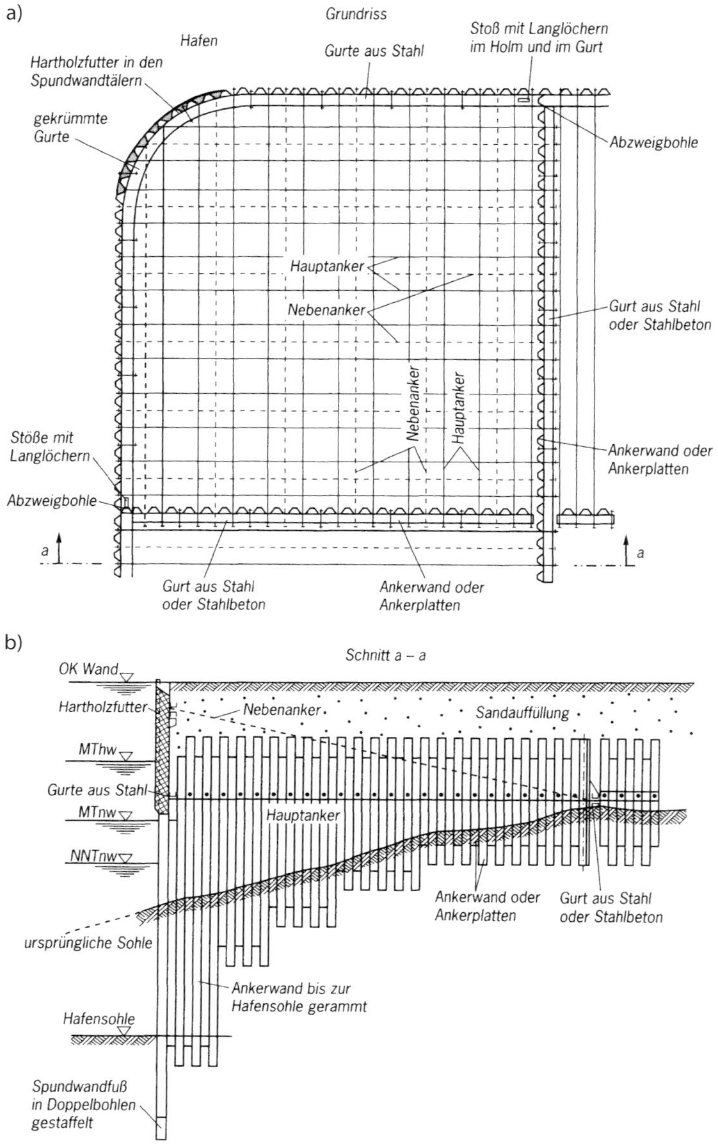

Abb. 9.11 Verankerung vorspringender Kaimauerecken in Spundwandkonstruktion in Seehäfen; (a) Grundriss, (b) Schnitt a–a.

Die Einbindung bis zur Hafensohle wird auch empfohlen, wenn die Rundstahlanker nicht an durchgehenden Ankerwänden, sondern an Ankerplatten, z. B. aus Stahlbeton, verankert werden.

9.2.6.5 Ausfütterung der Spundwandtäler

Schiff und Kaimauerecke werden geschont, wenn die Spundwandtäler an der vorspringenden Ecke z. B. mit Wasserbauhölzern oder Kunststoffprofilen ausgefüttert werden. Diese Futter sollen etwa 5 cm über die äußere Spundwandkante ragen (Abb. 9.11).

9.2.6.6 Ausrundung und Stahlbetonverstärkung der Mauerecke

Da vorspringende Kaimauerecken durch den Schiffsverkehr besonders gefährdet sind, sollen sie möglichst ausgerundet und ggf. auch durch eine kräftige Stahlbetonwand verstärkt werden.

9.2.6.7 Sicherung durch vorgesetzte Dalben

Wenn der Schiffsverkehr es erlaubt, können vorspringende Kaimauerecken durch vorgesetzte elastische Dalben oder ein Leitwerk gegen Havarie gesichert werden.

9.2.6.8 Nachweis der Standsicherheit

Der Nachweis der Standsicherheit der Verankerung wird für jede Uferwand getrennt nach Abschn. 9.3 geführt. Ein besonderer Nachweis für den Eckblock ist nicht nötig, wenn entsprechend Abb. 9.11 die Verankerungen der Uferwände bis zur anderen Spundwand durchgeführt werden.

9.2.7 Ausbildung und Berechnung vorspringender Kaimauerecken mit Schrägpfählen

9.2.7.1 Allgemeines

Vorspringende Ecken von Kaimauern sind durch Havarien besonders gefährdet. Sie sind nach Abschn. 7.2.5.2 als Endpunkte von Großschiffsliegeplätzen in vielen Fällen auch mit hochbelasteten Pollern ausgerüstet. Außerdem werden sie im jeweils erforderlichen Umfang auch mit Fenderungen ausgerüstet, die ein höheres Arbeitsvermögen als in den angrenzenden Kaimauerabschnitten haben. Insgesamt müssen daher vorspringende Kaimauerecken robust und möglichst steif ausgeführt werden.

Nachfolgend wird die Verankerung von vorspringenden Kaimauerecken mit Schrägpfählen behandelt, weil diese Verankerung der Forderung nach einer besonders steifen und robusten Bauweise weitestgehend entspricht.

9.2.7.2 Ausbildung des Eckbauwerks

Die Ausbildung des Eckbauwerks wird weitgehend von der konstruktiven Gestaltung der anschließenden Kaimauern, dem zu überbrückenden Geländesprung und dem eingeschlossenen Winkel der vorspringenden Ecke bestimmt. Daneben wird die zu wählende Konstruktion durch die vorhandene Wassertiefe und den anstehenden Baugrund entscheidend beeinflusst.

Die Schrägpfähle zur Verankerung des Eckbauwerks sollten stets senkrecht an die Uferwände angeschlossen werden, daher müssen sie sich im Verankerungsbereich überschneiden. Um zu gewährleisten, dass die Schrägpfähle ordnungsgemäß und ohne Kollision eingebracht werden können, müssen sie an den Überschneidungspunkten untereinander einen gewissen Mindestabstand haben. Während der lichte Abstand sich kreuzender Pfähle oberhalb der Sohle mit ca. 25–50 cm noch verhältnismäßig klein gehalten werden kann, reicht ein solcher Abstand bei langen Pfählen und schwer rammbaren Böden nicht mehr aus. Der lichte Abstand an Kreuzungspunkten, die unter der Rammsohle liegen, sollte daher planmäßig mindestens 1,0 m, besser aber 1,5 m betragen. In Böden, bei denen ein stärkeres Verlaufen langer Pfähle zu erwarten ist, sollte der planmäßige Abstand mindestens 2,5 m betragen.

Bei der Ermittlung der lichten Abstände der Pfähle an den Kreuzungspunkten sind vorhandene Stahlflügel stets mit zu berücksichtigen.

Um die Forderungen nach den planmäßigen Mindestabständen an den Kreuzungspunkten erfüllen zu können, muss die Pfahlstellung (Abstand und Neigung) der Stahlpfähle entsprechend variiert werden. Allerdings sollten die Pfahlstellungen innerhalb zusammengehörender Pfahlgruppen wegen des unterschiedlichen Tragverhaltens verschieden geneigter Pfähle nicht zu sehr voneinander abweichen.

Sind im Bereich der Kaimauerecke auch hoch belastete Poller oder sonstige Ausrüstungsteile, wie Abspannkonstruktionen von Förderbändern und dergleichen, tiefzugründen, empfiehlt sich in den meisten Fällen die Ausbildung eines besonderen Eckblocks aus Stahlbeton mit tiefgegründeter Rostplatte. Diese wird auf der Spundwand gelenkig gelagert.

Diese Lösung bietet sich auch für Kaimauerecken an, bei denen die für das Einbringen erforderlichen Mindestabstände der Pfähle in deren Kreuzungsbereich durch Anpassung der Pfahlstellungen nicht erreicht werden können (Abb. 9.12). Bei dieser Eckausbildung werden die im Eckbereich erforderlichen Pfähle zweckmäßig im rückwärtigen Teil der Rostplatte angeordnet. Sie liegen dann in einer anderen Ebene als die Pfähle der angrenzenden Kaimauerabschnitte, sodass in den Kreuzungsbereichen in der Regel ausreichende Mindestabstände eingehalten werden können. Weil bei dieser Lösung aber am hinteren Rand der Pfahlrostplatte zusätzliche Druckpfähle zur Aufnahme der lotrechten Komponente der Pfahlkraft benötigt werden, sind solche Ausführungen zwar kostenaufwendiger, sie bieten aber die Sicherheit einer Bauausführung ohne besondere Ausführungsrisiken.

Die Ausführungen in den Abschn. 9.2.6.5 und 9.2.6.7 für Rundstahlverankerungen gelten auch für vorspringende Ecken von Kaimauern, die mit Schrägpfählen verankert werden.

9.2.7.3 Verwendung von dreidimensionalen Ansichten zur Visualisierung der Pfahlstellungen

Um Rammschwierigkeiten zu begegnen, sollten von schwierigen Eckausbildungen bereits während der Projektbearbeitung dreidimensionale Ansichten erstellt werden (Abb. 9.13). Durch farbige Hinterlegung einzelner Pfahllagen lassen sich damit sehr anschaulich die kritischen Kreuzungspunkte der Pfähle konstruieren und optimale Lösungen finden.

Bei der Bauausführung sind in das 3-D-Modell alle bereits eingebrachten Pfähle entsprechend ihrer tatsächlichen Lage zu übernehmen und eventuell notwendige Korrekturen der Pfahlstellung infolge Rammabweichungen festzulegen.

9.2.7.4 Nachweis der Standsicherheit der Eckblöcke

Die Standsicherheit der Eckblöcke ist für alle Bauteile der Eckverankerung nachzuweisen. Hierbei ist jede Wand der Ecke für sich zu betrachten. Bei Ecken mit zusätzlichen Belastungen, beispielsweise aus Eckstationen, Pollern, Fendern und sonstigen Ausrüstungsteilen, ist nachzuweisen, dass die Pfähle in der Lage sind, zusätzlich auch diese Kräfte einwandfrei aufzunehmen.

Wenn während der Bauausführung größere Änderungen der Pfahlstellung erforderlich werden, sind deren Auswirkungen statisch nachzuweisen.

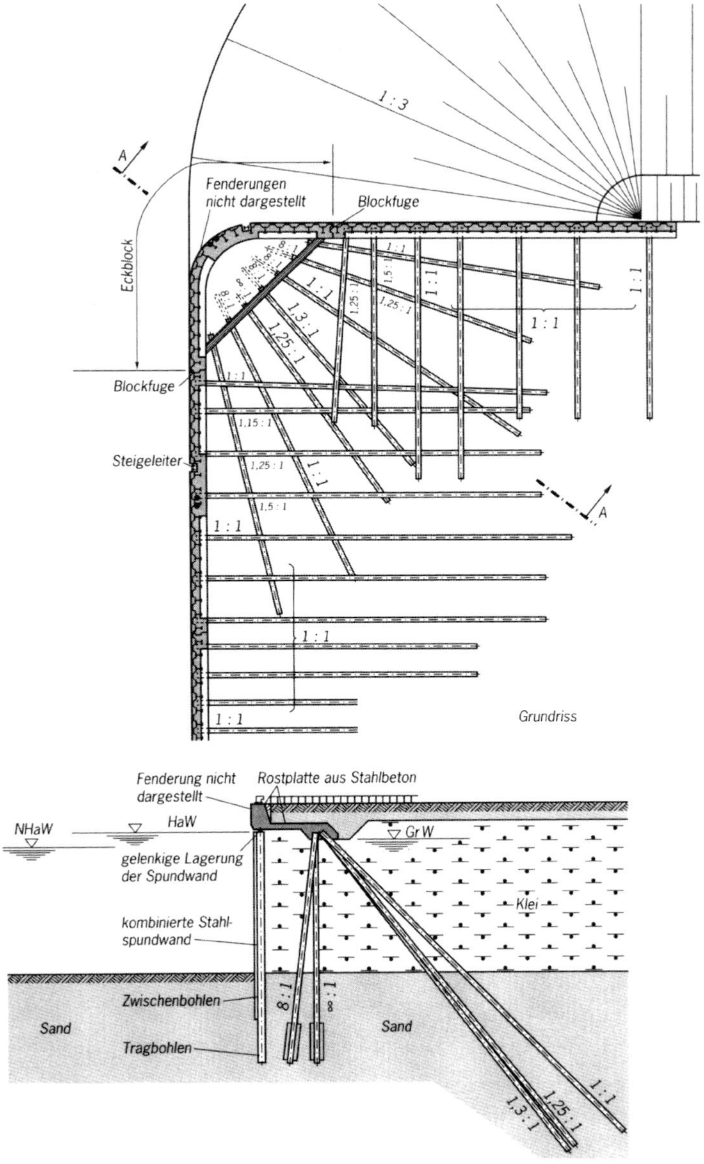

Abb. 9.12 Beispiel für den Ausbau einer vorspringenden Kaimauerecke mit Stahlpfahlverankerung.

9.2.8 Vorspannen von Ankern aus hochfesten Stählen bei Ufereinfassungen

9.2.8.1 Allgemeines

Für die Verankerung von Ufereinfassungen in Spundwandbauweise, aber auch zum nachträglichen Sichern von anderen Bauwerken wie Pfahlrostmauern werden üblicherweise nicht vorgespannte Anker aus den Stahlsorten S 235 JR, S 235 J2 oder aus S 355 J2 angewendet.

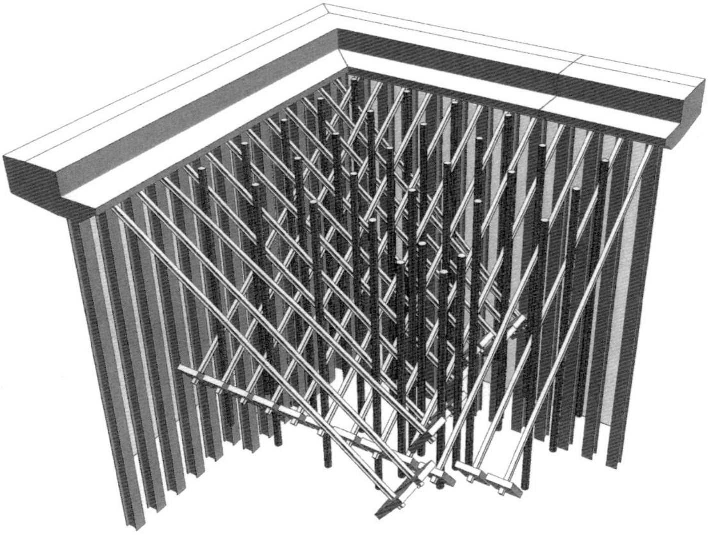

Abb. 9.13 3-D-Ansicht einer vorspringenden Kaimauerecke mit geneigten Klappankern.

In besonderen Fällen kann es aber nützlich sein, Anker mit einem hohen Anteil ihrer rechnerischen Ankerkraft vorzuspannen. Dazu müssen Anker aus hochfesten Stählen eingesetzt werden.

Das Vorspannen von Ankern aus hochfesten Stählen kann unter anderem zur Begrenzung von Verschiebungen, insbesondere bei Bauwerken mit langen Ankern, mit Rücksicht auf vorhandene empfindliche Bauwerke oder beim Anschluss nachträglich vorgerammter Spundwände zweckmäßig sein.

Weiter kann durch die Vorspannung eine Erddruckumlagerung erreicht werden, wenn die Spundwand mit mindestens mitteldicht gelagertem nichtbindigen Boden oder steifem bindigen Boden hinterfüllt ist. Durch die Erddruckumlagerung wird das Feldmoment abgemindert und die Ankerkraft vergrößert.

Werden Daueranker aus hochfesten Stählen hergestellt, müssen sie gegen Korrosion geschützt werden. Gegebenenfalls vorhandene Zulassungen, beispielsweise für Verpressanker nach DIN EN 1537, sind zu beachten.

9.2.8.2 Auswirkungen der Ankervorspannung auf den Erddruck

Eine Vorspannung der Anker von Spundwandbauwerken reduziert stets deren Wandverformungen zur Wasserseite, vor allem im oberen Bereich der Uferwand. Durch eine Vorspannung wird der aktive Erddruck nach oben umgelagert. Als Folge kann sich die Resultierende des Erddrucks vom unteren Drittelpunkt der Wandhöhe h über der Gewässersohle bis auf etwa $0{,}55h$ nach oben verlagern, die Ankerkraft wächst entsprechend an. Besonders ausgeprägt ist die Erddruckumlagerung bei Uferwänden, bei denen die Verankerung unterhalb der Wandoberkante liegt.

Wenn durch die Vorspannung eine von der klassischen Verteilung nach Coulomb abweichende Erddruckverteilung erzwungen werden soll, müssen die Anker auf etwa 80 % der charakteristischen Ankerlast entsprechend der Bemessungssituation BS-P vorgespannt werden.

9.2.8.3 Zeitpunkt des Vorspannens

Mit dem Vorspannen der Anker darf erst begonnen werden, wenn die jeweiligen Vorspannkräfte vom Bauwerk ohne nennenswerte unerwünschte Bewegungen aufgenommen werden können. Das setzt eine entsprechende Hinterfüllung der Wand voraus, die Vorspannkräfte müssen vom Bauwerk planmäßig in die Hinterfüllung eingeleitet werden.

Da beim Anspannen der Anker die Vorspannung in bereits vorgespannten benachbarten Ankern wegen der Lastumlagerung im Boden zumindest teilweise wieder verloren geht, müssen die Anker über den vorgesehenen Wert hinaus vorgespannt werden, damit sie nach dem Spannen der Nachbaranker die planmäßige Vorspannung haben. Die Vorspannkräfte sind schon während der Bauausführung stichprobenartig zu kontrollieren, um ggf. Korrekturen durchführen zu können.

Durch Vorspannung in mehreren Stufen kann die Lastumlagerung und damit die kurzzeitige Überlastung der Anker umgangen werden, allerdings zulasten einer erschwerten Ausführung der Arbeiten.

Für Verpressanker gilt vor allem DIN EN 1537.

9.2.8.4 Ergänzende Hinweise

Bei Vorspannung der Anker in Teilabschnitten der Uferwand ist zu bedenken, dass die Wand insgesamt dadurch örtlich unterschiedliche Bewegungsmöglichkeiten hat. Die vorgespannten Bereiche wirken wie Festpunkte, auf die dementsprechend ein erhöhter räumlicher Erddruck wirkt. Der erhöhte Erddruck muss in den statischen Nachweisen der betreffenden Wandbereiche und ihrer Verankerungen berücksichtigt werden.

Vorgespannte Anker sollten dauernd zugänglich sein, sodass im Bedarfsfall die Vorspannung kontrolliert und korrigiert werden kann. Im Übrigen ist ein gelenkiger Anschluss der Ankerenden anzustreben.

Da Poller nur zeitweise belastet werden, sollen ihre Verankerungen nicht aus hochfestem Stahl vorgespannt, sondern als praktisch schlaff eingebaute kräftige Rundstahlanker aus S 235 JR, S 235 J2 oder aus S 355 J2 ausgeführt werden. Letztere weisen bei Belastung nur eine geringe Dehnung auf.

9.2.9 Gelenkiger Anschluss gerammter Stahlpfähle an Stahlspundwandbauwerke

9.2.9.1 Allgemeines

Spundwände werden durch Erddruck auf Biegung beansprucht, im Bereich des Verankerungsanschlusses ergeben sich daraus Wandverdrehungen. Diese werden auf die Pfähle übertragen, wenn sie entsprechend Abschn. 9.2.3 angeschlossen sind. Daraus resultieren für den Pfahl zusätzlich zur planmäßigen Beanspruchung aus der Verankerungskraft entsprechende Biegebeanspruchungen. Setzungen und/oder Sackungen erzeugen zusätzliche Biegebeanspruchungen der Pfähle.

Der gelenkige Anschluss gerammter Stahlpfähle ermöglicht demgegenüber eine weitgehend zwängungsfreie gegenseitige Verdrehung von Spundwand und Pfahl, sodass Pfahl und Pfahlanschluss nur durch die planmäßigen Pfahllasten beansprucht werden und entsprechend wirtschaftlich ausgeführt werden können.

Der gelenkige Pfahlanschluss muss nach den Konstruktionsregeln des Stahlbaus ausgebildet werden.

9.2.9.2 Hinweise zur Ausbildung eines gelenkigen Pfahlanschlusses

Die Verdrehbarkeit des Pfahlanschlusses kann durch einfach oder doppelt angeordnete Gelenkbolzen oder durch plastische Verformung eines dafür geeigneten Bauteils (Fließgelenk) erreicht werden. Auch eine Kombination von Bolzen und Fließgelenk ist möglich. Werden Fließgelenke planmäßig vorgesehen, sind folgende Hinweise zu beachten.

1) Fließgelenke sind so anzuordnen, dass sie einen ausreichenden Abstand von Stumpf- und Kehlnähten haben und somit der Stahl nicht im Bereich der Schweißnahtverbindungen bis zur Fließgrenze beansprucht wird. Flankenkehlnähte sollen in der Kraftebene bzw. in der Ebene des Zugelements liegen, damit ihr Abschälen sicher vermieden wird. Andernfalls ist das Abschälen der Nähte durch sonstige Maßnahmen zu verhindern.
2) Quer zur planmäßigen Zugkraft des Stahlpfahls angeordnete Schweißnähte können als metallurgische Kerben wirksam werden und sollten daher vermieden werden.
3) Nicht beanspruchungs- und schweißgerecht angebrachte Montagenähte in schwierigen Zwangslagen erhöhen die Versagenswahrscheinlichkeit.
4) Bei schwierigen Anschlusskonstruktionen auch mit gelenkigem Anschluss empfiehlt es sich, den wahrscheinlichen Fließgelenkquerschnitt bei Einwirkung der planmäßigen Normalkräfte im Zusammenwirken mit möglichen Zusatzbeanspruchungen und dergleichen zu untersuchen (Abschn. 9.2.3). Bei Bemessung mit Fließgelenken ist DIN EN 1993-1 zu beachten.
5) Übergangslose Steifigkeitssprünge, beispielsweise Brennkerben im Pfahl und/oder metallurgischen Kerben aus Quernähten, sowie sprunghafte Vergrößerungen von Stahlquerschnitten, beispielsweise durch aufgeschweißte, sehr dicke Laschen, sind vor allem in möglichen Fließbereichen der auf Zug beanspruchten Stahlpfähle zu vermeiden, da sie verformungslose Brüche auslösen können.

Beispiele für gelenkige Anschlüsse von Stahlpfählen sind in den Abb. 9.14–9.21 dargestellt.

9.2.9.3 Bauausführung

Die Stahlpfähle können abhängig von den örtlichen Verhältnissen und von der Konstruktion zeitlich sowohl vor als auch nach der Spundwand gerammt werden. Ist die Lage des Anschlusses abhängig von der Geometrie des Spundwandsystems, wie beispielsweise beim Anschluss im Tal einer wellenförmigen oder an der Tragbohle einer kombinierten Stahlspundwand, ist darauf zu achten, dass die Abweichung des oberen Pfahlendes von seiner planmäßigen Lage möglichst gering ist. Dies wird am besten erreicht, wenn die Stahlpfähle nach der Spundwand gerammt werden. Die Anschlusskonstruktion muss aber stets so gestaltet werden, dass gewisse Abweichungen und Verdrehungen ausgeglichen und aufgenommen werden können.

Wird der Stahlpfahl unmittelbar über dem oberen Ende der Spundwand bzw. durch ein Fenster in der Spundwand gerammt, bildet die Spundwand eine wirksame Führung. Ein Rammfenster kann auch in der Weise hergestellt werden, dass das obere Ende der zu verankernden Doppelbohle zunächst durchgebrannt, dann angehoben und später wieder abgesenkt und verschweißt wird.

Stahlpfähle, die zum Zeitpunkt des Anschlusses an die Spundwand nicht bis zu ihrem oberen Ende in den Boden einbinden, erlauben ein gewisses Ausrichten des Pfahlkopfs.

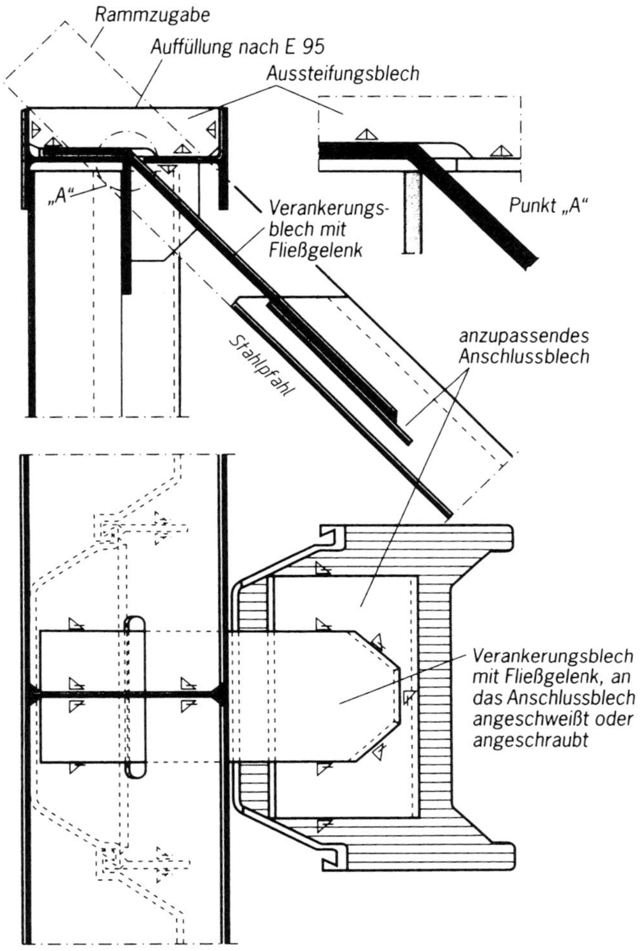

Abb. 9.14 Gelenkiger Anschluss eines leichten Stahlpfahls an eine leichte Stahlspundwand durch Lasche und Fließgelenk.

Je nach der Ausführung des Anschlusses ist bei der Ermittlung der Pfahllänge eine Zugabe für das Abbrennen des obersten eventuell im Gefüge gestörten Pfahlendes nach dem Rammen bzw. für das Rammen selbst vorzusehen.

Schlitze für Anschlusslaschen sollen sowohl bei den Bohlen der Spundwand als auch bei den Stahlpfählen möglichst erst nach dem Rammen angebracht werden.

9.2.9.4 Konstruktive Ausbildung des Anschlusses

Der gelenkige Anschluss wird bei wellenförmigen Spundwänden (vor allem bei solchen mit Schlössern in der Schwerachse) im Allgemeinen im Wellental und bei kombinierten Spundwänden am Steg der Tragbohlen angeordnet.

Bei kleineren Verankerungskräften kann der Stahlpfahl auch am Holmgurt am Kopf der Spundwand (Abb. 9.14) oder an einem Gurt hinter der Spundwand mittels Lasche und Fließgelenk angeschlossen werden. Auf die Gefährdung durch Korrosion ist dabei

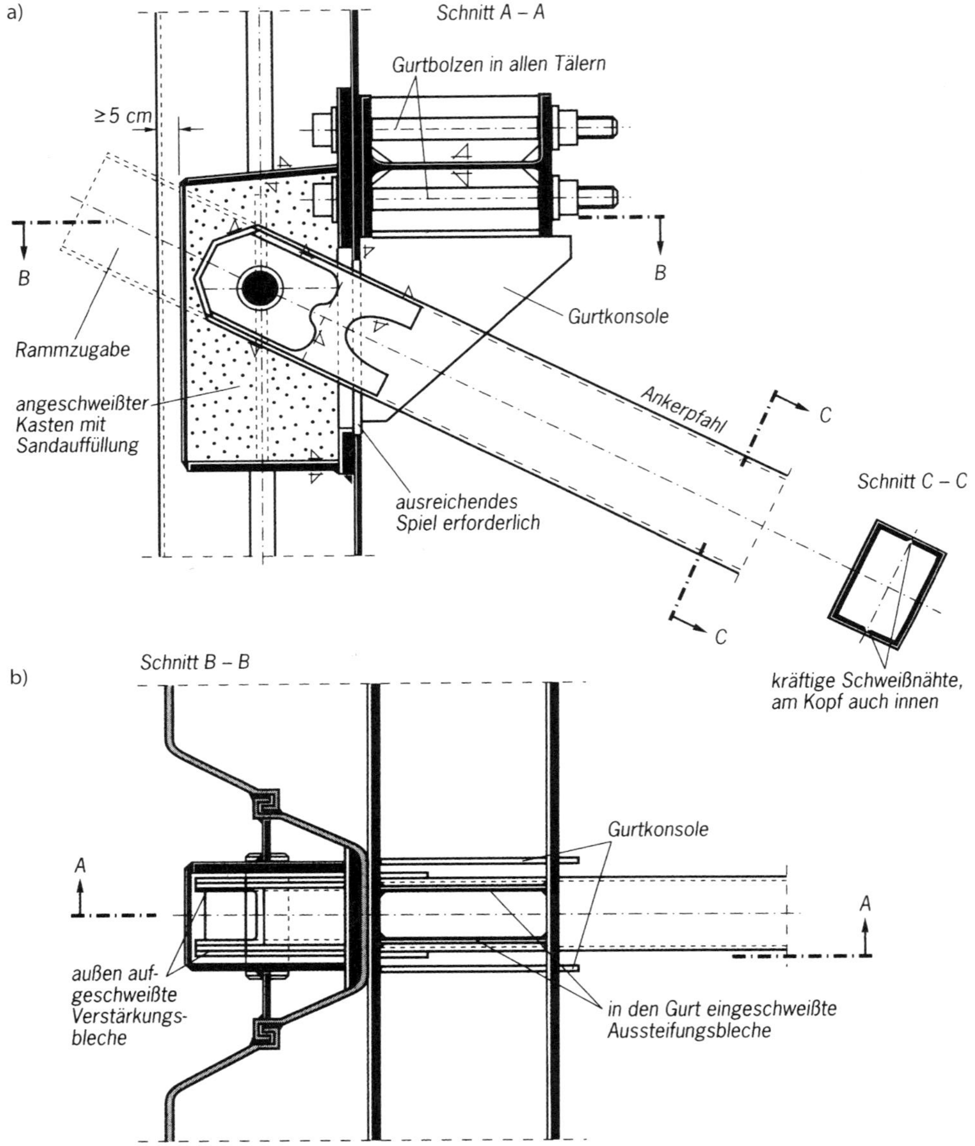

Abb. 9.15 Gelenkiger Anschluss eines Stahlpfahls an eine schwere Stahlspundwand durch Gelenkbolzen; (a) Schnitt A–A, (b) Schnitt B–B.

besonders zu achten. Hierauf wird bei Ufereinfassungen mit Güterumschlag und an Liegestellen besonders hingewiesen.

Zwischen dem Anschluss im Wellental bzw. am Steg und dem oberen Pfahlende werden häufig Zugelemente aus Rundstahl (Abb. 9.16) bzw. Flach- oder Breitflachstahl (Zuglaschen) angeordnet (Abb. 9.17 und 9.18). Beim Rundstahlanschluss mit Gewinde sowie mit Unterlegplatte, Gelenkscheibe und Mutter kann die Anschlusskonstruktion auch angespannt werden.

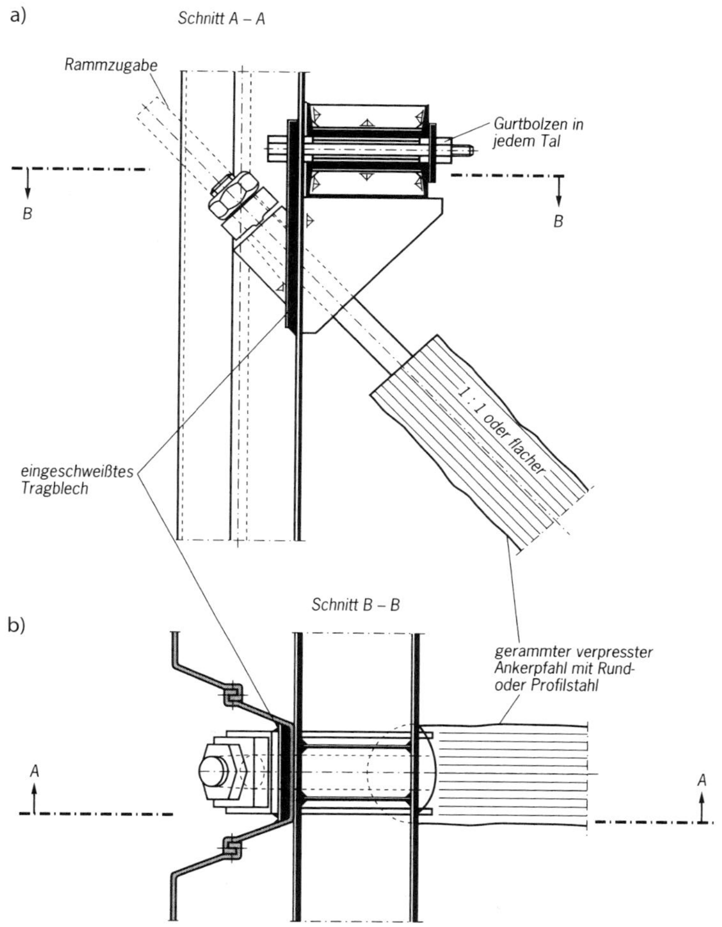

Abb. 9.16 Gelenkiger Anschluss eines gerammten verpressten Stahlpfahls an eine schwere Stahlspundwand; (a) Schnitt A–A, (b) Schnitt B–B.

Neben dem gelenkigen Anschluss im Wellental der Spundwand, im Holmgurt oder im Steg der Tragbohle kann in besonderen Fällen ein weiteres Gelenk im Anschlussbereich des Pfahlendes angeordnet werden.

Diese Lösung ist in Abb. 9.18 für den Fall mit doppelten Tragbohlen dargestellt. Sie kann abgewandelt auch für Einfachtragbohlen angewendet werden. Die Schlitze (Brennöffnungen) in den Flanschen der Tragbohlen sind ausreichend tief unter die Anschlusslaschen zu führen, damit genügend Bewegungsfreiheit für Pfahlverdrehungen geschaffen wird und Zwangskräfte, die durch ungewollte Einspannungen infolge Aufsetzens der Laschen entstehen können, mit Sicherheit ausgeschlossen werden. Es ist ferner sicherzustellen, dass die beabsichtigte Gelenkwirkung durch Verkrustungen, Versinterungen und Korrosion im Bereich der Anschlusskonstruktion nicht beeinträchtigt wird. Dies ist im Einzelfall zu überprüfen und bei der konstruktiven Ausbildung zu berücksichtigen.

Der Stahlpfahl kann auch durch eine Öffnung im Wellental einer Spundwand gerammt und dort über eine eingeschweißte Stützkonstruktion gelenkig angeschlossen werden (Abb. 9.15).

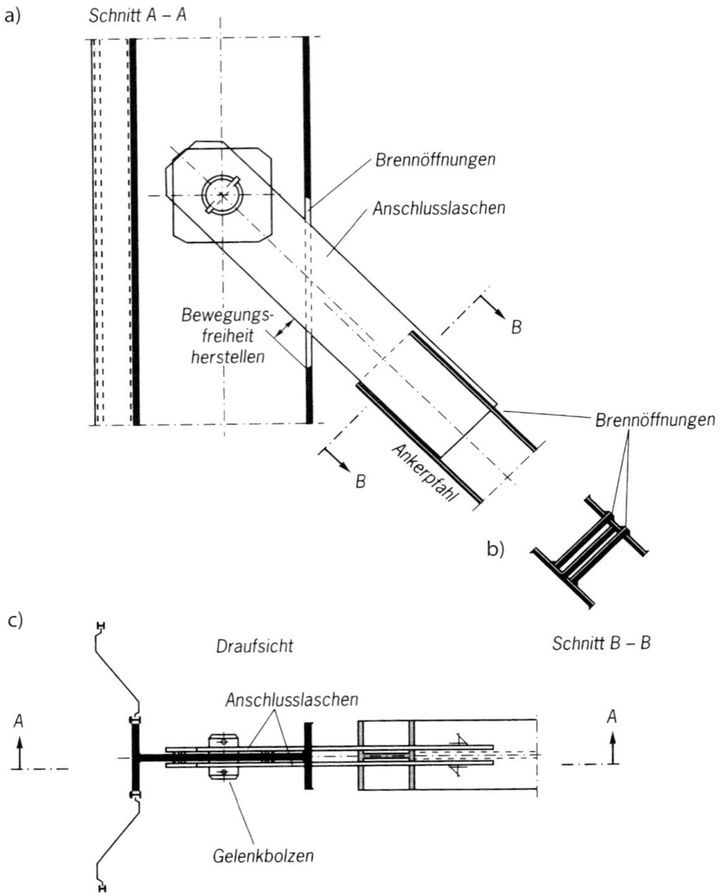

Abb. 9.17 Gelenkiger Anschluss eines Stahlpfahls an eine kombinierte Stahlspundwand mit Einzeltragbohlen durch Gelenkbolzen; (a) Schnitt A–A, (b) Schnitt B–B, (c) Draufsicht.

Liegt der Anschluss im wasserseitigen Wellental einer Spundwand, müssen alle Konstruktionsteile eindeutig hinter der Spundwandflucht enden. Als Empfehlung für den Versatz sollte nach Möglichkeit ein Richtwert von 20 mm nicht unterschritten werden. Hierdurch soll gewährleistet werden, dass im Falle von Schiffskontakt mit der Spundwand weder Beschädigungen am Schiff noch am Pfahlkopf entstehen. Außerdem ist die Durchdringungsstelle zwischen Pfahl und Spundwand sorgfältig gegen Auslaufen und/oder Ausspülen von Boden zu sichern (z. B. mit einem zusätzlichen äußeren Schutzkasten nach Abb. 9.15).

Je nach der gewählten Konstruktion sollten Anschlusslösungen bevorzugt werden, die weitgehend in der Werkstatt vorbereitet werden können und ausreichende Toleranzen aufweisen (Abb. 9.19). Umfangreiche Einpassarbeiten auf der Baustelle erfordern hohe Kosten und sind daher möglichst zu vermeiden.

Beim Anschluss nach Abb. 9.19 können alle tragenden Nähte an der Tragbohle im Werk in Wannenlage geschweißt werden. Eine solche Lösung ist aber nur sinnvoll, wenn die Backenlagerbleche erst nach dem Rammen der Stahlpfähle eingebaut werden und

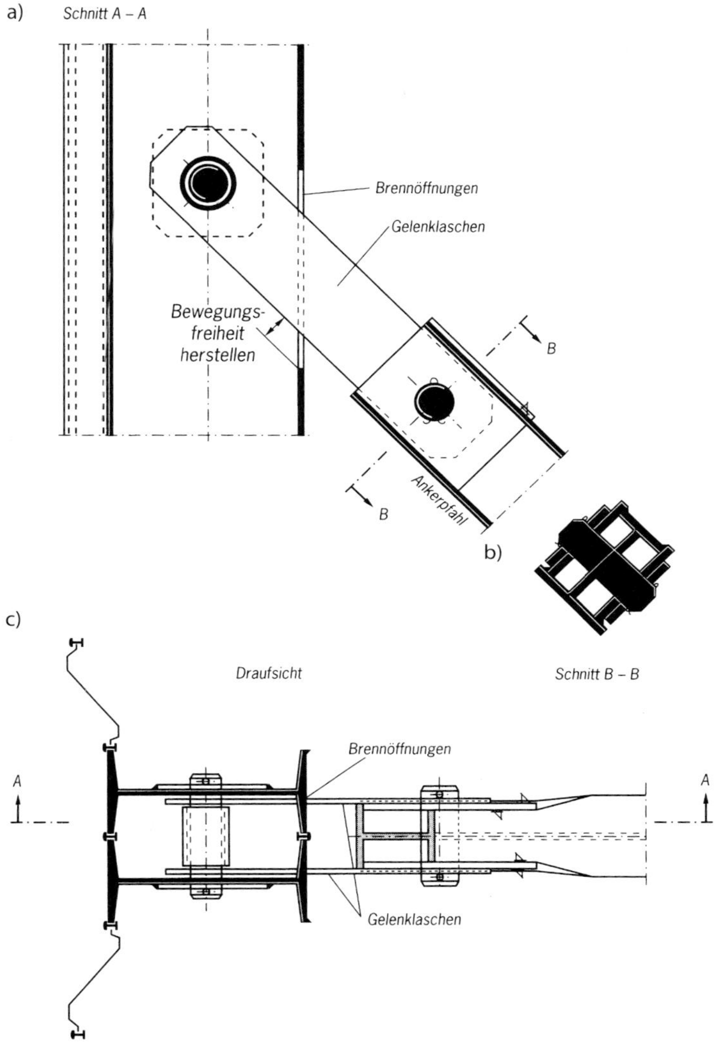

Abb. 9.18 Gelenkiger Anschluss eines Stahlpfahls an eine kombinierte Stahlspundwand mit Doppeltragbohlen durch Laschengelenk; (a) Schnitt A–A, (b) Schnitt B–B, (c) Draufsicht.

wenn die Längen der Tragbohlen exakt festgelegt werden können. Müssen die Tragbohlen aufgestockt oder gekappt werden, muss der in der Werkstatt vorbereitete Anschluss aufgegeben werden.

Bei der Lösung nach Abb. 9.20 wird die Verbindung von Stahlpfahl und Spundwand durch Schlaufen hergestellt, die einen in die Spundwand eingeschweißten Rohrgurt umschließen. Hierbei ist zu beachten, dass die freie Verdrehbarkeit des Anschlusses durch Reibung zwischen Schlaufen und Rohr behindert wird. Die Schlaufen sind daher so zu dimensionieren, dass sie für die dadurch bedingte ungleichmäßige Lastverteilung ausreichende Tragreserven haben. Da im Regelfall mit Durchbiegungen der Stahlpfähle und auch mit Verschiebungen der Pfahlköpfe zu rechnen ist, muss der Anschluss so ausgebildet werden, dass neben der Pfahlzugkraft auch Querkräfte übertragen werden können.

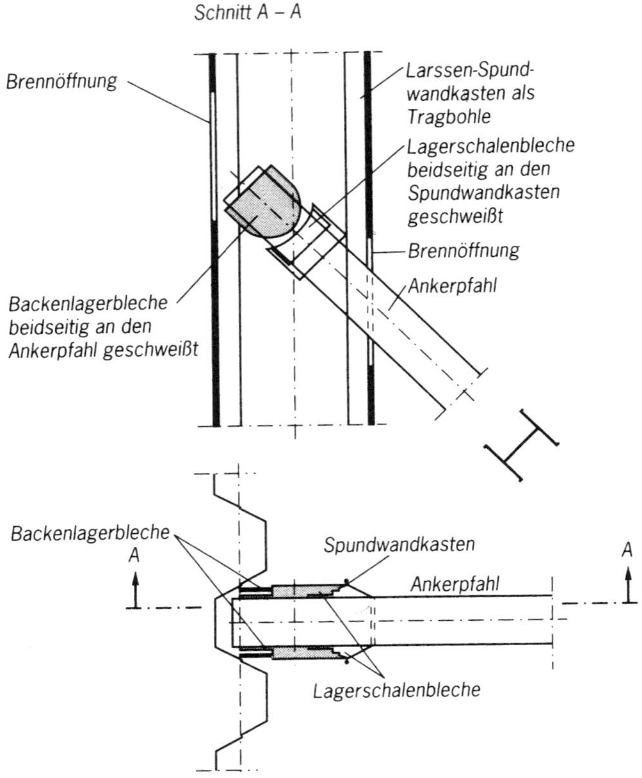

Abb. 9.19 Gelenkiger Anschluss eines Stahlpfahls an eine kombinierte Stahlspundwand durch Backenlager/Lagerschalen – Schnitt A–A.

Dieses kann durch eine konsolartige Verlängerung erreicht werden, die auf den Rohrgurt aufgelegt wird (Abb. 9.20).

In Abb. 9.21 ist der gelenkige Anschluss eines Kleinverpresspfahls an eine Stahlspundwand dargestellt. Da solche Anschlüsse nicht allgemein geregelt sind, ist bei Verwendung dieser Pfähle eine bauaufsichtliche Zulassung erforderlich.

Auf der Erdseite erfolgt der Korrosionsschutz des Stahlzuggliedes durch ein Kunststoffripprohr, das mit Zementmörtel injiziert ist. Der wasserseitige Pfahlanschluss wird durch eine Einkapselung gegen Korrosion geschützt, die mit einer plastischen Masse gefüllt ist. Der Anschluss an einen Stahlbetongurt ist in den Zulassungen der Kleinverpresspfähle geregelt.

9.2.9.5 Nachweis der Tragfähigkeit für den Anschluss

Alle Pfahlanschlussteile sind für die um 15 % erhöhten rechnerischen Pfahlkräfte zu bemessen. Belastungen von der Wasserseite, wie Anlegedruck, Eisdruck oder durch Bergsenkungen usw., können die im Pfahl vorhandene Zugkraft zeitweise abbauen oder sogar in eine Druckkraft umwandeln. Wenn erforderlich, ist daher auch nachzuweisen, dass diese Lasten im Pfahlanschluss und im Pfahl aufgenommen werden können. Für freistehende Pfähle ist ggf. ein Knicknachweis zu führen. Fallweise ist in diesen Nachweisen auch Eisstoß zu berücksichtigen.

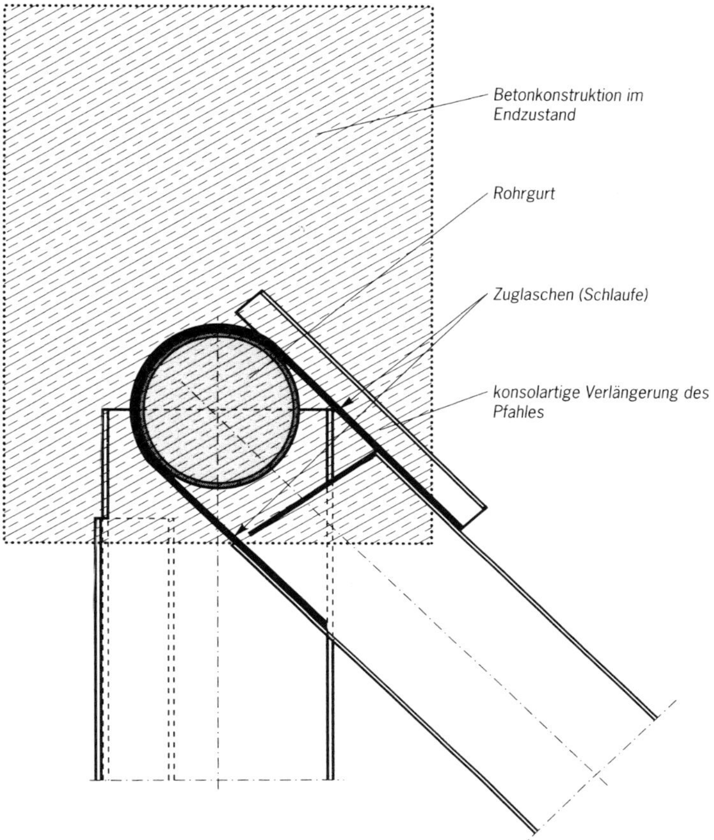

Abb. 9.20 Anschluss eines Stahlpfahles an eine kombinierte Spundwand durch Schlaufen.

Wenn möglich, soll der Pfahlanschluss im Schnittpunkt von Spundwand- und Pfahlachse angeordnet werden (Abb. 9.14–9.21). Bei größeren Abweichungen des Pfahlanschlusses von diesem Schnittpunkt sind Zusatzmomente in der Spundwand anzusetzen.

Die lotrechten und horizontalen Teilkräfte sind auch in den Anschlusskonstruktionen an die Spundwand und – wenn nicht jedes tragende Wandelement verankert wird – im Gurt und seinen Anschlüssen zu berücksichtigen. Muss mit einer lotrechten Belastung der Pfähle durch Bodenauflast gerechnet werden, ist auch diese in den Auflagerkräften und beim Nachweis der Tragfähigkeit der Anschlüsse zu erfassen. Dies ist immer dann der Fall, wenn Durchbiegungen der Pfähle zu erwarten sind.

Änderungen des Anschlusswinkels zwischen Pfahl und Spundwand infolge der Pfahldurchbiegung und die dadurch bedingte Änderung der Zugkräfte und Querkräfte im Pfahlanschluss sind in den Nachweisen ebenfalls zu berücksichtigen.

Bei Pfahlanschlüssen im Wellental von Spundwänden muss die horizontale Komponente der Pfahlkraft durch eine ausreichend breite Unterlegplatte in die Bohlenstege eingeleitet werden (Abb. 9.16). Dabei ist die Schwächung des Spundwandquerschnitts durch die Pfahldurchführung zu beachten. Fallweise können Spundwandverstärkungen im Anschlussbereich erforderlich werden.

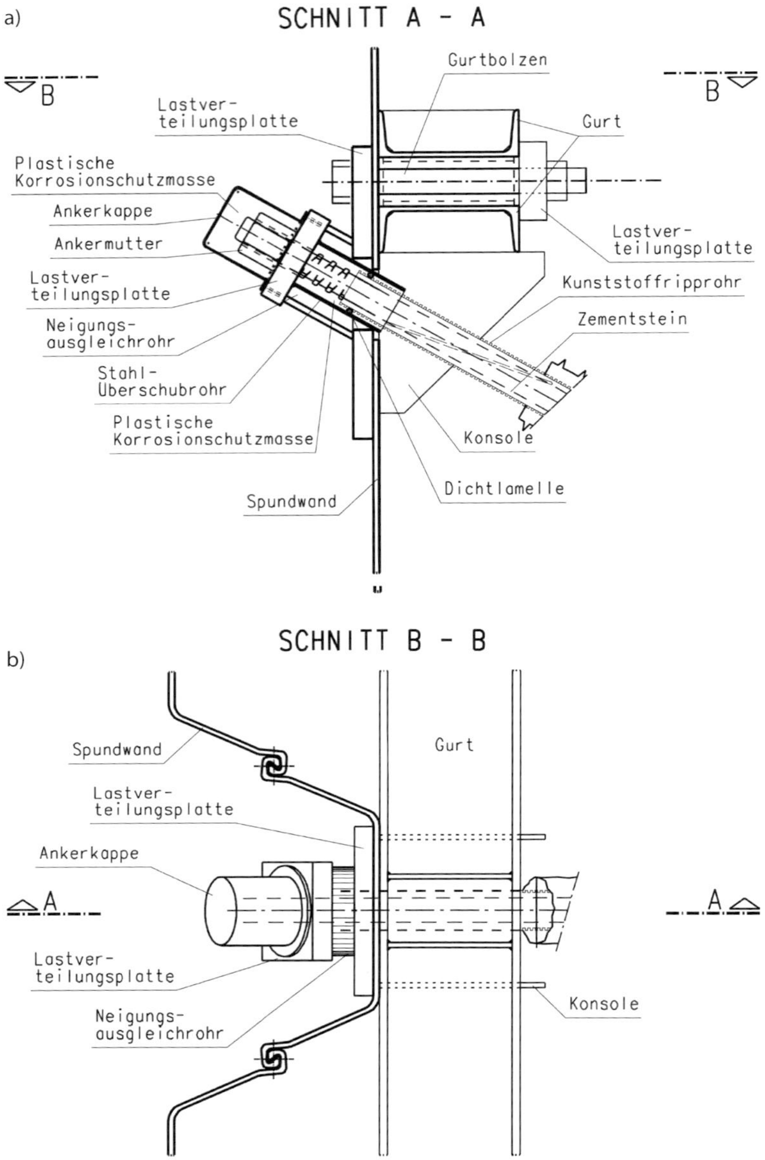

Abb. 9.21 Gelenkiger Anschluss eines Kleinverpresspfahls mit doppeltem Korrosionsschutz an eine Stahlspundwand; (a) Schnitt A–A, (b) Schnitt B–B.

Die Anschlusskonstruktionen der gelenkigen Verankerungen müssen so ausgelegt werden, dass sie die Übertragung der Zugkräfte und der Querkräfte in einem stetigen Kraftfluss ermöglichen. Wenn bei schwierigen, hochbelasteten Anschlusskonstruktionen der Kraftfluss nicht einwandfrei überblickt werden kann, sollten die rechnerisch ermittelten Abmessungen des Pfahlanschlusses durch mindestens zwei bis zum Bruch geführte Probebelastungen an Werkstücken im Maßstab 1 : 1 überprüft werden.

9.3 Nachweis der Standsicherheit von Verankerungen in der tiefen Gleitfuge

9.3.1 Standsicherheit in der tiefen Gleitfuge bei Verankerungen mit Ankerwänden

Der Nachweis der Standsicherheit in der tiefen Gleitfuge erfolgt auf der Grundlage der von Kranz (1953) vorgeschlagenen Vorgehensweise. Bei dieser wird ein Schnitt hinter der Stützwand, in der tiefen Gleitfuge und hinter der Ankerwand geführt. Die tiefe Gleitfuge ist eine nach oben gekrümmte Gleitfuge zwischen dem Fußpunkt der Ankerwand und dem Drehpunkt der Spundwand im Boden, sie wird im Nachweis durch eine Gerade angenähert. Der Drehpunkt der Wand im Boden ist bei im Boden frei aufgelagerten Uferwänden der Fußpunkt der Wand.

Mit dem Nachweis der Standsicherheit in der tiefen Gleitfuge wird die zur Aufnahme der Ankerlast erforderliche Ankerlänge bestimmt.

Den Ansatz der Kräfte auf den Bodenkörper zwischen Ankerwand, Uferwand, tiefer Gleitfuge und Geländeoberkante (Gleitkörper FDBA) zeigt Abb. 9.22.

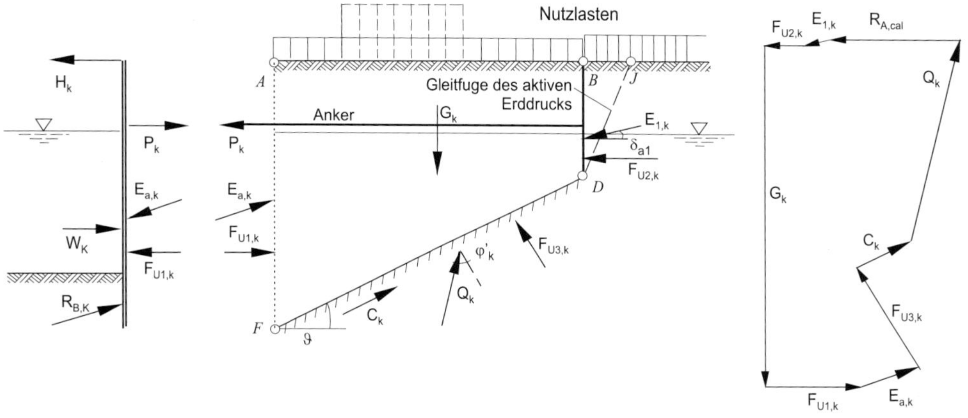

Abb. 9.22 Nachweis der Standsicherheit in der tiefen Gleitfuge.

In Abb. 9.22 bedeuten:

ϑ Neigungswinkel der tiefen Gleitfuge,
G_k totale charakteristische Gewichtskraft des Gleitkörpers FDBA, ggf. zuzüglich Nutzlast,
$E_{a,k}$ charakteristischer aktiver Erddruck (ggf. erhöhter aktiver Erddruck),
$F_{U1,k}$ charakteristische Wasserdruckkraft im Schnitt AF zwischen Boden und Stützwand,
$F_{U2,k}$ charakteristische Wasserdruckkraft auf die Ankerwand DB,
$F_{U3,k}$ charakteristische Wasserdruckkraft auf die tiefe Gleitfuge FD,
Q_k charakteristische resultierende Kraft in der tiefen Gleitfuge aus Normalkraft und maximal möglicher Reibungskraft (daher unter Winkel φ_k gegen die Gleitfugennormale geneigt),
C_k charakteristische Kohäsionskraft in der tiefen Gleitfuge, ihre Größe ergibt sich aus dem charakteristischen Wert der Kohäsion und der Länge der tiefen Gleitfuge,

$E_{1,k}$ charakteristischer aktiver Erddruck mit Nutzlast auf die Ankerwand DB,
P_k charakteristische Ankerkraft.

Bei der charakteristischen Ankerkraft muss zwischen dem Anteil $P_{G,k}$ aus ständigen Einwirkungen und dem Anteil $P_{Q,k}$ aus veränderlichen Einwirkungen unterschieden werden.

Der Nachweis ist sowohl für ausschließlich ständige Lasten als auch für ständige und veränderliche Lasten zu führen. Im zweiten Fall sind die Anteile aus den veränderlichen Lasten in ungünstigster Laststellung zu berücksichtigen. Die sich aus diesen Anteilen ergebende Kraft $P_{Q,k}$ ist getrennt auszuweisen.

Die Standsicherheit in der tiefen Gleitfuge ist gegeben, wenn gilt:

$$P_{G,k} \cdot \gamma_G \leq \frac{R_{A,cal}}{\gamma_{Ep}}$$

wobei $R_{A,cal}$ aus dem Krafteck entsprechend Abb. 9.22 für ausschließlich ständige Lasten ermittelt wird und

$$P_{G,k} \cdot \gamma_G + P_{Q,k} \cdot \gamma_Q \leq \frac{R_{A,cal}}{\gamma_{Ep}}$$

wobei $R_{A,cal}$ aus dem Krafteck entsprechend Abb. 9.22 für ständige und veränderliche Lasten ermittelt wird.

Für den Nachweis der Standsicherheit in der tiefen Gleitfuge werden folgende Teilsicherheitsbeiwerte nach DIN 1054 angesetzt:

γ_G Teilsicherheitsbeiwert für ständige Einwirkungen,
γ_Q Teilsicherheitsbeiwert für veränderliche Einwirkungen,
γ_{Ep} Teilsicherheitsbeiwert für Erdwiderstand.

Dem Nachweis der Standsicherheit in der tiefen Gleitfuge liegt die Vorstellung zugrunde, dass durch die Einleitung der Ankerkraft in den Boden ein Bruchkörper hinter der Uferwand entsteht, der durch die Uferwand, die Ankerwand und die tiefe Gleitfuge begrenzt ist. Dabei wird der maximal mögliche Scherwiderstand in der tiefen Gleitfuge ausgenutzt, während der Grenzwert für die Fußauflagerkraft nicht erreicht wird. $R_{A,cal}$ ist die charakteristische Ankerkraft, die von dem Gleitkörper FDBA bei voller Ausnutzung der Scherfestigkeit des Bodens höchstens aufgenommen werden kann. Die Definition der Ausnutzung der Ankerkraft steht stellvertretend für die Ausnutzung der Scherfestigkeit des Bodens.

Auch beim Nachweis der Standsicherheit in der tiefen Gleitfuge wird das Gleichgewicht der angreifenden Momente nicht betrachtet, weil nur die Resultierenden der über die Begrenzungen des Gleitkörpers eingeleiteten Einwirkungen in den Nachweis eingehen. Die tiefe Gleitfuge wird durch die Verbindungsgerade DF mit ausreichender Genauigkeit als maßgebende Gleitfuge ersetzt.

Will man im Falle eines durchströmten Gleitkörpers (zur Spundwand abfallender Grundwasserspiegel) die Strömungskraft im Gleitkörper berücksichtigen, müssen die Wasserdrücke auf die Uferwand, auf die Ankerwand und die tiefe Gleitfuge aus einem Strömungsnetz nach Abschn. 3.4 ermittelt und zu Resultierenden in der jeweiligen Begrenzungsfläche des Gleitkörpers zusammengefasst werden.

9.3.2 Standsicherheit in der tiefen Gleitfuge bei nicht konsolidierten, wassergesättigten bindigen Böden

Der Nachweis der Standsicherheit in der tiefen Gleitfuge wird für Uferwände und ihre Verankerungen in nicht konsolidierten, bindigen Böden wie in Abschn. 9.3.1 geführt. Der Erddruck ist für den nicht konsolidierten, wassergesättigten Fall nach Abschn. 3.5.7 zu ermitteln. In der tiefen Gleitfuge wirkt die charakteristische Kohäsionskraft $C_{u,k}$. Der Reibungswinkel ist bei nicht konsolidierten, wassergesättigten, erstbelasteten, bindigen Böden mit $\varphi_u = 0$ anzusetzen.

9.3.3 Standsicherheit in der tiefen Gleitfuge bei wechselnden Bodenschichten

Der Nachweis der Standsicherheit in der tiefen Gleitfuge wird bei wechselnden Bodenschichten gemäß Abschn. 9.3.1 geführt. Der Gleitkörper entsprechend Abb. 9.23 wird durch gedachte lotrechte Trennfugen durch die Schnittpunkte der tiefen Gleitfuge mit den Schichtgrenzen zerlegt. Dadurch wird der Gleitkörper FDBA in so viele Teilkörper aufgeteilt, wie Schichten von der tiefen Gleitfuge geschnitten werden. Nun wird das Kräftegleichgewicht nacheinander für alle Teilkörper gebildet. Führen Teilstrecken der tiefen Gleitfuge durch bindige Böden, wird in diesen Teilstrecken eine Kohäsionskraft angesetzt (im Krafteck in Abb. 9.23 ist Kohäsion nicht berücksichtigt).

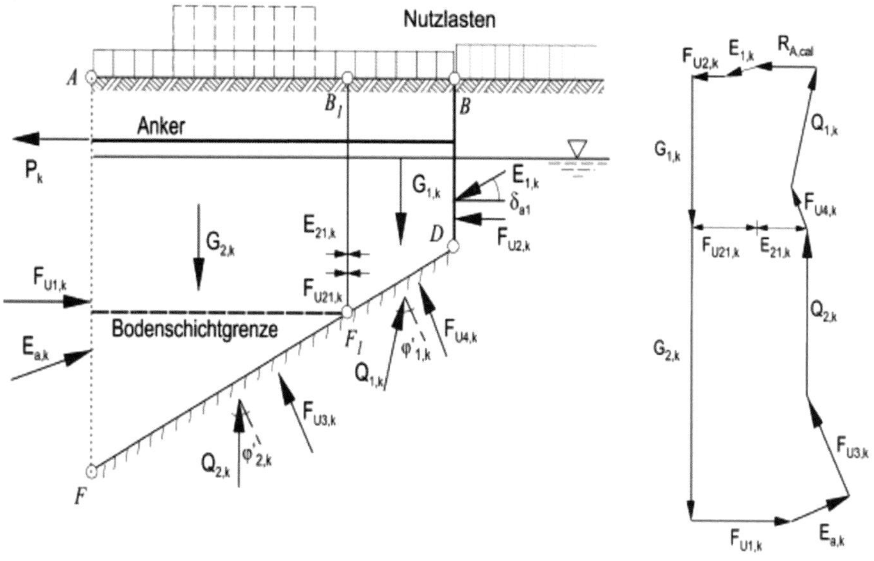

Abb. 9.23 Nachweis der Standsicherheit in der tiefen Gleitfuge bei geschichtetem Boden.

Die Erddruckkräfte in den vertikalen Schnitten zwischen den Teilkörpern werden parallel zur Oberfläche angesetzt.

An den Gleitkörpern in Abb. 9.23 wirken folgende charakteristische Kräfte:

$G_{1,k}$ totale Gewichtskraft des Gleitkörpers F_1DBB_1, ggf. zuzüglich Nutzlast,
$G_{2,k}$ totale Gewichtskraft des Gleitkörpers FF_1B_1A, ggf. zuzüglich Nutzlast,
$E_{a,k}$ aktiver Erddruck (über alle Bodenschichten),
P_k Ankerkraft,

$F_{U1,k}$ Wasserdruckkraft zwischen Boden und Stützwand AF,
$F_{U2,k}$ Wasserdruckkraft auf die Ankerwand DB,
$F_{U3,k}$ Wasserdruckkraft auf die tiefe Gleitfuge im Abschnitt FF_1,
$F_{U4,k}$ Wasserdruckkraft auf die tiefe Gleitfuge im Abschnitt F_1D,
$F_{U21,k}$ Wasserdruckkraft auf die lotrechte Trennfuge F_1B_1,
$E_{1,k}$ aktiver Erddruck mit Nutzlast auf die Ankerwand DB,
$E_{21,k}$ Erddruckkraft in der lotrechten Trennfuge F_1B_1.

Die Standsicherheit in der tiefen Gleitfuge ergibt sich aus den Ungleichungen in Abschn. 9.3.1.

9.3.4 Standsicherheit in der tiefen Gleitfuge bei Einspannung der Uferwand

Der vorstehend erläuterte Nachweis der Standsicherheit in der tiefen Gleitfuge kann mit hinreichender Genauigkeit auch für im Boden eingespannte Uferwände geführt werden. Bei diesen Wänden wird die tiefe Gleitfuge zwischen Fußpunkt der Ankerwand und dem Querkraftnullpunkt im Einspannbereich der Uferwand geführt. Dieser liegt an der Stelle des größten Einspannmoments. Seine Lage kann daher der Spundwandberechnung entnommen werden.

Der Erddruck ist in diesem Fall nur bis zum rechnungsmäßigen Spundwandfußpunkt zu ermitteln, die vorhandene Ankerkraft ist der Spundwandstatik für die eingespannte Wand zu entnehmen.

9.3.5 Standsicherheit in der tiefen Gleitfuge bei eingespannter Ankerwand

Ist die Ankerwand eingespannt, ist sinngemäß nach Abschn. 9.3.4 die tiefe Gleitfuge zu dem rechnungsmäßigen Fußpunkt in Höhe des Querkraftnullpunkts im Einspannbereich der Ankerwand zu führen und festzulegen.

9.3.6 Standsicherheit in der tiefen Gleitfuge bei Verankerungen mit Ankerplatten

Sind die Anker an einzelnen Ankerplatten mit einem lichten Abstand a verankert, ist der Nachweis der Standsicherheit in der tiefen Gleitfuge für eine gedachte Ersatzankerwand zu führen, die um das Maß $1/2 \cdot a$ vor den Ankerplatten angenommen wird.

9.3.7 Nachweis der Sicherheit gegen Aufbruch des Verankerungsbodens

Mit dem Nachweis der Sicherheit gegen Aufbruch des Verankerungsbodens wird nachgewiesen, dass die Bemessungswerte der widerstehenden horizontalen Kräfte vor Ankerplatten oder Ankerwänden von der Unterkante der Ankerplatte oder Ankerwand bis zur Oberkante Gelände mindestens gleich oder größer sind als die Summe aus dem horizontalen Anteil des Bemessungswertes der Ankerkraft, dem horizontalen Anteil des Bemessungswertes des Erddrucks auf die Ankerwand und einem etwaigen Wasserüberdruck.

Erddruck- und Erdwiderstand an der Ankerwand oder an einzelnen Ankerplatten werden nach DIN 4085 ermittelt. Eine nicht ständige Einwirkung (Nutzlast auf dem Gelände) darf nur angesetzt werden, wenn sie ungünstig wirkt. Das ist in der Regel bei

Nutzlasten hinter der Ankerwand oder hinter den Ankerplatten der Fall. Der Grundwasserstand ist in seiner ungünstigsten Höhe anzusetzen.

Für den Erdwiderstand vor der Ankerwand darf nur der Neigungswinkel angesetzt werden, für den die Bedingung $\sum V = 0$ an der Ankerwand erfüllt wird (Summe aller angreifenden lotrechten Kräfte einschließlich Eigenlast und Erdauflast entspricht der lotrechten Komponente des Erdwiderstands).

Bei frei aufgelagerten Ankerplatten und -wänden liegt der Ankeranschluss im Allgemeinen in der Mitte der Höhe der Platte oder der Wand. Der Nachweis ist für Klappanker analog zu führen.

9.3.8 Standsicherheit in der tiefen Gleitfuge bei Uferwänden, die mit Pfählen oder Verpressankern in einer Ankerlage verankert sind

Uferwände werden auch mit Pfählen oder Verpressankern verankert, die die Verankerungskraft über Mantelreibung in den Boden abtragen. Im Wesentlichen müssen dabei drei Gruppen von Verankerungselementen unterschieden werden:

- Stahlpfähle mit und ohne Mantelverpressung nach Abschn. 9.2,
- Verpresspfähle kleinen Durchmessers nach DIN EN 14199 und DIN EN 1536,
- Verpressanker nach DIN EN 1537.

Die erforderliche Länge dieser Verankerungselemente wird im Rahmen des Nachweises der Standsicherheit in der tiefen Gleitfuge nach Abb. 9.24 ermittelt.

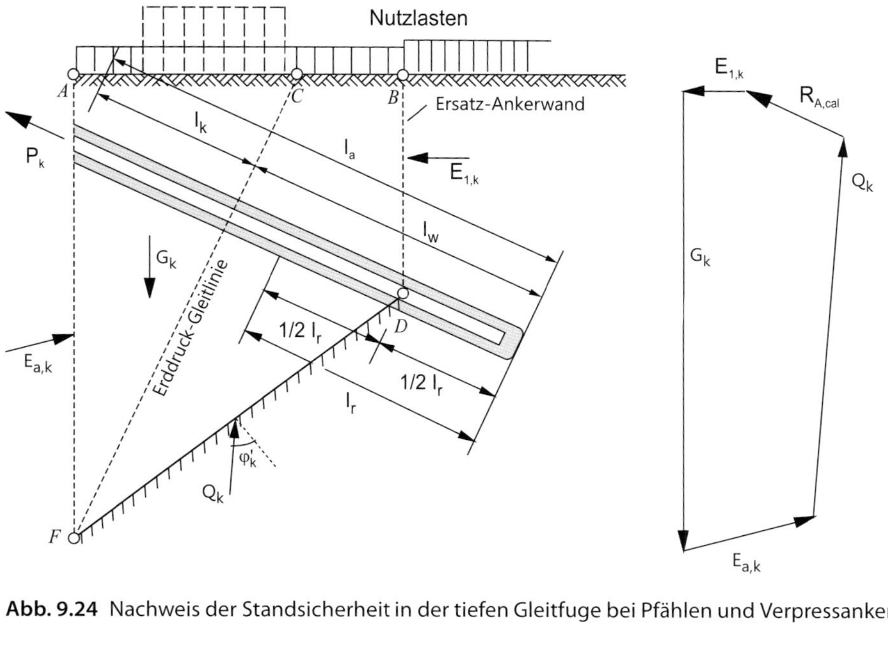

Abb. 9.24 Nachweis der Standsicherheit in der tiefen Gleitfuge bei Pfählen und Verpressankern.

Symbole in Abb. 9.24 (die Kräfte am Gleitkörper sind in Abb. 9.22 erläutert):

l_a Länge des Verankerungselements,

l_r die aus dem Bemessungswert der Pfahlkraft P_d und dem Bemessungswert der Mantelreibung T_d des Pfahls ermittelte erforderliche Mindestverankerungslänge bzw. die Verpresskörperlänge eines Verpressankers ($l_r = P_d / T_d$),

T_d Bemessungswert der Mantelreibung, ermittelt aus dem Bemessungswert des Herausziehwiderstandes $R_{t,d}$ und der Krafteintragungslänge l_0 im Zugversuch ($T_d = R_{t,d}/l_0$),

l_k die obere Pfahllänge, die statisch nicht wirksam ist. Sie beginnt am Pfahlkopf und endet beim Erreichen der Erddruckgleitfuge oder der Oberkante des tragfähigen Bodens, sofern diese tieferliegt,

l_w die statisch wirksame Verankerungslänge. Sie reicht von der Erddruckgleitfuge bzw. von der Oberkante des tragfähigen Bodens bis zum Verpressankerende bzw. Pfahlende (ohne Pfahlfuß). Dabei muss grundsätzlich gelten: $l_w \geq l_r$ und für VM-Pfähle zusätzlich: $l_w \geq 5{,}00$ m.

Der Gleitkörper wird in diesem Fall durch eine Ersatzankerwand begrenzt, die als Vertikale in der Mitte der Krafteinleitungsstrecke l_r des Verankerungselements angenommen wird. Bei Verpressankern ist die Krafteinleitungsstrecke l_r die rechnerische Verpresskörperlänge.

Die Erddruckkraft $E_{1,k}$ auf die Ersatzankerwand wird stets parallel zur Geländeoberfläche angesetzt.

Ist der Abstand a_a der Verankerung untereinander größer als die halbe rechnerische Krafteinleitungsstrecke ($a_a > 1/2 \cdot l_r$), muss die mögliche Verankerungskraft $R_{A,cal}$ mit dem Quotienten aus der halben rechnerischen Krafteinleitungsstrecke und dem Verankerungsabstand abgemindert werden:

$$R^*_{A,cal} = R_{A,cal} \cdot \frac{1/2 \cdot l_r}{a_A}$$

Die so abgeminderte mögliche Verankerungskraft ist in der Regel kleiner als die tatsächlich aufnehmbare Verankerungskraft, wenn der hinter dem Fußpunkt der Ersatzankerwand mobilisierte Herausziehwiderstand der Verankerungselemente in den Nachweisen nicht angesetzt wird.

Dieser Nachweis ist eine erhebliche Vereinfachung. Eine genauere Betrachtung ist erforderlich, wenn die Verankerungen so kurz sind, dass die rechnerische Krafteinleitungsstrecke l_r gleich der Verankerungslänge l_w außerhalb des aktiven Gleitkeils ist ($l_w = l_r$) (Heibaum, 1991).

Ein genauerer, aber auch aufwendigerer Nachweis ist möglich, indem durch Variation der Gleitflächenneigung die ungünstigste Gleitfuge unter Berücksichtigung des hinter dem Fußpunkt der Ersatzankerwand noch mobilisierbaren Herausziehwiderstands gesucht wird, in Anlehnung an DIN 4084, (Heibaum, 1987). Dabei ist der charakteristische Wert der Herausziehkraft anzusetzen, der von der hinter der Gleitfuge liegenden Kraftübertragungslänge auf den unbeeinflussten Boden übertragen wird.

Die mögliche Verankerungskraft ist bauwerksbezogen und durch Versuche nachzuweisen. Dabei ist zu beachten, dass bei Pfählen die Mantelreibung über die gesamte Pfahllänge wirkt und dadurch ggf. eine höhere zulässige Pfahllast ermittelt wird, als über die tatsächlich statisch wirksame Krafteinleitungslänge abgetragen werden kann. Für Verpresspfähle mit kleinem Durchmesser kann dem durch Freispülen des statisch nicht wirksamen Pfahlbereichs begegnet werden (siehe EA Pfähle).

9.3.9 Standsicherheit in der tiefen Gleitfuge bei Uferwänden, die in mehreren Lagen verankert sind

Bei mehrlagiger Verankerung durch Pfähle bzw. Verpressanker werden die auf die Standsicherheit in der tiefen Gleitfuge zu untersuchenden Gleitkörper durch jeweils eine Gleitfuge durch jeden der Mittelpunkte der Krafteinleitungsstrecken begrenzt.

Schneidet die tiefe Gleitfuge bei mehrlagiger Verankerung einen Pfahl bzw. Verpressanker vor oder in der Krafteinleitungsstrecke, so darf die Kraft, die hinter der Gleitfuge im unbewegten Boden übertragen werden kann, berücksichtigt werden (Kraft $P^*_{2,k}$ in Abb. 9.25). Die freigeschnittene Verankerungskraft $P^*_{2,k}$ darf aus einer gleichmäßigen Verteilung der Verankerungskraft $P_{2,k}$ über die Krafteinleitungsstrecke l_r ermittelt werden.

Für den Nachweis muss zwischen den ständigen Anteilen ($P_{G,k}$) und den veränderlichen Anteilen ($P_{Q,k}$) der Verankerungskraft für Pfähle als auch für Verpressanker unterschieden werden.

Die Standsicherheit in der tiefen Gleitfuge ist gegeben, wenn gilt:

$$\sum \left(P_{G,k} - P^*_{G,k}\right) \cdot \gamma_G \leq \frac{R_{A,cal}}{\gamma_{Ep}}$$

wobei $R_{A,cal}$ aus dem Krafteck mit ausschließlich ständigen Lasten ermittelt wird und

$$\sum \left(P_{G,k} - P^*_{G,k}\right) \cdot \gamma_G + \sum \left(P_{Q,k} - P^*_{Q,k}\right) \cdot \gamma_Q \leq \frac{R_{A,cal}}{\gamma_{Ep}}$$

wobei $R_{A,cal}$ aus dem Krafteck mit ständigen und veränderlichen Lasten ermittelt wird, mit

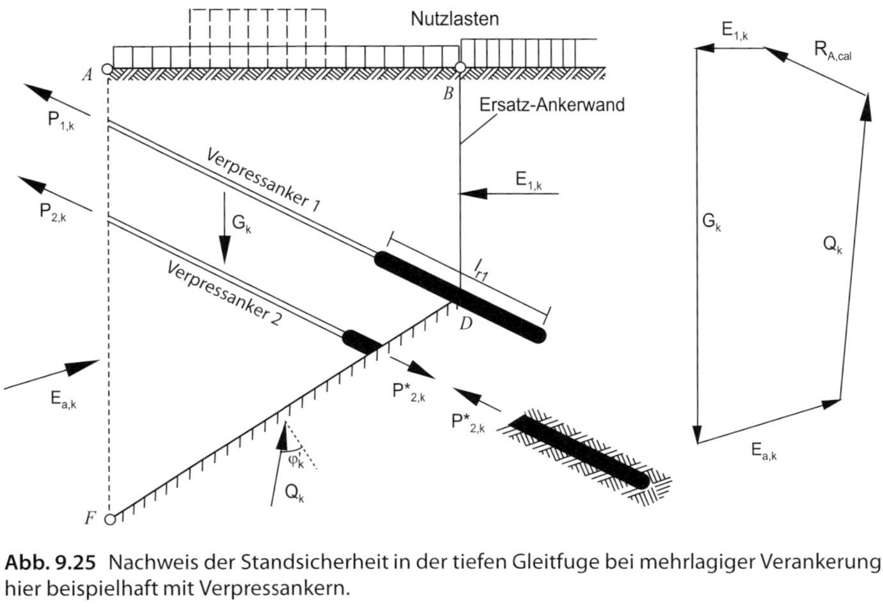

Abb. 9.25 Nachweis der Standsicherheit in der tiefen Gleitfuge bei mehrlagiger Verankerung; hier beispielhaft mit Verpressankern.

$\sum(P_{G,k} - P^*_{G,k})$ Summe aller ständigen Anteile der charakteristischen Ankerkräfte abzüglich der hinter der Gleitfuge in den unbewegten Boden übertragenen Kräfte,

$\sum(P_{Q,k} - P^*_{Q,k})$ Summe aller veränderlichen Anteile der charakteristischen Ankerkräfte abzüglich der hinter der Gleitfuge in den unbewegten Boden übertragenen Kräfte.

(Sicherheitsbeiwerte γ_i wie in Abschn. 9.3.1 angegeben.)

9.3.10 Sicherheit gegen Geländebruch

Die Nachweise der Standsicherheit in der tiefen Gleitfuge in Verbindung mit dem bei Ankerwänden und Ankertafeln zu führenden Nachweis gegen Aufbruch des Verankerungsbodens ersetzen die allgemein zu fordernde Untersuchung auf Geländebruch nach DIN 4084.

Unabhängig von der Standsicherheit in der tiefen Gleitfuge ist die Sicherheit gegen Geländebruch nach DIN 4084 dann nachzuweisen, wenn ungünstige Bodenschichten (Weichschichten unterhalb der Verankerungszone) oder hohe Lasten hinter der Ankerwand bzw. Ersatzankerwand anstehen oder wenn besonders lange Anker verwendet werden. Hinweise enthält auch DIN 1054.

Literatur

Achmus, M., Kaiser, J. und Wörden, F.T. (2005). Bauwerkserschütterungen durch Tiefbauarbeiten, Grundlagen, Messergebnisse, Prognosen. *Mitteilungen Institut für Grundbau, Bodenmechanik und Energiewasserbau (IGBE), Universität Hannover* Heft 61.

Alberts, D. (2001). Korrosionsschäden und Nutzungsdauerabschätzung an Stahlspundwänden und -pfählen im Wasserbau. 1. Tagung „Korrosionsschutz in der maritimen Technik", Germanischer Lloyd, Hamburg.

Alberts, D. und Heeling, A. (1996). Wanddickenmessungen an korrodierten Stahlspundwänden; statistische Datenauswertung. *Mitteilungsbl. BAW* Nr. 75, Karlsruhe.

Alberts, D. und Schuppener, B. (1991). Comparison of ultrasonic probes for the measurement of the thickness of sheet-pile walls. in *Field Measurements in Geotechnics*, (Hrsg.: Sørum), Balkema, Rotterdam.

Baumaschinen-LärmVO: 15. Verordnung zur Durchführung des BImSchG vom 10.11.1986 (Baumaschinen-LärmVO).

Binder, G. (2001). Probleme der Bauwerkserhaltung – eine Wirtschaftlichkeitsberechnung. BAW-Brief Nr. 1, Karlsruhe.

Blum, H. (1931). *Einspannverhältnisse bei Bohlwerken*. Berlin: Ernst & Sohn.

Clasmeier, H.-D. (1996). Ein Beitrag zur erdstatischen Berechnung von Kreiszellenfangedämmen. *Mitteilung des Instituts für Grundbau und Bodenmechanik, Universität Hannover* Heft 44.

Clausen, C.J.F., Aas, P.M. und Karlsrud, K. (2005). Bearing capacity of driven piles in sand, the NGI approach. International Symposium on Frontiers in Offshore Geotechnics (ISFOG2005), Perth, S. 677–681.

Dynamit Nobel (1993). *Sprengtechnisches Handbuch*. Troisdorf: Dynamit Nobel Aktiengesellschaft (Hrsg.).

EA Pfähle (2012). *Empfehlungen des Arbeitskreises „Pfähle"*, (Hrsg. Deutsche Gesellschaft für Geotechnik e. V.). Berlin: Ernst & Sohn.

Fages, R. und Gallet, M. (1973). Calculations for Sheet Piled or Cast in Situ Diaphragm Walls. Civil Engineering and Public Works Review, Dec.

Fages, R. und Bouyat, C. (1971). Calcul de rideaux de paroismouileeset de palplanches. *Travaux* 439: 49–51 und 441: 38–46.

Graff, M., Klages, D. und Binder, G. (2000). Mikrobiell induzierte Korrosion (MIC) in marinem Milieu. *Mater. Corros.* 51: 247–254.

DIN Deutsches Institut für Normung e. V. (Hrsg.) (2011): *Handbuch Eurocode 7 – Geotechnische Bemessung, Band 1: Allgemeine Regeln*, 1. Aufl. Berlin: Beuth.

Heibaum, M. (1987). Zur Frage der Standsicherheit verankerter Stützwände auf der tiefen Gleitfuge. Diss. TH Darmstadt, Fachbereich Konstruktiver Ingenieurbau.
Erschienen in: Franke, E. (Hrsg.): Mitteilungen des Instituts für Grundbau, Boden- und Felsmechanik der TH Darmstadt, Heft 27.

Heibaum, M. (1991). Kleinbohrpfähle als Zugverankerung – Überlegungen zur Systemstandsicherheit und zur Ermittlung der erforderlichen Länge. In: Institut für Bodenmechanik, Felsmechanik und Grundbau der Technischen Universität Graz (Veranst.): Bohrpfähle und Kleinpfähle – Neue Entwicklungen (6. Christian Veder Kolloquium). Graz, Institut für Bodenmechanik der Technischen Universität.

Hein, W. (1990). Zur Korrosion von Stahlspundwänden in Wasser. *Mitteilungsbl. BAW* Nr. 67, Karlsruhe.

Henke, S. (2011). Numerical and experimental investigations of soil plugging in open-ended piles. Tagungsband zum Workshop Ports for Container Ships of Future Generations, *Veröffentlichungen des Instituts für Geotechnik und Baubetrieb der TU Hamburg-Harburg* 22: 97–122.

Henke, S. (2012). Large deformation numerical simulations regarding the soil plugging behaviour inside open-ended piles. 31st Int. Conf. Ocean Offshore Arct. Eng., Rio de Janeiro, Brasilien, digitally published under OMAE2012-83039.

Henke, S. und Grabe J. (2008). Numerische Untersuchungen zur Pfropfenbildung in offenen Profilen in Abhängigkeit des Einbringverfahrens. *Bautechnik* 85 (8): 521–529.

Jardine, R., Chow, F., Overy, R. und Standing, J. (2005). *ICP Design Methods for Driven Piles in Sand and Clays*. London: Thomas Telford.

Kempfert, H.-G., Lüking, J. und Mardfeldt, B. (2011). Zum Ansatz von Verbundspannungen bei Verpressmörtelpfählen. *Bauingenieur* 86 (11): 464–474.

Kranz, E. (1953). *Über die Verankerung von Spundwänden*. 2. Aufl. Berlin: Ernst & Sohn.

Laumans, Q. (1977). Verhalten einer ebenen, in Sand eingespannten Wand bei nichtlinearen Stoffeigenschaften des Bodens. Baugrundinstitut Stuttgart, Mitteilung 7.

Lehane, B.M., Schneider, J.A. und Xu, X. (2005). The UWA-05 method for prediction of axial capacity of driven piles in sand. International Symposium on Frontiers in Offshore Geotechnics (ISFOG2005), Perth, 683–689.

Mahutka, K.-P., König, F. und Grabe, J. (2006). Numerical modelling of pile jacking, driving and vibro driving. Proc. Int. Conf. Numer. Simul. Constr. Process. Geotech. Eng. Urban Environ. (NSC06), Bochum, (Hrsg. T. Triantafyllidis), Balkema, Rotterdam, pp. 235–246.

Meek, J.W. (1995). Der Spitzenwiderstand von Stahlrohrpfählen. *Bautechnik* 72 (5): 305–309.

Os, P.J. van (1976). Damwandberekening: Computermodel of Blum. *Polytech. Tijdschr. Ed. B* 6: 367–378.

Randolph, M.F. (2003). Science and empiricism pile foundation design. *Géotechnique* 53 (10): 847–875.

Rausche, F., Likins, G. und Klingmüller, O. (2011). Zur Auswertung dynamischer Messungen an großen offenen Stahlrohrpfählen. Pfahl-Symposium 2011, Braunschweig, *Mitteilungen des Instituts für Grundbau und Bodenmechanik, TU Braunschweig* 94: 491–507.

Richtlinie 79/113/EWG vom 19.12.1978 zur Angleichung der Rechtsvorschriften der Mitgliedsstaaten betreffend die Ermittlung des Geräuschemissionspegels von Baumaschinen und Baugeräten (Amtsbl. EG 1979 Nr. L 33 S. 15).

Schenk, W. (1968). Verfahren beim Rammen besonders langer, flachgeneigter Schrägpfähle. *Bauingenieur* Heft 5.

Sherif, G. (1974). *Elastisch eingespannte Bauwerke. Tafeln zur Berechnung nach dem Bettungsmodulverfahren mit variablen Bettungsmoduli.* Berlin, München, Düsseldorf: Ernst & Sohn.

Weißenbach, A. (1985). *Baugruben, Teil II, Berechnungsgrundlagen.* 1. Nachdruck. Berlin: Ernst & Sohn.

Wirsbitzki, B. (1981). *Kathodischer Korrosionsschutz im Wasserbau.* Hamburg: Hafenbautechnische Gesellschaft e. V.

Normen und Vorschriften

DIN 13-1:1999-11 Metrisches ISO-Gewinde allgemeiner Anwendung – Teil 1: Nennmaße für Regelgewinde.

DIN 1054: Baugrund – Sicherheitsnachweise im Erd- und Grundbau – Ergänzende Regelungen zu DIN EN 1997-1.

DIN 4017: Baugrund – Berechnung des Grundbruchwiderstands von Flachgründungen.

DIN 4084: Baugrund – Geländebruchberechnungen.

DIN 4085: Baugrund – Berechnung des Erddrucks.

DIN 4150: Erschütterungen im Bauwesen.

DIN 18137: Baugrund – Untersuchung von Bodenproben – Bestimmung der Scherfestigkeit.

DIN 18196: Erd- und Grundbau – Bodenklassifikation für bautechnische Zwecke.

DIN 18800: Stahlbauten.

DIN 19703: Schleusen der Binnenschifffahrtsstraßen – Grundsätze für Abmessungen und Ausrüstung.

DIN 19704-1: Stahlwasserbauten – Teil 1: Berechnungsgrundlagen.

DIN 45669: Messung von Schwingungsimmissionen.

DIN EN 756: Schweißzusätze – Massivdrähte, Fülldrähte und Drahtpulver-Kombinationen zum Unterpulverschweißen von unlegierten Stählen und Feinkornbaustählen – Einteilung.

DIN EN 996: Rammausrüstung – Sicherheitsanforderungen.

DIN EN 1536: Ausführung von Arbeiten im Spezialtiefbau – Bohrpfähle.

DIN EN 1537: Ausführung von besonderen geotechnischen Arbeiten (Spezialtiefbau) – Verpressanker.

DIN EN 1990: Eurocode: Grundlagen der Tragwerksplanung.

DIN EN 1992: Eurocode 2: Bemessung und Konstruktion von Stahlbeton- und Spannbetontragwerken.

DIN EN 1993: Eurocode 3: Bemessung und Konstruktion von Stahlbauten.

DIN EN 1995: Eurocode 5: Bemessung und Konstruktion von Holzbauten.

DIN EN 1997: Eurocode 7: Entwurf, Berechnung und Bemessung in der Geotechnik.

DIN EN 10025: Warmgewalzte Erzeugnisse aus Baustählen
DIN EN 10219: Kaltgefertigte geschweißte Hohlprofile für den Stahlbau aus unlegierten Baustählen und aus Feinkornbaustählen
DIN EN 10248: Warmgewalzte Spundbohlen aus unlegierten Stählen.
DIN EN 10249: Kaltgeformte Spundbohlen aus unlegierten Stählen.
DIN EN 12063: Ausführung von besonderen geotechnischen Arbeiten (Spezialtiefbau) – Spundwandkonstruktionen.
DIN EN 12699: Ausführung spezieller geotechnischer Arbeiten (Spezialtiefbau) – Verdrängungspfähle.
DIN EN 14199: Ausführung von besonderen geotechnischen Arbeiten (Spezialtiefbau) – Pfähle mit kleinen Durchmessern (Mikropfähle).
DIN EN ISO 2560: Schweißzusätze – Umhüllte Stabelektroden zum Lichtbogenhandschweißen von unlegierten Stählen und Feinkornstählen – Einteilung.
DIN EN ISO 12944: Beschichtungsstoffe – Korrosionsschutz von Stahlbauten durch Beschichtungssysteme.
DIN EN ISO 14341: Schweißzusätze – Drahtelektroden und Schweißgut zum Metall-Schutzgasschweißen von unlegierten Stählen und Feinkornstählen – Einteilung.
DIN EN ISO 14688: Geotechnische Erkundung und Untersuchung – Benennung, Beschreibung und Klassifizierung von Boden.
DIN EN ISO 15614: Anforderung und Qualifizierung von Schweißverfahren für metallische Werkstoffe – Schweißverfahrensprüfung.
Ergänzende Festlegungen zu DIN EN 1537:2001-01, Ausführung von besonderen geotechnischen Arbeiten (Spezialtiefbau) – Verpressanker.
Ergänzende Festlegungen zu DIN EN 12699:2001-05, Ausführung spezieller geotechnischer Arbeiten (Spezialtiefbau) – Verdrängungspfähle.
Ergänzende Festlegungen zu DIN EN 14199:2012-01, Ausführung von besonderen geotechnischen Arbeiten (Spezialtiefbau) – Pfähle mit kleinen Durchmessern (Mikropfähle).
ISO 13.

10
Uferwände, Ufermauern und Überbauten aus Beton

10.1 Allgemeines

Der Einsatz von Beton als Baustoff bei Ufereinfassungen ist vielseitig. Beton kommt für die Errichtung von Stützwänden und Schwergewichtsbauwerken ebenso wie für die Errichtung einzelner Teile einer Ufereinfassung wie z. B. Überbauten zum Einsatz. Aufgrund der vielfältigen Möglichkeiten der Formgebung können unterschiedlichste Bauwerke wirtschaftlich mit erprobten Bauweisen realisiert werden.

Neben der Verarbeitung als Ort- bzw. Transportbeton besteht durch den Einsatz von (Teil-)Fertigteilen ein vielfältiges Anwendungsspektrum für Beton als Baustoff bei Ufereinfassungen. Entscheidend für die Funktionalität und Dauerhaftigkeit sind die sachgerechte Planung, Bauausführung und Unterhaltung.

Ufereinfassungen sind neben der statischen Beanspruchung auch Angriffen durch wechselnde Wasserstände, betonaggressive Wässer und Böden, Eisangriff, Schiffsstoß und chemischen Angriffen ausgesetzt. Beanspruchungen aus Temperatur sowie Kriechen und Schwinden sind ebenfalls zu berücksichtigen. Es genügt daher nicht, Betonbauteilen von Ufereinfassungen allein nach statischen Anforderungen zu bemessen.

Neben der Beanspruchung von Ufereinfassungen durch Erd- und Wasserdruck und den Betrieb sind bei der Planung von Betonbauwerken vor allem die hohe mechanische Beanspruchung, die Beanspruchung infolge Temperaturwechsel sowie die chemische Beanspruchung der Bauteiloberflächen zu berücksichtigen.

Ufereinfassungen sind fast immer Ingenieurbauwerke mit sehr großen Abmessungen. Die Hydratationswärmeentwicklung von Beton kann bei massigen Bauteilen zu großen Temperaturunterschieden zwischen Kernbeton und Betonoberfläche führen und die Gefahr von Rissen durch Zwangsspannungen herbeiführen. Die Zusammensetzung der Massenbetone ist daher von entscheidender Bedeutung für ein dauerhaftes und robustes Bauwerk.

Die vorgesehene Nutzungsdauer ist zu berücksichtigen. Diese kann bei Hafenbauwerken geringer sein als bei Bauwerken des allgemeinen Ingenieurbaus oder des Verkehrswasserbaus.

Maßgebend sind zusätzlich die Forderungen nach einfacher Bauausführung ohne schwierige Schalungen, nach einem günstigen Einbinden von Spundwänden, Pfählen und dergleichen. Dies kann zu statisch-konstruktiven Maßnahmen führen, die über die Mindestanforderungen von DIN EN 1992-1-1 hinausgehen können.

Bei Ufermauern in Spundwandbauweise mit Stahlbetonüberbau wird der Stahlbetonquerschnitt etwa 15 cm wasserseitig gegenüber der Vorderflucht der Spundwand versetzt. Die Unterkante des Stahlbetonüberbaus sollte aus Korrosionsschutzgründen min-

Empfehlungen des Arbeitsausschusses „Ufereinfassung“ (EAU 2020), Hrsg. HTG und DGGT, 12. Aufl.
© 2021 Ernst & Sohn GmbH & Co. KG. Published 2021 by Ernst & Sohn GmbH & Co. KG.

destens 1 m über Tidehochwasser bzw. den mittleren Wasserstand angeordnet werden. Der Übergang von Spundwand und Überbau wird etwa unter 2 : 1 geneigt ausgeführt, um ein Unterhaken von Schiffen und Lastaufnahmemitteln zu verhindern und erhält zweckmäßig einen abgekanteten Stahlblechschutz, der sowohl an der Spundwand als auch am Überbau fluchtgerecht anschließt (siehe z. B. Abb. 7.53)

Alle Maßnahmen und Anforderungen sind in einem Pflichtenheft als Entwurfsgrundlage zusammenzufassen und zwischen Bauherrn, Entwurfsbearbeiter, Prüfingenieur für Baustatik und zuständiger Bauaufsichtsbehörde abzustimmen.

10.2 Baustoffe

10.2.1 Beton

Die Festigkeits- und Formänderungskennwerte sind DIN EN 1992-1-1, Abschn. 3.1. zu entnehmen. Die Betoneigenschaften sind unter Beachtung von DIN EN 1992-1-1, Abschn. 4 und nach DIN EN 206-1 in Verbindung mit DIN 1045-2 festzulegen.

Bei der Auswahl der Betone sind die zutreffenden Expositionsklassen unter Beachtung der Umgebungsbedingungen maßgebend. Über die Expositionsklassen regeln sich die Mindestanforderungen für die Betongüte, die Betondeckung und die Nachweise zur Begrenzung der Rissbreiten.

Für typische Bauteile von Uferbauwerken im nordeuropäischen Raum sind in den Abb. 10.1 und 10.2 Zuordnungen zu den Expositionsklassen sowohl für Meerwasser als auch für Süßwasser vorgenommen.

Die Expositionsklasse bei chemischem Angriff durch natürliche Böden und Grundwasser richtet sich nach DIN EN 206-1, Tab. 2 in Verbindung mit DIN 4030.

Problematisch kann die Einhaltung der Anforderungen der Expositionsklasse XF4 bei massigen Bauteilen sein, da die zur Reduzierung der Wärmeentwicklung erforderlichen Maßnahmen bezüglich Bindemittelauswahl und -menge und der Einsatz von Betonzusatzstoffen ggf. nachteilige Auswirkungen auf den im CDF-Verfahren nachzuweisenden Frostwiderstand haben können. Von großer Bedeutung ist hier die Auswahl geeigneter

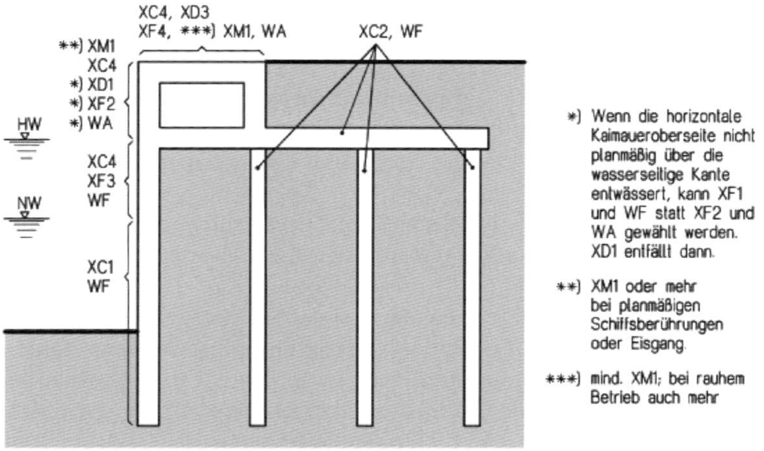

Abb. 10.1 Beispiel für die Expositionsklassen einer Kaimauer im Süßwasser mit Tideeinfluss.

Ausgangsstoffe. Sofern aufgrund der vor Ort zu erwartenden Einwirkungen und unter Berücksichtigung der angestrebten Nutzungsdauer ein geringerer Frostwiderstand des Betons ausreichend ist, kann im Einzelfall bauwerks- und standortbezogen eine von der Norm abweichende Festlegung getroffen werden. Nach den bauaufsichtlichen Vorschriften ist hierfür in der Regel eine Zustimmung im Einzelfall erforderlich.

Um diesen Zielkonflikt zu entschärfen wird in neueren Wasserbauwerken teilweise die zonierte Bauweise eingesetzt, bei der unterschiedliche Betone als Kern- und Randbeton eingebaut werden (Morgen et al., 2005; Morgen, 2012).

Die in Abhängigkeit von den Expositionsklassen zu wählenden Festigkeitsklassen, die Mindestzementgehalte, die maximalen Wasser-Zement-Werte sowie weitere Anforderungen ergeben sich aus DIN EN 206-1 in Verbindung mit DIN 1045-2 und bei massigen Bauteilen (kleinste Abmessungen $\geq$ 80 cm) nach der DAfStb-Richtlinie „Massige Bauteile aus Beton“. Weitergehende Regelungen für Wasserbauwerke aus Beton und Stahlbeton enthalten die ZTV-W LB 215.

Beton für tragende Bauteile von Wasserbauwerken sollte in der Regel die Festigkeitsklasse C20/25 nicht unterschreiten. Der Wasserzementwert von Beton für Wasserbauwerke darf einen Wert von 0,65 nicht überschreiten.

Bei großer Längsausdehnung der Betonbauteile (vgl. Abschn. 10.3.4) und bei großen Querschnitten ist auf eine schwindarme Betonrezeptur und eine Rezeptur mit geringer Hydratationswärmeentwicklung zu achten.

Wichtig für die Dauerhaftigkeit des Bauwerks sind ein möglichst dichter Beton, eine intensive Nachbehandlung und eine ausreichende Betonüberdeckung der Stahleinlagen.

Sie ist größer zu wählen als nach DIN EN 1992-1-1 und sollte mindestens $c_{\min}$ = 50 mm, das Nennmaß sollte c_{nom} = 60 mm betragen. Hinsichtlich der Beschränkung der Rissbreite unter Gebrauchslast ist Abschn. 10.3.5 zu beachten.

Die Einstufung in die Expositionsklasse XA muss in Abhängigkeit der Agressivität des Bodens und des Wassers gemäß Bodengutachten erfolgen.

Bei anspruchsvollen Bauwerken mit komplizierten Einbaubedingungen kann die Ausführung einer Probefläche sinnvoll sein.

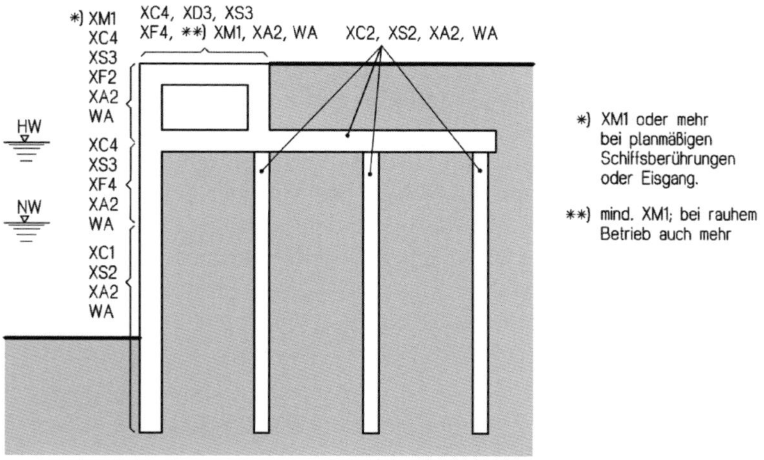

Abb. 10.2 Beispiel für die Expositionsklassen einer Kaimauer im Meerwasser.

Zur Verbesserung der Qualität der Betonoberfläche können wasserabführende Schalungsbahnen eingesetzt werden. Dies ist im Einzelfall mit dem Bauherrn abzustimmen.

Bei Tiefgründungen und Schlitzwandbauweisen muss der Beton in der Regel im Kontraktorverfahren eingebaut werden. Für diese Anwendung gibt der „Leitfaden Kontraktorbeton für Tiefgründungen" (EFFC und DFI, 2018) zusätzliche Hinweise.

10.2.2 Betonstahl

Der zur Bewehrung von Stahlbetonbauteilen verwendete Stahl wird als Betonstahl bezeichnet. Bei Betonstählen handelt es sich um Bauprodukte, die gezielt für die Verwendung im Stahlbetonbbau hergestellt werden und hinsichtlich der notwendigen Eigenschaften optimiert wurden.

Betonstähle werden in Betonstabstähle und Betonstahlmatten eingeteilt. Die Anforderungen an den Betonstahl sind in DIN EN 10080 geregelt. Spezielle Betonstähle sind im Rahmen von allgemeinen bauafsichtlichen Zulassungen geregelt.

Die Bewehrungsanordnung ist nach statisch-konstruktiven Gesichtspunkten zu wählen. Dabei ist insbesondere bei geometrisch unregelmäßigen Bauteilabmessungen auf einen einfachen Einbau der Bewehrung und einen ausreichenden Stababstand für Einbau und Verdichtung des Betons besonderes Augenmerk zu legen. Bei Stahlbetonbauteilen von Ufereinfassungen ist i. d. R. jede Bauteiloberfläche kreuzweise zu bewehren.

10.3 Konstruktion und Bauausführung

10.3.1 Arbeitsfugen

Arbeitsfugen sind so weit wie möglich zu vermeiden. Unvermeidbare Arbeitsfugen sind vor Beginn der Betonierarbeiten planerisch festzulegen und so auszubilden, dass eine ausreichende Schubkraftübertragung gegeben ist und die Dauerhaftigkeit des Bauteils durch die Arbeitsfuge nicht beeinträchtigt wird. Hierzu sind eine sorgfältige Vorbereitung der Arbeitsfugen und gegebenenfalls eine entsprechende Nachbearbeitung (z. B. Einbau von Injektionsschläuchen und deren planmäßige Verpressung) erforderlich.

Rippenstreckmetall oder dergleichen sowie Zementschlempe und loser Beton sind vor der Betonage des Anschlussbauteils vollständig zu entfernen. Es ist bewährte Praxis, bei den Oberflächen des Erstbetons durch Hochdruckwasserstrahlen das Korngerüst freizulegen und beim Zweitbeton eine mörtelreiche Vorlaufmischung als Fallpolster und zur Verbesserung der Haftung zu verwenden. Die Anforderungen an die Rauigkeit der Arbeitsfugen sind gem. DIN EN 1992-1-1 zu definieren. Bei Wasserbauwerken sind in der Regel für nicht geschalte Oberflächen die Anforderunegn der Kategorie „verzahnt" und für geschalte Oberflächen die Anforderungen der Kategorie „rau" einzuhalten. Vertikale Arbeitsfugen sollten zur Verbesserung der Robustheit der Bauteile versetzt angeordnet werden.

10.3.2 Raumfugen

Bei Linienbauwerken ist grundsätzlich abzuwägen ob eine Konstruktion mit oder ohne Raumfugen angestrebt wird. Raumfugen stellen hohe Anforderungen an die baulichen Durchbildung und die Ausführung und sind im Betrieb aufwändig instand zu halten.

Raumfugen werden i. d. R. so ausgebildet, dass Längenänderungen der Blöcke nicht behindert werden. Wird eine gegenseitige Stützung der einzelnen Bauwerksblöcke in Querrichtung angestrebt sind die Bewegungsfugen zu verzahnen oder zu verdübeln. Raumfugen sind grundsätzlich gegen ein Auslaufen der Hinterfüllung zu sichern. Bei Einsatz dauerelastischer Fugenmaterialien sind die Auswirkungen der vorherrschenden Umweltbedingungen sowie die Materialermüdung zu berücksichtigen.

Fugenüberspannende Bauteile, wie z. B. Kranschienen für Containerbrücken sind mittels Koppelträgern o. ä. zu realisieren. Der Übergang zwischen Überbau bzw. Kopfbalken zur durchgehenden Uferspundwand ist im Fugenbereich beweglich zu gestalten (Abschn. 7.2.12.4).

10.3.3 Schalungen

Im Einflussbereich von Tide und Wellengang sind aufwändige Schalungen weitestgehend zu vermeiden. Betonierarbeiten im Einflussbereich von Tide und Wellengang sollten möglichst in Perioden ruhigen Wetters ausgeführt werden. Schalungen im Kaimauerbau sind gegen Abheben infolge Auftrieb und Slamming zu sichern.

Schwer zugängliche Bereiche können unter Verwendung verlorener Schalung errichtet werden. Die verlorene Schalung ist dauerhaft mit dem Betonbauwerk zu verbinden.

10.3.4 Fugenlose Bauweise

Kaimauern werden zunehmend in fugenloser Bauweise ausgeführt, um die Nachteile der Raumfugen wie z. B. schwierige, fehleranfällige konstruktive Ausbildung und statische Nachteile z. B. bei der Aufnahme von Horizontalkräften zu vermeiden (Morgen et al., 2005).

Bei der fugenlosen Ausbildung von Uferbauwerken sind insbesondere die Zwangsbeanspruchungen aus abfließender Hydratationswärme, Setzungsdifferenzen, Schwinden und klimabedingten Temperaturschwankungen zu berücksichtigen (Morgen, 2012).

10.3.5 Rissbreitenbegrenzung

Um die ordnungsgemäße Nutzung und Dauerhaftigkeit bewehrter Ufereinfassungen nicht zu beeinträchtigen ist die Rissbreite zu begrenzen. Bei einer Beschränkung der Rissbreiten auf $w_k \leq 0{,}25$ mm kann i. d. R. von einem ausreichenden Korrosionsschutz der Bewehrung und einer ausreichenden Wasserundurchlässigkeit ausgegangen werden. Über die zulässige Rissbreite hinausgehende Risse müssen dauerhaft injiziert werden.

Bei ungünstigen Umgebungsrandbedingungen wie z. B. Chloridbeaufschlagung, bei zu erwartenden durchströmten Trennrissen oder bei der Verwendung von Spannstahl können verschärfte Anforderungen an die Rissbreitenbeschränkung oder auch Sondermaßnahmen erforderlich werden.

Die Beschränkung der Rissbreiten bei großen Querschnittsabmessungen kann durch eine Mindestbewehrung nach dem BAW-Merkblatt „Rissbreitenbegrenzung für frühen Zwang in massiven Wasserbauwerken (MFZ)“ (BAW-Merkblatt, 2011) erreicht werden.

Eine Novellierung dieses Merkblattes „Rissbreitenbegrenzung für Zwang in massiven Wasserbauwerken (E-BAW-Merkblatt MRZ)“ befindet sich zurzeit im Entwurfsverfahren (BAW-Merkblatt, 2011).

Ergänzend oder auch als Alternative zum rechnerischen Nachweis kann auch ein kathodischer Korrosionsschutz der Bewehrung zum Einsatz kommen. Hinweise zur Auslegung finden sich in HTG (1994).

Eine sinnvolle Betonierfolge, bei der die Eigenverformungen nachfolgender Betonierabschnitte infolge abfließender Hydratationswärme und Schwinden nicht durch bereits hergestellte Bauwerksteile behindert werden, kann die Zwangsbeanspruchung reduzieren. Dies kann bei größeren Bauteilen – z. B. einer Pierkonstruktion – erreicht werden, wenn Balken und Platten in einem Betoniervorgang hergestellt werden.

10.4 Bauweisen

10.4.1 Betonwände

10.4.1.1 Allgemeines

Betonwände können als Alternative zu Spundwänden bei entsprechender Ausbildung, konstruktiver Gestaltung und Bemessung beim Bau von Ufereinfassungen angewendet werden. Für sie spricht neben wirtschaftlichen und technischen Gründen auch die Möglichkeit einer weitgehend erschütterungsfreien und lärmarmen Bauausführung.

Betonwände können nur unter großem Aufwand in freiem Wasser hergestellt werden. Daher liegt ihr Haupteinsatzgebiet in der Herstellung von Land aus mit anschließender Abgrabung vor der Wand. Als Bauweisen kommen Bohrpfahlwände ebenso wie Schlitzwände in Betracht.

Aufgrund ihrer hohen Steifigkeit und der daraus resultierenden, gegenüber Spundwandkonstruktionen geringen Verformungen sind Schlitz- und Bohrpfahlwände in der Regel für einen erhöhten aktiven Erddruck zu bemessen. Der Erddruckansatz ist im Einzelfall auf Grundlage des Verformungsverhaltens der Wand festzulegen. Bzgl. des Ansatzes der Erddruckneigungswinkel s. Abschn. 8.2.5. Eine Umlagerung des Erddrucks in Anlehnung an Abschn. 8.2.3.2 ist möglich. Für eine realistische Verformungsbetrachtung sind neben der Steifigkeit der Wand auch die Nachgiebigkeit der Verankerung und die Nachgiebigkeit des Fußauflagers zu berücksichtigen.

10.4.1.2 Bohrpfahlwände

Für die Herstellung von Bohrpfahlwänden gelten DIN EN 1536 und DIN SPEC 18140 sowie die Empfehlung des Arbeitskreises Pfähle (EA Pfähle, 2012). Bohrpfahlwände können als überschnittene oder tangierende Bohrpfahlwände ausgeführt werden.

Bei überschnittenen Bohrpfahlwänden ist der Achsabstand der Einzelpfähle kleiner als der Pfahldurchmesser. Nach Herstellung der unbewehrten Primärpfähle werden diese durch die Herstellung der bewehrten Sekundärpfähle angeschnitten. Die Überschneidung beträgt i. d. R. 10–15 % des Durchmessers des Einzelpfahls, mindestens jedoch 10 cm. Die Überschneidung am Pfahlansatzpunkt ist so zu wählen, dass auch unter Berücksichtigung der Herstelltoleranzen ein ausreichender Überschnitt bis in die erforderliche Tiefe gewährleistet ist. Die Betonrezeptur der Primärpfähle ist so zu wählen, dass die Festigkeit der Primärpfähle beim Anschneiden – abhängig von der Leistung des Bohrgeräts – 3–10 MPa möglichst nicht überschreitet. Bei sachgerechter Herstellung sind überschnittene Bohrpfahlwände technisch wasserdicht. Beanspruchungen in Längsrichtung der Wand können außer durch lastverteilende Kopfbalken bei ausreichender Rauigkeit der Schnittflächen in gewissem Umfang auch über eine Scheibenwirkung der Wand abgetragen werden.

Bei tangierenden Bohrpfahlwänden ist der Achsabstand der Einzelpfähle aus herstellungstechnischen Gründen geringfügig größer als der Pfahldurchmesser. In der Regel ist jeder Pfahl bewehrt. Die Wasserdichtigkeit tangierender Bohrpfahlwände kann nur durch zusätzliche Maßnahmen erreicht werden. Ein Scheibenwirkung der Wand kann nicht vorausgesetzt werde.

Die Herstellung von Bohrpfahlwänden setzt eine hohe Bohrgenauigkeit voraus, die eine ausreichende Führung des Bohrrohrs erfordert. Bohrungen für Bohrpfahlwände werden verrohrt im Drehbohr- oder Greiferbohrverfahren ausgeführt. Bohrhindernisse können durch Meißeln oder Durchkernen beseitigt werden. Unterhalb des Grundwassers ist die Bohrung unter Wasserauflast im Bohrrohr zur Vermeidung eines hydraulischen Grundbruchs mit Bodenentzug an der Bohrlochsohle auszuführen.

Die Pfahlbewehrung ist grundsätzlich radialsymmetrisch im Pfahl anzuordnen, da ein unbeabsichtigtes Verdrehen des Korbs beim Ziehen der Verrohrung nicht auszuschließen ist. Ein unbeabsichtigtes Ziehen des Bewehrungskorbs kann durch entsprechende Fußausbildung des Korbes und durch Abstimmung des Größtkorns auf den Zwischenraum zwischen Korb und Bohrrohr vermieden werden. Um Verformungen des Bewehrungskorbs auszuschließen und die erforderliche Betondeckung einzuhalten sind die Bewehrungskörbe in ausreichendem Abstand auszusteifen und mit Abstandhaltern zu versehen. Anhaltspunkte für die konstruktive Gestaltung der Pfahlbewehrung enthält ZTV-ING (2019). Anschlüsse an benachbarte Konstruktionsteile können über entsprechende Anschlussbewehrung am Pfahlkopf hergestellt werden.

Sofern die Pfähle nicht in eine ausreichend steife Überbaukonstruktion einbinden, sind zur Aufnahme der Ankerkraft in der Regel lastverteilende Gurte erforderlich. Bei rückverankerten überschnittenen und tangierenden Bohrpfahlwänden kann bei mindestens mitteldicht gelagerten nichtbindigen bzw. halbfesten bindigen Böden auf Gurte verzichtet werden, wenn bei überschnittenen Wänden mindestens jeder zweite Pfahl, bei tangierenden Wänden jeder zweite Zwickel zwischen den Pfählen durch einen Anker gehalten wird. Anfangs- und Endbereiche von Pfahlwand sind unabhängig davon auf ausreichender Länge mit zugfesten Gurten zu versehen.

10.4.1.3 Schlitzwände

Für die Herstellung von Schlitzwänden gilt DIN EN 1538. Schlitzwände werden durch Einbringen von Bewehrung und Beton in einem im Boden unter Verwendung einer Stützflüssigkeit ausgehobenen Schlitz hergestellt. Bei sachgerechter Ausbildung der Fugen zwischen den einzelnen Lamellen sind Schlitzwände technisch wasserdicht. Ein Scheibenwirkung der Wand kann nicht vorausgesetzt werden. Hohe Anforderungen an die Oberfläche können mit in den Schlitz eingehängten Fertigteilen erzielt werden, deren Einsatz aber wegen des hohen Eigengewichts auf Tiefen von 12–15 m begrenzt ist.

Bei Schlitzwänden ist zusätzlich für den Bauzustand der Nachweis der Standsicherheit des flüssigkeitsgestützten Schlitzes nach DIN 4126 zu erbringen. Bei der Errichtung von Schlitzwänden in Tidegebieten ist dabei der kritische Grundwasserstand festzulegen. Bei zu erwartender Überschreitung des kritischen Grundwasserstandes sind offene Schlitze rechtzeitig zu verfüllen. Im Hinblick auf einen möglicherweise verbleibenden Restfilm der Stützflüssigkeit am Bewehrungsstahl ist für horizontale Bewehrungseisen von mäßigen Verbundbedingungen auszugehen.

Als Stützflüssigkeit wird im Zuge der Herstellung von Schlitzwänden eine Ton- oder Bentonitsuspension verwendet. Bei entsprechender Salinität des Grundwassers kann das Ionengleichgewicht der Stützsuspension ungünstig verändert werden wodurch Ausflockungen entstehen, die die Stützwirkung der Suspension herabsetzen. Bei entsprechenden Randbedingungen sind daher vor Bauausführung Eignungsprüfungen durchzuführen, die die Salzgehalte des Wassers, die Bodenverhältnisse und andere etwaige Besonderheiten zutreffend berücksichtigen. Gleiches gilt bei chemischer Belastung des Bodens oder bei Durchfahren organischer Bodenschichten. Die Prüfverfahren für stützende Flüssigkeiten und deren Ausgangsstoffe sind in DIN 4127 geregelt.

Beim Entwurf der Bewehrung müssen für den Betonfluss ungünstige Bewehrungskonzentrationen und Aussparungen vermieden werden. Um die Betonüberdeckung sicherzustellen, sind großflächige Abstandhalter in reichlicher Anzahl anzuordnen. Die ausreichende Aussteifung der Körbe ist sicherzustellen ZTV-ING (2019).

10.4.2 Stützmauern

Stützmauern sind i. d. R. massive Stahlbetonkonstruktionen, die im Schutze einer trockenen Baugrube hergestellt werden. Bewährt haben sich Winkelstützwände mit erdseitigem Sporn (Abb. 10.3). Diese stellen aufgrund ihrer großen Aufstandsfläche und des gegenüber einer Schwergewichtsstützmauer geringeren Materialeinsatzes oft eine wirtschaftliche Konstruktionsart dar.

Aufgrund der großen Abmessungen handelt es sich bei Stützmauern um massige Bauteile. Die spezifischen Anforderungen an die Massenbetone sind während der Planung und Ausführung zu berücksichtigen.

Stützmauern erfordern ein ausreichend tragfähiges Gründungsplanum. Um der Gefahr eines Bodenaustrags bei Unterströmung der fertigen Konstruktion zu begegnen ist die Filterstabilität der Gründungssohle nachzuweisen. Zum Abbau hoher Wasserüberdrücke können Rückstauentwässerungen nach Abschn. 7.3 vorgesehen werden. Wenn im Gründungsbereich wenig tragfähige oder nicht filterstabile Bodenschichten vorhanden sind, müssen diese vorher ausgeräumt und durch geeignetes Material ersetzt werden (Abschn. 5.9). Um bei feinkörnigem, nichtbindigem Baugrund ein Einsinken des Gründungspolsters zu vermeiden, ist ggf. das Porenvolumen des Gründungspolsters mit geeignetem gekörnten Mischkies aufgefüllt werden. Außerdem kann zwischen Gründungspolster und gewachsenem Boden ein Mischkiesfilter, ggf. in Kombination mit einem Geotextil angeordnet werden.

10.4.3 Blockbauweise

Ufereinfassungen in Blockbauweise bestehen aus großformatigen Betonblöcken, die untereinander nicht verbunden sind, s. Abb. 10.4. Abmessungen und Gewicht der einzelnen Blöcke werden anhand der Fertigungs- und Transportmöglichkeiten, der Leistung der Geräte für das Versetzen sowie den zu erwartenden Verhältnissen im Bau- und im Betriebszustand festgelegt. Aus wirtschaftlichen Gesichtspunkten sollten wenige, große Blöcke gewählt werden, da dadurch die Zeitdauern für das Ein- und Ausschalen, den Transport und das Verlegen gering gehalten werden. Bei Einbau mit schwimmendem Gerät werden häufig Blöcke mit 600–800 kN wirksamer Einbaulast gewählt.

Für die Hinterfüllung einer Ufermauer in Blockbauweise kommen unterschiedliche Materialien zum Einsatz. Zwischen einer Hinterfüllung mit Grobmaterial und einer anschließenden Auffüllung ist ein dauerhaft wirksamer Filter anzuordnen, der Ausspülungen mit Sicherheit verhindert.

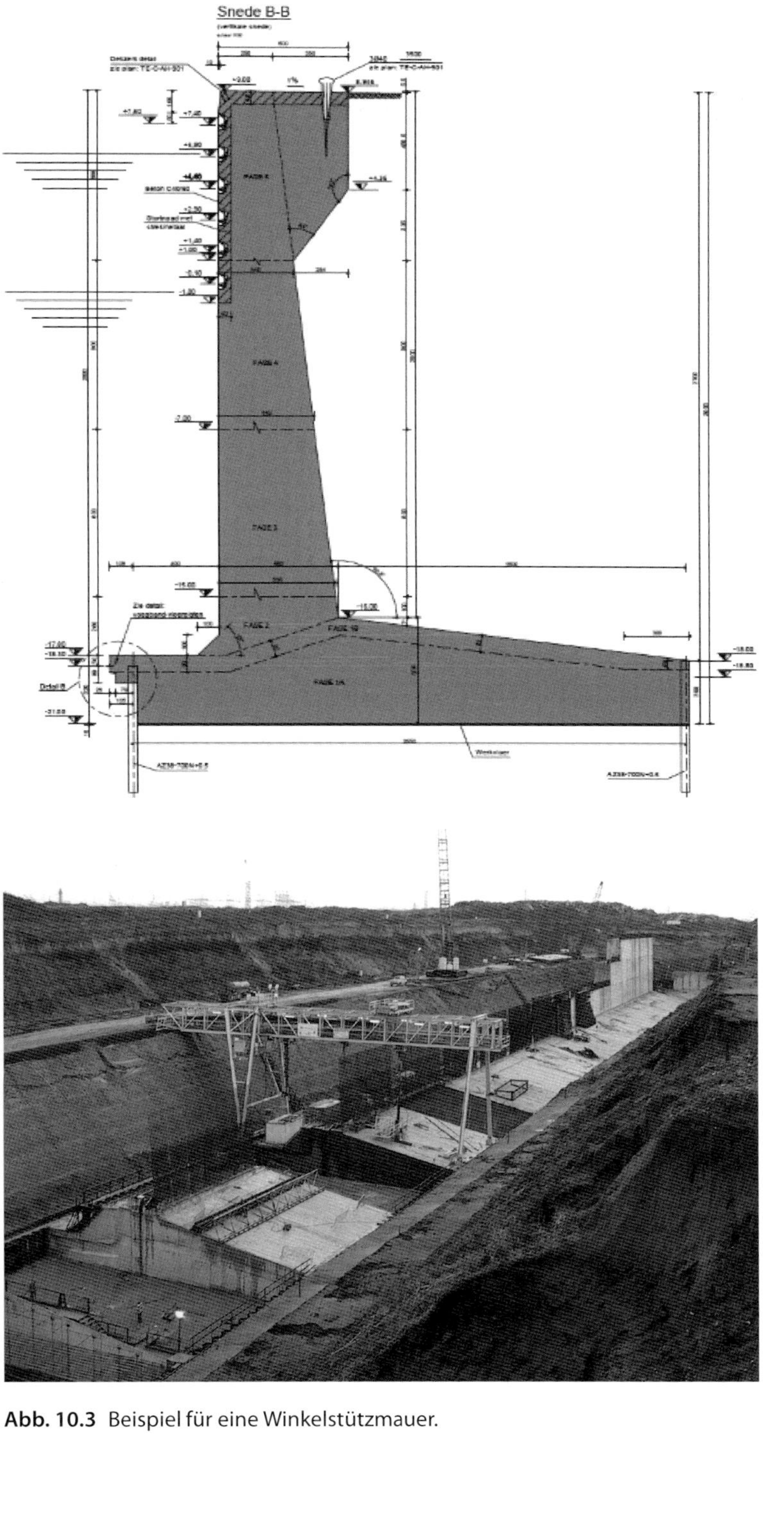

Abb. 10.3 Beispiel für eine Winkelstützmauer.

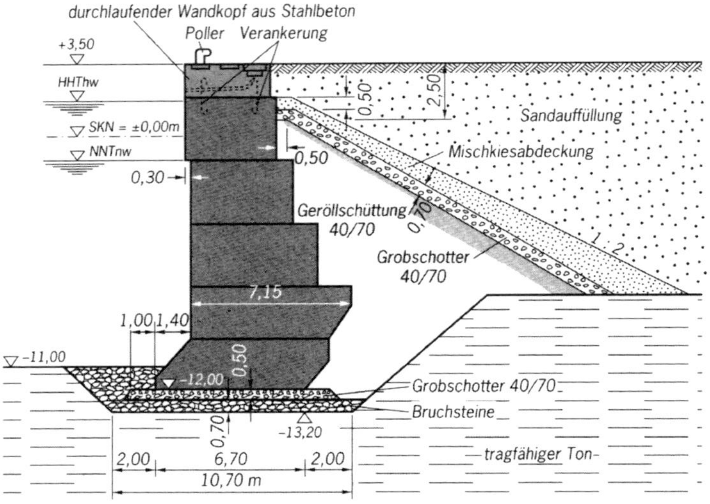

Abb. 10.4 Querschnitt durch eine Ufermauer in Blockbauweise.

Die Blockbauweise bietet sich vor allem in Gebieten mit stärkerem Wellengang an. Sie erfordert neben dem Einsatz schwerer Geräte einen aufwändigen Tauchereinsatz, um insbesondere die sorgfältige Ausführung der Verlegearbeiten zu gewährleisten und zu überwachen.

Für Schwergewichtsmauern in Blockbauweise sind die Nachweise der Kipp- und Gleitsicherheit in allen Fugen, der Grundbruchsicherheit, und der Geländebruchsicherheit zu erbringen. Bei allen Nachweisen darf aufgrund der Nachgiebigkeit der Konstruktion der aktive Erddruck in Ansatz gebracht werden. Die Anmerkungen zum Gründungsplanum in Abschn. 10.4.2 gelten auch hier.

Die Fugen zwischen den einzelnen Blöcken werden üblicherweise wasserdurchlässig ausgeführt, da eine dauerhafte Abdichtung erfahrungsgemäß nicht möglich ist. Bei entsprechender Fugenausbildung und einer hohen Durchlässigkeit der Hinterfüllung wird ein schneller Wasserspiegelausgleich gewährleistet. In diesen Fällen darf der Wasserüberdruck auf die Ufermauer mit der halben Höhe der signifikanten Wellenhöhe in ungünstigster Höhenlage berücksichtigt werden. In Zweifelsfällen können zusätzlich auch bei Wellenschlag verlässlich arbeitende Rückstauentwässerungen angeordnet werden.

Die Auswirkungen des Wasserdrucks in den Blockfugen bei auf- und ablaufenden Wellen sind zu bewerten. Insbesondere der Druckabfall bei ablaufenden Wellen erfolgt in engen Fugen verzögert und ist bei der Bemessung zu berücksichtigen.

Die Blockbauweise ist bei Randbedingungen, bei denen das Auftreten brechender Wellen nicht ausgeschlossen werden kann (näherungsweise $d < 1{,}5H$, Abschn. 4.3.5 und 4.3.6.2) nicht geeignet

Der Querschnitt einer Blockmauer ist so auszubilden, dass für die Beanspruchung infolge ständiger Einwirkungen eine möglichst gleichmäßig verteilte Sohlspannung auftritt. Dies kann durch eine geeignete Fußausbildung mit einem wasserseitig auskragendem und einem landseitig rückspringendem Sporn der unteren Blöcke erreicht werden. Um in allen Bauzuständen eine gleichmäßige Verteilung der Sohlspannungen sicherzustellen wird empfohlen, die Blöcke baubegleitend zu hinterfüllen. In den Blockfugen ist infolge der aus ständigen und veränderlichen Einwirkungen resultierenden charakteristischen Beanspruchung eine klaffende Fuge bis zur Schwerachse zulässig.

Die Berechnung des Kopfbalkens kann im Allgemeinen an einem gebetteten Balken erfolgen. Sofern mit einer Bandbreite der Setzungen zu rechnen ist, sind die Schnittkräfte des Wandkopfs durch Sensitivitätsuntersuchungen der Bettungssteifigkeit zu ermitteln.

Kaimauern in Blockbauweise müssen auf eine gut geebnete ausreichend tragfähige Gründungssohle aus Steinen, Kies oder Sand abgesetzt werden.

Die einzelnen Blöcke sind so zu formen und zu verlegen, dass Einbauschäden vermieden werden. Werden die Blöcke lotrecht übereinander gestapelt, was bei setzungsempfindlichem Untergrund empfehlenswert ist, lassen sich größere Fugenbreiten nur mit hohem Aufwand vermeiden. Sie können bei geeignetem Hinterfüllungsmaterial aber auch in Kauf genommen werden. Alternativ können die Blöcke mit Nut und Feder oder I-förmig miteinander verzahnt werden. Sollen in der Lotrechten durchlaufende Fugen vermieden werden, so kann dies z. B. erreicht werden, wenn die Blöcke in einer Neigung von 10°–20° gegen die Lotrechte verlegt werden. Das Auflager kann z. B. aus waagerecht verlegten Blöcken, einem abgesenkten Schwimmkasten oder dergleichen geschaffen werden, den Übergang bilden keilförmige Blöcke. Letztere können auch eingesetzt werden, wenn eine Neigungskorrektur erforderlich wird. Durch die geneigte Einbaulage der Blöcke wird eine möglichst geringe Fugenbreite zwischen den einzelnen Blöcken erreicht, jedoch die Anzahl der Blocktypen vergrößert. Alle Blöcke erhalten bei dieser Ausführung in den Seitenflächen nut- und federartige Verzahnungen. Der Federvorsprung liegt an der Außenseite der bereits verlegten Blöcke, sodass die weiteren Blöcke beim Einbau mit ihrer Nut über diese Feder geführt nach unten rutschen.

Am Kopf einer Blockmauer wird üblicherweise ein Stahlbetonkopfbalken angeordnet. Dieser dient dem Ausgleich von Setzungsdifferenzen der Mauer und zur Aufnahme der Ausrüstungselemente. Werden Kranschienen bei Blockmauern angeordnet sind diese in den Fugenbereichen konstruktiv gegen lokale Setzungsdifferenzen zu sichern.

Weitere Hinweise zur Ausführung können Zdansky (2002) entnommen werden.

10.4.4 Schwimmkästen

Schwimmkästen bestehen aus Stahlbetonhohlkörpern, die, ggf. durch zusätzliches Ballastieren Schwimmstabilität aufweisen. Sie werden nach dem Einschwimmen und Absetzen mit geeigneten Material gefüllt und hinterfüllt. Schwimmkästen sind als Molen oder Wellenbrecher ebenso wie nach Hinterfüllung als Ufereinfassung einsetzbar. Bei langgestreckten Konstruktionen aus mehreren Einzelelementen hat es sich bewährt, die Schwimmkästen im eingebauten Zustand mit einer aufgesetzten Stahlbetonkonstruktion zu versehen, die das Bauwerk zusätzlich aussteift und den Vorderwandkopf bildet. Dadurch können ungleichmäßige Setzungen und horizontale Verschiebungen ausgeglichen werden.

Abgesehen von den Nachweisen der Standsicherheit im Endzustand sind für die Transportzustände die Schwimmstabilität und die Nachweise im Grenzzustand STR beim Zuwasserbringen, Einschwimmen, Absetzen und Hinterfüllen zu untersuchen. Für den Endzustand ist für den Fall einer nicht auszuschließenden Unterströmung des Bauwerks auch die Sicherheit gegen Sohlenerosion infolge Unterspülens nachzuweisen.

Abweichend von DIN 1054 darf in der Sohlfläche infolge der aus ständigen und veränderlichen Einwirkungen resultierenden charakteristischen Beanspruchung keine klaffende Fuge auftreten. Die Anmerkungen zum Gründungsplanum in Abschn. 10.4.2 gelten auch hier.

Für den Nachweis der Gleitsicherheit ist die Rauigkeit der Unterseite zu berücksichtigen. Bei Abstimmung des Rauigkeitsgrades auf die Korngröße des Gründungspolsters darf der Sohlreibungswinkel gleich dem inneren Reibungswinkel φ' des Materials Gründungspolsters in Ansatz gebracht werden. Bei einer glatten Unterseite ist der Sohlreibungswinkel auf $2/3\varphi'$ abzumindern.

Die Stahlbetonhohlkörper werden in einem Trocken- oder Schwimmdock hergestellt und anschließend eingeschwommen.

Die Fuge zwischen zwei benachbarten Schwimmkästen ist so auszubilden, dass die zu erwartenden Setzungsdifferenzen ohne Gefahr einer Beschädigung der Betonkonstruktion aufgenommen werden können. Eine über die gesamte Höhe der Kästen durchlaufende Nut- und Federkonstruktion darf auch bei einwandfreier Lösung der Dichtung nur angewandt werden, wenn die Bewegungen benachbarter Kästen gegeneinander gering bleiben.

Im Endzustand ist bei hinterfüllten Konstruktionen eine zuverlässige Sicherung gegen Ausspülen der Hinterfüllung zu gewährleisten. Als zweckmäßig hat sich eine Lösung nach Abb. 10.5 erwiesen. Dabei werden auf den Seitenwänden der Kästen je vier Lisenen derart angeordnet, dass sie nach dem Einbau der Kästen drei Kammern bilden. Nach dem Absenken der Kästen werden die äußeren Kammern mit einem filterstabilen Kies-Sand Gemisch gefüllt und die mittlere Kammer nach Abklingen der Setzungen sorgfältig mit Beton verfüllt. Ggf. ist der Einsatz eines textilen Schalungssystems zu erwägen.

Alternativ besteht die Möglichkeit des Einbringens federnder Passbohlen in einbetonierte Spundwandschlösser. Empfohlen wir die Anordnung zweier solcher Bohlen mit anschließender Zwischenraumverfüllung, s. Abb. 10.6. Diese kann bei geringen zu erwartenden Differenzsetzungen mit Beton bzw. alternativ mit einem Kies-Sand Gemisch erfolgen.

10.4.5 Senkkästen

Senkkästen sind Stahlbetonhohlkörper, an deren unterem Ende ein umlaufender Schneidenkranz angeordnet ist. Bei Aushub des Bodens innerhalb des Schneidenkranzes dringt der Senkkasten aufgrund lokaler, durch die Neigung der Schneiden nach innen gerichteter Grundbrüche infolge seines Eigengewichtes unter Überwindung der seitlichen Bodenreibung in den Untergrund ein. Druckluft-Senkkästen verfügen zusätzlich am unteren Ende über eine geschlossene Arbeitskammer, in der zur Trockenhaltung gegen das anstehende Wasser ein Überdruck erzeugt werden kann. Dadurch ist eine Begehung der Abbaukammer z. B. zum Räumen von Hindernissen möglich. Nach Erreichen der Absetztiefe wird bei Druckluftsenkkästen die Arbeitskammer ausbetoniert bzw. bei offenen Senkkästen eine Betonsohlplatte eingebracht (Grundbau-Taschenbuch, 2018, Abschn. 3.8).

Die in Abschn. 10.4.4 angegebenen Konstruktionsgrundsätze gelten für Senkkästen sinngemäß.

Der Einbau von Senkkästen kann an Land sowie von Wasser aus erfolgen. Während Druckluftsenkkästen aufgrund der geschlossenen Abbaukammer alleine schwimmfähig sind müssen offene Senkkästen mit Hubinseln oder Schwimmkörpern eingeschwommen werden. Die offene Absenkung erfordert geringere Lohn- und Baustelleneinrich-

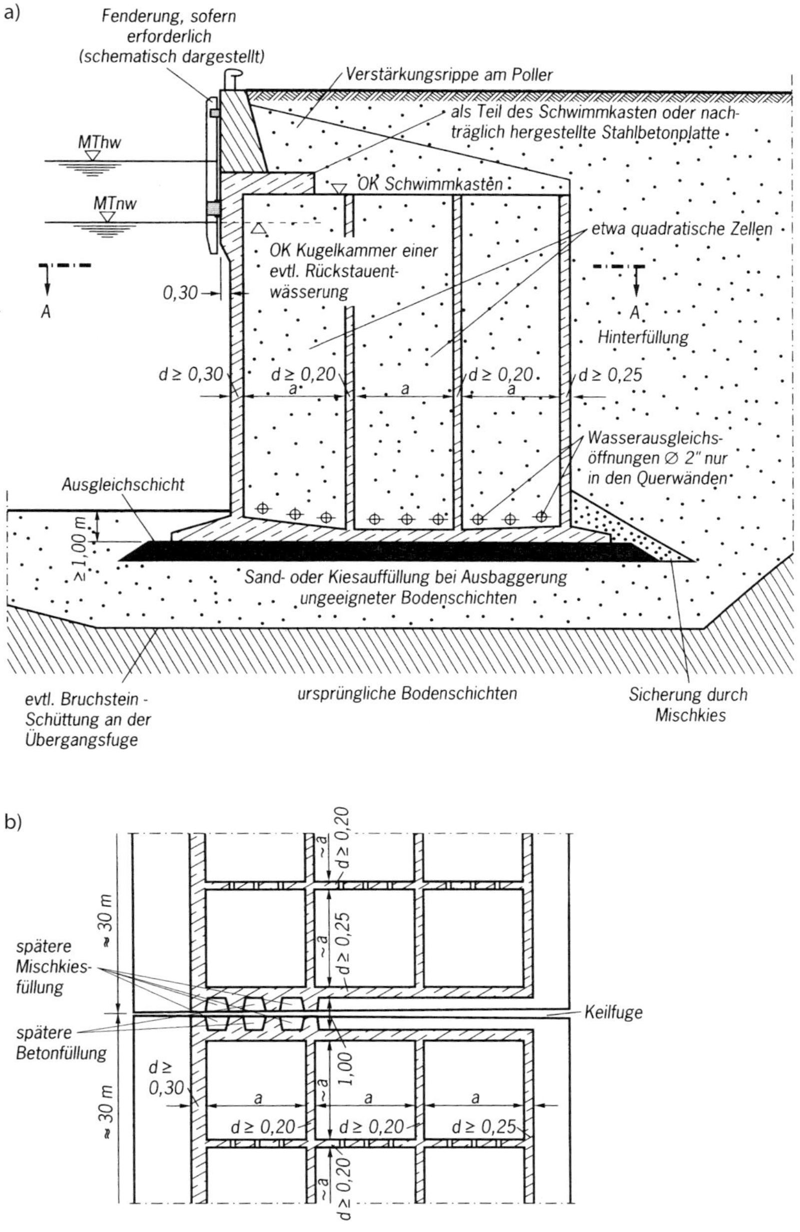

Abb. 10.5 Ausbildung einer Ufermauer aus Schwimmkästen.

tungskosten als die unter Druckluft und kann in wesentlich größeren Tiefen ausgeführt werden. Es kann dabei jedoch nicht die gleiche Lagegenauigkeit erreicht werden.

Senkkästen sind für im Zuge des Absenkvorgangs unvermeidbare ungleiche Auflagerungen der Senkkastenschneiden zu bemessen.

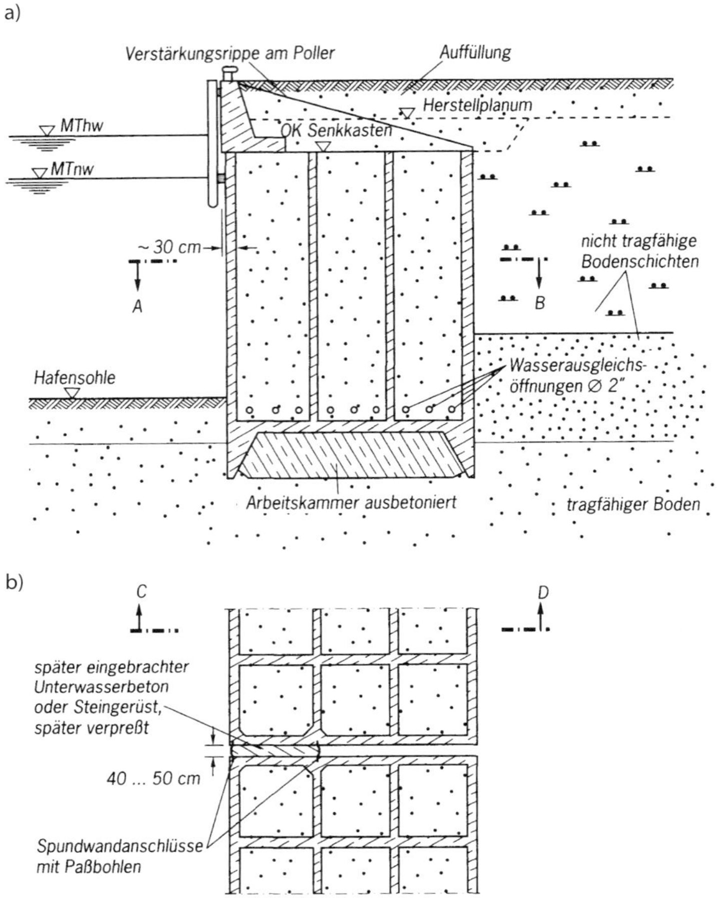

Abb. 10.6 Ausbildung einer Kaimauer aus Druckluft-Senkkästen bei nachträglicher Hafenbaggerung.

Bei Druckluft-Senkkästen ist aufgrund der guten Verzahnung der Senkkastenschneiden und des Arbeitskammerbetons mit dem Untergrund infolge der aus ständigen und veränderlichen Einwirkungen resultierenden charakteristischen Beanspruchung eine klaffende Fuge zulässig wobei die Exzentrizität abweichend von DIN 1054 auf ein Viertel der Sohlbreite zu beschränken ist.

Eingeschwommene Senkkästen werden zunächst positioniert und auf die vorhandene oder vertiefte Sohle abgesetzt. Im Allgemeinen genügt ein grobes Planieren dieser Sohle, da die Schneiden wegen ihrer geringen Aufstandsbreite leicht in den Boden eindringen, wobei kleinere Unebenheiten der Aufsetzfläche belanglos sind. Die Schneidschuhe werden zweckmäßig als Stahleinbauteil oder aus hochfestem Beton (mindestens C80/95) oder Stahlfaserbeton gefertigt. Im Schneidenkranz unten nach innen austretende Spüllanzen können das Lösen der Aushubbodens unterstützen (Abb. 10.7, Querschnitt C-D, wasserseitig dargestellt). Druckluft-Senkkästen sind sollten mit einem Abstand von 40–50 cm zwischen den einzelnen Elementen, offene Senkkästen mit einem Abstand von 60–80 cm.

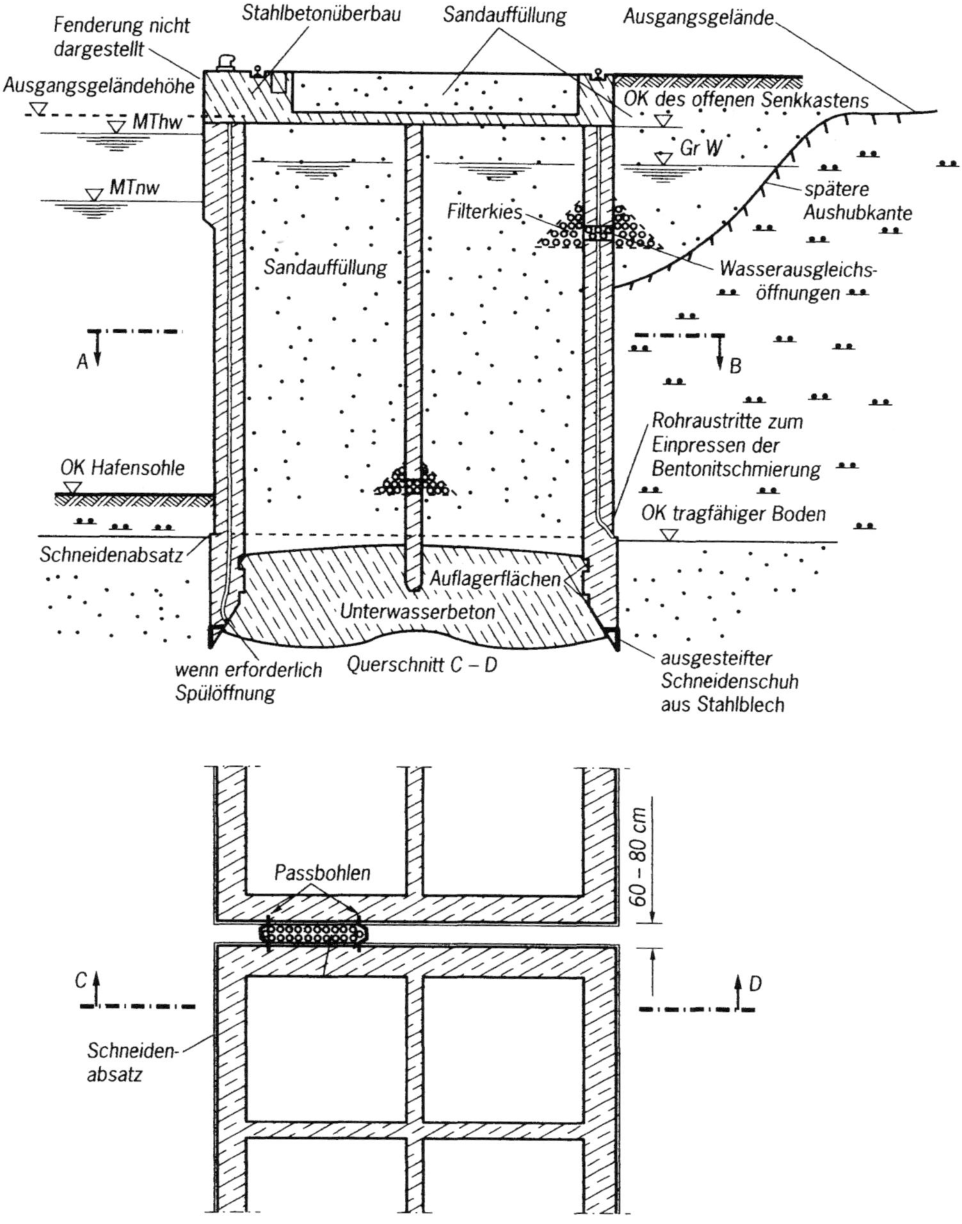

Abb. 10.7 Ausbildung einer Kaimauer aus offenen Senkkästen bei nachträglicher Hafenbaggerung.

Die Unterkante von Zwischenwänden bei offenen Senkkästen muss mindestens 0,5 m oberhalb der Unterkante der Schneiden enden um eine unplanmäßige Auflagerung im Zuge des Absenkvorgangs zu vermeiden. Außen- und Zwischenwände erhalten bei offenen Senkkästen zuverlässige, nach dem Absenken leicht zu reinigende Sitzflächen für das Einleiten der Lasten in die Unterwasserbetonsohle.

Senkkästen mit rechteckigem Grundriss stehen infolge des trichterförmigen Aushubs nicht so gleichmäßig auf ihren Schneiden wie solche mit rundem Grundriss. Daraus folgt ein erhöhtes Risiko für Abweichungen aus der Soll-Lage. Wo eine rechteckige Form nötig ist, soll sie daher gedrungen ausgeführt werden.

Der Reibungswiderstand beim Absenkvorgang ist von den Eigenschaften des Untergrunds und der Konstruktion des Senkkastens abhängig. Im Allgemeinen genügt es, wenn die auf den Senkkasten wirkenden Vertikalkräfte ausreichen, um eine Mantelreibung von 20 kN/m^2 am einbindenden Senkkastenmantel zu überwinden. Durch Einsatz einer Mantelschmierung kann der Eindringwiderstand erfahrungsgemäß auf weniger als 10 kN/m^2 reduziert werden. Bei offenen Senkkästen sollten kräftige Wanddicken gewählt werden, da diese nur in geringem Umfang ballastierbar sind.

Literatur

BAW-Merkblatt (2011). Rissbreitenbegrenzung für frühen Zwang in massiven Wasserbauwerken (MFZ). Bundesanstalt für Wasserbau.

E-BAW-Merkblatt (2020). Rissbreitenbegrenzung für Zwang in massiven Wasserbauwerken (MRZ). Bundesanstalt für Wasserbau.

EA Pfähle (2012). *Empfehlungen des Arbeitskreises „Pfähle“*, (Hrsg. Deutsche Gesellschaft fur Geotechnik e. V.). Berlin: Ernst & Sohn.

HTG (1994). Kathodischer Korrosionsschutz für Stahlbeton. Hafenbautechnische Gesellschaft e. V. (HTG), Hamburg.

Morgen, K. Thaden, H. von und Vollstedt, H.-W. (2005). *Fugenlose Überbauten für die Containerkajen CT3a und CT4 in Bremerhaven, Beton- und Stahlbetonbau 12/2015*, S. 1003–1011. Ernst & Sohn.

Morgen, K. (2012). *Fugenlose Kaimauern am Beispiel Bremerhaven und am neuen deutschen Tiefwasserhafen in Wilhelmshaven, Beton- und Stahlbetonbau Häfen und Kaianlagen, Spezial 2012*, Ernst & Sohn.

Witt, K.J. (2018). *Grundbau-Taschenbuch*, 8. Aufl. Teil 3, Kap. 3.8 Berlin: Ernst & Sohn.

Zdansky, V. (2002). Kaimauern in Blockbauweise. *Bautechnik* 79 (12): 857–864.

ZTV-ING (2019). Zusätzliche Technische Vertragsbedingungen und Richtlinien für Ingenieurbauten (ZTV-ING), (Hrsg. Bundesanstalt für Straßenwesen, BASt).

ZTV-W LB 215 (2012). Zusätzliche Technische Vertragsbedingungen für Wasserbauwerke aus Beton und Stahlbeton. Bundesministerium für Verkehr, Bau und Stadtentwicklung.

Normen und Vorschriften

DIN 1045: Tragwerke aus Beton, Stahlbeton und Spannbeton.

DIN 1054: Baugrund – Sicherheitsnachweise im Erd- und Grundbau – Ergänzende Regelungen zu DIN EN 1997-1.

DIN 4030: Beurteilung betonangreifender Wässer, Böden und Gase.

DIN 4126: Nachweis der Standsicherheit von Schlitzwänden.

DIN 4127: Erd- und Grundbau; Schlitzwandtone für stützende Flüssigkeiten; Anforderungen, Prüfverfahren, Lieferung, Güteüberwachung.

DIN EN 206: Beton – Festlegung, Eigenschaften, Herstellung und Konformität.

DIN EN 1536: Ausführung von Arbeiten im Spezialtiefbau – Bohrpfähle.

DIN EN 1538: Ausführung von Arbeiten im Spezialtiefbau – Schlitzwände.

DIN EN 1992: Eurocode 2: Bemessung und Konstruktion von Stahlbeton- und Spannbetontragwerken.
DIN EN 10080: Stahl für die Bewehrung von Beton – Schweißgeeigneter Betonstahl – Allgemeines.
DIN SPEC 18140: Ergänzende Festlegungen zu DIN EN 1536:2010-12, Ausführung von Arbeiten im Spezialtiefbau – Bohrpfähle.
EFFC und DFI (2018). Leitfaden Kontraktorbeton für Tiefgründungen, 2. Ausgabe.

11 Pfahlrostkonstruktionen

11.1 Allgemeines

Pfahlrostkonstruktionen setzen sich aus einem Pfahlrost und einer Überbauplatte zusammen. Zur Überbrückung von Geländesprüngen werden Spundwände bei ebenen Konstruktionen wasserseitig und ggf. landseitig angeordnet. Durch räumliche Pfahlrostkonstruktionen lassen sich frei stehende oder aus dem Ufer herauskragende Arbeitsebenen realisieren.

Bedingt durch u. a. Pollerzug, Kranseitenstoß und Tideeinfluss können Pfähle wechselnder Belastung (Zug/Druck) ausgesetzt werden. Die Eignung des gewählten Pfahlsystems für Wechsellasten ist daher zu überprüfen.

Bei den in den nachfolgenden Abschnitten behandelten Pfahlrostkonstruktionen sind stets auch die horizontalen Kopfverformungen zu ermitteln und auf ihre Verträglichkeit mit der Gebrauchstauglichkeit zu überprüfen. Es ist darauf zu achten, dass die Ankerkräfte entsprechend den Verformungsmöglichkeiten der Konstruktion angesetzt werden.

Im Allgemeinen sollten Ankerkräfte auf dem kürzesten Weg in die Ankerelemente eingeleitet werden. Unter der Voraussetzung geeigneter Baugrundverhältnisse kann dieses Konstruktionsprinzip am ehesten mit Horizontalverankerungen an Ankertafeln, bei tieferliegenden tragenden Bodenschichten an Pfahlböcken oder mit einer Verankerung über Schrägpfähle realisiert werden.

11.2 Ausbildung und Bemessung ebener Pfahlrostkonstruktionen

11.2.1 Allgemeines

Für ebene Pfahlrostkonstruktionen zur Abfangung von Geländesprüngen kommen hauptsächlich zwei Varianten zur Ausführung:

1) Frei über einer Unterwasserböschung stehender Pfahlrost mit land- und wasserseitigen Spundwänden, die einen Geländesprung abfangen (Abb. 11.1). Zur Ermittlung der jeweils größten Biegemomente und Ankerkräfte sind Böschungsneigungen unter der Pfahlrostplatte von 1 : 4 wie auch von 1 : 10 zu untersuchen.
   Für ständige Lasten, Verkehrslasten und Wasserdruck sind die entsprechenden Teilsicherheitsbeiwerte anzusetzen.
2) Pfahlrost mit wasserseitiger Spundwand

Empfehlungen des Arbeitsausschusses „Ufereinfassung" (EAU 2020), Hrsg. HTG und DGGT, 12. Aufl.
© 2021 Ernst & Sohn GmbH & Co. KG. Published 2021 by Ernst & Sohn GmbH & Co. KG.

- entweder als Verstärkungskonstruktion vor und über bestehendem Pfahlrost zur Vergrößerung der Entwurfstiefe, wobei eine vorhandene Böschung in der Regel erhalten bleibt; die Spundwand sollte bis zu einer gewissen Tiefe, mindestens aber bis zum Böschungsfuß, in nicht geschlossener Bauweise ausgeführt werden, damit sich hinter der Spundwand kein Wasserüberdruck aufbauen kann (Abb. 11.1),
- oder als Konstruktion eines neuen Pfahlrostes mit voll hinterfüllter Spundwand; die auf den Pfählen gelagerte Überbauplatte schirmt den Erddruck auf die Spundwand gegen Auflasten ab (Abb. 11.2).

Pfahlroste sind in Längsrichtung eindimensionale Linienbauwerke und können daher als ebene Konstruktionen berechnet werden. Einwirkungen und Widerstände können demzufolge pro laufenden Meter oder pro Systemrastermaß definiert werden.

11.2.2 Belastung durch Erddruck

Zur Beanspruchung der Spundwände infolge Erddruck wird auf Abschn. 3.5 verwiesen. Erddruck aus dem Boden hinter dem Bauwerk wird im Allgemeinen auf die Ebene II (Abb. 11.1), d. h. auf die Ebene einer ggf. vorhandenen landseitigen Spundwand oder auf die lotrechte Ebene durch die Hinterkante des Überbaus, bezogen (landseitige Bezugsebene). Der Lasteinfluss der landseitigen Spundwand (Ebene II) auf die wasserseitige Spundwand (Ebene I) ergibt sich demnach aus der Beziehung:

$$B_k = E_{ah_{II},k} + W_{ü_{II,k}} - A_k$$

$$\Delta P_k = \frac{2 \cdot B_k}{L_1}$$

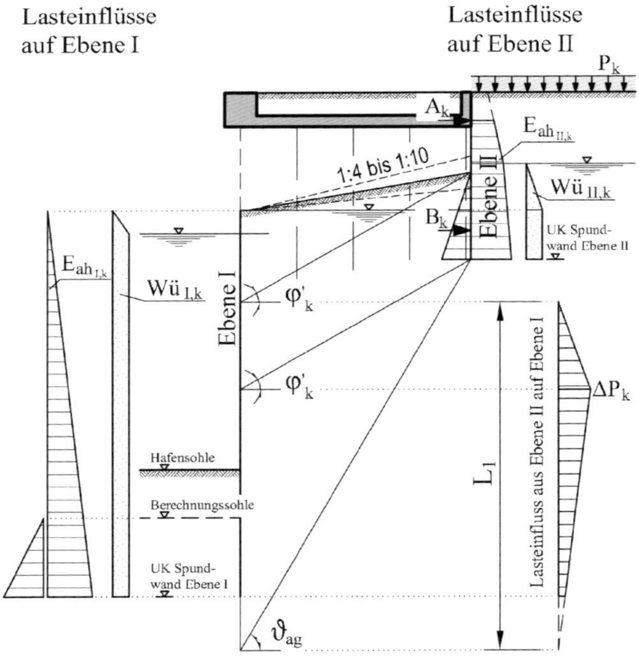

Abb. 11.1 Pfahlrostkonstruktion mit land- und wasserseitigen Spundwänden.

11.2.3 Belastung durch Wasserüberdruck

Der auf die wasserseitige Spundwand wirkende Wasserüberdruck richtet sich u. a. nach den Bodenverhältnissen, der Bodenhöhe hinter der Wand und einer etwaigen Entwässerung. Er wird bei Neubauten mit nur wasserseitiger Spundwand und bis unter die Rostplatte reichendem Boden nach Abschn. 3.3.2 unmittelbar auf die Spundwand wirkend angesetzt. Liegt in Fällen mit landseitiger Spundwand die Bodenoberfläche unter dem freien Wasserspiegel und besitzt die neue Wand dauerhaft wirksame Öffnungen zum Ausgleich des Wasserspiegels, gilt der Ansatz des Wasserüberdrucks nach Abschn. 3.3.2. Der Strömungsdruck ist aus der Differenz zwischen dem Wasserstand im Erdkörper hinter der Wand und dem Hafenwasserstand anzusetzen. Unmittelbar auf die wasserseitige Spundwand wird vorsorglich ein Wasserüberdruck aus dem Hafenwasserstand zuzüglich der halben Höhe der im Hafen zu erwartenden Wellen angesetzt. In der Regel genügt ein Wasserspiegelunterschied von 0,5 m als charakteristischer Wert.

11.2.4 Lastabtrag Pfähle

Die verhältnismäßig hohen Druckpfahllasten unter einer Überbauplatte werden aus wirtschaftlichen Gründen häufig durch Ortbetonrammpfähle abgetragen. Falls diese ihre Lasten überwiegend über Spitzendruck abtragen, können die Einwirkungen aus den Pfahllasten auf die Uferwand vernachlässigt werden, wenn die Pfähle mindestens bis zu einer unter 1 : 2 ansteigenden Geraden gemäß Abb. 11.2 einbinden. Das gilt sowohl für einfache Pfahlböcke als auch bei mehreren Reihen von Druckpfählen.

Werden die Pfahllasten über Mantelreibung und Spitzendruck abgetragen, erzeugen sie Einwirkungen auf die Uferwand, die mit Teilsicherheitsbeiwerten zu multiplizieren sind. Auch diese können vernachlässigt werden, soweit der Schwerpunkt der Lastein-

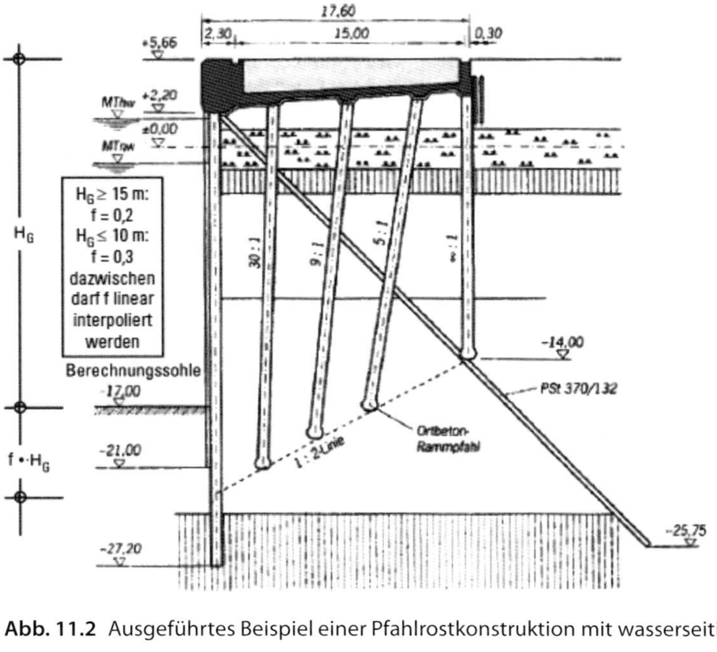

Abb. 11.2 Ausgeführtes Beispiel einer Pfahlrostkonstruktion mit wasserseitiger Spundwand.

leitung der Pfahlkräfte unterhalb einer mit 1 : 2 ansteigenden Geraden gemäß Abb. 11.2 liegt.

Die Größe der Einwirkungen aus den Pfahlkräften auf die Uferwand hängt insbesondere von der Lage der Pfähle in Bezug auf die Wand, von den Pfahlneigungen und den Eigenschaften des anstehenden Baugrundes ab. Sie wird unter Beachtung von DIN 4085 ermittelt.

Bei der Bemessung der Druckpfähle ist zu beachten, dass diese infolge Durchbiegung der Uferwand mit Seitendruck belastet und somit auf Biegung beansprucht werden. Die Größe der Belastung durch Seitendruck verringert sich mit dem Abstand von der Uferwand und kann vermieden werden, wenn zum Zeitpunkt der Pfahlherstellung die wesentlichen Verformungen der Spundwand bereits eingetreten sind.

Durch die Pfahlherstellung wird der hinterfüllte oder anstehende Boden bei genügender Verdichtungsfähigkeit zusätzlich verdichtet. Damit erhöht sich dessen Festigkeit und der Erddruck wird entsprechend kleiner. Allerdings wirkt während der Herstellung der Pfähle in unmittelbarer Wandnähe ein zusätzlicher lokaler Verdichtungserddruck, unter dessen Wirkung die Wand zusätzliche Durchbiegungen erfahren kann.

Punktuelle Einwirkungen aus Pollern und Fendern können wegen der Scheibenwirkung der Pfahlrostplatte innerhalb eines Bauwerksabschnitts anteilig auf den Berechnungsquerschnitt verteilt werden. Werden konzentriert angreifende hohe Lasten aus konstruktiven Gründen über eine Gruppe von Pfählen abgetragen, so ist auch die Tragfähigkeit der Pfahlgruppe nachzuweisen.

Die Ermittlung der Schnittgrößen für Pfähle und Überbau ist für den ebenen Fall auf elementare Weise möglich:

- Das statische System des Plattenstreifens mit den in seiner Ebene angeordneten Pfählen kann durch einen elastisch gestützten Durchlaufträger dargestellt werden. Die Pfähle werden hierbei durch Federn in Richtung der Pfahlachse abgebildet, die zugehörigen Federsteifigkeiten ergeben sich aus den Pfahldaten. Dabei muss sichergestellt sein, dass der Abstand der Pfähle groß genug ist, um eine gegenseitige Beeinflussung bei der Lastabtragung zu vermeiden und dass die Wechselwirkung zwischen der Rostplatte und den Pfählen vernachlässigbar ist.
- Handelt es sich um sehr dehnsteife Pfähle, wie z. B. Ortbetonrammpfähle, kann auch eine starre Stützung der Pfahlrostplatte angenommen werden.
- Dem elastisch gestützten Durchlaufträger äquivalent kann das System als ebenes Rahmentragwerk, bestehend aus mehreren Pfahlstielen und einem den Überbau darstellenden Riegel, modelliert werden.
- Eingespannte oder gelenkige Lagerung der Pfähle im Boden und an der Überbauplatte, seitliche Bettung (und damit Pfahlbiegung) sowie axiale Bettung lassen sich durch übliche Stabwerksproramme erfassen.
- Die Berechnung von Uferbauwerken mit „starrem“ Überbau wird demnach nur in Sonderfällen angebracht sein, z. B. wenn vorhandene, alte Kaianlagen mit massiven Pfahlkopfblöcken nachzurechnen sind.

Spezielle Bauweisen können erforderlich werden, wenn der Baugrund schwer rammbar ist oder Hindernisse im Baugrund eine planmäßige Rammung von Uferwand und Pfahlböcken als fragwürdig erscheinen lassen.

Beim Nachweis der Verankerung einer nachträglich vorgerammten Spundwand an einem vorhandenen Bauwerk ist zu berücksichtigen, dass die Verankerung des vorhandenen Bauwerks auch durch zusätzliche Erd-, Wasserdruck- und Pollerzuglasten beanspruch wird. Es muss dann analysiert werden, wie sich die Lasten auf die alte und die neue Verankerung verteilen. Um die Verformungswege klein zu halten und eine Überlastung der alten Verankerung zu vermeiden, kann die Verankerung einer nachträglich vorgerammten Spundwand vorgespannt werden. Der Verschiebungsweg des Ankeranschlusses ist gemäß den örtlichen Verhältnissen festzulegen.

11.3 Ausbildung und Bemessung räumlicher Pfahlrostkonstruktionen

Ein räumlicher Pfahlrost kann als dreidimensionales Stabwerk modelliert werden, auf dem eine Rostplatte als Überbau aufgelagert ist. Räumliche Pfahlrostkonstruktionen werden vor allem angewendet, wenn mindestens begrenzt tragfähiger Boden erst in größerer Tiefe ansteht, wenn in Bereichen mit starken Erdbebeneinwirkungen leicht gebaut werden muss, wenn zur Vermeidung langperiodischer Schwingungen im Hafenbecken oder sonst zum Abbau der Wellenenergie die Einfassungen der Ufer und sonstiger Hafenanlagen nicht mit Wänden, sondern geböscht oder nur auf Pfählen gestützt einen praktisch freien Durchlauf der Wellen ermöglichen sollen. Die auf die Rostplatte einwirkenden Lasten werden über die Tragwirkung des Überbaus als Platte und Scheibe auf alle Pfähle des Pfahlrostes verteilt, sodass eine wirksame Lastabtragung erzielt wird.

11.3.1 Frei stehende Pfahlroste

Die Rostplatten von frei stehenden Pfahlrosten werden in der Regel aus Stahlbeton hergestellt, während als Gründungspfähle in den meisten Fällen gerammte Stahlprofile gewählt werden. Gründungspfähle aus Stahl sind auch in der Lage, die spezifischen Anforderungen aus Eisgang aufzunehmen (Abb. 11.3).

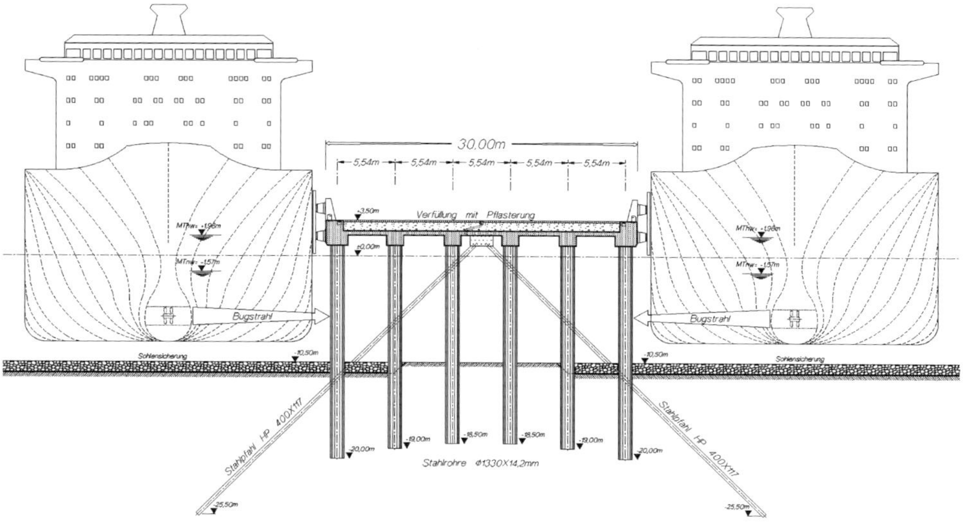

Abb. 11.3 Ausgeführtes Beispiel eines Hafenpiers.

Die Anordnung eines Teils der Gründungspfähle sollte in Form von Pfahlböcken so erfolgen, dass die Einwirkungen auf die Pfahlrostplatte in waagerechter Richtung aufgenommen werden können. Dadurch wird gleichzeitig in allen Pfählen die Biegemomentenbeanspruchung reduziert, falls ansonsten keine weiteren äußeren Horizontaleinwirkungen mit großem Einfluss auftreten, wie z. B. Seitendruck auf Pfähle aus fließenden Bodenmassen, starke Strömungen, Eisdruck, Eisstoß und dergleichen.

Sind die vorgenannten Annahmen zutreffend, können die Pfähle in der Berechnung mit ausreichender Genauigkeit an der Rostplatte und am Pfahlfußpunkt gelenkig angenommen werden, auch wenn sie konstruktiv nicht so ausgebildet werden. Zur Abdeckung ungewollter Einspannungen sind konstruktive Maßnahmen am Pfahlkopf anzuordnen. Dies kann eventuell bei großen Längenänderungen der Überbauplatte durch Temperaturunterschiede erforderlich sein.

Pfahlkopfverschiebungen aus Schwinden während der Bauzeit können dadurch beherrscht werden, dass jeweils Teilabschnitte der Überbauplatte mit dazwischen angeordneten breiten Betonierfugen hergestellt werden. Diese Fugen werden nach dem Abklingen des Schwindens mit Konstruktionsbeton geschlossen. Durch diese sogenannten Schwindplomben werden die Zwangsbeanspruchungen infolge Schwinden in der Regel in unschädlichen Grenzen gehalten.

Die Dicke der Pfahlrostplatten wird durch eine Bemessung für die wirkenden Biegemomente und Querkräfte an den Auflagerungen der Gründungspfähle bemessen. Die Rostplatten sind üblicherweise nur 50–75 cm dick und damit, bezogen auf die Federsteifigkeiten der Pfähle, als biegeweich anzusehen. In der Herstellung hat sich die Fertigteil- bzw. Halbfertigteilbauweise bewährt.

Das Weiterleiten von größeren Biegemomenten aus Lasten auf der Pfahlrostplatte kann durch Pfahlstellungen vermieden werden, die der Lasteinleitung angepasst sind. Die am jeweiligen Lastort angreifenden Einwirkungen sollten weitgehend von den direkt benachbarten Pfählen abgetragen werden.

Rostplatten sollten nicht direkt befahren werden. Eine Abdeckung der Platte mit einer Sandauffüllung und einer Flächenbefestigung entsprechend der Verkehrsbelastung hat betriebliche und konstruktive Vorteile, weil Versorgungsleitungen, Kanäle usw. innerhalb der Sandschicht untergebracht werden können und die Beanspruchungen der Platte und der Pfähle aus lokal begrenzt angreifenden Einwirkungen wegen der Lastausbreitung in der Sandbettung geringer werden als bei direkt befahrenen Platten. Zugleich müssen auf den Unterbau keine dynamischen Einwirkungen aus Fahrzeugbetrieb angesetzt werden.

Sandauffüllungen ab ca. 1,0 m Dicke ermöglichen in den meisten Fällen die Unterbringung aller Leitungen innerhalb der Auffüllung.

Sollen die Einwirkungen aus Straßen- und Schienenverkehr als gleichmäßig verteilt angesetzt werden (Grundfall 2 oder 3 nach Abschn. 4.2), muss die Schichtdicke der Sandauffüllung mindestens 1,0 m bzw. mindestens 1,5 m sein.

11.3.2 Sonderbauwerke in räumlichen Pfahlrostkonstruktionen

Knick- und Eckbauwerke sowie Molen- und Pierköpfe in Pfahlrostkonstruktionen sind Sonderbauwerke, in denen die Gründungspfähle entsprechend den zur Verfügung stehenden Platzverhältnissen angeordnet werden müssen. Das ist auch der Fall, wenn z. B. die Anordnung von RoRo-Rampen Versprünge oder unterschiedliche Höhen der Kaivorderkante erforderlich macht.

Eine Anordnung der Pfähle in Pfahljochebenen wird in solchen Fällen in der Regel nicht mehr möglich sein. Stattdessen müssen die Pfähle mit einer Vielzahl von Kreuzungspunkten und sich räumlich durchdringenden Neigungen hergestellt werden. Zudem können die Anschlüsse am Überbau auf unterschiedlichen Höhenkoten liegen.

11.3.3 Statisches System und Berechnung

Eine Pfahlrostplatte auf einem räumlichen Pfahlrost wird als elastische Platte auf elastischen Stützen zutreffend abgebildet. Statisch und hinsichtlich der Lastausbreitung ist die Pfahlrostplatte ein elastisches Flächentragwerk, das sich ohne oder mit Stützenkopfausbildungen auf den ebenfalls elastischen Pfählen abstützt. Gemäß Abschn. 11.2 können die Pfähle als elastische Federn mit Wirkungsrichtung in ihrer Achse idealisiert und die Pfahllängen zwischen den Gelenkpunkten als elastische Längen angesetzt werden.

Der Wellendruck auf die Pfähle kann nach Abschn. 4.7 ermittelt werden. Gegebenenfalls ist auch eine Belastung der Pfahlrostplatte von unten durch „Slamming" nach Abschn. 4.7.9.4 anzusetzen.

Die Anordnung der Pfähle unter der Pfahlrostplatte ist dann am günstigsten, wenn alle Stützmomente einer Pfahlachse und zugleich auch die Pfahllasten annähernd gleich groß sind. Das ist wegen der Einwirkungen aus Kranbetrieb, Pollerzug und Schiffsstoß allerdings nicht in allen Fällen zu erreichen.

11.3.4 Konstruktive Hinweise

Für möglichst wirtschaftliche Pfahlrostkonstruktionen sind u. a. folgende konstruktive Regeln zu beachten, vgl. auch Agatz und Lackner (1977):

- Anlegekräfte großer Schiffe sollten, soweit möglich, vollständig über eine vor dem Rost stehende Fenderung mit schwerer Fenderschürze aufgenommen werden. Gegebenenfalls kann sich die Fenderung auch auf die Pfahlrostplatte abstützen.
- Im Fenderbereich kann ein schwerer Festmachepoller am Wandkopf mit der Fenderkonstruktion kombiniert werden.
- Lokal begrenzt angreifende Horizontallasten wie Pollerzug und Schiffsstoß werden durch die in ihrer Ebene sehr steife Überbauplatte auf alle Pfähle eines Blocks verteilt.
- Bei Kleinschifffahrt sind zum Schutz der Bauwerkspfähle und der Schiffskörper Reibepfähle anzuordnen.
- Kranbahnbalken können als konstruktiver Bestandteil mit in die Stahlbetonrostplatte eingebunden werden.
- Vertikallasten aus Kranbetrieb werden, falls erforderlich, durch zusätzliche Pfähle in der Kranbahnachse aufgenommen.
- Um den Verlauf der Biegemomente möglichst wenig zu beeinflussen, sollten Knickstellen der Rostplatte nur über Pfahlreihen angeordnet werden.
- In Tidegebieten ist es zweckmäßig, die Rostplatte ausreichend hoch oberhalb von MThw zu legen, um bei der Herstellung des Pfahlrostes von der normalen Tide unabhängig zu sein.
- Bei der Bemessung der Schalung für die Rostplatte sind auch Welleneinwirkungen zu berücksichtigen.
- Reihen mit lotrechten und schrägen Pfählen werden gegeneinander versetzt angeordnet.

- Wenn die Pfahlrostplatte in Blöcke unterteilt ist, werden diese in der Regel durch Horizontalverzahnungen miteinander verbunden.
- Horizontaleinwirkungen in Längsrichtung werden durch Pfahlböcke in Blockmitte mit möglichst flach geneigten Pfählen aufgenommen.
- Horizontaleinwirkungen in Querrichtung werden durch Pfahlböcke in der Bauwerkslängsachse mit möglichst flach geneigten Pfählen aufgenommen.
- Durch die Aufnahme aller horizontalen Einwirkungen auf die zuvor beschriebene Art werden die Beanspruchungen in der Rostplatte und den Pfählen minimiert.
- Die Rostplatten großer Umschlagbrücken können auf einer verschiebbaren oder verfahrbaren Schalung betoniert werden, die sich dabei vorwiegend auf Lotpfählen abstützt.
- Die Einspannbereiche von Gründungspfählen aus Stahl in die Pfahlrostplatten sind vor allem in korrosionsgefährdeten Zonen (Salzwasser, Brackwasser) gegen Korrosion zu schützen.

Vom Standardquerschnitt abweichende und damit den Baufortschritt störende Bauteile, wie z. B. die Knotenpunkte der zuvor erwähnten Schrägpfahlböcke, erfordern Zusatzmaßnahmen:

- Soweit möglich, werden die Schrägpfähle erst nach dem Betonieren durch im Überbau freigehaltene Rammnischen von der Rostplatte aus gerammt und der Pfahlbock mittels örtlicher Stahlbetonplomben im Zweitbeton angeschlossen.
- Als Rammnischen können auch die unter Abschn. 11.3.1 genannten Schwindplomben dienen, die zu diesem Zweck eventuell örtlich noch verbreitert werden müssen.
- Die Standsicherheit der durch Fugen getrennten Blöcke ist nachzuweisen. Gegebenenfalls sind zur Gewährleistung der Standsicherheit temporäre Aussteifungen über die Nischen und Schwindplomben hinweg erforderlich.

11.4 Ausbildung und Bemessung von Pfahlrostkonstruktionen in Erdbebengebieten

11.4.1 Allgemeines

Bei der Ausbildung von Pfahlrostkonstruktionen in Erdbebengebieten muss beachtet werden, dass der Überbau einschließlich seiner Auffüllung, Nutzlasten und Aufbauten durch Erdbebenwirkungen so beschleunigt wird, dass zusätzliche waagerecht wirkende Massenkräfte entstehen, die das Bauwerk und seine Gründung belasten. Grundsätzlich sind daher die Massen von Pfahlrostkonstruktionen in Erdbebengebieten möglichst klein zu halten. Im Falle von Pfahlrostkonstruktionen mit abschirmender Kaiplatte ist zu prüfen, ob der Vorteil der Erddruckabschirmung ggf. durch die mit dieser Bauweise verbundenen großen Betonmasse mit relativ hoher Lage und den daraus resultierenden horizontalen Massenkräften im Erdbebenfall wieder verloren geht.

Zu den Auswirkungen von Erdbeben auf Pfahlrostkonstruktionen wird auf Abschn. 3.5.14 verwiesen. Besonders hohe und schlanke Bauwerke müssen auch hinsichtlich der Verstärkung der Erdbebenamplituden durch Resonanz überprüft werden.

11.4.2 Erddruck, Erdwiderstand, Wasserüberdruck, Verkehrslasten

Die Ausführungen in (Abschn. 3.5.14.3–3.5.14.5) gelten sinngemäß. Es muss jedoch beachtet werden, dass im Erdbebenfall hinter der Rostplatte anzusetzende Verkehrslasten und Bodeneigenlasten wegen der waagerechten Erdbebenbeschleunigung unter einem flacheren Winkel anzusetzen sind und die Abschirmung daher weniger wirksam wird.

11.4.3 Aufnahme der waagerecht gerichteten Massenkräfte des Überbaus

Die durch Erdbeben entstehenden waagerechten Massenkräfte können in beliebiger Richtung wirken. Rechtwinklig zum Uferbauwerk ist ihre Aufnahme im Allgemeinen ohne Schwierigkeit durch Schrägpfähle möglich. In Bauwerkslängsrichtung ist die Anordnung von zusätzlichen Pfahlböcken unter Umständen problematisch.

Wenn die Hinterfüllung einer wasserseitigen Spundwand mit Boden bis unmittelbar unter die Rostplatte reicht, können die in Längsrichtung wirkenden waagerechten Lasten auch vorteilhaft durch Bettung der Pfähle im Boden abgetragen werden. Diese muss allerdings durch eine Verschiebung der Pfähle gegen den Boden aktiviert werden. Zur Gewährleistung der Gebrauchstauglichkeit und aus konstruktiven Gründen sollten die Verschiebungen nicht größer als ca. 3 cm sein; die Bettung ist entsprechend zu begrenzen.

Im Fall von überbauten Böschungen ist die Erdbebenbelastung aus Erddruck wesentlich geringer als bei hinterfüllten Bauwerken. Pfahlrostplatten überbauter Böschungen sollten so leicht wie möglich ausgebildet werden, um die waagerechten Massenkräfte aus Erdbeben zu minimieren.

Literatur

Agatz, A. und Lackner, E. (1977). *Erfahrungen mit Grundbauwerken.* Berlin: Springer.

Normen und Vorschriften

DIN 4085: Baugrund – Berechnung des Erddrucks.

12
Dalben

12.1 Entwurf und Ausführung

12.1.1 Zweck und Ausführungsformen von Dalben

Dalben dienen dem sicheren Anlegen und Vertäuen von Schiffen. Auch als Schutz- oder Führungsdalben werden sie eingesetzt.

Anlegedalben müssen die Einwirkungen aus dem Anlegevorgang aufnehmen, Vertäudalben sind für die Einwirkungen Trossenzug, Wind- und Strömungsdruck zu bemessen. Anlegedalben dienen in der Regel gleichzeitig als Vertäudalben. Schutzdalben sind Opferbauwerke und werden konstruktiv nach Erfordernis ausgebildet. Sie sind nicht Bestandteil dieser Empfehlung.

Dalben werden als Einzelpfahl, Pfahlreihe oder Pfahlgruppe (Bündeldalben) ausgeführt (Abb. 12.1). Welche Form zur Ausführung kommt, hängt u. a. von den aufzunehmenden Lasten, den verfügbaren Profilen, dem Boden und der Funktion des Dalbens ab. Zur Verringerung der Kontaktkräfte zwischen Schiff und Dalben können Dalben mit Fendern ausgestattet werden.

12.1.2 Anordnung der Dalben

Für das Festmachen eines Schiffes sind mindestens zwei Anlegedalben erforderlich. Die Abstände zwischen den Dalben sind so zu wählen, dass das kleinste anlegende Schiff mit dem geraden Teil des Schiffsrumpfs an wenigstens zwei Dalben anliegt. Gleichzeitig ist der Dalbenabstand so festzulegen, dass die entstehenden Hebelarme für die Festmacheleinen nicht zu klein werden. In der Praxis hat sich ein Dalbenabstand von 25–40 % der Schiffslängen als geeignet erwiesen.

Um alle infrage kommenden Schiffslängen abzudecken, sind in einem Liegeplatz in der Regel mehr als zwei Dalben erforderlich. Da insbesondere die größten Schiffe stets an den äußeren Dalben anlegen, werden diese in der Regel stärker belastet als die inneren Dalben. Die inneren Dalben können daher für geringere Kräfte bemessen werden. In diesem Fall sind sie jedoch konstruktiv vor Überlastung zu schützen. Dies kann z. B. dadurch geschehen, dass die inneren Dalben gegenüber den äußeren Dalben zurückspringend angeordnet werden.

Dalben, welche dem Schutz von Uferbauwerken dienen, sollten in so dichten Abständen zueinander stehen, dass der Kontakt des Schiffes mit dem Bauwerk ausgeschlossen ist. Dies wird in der Regel erreicht, wenn der Dalbenabstand nicht größer als 15 % der geringsten Schiffslänge ist. Der Abstand der Dalben von einer Uferwand sollte bei vol-

Empfehlungen des Arbeitsausschusses „Ufereinfassung“ (EAU 2020), Hrsg. HTG und DGGT, 12. Aufl.
© 2021 Ernst & Sohn GmbH & Co. KG. Published 2021 by Ernst & Sohn GmbH & Co. KG.

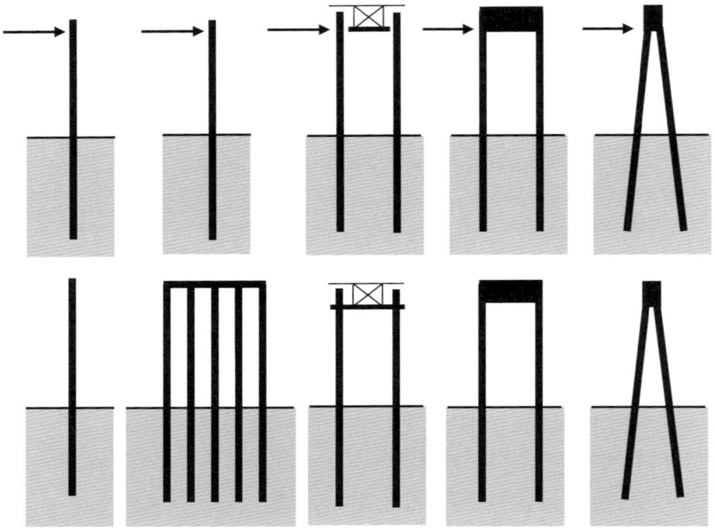

Abb. 12.1 Dalbenbauarten, jeweils Seitenansicht (oben) und Vorderansicht (unten).

ler Durchbiegung wenigstens 0,5 m betragen. Der gleiche Abstand sollte, mit Ausnahme des Kontaktpunktes, zu jedem Punkt des Schiffsrumpfs eingehalten werden, wobei ein ungünstiger Krängungswinkel von wenigstens 3° angenommen werden sollte. Eine geringe nach außen gerichtete Neigung des Dalbenpfahls kann zur Erfüllung beider Anforderungen beitragen.

Sofern der Dalben mit einem Fender ausgerüstet wird, ist dieser so hoch anzuordnen, dass das sichere Anlegen aller Schiffe für alle relevanten Kombinationen der Wasserstände und Beladungszustände möglich ist. In Hinblick auf eine einfache Ausführung und Unterhaltung wesentlicher Konstruktionselemente sollten diese möglichst ständig über dem Wasserspiegel liegen.

12.1.3 Ausrüstung der Dalben

Anlegedalben werden mit Pollern, Haltekreuzen und/oder Sliphaken ausgerüstet. Poller sind bewährte und zuverlässige Festmacheeinrichtungen, die praktisch keine Unterhaltung erfordern. Im Gegensatz zu Pollern können die Festmacheleinen von Sliphaken im Notfall auch unter Zug gelöst werden. Dies kann insbesondere an Gefahrgutanlegern erforderlich sein, weshalb hierfür oftmals Sliphaken eingesetzt werden. Da der Mechanismus jedoch auch ungewollt auslösen kann und es in der Folge zu Schäden, z. B. dem Verfangen des Seils im Schiffspropeller, kommen kann, sollten Sliphaken wirklich nur dann eingesetzt werden, wenn das aus Gründen der Sicherheit des Umschlagbetriebs nötig ist.

Wenn auf Dalben Abreißpoller angeordnet werden, treten im Falle des Abreißens hohe dynamische Belastungen auf. Diese müssen ggf. in der Dalbenbemessung berücksichtigt werden.

Die Dalbenköpfe sollten mit einem Kantenschutz versehen werden, welcher das Scheuern der Leinen unterbindet. Ein solcher Kantenschutz kann z. B. aus einem Stahlrohr bestehen, das überall dort angeordnet wird, wo Leinenkontakt möglich ist.

Für den schnellen und sicheren Betrieb werden die Dalben häufig mit Laufstegen untereinander verbunden. Die Konstruktion der Laufstege muss die möglichen Verformungen der Dalben während der Anlegemanöver sicher aufnehmen können. Um ins Wasser gefallenen Personen den Aufstieg zu ermöglichen, sind Leitern vorzusehen, die bis unter den niedrigsten Wasserstand reichen. Die Leitern können gleichzeitig als Zugang dienen, z. B. von einem Lotsenboot aus. Ein sicherer Zugang zu den Dalben wird über einen Landsteg gewährleistet, der gleichzeitig als Fluchtsteg dient.

Anlegedalben werden häufig mit Fendern ausgerüstet. Diese sind mit Bolzen auf einer Stahlplatte montiert, welche am Dalbenkopf befestigt sind. Die Verbindung sollte so ausgeführt werden, dass Regen- und Spritzwasser leicht ablaufen kann und dass das Verhaken der Festmacheleinen nicht möglich ist.

Sofern keine ausreichende Beleuchtung durch benachbarte Kajen vorliegt, ist ggf. eine eigene Beleuchtung auf dem Dalbenkopf vorzusehen, um den sicheren Betrieb auch bei Dunkelheit zu ermöglichen. Die Beleuchtung darf sich jedoch nicht nachteilig auf die nautische Beleuchtung auswirken.

In der Vergangenheit haben sich Hilfssysteme zur Steuerung und Überwachung des Anlegevorgangs und der Dalben etabliert. Hierzu gehören Systeme zur Messung der Anlegegeschwindigkeit, welche bei Überschreiten der kritischen Geschwindigkeit Alarm schlagen, oder Sliphaken, welche die Zugkräfte laufend messen und die Vorspannung der Leinen regeln, und eventuell Dalbenlagenschreiber, die beweiskräftige Auskünfte im Fall von Dalbenbeschädigungen geben. Insbesondere an Anlegern für den Gefahrgutumschlag und in ungeschützten Bereichen haben sich solche Systeme bewährt. Die relevanten Messwerte werden auf großen Leuchttafeln angezeigt. Die aktuelle Entwicklung geht hin zu GPS-gesteuerten, tragbaren Systemen, welche keine teuren Installationen auf den Anlegern erfordern und unabhängig vom Standort abgelesen werden können.

12.1.4 Hinweise zur Materialwahl

Das Arbeitsvermögen von Rohrdalben kann bei gleichzeitiger Materialeinsparung erhöht werden, wenn der Dalben aus Rohrschüssen mit unterschiedlicher Wandstärke und Materialqualitäten hergestellt wird. Die Verwendung feinkörnigen Baustahls erhöht das Arbeitsvermögen zusätzlich. Die hohen zulässigen Kontaktkräfte sowie die dabei auftretenden großen Verformungen tragen zur erhöhten Energieaufnahme bei. Werkstoffangaben sind in Abschn. 8.1.2.1 zusammengestellt.

Das oberste Teilstück einer Dalbe wird zweckmäßig aus schweißgeeignetem Feinkornbaustahl geringerer Festigkeit oder Baustahl $\leq 355\ \mathrm{N/mm^2}$ hergestellt, um das Anschweißen von Verbänden und sonstigen Konstruktionsteilen zu vereinfachen.

Für alle Schweißarbeiten gilt Abschn. 8.1.4 sinngemäß. Bezüglich des Korrosionsschutzes von Stahlpfählen gelten die Angaben in Abschn. 8.1.10 sinngemäß.

12.2 Bemessung

12.2.1 Systemsteifigkeit

Hinsichtlich der Bemessung ist zwischen starren und flexiblen Dalben zu unterscheiden. Starre Dalben nehmen die abzutragenden Einwirkungen ohne nennenswerte Verformungen auf, während flexible Dalben unter Lasteinwirkung größere Verformungen aufweisen.

Eine wesentliche Größe für die Bemessung von Dalben ist somit deren Steifigkeit. Diese ergibt sich aus dem Zusammenwirken des Pfahls (bzw. der Pfahlgruppe), des Fenders (falls vorhanden) sowie des Bodens. Die resultierende Gesamtsteifigkeit kann daher stark nichtlinear sein. Die Abb. 12.2 zeigt das Berechnungsmodell für einen Dalben sowie typische Kraft-Weg-Kurven der einzelnen Komponenten und des Gesamtsystems.

12.2.2 Tragverhalten

Vertäudalben werden durch Trossenzug und Anlehnkräfte belastet, diese werden wiederum maßgeblich durch Wind- und Wellenlasten beeinflusst. Diese Lasten können für die Bemessung als statisch wirkend angesetzt werden.

Anlegedalben werden hingegen durch die Kräfte belastet, die sich aus dem Anlegevorgang von Schiffen ergeben. Die Bemessung erfolgt allerdings nicht durch die Vorgabe einer Lasteinwirkung, sondern einer aufzunehmenden Anlegeenergie des Schiffes. Diese entspricht dem Integral über das Kraft-Weg-Diagramm der Dalbenverformung (Abb. 12.2). Die Größe der resultierenden horizontalen Reaktionskraft (F_R) wird maßgeblich durch die Systemsteifigkeit bestimmt. Eine größere Steifigkeit führt zu kleineren Verformungen und größeren Kräften, bei einer geringeren Steifigkeit ist es umgekehrt. Eine eindeutige Lösung dieser Bemessungsaufgabe gibt es nicht. Es ist die Aufgabe des Ingenieurs, einen für die jeweilige Situation optimalen Kompromiss zu erreichen, wo-

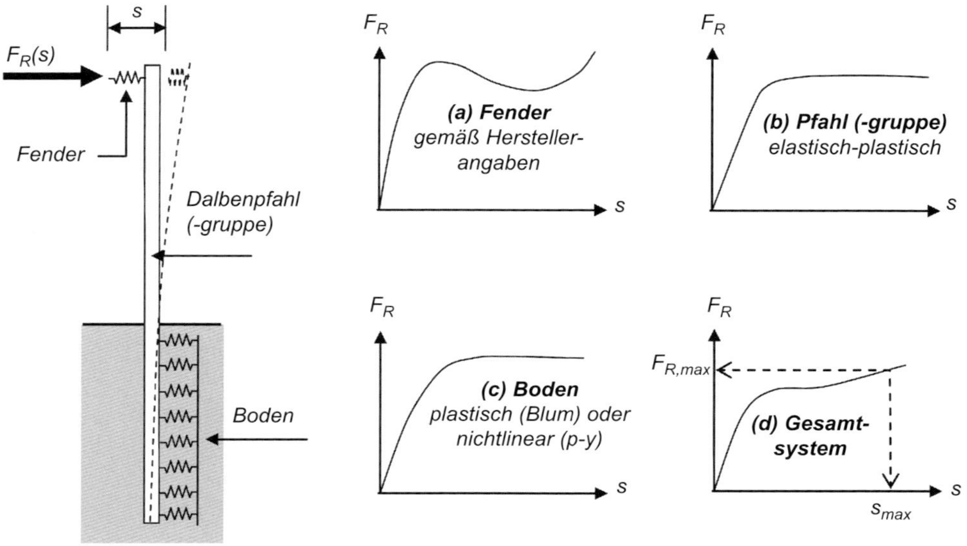

Abb. 12.2 Überblick über das statische System einer Dalbe mit Fender und typische Kraft-Weg-Beziehungen (a–c) der einzelnen Komponenten sowie (d) des Gesamtsystems.

bei die Anlegekraft durch die zulässige Pressung für die anlegenden Schiffe begrenzt wird (Abschn. 12.2.7.1) und die Dalbenverformung ca. 1,5 m nicht überschreiten sollte (Abschn. 12.2.7.2).

Insbesondere Anlegedalben werden als flexible Dalben ausgeführt, da es beim Anlegen darauf ankommt, die Reaktionskraft aus dem Anlegevorgang zu begrenzen, um das anlegende Schiff nicht zu beschädigen. Unabhängig davon müssen Anlegedalben die kinetische Energie des anlegenden Schiffes ganz oder teilweise aufnehmen. Die von der verformten Dalbe aufgenommene Energie wird als Arbeitsvermögen bezeichnet und beträgt nach Abb. 12.2d:

$$A = \int_0^{s_{\max}} F_R(s)\,\mathrm{d}s$$

mit

A Arbeitsvermögen bzw. innere Arbeit des Dalbens [kN m],
$F_R(s)$ horizontale Reaktionskraft (Anlegekraft) zwischen Schiff und Dalben als Funktion der Auslenkung s in Höhe des Kraftangriffs [kN],
$s_{\max}$ maximale Auslenkung des Dalbens in Höhe des Kraftangriffs [m].

Für ein lineares Kraft-Verformungs-Verhalten vereinfacht sich diese Gleichung zu:

$$A = \frac{1}{2} \cdot F_{R,\max} \cdot s_{\max}$$

mit

$F_{R,\max}$ horizontale Reaktionskraft (charakteristische Anlegekraft) bei der Auslenkung $s_{\max}$ [kN].

Die horizontale Reaktionskraft wird auf den Dalbenpfahl übertragen und von diesem über die Bettung in den Boden weitergeleitet. Bei Schrägpfählen oder Pfahlgruppen mit biegesteifer Verbindung (Abb. 12.1c2,c3) entstehen zudem Normalkräfte, die sehr groß werden können, wenn der Pfahlabstand im Vergleich zur Höhe des Kraftangriffs klein ist.

Die Größe der horizontalen Bodenpressungen aus den zu übertragenden Kräften ist verformungsabhängig und kann bis zum Versagen des Bodens gesteigert werden. Die horizontalen Bodenpressungen können mit verschiedenen Modellvorstellungen berechnet werden (Abschn. 12.2.5).

12.2.3 Einwirkungen

12.2.3.1 Lasten aus Anlegemanövern

Die von der Dalbe aufzunehmende Energie aus dem Anlegemanöver kann unter Beachtung der Empfehlung in Abschn. 7.4.1.4 ermittelt werden. Der Dämpfungsbeiwert des Uferbauwerks ist dabei zu $C_C = 1{,}0$ zu setzen (offene Bauweise).

Die Höhe der Krafteinleitung aus dem Schiffsstoß in den Dalben ergibt sich aus der Konstruktion, den Schiffsabmessungen und den Wasserständen. Je nach Bemessungsaufgabe (Kraft, Durchbiegung, Spannungen) kann eine andere Höhe maßgebend werden.

Tab. 12.1 Teilsicherheitsbeiwerte für den Nachweis der Grenztragfähigkeit von Dalben.

	Einwirkungen	Widerstände	
		Boden	Stahl
	γ_Q	$\gamma_{R,e}$	γ_M
Lasten aus Anlegemanövern	1,00	1,00	1,00
Vertäukräfte (Trossenzug) und Anlehnkräfte	1,20	1,15	1,10
Kräfte aus Wellen, Wind und Strömung	1,20	1,15	1,10
Eislasten (siehe auch Abschn. 4.12)	1,00	1,10	1,10

Die beim Anlegemanöver entstehende Anlagekraft wird maßgeblich durch die Steifigkeit des Dalbens bestimmt (Abschn. 12.2.5). Zur genauen Ermittlung muss auch die Nachgiebigkeit des Schiffskörpers berücksichtigt werden. Diese kann näherungsweise durch Reduzierung der kinetischen Energie des Schiffes berücksichtigt werden (Beiwert C_S, Abschn. 7.4.1.4.2).

Da die Steifigkeit des Systems nur für charakteristische Einwirkungen und Widerstände zutreffend erfasst werden kann, werden Anlegedalben mit charakteristischen Werten bemessen. Die dabei anzusetzenden Teilsicherheitsbeiwerte sind in Tab. 12.1 aufgelistet.

12.2.3.2 Vertäu- und Anlehnkräfte

Auf an Dalben festgemachte Schiffe wirken Wind-, Strömungs- und Wellenkräfte, diese sind vom Dalben aufzunehmen. Je nach Standort des Dalbens in Bezug zum Schiff ergeben sich dabei Zugkräfte (Vertäukräfte) oder Druckkräfte (Anlehnkräfte). Die Zugkräfte können bis zu 45° nach oben gerichtet sein.

Windkräfte auf Schiffe können nach Abschn. 4.8 bestimmt werden. Empfehlungen zum Ansatz von Strömungskräften enthält die Richtlinie für Festmacheeinrichtungen (DNV, 2010).

Vertäu- und Anlehnkräfte auf Dalben in geschützten Hafenbereichen, d. h. ohne wesentliche Einwirkungen aus Wellen (Seegang und Dünung), können mithilfe der Angaben in Abschn. 4.9 ermittelt werden.

An ungeschützten Liegeplätzen können die Wellenlasten auf Schiffe maßgebend werden. In solchen Fällen können die Bemessungslasten für den Dalben mithilfe einer zeitabhängigen Simulationsberechnung der seegangsinduzierten Schiffsbewegungen ermittelt werden. Die Auswirkungen auf die Dauerfestigkeit sind zu berücksichtigen (Abschn. 12.2.7.3).

Für Anleger, welche ungeschützt neben Schifffahrtsstraßen liegen, sind auch mögliche Zusatzlasten aus der vorbeifahrenden Schifffahrt zu berücksichtigen. Seelig und Flory haben für die Ermittlung dieser Lasten Bemessungsansätze aufgestellt (Naval Facilities Engineering Service Center, 2005).

Die resultierenden Vertäu- und Anlehnkräfte auf die einzelnen Dalben ergeben sich aus den maßgeblichen Kräfte- und Momentengleichgewichten. Die Vertäukräfte sind dabei durch die Tragfähigkeit der bordeigenen Vertäueinrichtungen (Seile und Winden) begrenzt. Bei 60 % der Seiltragfähigkeit geben die Winden in der Regel nach. Diese Last muss von den Vertäudalben aufgenommen werden können.

$$F_Z = 0{,}6 \cdot n \cdot F_{\text{Leine}}$$

mit

F_Z maßgebliche Zugkraft auf den Poller [kN],
n Anzahl der gleichzeitig am Dalben in gleicher Richtung ziehenden Leinen [–],
F_{Leine} Zugfestigkeit der Leinen des maßgeblichen Schiffs [kN].

12.2.3.3 Sonstige Einwirkungen

Liegt kein Schiff am Dalben, wirken Strömungs- und Wellenkräfte direkt auf den Dalbenpfahl oder den Dalbenkopf. Diese können nach Abschn. 4.7 ermittelt werden. Auch wenn diese Einwirkungen in der Regel kleiner sind als die Einwirkungen aus Anlegemanövern bzw. den Vertäu- und Anlehnkräften festgemachter Schiffe, können sie sich in Ausnahmefällen wegen ihrer periodischen Wiederholung auf die Dauerfestigkeit des Dalbens auswirken.

Eislasten auf Dalben können nach Abschn. 4.12 abgeschätzt werden, wobei auch vertikale Lasten aus anhaftendem Eis in der Bemessung zu berücksichtigen sind. Besondere Aufmerksamkeit ist den Eislasten zu widmen, wenn an den Dalben Pontons dauerhaft festgemacht sind. In diesem Fall wirkt die Eislast über den Ponton auf den Dalben und kann damit deutlich größer sein als eine nur auf den Dalben wirkende Eislast.

Vertäudalben nehmen auch vertikale Lasten auf, die z. B. durch Wellen, Tide, Be- und Entladung über Reibung zwischen Schiff und Dalben übertragen werden. Diese Kräfte können sowohl für die Bemessung der Dalben wie auch für die Beanspruchung des Schiffsrumpfs maßgeblich sein.

12.2.4 Sicherheitskonzept

Dalben werden grundsätzlich elastisch bemessen, siehe hierzu auch Abschn. 12.2.7.3. Für den Nachweis der Grenztragfähigkeit von Dalben werden die Teilsicherheitsbeiwerte gemäß Tab. 12.1 empfohlen. Die Nachweise der Gebrauchstauglichkeit werden mit den charakteristischen Einwirkungen und Widerständen geführt.

12.2.5 Boden-Bauwerk-Interaktion und daraus resultierende Bemessungsgrößen

12.2.5.1 Überblick

Die Bemessungsgrößen für Dalben ergeben sich aus der verformungsabhängigen Interaktion zwischen Boden und Dalben. Unbelastet wirkt auf den Dalben Erdruhedruck, die Belastung ist rotationssymmetrisch, hebt sich also für den Dalben auf. Mit der Belastung durch festgemachte oder anlegende Schiffe wird den Dalben gegen den Boden verschoben, dabei wird die Bettungsspannung in Lastrichtung über den Erdruhedruck hinaus bis zum Erreichen einer Grenzspannung gesteigert, auf der gegenüberliegenden Seite des Dalbens wird die Bettungsspannung geringer. Dadurch wird der Dalben auf Biegung beansprucht.

Für die Modellierung der verformungsabhängigen Interaktion zwischen Dalben und Baugrund haben sich zwei grundsätzlich verschiedene Ansätze bewährt.

Beim klassischen Verfahren nach Blum (Blum, 1932) wird der räumliche Erdwiderstand E_{ph} vor dem Dalben als Bettungsspannung angesetzt (Abb. 12.3a). Dieser kann für homogenen, nichtbindigen Boden im Einbindebereich mit der klassischen Erddrucktheorie ermittelt werden, im Falle bindiger und/oder geschichteter nichtbindiger Böden sind ergänzende Überlegungen zur Ermittlung des räumlichen Erdwiderstandes erfor-

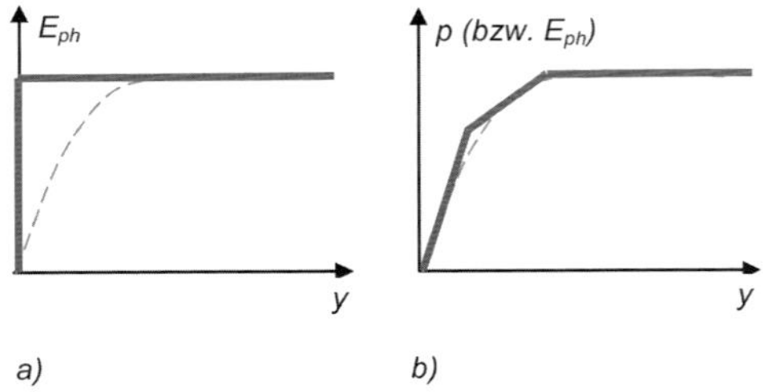

Abb. 12.3 Idealisierte Kraft-Weg-Diagramme für die Dalbengründung (Boden-Bauwerks-Interaktion): (a) Modell nach Blum, (b) nichtlineares Bettungsmodulverfahren.

derlich. Beim Verfahren nach Blum wird somit die Grenztragfähigkeit des Bodens als Bettung angesetzt, das Verfahren liefert damit in der Regel einen oberen Grenzwert für die Biege- und Querkraftbeanspruchung des Dalbens. Für den Nachweis der Gebrauchstauglichkeit (Verformungen) eignet sich das Verfahren nur eingeschränkt. Einzelheiten zum Berechnungsverfahren nach Blum gehen aus Abschn. 12.2.5.2 hervor.

Das p-y-Verfahren ist ein Bettungsmodulverfahren mit nichtlinearen Federkennlinien (Abb. 12.3b). Dabei wird die Bettung entsprechend der über die Einbindetiefe und mit der Belastung veränderlichen Verformungen des Dalbens angesetzt. Das p-y-Verfahren liefert somit für die Belastung des Bodens und des Dalbens realistischere Größen. Das p-y-Verfahren erlaubt daher auch die Ermittlung der Biegelinie des Dalbens. Hinweise zum p-y-Verfahren finden sich in Abschn. 12.2.5.3.

Vergleichsberechnungen (Rudolph et al., 2011) haben gezeigt, dass beide Verfahren für Vertäu- und Anlehndalben in nichtbindigen Böden und bindigen Böden mit einer Festigkeit bis $c_u < 96\,\text{kN/m}^2$ grundsätzlich vergleichbare Ergebnisse liefern. Generell werden wegen der weicheren Modellierung der Bodensteifigkeit beim p-y-Verfahren größere Verformungen als mit dem Verfahren nach Blum berechnet. Im Falle von Anlegedalben und Führungsdalben ergeben sich daraus geringere Kräfte und damit in der Regel wirtschaftlichere Konstruktionen.

Im Falle steifer, bindiger Böden mit $c_u > 96\,\text{kN/m}^2$ können sich die Ergebnisse beider Verfahren jedoch stark unterscheiden. Mit dem Verfahren nach Blum werden in diesem Fall geringere Bauteilabmessungen ermittelt als mit dem p-y-Verfahren. Deshalb wird für Dalben in steifen, bindigen Böden eine Bemessung nach dem p-y-Verfahren empfohlen.

Bei Dalben, die aus Pfahlgruppen bestehen, ist die ermittelte Einbindetiefe größer als bei einer vergleichbaren Anzahl von Einzelpfählen. Hinweise hierzu enthält Abschn. 12.2.5.4.

12.2.5.2 Ansatz nach Blum

Nach Blum wird die Einspannung des Dalbens im Boden als unverschiebliche Einspannung mit parabelförmiger Verteilung des Erdwiderstands und einer Ersatzkraft C am theoretischen Fußpunkt modelliert (Abb. 12.4). Abweichend vom Originalansatz nach Blum empfiehlt sich der Ansatz des charakteristischen Erdwiderstands als räumlicher passiver Erddruck E^r_{ph} nach DIN 4085:

$$E^r_{ph,k} = E^r_{pgh,k} + E^r_{pch,k} + E^r_{pph,k}$$

Hierbei ist $E^r_{ph,k}$ die Summe des von der Sohle bis zur rechnerischen Einbindetiefe t wirkenden charakteristischen Erdwiderstands aus Eigenlast, Kohäsion und Sohlauflasten. Der gegenüber dem ebenen Ansatz erhöhte räumliche Erdwiderstand wird über Dalben-

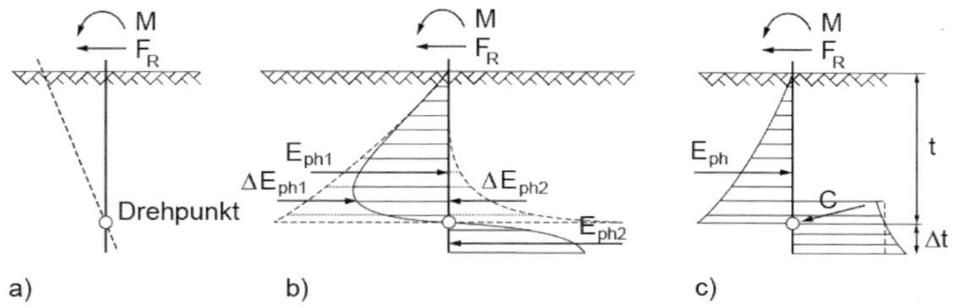

Abb. 12.4 Systemidealisierung für räumlichen Erdwiderstand nach Blum: (a) Drehung der Wand, (b) erwartete Spannungsverteilung, (c) Ersatzlastbild nach Blum.

ersatzbreiten bzw. Formbeiwerte erfasst. Die Dalbenersatzbreite wird in Abhängigkeit vom Reibungswinkel des Bodens und der Einbindetiefe des Dalbens nach Gln. (74)–(77) in DIN 4085 berechnet.

Der gekrümmte Verlauf des räumlichen Erdwiderstands ergibt sich aus der Differenziation der räumlichen Erddruckkraft gemäß Gl. (78) (DIN 4085) nach der Tiefe z, wobei Gln. (74)–(77) (DIN 4085) einzusetzen und abzuleiten sind. Im Gegensatz zur Berechnung der resultierenden Erddruckkraft ist zwischen oberflächennaher Lage ($d/z < 0{,}3$) und tiefer Lage ($d/z \geq 0{,}3$) zu unterscheiden, mit:

d Durchmesser des Dalbens bzw. Breite des Dalbens rechtwinklig zur Einwirkungsrichtung; bei Bündeldalben ist dies der Abstand zwischen den Außenkanten der Randpfähle,
z Tiefe im Boden.

Die Vorgehensweise sowie das Ergebnis dieser Ableitung können z. B. Rudolph et al. (2011) entnommen werden.

Bei bindigen Böden ist der Erdwiderstand mit den undränierten Scherparametern φ_u und c_u zu ermitteln, wenn die Belastung im Vergleich zur Konsolidierung des Bodens schnell erfolgt. Als Wichte der beteiligten Bodenschichten wird $\gamma'_{k,i}$ unter Auftrieb angesetzt.

Für geschichteten Boden wird das Verfahren aufwendiger, da die unterschiedlichen Scherparameter und Wichten der oberen Schichten berücksichtigt werden müssen. Weitere Hinweise zur Ermittlung der räumlichen Erddruckordinaten bei homogenen und geschichteten Böden können z. B. Rudolph et al. (2011) entnommen werden.

Im Rahmen der Bemessung wird zunächst die erforderliche Einbindetiefe t aus dem Momentengleichgewicht für den Fußpunkt ($\sum M_{\text{Fußpunkt}} = 0$) ermittelt. Die Ersatzkraft C ergibt sich aus dem Gleichgewicht der Horizontalkräfte als Differenz zwischen dem mobilisierten räumlichen Erdwiderstand und den angreifenden Kräften unter Vernachlässigung des aktiven Erddrucks:

$$C_{\text{h,k,Blum}} = E^{\text{r}}_{\text{ph,mob}} - SF_{\text{h,k,i}}$$

mit

$C_{\text{h,k,Blum}}$ horizontale Komponente der Blum'schen Ersatzkraft,
$\sum F_{h,k,i}$ Summe der charakteristischen horizontalen Einwirkungen,

$E^{r}_{ph,mob}$ $= E^{r}_{ph,k}/(\gamma_Q \cdot \gamma_{Ep})$; horizontale Komponente des mobilisierten räumlichen Erdwiderstands,
γ_Q Teilsicherheitsbeiwert für die Einwirkungen,
$\gamma_{R,e}$ Teilsicherheitsbeiwert für den Erdwiderstand.

Die Ersatzkraft darf bis zu $\delta_{c,k} = +1/3\varphi$ gegen die Dalbennormale geneigt sein, solange das Gleichgewicht der Vertikalkräfte gewahrt bleibt (Rudolph et al., 2011). Der Nachweis der Aufnahme der Vertikalkräfte ist mit dem abgeminderten Wert der C-Kraft durch Berücksichtigung eines Zuschlags zur Einbindetiefe gemäß Abschn. 8.2.5.4 zu führen:

$$\Delta t = \frac{1}{2} \cdot C_{h,k,Blum} \cdot \gamma_Q \cdot \frac{\gamma_{R,e}}{e^{r}_{ph,k}}$$

mit

$e^{r}_{ph,k}$ Ordinate des charakteristischen räumlichen Erddrucks in Höhe der Ersatzkraft C.

Der Erdwiderstand darf analog zu Spundwänden mit dem maximal möglichen Erdwiderstandsneigungswinkel angesetzt werden. Bei der Berechnung mit gekrümmten Gleitflächen bedeutet dies, dass ein Erdwiderstandsneigungswinkel bis zu $\delta_p = -\varphi'_k$ möglich ist. Bei der Berechnung mit ebenen Gleitflächen (dies ist zulässig bis zu einem Winkel der inneren Reibung $\varphi'_k \leq 35°$) kann der Erdwiderstandsneigungswinkel bis zu $\delta_p = -2/3\varphi'_k$ sein, wenn die Summe der charakteristischen Vertikalkräfte gleich null ist (Abb. 12.5). Andernfalls ist der Erdwiderstandsneigungswinkel flacher anzusetzen. Bei Vertäudalben ist eine ungünstig nach oben wirkende lotrechte Komponente des Trossenzuges zu berücksichtigen. Als vertikal nach unten wirkende charakteristische Einwirkungen können angesetzt werden:

- das Gewicht des Dalbens,
- das Gewicht des von dem Dalben umschlossenen Bodenkörpers unter Auftrieb,
- die lotrechte Mantelreibung in den Seitenflächen unterhalb der Einbindetiefe bis zum theoretischen Fußpunkt parallel zur Bewegungsrichtung des Dalbens und
- für $\delta_{c,k} > 0$ die lotrechte Komponente $C_{v,k}$ der Blum'schen Ersatzkraft.

12.2.5.3 Das *p*-*y*-Verfahren

Das p-y-Verfahren ist ein Bettungsmodulverfahren mit nichtlinearen Federkennlinien. Es basiert auf Untersuchungen aus den 1970er- und 1980er-Jahren an horizontal belasteten Pfählen mit Durchmessern von maximal 60 cm (Matlock, 1970; Reese et al., 1975; O'Neill und Murchinson, 1983). Im Offshorebereich wird die p-y-Methode inzwischen aber zur Bemessung von horizontal belasteten Pfählen mit deutlich größeren Durchmessern angewandt. Im Gegensatz zum Grenzzustandsverfahren nach Blum werden die zur Mobilisierung des räumlichen Erdwiderstandes erforderlichen Bodenverformungen berücksichtigt, sodass eine Erfassung der charakteristischen Bauwerk-Boden-Interaktion möglich ist.

Die p-y-Kurven beschreiben den Zusammenhang zwischen dem Erdwiderstand p und dem zu dessen Mobilisierung benötigten Weg. Sie sind für statische und zyklische

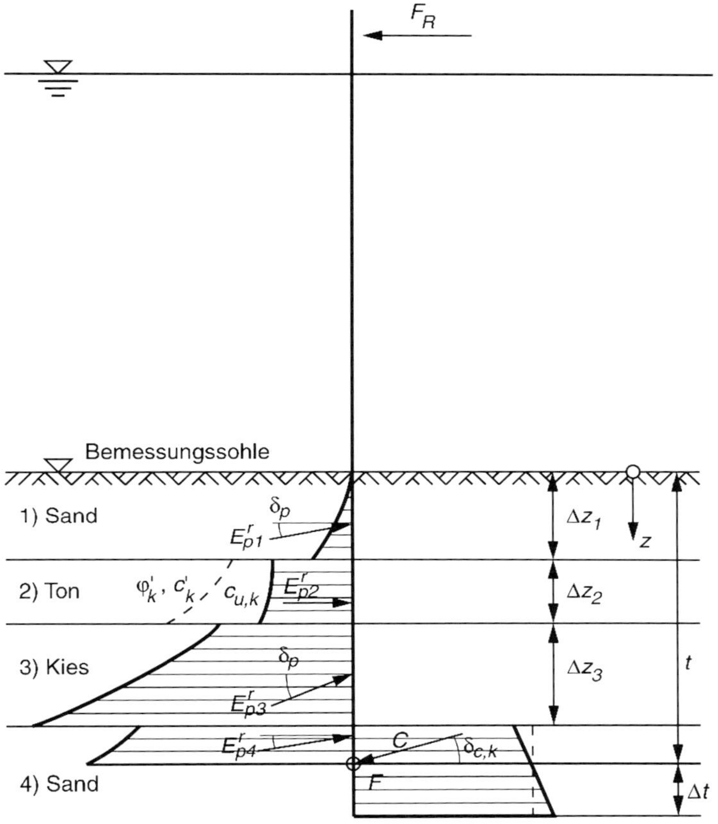

Abb. 12.5 Ansatz des räumlichen Erdwiderstandes und der Ersatzkraft C in geschichtetem Boden (Beispiel).

Beanspruchungen unterschiedlich formuliert und unterscheiden sich je nach Bodenart und Spannungszustand (Tiefenlage).

Angaben zur Ermittlung der p-y-Kurven für sandige Böden und weiche, bindige Böden sind in API (2000); DNV (2010) und EN ISO 19902 enthalten. Angaben für steife, bindige Böden findet man in Reese et al. (1975). In Abb. 12.6 sind typische Verläufe von p-y-Kurven dargestellt.

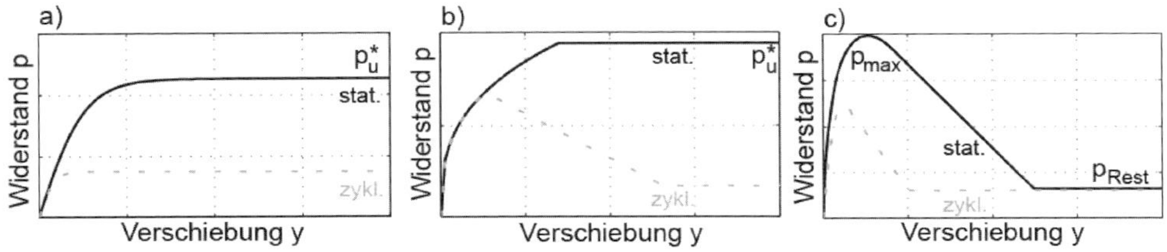

Abb. 12.6 Qualitative p-y-Kurven für (a) Sand, oberflächennah, (b) weichen, bindigen Boden und (c) steifen, bindigen Boden für statische (durchgezogene Linie) und zyklische (gestrichelte Linie) Belastung.

Der Erdwiderstand p aus den p-y-Kurven ist ein charakteristischer Wert. Für Nachweise des Grenzzustands der Tragfähigkeit sind die Teilsicherheitsbeiwerte in Tab. 12.1, Abschn. 12.2.3 anzusetzen. Die Nachweise können auf Grundlage des EC 7 und der ergänzenden nationalen Regelungen (NAD; DIN 1054, Abschn. 8.5.2) für quer zur Pfahlachse belastete Pfähle geführt werden. Der lokale Nachweis des Erdwiderlagers ($\sigma_{h,k} \leq e_{ph,k}$) braucht dabei nicht geführt zu werden, weil er durch die Vorgabe der p-y-Kurven automatisch erfüllt ist. Beim globalen Nachweis des Erdwiderlagers darf der Bemessungswert der bis zum Verschiebungsnullpunkt aktivierten Bettungskraft $F_{h,d}$ nicht größer sein als der Bemessungswert des mobilisierbaren Erdwiderstandes $E_{ph,d}$.

$$F_{h,d} = \int p \cdot dz \cdot \gamma_Q \leq E_{ph,d} = \int p_u^* \cdot dz / \gamma_{R,e}$$

Hierbei ist p_u^* der Maximalwert der p-y-Kurve. Im Falle eines Verlaufs der p-y-Kurve nach Abb. 12.6b muss $p_u^* = p_{max}$ gesetzt werden, wenn die Verschiebung y kleiner ist als die zum Erreichen von p_{max} erforderliche, andernfalls ist $p_u^* = p_{Rest}$ zu setzen.

Die p-y-Methode liefert, anders als das Verfahren nach Blum, nicht direkt die Einbindetiefe des Dalbens. Diese muss in der Regel iterativ bestimmt werden. Dazu muss eine Nebenbedingung eingeführt werden. Das kann z. B. die Einbindetiefe sein, bei der der Nachweis der Tragfähigkeit nach EC 7, Abschn. 7.7 (Lastfall ULS) gelingt.

Alternativ kann die Einbindetiefe auch durch die Begrenzung der horizontalen Verformung des Dalbens ermittelt werden. Eine in der Praxis übliche und bewährte Vorgehensweise ist die Ermittlung der Verformungen des Dalbens für verschiedene Einbindetiefen. Dabei nimmt die Durchbiegung mit der Einbindung degressiv ab. Die Einbindetiefe wird dann als diejenige Tiefe festgelegt, von der ab die Durchbiegung nicht mehr nennenswert abnimmt. Gelegentlich wird die Einbindetiefe auch als diejenige Tiefe festgelegt, in der die Biegelinie in einen lotrechten Verlauf übergeht. Das führt zu sehr großen Einbindetiefen, die hinsichtlich der Standsicherheit aber nicht erforderlich sind.

Dalben können in der Regel mit den p-y-Kurven für statische Einwirkungen berechnet werden, allerdings ist ggf. zu prüfen, ob die Bettung bei wiederholter zyklischer Beanspruchung abgemindert werden muss (vgl. Abschn. 12.2.7.3).

Weitere Hinweise zur Bemessung von Dalben mit der p-y-Methode und Anwendungsbeispiele können z. B. Rudolph et al. (2011) entnommen werden.

12.2.5.4 Boden-Bauwerk-Interaktion bei Bündeldalben

Bündeldalben sind Pfahlgruppen mit Pfahlabständen, die geringer sind als der sechsfache Pfahldurchmesser. Bei diesen darf wegen der Überschneidung der Bereiche, aus denen der räumliche Erdwiderstand generiert wird, nicht der Erdwiderstand des Einzelpfahls angesetzt werden.

Die Reduzierung des Erddrucks gegenüber dem des Einzelpfahls hängt vom Pfahlabstand, dem Pfahldurchmesser und der Pfahlanordnung ab, sie kann z. B. nach EA Pfähle (2012) oder DIN 4085 abgeschätzt werden. In der Literatur gibt es weitere Ansätze, z. B. Mokwa (1999).

12.2.6 Erforderliches Arbeitsvermögen von Anlegedalben

12.2.6.1 Allgemeines zum Arbeitsvermögen von Dalben

Das Arbeitsvermögen von Dalben bzw. die von dem Dalben und ggf. dem Fender aufnehmbare Verformungsenergie muss mindestens so groß sein wie die kinetische Energie des anlegenden Schiffes (Abschn. 7.4.1.4). Zugleich sind die zulässigen Spannungen in den Dalbenbauteilen und die Verformungsgrenzwerte einzuhalten. Hierzu wird auf Abschn. 12.2.7 verwiesen.

Schiffe können nicht immer mittig an den Liegeplatz gebracht werden. Bei der Bemessung von Anlegedalben sollte daher das Arbeitsvermögen stets für einen Abstand zwischen dem Schiffsschwerpunkt und der Mitte des Schiffsliegeplatzes von $0{,}1 \cdot l \leq 15\,\text{m}$ (parallel zur Fenderflucht) mit l = Schiffslänge ermittelt werden. Bei Tankschiffen ist ggf. zusätzlich eine Ausmittigkeit der Übergabeanschlüsse zum Schiffsschwerpunkt zu berücksichtigen.

12.2.6.2 Besondere Hinweise für Seehäfen

Wird ein Schiff mit Schlepperhilfe an einen Dalbenliegeplatz bugsiert, kann vorausgesetzt werden, dass es in Richtung seiner Längsachse kaum noch Fahrt macht. Daher kann die Längskomponente der Anlegegeschwindigkeit bei der Berechnung der Anlegeenergie im Allgemeinen vernachlässigt werden. Näherungsweise kann für große Schiffe der Geschwindigkeitsvektor v senkrecht zur Strecke r ($\alpha = 90°$) (Abb. 7.65, Abschn. 7.4.1.4.1) angenommen werden.

In der Praxis werden alle Dalben einer Dalbenreihe in der Regel gleich ausgebildet. Grundsätzlich können die inneren Dalben aber auch für geringere Beanspruchungen als die äußeren bemessen werden. In diesem Fall ist zu berücksichtigen, dass der Anlegewinkel bei großen Schiffen, die mit Schlepperhilfe anlegen, im Allgemeinen geringer ist als der kleinerer Schiffe, die ohne Schlepperhilfe anlegen.

12.2.6.3 Besondere Hinweise für Binnenhäfen

Für Dalben in Binnenhäfen wird mit den Ansätzen nach Abschn. 7.4.1.4 oft eine zu große kinetische Energie des anlegenden Schiffes ermittelt. Damit ergeben sich dann im Rahmen der Bemessung oft unwirtschaftliche Dalbenabmessungen.

Daher sollte das erforderliche Arbeitsvermögen für Dalben in Binnenhäfen nach wirtschaftlichen Überlegungen festgelegt werden. Ein geringes Arbeitsvermögen führt zu leichten Dalben mit geringeren Investitionskosten, dafür aber möglicherweise höheren Unterhaltungskosten durch Dalbenschäden. Dies kann insgesamt wirtschaftlicher sein als eine schwere Konstruktion mit großem Arbeitsvermögen. Die Abwägung muss unter Berücksichtigung der örtlichen Bedingungen (Wahrscheinlichkeit von Dalbenschäden) erfolgen.

Für die auf deutschen Kanälen üblichen Schiffsgrößen haben sich nach ETAB (1996) Arbeitsvermögen von 70–100 kN m, selten auch 120 kN m als zweckmäßig erwiesen.

12.2.7 Weitere Berechnungsgrundlagen

12.2.7.1 Anlegepressung

Die maximal zulässige Anlegekraft $F_{R,max}$ zwischen Schiff und Anlegedalben wird von der zulässigen Anlegepressung des anlegenden Schiffs bestimmt. Wenn hierzu keine genaueren Angaben vorliegen, können für Dalben mit Fendertafeln die maximalen Anlegepressungen (unter ungünstigen Anlegebedingungen) in Abhängigkeit von der Tragfähigkeit des Schiffs aus Tab. 12.2 angenommen werden.

Höhere Anlegepressungen können zugelassen werden, wenn nachgewiesen wird, dass diese von der Außenhaut und den Aussteifungen der anlegenden Schiffe aufgenommen werden können.

Tab. 12.2 Empfohlene maximale Anlegepressungen unter Verwendung von Fendertafeln.

Tragfähigkeit (dwt)	≤ 20 000	40 000	60 000	80 000	100 000	≥ 120 000
Pressung (kN/m^2)	400	350	300	250	200	150

Bei Gastankern kann die zulässige Anlegepressung kleiner sein als die in Tab. 12.2 genannten Werte. Schiffe mit umlaufendem Schrammbord, z. B. Fährschiffe, erfordern spezielle konstruktive Maßnahmen für die Fenderung.

12.2.7.2 Verformungen

Sofern nicht besondere Umstände, z. B. ein erwünschtes größeres Arbeitsvermögen bei Großschiffsliegeplätzen, dagegen sprechen, sollte die maximale Dalbendurchbiegung s_{max} ca. 1,5 m nicht überschreiten, weil sonst der Berührungsstoß zwischen Schiff und Dalben so weich wird, dass der Schiffsführer das Anstoßen des Schiffs an den Dalben nicht mehr deutlich genug erkennen kann.

Im Übrigen sind die Hinweise in Abschn. 12.1.2 zu beachten.

12.2.7.3 Materialausnutzung

Anlegedalben werden in der Regel elastisch unter Ausnutzung der Streckgrenze bemessen. Die nicht genutzte plastische Reserve dient als Sicherheit gegenüber unplanmäßigen Anlegevorgängen.

Vertäudalben sind ggf. für die häufig auftretenden Lasten aus Wind und Wellen, die auf das Schiff wirken, auch auf Dauerfestigkeit zu bemessen (siehe Abschn. 12.2.3.2). Dabei sollte mindestens die doppelte Anzahl von Lastzyklen aus der erwarteten Lebensdauer angesetzt werden (EN ISO 19902).

12.2.7.4 Bemessungssohle

Lokale Kolke (z. B. infolge Umströmung des Dalbens oder aus Propellerstrahl) sind bei der Bemessung zu berücksichtigen. Zur Kolktiefe wird auf Hoffmans und Verheij (1997) verwiesen. Die Kolksohle ist ganzflächig als Bemessungssohle anzusetzen.

Literatur

Blum, H. (1932). Wirtschaftliche Dalbenformen und deren Bemessung. *Bautechnik* 10 (5): 50–55.

EA Pfähle (2012). *Empfehlungen des Arbeitskreises „Pfähle"*, (Hrsg. Deutsche Gesellschaft für Geotechnik e. V.). Berlin: Ernst & Sohn.

ETAB (1996). Empfehlungen des Technischen Ausschusses Binnenhäfen: Dalben in Binnenhäfen – Erfahrungen mit Bau, Instandhaltung und Benutzung (B29), 04.1996.

Hoffmans, G.J.C.M. und Verheij, H.J. (1997). *Scour Manual 1997*. Rotterdam, Brookfield: Balkema.

Matlock, H. (1970). Correlations for Design of Laterally Loaded Piles in Soft Clay. OTC 1204.

Mokwa, R.L. (1999). Investigation of the resistance of pile caps to lateral loading; PhD Thesis. Faculty of the Virginia Polytechnical Institute and State University.

Naval Facilities Engineering Service Center (2005). TR-6056-OCN Mooring Loads due to parallel passing ships.

O'Neill, M.W. und Murchinson, J.M. (1983). Fan Evaluation of *p-y* Relationships in Sands. By M.W. O'Neill und J.M. Murchinson: A report to the American Petroleum Institute.

Reese, L.C., Cox, W.R. und Koch, F.C. (1975). Field Testing and Analysis of Laterally Loaded Piles in Stiff Clay, OTC 2312.

Rudolph, C., Mardfeldt, B. und Dührkop, J. (2011). Vergleichsberechnungen zur Dalbenbemessung nach Blum und mit der *p-y*-Methode. *Geotechnik* 34 (4): 237–251.

API (2000). Recommended Practice for Planning, Designing and Constructing Fixed Offshore Plattforms – Working Stress Design, American Petrol Institute.

DNV (2010). Det Norske Veritas: Offshore Standard DNV-OS-J101. Design of Offshore Wind Turbine Structures.

Normen und Vorschriften

DIN 1054: Baugrund – Sicherheitsnachweise im Erd- und Grundbau – Ergänzende Regelungen zu DIN EN 1997-1.

DIN 4085: Baugrund – Berechnung des Erddrucks.

EC 7 (2010). Eurocode 7: Entwurf, Berechnung und Bemessung in der Geotechnik.

EN ISO 19902 (2008). Erdöl- und Erdgasindustrie – gegründete Stahlplattformen (englische Fassung).

13 Betrieb, Unterhaltung und Instandsetzung von Ufereinfassungen

13.1 Betrieb von Ufereinfassungen

13.1.1 Allgemeines

Wesentliche Grundlage für den Betrieb von Ufereinfassungen ist die regelmäßige Erfassung, Bewertung und Dokumentation des Bauwerkszustandes. Die in diesem Kapitel beschriebene Bauwerksinspektion sowie die darauf aufbauenden Tragfähigkeitsbewertungen bestehender Ufereinfassungen zeigen auf, wann und in welchem Maße Instandsetzungen, Ertüchtigungen oder der Rückbau von Ufereinfassungen erforderlich sind. So ist der Eigentümer und Betreiber in die Lage versetzt, rechtzeitig die erforderlichen Maßnahmen in die Wege zu leiten.

13.1.2 Nutzung von BIM

Um die in diesem Kapitel beschriebenen, systematisch erfassten Bauwerksinformationen in geeigneter Weise zu erfassen und aufzubereiten, wird Building Information Modeling (BIM) zukünftig einen wertvollen Beitrag leisten.

Building Information Modeling (BIM) bezeichnet eine kooperative Arbeitsmethodik, mit der auf der Grundlage digitaler Modelle eines Bauwerks die für seinen Lebenszyklus relevanten Informationen und Daten konsistent erfasst, verwaltet und in einer transparenten Kommunikation zwischen den Beteiligten ausgetauscht oder für die weitere Bearbeitung übergeben werden. In digitalen Modellen sind geometrische und semantische Informationen verknüpft, die bisher in dezentral vorgehaltenen Datenquellen erfasst wurden. Mit BIM können über den gesamten Lebenszyklus eines Bauwerks alle relevanten Informationen über ein Modell aggregiert werden.

Werden Ufereinfassungen mit BIM geplant, empfiehlt es sich bereits von Beginn an die in diesem Kapitel beschriebenen Aspekte zu berücksichtigen. So können die Voraussetzungen geschaffen werden, dass die für den Betrieb erforderlichen Informationen an das Bestandsmodell angehängt werden. Neben dem Bestandsmodell sollte ein Baugrundmodell, bestehend aus digitalem Geländemodell, Bodenschichtenmodell und hydrologischem Modell dauerhaft genutzt werden können.

Empfehlungen des Arbeitsausschusses „Ufereinfassung" (EAU 2020), Hrsg. HTG und DGGT, 12. Aufl.
© 2021 Ernst & Sohn GmbH & Co. KG. Published 2021 by Ernst & Sohn GmbH & Co. KG.

13.2 Bauwerksinspektion

An Ufereinfassungen sind, wie an anderen Wasserbauwerken auch, unter Berücksichtigung unterschiedlicher Gefährdungspotenziale und der Robustheit bzw. der statisch-konstruktiven Durchbildung des Bauwerks regelmäßige Bauwerksinspektionen erforderlich, um rechtzeitig Schäden zu erkennen, die Einfluss auf die Tragfähigkeit und Gebrauchstauglichkeit der Bauwerke haben können. Dies ist die wesentliche Grundlage, auf deren Basis der Unterhaltungspflichtige die Verantwortung für die Sicherheit und Ordnung der Bauwerke und deren Verkehrssicherheit gewährleisten kann.

Zudem ermöglicht eine sorgfältige, regelmäßige und einheitliche Inspektion der Bauwerke die Planung und Steuerung von Instandsetzungsmaßnahmen. Höhere Sanierungskosten oder ein vorzeitiger Ersatzneubau können damit vermieden werden.

Die Bauwerke können in Abhängigkeit von der statisch-konstruktiven Durchbildung bzw. von den Tragwerkseigenschaften (Robustheit) und den Schadensfolgen eingestuft werden. Dies wird in den Hinweisen der VDI-Richtlinie 6200 (2010) und der Argebau (2006) genauer erläutert. Mit dieser Einstufung können die Art und der Rhythmus einer Überwachung und Prüfung von Ufereinfassungen bzw. Hafenbauten, die nicht DIN 1076 oder anderen Bestimmungen unterliegen, geplant und festgelegt werden (vgl. hierzu auch Tab. 13.1).

Die *Bauwerksinspektion für Verkehrswasserbauwerke* besteht abhängig vom Gefährdungspotenzial und der Robustheit bzw. der statisch konstruktiven Durchbildung des Bauwerks unter Berücksichtigung des Einzelfalls in Analogie zu DIN 1076 für Ingenieurbauwerke aus der

- *Bauwerksprüfung* als handnahe Untersuchung aller, auch der schwer zugänglichen Bauwerksteile durch sachkundiges Ingenieurpersonal, welches die statischen, konstruktiven und hydromechanischen Verhältnisse vor dem Hintergrund der nutzungsbedingten Anforderungen beurteilen und einen ggf. erforderlichen Tauchereinsatz anleiten kann,
- *Bauwerkszwischenprüfung* als intensive, erweiterte Sichtprüfung der Bauwerke, ebenfalls durch sachkundiges Ingenieurpersonal,
- *Bauwerksüberwachung* als intensive, erweiterte Sichtprüfung der Bauwerke durch sachkundiges Personal, welches in das Tragverhalten und die Funktionsweise der Bauwerke eingewiesen ist.
- *Bauwerksbesichtigung* als Kontrolle der Bauwerke auf offensichtliche Schäden durch sachkundiges Personal.

Bei der Planung und Durchführung der Bauwerksinspektion stehen die folgenden, in den jeweiligen Bereichen geltenden Bestimmungen bzw. Vorschriften zur Verfügung (Aufzählung in alphabetischer Reihenfolge):

- BAW-Empfehlung (2017) „Spundwanddickenmessungen in Häfen und an Wasserstraßen (ESM)“, Bundesanstalt für Wasserbau,
- BAW-Merkblatt (2010) „Bauwerksinspektion (MBI)“, Bundesanstalt für Wasserbau,
- BAW-Merkblatt (2018b) „Schadensklassifizierung an Verkehrswasserbauwerken (MSV)“, Bundesanstalt für Wasserbau,
- Argebau (2006), Bauministerkonferenz „Hinweise für die Überprüfung der Standsicherheit von baulichen Anlagen durch den Eigentümer/Verfügungsberechtigten“,

- DIN 1076:1999-11 „Ingenieurbauwerke im Zuge von Straßen und Wegen – Überwachung und Prüfung",
- DIN 19702:2013-02 „Massivbauwerke im Wasserbau – Tragfähigkeit, Gebrauchstauglichkeit und Dauerhaftigkeit",
- PIANC Report (2004): „Inspection, maintenance and repair of maritime structures exposed to material degradation caused by a salt water environment", MarCom Report of WG 17,
- PIANC Report (1998): „Life cycle management of port structures – General principles", Report of WG 31,
- PIANC Report (2006): „Maintenance and renovation of navigation infrastructure", InCom Report of WG 25,
- RÜV-Richtlinie (2008) für die Überwachung der Verkehrssicherheit von baulichen Anlagen des Bundes,
- VDI-Richtlinie 6200 „Standsicherheit von Bauwerken – Regelmäßige Überprüfung" (2010),
- VV-WSV 2101 Bauwerksinspektion (2009/2010),
- VV-WSV 2301 Damminspektion (2019).

13.2.1 Dokumentation

Grundlage der Bauwerksinspektion sind Bauwerksinspektionsakten oder Bauwerksbücher, die alle für die Inspektion erforderlichen Angaben zum Bauwerk enthalten; dies sind u. a. die wichtigsten Konstruktionsdaten des Bauwerks mit Skizzen, Bestandsplänen, Bestandsstatik, Messprogramm, Messergebnissen (z. B. Peilergebnisse, baubegleitende Messungen, Nullmessungen nach Fertigstellung), Angaben zum Korrosionsschutz, Gutachten, Angaben zu durchgeführten Instandsetzungen sowie frühere Inspektionsergebnisse (Prüf-, Überwachungs- und Besichtigungsberichte).

Zur systematischen Erfassung des Bauwerkszustandes eignen sich z. B. Checklisten oder Aufgabenblätter, insbesondere wenn der Bauwerksbestand sehr heterogen in Konstruktion, Bauart und verwendeten Baustoffen ist. Aufgabenblätter sollten allgemeine Hinweise zur Vorbereitung und Durchführung der Bauwerksinspektion geben und bauteilbezogen materialorientierte typische Schadensmerkmale beschreiben. Die statischen, konstruktiven und hydromechanischen Verhältnisse sind dabei zu berücksichtigen. Für die Vorbereitung der Inspektion können mit den Aufgabenblättern außerdem wichtige Informationen über Inspektionsintervalle, anlagenspezifische Tätigkeiten wie Tauchereinsatz, Hebezeuge, Fahrzeugeinsatz etc. festgehalten werden.

Für eine möglichst einheitliche Bewertung der Schäden wird empfohlen, einheitliche Kriterien und Bewertungsgrundsätze festzulegen. Für die Beurteilung des Bauwerkszustandes von Verkehrswasserbauwerken sind diese Grundsätze beispielsweise im BAW-Merkblatt „Schadensklassifizierung an Verkehrswasserbauwerken (MSV)" (2018) zusammengestellt. Die VDI-Richtlinie 6200 „Standsicherheit von Bauwerken – Regelmäßige Überprüfung" (2010) gibt auch Hinweise zu Veränderungen und zu der Erfassung der Baustoffeigenschaften.

Die Dokumentation der Bauwerksinspektion mit speziellen Softwareentwicklungen ermöglicht darüber hinaus eine einheitliche Darstellung der Berichte und gibt dem Unterhaltungspflichtigen die Möglichkeit, die erkannten Schäden weiterzuverfolgen. Beispiele sind die von der Wasserstraßen- und Schifffahrtsverwaltung des Bundes geschaffene Software WSVPruf oder die von der Bundesanstalt für Straßenwesen entwickelte

Software SIB-Bauwerke, die jedoch stark auf straßenbezogene Bauwerke (Brücken und Ähnliches) ausgerichtet ist.

13.2.2 Durchführung

13.2.2.1 Bauwerksprüfung

Bei der Bauwerksprüfung sind in der Regel alle, auch die schwer zugänglichen Bauwerksteile, unter Benutzung aller erforderlichen Hilfsgeräte handnah zu untersuchen. Die einzelnen Bauwerksteile sind, soweit nötig, vor der Bauwerksprüfung sorgfältig zu reinigen, um auch versteckte Schäden auffinden zu können. Art und Umfang der Bauwerksprüfung sind für jedes Bauwerk in Abhängigkeit von den örtlichen Randbedingungen z. B. über Aufgabenblätter festzulegen.

Je nach Bedeutung und Randbedingungen sollte bei Ufereinfassungen mit besonderem Gefährdungspotenzial in Abhängigkeit von der Robustheit bzw. der statisch-konstruktiven Durchbildung des Bauwerks (Tragstrukturen, Schadensprozesse, Vorankündigungsverhalten im Versagensfall) Folgendes geprüft bzw. gemessen werden:

- Lage und Größe von Schädigungen an der Uferwand, auch mittels Taucher,
- Zustand und Funktionsfähigkeit von Dränanlagen,
- Zustand früherer Reparaturen,
- Zustand der Korrosionsschutzbeschichtung,
- Zustand der Kathodenschutzanlage,
- Sackungen und Setzungen hinter der Uferwand,
- Peilung der Gewässersohle vor der Uferwand,
- Dichtungen in den Fugen und Bauwerksanschlüssen,
- Fugen- und Lagerbewegungen,
- Betonschädigungen (einschl. Bewehrungsstahl),
- Messungen der Horizontalbewegung (auch Kopfverformungen) sowie der Vertikalbewegung (Setzungen, Hebungen),
- Messung der Restwanddicken bzw. mittlere und maximale Abrostungen (Durchführung, Bewertung und Schadensklassifizierung siehe BAW-Empfehlung (2017), Kap. 7).

Weitere Messungen können im Einzelfall notwendig werden, z. B. Messungen der Ankerkräfte, Inklinometermessungen, Potentialfeldmessungen etc.

Die festgestellten Schäden sind im Prüfbericht zu dokumentieren, hinsichtlich der Ursachen zu beurteilen und im Hinblick auf die Tragfähigkeit und Gebrauchstauglichkeit des Bauwerks zu bewerten. Es können im Zuge der Bauwerksprüfung auf der Grundlage von festgestellten Restwanddicken von Spundwänden statische Nachweise erforderlich sein. Die darauf aufbauende weitere Veranlassung ist ebenfalls im Prüfbericht darzustellen.

13.2.2.2 Bauwerkszwischenprüfung und Bauwerksüberwachung

Bei der Bauwerkszwischenprüfung und der Bauwerksüberwachung sind alle zugänglichen Bauwerksteile, soweit vertretbar, ohne Trockenlegung bzw. ohne Verwendung von Besichtigungsgeräten, aber unter Benutzung von am Bauwerk vorhandenen Besichtigungs- und Begehungseinrichtungen einer intensiven, erweiterten Sichtprüfung zu unterziehen. Art und Umfang der Bauwerksüberwachung sind für jedes Bauwerk in Abhängigkeit von den örtlichen Randbedingungen z. B. über Aufgabenblätter festzulegen. Die Wasserseite des Bauwerkes ist in jedem Fall mindestens mit dem Boot/Schiff bei niedrigem Wasserstand einer intensiven Sichtprüfung zu unterziehen. Für Ufereinfassungen mit besonderem Gefährdungspotenzial sind in Abhängigkeit von der statisch-konstruktiven Durchbildung des Bauwerks (Tab. 13.1) in der Regel folgende Auffälligkeiten für die Bauwerksüberwachung relevant:

- Oberflächenschäden bzw. -veränderungen,
- Setzungen, Sackungen, Verschiebungen,
- Veränderungen an Fugen und Bauwerksanschlüssen,
- Fehlen oder Beschädigung von Ausrüstungsteilen,
- unsachgemäße Benutzung,
- Funktionsfähigkeit der Entwässerungen,
- Spundwandbeschädigungen,
- Kolke bzw. Auflandungen vor der Spundwand.

Die festgestellten Schäden sind hinsichtlich der Ursachen zu beurteilen, im Hinblick auf die Tragfähigkeit und Gebrauchstauglichkeit des Bauwerks zu bewerten und im Überwachungsbericht zu dokumentieren. Die daraus resultierende weitere Veranlassung ist ebenfalls im Überwachungsbericht zu dokumentieren.

13.2.2.3 Bauwerksbesichtigung

Bei der Bauwerksbesichtigung ist das Bauwerk ohne größere Hilfsmittel, wie Besichtigungsfahrzeuge, Rüstung usw., aber unter Benutzung von am Bauwerk vorhandenen Besichtigungseinrichtungen, von begehbaren Hohlräumen des Bauwerks, soweit zugänglich, in Augenschein zu nehmen und im Hinblick auf die Verkehrssicherheit, den allgemeinen Bauwerkszustand und sonstige Auffälligkeiten zu untersuchen.

Die Wasserseite des Bauwerks ist in jedem Fall bei niedrigem Wasserstand einer Sichtprüfung zu unterziehen.

Bei der Bauwerksbesichtigung sollten insbesondere die folgenden Feststellungen aufgenommen werden:

- außergewöhnliche Veränderungen am Bauwerk, erheblich veränderte Schäden,
- erhebliche Schäden an oder Fehlen von Ausrüstungsteilen,
- erhebliche Betonabplatzungen, auffallende Risse,
- augenscheinliche Verformungen oder Verschiebungen des Bauwerks,
- außergewöhnliche Wasseraustritte,
- Schäden an Böschungen oder dergleichen, Auskolkungen, Anlandung.

Die festgestellten erheblichen Schäden bzw. außergewöhnlichen Veränderungen und die daraus resultierende weitere Veranlassung sind im Besichtigungsbericht zu dokumentieren.

13.2.3 Inspektionsintervalle

Für Verkehrswasserbauwerke (vgl. VV-WSV 2101) und Ingenieurbauwerke im Zuge von Straßen und Wegen (DIN 1076) hat sich ein Prüfungsintervall von maximal sechs Jahren bewährt. Bei Ufereinfassungen mit besonderem Gefährdungspotenzial empfiehlt sich in Abhängigkeit von der statisch-konstruktiven Durchbildung des Bauwerks daher auch, die Bauwerksprüfung mindestens jedes sechste Jahr durchzuführen (Tab. 13.1). Eine erste Bauwerksprüfung sollte im Rahmen der Abnahme des Bauwerks und eine

Tab. 13.1 Inspektionsintervalle für Ufereinfassungen.

Robustheit nach VDI 6200	Gefährdungs-potenzial nach VDI 6200	Bauwerks-besichtigung*)	Bauwerks-überwachung a)	Bauwerks-zwischen-prüfung	Bauwerks-prüfung b)
RC 1–RC 4	Gering (CC1)	Jährlich	—		–
RC 3 und RC 4	Mittel (CC2)	Jährlich	Alle drei Jahre		–
RC 1 und RC 2		Jährlich	—	Drei Jahre nach der Bauwerks-prüfung	Alle sechs Jahre

*) Entspricht der Bauwerksüberwachung nach DIN 1076 und der „Begehung durch den Eigentümer" nach VDI-Richtlinie 6200.

a) Entspricht der einfachen Prüfung nach DIN 1076 und der „Inspektion durch eine fachkundige Person" nach VDI-Richtlinie 6200.

b) Entspricht der Hauptprüfung nach DIN 1076 und der „Eingehenden Überprüfung durch eine besonders fachkundige Person" nach VDI-Richtlinie 6200.

weitere vor Ablauf der Verjährungsfrist für Mängelansprüche nach VOB/B durchgeführt werden. Darin sollten Nivellements und Alignements mit enthalten sein, auch eine Nullmessung nach Lage und Höhe. Weitere Folgemessungen sind als Bestandteil der Bauwerksprüfungen festzulegen.

Spätestens drei Jahre nach einer Bauwerksprüfung sollten alle Ufereinfassungen, für die Bauwerksprüfungen erforderlich sind (Tab. 13.1), einer Bauwerkszwischenprüfung unterzogen werden.

Bei Ufereinfassungen mit besonderem Gefährdungspotenzial ohne Komplexität empfiehlt sich, eine Bauwerksüberwachung mindestens jedes dritte Jahr durchzuführen (Tab. 13.1). Bauwerke ohne Komplexität zeichnen sich dadurch aus, dass ihre Inspektionsaufgaben durch wenige Punkte beschreibbar, Merkmale eindeutig erkennbar sind sowie eine übergeordnete Einweisung in das Tragverhalten möglich ist.

Die unter Abschn. 13.2.2.3 dargestellte Bauwerksbesichtigung sollte in der Regel jährlich an allen Ufereinfassungen durchgeführt werden. Auch ist für einen Großteil der Ufereinfassungen aufgrund der Robustheit der Bauwerke und der Schadensfolgen (vgl. VDI-Richtlinie 6200) die Bauwerksbesichtigung ausreichend. Dies entspricht ebenfalls den langjährigen Erfahrungen aus den Häfen bei Kaianlagen. Anhaltswerte zu den Inspektionsintervallen können Tab. 13.1 entnommen werden.

Die angegebenen Fristen sind in geeigneter Weise aufgrund der Systemrelevanz des Bauwerks, des Bauwerkszustands sowie der wirtschaftlichen Bedeutung des Bauwerks zu verkürzen.

13.2.4 Messtechnisch gestütztes Bauwerksmonitoring

Ergänzend bzw. alternativ zur beschriebenen Vorgehensweise bei der Bauwerksinspektion mit einer Aufnahme und Bewertung von Schäden, kann ein messtechnisch gestütztes Monitoring eingesetzt werden, mit dem z. B. an Kaianlagen, Bodenverformungen unter Lastverteilungsplatten, Ankerlasten und (wasser- und landseitige) Wasserstände bezogen auf den Bauwerksquerschnitt erfasst und aufgezeichnet werden. Entsprechende Sensorik ist auch für Pollerzug oder die Überwachung der Degradation von Beton einsetzbar. Zusätzliche Probennahmen sollten an einzelnen Bauteilen durchgeführt werden, z. B. ist die Entnahme von Bohrkernen bei Betonbauwerken anzuraten.

Die Auswertung der Ergebnisse aus der Bauwerksüberwachung bzw. -inspektion, eines messtechnisch gestützten Bauwerksmonitorings sowie ergänzender Bauwerksbeprobungen können als Grundlage von Prognosemodellen für die Aussagen zu erwartbaren Veränderungen des Bauwerkszustands genutzt werden und die Basis für eine langfristige, vorausschauende Instandhaltung bilden.

13.3 Tragfähigkeitsbewertungen bestehender Ufereinfassungen

Grundsätzlich ist die Bestandsstatik eines Bauwerkes gültig und für die Beurteilung der Standsicherheit heranzuziehen, sofern:

- diese fehlerfrei ist,
- keine statisch relevanten Last- oder Nutzungsänderungen vorliegen,
- keine statisch relevanten Erkenntnisgewinne (z. B. Berechnungsmodell, Lastabtragung) vorliegen und
- das Bauwerk keine Schäden oder Auffälligkeiten aufweist.

Sofern einer oder mehrere der genannten Punkte nicht zutreffen, ist eine Tragfähigkeitsbewertung vorzunehmen. In der Nachrechnungsrichtlinie für Kaimauern (Hamburg Port Authority, 2019) wird ein stufenartiges Vorgehen in Anlehnung an die Nachrechnungsrichtlinie im Brückenbau (NRR) aufgezeigt. Für massive Wasserbauwerke und Verschlüsse im Stahlwasserbau sind die BAW-Merkblätter „Bewertung der Tragfähigkeit bestehender, massiver Wasserbauwerke (TbW)“ (2016) und „Bewertung der Tragfähigkeit bestehender Verschlüsse im Stahlwasserbau (TbVS)“ (2018a) zu berücksichtigen.

Grundlage einer belastbaren Tragfähigkeitsbewertung ist die Sichtung und Auswertung der Bestandsunterlagen. Des Weiteren ist eine Bauwerksprüfung gemäß Abschn. 13.2 zur Aufnahme des Istzustandes vorzunehmen. Hierbei ist unter anderem einzuschätzen, inwiefern die in der Bestandsstatik verwendeten Annahmen zutreffend sind und ob die vorhandene Konstruktion den Bestandsunterlagen entspricht. Für Tragfähigkeitsbewertungen von Ufereinfassungen ist die örtliche Zustandsuntersuchung einschließlich der vorhandenen Restwanddicken von besonderer Bedeutung.

Für die Nachweise sind die ursprünglichen Lastansätze mit den heutigen Standards abzugleichen und entsprechend anzupassen. Materialkennwerte sind dem Baujahr der Konstruktion zuzuordnen. In den v.g. Regelwerken finden sich entsprechende Anhaltswerte zu Eigengewicht (TbW und Hamburg Port Authority, 2019), Druck- und Zugfestigkeiten von Beton (TbW), Betonstahl (TbW), Baustahl (NRR) und Spundwandstahl (Hamburg Port Authority, 2019).

Hinsichtlich des Baugrundes sind die Bodenkennwerte und Bemessungsprofile durch einen Sachverständigen für Geotechnik zu beurteilen. Ist die Anzahl und/oder Qualität der Aufschlüsse nicht ausreichend, sind neue Aufschlüsse durchzuführen und geotechnisch auszuwerten.

Für Tragfähigkeitsbewertungen bestehender Ufereinfassungen kann die für den Hamburger Hafen entwickelte Nachrechnungsrichtlinie für Kaimauern (Hamburg Port Authority, 2019) herangezogen werden. In Tab. 13.2 ist das darin angewendete Stufenkonzept dargestellt.

Tab. 13.2 Stufenkonzept der Nachrechnung.

Stufe		Erläuterung		
0	0.1	Bewertung Bestandsstatik	Ehemaliges Sicherheitskonzept und Lastannahmen	Bestandsdaten
	0.2		Heutige Situation unter Berücksichtigung der Bauwerksschäden und aktuellem Wasserdruck	
	0.3		Wie 0.2 unter Berücksichtigung von Übertiefen, elastisch-plastischer Spannungsermittlung und Reduzierung der Nutzlast	
1		Fiktiver Neubau	Aktuelle technische Baubestimmungen	Untersuchungen erforderlich wie z. B. Pegelmessungen, Drucksondierungen
2	2.1		Berücksichtigung der Bauwerksschäden, Bemessungssituation gemäß heutigem Sicherheitskonzept	
	2.2		Wie 2.1, Bemessung aller Lastfallkombinationen in der außergewöhnlichen Bemessungssituation	
	2.3		Prognose über die Restnutzungsdauer	
3		Kompensationsmaßnahmen	Lastreduzierung, bauliche Veränderungen	Maßnahmen erforderlich
4		Wissenschaftliche Verfahren	Messungen, komplexe Berechnungsverfahren	Methoden aus Praxis und Forschung

In der Stufe 0 kommt das in der Bestandsstatik verwendete Sicherheitskonzept zur Anwendung. Diese Stufe dient der Erfassung des augenblicklichen Zustands und der Überprüfung der Bestandsstatik. Dabei wird in der Unterstufe 0.1 das damalige Berechnungsmodell neu gerechnet, um die Bestandsstatik auf Diskrepanzen zu überprüfen. Stufe 0.1 dient außerdem zur Kalibrierung des Systems an der heutigen EDV. Es werden keine Nachweise geführt, sondern lediglich Schnittgrößen abgeglichen.

In der Unterstufe 0.2 wird die heutige Situation einschließlich aufgetretener Schäden und veränderter Belastung (wie z. B. Abrostung und gestiegenem Wasserdruck) auf die Bestandsstatik angewendet. Es werden die Restsicherheiten auf die Streckgrenze bzw. Bruchgrenze berechnet.

In der Unterstufe 0.3 werden zusätzlich im Laufe der Jahre aufgetretene Übertiefen berücksichtigt und charakteristische Bodenkennwerte angesetzt. Außerdem sind die vorhandenen Spannungen elastisch-plastisch zu ermitteln. Die Nutzlast wird in dieser Stufe sukzessive verringert, bis eine Restsicherheit von 1,0 erreicht werden kann.

Da die Stufe 0 keine neuen Messungen oder Aufschlüsse außer die vorangegangene Bauwerksuntersuchung voraussetzt, können kurzfristig Aussagen zum Handlungsbedarf bzw. zur Priorisierung weiterer Maßnahmen getroffen werden. Sie ist nicht Gegenstand der Eingruppierung in Nachweisklassen. Des Weiteren wird auf Basis der Ergebnisse festgelegt, in welcher Stufe die eigentliche Neuberechnung auf Grundlage der aktuellen Normung durchzuführen ist. Für alle weiteren Stufen ist die Grundlage das semiprobabilistische Sicherheitskonzept (Teilsicherheitskonzept).

In den Stufen 1 und 2 sind weitere Untersuchungen, insbesondere zum Baugrund und den Wasserständen erforderlich. Aktuelle Standards, insbesondere der Berechnungssohlzuschlag zur Solltiefe, kommen hier zur Anwendung. Bei erfolgreicher Nachweisführung wird eine Prognose zur Restnutzungsdauer errechnet. Andernfalls könnte das Ende der Nutzungsdauer erreicht sein, und Stufe 3 bzw. 4 müssen zur Anwendung kommen.

Die Stufe 3 erfordert weitere entlastende Maßnahmen, ggf. auch bauliche Veränderungen. In der Stufe 4 kommen Messungen in Verbindung mit komplexen Berechnungsmethoden aus Praxis und Forschung zum Einsatz. Mit jeder Stufe wächst die Komplexität der Verfahren sowie die Untersuchungstiefe.

In Anlehnung an die Nachrechnungsrichtlinie für Straßenbrücken wird das Bauwerk nach Abschluss entsprechender Untersuchungen, die mindestens die Stufe 1 und in der Regel die Stufe 2 umfassen, in sogenannte Nachweisklassen eingruppiert. Die Einstufung gibt an, wie die Nachweisführung erfolgt ist und ob Kompensationsmaßnahmen ergriffen werden müssen. Maßgebend hierfür ist, ob und in welcher Stufe die Nachweisführung abgeschlossen wurde. Die Ergebnisse sind in einem Erläuterungsbericht zu dokumentieren.

In der Nachrechnungsrichtlinie für Kaimauern (Hamburg Port Authority, 2019) ist die Herangehensweise ausführlich beschrieben. Es wird auf die Erfassung des Bestandes, die Nachweisführung und mögliche Kompensationsmaßnahmen eingegangen.

13.4 Instandsetzung von Ufereinfassungen aus Beton

Die Inhalte der bekannten Empfehlungen E 194 und E 195 zur Bestandsaufnahme und Instandsetzung von Betonbauteilen im Wasserbau wurden für die aktuelle EAU aufgegeben. Es wird auf die geltenden Regelwerke und hier vor allem auf die ZTV-W LB 219 (2017) zur Instandsetzung der Betonbauteile von Wasserbauwerken sowie für die Durchführung von Instandsetzungsarbeiten über Wasser verwiesen.

Wesentliche und unverzichtbare Voraussetzung für die Ermittlung des Instandsetzungsbedarfs und der Planung von Instandsetzungsmaßnahmen sind eine möglichst umfassende Ermittlung des Istzustands der zu betrachtenden Betonbauteile und eine hierauf basierende Prognose zur weiteren Zustandsentwicklung während der beabsichtigten Nutzungsdauer. Umfangreiche Grundlagen zur Planung und Durchführung von Bestandsaufnahmen von massiven Wasserbauwerken sind in Westendarp et al. (2015) dargestellt.

13.5 Ertüchtigung und Rückbau von bestehenden Ufereinfassungen

In diesem Unterkapitel werden mögliche Ertüchtigungsmaßnahmen dargestellt, mit denen die Tragfähigkeit bestehender Ufereinfassungen verbessert werden kann. In der Regel sind die Ertüchtigungsmaßnahmen messtechnisch zu überwachen.

13.5.1 Ertüchtigungsmaßnahmen

Vorschüttung
Eine Vorschüttung erhöht den Erddruck auf der Passivseite und reduziert im Falle einer Spundwandkonstruktion die Spannweite des Tragsystems. Diese Ertüchtigungsmaßnahme setzt eine ausreichende Wassertiefe voraus.

Entwässerungssysteme
Eine Hauptbeanspruchung von Ufereinfassungen ist der Wasserdruck. Im Vergleich zum Zeitpunkt der Bauwerkserstellung können sich bis heute deutlich veränderte Wasserstände eingestellt haben, sodass für diese Bauwerke eine Laständerung vorliegt (vgl. Abschn. 13.3). Daher sind Entwässerungssysteme mittels Dränagen möglichst redundant einzubauen und regelmäßig zu warten. Im Falle einer Spundwandkonstruktion ist die Öffnung der Wand durch Schlitze, Löcher oder Fenster eine weitere Möglichkeit. Hierbei sind mögliche auftretende Versackungen entsprechend zu berücksichtigen und zu vermeiden.

Entlastungsmaßnahmen
Die vertikale Belastung kann durch den Ersatz durch Leichtbaustoffe, z. B. Blähton, reduziert werden. Hierdurch vermindert sich die Bodenpressung und im Falle einer Hinterfüllung auch der horizontale Erddruck.

Kolkschutz
Häufig besteht ein Kolkschutz aus einer rechnerisch nicht angesetzten Bodenschicht oberhalb der Berechnungssohle. Die Wirksamkeit ist abhängig von ihrer Mächtigkeit. Auftretende schiffs- und strömungsinduzierte Kolke können somit nicht zu einer Beeinträchtigung der Standsicherheit der Ufereinfassung führen. Alternativ kann der Kolkschutz z. B. durch Steinschüttungen, verklammerte Systeme und Beton gewährleistet werden. Hierdurch kann die Mächtigkeit reduziert bzw. die Wassertiefe erhöht werden.

Erddruckabschirmung
Durch den Einsatz von Abschirmplatten, vertikaler Pfahlelemente und ähnlichen Systemen landseitig einer Ufereinfassung reduziert sich der Erddruck und entlastet die Ufereinfassung. Bei der Bemessung und Ausführung dieser Systeme ist das Gesamtsystem, d. h. die vorhandene Ufersicherung sowie die geplante Abschirmung, zu betrachten.

Bodenverbesserung
Eine Bodenverbesserung kann land- und auch wasserseitig erfolgen. Hierbei ist das Ziel, die Bodenkennwerte zu verbessern und dadurch den Erddruck zu reduzieren bzw. zu erhöhen. Eine Bodenverbesserung kann z. B. durch Sandsäulen, Mörtelsäulen und Mixed-in-Place-Verfahren realisiert werden. Eine Bodenverbesserung ist auch durch einen Bodenaustausch möglich.

Rückverankerung
Eine zusätzliche Rückverankerung entlastet vorhandene Verankerungselemente. Darüber hinaus kann durch Anordnung in einer anderen Höhenlage die Biegebeanspru-

chung auf die Ufereinfassung reduziert werden. Bei der Bemessung sind eingeprägte Zustände zu berücksichtigen.

Querschnittsertüchtigungen

Stahlbauteile (Spundwand, Rückverankerung, Pfahlanschluss) können durch das Aufschweißen von z. B. Lamellen ertüchtigt werden.

Stahlbetonbauteile werden in der Regel durch nachträglich eingebaute Bewehrung ertüchtigt.

Die Errichtung eines Ersatzneubaus einer Ufereinfassung wird am Ende ihrer Lebensdauer als auch bei einer umfänglichen Nutzungsänderung notwendig.

13.5.2 Rückbau im Zusammenhang mit Ersatzbaumaßnahmen

Durch das Größenwachstum der Schiffe und damit der benötigten see- und hafenseitigen Flächen ist es zunehmend notwendig, den Ersatzneubau an fast gleicher Stelle der vorhandenen Uferwand zu platzieren. Nach Möglichkeit wird bei der Errichtung des Ersatzneubaues versucht, eine möglichst geringe Interaktion der Altkonstruktion mit der neu zu erstellenden Tragkonstruktion hervorzurufen. In der Regel wird diese Zielstellung erreicht, indem man die vorhandene Konstruktion überbaut und/oder bei ausreichenden wasserseitigen Platzverhältnissen die neue Uferwand vor der alten anordnet. Aufgrund dieser Vorgehensweise befinden sich in historisch gewachsenen Hafenbereichen oftmals verschiedene Uferkonstruktionen hinter- als auch übereinander.

Das hat zur Folge, dass ein umfänglicher Rückbau der alten Konstruktion notwendig wird. bzw. diese vielfältig mit den neuen Traggliedern der neuen Uferwand zu durchörtern ist. Das erfordert genaue Kenntnis über die Art der vorhandenen Uferwand, dessen Bauausführung und dem Zustand der verwendeten Baumaterialien wie Art, Festigkeiten und Grad der Schädigungen. Die Planung des Rückbaus der Altkonstruktion hat dabei analog den Anforderungen an den Neubau unter Berücksichtigung der Teilbaurückstände zu erfolgen. Bei einem notwendigen vollständigen Rückbau von tiefgegründeten Altpfählen und auch Spundwänden wird dessen Erfolg stark von der einzusetzenden Bautechnologie als auch der Erfahrung des bauausführenden Unternehmens bestimmt. Es bedarf dabei einer umfänglichen geotechnischen und baulichen Zustandsbeschreibung der Altkonstruktion.

Bei der Durchörterung von neuen und alten Konstruktionselementen haben sich Bohrtechniken mit Spezialbohrkronen bewährt. Die neuen Konstruktionsbestandteile der Uferwand sollten sich in ihrer Lage flexibel an die dann bei der Baudurchführung vorgefundene Altkonstruktion anpassen lassen können.

Literatur

Argebau (2006). Hinweise für die Überprüfung der Standsicherheit von baulichen Anlagen durch den Eigentümer/Verfügungsberechtigten. Bauministerkonferenz 2006.

BAW-Empfehlung (2017). „Spundwanddickenmessungen in Häfen und an Wasserstraßen: Grundlagen, Planung, Durchführung, Auswertung und Interpretation (ESM).

BAW-Empfehlung (2019). „Instandsetzungsprodukte – Hinweise für den Sachkundigen Planer zu bauwerksbezogenen Produktmerkmalen und Prüfverfahren".

BAW-Merkblatt (2010). Bauwerksinspektion (MBI). Bundesanstalt für Wasserbau.

BAW-Merkblatt (2016). Bewertung der Tragfähigkeit bestehender, massiver Wasserbauwerke (TbW), Ausgabe Juli 2016.

BAW-Merkblatt (2018a). Bewertung der Tragfähigkeit bestehender Verschlüsse im Stahlwasserbau (TbVS) – Ausgabe 2018.

BAW-Merkblatt (2018b). Schadensklassifizierung an Verkehrswasserbauwerken (MSV). Bundesanstalt für Wasserbau.

Bundesministerium für Verkehr, Bau und Stadtentwicklung (2011). Richtlinie zur Nachrechnung von Straßenbrücken im Bestand (Nachrechnungsrichtlinie).

Hamburg Port Authority (AöR) (Hrsg.) (2019). Nachrechnungsrichtlinie für Kaimauern.

PIANC Report (1998). Life cycle management of port structures – General principles. Pianc-Bulletin No. 99, Brüssel.

PIANC Report (2004). Inspection, maintenance and repair of maritime structures exposed to material degradation caused by a salt water environment. MarCom Report of WG 17.

PIANC Report (2006). Maintenance and renovation of navigation infrastructure. InCom Report of WG 25.

Westendarp, A. et al. (2015). Erhaltung und Instandsetzung von massiven Verkehrswasserbauwerken. *Betonkalender* 104: 187–246.

ZTV-W LB 219 (2017). Zusätzliche Technische Vertragsbedingungen – Wasserbau (ZTV-W) für die Instandsetzung der Betonbauteile von Wasserbauwerken (Leistungsbereich 219).

ZTV-ING Teil 3 Massivbau (2019). Zusätzliche. Technische Vertragsbedingungen und Richtlinien für Ingenieurbauten (ZTV-ING) Massivbau, Abschn. 4 und 5.

Normen und Vorschriften

DIN 1076: Ingenieurbauwerke im Zuge von Straßen und Wegen – Überwachung und Prüfung.

DIN 19702: Massivbauwerke im Wasserbau – Tragfähigkeit, Gebrauchstauglichkeit und Dauerhaftigkeit.

RÜV-Richtlinie für die Überwachung der Verkehrssicherheit von baulichen Anlagen des Bundes (2008).

VDI-Richtlinie 6200 (2010). Standsicherheit von Bauwerken – Regelmäßige Überprüfung. VDI-Richtlinienausschuss 6200.

VV-WSV 2101: Bauwerksinspektion. Herausgegeben vom Bundesminister für Verkehr, Bonn, erhältlich bei der Drucksachenstelle der Wasser- und Schifffahrtsdirektion Mitte, Hannover 2009/2010.

VV-WSV 2301: Damminspektion. Herausgegeben vom Bundesminister für Verkehr, Bonn, erhältlich bei der Drucksachenstelle der Wasser- und Schifffahrtsdirektion Mitte, Hannover 2019.

Anhang A
Zeichenerklärung

Im Folgenden sind die wichtigsten der im Text sowie in den Formeln und Bildern verwendeten Formelzeichen und Abkürzungen aufgeführt. Sie entsprechen soweit wie möglich dem Eurocode.

Alle Formelzeichen werden auch in den jeweiligen Textpassagen erläutert.

A.1 Kurzzeichen für Rechengrößen, sortiert nach
A.1.1. Lateinische Kleinbuchstaben
A.1.2 Lateinische Großbuchstaben
A.1.3 Griechische Buchstaben
A.2 Indizes
A.3 Abkürzungen
A.4 Wasserstände und Wellenhöhen

Empfehlungen des Arbeitsausschusses „Ufereinfassung“ (EAU 2020), Hrsg. HTG und DGGT, 12. Aufl.
© 2021 Ernst & Sohn GmbH & Co. KG. Published 2021 by Ernst & Sohn GmbH & Co. KG.

A.1 Kurzzeichen für Rechengrößen

A.1.1 Lateinische Kleinbuchstaben

Symbol	Begriffsbestimmung	Einheit
a	Geometrische Angabe, Länge, Tidehub etc.	m
	Beschleunigung	m/s^2
b	Geometrische Angabe, Breite	m
	Porenwasserdruckparameter	1/m
c	Wellenausbreitungsgeschwindigkeit	m/s
	Federkonstante	kN/m, MN/m
	Betonüberdeckung	mm
	Kohäsion, z. B.:	kN/m^2, MN/m^2
c_c	Scheinbare Kohäsion, Kapillarkohäsion	
c_u	Undränierte Kohäsion	
	Geometrischer Beiwert, z. B.:	1
c_B	Formbeiwert	
d	Geometrische Angabe, z. B.:	m, mm
	Dicke oder Durchmesser	
	Korngröße	
	Einbindetiefe	
e	Porenzahl	1
	Erddruckspannung	kN/m^2, MN/m^2
	Ausmittigkeit	m
f	Durchbiegung	m
	Frequenz	1/s
	Materialfestigkeit, z. B.:	kN/m^2, MN/m^2
f_u	Zugfestigkeit	
f_y	Streckgrenze	
g	Erdbeschleunigung	m/s^2
h	Geometrische Angabe, Höhe	m
i	Hydraulisches Gefälle	1
k	Durchlässigkeitsbeiwert	m/s
	Wellenzahl	1/m
	Massenträgheitsradius eines Schiffs	m
	Kriechmaß	mm
k_s	Bettungsmodul	kN/m^3, MN/m^2
l	Geometrische Angabe, Länge	m
m	Masse	t
n	Porenanteil	1
	Anzahl	1
p	Ständige Auflast (Flächen- oder Linienlast)	kN/m^2, kN/m
q	Veränderliche Auflast (Flächen- oder Linienlast)	kN/m^2, kN/m

Symbol	Begriffsbestimmung	Einheit
q	Spezifischer Durchfluss	$m^3/(s\,m)$
	Druckfestigkeit, z. B.:	kN/m^2, MN/m^2
q_b	Spitzendruck, Pfahlspitzendruck	
q_s	Mantelreibung, Pfahlmantelreibung	
q_u	Einaxiale Druckfestigkeit	
r	Radius	m
s	Geometrische Angabe, z. B.: Verschiebung, Setzung	m, cm
t	Tiefe	m
	Zeit	s, h, d, a
u	Horizontale Geschwindigkeitskomponente	m/s
	Porenwasserdruck	kN/m^2, MN/m^2
v	Geschwindigkeit	m/s
w	Wasserdruck	kN/m^2, MN/m^2

A.1.2 Lateinische Großbuchstaben

Symbol	Begriffsbestimmung	Einheit
A	Arbeitsvermögen	kNm, MNm
	Fläche	m^2
	Außerordentliche Einwirkung	kN
B	Auflagerkraft im Boden	kN, MN, kN/m, MN/m
C	Ersatzkraft der Bodenreaktion (nach Blum)	kN/m
	Beiwert,	1
	Faktor, z. B.:	
C_D	Widerstandsbeiwert des Strömungsdrucks	
C_e	Exzentrizitätsfaktor	
C_m	Massenfaktor	
C_M	Widerstandsbeiwert der Strömungsbeschleunigung	
C_S	Steifigkeitsfaktor	
D	Lagerungsdichte, z. B.:	1
D_{pr}	Verdichtungsgrad nach Proctor	
E	Elastizitätsmodul	kN/m^2, MN/m^2
	Energie	kJ
	Erddruckkraft	kN, MN, kN/m, MN/m
	Beanspruchung (effect)	kN, MN, kN/m, MN/m
E_s	Steifemodul	kN/m^2, MN/m^2
F	Kraft, Einwirkung (force), z. B.:	kN, MN, kN/m, MN/m
F_c	Kohäsionskraft	
F_s	Strömungskraft	
F_u	Porenwasserdruckkraft	
F_w	Windlast	
F_z	Zugkraft	
G	Eigenlast, ständige vertikale Einwirkung	kN, MN, kN/m, MN/m

Symbol	Begriffsbestimmung	Einheit
H	Horizontallast	kN, MN, kN/m, MN/m
	Wellenhöhe	m
I	Flächenmoment 2. Grades	m^4
	Zustandszahl, z. B.:	1
I_c	Konsistenzzahl	
I_D	Bezogene Lagerungsdichte	
I_P	Plastizitätszahl	
K	Erddruckbeiwert	1
M	Moment	kN m, MN m, kN m/m, MN m/m
N	Normalkraft	kN, MN, kN/m, MN/m
N_{10}	Schlagzahl der Sondierung pro 10 cm Eindringung	1
P	Ankerkraft, Last	kN, MN, kN/m, MN/m
	Wahrscheinlichkeit	1
Q	Veränderliche Einwirkung	kN, MN, kN/m, MN/m
	Durchfluss, Abfluss	m^3/s
R	Reaktionskraft, Widerstandskraft, z. B.:	kN, MN, kN/m, MN/m
R_B	Auflagerkraft im Boden	
R_C	Ersatzkraft der Bodenreaktion (nach Blum)	
Re	Reynolds'sche Zahl	1
S	Kennzahl, z. B.: Normreinheitsgrad	1
	Flächenmoment 1. Grades	m^3
T	Wellenperiode	s
	Temperatur	°C, K
	Kraft, z. B.:	kN/m^2, MN/m^2
	Scherkraft	
T_c	Kohäsionskraft	
U	Ungleichförmigkeitszahl	1
V	Vertikallast	kN, MN, kN/m, MN/m
	Volumen	m^3
W	Wasserdruckkraft	kN, MN, kN/m, MN/m
	Widerstandsmoment	m^3

A.1.3 Griechische Buchstaben

Symbol	Begriffsbestimmung	Einheit
α	Neigungswinkel (Sohle, Wand)	°
	Reduktionsbeiwert für das Moment	1
α_T	Wärmedehnzahl	1/°C
β	Neigungswinkel (Böschung, Gelände)	°
γ	Teilsicherheitsbeiwert	1
	Wichte, z. B.:	kN/m^3
γ'	Wichte unter Auftrieb	
Δ	Vergrößerung/Verminderung/Änderung	1
δ	Wand- oder Sohlreibungswinkel, z. B.	°
δ_a	Neigungswinkel des aktiven Erddrucks	
δ_p	Neigungswinkel des passiven Erddrucks	
ε	Dehnung	1
η	Anpassungsbeiwert	1
θ, ϑ	Gleitflächenwinkel	°
κ	Reflexionskoeffizient	1
λ	Ringspannungsfaktor, Beiwert	1
μ	Reibungsbeiwert	1
	Korrekturfaktor	1
ν	Steifebeiwert	1
ζ	Streuungsfaktor, Abminderungsfaktor	1
	Brecherkennzahl (für Wellen)	1
ρ	Dichte	t/m^3
σ	(Normal-)Spannung, z. B.:	kN/m^2, MN/m^2
σ'	effektive (Normal-)Spannung	
σ_v	Vergleichsspannung	
τ	Schubspannung, Scherspannung	kN/m^2, MN/m^2
Φ	Stoßfaktor, Schwingbeiwert	1
φ	Reibungswinkel	°
ψ	Kombinationsbeiwert	1
ω	Kreisfrequenz, Winkelgeschwindigkeit	1/s

A.2 Indizes

Symbol	Begriffsbestimmung	Symbol	Begriffsbestimmung
a	aktiv	stb	stabilisierend
abs	absolut	stoß	Stoß
at	atmosphärisch	t	Zug (tension)
b	Fußpunkt		vorübergehend (transient)
c	Kohäsion	tr	quer (transversal)
	gedrückt (compressed)	tot	gesamt (total)
cal	rechnerisch (calculation)	u	undräniert
crit	kritisch		unten
d	Bemessungswert (design)		uniaxial
	trocken (dry)	ü	Überdruck
dyn	dynamisch	upl	Auftrieb (uplift)
dst	destabilisierend	v	vertikal
e	exzentrisch		Vergleich
eff	wirksam (effektiv)	w	Wasser, Wasserstand
erf	erforderlich	y	Fließgrenze, Streckgrenze (yield)
E	Einspannung		
f	im Bruchzustand (fracture)		
g	aus ständigen Einwirkungen		
gew	gewählt		
h	horizontal		
instat	instationär		
k	charakteristischer Wert		
kin	kinetisch		
m	Mittel/Mittelwert		
max	maximal		
min	minimal		
mob	mobilisiert		
mögl	möglich		
o	oben		
p	passiv		
	ständig (persistent)		
pl	plastisch		
pr	Proctor		
q	aus veränderlicher Einwirkung		
r	resultierend		
	zulässig (resistance)		
red	reduziert		
rep	repräsentativ		
s	Schicht		
	Mantel (shaft)		
	Strömung		
stat	statisch		

A.3 Abkürzungen

Symbol	Begriffsbestimmung
dwt	Dead weight tonnage
BRT	Bruttoregistertonne
BRZ	Bruttoraumzahl
BS	Bemessungssituation, z. B.:
BS-P	Ständige Bemessungssituation (persistent)
BS-T	Vorübergehende Bemessungssituation (transient)
BS-A	Außergewöhnliche Bemessungssituation (accidental)
BS-E	Bemessungssituation bei Erdbeben (earthquake)
EK	Einwirkungskombination
EQU	Grenzzustand bei einem Gleichgewichtsverlust des als starrer Körper angesehenen Tragwerks oder des Baugrunds, wobei die Festigkeit der Baustoffe und des Baugrunds für den Widerstand nicht entscheidend sind (equilibrium)
GK	Geotechnische Kategorie
GRT	Gross register tonnage
GEO	Grenzzustand des Bodens:
GEO-2	Grenzzustand des Bodens, bei dem das Nachweisverfahren 2 angewendet wird
GEO-3	Grenzzustand des Bodens, bei dem das Nachweisverfahren 3 angewendet wird
HDI	Düsenstrahlverfahren (Hochdruckinjektionsverfahren)
HYD	Grenzzustand des Versagens, verursacht durch Strömungsgradienten im Boden, z. B. hydraulischer Grundbruch, innere Erosion und Piping (hydraulic)
NN	Normalnull
NWz	Niedrigwasserzone
OK	Oberkante
SLS	Grenzzustand der Gebrauchstauglichkeit (serviceability limit state)
SPz	Spritzwasserzone
STR	Grenzzustand des Versagens oder sehr großer Verformungen des Tragwerks oder seiner Einzelteile, einschließlich der Fundamente, Pfähle, Kellerwände usw., wobei die Festigkeit der Baustoffe für den Widerstand entscheidend ist (structural)
TEU	Twenty feet equivalent unit
UK	Unterkante
ULS	Grenzzustand der Tragfähigkeit (ultimate limit state)
UPL	Grenzzustand bei einem Gleichgewichtsverlust des Bauwerks oder des Baugrunds infolge von Aufschwimmen durch Wasserdruck oder anderen vertikalen Einwirkungen (uplift)
UWz	Unterwasserzone
WWz	Wasserwechselzone

A.4 Wasserstände und Wellenhöhen

Wasserstände ohne Tide

GW	Grundwasserstand
HaW	Normaler Hafenwasserstand
NHaW	Niedrigster Hafenwasserstand
HHW	Höchster Hochwasserstand
HW	Hochwasserstand
MHW	Mittlerer Hochwasserstand
MW	Mittelwasserstand
MNW	Mittlerer Niedrigwasserstand
NW	Niedrigwasserstand
NNW	Niedrigster Niedrigwasserstand
HSW	Höchster Schifffahrtswasserstand

Wasserstände mit Tide

HHThw	Höchster Tidehochwasserstand
MSpThw	Mittlerer Springtidehochwasserstand
MThw	Mittlerer Tidehochwasserstand
Tmw	Tidemittelwasserstand
$\mathrm{T}\frac{1}{2}\mathrm{w}$	Tidehalbwasser
MTnw	Mittlerer Tideniedrigwasserstand
MSpTnw	Mittlerer Springtideniedrigwasserstand
NNTnw	Niedrigster Tideniedrigwasserstand
SKN	Seekartennull (entspricht etwa MSpTnw)

Wellenhöhen

H_b	Höhe der brechenden Welle
H_d	Bemessungswellenhöhe
H_m	Mittelwert der Wellenhöhe
H_max	Maximale Wellenhöhe
H_rms	Root-mean-square-Wellenhöhe
$H_{1/3}$	Mittelwert der 33 % höchsten Wellenhöhen
$H_{1/10}$	Mittelwert der 10 % höchsten Wellenhöhen
$H_{1/100}$	Mittelwert der 1 % höchsten Wellenhöhen

Stichwortverzeichnis

Empfehlungen des Arbeitsausschusses „Ufereinfassung“ (EAU 2020), Hrsg. HTG und DGGT, 12. Aufl.
© 2021 Ernst & Sohn GmbH & Co. KG. Published 2021 by Ernst & Sohn GmbH & Co. KG.

T

U

V

W

Inserentenverzeichnis

Empfehlungen des Arbeitsausschusses „Ufereinfassung“ (EAU 2020), Hrsg. HTG und DGGT, 12. Aufl.
© 2021 Ernst & Sohn GmbH & Co. KG. Published 2021 by Ernst & Sohn GmbH & Co. KG.